삼각법

각의 측정

π 라디안 $= 180°$

$1° = \dfrac{\pi}{180}$ 라디안 　 1 라디안 $= \dfrac{180°}{\pi}$

$s = r\theta$

(θ의 단위는 라디안)

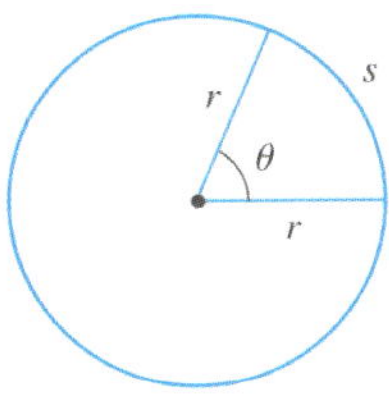

직각 삼각형

$\sin\theta = \dfrac{\text{대변}}{\text{빗변}}$ 　 $\csc\theta = \dfrac{\text{빗변}}{\text{대변}}$

$\cos\theta = \dfrac{\text{이웃변}}{\text{빗변}}$ 　 $\sec\theta = \dfrac{\text{빗변}}{\text{이웃변}}$

$\tan\theta = \dfrac{\text{대변}}{\text{이웃변}}$ 　 $\cot\theta = \dfrac{\text{이웃변}}{\text{대변}}$

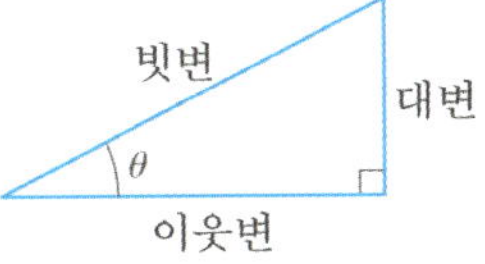

삼각 함수

$\sin\theta = \dfrac{y}{r}$ 　 $\csc\theta = \dfrac{r}{y}$

$\cos\theta = \dfrac{x}{r}$ 　 $\sec\theta = \dfrac{r}{x}$

$\tan\theta = \dfrac{y}{x}$ 　 $\cot\theta = \dfrac{x}{y}$

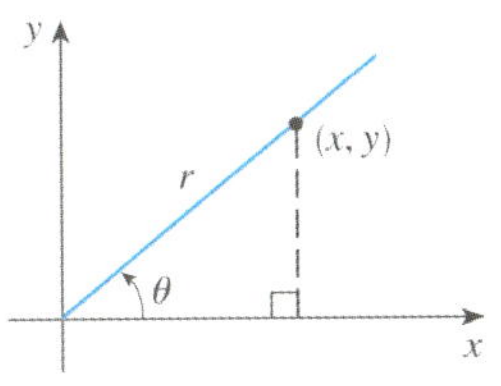

삼각 함수의 그래프

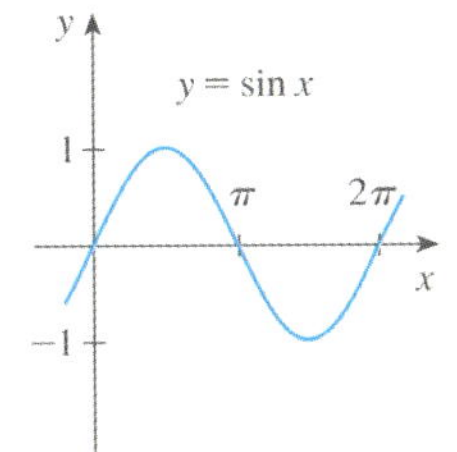

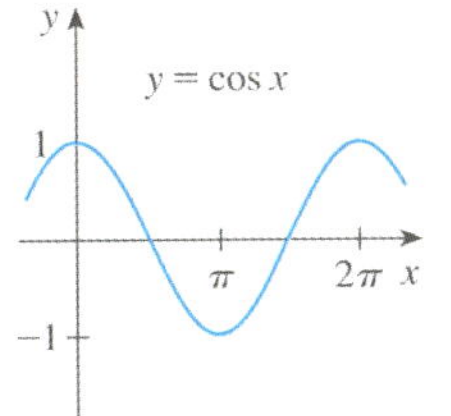

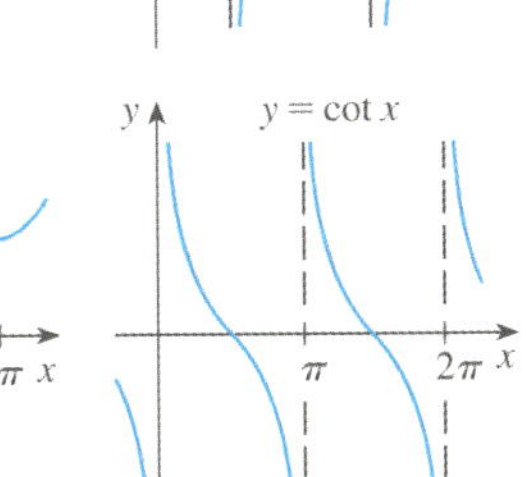

중요 각의 삼각 함수

θ	라디안	$\sin\theta$	$\cos\theta$	$\tan\theta$
0°	0	0	1	0
30°	$\pi/6$	$1/2$	$\sqrt{3}/2$	$\sqrt{3}/3$
45°	$\pi/4$	$\sqrt{2}/2$	$\sqrt{2}/2$	1
60°	$\pi/3$	$\sqrt{3}/2$	$1/2$	$\sqrt{3}$
90°	$\pi/2$	1	0	—

기본적인 등식

$\csc\theta = \dfrac{1}{\sin\theta}$ 　 $\sec\theta = \dfrac{1}{\cos\theta}$

$\tan\theta = \dfrac{\sin\theta}{\cos\theta}$ 　 $\cot\theta = \dfrac{\cos\theta}{\sin\theta}$

$\cot\theta = \dfrac{1}{\tan\theta}$ 　 $\sin^2\theta + \cos^2\theta = 1$

$1 + \tan^2\theta = \sec^2\theta$ 　 $1 + \cot^2\theta = \csc^2\theta$

$\sin(-\theta) = -\sin\theta$ 　 $\cos(-\theta) = \cos\theta$

$\tan(-\theta) = -\tan\theta$ 　 $\sin\left(\dfrac{\pi}{2} - \theta\right) = \cos\theta$

$\cos\left(\dfrac{\pi}{2} - \theta\right) = \sin\theta$ 　 $\tan\left(\dfrac{\pi}{2} - \theta\right) = \cot\theta$

사인 법칙

$$\frac{\sin A}{a} = \frac{\sin B}{b} = \frac{\sin C}{c}$$

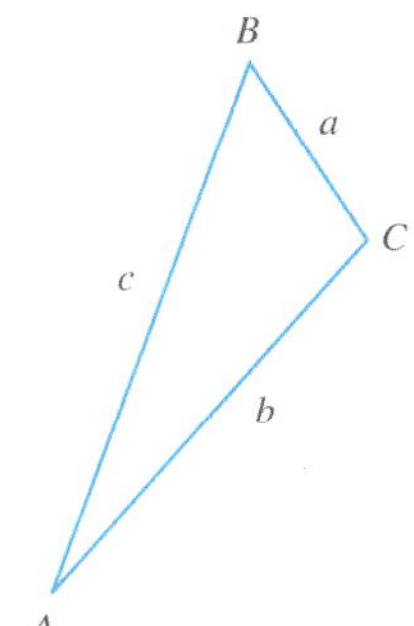

코사인 법칙

$a^2 = b^2 + c^2 - 2bc\cos A$

$b^2 = a^2 + c^2 - 2ac\cos B$

$c^2 = a^2 + b^2 - 2ab\cos C$

덧셈 · 뺄셈 공식

$\sin(x + y) = \sin x\cos y + \cos x\sin y$

$\sin(x - y) = \sin x\cos y - \cos x\sin y$

$\cos(x + y) = \cos x\cos y - \sin x\sin y$

$\cos(x - y) = \cos x\cos y + \sin x\sin y$

$\tan(x + y) = \dfrac{\tan x + \tan y}{1 - \tan x\tan y}$

$\tan(x - y) = \dfrac{\tan x - \tan y}{1 + \tan x\tan y}$

배각 공식

$\sin 2x = 2\sin x\cos x$

$\cos 2x = \cos^2 x - \sin^2 x = 2\cos^2 x - 1 = 1 - 2\sin^2 x$

$\tan 2x = \dfrac{2\tan x}{1 - \tan^2 x}$

반각 공식

$\sin^2 x = \dfrac{1 - \cos 2x}{2}$ 　 $\cos^2 x = \dfrac{1 + \cos 2x}{2}$

구간

기호	집합 표현	그림
(a, b)	$\{x \mid a < x < b\}$	
$[a, b]$	$\{x \mid a \leq x \leq b\}$	
$[a, b)$	$\{x \mid a \leq x < b\}$	
$(a, b]$	$\{x \mid a < x \leq b\}$	
(a, ∞)	$\{x \mid x > a\}$	
$[a, \infty)$	$\{x \mid x \geq a\}$	
$(-\infty, b)$	$\{x \mid x < b\}$	
$(-\infty, b]$	$\{x \mid x \leq b\}$	
$(-\infty, \infty)$	$\mathbb{R}$ (실수 전체의 집합)	

특수 함수

멱 함수 $f(x) = x^a$

(i) $f(x) = x^n$ (n은 양의 정수) [거듭제곱 함수]

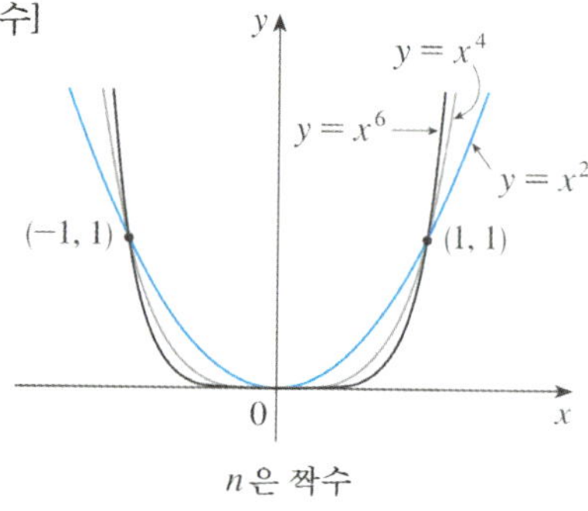

n은 짝수

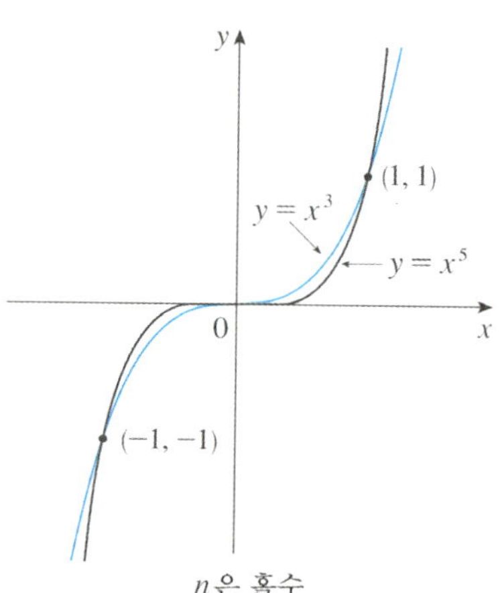

n은 홀수

(ii) $f(x) = x^{1/n} = \sqrt[n]{x}$ (n은 양의 정수) [거듭제곱근 함수]

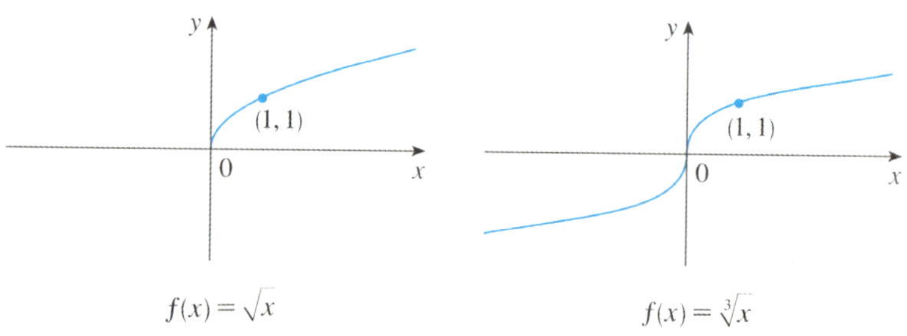

$f(x) = \sqrt{x}$ $\qquad$ $f(x) = \sqrt[3]{x}$

(iii) $f(x) = x^{-1} = \dfrac{1}{x}$

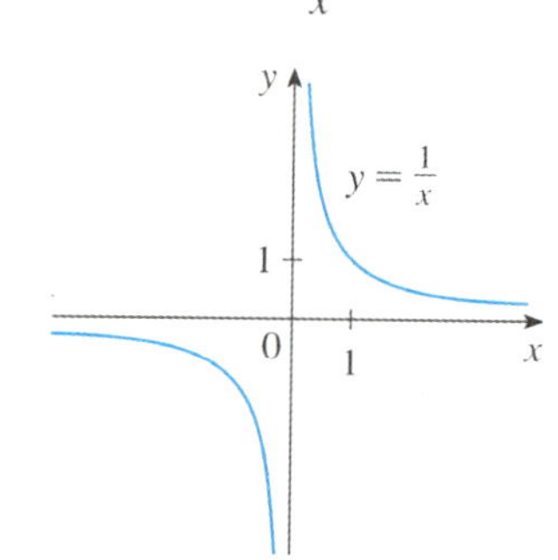

역삼각 함수

$$\arcsin x = \sin^{-1}x = y \iff \sin y = x\,,\quad -\frac{\pi}{2} \leq y \leq \frac{\pi}{2}$$

$$\arccos x = \cos^{-1}x = y \iff \cos y = x\,,\quad 0 \leq y \leq \pi$$

$$\arctan x = \tan^{-1}x = y \iff \tan y = x\,,\quad -\frac{\pi}{2} < y < \frac{\pi}{2}$$

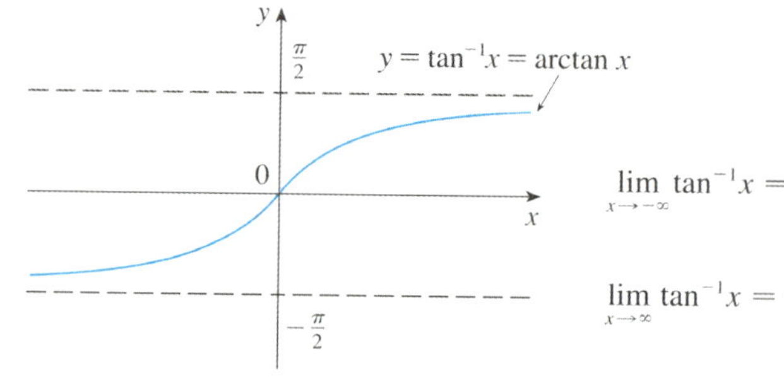

$$\lim_{x \to -\infty} \tan^{-1}x = -\frac{\pi}{2}$$

$$\lim_{x \to \infty} \tan^{-1}x = \frac{\pi}{2}$$

특수 함수

지수 · 로그 함수

$\log_a x = y \iff a^y = x$

$\ln x = \log_e x$ (단, $\ln e = 1$)

$\ln x = y \iff e^y = x$

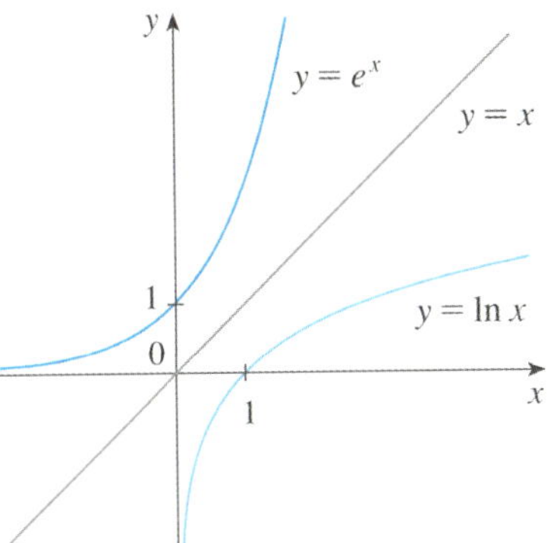

소거 방정식

$\log_a(a^x) = x \qquad a^{\log_a x} = x$

$\ln(e^x) = x \qquad e^{\ln x} = x$

로그 법칙

1. $\log_a(xy) = \log_a x + \log_a y$

2. $\log_a\left(\dfrac{x}{y}\right) = \log_a x - \log_a y$

3. $\log_a(x^r) = r\log_a x$

$\lim_{x\to-\infty} e^x = 0 \qquad \lim_{x\to\infty} e^x = \infty$

$\lim_{x\to 0^+} \ln x = -\infty \qquad \lim_{x\to\infty} \ln x = \infty$

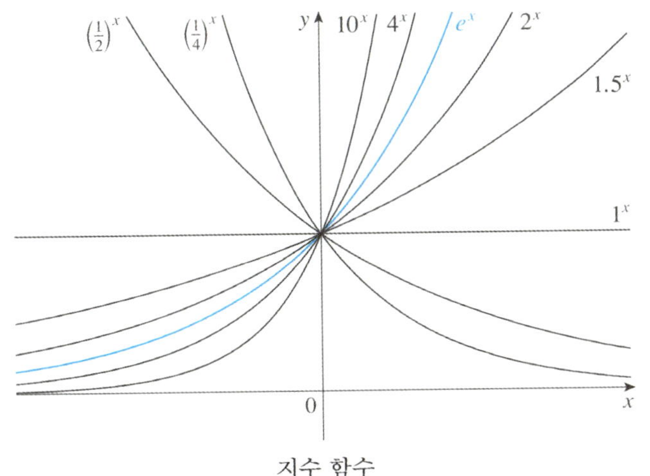

지수 함수

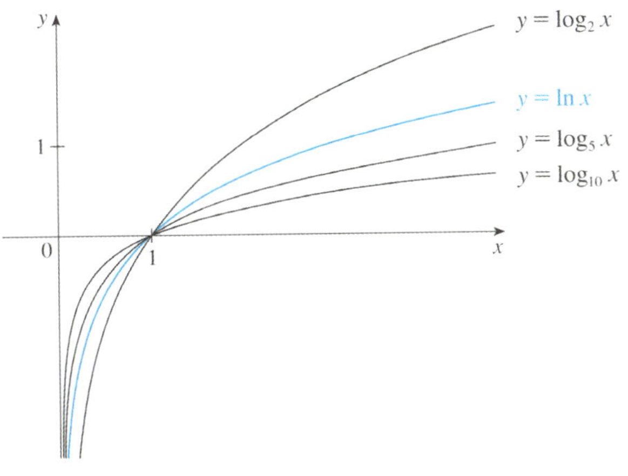

로그 함수

쌍곡선 함수

$\sinh x = \dfrac{e^x - e^{-x}}{2} \qquad \text{csch}\, x = \dfrac{1}{\sinh x}$

$\cosh x = \dfrac{e^x + e^{-x}}{2} \qquad \text{sech}\, x = \dfrac{1}{\cosh x}$

$\tanh x = \dfrac{\sinh x}{\cosh x} \qquad \coth x = \dfrac{\cosh x}{\sinh x}$

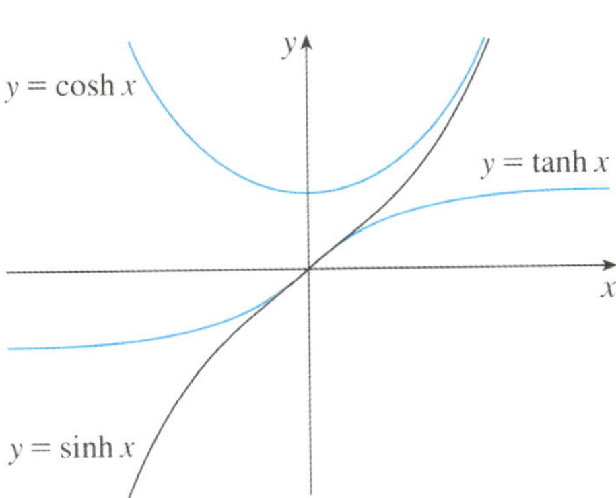

역쌍곡선 함수

$y = \sinh^{-1}x \iff \sinh y = x$

$y = \cosh^{-1}x \iff \cosh y = x \ (y \geqslant 0)$

$y = \tanh^{-1}x \iff \tanh y = x$

$\sinh^{-1}x = \ln\left(x + \sqrt{x^2+1}\right)$

$\cosh^{-1}x = \ln\left(x + \sqrt{x^2-1}\right)$

$\tanh^{-1}x = \frac{1}{2}\ln\left(\dfrac{1+x}{1-x}\right)$

미분 법칙

일반적인 미분법

1. $\dfrac{d}{dx}(c)=0$

2. $\dfrac{d}{dx}\{cf(x)\}=cf'(x)$ (상수 배의 미분법)

3. $\dfrac{d}{dx}\{f(x)+g(x)\}=f'(x)+g'(x)$ (합의 미분법)

4. $\dfrac{d}{dx}\{f(x)-g(x)\}=f'(x)-g'(x)$ (차의 미분법)

5. $\dfrac{d}{dx}\{f(x)g(x)\}=f(x)g'(x)+g(x)f'(x)$ (곱의 미분법)

6. $\dfrac{d}{dx}\left\{\dfrac{f(x)}{g(x)}\right\}=\dfrac{g(x)f'(x)-f(x)g'(x)}{\{g(x)\}^2}$ (몫의 미분법)

7. $\dfrac{d}{dx}f(g(x))=f'(g(x))g'(x)$ (연쇄 법칙)

8. $\dfrac{d}{dx}(x^n)=nx^{n-1}$ (멱의 미분법)

지수 · 로그 함수

9. $\dfrac{d}{dx}(e^x)=e^x$

10. $\dfrac{d}{dx}(a^x)=a^x\ln a$

11. $\dfrac{d}{dx}\ln|x|=\dfrac{1}{x}$

12. $\dfrac{d}{dx}(\log_a x)=\dfrac{1}{x\ln a}$

삼각 함수

13. $\dfrac{d}{dx}(\sin x)=\cos x$

14. $\dfrac{d}{dx}(\cos x)=-\sin x$

15. $\dfrac{d}{dx}(\tan x)=\sec^2 x$

16. $\dfrac{d}{dx}(\csc x)=-\csc x\cot x$

17. $\dfrac{d}{dx}(\sec x)=\sec x\tan x$

18. $\dfrac{d}{dx}(\cot x)=-\csc^2 x$

역삼각 함수

19. $\dfrac{d}{dx}(\sin^{-1}x)=\dfrac{1}{\sqrt{1-x^2}}$

20. $\dfrac{d}{dx}(\cos^{-1}x)=-\dfrac{1}{\sqrt{1-x^2}}$

21. $\dfrac{d}{dx}(\tan^{-1}x)=\dfrac{1}{1+x^2}$

22. $\dfrac{d}{dx}(\csc^{-1}x)=-\dfrac{1}{x\sqrt{x^2-1}}$

23. $\dfrac{d}{dx}(\sec^{-1}x)=\dfrac{1}{x\sqrt{x^2-1}}$

24. $\dfrac{d}{dx}(\cot^{-1}x)=-\dfrac{1}{1+x^2}$

쌍곡선 함수

25. $\dfrac{d}{dx}(\sinh x)=\cosh x$

26. $\dfrac{d}{dx}(\cosh x)=\sinh x$

27. $\dfrac{d}{dx}(\tanh x)=\text{sech}^2 x$

28. $\dfrac{d}{dx}(\text{csch}\, x)=-\text{csch}\, x\coth x$

29. $\dfrac{d}{dx}(\text{sech}\, x)=-\text{sech}\, x\tanh x$

30. $\dfrac{d}{dx}(\coth x)=-\text{csch}^2 x$

역쌍곡선 함수

31. $\dfrac{d}{dx}(\sinh^{-1}x)=\dfrac{1}{\sqrt{1+x^2}}$

32. $\dfrac{d}{dx}(\cosh^{-1}x)=\dfrac{1}{\sqrt{x^2-1}}$

33. $\dfrac{d}{dx}(\tanh^{-1}x)=\dfrac{1}{1-x^2}$

34. $\dfrac{d}{dx}(\text{csch}^{-1}x)=-\dfrac{1}{|x|\sqrt{x^2+1}}$

35. $\dfrac{d}{dx}(\text{sech}^{-1}x)=-\dfrac{1}{x\sqrt{1-x^2}}$

36. $\dfrac{d}{dx}(\coth^{-1}x)=\dfrac{1}{1-x^2}$

Cengage

Metric Version
2nd edition

ESSENTIAL CALCULUS
EARLY TRANSCENDENTALS

제2판

미분적분학 I II

일변수 함수의 미적분

James Stewart 지음
수학교재편찬위원회 옮김

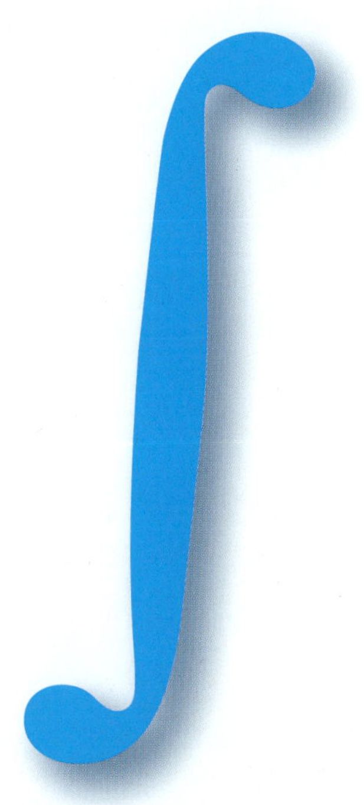

James Stewart

ESSENTIAL CALCULUS

EARLY TRANSCENDENTALS

SECOND EDITION, INTERNATIONAL METRIC VERSION

JAMES STEWART
McMaster University and University of Toronto

Australia • Brazil • Canada • Mexico • Singapore • United Kingdom • United States

Essential Calculus: Early Transcendentals, Metric Edition, vol.1,
Second Edition

James Stewart

Original edition © 2013 Brooks Cole, a part of Cengage Learning.
Essential Calculus: Early Transcendentals, Metric Edition, 2nd Edition by James Stewart
ISBN: 9781133492573

This edition is translated by license from Brooks Cole, a part of Cengage Learning, for sale in Korea only.

Vol. 1 ISBN-13: 979-11-251-0002-7

Cengage Learning Korea Ltd.
14F YTN Newsquare 76 Sangamsan-ro
Mapo-gu Seoul 03926 Korea

Printed in Korea
Print Number: 12 Print Year: 2026

지은이 머리말

이 〈미터법 국제판〉은 ≪*Essential Calculus: Early Transcendentals*, 제 2 판≫의 정규본과 몇 가지 점에서 차이가 난다.

거의 모든 보기와 익힘 문제에서 아메리카 합중국 관례 단위(US Customary units)를 미터법 단위로 바꿨다. 아주 적은 예외는 있다. 몇 가지 공학 응용에서 (주로 7.6 절에서) 일부 공학도에게는 아메리카 관례 단위에 익숙해지는 것이 유용할 수 있을 것이다. 그리고 (야구와 관련된 보기와 같이) 미터법 단위가 부적절한 몇 개의 익힘 문제에서는 아메리카 관례 단위를 유지했다.

실세계 자료와 관련된 보기와 익힘 문제들은 더욱 국제적인 자료를 사용해서 자연스럽게 바꿨다. 이에 따라 그런 대다수의 문제에서 자료는 아메리카가 아닌 다른 나라에서 나왔다. 예를 들면, 다른 많은 나라의 예가 있지만 홍콩 우편 요금, 캐나다 국채, 오스트레일리아의 실업률, 터키 앙카라의 일조 시간, 아르헨티나 지방의 인구 비율, 말레이시아 · 인도네시아 · 멕시코 · 인도 등 네 나라의 인구, 온타리오의 전력 소비 등이 있다.

미터법 단위를 사용하고 더욱 국제적인 자료를 사용해서 문제를 바꾸었을 뿐만 아니라, 많은 문제도 바꿨다. 이에 따라 약 10%의 익힘 문제가 정규본과 다르다. (제 1 판과는 약 40%의 익힘 문제가 다르다.)

이 책의 집필 철학

이 책은 미분 적분학 교과서가 지나치게 크다고 생각하는 교수들의 요구에 부응하기 위해 썼다. 이 책을 쓰면서 스스로에게 물었다. 어떤 내용이 자연 과학도와 공학도를 위한 세 학기 미분 적분학 과정에서 필수적인가?

이 책의 분량은 본인이 쓴 다른 미분 적분학 책(*Calculus* 제 7 판, 미터법 국제판, *Calculus, Early Transcendentals* 제 7 판, 미터법 국제판)의 분량의 약 3분의 2이다. 그렇지만 이 책에는 똑같은 주제가 거의 모두 포함되어 있다. 상대적으로 간결하게 된 이유는 주로 설명을 간략하게 하고 그림 중 일부를 웹사이트 〈www.stewartcalculus.com〉으로 옮겼기 때문이다. 책의 분량을 줄인 방법을 좀 더 자세하게 설명하면 다음과 같다.

- 주제들을 효율적인 방법으로 조직했고, 일부 절은 더욱 간략하게 설명했다.
- 공간을 절약하도록 디자인했다. 특히, 각 장에서 시작 부분의 여백과 사진을 제거했다.
- 보기의 개수를 조금 줄였다. 추가적인 보기는 온라인으로 제공한다.

- 익힘 문제의 개수를 약간 줄였지만, 대부분의 교수는 이 정도로도 충분하다고 생각할 것이다. 게다가, 교수는 학력 평가 문제를 웹사이트를 통해 접근할 수 있다.
- 프로젝트 과제가 학생들에게 매우 바람직한 경험일 수 있다고 생각하지만, 이런 과제는 이 책에서 빼서 웹사이트로 옮겼다.
- 문제 해결 원리에 대한 논의와 각 장에 있던 도전 문제들도 웹사이트로 옮겼다.

책의 분량은 줄었지만, 현대적인 맛은 여전히 느낄 수 있다. 본인의 다른 책들만큼 두드러지지는 않지만, 개념적인 이해와 공학 기술적인 면은 소홀히 하지 않았다.

다른 미분 적분학 책 소개

본인은 다른 미분 적분학 교과서를 여러 가지 썼는데, 교수에 따라 선호하는 것이 다를 수 있다. 대부분은 일변수 함수와 다변수 함수를 모두 다룬다.

- *Essential Calculus*(제 2 판, 미터법 국제판)는 이 책과 비슷한데, 다른 점은 로그 함수를 적분으로 정의하고 이에 따라 지수 · 로그 · 역삼각 함수를 이 책보다 나중에 다룬다.
- *Calculus, Early Transcendentals*(제 7 판, 미터법 국제판)는 이 책보다 미분 적분학을 약간 더 많은 보기와 익힘 문제를 사용해서 좀 더 완전하게 다룬다.
- *Calculus*(제 7 판, 미터법 국제판)는 *Calculus, Early Transcendentals*(제 7 판, 미터법 국제판)와 비슷한데, 다른 점은 지수 · 로그 · 역삼각 함수를 둘째 학기에 다룬다.
- *Calculus: Concepts and Contexts*(제 4 판, 미터법 국제판)는 개념의 이해를 강조한다. 주제의 범위는 백과사전과 같지 않다. 초월 함수와 매개 방정식에 관한 내용은 별도의 장에서 다루지 않고 책 전체의 여기저기에 엮여있다.
- *Calculus: Early Vectors*는 첫째 학기에 벡터와 벡터 함수를 도입하고, 책 전체에서 통합하고 있다. 이 책은 공학과 물리학 과목을 미분 적분학과 함께 수강하는 학생들에게 적절하다.
- *Brief Applied Calculus*(국제판)는 경영학, 사회 과학, 생명 과학을 전공하는 학생들을 위한 것이다.

제 2 판의 새로운 점

이번 판의 변화는 토론토 대학교의 동료와 학생들과의 논의와 함께 이 책의 독자와 검토자들의 제안을 반영한 결과이다. 이번 판에 포함시킨 많은 개선 사항 중 일부는 다음과 같다.

- 이 책의 시작 부분에는 기초 대수학, 해석 기하학, 함수, 삼각법 등 네 분야 각각에 관한 진단 평가가 있다. 답이 제시되어 있고 좋은 점수를 받지 못한 학생에게는 도움을 얻을 수 있는 위치(부록, 제1장의 복습 문제, 웹사이트)를 언급하고 있다.
- 7.5 절(회전면의 넓이)은 새로 추가했다. 검토자들에게 제 1 판에서 빠진 필수적인 주제가 있는지를 물었는데, 두 명 이상이 언급한 주제는 이것이 유일했다.
- 일부 내용은 훨씬 더 명확하고 더 좋은 동기 부여를 위해 다시 썼다. 예를 들어 215~216쪽의 최댓값과 최솟값의 도입과 473쪽의 급수의 도입을 보라.

- 새로운 보기를 추가했다. (예를 들어 791쪽의 보기 4를 보라.) 그리고 기존의 보기 중에서 일부에 대한 풀이는 더 자세히 서술했다. 딱 들어맞는 사례로, 보기 1.4.9를 더 자세히 서술했다. 제1판으로 1.4 절을 가르치면서 학생들이 조임 정리(샌드위치 정리)를 위한 부등식을 설정할 때 더 많은 지도가 필요함을 알게 됐다.
- 보기와 익힘 문제의 자료를 좀 더 최근의 것으로 바꿨다.
- 여백의 역사적인 주석을 몇 가지 더 추가했다.
- 익힘 문제 중에서 약 40%는 새로운 것이다. 본인이 특히 좋아하는 문제 몇 개는 다음과 같다. 1.6.43, 2.2.13~14, 2.5.59, 2.6.39~40, 3.2.70, 4.3.66, 5.3.44~45, 7.6.24, 8.2.29~30, 8.7.67~68, 10.1.38, 10.4.43~44.
- *Tools for Enriching Calculus*(TEC)에서 동영상을 완전히 새롭게 설계했는데, Enhanced WebAssign과 CourseMate에서 이용할 수 있다.

내 용

진단 평가 ■ 이 책은 기초 대수학, 해석 기하학, 함수, 삼각법 등 네 분야 각각에 관한 진단 평가로 시작한다.

제 1 장 함수와 극한 ■ 기본적인 함수들을 간략하게 다시 알아본 뒤에, 극한과 연속의 개념을 도입한다. 여기에는 삼각 함수의 극한과 무한대와 관련된 극한 및 극한에 대한 명확한 정의도 포함된다.

제 2 장 도함수 ■ 도함수에 관한 내용을 두 절에서 다루어, 학생들에게 함수로서의 도함수 개념에 익숙해질 수 있는 시간을 주었다. 사인 함수와 코사인 함수의 도함수에 대한 공식은 기본적인 미분 공식에 관한 절에서 유도한다. 익힘 문제에서는 다양한 상황에서 도함수의 의미를 탐구한다.

제 3 장 역함수 : 지수 · 로그 · 역삼각 함수 ■ 지수 함수를 먼저 정의하고, 수 e 를 극한으로 정의한다. 다음에 로그 함수를 지수 함수의 역함수로 정의한다. 지수적 증가와 감소에 관한 활용이 뒤따른다. 역삼각 함수와 쌍곡선 함수도 여기서 다룬다. 로피탈의 법칙이 이 장에 포함되는데, 초월 함수의 극한을 찾을 때 이것이 매우 자주 필요하기 때문이다.

제 4 장 미분의 활용 ■ 극값과 곡선의 모양에 관한 기초적인 사실들을 평균값 정리로부터 유도한다. 곡선 그리기에 관한 절에서는 공학 기술 도구로 그래프를 그리는 방법도 간략히 다룬다. 최적화 문제에 관한 절에서는 경영과 경제에의 활용을 간략하게 논의한다.

제 5 장 적분 ■ 넓이 문제와 거리 문제는 정 적분을 정의하는 동기로 삼고, 필요에 따라 합의 기호를 도입한다. (합의 기호는 부록 B에서 완전히 다룬다.) (길이가 같지 않은 부분 구간을 이용한) 아주 일반적인 정 적분의 정의를 먼저 제시하고, 정규 분할을 이용한다. 다양한 상황에서 적분의 뜻에 대한 설명 및 그래프와 표로부터 그 값을 어림하는 방법을 강조한다.

제 6 장 적분의 기법 ■ 표준적인 모든 방법을 다루며, 컴퓨터 대수 체계, 수치적 방법, 특이 적분도 함께 알아본다.

제 7 장 적분의 활용 ■ 일반적인 방법들을 강조한다. 목표는 학생들이 수량을 작은 조각으로 나누고 리만 합을 어림하며 그 극한을 적분으로 인식할 수 있게 하는 것이다. 이 장은 미분 방정식의 도입으로 끝을 맺는데, 분리 가능한 방정식과 방향 마당이 포함된다.

제 8 장 급수 ■ 수렴 판정법들을 직관적으로 정당화하고, 이와 함께 형식적으로 증명한다. 테일러 급수와 다항 함수 및 물리학에의 활용을 강조한다. 오차 분석은 (라그랑주의 나머지 항이 있는) 테일러 공식과 그래프 그리기 장치에 근거해서 알아본다.

제 9 장 매개 방정식과 극 좌표 ■ 이 장에서는 매개 곡선과 극 곡선을 도입하고, 이에 미분 적분학의 방법을 적용한다. 극 좌표로 원뿔 곡선을 간략하게 다루는데, 이는 제 10 장에서 케플러의 법칙을 설명하는 방법을 제공한다.

제 10 장 벡터와 공간 기하학 ■ 이 장에서는 벡터, 내적과 외적, 직선, 평면, 곡면에 관한 내용과 함께, 벡터 값 함수, 공간 곡선의 길이와 곡률, 공간 곡선을 따른 속도와 가속도를 다루며, 케플러의 법칙으로 끝을 맺는다.

제 11 장 편도함수 ■ 많은 학생이 이 장의 개념들을 머릿속으로 그리는 데 어려움을 겪기 때문에, 그래프, 등고선 지도, 방향 도함수, 물매 벡터, 라그랑주 곱수와 같은 개념을 설명할 때 사실적인 그림들을 특별히 강조해서 넣었다.

제 12 장 다중 적분 ■ 원기둥 좌표와 구면 좌표를 삼중 적분의 값을 찾는 상황에서 도입한다.

제 13 장 벡터 해석 ■ 선 적분의 기본 정리, 그린의 정리, 스토크스의 정리, 발산 정리 사이의 유사성을 강조한다.

웹사이트

웹사이트 〈www.stewartcalculus.com〉에는 다음과 같은 내용이 포함되어 있다.

- 대수학, 삼각법, 해석 기하학, 원뿔 곡선 복습
  Algebra, Trigonometry, Analytic Geometry, Conic Sections
- 과제 귀띔 Homework Hints
- 추가적인 보기 Additional Examples
- 프로젝트 과제 Projects
- 학력 평가 문제(본인이 쓴 다른 책들의 이전 판에 있던 익힘 문제)와 그 풀이
  Achieved Problems
- 도전 문제 Challenge Problems
- 계산기와 컴퓨터 Lie My Computer and Computer Told Me
- 추가적인 주제(익힘 문제 포함): 문제 해결 원리, 적분 전략, 급수 판정 전략, 푸리에 급수, 선형 미분 방정식, 이계 선형 미분 방정식, 비동차 선형 방정식, 이계 미분 방정식의 활용, 급수를 이용한 미분 방정식의 풀이, 복소수, 축의 회전 Additional Topics
- 특별한 주제를 위한 외부 웹사이트로의 접속
- 수학의 역사 및 더 좋은 역사 웹사이트로의 접속 History of Mathematics
- 제 2 장과 5 장을 TEC 동영상

감사의 말씀

이 책을 세심하게 읽어주고 의견을 준 다음 분들에게 감사드린다.

제 2 판 검토자

Allison Arnold, *University of Georgia*

Rachel Belinsky, *Georgia State University*

Geoffrey D. Birky, *Georgetown University*

Przemyslaw Bogacki, *Old Dominion University*

Mark Brittenham, *University of Nebraska at Lincoln*

Katrina K. A. Cunningham, *Southern University* and *A&M College*

Morley Davidson, *Kent State University*

M. Hilary Davies, *University of Alaska Anchorage*

Shelby J. Kilmer, *Missouri State University*

Ilya Kofman, *College of Staten Island*, CUNY

Ramendra Krishna Bose, *University of Texas-Pan American*

Melvin Lax, *California State University Long Beach*

Derek Martinez, *Central New Mexico Community College*

Alex M. McAllister, *Centre College*

Michael McAsey, *Bradley University*

Humberto Munoz, *Southern University* and *A&M College*

Charlotte Newsom, *Tidewater Community College*

Michael Price, *University of Oregon*

Joe Rody, *Arizona State University*

David Shannon, *Transylvania University*

제 1 판 검토자

Ulrich Albrecht, *Auburn University*

Christopher Butler, *Case Western Reserve University*

Joe Fisher, *University of Cincinnati*

John Goulet, *Worchester Polytechnic Institute*

Irvin Hentzel, *Iowa State University*

Joel Irish, *University of Southern Maine*

Mary Nelson, *University of Colorado, Boulder*

Ed Slaminka, *Auburn University*

Li (Jason) Zhongshan, *Georgia State University*

제 1 판을 가르치고 여러 가지 제안을 해준 Jim Propp(University of Massachusetts-Lowell)에게도 감사드린다.

더불어, 제작을 담당한 Kathi Townes와 Stephanie Kuhns 및 다음 Brooks/Cole 직원들에게 감사드린다. Cheryll Linthicum(editorial content project manager), Vernon Boes(art director), Gorden Lee와 Ryan Ahern(marketing team), Maureen Ross(media editor), Carolyn Lewis(developmental editor), Elizabeth Neustaetter(assistant editor), Stephanie Kreuz(editorial assistant), Roberta Broyer(rights acquisitions specialist), Becky Cross(manufacturing planner), Denise Davidson(cover designer). 이 모두는 자기의 임무를 훌륭하게 수행했다.

이 책은 편집자 Bob Pirtle의 발상인데, 그는 수많은 교수로부터 분량이 훨씬 더 적은 미분 적분학 교과서를 원한다는 말을 들었다. 이런 발상을 제 2 판에서 유지하고 지지한 현 편집자 Liz Covello에게 감사드린다.

제임스 스튜어트(James Stewart)

옮긴이 머리말

이 책은 제임스 스튜어트(James Stewart)의 *Essential Calculus* Early Transcendentals, 2nd edition(미터법 국제판)을 다음과 같은 점을 염두에 두고 본문은 물론 문제까지 빠짐없이 번역했다.

1. 가능한 한 우리나라 중·고등학교 교육과정과 교과서의 용어와 기호를 따랐다. 이를테면 'extreme value theorem'을 '최대·최소 정리'로 번역했고, 함수의 정의역을 ( ) 안에 넣어 나타냈다. 또, 원서에서는 여러 가지 괄호가 포함된 식에서 소괄호 ( ) 다음에 대괄호 [ ]를 사용했는데, 여기서는 우리의 관례에 따라 이런 경우의 대괄호는 중괄호 { }로 바꿨다. 다만, 선분은 원서와 같이 $|PQ|$로 나타냈는데, 이는 벡터의 크기를 나타내는 기호 $|\mathbf{a}|$ 등과 통일시키기 위함이다.

2. 용어는 ≪대학수학회 용어집≫ 등을 참고하면서 우리말이 있는 경우에는 적극적으로 이를 반영했다. 이를테면 'astroid'를 통상적인 표현 '성망형' '성형선' '아스트로이드' 등이 아니라 여기서는 쉽게 알 수 있도록 '별모양선'으로 번역했다. 또, 'be bounded'는 '유계이다'라는 표현보다는 '갇혀있다'고 했다.

3. 긴 용어의 경우에는 한글맞춤법에 따라 그리고 이해를 돕기 위해 가능한 한 단어별로 띄어 써서, '좌표 평면' '부정 적분' '직교 좌표' 등과 같이 나타냈다. 한 음절 단어도 통일적인 표현을 위해 '정 적분' '선 적분' '극 좌표' 등과 같이 띄어 쓴 경우가 많이 있다.

4. 원서에서와 같이 기호 ⊞는 그래프 계산기나 그래프 그리기 소프트웨어가 있는 컴퓨터를 반드시 사용해야 하는 익힘 문제를 가리킨다. 기호 CAS는 Derive, Maple, Mathematica, TI-89/92 등과 같은 컴퓨터 대수 체계(computer algebra system)를 사용할 필요가 있는 문제를 가리킨다. 기호 ⊘도 접하게 되는데, 이는 오류를 범할 수 있는 상황을 경고하기 위함이다.

옮긴이

진단 평가

미분 적분학을 성공적으로 배우기 위해서는 이 과목에 앞서 배우는 분야인 대수학, 해석 기하학, 함수, 삼각법을 충실하게 잘 알고 있어야 한다. 다음 진단 평가의 목적은 이런 분야를 학생들이 얼마나 잘 알고 있는지 그리고 어느 분야에 약한지를 알아보는 것이다. 각 평가 문제를 푼 뒤에는 주어진 답으로 채점하고, 필요하면 제시한 검토 자료를 참조해서 학생 자신의 기량을 새롭게 보완하기 바란다.

A 진단 평가: 대수학

1. 계산기를 사용하지 말고, 다음 각 식의 값을 셈하라.
   (a) $(-3)^4$ (b) -3^4 (c) 3^{-4}
   (d) $\dfrac{5^{23}}{5^{21}}$ (e) $\left(\dfrac{2}{3}\right)^{-2}$ (f) $16^{-3/4}$

2. 다음 각 식을 간단히 하라. 음의 지수를 사용하지 말고 답을 써라.
   (a) $\sqrt{200} - \sqrt{32}$
   (b) $(3a^3b^3)(4ab^2)^2$
   (c) $\left(\dfrac{3x^{3/2}y^3}{x^2y^{-1/2}}\right)^{-2}$

3. 다음을 전개하고 간단히 하라.
   (a) $3(x+6)+4(3x-5)$ (b) $(x+3)(4x-5)$
   (c) $(\sqrt{a}+\sqrt{b})(\sqrt{a}-\sqrt{b})$ (d) $(2x+3)^2$
   (e) $(x+2)^3$

4. 다음 각 식을 인수 분해하라.
   (a) $4x^2-25$ (b) $2x^2+5x-12$
   (c) $x^3-3x^2-4x+12$ (d) x^4+27x
   (e) $3x^{3/2}-9x^{1/2}+6x^{-1/2}$ (f) x^3y-4xy

5. 다음 유리식을 간단히 하라.
   (a) $\dfrac{x^2+3x+2}{x^2-x-2}$ (b) $\dfrac{2x^2-x-1}{x^2-9}\cdot\dfrac{x+3}{2x+1}$
   (c) $\dfrac{x^2}{x^2-4}-\dfrac{x+1}{x+2}$ (d) $\dfrac{\dfrac{y}{x}-\dfrac{x}{y}}{\dfrac{1}{y}-\dfrac{1}{x}}$

6. 다음 식을 유리화하고 간단히 하라.

(a) $\dfrac{\sqrt{10}}{\sqrt{5}-2}$

(b) $\dfrac{\sqrt{4+h}-2}{h}$

7. 다음을 완전 제곱식을 이용해서 다시 써라.

(a) x^2+x+1

(b) $2x^2-12x+11$

8. 다음 방정식을 풀어라. (실수 해만을 찾아라.)

(a) $x+5=14-\frac{1}{2}x$

(b) $\dfrac{2x}{x+1}=\dfrac{2x-1}{x}$

(c) $x^2-x-12=0$

(d) $2x^2+4x+1=0$

(e) $x^4-3x^2+2=0$

(f) $3|x-4|=10$

(g) $2x(4-x)^{-1/2}-3\sqrt{4-x}=0$

9. 다음 부등식을 풀어라. 답을 구간 표기법으로 나타내라.

(a) $-4<5-3x\leq 17$

(b) $x^2<2x+8$

(c) $x(x-1)(x+2)>0$

(d) $|x-4|<3$

(e) $\dfrac{2x-3}{x+1}\leq 1$

10. 다음 등식이 참인지 거짓인지 말하라.

(a) $(p+q)^2=p^2+q^2$

(b) $\sqrt{ab}=\sqrt{a}\sqrt{b}$

(c) $\sqrt{a^2+b^2}=a+b$

(d) $\dfrac{1+TC}{C}=1+T$

(e) $\dfrac{1}{x-y}=\dfrac{1}{x}-\dfrac{1}{y}$

(f) $\dfrac{1/x}{a/x-b/x}=\dfrac{1}{a-b}$

A 대수학 진단 평가의 답

1. (a) 81 (b) -81 (c) $\frac{1}{81}$ (d) 25 (e) $\frac{9}{4}$ (f) $\frac{1}{8}$

2. (a) $6\sqrt{2}$ (b) $48a^5b^7$ (c) $\dfrac{x}{9y^7}$

3. (a) $11x-2$ (b) $4x^2+7x-15$ (c) $a-b$ (d) $4x^2+12x+9$ (e) $x^3+6x^2+12x+8$

4. (a) $(2x-5)(2x+5)$ (b) $(2x-3)(x+4)$ (c) $(x-3)(x-2)(x+2)$
   (d) $x(x+3)(x^2-3x+9)$ (e) $3x^{-1/2}(x-1)(x-2)$ (f) $xy(x-2)(x+2)$

5. (a) $\dfrac{x+2}{x-2}$ (b) $\dfrac{x-1}{x-3}$ (c) $\dfrac{1}{x-2}$ (d) $-(x+y)$

6. (a) $5\sqrt{2}+2\sqrt{10}$ (b) $\dfrac{1}{\sqrt{4+h}+2}$

7. (a) $(x+\frac{1}{2})^2+\frac{3}{4}$ (b) $2(x-3)^2-7$

8. (a) 6 (b) 1 (c) $-3,\ 4$ (d) $-1\pm\frac{1}{2}\sqrt{2}$ (e) $\pm1,\ \pm\sqrt{2}$ (f) $\frac{2}{3},\ \frac{22}{3}$ (g) $\frac{12}{5}$

9. (a) $[-4,\ 3)$ (b) $(-2,\ 4)$ (c) $(-2,\ 0)\cup(1,\ \infty)$ (d) $(1,\ 7)$ (e) $(-1,\ 4]$

10. (a) 거짓 (b) 참 (c) 거짓 (d) 거짓 (e) 거짓 (f) 참

> 여기의 문제를 어렵게 생각하면, 웹사이트 〈www.stewartcalculus.com〉에 있는 Review of Algebra(대수학 복습)를 참조하라.

B 진단 평가: 해석 기하학

1. 점 $(2,\ -5)$를 지나고, 다음과 같은 직선의 방정식을 찾아라.
   (a) 기울기가 -3이다.
   (b) x축과 평행하다.
   (c) y축과 평행하다.
   (d) 직선 $2x-4y=3$과 평행하다.

2. 중심이 $(-1,\ 4)$이고 점 $(3,\ -2)$를 지나는 원의 방정식을 찾아라.

3. 방정식이 $x^2+y^2-6x+10y+9=0$인 원의 중심과 반지름을 찾아라.

4. 좌표 평면에 있는 두 점 $A(-7,\ 4)$와 $B(5,\ -12)$를 생각하자.
   (a) A와 B를 지나는 직선의 기울기를 찾아라.
   (b) A와 B를 지나는 직선의 방정식을 찾아라. 절편은 무엇인가?
   (c) 선분 AB의 중점을 찾아라.
   (d) 선분 AB의 길이를 찾아라.
   (e) 선분 AB의 수직 이등분선의 방정식을 찾아라.
   (f) 선분 AB가 지름인 원의 방정식을 찾아라.

5. 다음 방정식 또는 부등식으로 정의된 xy평면의 영역을 그림으로 나타내라.
   (a) $-1\le y\le 3$ (b) $|x|<4,\ \ |y|<2$
   (c) $y<1-\frac{1}{2}x$ (d) $y\ge x^2-1$
   (e) $x^2+y^2<4$ (f) $9x^2+16y^2=144$

B 해석 기하학 진단 평가의 답

1. (a) $y = -3x + 1$ (b) $y = -5$ (c) $x = 2$ (d) $y = \frac{1}{2}x - 6$
2. $(x+1)^2 + (y-4)^2 = 52$
3. 중심 $(3, -5)$, 반지름 5
4. (a) $-\frac{4}{3}$ (b) $4x + 3y + 16 = 0$, x 절편 -4, y 절편 $-\frac{16}{3}$ (c) $(-1, -4)$
   (d) 20 (e) $3x - 4y = 13$ (f) $(x+1)^2 + (y+4)^2 = 100$
5. (a)

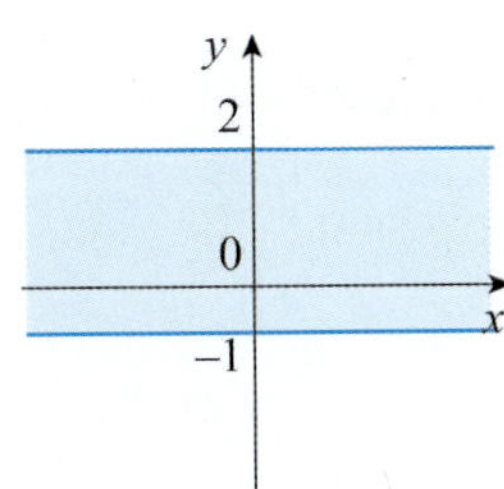

(b)

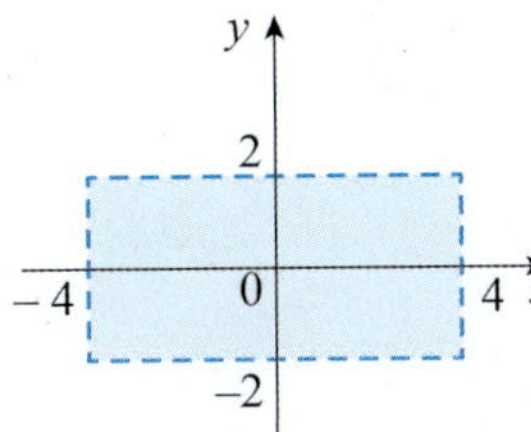

(c)

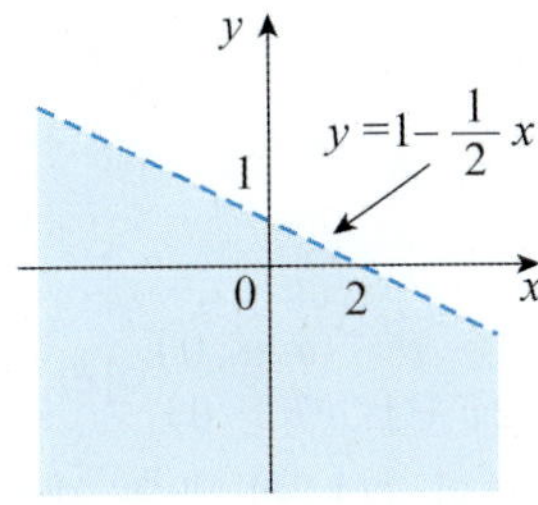

(d)

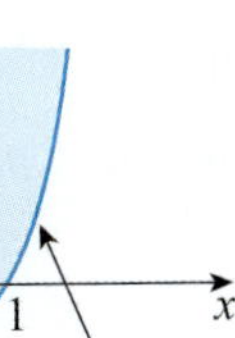

(e)

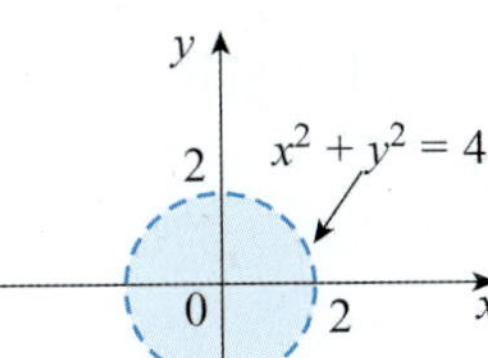

(f)

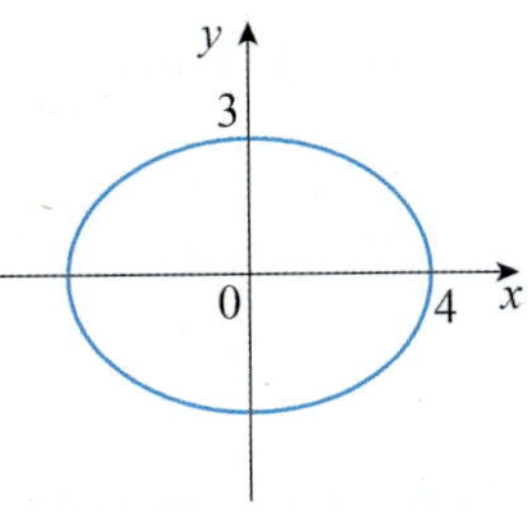

여기의 문제를 어렵게 생각하면, 웹사이트 〈www.stewartcalculus.com〉에 있는 해석 기하학 복습을 참조하라.

C 진단 평가: 함수

1. 함수 f 의 그래프는 오른쪽 그림과 같다.
   (a) $f(-1)$의 값을 써라.
   (b) $f(2)$의 값을 어림하라.
   (c) x 의 어떤 값에 대해 $f(x) = 2$인가?
   (d) $f(x) = 0$인 x 의 값을 어림하라.
   (e) f 의 정의역과 치역을 말하라.

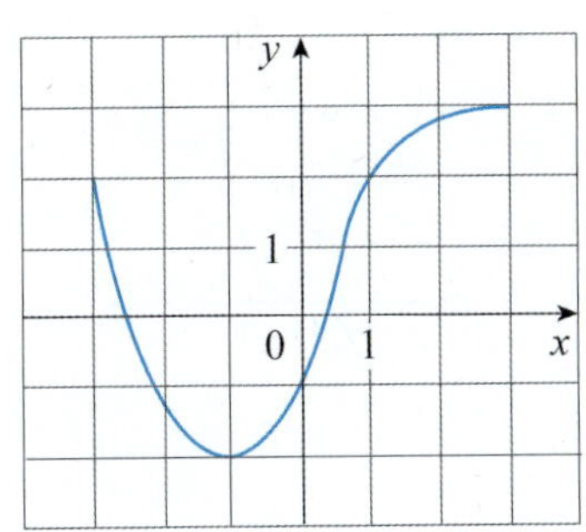

2. $f(x) = x^3$일 때, 차분 몫 $\dfrac{f(2+h) - f(2)}{h}$의 값을 찾고 답을 간단히 하라.

3. 다음 함수의 정의역을 찾아라.

(a) $f(x)=\dfrac{2x+1}{x^2+x-2}$ (b) $g(x)=\dfrac{\sqrt[3]{x}}{x^2+1}$ (c) $h(x)=\sqrt{4-x}+\sqrt{x^2-1}$

4. 함수 f 의 그래프로부터 다음 함수의 그래프는 어떻게 얻을 수 있는가?

(a) $y=-f(x)$ (b) $y=2f(x)-1$ (c) $y=f(x-3)+2$

5. 계산기를 사용하지 말고, 다음 함수의 그래프를 개략적으로 그려라.

(a) $y=x^3$ (b) $y=(x+1)^3$ (c) $y=(x-2)^3+3$

(d) $y=4-x^2$ (e) $y=\sqrt{x}$ (f) $y=2\sqrt{x}$

(g) $y=-2^x$ (h) $y=1+x^{-1}$

6. $f(x)=\begin{cases}1-x^2 & (x\le 0)\\ 2x+1 & (x>0)\end{cases}$이라 하자.

(a) $f(-2)$와 $f(1)$의 값을 찾아라. (b) f 의 그래프를 그려라.

7. $f(x)=x^2+2x-1$과 $g(x)=2x-3$에 대해 다음 함수를 찾아라.

(a) $f\circ g$ (b) $g\circ f$ (c) $g\circ g\circ g$

C 함수 진단 평가의 답

1. (a) -2 (b) 2.8 (c) -3, 1 (d) -2.5, 0.3 (e) $[-3, 3]$, $[-2, 3]$
2. $12+6h+h^2$
3. (a) $(-\infty, -2)\cup(-2, 1)\cup(1, \infty)$ (b) $(-\infty, \infty)$, (c) $(-\infty, -1]\cup[1, 4]$
4. (a) x 축에 대한 대칭 이동 (b) 2배 만큼 연직 방향으로 늘리고 아래로 1단위 평행 이동
   (c) 오른쪽으로 3단위 평행 이동하고 위로 2단위 평행 이동
5. (a) (b) (c) (d)

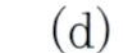

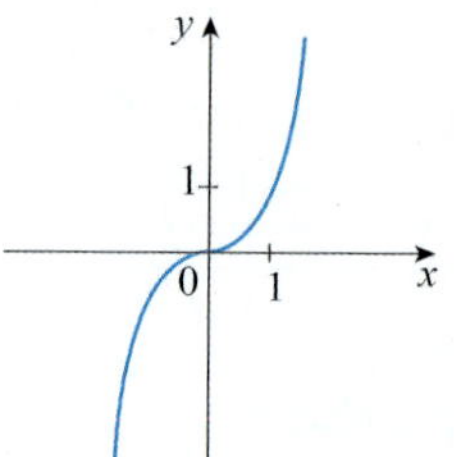

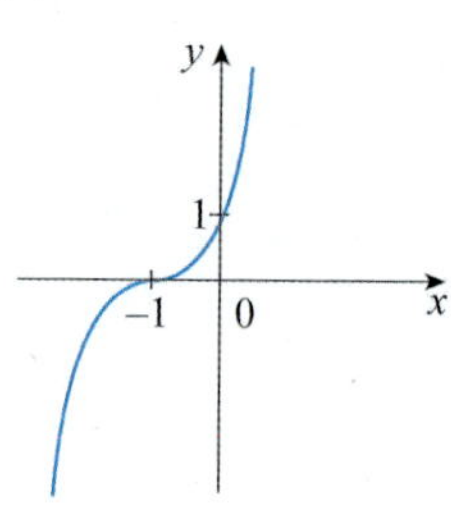

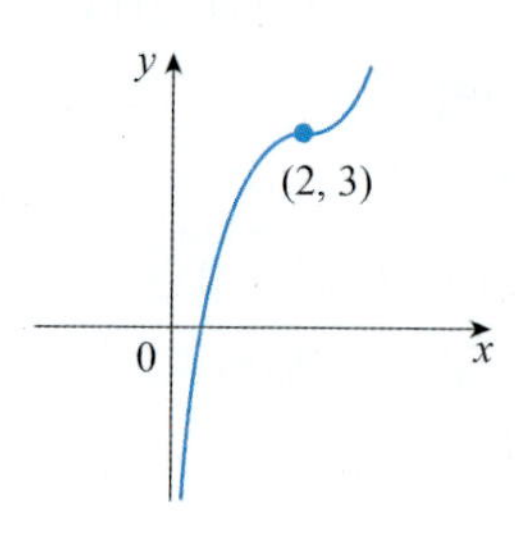

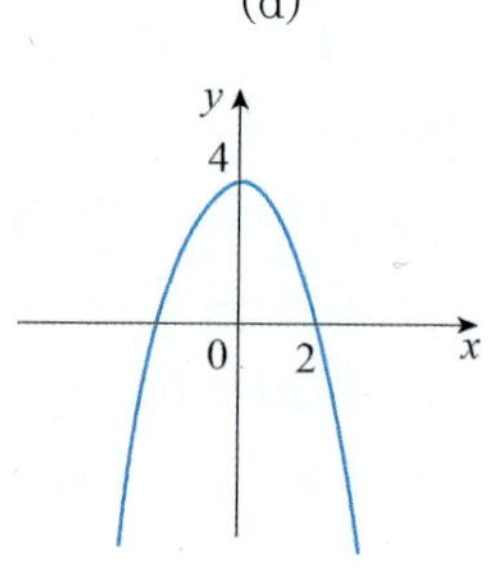

(e)

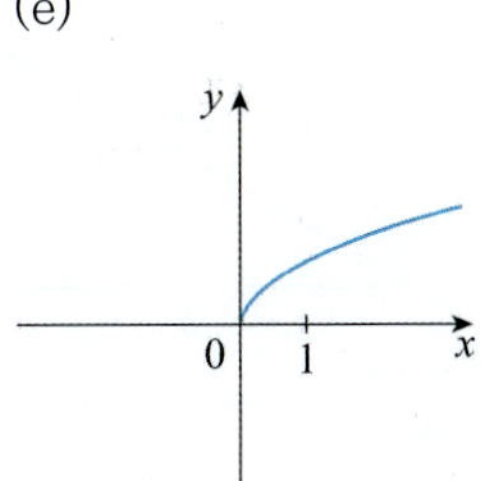

(f)

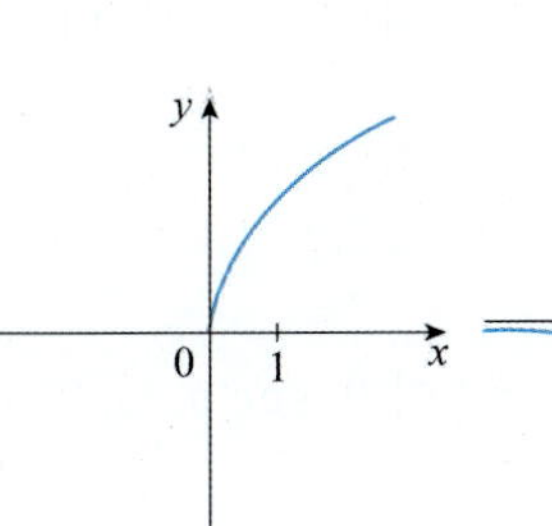

(g)

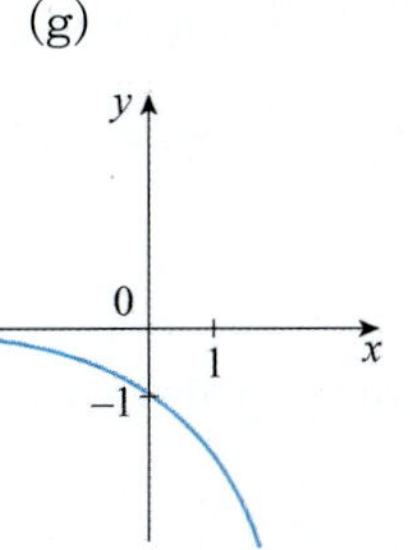

(h)

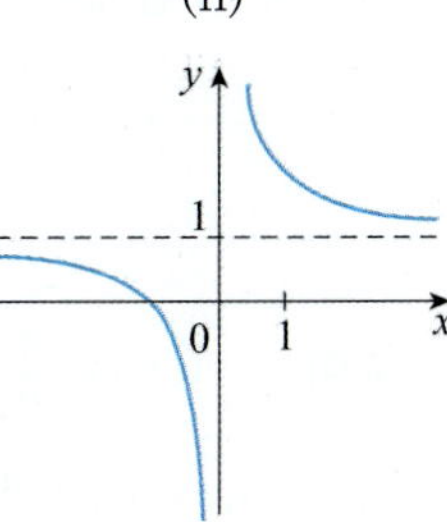

6. (a) $-3,\ 3$ 

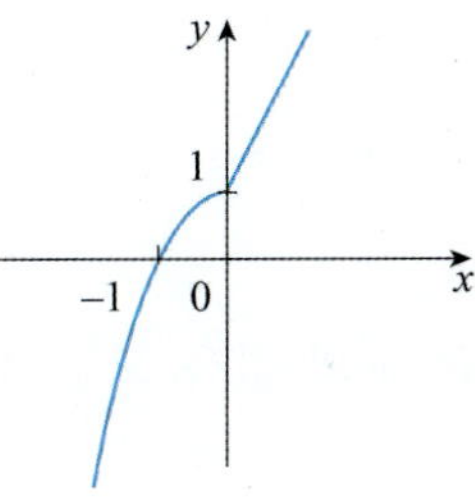

7. (a) $(f \circ g)(x) = 4x^2 - 8x + 2$ (b) $(g \circ f)(x) = 2x^2 + 4x - 5$ (c) $(g \circ g \circ g)(x) = 8x - 21$

여기의 문제를 어렵게 생각하면, 이 책의 1.1 절과 1.2 절을 보라.

D 진단 평가: 삼각법

1. 다음 육십분법을 호도법으로 바꿔라.

   (a) $300°$ (b) $-18°$

2. 다음 호도법을 육십분법으로 바꿔라.

   (a) $\dfrac{5\pi}{6}$ (b) 2

3. 반지름이 12 cm 인 원에서 중심각이 30° 인 호의 길이를 찾아라.

4. 다음의 정확한 값을 찾아라.

   (a) $\tan\dfrac{\pi}{3}$ (b) $\sin\dfrac{7\pi}{6}$ (c) $\sec\dfrac{5\pi}{3}$

5. 오른쪽 그림에서 두 변의 길이 a와 b를 θ의 식으로 나타내라.

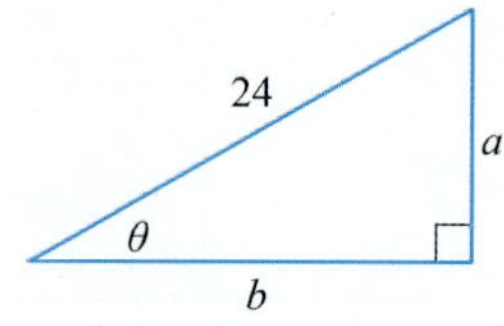

6. x와 y가 0과 $\frac{\pi}{2}$ 사이의 값이고 $\sin x = \frac{1}{3}$이며 $\sec y = \frac{5}{4}$일 때, $\sin(x+y)$의 값을 찾아라.

7. 다음 등식을 증명하라.
   (a) $\tan\theta \sin\theta + \cos\theta = \sec\theta$
   (b) $\dfrac{2\tan x}{1+\tan^2 x} = \sin 2x$

8. $0 \le x \le 2\pi$ 일 때, $\sin 2x = \sin x$ 를 만족시키는 x 의 값을 모두 찾아라.

9. 계산기를 사용하지 말고, 함수 $y = 1 + \sin 2x$ 의 그래프를 그려라.

D 삼각법 진단 평가의 답

1. (a) $\dfrac{5\pi}{3}$ (b) $-\dfrac{\pi}{10}$
2. (a) $150°$ (b) $\dfrac{360°}{\pi} \approx 114.6°$
3. $2\pi\,\text{cm}$
4. (a) $\sqrt{3}$ (b) $-\frac{1}{2}$ (c) 2
5. (a) $24\sin\theta$ (b) $24\cos\theta$
6. $\frac{1}{15}(4+6\sqrt{2})$
8. $0,\ \dfrac{\pi}{3},\ \pi,\ \dfrac{5\pi}{3},\ 2\pi$
9.

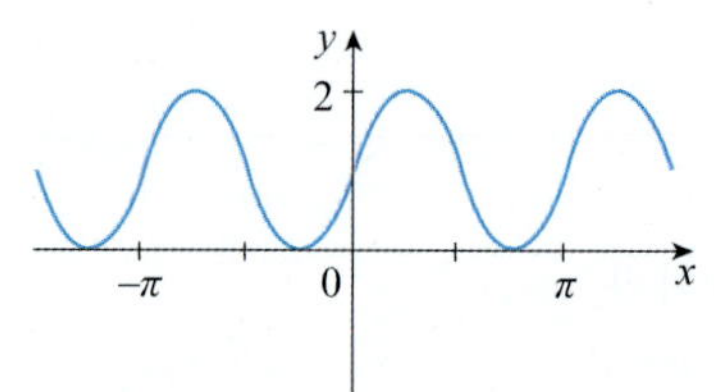

여기의 문제를 어렵게 생각하면, 이 책의 부록 A를 보라.

차 례

I 권

1 함수와 극한 ••• 1

2 도함수 ••• 79

3 역함수: 지수 · 로그 · 역삼각 함수 ••• 155

4 미분의 활용 ••• 215

5 적분 ••• 276

6 적분의 기법 ••• 336

7 적분의 활용 ••• 396

8 급수 ••• 462

9 매개 방정식과 극 좌표 ••• 545

부록 부록 ••• A1

Ⅱ권

CHAPTER

1 함수와 극한

미분 적분학은 이보다 먼저 배우는 수학 분야와 근본적으로 다르다. 미분 적분학은 정적이라기보다는 매우 동적이다. 미분 적분학은 변화와 운동을 고려하고, 어떤 값에 접근하는 변수를 다룬다. 이에 따라 제 1 장에서는 함숫값이 바뀌면서 극한에 가까워지는 방법을 살펴봄으로써 미분 적분학에 대한 연구를 시작한다.

1.1 함수와 그 표현

함수는 한 수량이 다른 수량에 따라 결정될 때 나타난다. 다음과 같은 네 가지 상황을 생각하자.

A. 원의 넓이 A는 원의 반지름 r에 따라 결정된다. r과 A를 연결하는 규칙은 공식 $A = \pi r^2$으로 주어진다. r의 각 양수와 관련된 A의 값이 한 개 있는데, 이에 따라 A는 r의 **함수**라고 한다.

B. 세계 인구 P는 시각 t에 따라 결정된다. 오른쪽 표는 연도를 나타내는 시각 t에서 세계 인구 $P(t)$의 어림값(추정값)을 알려준다. 예를 들면, 다음과 같다.

$$P(1950) \approx 2560000000$$

시각 t의 각 값에 대응하는 P의 값이 존재하는데, 이에 따라 P는 t의 함수라고 한다.

C. 제 1 종 우편물의 우송료 C는 우편물의 무게 w에 따라 결정된다. w와 C를 연결하는 간단한 공식은 없지만, 우체국에는 w를 알 때 C를 결정하는 규칙이 있다.

D. 지진이 발생하는 동안 지진계가 측정한 지면의 연직 가속도 a는 경과 시간 t의 함수이다. 그림 1은 1994년 로스앤젤레스를 강타한 노스리지 지진이 발생하는 동안 지진 활동으로 생성된 그래프를 보여준다. 그래프는 t의 주어진 값에 대응하는 a의 값을 제공한다.

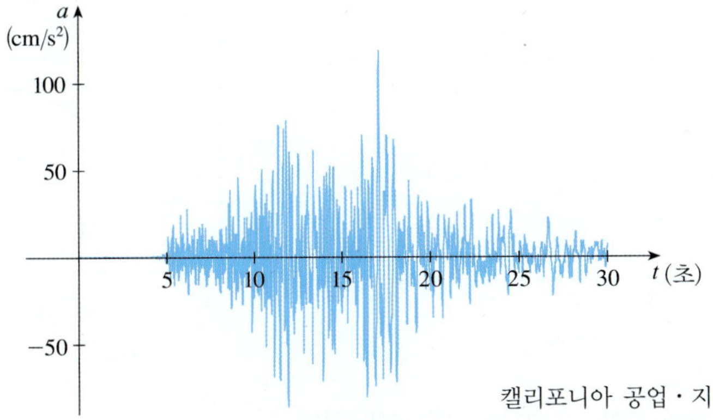

용어
함수 function
연직 가속도 vertical acceleration
어림값, 추정값 estimate

연도	인구(백만)
1900	1650
1910	1750
1920	1860
1930	2070
1940	2300
1950	2560
1960	3040
1970	3710
1980	4450
1990	5280
2000	6080
2010	6870

용어
이 책에서는 vertical을 연직으로 perpendicular는 수직으로 나타낸다. 5쪽의 용어도 보라.

그림 1. 노스리지 지진이 발생하는 동안 지면의 연직 가속도

위의 각 예는 주어진 수(r, t, w 또는 t)에 또 다른 수(A, P, C 또는 a)를 대응시키는 규칙을 설명하고 있다. 각 경우에 둘째 수를 첫째 수의 함수라고 한다.

> 함수 f는 집합 D에 속한 각 원소 x에 집합 E에 속하고 $f(x)$로 나타내는 단 한 개의 원소를 대응시키는 규칙이다.

용어 및 읽기

정의역 domain
치역 range
이 책에서는 '공역'을 생각하지 않는다.
x에서 f의 값 value of f at x
독립 변수 independent variable
종속 변수 dependent variable
그래프 graph

통상 두 집합 D와 E가 실수의 집합인 함수를 생각한다. 집합 D를 이 함수의 정의역이라 한다. 수 $f(x)$는 x에서 f의 값 또는 f에 의한 x의 함숫값이다. f의 치역은 x가 정의역의 모든 값을 취할 때 얻을 수 있는 함숫값 $f(x)$ 전체의 집합이다. 함수 f의 정의역에 속한 임의의 수를 나타내는 기호를 독립 변수라 한다. f의 치역에 속한 수를 나타내는 기호를 종속 변수라 한다. 예를 들면, 보기 A에서 r은 독립 변수이고 A는 종속 변수이다.

함수를 기계로 생각하는 것이 유용하다.(그림 2를 보라.) x가 함수 f의 정의역에 속한다면, x가 기계에 들어갈 때 이것은 입력으로 받아들여지고 기계는 함수의 규칙에 따라 출력 $f(x)$를 생산한다. 그러므로 정의역은 가능한 모든 입력의 집합이고 치역은 가능한 모든 출력의 집합으로 생각할 수 있다.

그림 2 함수 f에 대한 기계 모형

함수를 그림으로 나타내는 또 다른 방법으로 그림 3에 나타낸 화살표 모형이 있다. 각 화살표는 D의 원소를 E의 원소에 연결시킨다. 화살표는 $f(x)$가 x와 대응하고 $f(a)$가 a와 대응함을 가리킨다.

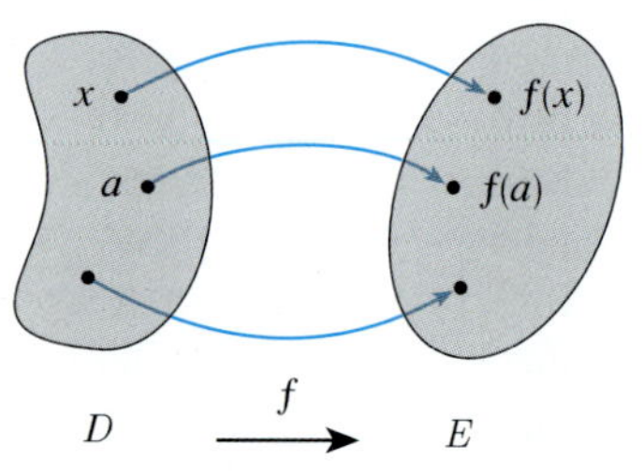

그림 3 f에 대한 화살표 모형

함수를 가시화하는 가장 일반적인 방법이 그래프이다. 정의역이 D인 함수 f의 그래프는 다음과 같은 순서쌍의 집합이다.

$$\{(x,\ f(x)) \mid x \in D\}$$

(각 순서쌍은 입력과 출력의 쌍이다.) 바꿔 말하면, f의 그래프는 x가 f의 정의역에 속하고 $y = f(x)$일 때 좌표 평면에 있는 점 $(x,\ y)$ 전체로 이루어진다.

함수 f의 그래프는 함수의 행동 또는 '일대기'를 보여주는 유용한 그림이다. 그래프에 있는 임의의 점 $(x,\ y)$의 y좌표는 $y = f(x)$이므로, $f(x)$의 값을 그래프에서 점 x 위에서 그래프의 높이로 해석할 수 있다. (그림 4를 보라.) 그림 5에서와 같이, f의 그래프는 또한 f의 정의역은 x축에 나타내고 치역은 y축에 나타낼 수 있게 한다.

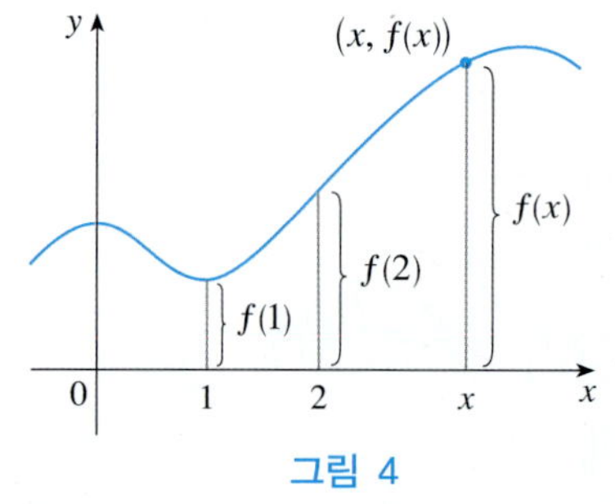

그림 4

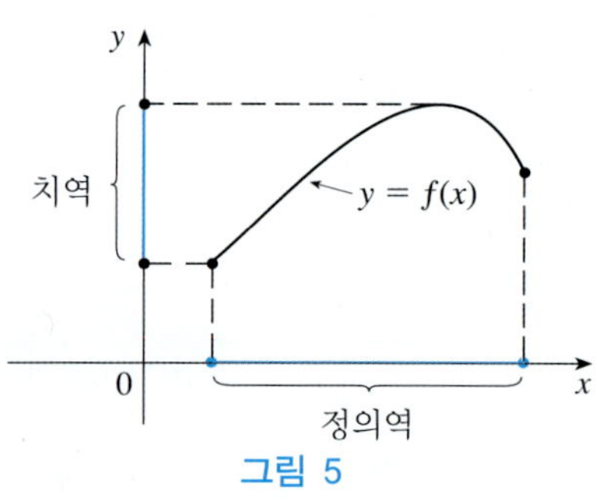

그림 5

보기 1 함수 f의 그래프는 그림 6과 같다.

(a) $f(1)$과 $f(5)$의 값을 찾아라.

(b) f의 정의역과 치역은 무엇인가?

■ www.stewartcalculus.com

Additional Example A와 B를 보라.

 (a) 그림 6에서 알 수 있듯이, 점 $(1, 3)$이 f의 그래프에 놓여있으므로 1에서 f의 값은 $f(1)=3$이다. (바꿔 말하면, $x=1$ 위에 있는 그래프의 점은 3단위만큼 x축 위에 있다.) $x=5$일 때 그래프는 약 0.7단위만큼 x축 아래에 있으므로, $f(5)\approx-0.7$로 어림할 수 있다.

(b) 그림에서 알 수 있듯이 $f(x)$는 $0\le x\le 7$일 때 정의되므로, f의 정의역은 닫힌 구간 $[0, 7]$이다. f가 -2부터 4까지의 모든 값을 취하므로, f의 치역은 다음과 같다.

$$\{y\,|\,-2\le y\le 4\}=[-2, 4]$$

■

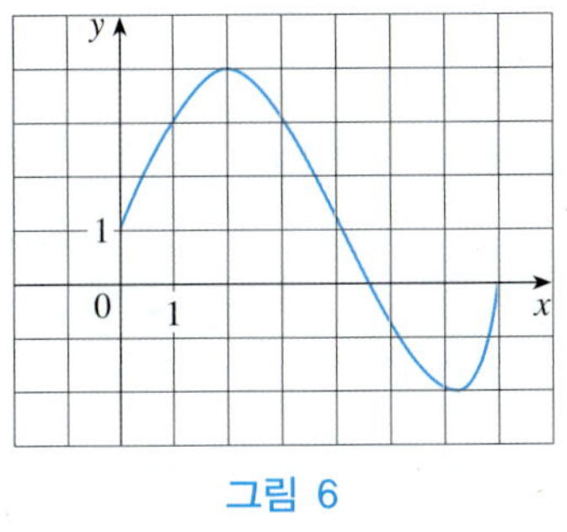

그림 6

■구간에 대한 기호는 **참고 사항** 3쪽에 있다. **참고 사항**은 이 책의 표지 안에 있다.

함수의 표현

다음과 같이 함수를 표현하는 네 가지 가능한 방법이 있다.

- 말로(말에 의한 설명으로)
- 가시적으로(그래프로)
- 수치적으로(수표로)
- 대수적으로(명확한 식으로)

하나의 함수를 이 네 가지 방법으로 모두 표현할 수 있으면 흔히 매우 유용한데, 한 가지 표현을 다른 표현으로 바꾸어 그 함수에 대한 또 다른 통찰력을 얻을 수 있기 때문이다. 그런데 함수에 따라서는 네 방법 중에서 더 자연스럽게 설명할 수 있는 방법이 있다. 이를 마음에 간직하고, 이번 절의 시작 부분에서 알아본 네 가지 상황을 다시 살펴보자.

A. 원의 넓이를 그 반지름의 함수로 표현하는 가장 유용한 방법은 아마도 대수적 공식 $A(r)=\pi r^2$일 것이다. 그렇지만 수표를 작성하거나 그래프(포물선의 반)를 그릴 수 있다. 원의 반지름은 양수이므로, 정의역은 $\{r\,|\,r>0\}=(0, \infty)$이고 치역도 $(0, \infty)$이다.

B. 이 함수는 말로 설명되어 있다. 곧, $P(t)$는 시각 t에서의 세계 인구이다. 세계 인구를 나타내는 표는 이 함수를 간편하게 표현한다. 이를 좌표 평면에 나타내면, 그림 7과 같은 ('점도표'라 부르는) 그래프를 얻는다. 이 그래프도 유용한 표현인데, 모든 데이터(자료)를 한눈에 파악할 수 있게 한다. 식은 어떨까? 물론, 임의의 시각 t에서의 정확한 세계 인구 $P(t)$를 알려주는 명확한 식을 만들 수는 없다. 그러나 $P(t)$에 '근사하는(또는 근접하는)' 함수의 식을 찾을 수는 있다. 실제로, 지수 회귀 기능이 있는 그래프 계산기를 이용해서 다음과 같은 근사를 얻을 수 있다.

$$P(t)\approx f(t)=1.43653\times10^9\cdot(1.01395)^t$$

그리고 그림 8은 이것이 매우 잘 '들어맞음'을 보여준다. 여기서 함수 f를 인구 증가에 대한 **수학적 모형**이라 한다. 바꿔 말하면, f는 원래 주어진 함수의 행동에 근접하는 함수로 명확한 식으로 표현되어 있다. 그런데 앞으로 알아보겠지만, 미분 적분학의 개념을 표에도 적용할 수 있다. 이에 따라 명확한 식이 필수적이지는 않다.

용어
점도표 scattered plot
수학적 모형 mathematical model

t	인구(백만)
0	1650
10	1750
20	1860
30	2070
40	2300
50	2560
60	3040
70	3710
80	4450
90	5280
100	6080
110	6870

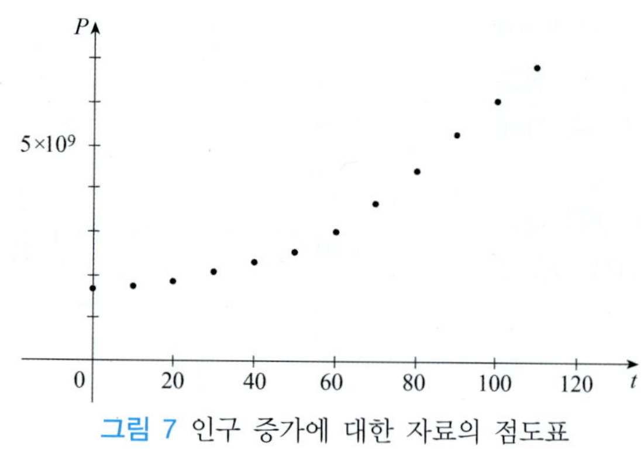

그림 7 인구 증가에 대한 자료의 점도표

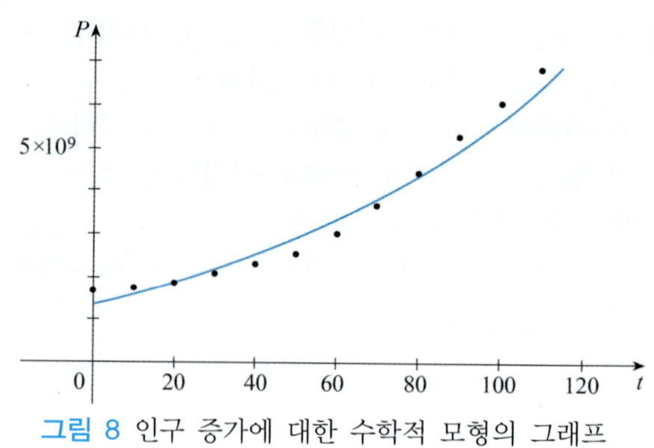

그림 8 인구 증가에 대한 수학적 모형의 그래프

함수 P는 미분 적분학을 실세계에 적용할 때 나타나는 전형적인 함수이다. 말로 설명한 함수에서 출발해서, 그 함숫값의 표를 만들 수 있다. 어쩌면 과학 실험 계기의 눈금으로부터 함숫값을 얻을 수 있다. 함숫값을 완벽하게 알지 못하는 경우에도, 이 책에서 알아보겠지만, 그런 함수에 대해서도 여전히 미분 적분학의 연산을 시행할 수 있다.

■ 수표로 정의된 함수를 **표 함수**(tabular function)라 한다.

w(온스)	$C(w)$(홍콩 달러)
$0 < w \le 30$	1.40
$30 < w \le 50$	2.20
$50 < w \le 100$	3.00
$100 < w \le 150$	3.70
$150 < w \le 200$	4.00
⋮	⋮

C. 또다시 함수는 말로 설명되는데, $C(w)$는 무게가 w인 제 1 종 우편물의 우송료이다. 홍콩 우체국에서 2012년에 이용하는 규칙은 다음과 같다. 30g까지의 비용은 1.40달러이고, 30g 초과 50g 이하는 2.20달러이며, 이렇게 무게에 따라 비용이 결정된다. 여백에 실은 표는 이 함수를 표현하는 가장 편리한 방법이다. 그렇지만 그래프로도 표현할 수 있다.(보기 6을 보라.)

D. 그림 1의 그래프는 연직 가속도 함수 $a(t)$에 대한 가장 자연스러운 표현이다. 이 함수에 대한 표를 작성할 수도 있고, 근사 함수를 만들 수도 있다. 그러나 지질학자가 알고 싶은 사항은 진폭과 양식(패턴)뿐인데, 이는 그래프로부터 쉽게 알 수 있다. (심장병 환자의 심전도와 거짓말 탐지기의 그래프에 나타나는 양식에 대해서도 똑같은 말을 할 수 있다.)

다음 보기에서 연직으로 정의되는 함수의 그래프를 그려본다.

보기 2 온수기의 뜨거운 물 꼭지를 틀면, 물의 온도 T는 물이 흐른 시간에 따라 결정된다. 물 꼭지를 튼 뒤에 흐른 시간 t의 함수로서 T의 개략적인 그래프를 그려라.

풀이 물은 파이프에도 있었기 때문에, 처음에 나오는 물의 온도는 실내 온도에 가깝다. 탱크에 있던 뜨거운 물이 꼭지를 통해 흐르기 시작하면, T는 빠르게 증가한다. 다음 단계에서 T는 탱크에 담긴 뜨거운 물의 온도와 똑같이 일정하다. 탱크가 비면, T는 상수도의 온도까지 감소한다. 그러므로 그림 9와 같이 t의 함수로서 T의 개략적인 그래프를 그릴 수 있다. ■

그림 9

보기 3 다음 함수의 정의역을 찾아라.

(a) $f(x) = \sqrt{x+2}$ (b) $g(x) = \dfrac{1}{x^2 - x}$

풀이 (a) 음수의 제곱근은 (실수로) 정의되지 않으므로, f의 정의역은 $x+2 \geq 0$인 x의 값 전체로 이루어진다. 이는 $x \geq -2$와 동치이므로, 정의역은 구간 $[-2, \infty)$이다.

(b) 다음과 같이 쓸 수 있다.

$$g(x) = \frac{1}{x^2 - x} = \frac{1}{x(x-1)}$$

그리고 0으로 나눌 수 없으므로, $g(x)$는 $x=0$ 또는 $x=1$일 때 정의되지 않는다. 그러므로 g의 정의역은 $\{x \mid x \neq 0, x \neq 1\}$이다. 이는 구간 기호로 $(-\infty, 0) \cup (0, 1) \cup (1, \infty)$와 같이 나타낼 수 있다. ■

■ 함수가 식으로 표현되어 있고 정의역이 명확히 제시되어 있지 않으면, 정의역은 그 식이 뜻이 있고 실수로 정의되는 실수 전체의 집합이다.

함수의 그래프는 xy평면에 놓여있는 곡선이다. 그런데 xy평면에서 어떤 곡선이 함수의 그래프일까? 다음 판정법이 이에 대한 답이다.

> **연직선 판정법** xy평면의 곡선이 x에 관한 함수의 그래프이기 위한 필요충분 조건은 모든 연직선이 그 그래프와 많아야 한 점에서 만나는 것이다.

용어

연직선 vertical line

이 책에서는 horizontal line을 수평선, vertical line을 연직선으로 나타낸다. 이는 수직선(number line)과 구별하고, 직선 또는 평면에 수직(perpendicular)이라는 표현과도 구분하기 위함이다.

조각마다 정의된 함수 piecewise defined function

연직선 판정법이 참인 이유는 그림 10에서 확인할 수 있다. 각 연직선 $x=a$가 곡선과 단 한 점 (a, b)에서 만나면, 정확하게 한 개의 함숫값 $f(a)=b$가 정의된다. 그런데 직선 $x=a$가 곡선과 두 점 (a, b)와 (a, c)에서 만나면, 이 곡선은 함수를 표현할 수 없다. 함수는 a에 서로 다른 두 값을 대응시킬 수 없기 때문이다.

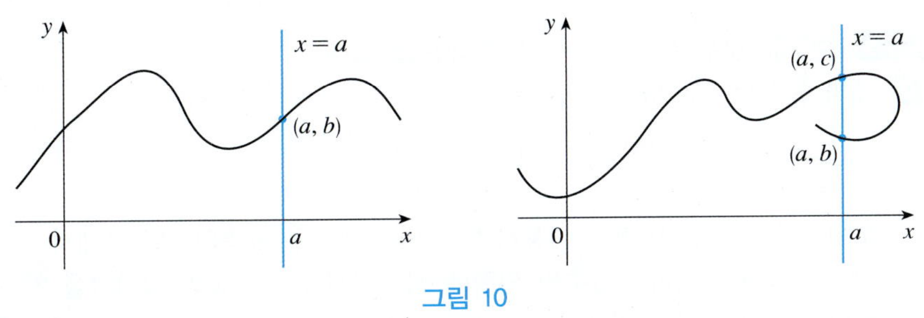

그림 10

조각마다 정의된 함수

다음 세 보기에 있는 함수들은 정의역을 이루고 있는 서로 다른 부분에서 서로 다른 식으로 정의된다.

보기 4 함수 f를 다음과 같이 정의하자.

$$f(x) = \begin{cases} 1-x & (x \leq 1) \\ x^2 & (x > 1) \end{cases}$$

$f(0)$, $f(1)$, $f(2)$의 값을 찾고, 그래프를 그려라.

풀이 함수는 규칙이다. 주어진 함수 f의 규칙은 다음과 같다. 먼저 입력 x의 값을 관찰하자. $x \leq 1$이면, $f(x)$의 값은 $1-x$이다. 한편, $x > 1$이면, $f(x)$의 값은 x^2이다.

$0 \leq 1$이므로, $f(0) = 1 - 0 = 1$이다.

$1 \le 1$이므로, $f(1) = 1 - 1 = 0$이다.
$2 > 1$이므로, $f(2) = 2^2 = 4$이다.

f의 그래프는 어떻게 그릴까? $x \le 1$일 때 $f(x) = 1 - x$이므로, 연직선 $x = 1$의 왼쪽에 있는 f의 그래프는 직선 $y = 1 - x$와 일치한다. 이는 기울기가 -1이고 y절편이 1인 직선이다. $x > 1$일 때는 $f(x) = x^2$이므로, 직선 $x = 1$의 오른쪽에 있는 f의 그래프는 $y = x^2$의 그래프인 포물선과 일치한다. 그림 11과 같이 그래프를 그릴 수 있다. 점 (1, 0)과 같이 속이 비지 않은 점은 그래프에 속함을 뜻하고, 점 (1, 1)과 같이 속이 빈 점은 그래프에 속하지 않음을 뜻한다. ■

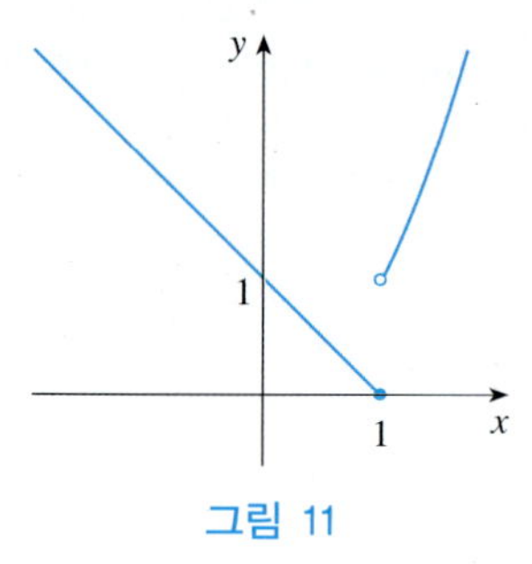

그림 11

용어
절댓값 absolute value 계단 함수 step function

www.stewartcalculus.com
■ 절댓값에 대한 더 자세한 내용은 Review of Algebra를 열어보라.

조각마다 정의된 함수의 또 다른 예는 절댓값 함수이다. 수 a의 절댓값은 수직선에서 a부터 0까지의 거리를 뜻하며, 기호 $|a|$로 나타낸다. 거리는 언제나 양수이거나 0이다. 곧, 모든 수 a에 대해 $|a| \ge 0$이다. 예를 들면, 다음과 같다.

$$|3| = 3, \quad |-3| = 3, \quad |0| = 0, \quad |\sqrt{2} - 1| = \sqrt{2} - 1, \quad |3 - \pi| = \pi - 3$$

일반적으로 다음이 성립한다.

> $a \ge 0$일 때 $|a| = a$이고, $a < 0$일 때 $|a| = -a$이다.

(a가 음수이면, $-a$는 양수이다.)

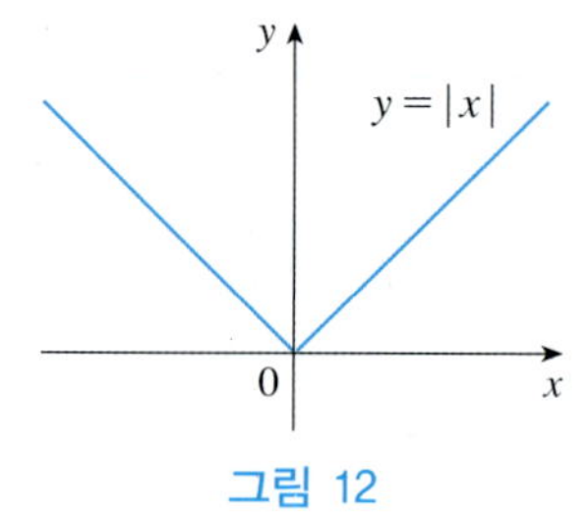

그림 12

보기 5 절댓값 함수 $f(x) = |x|$의 그래프를 그려라.

풀이 앞의 논의로부터 다음을 알 수 있다.

$$|x| = \begin{cases} x & (x \ge 0) \\ -x & (x < 0) \end{cases}$$

보기 4와 똑같은 방법을 이용하면, f의 그래프는 y축의 오른쪽에서는 직선 $y = x$와 일치하고 y축의 왼쪽에서는 직선 $y = -x$와 일치함을 알 수 있다. (그림 12를 보라.) ■

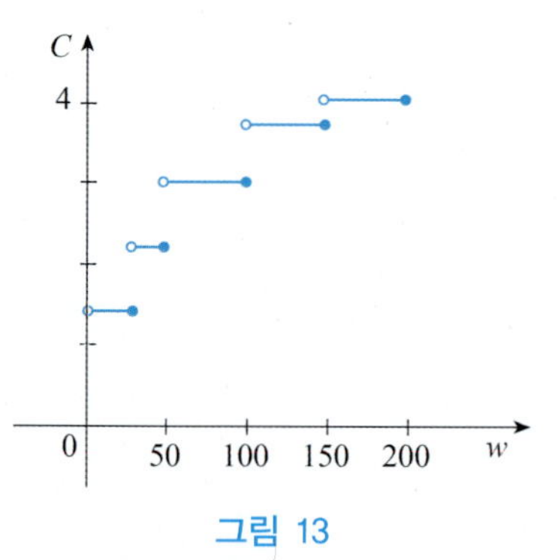

그림 13

보기 6 이번 절의 시작 부분에 있는 예 C에서 무게가 w일 때 홍콩에서 제1종 우편물의 우송료 $C(w)$를 생각했다. 실제로 이것은 조각마다 정의된 함수인데, 표로부터 다음을 얻기 때문이다.

$$C(w) = \begin{cases} 1.40 & (0 < w \le 30) \\ 2.20 & (30 < w \le 50) \\ 3.00 & (50 < w \le 100) \\ 3.70 & (100 < w \le 150) \\ 4.00 & (150 < w \le 200) \end{cases}$$

이 그래프는 그림 13에 나타냈다. 그림에서 이와 같은 함수를 계단 함수라고 부르는 이유를 알 수 있다. 한 값에서 다른 값으로 도약한다. ■

대칭 함수

함수 f가 정의역의 모든 수 x에 대해 $f(-x)=f(x)$를 만족시키면, f를 **짝 함수** 또는 **우함수**라고 한다. 예를 들면, $f(x)=x^2$은 짝 함수인데, 다음이 성립하기 때문이다.

$$f(-x)=(-x)^2=(-1)^2x^2=x^2=f(x)$$

용어
짝 함수, 우함수 even function
홀 함수, 기함수 odd function

■ www.stewartcalculus.com
Additional Example C와 D를 보라.

짝 함수의 기하학적 의미는 이것의 그래프가 y축에 대해 대칭이라는 사실이다. (그림 14를 보라.) 이에 따라 $x\geq 0$에서 f의 그래프를 그리면, 이 부분을 y축에 대해 대칭 이동시켜서 전체 그래프를 얻을 수 있다.

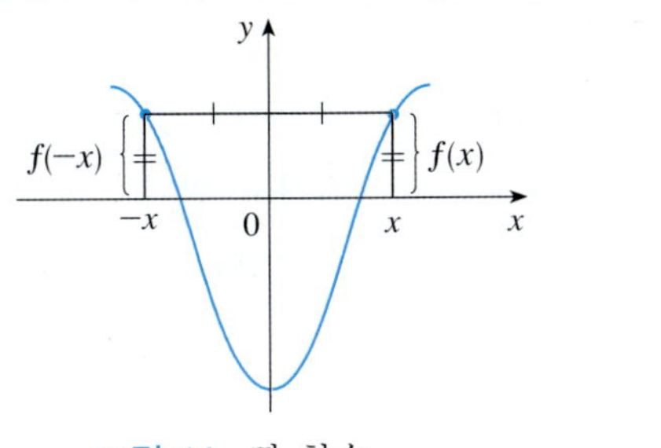

그림 14 짝 함수

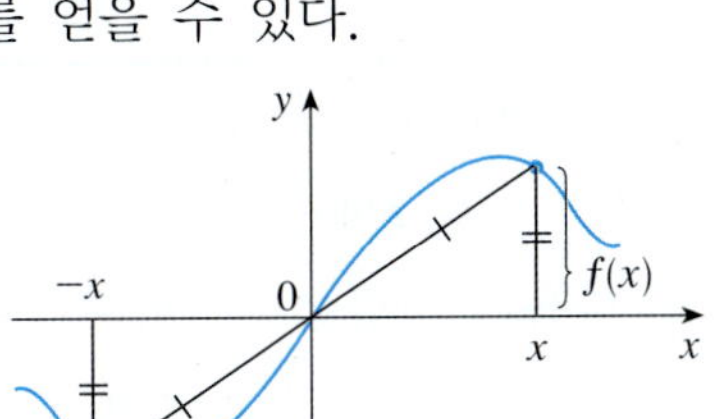

그림 15 홀 함수

함수 f가 정의역의 모든 수 x에 대해 $f(-x)=-f(x)$를 만족시키면, f를 **홀 함수** 또는 **기함수**라고 한다. 예를 들면, $f(x)=x^3$은 홀 함수인데, 다음이 성립하기 때문이다.

$$f(-x)=(-x)^3=(-1)^3x^3=-x^3=-f(x)$$

홀 함수의 그래프는 원점에 대해 대칭이다. (그림 15를 보라.) $x\geq 0$에서 f의 그래프를 알고 있으면, 이 부분을 원점을 중심으로 180° 회전시켜서 전체 그래프를 얻을 수 있다.

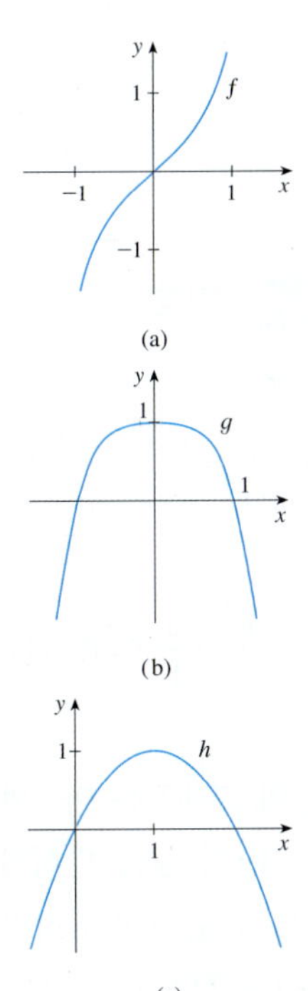

그림 16

보기 7 다음 함수가 짝 함수인지 홀 함수인지, 아니면 어느 것도 아닌지를 판정하라.

(a) $f(x)=x^5+x$ (b) $g(x)=1-x^4$ (c) $h(x)=2x-x^2$

풀이 (a)
$$\begin{aligned} f(-x) &= (-x)^5+(-x)=(-1)^5x^5+(-x) \\ &= -x^5-x=-(x^5+x) \\ &= -f(x) \end{aligned}$$

따라서 f는 홀 함수이다.

(b) $$g(-x)=1-(-x)^4=1-x^4=g(x)$$

그러므로 g는 짝 함수이다.

(c) $$h(-x)=2(-x)-(-x)^2=-2x-x^2$$

$h(-x)\neq h(x)$이고 $h(-x)\neq -h(x)$이므로, h는 짝 함수도 아니고 홀 함수도 아니다. ■

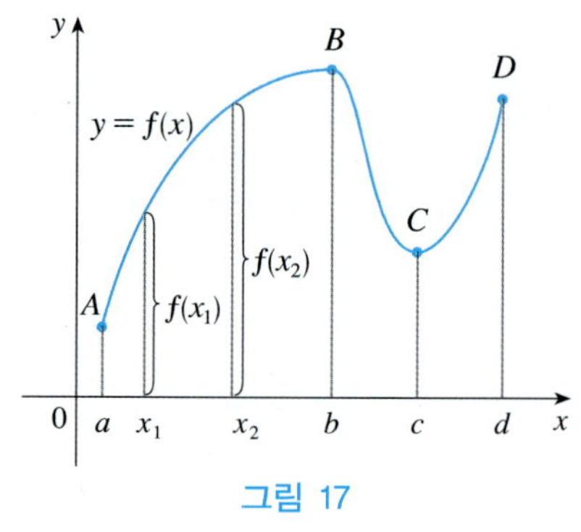

그림 17

용어
증가 함수 increasing function
감소 함수 decreasing function

보기 7에 있는 함수들의 그래프를 그림 16에 나타냈다. h의 그래프가 y축에 대해서도 대칭이 아니고 원점에 대해서도 대칭이 아님을 확인하자.

증가 함수와 감소 함수

그림 17에 나타낸 그래프는 A부터 B까지 올라가고 B부터 C까지는 내려가며 C부터 D까지는 다시 올라간다. 이에 따라 함수 f는 구간 $[a, b]$에서 증가하고 $[b, c]$에서 감소하며 $[c, d]$에서 다시 증가한다고 한다. x_1과 x_2가 a와 b 사이의 임의의 두 수이고 $x_1 < x_2$이면, $f(x_1) < f(x_2)$가 성립한다. 이 사실을 증가 함수를 정의하는 성질로 이용한다.

다음이 성립할 때, 함수 f는 구간 I에서 **증가**한다고 한다.

$$I\text{에서 } x_1 < x_2 \text{일 때마다 } f(x_1) < f(x_2)\text{이다.}$$

또 다음이 성립할 때, 함수 f는 구간 I에서 **감소**한다고 한다.

$$I\text{에서 } x_1 < x_2 \text{일 때마다 } f(x_1) > f(x_2)\text{이다.}$$

증가 함수의 정의에서, I에 속한 두 수 x_1과 x_2의 모든 쌍에 대해 $x_1 < x_2$이면 부등식 $f(x_1) < f(x_2)$가 성립해야 한다는 사실이 중요하다.

그림 18로부터 함수 $f(x) = x^2$가 구간 $(-\infty, 0]$에서 감소하고 구간 $[0, \infty)$에서 증가함을 알 수 있다.

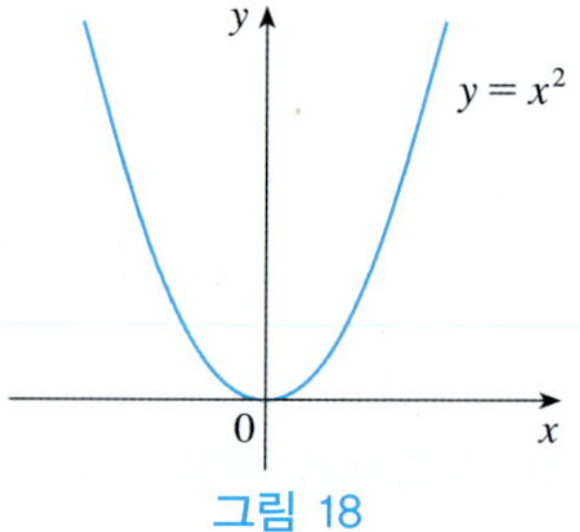

그림 18

1.1 익힘 문제

1. $f(x) = x + \sqrt{2-x}$ 이고 $g(u) = u + \sqrt{2-x}$ 일 때, $f = g$인가?

2. $f(x) = \dfrac{x^2 - x}{x-1}$ 이고 $g(x) = x$일 때, $f = g$인가?

3. 함수 f의 그래프는 아래와 같다.

(a) $f(-1)$의 값을 말하라.

(b) $f(2)$의 값을 어림하라.

(c) $f(x) = 2$인 x의 값은 무엇인가?

(d) $f(x) = 0$인 x의 값을 어림하라.

(e) f의 정의역과 치역을 말하라.

(f) f가 증가하는 구간은 무엇인가?

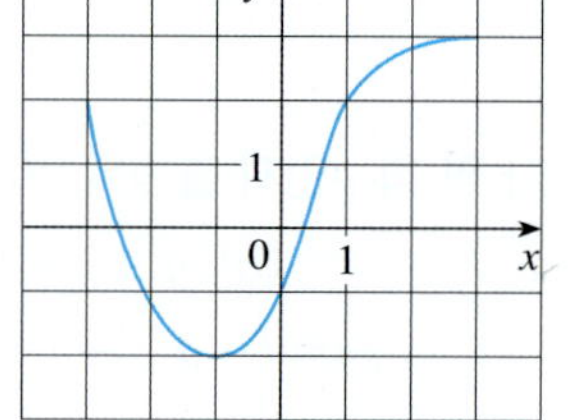

4. 두 함수 f와 g의 그래프는 아래와 같다.

(a) $f(-4)$와 $g(3)$의 값을 말하라.

(b) $f(x) = g(x)$인 x의 값은 무엇인가?

(c) 방정식 $f(x) = -1$의 해를 어림하라.

(d) f가 감소하는 구간은 무엇인가?

(e) f의 정의역과 치역을 말하라.

(f) g의 정의역과 치역을 말하라.

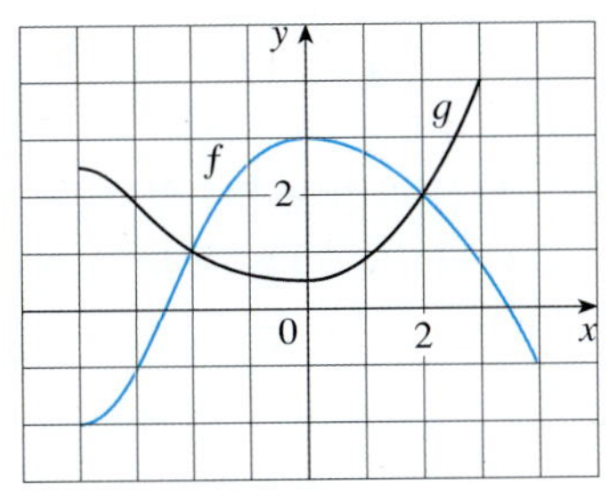

5–8. 다음 곡선이 x에 관한 함수의 그래프인지 판정하라. 함수의 그래프이면, 그 함수의 정의역과 치역을 말하라.

5.

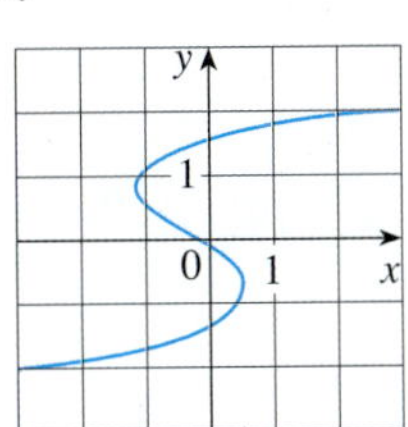

6.

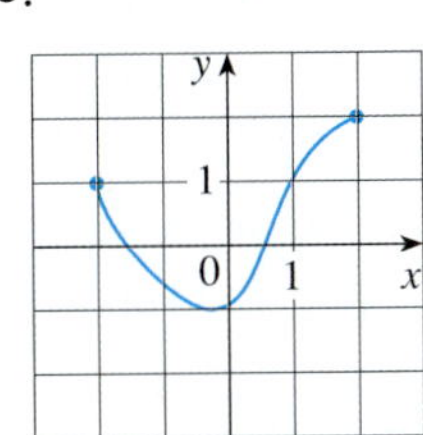

7.

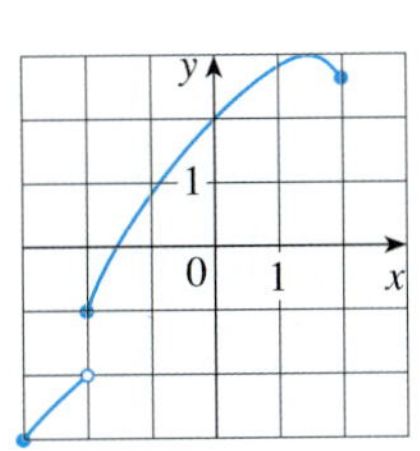

8.

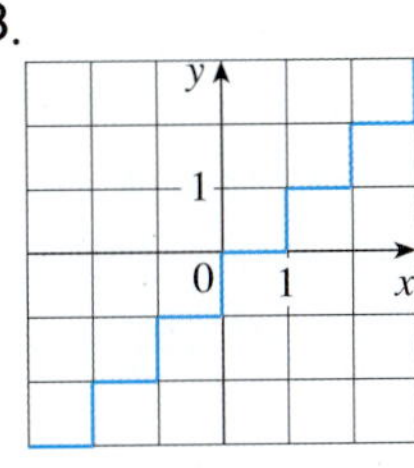

9. 다음 그래프는 어떤 사람의 몸무게를 나이의 함수로 나타내고 있다. 시간이 흐름에 따라 이 사람의 무게의 변화를 말로 설명하라. 이 사람이 30세일 때 어떤 일이 벌어진 것으로 생각되는가?

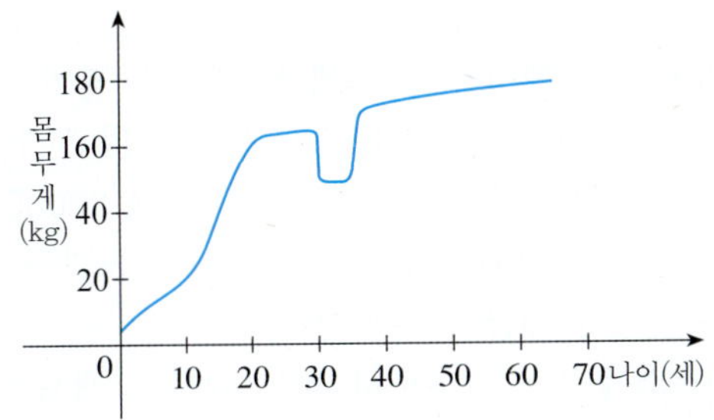

10. 아래 그래프는 시간의 함수로서 욕조에서 수면의 높이를 보여준다. 어떤 현상이 나타났는지를 말로 설명하라.

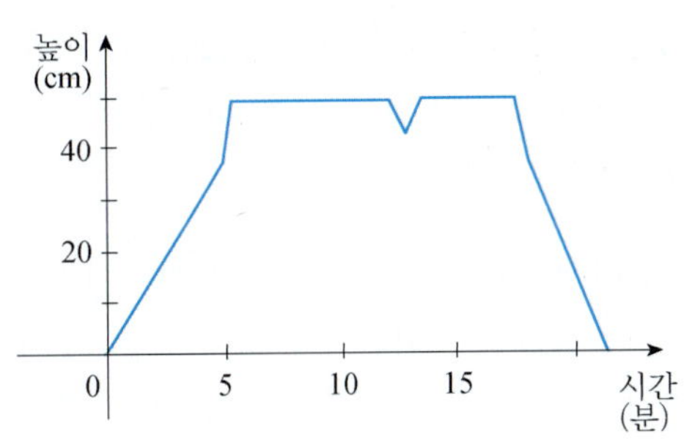

11. 유리잔에 얼음 덩어리를 넣고 찬 물로 잔을 채운 다음에 잔을 탁자 위에 올려놓는다. 시간이 흐름에 따라 물의 온도가 변화는 과정을 설명하라. 그리고 경과 시간의 함수로 물의 온도를 개략적인 그래프로 나타내라.

12. 새해 첫날부터 경과된 일수의 함수로서 낮의 길이(시간)를 개략적인 그래프로 나타내라.

13. 전형적인 봄날에 시각의 함수로서 외부 온도를 개략적인 그래프로 나타내라.

14. 시간의 함수로서 20년 동안 새 자동차의 시장 가격 변화를 개략적인 그래프로 나타내라. 차는 잘 정비되고 있다고 가정한다.

15. 어떤 커피 가격의 함수로서 가게에서 팔리는 그 커피의 양을 그래프로 나타내라.

16. 얼린 파이를 오븐에 넣고 한 시간 동안 굽는다. 그리고 밖으로 꺼내어 식힌 다음에 먹으려고 한다. 시간이 흐름에 따라 파이의 온도가 변하는 과정을 설명하라. 시간의 함수로서 파이의 온도를 개략적인 그래프로 나타내라.

17. 어떤 집주인은 매주 수요일 오후에 잔디를 깎는다. 4주 동안 시각의 함수로서 잔디의 길이를 개략적인 그래프로 나타내라.

18. 한 비행기는 어떤 공항에서 이륙해서 400km 떨어진 다른 공항에 한 시간 뒤에 착륙한다. 비행기가 공항 터미널을 떠난 뒤 흐른 시간이 t분일 때, 움직인 수평거리를 $x(t)$라 하고 비행기의 높이를 $y(t)$라 하자. 이때 다음을 나타낼 수 있는 그래프를 그려라.

(a) $x(t)$ (b) $y(t)$

(c) 대지 속도 (d) 연직 속도

19. $f(x)=3x^2-x+2$일 때, $f(2)$, $f(-2)$, $f(a)$, $f(-a)$, $f(a+1)$, $2f(a)$, $f(2a)$, $f(a^2)$, $\{f(a)\}^2$, $f(a+h)$를 찾아라.

20. 반지름이 r 인치인 구형 풍선의 부피는 $V(r)=\frac{4}{3}\pi r^3$이다. 풍선의 반지름을 r 인치에서 $r+1$인치로 부풀리기 위해 필요한 공기의 양을 나타내는 함수를 찾아라.

21–24. 다음 함수에 대한 주어진 차분 몫을 셈하고, 간단히 하라.

21. $f(x)=4+3x-x^2$, $\dfrac{f(3+h)-f(3)}{h}$

22. $f(x)=x^3$, $\dfrac{f(a+h)-f(a)}{h}$

23. $f(x)=\dfrac{1}{x}$, $\dfrac{f(x)-f(a)}{x-a}$

24. $f(x)=\dfrac{x+3}{x+1}$, $\dfrac{f(x)-f(1)}{x-1}$

25–29. 다음 함수의 정의역을 찾아라.

25. $f(x)=\dfrac{x+4}{x^2-9}$

26. $f(x)=\dfrac{2x^3-5}{x^2+x-6}$

27. $F(p)=\sqrt{2-\sqrt{p}}$

28. $g(t)=\sqrt{3-t}-\sqrt{2+t}$

29. $h(t)=\dfrac{1}{\sqrt[4]{x^2-5x}}$

30. 함수 $h(x)=\sqrt{4-x^2}$ 의 정의역과 치역을 찾고, 그래프를 그려라.

31–42. 다음 함수의 정의역을 찾고, 그래프를 그려라.

31. $f(x)=5$

32. $F(x)=x^2-2x+1$

33. $f(t)=2t+t^2$

34. $H(t)=\dfrac{4-t^2}{2-t}$

35. $g(x)=\sqrt{x-5}$

36. $F(x)=|2x+1|$

37. $G(x)=\dfrac{3x+|x|}{x}$

38. $g(x)=\dfrac{|x|}{x^2}$

39. $f(x)=\begin{cases} x+2 & (x<0) \\ 1-x & (x\ge 0) \end{cases}$

40. $f(x)=\begin{cases} 3-\frac{1}{2}x & (x\le 2) \\ 2x-5 & (x>2) \end{cases}$

41. $f(x)=\begin{cases} x+2 & (x\le -1) \\ x^2 & (x>-1) \end{cases}$

42. $f(x)=\begin{cases} -1 & (x\le -1) \\ 3x+2 & (|x|<1) \\ 7-2x & (x\ge 1) \end{cases}$

43–46. 그래프가 다음 곡선인 함수의 식을 찾아라.

43. 두 점 $(1,-3)$과 $(5,7)$을 잇는 선분

44. 두 점 $(-3,-2)$와 $(6,3)$을 잇는 선분

45. 포물선 $x+(y-1)^2=0$의 아래쪽 반

46. 원 $x^2+(y-2)^2=4$의 위쪽 반

47–51. 다음에서 설명하는 함수의 식을 찾고, 정의역을 말하라.

47. 둘레가 20 m인 직사각형의 넓이를 어떤 한 변의 길이의 함수로 나타내라.

48. 넓이가 16 m^2인 직사각형의 둘레를 어떤 한 변의 길이의 함수로 나타내라.

49. 정삼각형의 넓이를 한 변의 길이의 함수로 나타내라.

50. 정육면체의 겉넓이를 그것의 부피의 함수로 나타내라.

51. 들이(부피)가 2 m^3이고 뚜껑이 없는 직육면체 상자의 밑면은 정사각형이다. 이 상자의 겉넓이를 밑면의 한 모서리의 길이의 함수로 나타내라.

52. 어떤 휴대 전화는 한 달 기본 요금이 35달러인데, 400분까지의 통화는 무료이고 그 이상은 1분마다 10센트의 요금이 부과된다. 이 휴대 전화의 한 달 요금 C를 x 분 사용했을 때의 함수로 나타내고, $0\le x\le 600$일 때 x 의 함수로서 C의 그래프를 그려라.

53. 어떤 나라에서는 소득세를 다음과 같이 부과한다. 10000달러까지의 소득에는 세금이 없고, 10000달러를 초과하는 소득에는 10%의 세금을 20000달러까지의 소득에 부과한다. 20000달러를 초과하는 소득에는 15%의 세금을 부과한다.
(a) 소득 I의 함수로서 세율 R의 그래프를 그려라.
(b) 14000달러의 소득에는 얼마의 세금이 부과되는가? 26000달러에는?
(c) 소득 I의 함수로서 부과된 전체 세금 T의 그래프를 그려라.

54. 보기 6 및 익힘 문제 52와 53(a)에 있는 함수들을 '계단 함수'라 하는데, 그래프가 계단처럼 보이기 때문이다. 일상생활에서 나타나는 계단 함수의 또 다른 예를 두 가지 들어라.

55–56. 두 함수 f와 g의 그래프가 다음과 같을 때, f와 g가 짝 함수인지 홀 함수인지, 아니면 어느 것도 아닌지를 판정하라. 그리고 그 이유를 설명하라.

55.

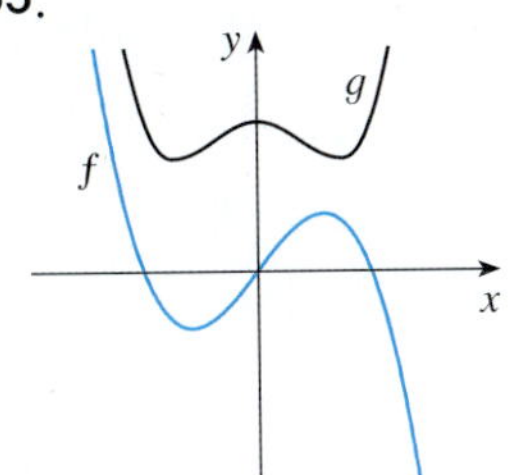

56.

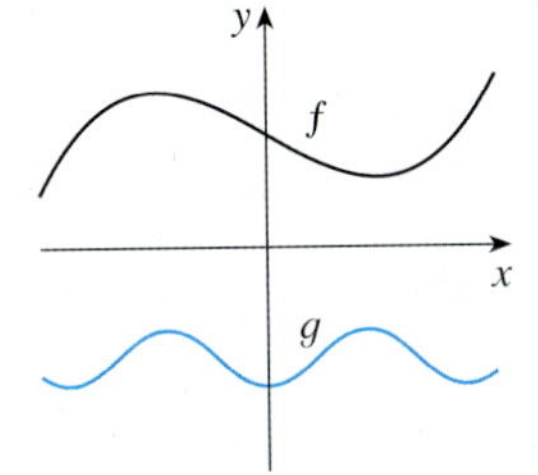

57. (a) 점 (5, 3)이 짝 함수의 그래프에 속할 때, 그 그래프에 반드시 속하는 다른 점은 무엇인가?
(b) 점 (5, 3)이 홀 함수의 그래프에 속할 때, 그 그래프에 반드시 속하는 다른 점은 무엇인가?

58. 함수 f의 정의역은 $[-5, 5]$이고, 아래 그림은 f의 그래프의 일부이다.
(a) f가 짝 함수일 때, f의 그래프를 완성하라.
(b) f가 홀 함수일 때, f의 그래프를 완성하라.

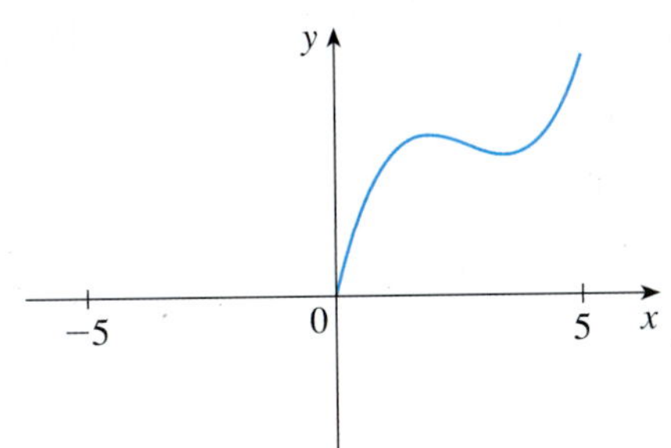

59–64. 다음 f가 짝 함수인지 홀 함수인지, 아니면 어느 것도 아닌지를 판정하라. 그래프 계산기를 이용해서 답을 확인하라.

59. $f(x) = \dfrac{x}{x^2+1}$

60. $f(x) = \dfrac{x^2}{x^4+1}$

61. $f(x) = \dfrac{x}{x+1}$

62. $f(x) = x|x|$

63. $f(x) = 1 + 3x^2 - x^4$

64. $f(x) = 1 + 3x^3 - x^5$

65. f와 g가 모두 짝 함수일 때, $f+g$는 짝 함수인가? f와 g가 모두 홀 함수일 때, $f+g$는 홀 함수인가? f는 짝 함수이고 g는 홀 함수일 때는 어떤가? 자신의 답을 입증하라.

66. f와 g가 모두 짝 함수일 때, 곱 fg는 짝 함수인가? f와 g가 모두 홀 함수일 때, fg는 홀 함수인가? f는 짝 함수이고 g는 홀 함수일 때는 어떤가? 자신의 답을 입증하라.

1.2 필수적인 함수 목록

미분 적분학의 문제를 풀 때, 일상적으로 나타나는 몇 가지 함수의 그래프를 잘 알고 있으면 매우 쓸모 있다. 이와 똑같은 기본적인 함수들이 실세계 현상의 모형을 제작하는 데 흔히 이용되므로, 수학적 모형 제작에 대한 논의로 시작하자. 또, 이런 함수들을 그 그래프를 평행 이동, 확대, 대칭 이동시켜서 변환하는 방법과 함께 함수들의 쌍을 표준적인 산술 연산과 합성으로 결합하는 방법도 간단하게 검토하겠다.

용어
수학적 모형 제작 mathematical modeling
수학적 모형 mathematical model

수학적 모형 제작

수학적 모형은 실세계 현상에 대한 (흔히 함수 또는 방정식을 이용한) 수학적인 표현이다. 실세계 현상의 예로 인구, 상품에 대한 수요, 낙하체의 속도,

화학 반응에서 어떤 생성물의 농도, 신생아의 예상 수명, 배출 가스의 축소 비용 등이 있다. 모형의 목적은 그 현상을 이해하고 가능하면 미래의 행동을 예측하는 것이다.

그림 1은 수학적 모형 제작 과정을 예시한다. 주어진 실세계 문제를 해결하기 위한 첫째 과제는 수학적 모형의 공식화인데, 종속 변수와 독립 변수를 확인하고 이름을 붙이며, 그 현상을 단순화하는 가정을 세워서 수학적으로 충분히 다룰 수 있는 상태로 만드는 것이다. 자연 현상에 대한 지식과 수학 실력을 발휘해서 변수 사이를 연관 짓는 방정식을 얻는다. 안내해줄 자연 법칙이 없는 상황에서는, (도서관 또는 인터넷 또는 자체적인 실험을 통해) 데이터(자료)를 수집해서 패턴(양식)을 인식할 수 있도록 표의 형태로 그 자료를 살펴볼 필요가 있다. 함수에 대한 이런 수치적인 표현으로부터 자료를 좌표 평면(공간)에 점을 찍어 그래프로 표현할 수 있을 것이다. 어떤 경우에는 그래프로부터 적절한 대수적 식을 찾을 수도 있다.

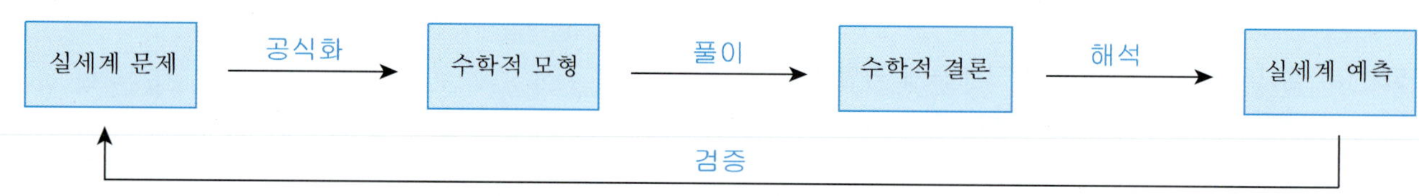

그림 1. 모형 제작 과정

제 2 단계에서는 앞에서 공식화한 수학적 모형에 (이 책에서 전개할 미분 적분학과 같은) 수학을 적용해서 수학적 결론을 이끌어낸다. 제 3 단계에서는 수학적 결론을 원래의 실세계 현상에 관한 정보로 해석하는데, 그 현상을 설명하거나 예측하는 방법을 이용한다. 마지막 단계는 위의 예측을 실제의 새로운 자료를 통해 확인해봄으로써 검증한다. 예측이 실제와 잘 부합되지 않으면, 기존의 모형을 개선하거나 새로운 모형을 공식화해서 위의 과정을 반복한다.

수학적 모형은 결코 자연 현상에 대한 완벽하게 정확한 표현이 아니다. 이는 '이상화'이다. 좋은 모형은 실제 현상을 충분히 단순화시켜 수학적 계산이 가능하도록 하면서도 충분히 정확해서 가치 있는 결론을 제공한다. 그렇지만 모형의 한계를 확실히 이해하는 것이 중요하다. 결국, 어머니인 자연만이 최종적인 결정권을 쥐고 있다.

실세계에서 관찰한 관계에 대한 모형을 만드는 데 이용할 수 있는 서로 다른 형태의 함수가 많이 있다. 아래에서는 이런 함수들의 행동과 그래프에 대해 논의하며, 그런 함수로 적절한 모형을 만들 수 있는 상황을 제시하겠다.

□ 선형 모형

www.stewartcalculus.com
■ 직선에 대한 좌표 기하학을 다시 알아보려면 Review of Analytic geometry를 열어보라.

y가 x의 **일차 함수** 또는 **선형 함수**라는 말은, 함수의 그래프가 직선임을 뜻한다. 그러므로 직선의 방정식에 대한 기울기 · 절편 형식을 이용해서 일차 함수를 다음과 같은 식으로 나타낼 수 있다.

$$y = f(x) = mx + b$$

여기서 m은 직선의 기울기이고 b는 y절편이다.

일차 함수의 특징은 이것이 일정한 비율로 변한다는 사실이다. 예를 들면, 그림 2는 일차 함수 $f(x) = 3x - 2$의 그래프와 몇 개의 값을 표로 보여준다. x의 값이 0.1씩 증가할 때마다 $f(x)$의 값은 0.3씩 증가함을 확인하자. 곧, $f(x)$는 x의 세 배만큼씩 증가한다. 그러므로 직선 $y = 3x - 2$의 기울기인 3은 x에 대한 y의 변화율로 해석할 수 있다.

용어
선형 모형 linear model 일차 함수, 선형 함수 linear function

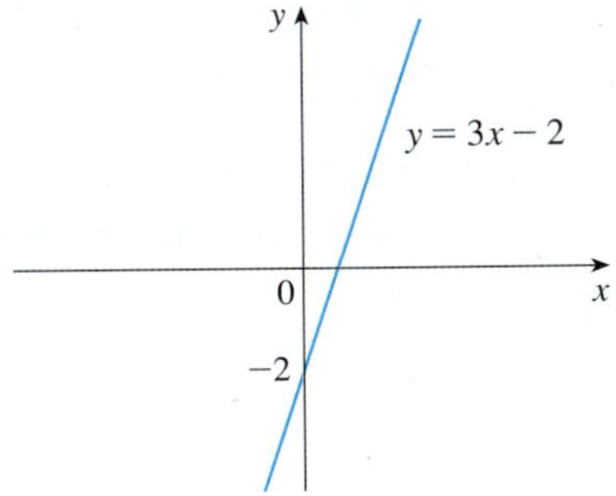

x	$f(x) = 3x - 2$
1.0	1.0
1.1	1.3
1.2	1.6
1.3	1.9
1.4	2.2
1.5	2.5

그림 2

보기 1 (a) 건조한 공기는 상승함에 따라 팽창하고 차가워진다. 선형 모형이 적절하다고 가정하자. 지면 온도가 20℃이고 1 km 상공의 온도가 10℃일 때, 상공의 온도 T(℃)를 높이 h(km)의 함수로 나타내라.

(b) (a)에서 찾은 함수의 그래프를 그려라. 기울기는 무엇을 나타내는가?

(c) 높이가 2.5 km인 상공의 온도는 얼마인가?

풀이 (a) T를 h의 일차 함수로 가정하고 있으므로, 다음과 같이 쓸 수 있다.

$$T = mh + b$$

$h = 0$일 때 $T = 20$이므로, 다음을 얻는다.

$$20 = m \cdot 0 + b = b$$

곧, y절편은 $b = 20$이다.

또, $h = 1$일 때 $T = 10$이므로, 다음을 얻는다.

$$10 = m \cdot 1 + 20$$

따라서 이 직선의 기울기는 $m = 10 - 20 = -10$이므로, 찾고 있는 선형 함수는 다음과 같다.

$$T = -10h + 20$$

(b) 그래프는 그림 3에 나타냈다. 기울기는 $m = -10$℃/km이고, 이는 높이에 대한 온도의 변화율을 표현한다.

(c) $h = 2.5$ km의 높이에서 온도는 다음과 같다.

$$T = -10 \cdot 2.5 + 20 = -5℃$$ ■

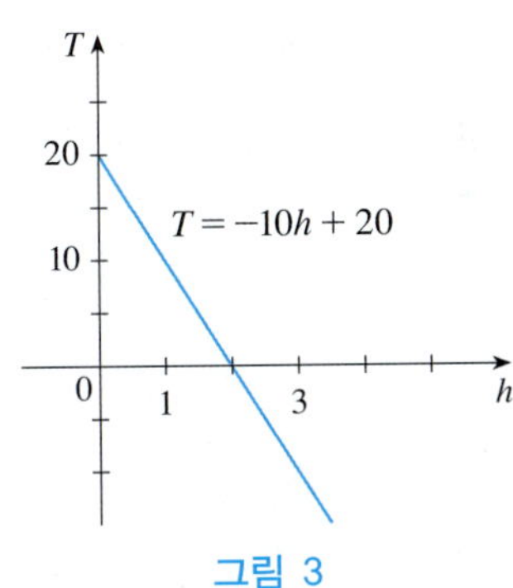

그림 3

▪ www.stewartcalculus.com
Additional Example A와 B를 보라.

□ 다항 함수

다음과 같은 P를 다항 함수라 한다.

용어
다항 함수 polynomial (function)
계수, 곁수 coefficient
차수 degree
이차 함수 quadratic function
아래로 볼록, 위로 오목 concave upward
위로 볼록, 아래로 오목 concave downward
삼차 함수 cubic function

$$P(x) = a_n x^n + a_{n-1} x^{n-1} + \cdots + a_2 x^2 + a_1 x + a_0$$

여기서 n은 음이 아닌 정수이고, 수 $a_0, a_1, a_2, \cdots, a_n$은 상수로 이 다항 함수의 **계수** 또는 **곁수**라고 한다. 모든 다항 함수의 정의역은 $\mathbb{R} = (-\infty, \infty)$이다. 최고차 항의 계수가 $a_n \neq 0$일 때, 다항 함수의 **차수**는 n이다. 예를 들어 다음은 6차 다항 함수이다.

$$P(x) = 2x^6 - x^4 + \frac{2}{5}x^3 + \sqrt{2}$$

1차 다항 함수는 $P(x) = mx + b$ 꼴이고 이를 **일차 함수** 또는 **선형 함수**라고 한다. 2차 다항 함수는 $P(x) = ax^2 + bx + c$ 꼴이고, 이를 **이차 함수**라고 한다. 모든 이차 함수의 그래프는 포물선 $y = ax^2$을 평행 이동시켜 얻을 수 있다. 포물선은 $a > 0$일 때 아래로 볼록 또는 위로 오목하고, $a < 0$일 때 위로 볼록 또는 아래로 오목하다. (그림 4를 보라.)

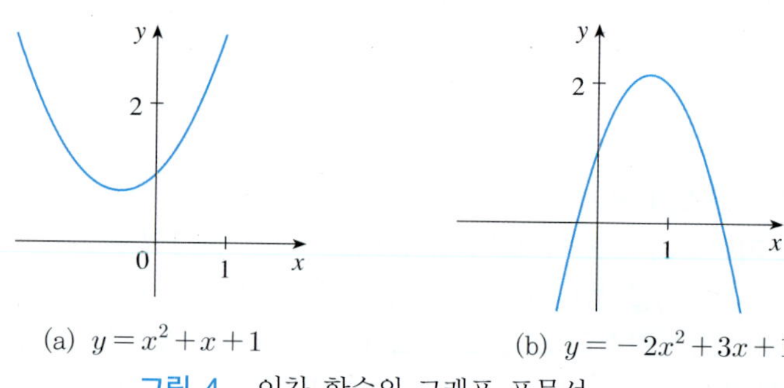

(a) $y = x^2 + x + 1$ (b) $y = -2x^2 + 3x + 1$

그림 4. 이차 함수의 그래프 포물선

3차 다항 함수는 다음과 같은 꼴이고, **삼차 함수**라고 한다.

$$P(x) = ax^3 + bx^2 + cx + d \quad (a \neq 0)$$

그림 5에서 (a)는 삼차 함수의 그래프를 보여주고, (b)와 (c)는 각각 4차와 5차 다항 함수의 그래프이다. 그래프가 이런 모양인 이유는 나중에 알아볼 것이다.

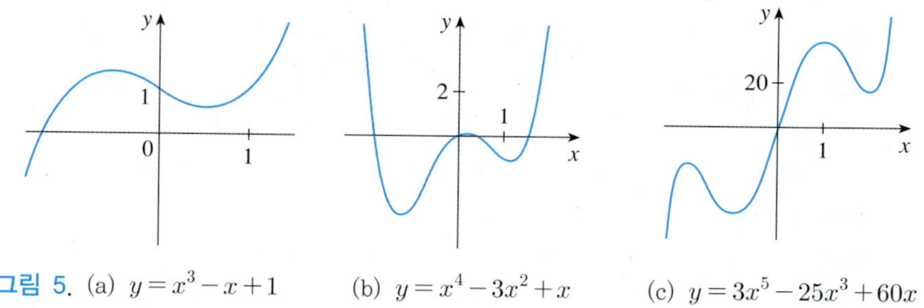

그림 5. (a) $y = x^3 - x + 1$ (b) $y = x^4 - 3x^2 + x$ (c) $y = 3x^5 - 25x^3 + 60x$

다항 함수는 자연 과학과 사회 과학에서 나타나는 다양한 수량의 모형으로 사용된다. 예를 들면, 제 2 장에서는 경제학자들이 흔히 다항 함수 $P(x)$를 사용해서 x단위의 상품을 생산하는 비용을 표현하는 이유를 설명할 것이다.

□ 멱 함수

용어
멱 함수 power function

상수 a에 대해 $f(x)=x^a$ 꼴의 함수를 멱 함수라고 한다. 특히 a가 양의 정수일 때 거듭제곱 함수라고 한다. 몇 가지 경우를 생각하자.

(i) $a=n$ (n은 양의 정수)

$n=1, 2, 3, 4, 5$일 때 $f(x)=x^n$의 그래프를 그림 6에 나타냈다. (이것들은 항이 단 한 개인 다항 함수이다.) $y=x$의 그래프(기울기가 1이고 원점을 지나는 직선)와 $y=x^2$의 그래프(포물선)의 꼴은 친숙하다.

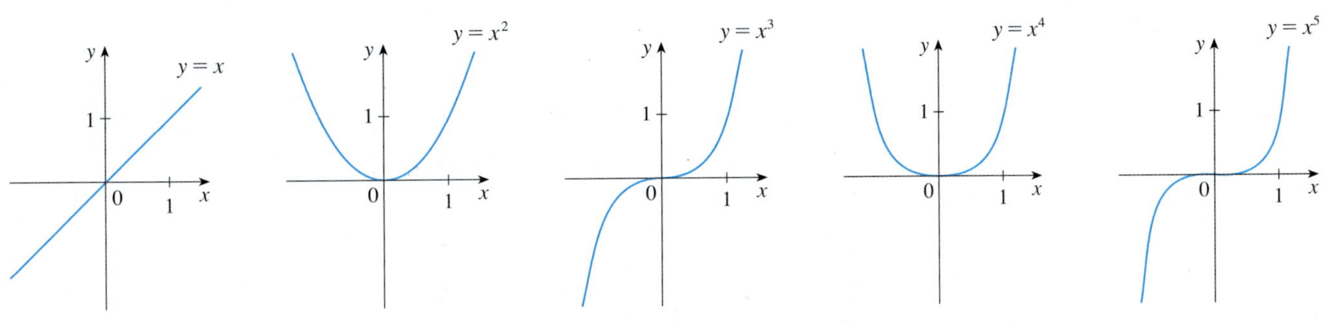

그림 6. $n=1, 2, 3, 4, 5$일 때 $f(x)=x^n$의 그래프

$f(x)=x^n$의 그래프의 일반적인 꼴은 n이 짝수인지 홀수인지에 따라 결정된다. n이 짝수이면, $f(x)=x^n$은 짝 함수이고 그래프는 포물선 $y=x^2$과 비슷하다. n이 홀수이면, $f(x)=x^n$은 홀 함수이고 그래프는 $y=x^3$의 그래프와 비슷하다. 그렇지만 그림 7에서 알 수 있듯이, n의 값이 커지면, $y=x^n$의 그래프는 0 근방에서 더 납작해지고 $|x|\geq 1$일 때는 더 가팔라진다.

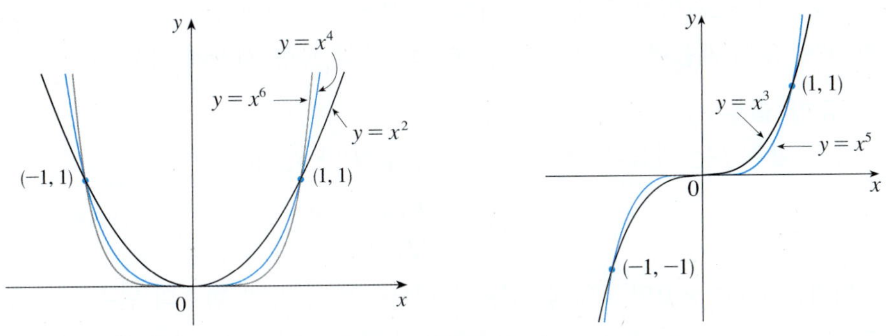

그림 7. 멱 함수 모임

(ii) $a=1/n$ (n은 양의 정수)

함수 $f(x)=x^{1/n}=\sqrt[n]{x}$를 거듭제곱근 함수라고 한다. $n=2$이면 이는 제곱근 함수 $f(x)=\sqrt{x}$인데, 정의역은 $[0, \infty)$이고 그래프는 포물선 $x=y^2$

용어
거듭제곱근 함수 root function 함수족, 함수 모둠 family of function 상반 함수 reciprocal function 보일의 법칙 Boyle's Law 유리 함수 rational function

의 위쪽 반이다. [그림 8(a)를 보라.] n의 다른 짝수 값에 대해 $y=\sqrt[n]{x}$의 그래프는 $y=\sqrt{x}$의 그래프와 비슷하다. $n=3$이면 이는 세제곱근 함수 $f(x)=\sqrt[3]{x}$인데, (모든 실수의 세제곱근이 존재하므로) 정의역은 $\mathbb{R}$이고 그래프는 그림 8(b)에 나타낸 것과 같다. 홀수 n에 대해($n>3$), $y=\sqrt[n]{x}$의 그래프는 $y=\sqrt[3]{x}$의 그래프와 비슷하다.

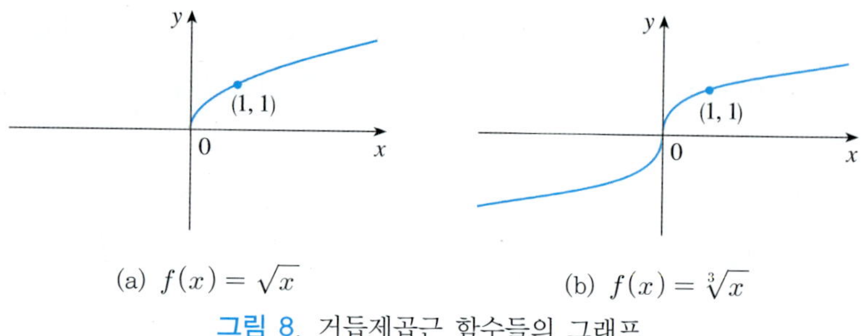

(a) $f(x)=\sqrt{x}$ (b) $f(x)=\sqrt[3]{x}$

그림 8. 거듭제곱근 함수들의 그래프

(iii) $a=-1$

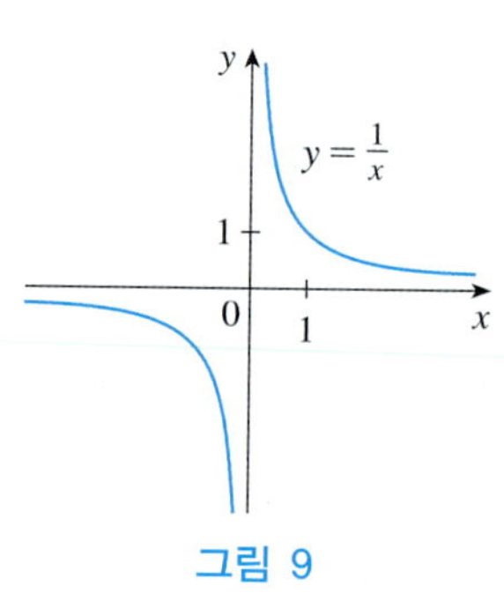

그림 9

상반 함수 $f(x)=x^{-1}=1/x$의 그래프를 그림 9에 나타냈다. 이 그래프는 방정식이 $y=1/x$ 또는 $xy=1$인 쌍곡선으로, 두 좌표축이 점근선이다. 이 함수는 물리학과 화학에서 보일의 법칙과의 관계에서 나타난다. 이 법칙에 따라 온도가 일정할 때 기체의 부피 V가 압력 P에 반비례한다.

$$V=\frac{C}{P}$$

여기서 C는 상수이다. 그러므로 P의 함수 V의 그래프는 일반적으로 그림 9의 오른쪽 반과 같은 꼴이다.

멱함수는 또한 종·넓이 관계(익힘 문제 16), 광원으로부터의 거리에 관한 함수로서의 조도(익힘 문제 15), 태양으로부터의 거리에 관한 함수로서 행성의 공전 주기(케플러의 둘째 법칙, 662쪽) 등의 모형 제작에 사용된다.

□ 유리 함수

유리 함수 f는 다음과 같이 두 다항 함수 P와 Q의 몫이다.

$$f(x)=\frac{P(x)}{Q(x)}$$

정의역은 $Q(x)\neq 0$인 x의 값 전체로 이루어진다. 유리 함수의 단순한 예가 함수 $f(x)=1/x$인데, 이것의 정의역은 $\{x \mid x\neq 0\}$이다. 이것은 그림 9에 그래프를 나타낸 상반 함수이다. 다음 함수는 정의역이 $\{x \mid x\neq \pm 2\}$인 유리 함수이고, 그래프는 그림 10에 나타냈다.

$$f(x)=\frac{2x^4-x^2+1}{x^2-4}$$

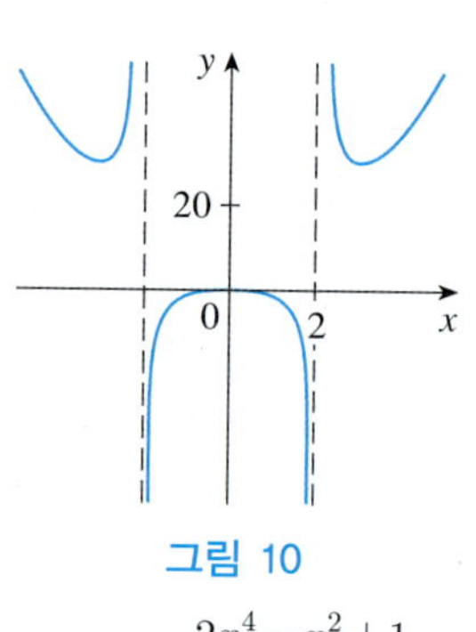

그림 10

$f(x)=\dfrac{2x^4-x^2+1}{x^2-4}$

□ 삼각 함수

용어
삼각법 trigonometry
삼각 함수 trigonometric function
호도법 radian measure
사인 함수 sine function
코사인 함수 cosine function
주기 period
주기 함수 periodic function
탄젠트 함수 tangent function

삼각법과 삼각 함수는 참고 사항 2쪽과 부록 A에서 다시 정리했다. 미분적분학에서는 전통적으로 (별도로 언급하는 경우를 제외하면) 언제나 호도법을 사용한다. 예를 들면, 함수 $f(x)=\sin x$를 사용할 때 $\sin x$는 x라디안인 각의 사인을 뜻한다. 이에 따라 사인 함수와 코사인 함수의 그래프는 그림 11과 같다.

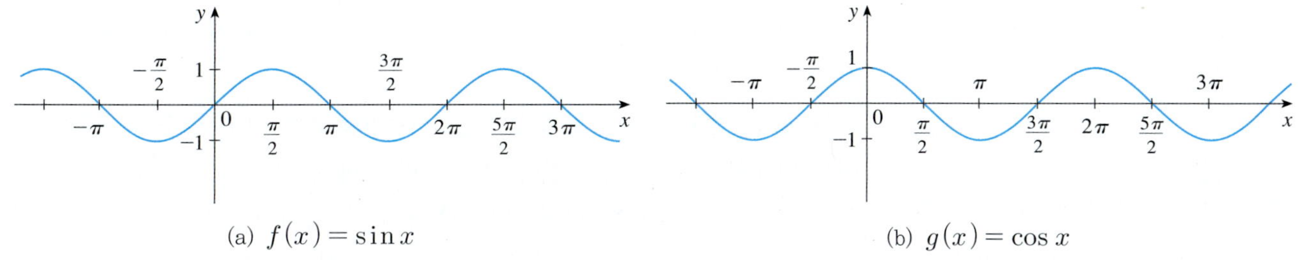

(a) $f(x)=\sin x$ (b) $g(x)=\cos x$

그림 11

사인 함수와 코사인 함수의 정의역은 모두 $(-\infty, \infty)$이고 치역은 닫힌 구간 $[-1, 1]$이다. 그러므로 x의 모든 값에 대해 다음이 성립한다.

$$-1 \le \sin x \le 1, \qquad -1 \le \cos x \le 1$$

또는 절댓값 기호를 이용해서 다음과 같이 나타낼 수 있다.

$$|\sin x| \le 1, \qquad |\cos x| \le 1$$

또, π의 정수 배에서 사인 함숫값은 영이다. 곧, 정수 n에 대해 $x=n\pi$일 때 $\sin x=0$이다.

중요한 성질이 있는데, 사인 함수와 코사인 함수는 모두 주기 함수이고 주기는 모두 2π이다. 이는 x의 모든 값에 대해 다음이 성립함을 뜻한다.

$$\sin(x+2\pi)=\sin x, \quad \cos(x+2\pi)=\cos x$$

주기적인 특성 때문에 이런 함수들은 조류(밀물과 썰물), 진동하는 용수철, 음파 등과 같이 반복되는 현상의 모형 제작에 적합하다.

탄젠트 함수는 사인 함수 및 코사인 함수와 다음 식으로 관련된다.

$$\tan x = \frac{\sin x}{\cos x}$$

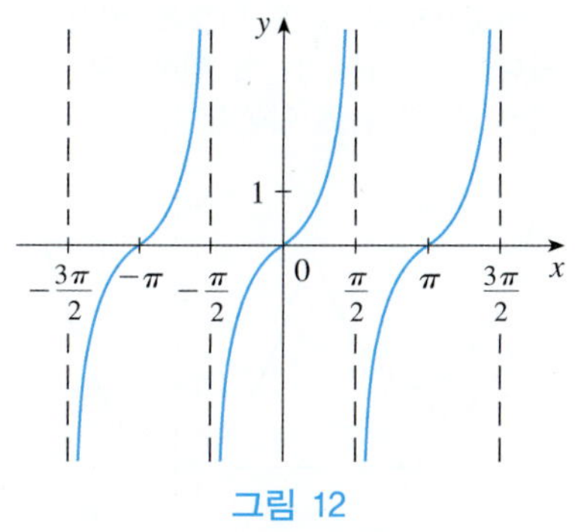

그림 12

탄젠트 함수의 그래프는 그림 12에 나타냈다. 탄젠트 함수는 $\cos x=0$일 때, 곧 $x=\pm\pi/2, \pm 3\pi/2, \cdots$일 때 정의되지 않고, 치역은 $(-\infty, \infty)$이다. 탄젠트 함수의 주기는 π이다. 곧, x의 모든 값에 대해 다음이 성립한다.

$$\tan(x+\pi)=\tan x$$

용어
코시컨트 함수 cosecant function
시컨트 함수 secant function
코탄젠트 함수 cotangent function
지수 함수 exponential function
로그 함수 logarithmic function
변환 transformation
평행 이동 translation

나머지 세 삼각 함수인 코시컨트 · 시컨트 · 코탄젠트 함수는 각각 사인 · 코사인 · 탄젠트 함수의 역수로 정의된다. 그래프는 부록 A에 있다.

□ 지수 함수와 로그 함수

지수 함수는 $f(x)=a^x$ 꼴의 함수인데, 여기서 밑 a는 양의 상수이다. $y=2^x$과 $y=(0.5)^x$의 그래프를 그림 13에 나타냈다. 두 함수 모두 정의역은 $(-\infty,\ \infty)$이고 치역은 $(0,\ \infty)$이다.

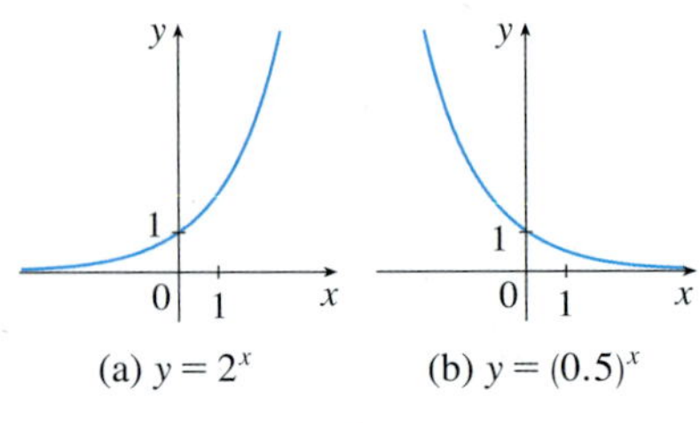

그림 13

지수 함수는 3.1절에서 자세히 알아보는데, 이는 ($a>1$인) 인구 증가와 ($a<1$인) 방사성 감쇠와 같은 많은 자연 현상의 모형 제작에 이용됨을 알아볼 것이다.

밑 a가 양의 상수인 로그 함수 $f(x)=\log_a x$는 지수 함수의 역함수이다. 이에 대해서는 3.2절에서 알아본다. 그림 14에 밑이 서로 다르고 1보다 큰 네 로그 함수의 그래프를 나타냈다. 각 함수의 정의역은 $(0,\ \infty)$이고 치역은 $(-\infty,\ \infty)$이며, $x>1$일 때 각 함수는 느리게 증가한다.

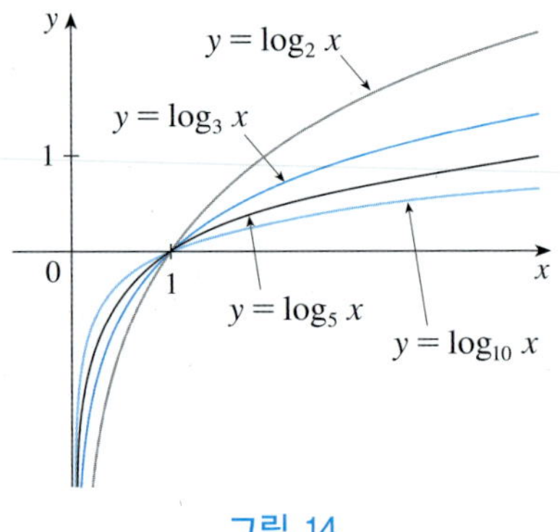

그림 14

함수의 변환

함수의 그래프에 특정한 변환을 적용해서 그와 연관된 함수의 그래프를 얻을 수 있다. 이에 대해 알고 있으면, 많은 함수의 그래프를 손쉽게 그릴 수 있다. 주어진 그래프의 방정식도 얻을 수 있다. 먼저, 평행 이동을 생각하자. c가 양의 상수이면, $y=f(x)+c$의 그래프는 $y=f(x)$의 그래프를 c단위 위로 평행 이동한 것이다. (각 y좌표가 똑같은 수 c만큼 증가하기 때문이다.) 마찬가지로, $c>0$이고 $g(x)=f(x-c)$이면, x에서 g의 함숫값은 (x에서 c단위 왼쪽에 있는) $x-c$에서 f의 함숫값과 같다. 따라서 $y=f(x-c)$의 그래프는 $y=f(x)$의 그래프를 c단위 오른쪽으로 평행 이동한 것이다.

■ 그림 15는 $y=(x+3)^2+1$의 그래프를 $y=x^2$의 그래프로부터 얻는 방법을 보여줌으로써 평행 이동을 예시하고 있다. 여기서는 3단위 왼쪽으로 이동하고 1단위 위로 이동한다.

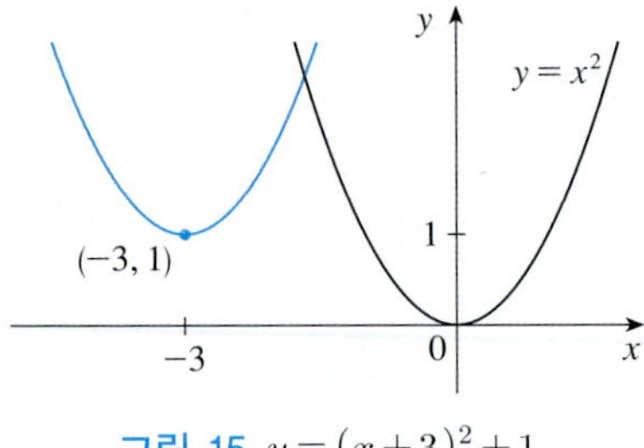

그림 15 $y=(x+3)^2+1$

연직과 수평 평행 이동 $c>0$이라 하자. $y=f(x)$의 그래프를

c단위 위로 평행 이동하면	$y=f(x)+c$의 그래프,
c단위 아래로 평행 이동하면	$y=f(x)-c$의 그래프,
c단위 오른쪽으로 평행 이동하면	$y=f(x-c)$의 그래프,
c단위 왼쪽으로 평행 이동하면	$y=f(x+c)$의 그래프를 얻는다.

이제 확대 변환과 대칭 이동 변환을 알아보자. $c>1$일 때, $y=cf(x)$의 그래프는 $y=f(x)$의 그래프를 연직 방향으로 c배 늘린 것이다. (각 y좌표에 똑같은 수 c를 곱하기 때문이다.) $y=-f(x)$의 그래프는 $y=f(x)$의 그래프를 x축에 대해 대칭 이동한 것이다. 이유는 점 $(x,\ y)$가 점 $(x,\ -y)$으로 대체되기 때문이다. 아래의 표에는 다른 확대 · 축소 · 대칭 이동 변환의 결과들도 함께 제시했다.

> **연직과 수평 확대와 축소 및 대칭 이동** $c>1$이라 하자. $y=f(x)$의 그래프를
> 연직 방향으로 c배 늘리면 $y=cf(x)$의 그래프,
> 연직 방향으로 c배 줄이면 $y=\frac{1}{c}f(x)$의 그래프,
> 수평 방향으로 c배 줄이면 $y=f(cx)$의 그래프,
> 수평 방향으로 c배 늘리면 $y=f\left(\frac{x}{c}\right)$의 그래프,
> x축에 대해 대칭 이동하면 $y=-f(x)$의 그래프,
> y축에 대해 대칭 이동하면 $y=f(-x)$의 그래프를 얻는다.

용어
확대 변환 stretching transformation
대칭 이동 변환 reflecting transformation
축소 변환 shrinking transformation

그림 16은 $c=2$일 때 이런 확대 변환을 코사인 함수에 적용한 결과를 예시한다. 예를 들어 $y=2\cos x$의 그래프를 얻으려면, $y=\cos x$의 그래프의 각 점에서 y좌표에 2를 곱해야 한다. 이는 $y=\cos x$의 그래프를 연직 방향으로 2배 늘림을 뜻한다.

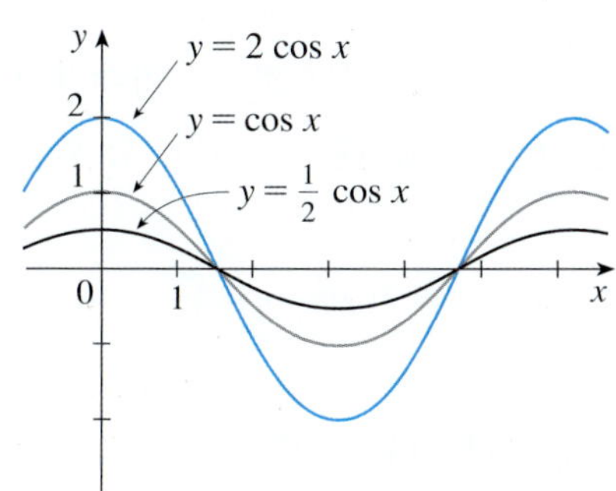

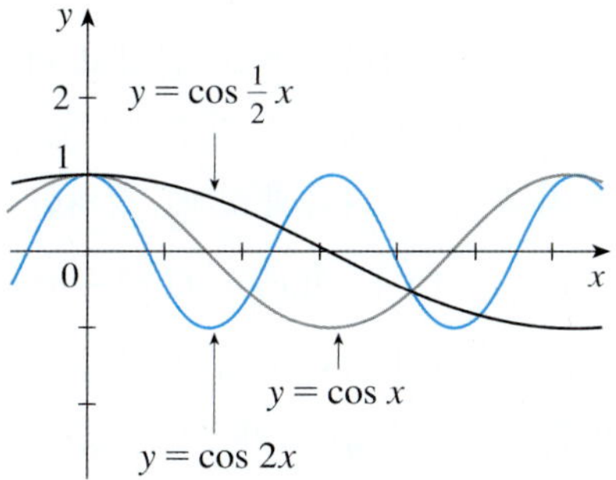

그림 16

보기 2 주어진 $y=\sqrt{x}$의 그래프에 변환을 적용해서, $y=\sqrt{x}-2$, $y=\sqrt{x-2}$, $y=-\sqrt{x}$, $y=2\sqrt{x}$, $y=\sqrt{-x}$의 그래프를 그려라.

풀이 그림 8(a)에 있는 제곱근 함수 $y=\sqrt{x}$의 그래프를 그림 17(a)에 나타냈다. 다른 그래프의 경우에는 이 그래프를 $y=\sqrt{x}-2$는 2단위 아래로 평행 이동하고, $y=\sqrt{x-2}$는 2단위 오른쪽으로 평행 이동하고, $y=-\sqrt{x}$는 x축에 대해 대칭 이동하고, $y=2\sqrt{x}$는 연직 방향으로 2배 늘리고, $y=\sqrt{-x}$는 y축에 대해 대칭 이동해서 얻는다.

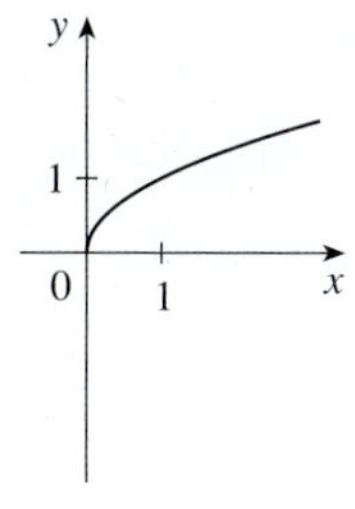

(a) $y=\sqrt{x}$

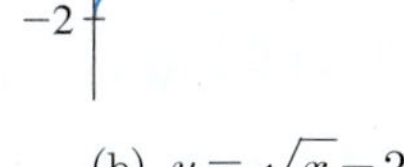
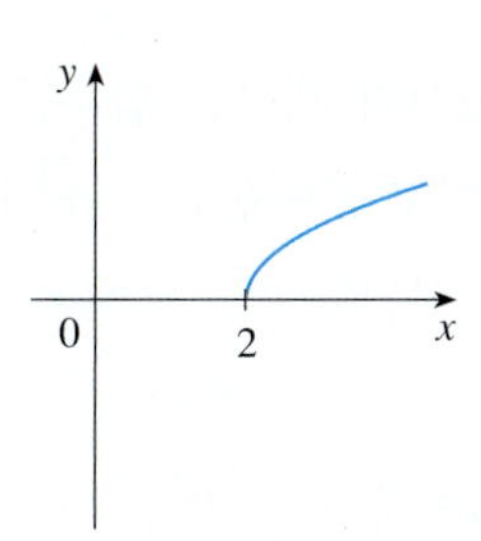

(b) $y=\sqrt{x}-2$

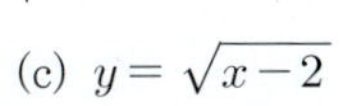
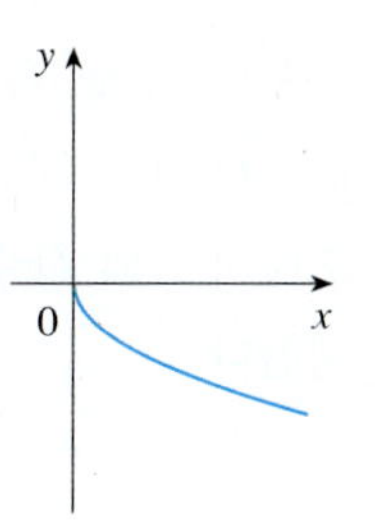

(c) $y=\sqrt{x-2}$

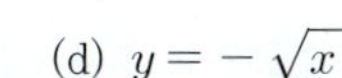
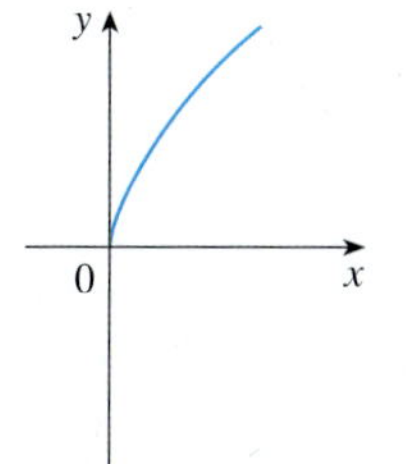

(d) $y=-\sqrt{x}$

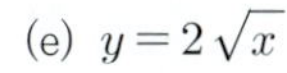
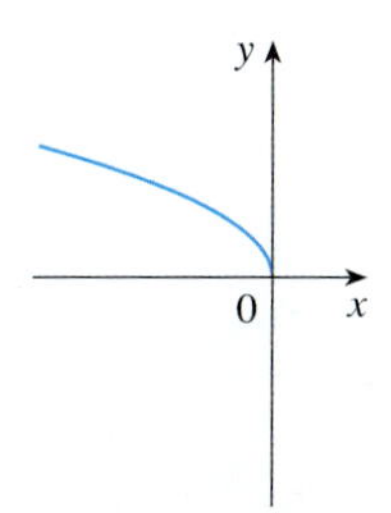

(e) $y=2\sqrt{x}$

(f) $y=\sqrt{-x}$

그림 17

보기 3 함수 $y=1-\sin x$의 그래프를 그려라.

풀이 $y=1-\sin x$의 그래프를 얻기 위해, $y=\sin x$의 그래프에서 출발하자. x축에 대해 대칭 이동하면 $y=-\sin x$의 그래프를 얻고, 다음에 이를 1 단위 위로 평행 이동하면 $y=1-\sin x$의 그래프를 얻는다. ■

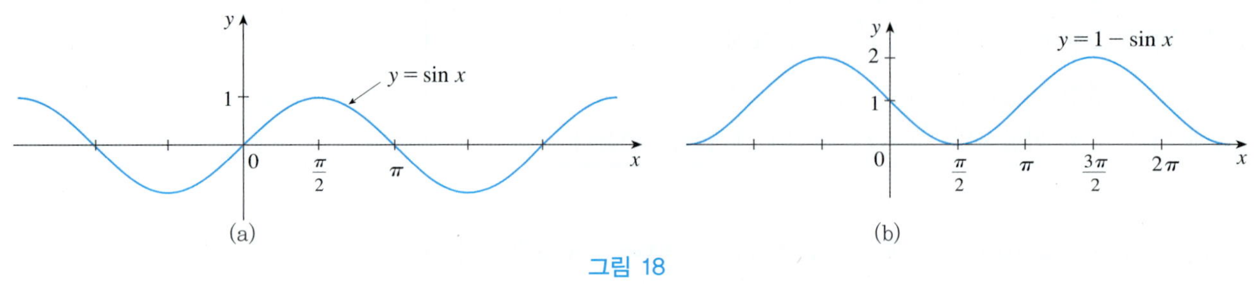

그림 18

함수의 결합

■ www.stewartcalculus.com
Additional Example C, D, E를 보라.

용어
합 함수 sum function
차 함수 difference function
곱 함수 product function
몫 함수 quotient function

실수들을 더하고 빼고 곱하고 나누는 방법과 비슷한 방식으로, 두 함수 f와 g를 결합시켜 새로운 함수 $f+g$, $f-g$, fg, f/g를 생성할 수 있다. 합 함수와 차 함수는 다음과 같이 정의한다.

$$(f+g)(x)=f(x)+g(x), \qquad (f-g)(x)=f(x)-g(x)$$

f의 정의역이 A이고 g의 정의역이 B이면, $f+g$의 정의역은 교집합 $A\cap B$인데, $f(x)$와 $g(x)$가 모두 정의되어야 하기 때문이다. 예를 들면, $f(x)=\sqrt{x}$의 정의역은 $A=[0, \infty)$이고 $g(x)=\sqrt{2-x}$의 정의역은 $B=(-\infty, 2]$이므로, $(f+g)(x)=\sqrt{x}+\sqrt{2-x}$의 정의역은 $A\cap B=[0, 2]$이다.

마찬가지로, 곱 함수와 몫 함수는 다음과 같이 정의한다.

$$(fg)(x)=f(x)g(x), \qquad \left(\frac{f}{g}\right)(x)=\frac{f(x)}{g(x)}$$

fg의 정의역은 $A\cap B$이다. 그러나 0으로 나눌 수 없으므로, f/g의 정의역은 $\{x\in A\cap B \mid g(x)\neq 0\}$이다. 예를 들어 $f(x)=x^2$이고 $g(x)=x-1$이면, 유리 함수 $(f/g)(x)=x^2/(x-1)$의 정의역은 $\{x \mid x\neq 1\}$, 곧 $(-\infty, 1)\cup(1, \infty)$이다.

두 함수를 결합시켜 새로운 함수를 얻는 또 다른 방법이 있다. 예를 들어 $y=f(u)=\sqrt{u}$이고 $u=g(x)=x^2+1$이라고 하자. y는 u의 함수이고 u도 또다시 x의 함수이므로, y는 결국 x의 함수이다. 이를 다음과 같이 대입해서 셈한다.

$$y=f(u)=f(g(x))=f(x^2+1)=\sqrt{x^2+1}$$

이 과정을 합성이라 하는데, 새로운 함수가 주어진 두 함수 f와 g로 조립되기 때문이다.

일반적으로 두 함수 f와 g에 대해 g의 정의역에 속한 수 x에서 출발해서 그 상 $g(x)$를 찾는다. 이 수 $g(x)$가 f의 정의역에 속할 때, $f(g(x))$의 값을 셈할 수 있다. 이 결과는 g를 f에 대입해서 얻은 새로운 함수 $h(x)=f(g(x))$이다. 이를 f와 g의 합성 또는 합성 함수라 하고 $f\circ g$로 나타낸다.

용어
합성 composition
합성 함수 composite function

정의 두 함수 f와 g의 합성 함수 $f\circ g$를 (또는 f와 g의 합성을) 다음과 같이 정의한다.

$$(f\circ g)(x)=f(g(x))$$

$f\circ g$의 정의역은 g의 정의역에 속한 x 중에서 $g(x)$가 f의 정의역에 속한 것 전체의 집합이다. 바꿔 말하면, $(f\circ g)(x)$는 $g(x)$와 $f(g(x))$가 모두 정의될 때마다 정의된다. 그림 19는 $f\circ g$를 기계 모형으로 나타내는 방법을 보여준다.

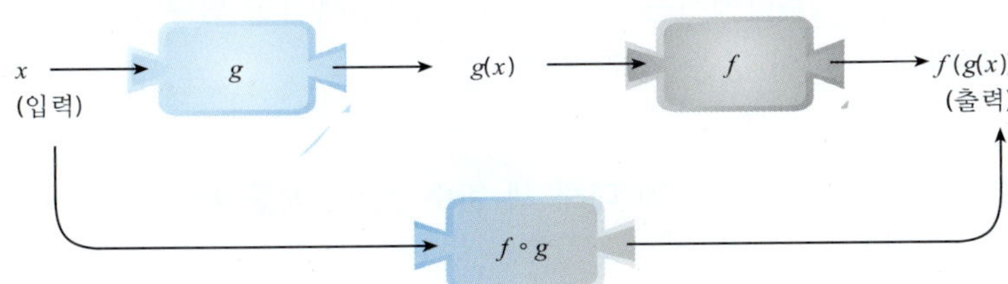

그림 19. 기계 $f\circ g$는 (먼저) 기계 g와 (다음에) 기계 f를 조립해서 얻는다

보기 4 $f(x)=x^2$이고 $g(x)=x-3$일 때, 합성 함수 $f\circ g$와 $g\circ f$를 찾아라.

풀이 다음을 얻는다.

$$(f\circ g)(x)=f(g(x))=f(x-3)=(x-3)^2,$$
$$(g\circ f)(x)=g(f(x))=g(x^2)=x^2-3$$ ■

참고 보기 4에서 알 수 있듯이 일반적으로 $f\circ g\neq g\circ f$이다. 기호 $f\circ g$는 먼저 g를 적용하고 다음에 f를 적용한다는 사실을 뜻함을 기억하자. 보기 4에서 $f\circ g$는 먼저 3을 빼고 다음에 제곱하지만, $g\circ f$는 먼저 제곱하고 다음에 3을 뺀다.

보기 5 $f(x)=\sqrt{x}$이고 $g(x)=\sqrt{2-x}$일 때, 다음 함수와 그 정의역을 찾아라.

(a) $f\circ g$ (b) $g\circ f$ (c) $f\circ f$ (d) $g\circ g$

풀이 (a) $(f\circ g)(x)=f(g(x))=f(\sqrt{2-x})=\sqrt{\sqrt{2-x}}=\sqrt[4]{2-x}$

$f\circ g$의 정의역은 $\{x\mid 2-x\geq 0\}=\{x\mid x\leq 2\}=(-\infty,\ 2]$이다.

(b) $(g\circ f)(x)=g(f(x))=g(\sqrt{x})=\sqrt{2-\sqrt{x}}$

$\sqrt{x}$가 정의되기 위해서는 $x\geq 0$이어야 한다. $\sqrt{2-\sqrt{x}}$가 정의되기 위해서는 $2-\sqrt{x}\geq 0$, $\sqrt{x}\leq 2$, 곧 $x\leq 4$이어야 한다. 그러므로 $0\leq x\leq 4$이고, $g\circ f$의 정의역은 닫힌 구간 $[0,\ 4]$이다.

(c) $(f \circ f)(x) = f(f(x)) = f(\sqrt{x}) = \sqrt{\sqrt{x}} = \sqrt[4]{x}$

$f \circ f$의 정의역은 $[0, \infty)$이다.

(d) $(g \circ g)(x) = g(g(x)) = g(\sqrt{2-x}) = \sqrt{2-\sqrt{2-x}}$

이 식은 $2-x \geq 0$이고 $2-\sqrt{2-x} \geq 0$일 때 정의된다. 첫째 부등식은 $x \leq 2$를 뜻하고, 둘째 부등식은 $\sqrt{2-x} \leq 2$, $2-x \leq 4$, 곧 $x \geq -2$와 동치이다. 그러므로 $-2 \leq x \leq 2$이고, $g \circ g$의 정의역은 $[-2, 2]$이다. ■

$0 \leq a \leq b$이면, $a^2 \leq b^2$이다.

■ www.stewartcalculus.com

Additional Example F와 G를 보라.

세 개 이상의 함수를 합성할 수 있다. 예를 들면, 합성 함수 $f \circ g \circ h$는 다음과 같이 먼저 h를 적용하고 다음에 g를 적용하며 마지막으로 f를 적용해서 찾는다.

$$(f \circ g \circ h)(x) = f(g(h(x)))$$

지금까지는 합성을 이용해서 단순한 함수들로부터 복잡한 함수를 구성했다. 그런데 미분 적분학에서는 다음 보기와 같이 복잡한 함수를 더 단순한 함수들로 분해하는 것이 종종 쓸모 있다.

용어

함수의 분해
decomposition of a function

보기 6 $F(x) = \cos^2(x+9)$에 대해 세 함수 f, g, h를 $F = f \circ g \circ h$가 성립하도록 정하라.

풀이 $F(x) = \{\cos(x+9)\}^2$이므로, F의 식은 "먼저 9를 더하고 다음에 그 결과의 코사인을 취하며 마지막으로 제곱하라."고 지시한다. 그러므로 다음과 같이 놓자.

$$h(x) = x+9, \quad g(x) = \cos x, \quad f(x) = x^2$$

그러면 다음을 얻는다.

$$(f \circ g \circ h)(x) = f(g(h(x))) = f(g(x+9)) = f(\cos(x+9))$$
$$= \{\cos(x+9)\}^2 = F(x)$$ ■

1.2

1. (a) 기울기가 2인 일차 함수의 집합에 대한 식을 찾고, 이 집합에 속한 원소 몇 개의 그래프를 그려라.
   (b) $f(2) = 1$인 일차 함수의 집합에 대한 식을 찾고, 이 집합에 속한 원소 몇 개의 그래프를 그려라.
   (c) 두 집합에 모두 속한 함수는 무엇인가?

2. 일차 함수 $f(x) = 1 + m(x+3)$의 집합에 속한 모든 원소의 공통점은 무엇인가? 이 집합에 속한 원소 몇 개의 그래프를 그려라.

3. 일차 함수 $f(x) = c - x$의 집합에 속한 모든 원소의 공통점은 무엇인가? 이 집합에 속한 원소 몇 개의 그래프를 그려라.

4. 그래프가 다음과 같은 이차 함수의 식을 찾아라.

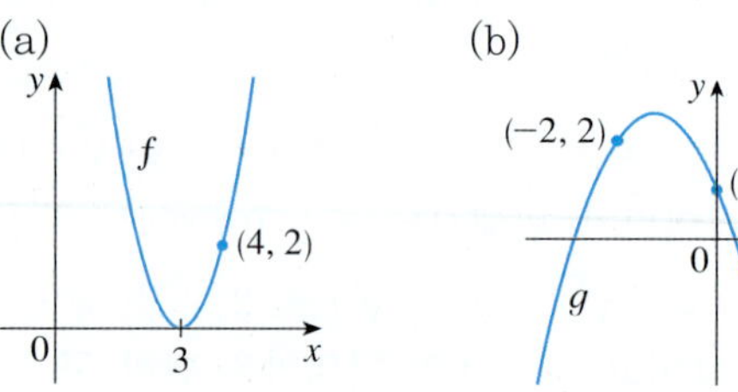

5. $f(1)=6$이고 $f(-1)=f(0)=f(2)=0$인 삼차 함수 f의 식을 찾아라.

6. 일부 과학자는 지구의 평균 지표 온도가 꾸준히 상승하고 있다고 믿고 있다. 이 온도의 모형을 일차 함수 $T=0.02t+8.50$으로 설정했는데, 여기서 T는 섭씨(℃) 온도이고 t는 1900년부터의 연수를 나타낸다.
   (a) 기울기와 T절편은 무엇을 나타내는가?
   (b) 이 식을 이용해서 2100년 지구의 평균 지표 온도를 예측하라.

7. 성인에게 권장하는 어떤 약품의 복용량이 D(mg)일 때, a세의 어린이에게 적절한 복용량 c를 결정하기 위해서 약제사는 방정식 $c=0.0417D(a+1)$을 이용한다. 성인 복용량이 200 mg이라고 하자.
   (a) c의 그래프의 기울기를 찾아라. 이것은 무엇을 뜻하는가?
   (b) 신생아의 복용량은 얼마인가?

8. 주말 벼룩시장의 관리인은 과거의 경험을 통해 벼룩시장의 자릿세로 x달러를 부과하면, 빌려주는 자리의 개수 y가 식 $y=200-4x$로 표현됨을 알고 있다.
   (a) 이 일차 함수의 그래프를 그려라. (자릿세와 자리의 개수는 음수가 될 수 없다.)
   (b) 이 그래프의 기울기, y절편, x절편은 무엇을 뜻하는가?

9. 화씨(F) 온도와 섭씨(C) 온도 사이의 관계는 일차 함수 $F=\frac{9}{5}C+32$로 표현된다.
   (a) 이 함수의 그래프를 그려라.
   (b) 이 그래프의 기울기는 얼마이고 무엇을 뜻하는가? F절편은 얼마이고 무엇을 뜻하는가?

10. 켈리는 오후 2시에 위니펙을 떠나서 트랜스캐나다 고속도로를 타고 일정한 속력으로 서쪽으로 운전하고 있다. 위니펙에서 210 km 떨어져 있는 브랜들을 오후 4시에 통과했다.
   (a) 여행한 거리를 경과 시간으로 표현하라.
   (b) (a)의 식을 그래프로 나타내라.
   (c) 이 직선의 기울기는 얼마이고, 무엇을 뜻하는가?

11. 생물학자의 관찰에 따르면, 어떤 종의 귀뚜라미가 내는 소리의 수는 온도와 관계가 있고, 그 관계는 거의 선형으로 나타난다. 귀뚜라미는 20℃에서 1분에 112번, 29℃에서는 1분에 180번 소리를 낸다.
   (a) 온도 T를 1분 동안 내는 소리의 수 N에 관한 함수로 표현하는 일차 방정식을 찾아라.
   (b) 이 그래프의 기울기는 얼마이고, 무엇을 뜻하는가?
   (c) 귀뚜라미가 1분에 150번 소리를 낼 때의 온도를 어림하라.

12. 가구 공장 관리인의 관찰에 따르면, 하루에 100개의 의자를 생산하는 데 2200달러의 비용이 들고 하루에 300개의 의자를 생산하는 데는 4800달러의 비용이 든다.
   (a) 생산 비용과 의자 수의 관계를 선형이라 가정하고, 비용을 의자 수의 함수로 표현하라. 그리고 그래프를 그려라.
   (b) 이 그래프의 기울기는 얼마이고, 무엇을 뜻하는가?
   (c) 그래프의 y절편은 얼마이고, 무엇을 뜻하는가?

13. 바다 수면에서 수압은 수면 위의 기압과 같이 1.05 kg/cm^{2}이다. 수면 아래의 수압은 1m 내려갈 때마다 0.10 kg/cm^{2}씩 증가한다.
   (a) 수압을 바다 수면 아래의 깊이의 함수로 표현하라.
   (b) 수압이 7kg/cm^{2}인 깊이는 얼마인가?

14. 월별 자동차 운영비는 자동차가 달린 km 수에 따라 결정된다. 린은 5월에 768km를 달리고 380달러의 운영비를 쓰고, 6월에는 1280km를 달리고 460달러의 운영비를 썼다.
   (a) 적절한 모형으로 선형 관계를 가정하고, 월별 운영비 C를 달린 거리 d의 함수로 표현하라.
   (b) (a)의 결과를 이용해서 한 달에 2400km를 달릴 때의 운영비를 예측하라.
   (c) 일차 함수의 그래프를 그려라. 기울기는 무엇을 뜻하는가?
   (d) y절편은 무엇을 뜻하는가?
   (e) 이 상황에서 일차 함수가 적절한 모형인 이유는 무엇인가?

15. 많은 물리적 수량들은 역 제곱 법칙, 곧 $f(x)=kx^{-2}$ 꼴의 멱 함수로 관련된다. 특히, 빛샘(광원)에 의한 대상의 조도는 그 샘으로부터의 거리의 제곱에 반비례한다. 어두워진 뒤에 램프가 한 개 있는 방에 있고 책을 읽으려 하고 있다고 가정하자. 빛이 너무 약해서 램프까지의 거리를 반으로 줄였다. 빛은 얼마나 밝아지는가?

16. 분명히, 영역의 넓이가 커질수록 그 영역에 사는 종의 수가 커진다. 많은 생태학자들은 멱 함수를 사용해서 종·넓이 관계의 모형을 제작했다. 특히, 멕시코 중부의 동굴에 살고 있는 박쥐의 종의 수 S를 동굴의 겉넓이 A에 식 $S=0.7A^{0.3}$으로 관련시켰다.

(a) 멕시코 푸에블로 근처의 미션 임파서블이라는 동굴의 겉넓이는 $A=60\,\text{m}^2$이다. 이 동굴에서 몇 종의 박쥐를 찾을 수 있다고 예상되는가?

(b) 어떤 동굴에 네 종의 박쥐가 살고 있음을 알게 됐다면, 그 동굴의 겉넓이를 어림하라.

17. 함수 f의 그래프로부터 다음과 같이 해서 얻은 그래프의 식을 써라.

(a) 3단위 위로 평행 이동
(b) 3단위 아래로 평행 이동
(c) 3단위 오른쪽으로 평행 이동
(d) 3단위 왼쪽으로 평행 이동
(e) x축에 대한 대칭 이동
(f) y축에 대한 대칭 이동
(g) 연직 방향으로 3배 확대
(h) 연직 방향으로 3배 축소

18. $y=f(x)$의 그래프로부터 다음 그래프를 얻는 방법을 설명하라.

(a) $y=f(x)+8$
(b) $y=f(x+8)$
(c) $y=8f(x)$
(d) $y=f(8x)$
(e) $y=-f(x)-1$
(f) $y=8f(\frac{1}{8}x)$

19. 아래 그림에 나타낸 $y=f(x)$의 그래프에 대해, 다음 함수의 그래프를 찾고, 그 이유를 말하라.

(a) $y=f(x-4)$
(b) $y=f(x)+3$
(b) $y=\frac{1}{3}f(x)$
(d) $y=-f(x+4)$
(e) $y=2f(x+6)$

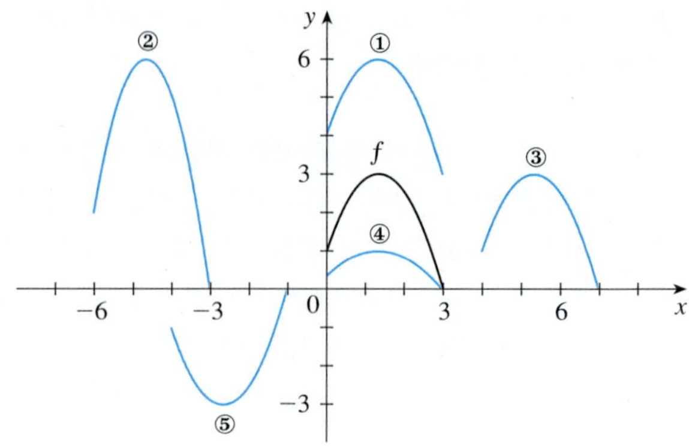

20. 함수 f의 그래프가 아래 그림과 같을 때, 다음 함수의 그래프를 그려라.

(a) $y=f(x)-2$ (b) $y=f(x-2)$
(c) $y=-2f(x)$ (d) $y=f(\frac{1}{3}x)+1$

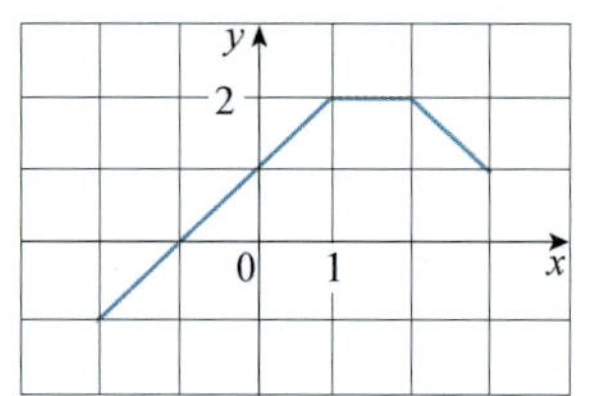

21. 함수 f의 그래프가 아래 그림과 같을 때, 다음 함수의 그래프를 그려라.

(a) $y=f(2x)$ (b) $y=f(\frac{1}{2}x)$
(c) $y=f(-x)$ (d) $y=-f(-x)$

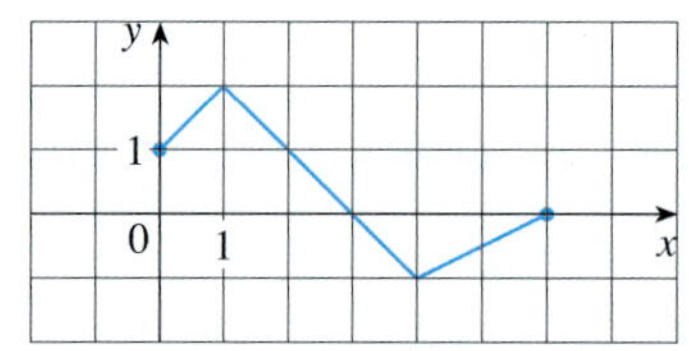

22. (a) $y=2\sin x$의 그래프는 $y=\sin x$의 그래프와 어떤 관계에 있는가? 그림 18(a)를 이용해서 $y=2\sin x$의 그래프를 그려라.

(b) $y=1+\sqrt{x}$의 그래프는 $y=\sqrt{x}$의 그래프와 어떤 관계에 있는가? 그림 17(a)를 이용해서 $y=1+\sqrt{x}$의 그래프를 그려라.

23–36. 표준적인 함수의 그래프에서 출발하고 적절한 변환을 적용해서, 다음 함수의 그래프를 그려라.

23. $y=-x^3$ **24.** $y=(x-1)^3$

25. $y = -\sqrt[3]{x}$

26. $y = x^2 + 6x + 4$

27. $y = \sqrt{x-2} - 1$

28. $y = 4\sin 3x$

29. $y = \sin \frac{1}{2}x$

30. $y = \frac{2}{x} - 2$

31. $y = \frac{1}{2}(1 - \cos x)$

32. $y = 1 + \sqrt[3]{x-1}$

33. $y = 1 - 2x - x^2$

34. $y = |x| - 2$

35. $y = \dfrac{2}{x+1}$

36. $y = \dfrac{1}{4}\tan\left(x - \dfrac{\pi}{4}\right)$

37–38. 함수 (a) $f+g$, (b) $f-g$, (c) fg, (d) f/g를 찾고, 그 정의역을 써라.

37. $f(x) = x^3 + 2x^2$, $g(x) = 3x^2 - 1$

38. $f(x) = \sqrt{1+x}$, $g(x) = \sqrt{1-x}$

39–44. 함수 (a) $f \circ g$, (b) $g \circ f$, (c) $f \circ f$, (d) $g \circ g$와 그 정의역을 찾아라.

39. $f(x) = x^2 - 1$, $g(x) = 2x + 1$

40. $f(x) = 1 - x^3$, $g(x) = 1/x$

41. $f(x) = 1 - 3x$, $g(x) = \cos x$

42. $f(x) = \sqrt{x}$, $g(x) = \sqrt[3]{1-x}$

43. $f(x) = x + \dfrac{1}{x}$, $g(x) = \dfrac{x+1}{x+2}$

44. $f(x) = \dfrac{x}{1+x}$, $g(x) = \sin 2x$

45–46. $f \circ g \circ h$를 찾아라.

45. $f(x) = \sqrt{x-3}$, $g(x) = x^2$, $h(x) = x^3 + 2$

46. $f(x) = \tan x$, $g(x) = \dfrac{x}{x-1}$, $h(x) = \sqrt[3]{x}$

47–50. 다음 함수를 $f \circ g$ 꼴로 표현하라.

47. $F(x) = (2x + x^2)^4$

48. $F(x) = \sin(\sqrt{x})$

49. $u(t) = \sec(t^2)\tan(t^2)$

50. $u(t) = \dfrac{\tan t}{1 + \tan t}$

51–53. 다음 함수를 $f \circ g \circ h$ 꼴로 표현하라.

51. $H(x) = 1 - 3^{x^2}$

52. $H(x) = \sqrt[8]{2 + |x|}$

53. $H(x) = \sec^4(\sqrt{x})$

54. 아래 표를 이용해서 다음 식의 값을 찾아라.
(a) $f(g(1))$ (b) $g(f(1))$ (c) $f(f(1))$
(d) $g(g(1))$ (e) $(g \circ f)(3)$ (f) $(f \circ g)(6)$

x	1	2	3	4	5	6
$f(x)$	3	1	4	2	2	5
$g(x)$	6	3	2	1	2	3

55. 두 함수 f와 g의 그래프가 아래 그림과 같을 때, 다음 식의 값을 찾아라. 또는 정의되지 않는 이유를 설명하라.
(a) $f(g(2))$ (b) $g(f(0))$ (c) $(f \circ g)(0)$
(d) $(g \circ f)(6)$ (e) $(g \circ g)(-2)$ (f) $(f \circ f)(4)$

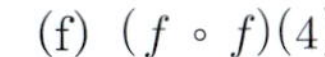

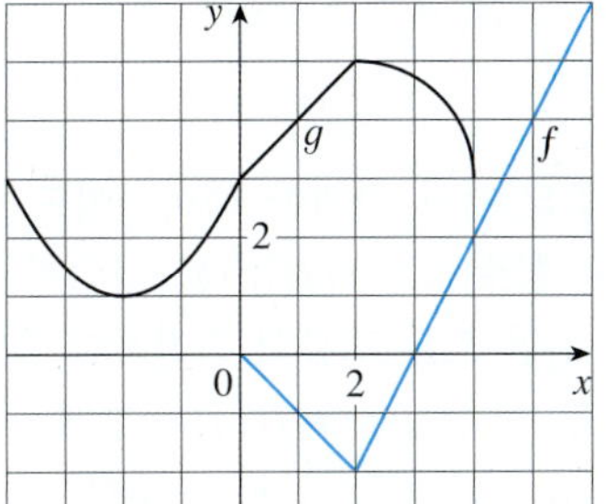

56. 구형 풍선을 부풀리고 있는데, 풍선의 반지름이 2 cm/s의 변화율로 증가하고 있다.
(a) 풍선의 반지름 r을 시간 t(초)의 함수로 표현하라.
(b) 풍선의 부피 V가 반지름의 함수일 때, $V \circ r$를 찾고 이를 해석하라.

57. 호수에 돌을 던져서 생긴 원형 물결이 바깥쪽으로 60 cm/s의 속력으로 퍼져갔다.
(a) 이 원의 반지름 r을 시간 t(초)의 함수로 표현하라.
(b) 이 원의 넓이 A가 반지름의 함수일 때, $A \circ r$을 찾고 이를 해석하라.

58. 비행기가 1 km의 높이에서 350 km의 속력으로 날고 있으며, 시각 $t = 0$에 레이더 기지국 상공을 지난다.
(a) 이 비행기가 날아간 수평 방향의 거리 d(km)를 t의 함수로 표현하라.
(b) 비행기와 레이더 기지국 사이의 거리 s를 d의 함수로 표현하라.
(c) 합성을 이용해서 s를 t의 함수로 표현하라.

59. 헤비사이드 함수 H는 다음과 같이 정의한다.

$$H(t) = \begin{cases} 0 & (t < 0) \\ 1 & (t \geq 0) \end{cases}$$

이 함수는 전기 회로의 연구에서 스위치를 순간적으로 켰을 때 전압 또는 전류의 갑작스러운 동요(서지)를 표현하는 데 이용한다.

(a) 헤비사이드 함수의 그래프를 그려라.

(b) 회로의 스위치를 시각 $t=0$에 켜고 순간적으로 120볼트의 전압을 가할 때, 이 회로의 전압 $V(t)$의 그래프를 그려라. $V(t)$를 $H(t)$의 식으로 나타내라.

(c) 회로의 스위치를 시각 $t=5$초에 켜고 순간적으로 240볼트의 전압을 가할 때, 이 회로의 전압 $V(t)$의 그래프를 그려라. $V(t)$를 $H(t)$의 식으로 나타내라. (*귀띔*: $t=5$에서의 출발은 평행 이동에 대응한다.)

60. 익힘 문제 59에서 정의한 헤비사이드 함수를 이용해서 경사로 함수 $y=ctH(t)$를 정의할 수 있다. 이는 회로에서 전압 또는 전류의 점진적인 증가를 표현한다.

(a) 경사로 함수 $y=tH(t)$의 그래프를 그려라.

(b) 회로의 스위치를 시각 $t=0$에 켜고 전압은 120볼트까지 60초 동안 점진적으로 증가할 때, 이 회로의 전압 $V(t)$의 그래프를 그려라. $t \le 60$일 때 $V(t)$를 $H(t)$의 식으로 나타내라.

(c) 회로의 스위치를 시각 $t=7$초에 켜고 전압은 100볼트까지 25초 동안 점진적으로 증가할 때, 이 회로의 전압 $V(t)$의 그래프를 그려라. $t \le 32$일 때 $V(t)$를 $H(t)$의 식으로 나타내라.

61. 두 일차 함수 f와 g의 식은 $f(x)=m_1x+b_1$과 $g(x)=m_2x+b_2$이다. $f\circ g$도 일차 함수인가? 그렇다면 이 그래프의 기울기는 얼마인가?

62. x달러를 연이율 4%의 연 복리로 투자할 때, 1년 뒤의 원리합계는 $A(x)=1.04x$이다. $A\circ A$, $A\circ A\circ A$, $A\circ A\circ A\circ A$를 찾아라. 이런 합성은 무엇을 뜻하는가? n개의 A의 합성에 대한 식을 찾아라.

63. (a) $g(x)=2x+1$이고 $h(x)=4x^2+4x+7$일 때, 함수 f를 $f\circ g=h$가 성립하도록 정하라. (*귀띔*: g의 식에 어떤 연산을 시행해야 h의 식을 얻을 수 있는지 생각하자.)

(b) $f(x)=3x+5$이고 $h(x)=3x^2+3x+2$일 때, 함수 g를 $f\circ g=h$가 성립하도록 정하라.

64. $f(x)=x+4$이고 $h(x)=4x-1$일 때, 함수 g를 $g\circ f=h$가 성립하도록 정하라.

65. g가 짝 함수이고 $h=f\circ g$이면, h는 언제나 짝 함수인가?

66. g가 홀 함수이고 $h=f\circ g$이면, h는 언제나 홀 함수인가? f가 홀 함수이면? f가 짝 함수이면?

1.3 함수의 극한

이번 절의 목표는 함수의 극한의 뜻을 탐구하는 것이다. 먼저, 낙하하는 공의 속도를 찾으려고 할 때 극한의 개념이 나타나는 상황을 알아보자.

보기 1 지면으로부터 450 m 위에 있는 토론토 CN 타워의 전망대 상층에서 공을 떨어뜨린다고 하자. 이 공의 5초 뒤 속도를 찾아라.

풀이 갈릴레오는 4세기 전에 시행한 실험을 통해 자유 낙하 물체의 낙하 거리는 그것이 낙하한 시간의 제곱에 정비례한다는 사실을 발견했다. (자유 낙하에 대한 이 모형은 공기 저항을 무시하고 있다.) t초 동안 낙하한 거리를 $s(t)$미터라고 하면, 갈릴레오의 법칙은 다음 식으로 표현된다.

$$s(t)=4.9t^2$$

5초 뒤의 속도를 찾기가 어려운 이유는 시각 $t=5$라는 순간을 다루어야 하고 시간의 구간을 이용하지 않아야 하기 때문이다. 그렇지만 원하는 속도의 어림값을, 다음과 같이 $t=5$부터 $t=5.1$까지 0.1초 동안의 짧은 시간 구간에서의 평균 속도를 계산해서 얻을 수 있다.

$$\text{평균 속도} = \frac{\text{위치의 변화}}{\text{경과 시간}} = \frac{s(5.1) - s(5)}{0.1} = \frac{4.9 \cdot 5.1^2 - 4.9 \cdot 5^2}{0.1} = 49.49\,(\text{m/s})$$

비슷한 방법으로 계속해서 더 짧은 시간 구간에서의 평균 속도를 셈한 결과를 오른쪽 표에서 나타냈다. 시간이 짧아질수록 평균 속도는 49 m/s에 더욱 가까워진다. $t = 5$일 때의 **순간 속도**는 $t = 5$에서 시작하는 더욱 더 짧은 시간 구간에서의 평균 속도의 극한값으로 정의한다. 그러므로 5초 뒤의 (순간) 속도는 다음과 같다.

$$v = 49 \text{ m/s}$$

■

시간 구간	평균 속도(m/s)
$5 \le t \le 6$	53.9
$5 \le t \le 5.1$	49.49.
$5 \le t \le 5.05$	49.245
$5 \le t \le 5.01$	49.049
$5 \le t \le 5.001$	49.0049

용어
평균 속도 average velocity
순간 속도 instantaneous velocity

극한에 대한 직관적인 정의

2 근방의 x의 값에서 $f(x) = x^2 - x + 2$로 정의된 함수 f의 행동을 조사하자. 다음 표는 2는 아니지만 2에 가까운 x의 값에 대한 $f(x)$의 값을 알려준다.

x	$f(x)$	x	$f(x)$
1.0	2.000000	3.0	8.000000
1.5	2.750000	2.5	5.750000
1.8	3.440000	2.2	4.640000
1.9	3.710000	2.1	4.310000
1.95	3.852500	2.05	4.152500
1.99	3.970100	2.01	4.030100
1.995	3.985025	2.005	4.015025
1.999	3.997001	2.001	4.003001

이 표와 그림 1에 나타낸 f의 그래프(포물선)에서 x가 2에 (2의 어느 쪽에서든) 가까워질 때 $f(x)$가 4에 가까워짐을 알 수 있다. 실제로, 2에 충분히 가까운 x의 값을 택함으로써 $f(x)$의 값을 4에 원하는 만큼 가깝게 할 수 있다. 이때, "x가 2에 가까워질 때 $f(x) = x^2 - x + 2$의 극한은 4이다."라고 한다. 이를 기호로 다음과 같이 나타낸다.

$$\lim_{x \to 2}(x^2 - x + 2) = 4$$

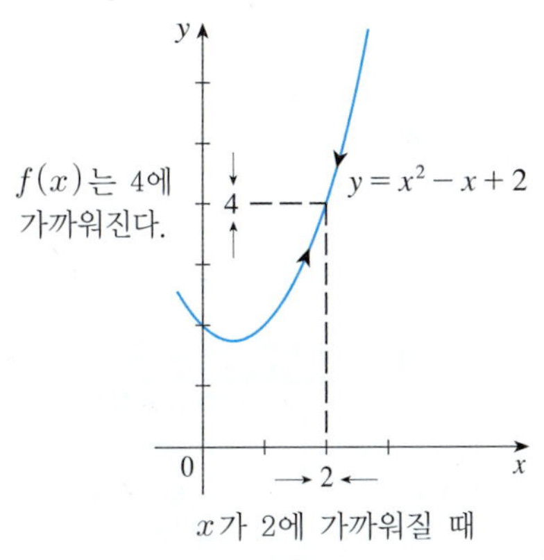

그림 1

일반적으로 다음과 같은 기호를 사용한다.

> **1 정의** $f(x)$는 x가 수 a의 근방에 있을 때 정의된다고 가정하자. a와 같지 않지만 a에 충분히 가까운 x의 값을 (a의 어느 쪽에서든) 택함으로써 $f(x)$의 값을 L에 임의로 가깝게 할 수 있을 때, "x가 a에 가까워질 때 $f(x)$의 극한은 L이다."라 하고 이를 기호로 다음과 같이 나타낸다.
>
> $$\lim_{x \to a} f(x) = L$$

개략적으로 말하면, 이는 x가 a에 가까워질 때 $f(x)$의 값이 L에 가까워진다고 말한다. 바꿔 말하면, x가 수 a와 같지 않지만 a에 (a의 어느 쪽에서든) 더욱더 가까워짐에 따라 $f(x)$의 값이 수 L에 더욱더 가까워짐을 뜻한다.

기호 $\lim_{x \to a} f(x) = L$을 다음과 같이 나타내기도 한다.

$$x \to a \text{ 일 때 } f(x) \to L \text{ 이다.}$$

이를 통상 "x가 a에 가까워질 때 $f(x)$는 L에 가까워진다."라고 읽는다.

극한의 정의에 나타나는 문구 'x가 수 a와 같지 않지만'에 주목하자. 이는 x가 a에 가까워지는 경우에 $f(x)$의 극한을 찾을 때 $x = a$인 경우를 절대 고려할 수 없음을 뜻한다. 여기서 유일하게 중요한 사실은 f가 a의 근방에서 정의되어 있는 상태이다.

그림 2에 세 함수의 그래프가 있다. (c)에서는 $f(a)$가 정의되어 있지 않고, (b)에서는 $f(a) \neq L$이다. 그렇지만 각 경우에 a에서의 상황과 무관하게 $\lim_{x \to a} f(x) = L$이다.

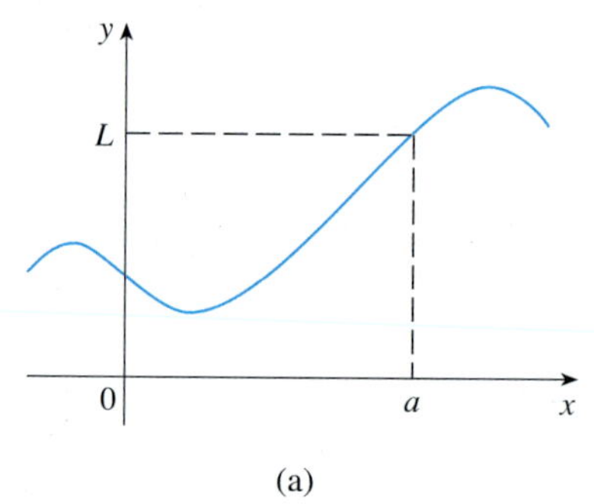

(a)

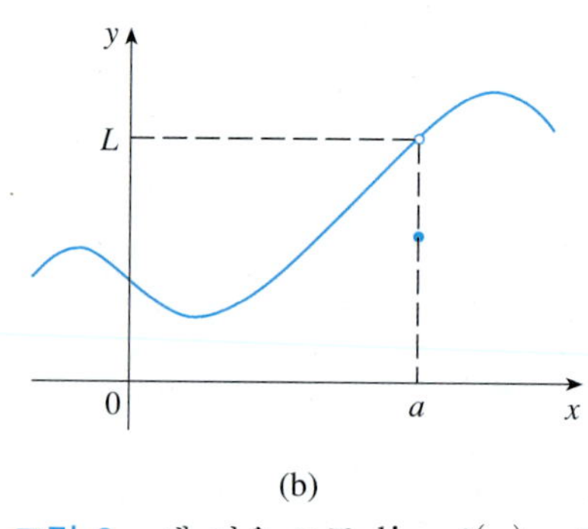

(b)

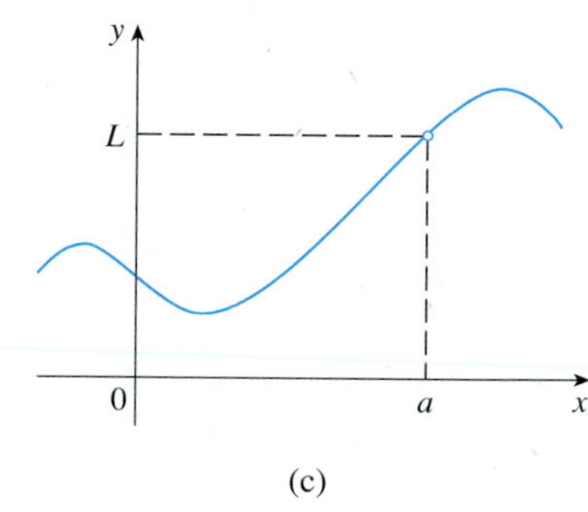

(c)

그림 2. 세 경우 모두 $\lim_{x \to a} f(x) = L$

보기 2 $\lim_{x \to 1} \frac{x-1}{x^2-1}$의 값을 어림하라.

풀이 함수 $f(x) = (x-1)/(x^2-1)$은 $x = 1$일 때 정의되지 않는다. 그러나 이는 문제가 되지 않는데, $\lim_{x \to a} f(x)$의 정의에서는 a에 가깝지만 a가 아닌 x의 값을 고려하기 때문이다.

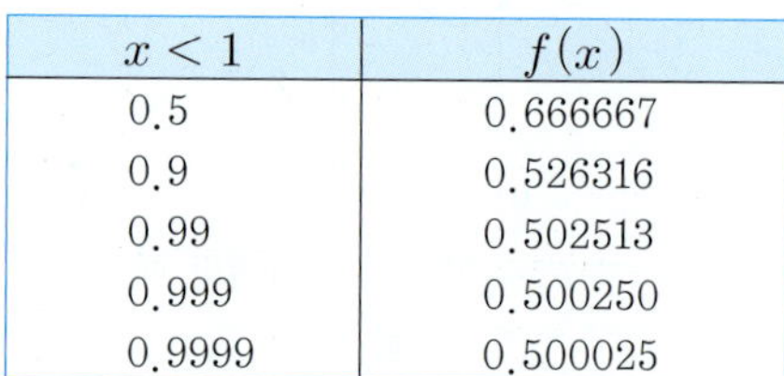

$x < 1$	$f(x)$
0.5	0.666667
0.9	0.526316
0.99	0.502513
0.999	0.500250
0.9999	0.500025

$x > 1$	$f(x)$
1.5	0.400000
1.1	0.476190
1.01	0.497512
1.001	0.499750
1.0001	0.499975

오른쪽 표는 1에 가까워지는 (그러나 1은 아닌) x의 값에 대한 $f(x)$의 값을 (소수 여섯째 자리까지 정확하게) 알려준다. 이 표의 값에 근거해서 다음과 같이 어림할 수 있다.

$$\lim_{x \to 1} \frac{x-1}{x^2-1} = 0.5$$ ■

보기 2는 그림 3에 있는 f의 그래프로 설명할 수 있다. 이제 다음과 같이 $x = 1$일 때 f의 값을 2로 정의해서 f를 수정한 함수 g를 생각하자.

$$g(x) = \begin{cases} \dfrac{x-1}{x^2-1} & (x \neq 1) \\ 2 & (x = 1) \end{cases}$$

x가 1에 가까워질 때, 이 새로운 함수 g의 극한은 여전히 같다. (그림 4를 보라.)

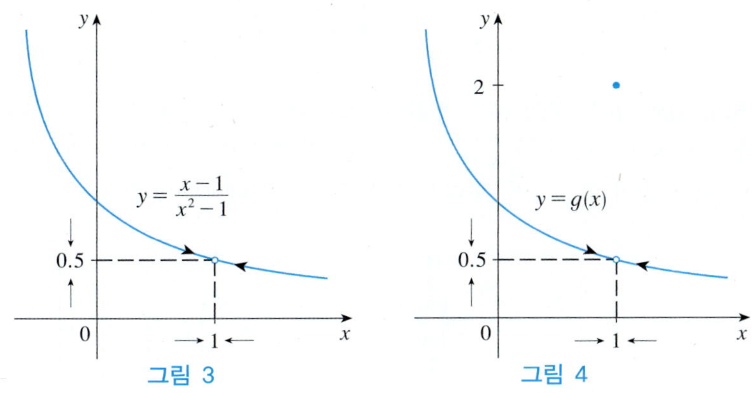

그림 3 그림 4

보기 3 $\lim_{t \to 0} \frac{\sqrt{t^2+9}-3}{t^2}$ 의 값을 어림하라.

풀이 다음 표는 0 근방에서 t의 몇 개의 값에 대한 함숫값을 나열하고 있다.

t	$\frac{\sqrt{t^2+9}-3}{t^2}$
±1.0	0.16228
±0.5	0.16553
±0.1	0.16662
±0.05	0.16666
±0.01	0.16667

t가 0에 가까워지면, 이 함숫값은 0.1666666⋯에 가까워지는 것으로 보인다. 그러므로 다음과 같이 어림할 수 있다.

$$\lim_{t \to 0} \frac{\sqrt{t^2+9}-3}{t^2} = \frac{1}{6}$$ ■

보기 3에서 훨씬 더 작은 t의 값을 택하면 어떤 현상이 나타날까? 여백의 표는 계산기로 얻은 결과를 보여주는데, 이상한 현상이 나타나고 있음을 알 수 있다.

이런 셈을 계산기로 시행하면, 다른 값을 얻을 수 있다. 그렇지만 t의 값을 충분히 작게 하면, 결국 값 0을 얻을 것이다. 이것이 답은 $\frac{1}{6}$이 아니라 실제로는 0임을 뜻하는가? 아니다! 다음 절에서 알아보겠지만, 극한은 $\frac{1}{6}$이다. t가 작을 때 $\sqrt{t^2+9}$는 3에 매우 가까우므로, 뺄셈 때문에 계산기가 잘못된 값을 제시한다는 것이 문제이다. (실제로, t의 값이 충분히 작을 때 $\sqrt{t^2+9}$에 대한 계산기의 값은 그 계산기가 시행할 수 있는 자리까지 3.000⋯이다.)

보기 3에 있는 다음 함수의 그래프를 그래프 계산기 또는 컴퓨터로 그릴 때도 비슷한 현상이 일어난다.

t	$\frac{\sqrt{t^2+9}-3}{t^2}$
±0.0005	0.16800
±0.0001	0.20000
±0.00005	0.00000
±0.00001	0.00000

www.stewartcalculus.com
계산기가 종종 잘못된 값을 제시하는 이유에 대한 더 자세한 설명은 Lie My Calculator and Computer Told Me를 열어보라. 특히, The Perils of Subtraction이라는 절을 보라.

용어
그래프 계산기 graphing calculator
컴퓨터 computer
추적 방식 trace mode

$$f(t) = \frac{\sqrt{t^2+9}-3}{t^2}$$

그림 5의 (a)와 (b)는 f의 매우 정확한 그래프를 보여주는데, (가능하다면) 추적 방식을 사용해서 극한이 약 $\frac{1}{6}$임을 쉽게 어림할 수 있다. 그런데 (c)와 (d)의 경우와 같이 너무 많이 확대하면, 또다시 뺄셈 문제 때문에 부정확한 그래프를 얻는다.

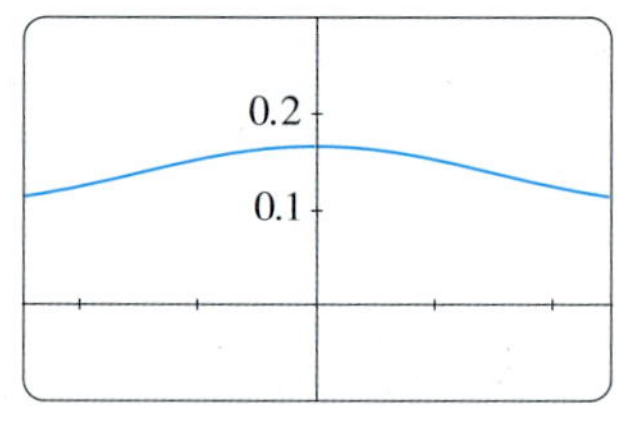

(a) $[-5, 5] \times [-0.1, 0.3]$

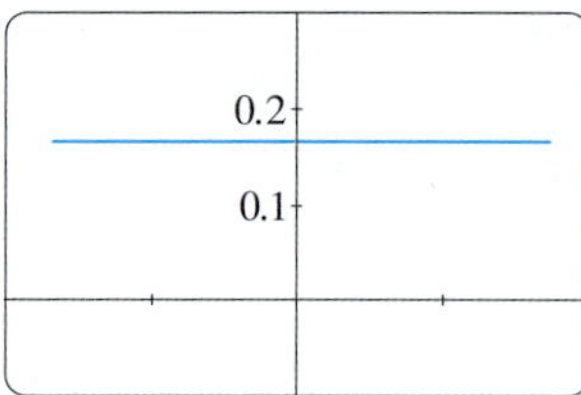

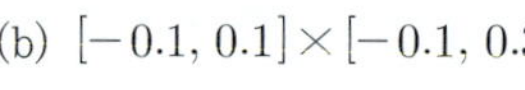
(b) $[-0.1, 0.1] \times [-0.1, 0.3]$

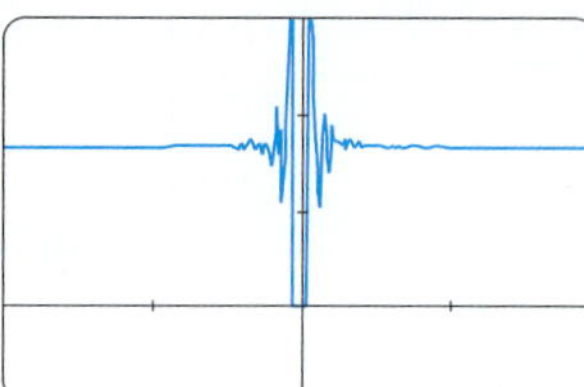
(c) $[-10^{-6}, 10^{-6}] \times [-0.1, 0.3]$

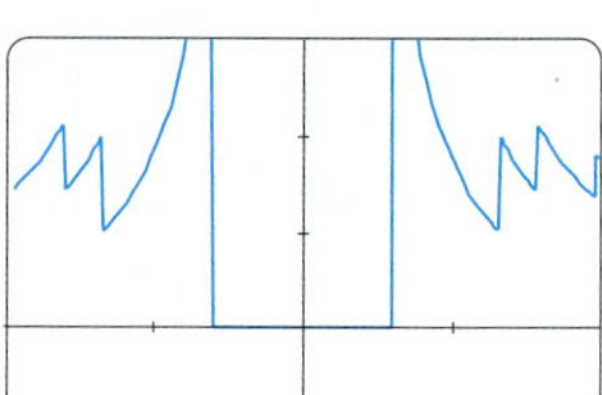
(d) $[-10^{-7}, 10^{-7}] \times [-0.1, 0.3]$

그림 5

보기 4 $\lim_{x \to 0} \frac{\sin x}{x}$의 값을 어림하라.

풀이 함수 $f(x) = (\sin x)/x$는 $x = 0$일 때 정의되지 않는다. 계산기를 사용하면 (그리고 $x \in \mathbb{R}$에 대해 $\sin x$는 x라디안인 각의 사인을 뜻함을 상기하면) 소수 여덟째 자리까지 정확한 값을 찾을 수 있다. 오른쪽의 표와 그림 6의 그래프로부터 다음을 어림할 수 있다.

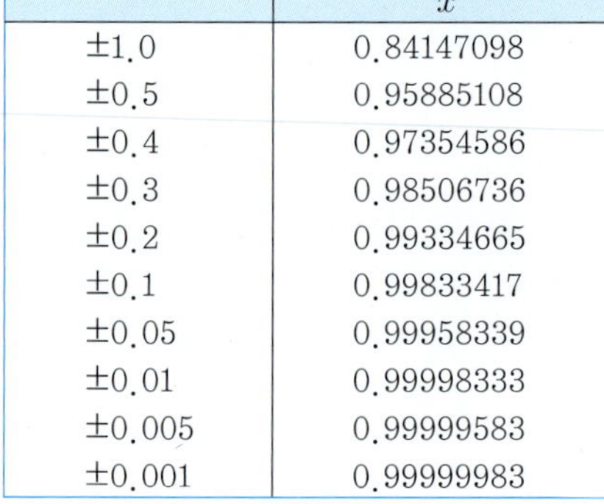

x	$\frac{\sin x}{x}$
±1.0	0.84147098
±0.5	0.95885108
±0.4	0.97354586
±0.3	0.98506736
±0.2	0.99334665
±0.1	0.99833417
±0.05	0.99958339
±0.01	0.99998333
±0.005	0.99999583
±0.001	0.99999983

$$\lim_{x \to 0} \frac{\sin x}{x} = 1$$

실제로 이 어림은 정확한데, 다음 절에서 기하학적 논법으로 증명할 것이다.

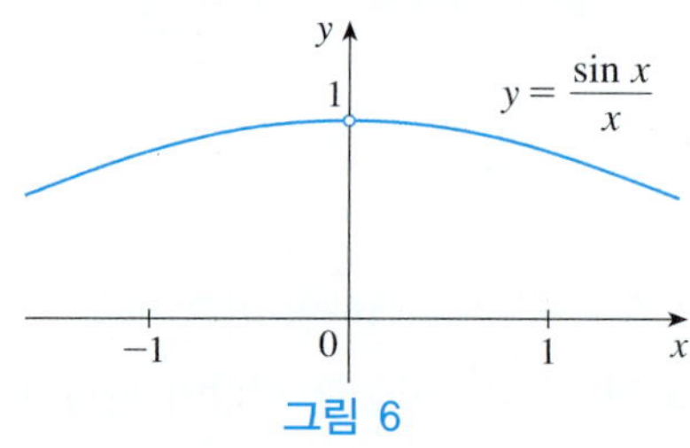

그림 6 ■

보기 5 $\lim_{x \to 0} \sin \frac{\pi}{x}$의 값을 조사하라.

풀이 또다시 함수 $f(x) = \sin(\pi/x)$는 0에서 정의되지 않는다. x의 작은 값에 대한 함숫값을 셈하면 다음을 얻는다.

$$f(1) = \sin \pi = 0, \qquad f\left(\frac{1}{2}\right) = \sin 2\pi = 0,$$
$$f\left(\frac{1}{3}\right) = \sin 3\pi = 0, \qquad f\left(\frac{1}{4}\right) = \sin 4\pi = 0,$$
$$f(0.1) = \sin 10\pi = 0, \qquad f(0.01) = \sin 100\pi = 0$$

마찬가지로, $f(0.001) = f(0.0001) = 0$이다. 이런 정보에 근거해서 다음과 같이 어림하고 싶을 것이다.

컴퓨터 대수 체계
컴퓨터 대수 체계(Computer Algebra Systems, CAS)에는 극한을 셈하는 명령어가 있다. 두 보기 3과 5에서 예시한 것과 같은 함정에 빠지지 않기 위해서, CAS는 수치 실험으로 극한을 찾지 않는다. 대신에, 무한 급수 셈과 같은 좀 더 정교한 기법을 이용한다. CAS를 사용할 수 있다면, 극한 명령어를 이용해서 이번 절의 보기에 있는 극한을 셈하고 이번 장의 익힘 문제에 있는 답을 확인하자.

$$\lim_{x\to 0}\sin\frac{\pi}{x} = 0$$

그런데 이번의 어림은 틀렸다. 모든 정수 n에 대해 $f(1/n) = \sin n\pi = 0$이지만, 0에 가까워지는 x의 무수히 많은 값에 대해 $f(x) = 1$도 성립한다. [자연수 n에 대해 $x = 1/(2n+\frac{1}{2})$을 생각하자.] f의 그래프는 그림 7에 나타냈다.

■ www.stewartcalculus.com
Additional Example A를 보라.

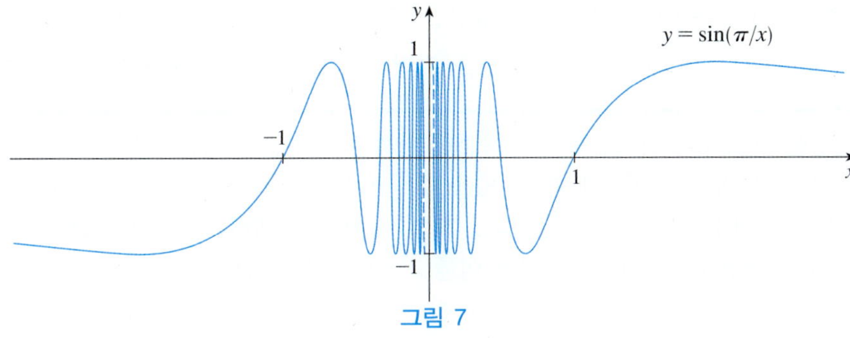

그림 7

y축 근방의 점선은, x가 0에 가까워질 때 $\sin(\pi/x)$의 값이 1과 -1 사이에서 무수히 여러 번 진동한다는 사실을 나타낸다. (그래프 장치를 이용해서 f의 그래프를 그리고 원점을 향해 여러 번 확대해보자. 무엇을 관찰할 수 있는가?)

x가 0에 가까워질 때, $f(x)$의 값이 어떤 고정된 값에 가까워지지 않으므로, $\lim_{x\to 0}\sin\frac{\pi}{x}$는 존재하지 않는다. ■

두 보기 3과 5는 극한값에 대한 어림짐작의 함정을 몇 가지 예시한다. 적절하지 않은 x의 값을 사용하면 잘못된 값을 쉽게 어림할 수 있지만, 값의 셈을 멈추어야 할 위치를 알기도 어렵다. 그리고 보기 3 뒤의 논의에서 밝힌 대로, 때로는 계산기와 컴퓨터가 잘못된 값을 제시하기도 한다. 그렇지만 다음 절에서는 극한을 셈하는 절대로 확실한 방법을 알아볼 것이다.

용어
그래프 장치 graphing device
헤비사이드 함수 Heaviside function

보기 6 헤비사이드 함수 H는 다음과 같이 정의된다.

$$H(t) = \begin{cases} 0 & (t < 0) \\ 1 & (t \geq 0) \end{cases}$$

[이 함수는 전기 공학자 헤비사이드(Oliver Heaviside, 1850~1925)의 이름을 딴 것인데, 시각 $t = 0$에서 스위치를 켰을 때의 전류를 설명하는 데 이용할 수 있다.] 그래프는 그림 8에 나타냈다.

t가 왼쪽에서 0에 가까워지면, $H(t)$는 0에 가까워진다. t가 오른쪽에서 0에 가까워지면, $H(t)$는 1에 가까워진다. t가 0에 가까워질 때 $H(t)$가 가까워지는 단 한 개의 수는 없다. 따라서 $\lim_{t\to 0} H(t)$는 존재하지 않는다. ■

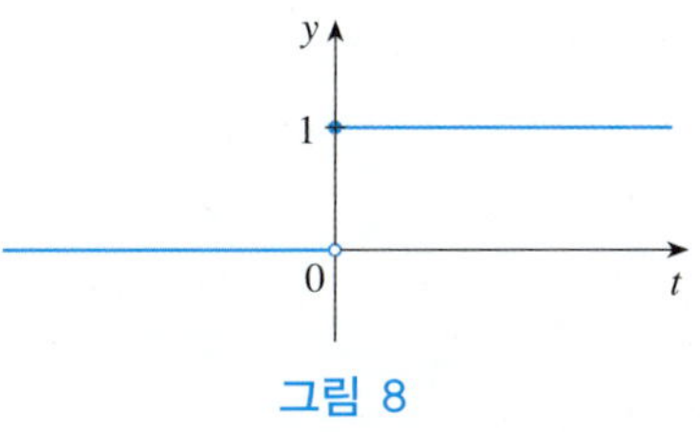

그림 8

한쪽 극한

보기 6에서 알아본 대로, t가 왼쪽에서 0에 가까워지면 $H(t)$는 0에 가까워지고, t가 오른쪽에서 0에 가까워지면 $H(t)$는 1에 가까워진다. 이런 상황을 기호로 다음과 같이 나타낸다.

$$\lim_{t\to 0^-} H(t) = 0, \quad \lim_{t\to 0^+} H(t) = 1$$

기호 '$t\to 0^-$'는 0보다 작은 t의 값만을 고려하고 있음을 나타낸다. 마찬가지로, '$t\to 0^+$'는 0보다 큰 t의 값만을 고려하고 있음을 나타낸다.

2 정의 a보다 작으면서 a에 충분히 가까운 x의 값을 택함으로써 $f(x)$의 값을 L에 임으로 가깝게 할 수 있을 때, "x가 a에 가까워질 때 $f(x)$의 왼쪽 극한(또는 좌극한)은 L이다." 또는 "x가 왼쪽에서 a에 가까워질 때 $f(x)$의 극한은 L이다."라 하고 이를 기호로 다음과 같이 나타낸다.

$$\lim_{x\to a^-} f(x) = L$$

용어
한쪽 극한 one-sided limit
왼쪽 극한, 좌극한 left-hand limit
오른쪽 극한, 우극한 right-hand limit

정의 2는 x가 a보다 작다는 조건만을 요구한다는 점에서 정의 1과 다르다. 마찬가지로, x가 a보다 크다는 조건만을 요구하면, "x가 a에 가까워질 때 $f(x)$의 오른쪽 극한(또는 우극한)은 L이다."라 하고, 이를 기호로 다음과 같이 나타낸다.

$$\lim_{x\to a^+} f(x) = L$$

그러므로 기호 '$x\to a^+$'는 a보다 큰 x만을 고려하고 있음을 뜻한다. 이런 정의는 그림 9에 예시되어 있다.

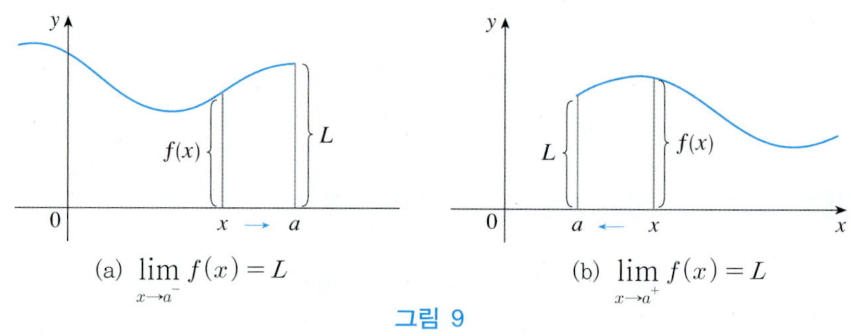

(a) $\lim_{x\to a^-} f(x) = L$ (b) $\lim_{x\to a^+} f(x) = L$

그림 9

한쪽 극한의 정의를 정의 1과 비교하면, 다음이 성립함을 알 수 있다.

3 $\lim_{x\to a} f(x) = L$이기 위한 필요 충분 조건은

$$\lim_{x\to a^-} f(x) = L \text{이고 } \lim_{x\to a^+} f(x) = L \text{인 경우이다.}$$

보기 7 함수 g의 그래프는 그림 10과 같다. 이를 이용해서 다음 값을 (존재하면) 말하라.

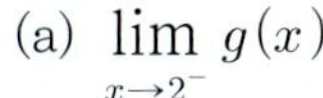

(a) $\lim_{x\to 2^-} g(x)$ (b) $\lim_{x\to 2^+} g(x)$ (c) $\lim_{x\to 2} g(x)$

(d) $\lim_{x\to 5^-} g(x)$ (e) $\lim_{x\to 5^+} g(x)$ (f) $\lim_{x\to 5} g(x)$

그림 10

풀이 그래프로부터 x가 왼쪽에서 2에 가까워지면 $g(x)$의 값은 3에 가까워지지만, x가 오른쪽에서 2에 가까워지면 $g(x)$의 값은 1에 가까워짐을 알 수 있다. 그러므로 다음을 얻는다.

(a) $\lim_{x\to 2^-} g(x) = 3$ (b) $\lim_{x\to 2^+} g(x) = 1$

(c) 왼쪽 극한과 오른쪽 극한이 다르므로, [3]으로부터 $\lim_{x\to 2} g(x)$가 존재하지 않는다는 결론을 얻는다. 그래프로부터 다음도 알 수 있다.

(d) $\lim_{x\to 5^-} g(x) = 2$ (e) $\lim_{x\to 5^+} g(x) = 2$

(f) 이번에는 왼쪽과 오른쪽 극한이 서로 같으므로, [3]에 의해 다음을 얻는다.

$$\lim_{x\to 5} g(x) = 2$$

이 사실에도 불구하고, $g(5) \neq 2$임을 확인하자. ■

보기 8 $\lim_{x\to 0} \dfrac{1}{x^2}$을 (존재하면) 찾아라.

풀이 x가 0에 가까워지면, x^2도 0에 가까워지고 $1/x^2$은 매우 커진다. (아래 표를 보라.) 실제로, 그림 11에 나타낸 함수 $f(x) = 1/x^2$의 그래프로부터 0에 충분히 가까운 x를 택하면 $f(x)$의 값을 임의로 크게 만들 수 있음을 알 수 있다. 따라서 $f(x)$의 값은 어떠한 수에도 가까워지지 않으므로, $\lim_{x\to 0}(1/x^2)$은 존재하지 않는다. ■

x	$\dfrac{1}{x^2}$
±1	1
±0.5	4
±0.2	25
±0.1	100
±0.05	400
±0.01	10000
±0.001	1000000

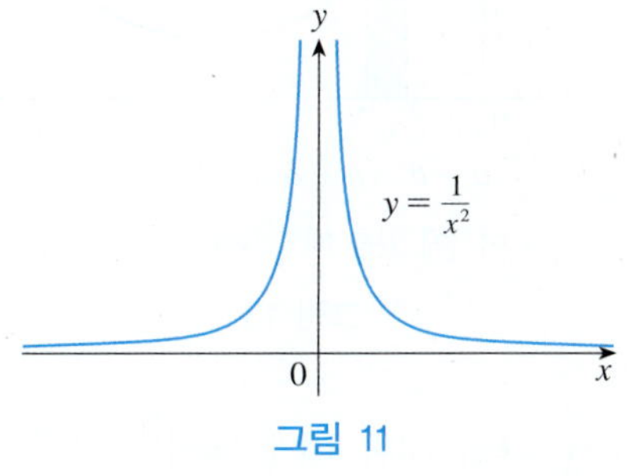

그림 11

극한에 대한 명확한 정의

정의 [1]은 극한에 대한 직관적인 이해에는 적절하지만, 더 깊이 있는 이해와 엄밀한 증명을 위해서는 좀 더 명확한 정의가 필요하다.

■ www.stewartcalculus.com

Additional Example B를 보라.

기호
δ 그리스 문자 델타
ε 그리그 문자 엡실론

a에 충분히 가까운 x를 택함으로써 (그러나 $x \neq a$이면서) $f(x)$를 L에 임의로 가깝게 만들 수 있다는 사실을 양적인 방법으로 표현하기를 바란다. 이것은 x가 a로부터 특정한 거리 δ 내에 있다는 요구를 만족시키면 $f(x)$를 L로부터 임의로 미리 지정된 (전통적으로 ε으로 나타내는) 거리 내에 놓이도록 할 수 있음을 뜻한다. 곧, $|x-a|<\delta$이고 $x \neq a$일 때 $|f(x)-L|<\varepsilon$이 성립해야 한다. $x \neq a$를 $0<|x-a|$으로 나타내어 명기할 수 있다. 이렇게 얻은 극한에 대한 명확한 정의는 다음과 같다.

4 정의 함수 f는 수 a를 포함하는 열린 구간에서 (기껏해야 a 자체는 제외하고) 정의되어 있다고 하자. 그러면 임의의 양수 ε에 대해 이에 대응하는 양수 δ가 존재해서 $0<|x-a|<\delta$일 때 $|f(x)-L|<\varepsilon$이 성립하면 **x가 a에 가까워질 때 $f(x)$의 극한**은 L이라 하고, 기호로 다음과 같이 나타낸다.

$$\lim_{x \to a} f(x) = L$$

TEC Module 1.3/1.6에서 극한에 대한 명확한 정의를 그래프와 수치적으로 탐구할 수 있다.

정의 4는 그림 12~14에 예시되어 있다. 양수 ε이 주어지면, 두 수평선 $y=L+\varepsilon$과 $y=L-\varepsilon$ 및 f의 그래프를 그린다. (그림 12를 보라.) $\lim_{x \to a} f(x) = L$이면, 적당한 양수 δ가 존재해서 x가 구간 $(a-\delta,\ a+\delta)$에 속하고 $x \neq a$이면 곡선 $y=f(x)$는 두 곡선 $y=L-\varepsilon$과 $y=L+\varepsilon$ 사이에 놓인다. (그림 13을 보라.) 그런 δ를 찾으면 그보다 작은 양수 δ도 당연히 위의 조건을 만족시킨다.

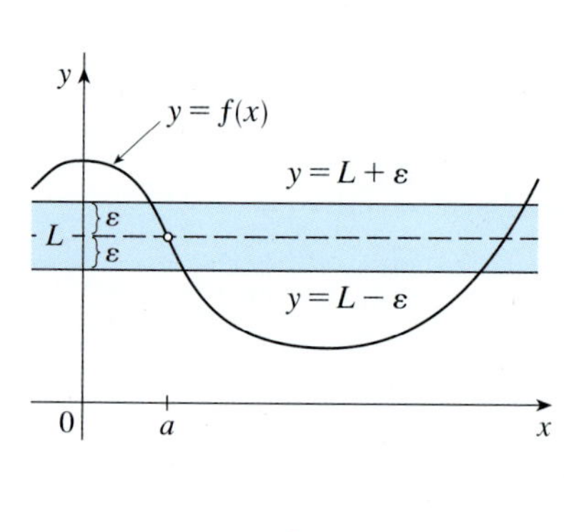

그림 12

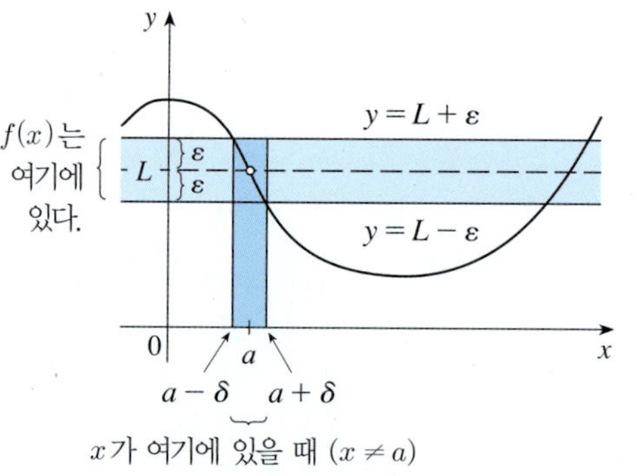

그림 13

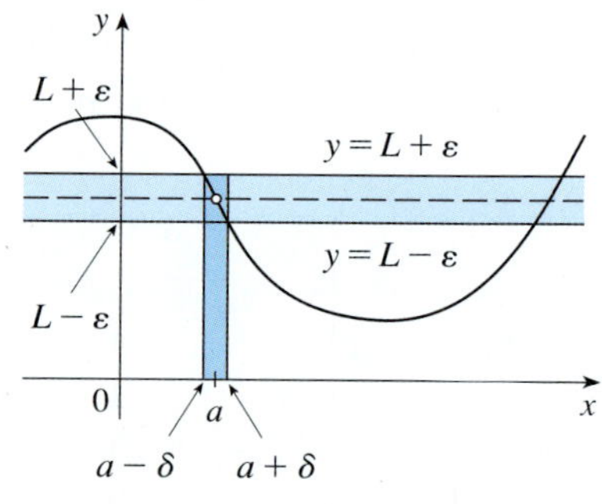

그림 14

두 그림 12와 13에 예시한 과정은 아무리 작은 양수를 택하더라도 **모든** 양수 ε에 대해 반드시 성립해야 한다는 사실을 이해하는 것이 중요하다. 그림 14는 더 작은 ε을 택하면 더 작은 δ가 필요할 수 있다는 점을 보여준다.

극한과 관련된 명제를 증명할 때, 극한의 정의를 도전 과제로 생각하는 것이 도움이 될 수 있다. 먼저 수 ε의 도전을 받는다. 그러면 적절한 δ를 제시할 수 있어야 한다. 특정한 ε이 아니라 **모든** 양수 ε에 대해 이렇게 할 수 있어야 한다.

보기 9 $\lim_{x \to 3}(4x-5)=7$임을 증명하라.

풀이 ε을 주어진 양수라고 하자. 정의 4에 따라 $a=3$이고 $L=7$일 때 다음을 만족시키는 양수 δ를 찾아야 한다.

$$0<|x-3|<\delta\text{이면 } |(4x-5)-7|<\varepsilon\text{이다.}$$

그런데 $|(4x-5)-7|=|4x-12|=|4(x-3)|=4|x-3|$이므로, 다음이 성립하기를 원한다.

$$0<|x-3|<\delta\text{이면 } 4|x-3|<\varepsilon\text{이다.}$$

$4|x-3|<\varepsilon \Leftrightarrow |x-3|<\varepsilon/4$임에 주목하자. 그러므로 $\delta=\varepsilon/4$를 선택하자. 그러면 다음과 같이 쓸 수 있다.

$$0<|x-3|<\delta\text{이면 } 4|x-3|<\varepsilon\text{이므로 } |(4x-5)-7|<\varepsilon\text{이다.}$$

따라서 극한의 정의에 의해 다음이 성립한다.

$$\lim_{x \to 3}(4x-5)=7$$ ■

■ 그림 15는 보기 9와 관련된 기하학을 보여준다.

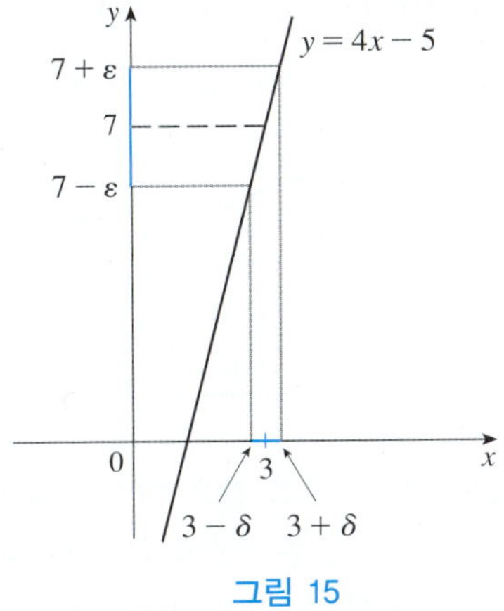

그림 15

왼쪽 극한의 경우에는 x를 $x<a$로 제한한다. 그러므로 정의 4에서 $0<|x-a|<\delta$를 $a-\delta<x<a$로 대체한다. 마찬가지로, 오른쪽 극한의 경우에는 $a<x<a+\delta$로 대체한다.

보기 10 $\lim_{x \to 0^+}\sqrt{x}=0$임을 증명하라.

풀이 ε을 주어진 양수라고 하자. 다음을 만족시키는 양수 δ를 찾아야 한다.

$$0<x<\delta\text{이면 } |\sqrt{x}-0|<\varepsilon,\ \text{곧 } \sqrt{x}<\varepsilon\text{이다.}$$

그런데 $\sqrt{x}<\varepsilon \Leftrightarrow x<\varepsilon^2$이다. 그러므로 $\delta=\varepsilon^2$으로 택하면, $0<x<\delta=\varepsilon^2$일 때 $\sqrt{x}<\varepsilon$이다. (그림 16을 보라.) 따라서 $x\to0^+$일 때 $\sqrt{x}\to0$이다. ■

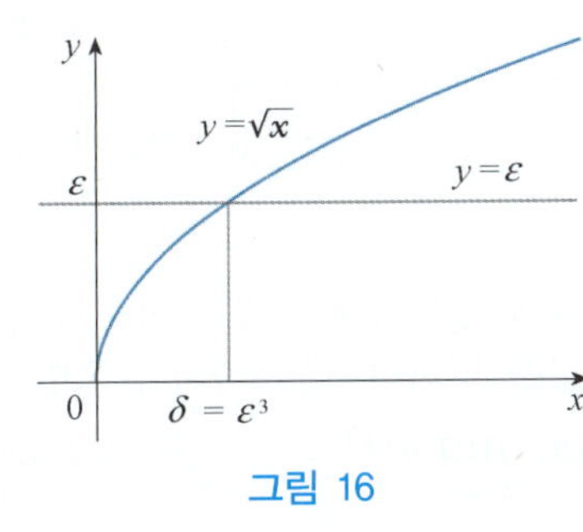

그림 16

1.3 익힘 문제

1. 공을 공중으로 10 m/s의 속도로 던지면, t초 뒤의 높이(m)는 $y=10t-4.9t^2$으로 주어진다.
   (a) $t=1.5$에서 시작해서 다음과 같이 지속된 시간에서의 평균 속도를 찾아라.
   (i) 0.5초 (ii) 0.1초
   (iii) 0.05초 (iv) 0.01초
   (b) $t=1.5$일 때의 순간 속도를 어림하라.

2. 달에서 화살을 58 m/s의 속도로 위쪽으로 쏘면, t초 뒤의 높이(m)는 $h=58t-0.83t^2$으로 주어진다.
   (a) 다음과 같은 시간 구간에서 평균 속도를 찾아라.
   (i) [1, 2] (ii) [1, 1.5] (iii) [1, 1.1]
   (iv) [1, 1.01] (v) [1, 1.001]
   (b) $t=1$일 때의 순간 속도를 어림하라.

3. 아래의 f의 그래프를 이용해서, 존재하면 다음 값을 말하라. 존재하지 않으면 그 이유를 설명하라.

(a) $\lim_{x \to 1} f(x)$ (b) $\lim_{x \to 3^-} f(x)$ (c) $\lim_{x \to 3^+} f(x)$

(d) $\lim_{x \to 3} f(x)$ (e) $f(3)$

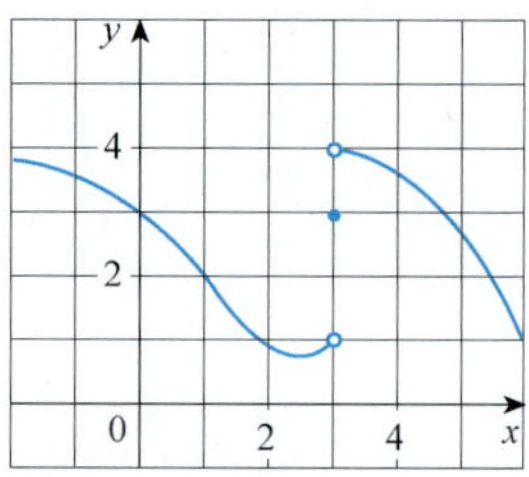

4. 그래프가 아래와 같은 함수 f에 대해, 존재하면 다음 값을 말하라. 존재하지 않으면 그 이유를 설명하라.

(a) $\lim_{x \to 0} f(x)$ (b) $\lim_{x \to 3^-} f(x)$ (c) $\lim_{x \to 3^+} f(x)$

(d) $\lim_{x \to 3} f(x)$ (e) $f(3)$

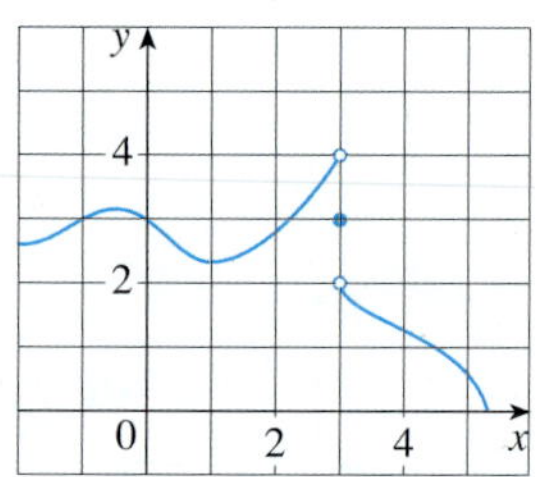

5. 그래프가 아래와 같은 함수 g에 대해, 존재하면 다음 값을 말하라. 존재하지 않으면 그 이유를 설명하라.

(a) $\lim_{t \to 0^-} g(t)$ (b) $\lim_{t \to 0^+} g(t)$

(c) $\lim_{t \to 0} g(t)$ (d) $\lim_{t \to 2^-} g(t)$

(e) $\lim_{t \to 2^+} g(t)$ (f) $\lim_{t \to 2} g(t)$

(g) $g(2)$ (h) $\lim_{t \to 4} g(t)$

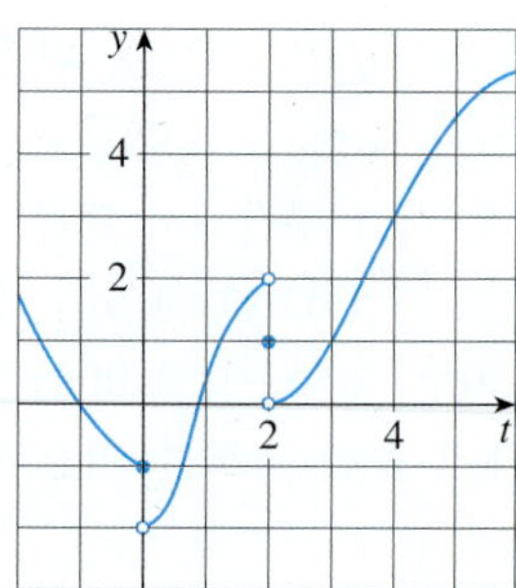

6. 다음 함수의 그래프를 그리고, 그것을 이용해서 $\lim_{x \to a} f(x)$가 존재하는 a의 값을 결정하라.

$$f(x) = \begin{cases} 1 + \sin x & (x < 0) \\ \cos x & (0 \le x \le \pi) \\ \sin x & (x > \pi) \end{cases}$$

7–10. 다음 조건을 모두 만족시키는 함수 f의 예를 그래프로 나타내라.

7. $\lim_{x \to 0^-} f(x) = -1$, $\lim_{x \to 0^+} f(x) = 2$, $f(0) = 1$

8. $\lim_{x \to 0^-} f(x) = 1$, $\lim_{x \to 0^+} f(x) = -1$, $\lim_{x \to 2^-} f(x) = 0$, $\lim_{x \to 2^+} f(x) = 1$, $f(2) = 1$, $f(0)$은 정의 안 됨.

9. $\lim_{x \to 3^+} f(x) = 4$, $\lim_{x \to 3^-} f(x) = 2$, $\lim_{x \to -2} f(x) = 2$, $f(3) = 3$, $f(-2) = 1$

10. $\lim_{x \to 0^-} f(x) = 2$, $\lim_{x \to 0^+} f(x) = 0$, $\lim_{x \to 4^-} f(x) = 3$, $\lim_{x \to 4^+} f(x) = 0$, $f(0) = 2$, $f(4) = 1$

11–14. 주어진 수들에서 함숫값을 (소수 여섯째 자리까지 정확하게) 찾아서 다음 극한을 (존재하면) 어림하라.

11. $\lim_{x \to 2} \dfrac{x^2 - 2x}{x^2 - x - 2}$

$x = 2.5,\ 2.1,\ 2.05,\ 2.01,\ 2.005,\ 2.001,$
$1.9,\ 1.95,\ 1.99,\ 1.995,\ 1.999$

12. $\lim_{x \to -1} \dfrac{x^2 - 2x}{x^2 - x - 2}$

$x = 0,\ -0.5,\ -0.9,\ -0.95,\ -0.99,\ -0.999,$
$-2,\ -1.5,\ -1.1,\ -1.01,\ -1.001$

13. $\lim_{x \to 0} \dfrac{\sin x}{x + \tan x}$

$x = \pm 1,\ \pm 0.5,\ \pm 0.2,\ \pm 0.1,\ \pm 0.05,\ \pm 0.01$

14. $\lim_{h \to 0} \dfrac{(2+h)^5 - 32}{h}$

$h = \pm 0.5,\ \pm 0.1,\ \pm 0.01,\ \pm 0.001,\ \pm 0.0001,$

15–18. 표를 이용해서 다음 극한을 어림하라. 그래프 장치를 (있으면) 이용해서 어림한 값을 확인하라.

15. $\lim_{x \to 0} \dfrac{\sqrt{x+4} - 2}{x}$

16. $\lim_{x \to 0} \dfrac{\tan 3x}{\tan 5x}$

17. $\lim_{x \to 1} \dfrac{x^6 - 1}{x^{10} - 1}$

18. $\lim_{x \to 0} \dfrac{9^x - 5^x}{x}$

19. (a) 함수 $f(x) = (\cos 2x - \cos x)/x^2$의 그래프를 그리고, 그래프가 y축을 지나는 점을 향해 확대해서 $\lim_{x\to 0} f(x)$의 값을 어림하라.

(b) 0에 가까워지는 x의 값에 대해 $f(x)$의 값을 찾아서 (a)에서 얻은 답을 확인하라.

20. (a) 함수 $f(x) = (\sin x)/(\sin \pi x)$의 그래프를 그려서 다음 값을 어림하라.

$$\lim_{x\to 0} \frac{\sin x}{\sin \pi x}$$

소수 둘째 자리까지 정확한 답을 말하라.

(b) 0에 가까워지는 x의 값에 대해 $f(x)$의 값을 찾아서 (a)에서 얻은 답을 확인하라.

21. (a) 함수 $f(x) = x^2 - (2^x/1000)$의 값을 $x = 1,\ 0.8,\ 0.6,\ 0.4,\ 0.2,\ 0.1,\ 0.05$에서 찾고, 다음 값을 어림하라.

$$\lim_{x\to 0}\left(x^2 - \frac{2^x}{1000}\right)$$

(b) $f(x)$의 값을 $x = 0.04,\ 0.02,\ 0.01,\ 0.005,\ 0.003,\ 0.001$에서 찾아라. 또다시 어림하라.

22. (a) $h(x) = (\tan x - x)/x^3$의 값을 $x = 1,\ 0.5,\ 0.1,\ 0.05,\ 0.01,\ 0.005$에서 찾아라.

(b) $\lim_{x\to 0} \dfrac{\tan x - x}{x^3}$의 값을 어림하라.

(c) $h(x)$의 값을 계속해서 작아지는 x의 값에 대해 찾는데, $h(x)$에 대해 결국 0의 값에 도달할 때까지 찾아라. 여전히 (b)에서 어림한 값이 정확하다고 확신하는가? 결국 0의 값을 얻는 이유를 설명하라. (3.7절에서 이 극한을 찾는 방법을 설명할 것이다.)

(d) 함수 h를 관찰 직사각형 $[-1, 1]\times[0, 1]$에 그려라. 그래프가 y축을 지나는 점을 향해 확대해서 x가 0에 가까워질 때 $h(x)$의 극한을 어림하라. h의 그래프가 일그러질 때까지 더욱 확대하라. (c)의 결과와 비교하라.

23. 아래와 같은 $f(x) = \sqrt{x}$의 그래프를 이용해서 다음을 만족시키는 양수 δ를 찾아라.

$$|x-4| < \delta \text{이면 } |\sqrt{x} - 2| < 0.4 \text{이다.}$$

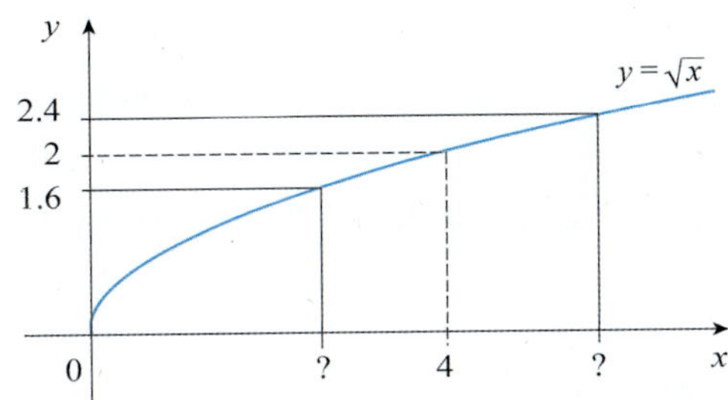

24. 아래와 같은 $f(x) = x^2$의 그래프를 이용해서 다음을 만족시키는 양수 δ를 찾아라.

$$|x-1| < \delta \text{이면 } |x^2 - 1| < \frac{1}{2} \text{이다.}$$

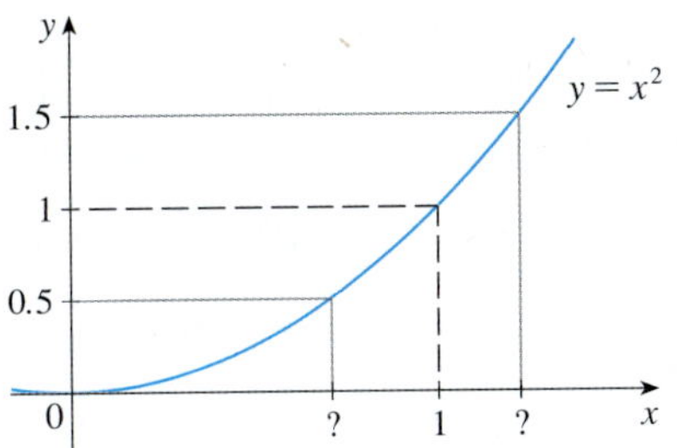

25. 그래프를 이용해서 다음을 만족시키는 양수 δ를 찾아라.

$$\left|x - \frac{\pi}{4}\right| < \delta \text{이면 } |\tan x - 1| < 0.2 \text{이다.}$$

26. 그래프를 이용해서 다음을 만족시키는 양수 δ를 찾아라.

$$|x-1| < \delta \text{이면 } \left|\frac{2x}{x^2+4} - 0.4\right| < 0.1 \text{이다.}$$

27. 기계 제작공은 넓이가 $1000\ \text{cm}^2$인 금속 원판을 제조하려고 한다.

(a) 이런 원판의 반지름은 얼마인가?

(b) 원판의 넓이에서 $\pm 5\ \text{cm}^2$까지의 오차가 허용된다면, 제조할 원판의 반지름은 (a)에서 찾은 이상적인 반지름과 얼마나 가까이 있어야 하는가?

(c) $\lim_{x\to a} f(x) = L$에 대한 ε-δ 정의에서 x, $f(x)$, a, L은 각각 무엇인가? ε의 어떤 값이 주어졌는가? 대응하는 δ의 값은 얼마인가?

28. 수정 성장 화덕은 우주 왕복선의 전자 부품에 사용되는 수정을 생산하는 최적의 방법을 결정하는 연구에 이용된다. 수정이 적절하게 성장하기 위해서는 투입하는 전력을 조정해서 온도를 정확하게 통제해야 한다. 관계식이 다음과 같다고 가정하자.

$$T(w) = 0.1w^2 + 2.155w + 20$$

여기서 T는 섭씨 온도이고 w는 투입하는 전력(와트)이다.

(a) 온도를 200℃로 유지하기 위해서는 전력이 얼마이어야 하는가?

(b) 온도를 200℃에서 ±1℃까지의 변화가 허용될 때, 투입하는 전력에서 와트는 어느 범위까지 허용되는가?

(c) $\lim_{x \to a} f(x) = L$에 대한 ε-δ 정의에서, x, $f(x)$, a, L은 각각 무엇인가? ε의 어떤 값이 주어졌는가? 대응하는 δ의 값은 얼마인가?

29–32. 극한에 대한 ε-δ 정의를 이용해서 다음 명제를 증명하고, 그림 15와 같은 그림으로 예시하라.

29. $\lim_{x \to 3} (1 + \frac{1}{3}x) = 2$　　**30.** $\lim_{x \to -2} (\frac{1}{2}x + 3) = 2$

31. $\lim_{x \to -3} (1 - 4x) = 13$　　**32.** $\lim_{x \to -2} (3x + 5) = -1$

33–44. 극한에 대한 ε-δ 정의를 이용해서 다음 명제를 증명하라.

33. $\lim_{x \to 1} \dfrac{2 + 4x}{3} = 2$　　**34.** $\lim_{x \to 6} \left(\dfrac{x}{4} + 3\right) = \dfrac{9}{2}$

35. $\lim_{x \to 2} \left(\dfrac{x^2 + x - 6}{x - 2}\right) = 5$　　**36.** $\lim_{x \to -1.5} \dfrac{9 - 4x^2}{3 + 2x} = 6$

37. $\lim_{x \to a} x = a$　　**38.** $\lim_{x \to a} c = c$

39. $\lim_{x \to 0} x^2 = 0$　　**40.** $\lim_{x \to 0} x^3 = 0$

41. $\lim_{x \to 0} |x| = 0$　　**42.** $\lim_{x \to 9^-} \sqrt[4]{9 - x} = 0$

43. $\lim_{x \to 3} x^2 = 9$ [*귀띔*: $|x^2 - 9| = |x + 3||x - 3|$으로 적고, $|x - 3| < 1$이면 $|x + 3| < 7$임을 보여라. δ를 두 수 1과 $\varepsilon/7$ 중에서 작은 것으로 정하면, 이 δ가 조건을 만족시킨다.]

44. $\lim_{x \to 3} (x^2 + x - 4) = 8$ [*귀띔*: $|x - 3| < 1$이면 $|x + 4|$는 얼마라고 할 수 있는가?]

CAS **45.** (a) $\lim_{x \to 1} (x^3 + x + 1) = 3$을 보이기 위해, 그래프를 이용해서 $\varepsilon = 0.4$에 대응하는 δ의 값을 찾아라.

(b) 컴퓨터 대수 체계를 이용해서 삼차 방정식 $x^3 + x + 1 = 3 + \varepsilon$을 풀어서, 임의로 주어진 양수 ε에 대해 조건을 만족시키는 δ의 가장 큰 값을 찾아라.

(c) (b)의 답에 $\varepsilon = 0.4$를 대입하고, (a)의 답과 비교하라.

46. 보기 6에서 정의한 헤비사이드 함수 H에 대해, 정의 [4]를 이용해서 $\lim_{t \to 0} H(t)$가 존재하지 않음을 증명하라. [*귀띔*: 다음과 같이 간접 증명법을 이용하라. 극한이 L이라 가정하자. 극한의 정의에서 $\varepsilon = \frac{1}{2}$을 택하고 모순을 찾자.]

1.4 극한 셈

1.3절에서 계산기와 그래프를 이용해서 극한을 어림했다. 그러나 이미 알아본 대로, 그런 방법이 언제나 정확한 답에 이르지는 않는다. 이번 절에서는 **극한 법칙**이라 부르는 다음과 같은 극한의 성질을 이용해서 극한을 셈한다.

극한 법칙　c는 상수이고 다음 극한이 존재한다고 하자.

$$\lim_{x \to a} f(x), \qquad \lim_{x \to a} g(x)$$

그러면 다음이 성립한다.

1. $\lim_{x \to a} \{f(x) + g(x)\} = \lim_{x \to a} f(x) + \lim_{x \to a} g(x)$　　합의 극한 법칙

2. $\lim_{x\to a}\{f(x)-g(x)\}=\lim_{x\to a}f(x)-\lim_{x\to a}g(x)$ 차의 극한 법칙

3. $\lim_{x\to a}\{cf(x)\}=c\lim_{x\to a}f(x)$ 상수 배의 극한 법칙

4. $\lim_{x\to a}\{f(x)g(x)\}=\lim_{x\to a}f(x)\cdot\lim_{x\to a}g(x)$ 곱의 극한 법칙

5. $\lim_{x\to a}\dfrac{f(x)}{g(x)}=\dfrac{\lim_{x\to a}f(x)}{\lim_{x\to a}g(x)}$ (단, $\lim_{x\to a}g(x)\neq 0$) 몫의 극한 법칙

이런 성질이 참임을 쉽게 믿을 수 있다. 예를 들어 $f(x)$가 L에 가깝고 $g(x)$가 M에 가까우면, $f(x)+g(x)$가 $L+M$에 가깝다고 결론내리는 것이 온당하다. 이에 따라 극한 법칙 1이 참이라고 직관적으로 믿게 된다. 이 모든 극한 법칙은 극한에 대한 명확한 정의를 이용해서 증명할 수 있다. (부록 D를 보라.)

$g(x)=f(x)$로 놓고 곱의 극한 법칙을 반복 적용하면, 다음 극한 법칙을 얻는다.

6. $\lim_{x\to a}\{f(x)\}^n=\left\{\lim_{x\to a}f(x)\right\}^n$ (단, n은 양의 정수) 거듭제곱 극한 법칙

여섯 가지 극한 법칙을 적용할 때, 다음과 같은 특별한 두 극한이 필요하다.

7. $\lim_{x\to a}c=c$ 8. $\lim_{x\to a}x=a$

이 두 극한은 직관적으로 자명하지만(말로 표현하거나 $y=c$와 $y=x$의 그래프를 그려보자), 명확한 정의를 이용해서 증명할 수 있다. (1.3절의 익힘 문제 37과 38을 보라.)

극한 법칙 6에 $f(x)=x$를 대입하고 극한 법칙 8을 이용하면, 다음과 같은 또 다른 유용하고 특별한 극한을 얻는다.

9. $\lim_{x\to a}x^n=a^n$ (단, n은 양의 정수)

다음과 같이 거듭제곱근에 대해 비슷한 극한 법칙이 성립한다.

10. $\lim_{x\to a}\sqrt[n]{x}=\sqrt[n]{a}$ (단, n은 양의 정수)
[n이 짝수이면, $a>0$이라 가정한다.]

좀 더 일반적으로, 다음과 같은 극한 법칙을 얻는다.

11. $\lim_{x\to a}\sqrt[n]{f(x)}=\sqrt[n]{\lim_{x\to a}f(x)}$ (단, n은 양의 정수) 거듭제곱근 극한 법칙
[n이 짝수이면, $\lim_{x\to a}f(x)>0$이라 가정한다.]

▪ 다섯 가지 극한 법칙을 다음과 같이 말로 표현할 수 있다.

1. 합의 극한은 극한의 합이다.
2. 차의 극한은 극한의 차이다.
3. 상수 배의 극한은 극한의 상수 배이다.
4. 곱의 극한은 극한의 곱이다.
5. 몫의 극한은 극한의 몫이다. (단, 분모의 극한은 0이 아니어야 한다.)

용어

극한 법칙 limit law
합의 극한 법칙 sum law of limit
차의 극한 법칙 difference law of limit
상수 배의 극한 법칙 constant multiple law of limit
곱의 극한 법칙 product law of limit
몫의 극한 법칙 quotient law of limit
거듭제곱 극한 법칙 power law of limit
거듭제곱근 극한 법칙 root law of limit

보기 1 다음 극한을 셈하고, 각 셈 단계의 정당성을 밝혀라.

(a) $\lim_{x\to 5}(2x^2-3x+4)$ (b) $\lim_{x\to -2}\dfrac{x^3+2x^2-1}{5-3x}$

풀이 (a)
$$\lim_{x\to 5}(2x^2-3x+4)=\lim_{x\to 5}(2x^2)-\lim_{x\to 5}(3x)+\lim_{x\to 5}4 \quad \text{(극한 법칙 2와 1에 의해)}$$
$$=2\lim_{x\to 5}x^2-3\lim_{x\to 5}x+\lim_{x\to 5}4 \quad \text{(극한 법칙 3에 의해)}$$
$$=2\cdot 5^2-3\cdot 5+4 \quad \text{(극한 법칙 9,8,7에 의해)}$$
$$=39$$

(b) 먼저 극한 법칙 5를 이용하지만, 그 정당성은 마지막 단계, 곧 분자와 분모의 극한이 존재하고 분모의 극한이 0이 아니라는 사실을 확인한 뒤에야 완전히 밝혀진다.

$$\lim_{x\to -2}\frac{x^3+2x^2-1}{5-3x}=\frac{\lim_{x\to -2}(x^3+2x^2-1)}{\lim_{x\to -2}(5-3x)} \quad \text{(극한 법칙 5에 의해)}$$
$$=\frac{\lim_{x\to -2}x^3+2\lim_{x\to -2}x^2-\lim_{x\to -2}1}{\lim_{x\to -2}5-3\lim_{x\to -2}x} \quad \text{(극한 법칙 1,2,3에 의해)}$$
$$=\frac{(-2)^3+2(-2)^2-1}{5-3(-2)} \quad \text{(극한 법칙 9,8,7에 의해)}$$
$$=-\frac{1}{11}$$
■

참고 $f(x)=2x^2-3x+4$라고 하면, $f(5)=39$이다. 바꿔 말하면, 보기 1(a)의 정확한 답은 x에 5를 직접 대입해서 얻을 수 있다. 마찬가지로, (b)에서도 직접 대입해서 정확한 답을 얻을 수 있다. 보기 1의 함수는 각각 다항 함수와 유리 함수인데, 이런 함수에 대해 직접 대입이 언제나 정당함을 보기 1과 같이 극한 법칙들을 이용해서 밝힐 수 있다. 이 사실을 다음과 같이 나타낸다.

직접 대입 성질 f가 다항 함수 또는 유리 함수이고 a가 f의 정의역에 속하면, 다음이 성립한다.

$$\lim_{x\to a}f(x)=f(a)$$

삼각 함수도 직접 대입 성질을 만족시킨다. $\sin\theta$와 $\cos\theta$의 정의에 의해 그림 1에 있는 점 P의 좌표는 $(\cos\theta,\ \sin\theta)$이다. $\theta\to 0$일 때, P는 점 $(1,\ 0)$에 가까워지고, 이에 따라 $\cos\theta\to 1$이고 $\sin\theta\to 0$이다. 곧, 다음이 성립한다.

1 $$\lim_{\theta\to 0}\cos\theta=1,\qquad \lim_{\theta\to 0}\sin\theta=0$$

$\cos 0=1$이고 $\sin 0=0$이므로, 1의 결과는 코사인 함수와 사인 함수가 0에

▪ 뉴턴과 극한

뉴턴(Isaac Newton)은 갈릴레오가 죽은 해인 1642년 성탄절에 태어났다. 그는 1661년 케임브리지 대학에 입학할 때도 수학을 많이 알지 못했지만, 유클리드와 데카르트의 책을 읽고 배로(Isaac Barrow)의 강의를 들으면서 빠르게 배워나갔다. 케임브리지 대학이 1665년과 1666년에 전염병 때문에 문을 닫았을 때, 뉴턴은 고향으로 돌아가서 그동안 배웠던 내용을 곰곰이 되짚었다. 이 2년은 엄청나게 생산적이었는데, 이 시기에 그는 다음과 같은 네 가지 주요한 사실을 발견했다. (1) 이항 정리를 포함해서 무한 급수의 합에 의한 함수의 표현. (2) 미분 적분학에 대한 연구. (3) 운동의 법칙과 만유인력의 법칙. (4) 빛과 색의 본질에 관한 프리즘 실험. 논쟁과 비판을 두려워한 그는 발견한 사실들의 발표를 꺼렸는데, 천문학자 핼리의 독촉에 1687년에야 ≪자연 철학의 수학적 원리≫를 발표했다. 최고의 과학 연구서인 이 책에서 뉴턴은 자신의 미분 적분학을 설명했는데, 이를 이용해서 역학, 유체 역학, 파동을 연구했고 행성과 혜성의 운동을 설명했다.

미분 적분학의 효시는 에우독소스와 아르키메데스와 같은 그대 그리스 학자들에 의한 넓이와 부피 계산에서 찾는다. 에우독소스와 아르키메데스의 '실진법'에는 극한 개념이 묵시적으로 내포되어 있지만, 그들은 극한 개념을 명확하게 공식화하지 않았다. 미분 적분학의 발달에서 뉴턴의 직전 세대인 카발리에리, 페르마, 배로와 같은 수학자들은 극한을 실제로 사용하지 않았다. 극한에 대해 명시적으로 말한 최초의 인물이 바로 뉴턴이다. 그는 극한의 주요한 개념은 변수가 '주어진 임의의 차보다 더 가까이 접근'하는 것이다. 뉴턴은 극한이 미분 적분학에서 기초적인 개념이라고 말했지만, 극한 개념을 명확하게 설명하는 과제는 코시와 같은 그 뒤의 수학자에 남겼다.

용어

직접 대입 성질 direct substitution property

서 직접 대입 성질을 만족시킨다는 사실을 보여준다. 이제 코사인 함수와 사인 함수의 덧셈 공식을 이용하면, 이런 함수들이 모든 곳에서 직접 대입 성질을 만족시킨다는 사실을 유도할 수 있다. (익힘 문제 59와 60을 보라.) 바꿔 말하면, 임의의 실수 a에 대해 다음이 성립한다.

$$\lim_{\theta \to a} \sin\theta = \sin a, \qquad \lim_{\theta \to a} \cos\theta = \cos a$$

이에 따라 일부 극한은 아주 쉽게 찾을 수 있다. 예를 들면, 다음과 같다.

$$\lim_{x \to \pi} x\cos x = (\lim_{x \to \pi} x)(\lim_{x \to \pi} \cos x) = \pi \cdot \cos\pi = -\pi$$

직접 대입 성질을 만족시키는 함수를 'a에서 연속'이라 하는데, 이에 대해서는 1.5절에서 알아본다. 그런데 다음 보기들이 예시하듯이, 직접 대입으로 모든 극한을 찾을 수는 없다.

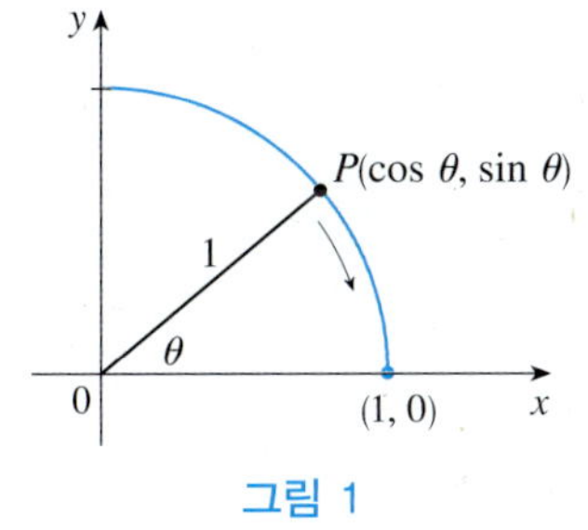

그림 1

■ [1]의 극한을 확인하는 또 다른 방법은 $\theta > 0$일 때 부등식 $\sin\theta < \theta$를 이용하는 것이다. 이는 보기 9의 풀이 다음에서 증명한다.

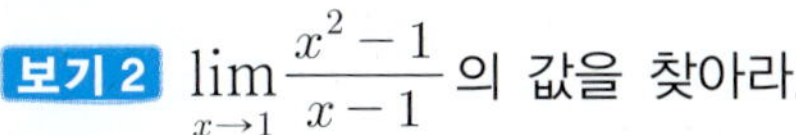
보기 2 $\displaystyle\lim_{x \to 1} \frac{x^2 - 1}{x - 1}$의 값을 찾아라.

풀이 $f(x) = (x^2 - 1)/(x - 1)$이라 하자. $f(1)$이 정의되지 않으므로, $x = 1$을 대입해서 극한을 찾을 수 없다. 몫의 극한 법칙도 적용할 수 없는데, 분모의 극한이 0이기 때문이다. 악간의 예비적인 대수적 조작이 필요하다. 제곱들의 차인 분자를 다음과 같이 인수 분해하자.

$$\frac{x^2 - 1}{x - 1} = \frac{(x - 1)(x + 1)}{x - 1}$$

분자와 분모에는 공통 인수 $x - 1$이 있다. x가 1에 가까워질 때의 극한을 택할 때, $x \neq 1$이므로 $x - 1 \neq 0$이다. 따라서 공통 인수를 소거할 수 있으므로, 다음과 같이 극한을 셈할 수 있다.

$$\begin{aligned}\lim_{x \to 1} \frac{x^2 - 1}{x - 1} &= \lim_{x \to 1} \frac{(x - 1)(x + 1)}{x - 1} \\ &= \lim_{x \to 1} (x + 1) \\ &= 1 + 1 = 2\end{aligned}$$

■

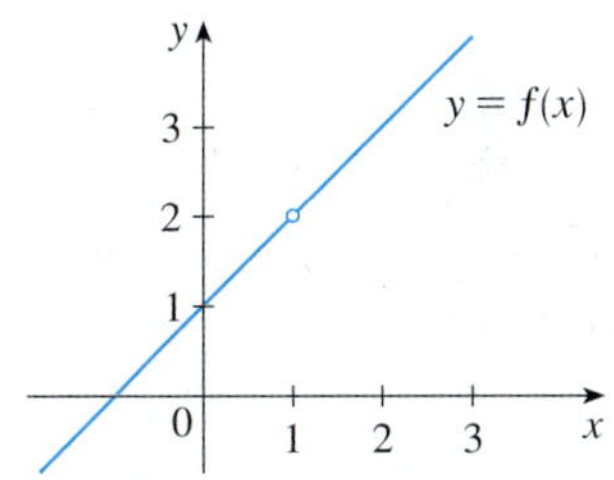

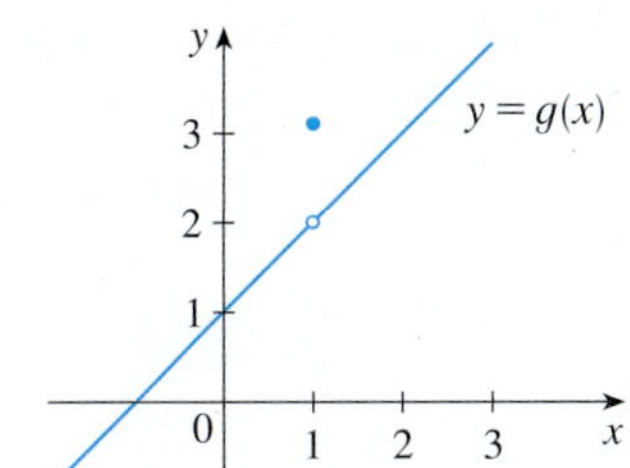

그림 2 (보기 2의) 함수 f와 (보기 3의) 함수 g의 그래프

참고 보기 2에서 주어진 함수 $f(x) = (x^2 - 1)/(x - 1)$을 더 단순하지만 극한이 서로 같은 함수 $g(x) = x + 1$로 대체해서 극한을 셈할 수 있었다. 이는 정당한데, $x = 1$인 경우를 제외하면 $f(x) = g(x)$이고, x가 1에 가까워질 때의 극한을 셈할 때는 x가 실제로 1과 같은 경우에 발생하는 현상을 생각하지 않기 때문이다. 일반적으로 다음과 같은 유용한 결과를 얻는다.

$x \neq a$일 때 $f(x) = g(x)$이고 $x \to 0$일 때 $f(x)$와 $g(x)$의 극한이 존재하면, $\displaystyle\lim_{x \to a} f(x) = \lim_{x \to a} g(x)$가 성립한다.

보기 3 다음과 같은 함수 g에 대해 $\lim_{x\to1} g(x)$를 찾아라.

$$g(x) = \begin{cases} x+1 & (x \neq 1) \\ \pi & (x = 1) \end{cases}$$

풀이 여기서 g는 $x=1$일 때 정의되어 있고 $g(1)=\pi$이지만, x가 1에 가까워질 때의 극한은 1에서의 함숫값에 따라 결정되지 않는다. $x \neq 1$일 때 $g(x)=x+1$이므로, 다음이 성립한다.

$$\lim_{x\to1} g(x) = \lim_{x\to1}(x+1) = 2$$

■

두 보기 2와 3에 있는 함수들은 $x=1$인 경우를 제외하면 서로 일치하므로, x가 1에 가까워질 때의 극한은 서로 같다.

보기 4 $\lim_{h\to0}\frac{(3+h)^2-9}{h}$의 값을 찾아라.

풀이 다음과 같이 정의하자.

$$F(h) = \frac{(3+h)^2-9}{h}$$

그러면 보기 2에서와 같이, $F(0)$이 정의되지 않으므로 $\lim_{h\to0} F(h)$의 값을 $h=0$으로 놓아서 찾을 수는 없다. $F(h)$를 대수적으로 간단히 하면 다음과 같다.

$$F(h) = \frac{(9+6h+h^2)-9}{h} = \frac{6h+h^2}{h} = 6+h$$

(h를 0에 가깝게 할 때는 $h \neq 0$인 경우만을 고려함을 상기한다.) 따라서 다음이 성립한다.

$$\lim_{h\to0}\frac{(3+h)^2-9}{h} = \lim_{h\to0}(6+h) = 6$$

■

보기 5 $\lim_{t\to0}\frac{\sqrt{t^2+9}-3}{t^2}$의 값을 찾아라.

풀이 몫의 극한 법칙을 즉시 적용할 수 없는데, 분모의 극한이 0이기 때문이다. 여기서 필요한 예비적인 대수적 조작은 다음과 같은 분자의 유리화이다.

$$\begin{aligned}\lim_{t\to0}\frac{\sqrt{t^2+9}-3}{t^2} &= \lim_{t\to0}\frac{\sqrt{t^2+9}-3}{t^2}\cdot\frac{\sqrt{t^2+9}+3}{\sqrt{t^2+9}+3} \\ &= \lim_{t\to0}\frac{(t^2+9)-9}{t^2(\sqrt{t^2+9}+3)} = \lim_{t\to0}\frac{t^2}{t^2(\sqrt{t^2+9}+3)} \\ &= \lim_{t\to0}\frac{1}{\sqrt{t^2+9}+3} = \frac{1}{\sqrt{\lim_{t\to0}(t^2+9)}+3} = \frac{1}{3+3} = \frac{1}{6}\end{aligned}$$

이 셈은 1.3절의 보기 3에서 어림한 값이 참임을 확인해 준다. ■

어떤 극한을 셈하는 최선의 방법은 먼저 왼쪽 극한과 오른쪽 극한을 찾는 것이다. 다음 정리는 1.3절에서 얻은 결과이다. 양쪽 극한이 존재하기 위한 필요 충분 조건은 두 가지 한쪽 극한이 모두 존재하고 서로 같은 경우이다.

> **2 정리** $\lim_{x \to a} f(x) = L$이기 위한 필요 충분 조건은
>
> $$\lim_{x \to a^-} f(x) = L = \lim_{x \to a^+} f(x)$$인 경우이다.

한쪽 극한을 셈할 때, 극한 법칙들이 한쪽 극한에 대해서도 성립한다는 사실을 이용한다.

■보기 6의 결과는 그림 3에서 타당해 보인다.

보기 6 $\lim_{x \to 0} |x| = 0$임을 보여라.

풀이 다음 사실을 상기하자.

$$|x| = \begin{cases} x & (x \geq 0) \\ -x & (x < 0) \end{cases}$$

$x > 0$일 때 $|x| = x$이므로, 다음을 얻는다.

$$\lim_{x \to 0^+} |x| = \lim_{x \to 0^+} x = 0$$

$x < 0$일 때 $|x| = -x$이므로, 다음을 얻는다.

$$\lim_{x \to 0^-} |x| = \lim_{x \to 0^-} (-x) = 0$$

따라서 정리 2에 의해 다음을 얻는다.

$$\lim_{x \to 0} |x| = 0$$ ■

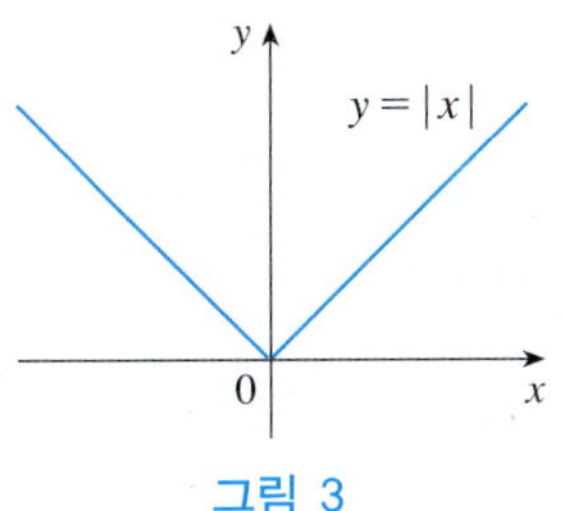

그림 3

보기 7 $\lim_{x \to 0} \frac{|x|}{x}$가 존재하지 않음을 증명하라.

풀이

$$\lim_{x \to 0^+} \frac{|x|}{x} = \lim_{x \to 0^+} \frac{x}{x} = \lim_{x \to 0^+} 1 = 1,$$

$$\lim_{x \to 0^-} \frac{|x|}{x} = \lim_{x \to 0^-} \frac{-x}{x} = \lim_{x \to 0^-} (-1) = -1$$

왼쪽 극한과 오른쪽 극한이 다르므로, 정리 2에 따라 $\lim_{x \to 0} |x|/x$는 존재하지 않는다. 함수 $f(x) = |x|/x$의 그래프는 그림 4에 나타냈는데, 위에서 찾은 한쪽 극한들이 정확함을 보여준다. ■

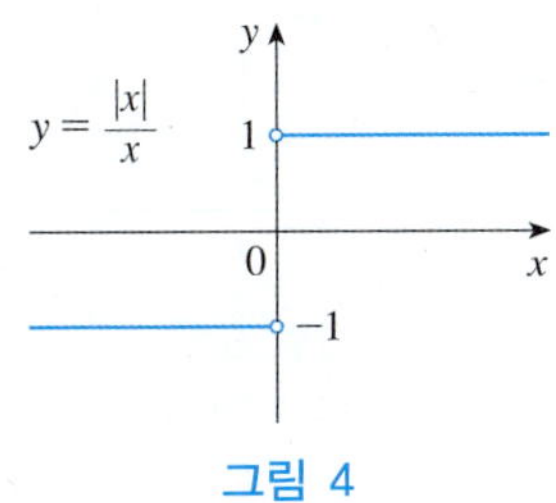

그림 4

보기 8 최대 정수 함수 $[\![x]\!]$는 x보다 작거나 같은 가장 큰 정수로 정의된다. (예를 들면, $[\![4]\!] = 4$, $[\![4.8]\!] = 4$, $[\![\pi]\!] = 3$, $[\![\sqrt{2}]\!] = 1$, $[\![-\frac{1}{2}]\!] = -1$이다.) $\lim_{x \to 3} [\![x]\!]$가 존재하지 않음을 보여라.

풀이 최대 정수 함수의 그래프를 그림 5에 나타냈다. $3 \leq x < 4$이면 $[\![x]\!] = 3$이므로, 다음을 얻는다.

용어
최대 정수 함수 greatest integer function
바닥 함수 floor function
조임 정리 squeeze theorem
샌드위치 정리 sandwich theorem
끼임 정리 pinching theorem

■ ⟦ x ⟧ 에 대한 다른 기호로 $[x]$와 $\lfloor x \rfloor$ 가 있다. 최대 정수 함수를 종종 **바닥 함수**라고도 한다.

$$\lim_{x\to 3^+} ⟦ x ⟧ = \lim_{x\to 3^+} 3 = 3$$

$2 \le x < 3$이면 ⟦ x ⟧ $= 2$이므로, 다음을 얻는다.

$$\lim_{x\to 3^-} ⟦ x ⟧ = \lim_{x\to 3^-} 2 = 2$$

한쪽 극한들이 서로 같지 않으므로, 정리 2에 의해 $\lim_{x\to 3}$ ⟦ x ⟧ 는 존재하지 않는다. ■

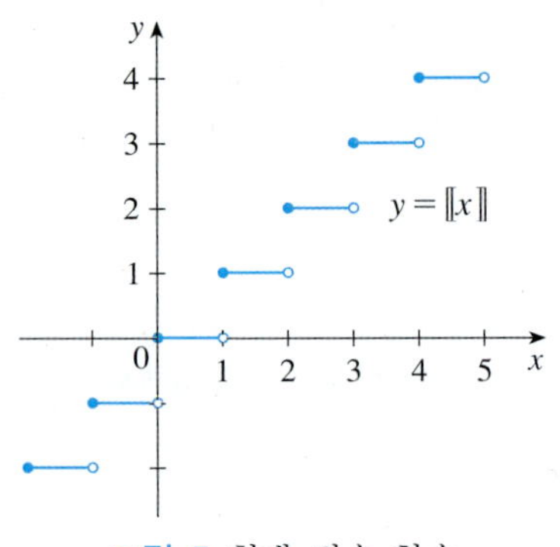

그림 5 최대 정수 함수

■ www.stewartcalculus.com
Additional Example A를 보라.

다음 두 정리는 극한의 또 다른 두 가지 성질을 보여준다. 증명은 부록 D에서 찾아볼 수 있다.

> **3 정리** (기껏해야 a를 제외한) a 근방의 점 x에 대해 $f(x) \le g(x)$이고 x가 a에 가까워질 때 f와 g의 극한이 모두 존재하면, 다음이 성립한다.
>
> $$\lim_{x\to a} f(x) \le \lim_{x\to a} g(x)$$

> **4 조임 정리** (기껏해야 a를 제외한) a 근방의 점 x에 대해 $f(x) \le g(x) \le h(x)$이고 다음이 성립한다고 하자.
>
> $$\lim_{x\to a} f(x) = \lim_{x\to a} h(x) = L$$
>
> 그러면 $\lim_{x\to a} g(x) = L$이다.

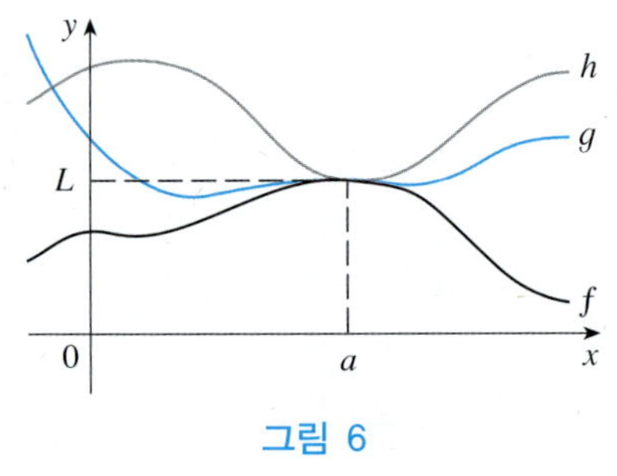

그림 6

조임 정리는 때로는 샌드위치 정리 또는 끼임 정리라 부르기도 하는데, 그림 6에 예시했다. 이 정리는 $g(x)$가 a 근방에서 $f(x)$와 $h(x)$ 사이에 끼어 있고 a에서 f와 h의 극한이 똑같이 L일 때, g는 조여져서 a에서 g의 극한은 똑같이 L임을 보장한다.

보기 9 $\lim_{x\to 0} x^2 \sin\dfrac{1}{x} = 0$임을 보여라.

풀이 $\lim_{x\to 0}\sin(1/x)$이 존재하지 않으므로(1.3절의 보기 5를 보라), 다음과 같이 곱의 극한 법칙을 적용할 수 없음을 먼저 확인하자.

$$\lim_{x\to 0} x^2 \sin\frac{1}{x} = \lim_{x\to 0} x^2 \cdot \lim_{x\to 0} \sin\frac{1}{x}$$

조임 정리를 적용하기 위해서는 $g(x) = x^2\sin(1/x)$보다 작은 함수 f와 g보다 큰 함수 h를 찾아야 하는데, $f(x)$와 $h(x)$는 모두 0으로 접근해야 한다. 이를 위해 사인 함수에 대한 지식을 이용하자. 임의의 수에서 사인 값은 -1과 1 사이에 있으므로, 다음과 같이 쓸 수 있다.

5 $$-1 \le \sin\frac{1}{x} \le 1$$

부등식은 모든 변에 양수를 곱해도 여전히 성립한다. 모든 x에 대해 $x^2 \geq 0$이므로, 5의 각 변에 x^2을 곱하면 다음을 얻는다.

$$-x^2 \leq x^2 \sin\frac{1}{x} \leq x^2$$

이것을 그림 7에 나타냈다. 다음이 성립함을 알고 있다.

$$\lim_{x\to 0} x^2 = 0, \quad \lim_{x\to 0}(-x^2) = 0$$

따라서 조임 정리에서 $f(x) = -x^2$, $g(x) = x^2\sin(1/x)$, $h(x) = x^2$으로 택하면, 다음을 얻는다.

$$\lim_{x\to 0} x^2 \sin\frac{1}{x} = 0$$

■

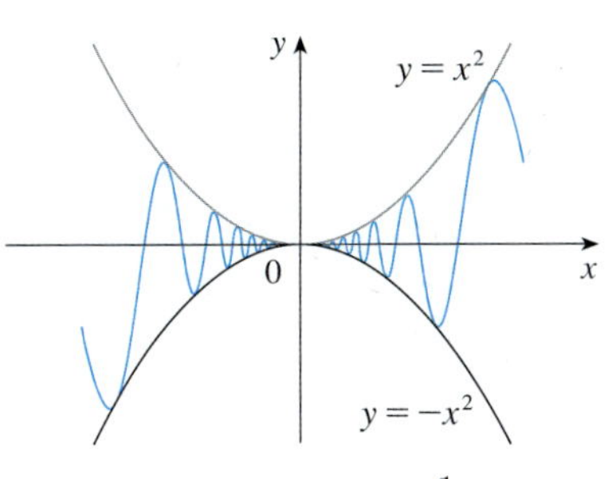

그림 7 $y = x^2 \sin\dfrac{1}{x}$

1.3절의 보기 4에서 수치적 증거와 그래프에 근거해서 다음과 같이 어림했다.

6 $$\lim_{\theta\to 0}\frac{\sin\theta}{\theta} = 1$$

조임 정리를 이용해서 식 6을 증명할 수 있다. 먼저 θ가 0과 $\pi/2$ 사이에 있다고 가정하자. 그림 8(a)는 중심이 O이고 중심각이 θ이며 반지름이 1인 부채꼴을 보여준다. BC는 OA에 내린 수선이다. 호도법의 정의에 의해 $\widehat{AB} = \theta$이다. 또, $|BC| = |OB|\sin\theta = \sin\theta$이다. 그림으로부터 다음을 알 수 있다.

$$|BC| < |AB| < \widehat{AB}$$

따라서 $\sin\theta < \theta$이므로 $\dfrac{\sin\theta}{\theta} < 1$이다.

두 점 A와 B에서의 접선들이 E에서 만난다고 하자. 그림 8(b)에서 알 수 있듯이, 원의 둘레는 외접하는 다각형의 둘레보다 짧다. 이에 따라 $\widehat{AB} < |AE| + |EB|$이므로, 다음이 성립한다.

$$\begin{aligned}\theta = \widehat{AB} &< |AE| + |EB| < |AE| + |ED| \\ &= |AD| = |OA|\tan\theta = \tan\theta\end{aligned}$$

(부록 D에서는 부등식 $\theta \leq \tan\theta$를 호의 길이의 정의로부터 직접 증명하는데, 여기에서와 같이 기하학적 직관에 의존하지 않는다.) 따라서 다음을 얻는다.

$$\theta < \frac{\sin\theta}{\cos\theta}, \quad \text{곧 } \cos\theta < \frac{\sin\theta}{\theta} < 1$$

$\lim_{\theta\to 0} 1 = 1$이고 $\lim_{\theta\to 0}\cos\theta = 1$이므로, 조임 정리에 의해 다음이 성립한다.

$$\lim_{\theta\to 0^+}\frac{\sin\theta}{\theta} = 1$$

그런데 $(\sin\theta)/\theta$는 짝 함수이므로, 이의 오른쪽 극한과 왼쪽 극한은 서로 같

기호

$|AB| = \overline{AB}$ 선분 AB의 길이
$\widehat{AB}$ 호 AB의 길이

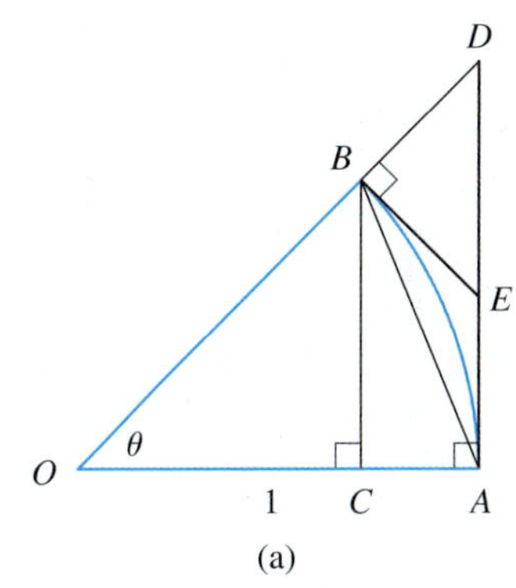

(a)

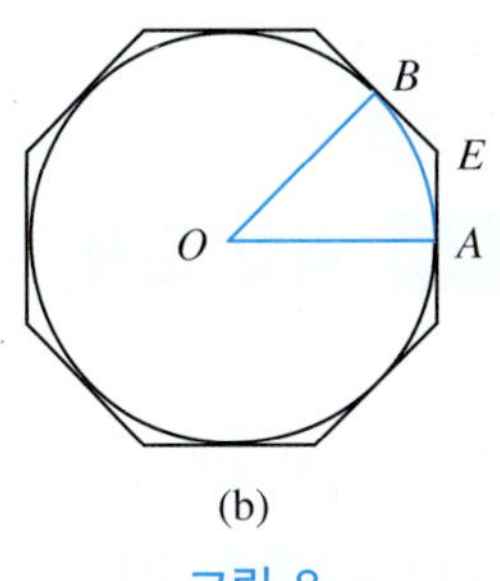

(b)

그림 8

아야 한다. 그러므로 다음을 얻는다.

$$\lim_{\theta\to 0}\frac{\sin\theta}{\theta}=1$$

이에 따라 식 [6]이 증명된다.

보기 10 $\lim_{x\to 0}\frac{\sin 7x}{4x}$의 값을 찾아라.

풀이 식 [6]을 적용하기 위해서, 먼저 이 함수에 다음과 같이 7을 곱하고 7로 나누자.

$$\frac{\sin 7x}{4x}=\frac{7}{7}\left(\frac{\sin 7x}{4x}\right)=\frac{7}{4}\left(\frac{\sin 7x}{7x}\right)$$

$x\to 0$이면 $7x\to 0$이므로, $\theta=7x$일 때의 식 [6]에 의해 다음이 성립한다.

$$\lim_{x\to 0}\frac{\sin 7x}{7x}=\lim_{7x\to 0}\frac{\sin 7x}{7x}=1$$

그러므로 다음을 얻는다.

$$\begin{aligned}\lim_{x\to 0}\frac{\sin 7x}{4x}&=\lim_{x\to 0}\frac{7}{4}\left(\frac{\sin 7x}{7x}\right)\\&=\frac{7}{4}\lim_{x\to 0}\frac{\sin 7x}{7x}=\frac{7}{4}\cdot 1=\frac{7}{4}\end{aligned}$$ ■

보기 11 $\lim_{\theta\to 0}\frac{\cos\theta-1}{\theta}$의 값을 찾아라.

풀이

$$\begin{aligned}\lim_{\theta\to 0}\frac{\cos\theta-1}{\theta}&=\lim_{\theta\to 0}\left(\frac{\cos\theta-1}{\theta}\cdot\frac{\cos\theta+1}{\cos\theta+1}\right)=\lim_{\theta\to 0}\frac{\cos^2\theta-1}{\theta(\cos\theta+1)}\\&=\lim_{\theta\to 0}\frac{-\sin^2\theta}{\theta(\cos\theta+1)}=-\lim_{\theta\to 0}\left(\frac{\sin\theta}{\theta}\cdot\frac{\sin\theta}{\cos\theta+1}\right)\\&=-\lim_{\theta\to 0}\frac{\sin\theta}{\theta}\cdot\lim_{\theta\to 0}\frac{\sin\theta}{\cos\theta+1}\\&=-1\cdot\left(\frac{0}{1+1}\right)=0\end{aligned}$$

(식 [6]에 의해) ■

■ 극한을 이미 알고 있는 꼴의 함수로 고치기 위해서 분모와 분자에 $\cos\theta+1$을 곱한다.

1.4 익힘 문제

1. 다음이 성립한다고 하자.

$$\lim_{x\to 2}f(x)=4,\ \lim_{x\to 2}g(x)=-2,\ \lim_{x\to 2}h(x)=0$$

다음 극한을 (존재하면) 찾아라. 극한이 존재하지 않으면 그 이유를 설명하라.

(a) $\lim_{x\to 2}\{f(x)+5g(x)\}$ (b) $\lim_{x\to 2}\{g(x)\}^3$

(c) $\lim_{x\to 2}\sqrt{f(x)}$ (d) $\lim_{x\to 2}\frac{3f(x)}{g(x)}$

(e) $\lim_{x\to 2}\frac{g(x)}{h(x)}$ (f) $\lim_{x\to 2}\frac{g(x)h(x)}{f(x)}$

2. 두 함수 f와 g의 그래프는 아래와 같다. 이를 이용해서 다음 극한을 (존재하면) 찾아라. 극한이 존재하지 않으면 그 이유를 설명하라.

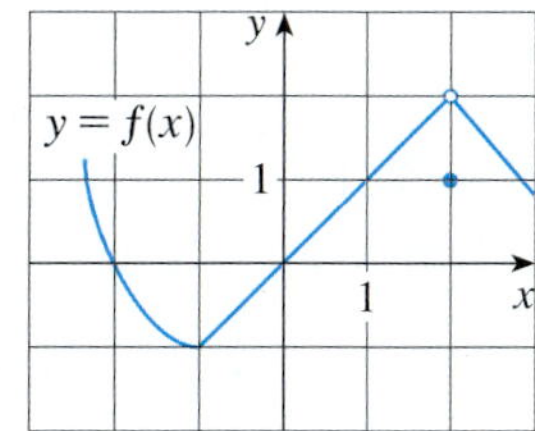

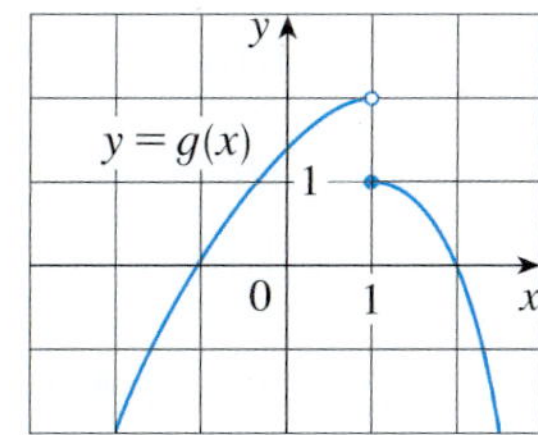

(a) $\lim_{x\to2}\{f(x)+g(x)\}$ (b) $\lim_{x\to1}\{f(x)+g(x)\}$

(c) $\lim_{x\to0}\{f(x)g(x)\}$ (d) $\lim_{x\to-1}\dfrac{f(x)}{g(x)}$

(e) $\lim_{x\to2}\{x^3f(x)\}$ (f) $\lim_{x\to1}\sqrt{3+f(x)}$

3–9. 다음 극한을 셈하고, 적절한 극한 법칙을 표시해서 각 셈 단계의 정당성을 밝혀라.

3. $\lim_{x\to3}(5x^3-3x^2+x-6)$ **4.** $\lim_{t\to-1}(t^2+1)^3(t+3)^5$

5. $\lim_{x\to-2}\dfrac{t^4-2}{2t^2-3t+2}$ **6.** $\lim_{u\to-2}\sqrt{u^4+3u+6}$

7. $\lim_{x\to8}(1+\sqrt[3]{x})(2-6x^2+x^3)$

8. $\lim_{x\to0}\dfrac{\cos^4x}{5+2x^3}$ **9.** $\lim_{\theta\to\pi/2}\theta\sin\theta$

10. (a) 다음 등식이 거짓인 이유는 무엇인가?

$$\frac{x^2+x-6}{x-2}=x+3$$

(b) (a)에 비추어 다음 등식이 참인 이유를 설명하라.

$$\lim_{x\to2}\frac{x^2+x-6}{x-2}=\lim_{x\to2}(x+3)$$

11–28. 다음 극한을 (존재하면) 찾아라.

11. $\lim_{x\to5}\dfrac{x^2-6x+5}{x-5}$ **12.** $\lim_{x\to-4}\dfrac{x^2+5x+4}{x^2+3x-4}$

13. $\lim_{x\to5}\dfrac{x^2-5x+6}{x-5}$ **14.** $\lim_{x\to-1}\dfrac{x^2-4x}{x^2-3x-4}$

15. $\lim_{x\to-3}\dfrac{t^2-9}{2t^2+7t+3}$ **16.** $\lim_{x\to-1}\dfrac{2x^2+3x+1}{x^2-2x-3}$

17. $\lim_{h\to0}\dfrac{(-5+h)^2-25}{h}$ **18.** $\lim_{h\to0}\dfrac{\sqrt{1+h}-1}{h}$

19. $\lim_{x\to-2}\dfrac{x+2}{x^3+8}$ **20.** $\lim_{x\to-1}\dfrac{x^2+2x+1}{x^4-1}$

21. $\lim_{h\to0}\dfrac{\sqrt{9+h}-3}{h}$ **22.** $\lim_{h\to0}\dfrac{(3+h)^{-1}-3^{-1}}{h}$

23. $\lim_{x\to16}\dfrac{4-\sqrt{x}}{16x-x^2}$ **24.** $\lim_{t\to0}\left(\dfrac{1}{t}-\dfrac{1}{t^2+t}\right)$

25. $\lim_{x\to-4}\dfrac{\dfrac{1}{4}+\dfrac{1}{x}}{4+x}$ **26.** $\lim_{x\to-4}\dfrac{\sqrt{x^2+9}-5}{x+4}$

27. $\lim_{h\to0}\dfrac{(x+h)^3-x^3}{h}$ **28.** $\lim_{h\to0}\dfrac{\dfrac{1}{(x+h)^2}-\dfrac{1}{x^3}}{h}$

29. (a) 함수 $f(x)=x/(\sqrt{1+3x}-1)$의 그래프를 그려서 다음 극한을 어림하라.

$$\lim_{x\to0}\frac{x}{\sqrt{1+3x}-1}$$

(b) 0에 가까운 x에 대해 $f(x)$의 값을 찾아서 표를 만들고, 극한을 어림하라.

(c) 극한 법칙을 이용해서 위의 어림값이 정확함을 증명하라.

30. (a) 다음과 같이 정의된 함수 f의 그래프를 이용해서 $\lim_{x\to0}f(x)$의 값을 소수 둘째 자리까지 어림하라.

$$f(x)=\frac{\sqrt{3+x}-\sqrt{3}}{x}$$

(b) $f(x)$의 값을 찾아서 표를 만들고, 극한을 소수 넷째 자리까지 어림하라.

(c) 극한 법칙을 이용해서 정확한 극한을 찾아라.

31. 조임 정리를 이용해서 다음을 보여라.

$$\lim_{x\to0}x^2\cos20\pi x=0$$

세 함수 $f(x)=-x^2$, $g(x)=x^2\cos20\pi x$, $h(x)=x^2$의 그래프를 같은 화면에 그려서 이를 설명하라.

32. 조임 정리를 이용해서 다음을 보여라.

$$\lim_{x\to0}\sqrt{x^3+x^2}\sin\frac{\pi}{x}=0$$

(조임 정리의 표기법으로) 세 함수 f, g, h의 그래프를 같은 화면에 그려서 이를 예시하라.

33. $x \geq 0$에 대해 $4x-9 \leq f(x) \leq x^2-4x+7$이 성립할 때, $\lim_{x\to 4} f(x)$의 값을 찾아라.

34. 모든 x에 대해 $2x \leq g(x) \leq x^4-x^2+2$이 성립할 때, $\lim_{x\to 1} g(x)$의 값을 찾아라.

35. $\lim_{x\to 0} x^4 \cos\dfrac{2}{x} = 0$임을 증명하라.

36. $\lim_{x\to 0^+} \sqrt{x}\,\{1+\sin^2(2\pi/x)\} = 0$임을 증명하라.

37–42. 다음 극한을 (존재하면) 찾아라. 극한이 존재하지 않으면 그 이유를 설명하라.

37. $\lim_{x\to 3}(2x+|x-3|)$

38. $\lim_{x\to -6}\dfrac{2x+12}{|x+6|}$

39. $\lim_{x\to 0.5^-}\dfrac{2x-1}{|2x^3-x^2|}$

40. $\lim_{x\to -2}\dfrac{2-|x|}{2+x}$

41. $\lim_{x\to 0^-}\left(\dfrac{1}{x}-\dfrac{1}{|x|}\right)$

42. $\lim_{x\to 0^+}\left(\dfrac{1}{x}-\dfrac{1}{|x|}\right)$

43. $g(x)=\dfrac{x^2+x-6}{|x-2|}$이라 하자.

(a) 다음 값을 찾아라.

(i) $\lim_{x\to 2^+} g(x)$ (ii) $\lim_{x\to 2^-} g(x)$

(b) $\lim_{x\to 2} g(x)$가 존재하는가?

(c) g 의 그래프를 그려라.

44. 다음과 같이 정의하자.

$$g(x)=\begin{cases}-x & (x\leq -1)\\ 1-x^2 & (-1<x<1)\\ x-1 & (x>1)\end{cases}$$

(a) 다음 극한을 (존재하면) 찾아라.

(i) $\lim_{x\to 1^+} g(x)$ (ii) $\lim_{x\to 1} g(x)$

(iii) $\lim_{x\to 0} g(x)$ (iv) $\lim_{x\to -1^-} g(x)$

(v) $\lim_{x\to -1^+} g(x)$ (vi) $\lim_{x\to -1} g(x)$

(b) g의 그래프를 그려라.

45. (a) 기호 ⟦ ⟧가 보기 8에서 정의한 최대 정수 함수를 나타낼 때, 다음 값을 찾아라.

(i) $\lim_{x\to -2^+}$ ⟦ x ⟧ (ii) $\lim_{x\to -2}$ ⟦ x ⟧

(iii) $\lim_{x\to -2.4}$ ⟦ x ⟧

(b) n이 정수일 때, 다음 값을 찾아라.

(i) $\lim_{x\to n^-}$ ⟦ x ⟧ (ii) $\lim_{x\to n^+}$ ⟦ x ⟧

(c) a의 어떤 값에서 $\lim_{x\to a}$ ⟦ x ⟧가 존재하는가?

46. $f(x)=x-$ ⟦ x ⟧라고 하자.

(a) f의 그래프를 그려라.

(b) 정수 n에 대해 다음 값을 찾아라.

(i) $\lim_{x\to n^-} f(x)$ (ii) $\lim_{x\to n^+} f(x)$

(c) a의 어떤 값에서 $\lim_{x\to a} f(x)$가 존재하는가?

47. $f(x)=$ ⟦ x ⟧ $+$ ⟦ $-x$ ⟧일 때, $\lim_{x\to 2} f(x)$가 존재하지만, $f(2)$와 같지 않음을 보여라.

48. 상대성 이론에서 로렌츠 수축 공식은 다음과 같이 물체의 길이 L을 관찰자에 관한 속도 v의 함수로 표현한다.

$$L=L_0\sqrt{1-v^2/c^2}$$

여기서 L_0은 정지 상태에서 물체의 길이이고 c는 빛의 속력이다. $\lim_{v\to c^-} L$을 찾고, 이 결과를 해석하라. 왼쪽 극한이 필요한 이유는 무엇인가?

49–56. 다음 극한을 찾아라.

49. $\lim_{x\to 0}\dfrac{\sin 3x}{x}$

50. $\lim_{x\to 0}\dfrac{\sin 4x}{\sin 6x}$

51. $\lim_{t\to 0}\dfrac{\tan 6t}{\sin 2t}$

52. $\lim_{t\to 0}\dfrac{\sin^2 3t}{t^2}$

53. $\lim_{x\to 0}\dfrac{\sin 3x}{5x^3-4x}$

54. $\lim_{x\to 0}\dfrac{\sin 3x\sin 5x}{x}$

55. $\lim_{\theta\to 0}\dfrac{\sin\theta}{\theta+\tan\theta}$

56. $\lim_{x\to 0}\dfrac{\sin(x^2)}{x}$

57. 다항 함수 p에 대해 $\lim_{x\to a} p(x)=p(a)$가 성립함을 보여라.

58. r이 유리 함수일 때, 익힘 문제 57을 이용해서 r의 정의역에 속한 모든 수 a에 대해 $\lim_{x\to a} r(x) = r(a)$가 성립함을 보여라.

59. 사인 함수가 직접 대입 성질을 만족시킴을 증명하기 위해서는, 모든 실수 a에 대해 $\lim_{x\to a} \sin x = \sin a$가 성립함을 보여야 한다. $h = x - a$라 하면, $x = a + h$이고 $x \to a \Leftrightarrow h \to 0$이다. 그러므로 이와 동치인 명제는 다음과 같다.

$$\lim_{h\to 0} \sin(a+h) = \sin a$$

식 [1]을 사용해서 이 명제가 참임을 보여라.

60. 코사인 함수가 직접 대입 성질을 만족시킴을 증명하라.

61. $\lim_{x\to 1} \frac{f(x)-8}{x-1} = 10$일 때, $\lim_{x\to 1} f(x)$를 찾아라.

62. $\lim_{x\to a} g(x) = 0$이고 $\lim_{x\to a} f(x)$가 존재하며 0이 아닐 때, 다음이 존재하지 않음을 증명하라.

$$\lim_{x\to a} \frac{f(x)}{g(x)}$$

63. $\lim_{x\to a} f(x)$와 $\lim_{x\to a} g(x)$가 모두 존재하지 않아도 $\lim_{x\to a} \{f(x) + g(x)\}$가 존재할 수 있음을 예를 들어서 보여라.

64. $\lim_{x\to a} f(x)$와 $\lim_{x\to a} g(x)$가 모두 존재하지 않더라도 $\lim_{x\to a} \{f(x)g(x)\}$가 존재할 수 있음을 예를 들어서 보여라.

65. 다음이 존재하는 수 a가 있는가?

$$\lim_{x\to -2} \frac{3x^2 + ax + a + 3}{x^2 + x - 2}$$

존재한다면, a의 값과 이 극한을 찾아라.

66. 그림에 나타낸 고정된 원 C_1의 방정식은 $(x-1)^2 + y^2 = 1$이고, 반지름이 r이고 원점이 중심인 원 C_2는 줄어들고 있다. 점 P의 좌표는 $(0, r)$이고 Q는 두 원의 교점 중에서 위의 것이며, R은 직선 PQ와 x축의 교점이다. C_2가 줄어들면, 곧 $r \to 0^+$이면, R은 어떻게 되는가?

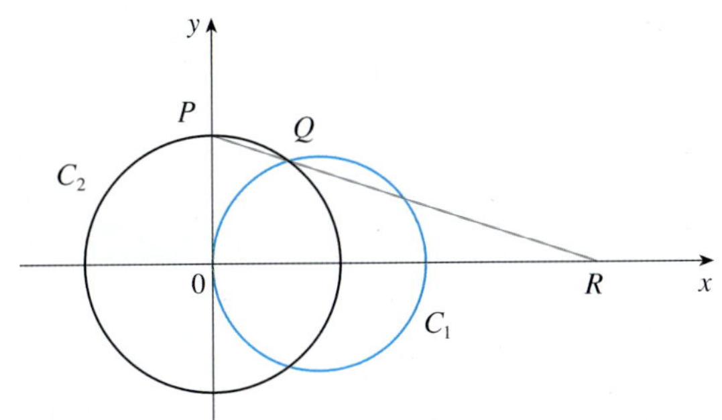

1.5 연속

1.4절에서 지적한 대로, x가 a에 가까워질 때의 함수의 극한은 a에서 그 함수의 값을 셈해서 간단하게 찾을 수 있는 경우가 있다. 이런 성질을 만족시키는 함수를 'a에서 연속'이라 한다. 연속에 대한 수학적 정의가 일상 언어에서의 '연속'이라는 단어의 뜻과 밀접하게 상응함을 알아볼 것이다. (연속적인 진행은 단절이나 급격한 변화 없이 점진적으로 일어나는 것이다.)

용어
연속 continuity a에서 연속 continuous at a

[1] 정의 다음이 성립할 때 함수 f는 **수 a에서 연속**이라고 한다.

$$\lim_{x\to a} f(x) = f(a)$$

f가 a에서 연속이면, 정의 [1]은 다음과 같은 세 가지 사실을 함축적으로 요구하고 있다.

■ 그림 1에 예시한 대로 f가 연속이면 f의 그래프에 있는 점 $(x, f(x))$는 이 그래프에 있는 점 $(a, (f(a))$에 가까워진다. 그러므로 곡선에 빈틈이 없다.

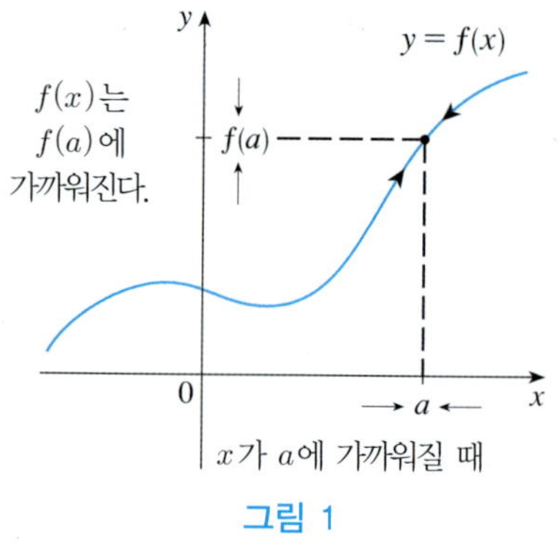

그림 1

용어
불연속 discontinuity a에서 불연속 discontinuous at a

1. $f(a)$가 정의되어 있다. (곧, a는 f의 정의역에 속한다.)
2. $\lim_{x \to a} f(x)$가 존재한다.
3. $\lim_{x \to a} f(x) = f(a)$

정의에 따라 x가 a에 가까워질 때 $f(x)$가 $f(a)$에 가까워지면 f는 a에서 연속이다. 그러므로 연속 함수 f는 x가 조금 변하면 $f(x)$도 조금만 변한다는 성질을 만족시킨다. 실제로, x에서의 변화를 충분히 작게 유지함으로써 $f(x)$에서의 변화를 원하는 만큼 작게 유지할 수 있다.

f가 a의 근방에서 정의되어 있을 때[바꿔 말하면, f가 a를 포함하는 열린 구간에서 (기껏해야 a를 제외하고) 정의되어 있을 때], f가 a에서 연속이 아니면 f는 **a에서 불연속**이라 한다.

물리적인 현상은 통상 연속적이다. 예를 들면, 자전거의 변위와 속도는 시간과 함께 연속적으로 변한다. 사람의 키도 그렇다. 그런데 전류와 같은 상황에서는 불연속이 발생한다. [1.3절의 보기 6을 보라. 이 보기에서 $\lim_{t \to 0} H(t)$가 존재하지 않으므로 헤비사이드 함수는 0에서 불연속이다.]

기하학적으로 한 구간에 속한 모든 점에서 연속인 함수는 그 구간에서의 그래프가 끊어지지 않은 함수로 생각할 수 있다. 그런 그래프는 펜을 종이에서 떼지 않고 그릴 수 있다.

보기 1 그림 2는 함수 f의 그래프를 보여준다. f는 어떤 수에서 불연속인가? 이유는?

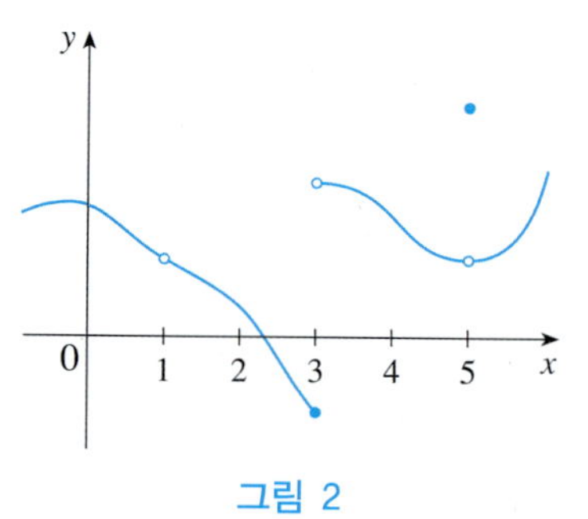

그림 2

풀이 $a = 1$에서 불연속으로 보이는데, 그래프가 끊어져 있기 때문이다. f가 1에서 불연속인 공식적인 이유는 $f(1)$이 정의되어 있지 않다는 사실이다.

그래프는 $a = 3$에서도 끊어져 있지만, 불연속인 이유는 다르다. 여기서 $f(3)$은 정의되어 있지만, (왼쪽 극한과 오른쪽 극한이 다르기 때문에) $\lim_{x \to 3} f(x)$가 존재하지 않는다. 그러므로 f는 3에서 불연속이다.

$a = 5$에서는 어떤가? 여기서 $f(5)$는 정의되어 있고, (왼쪽 극한과 오른쪽 극한이 같으므로) $\lim_{x \to 5} f(x)$가 존재하지만, 다음이 성립한다.

$$\lim_{x \to 5} f(x) \neq f(5)$$

그러므로 f는 5에서 불연속이다. ■

이제 함수가 식으로 정의되어 있을 때 불연속인 점을 찾는 방법을 알아보자.

보기 2 다음 함수는 어디에서 불연속인가?

(a) $f(x) = \dfrac{x^2 - x - 2}{x - 2}$

(b) $f(x) = \begin{cases} \dfrac{1}{x^2} & (x \neq 0) \\ 1 & (x = 0) \end{cases}$

(c) $f(x) = \begin{cases} \dfrac{x^2 - x - 2}{x - 2} & (x \neq 2) \\ 1 & (x = 2) \end{cases}$　　　(d) $f(x) = [\![x]\!]$

풀이 (a) $f(2)$가 정의되어 있지 않으므로, f는 2에서 불연속이다. f가 다른 모든 점에서 연속인 이유는 나중에 알아보겠다.

(b) $f(0) = 1$은 정의되어 있지만, 다음은 존재하지 않는다.

$$\lim_{x\to 0} f(x) = \lim_{x\to 0} \frac{1}{x^2}$$

(1.3절의 보기 8을 보라.) 그러므로 f는 0에서 불연속이다.

(c) $f(2) = 1$은 정의되어 있고, 다음과 같이 2에서의 극한이 존재한다.

$$\lim_{x\to 2} f(x) = \lim_{x\to 2} \frac{x^2 - x - 2}{x - 2} = \lim_{x\to 2} \frac{(x-2)(x+1)}{x-2} = \lim_{x\to 2}(x+1) = 3$$

그러나 다음이 성립한다.

$$\lim_{x\to 2} f(x) \neq f(2)$$

그러므로 f는 2에서 불연속이다.

(d) n이 정수일 때 $\lim_{x\to n} [\![x]\!]$가 존재하지 않으므로, 최대 정수 함수 $f(x) = [\![x]\!]$는 모든 정수에서 불연속이다. (1.4절의 보기 8과 익힘 문제 45를 보라.) ■

그림 3은 보기 2에 있는 함수들의 그래프를 보여준다. 각 경우에 종이에서 펜을 떼지 않고는 그래프를 그릴 수 없는데, 그래프에 구멍이 있거나 비약이 있거나 끊어져 있기 때문이다. (a)와 (c)에 예시한 종류의 불연속을 **제거 가능한 불연속**이라 하는데, 한 개의 수 2에서 f를 다시 정의해서 불연속을 제거할 수 있기 때문이다. (함수 $g(x) = x + 1$은 연속이다.) (b)의 불연속을 **무한 불연속**이라 한다. (d)의 불연속을 **비약 불연속**이라 하는데, 함수가 한 값에서 다른 값으로 '비약'하기 때문이다.

용어
제거 가능한 불연속 removable discontinuity
무한 불연속 infinite discontinuity
비약 불연속 jump discontinuity

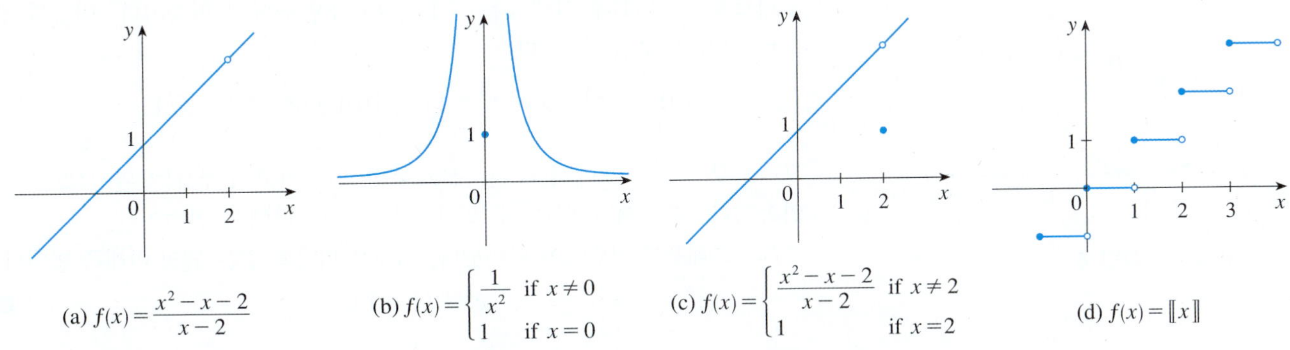

그림 3. 보기 2에 있는 함수들의 그래프

용어

수 a에서 오른쪽으로부터 연속 continuous from the right at a number a

수 a에서 왼쪽으로부터 연속 continuous from the left at a number a

구간에서 연속 continuous on an interval

2 정의 다음이 성립할 때 함수 f는 **수 a에서 오른쪽으로부터 연속**이라 한다.

$$\lim_{x \to a^+} f(x) = f(a)$$

그리고 다음이 성립할 때 f는 **수 a에서 왼쪽으로부터 연속**이라 한다.

$$\lim_{x \to a^-} f(x) = f(a)$$

보기 3 각 정수 n에서 함수 $f(x) = [\![x]\!]$는 오른쪽으로부터 연속이고 왼쪽으로부터 불연속인데, 다음이 성립하기 때문이다.

$$\lim_{x \to n^+} f(x) = \lim_{x \to n^+} [\![x]\!] = n = f(n),$$

$$\lim_{x \to n^-} f(x) = \lim_{x \to n^-} [\![x]\!] = n - 1 \neq f(n)$$ ■

3 정의 함수 f가 한 구간에 속한 모든 수에서 연속이면, f는 그 **구간에서 연속**이라고 한다. (f가 구간의 끝점의 한쪽에서만 정의되어 있을 때, 그 끝점에서의 '연속'은 '오른쪽으로부터 연속' 또는 '왼쪽으로부터 연속'을 뜻하는 것으로 이해한다.)

보기 4 함수 $f(x) = 1 - \sqrt{1 - x^2}$이 구간 $[-1, 1]$에서 연속임을 보여라.

풀이 $-1 < a < 1$일 때, 극한 법칙을 이용하면 다음을 얻는다.

$$\begin{aligned}
\lim_{x \to a} f(x) &= \lim_{x \to a} (1 - \sqrt{1 - x^2}) \\
&= 1 - \lim_{x \to a} \sqrt{1 - x^2} && \text{(극한 법칙 2와 7에 의해)} \\
&= 1 - \sqrt{\lim_{x \to a} (1 - x^2)} && \text{(극한 법칙 11에 의해)} \\
&= 1 - \sqrt{1 - a^2} && \text{(극한 법칙 2,7,9에 의해)} \\
&= f(a)
\end{aligned}$$

그러므로 정의 1에 의해 f는 $-1 < a < 1$인 a에서 연속이다. 비슷한 셈으로 다음을 보일 수 있다.

$$\lim_{x \to -1^+} f(x) = 1 = f(-1), \quad \lim_{x \to 1^-} f(x) = 1 = f(1)$$

그러므로 f는 -1에서 오른쪽으로부터 연속이고 1에서는 왼쪽으로부터 연속이다. 따라서 정의 3에 의해 f는 $[-1, 1]$에서 연속이다.

f의 그래프를 그림 4에 나타냈다. 이것은 다음과 같은 원의 아래쪽 반이다.

$$x^2 + (y - 1)^2 = 1$$ ■

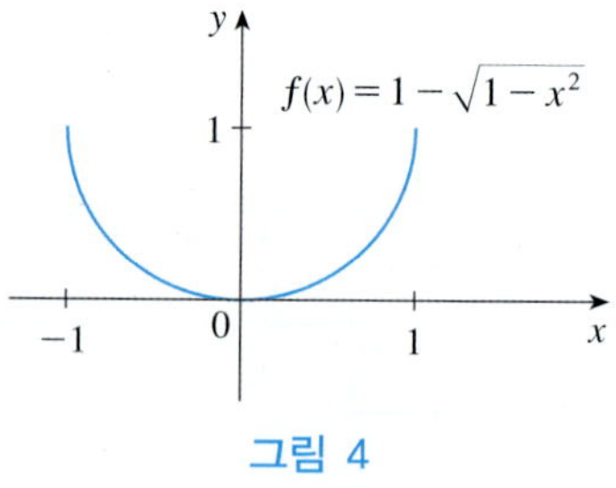

그림 4

보기 4에서와 같이 함수의 연속을 세 정의 1, 2, 3을 이용해서 밝히지 않고, 흔히 다음 정리를 이용하는 것이 편리하다. 이 정리는 간단한 연속 함수로부터 복잡한 연속 함수를 구성하는 방법을 보여준다.

4 정리 두 함수 f와 g가 a에서 연속이고 c는 상수이면, 다음 함수도 a에서 연속이다.

1. $f+g$, 2. $f-g$, 3. cf,
4. fg, 5. $\dfrac{f}{g}$ (단, $g(a) \neq 0$)

증명 이 정리의 다섯 부분은 각각 1.4절의 대응하는 극한 법칙으로부터 유도된다. 예를 들어, 1의 증명을 제시한다. f와 g가 a에서 연속이므로, 다음이 성립한다.

$$\lim_{x\to a} f(x) = f(a), \qquad \lim_{x\to a} g(x) = g(a)$$

그러므로 다음을 얻는다.

$$\begin{aligned}\lim_{x\to a}(f+g)(x) &= \lim_{x\to a}\{f(x)+g(x)\} \\ &= \lim_{x\to a} f(x) + \lim_{x\to a} g(x) \quad \text{(극한 법칙 1에 의해)} \\ &= f(a)+g(a) \\ &= (f+g)(a)\end{aligned}$$

따라서 $f+g$는 a에서 연속이다. □

정리 4와 정의 3에 의해, f와 g가 한 구간에서 연속이면 함수 $f+g$, $f-g$, cf, fg, (g가 절대 0이 아니면) f/g도 그 구간에서 연속이다. 다음 정리는 1.4절에서 직접 대입 성질로 서술됐다.

5 정리

(a) 모든 다항 함수는 모든 곳에서 연속이다. 곧, $\mathbb{R} = (-\infty, \infty)$에서 연속이다.

(b) 모든 유리 함수는 그것이 정의되는 곳에서 연속이다. 곧, 그 정의역에서 연속이다.

증명 (a) 다항 함수는 다음과 같은 꼴의 함수이다.

$$P(x) = c_n x^n + c_{n-1}x^{n-1} + \cdots + c_1 x + c_0$$

여기서 c_0, c_1, $\cdots$, c_n은 상수이다. 다음이 성립함을 알고 있다.

$$\lim_{x\to a} c_0 = c_0 \quad \text{(극한 법칙 7에 의해)}$$

$$\lim_{x\to a} x^m = a^m \quad (m = 1, 2, \cdots, n) \quad \text{(극한 법칙 9에 의해)}$$

이 식은 정확하게 $f(x) = x^m$이 연속 함수라는 명제와 같다. 그러므로 정리 4의 3에 의해 함수 $g(x) = cx^m$은 연속이다. P는 이런 꼴의 함수들과 상수 함수의 합이므로, 정리 4의 1에 의해 P는 연속이다.

(b) 유리 함수는 두 다항 함수 P와 Q에 대해 다음과 같은 꼴의 함수이다.

$$f(x)=\frac{P(x)}{Q(x)}$$

f의 정의역은 $D=\{x\in\mathbb{R}\mid Q(x)\neq 0\}$이다. (a)에 의해 P와 Q는 모든 곳에서 연속이다. 그러므로 정리 4의 5에 의해 f는 D에 속한 모든 수에서 연속이다. □

정리 5의 예시로, 구의 부피는 그 반지름에 따라 연속적으로 변하는데, 공식 $V(r)=\frac{4}{3}\pi r^3$은 V가 r의 다항 함수임을 보여주기 때문이다. 마찬가지로, 공을 공중으로 20 m/s의 속도로 연직 방향으로 던지면, t초 뒤 공의 높이(m)는 공식 $h=20t-4.9t^2$으로 표현된다. 또다시 이것도 다항 함수이므로, 공의 높이는 경과 시간에 관한 연속 함수이다.

연속 함수를 알고 있으면, 다음 보기가 보여주듯이, 일부 극한을 매우 빠르게 찾을 수 있다. 1.4절의 보기 1(b)와 비교하자.

보기 5 $\displaystyle\lim_{x\to-2}\frac{x^3+2x^2-1}{5-3x}$의 값을 찾아라.

풀이 다음은 유리 함수이다.

$$f(x)=\frac{x^3+2x^2-1}{5-3x}$$

그러므로 정리 5에 의해 이 함수는 정의역 $\left\{x \mid x\neq\frac{5}{3}\right\}$에서 연속이다. 따라서 다음을 얻는다.

$$\lim_{x\to-2}\frac{x^3+2x^2-1}{5-3x}=\lim_{x\to-2}f(x)=f(-2)$$

$$=\frac{(-2)^3+2(-2)^2-1}{5-3(-2)}=-\frac{1}{11}$$ ■

대부분의 친숙한 함수가 그 정의역에서 연속이라는 사실이 밝혀진다. 예를 들면, 극한 법칙 10(39쪽)은 정확하게 거듭제곱근 함수가 연속이라는 명제와 같다.

사인 함수와 코사인 함수는 그 그래프(1.2절의 그림 11)로부터 분명히 연속임을 짐작할 수 있다. 그리고 1.4절에서 다음을 보였다.

$$\lim_{\theta\to a}\sin\theta=\sin a,\quad \lim_{\theta\to a}\cos\theta=\cos a$$

바꿔 말하면, 사인 함수와 코사인 함수는 모든 곳에서 연속이다. 정리 4의 5에 의해 다음은 $\cos x=0$인 곳을 제외하고 연속이다.

$$\tan x=\frac{\sin x}{\cos x}$$

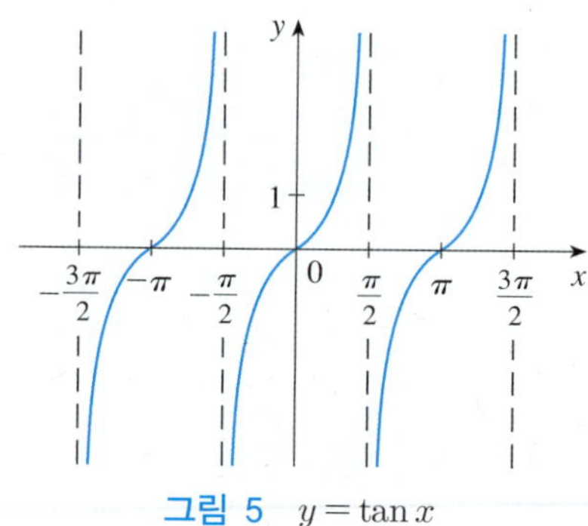

그림 5 $y=\tan x$

x가 $\pi/2$의 홀수 정수 배일 때 $\cos x=0$이므로, $y=\tan x$는 무수히 많은 수

$x = \pm\pi/2,\ \pm 3\pi/2,\ \pm 5\pi/2,\ \cdots$ 에서 불연속이다. (그림 5를 보라.)

6 정리 다항 함수, 유리 함수, 거듭제곱근 함수, 삼각 함수는 모두 그 정의역에 속한 모든 수에서 연속이다.

보기 6 다음 함수는 어느 구간에서 연속인가?

(a) $f(x) = x^{100} - 2x^{37} + 75$ (b) $g(x) = \dfrac{x^2 + 2x + 17}{x^2 - 1}$

(c) $h(x) = \sqrt{x} + \dfrac{x+1}{x-1} - \dfrac{x+1}{x^2+1}$

풀이 (a) f는 다항 함수이므로, 정리 5(a)에 의해 이는 $(-\infty,\ \infty)$에서 연속이다.

(b) g는 유리 함수이므로, 정리 5(b)에 의해 이는 이것의 정의역 $D = \{x \mid x^2 - 1 \neq 0\} = \{x \mid x \neq \pm 1\}$에서 연속이다. 그러므로 g는 세 구간 $(-\infty,\ -1)$, $(-1,\ 1)$, $(1,\ \infty)$에서 연속이다.

(c) 세 함수 F, G, H를 다음과 같이 정의하면 $h(x) = F(x) + G(x) - H(x)$로 나타낼 수 있다.

$$F(x) = \sqrt{x}, \quad G(x) = \frac{x+1}{x-1}, \quad H(x) = \frac{x+1}{x^2+1}$$

F는 정리 6에 의해 $[0,\ \infty)$에서 연속이다. G는 유리 함수이므로, $x - 1 = 0$일 때, 곧 $x = 1$일 때를 제외한 모든 곳에서 연속이다. H는 유리 함수이지만, 분모는 절대 0이 되지 않으므로, H는 모든 곳에서 연속이다. 그러므로 정리 4의 1과 2에 의해 h는 두 구간 $[0,\ 1)$과 $(1,\ \infty)$에서 연속이다. ■

두 연속 함수 f와 g를 결합해서 새로운 연속 함수를 얻는 또 다른 방법은 합성 함수 $f \circ g$를 형성하는 것이다. 이 사실은 다음 정리의 결과이다.

7 정리 f는 b에서 연속이고 $\lim_{x \to a} g(x) = b$이면, $\lim_{x \to a} f(g(x)) = f(b)$이다. 바꿔 말하면, 다음과 같다.

$$\lim_{x \to a} f(g(x)) = f\left(\lim_{x \to a} g(x)\right)$$

■ 이 정리는 함수가 연속이고 극한이 존재하면 극한 기호를 함수 기호 속으로 이동시킬 수 있음을 보여준다. 바꿔 말하면, 두 기호의 순서를 바꿀 수 있다.

직관적으로 정리 7은 타당한데, x가 a에 가까우면 $g(x)$는 b에 가깝고, f는 b에서 연속이므로 $g(x)$가 b에 가까우면 $f(g(x))$는 $f(b)$에 가까울 것이기 때문이다. 정리 7의 증명은 부록 D에 있다.

8 정리 g가 a에서 연속이고 f는 $g(a)$에서 연속이면, $(f \circ g)(x) = f(g(x))$로 정의된 합성 함수 $f \circ g$는 a에서 연속이다.

이 정리는 종종 "연속 함수의 연속 함수는 연속 함수이다."와 같은 비공식적인 말로 표현된다.

증명 g가 a에서 연속이므로 다음이 성립한다.

$$\lim_{x \to a} g(x) = g(a)$$

f는 $b = g(a)$에서 연속이므로, 정리 [7]를 적용해서 다음을 얻을 수 있다.

$$\lim_{x \to a} f(g(x)) = f(g(a))$$

이는 정확하게 $h(x) = f(g(x))$가 a에서 연속이라는 명제와 같다. 곧 $f \circ g$는 a에서 연속이다. □

보기 7 다음 함수는 어디에서 연속인가?

(a) $h(x) = \sin(x^2)$ (b) $F(x) = \dfrac{1}{\sqrt{x^2+7}-4}$

풀이 (a) 다음과 같은 두 함수 g와 f에 대해 $h(x) = f(g(x))$이다.

$$g(x) = x^2, \quad f(x) = \sin x$$

그런데 g는 다항 함수이므로 $\mathbb{R}$에서 연속이고, f도 정리 [6]에 의해 모든 곳에서 연속이다. 그러므로 $h = f \circ g$는 정리 [8]에 의해 $\mathbb{R}$에서 연속이다.

(b) 다음과 같은 네 개의 연속 함수를 생각하자.

$$f(x) = \frac{1}{x}, \quad g(x) = x - 4, \quad h(x) = \sqrt{x}, \quad k(x) = x^2 + 7$$

그러면 F를 이 네 함수의 합성, 곧 다음과 같이 나타낼 수 있다.

$$F = f \circ g \circ h \circ k \quad \text{또는} \quad F(x) = f(g(h(k(x))))$$

(두 정리 [5]와 [6]에 의해) 네 함수는 각각 그 정의역에서 연속이므로, 정리 [8]에 의해 F는 다음과 같은 자신의 정의역에서 연속이다.

$$\{x \in \mathbb{R} \mid \sqrt{x^2+7} \neq 4\} = \{x \mid x \neq \pm 3\}$$
$$= (-\infty, -3) \cup (-3, 3) \cup (3, \infty)$$ ■

용어
중간값 정리, 사이값 정리
intermediate value theorem

다음 정리는 연속 함수의 중요한 성질을 표현하는데, 이에 대한 증명은 고등 미분 적분학 교과서에서 찾아볼 수 있다.

> [9] **중간값 정리** f가 닫힌 구간 $[a, b]$에서 연속이고 $f(a) \neq f(b)$일 때 N은 $f(a)$와 $f(b)$ 사이의 임의의 수라고 하자. 그러면 (a, b)에 속한 적당한 수 c가 존재해서 $f(c) = N$이 성립한다.

중간값 정리는 연속 함수가 두 함숫값 $f(a)$와 $f(b)$ 사이에 있는 모든 값을 함숫값으로 취한다는 사실을 말한다. 그림 6은 이를 예시하고 있다. N을 [(a)에서와 같이] 한 번 또는 [(b)에서와 같이] 두 번 이상 함숫값으로 취할 수 있다.

연속 함수를 그 그래프가 구멍도 없고 끊어지지 않은 함수로 생각하면, 중간값 정리가 참임을 쉽게 믿을 수 있다. 기하학적으로, 이 정리는 그림 7과 같이 수평선 $y = N$이 두 직선 $y = f(a)$와 $y = f(b)$ 사이에 놓여있으면, f의

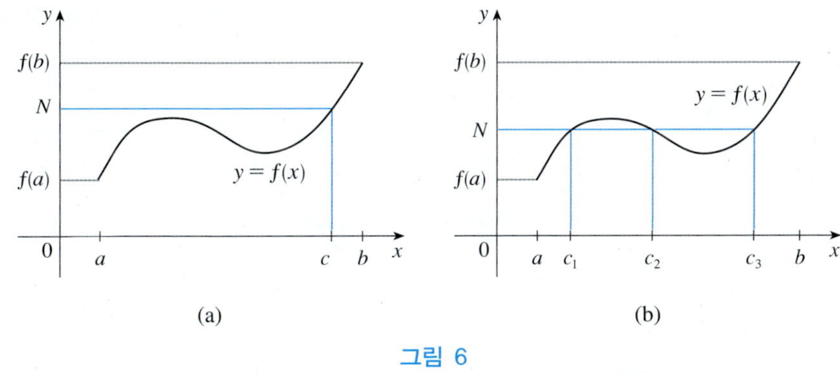

그림 6

그래프가 이 직선을 지나지 않고 뛰어넘을 수 없음을 말하고 있다.

정리 9에서 함수가 연속이라는 사실이 중요하다. 중간값 정리는 불연속 함수에 대해서는 일반적으로 참이 아니다. (익힘 문제 36을 보라.)

중간값 정리의 한 가지 용도는 다음 보기에서와 같이 방정식의 근의 위치를 정하는 것이다.

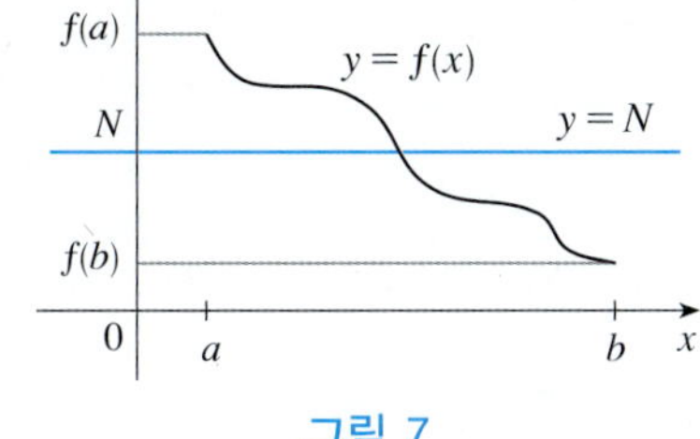

그림 7

보기 8 다음 방정식의 근이 1과 2 사이에 존재함을 보여라.

$$4x^3 - 6x^2 + 3x - 2 = 0$$

풀이 $f(x) = 4x^3 - 6x^2 + 3x - 2$라고 하자. 여기서는 주어진 방정식의 근, 곧 1과 2 사이의 수 c로 $f(c) = 0$인 것을 찾고 있다. 그러므로 정리 9에서 $a = 1$, $b = 2$, $N = 0$으로 택하자. 다음을 얻는다.

$$f(1) = 4 - 6 + 3 - 2 = -1 < 0,$$
$$f(2) = 32 - 24 + 6 - 2 = 12 > 0$$

그러므로 $f(1) < 0 < f(2)$이다. 곧, $N = 0$은 $f(1)$과 $f(2)$ 사이의 수이다. f는 다항 함수이므로 연속이고, 이에 따라 중간값 정리에 의해 1과 2 사이의 적당한 수 c가 존재해서 $f(c) = 0$이 성립한다. 바꿔 말하면, 방정식 $4x^3 - 6x^2 + 3x - 2 = 0$의 근 c가 구간 $(1, 2)$에 적어도 하나 존재한다.

사실, 중간값 정리를 다시 사용해서 근의 위치를 좀 더 정확하게 찾을 수 있다. 다음이 성립한다.

$$f(1.2) = -0.128 < 0, \quad f(1.3) = 0.548 > 0$$

그러므로 1.2와 1.3 사이에 하나의 근이 반드시 존재한다. 계산기로 시행착오를 통해 다음을 얻을 수 있다.

$$f(1.22) = -0.007008 < 0, \quad f(1.23) = 0.056068 > 0$$

그러므로 하나의 근이 구간 $(1.22, 1.23)$에 존재한다. ■

그래프 계산기 또는 컴퓨터를 사용해서 보기 8에서 중간값 정리의 용도를 예시할 수 있다. 그림 8은 f의 그래프를 관찰 직사각형 $[-1, 3] \times [-3, 3]$에서 보여준다. 여기서 그래프가 x축을 1과 2 사이에서 지나감을 볼 수 있다.

용어
관찰 직사각형 viewing rectangle
화소 pixel

그림 9는 관찰 직사각형 $[1.2, 1.3]\times[-0.2, 0.2]$으로 확대한 결과를 보여 준다.

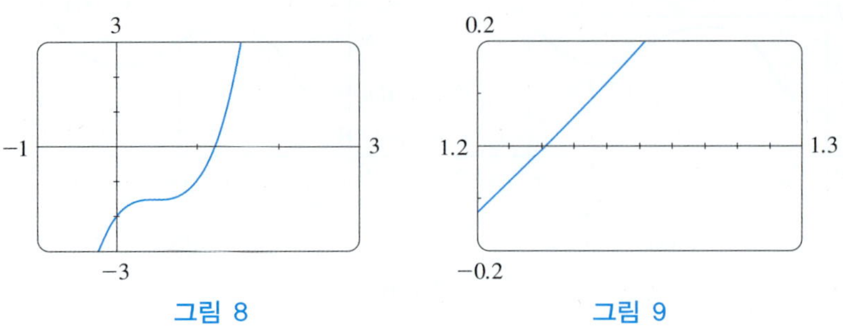

그림 8 그림 9

실제로, 중간값 정리는 이런 그래프 장치가 작동할 때 매우 중요한 방식의 역할을 맡는다. 컴퓨터는 그래프에 있는 유한개의 점을 셈하고 셈한 점을 포함하는 화소를 켠다. 컴퓨터는 함수가 연속이고 두 개의 인접한 점 사이의 중간값을 모두 함숫값으로 취한다고 가정한다. 이에 따라 컴퓨터는 중간에 있는 화소를 켜서 화소들을 연결한다.

1.5 익힘 문제

1. 함수 f가 수 4에서 연속이라는 사실을 표현하는 식을 써라.

2. f가 $(-\infty, \infty)$에서 연속일 때, 이의 그래프에 대해 무슨 말을 할 수 있는가?

3. (a) 다음 f의 그래프를 보고, f가 불연속인 수들을 말하고 그 이유를 설명하라.

(b) (a)에서 말한 각 수에 대해 f가 오른쪽으로부터 연속인지 왼쪽으로부터 연속인지, 아니면 어느 것도 아닌지 결정하라.

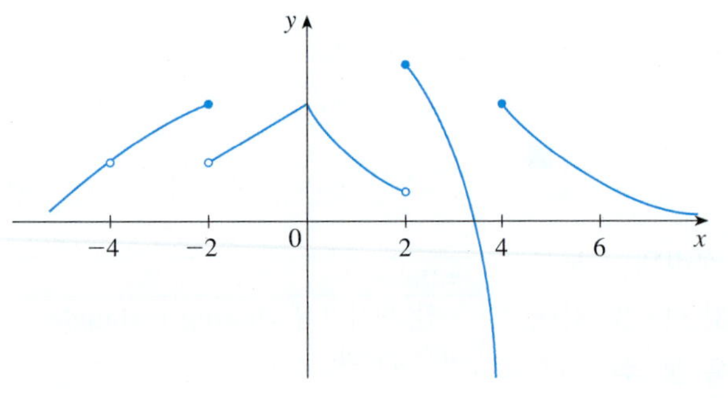

4. 다음 g의 그래프를 보고, g가 연속인 구간을 말하라.

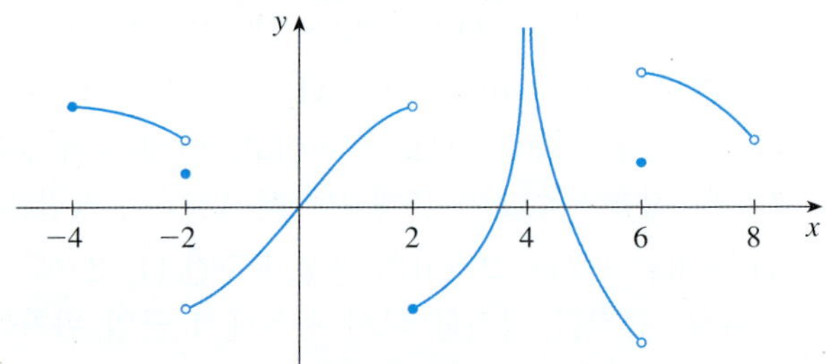

5–8. 제시된 불연속인 점을 제외하고 연속인 다음과 같은 함수 f의 그래프를 그려라.

5. 2에서 불연속이지만 오른쪽으로부터 연속

6. -1과 4에서 불연속이지만 -1에서는 왼쪽으로부터 연속이고 4에서는 오른쪽으로부터 연속

7. 3에서 제거 가능한 불연속이고 5에서는 비약 불연속

8. -2에서는 왼쪽으로부터도 오른쪽으로부터도 연속이 아니고 2에서는 왼쪽으로부터만 연속

9. 어떤 주차장에서는 주차비를 처음 한 시간까지는 \$3, 다음에는 한 시간마다 (한 시간이 안 되어도) \$2씩 올려 받는데, 하루에 최대 \$10까지 받는다.
(a) 이 주차장에서 주차 시간의 함수로 주차비의 그래프를 그려라.
(b) 이 함수가 불연속인 값들과 그것이 이곳에 주차하는 사람에게 주는 의미를 논의하라.

10. 다음 함수가 연속 또는 불연속인 이유를 설명하라.
(a) 시각의 함수로서 특정한 위치에서의 온도
(b) 파리로부터 서쪽 방향으로 떨어진 거리의 함수로서 특정한 시각에서의 기온
(c) 파리로부터 서쪽 방향으로 떨어진 거리의 함수로서 해면으로부터의 높이
(d) 여행한 거리의 함수로서 택시 승차비
(e) 시각의 함수로서 실내 조명 장치에 있는 회로의 전류

11. f와 g는 연속 함수이고 $g(2)=6$이며 $\lim_{x\to 2}\{3f(x)+f(x)g(x)\}=36$일 때, $f(2)$를 찾아라.

12–13. 연속의 정의와 극한의 성질을 이용해서, 다음 함수가 주어진 수 a에서 연속임을 보여라.

12. $f(x)=3x^4-5x+\sqrt[3]{x^2+4},\quad a=2$

13. $f(x)=(x+2x^3)^4,\quad a=-1$

14. 연속의 정의와 극한의 성질을 이용해서, 함수 $f(x)=x\sqrt{16-x^2}$이 구간 $[-4,\ 4]$에서 연속임을 보여라.

15–18. 다음 함수가 주어진 수 a에서 불연속인 이유를 설명하라. 각 함수의 그래프를 그려라.

15. $f(x)=\dfrac{1}{x+2}\quad a=-2$

16. $f(x)=\begin{cases}\dfrac{1}{x-1} & (x\neq 1)\\ 2 & (x=1)\end{cases}\quad a=1$

17. $f(x)=\begin{cases}1-x^2 & (x<1)\\ 1/x & (x\geq 1)\end{cases}\quad a=1$

18. $f(x)=\begin{cases}\dfrac{x^2-x}{x^2-1} & (x\neq 1)\\ 1 & (x=1)\end{cases}\quad a=1$

19–24. 네 정리 [4], [5], [6], [8]을 이용해서 다음 함수가 정의역의 모든 수에서 연속인 이유를 설명하라. 정의역을 말하라.

19. $F(x)=\dfrac{2x^2-x-1}{x^2+1}$ **20.** $G(x)=\sqrt[3]{x}\,(1+x^3)$

21. $Q(x)=\dfrac{\sqrt[3]{x-2}}{x^3-2}$ **22.** $h(x)=\dfrac{\sin x}{x+1}$

23. $M(x)=\sqrt{1+\dfrac{1}{x}}$ **24.** $F(x)=\sin(\cos(\sin x))$

25–26. 다음 함수가 불연속인 수를 찾고, 그래프를 그려서 확인하라.

25. $y=\dfrac{1}{1+\sin x}$ **26.** $y=\tan\sqrt{x}$

27–28. 연속을 이용해서 다음 극한을 찾아라.

27. $\lim_{x\to 4}\dfrac{5+\sqrt{x}}{\sqrt{5+x}}$ **28.** $\lim_{x\to\pi}\sin(x+\sin x)$

29–30. 다음 f가 $(-\infty,\ \infty)$에서 연속임을 보여라.

29. $f(x)=\begin{cases}x^2 & (x<1)\\ \sqrt{x} & (x\geq 1)\end{cases}$

30. $f(x)=\begin{cases}\sin x & (x<\pi/4)\\ \cos x & (x\geq \pi/4)\end{cases}$

31. 다음 함수가 불연속인 수를 찾아라.

$$f(x)=\begin{cases}x+2 & (x<0)\\ 2x^2 & (0\leq x\leq 1)\\ 2-x & (x>1)\end{cases}$$

그런 수에서 f는 오른쪽으로부터 또는 왼쪽으로부터 연속인가? 아니면 어느 것도 아닌가? f의 그래프를 그려라.

32. 지구의 중심으로부터 거리 r의 위치에 있는 단위 질량에 지구가 가하는 중력은 다음과 같다.

$$F(r)=\begin{cases}\dfrac{GMr}{R^3} & (r<R)\\ \dfrac{GM}{r^2} & (r\geq R)\end{cases}$$

여기서 M은 지구의 질량이고 R은 그 반지름이며 G는 중력 상수이다. F는 r에 관한 연속 함수인가?

33. 다음 함수 f는 상수 c의 어떤 값에 대해 $(-\infty,\ \infty)$에서 연속인가?

$$f(x)=\begin{cases} cx^2+2x & (x<2) \\ x^3-cx & (x\geq 2) \end{cases}$$

34. 다음 함수 f가 모든 곳에서 연속이 되도록 a와 b의 값을 찾아라.

$$f(x)=\begin{cases} \dfrac{x^2-4}{x-2} & (x<2) \\ ax^2-bx+3 & (2\leq x<3) \\ 2x-a+b & (x\geq 3) \end{cases}$$

35. 다음 함수 f 중 a에서 제거 가능한 불연속인 것을 말하라. 제거 가능한 불연속이면, $x\neq a$일 때 f와 일치하고 a에서 연속인 함수 g를 찾아라.

(a) $f(x)=\dfrac{x^4-1}{x-1},\quad a=1$

(b) $f(x)=\dfrac{x^3-x^2-2x}{x-2},\quad a=2$

(c) $f(x)=[\![\sin x]\!],\quad a=\pi$

36. 함수 f는 0.25를 제외하고 $[0,\ 1]$에서 연속이고 $f(0)=1$이며 $f(1)=3$이라 가정하자. 또 $N=2$라 하자. f의 그래프가 될 수 있는 것을 두 가지 그리는데, 하나는 f가 중간값 정리의 결론을 만족시키지 않음을 보여주고 다른 하나는 f가 여전히 중간값 정리의 결론을 (전제를 만족시키지 않음에도 불구하고) 만족시킴을 보여주는 것이다.

37. $f(x)=x^2+10\sin x$이면, 적당한 수 c가 존재해서 $f(c)=1000$이 성립함을 보여라.

38. f는 $[1,\ 5]$에서 연속이고 방정식 $f(x)=6$의 해는 $x=1$과 $x=4$뿐이라고 하자. $f(2)=8$이면, $f(3)>6$인 이유를 설명하라.

39–42. 중간값 정리를 이용해서 다음 방정식의 근이 지정된 구간에 존재함을 보여라.

39. $x^4+x-3=0,\ (1,\ 2)$

40. $\sqrt[3]{x}=1-x,\ (0,\ 1)$

41. $\cos x=x,\ (0,\ 1)$

42. $\tan x=2x,\ (0,\ 1.4)$

43–44. (a) 다음 방정식의 실근이 적어도 한 개 존재함을 보여라. (b) 계산기를 이용해서 근을 포함하고 길이가 0.01인 구간을 찾아라.

43. $\cos x=x^3$

44. $x^5-x^2+2x+3=0$

45–46. (a) 다음 방정식의 실근이 적어도 한 개 존재함을 보여라. (b) 그래프 장치를 이용해서 소수 셋째 자리까지 정확한 근을 찾아라.

45. $x^5-x^2-4=0$

46. $\sqrt{x-5}=\dfrac{1}{x+3}$

47. 수 중에서 자신의 세제곱보다 정확하게 1만큼 더 큰 것이 존재하는가?

48. a와 b가 양수일 때, 구간 $(-1,\ 1)$에 다음 방정식의 근이 적어도 한 개 존재함을 증명하라.

$$\frac{a}{x^3+2x^2-1}+\frac{b}{x^3+x-2}=0$$

49. 다음 함수가 $(-\infty,\ \infty)$에서 연속임을 보여라.

$$f(x)=\begin{cases} x^4\sin(1/x) & (x\neq 0) \\ 0 & (x=0) \end{cases}$$

50. (a) 절댓값 함수 $F(x)=|x|$가 모든 곳에서 연속임을 보여라.

(b) f가 한 구간에서 연속이면, $|f|$도 그 구간에서 연속임을 보여라.

(c) (b)에 있는 명제의 역도 참인가? 바꿔 말하면, $|f|$가 연속이면 f도 연속인가? 그렇다면 증명하라. 그렇지 않으면 반례를 들어라.

51. 한 티베트 승려가 오전 7시에 사원을 떠나서 통상적인 길을 따라 걸어서 산의 정상에 오후 7시에 도착했다. 그는 다음 날 아침 오전 7시에 산의 정상에서 출발해서 똑같은 길을 따라 걸어서 사원에 오후 7시에 도착했다. 중간값 정리를 이용해서, 이 승려가 이틀 중 각 날의 같은 시각에 지나간 같은 지점이 있음을 보여라.

1.6 무한대와 관련된 극한

이번 절에서는 함수의 전체적인 행동을 조사하는데, 특히 그래프가 수평 또는 연직 점근선에 가까워지는지를 알아본다.

무한 극한

1.3절의 보기 8에서 다음과 같은 결론을 내렸다.

$$\lim_{x \to 0} \frac{1}{x^2} \text{은 존재하지 않는다.}$$

x	$\frac{1}{x^2}$
±1	1
±0.5	4
±0.2	25
±0.1	100
±0.05	400
±0.01	10000
±0.001	1000000

이 사실은 함숫값의 표와 그림 1에 나타낸 $y = 1/x^2$의 그래프에서 관찰할 수 있다. 곧, x를 0에 충분히 가깝게 택함으로써 $1/x^2$의 값을 임의로 크게 만들 수 있다. 따라서 $f(x)$의 값은 어떤 수에 가까이 가지 않으므로, $\lim_{x \to 0}(1/x^2)$은 존재하지 않는다.

이런 종류의 행동을 나타내기 위해서 다음과 같은 기호를 사용한다.

$$\lim_{x \to 0} \frac{1}{x^2} = \infty$$

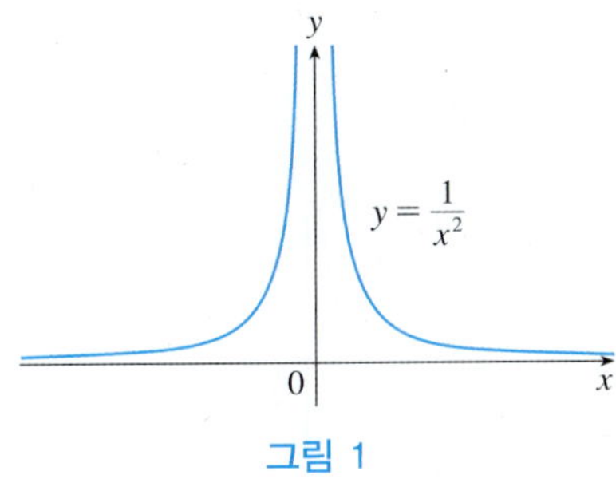

그림 1

이것은 ∞를 수로 간주한다는 것을 뜻하지 않는다. 또, 극한이 존재함을 뜻하지도 않는다. 이는 단순히 극한이 존재하지 않는 특정한 방법, 곧 x를 0에 충분히 가깝게 택함으로써 $1/x^2$의 값을 임의로 크게 만들 수 있다는 사실을 표현한다.

일반적으로 x가 a에 가까워질 때 $f(x)$의 값이 더욱더 커진다(또는 한없이 커진다)는 사실을 다음과 같은 기호로 나타낸다.

$$\lim_{x \to a} f(x) = \infty$$

1 정의 x를 a와 같지 않으면서 a에 충분히 가깝게 (a의 어느 방향에서든지) 택함으로써 $f(x)$의 값을 임의로 크게(곧, 원하는 만큼 크게) 할 수 있다는 사실을 다음과 같은 기호로 나타낸다.

$$\lim_{x \to a} f(x) = \infty$$

■ 정의 1에 대한 더 명확한 형태는 이 번 절의 끝에 있다.

$\lim_{x \to a} f(x) = \infty$에 대한 또 다른 기호는 다음과 같다.

$$x \to a \text{일 때 } f(x) \to \infty \text{이다.}$$

또다시 기호 ∞는 수가 아니지만, $\lim_{x \to a} f(x) = \infty$를 흔히 다음과 같이 읽는다.

"x가 a에 가까워질 때 $f(x)$의 극한은 무한대이다."

또는 "x가 a에 가까워질 때 $f(x)$는 무한대가 된다."

또는 "x가 a에 가까워질 때 $f(x)$는 한없이 커진다."

이 정의는 그림 2에 그래프로 예시했다.

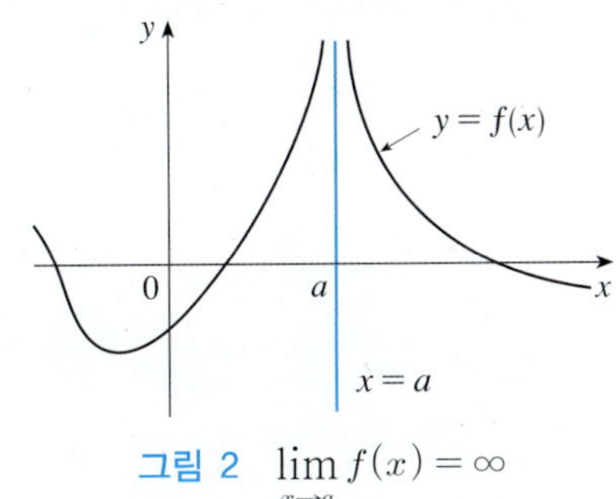

그림 2 $\lim_{x \to a} f(x) = \infty$

마찬가지로 그림 3에 나타낸 대로 x를 a와 같지 않으면서 a에 충분히 가

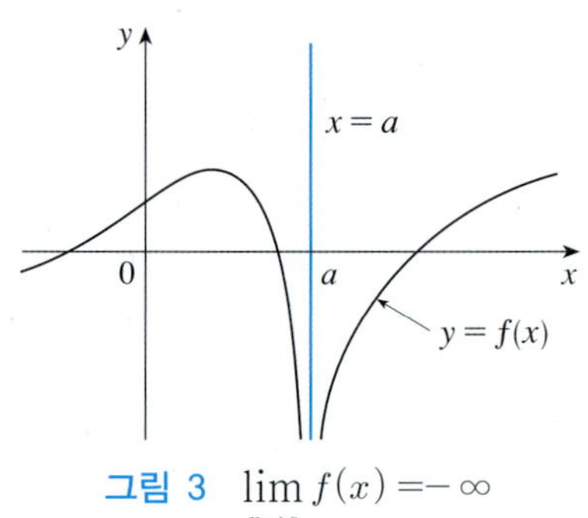

그림 3 $\lim_{x\to a} f(x) = -\infty$

깝게 택함으로써 $f(x)$의 값을 원하는 만큼 절댓값이 큰 음수로 할 수 있다는 사실을 다음과 같은 기호로 나타낸다.

$$\lim_{x\to a} f(x) = -\infty$$

기호 $\lim_{x\to a} f(x) = -\infty$를 "$x$가 a에 가까워질 때 $f(x)$의 극한은 음의 무한대이다." 또는 "x가 a에 가까워질 때 $f(x)$는 한없이 작아진다."와 같이 읽을 수 있다. 예를 들면, 다음과 같은 경우가 있다.

$$\lim_{x\to 0}\left(-\frac{1}{x^2}\right) = -\infty$$

다음과 같은 한쪽 무한 극한에 대해 비슷한 정의를 내릴 수 있다.

$$\lim_{x\to a^-} f(x) = \infty, \qquad \lim_{x\to a^+} f(x) = \infty,$$
$$\lim_{x\to a^-} f(x) = -\infty, \quad \lim_{x\to a^+} f(x) = -\infty$$

여기서 '$x \to a^-$'는 a보다 작은 x의 값만 고려함을 뜻하고 '$x \to a^+$'는 $x > a$인 경우만 고려함을 뜻한다는 점을 상기하자. 이 네 가지 경우를 그림 4에 예시했다.

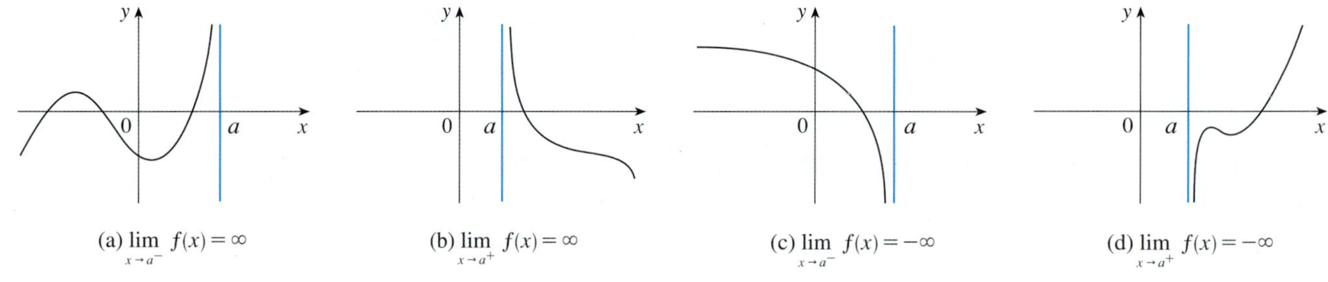

(a) $\lim_{x\to a^-} f(x) = \infty$ (b) $\lim_{x\to a^+} f(x) = \infty$ (c) $\lim_{x\to a^-} f(x) = -\infty$ (d) $\lim_{x\to a^+} f(x) = -\infty$

그림 4

용어
연직 점근선 vertical asymptote

2 **정의** 다음 명제 중에서 적어도 하나가 참이면, 직선 $x = a$를 곡선 $y = f(x)$의 **연직 점근선**이라 한다.

$$\lim_{x\to a} f(x) = \infty, \quad \lim_{x\to a^-} f(x) = \infty, \quad \lim_{x\to a^+} f(x) = \infty,$$
$$\lim_{x\to a} f(x) = -\infty, \quad \lim_{x\to a^-} f(x) = -\infty, \quad \lim_{x\to a^+} f(x) = -\infty$$

예를 들면 y축은 곡선 $y = 1/x^2$의 연직 점근선인데, $\lim_{x\to 0}(1/x^2) = \infty$이기 때문이다. 그림 4에서 직선 $x = a$는 네 곡선 각각의 연직 점근선이다.

보기 1 $\displaystyle\lim_{x\to 3^+}\frac{2x}{x-3}$와 $\displaystyle\lim_{x\to 3^-}\frac{2x}{x-3}$의 값을 찾아라.

풀이 x가 3보다 크면서 3에 가까우면, 분모 $x-3$은 작은 양수이고 $2x$는 6에 가깝다. 그러므로 몫 $2x/(x-3)$는 큰 양수이다. 이에 따라 직관적으로 다음을 알 수 있다.

$$\lim_{x \to 3^+} \frac{2x}{x-3} = \infty$$

마찬가지로, x가 3보다 작으면서 3에 가까우면 $x-3$은 절댓값이 작은 음수이지만 $2x$는 여전히 (6에 가까운) 양수이다. 그러므로 $2x/(x-3)$는 절댓값이 큰 음수이다. 따라서 다음을 얻는다.

$$\lim_{x \to 3^-} \frac{2x}{x-3} = -\infty$$

곡선 $y = 2x/(x-3)$의 그래프는 그림 5에 나타냈다. 직선 $x=3$은 연직 점근선이다. ■

그림 5

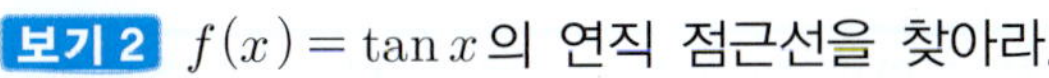

보기 2 $f(x) = \tan x$의 연직 점근선을 찾아라.

풀이 다음이 성립한다.

$$\tan x = \frac{\sin x}{\cos x}$$

그러므로 $\cos x = 0$일 때 연직 점근선이 있을 수 있다. 실제로, $x \to (\pi/2)^-$일 때 $\cos x \to 0^+$이고 $x \to (\pi/2)^+$일 때 $\cos x \to 0^-$이지만, x가 $\pi/2$의 근방에 있을 때 $\sin x$는 (0의 근방에 있지 않은) 양수이므로, 다음을 얻는다.

$$\lim_{x \to (\pi/2)^-} \tan x = \infty, \qquad \lim_{x \to (\pi/2)^+} \tan x = -\infty$$

이에 따라 직선 $x = \pi/2$는 연직 점근선이다. 마찬가지 논리로 정수 n에 대해 직선 $x = (2n+1)\pi/2$가 모두 $f(x) = \tan x$의 연직 점근선임을 보일 수 있다. 그림 6의 그래프에서 이를 확인할 수 있다. ■

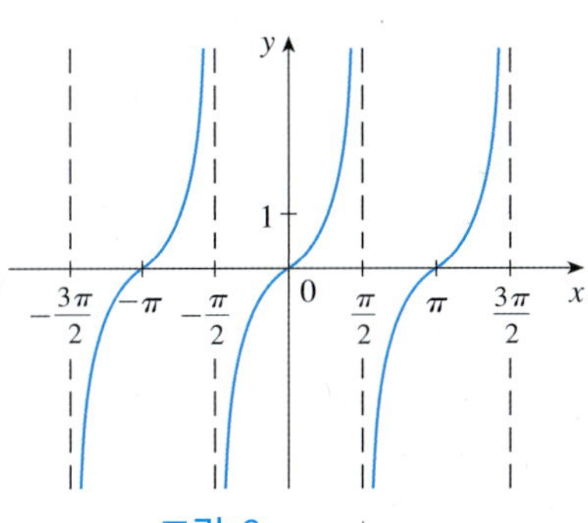

그림 6 $y = \tan x$

무한대에서의 극한

무한 극한의 경우에 x가 어떤 수에 가까워질 때 y의 값은 임의로 (양수 또는 음수로) 절댓값이 커졌다. 여기서는 x가 임의로 (양수 또는 음수로) 절댓값이 커질 때 y에 나타나는 현상을 알아본다.

먼저, x가 커질 때 다음과 같이 정의된 함수 f의 행동을 조사하자.

$$f(x) = \frac{x^2-1}{x^2+1}$$

오른쪽 표는 소수 여섯째 자리까지 정확한 함숫값을 알려준다. 그림 7에는 컴퓨터로 그린 f의 그래프가 있다.

x	$f(x)$
0	−1
±1	0
±2	0.600000
±3	0.800000
±4	0.882353
±5	0.923077
±10	0.980198
±50	0.999200
±100	0.999800
±1000	0.999998

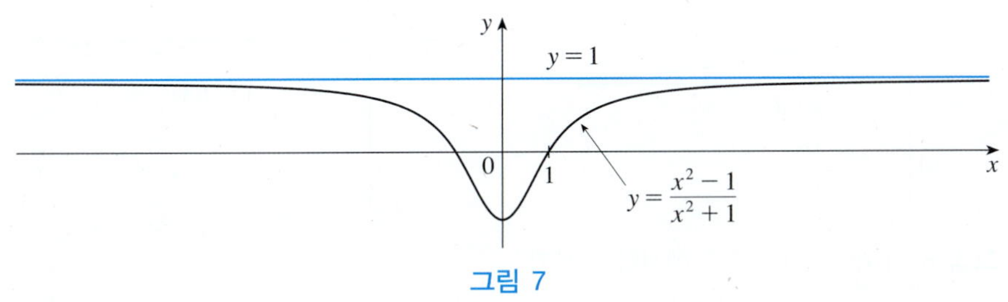

그림 7

x의 값이 커지면 커질수록 $f(x)$의 값이 1에 더욱더 가까워짐을 알 수 있다. 실제로, x를 충분히 크게 택함으로써 $f(x)$의 값을 1에 원하는 만큼 가까이 할 수 있을 것으로 보인다. 이런 상황을 다음과 같은 기호로 나타낸다.

$$\lim_{x \to \infty} \frac{x^2 - 1}{x^2 + 1} = 1$$

일반적으로 x의 값이 커지면 커질수록 $f(x)$의 값이 L에 가까워짐을 다음과 같은 기호로 나타낸다.

$$\lim_{x \to \infty} f(x) = L$$

3 정의 f는 구간 (a, ∞)에서 정의된 함수라고 하자. x의 값을 충분히 크게 택함으로써 $f(x)$의 값을 L에 원하는 만큼 가깝게 할 수 있음을 다음과 같은 기호로 나타낸다.

$$\lim_{x \to \infty} f(x) = L$$

$\lim_{x \to \infty} f(x) = L$에 대한 또 다른 기호는 다음과 같다.

$$x \to \infty \text{ 일 때 } f(x) \to L \text{이다.}$$

기호 ∞는 수를 표현하지 않는다. 그런데도 식 $\lim\limits_{x \to \infty} f(x) = L$를 흔히 다음과 같이 읽는다.

"x가 무한대에 가까워질 때 $f(x)$의 극한은 L이다."

또는 "x가 무한대가 될 때 $f(x)$의 극한은 L이다."

또는 "x가 한없이 커질 때 $f(x)$의 극한은 L이다."

이런 문장의 뜻은 정의 3에 주어져 있다. 1.3절의 ε-δ 정의와 비슷하고 좀 더 명확한 정의는 이번 절의 끝에 있다.

용어
수평 점근선 horizontal asymptote

정의 3에 대한 기하학적 예시는 그림 8에 있다. f의 그래프가 (수평 점근선이라 부르는) 직선 $y = L$에 가까워지는 방법이 여러 가지 있음을 주목하자. 각 그래프의 오른쪽 먼 곳을 보자.

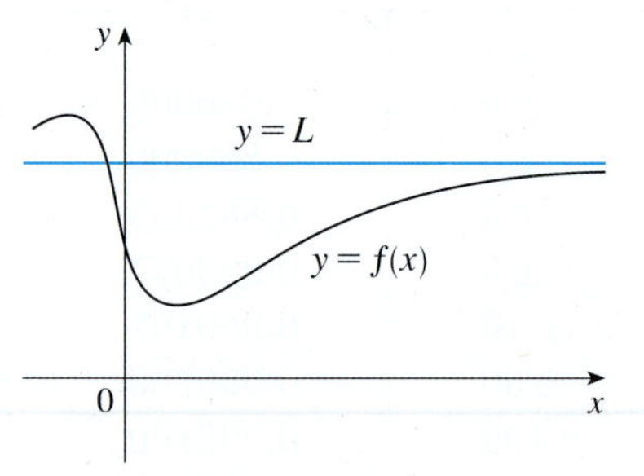

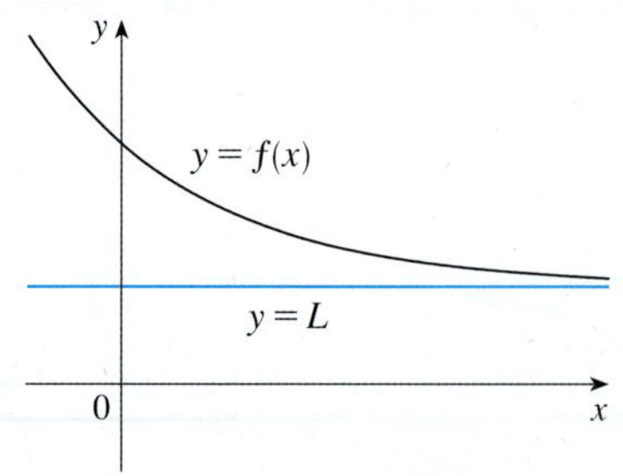

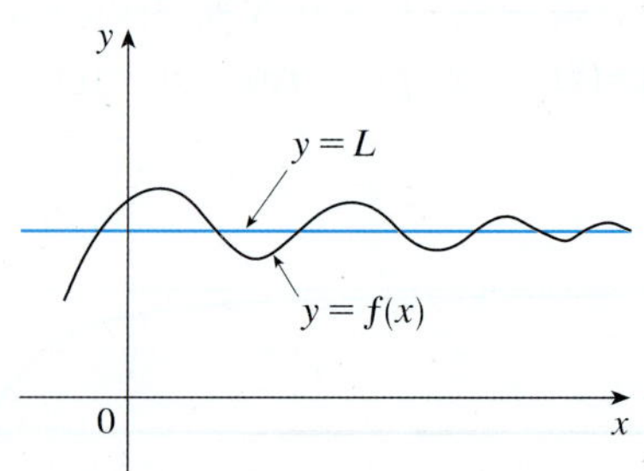

그림 8 $\lim\limits_{x \to \infty} f(x) = L$을 예시하는 보기

그림 7을 다시 보면, x의 절댓값이 큰 음수 값에 대해 $f(x)$는 1에 가까워진다. x를 음수 값을 통해 한없이 작게 하면, $f(x)$를 1에 원하는 만큼 가깝게 할 수 있다. 이를 다음과 같은 기호로 나타낸다.

$$\lim_{x \to -\infty} \frac{x^2-1}{x^2+1} = 1$$

일반적으로 그림 9에 나타낸 대로 x를 절댓값이 충분히 큰 음수로 택함으로써 $f(x)$의 값을 L에 임의로 가깝게 할 수 있음을 다음 기호로 나타낸다.

$$\lim_{x \to -\infty} f(x) = L$$

또다시 기호 $-\infty$는 수를 나타내지 않지만, 식 $\lim_{x \to -\infty} f(x) = L$을 흔히 다음과 같이 읽는다.

"x가 음의 무한대에 가까워질 때, $f(x)$의 극한은 L이다."

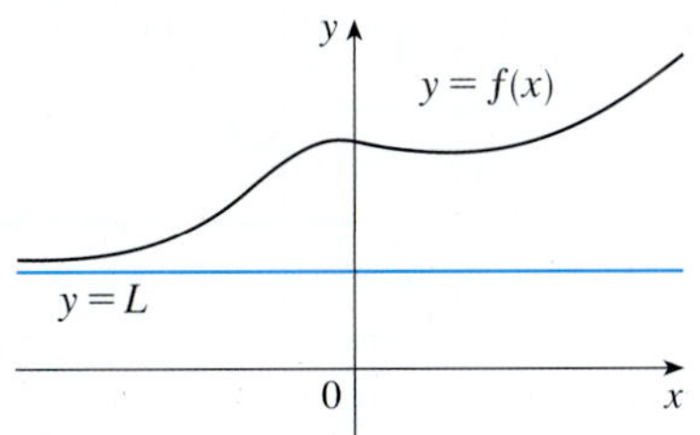

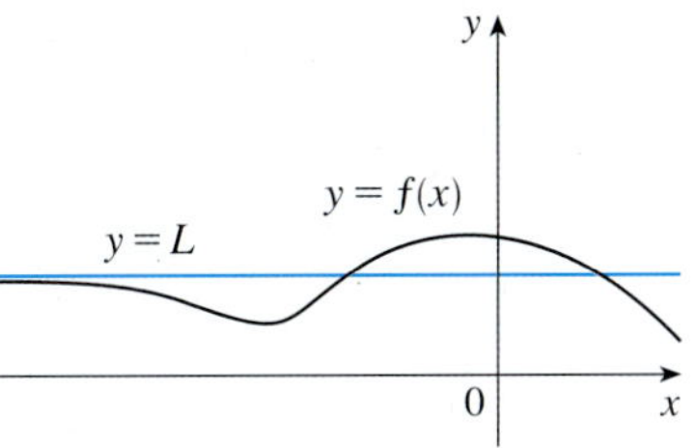

그림 9 $\lim_{x \to -\infty} f(x) = L$을 예시하는 보기

4 정의 다음 중 어느 것이고 성립할 때, 직선 $y = L$을 곡선 $y = f(x)$의 **수평 점근선**이라고 한다.

$$\lim_{x \to \infty} f(x) = L, \quad \lim_{x \to -\infty} f(x) = L$$

예를 들면, 그림 7에 나타낸 곡선에 대해 직선 $y = 1$은 수평 점근선인데, 다음이 성립하기 때문이다.

$$\lim_{x \to \infty} \frac{x^2-1}{x^2+1} = 1$$

그림 10에 나타낸 곡선 $y = f(x)$에 대해 두 직선 $y = -1$과 $y = 2$는 모두 수평 점근선인데, 다음이 성립하기 때문이다.

$$\lim_{x \to \infty} f(x) = -1, \qquad \lim_{x \to -\infty} f(x) = 2$$

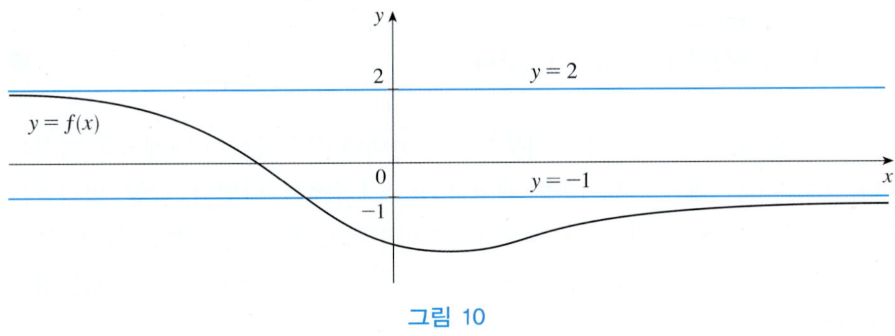

그림 10

보기 3 그래프가 그림 11에 나타낸 것과 같은 함수 f의 무한 극한과 무한대에서의 극한 및 점근선을 찾아라.

풀이 양쪽에서 $x \to -1$일 때 $f(x)$의 값이 한없이 커짐을 알 수 있다. 곧, 다음

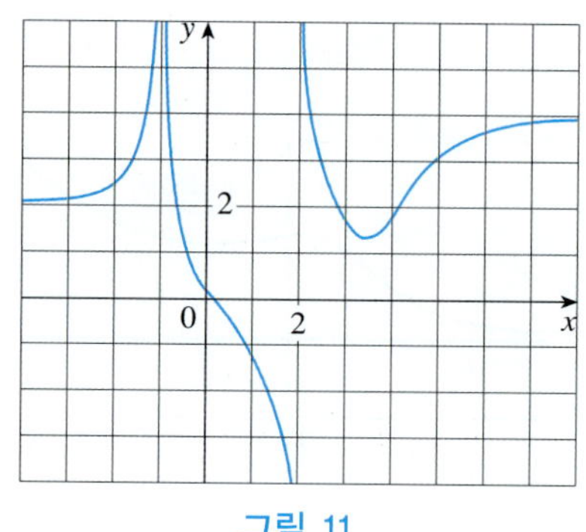

그림 11

이 성립한다.

$$\lim_{x\to -1} f(x) = \infty$$

x가 2에 왼쪽으로부터 가까워질 때 $f(x)$은 음수로 절댓값이 한없이 커지고, x가 2에 오른쪽으로부터 가까워질 때는 양수로 한없이 커짐을 알 수 있다. 그러므로 다음이 성립한다.

$$\lim_{x\to 2^-} f(x) = -\infty, \qquad \lim_{x\to 2^+} f(x) = \infty$$

그러므로 두 직선 $x=-1$과 $x=2$는 모두 연직 점근선이다.

x가 커짐에 따라 $f(x)$는 4에 가까워진다. 한편, x가 음수 값으로 작아지면 $f(x)$는 2에 가까워진다. 그러므로 다음을 얻는다.

$$\lim_{x\to\infty} f(x) = 4, \qquad \lim_{x\to -\infty} f(x) = 2$$

이는 두 직선 $y=4$와 $y=2$가 모두 수평 점근선임을 뜻한다. ■

보기 4 $\lim_{x\to\infty}\frac{1}{x}$과 $\lim_{x\to -\infty}\frac{1}{x}$의 값을 찾아라.

풀이 x가 크면 $1/x$은 작다. 예를 들면 다음과 같다.

$$\frac{1}{100}=0.01, \quad \frac{1}{10000}=0.0001, \quad \frac{1}{1000000}=0.000001$$

실제로, x를 충분히 크게 택함으로써 $1/x$을 0에 원하는 만큼 가깝게 할 수 있다. 따라서 정의 3에 의해 다음을 얻는다.

$$\lim_{x\to\infty}\frac{1}{x}=0$$

마찬가지 논리로 x가 절댓값이 큰 음수이면, $1/x$은 절댓값이 작은 음수이고, 이에 따라 다음을 얻는다.

$$\lim_{x\to -\infty}\frac{1}{x}=0$$

이에 따라 직선 $y=0$(x축)은 곡선 $y=1/x$의 수평 점근선이다. (이는 등변 쌍곡선이다. 그림 12를 보라.) ■

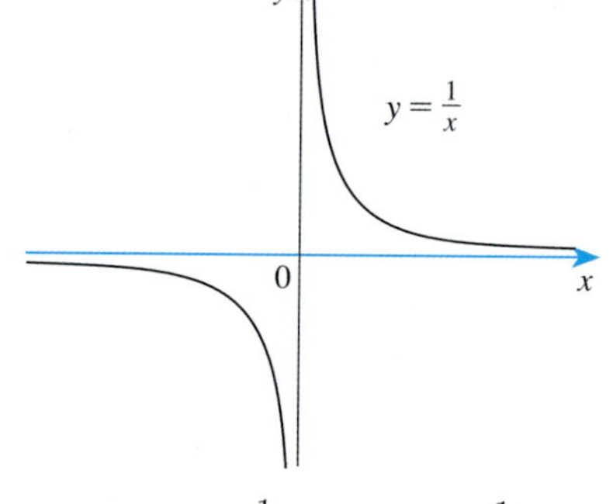

그림 12 $\lim_{x\to\infty}\frac{1}{x}=0$, $\lim_{x\to -\infty}\frac{1}{x}=0$

용어
등변 쌍곡선 equilateral hyperbola

1.4절에 제시한 극한 법칙 대부분은 무한대에서의 극한에 대해서도 성립한다. (두 극한 법칙 9와 10을 제외하고) 1.4절에서 나열된 극한 법칙들은 '$x\to a$'를 '$x\to\infty$' 또는 '$x\to -\infty$'로 바꾸어도 역시 성립한다. 특히, 보기 4의 결과들과 극한 법칙 6을 결합하면, 극한 셈에서 중요한 다음과 같은 법칙을 얻는다.

5 양의 정수 n에 대해 다음이 성립한다.

$$\lim_{x\to\infty}\frac{1}{x^n}=0, \qquad \lim_{x\to -\infty}\frac{1}{x^n}=0$$

보기 5 다음 값을 찾아라.

$$\lim_{x\to\infty}\frac{3x^2-x-2}{5x^2+4x+1}$$

풀이 x가 커짐에 따라, 분자와 분모는 모두 커진다. 이에 따라 몫의 값이 어떻게 될지 분명하지 않다. 예비적인 대수적 조작이 필요하다.

임의의 유리 함수에 대해 무한대에서의 극한을 찾기 위해서는, 먼저 분모에 있는 x의 최고 차수 거듭제곱으로 분모와 분자를 나누어야 한다. ($x\neq 0$이라 가정할 수 있는데, x의 큰 값만을 고려하기 때문이다.) 이 경우에 x의 최고 차수 거듭제곱은 x^2이고, 극한 법칙을 이용하면 다음을 얻는다.

$$\lim_{x\to\infty}\frac{3x^2-x-2}{5x^2+4x+1}=\lim_{x\to\infty}\frac{\dfrac{3x^2-x-2}{x^2}}{\dfrac{5x^2+4x+1}{x^2}}=\lim_{x\to\infty}\frac{3-\dfrac{1}{x}-\dfrac{2}{x^2}}{5+\dfrac{4}{x}+\dfrac{1}{x^2}}$$

$$=\frac{\displaystyle\lim_{x\to\infty}\left(3-\frac{1}{x}-\frac{2}{x^2}\right)}{\displaystyle\lim_{x\to\infty}\left(5+\frac{4}{x}+\frac{1}{x^2}\right)}$$

$$=\frac{\displaystyle\lim_{x\to\infty}3-\lim_{x\to\infty}\frac{1}{x}-2\lim_{x\to\infty}\frac{1}{x^2}}{\displaystyle\lim_{x\to\infty}5+4\lim_{x\to\infty}\frac{1}{x}+\lim_{x\to\infty}\frac{1}{x^2}}$$

$$=\frac{3-0-0}{5+0+0}\qquad(\text{5에 의해})$$

$$=\frac{3}{5}$$

비슷한 셈으로 $x\to-\infty$일 때의 극한도 $\frac{3}{5}$임을 보일 수 있다. ■

▪ 그림 13은 보기 5를 나타내고 있는데, 주어진 유리 함수의 그래프가 수평 점근선 $y=\frac{3}{5}$에 가까워지는 방법을 보여준다.

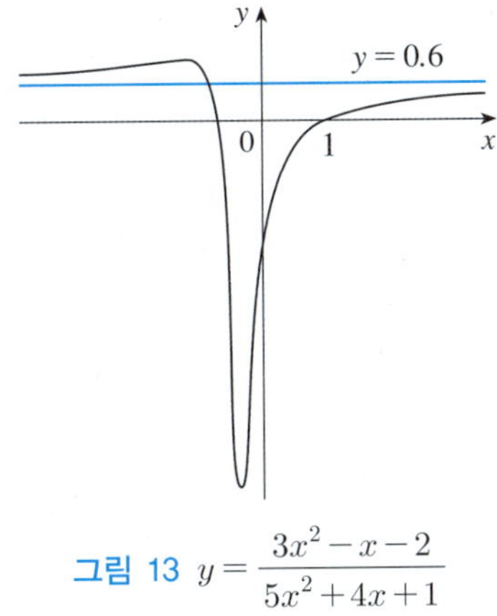

그림 13 $y=\dfrac{3x^2-x-2}{5x^2+4x+1}$

보기 6 $\displaystyle\lim_{x\to\infty}(\sqrt{x^2+1}-x)$를 셈하라.

풀이 x가 크면 $\sqrt{x^2+1}$과 x는 모두 크므로, 그 차가 어떻게 될지 알기 어렵다. 그러므로 대수적 조작으로 이 함수를 고쳐 써야 한다. 먼저 다음과 같이 분모와 분자에 $\sqrt{x^2+1}+x$를 곱하자.

▪ 주어진 함수의 분모가 1이라고 생각할 수 있다.

$$\lim_{x\to\infty}(\sqrt{x^2+1}-x)=\lim_{x\to\infty}(\sqrt{x^2+1}-x)\frac{\sqrt{x^2+1}+x}{\sqrt{x^2+1}+x}$$

$$=\lim_{x\to\infty}\frac{(x^2+1)-x^2}{\sqrt{x^2+1}+x}=\lim_{x\to\infty}\frac{1}{\sqrt{x^2+1}+x}$$

이 마지막 식의 분모 $\sqrt{x^2+1}+x$는 (x보다 큰데) $x\to\infty$일 때 한없이 커진다. 그러므로 다음이 성립한다.

$$\lim_{x\to\infty}(\sqrt{x^2+1}-x)=\lim_{x\to\infty}\frac{1}{\sqrt{x^2+1}+x}=0$$

그림 14는 이 결과를 그림으로 보여준다. ■

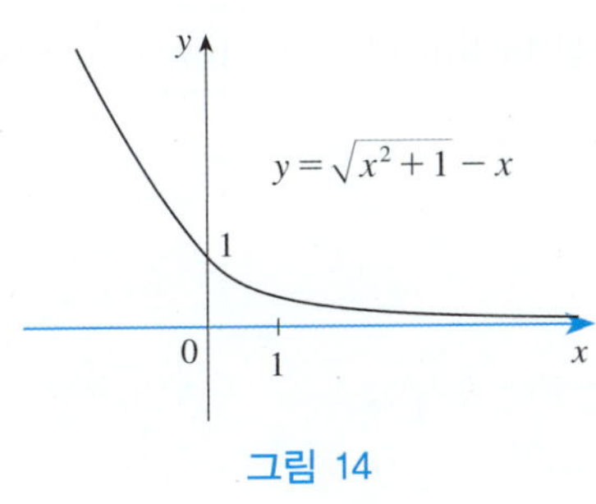

그림 14

보기 7 $\lim_{x\to\infty} \sin\frac{1}{x}$의 값을 찾아라.

풀이 $t=1/x$이라 놓으면, $x\to\infty$일 때 $t\to 0^+$이다. 따라서 다음을 얻는다.

$$\lim_{x\to\infty}\sin\frac{1}{x}=\lim_{t\to 0^+}\sin t=0$$

(익힘 문제 59를 보라.) ■

보기 8 $\lim_{x\to\infty}\sin x$의 값을 찾아라.

풀이 x가 커짐에 따라, $\sin x$의 값은 1과 -1 사이에서 끝없이 자주 진동한다. 그러므로 $\lim_{x\to\infty}\sin x$는 존재하지 않는다. ■

무한대에서의 무한 극한

x가 커질 때 $f(x)$의 값도 커진다는 사실을 나타내는 데 다음과 같은 기호를 사용한다.

$$\lim_{x\to\infty} f(x)=\infty$$

다음과 같은 기호에도 비슷한 의미가 있다.

$$\lim_{x\to-\infty} f(x)=\infty,\quad \lim_{x\to\infty} f(x)=-\infty,\quad \lim_{x\to-\infty} f(x)=-\infty$$

보기 9 $\lim_{x\to\infty}x^3$과 $\lim_{x\to-\infty}x^3$을 찾아라.

풀이 x가 커질 때 x^3도 커진다. 예를 들면 다음과 같다.

$$10^3=1000,\quad 100^3=1000000,\quad 1000^3=1000000000$$

실제로 x를 충분히 크게 택함으로써 x^3을 원하는 만큼 크게 할 수 있다. 따라서 다음과 같이 쓸 수 있다.

$$\lim_{x\to\infty}x^3=\infty$$

마찬가지로 x가 절댓값이 큰 음수이면 x^3도 그렇기 때문에, 다음을 얻는다.

$$\lim_{x\to-\infty}x^3=-\infty$$

극한에 관한 이런 결과들은 그림 15에 있는 $y=x^3$의 그래프로부터도 확인할 수 있다. ■

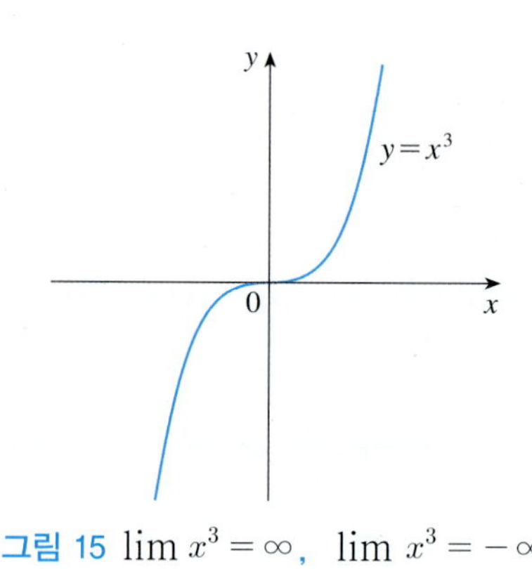

그림 15 $\lim_{x\to\infty}x^3=\infty$, $\lim_{x\to-\infty}x^3=-\infty$

보기 10 $\lim_{x\to\infty}(x^2-x)$를 찾아라.

⊘**풀이** 다음과 같이 적는 것은 옳지 않다.

$$\lim_{x\to\infty}(x^2 - x) = \lim_{x\to\infty} x^2 - \lim_{x\to\infty} x = \infty - \infty$$

∞는 수가 아니기 때문에($\infty - \infty$는 정의할 수 없으므로), 극한 법칙을 무한 극한에 적용할 수 없다. 그렇지만 x와 $x-1$이 모두 임의로 커지기 때문에 다음과 같이 쓸 수 있다.

$$\lim_{x\to\infty}(x^2 - x) = \lim_{x\to\infty} x(x-1) = \infty$$ ■

보기 11 $\displaystyle\lim_{x\to\infty}\frac{x^2+x}{3-x}$를 찾아라.

풀이 분모와 문자를 (분모에 있는 x의 최고 차수 거듭제곱인) x로 나누면, $x\to\infty$일 때 $x+1\to\infty$이고 $(3/x)-1\to -1$이므로 다음을 얻는다.

$$\lim_{x\to\infty}\frac{x^2+x}{3-x} = \lim_{x\to\infty}\frac{x+1}{\dfrac{3}{x}-1} = -\infty$$ ■

■ www.stewartcalculus.com

Additional Example A를 보라.

명확한 정의

다음은 정의 [1]의 명확한 형태이다.

> [6] **정의** f는 수 a를 포함하는 열린 구간에서 (기껏해야 a는 제외하고) 정의된 함수라 하자. 모든 양수 M에 대해 적당한 양수 δ가 존재해서
>
> $0 < |x-a| < \delta$이면 $f(x) > M$이 성립한다고 하자.
>
> 이를 다음과 같이 나타낸다.
>
> $$\lim_{x\to a} f(x) = \infty$$

이 정의에 따라, x를 a에 충분히 가깝게(곧, a로부터의 거리가 δ보다 작고 $x \ne a$이도록) 택함으로써 $f(x)$를 임의로 크게(곧, 임의로 주어진 M보다 크게) 만들 수 있다. 여기서 δ는 M에 좌우된다. 이 상황을 그림 16에 기하학적으로 예시했다.

임의의 수평선 $y = M$에 대해 적당한 양수 δ가 존재해서 x가 구간 $(a-\delta, a+\delta)$에 속하고 $x \ne a$이면 곡선 $y = f(x)$는 직선 $y = M$보다 위에 있다. M을 더 크게 택하면, 더 작은 δ가 필요함을 알 수 있다.

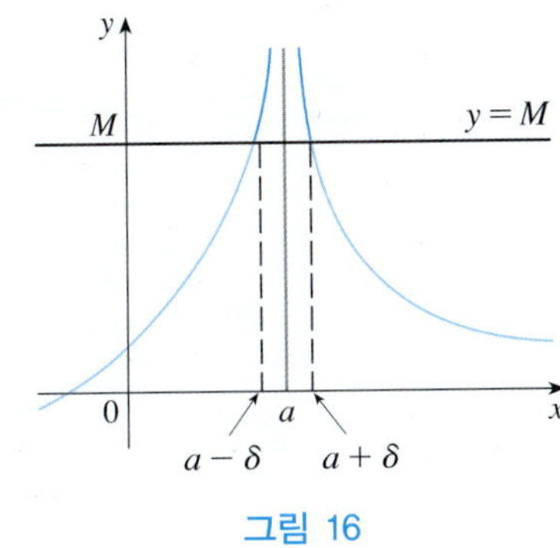

그림 16

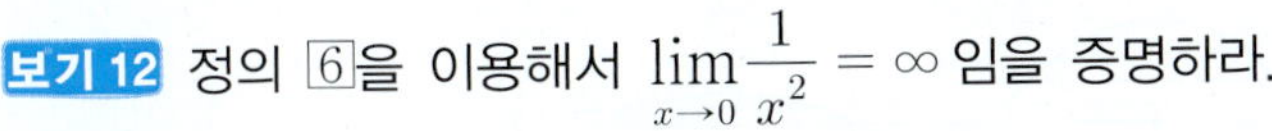

보기 12 정의 [6]을 이용해서 $\displaystyle\lim_{x\to 0}\frac{1}{x^2} = \infty$임을 증명하라.

풀이 M을 주어진 양수라고 하자. 정의 [6]에 의해, 다음과 같은 양수 δ를 찾아야 한다.

$$0 < |x| < \delta\text{이면 } \frac{1}{x^2} > M,\ \text{곧 } x^2 < \frac{1}{M}\text{이다.}$$

그런데 $x^2 < 1/M \Leftrightarrow |x| < 1/\sqrt{M}$이다. $\delta = 1/\sqrt{M}$을 택할 수 있는데,

$$0 < |x| < \delta = \frac{1}{\sqrt{M}} \text{이면 } \frac{1}{x^2} > \frac{1}{\delta^2} = M\text{이기 때문이다.}$$

따라서 정의 [6]에 의해 다음이 성립한다.

$$\lim_{x \to 0} \frac{1}{x^2} = \infty$$ ■

마찬가지로 $\lim_{x \to a} f(x) = -\infty$는, 모든 음수 N에 대해 적당한 양수 δ가 존재해서 $0 < |x-a| < \delta$이면 $f(x) < N$이 성립함을 뜻한다.

정의 [3]을 다음과 같이 명확하게 나타낼 수 있다.

> **[7] 정의** f는 구간 (a, ∞)에서 정의된 함수라고 하자. 모든 양수 ε에 대해 적당한 양수 N이 존재해서 $x > N$이면 $|f(x) - L| < \varepsilon$이 성립한다고 하자. 이를 다음과 같이 나타낸다.
>
> $$\lim_{x \to \infty} f(x) = L$$

TEC Module 1.3/1.6은 정의 7을 그래프와 수치적으로 예시한다.

말로 나타내면, 이 정의는 x를 충분히 크게 택함으로써(ε에 따라 결정되는 N보다 크게 택함으로써) $f(x)$를 L에 임의로 가깝게(L로부터의 거리가 임의의 양수 ε보다 작게) 만들 수 있음을 뜻한다. 그래프로 나타내면, 이 정의는 x를 충분히 크게 택함으로써(적당한 수 N보다 크게 택함으로써) 그림 17에서와 같이 f의 그래프를 주어진 두 수평선 $y = L - \varepsilon$과 $y = L + \varepsilon$ 사이에 놓이게 할 수 있음을 뜻한다. ε을 아무리 작게 택하더라도 이는 반드시 참이어야 한다. 그림 18은 ε을 더 작게 택하면 N을 더 크게 택해야 함을 보여준다.

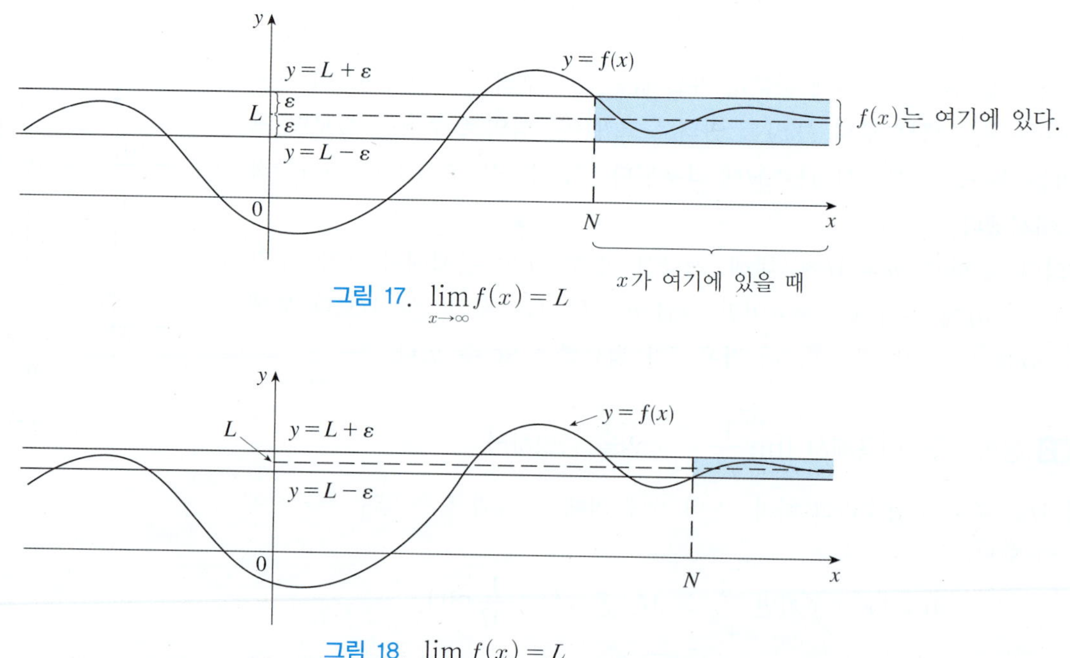

그림 17. $\lim_{x \to \infty} f(x) = L$

그림 18. $\lim_{x \to \infty} f(x) = L$

마찬가지로, $\lim_{x \to -\infty} f(x) = L$은 모든 양수 ε에 대해 적당한 수 N이 존재해서 $x < N$이면 $|f(x) - L| < \varepsilon$이 성립함을 뜻한다.

보기 13 정의 [7]을 이용해서 $\lim_{x \to \infty} \dfrac{1}{x} = 0$임을 증명하라.

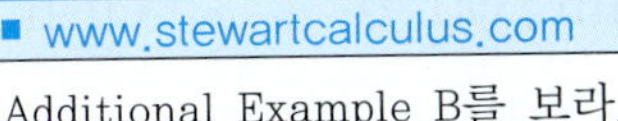

풀이 주어진 양수 ε에 대해 다음을 만족시키는 N을 찾으려고 한다.

$$x > N\text{이면 } \left| \frac{1}{x} - 0 \right| < \varepsilon\text{이 성립한다.}$$

이 극한을 셈할 때 $x > 0$이라 가정할 수 있다. 그러면 $1/x < \varepsilon \Leftrightarrow x > 1/\varepsilon$이다. $N = 1/\varepsilon$을 택하자. 그러면

$$x > N = \frac{1}{\varepsilon}\text{이면 } \left| \frac{1}{x} - 0 \right| = \frac{1}{x} < \varepsilon\text{이 성립한다.}$$

따라서 정리 [7]에 의해 다음을 얻는다.

$$\lim_{x \to \infty} \frac{1}{x} = 0$$

그림 19는 ε의 몇 개 값과 대응하는 N의 값을 보여줌으로써 증명을 예시하고 있다.

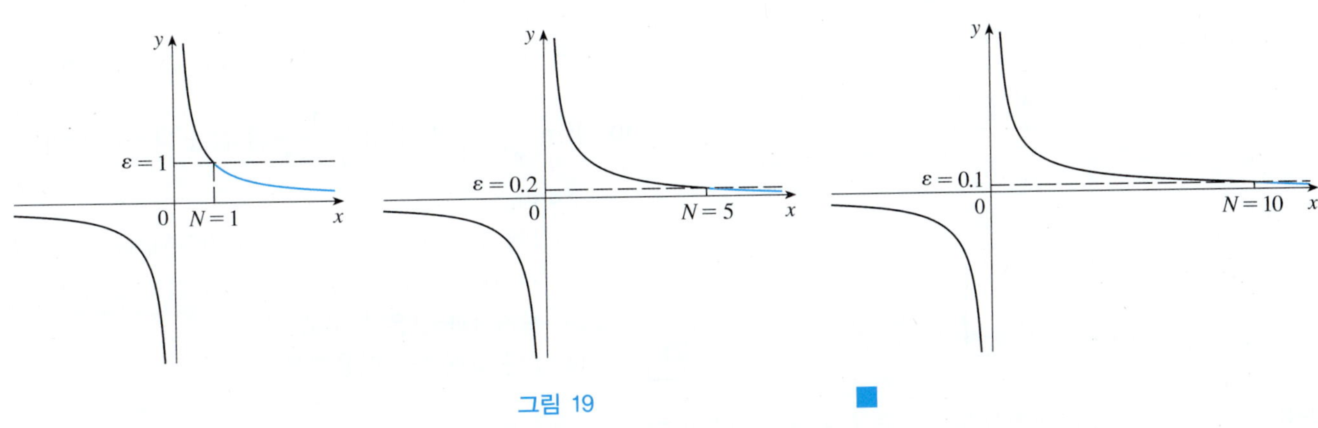

그림 19 ■

마지막으로 무한대에서의 무한 극한을 다음과 같이 정의할 수 있음을 지적한다. 그림 20은 이를 기하학적으로 예시하고 있다.

> [8] **정의** f는 구간 (a, ∞)에서 정의된 함수라고 하자. 모든 양수 M에 대해 적당한 양수 N이 존재해서 $x > N$이면 $f(x) > M$이 성립한다고 하자. 이를 다음과 같이 나타낸다.
>
> $$\lim_{x \to \infty} f(x) = \infty$$

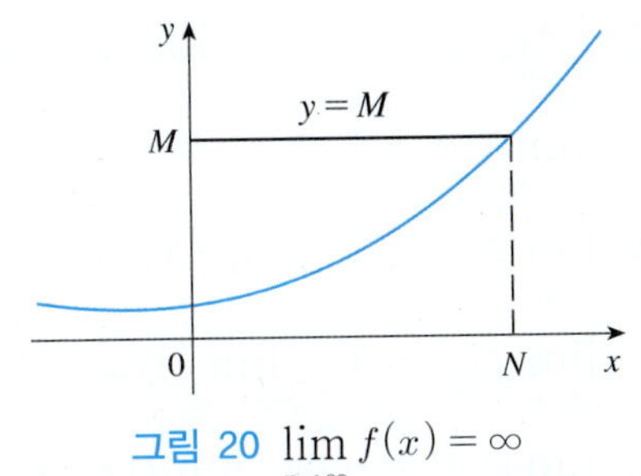

그림 20 $\lim_{x \to \infty} f(x) = \infty$

기호 ∞를 $-\infty$로 바꿀 때, 비슷한 정의를 적용한다.

1.6 익힘 문제

1. 그래프가 아래와 같은 함수 f에 대해, 다음을 찾아라.
   (a) $\lim_{x\to\infty} f(x)$ (b) $\lim_{x\to-\infty} f(x)$
   (b) $\lim_{x\to1} f(x)$ (d) $\lim_{x\to3} f(x)$
   (e) 점근선들의 방정식

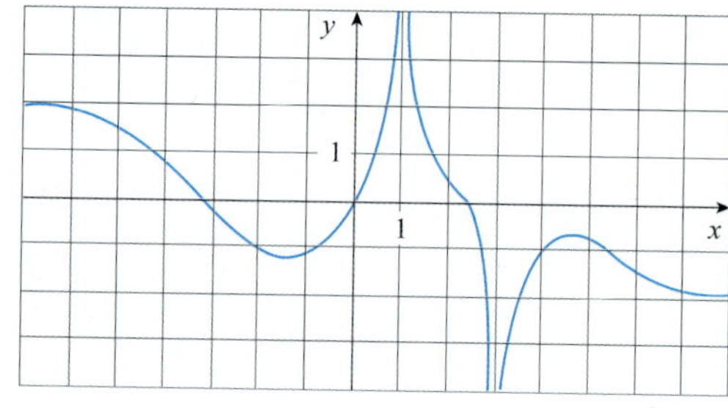

2. 그래프가 아래와 같은 함수 g에 대해, 다음을 찾아라.
   (a) $\lim_{x\to\infty} g(x)$ (b) $\lim_{x\to-\infty} g(x)$
   (c) $\lim_{x\to0} g(x)$ (d) $\lim_{x\to2^-} g(x)$
   (e) $\lim_{x\to2^+} g(x)$ (f) 점근선들의 방정식

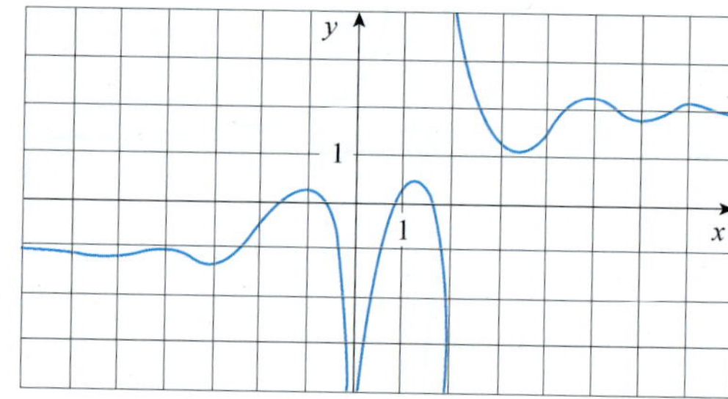

3–8. 다음 조건을 모두 만족시키는 함수 f의 예를 그래프로 나타내라.

3. $\lim_{x\to0} f(x) = -\infty$, $\lim_{x\to-\infty} f(x) = 5$,
   $\lim_{x\to\infty} f(x) = -5$

4. $\lim_{x\to0^+} f(x) = \infty$, $\lim_{x\to0^-} f(x) = -\infty$,
   $\lim_{x\to\infty} f(x) = 1$, $\lim_{x\to-\infty} f(x) = 1$

5. $\lim_{x\to2} f(x) = -\infty$, $\lim_{x\to\infty} f(x) = \infty$, $\lim_{x\to-\infty} f(x) = 0$,
   $\lim_{x\to0^+} f(x) = \infty$, $\lim_{x\to0^-} f(x) = -\infty$

6. $\lim_{x\to\infty} f(x) = 3$, $\lim_{x\to2^-} f(x) = \infty$,
   $\lim_{x\to2^+} f(x) = -\infty$, f는 홀 함수

7. $f(0) = 3$, $\lim_{x\to0^-} f(x) = 4$, $\lim_{x\to0^+} f(x) = 2$,
   $\lim_{x\to-\infty} f(x) = -\infty$, $\lim_{x\to4^-} f(x) = -\infty$,
   $\lim_{x\to4^+} f(x) = \infty$, $\lim_{x\to\infty} f(x) = 3$

8. $\lim_{x\to3} f(x) = -\infty$, $\lim_{x\to\infty} f(x) = 2$,
   $f(0) = 0$, f는 짝 함수

9. 함수 $f(x) = x^2/2^x$의 값을 $x = 0, 1, 2, 3, 4, 5, 6, 7, 8, 9, 10, 20, 50, 100$에서 찾아서 다음 극한을 어림하라.

$$\lim_{x\to\infty} \frac{x^2}{2^x}$$

f의 그래프를 이용해서 위의 어림값을 확인하라.

10. $\lim_{x\to1^-} \dfrac{1}{x^3-1}$과 $\lim_{x\to1^+} \dfrac{1}{x^3-1}$의 값을 다음과 같이 결정하라.
    (a) 1에 왼쪽과 오른쪽으로부터 가까워지는 x의 값에 대해 $f(x) = 1/(x^3-1)$의 값을 찾아서
    (b) 보기 1과 같은 논리로
    (c) f의 그래프를 이용해서

11. 그래프를 이용해서 다음 곡선의 모든 연직 점근선과 수평 점근선을 어림하라.

$$y = \frac{x^3}{x^3 - 2x + 1}$$

12. (a) $\lim_{x\to\infty} f(x)$의 소수 둘째 자리까지 정확한 값을 다음 함수의 그래프를 이용해서 어림하라.

$$f(x) = \left(1 - \frac{2}{x}\right)^x$$

    (b) $f(x)$의 함숫값 표를 이용해서 소수 넷째 자리까지 극한을 어림하라.

13–33. 다음 극한을 찾아라.

13. $\lim_{x\to -3^+} \frac{x+2}{x+3}$

14. $\lim_{x\to 5^-} \frac{6}{x-5}$

15. $\lim_{x\to 1} \frac{2-x}{(x-1)^2}$

16. $\lim_{x\to \pi^-} \cot x$

17. $\lim_{x\to 2\pi^-} x\csc x$

18. $\lim_{x\to 2^-} \frac{x^2-2x}{x^2-4x+4}$

19. $\lim_{x\to\infty} \frac{x^3+5x}{2x^3-x^2+4}$

20. $\lim_{t\to -\infty} \frac{t^2+2}{t^3+t^2-1}$

21. $\lim_{t\to\infty} \frac{\sqrt{t}+t^2}{2t-t^2}$

22. $\lim_{t\to\infty} \frac{t-t\sqrt{t}}{2t^{3/2}+3t-5}$

23. $\lim_{x\to\infty} \frac{(2x^2+1)^2}{(x-1)^2(x^2+x)}$

24. $\lim_{x\to\infty} \frac{x+2}{\sqrt{9x^2+1}}$

25. $\lim_{x\to\infty} \left(\sqrt{9x^2+x}-3x\right)$

26. $\lim_{x\to\infty} \left(\sqrt{x^2+ax}-\sqrt{x^2+bx}\right)$

27. $\lim_{x\to\infty} \frac{x^4-3x^2+x}{x^3-x+2}$

28. $\lim_{x\to\infty} \frac{\sin^2 x}{x^2}$

29. $\lim_{x\to\infty} \cos x$

30. $\lim_{x\to\infty} \frac{x^3-2x+3}{5-2x^2}$

31. $\lim_{x\to\infty} (x-\sqrt{x})$

32. $\lim_{x\to\infty} (x^2-x^4)$

33. $\lim_{x\to -\infty} (x^4+x^5)$

34. (a) 다음 함수의 그래프를 그려라.

$$f(x)=\frac{\sqrt{2x^2+1}}{3x-5}$$

수평 점근선과 연직 점근선이 몇 개씩 있는가? 그래프를 이용해서 다음 극한을 어림하라.

$$\lim_{x\to\infty} \frac{\sqrt{2x^2+1}}{3x-5}, \quad \lim_{x\to -\infty} \frac{\sqrt{2x^2+1}}{3x-5}$$

(b) $f(x)$의 값들을 찾아서, (a)의 극한들의 수치적인 어림값을 찾아라.

(c) (a)의 극한들의 참값을 셈하라. 두 극한이 서로 같은가? 다른가? [(a)에 대한 답을 고려해서, 둘째 극한에 대한 셈을 확인할 필요가 있다.]

35–36. 다음 곡선의 수평 점근선과 연직 점근선을 찾아라. 곡선을 그리고 점근선을 어림해서 이를 확인하라.

35. $y=\frac{2x^2+x-1}{x^2+x-2}$

36. $F(x)=\frac{x-9}{\sqrt{4x^2+3x+2}}$

37. (a) 함수 $f(x)=\sqrt{x^2+x+1}+x$의 그래프를 이용해서 다음 극한을 어림하라.

$$\lim_{x\to -\infty} \left(\sqrt{x^2+x+1}+x\right)$$

(b) $f(x)$의 함숫값 표를 이용해서 극한을 어림하라.

(c) 어림값이 정확함을 증명하라.

38. (a) 다음과 같은 함수 f의 그래프를 이용해서 $\lim_{x\to\infty} f(x)$의 값을 소수 첫째 자리까지 어림하라.

$$f(x)=\sqrt{3x^2+8x+6}-\sqrt{3x^2+3x+1}$$

(b) $f(x)$의 함숫값 표를 이용해서 극한을 어림하라.

(c) 극한의 참값을 찾아라.

39. 다음 함수 f의 수평 점근선을 $-10\le x\le 10$에서 그래프를 그려서 어림하라.

$$f(x)=\frac{3x^3+500x^2}{x^3+500x^2+100x+2000}$$

극한을 어림해서 점근선의 방정식을 찾아라. 이때 어긋나는 점을 어떻게 설명할 수 있는가?

40. 연직 점근선이 $x=1$과 $x=3$이고 수평 점근선이 $y=1$인 함수의 식을 찾아라.

41. 다음 조건들을 만족시키는 함수 f의 식을 찾아라.

$\lim_{x\to\pm\infty} f(x)=0$, $\lim_{x\to 0} f(x)=-\infty$, $f(2)=0$,

$\lim_{x\to 3^-} f(x)=\infty$, $\lim_{x\to 3^+} f(x)=-\infty$

42. 다음 극한의 값을 찾아라.

(a) $\lim_{x\to\infty} x\sin\frac{1}{x}$ (b) $\lim_{x\to\infty} \sqrt{x}\sin\frac{1}{x}$

43. 함수 f는 두 이차 함수의 몫이고 연직 점근선이 $x=4$이며 x 절편은 $x=1$뿐이다. f는 $x=-1$에서 제거 가능한 불연속이고 $\lim_{x\to -1} f(x)=2$이다. 다음 값을 찾아라.

(a) $f(0)$ (b) $\lim_{x\to\infty} f(x)$

44. 함수의 '말단 행동'은 $x \to \infty$일 때와 $x \to -\infty$일 때의 함숫값의 상태를 뜻한다.

(a) 다음 두 함수의 말단 행동을 두 관찰 직사각형 $[-2, 2] \times [-2, 2]$와 $[-10, 10] \times [-10000, 10000]$에 그래프를 함께 그려서 비교하고 설명하라.

$$P(x) = 3x^5 - 5x^3 + 2x, \quad Q(x) = 3x^5$$

(b) 두 함수의 몫이 $x \to \infty$일 때 1에 가까워지면 말단 행동이 같다고 한다. P와 Q의 말단 행동이 같음을 증명하라.

45. P와 Q가 다항 함수라고 하자. P의 차수가 (a) Q의 차수보다 작을 때와 (b) Q의 차수보다 클 때 다음 값을 찾아라.

$$\lim_{x \to \infty} \frac{P(x)}{Q(x)}$$

46. 다음 다섯 가지 경우의 정수 n에 대해 함수 $y = x^n$의 개략적인 그래프를 그려라.

(i) $n = 0$ (ii) $n > 0$, n은 홀수
(iii) $n > 0$, n은 짝수 (v) $n < 0$, n은 홀수
(vi) $n < 0$, n은 짝수

이런 그래프를 이용해서 다음 극한을 찾아라.

(a) $\lim_{x \to 0^+} x^n$ (b) $\lim_{x \to 0^-} x^n$
(c) $\lim_{x \to \infty} x^n$ (d) $\lim_{x \to -\infty} x^n$

47. 모든 $x > 5$에 대해 다음이 성립할 때 $\lim_{x \to \infty} f(x)$를 찾아라.

$$\frac{4x - 1}{x} < f(x) < \frac{4x^2 + 3x}{x^2}$$

48. 상대성 이론에서 속도가 v인 입자의 질량은 다음과 같다.

$$m = \frac{m_0}{\sqrt{1 - v^2/c^2}}$$

여기서 m_0은 정지 상태에서 입자의 질량이고 c는 빛의 속력이다. $v \to c^-$일 때 어떤 현상이 나타나는가?

49. (a) 탱크에 5000 L의 순수한 물이 담겨 있다. 물 1 L에 30 g의 소금이 녹아 있는 바닷물을 이 탱크에 25 L/min의 변화율로 넣는다. t분 뒤 소금의 농도(g/L)가 다음과 같음을 보여라.

$$C(t) = \frac{30t}{200 + t}$$

(b) $t \to \infty$일 때 어떤 현상이 나타나는가?

50. (a) $\lim_{x \to \infty} \frac{4x^2 - 5x}{2x^2 + 1} = 2$임을 보여라.

(b) (a)의 함수의 그래프와 직선 $y = 1.9$를 같은 화면에 그리고, 다음을 만족시키는 N을 찾아라.

$$x > N\text{이면 } \frac{4x^2 - 5x}{2x^2 + 1} > 1.9\text{이 성립한다.}$$

1.9를 1.99로 바꾸면 어떤가?

51. 다음이 성립하려면 -3에 얼마나 가까운 x를 택해야 하는가?

$$\frac{1}{(x + 3)^4} > 10000$$

52. 정의 6을 이용해서 $\lim_{x \to -3} \frac{1}{(x + 3)^4} = \infty$임을 증명하라.

53. $\lim_{x \to -1^-} \frac{5}{(x + 1)^3} = -\infty$임을 증명하라.

54. 다음 극한에 대해 $\varepsilon = 0.5$와 $\varepsilon = 0.1$에 대응하는 N의 값을 찾음으로써 정의 7을 예시하라.

$$\lim_{x \to \infty} \frac{\sqrt{4x^2 + 1}}{x + 1} = 2$$

55. 그래프를 이용해서 다음과 같은 수 N을 찾아라.

$$x > N\text{이면 } \left| \frac{3x^2 + 1}{2x^2 + x + 1} - 1.5 \right| < 0.05\text{가 성립한다.}$$

56. 다음 극한에 대해 $M = 100$에 대응하는 N의 값을 찾음으로써 정리 8을 예시하라.

$$\lim_{x \to \infty} \frac{2x + 1}{\sqrt{x + 1}} = \infty$$

57. (a) $1/x^2 < 0.0001$가 성립하려면 x를 얼마나 크게 택해야 하는가?

(b) 5에서 $n = 2$를 택하면 다음 결과를 얻는다.

$$\lim_{x \to \infty} \frac{1}{x^2} = 0$$

이를 정의 7을 이용해서 직접 증명하라.

58. 정의 [8]을 이용해서 $\lim_{x \to \infty} x^3 = \infty$ 임을 증명하라.

59. 극한이 존재할 때, 다음을 증명하라.

$$\lim_{x \to \infty} f(x) = \lim_{t \to 0^+} f(1/t),$$

$$\lim_{x \to -\infty} f(x) = \lim_{x \to 0^-} f(1/t)$$

1 복습 개념 확인

1. (a) 함수란 무엇인가? 그 정의역과 치역은 무엇인가?
   (b) 함수의 그래프란 무엇인가?
   (c) 주어진 곡선이 함수의 그래프인지를 어떻게 판정하는가?
2. 함수를 표현하는 네 가지 방법을 논의하라. 예를 들어 설명하라.
3. (a) 짝 함수란 무엇인가? 그래프의 모양을 보고 짝 함수인지 판정할 수 있는가? 짝 함수의 예를 세 개 들어라.
   (b) 홀 함수란 무엇인가? 그래프의 모양을 보고 홀 함수인지 판정할 수 있는가? 홀 함수의 예를 세 개 들어라.
4. 증가 함수란 무엇인가?
5. 수학적 모형이란 무엇인가?
6. 다음과 같은 함수의 예를 들어라.
   (a) 일차 함수 (b) 멱 함수
   (c) 지수 함수 (d) 이차 함수
   (e) 5차 다항 함수 (f) 유리 함수
7. 다음 함수들의 그래프를 한 좌표 평면에 함께 손으로 그려라.
   (a) $f(x) = x$ (b) $g(x) = x^2$
   (c) $h(x) = x^3$ (d) $j(x) = x^4$
8. 다음 함수의 그래프를 손으로 그려라.
   (a) $y = \sin x$ (b) $y = \tan x$
   (c) $y = 2^x$ (d) $y = 1/x$
   (e) $y = |x|$ (f) $y = \sqrt{x}$
9. f의 정의역은 A, g의 정의역이 B라고 하자.
   (a) $f+g$의 정의역은 무엇인가?
   (b) fg의 정의역은 무엇인가?
   (c) f/g의 정의역은 무엇인가?
10. 합성 함수 $f \circ g$는 어떻게 정의하는가? 이의 정의역은 무엇인가?
11. f의 그래프가 주어져 있다고 하자. f의 그래프를 다음과 같이 해서 얻은 그래프의 식을 써라.
   (a) 2단위 위로 평행 이동
   (b) 2단위 아래로 평행 이동
   (c) 2단위 오른쪽으로 평행 이동
   (d) 2단위 왼쪽으로 평행 이동
   (e) x축에 대한 대칭 이동
   (f) y축에 대한 대칭 이동
   (g) 연직 방향으로 2배 확대
   (h) 연직 방향으로 2배 축소
   (i) 수평 방향으로 2배 확대
   (j) 수평 방향으로 2배 축소
12. 다음의 뜻을 설명하고, 그림으로 예시하라.
   (a) $\lim_{x \to a} f(x) = L$ (b) $\lim_{x \to a^+} f(x) = L$
   (c) $\lim_{x \to a^-} f(x) = L$ (d) $\lim_{x \to a} f(x) = \infty$
   (e) $\lim_{x \to \infty} f(x) = L$
13. 극한이 존재하지 않는 여러 가지 경우를 설명하고, 그림으로 예시하라.
14. 다음 극한 법칙을 서술하라.
   (a) 합의 극한 법칙 (b) 차의 극한 법칙
   (c) 상수 배의 극한 법칙 (d) 곱의 극한 법칙
   (e) 몫의 극한 법칙 (f) 거듭제곱 극한 법칙
   (g) 거듭제곱근 극한 법칙
15. 조임 정리는 무엇을 말하는가?
16. (a) f가 a에서 연속이라는 것은 무엇을 뜻하는가?
   (b) f가 구간 $(\infty, -\infty)$에서 연속이라는 것은 무엇을 뜻하는가? 이런 함수의 그래프의 특징은 무엇인가?

17. 중간값(사이값) 정리는 무엇을 말하는가?

18. (a) 직선 $x=a$가 곡선 $y=f(x)$의 연직 점근선이라는 말은 무엇을 뜻하는가? 가능성 있는 여러 가지 상황을 예시하는 곡선들을 그려라.

(b) 직선 $y=L$이 곡선 $y=f(x)$의 수평 점근선이라는 말은 무엇을 뜻하는가? 가능성 있는 여러 가지 상황을 예시하는 곡선들을 그려라.

1 복습 ○× 문제

다음 명제의 참과 거짓을 판별하라. 참이면, 그 이유를 설명하라. 거짓이면, 그 이유를 설명하거나 반례를 들어라.

1. f가 함수이면, $f(s+t)=f(s)+f(t)$이다.

2. $f(s)=f(t)$이면, $s=t$이다.

3. f가 함수이면, $f(3x)=3f(x)$이다.

4. $x_1<x_2$이고 f가 감소 함수이면, $f(x_1)>f(x_2)$이다.

5. 연직선은 함수의 그래프와 많아야 한 번 만난다.

6. f와 g가 함수이면, $f\circ g=g\circ f$이다.

7. $\displaystyle\lim_{x\to 4}\left(\frac{2x}{x-4}-\frac{8}{x-4}\right)=\lim_{x\to 4}\frac{2x}{x-4}-\lim_{x\to 4}\frac{8}{x-4}$

8. $\displaystyle\lim_{x\to 1}\frac{x^2+6x-7}{x^2+5x-6}=\frac{\lim_{x\to 1}(x^2+6x-7)}{\lim_{x\to 1}(x^2+5x-6)}$

9. $\displaystyle\lim_{x\to 1}\frac{x-3}{x^2+2x-4}=\frac{\lim_{x\to 1}(x-3)}{\lim_{x\to 1}(x^2+2x-4)}$

10. $\lim_{x\to 5}f(x)=2$이고 $\lim_{x\to 5}g(x)=0$이면, $\lim_{x\to 5}\{f(x)/g(x)\}$는 존재하지 않는다.

11. $\lim_{x\to 5}f(x)=0$이고 $\lim_{x\to 5}g(x)=0$이면, $\lim_{x\to 5}\{f(x)/g(x)\}$는 존재하지 않는다.

12. $\lim_{x\to 6}f(x)g(x)$가 존재하면, 극한은 반드시 $f(6)g(6)$이다.

13. p가 다항 함수이면, $\lim_{x\to b}p(x)=p(b)$이다.

14. $\lim_{x\to 0}f(x)=\infty$이고 $\lim_{x\to 0}g(x)=\infty$이면, $\lim_{x\to 0}\{f(x)-g(x)\}=0$이다.

15. 함수에 두 개의 서로 다른 수평 점근선이 존재할 수 있다.

16. f의 정의역이 $[0,\infty)$이고 수평 점근선이 없으면, $\lim_{x\to\infty}f(x)=\infty$ 또는 $\lim_{x\to\infty}f(x)=-\infty$이다.

17. 직선 $x=1$이 $y=f(x)$의 연직 점근선이면, f는 1에서 정의되지 않는다.

18. f와 g가 다항 함수이고 $g(2)=0$이면, 직선 $x=2$는 유리 함수 $h(x)=f(x)/g(x)$의 연직 점근선이다.

19. 임의의 실수 x에 대해 $\sqrt{x^2}=x$이다.

20. $f(1)>0$이고 $f(3)<0$이면, 1과 3 사이에 적당한 수 c가 존재해서 $f(c)=0$이 성립한다.

21. f는 5에서 연속이고 $f(5)=2$이며 $f(4)=3$이면, $\lim_{x\to 2}f(4x^2-11)=2$이다.

22. f가 $[-1,1]$에서 연속이고 $f(-1)=4$이며 $f(1)=3$이면, 적당한 수 r이 존재해서 $|r|<1$이고 $f(r)=\pi$가 성립한다.

23. f가 $\lim_{x\to 0}f(x)=6$인 함수라고 하자. 그러면 적당한 수 δ가 존재해서 $0<|x|<\delta$이면 $|f(x)-6|<1$이 성립한다.

24. 모든 x에 대해 $f(x)>1$이고 $\lim_{x\to 0}f(x)$가 존재하면, $\lim_{x\to 0}f(x)>1$이 성립한다.

25. f가 a에서 연속이면, $|f|$도 a에서 연속이다.

26. $|f|$가 a에서 연속이면, f도 a에서 연속이다.

1 복습 연습 문제

1. 함수 f의 그래프는 아래 그림과 같다.
   (a) $f(2)$의 값을 어림하라.
   (b) $f(x)=3$인 x의 값을 어림하라.
   (c) f의 정의역을 말하라.
   (d) f의 치역을 말하라.
   (e) f가 증가하는 구간을 말하라.
   (f) f는 짝 함수인가? 홀 함수인가? 아니면 어느 것도 아닌가? 그 이유를 설명하라.

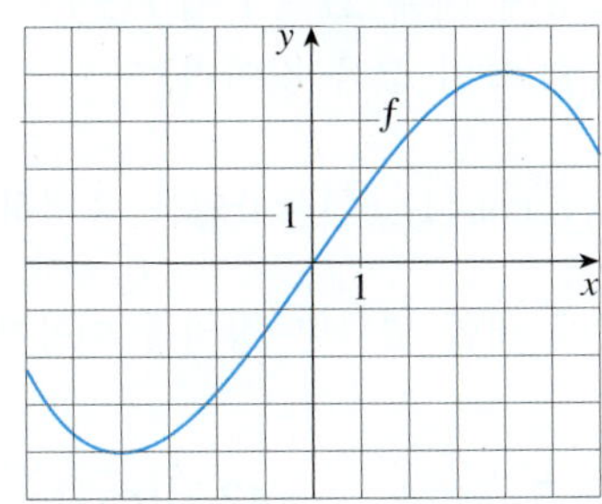

2. 다음 곡선이 x에 관한 함수의 그래프인지 판정하라. 함수의 그래프이면, 그 정의역과 치역을 말하라.

(a) 
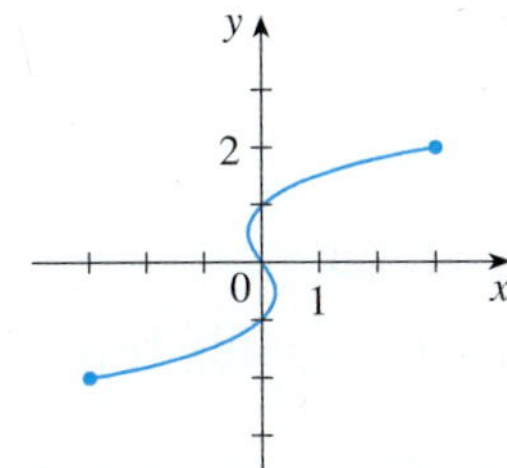

(b) 
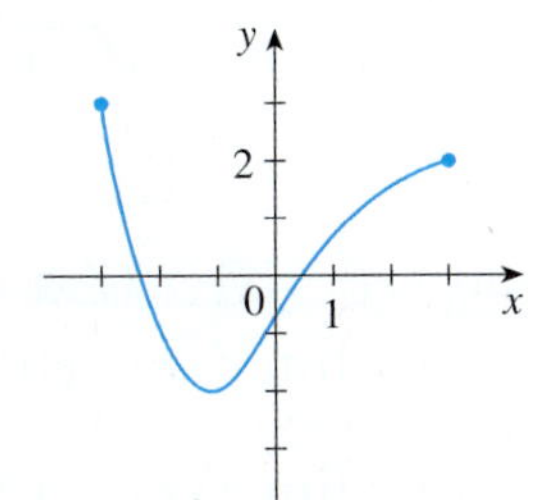

3–6. 다음 함수의 정의역과 치역을 찾아라. 답을 구간으로 나타내라.

3. $f(x)=2/(3x-1)$
4. $g(x)=\sqrt{16-x^4}$
5. $y=1+\sin x$
6. $y=\tan 2x$

7. f의 그래프가 주어져 있다고 하자. 다음 함수의 그래프를 f의 그래프로부터 얻을 수 있는 방법을 설명하라.
   (a) $y=f(x)+8$ (b) $y=f(x+8)$
   (c) $y=1+2f(x)$ (d) $y=f(x-2)-2$
   (e) $y=-f(x)$ (f) $y=3-f(x)$

8. f의 그래프가 아래와 같다. 다음 함수의 그래프를 그려라.
   (a) $y=f(x-8)$ (b) $y=-f(x)$
   (c) $y=2-f(x)$ (d) $y=\frac{1}{2}f(x)-1$

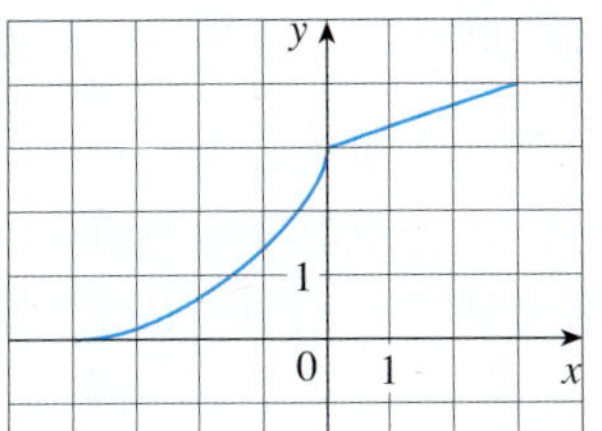

9–14. 변환을 이용해서 다음 함수의 그래프를 그려라.

9. $y=-\sin 2x$
10. $y=(x-2)^2$
11. $y=1+\frac{1}{2}x^3$
12. $y=2-\sqrt{x}$
13. $f(x)=\dfrac{1}{x+2}$
14. $f(x)=\begin{cases} 1+x & (x<0) \\ 1+x^2 & (x\geq 0) \end{cases}$

15. 다음 f가 짝 함수 또는 홀 함수인지, 아니면 어느 것도 아닌지 판정하라.
   (a) $f(x)=2x^5-3x^2+2$
   (b) $f(x)=x^3-x^7$
   (c) $f(x)=\cos(x^2)$
   (d) $f(x)=1+\sin x$

16. 그래프가 두 점 $(-2,\ 2)$와 $(-1,\ 0)$을 잇는 선분 및 중심이 원점이고 반지름이 1인 원의 위쪽 반으로 이루어진 함수의 식을 찾아라.

17. $f(x)=\sqrt{x}$이고 $g(x)=\sin x$일 때, 함수 (a) $f\circ g$, (b) $g\circ f$, (c) $f\circ f$, (d) $g\circ g$ 및 그 정의역을 찾아라.

18. 함수 $F(x)=1/\sqrt{x+\sqrt{x}}$을 세 함수의 합성으로 표현하라.

19. 함수 f의 그래프는 아래와 같다.

(a) 다음 극한을 찾거나 존재하지 않는 이유를 설명하라.

(i) $\lim_{x\to 2^+} f(x)$ (ii) $\lim_{x\to -3^+} f(x)$

(iii) $\lim_{x\to -3} f(x)$ (iv) $\lim_{x\to 4} f(x)$

(v) $\lim_{x\to 0} f(x)$ (vi) $\lim_{x\to 2^-} f(x)$

(vii) $\lim_{x\to \infty} f(x)$ (viii) $\lim_{x\to -\infty} f(x)$

(b) 수평 점근선의 방정식을 써라.

(c) 연직 점근선의 방정식을 써라.

(d) 어떤 점에서 f는 불연속인가? 설명하라.

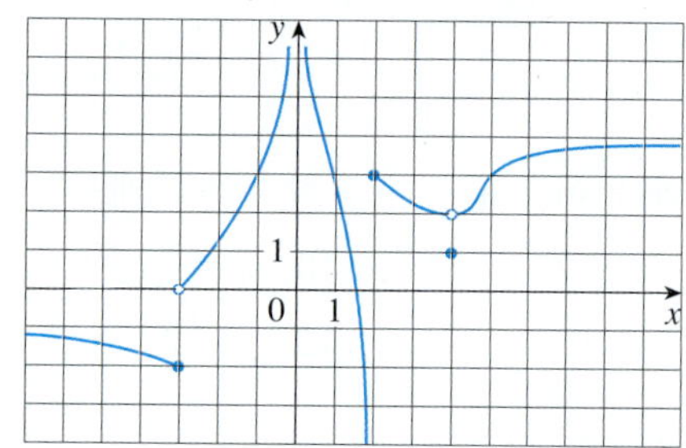

20. 다음 조건을 모두 만족시키는 함수 f의 예를 그래프로 나타내라.

$\lim_{x\to -\infty} f(x) = -2$, $\lim_{x\to \infty} f(x) = 0$, $\lim_{x\to -3} f(x) = \infty$,

$\lim_{x\to 3^-} f(x) = -\infty$, $\lim_{x\to 3^+} f(x) = 2$,

f는 3에서 오른쪽으로부터 연속이다.

21–36. 다음 극한을 찾아라.

21. $\lim_{x\to 0} \cos(x + \sin x)$

22. $\lim_{x\to 3} \dfrac{x^2-9}{x^2+2x-3}$

23. $\lim_{x\to -3} \dfrac{x^2-9}{x^2+2x-3}$

24. $\lim_{x\to 1^+} \dfrac{x^2-9}{x^2+2x-3}$

25. $\lim_{h\to 0} \dfrac{(h-1)^3+1}{h}$

26. $\lim_{t\to 2} \dfrac{t^2-4}{t^3-8}$

27. $\lim_{r\to 9} \dfrac{\sqrt{r}}{(r-9)^4}$

28. $\lim_{v\to 4^+} \dfrac{4-v}{|4-v|}$

29. $\lim_{s\to 16} \dfrac{4-\sqrt{s}}{s-16}$

30. $\lim_{v\to 2} \dfrac{v^2+2v-8}{v^4-16}$

31. $\lim_{x\to \infty} \dfrac{1+2x-x^2}{1-x+2x^2}$

32. $\lim_{x\to -\infty} \dfrac{1-2x^2-x^4}{5+x-3x^4}$

33. $\lim_{x\to \infty} (\sqrt{x^2+4x+1} - x)$

34. $\lim_{x\to 1} \left(\dfrac{1}{x-1} + \dfrac{1}{x^2-3x+2} \right)$

35. $\lim_{x\to 0} \dfrac{\cot 2x}{\csc x}$

36. $\lim_{t\to 0} \dfrac{t^3}{\tan^3 2t}$

37–38. 그래프를 이용해서 다음 곡선의 점근선을 찾아라. 찾은 결과를 증명하라.

37. $y = \dfrac{\cos^2 x}{x^2}$

38. $y = \sqrt{x^2+x+1} - \sqrt{x^2-x}$

39. $0 < x < 3$에 대해 $2x-1 \le f(x) \le x^2$일 때, $\lim_{x\to 1} f(x)$의 값을 찾아라.

40. $\lim_{x\to 0} x^2 \cos(1/x^2) = 0$임을 증명하라.

41–44. 극한에 대한 명확한 정의를 이용해서 다음을 증명하라.

41. $\lim_{x\to 2} (14-5x) = 4$

42. $\lim_{x\to 0} \sqrt[3]{x} = 0$

43. $\lim_{x\to \infty} \dfrac{1}{x^4} = 0$

44. $\lim_{x\to 4^+} \dfrac{2}{\sqrt{x-4}} = \infty$

45. 다음과 같이 정의하자.

$$f(x) = \begin{cases} \sqrt{-x} & (x < 0) \\ 3-x & (0 \le x < 3) \\ (x-3)^2 & (x > 3) \end{cases}$$

(a) 다음 극한을 (존재하면) 찾아라.

(i) $\lim_{x\to 0^+} f(x)$ (ii) $\lim_{x\to 0^-} f(x)$ (iii) $\lim_{x\to 0} f(x)$

(iv) $\lim_{x\to 3^-} f(x)$ (v) $\lim_{x\to 3^+} f(x)$ (vi) $\lim_{x\to 3} f(x)$

(b) f는 어디에서 불연속인가?

(c) f의 그래프를 그려라.

46. 다음 함수가 그 정의역에서 연속임을 보여라. 정의역을 말하라.

(a) $g(x) = \dfrac{\sqrt{x^2-9}}{x^2-2}$ (b) $h(x) = \sqrt[4]{x} + x^3 \cos x$

47–48. 중간값 정리를 이용해서 다음 방정식의 근이 주어진 구간에 존재함을 보여라.

47. $x^5 - x^3 + 3x - 5 = 0$, $(1, 2)$

48. $2\sin x = 3 - 2x$, $(0, 1)$

2 도함수

CHAPTER

이번 장에서는 접선의 기울기 또는 속도 또는 임의의 순간 변화율을 찾으려고 할 때 나타나는 특별한 형태의 극한인 미분 계수와 일반적인 도함수에 대해 알아본다.

2.1 미분 계수와 변화율

곡선에 대한 접선을 찾는 문제와 물체의 속도를 찾는 문제는 특별한 형태의 극한인 미분 계수를 찾는 문제가 된다.

접선 문제

용어 접선은 '접촉'을 뜻하는 라틴어 tangens에서 유래했다. 이에 따라 곡선에 대한 접선은 곡선에 접하는 직선이다. 바꿔 말하면, 접선은 접점에서 곡선과 방향이 같아야 한다. 이 개념을 어떻게 명확하게 할 수 있을까?

원의 경우에는 단순히 유클리드를 따르면 되는데, 그는 접선을 그림 1(a)와 같이 원과 단 한 점에만 만나는 직선이라고 말했다. 더 복잡한 곡선의 경우에는 이런 정의가 부적절하다. 그림 1(b)는 곡선 C에 있는 점 P를 지나는 두 직선 L과 T를 보여준다. 직선 L은 C와 단 한 점에서만 만나지만, 이는 분명히 접선으로 생각할 수 있는 것으로 보이지 않는다. 한편, T는 접선처럼 보이지만, C와 두 점에서 만난다.

용어
- 미분 계수 derivative (of a function at a number)
- 도함수 derivative (of a function)
- 접선 tangent (line)
- 기울기 slope

■ www.stewartcalculus.com
Additional Example A를 보라.

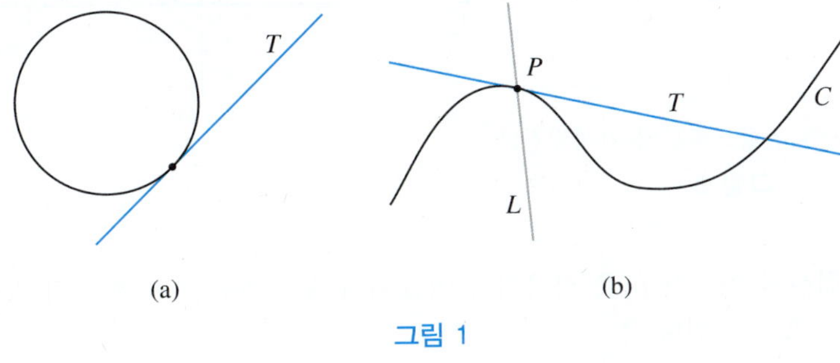

그림 1

구체적으로, 다음 보기에서는 포물선 $y = x^2$의 접선 T를 찾는 문제를 알아본다.

보기 1 점 $P(1, 1)$에서 포물선 $y = x^2$에 대한 접선의 방정식을 찾아라.

풀이 접선 T의 기울기 m을 알면, 곧바로 그 방정식을 찾을 수 있다. 기울기를 셈하려면 두 점이 필요한데, T에 있는 한 점 P만을 알고 있기 때문에 어렵다. 그러나 (그림 2에서와 같이) P 근처의 포물선에 있는 점 $Q(x, x^2)$

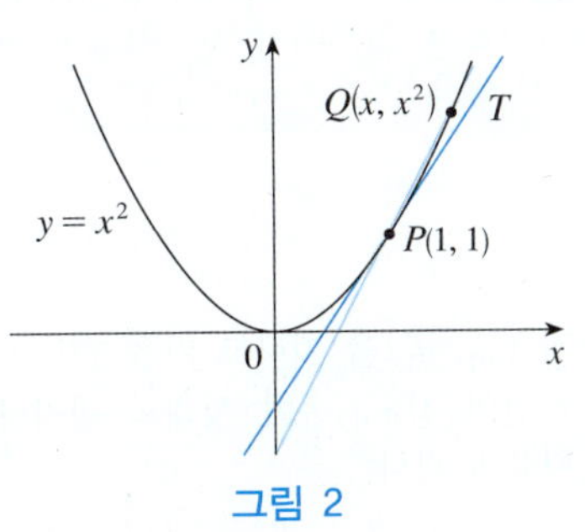

그림 2

을 선택하고 할선 PQ의 기울기 m_{PQ}를 계산해서 m의 근삿값을 셈할 수 있다. ['자른다'를 뜻하는 라틴 단어 secans에서 유래한 **할선**(secant line)은 곡선과 두 점 이상에서 만나는 직선이다.]

$Q \neq P$가 되도록 $x \neq 1$을 선택하자. 그러면 다음이 성립한다.

$$m_{PQ} = \frac{x^2 - 1}{x - 1}$$

x가 1에 가까워지면 어떻게 될까? 그림 3에서 Q가 포물선을 따라 P에 가까워지고, 할선 PQ는 점 P를 중심으로 회전하면서 접선 T에 가까워진다.

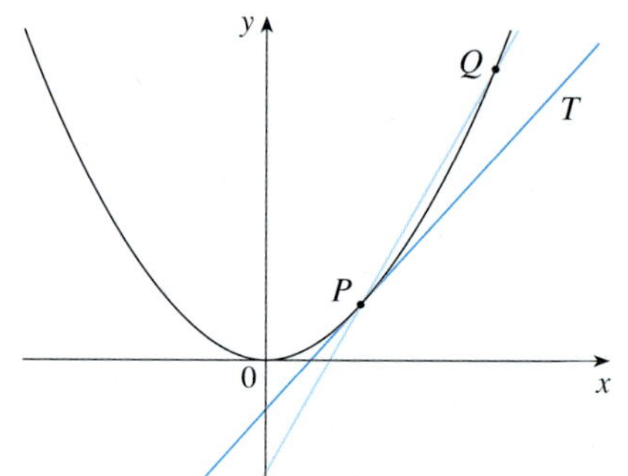

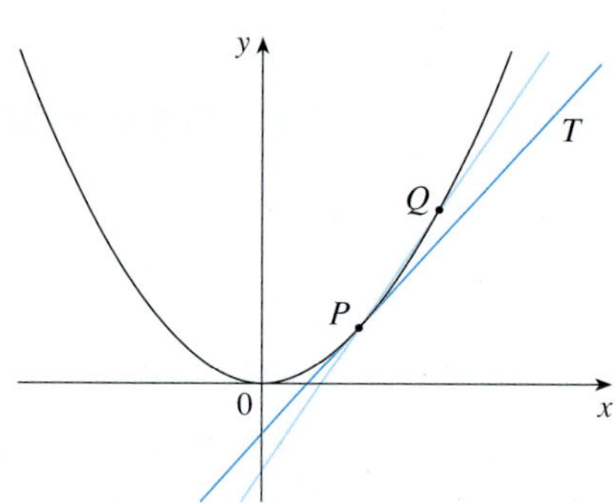

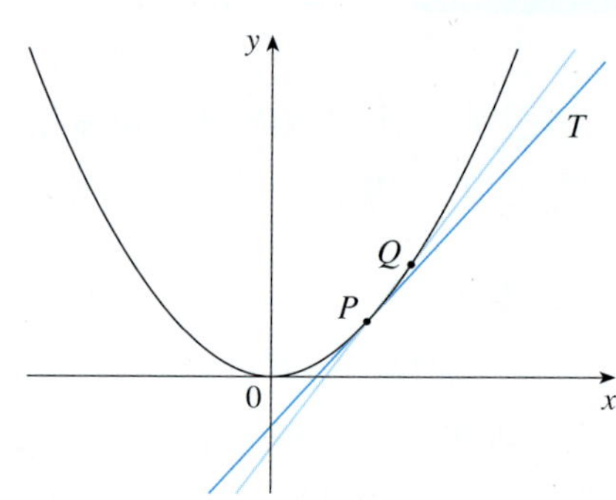

Q는 P에 오른쪽으로부터 가까워진다.

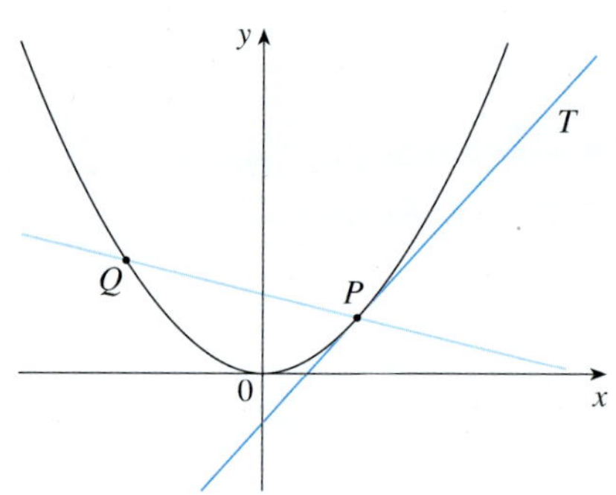

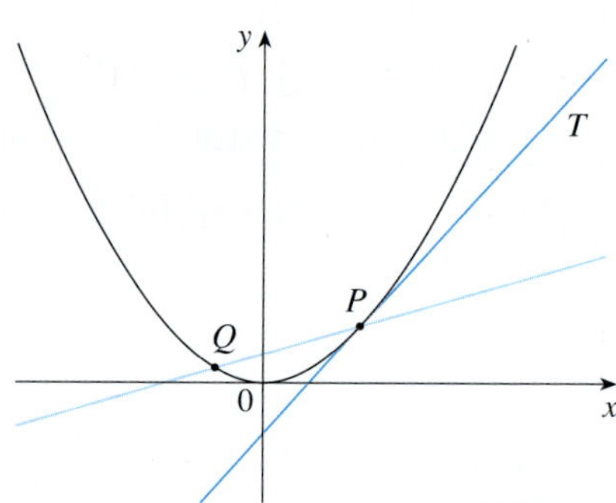

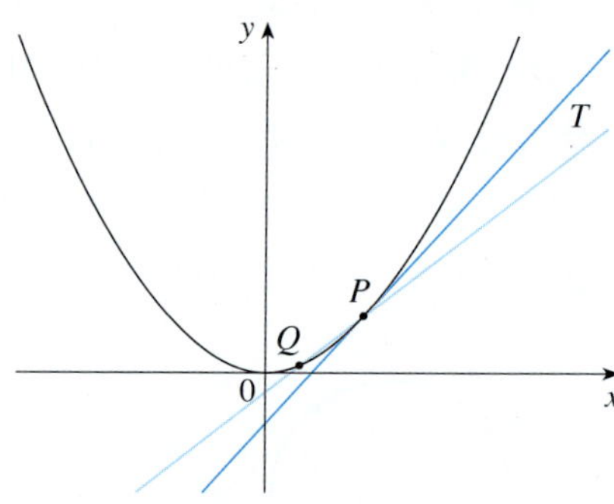

Q는 P에 왼쪽으로부터 가까워진다.

그림 3

TEC Visual 2.1A에서 그림 3의 과정이 또 다른 함수에서 작동하는 과정을 볼 수 있다.

접선의 기울기 m은 다음과 같이 x가 1에 가까워질 때 할선의 기울기의 극한으로 보인다.

$$m = \lim_{x \to 1} \frac{x^2 - 1}{x - 1} = \lim_{x \to 1} \frac{(x-1)(x+1)}{x - 1}$$

$$= \lim_{x \to 1} (x+1) = 1 + 1 = 2$$

▪ 점 (x_1, y_1)을 지나고 기울기가 m인 직선의 점·기울기 형태의 방정식은 다음과 같다.

$$y - y_1 = m(x - x_1)$$

점·기울기 형태의 직선의 방정식을 이용해서, $(1, 1)$에서의 접선의 방정식을 찾으면 다음과 같다.

$$y - 1 = 2(x - 1), \text{ 곧 } y = 2x - 1$$

■

곡선의 한 점에서 그 곡선에 대한 접선의 기울기를 종종 그 점에서 **곡선의 기울기**라고 한다. 발상은 그 점을 향해 더욱 확대하면 곡선은 거의 직선과 같이 보인다는 것이다. 그림 4는 보기 1의 곡선 $y=x^2$에 대해 이 과정을 예시하고 있다. 더욱더 확대할수록, 곡선은 접선과 거의 식별할 수 없을 정도가 된다.

용어
곡선의 기울기 slope of a curve

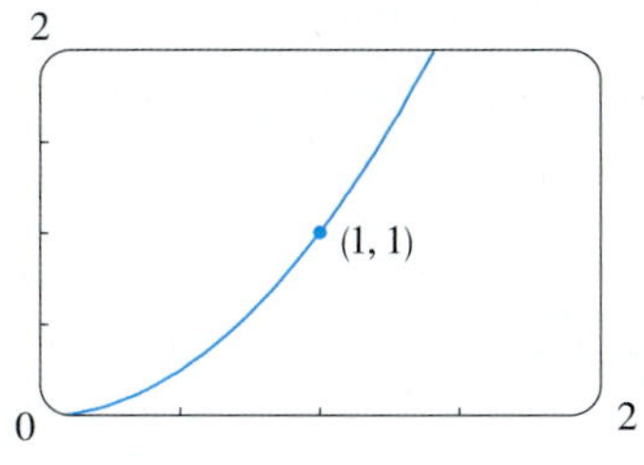

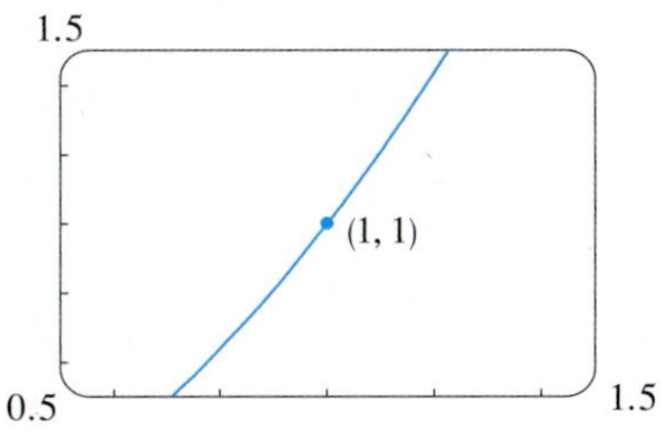

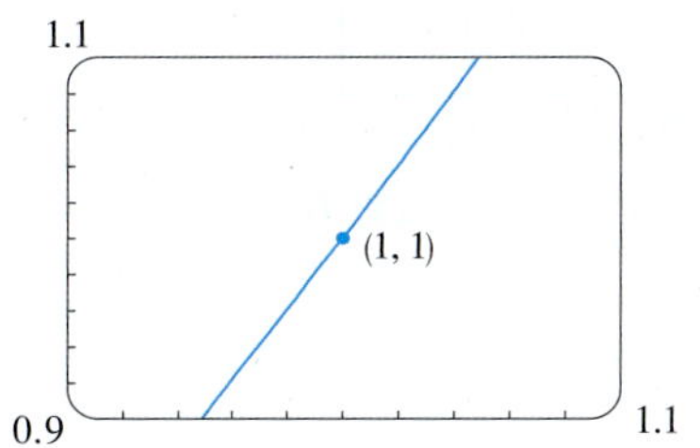

그림 4. 포물선 $y=x^2$의 점 $(1, 1)$을 향한 확대

일반적으로, 곡선 C의 방정식이 $y=f(x)$이고 점 $P(a, f(a))$에서 C에 대한 접선을 찾는다면, $x \neq a$인 근처의 점 $Q(x, f(x))$를 생각하고 다음과 같이 할선 PQ의 기울기를 셈한다.

TEC Visual 2.1B는 그림 4를 동영상으로 보여준다.

$$m_{PQ} = \frac{f(x) - f(a)}{x - a}$$

다음에 x를 a에 한없이 가깝게 함으로써 Q를 곡선 C를 따라 P에 한없이 가깝게 한다. m_{PQ}가 m에 한없이 가까워지면, **접선** T를 점 P를 지나고 기울기가 m인 직선으로 정의한다. (이것은 Q가 P에 한없이 가까워질 때 할선 PQ의 극한 위치가 접선이라고 말하는 것과 같다. 그림 5를 보라.)

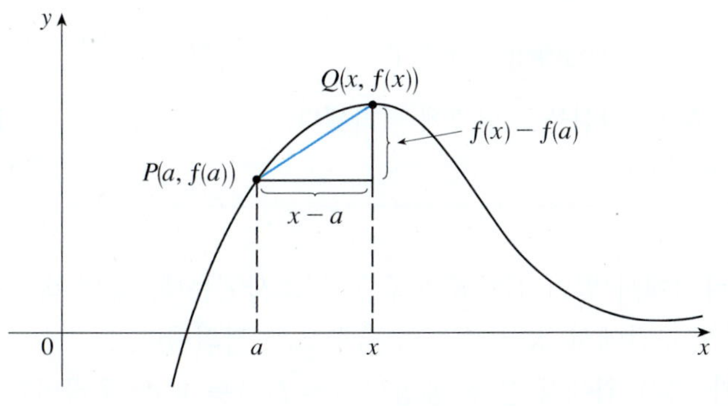

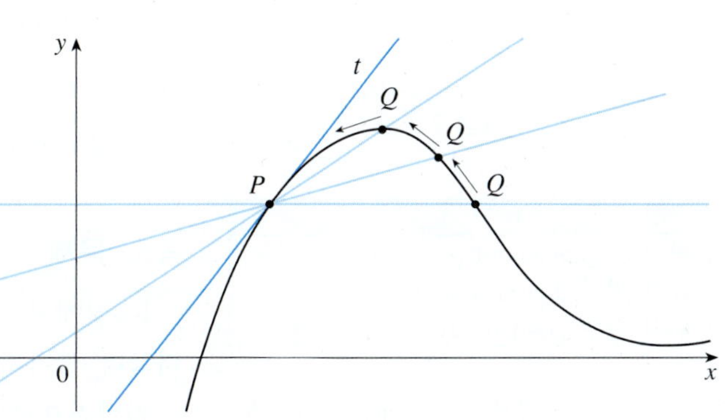

그림 5

1 정의 점 $P(a, f(a))$에서 곡선 $y=f(x)$에 대한 **접선**은 점 P를 지나고 (아래 극한이 존재하면) 기울기가 다음과 같은 직선이다.

$$m = \lim_{x \to a} \frac{f(x) - f(a)}{x - a}$$

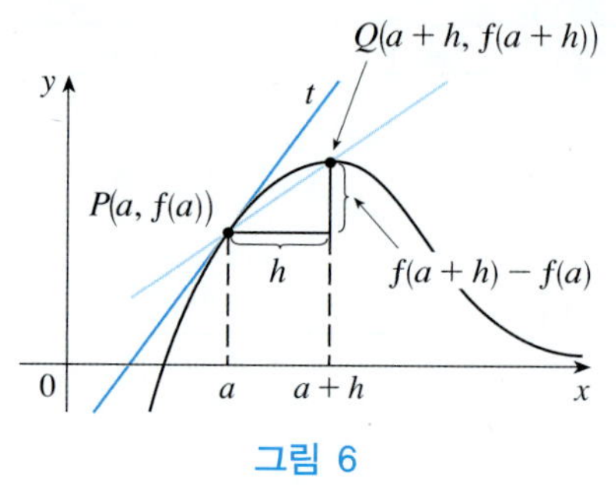

그림 6

접선의 기울기를 나타내는 또 다른 표현이 있는데, 이것이 때로는 이용하기가 더 쉽다. $h = x - a$이면 $x = a + h$이므로 할선 PQ의 기울기는 다음과 같다.

$$m_{PQ} = \frac{f(a+h) - f(a)}{h}$$

(그림 6에서는 $h > 0$인 경우를 예시하고 있는데, 이때 Q는 P의 오른쪽에 있다. 그러나 $h < 0$인 경우에는 Q가 P의 왼쪽에 있다.) x가 a에 가까워지면, ($h = x - a$이므로) h는 0에 가까워지고 이에 따라 정의 1에 있는 접선의 기울기에 대한 식은 다음과 같이 된다.

2
$$m = \lim_{h \to 0} \frac{f(a+h) - f(a)}{h}$$

보기 2 점 (3, 1)에서 쌍곡선 $y = 3/x$에 대한 접선의 방정식을 찾아라.

풀이 $f(x) = 3/x$이라 하자. 그러면 (3, 1)에서 접선의 기울기는 다음과 같다.

$$m = \lim_{h \to 0} \frac{f(3+h) - f(3)}{h}$$

$$= \lim_{h \to 0} \frac{\dfrac{3}{3+h} - 1}{h} = \lim_{h \to 0} \frac{\dfrac{3 - (3+h)}{3+h}}{h}$$

$$= \lim_{h \to 0} \frac{-h}{h(3+h)} = \lim_{h \to 0} -\frac{1}{3+h} = -\frac{1}{3}$$

따라서 점 (3, 1)에서 접선의 방정식은 다음과 같다.

$$y - 1 = -\frac{1}{3}(x - 3)$$

이를 다음과 같이 간단히 할 수 있다.

$$x + 3y - 6 = 0$$

쌍곡선 $y = 3/x$과 이 접선을 그림 7에 나타냈다. ■

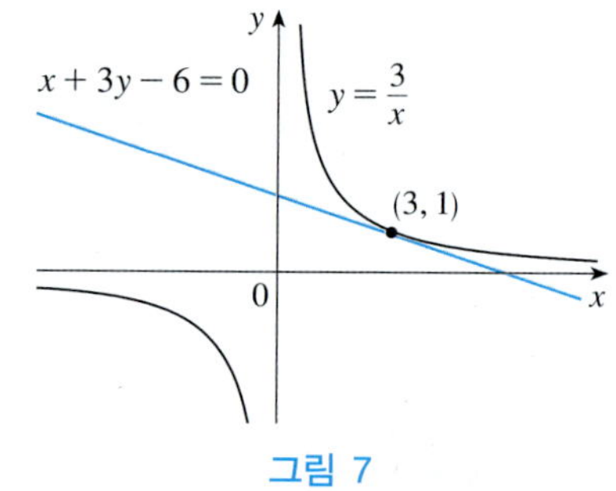

그림 7

용어
변위 displacement
유향 거리 directed distance
위치 함수 position function

속도 문제

1.3절에서는 CN 타워에서 떨어지는 공의 운동을 조사했는데, 공의 속도를 더욱더 짧아지는 시간 구간에서 평균 속도의 극한으로 정의했다.

일반적으로 물체가 직선 위에서 운동 방정식 $s = f(t)$를 따라 움직인다고 하자. 여기서 s는 시각 t에 원점으로부터 물체의 변위(유향 거리)이다. 이 운동을 나타내는 함수 f를 물체의 **위치 함수**라고 한다. $t = a$부터 $t = a + h$까지의 시간 구간에서 위치의 변화는 $f(a+h) - f(a)$이다. (그림 8을 보라.) 이 시간 구간에서의 평균 속도는 다음과 같다.

$$\text{평균 속도} = \frac{\text{변위}}{\text{시간}} = \frac{f(a+h) - f(a)}{h}$$

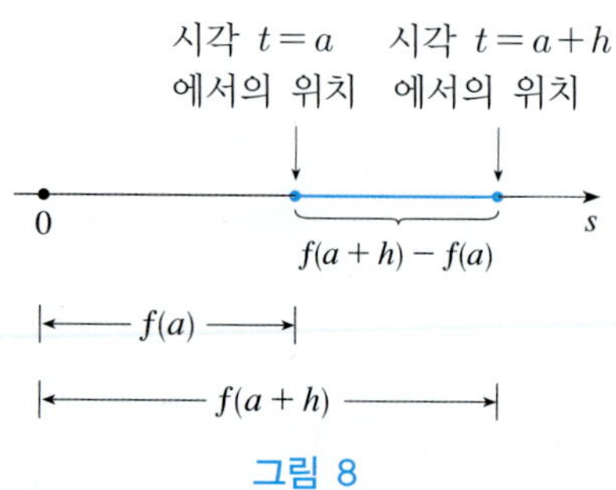

그림 8

이것은 그림 9에서 할선 PQ의 기울기와 같다.

더욱더 짧아지는 시간 구간 $[a, a+h]$ 위에서 평균 속도를 셈한다고 하자. 바꿔 말하면, h가 0에 가까워진다고 하자. 낙하하는 공의 예에서와 같이, 시각 $t=a$에서 **속도**(또는 **순간 속도**) $v(a)$를 다음과 같이 이런 평균 속도의 극한으로 정의한다.

3 $$v(a)=\lim_{h\to 0}\frac{f(a+h)-f(a)}{h}$$

이것은 시각 $t=a$에서의 속도가 점 P에서 접선의 기울기와 같음을 뜻한다. (두 보기 2와 3을 비교하라.)

이제 극한을 셈하는 방법을 알고 있으므로, 떨어지는 공의 문제를 다시 생각하자.

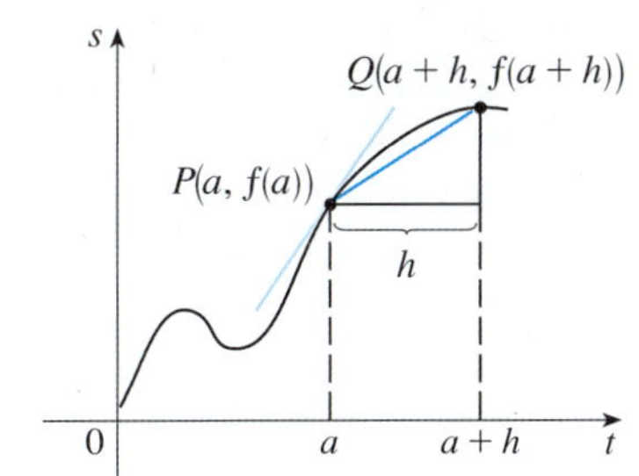

$m_{PQ}=\dfrac{f(a+h)-f(a)}{h}$ = 평균 속도

그림 9

용어

(순간) 속도 (instantaneous) velocity

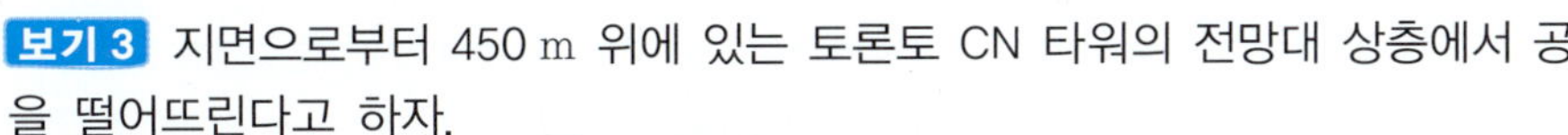

보기 3 지면으로부터 450 m 위에 있는 토론토 CN 타워의 전망대 상층에서 공을 떨어뜨린다고 하자.

(a) 이 공의 5초 뒤 속도는 얼마인가?

(b) 공이 땅에 닿을 때 공의 속도는 얼마인가?

풀이 먼저 운동 방정식 $s=f(t)=4.9t^2$을 이용해서 다음과 같이 a초 뒤의 속도 $v(a)$를 찾자.

$$\begin{aligned} v(a) &= \lim_{h\to 0}\frac{f(a+h)-f(a)}{h}=\lim_{h\to 0}\frac{4.9(a+h)^2-4.9a^2}{h} \\ &= \lim_{h\to 0}\frac{4.9(a^2+2ah+h^2-a^2)}{h}=\lim_{h\to 0}\frac{4.9(2ah+h^2)}{h} \\ &= \lim_{h\to 0}4.9(2a+h)=9.8a \end{aligned}$$

(a) 5초 뒤의 속도는 $v(5)=9.8\cdot 5=49\,\text{m/s}$이다.

(b) 전망대 상층이 지면으로부터 450m 위에 있으므로, 공이 t_1초 뒤에 땅에 닿는다면 $s(t_1)=450$이므로, 다음이 성립한다.

$$4.9t_1^2=450$$

그러므로 다음을 얻는다.

$$t_1^2=\frac{450}{4.9},\quad 곧\ t_1=\sqrt{\frac{450}{4.9}}\approx 9.6(\text{s}, 초)$$

따라서 공이 땅에 닿을 때의 속도는 다음과 같다.

$$v(t_1)=9.8t_1=9.8\sqrt{\frac{450}{4.9}}\approx 94\,\text{m/s}$$ ■

■ 1.3절에서 알아본 대로, t초 동안 떨어진 거리는 $4.9t^2$(cm)이다.

■ www.stewartcalculus.com

Additional Example B를 보라.

미분 계수

접선의 기울기(식 2)와 물체의 속도(식 3)를 찾을 때, 같은 형태의 극한이 나타남을 알고 있다. 실제로, 다음과 같은 형태의 극한은 과학 또는 공학에서

용어 및 읽기
반응율 rate of reaction
한계 비용 marginal cost
수 a에서 함수 f의 미분 계수 derivative of a function at a number a
귓점 prime
$f'(a)$ 'f 귓점 a' 'f prime of a'

변화율을 셈할 때마다 나타난다.

$$\lim_{h\to 0}\frac{f(a+h)-f(a)}{h}$$

예를 들면, 화학에서의 반응율과 경제학에서의 한계 비용 등이 있다. 이런 형태의 극한이 매우 자주 나타나므로, 이를 나타내는 특별한 이름과 기호가 있다.

> 4 **정의** 수 a에서 함수 f의 미분 계수는 $f'(a)$로 나타내는데, (아래 극한이 존재하면) $f'(a)$는 다음과 같다.
>
> $$f'(a)=\lim_{h\to 0}\frac{f(a+h)-f(a)}{h}$$

$x=a+h$로 나타내면, $h=x-a$이고 h가 0에 가까워지기 위한 필요 충분 조건은 x가 a에 가까워지는 것이다. 따라서 접선을 찾을 때 알아본 대로, 미분 계수의 정의와 동치인 명제는 다음과 같다.

5
$$f'(a)=\lim_{x\to a}\frac{f(x)-f(a)}{x-a}$$

보기 4 수 a에서 함수 $f(x)=x^2-8x+9$의 미분 계수를 찾아라.

풀이 정의 4에 의해 다음을 얻는다.

$$\begin{aligned}
f'(a)&=\lim_{h\to 0}\frac{f(a+h)-f(a)}{h}\\
&=\lim_{h\to 0}\frac{\{(a+h)^2-8(a+h)+9\}-\{a^2-8a+9\}}{h}\\
&=\lim_{h\to 0}\frac{a^2+2ah+h^2-8a-8h+9-a^2+8a-9}{h}\\
&=\lim_{h\to 0}\frac{2ah+h^2-8h}{h}=\lim_{h\to 0}(2a+h-8)\\
&=2a-8
\end{aligned}$$ ■

앞에서 점 $P(a,\ f(a))$에서 곡선 $y=f(x)$에 대한 접선은 P를 지나고 기울기 m이 식 1 또는 식 2로 정의된 직선으로 정의했다. 정의 4에 의해 기울기는 미분 계수 $f'(a)$와 같으므로, 다음과 같이 말할 수 있다.

> $(a,\ f(a))$에서 $y=f(x)$에 대한 접선은 $(a,\ f(a))$를 지나고 기울기가 $f'(a)$인 직선이다. 여기서 $f'(a)$는 a에서 f의 미분 계수이다.

직선의 방정식에 대한 점·기울기 형태를 이용하면, 점 $(a,\ f(a))$에서 곡선 $y=f(x)$에 대한 접선의 방정식은 다음과 같다.

$$y-f(a)=f'(a)(x-a)$$

보기 5 점 $(3, -6)$에서 포물선 $y = x^2 - 8x + 9$에 대한 접선의 방정식을 찾아라.

풀이 보기 4로부터 수 a에서 $f(x) = x^2 - 8x + 9$의 미분 계수가 $f'(a) = 2a - 8$임을 알고 있다. 따라서 $(3, -6)$에서 접선의 기울기는 $f'(3) = 2 \cdot 3 - 8 = -2$이다. 그러므로 그림 10에 나타낸 접선의 방정식은 다음과 같다.

$$y - (-6) = (-2)(x - 3), \quad \text{곧} \quad y = -2x$$ ■

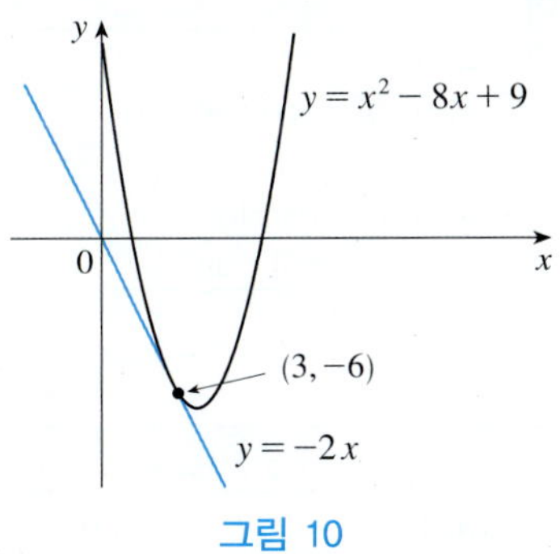

그림 10

변화율

변수 y는 다른 변수 x에 따라 결정된다고 하자. 그러면 y는 x의 함수이고, $y = f(x)$로 나타낸다. x가 x_1부터 x_2까지 변하면, x에서의 변화(x의 **증분**)는 다음과 같다.

$$\Delta x = x_2 - x_1$$

그리고 이에 대응하는 y의 증분은 다음과 같다.

$$\Delta y = f(x_2) - f(x_1)$$

다음과 같은 증분의 몫을 구간 $[x_1, x_2]$ 위에서 **x에 관한 y의 평균 변화율**이라 한다.

$$\frac{\Delta y}{\Delta x} = \frac{f(x_2) - f(x_1)}{x_2 - x_1}$$

그리고 이를 그림 11에서 할선 PQ의 기울기로 해석할 수 있다.

용어
증분 increment 평균 변화율 average rate of change 순간 변화율 instantaneous rate of change

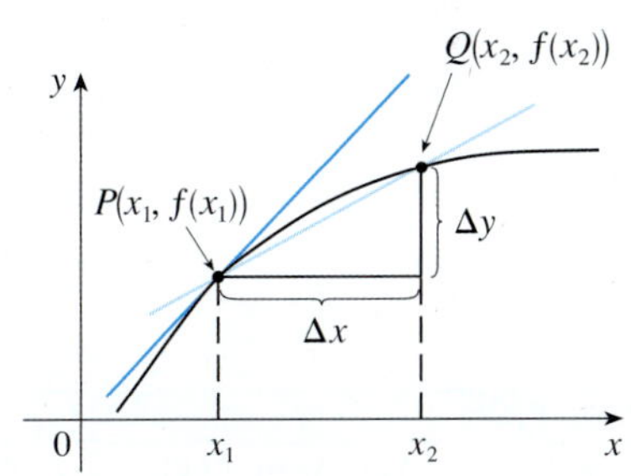

평균 변화율 $= m_{PQ}$
순간 변화율 $= P$에서 접선의 기울기

그림 11

속도와 유사하게, x_2를 x_1에 가깝게 함으로써 이에 따라 Δx를 0에 가깝게 함으로써 더욱더 짧아지는 구간 위에서의 평균 변화율을 생각하자. 이런 평균 변화율의 극한을 $x = x_1$에서 **x에 관한 y의 (순간) 변화율**이라 한다. 순간 변화율은 $P(x_1, f(x_1))$에서 $y = f(x)$에 대한 접선의 기울기로 해석할 수 있다.

6	순간 변화율 $= \displaystyle\lim_{\Delta x \to 0} \frac{\Delta y}{\Delta x} = \lim_{x_2 \to x_1} \frac{f(x_2) - f(x_1)}{x_2 - x_1}$

이 극한이 미분 계수 $f'(x_1)$임을 확인하자.

미분 계수 $f'(a)$는 $x = a$인 점에서 $y = f(x)$에 대한 접선의 기울기로 해석할 수 있음을 알고 있다. 이제 다음과 같은 둘째 해석을 얻는다.

> 미분 계수 $f'(a)$는 $x = a$에서 x에 관한 $y = f(x)$의 순간 변화율이다.

첫째 해석과의 관계는, 곡선 $y = f(x)$를 그리면 $x = a$에서 순간 변화율이 그 점에서 이 곡선에 대한 접선의 기울기라는 사실이다. 이는 미분 계수가 클 때 (그리고 이에 따라 그림 12의 점 P에서와 같이 곡선이 가파를 때) y의 값이 빠르게 변한다. 미분 계수가 작으면, 곡선은 상대적으로 평평하고 y의 값은 느리게 변한다.

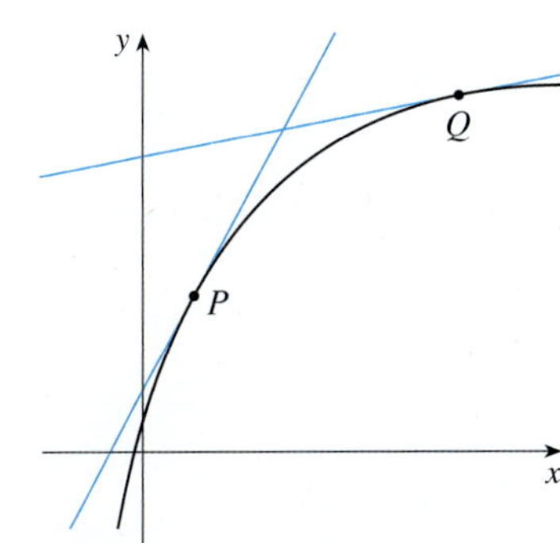

그림 12 y의 값은 P에서 빠르게 Q에서 느리게 변한다.

용어
속력 speed
증가율 rate of increase
일률 power
반응율 rate of reaction
한계 비용 marginal cost

특히, $s = f(t)$가 직선 위에서 움직이는 입자의 위치 함수이면, $f'(a)$는 시각 t에 관한 변위 s의 변화율이다. 바꿔 말하면, $f'(a)$는 시각 $t = a$에서 입자의 속도이다. 입자의 속력은 속도의 절댓값, 곧 $|f'(a)|$이다.

다음 보기에서는 시각에 관한 공공 부채의 변화율을 어림한다. 여기서 함수는 식이 아니라 수표로 정의된다.

t	$D(t)$
1994	414.0
1996	469.5
1998	467.3
2000	456.4
2002	442.3

보기 6 $D(t)$를 시각 t에서 캐나다의 국채 전체라고 하자. 여백의 표는 이 함수의 값을 1994년부터 2002년까지 2년마다 각 해의 중간에 어림한 값을 단위 10억 달러로 알려준다. $D'(1998)$의 값을 어림하고 그 뜻을 해석하라.

풀이 미분 계수 $D'(1998)$은 $t = 1998$일 때 t에 관한 D의 변화율, 곧 1998년에 국채의 증가율을 뜻한다.

식 [5]에 따라 다음과 같이 정의된다.

$$D'(1998) = \lim_{t \to 1998} \frac{D(t) - D(1998)}{t - 1998}$$

그러므로 다음과 같이 차분 몫(평균 변화율)의 값을 셈하고 표를 만들자.

t	$\dfrac{D(t) - D(1998)}{t - 1998}$
1994	13.1
1996	-1.1
2000	-5.5
2002	-6.3

이 표로부터 $D'(1998)$이 -1.1과 -5.5 사이, 곧 -11억 달러/년과 -55억 달러/년 사이에 놓여있음을 알 수 있다. [여기서는 국채가 1998년과 2002년 사이에 심하게 변동하지 않았다고 온당하게 가정하고 있다.] 1998년에 캐나다 국채의 증가율은 이 두 수치의 평균, 곧 다음과 같다고 어림할 수 있다.

$$D'(1998) \approx -33\text{억 달러/년}$$

음의 부호는 당시에 국채가 줄고 있음을 뜻한다.

이를 찾는 또 다른 방법으로 국채 함수를 그래프로 나타내고 $t = 1998$일 때의 접선의 기울기를 어림하는 것이다. ■

참고: 단위
평균 변화율 $\Delta D/\Delta t$의 단위는 ΔD의 단위를 Δt의 단위로 나눈 것, 곧 '10억 달러/년'이다. 순간 변화율은 평균 변화율의 극한이므로, 이는 같은 단위 '10억 달러/년'으로 측정한다.

보기 6에서 시각에 관한 국채의 변화율은 변화율의 한 예이다. 여기에 몇 가지 다른 예가 있다.

입자의 속도는 시각에 관한 변위의 변화율이다. 물리학자는 다른 변화율에도 관심을 두고 있는데, 예를 들면 (일률이라 부르는) 시각에 관한 일의 변화율이 있다. 화학 반응을 연구하는 화학자는 (반응율이라 부르는) 시각에 관한 반응 물질의 농도의 변화율에 관심을 둔다. 강철 제조업체는 (한계 비용이라 부르는) 하루에 강철 x톤을 생산하는 비용의 x에 관한 변화율에 관심을 두고 있다.

■ www.stewartcalculus.com
Additional Example C와 D를 보라.

이 모든 변화율은 접선의 기울기로 해석할 수 있다. 이는 접선 문제의 해에 또 다른 의미를 준다. 접선과 관련된 문제를 푸는 것은 단순히 기하학 문제만을 푸는 것이 아니다. 과학 및 공학에서 변화율과 관련된 매우 다양한 문제를 묵시적으로 풀고 있다.

2.1 익힘 문제

1. (a) 점 (1, 3)에서 포물선 $y = 4x - x^2$에 대한 접선의 기울기를 다음과 같이 찾아라.

(i) 정의 ①을 이용해서

(ii) 식 ②를 사용해서

(b) (a)에서의 접선의 방정식을 찾아라.

(c) 포물선과 접선을 그려라. 위에서 얻은 결과를 확인하기 위해서 점 (1, 3)을 향해 확대하는데, 포물선과 접선을 구별할 수 없을 때까지 해보자.

2. (a) 점 $(-1, -1)$에서 곡선 $y = x^3$에 대한 접선의 기울기를 다음과 같이 찾아라.

(i) 정의 ①을 이용해서

(ii) 식 ②를 사용해서

(b) (a)에서의 접선의 방정식을 찾아라.

(c) 계속해서 작아지고 중심이 $(-1, -1)$인 관찰 직사각형에 이 곡선과 접선을 그리는데, 곡선과 접선이 일치하는 것처럼 보일 때까지 해보자.

3–6. 주어진 점에서 다음 곡선에 대한 접선의 방정식을 찾아라.

3. $y = 4x - 3x^2$, $(2, -4)$

4. $y = 2x^3 - 5x$, $(-1, 3)$

5. $y = \sqrt{x}$, $(1, 1)$

6. $y = \dfrac{2x+1}{x+2}$, $(1, 1)$

7. (a) $x = a$인 점에서 곡선 $y = 3 + 4x^2 - 2x^3$에 대한 접선의 기울기를 찾아라.

(b) 두 점 (1, 5)와 (2, 3)에서 접선의 방정식을 각각 찾아라.

(c) 이 곡선과 접선들을 같은 화면에 그려라.

8. (a) $x = a$인 점에서 곡선 $y = 1/\sqrt{x}$에 대한 접선의 기울기를 찾아라.

(b) 두 점 (1, 1)과 $(4, \frac{1}{2})$에서 접선의 방정식을 각각 찾아라.

(c) 이 곡선과 접선들을 같은 화면에 그려라.

9. 아래 그림은 자동차의 위치 함수의 그래프이다. 그래프의 모양을 이용해서, 다음 질문의 답을 설명하라.

(a) 자동차의 초기 속도는 얼마인가?

(b) B와 C 중 어디에서 자동차는 더 빨리 달렸는가?

(c) A, B, C에서 자동차는 속도를 높였는가? 줄였는가?

(d) D와 E 사이에서 어떤 일이 일어났는가?

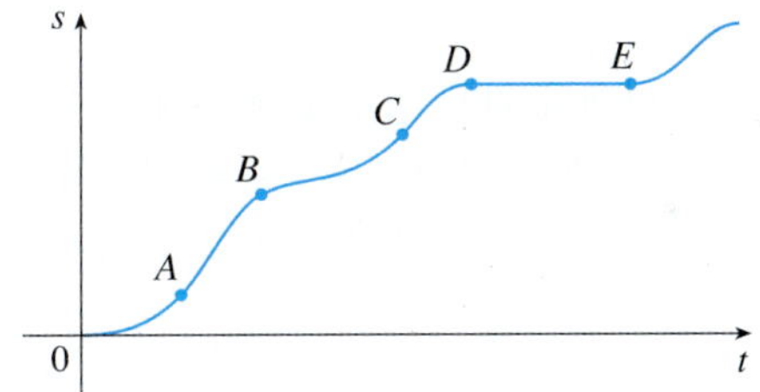

10. 아래 그림은 100 m 달리기 시합을 해서 비긴 두 사람 A와 B의 위치 함수의 그래프이다.

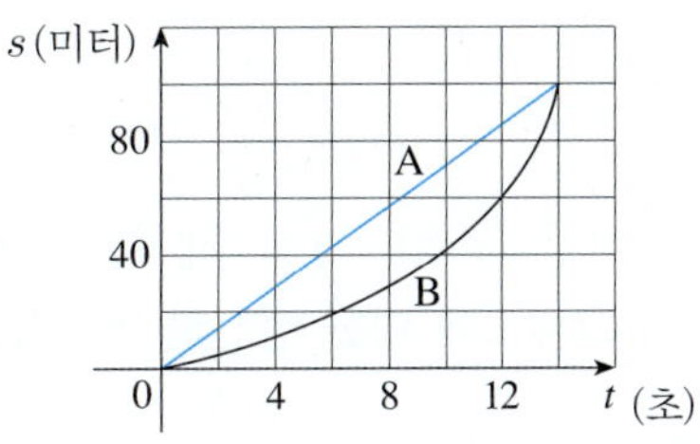

(a) 두 사람이 달린 전략을 설명하고 비교하라.

(b) 언제 두 사람 사이의 거리가 가장 먼가?

(c) 언제 두 사람의 달린 속도가 같은가?

11. 공을 공중으로 10 m/s의 속도로 던져올렸을 때, t초 뒤의 높이(m)는 $y = 10t - 4.9t^2$으로 주어진다. $t = 2$에서의 속도를 찾아라.

12. 달에서 화살을 연직 방향으로 58 m/s의 속도로 쐈을 때, t초 뒤의 높이(m)는 $H = 58t - 0.83t^2$으로 주어진다.
(a) 1초 뒤 화살의 속도를 찾아라.
(b) $t = a$일 때 화살의 속도를 찾아라.
(c) 화살은 언제 달에 닿는가?
(d) 화살은 어떤 속도로 달에 닿는가?

13. 직선 위에서 움직이는 입자의 t초 뒤 변위(m)는 운동 방정식 $s = 1/t^2$로 주어진다. 시각 $t = a$, $t = 1$, $t = 2$, $t = 3$에서 입자의 속도를 찾아라.

14. 직선 위에서 움직이는 입자의 t초 뒤 변위(m)는 운동 방정식 $s = t^2 - 8t + 18$로 주어진다.
(a) 다음 시간 구간에서의 평균 속도를 찾아라.
 (i) $[3, 4]$ (ii) $[3.5, 4]$
 (iii) $[4, 5]$ (iv) $[4, 4.5]$
(b) $t = 4$일 때의 순간 속도를 찾아라.
(c) t의 함수로서 s의 그래프를 그리고, 기울기가 (a)에서의 평균 속도인 할선들과 기울기가 (b)에서의 순간 속도인 접선을 그려라.

15. 그래프가 아래와 같은 함수 g에 대해 다음 수들을 작은 것부터 차례로 쓰고 그 이유를 설명하라.

$$0,\quad g'(-2),\quad g'(0),\quad g'(2),\quad g'(4)$$

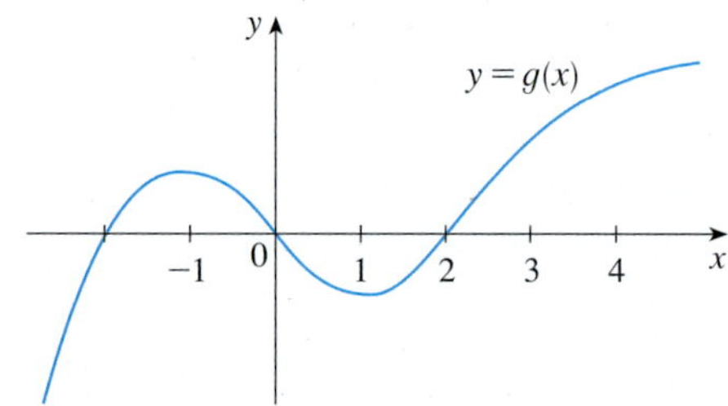

16. $g(5) = -3$이고 $g'(5) = 4$일 때 $x = 5$인 점에서 $y = g(x)$의 그래프에 대한 접선의 방정식을 찾아라.

17. $a = 2$인 점에서 곡선 $y = f(x)$에 대한 접선의 방정식은 $y = 4x - 5$일 때, $f(2)$와 $f'(2)$를 찾아라.

18. $(4, 3)$에서 $y = f(x)$에 대한 접선이 점 $(0, 2)$를 지날 때, $f(4)$와 $f'(4)$를 찾아라.

19. $f(0) = 0$, $f'(0) = 3$, $f'(1) = 0$, $f'(2) = -1$인 함수 f의 그래프를 그려라.

20. 다음과 같은 함수 g의 그래프를 그려라.
$g(0) = g(2) = g(4) = 0$, $g'(1) = g'(3) = 0$,
$g'(0) = g'(4) = 1$, $g'(2) = -1$,
$\lim_{x\to\infty} g(x) = \infty$, $\lim_{x\to-\infty} g(x) = -\infty$

21. $f(x) = 3x^2 - x^3$일 때, $f'(1)$를 찾고 이를 이용해서 점 $(1, 2)$에서 포물선 $y = 3x^2 - x^3$에 대한 접선의 방정식을 찾아라.

22. $g(x) = 1 - x^3$일 때, $g'(0)$을 찾고 이를 이용해서 $(0, 1)$에서 곡선 $y = 1 - x^3$에 대한 접선의 방정식을 찾아라.

23. (a) $F(x) = 5x/(1 + x^2)$일 때, $F'(2)$를 찾고 이를 이용해서 점 $(2, 2)$에서 곡선 $y = 5x/(1 + x^2)$에 대한 접선의 방정식을 찾아라.
(b) (a)의 곡선과 접선을 같은 화면에 그려서 (a)를 그림으로 나타내라.

24. (a) $G(x) = 4x^2 - x^3$일 때, $G'(a)$를 찾고 이를 이용해서 두 점 $(2, 8)$과 $(3, 9)$에서 곡선 $y = 4x^2 - x^3$에 대한 접선의 방정식을 각각 찾아라.
(b) (a)의 곡선과 접선들을 같은 화면에 그려서 (a)를 그림으로 나타내라.

25–30. 다음에서 $f'(a)$를 찾아라.

25. $f(x) = 3x^2 - 4x + 1$ **26.** $f(t) = t^4 - 5t$

27. $f(t) = \dfrac{2t+1}{t+3}$ **28.** $f(x) = x^{-2}$

29. $f(x) = \sqrt{1 - 2x}$ **30.** $f(x) = \sqrt{3x + 1}$

31–36. 다음 극한은 어떤 함수 f의 어떤 수 a에서의 미분 계수를 표현한다. 각 경우에 f와 a를 말하라.

31. $\lim\limits_{h\to 0} \dfrac{(1+h)^{10} - 1}{h}$ **32.** $\lim\limits_{h\to 0} \dfrac{\sqrt[4]{16+h} - 2}{h}$

33. $\lim\limits_{x\to 5} \dfrac{2^x - 32}{x - 5}$ **34.** $\lim\limits_{x\to \pi/4} \dfrac{\tan x - 1}{x - \pi/4}$

35. $\lim\limits_{h\to 0} \dfrac{\cos(\pi + h) + 1}{h}$ **36.** $\lim\limits_{t\to 1} \dfrac{t^4 + t - 2}{t - 1}$

37. 따뜻한 소다 캔을 찬 냉장고 속에 넣는다. 시간의 함수로 소다 온도의 그래프를 그려라. 온도의 초기 변화율은 한 시간 뒤의 변화율보다 큰가? 아니면 작은가?

38. 오븐에서 구운 칠면조를 온도가 85℃일 때 꺼내어 실내 온도 24℃인 방의 식탁에 올려놓았다. 아래 그래프는 칠면조의 온도가 감소해서 결국 방의 온도에 가까워지는 과정을 보여준다. 접선의 기울기를 측정해서 한 시간 뒤의 온도 변화율을 어림하라.

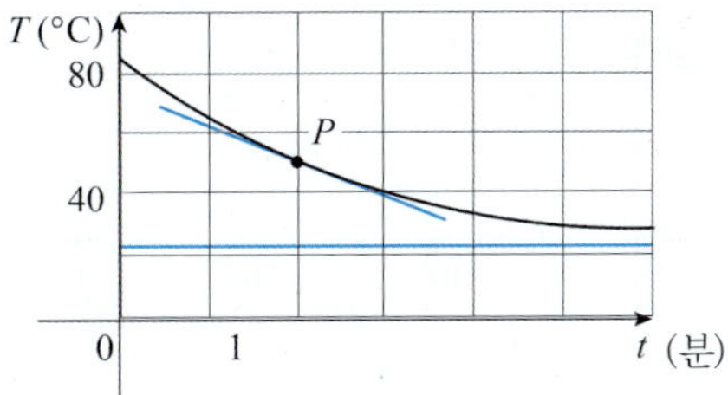

39. 아래 표는 비행기를 통해 아일랜드에 들어간 사람의 수 P를 보여준다. (단위는 백만이다.)

년	2001	2003	2005	2007	2009
P	8.49	9.65	11.78	14.54	12.84

(a) 다음 P의 평균 증가율을 찾아라.
- (i) 2001년부터 2005년까지
- (ii) 2003년부터 2005년까지
- (iii) 2005년부터 2007년까지

(b) 두 평균 변화율의 평균을 찾아서 2005년의 순간 증가율을 어림하라. 단위는 무엇인가?

40. 아래 표는 어떤 유명한 커피 체인점 수 N을 보여준다. (각 해의 10월 1일의 체인점 수이다.)

년	2004	2005	2006	2007	2008
N	8569	10241	12440	15011	16680

(a) 다음 기간에 평균 증가율을 찾아라.
- (i) 2006년부터 2008년까지
- (ii) 2006년부터 2007년까지
- (iii) 2005년부터 2006년까지

각 경우에 단위를 말하라.

(b) 두 평균 변화율의 평균을 찾아서 2006년의 순간 증가율을 어림하라. 단위는 무엇인가?

(c) 접선의 기울기를 측정해서 2006년의 순간 증가율을 어림하라.

(d) 2007년의 순간 증가율을 어림하고, 이것을 2006년의 증가율과 비교하라. 어떤 결론을 내릴 수 있는가?

41. 어떤 상품을 x단위 생산하는 비용(달러)은 $C(x) = 5000 + 10x + 0.05x^2$이다.

(a) 생산 수준이 다음과 같이 변할 때, x에 관한 C의 평균 변화율을 찾아라.
- (i) $x = 100$부터 $x = 105$까지
- (ii) $x = 100$부터 $x = 101$까지

(b) $x = 100$일 때 x에 관한 C의 순간 변화율을 찾아라. (이를 한계 비용이라 한다. 이의 의미는 2.3절에서 설명한다.)

42. 원기둥 모양의 탱크에 100000갤런의 물이 담겨 있는데, 밑에 있는 구멍을 통해 한 시간에 모두 배출할 수 있을 때, 토리첼리의 법칙에 의해 t분 뒤에 탱크에 남아 있는 물의 부피 V는 다음과 같다.

$$V(t) = 100000\left(1 - \frac{1}{60}t\right)^2 \quad (0 \le t \le 60)$$

물이 탱크 밖으로 배출되는 변화율(t에 관한 V의 순간 변화율)을 t의 함수로 찾아라. 단위는 무엇인가? 시각 $t = 0$, 10, 20, 30, 40, 50, 60분일 때, 배출 변화율과 탱크에 남은 물의 양을 찾아라. 찾은 결과를 한두 문장으로 요약하라. 어느 시각에 배출 변화율이 최대인가? 최소인가?

43. 새로운 금광에서 x kg의 금을 생산하는 비용은 $C = f(x)$ 달러이다.

(a) 미분 계수 $f'(x)$는 무엇을 뜻하는가? 단위는?

(b) 명제 $f'(50) = 36$은 무엇을 뜻하는가?

(c) 짧은 기간에 $f'(x)$의 값은 증가하는가? 감소하는가? 긴 기간에는 어떤가? 자신의 답을 설명하라.

44. 통제된 실험실에서 t시간 뒤의 박테리아 수는 $n = f(t)$이다.

(a) 미분 계수 $f'(5)$는 무엇을 뜻하는가? 단위는?

(b) 박테리아가 서식하기 위한 공간과 영양분이 충분하다고 가정하자. $f'(5)$와 $f'(10)$ 중에서 어느 것이 더 큰가? 영양분 공급이 제한되어 있다면, 결론에 어떤 영향을 주는가? 자신의 답을 설명하라.

45. $T(t)$는 2011년 7월 19일 자정부터 t시간 뒤 마닐라의 기온(℃)이라 하자. 아래 표는 두 시간마다 기록한 이 함숫값을 보여준다. $T'(5)$의 뜻은 무엇인가? 이 값을 어림하라.

t	1	3	5	7	9	11
T	32	32	31	27	26	25

46. 어떤 커피 판매 회사에서 1kg에 p달러에 파는 분말 커피의 양(kg)은 $Q=f(p)$이다.
(a) 미분 계수 $f'(8)$은 무엇을 뜻하는가? 단위는?
(b) $f'(8)$은 양수인가? 음수인가? 설명하라.

47. 물에 용해될 수 있는 산소의 양은 물의 온도에 따라 결정된다. (그러므로 열 공해는 물의 산소 양에 영향을 끼친다.) 아래 그래프는 산소 용해도 S가 물 온도 T의 함수로서 변하는 방법을 보여준다.
(a) 미분 계수 $S'(T)$는 무엇을 뜻하는가? 단위는?
(b) $S'(16)$의 값을 어림하고 이를 해석하라.

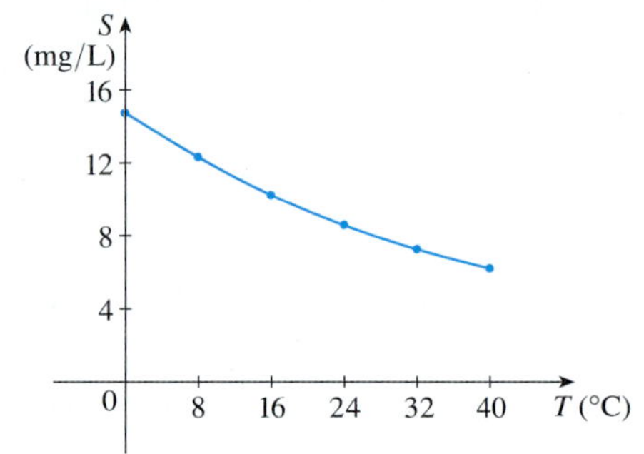

48. 아래 그래프는 코호 연어의 지속 가능한 최대 유영 속도 S에 끼치는 온도 T의 영향을 보여준다.
(a) 미분 계수 $S'(T)$는 무엇을 뜻하는가? 단위는?
(b) $S'(15)$와 $S'(25)$의 값을 어림하고, 해석하라.

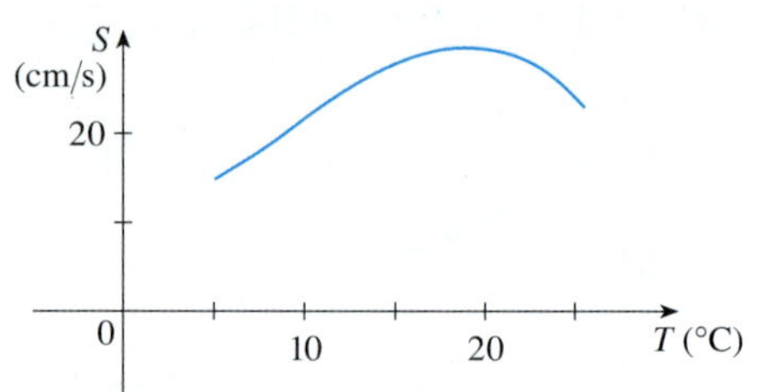

49–50. $f'(0)$의 존재 여부를 판정하라.

49. $f(x)=\begin{cases} x\sin\dfrac{1}{x} & (x\neq 0) \\ 0 & (x=0) \end{cases}$

50. $f(x)=\begin{cases} x^2\sin\dfrac{1}{x} & (x\neq 0) \\ 0 & (x=0) \end{cases}$

2.2 도함수

2.1절에서 다음과 같이 고정된 수 a에서 함수 f의 미분 계수를 생각했다.

[1] $$f'(a)=\lim_{h\to 0}\frac{f(a+h)-f(a)}{h}$$

여기서는 관점을 바꾸어 수 a가 변한다고 하자. 식 [1]에서 a를 변수 x로 바꾸면, 다음을 얻는다.

용어
f의 도함수, 도출 함수, 유도 함수 derivative of f

[2] $$f'(x)=\lim_{h\to 0}\frac{f(x+h)-f(x)}{h}$$

이 극한이 존재하는 모든 수 x에 $f'(x)$를 대응시킬 수 있다. 그러므로 f'을 새로운 함수로 생각할 수 있는데, 이를 **f의 도함수**라 하고 식 [2]로 정의한다. x에서 f'의 값 $f'(x)$는 기하학적으로 점 $(x, f(x))$에서 f의 그래프에 대한 접선의 기울기로 해석할 수 있다.

함수 f'을 f의 도함수라 부르는 이유는, 이것이 식 [2]의 극한 연산을 통해 f로부터 '도출' 또는 '유도'되기 때문이다. f'의 정의역은 집합 $\{x \mid f'(x)$가 존재$\}$이고 f의 정의역보다 작을 수 있다.

보기 1 그림 1에 함수 f의 그래프를 나타냈다. 이를 이용해서 도함수 f'의 그래프를 그려라.

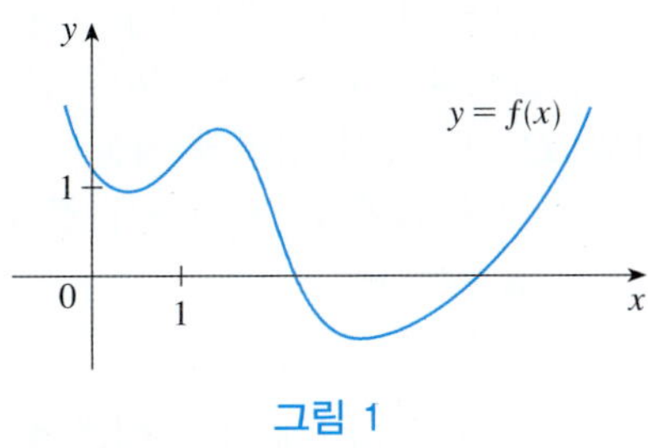

그림 1

풀이 x의 각 값에 대해 점 $(x, f(x))$에서 접선을 그리고 그 기울기를 어림해서 x에서 도함수의 값을 어림할 수 있다. 예를 들면, $x = 5$에 대해 그림 2(a)의 점 P에서 접선을 그리고 그 기울기를 약 $\frac{3}{2}$으로 어림할 수 있으므

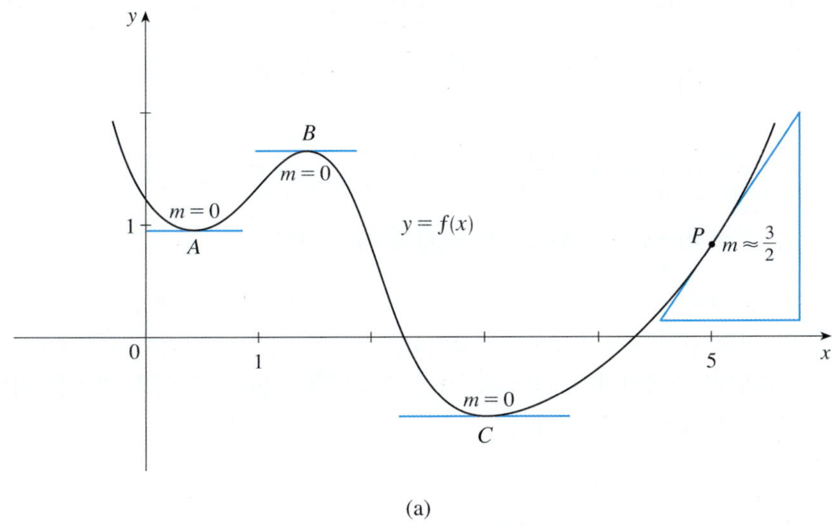

(a)

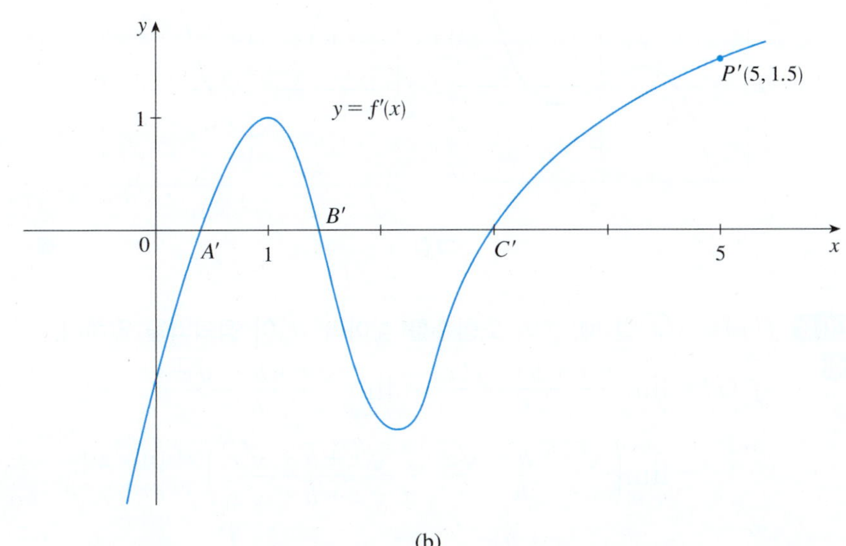

(b)

그림 2

TEC Visual 2.2는 몇 개의 함수에 대해 그림 2를 동영상으로 보여준다.

로, $f'(5) \approx 1.5$이다. 이에 따라 f'의 그래프에 점 $P'(5,\ 1.5)$를 P의 바로 밑에 나타내자. 여러 개의 점에 대해 이런 과정을 반복하면, 그림 2(b)에 나타낸 그래프를 얻는다. A, B, C에서의 접선은 수평이므로, 미분 계수는 0이고 f'의 그래프는 A, B, C 바로 밑에 있는 점 A', B', C'에서 x축을 지난다. A와 B 사이에서 접선의 기울기는 양수이므로, $f'(x)$는 그곳에서 양수이다. 그러나 B와 C 사이에서 접선의 기울기는 음수이므로, $f'(x)$는 그곳에서 음수이다. ■

보기 2 (a) $f(x) = x^3 - x$일 때, $f'(x)$에 대한 식을 찾아라.
(b) f와 f'의 그래프를 비교해서 이를 예시하라.

풀이 (a) 도함수를 셈하기 위해 식 2를 이용할 때는, 다음과 같이 극한을 셈하는 동안 h가 변수이고 x는 일시적으로 상수로 생각해야 한다.

$$f'(x) = \lim_{h\to 0}\frac{f(x+h)-f(x)}{h} = \lim_{h\to 0}\frac{\{(x+h)^3-(x+h)\}-\{x^3-x\}}{h}$$
$$= \lim_{h\to 0}\frac{x^3+3x^2h+3xh^2+h^3-x-h-x^3+x}{h}$$
$$= \lim_{h\to 0}\frac{3x^2h+3xh^2+h^3-h}{h}$$
$$= \lim_{h\to 0}(3x^2+3xh+h^2-1) = 3x^2-1$$

(b) 그래프 장치를 이용해서 그림 3과 같이 f와 f'의 그래프를 그리자. f의 접선이 수평이면 $f'(x)=0$이고, 접선의 기울기가 양수이면 $f'(x)$는 양수임에 주목하자. 그러므로 이런 그래프들은 (a)에서 얻은 결과를 확인하는 데 사용할 수 있다.

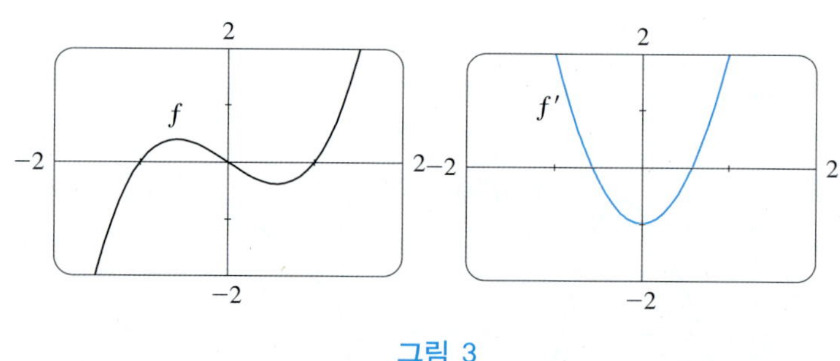

그림 3 ■

보기 3 $f(x) = \sqrt{x}$일 때, f의 도함수를 찾아라. f'의 정의역을 말하라.

풀이

$$f'(x) = \lim_{h\to 0}\frac{f(x+h)-f(x)}{h} = \lim_{h\to 0}\frac{\sqrt{x+h}-\sqrt{x}}{h}$$
$$= \lim_{h\to 0}\left(\frac{\sqrt{x+h}-\sqrt{x}}{h}\cdot\frac{\sqrt{x+h}+\sqrt{x}}{\sqrt{x+h}+\sqrt{x}}\right)$$

여기서 분자를 유리화한다.

$$= \lim_{h\to 0}\frac{(x+h)-x}{h(\sqrt{x+h}+\sqrt{x})} = \lim_{h\to 0}\frac{1}{\sqrt{x+h}+\sqrt{x}}$$

$$= \frac{1}{\sqrt{x}+\sqrt{x}} = \frac{1}{2\sqrt{x}}$$

$x > 0$일 때 $f'(x)$가 존재하므로, f'의 정의역은 $(0, \infty)$이다. 이것은 f의 정의역 $[0, \infty)$보다 작다. ■

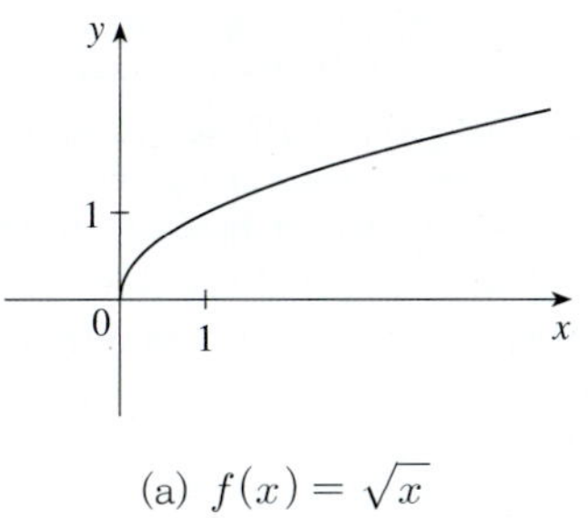

(a) $f(x) = \sqrt{x}$

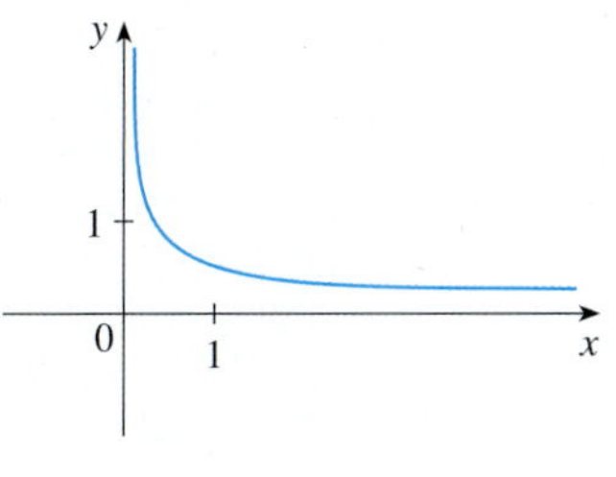

(b) $f'(x) = \dfrac{1}{2\sqrt{x}}$

그림 4

그림 4의 f와 f'의 그래프를 관찰함으로써, 보기 3의 결과가 합당함을 확인해보자. x가 0에 가까우면 $\sqrt{x}$는 0에 가깝고 이에 따라 $f'(x) = 1/(2\sqrt{x})$은 매우 큰데, 이는 그림 4(a)에서 점 $(0, 0)$의 근처에 있는 가파른 접선에 대응하고 그림 4(b)에서 0의 바로 오른쪽에 있는 $f'(x)$의 큰 값에 대응한다. x가 크면 $f'(x)$는 매우 작은데, 이는 f의 그래프에서 오른쪽 먼 곳에 있는 평평한 접선에 대응하고 f'의 그래프의 수평 점근선에 대응한다.

보기 4 $f(x) = \dfrac{1-x}{2+x}$일 때 f'를 찾아라.

풀이

$$f'(x) = \lim_{h\to 0}\frac{f(x+h)-f(x)}{h} = \lim_{h\to 0}\frac{\dfrac{1-(x+h)}{2+(x+h)} - \dfrac{1-x}{2+x}}{h}$$

$$= \lim_{h\to 0}\frac{(1-x-h)(2+x)-(1-x)(2+x+h)}{h(2+x+h)(2+x)}$$

$$= \lim_{h\to 0}\frac{(2-x-2h-x^2-xh)-(2-x+h-x^2-xh)}{h(2+x+h)(2+x)}$$

$$= \lim_{h\to 0}\frac{-3h}{h(2+x+h)(2+x)}$$

$$= \lim_{h\to 0}\frac{-3}{(2+x+h)(2+x)} = -\frac{3}{(2+x)^2}$$ ■

$$\frac{\dfrac{a}{b}-\dfrac{c}{d}}{e} = \frac{ad-bc}{bd}\cdot\frac{1}{e}$$

다른 기호

전통적인 기호 $y = f(x)$를 사용해서 독립 변수는 x로 종속 변수는 y로 나타낼 때, 몇 가지 일반적으로 사용되는 도함수에 대한 기호는 다음과 같다.

$$f'(x) = y' = \frac{dy}{dx} = \frac{df}{dx} = \frac{d}{dx}f(x) = Df(x) = D_x f(x)$$

기호 D와 d/dx를 **미분 연산자**라고 하는데, 도함수를 셈하는 과정인 **미분하기** 또는 **미분법** 연산을 나타내기 때문이다.

용어
미분 연산자 differentiation operator
미분하기, 미분법 differentiation

라이프니츠가 도입한 기호 dy/dx를 (당분간) 비율로 생각해서는 안 된다. 이는 단순히 $f'(x)$에 대한 또 다른 기호이다. 그래도 이는 매우 유용하고 암시적인 기호인데, 특히 증분 기호와 관련해서 사용할 때 더욱 그렇다. 2.1절의 식 [6]을 참조하면, 도함수의 정의를 다음과 같이 라이프니츠 기호를 사용해서 다시 쓸 수 있다.

$$\frac{dy}{dx} = \lim_{\Delta x\to 0}\frac{\Delta y}{\Delta x}$$

■ **라이프니츠**

라이프니츠(Gottfried Wilhelm Leibniz)는 1646년에 라이프치히에서 태어났다. 그곳의 대학에서 법학, 신학, 철학, 수학을 배우고 17세의 나이에 학사 학위를 받고 졸업했다. 20세 때 법학에서 박사 학위를 받은 라이프니츠는 외교 업무에 종사했는데, 생애의 대부분을 정치적 임무를 띠고 유럽의 수도들을 여행하면서 보냈다. 특히, 그는 프랑스 군대의 독일 위협을 막고 구교와 신교를 화해시키려고 노력했다.

그는 외교적 임무를 띠고 파리에 있을 때인 1672년에야 수학을 진지하게 연구하기 시작했다. 그곳에서 그는 계산 기계를 만들고 과학자들을 만났는데, 하위헌스(Huygens)는 수학과 과학에서 최근에 발달한 내용으로 그의 관심을 환기시켰다. 라이프니츠는 논리적 추론을 단순히 할 수 있는 기호 논리와 기호 체계를 발달시키려고 노력했다. 특히, 그가 1684년에 발표한 미분 적분학은 오늘날 사용하고 있는 도함수를 찾는 표기법과 규칙을 확립했다.

불행하게도, 1690년대에 뉴턴의 지지자와 라이프니츠의 지지자 사이에서 미분 적분학을 누가 먼저 발견했는지에 대한 불쾌한 논쟁이 벌어졌다. 심지어 라이프니츠는 영국 왕립 학회의 회원들로부터 표절 시비를 받았다. 진실은 두 사람이 독자적으로 미분 적분학을 발견했다는 것이다. 뉴턴이 먼저 자신의 미분 적분학에 도달했지만, 논쟁을 두려워해서 이를 곧바로 발표하지 않았다. 그래서 라이프니츠의 미분 적분학에 대한 1684년 논문이 최초의 출판물이었다.

용어

a에서 미분 가능 differentiable at a
열린 구간에서 미분 가능, 미분할 수 있다. differentiable on an open interval

라이프니츠 기호에서 도함수 dy/dx의 특정한 수 a에서의 값, 곧 미분 계수를 지시하려면, 다음과 같은 기호를 사용한다.

$$\left.\frac{dy}{dx}\right|_{x=a} \quad \text{또는} \quad \left.\frac{dy}{dx}\right]_{x=a}$$

이는 $f'(a)$에 대한 또 다른 기호이다.

미분 가능한 함수

3 **정의** 함수 f에 대해 $f'(a)$가 존재할 때, f는 **a에서 미분 가능**하다고 한다. f가 열린 구간 (a, b)[또는 (a, ∞) 또는 $(-\infty, a)$ 또는 $(-\infty, \infty)$]에 속한 모든 수에서 미분 가능할 때, f는 그 **열린 구간에서 미분 가능**하다고 한다.

보기 5 함수 $f(x)=|x|$는 어디에서 미분 가능한가?

풀이 $x>0$일 때 $|x|=x$이므로, 충분히 작은 h를 선택해서 $x+h>0$, 곧 $|x+h|=x+h$가 성립하도록 할 수 있다. 이에 따라 $x>0$에 대해 다음을 얻는다.

$$f'(x)=\lim_{h\to 0}\frac{|x+h|-|x|}{h}$$

$$=\lim_{h\to 0}\frac{(x+h)-x}{h}=\lim_{h\to 0}\frac{h}{h}=\lim_{h\to 0}1=1$$

그러므로 f는 임의의 $x>0$에 대해 미분 가능하다.

마찬가지로 $x<0$일 때 $|x|=-x$이므로, 충분히 작은 h를 선택해서 $x+h<0$, 곧 $|x+h|=-(x+h)$가 성립하도록 할 수 있다. 이에 따라 $x<0$에 대해 다음을 얻는다.

$$f'(x)=\lim_{h\to 0}\frac{|x+h|-|x|}{h}$$

$$=\lim_{h\to 0}\frac{-(x+h)-(-x)}{h}=\lim_{h\to 0}\frac{-h}{h}=\lim_{h\to 0}(-1)=-1$$

그러므로 f는 임의의 $x<0$에 대해 미분 가능하다.

$x=0$인 경우에 다음을 조사해야 한다.

$$f'(0)=\lim_{h\to 0}\frac{f(0+h)-f(0)}{h}$$

$$=\lim_{h\to 0}\frac{|0+h|-|0|}{h} \qquad \text{(단, 존재하는 경우에)}$$

다음과 같이 왼쪽 극한과 오른쪽 극한을 별도로 셈하자.

$$\lim_{h\to 0^+}\frac{|0+h|-|0|}{h}=\lim_{h\to 0^+}\frac{|h|}{h}=\lim_{h\to 0^+}\frac{h}{h}=\lim_{h\to 0^+}1=1,$$

$$\lim_{h\to 0^-}\frac{|0+h|-|0|}{h}=\lim_{h\to 0^-}\frac{|h|}{h}=\lim_{h\to 0^-}\frac{-h}{h}=\lim_{h\to 0^-}(-1)=-1$$

두 극한이 서로 다르므로, $f'(0)$은 존재하지 않는다. 따라서 f는 0을 제외한 모든 x에서 미분 가능하다.

f'에 대한 식은 다음과 같다.

$$f'(x) = \begin{cases} 1 & (x > 0) \\ -1 & (x < 0) \end{cases}$$

이의 그래프를 그림 5(b)에 나타냈다. $f'(0)$이 존재하지 않는다는 사실은, $(0, 0)$에서 곡선 $y = |x|$의 접선이 존재하지 않는다는 사실을 기하학적으로 나타내고 있다. [그림 5(a)를 보라.] ■

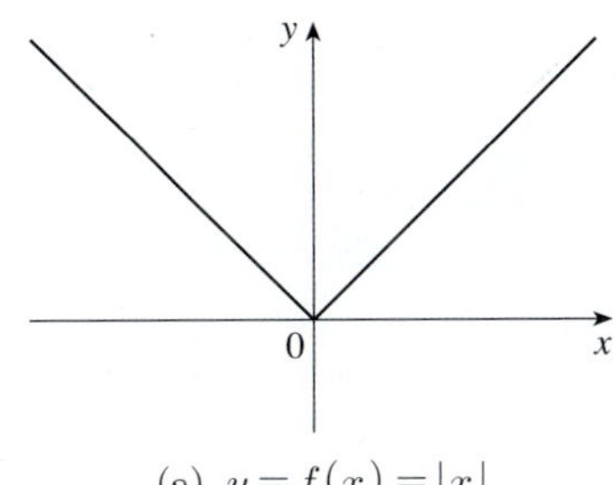

(a) $y = f(x) = |x|$

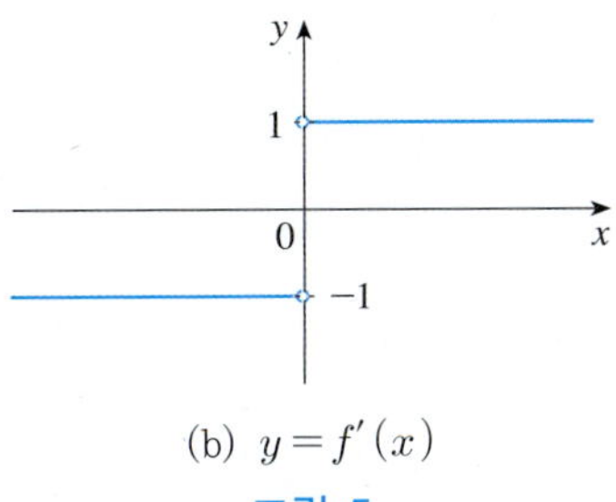

(b) $y = f'(x)$

그림 5

연속성과 미분 가능성은 함수가 지닌 바람직한 성질이다. 다음 정리는 이런 성질이 어떻게 연관되어 있는지를 보여준다.

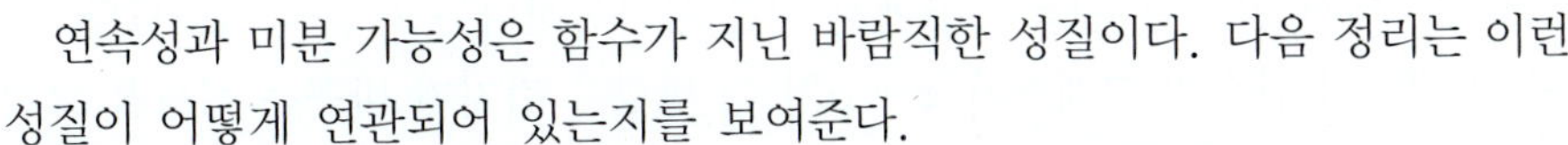
4 정리 f가 a에서 미분 가능하면, f는 a에서 연속이다.

증명 f가 a에서 연속임을 증명하기 위해서는 $\lim_{x\to a} f(x) = f(a)$임을 보여야 한다. 이를 위해 차 $f(x) - f(a)$가 0에 가까워짐을 보이자.

주어진 정보는 f가 a에서 미분 가능하다는 사실, 곧 다음이 존재한다는 사실이다. (2.1절의 식 5를 보라.)

$$f'(a) = \lim_{x\to a} \frac{f(x) - f(a)}{x - a}$$

주어진 사실과 모르는 사실을 연결하기 위해서, 다음과 같이 $f(x) - f(a)$에 $x - a$를 곱하고 나누자. ($x \neq a$일 때 나눌 수 있다.)

$$f(x) - f(a) = \frac{f(x) - f(a)}{x - a}(x - a)$$

그러면 곱의 극한 법칙과 2.1절의 식 5를 이용해서 다음과 같이 쓸 수 있다.

$$\begin{aligned} \lim_{x\to a}\{f(x) - f(a)\} &= \lim_{x\to a} \frac{f(x) - f(a)}{x - a}(x - a) \\ &= \lim_{x\to a} \frac{f(x) - f(a)}{x - a} \cdot \lim_{x\to a}(x - a) \\ &= f'(a) \cdot 0 = 0 \end{aligned}$$

방금 증명한 사실을 이용하기 위해서, $f(x)$에서 출발해서 $f(a)$를 더하고 빼면 다음을 얻는다.

$$\begin{aligned} \lim_{x\to a} f(x) &= \lim_{x\to a}\{f(a) + (f(x) - f(a))\} \\ &= \lim_{x\to a} f(a) + \lim_{x\to a}\{f(x) - f(a)\} \\ &= f(a) + 0 = f(a) \end{aligned}$$

따라서 f는 a에서 연속이다. ■

용어
연직 접선 vertical tangent (line)

참고 정리 4의 역은 거짓이다. 곧, 연속이지만 미분 불가능한 함수가 존재한다. 예를 들면, 함수 $f(x) = |x|$는 다음과 같이 0에서 연속이다.

$$\lim_{x\to 0} f(x) = \lim_{x\to 0} |x| = 0 = f(0)$$

(1.4절의 보기 6을 보라.) 그러나 보기 5에서 f가 0에서 미분 불가능함을 밝혔다.

함수가 미분 불가능한 경우

보기 5에서 함수 $y = |x|$가 0에서 미분 불가능하다는 사실을 알아봤다. 그림 5(a)는 이 함수의 그래프가 $x = 0$일 때 방향을 갑자기 바꾸는 상황을 보여준다. 일반적으로, 함수 f의 그래프에 '뾰족점' 또는 '꼬인 모양'이 있을 때, 그 점에서 f의 그래프에 대한 접선이 없고, 그곳에서 f는 미분 불가능하다. [$f'(a)$를 셈할 때, 왼쪽 극한과 오른쪽 극한이 서로 다르다.]

정리 4는 함수가 미분 불가능한 또 다른 상황을 알려준다. 곧, f가 a에서 불연속이면 f는 a에서 미분 불가능하다. 그러므로 (이를테면 비약 불연속과 같이) 불연속인 모든 점에서 f는 미분 가능할 수 없다.

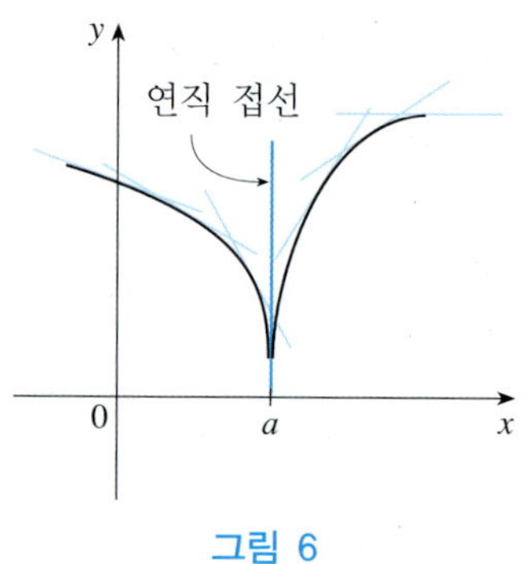

그림 6

셋째로 가능한 상황은 $x = a$인 점에서 곡선에 대한 연직 접선이 존재하는 경우이다. 곧, f는 a에서 연속이지만 다음과 같은 경우이다.

$$\lim_{x\to a} |f'(x)| = \infty$$

이는 $x \to a$일 때 접선이 더욱더 가팔라짐은 뜻한다. 그림 6은 이런 상황이 일어날 수 있는 한 가지 경우를 보여준다. 그림 7(c)는 또 다른 경우를 보여준다. 그림 7은 앞에서 논의한 세 가지 가능한 상황을 예시한다.

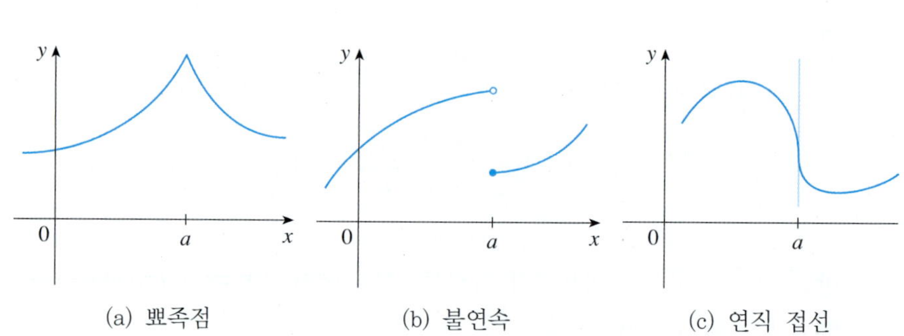

그림 7 f가 a에서 미분 불가능한 세 가지 방법

그래프 계산기 또는 컴퓨터는 미분 가능성을 관찰하는 또 다른 방법을 제공한다. f가 a에서 미분 가능하면, 점 $(a, f(a))$를 향해 확대할 때 그래프는 더욱 더 곧게 되고 점점 더 직선처럼 보인다. (그림 8을 보라. 2.1절의 그림 4에서 이에 대한 특별한 예를 알아봤다.) 그러나 그림 6과 7(a)의 경우에는 어떤 점을 향

해 아무리 확대해도 뾰족점이나 모퉁이를 제거할 수 없다. (그림 9를 보라.)

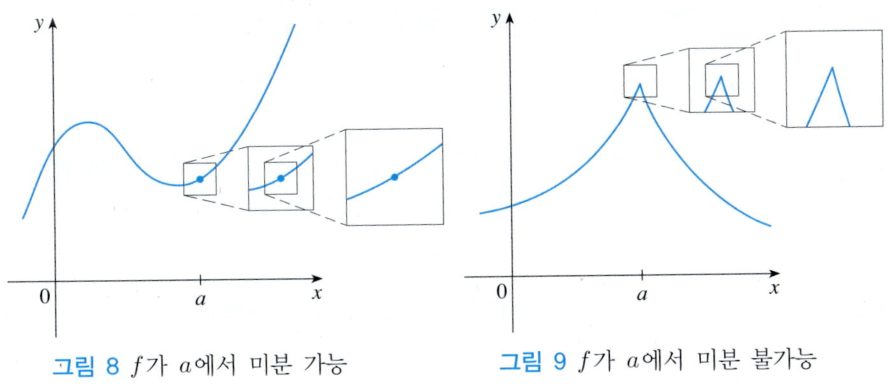

그림 8 f가 a에서 미분 가능

그림 9 f가 a에서 미분 불가능

고계 도함수

f가 미분 가능한 함수이면, 그 도함수 f'도 또한 함수이고 이에 따라 f'의 도함수가 존재할 수 있다. 이를 $(f')' = f''$로 나타낸다. 이 새로운 함수 f''를 f의 **이계 도함수**라 하는데, 이것은 f의 도함수의 도함수이기 때문이다. 라이프니츠의 기호를 사용해서 $y = f(x)$의 이계 도함수를 다음과 같이 나타낸다.

$$\frac{d}{dx}\left(\frac{dy}{dx}\right) = \frac{d^2y}{dx^2}$$

용어 및 읽기

이계 도함수 second derivative

f'' 'f 두 귓점'

보기 6 $f(x) = x^3 - x$일 때, $f''(x)$를 찾고 그 의미를 해석하라.

풀이 보기 2에서 일계 도함수가 $f'(x) = 3x^2 - 1$임을 알아봤다. 그러므로 이계 도함수는 다음과 같다.

$$\begin{aligned} f''(x) &= \lim_{h \to 0} \frac{f'(x+h) - f'(x)}{h} \\ &= \lim_{h \to 0} \frac{\{3(x+h)^2 - 1\} - \{3x^2 - 1\}}{h} \\ &= \lim_{h \to 0} \frac{3x^2 + 6xh + 3h^2 - 1 - 3x^2 + 1}{h} \\ &= \lim_{h \to 0} (6x + 3h) = 6x \end{aligned}$$

f, f', f''의 그래프를 그림 10에 나타냈다.

$f''(x)$를 점 $(x, f'(x))$에서 곡선 $y = f'(x)$의 기울기로 해석할 수 있다. 바꿔 말하면, 이는 원래 곡선 $y = f(x)$의 기울기의 변화율이다.

그림 10에서 알 수 있는 대로, $f''(x)$는 $y = f'(x)$의 기울기가 음수일 때 음수이고, $y = f'(x)$의 기울기가 양수일 때 양수이다. 그러므로 그래프들을 위의 셈 결과를 확인하는 데 이용할 수 있다. ■

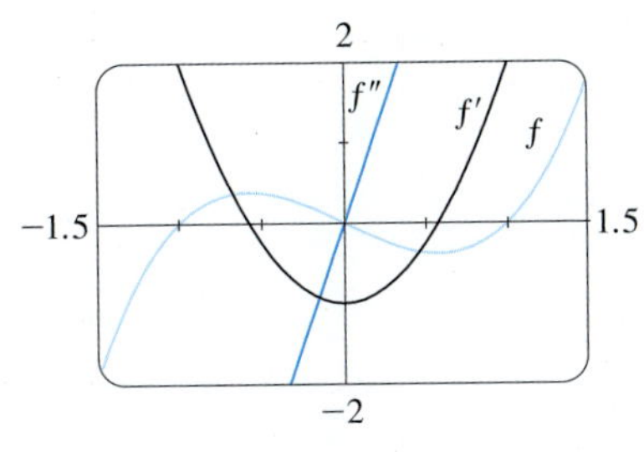

그림 10

TEC Module 2.2에서 다항 함수 f의 계수의 변화가 f, f', f''의 그래프 모양에 끼치는 영향을 알아볼 수 있다.

일반적으로 이계 도함수를 변화율의 변화율로 해석할 수 있다. 이의 가장

용어 및 읽기
가속도 acceleration
삼계 도함수 third derivative
n계 도함수 nth derivative
f''' 'f 세 귓점'

■ www.stewartcalculus.com
Additional Example A를 보라.

친숙한 예가 가속도인데, 이를 아래와 같이 정의한다.

$s=s(t)$를 직선 위에서 움직이는 물체의 위치 함수라 하면, 이의 일계 도함수는 다음과 같이 시간의 함수로서 물체의 속도 $v(t)$를 표현한다.

$$v(t)=s'(t)=\frac{ds}{dt}$$

시간에 관한 속도의 순간 변화율을 가속도 $a(t)$라 한다. 그러므로 가속도 함수는 속도 함수의 도함수이고, 이에 따라 다음과 같이 위치 함수의 이계 도함수이다.

$$a(t)=v'(t)=s''(t)$$

또는 라이프니츠의 기호를 사용해서 다음과 같이 표현한다.

$$a=\frac{dv}{dt}=\frac{d^2s}{dt^2}$$

삼계 도함수 f'''는 이계 도함수의 도함수이다. 곧, $f'''=(f'')'$이다. 그러므로 $f'''(x)$를 곡선 $y=f''(x)$의 기울기 또는 $f''(x)$의 순간 변화율로 해석할 수 있다. $y=f(x)$일 때, 삼계 도함수를 다음과 같이 나타내기도 한다.

$$y'''=f'''(x)=\frac{d}{dx}\left(\frac{d^2y}{dx^2}\right)=\frac{d^3y}{dx^3}$$

이런 과정을 계속할 수 있다. 사계 도함수 f''''는 통상 $f^{(4)}$로 나타낸다. 일반적으로 f의 n계 도함수는 $f^{(n)}$으로 나타내는데, f를 n번 미분해서 얻는다. $y=f(x)$일 때, 다음과 같이 나타낸다.

$$y^{(n)}=f^{(n)}(x)=\frac{d^ny}{dx^n}$$

보기 7 $f(x)=x^3-x$일 때, $f'''(x)$와 $f^{(4)}(x)$를 찾아라.

풀이 보기 6에서 $f''(x)=6x$임을 알아봤다. 이계 도함수의 그래프의 방정식은 $y=6x$이고, 이에 따라 이는 기울기가 6인 직선이다. 도함수 $f'''(x)$는 $f''(x)$의 기울기이므로, x의 모든 값에 대해 다음을 얻는다.

$$f'''(x)=6$$

그러므로 f'''는 상수 함수이고, 그래프는 수평선이다. 따라서 x의 모든 값에 대해 다음을 얻는다.

$$f^{(4)}(x)=0$$

■

이계 도함수를 활용하는 한 가지 예가 가속도를 이용해서 물체의 운동을 해석할 때 나타남을 알아봤다. 4.3절에서 이계 도함수를 활용하는 또 다른 예를 조사하는데, 그곳에서는 f''를 알 때 f의 그래프에 관한 어떤 정보를 얻을 수 있는지를 알아본다. 8.7절에서는 이계와 고계 도함수를 이용해서 함수를 무한급수의 합으로 표현하는 방법을 알아본다.

2.2 익힘 문제

1–2. 아래의 그래프를 이용해서 다음 도함수의 값을 어림하라. f'의 그래프를 그려라.

1. (a) $f'(-3)$ (b) $f'(-2)$ (c) $f'(-1)$ (d) $f'(0)$ (e) $f'(1)$ (f) $f'(2)$ (g) $f'(3)$

2. (a) $f'(0)$ (b) $f'(1)$ (c) $f'(2)$ (d) $f'(3)$ (e) $f'(4)$ (f) $f'(5)$

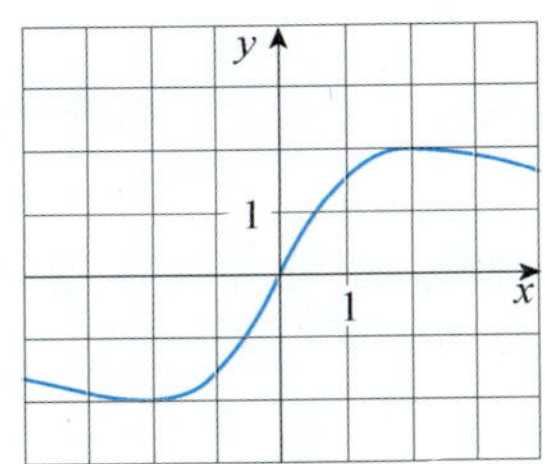

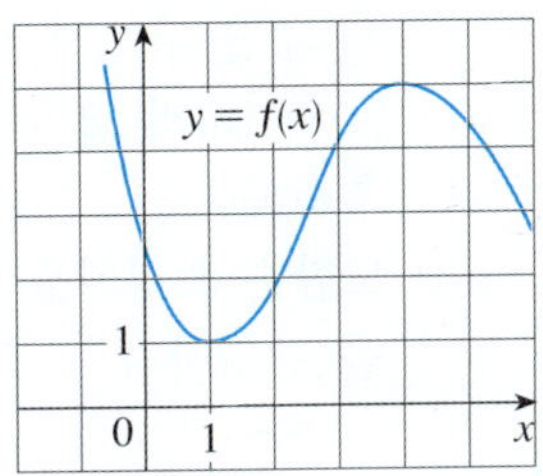

3. (a)~(d)에 있는 함수의 그래프를 I~IV에 있는 그 도함수의 그래프와 짝지어라. 그리고 이유를 설명하라.

(a)

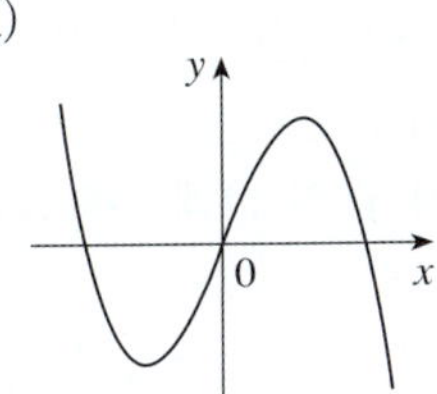

(b)

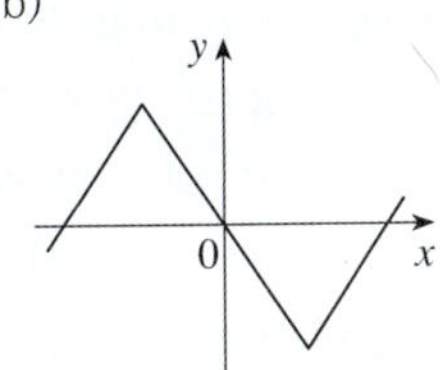

(c)

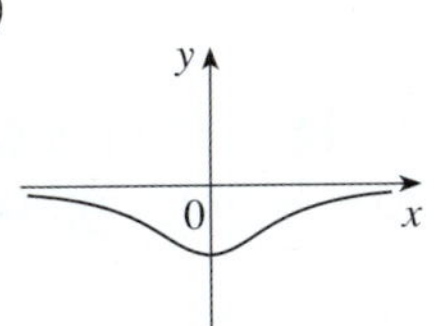

(d)

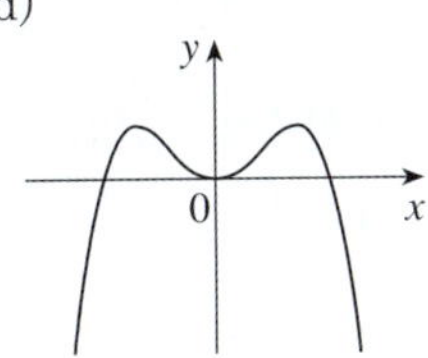

I.

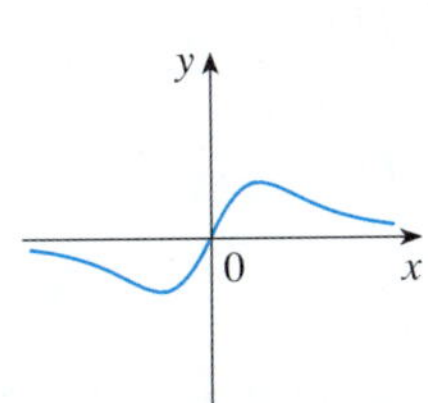

II.

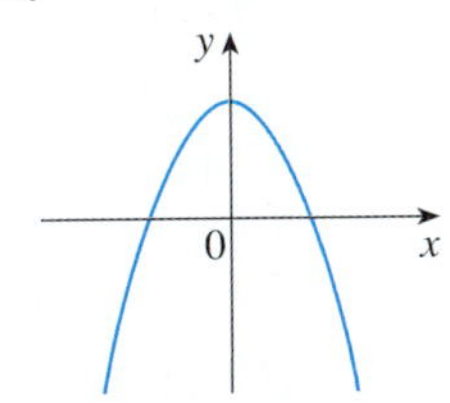

III.

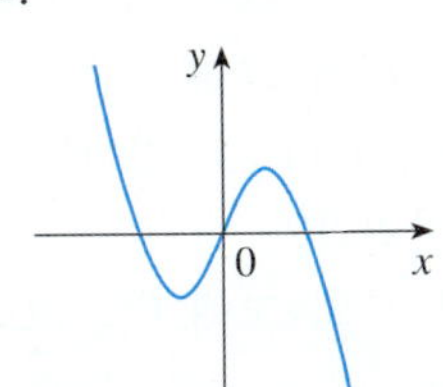

IV.

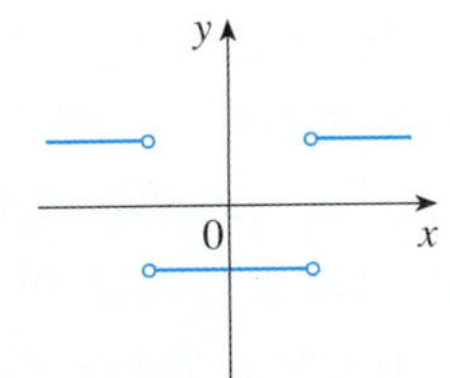

4–11. 다음 함수 f의 그래프를 다른 종이에 그려라. (각 축의 축적은 서로 같다고 가정한다.) 보기 1의 방법을 이용해서 그 밑에 f'의 그래프를 그려라.

4.

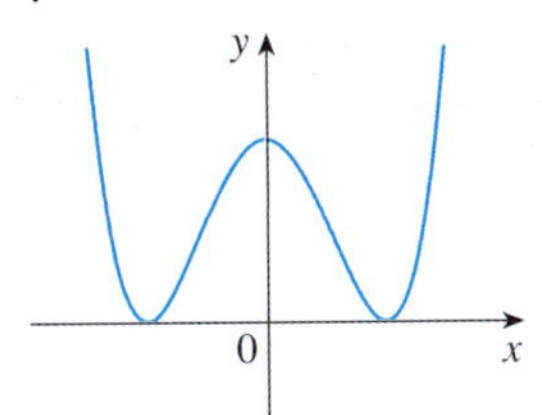

5.

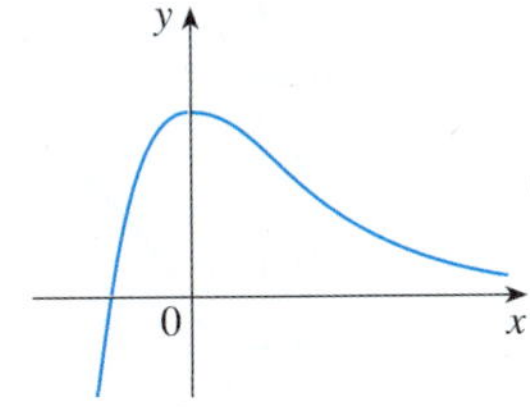

6.

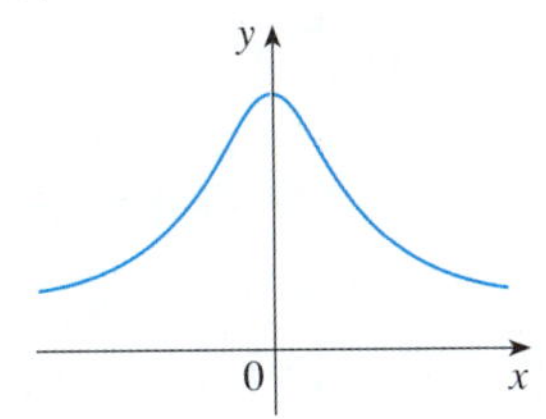

7.

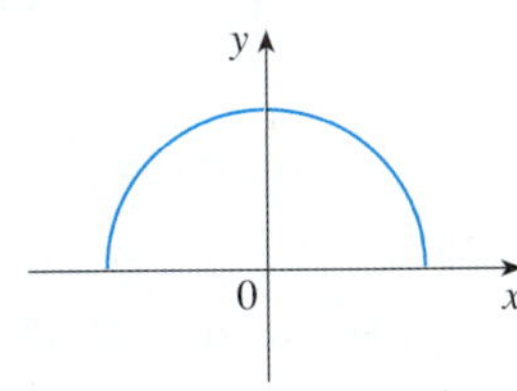

8.

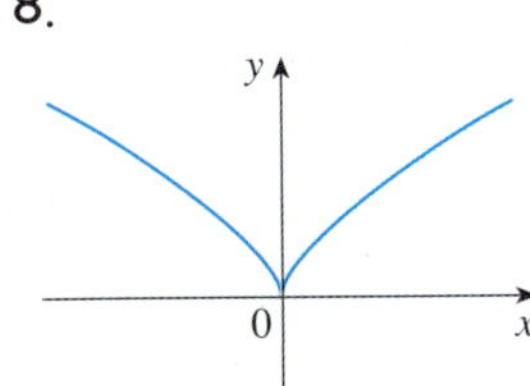

9.

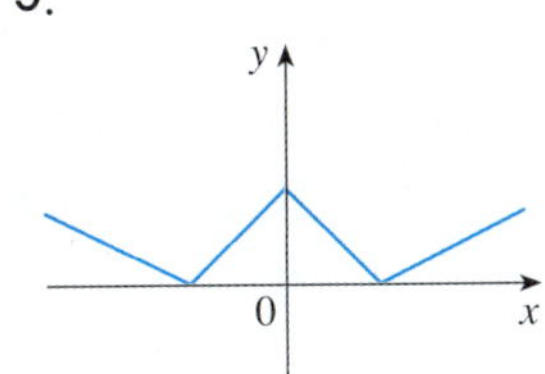

10.

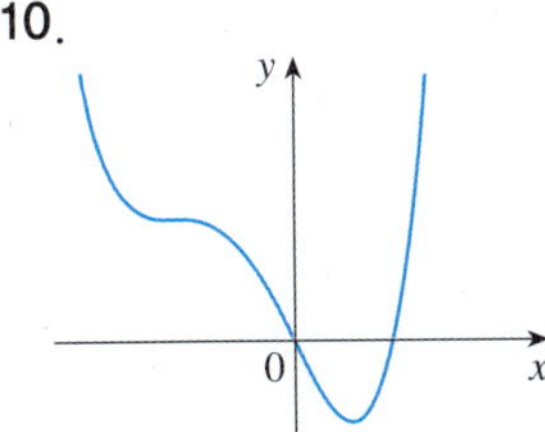

11.

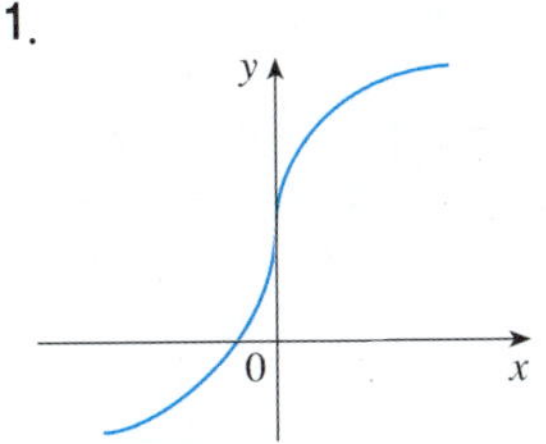

12. 실험실에서 배양되는 효모 세포의 개체 수 함수 $P(t)$의 그래프는 아래와 같다. 보기 1의 방법을 이용해서 도함수 $P'(t)$의 그래프를 그려라. P'의 그래프는 효모 개체 수에 대해 무엇을 알려주는가?

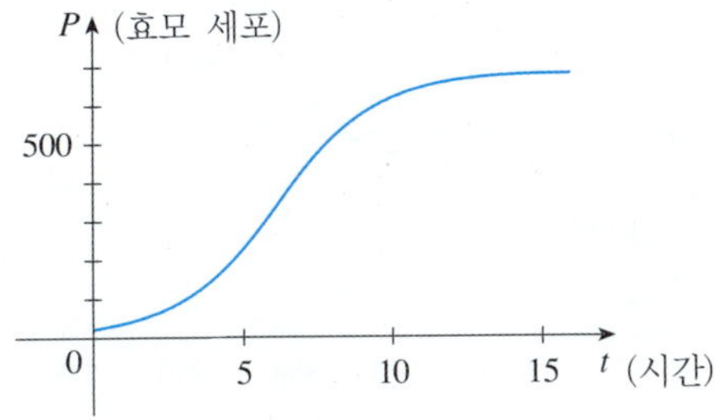

13. 충전할 수 있는 전지를 충전기에 끼웠다. 아래 그래프는 경과 시간 t(시간)의 함수로서 전지가 도달하는 전용량에 대한 백분율 $C(t)$를 보여준다.

(a) 도함수 $C'(t)$의 뜻은 무엇인가?

(b) $C'(t)$의 그래프를 그려라. 그래프는 무엇을 알려주는가?

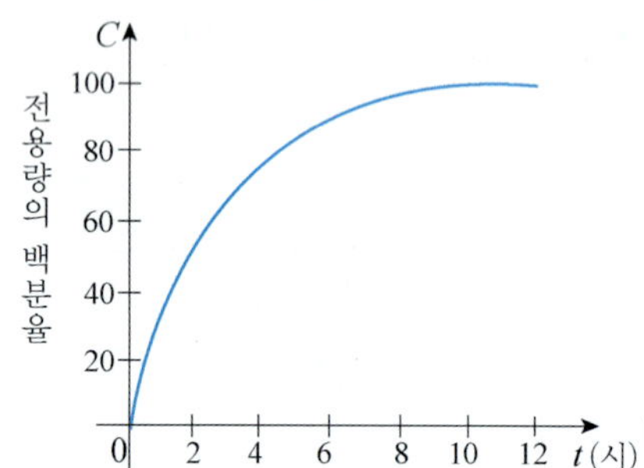

14. (미국 에너지부의) 아래 그래프는 운전 속력이 연비에 끼치는 영향을 보여준다. 열 소비율 F는 1갤런으로 달린 마일 수로 측정하고 속력 v는 1시간에 달린 마일 수로 측정한다.

(a) 도함수 $F'(v)$는 무엇을 뜻하는가?

(b) $F'(v)$의 그래프를 그려라.

(c) 연료를 절약하기 위해서는 어떤 속력으로 달려야 하는가?

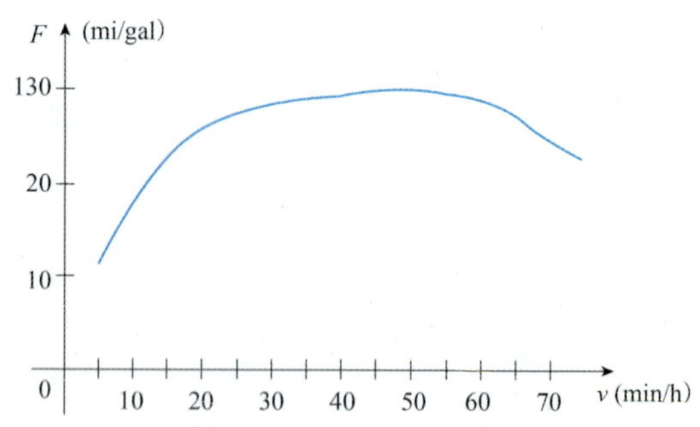

15. 아래 그래프는 20세기 후반기에 일본 남성의 초혼 평균 연령이 어떻게 변했는지를 보여준다. 도함수 $M'(t)$의 그래프를 그려라. 도함수가 음수인 기간을 찾아라.

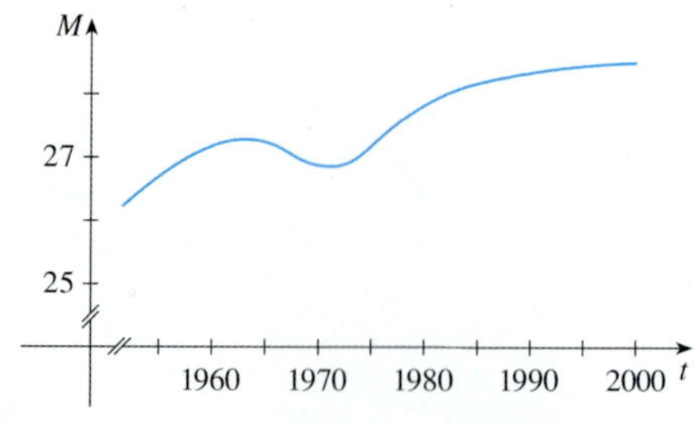

16. 사인 함수의 그래프를 세심하게 그리고, 익힘 문제 4-11에서와 같은 방법으로 그 도함수의 그래프를 그려라. 이 그래프로부터 사인 함수의 도함수가 무엇인지 추측할 수 있는가?

17. $f(x)=x^2$이라 하자.

(a) 그래프 장치를 이용해서 f의 그래프를 확대함으로써 $f'(0)$, $f'(\frac{1}{2})$, $f'(1)$, $f'(2)$의 값을 어림하라.

(b) 대칭성을 이용해서 $f'(-\frac{1}{2})$, $f'(-1)$, $f'(-2)$의 값을 유도하라.

(c) (a)와 (b)의 결과를 이용해서 $f'(x)$에 대한 식을 추측하라.

(d) 도함수의 정의를 이용해서, (c)의 추측이 정확함을 증명하라.

18. $f(x)=x^3$이라 하자.

(a) 그래프 장치를 이용해서 f의 그래프를 확대함으로써 $f'(0)$, $f'(\frac{1}{2})$, $f'(1)$, $f'(2)$, $f'(3)$의 값을 어림하라.

(b) 대칭성을 이용해서 $f'(-\frac{1}{2})$, $f'(-1)$, $f'(-2)$, $f'(-3)$의 값을 유도하라.

(c) (a)와 (b)의 값을 이용해서 f'의 그래프를 그려라.

(d) $f'(x)$에 대한 식을 추측하라.

(e) 도함수의 정의를 이용해서, (d)의 추측이 정확함을 증명하라.

19–27. 도함수의 정의를 이용해서 다음 함수의 도함수를 찾아라. 함수의 정의역과 그 도함수의 정의역을 말하라.

19. $f(x)=\frac{1}{2}x-\frac{1}{3}$

20. $f(x)=1.5x^2-x+3.7$

21. $f(x)=x^3-3x+5$

22. $f(x)=x+\sqrt{x}$

23. $g(x)=\sqrt{9-x}$

25. $f(x)=\dfrac{x^2-1}{2x-3}$

25. $G(t)=\dfrac{4t}{t+1}$

26. $f(x)=x^{3/2}$

27. $f(x)=x^4$

28. (a) $y=\sqrt{x}$의 그래프에서 출발하고 1.2절의 변환을 이용해서 $f(x)=\sqrt{6-x}$의 그래프를 그려라.

(b) (a)의 그래프를 이용해서 f'의 그래프를 그려라.

(c) 도함수의 정의를 이용해서 $f'(x)$를 찾아라. f와 f'의 정의역은 각각 무엇인가?

(d) 그래프 장치를 이용해서 f'의 그래프를 그리고, (b)의 그래프와 비교하라.

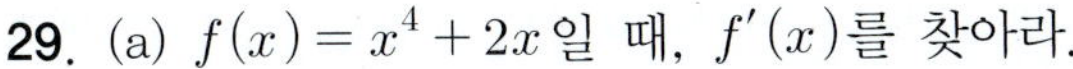

29. (a) $f(x)=x^4+2x$일 때, $f'(x)$를 찾아라.

(b) f와 f'의 그래프를 비교해서 (a)의 답이 합당함을 확인하라.

30. (a) $f(t)=t^2-\sqrt{t}$일 때, $f'(t)$를 찾아라.

(b) f와 f'의 그래프를 비교해서 (a)의 답이 합당함을 확인하라.

31. 실업률 $U(t)$는 시각에 따라 변한다. 아래 표는 1995년부터 2004년까지 각 해의 중간에 조사한 오스트레일리아의 노동 인구에서 실업률(%)을 보여준다.

t	$U(t)$	t	$U(t)$
1995	8.1	2000	6.2
1996	8.0	2001	6.9
1997	8.2	2002	6.5
1998	7.9	2003	6.2
1999	6.7	2004	5.6

(a) $U'(t)$는 무엇을 뜻하는가? 단위는 무엇인가?

(b) $U'(t)$를 어림한 값들을 표로 만들어라.

32. $P(t)$는 필리핀에서 시각 t에 60세 이상 인구의 비율(%)이라 하자. 아래 표는 1995년부터 2020년까지 이 함수의 추정 값을 알려준다.

t	$P(t)$	t	$P(t)$
1995	5.2	2010	6.7
2000	5.5	2015	7.7
2005	6.1	2020	8.9

(a) $P'(t)$는 무엇을 뜻하는가? 단위는 무엇인가?

(b) $P'(t)$를 어림한 값들을 표로 만들어라.

(c) P와 P'의 그래프를 그려라.

33–36. 주어진 f의 그래프에 대해, f가 미분 불가능한 수와 그 이유를 함께 말하라.

33.

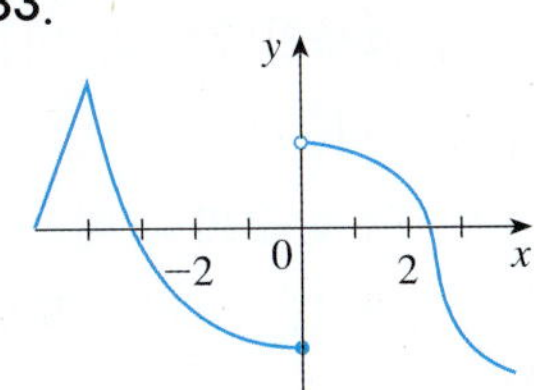

34.

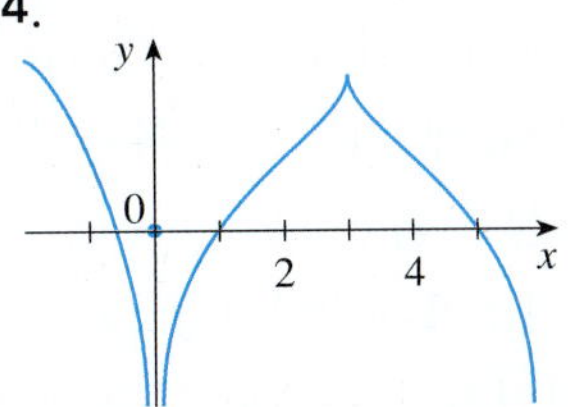

35.

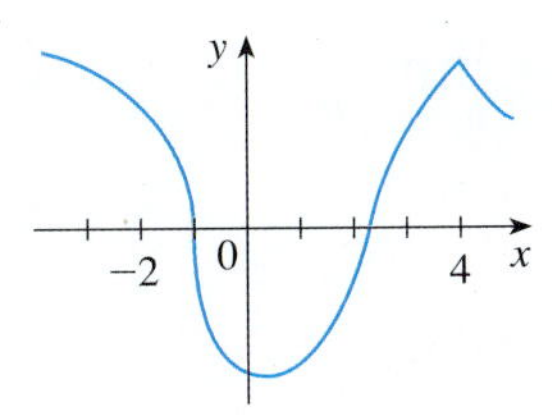

36.

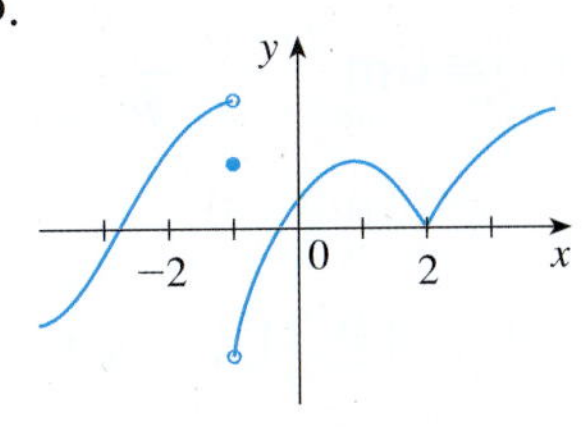

37. 함수 $f(x)=x+\sqrt{|x|}$의 그래프를 그려라. 처음에는 점 $(-1, 0)$을 향해 다음에는 원점을 향해 반복해서 확대하라. 이런 두 점 근방에서 f의 행동의 차이점은 무엇인가? f의 미분 가능성에 대해 어떤 결론을 내릴 수 있는가?

38. 함수 $g(x)=(x^2-1)^{2/3}$의 그래프를 세 점 $(1, 0)$, $(0, 1)$, $(-1, 0)$ 각각을 향해 확대하라. 무엇을 알 수 있는가? 관찰한 사실을 g의 미분 가능성을 이용해서 설명하라.

39. 아래 그림은 f, f', f''의 그래프를 보여준다. 각 곡선이 어느 것인지 확인하고, 그 이유를 설명하라.

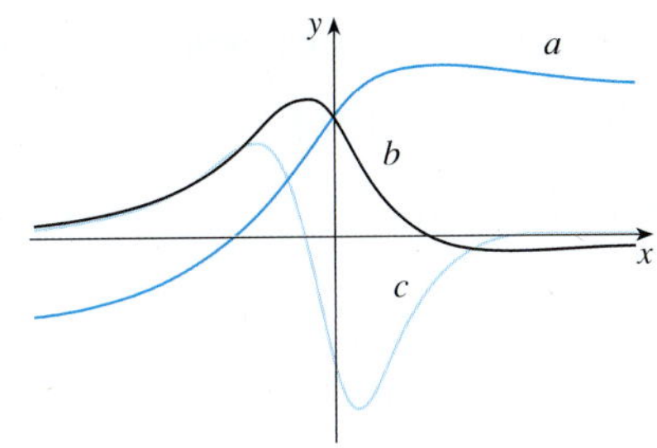

40. 아래 그림은 f, f', f'', f'''의 그래프를 보여준다. 각 곡선이 어느 것인지 확인하고, 그 이유를 설명하라.

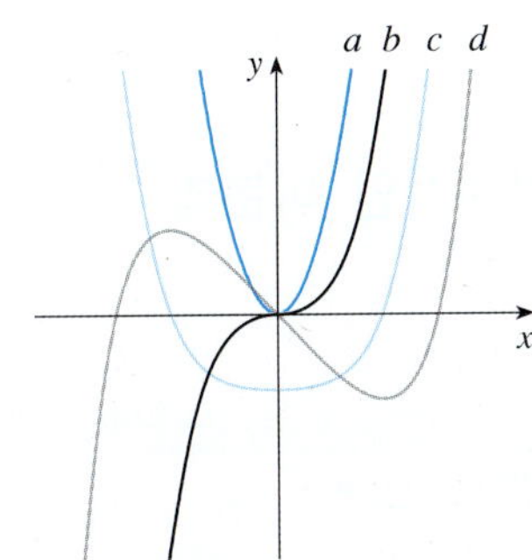

41. 아래 그림은 세 함수의 그래프를 보여준다. 하나는 자동차의 위치 함수, 하나는 그 차의 속도 함수, 하나는 그것의 가속도이다. 각 곡선이 어느 것인지 확인하고, 그 이유를 설명하라.

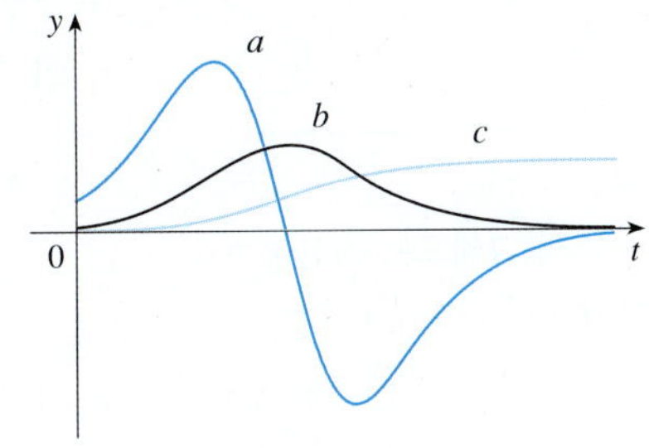

42–43. 도함수의 정의를 이용해서 $f'(x)$와 $f''(x)$를 찾아라. 같은 화면에 f, f', f''의 그래프를 그리고, 얻은 답이 합당한지 확인하라.

42. $f(x) = x^3 - 3x$　　**43.** $f(x) = 3x^2 + 2x + 1$

44. $f(x) = 2x^2 - x^3$일 때, $f'(x)$, $f''(x)$, $f'''(x)$, $f^{(4)}(x)$를 찾아라. f, f', f'', f''', $f^{(4)}$의 그래프를 같은 화면에 함께 그려라. 그래프들은 이런 도함수에 대한 기하학적 해석과 일치하는가?

45. $f(x) = \sqrt[3]{x}$ 라고 하자.

(a) $a \neq 0$일 때 2.1절의 5를 이용해서 $f'(a)$를 찾아라.

(b) $f'(0)$이 존재하지 않음을 보여라.

(c) $(0,\ 0)$에서 $y = \sqrt[3]{x}$ 에 대한 접선이 연직선임을 보여라. (f의 그래프의 모양을 생각하자. 1.2절의 그림 8을 보라.)

46. (a) $g(x) = x^{2/3}$일 때, $g'(0)$이 존재하지 않음을 보여라.

(b) $a \neq 0$일 때, $g'(a)$를 찾아라.

(c) $(0,\ 0)$에서 $y = x^{2/3}$에 대한 접선이 연직선임을 보여라.

(d) $y = x^{2/3}$의 그래프를 그려서 (c)를 확인하라.

47. 함수 $f(x) = |x - 6|$이 6에서 미분 불가능함을 보여라. f'의 식을 찾고, 그 그래프를 그려라.

48. 최대 정수 함수 $f(x) = [\![x]\!]$가 미분 불가능한 곳을 찾아라. f'의 식을 찾고, 그 그래프를 그려라.

49. 함수 f는 모든 x에 대해 $f(-x) = f(x)$가 성립할 때 짝 함수이고, $f(-x) = -f(x)$가 성립할 때 홀 함수이다. 다음을 증명하라.

(a) 짝 함수의 도함수는 홀 함수이다.

(b) 홀 함수의 도함수는 짝 함수이다.

50. 뜨거운 물 꼭지를 틀 때, 물의 온도 T는 물이 흐른 시간에 따라 결정된다.

(a) 물 꼭지를 튼 뒤에 경과한 시간 t의 함수로서 T의 가능성 있는 그래프를 그려라.

(b) t가 커짐에 따라 t에 관한 T의 변화율이 어떻게 변하는지 설명하라.

(c) T의 도함수의 그래프를 그려라.

51. ℓ을 점 $(1,\ 1)$에서 포물선 $y = x^2$에 대한 접선이라 하자. ℓ의 경사각은 ℓ과 양의 x축 사이의 각 ϕ이다. ϕ를 단위 도(°)로 소수 첫째 자리에서 반올림해서 찾아라.

2.3 기본적인 미분법

용어
상수 함수 constant function

앞 절에서와 같이 도함수를 언제나 정의로부터 직접 셈해야 한다면, 그런 셈은 매우 지루할 것이고 어떤 극한은 셈하기가 매우 어려울 수 있다. 다행스럽게도, 정의를 직접 이용하지 않고 도함수를 찾을 수 있는 몇 가지 공식이 개발됐다. 이런 공식은 미분하는 과제를 대단히 단순화시킨다.

이번 절에서는 상수 함수, 멱 함수, 다항 함수, 사인과 코사인 함수를 미분하는 방법을 배운다. 다음에 이를 이용해서 변화율을 셈한다.

가장 간단한 함수인 **상수 함수** $f(x) = c$에서 출발하자. 이 함수의 그래프는 수평선 $y = c$이므로, 기울기가 0이고 $f'(x) = 0$이다. (그림 1을 보라.) 도함수의 정의를 이용한 형식적인 증명도 다음과 같이 쉽다.

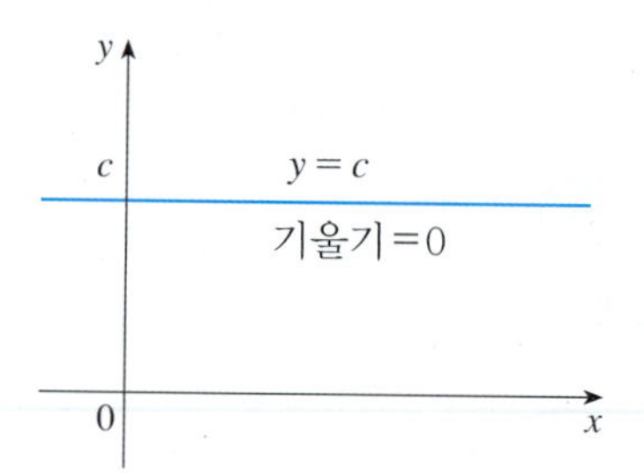

그림 1 $f(x) = c$의 그래프는 직선 $y = c$이므로 $f'(x) = 0$이다.

$$f'(x) = \lim_{h \to 0} \frac{f(x+h) - f(x)}{h} = \lim_{h \to 0} \frac{c - c}{h} = \lim_{h \to 0} 0 = 0$$

라이프니츠의 기호로 이 결과를 다음과 같이 나타낸다.

상수 함수의 도함수

$$\frac{d}{dx}(c) = 0$$

멱 함수

다음으로 양의 정수 n에 대해 함수 $f(x) = x^n$을 알아보자. $n = 1$이면, $f(x) = x$의 그래프는 $y = x$인데, 기울기는 1이다. (그림 2를 보라.) 그러므로 다음이 성립한다.

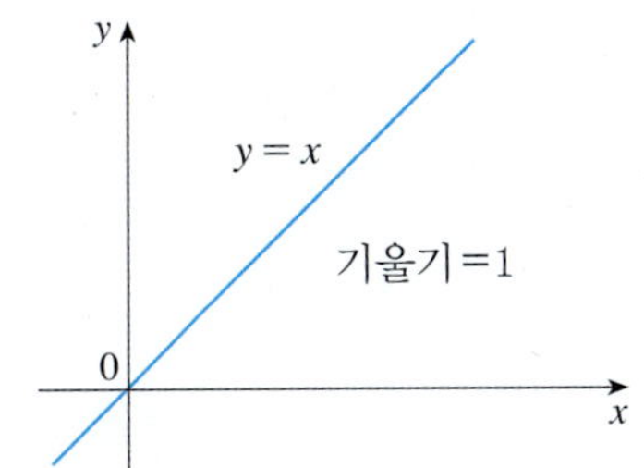

그림 2 $f(x) = x$의 그래프는 직선 $y = x$이므로 $f'(x) = 1$이다.

1 $$\frac{d}{dx}(x) = 1$$

(도함수의 정의를 이용해서 또다시 식 1을 확인할 수 있다.) $n = 2$와 $n = 3$인 경우는 이미 알아봤다. 실제로, 2.2절(익힘 문제 15와 16)에서 다음 사실을 찾았다.

2 $$\frac{d}{dx}(x^2) = 2x, \qquad \frac{d}{dx}(x^3) = 3x^2$$

$n = 4$인 경우에, $f(x) = x^4$의 도함수는 다음과 같이 찾는다.

$$\begin{aligned} f'(x) &= \lim_{h \to 0} \frac{f(x+h) - f(x)}{h} = \lim_{h \to 0} \frac{(x+h)^4 - x^4}{h} \\ &= \lim_{h \to 0} \frac{x^4 + 4x^3h + 6x^2h^2 + 4xh^3 + h^4 - x^4}{h} \\ &= \lim_{h \to 0} \frac{4x^3h + 6x^2h^2 + 4xh^3 + h^4}{h} \\ &= \lim_{h \to 0} (4x^3 + 6x^2h + 4xh^2 + h^3) = 4x^3 \end{aligned}$$

그러므로 다음이 성립한다.

3 $$\frac{d}{dx}(x^4) = 4x^3$$

세 식 1, 2, 3의 식을 비교하면, 한 가지 규칙이 나타난다. n이 양의 정수일 때 $(d/dx)(x^n) = nx^{n-1}$이라는 추측이 합당해 보인다. 이는 참으로 밝혀진다.

멱의 미분법 n이 양의 정수일 때, 다음이 성립한다.

$$\frac{d}{dx}(x^n) = nx^{n-1}$$

증명 $f(x) = x^n$이라 하고, 다음을 찾으면 된다.

$$f'(x) = \lim_{h \to 0} \frac{f(x+h) - f(x)}{h} = \lim_{h \to 0} \frac{(x+h)^n - x^n}{h}$$

용어
멱의 미분법 power rule

x^4의 도함수를 찾기 위해 $(x+h)^4$을 전개했다. 여기서는 $(x+h)^n$을 전개할 필요가 있는데, 다음과 같이 이항 정리를 이용하면 된다.

용어
이항 정리 binomial theorem

$$f'(x) = \lim_{h\to 0} \frac{\left\{x^n + nx^{n-1}h + \frac{n(n-1)}{2}x^{n-2}h^2 + \cdots + nxh^{n-1} + h^n\right\} - x^n}{h}$$

$$= \lim_{h\to 0} \frac{nx^{n-1}h + \frac{n(n-1)}{2}x^{n-2}h^2 + \cdots + nxh^{n-1} + h^n}{h}$$

$$= \lim_{h\to 0} \left\{nx^{n-1} + \frac{n(n-1)}{2}x^{n-2}h + \cdots + nxh^{n-2} + h^{n-1}\right\}$$

$$= nx^{n-1}$$

첫째 항을 제외한 모든 항에는 인수로 h가 있으므로 0으로 수렴한다. □

멱의 미분법을 다음 보기 1에서 여러 가지 기호를 이용해서 예시한다.

보기 1 (a) $f(x) = x^6$이면 $f'(x) = 6x^5$이다.

(b) $y = x^{1000}$이면 $y' = 1000x^{999}$이다.

(c) $y = t^4$이면 $\frac{dy}{dt} = 4t^3$이다. (d) $\frac{d}{dr}(r^3) = 3r^2$ ■

지수가 음의 정수인 멱 함수는 어떤가? 익힘 문제 57에서 도함수의 정의를 이용해서 다음을 유도할 것이다.

$$\frac{d}{dx}\left(\frac{1}{x}\right) = -\frac{1}{x^2}$$

이 식을 다음과 같이 다시 쓸 수 있다.

$$\frac{d}{dx}(x^{-1}) = (-1)x^{-2}$$

이에 따라 멱의 미분법은 $n = -1$일 때 참이다. 실제로, 다음 절 익힘 문제 57(c)에서 멱의 미분법이 모든 음의 정수에 대해 성립함을 밝힐 것이다.

지수가 분수이면 어떨까? 2.2절의 보기 3에서 다음 사실을 찾았다.

$$\frac{d}{dx}\sqrt{x} = \frac{1}{2\sqrt{x}}$$

이를 다음과 같이 다시 쓸 수 있다.

$$\frac{d}{dx}(x^{1/2}) = \frac{1}{2}x^{-1/2}$$

이에 따라 멱의 미분법은 $n = \frac{1}{2}$일 때도 참이다. 실제로, 3.3절에서 멱의 미분법이 모든 실수 n에 대해 참임을 밝힐 것이다.

멱의 미분법 (일반적인 형태) n이 임의의 실수일 때, 다음이 성립한다.

$$\frac{d}{dx}(x^n) = nx^{n-1}$$

보기 2 다음을 미분하라.

(a) $f(x) = \dfrac{1}{x^2}$ (b) $y = \sqrt[3]{x^2}$

풀이 각 경우에 함수를 x의 지수로 다시 쓰자.

(a) $f(x) = x^{-2}$이므로, $n = -2$인 멱의 미분법을 이용한다.

$$f'(x) = \frac{d}{dx}(x^{-2}) = -2x^{-2-1} = -2x^{-3} = -\frac{2}{x^3}$$

(b) $$\frac{dy}{dx} = \frac{d}{dx}\left(\sqrt[3]{x^2}\right) = \frac{d}{dx}(x^{2/3}) = \frac{2}{3}x^{(2/3)-1} = \frac{2}{3}x^{-1/3}$$ ■

▪ 그림 3은 보기 2(b)의 함수 y와 그 도함수 y'을 보여준다. y는 0에서 미분불가능하다. (y'은 그 수에서 정의되지 않는다.) y'는 y가 증가할 때 양수이고 y가 감소할 때 음수임을 확인하자.

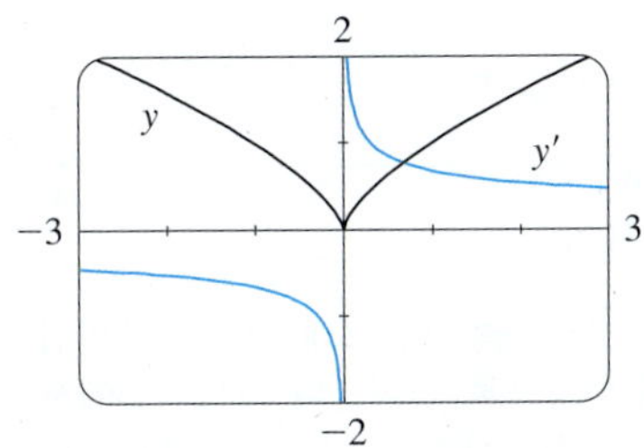

그림 3 $y = \sqrt[3]{x^2}$

멱의 미분법을 이용하면, 도함수의 정의에 의존하지 않고도 접선을 찾을 수 있다. 또, 법선을 찾을 수도 있다. 점 P에서 곡선 C에 대한 법선은 P에서의 접선과 수직이고 P를 지나는 직선이다. (광학 연구에서는 광선과 렌즈의 법선 사이의 각을 고려할 필요가 있다.)

용어
법선 normal line

보기 3 점 $(1, 1)$에서 곡선 $y = x\sqrt{x}$에 대한 접선과 법선의 방정식을 각각 찾아라. 이 곡선과 두 직선의 그래프를 그려라.

풀이 $f(x) = x\sqrt{x} = xx^{1/2} = x^{3/2}$의 도함수는 다음과 같다.

$$f'(x) = \frac{3}{2}x^{(3/2)-1} = \frac{3}{2}x^{1/2} = \frac{3}{2}\sqrt{x}$$

그러므로 $(1, 1)$에서 접선의 기울기는 $f'(1) = \frac{3}{2}$이다. 따라서 접선의 방정식은 다음과 같다.

$$y - 1 = \frac{3}{2}(x-1) \quad \text{또는} \quad y = \frac{3}{2}x - \frac{1}{2}$$

법선은 접선과 수직이므로, 그 기울기는 $\frac{3}{2}$의 음의 역수, 곧 $-\frac{2}{3}$이다. 그러므로 법선의 방정식은 다음과 같다.

$$y - 1 = -\frac{2}{3}(x-1) \quad \text{또는} \quad y = -\frac{2}{3}x + \frac{5}{3}$$

그림 4에 곡선 및 그 접선과 법선의 그래프를 나타냈다. ■

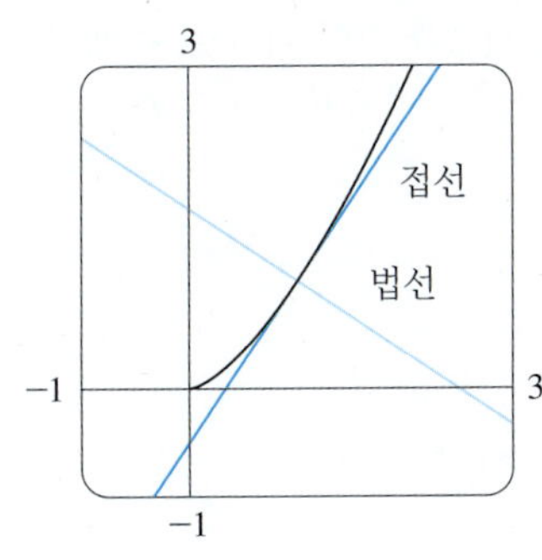

그림 4

합과 차의 미분법

함수들에 덧셈, 뺄셈, 곱셈, 상수 배를 적용해서 만든 새로운 함수의 도함수는, 사용된 함수들의 도함수를 이용해서 셈할 수 있다. 특히, 다음 공식은 상수와 함수의 곱의 도함수는 그 상수와 그 함수의 도함수의 곱임을 알려준다.

상수 배의 미분법 c가 상수이고 f가 미분 가능한 함수일 때, 다음이 성립한다.

$$\frac{d}{dx}\{cf(x)\}=c\frac{d}{dx}f(x)$$

■ **상수 배의 미분법의 기하학적 해석**

$c=2$를 곱하면, 그래프는 두 배만큼 연직 방향으로 늘어난다. 모든 곳에서 두 배로 상승하지만 방향은 같다. 그래서 기울기도 두 배가 된다.

증명 $g(x)=cf(x)$라 하면, 다음을 얻는다.

$$\begin{aligned} g'(x) &= \lim_{h\to 0}\frac{g(x+h)-g(x)}{h}=\lim_{h\to 0}\frac{cf(x+h)-cf(x)}{h} \\ &= \lim_{h\to 0}c\left\{\frac{f(x+h)-f(x)}{h}\right\} \\ &= c\lim_{h\to 0}\frac{f(x+h)-f(x)}{h} \qquad \text{(극한 법칙 3에 의해)} \\ &= cf'(x) \end{aligned}$$

□

보기 4 (a) 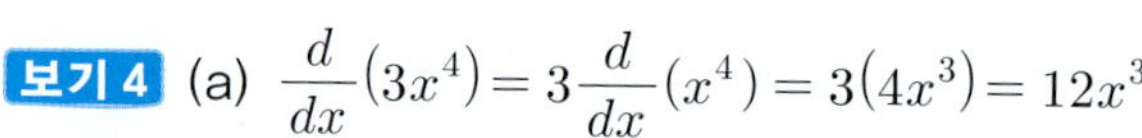
$\frac{d}{dx}(3x^4)=3\frac{d}{dx}(x^4)=3(4x^3)=12x^3$

(b) $\frac{d}{dx}(-x)=\frac{d}{dx}\{(-1)x\}=(-1)\frac{d}{dx}(x)=-1(1)=-1$ ■

다음 미분법은 함수들의 합의 도함수는 그 도함수들의 합임을 알려준다.

합의 미분법 f와 g가 모두 미분 가능할 때, 다음이 성립한다.

$$\frac{d}{dx}\{f(x)+g(x)\}=\frac{d}{dx}f(x)+\frac{d}{dx}g(x)$$

■ 귓점 기호를 이용하면, 합의 미분법을 다음과 같이 나타낼 수 있다.
$$(f+g)'=f'+g'$$

증명 $F(x)=f(x)+g(x)$라 하면, 다음을 얻는다.

$$\begin{aligned} F'(x) &= \lim_{h\to 0}\frac{F(x+h)-F(x)}{h} \\ &= \lim_{h\to 0}\frac{\{f(x+h)+g(x+h)\}-\{f(x)+g(x)\}}{h} \\ &= \lim_{h\to 0}\left\{\frac{f(x+h)-f(x)}{h}+\frac{g(x+h)-g(x)}{h}\right\} \\ &= \lim_{h\to 0}\frac{f(x+h)-f(x)}{h}+\lim_{h\to 0}\frac{g(x+h)-g(x)}{h} \qquad \text{(극한 법칙 1에 의해)} \\ &= f'(x)+g'(x) \end{aligned}$$

□

합의 미분법을 임의 개의 함수의 합으로 확대할 수 있다. 예를 들면, 이 정리를 이용하면 다음을 얻는다.

$$(f+g+h)'=\{(f+g)+h\}'=(f+g)'+h'=f'+g'+h'$$

$f-g$를 $f+(-1)g$로 적고, 합의 미분법과 상수 배의 미분법을 적용하면

다음 공식을 얻는다.

> **차의 미분법** f와 g가 모두 미분 가능할 때, 다음이 성립한다.
>
> $$\frac{d}{dx}\{f(x)-g(x)\}=\frac{d}{dx}f(x)-\frac{d}{dx}g(x)$$

상수 배의 미분법, 합의 미분법, 차의 미분법을 멱의 미분법과 결합하면, 다음 보기에서 예시하듯이, 모든 다항 함수를 미분할 수 있다.

> ■ www.stewartcalculus.com
>
> Additional Example A를 보라.

보기 5

$$\begin{aligned}
&\frac{d}{dx}(x^8+12x^5-4x^4+10x^3-6x+5)\\
&=\frac{d}{dx}(x^8)+12\frac{d}{dx}(x^5)-4\frac{d}{dx}(x^4)\\
&\qquad+10\frac{d}{dx}(x^3)-6\frac{d}{dx}(x)+\frac{d}{dx}(5)\\
&=8x^7+12(5x^4)-4(4x^3)+10(3x^2)-6(1)+0\\
&=8x^7+60x^4-16x^3+30x^2-6
\end{aligned}$$

■

보기 6 곡선 $y=x^4-6x^2+4$에 있는 점 중에서 그 점에서의 접선이 수평선인 것을 찾아라.

풀이 수평 접선은 도함수가 0인 점에서 나타난다. 다음이 성립한다.

$$\begin{aligned}
\frac{dy}{dx}&=\frac{d}{dx}(x^4)-6\frac{d}{dx}(x^2)+\frac{d}{dx}(4)\\
&=4x^3-12x+0=4x(x^2-3)
\end{aligned}$$

그러므로 $x=0$ 또는 $x^2-3=0$, 곧 $x=\pm\sqrt{3}$일 때 $dy/dx=0$이다. 그러므로 $x=0$, $\sqrt{3}$, $-\sqrt{3}$일 때 주어진 곡선에 대한 접선은 수평선이다. 이에 대응하는 점은 $(0, 4)$, $(\sqrt{3}, -5)$, $(-\sqrt{3}, -5)$이다. (그림 5를 보라.) ■

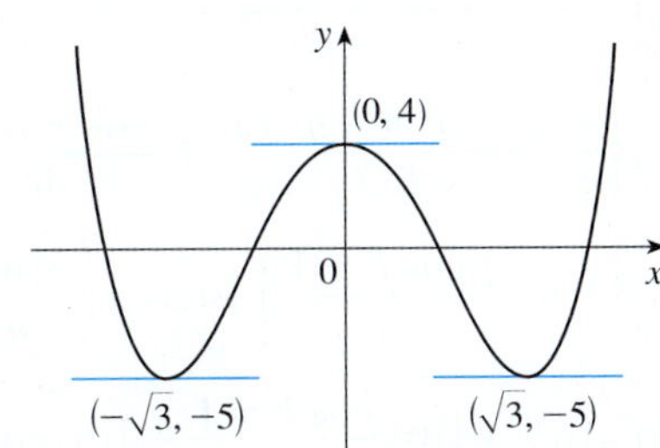

그림 5 곡선 $y=x^4-6x^2+4$와 수평 접선

사인 함수와 코사인 함수

함수 $f(x)=\sin x$의 그래프를 그린 다음에, f'의 그래프를 그리기 위해

$f'(x)$를 사인 곡선에 대한 접선의 기울기로 해석하면(2.2절의 익힘 문제 16을 보라), f'의 그래프가 코사인 곡선과 같은 것으로 보인다. (그림 6을 보라.)

TEC Visual 2.3은 그림 6을 동영상으로 보여준다.

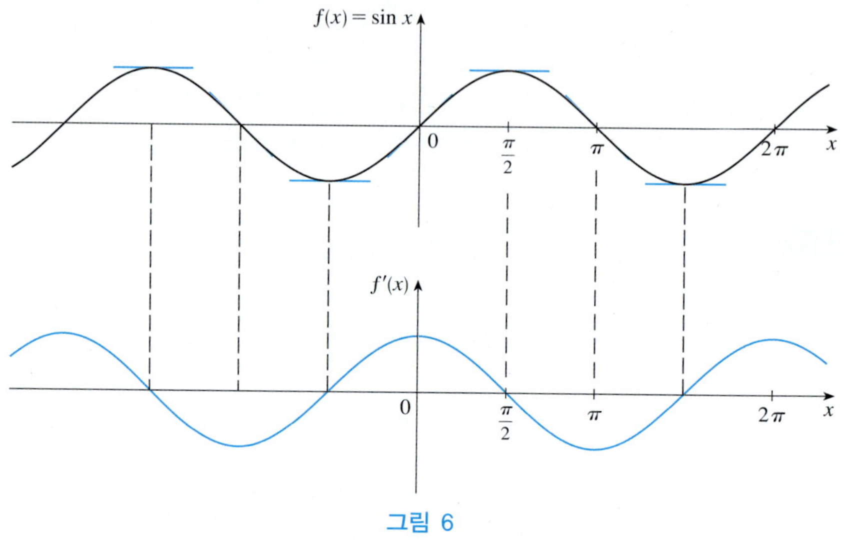

그림 6

이것이 실제로 참임을 증명하기 위해서, 다음과 같은 1.4절의 두 가지 극한을 이용할 필요가 있다. (1.4절의 식 6과 보기 11을 보라.)

$$\lim_{\theta \to 0} \frac{\sin\theta}{\theta} = 1, \qquad \lim_{\theta \to 0} \frac{\cos\theta - 1}{\theta} = 0$$

4
$$\frac{d}{dx}(\sin x) = \cos x$$

증명 $f(x) = \sin x$라 하면, 다음이 성립한다.

$$
\begin{aligned}
f'(x) &= \lim_{h \to 0} \frac{f(x+h) - f(x)}{h} = \lim_{h \to 0} \frac{\sin(x+h) - \sin x}{h} \\
&= \lim_{h \to 0} \frac{\sin x \cos h + \cos x \sin h - \sin x}{h} \\
&= \lim_{h \to 0} \left[\frac{\sin x \cos h - \sin x}{h} + \frac{\cos x \sin h}{h} \right] \\
&= \lim_{h \to 0} \left[\sin x \left(\frac{\cos h - 1}{h} \right) + \cos x \left(\frac{\sin h}{h} \right) \right] \\
&= \lim_{h \to 0} \sin x \cdot \lim_{h \to 0} \frac{\cos h - 1}{h} + \lim_{h \to 0} \cos x \cdot \lim_{h \to 0} \frac{\sin h}{h} \\
&= (\sin x) \cdot 0 + (\cos x) \cdot 1 = \cos x
\end{aligned}
$$
□

- 사인 함수의 덧셈 공식을 사용했다. 부록 A를 보라.
- $h \to 0$일 때의 극한을 셈하는 경우에는 x를 상수로 생각한다. 이에 따라 이런 경우에 $\sin x$와 $\cos x$도 상수이다.

공식 4의 증명과 똑같은 방법을 사용하면, 다음을 증명할 수 있다. (익힘 문제 58을 보라.)

5 $$\frac{d}{dx}(\cos x) = -\sin x$$

보기 7 $y = 3\sin\theta + 4\cos\theta$를 미분하라.

풀이 $$\frac{dy}{d\theta} = 3\frac{d}{d\theta}(\sin\theta) + 4\frac{d}{d\theta}(\cos\theta) = 3\cos\theta - 4\sin\theta$$ ■

보기 8 $\cos x$의 27계 도함수를 찾아라.

풀이 $f(x) = \cos x$의 처음 몇 개의 도함수는 다음과 같다.

$$f'(x) = -\sin x,$$
$$f''(x) = -\cos x,$$
$$f'''(x) = \sin x,$$
$$f^{(4)}(x) = \cos x,$$
$$f^{(5)}(x) = -\sin x$$

규칙을 찾아보면, 일련의 도함수들이 4개씩 순환하면서 반복해서 나타난다. 특히, n이 4의 배수일 때 $f^{(n)}(x) = \cos x$이다. 그러므로 다음을 얻는다.

$$f^{(24)}(x) = \cos x$$

따라서 세 번 더 미분해서 다음을 얻는다.

$$f^{(27)}(x) = \sin x$$ ■

변화율에의 활용

2.1절에서 속도를 포함해서 몇 가지 변화율을 논의했다. 그런데 몇 가지 미분 공식을 알게 된 지금은 변화율과 관련된 문제를 좀 더 쉽게 해결할 수 있다.

보기 9 입자의 위치가 다음 식으로 주어진다고 하자.

$$s = f(t) = t^3 - 6t^2 + 9t$$

여기서 t의 단위는 초이고 s의 단위는 미터이다.

(a) 시각 t에서의 속도를 찾아라.
(b) 2초 뒤의 속도는 얼마인가? 4초 뒤의 속도는 얼마인가?
(c) 입자가 정지하는 시각은 언젠가?
(d) 입자는 언제 앞으로(곧, 양의 방향으로) 움직이는가?
(e) 입자의 운동을 표현하는 그림을 그려라.
(f) 처음 5초 동안 입자가 움직인 전체 거리를 찾아라.
(g) 시각 t에서의 가속도와 4초 뒤의 가속도를 찾아라.
(h) $0 \le t \le 5$일 때 위치 · 속도 · 가속도 함수의 그래프를 그려라.

풀이 (a) 속도 함수는 위치 함수의 도함수이므로, 각각 다음과 같다.

$$\text{위치 함수: } s = f(t) = t^3 - 6t^2 + 9t$$

$$\text{속도 함수: } v(t)=\frac{ds}{dt}=3t^2-12t+9$$

(b) 2초 뒤의 속도는 $t=2$일 때의 순간 속도로 다음과 같다.

$$v(2)=\left.\frac{ds}{dt}\right|_{t=2}=3\cdot 2^2-12\cdot 2+9=-3(\text{m/s})$$

4초 뒤의 속도는 다음과 같다.

$$v(4)=3\cdot 4^2-12\cdot 4+9=9(\text{m/s})$$

(c) 입자는 $v(t)=0$일 때, 곧 다음과 같을 때 정지한다.

$$3t^2-12t+9=3(t^2-4t+3)=3(t-1)(t-3)=0$$

이 등식은 $t=1$ 또는 $t=3$일 때 성립한다. 그러므로 입자는 1초 뒤와 3초 뒤에 정지한다.

(d) 입자는 $v(t)>0$일 때, 곧 다음과 같을 때 양의 방향으로 움직인다.

$$3t^2-12t+9=3(t-1)(t-3)>0$$

이 부등식은 두 인자가 모두 양수일 때($t>3$) 또는 두 인자가 모두 음수일 때($t<1$) 성립한다. 그러므로 입자는 두 시간 구간 $t<1$과 $t>3$에서 양의 방향으로 움직인다. 입자는 $1<t<3$일 때 뒤쪽으로(음의 방향으로) 움직인다.

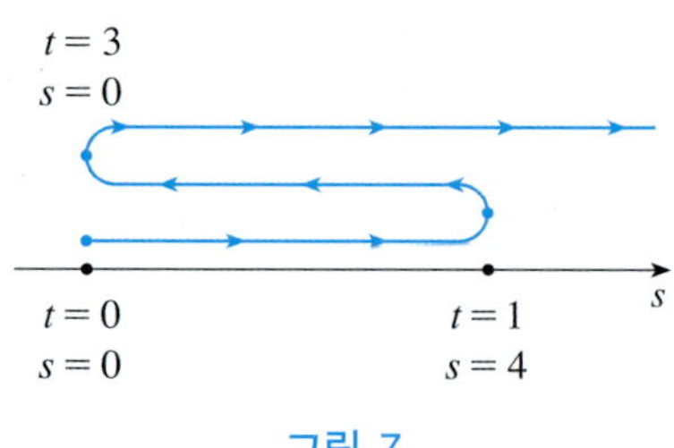

그림 7

(e) (d)의 정보를 이용하면, 입자가 직선(s축)을 따라 앞뒤로 움직이는 상황을 그림 7과 같은 그림으로 나타낼 수 있다.

(f) (d)와 (e)에서 알게 된 사실 때문에, 세 시간 구간 $[0, 1]$, $[1, 3]$, $[3, 5]$에 움직인 거리를 별도로 셈할 필요가 있다.

처음 1초 동안 움직인 거리는 다음과 같다.

$$|f(1)-f(0)|=|4-0|=4(\text{m})$$

$t=1$부터 $t=3$까지 움직인 거리는 다음과 같다.

$$|f(3)-f(1)|=|0-4|=4(\text{m})$$

$t=3$부터 $t=5$까지 움직인 거리는 다음과 같다.

$$|f(5)-f(3)|=|20-0|=20(\text{m})$$

따라서 움직인 전체 거리는 $4+4+20=28(\text{m})$이다.

(g) 가속도는 속도 함수의 도함수이므로, 다음을 얻는다.

$$a(t)=\frac{d^2s}{dt^2}=\frac{dv}{dt}=6t-12,$$

$$a(4)=6(4)-12=12(\text{m/s}^2)$$

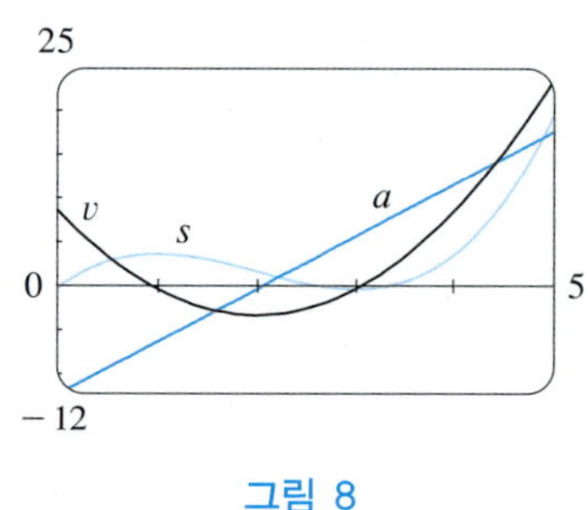

그림 8

(h) 그림 8은 s, v, a의 그래프를 보여준다. ■

보기 10 $C(x)$를 어떤 상품을 x단위 생산하는 데 드는 총비용이라 하자. 함수 C를 **비용 함수**라고 한다. 이 상품의 생산 단위 수가 x_1에서 x_2로 증가하면, 추가 비용은 $\Delta C=C(x_2)-C(x_1)$이고, 비용의 평균 변화율은 다음과 같다.

$$\frac{\Delta C}{\Delta x} = \frac{C(x_2) - C(x_1)}{x_2 - x_1} = \frac{C(x_1 + \Delta x) - C(x_1)}{\Delta x}$$

$\Delta x \to 0$일 때 이 값의 극한, 곧 생산한 단위 수에 관한 비용의 순간 변화율을 경제학자는 한계 비용이라 한다.

$$\text{한계 비용} = \lim_{\Delta x \to 0} \frac{\Delta C}{\Delta x} = \frac{dC}{dx}$$

[x의 값이 흔히 정수뿐이기 때문에, Δx가 0에 가까워진다는 말이 실제로 의미가 없을 수 있지만, $C(x)$를 언제나 매끄러운 근사 함수로 바꿀 수 있다.]

$\Delta x = 1$과 큰 n을 택하면(이에 따라 Δx가 n에 비해 작으면) 다음을 얻는다.

$$C'(n) \approx C(n+1) - C(n)$$

그러므로 n단위를 생산하는 한계 비용은 [$(n+1)$번째 단위인] 한 단위를 더 생산하는 비용과 근사적으로 거의 같다.

총비용 함수를 다음과 같은 다항 함수로 표현하는 것이 종종 적절하다.

$$C(x) = a + bx + cx^2 + dx^3$$

여기서 a는 간접비(임대료, 난방비, 관리비)이고, 다른 항들은 원자재비, 인건비 등을 표현한다. (원자재비는 x에 정비례할 수 있지만, 대단위 생산에 의한 초과 근무 수당과 비효율성 때문에 인건비는 x의 고차 거듭제곱에 부분적으로 좌우될 수 있다.)

예를 들어, x단위를 생산하는 비용(달러)이 다음과 같이 어림된다고 하자.

$$C(x) = 10000 + 5x + 0.01x^2$$

그러면 한계 비용 함수는 다음과 같다.

$$C'(x) = 5 + 0.02x$$

500단위의 생산 수준에서 한계 비용은 다음과 같다.

$$C'(500) = 5 + 0.02 \cdot 500 = 15 \text{(달러/단위)}$$

이것은 $x = 500$일 때의 생산 수준에서 비용이 증가하는 변화율을 알려주고, 501째 단위의 생산 비용을 예측하게 한다.

501째 단위를 생산하는 실제 비용은 다음과 같다.

$$\begin{aligned} C(501) - C(500) &= \{10000 + 5 \cdot 501 + 0.01 \cdot 501^2\} \\ &\quad - \{10000 + 5 \cdot 500 + 0.01 \cdot 500^2\} \\ &= 15.01 \text{(달러)} \end{aligned}$$

$C'(500) \approx C(501) - C(500)$임을 확인하자. ■

용어
비용 함수 cost function
한계 비용 marginal cost

■ www.stewartcalculus.com
Additional Example B–F를 보라.

2.3 익힘 문제

1–23. 다음 함수를 미분하라.

1. $f(x) = 2^{40}$
2. $f(x) = \sqrt{30}$
3. $f(t) = 2 - \frac{2}{3}t$
4. $F(x) = \frac{3}{4}x^8$
5. $f(x) = x^3 - 4x + 6$
6. $f(t) = \frac{1}{2}t^6 - 3t^4 + t$
7. $f(x) = 3x^2 - 2\cos x$
8. $y = \sin t + \pi\cos t$
9. $g(x) = x^2(1-2x)$
10. $h(x) = (x-2)(2x+3)$
11. $y = x^{-2/5}$
12. $B(y) = cy^{-6}$
13. $A(s) = -\dfrac{12}{s^5}$
14. $y = x^{5/3} - x^{2/3}$
15. $R(a) = (3a+1)^2$
16. $y = \sqrt{x}(x-1)$
17. $S(p) = \sqrt{p} - p$
18. $S(R) = 4\pi R^2$
19. $y = \dfrac{x^2+4x+3}{\sqrt{x}}$
20. $g(u) = \sqrt{2}\,u + \sqrt{3u}$
21. $v = t^2 - \dfrac{1}{\sqrt[4]{t^3}}$
22. $y = \dfrac{x^2 - 2\sqrt{x}}{x}$
23. $z = \dfrac{A}{y^{10}} + B\cos y$
24. $y = \dfrac{\sin\theta}{2} + \dfrac{c}{\theta}$
25. $H(x) = (x + x^{-1})^3$
26. $u = \sqrt[3]{t^2} + 2\sqrt{t^3}$

27–28. 주어진 점에서 다음 곡선에 대한 접선과 법선의 방정식을 찾아라.

27. $y = 6\cos x$, $(\pi/3,\ 3)$
28. $y = (1+2x)^2$, $(1,\ 9)$

29–30. 주어진 점에서 다음 곡선에 대한 접선의 방정식을 찾아라. 곡선과 접선의 그래프를 같은 화면에 나타내라.

29. $y = 3x^2 - x^3$, $(1,\ 2)$
30. $y = x - \sqrt{x}$, $(1,\ 0)$

31–34. 다음 함수의 일계와 이계 도함수를 찾아라.

31. $f(x) = x^4 - 3x^3 + 16x$
32. $G(r) = \sqrt{r} + \sqrt[3]{r}$
33. $g(t) = 2\cos t - 3\sin t$
34. $h(t) = \sqrt{t} + 5\sin t$

35. $\dfrac{d^{99}}{dx^{99}}(\sin x)$를 찾아라.

36. 다음 함수의 n계 도함수를, 처음 몇 개의 도함수를 셈하고 이때 나타나는 규칙을 관찰해서 찾아라.
 (a) $f(x) = x^n$ (b) $f(x) = 1/x$

37. x의 어떤 값에서 $f(x) = x + 2\sin x$의 그래프에 대한 접선이 수평선인가?

38. x의 어떤 값에서 $f(x) = x^3 + 3x^2 + x + 3$의 그래프에 대한 접선이 수평선인가?

39. 곡선 $y = 6x^3 + 5x - 3$에 대한 접선의 기울기는 4일 수 없음을 보여라.

40. 직선 $y = 1 + 3x$와 평행인 곡선 $y = x\sqrt{x}$에 대한 접선의 방정식을 찾아라.

41. 직선 $x - 3y = 5$와 평행인 포물선 $y = x^2 - 5x + 4$에 대한 법선의 방정식을 찾아라.

42. 점 $(1,\ 0)$에서 포물선 $y = x - x^2$에 대한 법선은 이 포물선과 어디에서 다시 만나는가? 그래프를 그려서 나타내라.

43. 입자의 운동 방정식(위치 함수)이 $s = t^3 - 3t$라 하자. 여기서 s의 단위는 미터이고 t의 단위는 초이다. 이때, 다음을 찾아라.
 (a) t의 함수로서 속도와 가속도
 (b) 2초 뒤의 가속도
 (c) 속도가 0일 때의 가속도

44. 입자의 운동 방정식이 $s = 2t^3 - 7t^2 + 4t + 1$이라 하자. 여기서 s의 단위는 미터이고 t의 단위는 초이다.
 (a) t의 함수로서 속도와 가속도를 찾아라.
 (b) 1초 뒤의 가속도를 찾아라.
 (c) 위치 · 속도 · 가속도 함수의 그래프를 같은 화면에 나타내라.

45–46. 입자가 운동 법칙 $s = f(t)$ $(t \geq 0)$에 따라 움직인다. 여기서 t의 단위는 초이고 s의 단위는 미터이다.
 (a) 시각 t에서의 속도를 찾아라.
 (b) 3초 뒤의 속도는 얼마인가?
 (c) 입자는 언제 정지 상태에 있는가?
 (d) 입자는 언제 양의 방향으로 움직이는가?
 (e) 처음 8초 동안 움직인 전체 거리를 찾아라.

(f) 입자의 운동을 나타내는 그림 2와 같은 그림을 그려라.

(g) 시각 t와 3초 뒤의 가속도를 찾아라.

(h) $0 \le t \le 8$에 대해 위치 · 속도 · 가속도 함수의 그래프를 그려라.

45. $f(t) = t^3 - 12t^2 + 36t$

46. $f(t) = 0.01t^4 - 0.04t^3$

47. 입자의 위치 함수가 $s = t^3 - 4.5t^2 - 7t \ (t \ge 0)$으로 주어진다고 하자.

(a) 언제 입자의 속도가 5m/s에 도달하는가?

(b) 언제 가속도가 0인가? t의 이 값의 의미는 무엇인가?

48. 공을 비탈길에서 초기 속도 5m/s로 밀었을 때 t초 동안 구른 거리는 $s = 5t + 3t^2$이라고 한다.

(a) 2초 뒤의 속도를 찾아라.

(b) 얼마의 시간이 지나면 속도가 35m/s에 이르는가?

49. 수성 표면에서 돌을 연직 방향으로 15m/s의 속도로 던져 올렸을 때, t초 뒤의 높이는 $h = 15t - 1.86t^2$이다.

(a) 2초 뒤 이 돌의 속도는 얼마인가?

(b) 이 돌이 표면으로부터 25m의 높이에 이를 때의 속도는 얼마인가? 내려가면서 이 높이에 이를 때의 속도는?

50. 공을 연직 방향으로 24.5m/s의 속도로 던졌을 때, t초 뒤의 높이는 $s = 24.5t - 4.9t^2$이다.

(a) 이 공이 도달할 수 있는 최대 높이는 얼마인가?

(b) 공이 올라가면서 지면으로부터 29.4m의 높이에 이를 때의 속도는 얼마인가? 내려가면서 이 높이에 있을 때의 속도는?

51. 어떤 직물을 xm 생산하는 비용(달러)이 다음과 같다고 하자.

$$C(x) = 1200 + 12x - 0.1x^2 + 0.0005x^3$$

(a) 한계 비용 함수를 찾아라.

(b) $C'(200)$을 찾고 그 뜻을 설명하라. 이는 무엇을 예측하는가?

(c) $C'(200)$을 201m째를 생산하는 비용과 비교하라.

52. 어떤 상품의 비용 함수는 다음과 같다고 하자.

$$C(x) = 84 + 0.16x - 0.0006x^2 + 0.000003x^3$$

(a) $C'(100)$을 찾고 그 의미를 해석하라.

(b) $C'(100)$을 101번째 항목을 생산하는 비용과 비교하라.

53. 구형 풍선을 부풀리고 있다. 반지름 r에 관한 겉넓이 $(S = 4\pi r^2)$의 증가율을 r이 (a) 20cm, (b) 40cm, (c) 60cm일 때 찾아라. 어떤 결론을 내릴 수 있는가?

54. 탱크에 5000리터의 물이 담겨 있는데, 밑에 있는 구멍을 통해 40분에 모두 배출할 수 있다. 이때 토리첼리의 법칙에 의해 t분 뒤에 탱크에 남아 있는 물의 부피 V는 다음과 같다.

$$V(t) = 5000\left(1 - \frac{1}{40}t\right)^2 \quad (0 \le t \le 40)$$

(a) 5분, (b) 10분, (c) 20분, (d) 40분 뒤에 물이 탱크 밖으로 배출되는 변화율을 찾아라. 언제 물이 가장 빠르게 배출되는가? 언제 가장 느리게 배출되는가? 찾은 결과를 요약하라.

55. 보일의 법칙에 따라, 일정한 온도에서 기체를 압축할 때 기체의 압력 P는 기체의 부피 V에 반비례한다.

(a) 25℃에서 0.106㎥을 차지한 표본 기체의 압력은 50kPa이라고 하자. V를 P의 함수로 나타내라.

(b) $P = 50$kPa일 때, dV/dP를 셈하라. 도함수의 뜻을 무엇인가? 단위는 무엇인가?

56. 뉴턴의 중력 법칙에 따라, 질량이 m인 물체가 질량이 M인 물체에 가하는 힘의 크기 F는 다음과 같다.

$$F = \frac{GmM}{r^2}$$

여기서 G는 중력 상수이고, r은 두 물체 사이의 거리이다.

(a) dF/dr를 찾고, 그 의미를 설명하라. 음의 부호는 무엇을 뜻하는가?

(b) 지구가 어떤 물체를 $r = 20000$km일 때 2N/km의 변화율로 감소하는 힘으로 끌어당기고 있다고 하자. $r = 10000$km일 때 이 힘은 얼마나 빨리 변하는가?

57. 도함수의 정의를 이용해서, $f(x) = 1/x$일 때 $f'(x) = -1/x^2$임을 보여라. (이는 $n = -1$인 경우의 멱

의 미분법을 증명한다.)

58. 도함수의 정의를 이용해서 $f(x) = \cos x$ 일 때 $f'(x) = -\sin x$ 임을 증명하라.

59. 방정식 $y'' + y' - 2y = \sin x$ 를 미분 방정식이라 부르는데, 미지의 함수 y 및 그 도함수 y'과 y''이 관련되어 있기 때문이다. 두 상수 A와 B를 정해서, 함수 $y = A\sin x + B\cos x$ 가 이 방정식을 만족시키도록 하라. (미분 방정식은 7.7절에서 자세하게 논의한다.)

60. 세 상수 A, B, C를 정해서, 함수 $y = Ax^2 + Bx + C$ 가 미분 방정식 $y'' + y' - 2y = x^2$ 을 만족시키도록 하라.

61. 그림을 그려서, 점 $(0, -4)$를 지나는 포물선 $y = x^2$ 에 대한 접선이 두 개 있음을 보여라. 이 접선들이 포물선과 만나는 점의 좌표를 찾아라.

62. (a) 점 $(2, -3)$을 지나고 포물선 $y = x^2 + x$ 에 접하는 두 직선의 방정식을 찾아라.
(b) 점 $(2, 7)$을 지나고 이 포물선에 접하는 직선이 없음을 보여라. 그리고 그 이유를 보여주는 그림을 그려라.

63. 어떤 a와 b의 값에 대해 직선 $2x + y = b$는 $x = 2$일 때 포물선 $y = ax^2$에 접하는가?

64. 방정식이 $y = ax^2 + bx + c$인 포물선으로 $x = 1$에서 기울기가 4이고 $x = -1$에서 기울기가 -8이며 점 $(2, 15)$를 지나는 것을 찾아라.

65. 그래프의 두 점 $(-2, 6)$과 $(2, 0)$에서의 접선이 수평선인 삼차 함수 $y = ax^3 + bx^2 + cx + d$를 찾아라.

66. 곡선 $y = ax^3 + bx^2 + cx + d$ 의 접선의 방정식은 $x = 0$일 때 $y = 2x + 1$이고 $x = 1$일 때 $y = 2 - 3x$라고 하자. a, b, c, d 의 값을 찾아라.

67. 포물선 $y = ax^2 + bx$ 에 있는 점 $(1, 1)$에서의 접선의 방정식이 $y = 3x - 2$일 때, a와 b 의 값을 찾아라.

68. 점 P에서 쌍곡선 $xy = c$에 대한 접선을 그렸다.
(a) 접선이 두 좌표축에 의해 잘린 선분의 중점이 P임을 보여라.
(b) 접선과 두 좌표축으로 이루어진 삼각형의 넓이는, P가 쌍곡선의 어디에 있더라도, 언제나 같음을 보여라.

69. $\lim_{x \to 1} \frac{x^{1000} - 1}{x - 1}$ 의 값을 찾아라.

70. y축에서 교차하고 모두 포물선 $y = x^2$에 접하는 두 개의 수직인 직선을 보여주는 그림을 그려라.

71. $c > \frac{1}{2}$일 때, 점 $(0, c)$를 지나는 포물선 $y = x^2$의 법선은 몇 개인가? $c \le \frac{1}{2}$일 때는 몇 개인가?

72. 포물선 $y = x^2$과 $y = x^2 - 2x + 2$를 그려라. 두 곡선에 모두 접하는 직선이 존재하는가? 존재한다면, 그 방정식을 찾아라. 존재하지 않으면, 그 이유는?

2.4 곱과 몫의 미분법

이번 절의 공식을 이용하면, 곱셈과 나눗셈으로 만든 새로운 함수를 미분할 수 있다.

곱의 미분법

⊘ 합과 차의 미분법과 유사하게, 곱의 도함수는 도함수의 곱이라고 추측할 수 있을 것이다. 3세기 전에 라이프니츠도 처음에는 이렇게 추측했다. 그런데 다음의 특별한 예를 통해, 이런 추측이 거짓임을 확인할 수 있다. $f(x) = x$이고 $g(x) = x^2$이라 하자. 그러면 멱의 미분법에 의해 $f'(x) = 1$이고 $g'(x) = 2x$

이다. 그런데 $(fg)(x)=x^3$이므로, $(fg)'(x)=3x^2$이다. 따라서 $(fg)' \neq f'g'$이다. 정확한 공식은 라이프니츠가 (잘못 추측한 뒤에 곧) 발견했는데, 이를 곱의 미분법이라 부른다.

■ 곱의 미분법을 귓점 기호로 다음과 같이 나타낼 수 있다.

$$(fg)'=fg'+gf'$$

곱의 미분법 f와 g가 모두 미분 가능할 때, 다음이 성립한다.

$$\frac{d}{dx}\{f(x)g(x)\}=f(x)\frac{d}{dx}\{g(x)\}+g(x)\frac{d}{dx}\{f(x)\}$$

증명 $F(x)=f(x)g(x)$라 하자. 그리고 다음 극한을 찾자.

$$\begin{aligned}F'(x)&=\lim_{h\to0}\frac{F(x+h)-F(x)}{h}\\&=\lim_{h\to0}\frac{f(x+h)g(x+h)-f(x)g(x)}{h}\end{aligned}$$

이 극한을 찾기 위해서, 두 함수 f와 g를 합의 미분법에 대한 증명에서와 같이 서로 분리하는 것이 좋다. 분자에서 $f(x+h)g(x)$를 뺐다가 더하면 다음과 같이 분리할 수 있다.

$$\begin{aligned}F'(x)&=\lim_{h\to0}\frac{f(x+h)g(x+h)-f(x+h)g(x)+f(x+h)g(x)-f(x)g(x)}{h}\\&=\lim_{h\to0}\left\{f(x+h)\frac{g(x+h)-g(x)}{h}+g(x)\frac{f(x+h)-f(x)}{h}\right\}\\&=\lim_{h\to0}f(x+h)\cdot\lim_{h\to0}\frac{g(x+h)-g(x)}{h}\\&\qquad\qquad+\lim_{h\to0}g(x)\cdot\lim_{h\to0}\frac{f(x+h)-f(x)}{h}\\&=f(x)g'(x)+g(x)f'(x)\end{aligned}$$

$g(x)$는 변수 h에 관해 상수이므로 $\lim_{h\to0}g(x)=g(x)$이다. 또 f는 x에서 미분 가능하므로, 2.2절의 정리 [4]에 의해 이는 x에서 연속이고 이에 따라 $\lim_{h\to0}f(x+h)=f(x)$이다. □

말로 표현하면, 곱의 미분법은 "두 함수의 곱의 도함수는 첫째 함수와 둘째 함수의 도함수의 곱과 둘째 함수와 첫째 함수의 도함수의 곱의 합이다."라고 할 수 있다.

■ 그림 1은 보기 1의 함수와 그 도함수의 그래프를 보여준다. y의 수평 접선이 있는 곳에서는 $y'=0$이다.

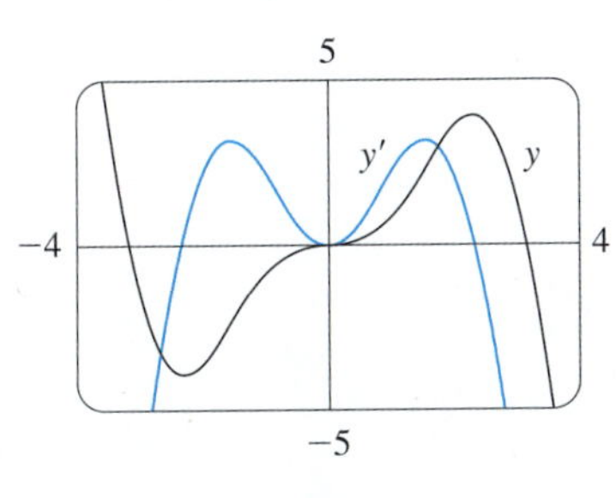

그림 1

보기 1 $y=x^2\sin x$를 미분하라.

풀이 곱의 미분법을 이용하면, 다음을 얻는다.

$$\begin{aligned}\frac{dy}{dx}&=x^2\frac{d}{dx}(\sin x)+\sin x\frac{d}{dx}(x^2)\\&=x^2\cos x+2x\sin x\end{aligned}$$

■

■ 보기 2에서 a와 b는 상수이다. 수학에서는 관례적으로 알파벳의 시작 부분에 있는 문자로 상수를 나타내고, 끝 부분에 있는 문자로 변수를 나타낸다.

보기 2 함수 $f(t)=\sqrt{t}(a+bt)$를 미분하라.

풀이 1 곱의 미분법을 이용하면 다음을 얻는다.

$$\begin{aligned} f'(t) &= \sqrt{t}\frac{d}{dt}(a+bt)+(a+bt)\frac{d}{dt}(\sqrt{t}) \\ &= \sqrt{t}\cdot b+(a+bt)\cdot\frac{1}{2}t^{-1/2} \\ &= b\sqrt{t}+\frac{a+bt}{2\sqrt{t}}=\frac{a+3bt}{2\sqrt{t}} \end{aligned}$$

풀이 2 먼저 지수 법칙을 이용해서 $f(t)$를 다시 쓰면, 곱의 미분법을 사용하지 않고 다음과 같이 직접 미분할 수 있다.

$$f(t)=a\sqrt{t}+bt\sqrt{t}=at^{1/2}+bt^{3/2},$$

$$f'(t)=\frac{1}{2}at^{-1/2}+\frac{3}{2}bt^{1/2}$$

이는 풀이 1의 답과 서로 같다. ■

보기 2는 때로는 곱의 미분법을 사용하는 것보다 함수의 곱을 단순화하는 것이 더 쉬울 수 있음을 보여준다. 그렇지만 보기 1에서는 곱의 미분법이 유일한 방법이다.

■ www.stewartcalculus.com

Additional Example A와 B를 보라.

보기 3 $h(x)=xg(x)$이고 $g(3)=5$이며 $g'(3)=2$일 때, $h'(3)$을 찾아라.

풀이 곱의 미분법을 적용하면 다음을 얻는다.

$$\begin{aligned} h'(x) &= \frac{d}{dx}\{xg(x)\}=x\frac{d}{dx}\{g(x)\}+g(x)\frac{d}{dx}\{x\} \\ &= xg'(x)+g(x) \end{aligned}$$

따라서 $h'(3)=3g'(3)+g(3)=3\cdot 2+5=11$이다. ■

몫의 미분법

다음 미분법을 이용하면 미분 가능한 두 함수의 몫을 미분할 수 있다.

■ 귓점 기호를 이용하면 몫의 미분법을 다음과 같이 나타낼 수 있다.

$$\left(\frac{f}{g}\right)'=\frac{gf'-fg'}{g^2}$$

몫의 미분법 f와 g가 모두 미분 가능할 때, 다음이 성립한다.

$$\frac{d}{dx}\left\{\frac{f(x)}{g(x)}\right\}=\frac{g(x)\frac{d}{dx}\{f(x)\}-f(x)\frac{d}{dx}\{g(x)\}}{\{g(x)\}^2}$$

증명 $F(x)=f(x)/g(x)$라 하자. 그리고 다음 극한을 찾자.

$$\begin{aligned} F(x) &= \lim_{h\to 0}\frac{F(x+h)-F(x)}{h}=\lim_{h\to 0}\frac{\dfrac{f(x+h)}{g(x+h)}-\dfrac{f(x)}{g(x)}}{h} \\ &= \lim_{h\to 0}\frac{f(x+h)g(x)-f(x)g(x+h)}{hg(x+h)g(x)} \end{aligned}$$

이 식에서 분자에 $f(x)g(x)$를 뺐다가 더하면, 다음과 같이 f와 g를 분리할 수 있다.

$$F'(x) = \lim_{h\to 0} \frac{f(x+h)g(x) - f(x)g(x) + f(x)g(x) - f(x)g(x+h)}{hg(x+h)g(x)}$$

$$= \lim_{h\to 0} \frac{g(x)\dfrac{f(x+h)-f(x)}{h} - f(x)\dfrac{g(x+h)-g(x)}{h}}{g(x+h)g(x)}$$

$$= \frac{\lim_{h\to 0} g(x) \cdot \lim_{h\to 0} \dfrac{f(x+h)-f(x)}{h} - \lim_{h\to 0} f(x) \cdot \lim_{h\to 0} \dfrac{g(x+h)-g(x)}{h}}{\lim_{h\to 0} g(x+h) \cdot \lim_{h\to 0} g(x)}$$

$$= \frac{g(x)f'(x) - f(x)g'(x)}{\{g(x)\}^2}$$

또다시 2.2절의 정리 4에 의해 g가 연속이므로, $\lim_{h\to 0} g(x+h) = g(x)$이다. □

말로 표현하면, 몫의 미분법은 "몫의 도함수는 분모와 분자의 도함수의 곱에서 분자와 분모의 도함수의 곱을 뺀 차를 분모의 제곱으로 나눈 것이다."라고 할 수 있다.

몫의 미분법과 다른 미분 공식을 사용하면, 다음 보기가 예시하듯이, 모든 유리 함수의 도함수를 셈할 수 있다.

보기 4 $y = \dfrac{x^2+x-2}{x^3+6}$라 하자. 그러면 이의 도함수는 다음과 같다.

$$y' = \frac{(x^3+6)\dfrac{d}{dx}(x^2+x-2) - (x^2+x-2)\dfrac{d}{dx}(x^3+6)}{(x^3+6)^2}$$

$$= \frac{(x^3+6)(2x+1) - (x^2+x-2)(3x^2)}{(x^3+6)^2}$$

$$= \frac{(2x^4+x^3+12x+6) - (3x^4+3x^3-6x^2)}{(x^3+6)^2}$$

$$= \frac{-x^4-2x^3+6x^2+12x+6}{(x^3+6)^2}$$ ■

▪ 그래프 장치를 이용해서 보기 4의 답이 참임을 확인할 수 있다. 그림 2는 보기 4의 함수와 그 도함수의 그래프를 보여준다. y가 (-2의 근방에서) 급속히 증가할 때 y'는 매우 크다. 또 y가 서서히 증가할 때, y'가 0의 근방에 있다.

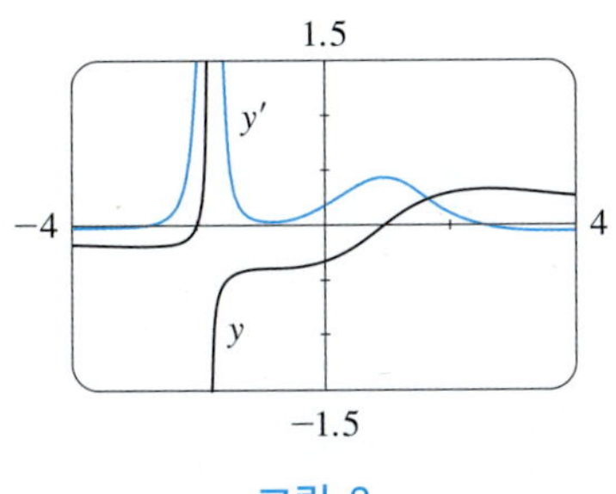

그림 2

보기 5 점 $(1, \frac{1}{2})$에서 곡선 $y = \sqrt{x}/(1+x^2)$에 대한 접선의 방정식을 찾아라.

풀이 몫의 미분법에 따라, 다음을 얻는다.

$$\frac{dy}{dx} = \frac{(1+x^2)\dfrac{d}{dx}(\sqrt{x}) - \sqrt{x}\,\dfrac{d}{dx}(1+x^2)}{(1+x^2)^2}$$

$$= \frac{(1+x^2)\dfrac{1}{2\sqrt{x}} - \sqrt{x}\,(2x)}{(1+x^2)^2}$$

$$= \frac{(1+x^2)-4x^2}{2\sqrt{x}\,(1+x^2)^2} = \frac{1-3x^2}{2\sqrt{x}\,(1+x^2)^2}$$

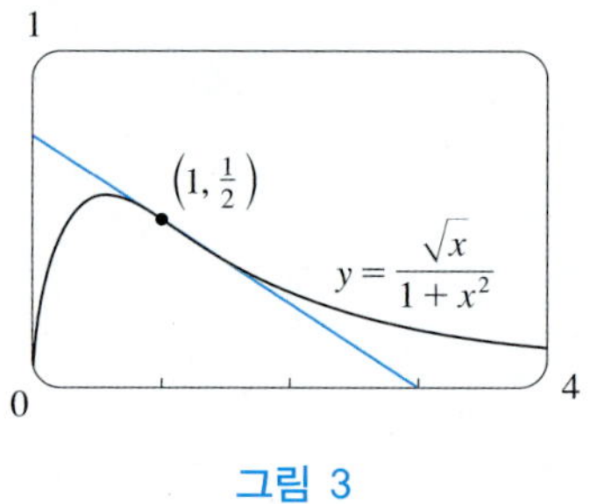

그림 3

그러므로 $(1, \frac{1}{2})$에서 접선의 기울기는 다음과 같다.

$$\left.\frac{dy}{dx}\right|_{x=1} = \frac{1-3\cdot 1^2}{2\sqrt{1}(1+1^2)^2} = -\frac{1}{4}$$

점·기울기 형태를 이용하면 $(1, \frac{1}{2})$에서의 접선의 방정식은 다음과 같다.

$$y-\frac{1}{2} = -\frac{1}{4}(x-1) \quad \text{또는} \quad y = -\frac{1}{4}x+\frac{3}{4}$$

이 곡선와 접선의 그래프는 그림 3에 나타냈다. ■

참고 몫을 볼 때마다 몫의 미분법을 사용하지 말자. 때로는 미분하기 위해 몫을 먼저 더 간단한 꼴로 바꾸어 다시 쓰는 것이 더 쉬울 수 있다. 예를 들면, 다음 함수는 몫의 미분법을 시용해서 미분할 수 있다.

$$F(x) = \frac{3x^2+2\sqrt{x}}{x}$$

그렇지만 미분하기 전에 나눗셈을 먼저 시행해서 이 함수를 다음과 같이 쓰면 훨씬 더 쉬워진다.

$$F(x) = 3x+2x^{-1/2}$$

삼각 함수

사인과 코사인 함수의 도함수를 알고 있으므로, 다음과 같이 몫의 미분법을 사용해서 탄젠트 함수의 도함수를 찾을 수 있다.

$$\begin{aligned}
\frac{d}{dx}(\tan x) &= \frac{d}{dx}\left(\frac{\sin x}{\cos x}\right) \\
&= \frac{\cos x\frac{d}{dx}(\sin x) - \sin x\frac{d}{dx}(\cos x)}{\cos^2 x} \\
&= \frac{\cos x\cdot\cos x - \sin x(-\sin x)}{\cos^2 x} \\
&= \frac{\cos^2 x+\sin^2 x}{\cos^2 x} \\
&= \frac{1}{\cos^2 x} = \sec^2 x
\end{aligned}$$

$$\boxed{\frac{d}{dx}(\tan x) = \sec^2 x}$$

나머지 삼각 함수인 코시컨트·시컨트·코탄젠트 함수의 도함수도 몫의 미분법을 사용해서 쉽게 찾을 수 있다. (익힘 문제 37-39를 보라.) 다음 표에 삼각 함수의 미분 공식을 모았다. 이 공식들은 x를 호도법으로 측정했을 때만 정당함을 상기하자.

삼각 함수의 도함수

$$\frac{d}{dx}(\sin x) = \cos x, \qquad \frac{d}{dx}(\csc x) = -\csc x \cot x,$$
$$\frac{d}{dx}(\cos x) = -\sin x, \qquad \frac{d}{dx}(\sec x) = \sec x \tan x,$$
$$\frac{d}{dx}(\tan x) = \sec^2 x, \qquad \frac{d}{dx}(\cot x) = -\csc^2 x$$

▪ 삼각 함수의 도함수를 기억할 때, 음의 부호는 '여함수(cofunction)'인 코사인·코시컨트·코탄젠트 함수에 붙는다는 사실을 확인하자.

보기 6 $f(x) = \dfrac{\sec x}{1+\tan x}$를 미분하라. x의 어떤 값에서 f의 그래프의 접선이 수평선인가?

풀이 몫의 미분법에 따라 다음을 얻는다.

$$f'(x) = \frac{(1+\tan x)\dfrac{d}{dx}(\sec x) - \sec x \dfrac{d}{dx}(1+\tan x)}{(1+\tan x)^2}$$
$$= \frac{(1+\tan x)\sec x \tan x - \sec x \cdot \sec^2 x}{(1+\tan x)^2}$$
$$= \frac{\sec x(\tan x + \tan^2 x - \sec^2 x)}{(1+\tan x)^2}$$
$$= \frac{\sec x(\tan x - 1)}{(1+\tan x)^2}$$

답을 간단히 할 때, 등식 $\tan^2 x + 1 = \sec^2 x$를 이용했다.

$\sec x$는 0이 될 수 없으므로, $\tan x = 1$일 때 $f'(x) = 0$이다. 이는 정수 n에 대해 $x = n\pi + \pi/4$일 때 나타난다. ■

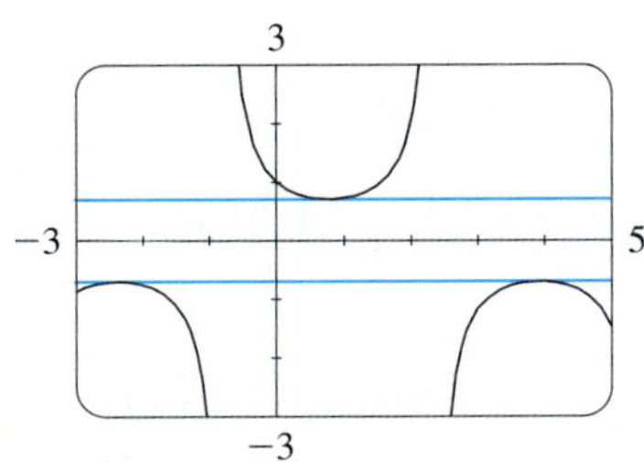

그림 4 보기 6의 수평 접선

2.4 익힘 문제

1. $y = (1+2x^2)(x - x^2)$의 도함수를 두 가지 방법으로 찾는데, 한 번은 곱의 미분법을 이용해서 찾고, 다음에는 먼저 곱셈을 시행한 뒤에 찾아라. 두 답이 일치하는가?

2. 다음 함수의 도함수를 두 가지 방법으로 찾는데, 한 번은 몫의 미분법을 이용해서 찾고, 다음에는 먼저 간단히 한 뒤에 찾아라.

$$F(x) = \frac{x - 3x\sqrt{x}}{\sqrt{x}}$$

답이 서로 같음을 보여라. 어느 방법이 더 쉬운가?

3–26. 다음 함수를 미분하라.

3. $g(t) = t^3 \cos t$
4. $f(x) = \sqrt{x}\sin x$
5. $F(y) = \left(\dfrac{1}{y^2} - \dfrac{3}{y^4}\right)(y + 5y^3)$
6. $Y(u) = (u^{-2} + u^{-3})(u^5 - 2u^2)$
7. $f(x) = \sin x + \frac{1}{2}\cot x$
8. $y = 2\csc x + 5\cos x$
9. $h(\theta) = \theta\csc\theta - \cot\theta$
10. $y = \sin\theta\cos\theta$
11. $g(x) = \dfrac{1+2x}{3-4x}$
12. $f(t) = \dfrac{2t}{4+t^2}$

13. $y = \dfrac{x^3}{1-x^2}$

14. $y = \dfrac{t^3+t}{t^4-2}$

15. $y = \dfrac{v^3 - 2v\sqrt{v}}{v}$

16. $g(t) = \dfrac{t-\sqrt{t}}{t^{1/3}}$

17. $f(t) = \dfrac{2t}{2+\sqrt{t}}$

18. $y = \dfrac{\sqrt{x}-1}{\sqrt{x}+1}$

19. $y = \dfrac{x}{2-\tan x}$

20. $y = \dfrac{\cos x}{1-\sin x}$

21. $f(\theta) = \dfrac{\sec\theta}{1+\sec\theta}$

22. $y = \dfrac{1-\sec x}{\tan x}$

23. $y = \dfrac{t\sin t}{1+t}$

24. $y = \dfrac{u^6-2u^3+5}{u^2}$

25. $f(x) = \dfrac{x}{x+\dfrac{c}{x}}$

26. $y = x^2\sin x\tan x$

27–30. 주어진 점에서 다음 곡선에 대한 접선의 방정식을 찾아라.

27. $y = \dfrac{x^2-1}{x^2+x+1}$, $(1, 0)$

28. $y = \dfrac{\sqrt{x}}{x+1}$, $(4, 0.4)$

29. $y = \cos x - \sin x$, $(\pi, -1)$

30. $y = x + \tan x$, (π, π)

31. (a) 곡선 $y = 1/(1+x^2)$을 아녜시의 마녀 또는 우이선이라고 부른다. 점 $(-1, \frac{1}{2})$에서 이 곡선에 대한 접선의 방정식을 찾아라.

 (b) (a)의 곡선과 접선을 같은 화면에 그려라.

32. (a) 곡선 $y = x/(1+x^2)$을 뱀모양선이라 부른다. 점 $(3, 0.3)$에서 이 곡선에 대한 접선의 방정식을 찾아라.

 (b) (a)의 곡선과 접선을 같은 화면에 그려라.

33. $f(x) = x^2/(1+x)$일 때, $f''(1)$을 찾아라.

34. $f(x) = \sec x$일 때, $f''(\pi/4)$를 찾아라.

35. $H(\theta) = \theta\sin\theta$일 때, $H'(\theta)$와 $H''(\theta)$를 찾아라.

36. $\dfrac{d^{35}}{dx^{35}}(x\sin x)$를 찾아라.

37. $\dfrac{d}{dx}(\csc x) = -\csc x\cot x$임을 증명하라.

38. $\dfrac{d}{dx}(\sec x) = \sec x\tan x$임을 증명하라.

39. $\dfrac{d}{dx}(\cot x) = -\csc^2 x$임을 증명하라.

40. $f(\pi/3) = 4$이고 $f'(\pi/3) = -2$라 가정하고, $g(x) = f(x)\sin x$와 $h(x) = (\cos x)/f(x)$로 놓자. 다음 값을 찾아라.
(a) $g'(\pi/3)$ (b) $h'(\pi/3)$

41. $f(5) = 1$, $f'(5) = 6$, $g(5) = -3$, $g'(5) = 2$라 할 때, 다음 값을 찾아라.
(a) $(fg)'(5)$ (b) $(f/g)'(5)$ (c) $(g/f)'(5)$

42. $f(3) = 4$, $g(3) = 2$, $f'(3) = -6$, $g'(3) = 5$라 할 때, 다음 값을 찾아라.
(a) $(f+g)'(3)$ (b) $(fg)'(3)$ (c) $(f/g)'(3)$

43. 두 함수 f와 g의 그래프가 아래 그림과 같을 때, $u(x) = f(x)g(x)$와 $v(x) = f(x)/g(x)$로 놓자.
(a) $u'(1)$을 찾아라. (b) $v'(5)$를 찾아라.

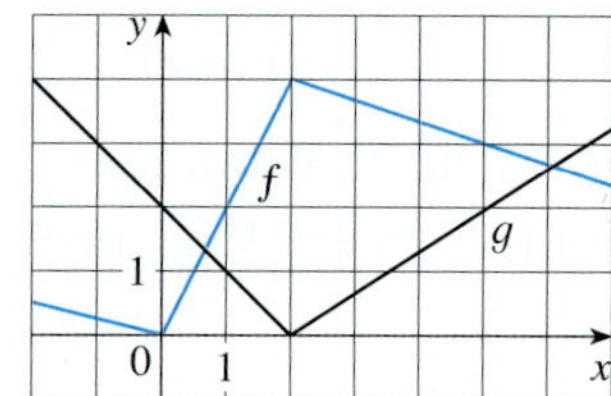

44. 두 함수 F와 G의 그래프가 아래 그림과 같을 때, $P(x) = F(x)G(x)$와 $Q(x) = F(x)/G(x)$로 놓자.
(a) $P'(2)$를 찾아라. (b) $Q'(7)$을 찾아라.

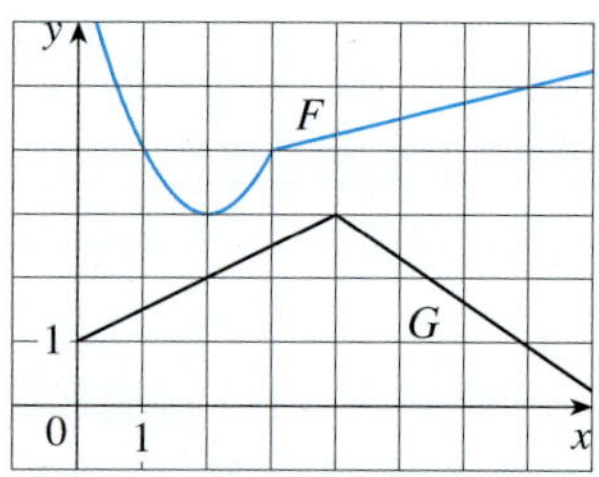

45. 함수 g가 미분 가능할 때, 다음 함수의 도함수를 찾아라.
(a) $y = xg(x)$ (b) $y = \dfrac{x}{g(x)}$ (c) $y = \dfrac{g(x)}{x}$

46. 함수 f가 미분 가능할 때, 다음 함수의 도함수를 찾아라.

(a) $y = x^2 f(x)$ (b) $y = \dfrac{f(x)}{x^2}$

(c) $y = \dfrac{x^2}{f(x)}$ (d) $y = \dfrac{1 + xf(x)}{\sqrt{x}}$

47. 점 $(1,\ 2)$를 지나는 곡선 $y = x/(x+1)$에 대한 접선은 모두 몇 개인가? 이런 접선들은 곡선의 어떤 점에서 접하는가?

48. 직선 $x - 2y = 2$와 평행인 다음 곡선의 접선의 방정식을 찾아라.

$$y = \frac{x-1}{x+1}$$

49. 다음의 $R(x)$에 대해 $R'(0)$을 찾아라.

$$R(x) = \frac{x - 3x^3 + 5x^5}{1 + 3x^3 + 6x^6 + 9x^9}$$

[*귀띔*: 먼저 $R'(x)$를 찾지 말고, $R(x)$의 분자를 $f(x)$, 분모를 $g(x)$라 하고, $f(0)$, $f'(0)$, $g(0)$, $g'(0)$을 이용해서 $R'(0)$을 찾자.]

50. 어느 공장에서 너비가 고정된 직물을 생산한다. 팔리는 이 직물의 양 q(m)는 판매 가격 p(달러/m)의 함수이므로, $q = f(p)$이다. 그러므로 판매 가격이 p일 때의 총수입은 $R(p) = pf(p)$이다.

(a) $f(20) = 10000$과 $f'(20) = -350$이라는 말은 무엇을 뜻하는가?

(b) (a)의 값들을 가정하고, $R'(20)$을 찾고 그 답을 해석하라.

51. 용수철에 연결된 물체가 매끄러운 수평면에서 수평으로 진동하고 있다. (아래 그림을 보라.) 운동 방정식은 $x(t) = 8\sin t$이다. t의 단위는 초이고 x의 단위는 cm이다.

(a) 시각 t에서 속도와 가속도를 찾아라.

(b) 시각 $t = 2\pi/3$에서 물체의 위치, 속도, 가속도를 찾아라. 이 시각에 물체가 움직이는 방향은? 속력을 높이는가? 늦추는가?

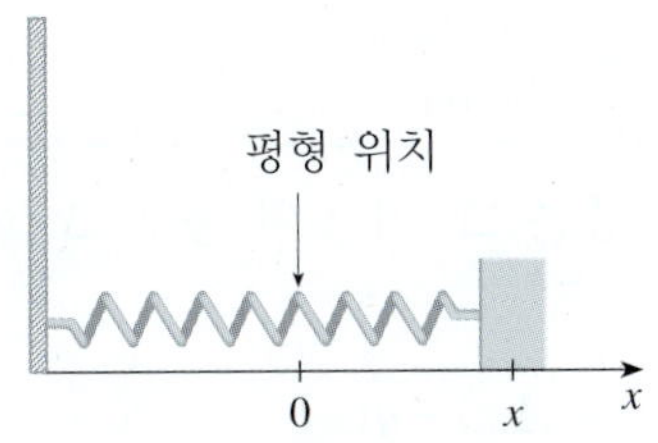

52. 질량이 m인 물체가 수평면 위에서 그 물체에 부착된 밧줄을 통해 가해지는 힘에 의해 끌리고 있다. 밧줄과 평면 사이의 각이 θ일 때, 힘의 크기는 다음과 같다.

$$F = \frac{\mu m g}{\mu \sin\theta + \cos\theta}$$

여기서 μ는 상수로 마찰 계수라 한다.

(a) θ에 관한 F의 변화율을 찾아라.

(b) 언제 이 변화율이 0이 되는가?

(c) $m = 20\,\text{kg}$, $g = 9.8\,\text{m/s}^2$, $\mu = 0.6$일 때, θ의 함수로서 F의 그래프를 그리고, 이를 이용해서 $dF/d\theta = 0$인 θ의 값을 찾아라. 이 값은 (b)의 답과 일치하는가?

53. 절대 온도가 T(켈빈), 압력이 P(기압), 부피가 V(리터)인 이상 기체에 관한 기체 법칙은 $PV = nRT$이다. 여기서 n은 기체의 몰 수이고 $R = 0.0821$은 기체 상수이다. 어떤 순간에 $P = 8.0$ atm이고 0.10 atm/min의 변화율로 증가하며 $V = 10$L이고 0.15L/min의 변화율로 감소한다고 하자. $n = 10$몰일 때, 그 순간에 시간에 관한 T의 변화율을 찾아라.

54. R이 강도 x의 어떤 자극에 대한 신체의 반응을 나타낼 때, 민감도 S는 x에 관한 반응의 변화율로 정의된다. 특별한 예로, 광원의 휘도 x가 증가할 때 눈은 동공의 넓이 R을 감소시켜 반응한다. R은 제곱 밀리미터로 측정하고 x은 적절한 휘도의 단위로 측정할 때, x에 따라 결정되는 R에 대한 모형으로 다음과 같은 실험 공식이 사용됐다.

$$R = \frac{40 + 24x^{0.4}}{1 + 4x^{0.4}}$$

(a) 민감도를 찾아라.

(b) x의 함수로서 R과 S의 그래프를 모두 그려서 (a)를 설명하라. 낮은 수준의 휘도에서 R과 S의 값에 대해 논평하라. 이는 예상했던 값인가?

55. (a) 곱의 미분법을 두 번 사용해서, f, g, h가 미분 가능하면, $(fgh)' = f'gh + fg'h + fgh'$임을 증명하라.

(b) (a)의 결과를 이용해서 $y = x\sin x\cos x$를 미분하라.

56. (a) f와 g의 모든 계의 도함수가 존재할 때, $F(x) = f(x)g(x)$라 하면, $F'' = f''g + 2f'g' + fg''$임을 보여라.

(b) F'''과 $F^{(4)}$에 대한 유사한 공식을 찾아라.

(c) $F^{(n)}$에 대한 공식을 추측하라.

57. (a) g가 미분 가능할 때, 다음을 상반 미분법이라 한다.

$$\frac{d}{dx}\left\{\frac{1}{g(x)}\right\} = -\frac{g'(x)}{\{g(x)\}^2}$$

몫의 미분법을 이용해서 상반 미분법을 증명하라.

(b) 상반 미분법을 이용해서 $y = 1/(x^4 + x^2 + 1)$을 미분하라.

(c) 상반 미분법을 이용해서 멱의 미분법이 임의의 정수에 대해서도 정당함을, 곧 모든 양의 정수 n에 대해 다음이 성립함을 밝혀라.

$$\frac{d}{dx}(x^{-n}) = -nx^{-n-1}$$

2.5 연쇄 법칙

다음 함수를 미분한다고 하자.

$$F(x) = \sqrt{x^2+1}$$

이번 장의 지난 절들에서 알아본 미분 공식을 이용해서 $F'(x)$를 셈할 수 없다.

■ 합성 함수를 다시 알아보려면 1.2절을 보라.

F가 합성 함수임을 알 수 있다. 실제로, $y = f(u) = \sqrt{u}$와 $u = g(x) = x^2+1$이라 하면, $y = F(x) = f(g(x))$, 곧 $F = f \circ g$로 나타낼 수 있다. f와 g를 미분하는 방법을 알고 있으므로, $F = f \circ g$의 도함수를 f와 g의 도함수로 나타낼 수 있는 방법을 알려주는 법칙이 유용할 것이다.

용어
연쇄 법칙, 사슬 법칙 chain rule

합성 함수 $f \circ g$의 도함수가 f와 g의 도함수의 곱이라는 사실이 밝혀진다. 이는 가장 중요한 미분 법칙의 하나로, 연쇄 법칙이라 부른다. 도함수를 변화율로 해석한다면, 이는 그럴 듯해 보인다. du/dx는 x에 관한 u의 변화율이고, dy/du는 u에 관한 y의 변화율이며, dy/dx는 x에 관한 y의 변화율이라 하자. u는 x의 두 배만큼 변하고 y는 u의 세 배만큼 변하면, y는 x의 여섯 배만큼 변할 것으로 보인다. 이에 다음을 예상할 수 있다.

$$\frac{dy}{dx} = \frac{dy}{du}\frac{du}{dx}$$

연쇄 법칙 f와 g가 모두 미분 가능하고 $F = f \circ g$가 $F(x) = f(g(x))$로 정의된 합성 함수이면, F는 미분 가능하고 F'는 다음 곱으로 주어진다.

$$F'(x) = f'(g(x)) \cdot g'(x)$$

라이프니츠의 기호로, $y = f(u)$와 $u = g(x)$가 모두 미분 가능한 함수이면, 다음이 성립한다.

$$\frac{dy}{dx} = \frac{dy}{du}\frac{du}{dx}$$

연쇄 법칙의 증명에 대한 논평 u의 증분 Δu가 x의 증분 Δx에 대응한다고 하자. 곧, 다음과 같다고 하자.

$$\Delta u = g(x + \Delta x) - g(x)$$

그러면 이에 대응하는 y의 증분은 다음과 같다.

$$\Delta y = f(u + \Delta u) - f(u)$$

다음과 같이 쓰고 싶다.

$$\frac{dy}{dx} = \lim_{\Delta x \to 0} \frac{\Delta y}{\Delta x}$$

1 $$= \lim_{\Delta x \to 0} \frac{\Delta y}{\Delta u} \cdot \frac{\Delta u}{\Delta x}$$

$$= \lim_{\Delta x \to 0} \frac{\Delta y}{\Delta u} \cdot \lim_{\Delta x \to 0} \frac{\Delta u}{\Delta x}$$

$$= \lim_{\Delta u \to 0} \frac{\Delta y}{\Delta u} \cdot \lim_{\Delta x \to 0} \frac{\Delta u}{\Delta x}$$ (g가 연속이므로, $\Delta x \to 0$일 때 $\Delta u \to 0$이다.)

$$= \frac{dy}{du} \frac{du}{dx}$$

이 논리에서 유일한 결함은 1에서 ($\Delta x \neq 0$일지라고)$\Delta u = 0$일 수 있다는 사실이다. 물론 0으로 나눌 수는 없다.

그런데도 이 논리는 적어도 연쇄 법칙이 참이라는 사실을 시사한다. 연쇄 법칙에 대한 완전한 증명은 이번 절의 끝에 있다. □

■ **제임스 그레고리**(James Gregory)
연쇄 법칙을 처음으로 공식화한 사람은 스코틀랜드 수학자 제임스 그레고리(1638~1675)였는데, 그는 최초의 실용적인 반사 망원경을 설계하기도 했다. 그레고리는 뉴턴과 거의 같은 시기에 미분 적분학의 기초적인 개념들을 발견했다. 그는 세인트앤드루스 대학교 최초의 수학 교수가 됐고, 나중에 에든버러 대학교에서 같은 자리를 차지했다. 그러나 그 자리를 차지하고 1년 뒤에 36세의 나이에 죽었다.

연쇄 법칙은 귓점 기호로 다음과 같이 나타낼 수 있다.

2 $$(f \circ g)'(x) = f'(g(x)) \cdot g'(x)$$

또는 $y = f(u)$이고 $u = g(x)$이면 라이프니츠의 기호로 다음과 같이 나타낼 수 있다.

3 $$\frac{dy}{dx} = \frac{dy}{du} \frac{du}{dx}$$

식 3을 기억하기가 쉬운데, dy/du와 du/dx가 분수라면 du를 소거할 수 있기 때문이다. 그러나 du는 정의되지 않았고 du/dx를 실제로 분수로 생각할 수 없다는 사실을 명심하자.

보기 1 $F(x) = \sqrt{x^2+1}$ 일 때, $F'(x)$를 찾아라.

풀이 1 (식 2의 적용) 이번 절의 시작 부분에서 F를 $f(u) = \sqrt{u}$와 $g(x) = x^2+1$에 대해 $F(x) = (f \circ g)(x) = f(g(x))$와 같이 표현했다. f와 g의 도함수는 다음과 같다.

$$f'(u) = \frac{1}{2}u^{-1/2} = \frac{1}{2\sqrt{u}}, \qquad g'(x) = 2x$$

그러므로 다음을 얻는다.

$$F'(x) = f'(g(x)) \cdot g'(x)$$
$$= \frac{1}{2\sqrt{x^2+1}} \cdot 2x = \frac{x}{\sqrt{x^2+1}}$$

풀이 2 (식 [3]의 활용) $u = x^2 + 1$과 $y = \sqrt{u}$라 하면 다음을 얻는다.

$$F'(x) = \frac{dy}{du}\frac{du}{dx} = \frac{1}{2\sqrt{u}}(2x)$$

$$= \frac{1}{2\sqrt{x^2+1}}(2x) = \frac{x}{\sqrt{x^2+1}}$$ ■

공식 [3]을 사용하는 경우, dy/dx는 y를 x의 함수로 생각할 때의 y의 도함수(x에 관한 y의 도함수)이고, 반면에 dy/du는 y를 u의 함수로 생각할 때의 y의 도함수(u에 관한 y의 도함수)임을 마음에 새겨야 한다. 예를 들어 보기 1에서 y를 x의 함수 $y = \sqrt{x^2+1}$로 생각할 수 있고 또 u의 함수 $y = \sqrt{u}$로 생각할 수도 있다. 이에 따라 다음을 얻는다.

$$\frac{dy}{dx} = F'(x) = \frac{x}{\sqrt{x^2+1}}, \qquad \frac{dy}{du} = f'(u) = \frac{1}{2\sqrt{u}}$$

> **참고** 연쇄 법칙을 사용할 때는 바깥으로부터 안쪽으로 진행해야 한다. 공식 [2]에 따라, "바깥 함수 f를 [안쪽 함수 $g(x)$에서] 미분한 다음에, 안쪽 함수 g의 도함수를 곱한다."
>
> $$\frac{d}{dx}\underbrace{f}_{\substack{\text{바깥}\\\text{함수}}}\underbrace{(g(x))}_{\substack{\text{안쪽 함수}\\\text{에서의 값}}} = \underbrace{f'}_{\substack{\text{바깥 함수}\\\text{의 도함수}}}\underbrace{(g(x))}_{\substack{\text{안쪽 함수}\\\text{에서의 값}}}\cdot\underbrace{g'(x)}_{\substack{\text{안쪽 함수}\\\text{의 도함수}}}$$

보기 2 다음 함수를 미분하라.

(a) $y = \sin(x^2)$ (b) $y = \sin^2 x$

풀이 (a) $y = \sin(x^2)$이므로 바깥 함수는 사인 함수이고 안쪽 함수는 제곱 함수이다. 그러므로 연쇄 법칙에 의해 다음을 얻는다.

$$\frac{dy}{dx} = \frac{d}{dx}\underbrace{\sin}_{\substack{\text{바깥}\\\text{함수}}}\underbrace{(x^2)}_{\substack{\text{안쪽 함수}\\\text{에서의 값}}} = \underbrace{\cos}_{\substack{\text{바깥 함수}\\\text{의 도함수}}}\underbrace{(x^2)}_{\substack{\text{안쪽 함수}\\\text{에서의 값}}}\cdot\underbrace{2x}_{\substack{\text{안쪽 함수}\\\text{의 도함수}}}$$

$$= 2x\cos(x^2)$$

(b) $\sin^2 x = (\sin x)^2$이므로, 바깥 함수는 제곱 함수이고 안쪽 함수는 사인 함수이다. 그러므로 다음을 얻는다.

$$\frac{dy}{dx} = \frac{d}{dx}\underbrace{(\sin x)^2}_{\text{안쪽 함수}} = \underbrace{2}_{\substack{\text{바깥 함수}\\\text{의 도함수}}}\cdot\underbrace{(\sin x)}_{\substack{\text{안쪽 함수}\\\text{에서의 값}}}\cdot\underbrace{\cos x}_{\substack{\text{안쪽 함수}\\\text{의 도함수}}}$$

■ 참고 사항 2쪽 또는 부록 A를 보라.

$2\sin x\cos x$로 답하거나 (삼각 공식인 배각 공식을 이용해서) $\sin 2x$로 답할 수 있다. ■

보기 2(a)에서 연쇄 법칙을 사인 함수의 미분 공식과 결합시켰다. 일반적으로 $y = \sin u$이고 u가 x의 함수일 때, 연쇄 법칙에 의해 다음을 얻는다.

$$\frac{dy}{dx} = \frac{dy}{du}\frac{du}{dx} = \cos u \frac{du}{dx}$$

그러므로 다음이 성립한다.

$$\frac{d}{dx}(\sin u) = \cos u \frac{du}{dx}$$

마찬가지 방법으로 삼각 함수의 모든 미분 공식을 연쇄 법칙과 결합시킬 수 있다.

바깥 함수 f가 멱 함수인 특별한 경우의 연쇄 법칙을 명확히 알아보자. $y = \{g(x)\}^n$일 때, $y = f(u) = u^n$이고 $u = g(x)$로 쓸 수 있다. 연쇄 법칙과 멱의 미분법을 사용하면, 다음을 얻는다.

$$\frac{dy}{dx} = \frac{dy}{du}\frac{du}{dx} = nu^{n-1}\frac{du}{dx} = n\{g(x)\}^{n-1}g'(x)$$

4 연쇄 법칙과 결합된 멱의 미분법 n은 임의의 실수이고 $u = g(x)$는 미분 가능하면 다음이 성립한다.

$$\frac{d}{dx}(u^n) = nu^{n-1}\frac{du}{dx}$$

또는 $$\frac{d}{dx}\{g(x)\}^n = n\{g(x)\}^{n-1} \cdot g'(x)$$

보기 1의 도함수는 공식 4에서 $n = \frac{1}{2}$을 택해서 셈할 수 있다.

보기 3 $y = (x^3 - 1)^{100}$을 미분하라.

풀이 4에서 $u = g(x) = x^3 - 1$과 $n = 100$으로 택하면, 다음을 얻는다.

$$\begin{aligned}\frac{dy}{dx} &= \frac{d}{dx}(x^3-1)^{100} = 100(x^3-1)^{99}\frac{d}{dx}(x^3-1)\\ &= 100(x^3-1)^{99} \cdot 3x^2 = 300x^2(x^3-1)^{99}\end{aligned}$$ ■

보기 4 $f(x) = \dfrac{1}{\sqrt[3]{x^2+x+1}}$일 때, $f'(x)$를 찾아라.

풀이 먼저 f를 $f(x) = (x^2+x+1)^{-1/3}$으로 나타내면, 다음을 얻는다.

$$\begin{aligned}f'(x) &= -\frac{1}{3}(x^2+x+1)^{-4/3}\frac{d}{dx}(x^2+x+1)\\ &= -\frac{1}{3}(x^2+x+1)^{-4/3}(2x+1)\end{aligned}$$ ■

보기 5 함수 $g(t) = \left(\dfrac{t-2}{2t+1}\right)^9$의 도함수를 찾아라.

풀이 멱의 미분법, 연쇄 법칙, 몫의 미분법을 결합하면, 다음을 얻는다.

$$g'(t) = 9\left(\frac{t-2}{2t+1}\right)^8 \frac{d}{dt}\left(\frac{t-2}{2t+1}\right)$$
$$= 9\left(\frac{t-2}{2t+1}\right)^8 \frac{(2t+1)\cdot 1 - 2(t-2)}{(2t+1)^2} = \frac{45(t-2)^8}{(2t+1)^{10}}$$ ■

■ 보기 6의 함수 y와 y'의 그래프를 그림 1에 나타냈다. y가 급속히 증가할 때 y'의 값이 크고 y의 접선이 수평선일 때 $y'=0$임을 확인하자. 그러므로 구한 답은 적절해 보인다.

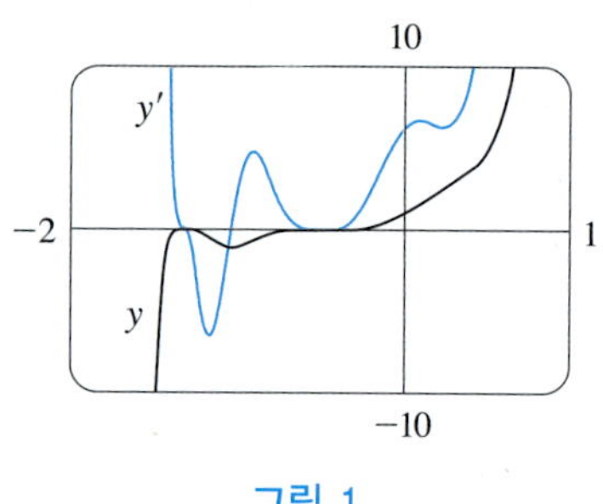

그림 1

보기 6 $y = (2x+1)^5(x^3-x+1)^4$을 미분하라.

풀이 이 보기에서는 다음과 같이 연쇄 법칙을 사용하기 전에 곱의 미분법을 사용해야 한다.

$$\frac{dy}{dx} = (2x+1)^5 \frac{d}{dx}(x^3-x+1)^4 + (x^3-x+1)^4 \frac{d}{dx}(2x+1)^5$$
$$= (2x+1)^5 \cdot 4(x^3-x+1)^3 \frac{d}{dx}(x^3-x+1)$$
$$+ (x^3-x+1)^4 \cdot 5(2x+1)^4 \frac{d}{dx}(2x+1)$$
$$= 4(2x+1)^5(x^3-x+1)^3(3x^2-1) + 5(x^3-x+1)^4(2x+1)^4 \cdot 2$$

$2(2x+1)^4(x^3-x+1)^3$이 두 항의 공통 인수이므로, 이를 묶어내어 다음과 같이 답을 쓸 수 있다.

$$\frac{dy}{dx} = 2(2x+1)^4(x^3\quad x+1)(17x^3+6x^2-9x+3)$$ ■

'연쇄 법칙'이란 이름이 붙은 이유는 또 다른 고리를 추가해서 더 긴 사슬을 만들 때 명확해진다. $y=f(u)$, $u=g(x)$, $x=h(t)$이고 f, g, h는 미분 가능한 함수라고 하자. 그러면 t에 관한 y의 도함수를 셈할 때, 다음과 같이 연쇄 법칙을 두 번 사용할 수 있다.

$$\frac{dy}{dt} = \frac{dy}{dx}\frac{dx}{dt} = \frac{dy}{du}\frac{du}{dx}\frac{dx}{dt}$$

보기 7 $f(x) = \sin(\cos(\tan x))$의 도함수는 다음과 같다.

$$f'(x) = \cos(\cos(\tan x))\frac{d}{dx}\cos(\tan x)$$
$$= \cos(\cos(\tan x))\{-\sin(\tan x)\}\frac{d}{dx}(\tan x)$$
$$= -\cos(\cos(\tan x))\sin(\tan x)\sec^2 x$$

연쇄 법칙을 두 번 사용했다. ■

보기 8 $y = \sqrt{\sec x^3}$을 미분하라.

풀이 여기서 바깥 함수는 제곱근 함수이고 가운데 함수는 시컨트 함수이며 안쪽 함수는 세제곱 함수이다. 그러므로 다음을 얻는다.

$$\frac{dy}{dx} = \frac{1}{2\sqrt{\sec x^3}} \frac{d}{dx}(\sec x^3)$$
$$= \frac{1}{2\sqrt{\sec x^3}} \sec x^3 \tan x^3 \frac{d}{dx}(x^3)$$
$$= \frac{3x^2 \sec x^3 \tan x^3}{2\sqrt{\sec x^3}}$$ ■

연쇄 법칙을 증명하는 방법

$y = f(x)$이고 x가 a부터 $a + \Delta x$까지 변할 때, y의 증분을 다음과 같이 정의했다.

$$\Delta y = f(a + \Delta x) - f(a)$$

도함수의 정의에 의해 다음을 얻는다.

$$\lim_{\Delta x \to 0} \frac{\Delta y}{\Delta x} = f'(a)$$

그러므로 차분 몫과 도함수 사이의 차를 ε으로 나타내면, 다음이 성립한다.

$$\lim_{\Delta x \to 0} \varepsilon = \lim_{\Delta \to 0} \left(\frac{\Delta y}{\Delta x} - f'(a) \right) = f'(a) - f'(a) = 0$$

그런데 $\varepsilon = \dfrac{\Delta y}{\Delta x} - f'(a)$이므로 $\Delta y = f'(a)\Delta x + \varepsilon \Delta x$이다. $\Delta x = 0$일 때 ε의 값을 0으로 정의하면, ε은 Δx의 연속 함수가 된다.

그러므로 미분 가능한 함수 f에 대해 다음과 같이 쓸 수 있다.

5 $$\Delta y = f'(a)\Delta x + \varepsilon \Delta x$$

여기서 $\Delta x \to 0$일 때 $\varepsilon \to 0$이고 ε은 Δx의 연속 함수이다. 미분 가능한 함수의 이런 성질 때문에 다음과 같이 연쇄 법칙을 증명할 수 있다.

연쇄 법칙의 증명 $u = g(x)$가 a에서 미분 가능하고 $y = f(u)$는 $b = g(a)$에서 미분 가능하다고 하자. Δx가 x의 증분이고 Δu와 Δy가 각각 이에 대응하는 u와 y의 증분일 때, 식 5를 사용해서 다음과 같이 쓸 수 있다.

6 $$\Delta u = g'(a)\Delta x + \varepsilon_1 \Delta x = \{g'(a) + \varepsilon_1\}\Delta x$$

여기서 $\Delta x \to 0$일 때 $\varepsilon_1 \to 0$이다. 마찬가지로 다음과 같이 쓸 수 있다.

7 $$\Delta y = f'(b)\Delta u + \varepsilon_2 \Delta u = \{f'(b) + \varepsilon_2\}\Delta u$$

여기서 $\Delta u \to 0$일 때 $\varepsilon_2 \to 0$이다. 이제 식 6의 Δu에 대한 식을 식 7에 대입하면, 다음을 얻는다.

$$\Delta y = \{f'(b) + \varepsilon_2\}\{g'(a) + \varepsilon_1\}\Delta x$$

그러므로 다음을 얻는다.

$$\frac{\Delta y}{\Delta x}=\{f'(b)+\varepsilon_2\}\{g'(a)+\varepsilon_1\}$$

$\Delta x \to 0$일 때, 식 6은 $\Delta u \to 0$임을 보여준다. 그러므로 $\Delta x \to 0$일 때, $\varepsilon_1 \to 0$이고 $\varepsilon_2 \to 0$이다. 따라서 다음이 성립한다.

$$\frac{dy}{dx}=\lim_{\Delta x\to 0}\frac{\Delta y}{\Delta x}=\lim_{\Delta x\to 0}\{f'(b)+\varepsilon_2\}\{g'(a)+\varepsilon_1\}$$
$$=f'(b)g'(a)=f'(g(a))g'(a)$$

이에 따라 연쇄 법칙이 증명된다. □

2.5 익힘 문제

1–6. 다음을 $f(g(x))$ 꼴의 합성 함수로 나타내라. [안쪽 함수 $u=g(x)$와 바깥 함수 $y=f(u)$를 지적하라.] 그리고 도함수 dy/dx를 찾아라.

1. $y=\sqrt[3]{1+4x}$
2. $y=(2x^3+5)^4$
3. $y=\tan \pi x$
4. $y=\tan(\sin x)$
5. $y=\sqrt{\sin x}$
6. $y=\sin\sqrt{x}$

7–42. 다음 함수의 도함수를 찾아라.

7. $F(x)=(x^4+3x^2-2)^5$
8. $F(x)=(x^2-x+1)^3$
9. $F(x)=\sqrt{1-2x}$
10. $f(x)=\dfrac{1}{(1+\sec x)^2}$
11. $f(z)=\dfrac{1}{z^2+1}$
12. $f(t)=\sqrt[3]{1+\tan t}$
13. $y=\cos(a^3+x^3)$
14. $y=a^3+\cos^3 x$
15. $y=x\sec kx$
16. $y=4\sec 5x$
17. $f(x)=(2x-3)^4(x^2+x+1)^5$
18. $h(t)=(t^4-1)^3(t^3+1)^4$
19. $h(t)=(t+1)^{2/3}(2t^2-1)^3$
20. $y=(x^2+1)\sqrt[3]{x^2+2}$
21. $y=\left(\dfrac{x^2+1}{x^2-1}\right)^3$
22. $f(s)=\sqrt{\dfrac{s^2+1}{s^2+4}}$
23. $y=\sin(x\cos x)$
24. $f(x)=\dfrac{x}{\sqrt{7-3x}}$
25. $y=\dfrac{r}{\sqrt{r^2+1}}$
26. $G(y)=\dfrac{(y-1)^4}{(y^2+2y)^5}$
27. $y=\sin\sqrt{1+x^2}$
28. $F(v)=\left(\dfrac{v}{v^3+1}\right)^6$
29. $y=\sin(\tan 2x)$
30. $y=\tan^2(3\theta)$
31. $y=\sec^2 x+\tan^2 x$
32. $y=x\sin\dfrac{1}{x}$
33. $y=\left(\dfrac{1-\cos 2x}{1+\cos 2x}\right)^4$
34. $y=\left(ax+\sqrt{x^2+b^2}\right)^{-2}$
35. $y=\cot^2(\sin\theta)$
36. $y=\sin(\sin(\sin x))$
37. $y=\{x^2+(1-3x)^5\}^3$
38. $y=\sqrt{x+\sqrt{x+\sqrt{x}}}$
39. $g(x)=(2r\sin rx+n)^p$
40. $y=\sqrt{\cos(\sin^2 x)}$
41. $y=\cos\sqrt{\sin(\tan \pi x)}$
42. $y=\{x+(x+\sin^2 x)^3\}^4$

43–46. 다음 함수의 일계와 이계 도함수를 찾아라.

43. $y=\cos(x^2)$
44. $h(x)=\sqrt{x^2+1}$
45. $H(t)=\tan 3t$
46. $y=\dfrac{4x}{\sqrt{x+1}}$

47–48. 주어진 점에서 다음 곡선에 대한 접선의 방정식을 찾아라.

47. $y=\sin(\sin x)$, $(\pi, 0)$
48. $y=\sqrt{1+x^3}$, $(2, 3)$

49. (a) 점 $(1, 1)$에서 곡선 $y=\tan(\pi x^2/4)$에 대한 접선의 방정식을 찾아라.

(b) 이 곡선과 접선을 같은 화면에 그려라.

50. (a) 곡선 $y = |x| / \sqrt{2 - x^2}$ 을 총알 코 곡선이라 한다. 점 $(1, 1)$에서 이 곡선에 대한 접선의 방정식을 찾아라.

(b) 이 곡선과 접선을 같은 화면에 그려라.

51. 함수 $f(x) = 2\sin x + \sin^2 x$에 있는 점 중에서 그 점에서의 접선이 수평선인 것을 모두 찾아라.

52. 곡선 $y = \sqrt{3 + x^2}$ 에 대한 접선 중에서 직선 $x - 2y = 1$에 평행인 것의 방정식을 찾아라.

53. $F(x) = f(g(x))$이고, $f(-2) = 8$, $f'(-2) = 4$, $f'(5) = 3$, $g(5) = -2$, $g'(5) = 6$일 때, $F'(5)$를 찾아라.

54. $h(x) = \sqrt{4 + 3f(x)}$ 이고 $f(1) = 7$이며 $f'(1) = 4$일 때, $h'(1)$을 찾아라.

55. 다음은 f, g, f', g'에 대한 수표이다.

x	$f(x)$	$g(x)$	$f'(x)$	$g'(x)$
1	3	2	4	6
2	1	8	5	7
3	7	2	7	9

(a) $h(x) = f(g(x))$일 때, $h'(1)$을 찾아라.

(b) $H(x) = g(f(x))$일 때, $H'(1)$을 찾아라.

56. f와 g는 익힘 문제 55의 함수들이다.

(a) $F(x) = f(f(x))$일 때, $F'(2)$를 찾아라.

(b) $G(x) = g(g(x))$일 때, $G'(3)$을 찾아라.

57. 두 함수 f와 g의 그래프가 아래 그림과 같을 때, $u(x) = f(g(x))$, $v(x) = g(f(x))$, $w(x) = g(g(x))$라 하자. 다음 미분 계수를 (존재하면) 찾아라. 존재하지 않으면, 그 이유를 설명하라.

(a) $u'(1)$ (b) $v'(1)$ (c) $w'(1)$

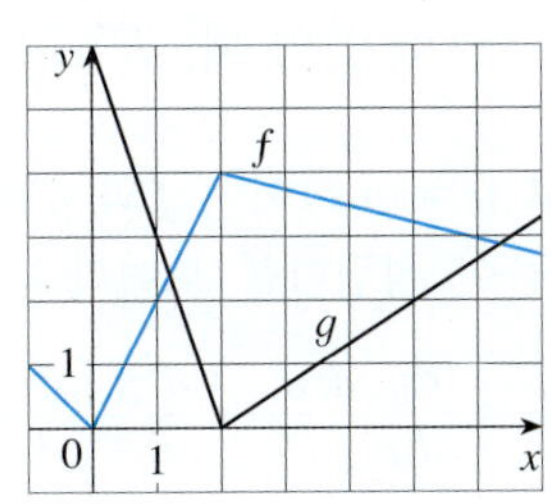

58. 함수 f의 그래프가 아래 그림과 같을 때, $h(x) = f(f(x))$이고 $g(x) = f(x^2)$이라 하자. f의 그래프를 이용해서 다음 미분 계수를 어림하라.

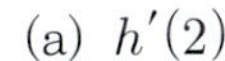
(a) $h'(2)$ (b) $g'(2)$

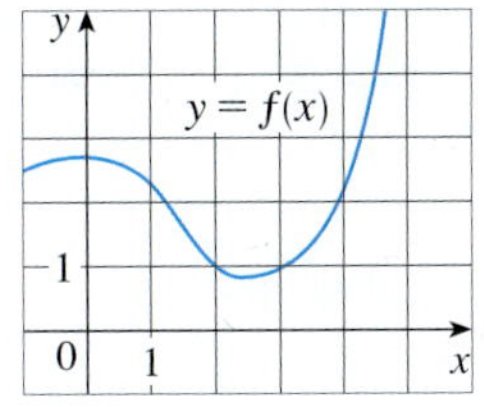

59. f의 그래프가 아래 그림과 같고 $g(x) = \sqrt{f(x)}$ 일 때, $g'(3)$의 값을 찾아라.

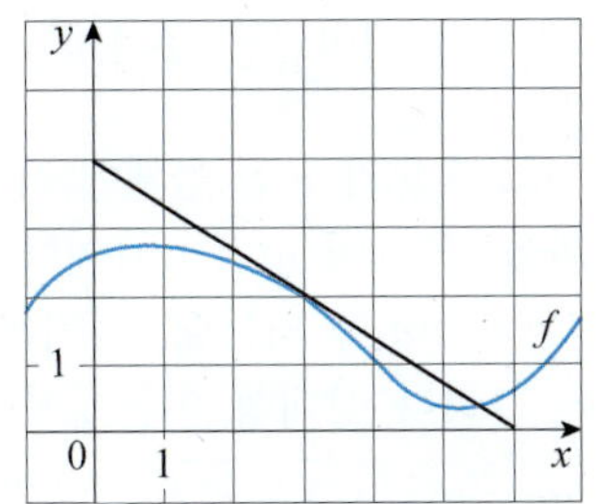

60. f는 $\mathbb{R}$에서 미분 가능하고, α는 실수라고 하자. $F(x) = f(x^\alpha)$이고 $G(x) = \{f(x)\}^\alpha$일 때, (a) $F'(x)$와 (b) $G'(x)$에 대한 식을 찾아라.

61. $r(x) = f(g(h(x)))$라 하고, $h(1) = 2$, $g(2) = 3$, $h'(1) = 4$, $g'(2) = 5$, $f'(3) = 6$이라 하자. $r'(1)$을 찾아라.

62. g가 두 번 미분 가능한 함수이고, $f(x) = xg(x^2)$이라 할 때, f''를 g, g', g''의 식으로 나타내라.

63. $y = \cos 2x$의 50계 도함수를 찾아라.

64. 입자의 운동 방정식이 $s = A\cos(wt + \delta)$일 때, 이 입자는 단순 조화 운동한다고 한다.

(a) 시각 t에서 이 입자의 속도를 찾아라.

(b) 언제 속도가 0인가?

65. 케페우스형 변광성은 휘도가 증가했다가 감소하기를 반복하는 별이다. 가장 쉽게 볼수 있는 그런 별이 델타 케페우스인데, 최대 휘도가 나타나는 시각 사이의 주기가 5.4일이다. 이 별의 평균 휘도는 4.0이고 휘도는

± 0.35의 범위에서 변한다. 이런 자료를 고려해서, t의 단위가 '일'일 때, 시각 t에서 델타 케페우스의 휘도에 대한 모형을 다음 함수로 정했다.

$$B(t) = 4.0 + 0.35\sin(2\pi t/5.4)$$

(a) t일 뒤의 휘도의 변화율을 찾아라.
(b) 1일 뒤의 증가율을 소수 둘째 자리까지 정확하게 찾아라.

66. 터키 앙카라에서 새해 첫날부터 t째 날의 낮의 길이(단위 시)에 대한 모형은 다음과 같은 함수로 주어진다.

$$L(t) = 12 + 2.8\sin\left\{\frac{2\pi}{365}(t-80)\right\}$$

이 모형을 이용해서, 앙카라에서 3월 21일과 5월 21일에 낮의 길이가 얼마만큼 증가하는지 비교하라.

67. 질량이 m이고 속도가 v인 물체에 작용하는 힘은 운동량의 변화율 $F = (d/dt)(mv)$이다. m이 일정하면, 이것은 $F = ma$가 되는데, 여기서 $a = dv/dt$는 가속도이다. 그러나 상대성 이론에서 입자의 질량은 v에 따라 $m = m_0/\sqrt{1-v^2/c^2}$과 같이 변한다. 여기서 m_0은 정지했을 때 입자의 질량이고 c는 빛의 속도이다. 다음이 성립함을 보여라.

$$F = \frac{m_0 a}{(1-v^2/c^2)^{3/2}}$$

68. 세계에서 가장 높은 조류의 일부는 캐나다 대서양 연안에 있는 펀디 만에서 발생한다. 호프웰 곶(Hopewell Cape)에서 물의 깊이는 썰물 때 약 2.0 m이고 만조 때 약 12.0 m이다. 자연스러운 조석 주기는 12시간을 약간 초과하는데, 2009년 1월 30일 오전 6:45에 만조가 발생했다. 이것은 그 날 (자정부터 잰 시간) t의 함수로서 물의 깊이 D(m)에 대한 다음과 같은 모형을 설명한다.

$$D(t) = 7 + 5\cos\{0.503(t-6.75)\}$$

다음 시각에 조류는 얼마나 빨리 상승(또는 하강)하는가?

(a) 오전 3:00　　(b) 오전 6:00
(c) 오전 9:00　　(d) 정오

69. 직선을 따라 움직이는 입자의 변위는 $s(t)$, 속도는 $v(t)$, 가속도는 $a(t)$라고 하자. 다음이 성립함을 보여라.

$$a(t) = v(t)\frac{dv}{ds}$$

두 도함수 dv/dt와 dv/ds의 의미의 차를 설명하라.

70. 기상 관측용 구형 기구에 공기를 불어넣고 있다. 시각 t에서 기구의 부피가 $V(t)$이고 반지름이 $r(t)$라고 하자.
(a) 도함수 dV/dr와 dV/dt는 무엇을 나타내는가?
(b) dV/dt를 dr/dt의 식으로 나타내라.

71. (a) n이 양의 정수일 때, 다음을 증명하라.

$$\frac{d}{dx}(\sin^n x\cos nx) = n\sin^{n-1}x\cos(n+1)x$$

(b) (a)와 비슷하게, $y = \cos^n x\cos nx$의 도함수를 찾아라.

72. 연쇄 법칙을 이용해서 다음을 증명하라.
(a) 짝 함수의 도함수는 홀 함수이다.
(b) 홀 함수의 도함수는 짝 함수이다.

73. 연쇄 법칙을 이용해서, 단위가 도(°)인 θ에 대해 다음이 성립함을 보여라.

$$\frac{d}{d\theta}(\sin\theta) = \frac{\pi}{180}\cos\theta$$

(이것은 미분 적분학에서 삼각 함수를 다룰 때는 언제나 관례적으로 호도법을 사용하는 한 가지 이유를 알려준다. 육십분법을 사용하면 미분 공식이 단순하지 않다.)

74. 모든 곳에서 미분 가능한 함수 $y = f(x)$의 그래프가 언제나 x축 위에 있고, 이의 접선은 결코 수평선이 아니라고 하자. y의 어떤 값에 대해, x에 관한 y^5의 변화율이 x에 관한 y의 변화율의 80배인가?

75. $f(0) = 0$이고 $f'(0) = 2$이며 $F(x) = f(3f(4f(x)))$일 때, $F'(0)$의 값을 찾아라.

76. $f(1) = 2$, $f(2) = 3$, $f'(1) = 4$, $f'(3) = 6$이고 $F(x) = f(xf(xf(x)))$일 때, $F'(1)$의 값을 찾아라.

77. $y = f(u)$이고 $u = g(x)$이며 f와 g는 두 번 미분 가능할 때, 다음이 성립함을 보여라.

$$\frac{d^2y}{dx^2} = \frac{dy}{du}\frac{d^2u}{dx^2} + \frac{d^2y}{du^2}\left(\frac{du}{dx}\right)^2$$

78. (a) $|x| = \sqrt{x^2}$ 으로 쓰고 연쇄 법칙을 이용해서 다음이 성립함을 보여라.

$$\frac{d}{dx}|x| = \frac{x}{|x|}$$

(b) $f(x) = |\sin x|$일 때, $f'(x)$를 찾고 f와 f'의 그래프를 그려라. f는 어디에서 미분 불가능한가?

(c) $g(x) = \sin|x|$일 때, $g'(x)$를 찾고 g와 g'의 그래프를 그려라. g는 어디에서 미분 불가능한가?

2.6 음함수의 미분법

지금까지 알아본 함수는 하나의 변수를 다른 변수를 이용해서 명시적으로, 곧 양함수로 표현할 수 있었다. 예를 들면 다음과 같다.

$$y = \sqrt{x^3 + 1}, \qquad y = x \sin x$$

곧, 일반적으로 $y = f(x)$와 같이 표현했다. 그런데 어떤 함수는 다음과 같이 x와 y 사이의 관계를 통해 묵시적으로, 곧 음함수로 정의된다.

> **용어**
> 양함수, 드러난 함수 explicit function
> 음함수, 숨은 함수 implicit function
> 데카르트 잎사귀선 folium of Descartes

[1] $$x^2 + y^2 = 25,$$

[2] $$x^3 + y^3 = 6xy$$

어떤 경우에는 이런 방정식을 y에 대해 풀어 x에 관한 양함수로 나타낼 수 있다. 예를 들면, 방정식 [1]을 y에 대해 풀면 $y = \pm\sqrt{25 - x^2}$ 을 얻는다. 그러므로 방정식 [1]은 두 개의 음함수 $f(x) = \sqrt{25 - x^2}$ 과 $g(x) = -\sqrt{25 - x^2}$ 을 정의하고 있다. f와 g의 그래프는 각각 원 $x^2 + y^2 = 25$의 위쪽과 아래쪽 반원이다. (그림 1을 보라.)

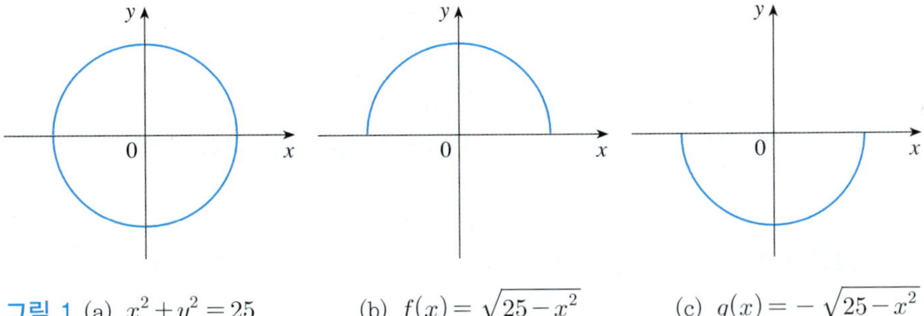

그림 1 (a) $x^2 + y^2 = 25$ (b) $f(x) = \sqrt{25 - x^2}$ (c) $g(x) = -\sqrt{25 - x^2}$

그러나 방정식 [2]를 y에 대해 풀어서 x의 양함수로 나타내기는 쉽지 않다. (컴퓨터 대수 체계는 어려움 없이 양함수로 나타내지만, 얻은 식은 매우 복잡하다.) 그런데도 [2]는 그림 2에 나타낸 데카르트 잎사귀선 또는 엽상 곡선이라 부르는 곡선의 방정식이고, y를 x에 관한 몇 개의 음함수로 정의하고 있다. 그와 같은 세 함수의 그래프를 그림 3에 나타냈다. f는 방정식 [2]에 의해 정의된 음함수라는 말은 다음 방정식이 f의 정의역에 속한 x의 모든 값에 대해 참임을 뜻한다.

$$x^3 + \{f(x)\}^3 = 6x\,f(x)$$

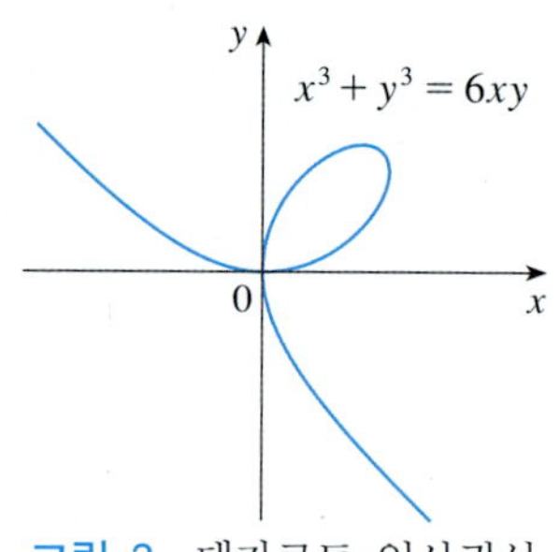

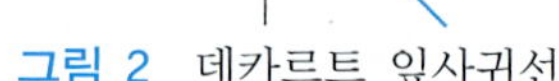

그림 2 데카르트 잎사귀선

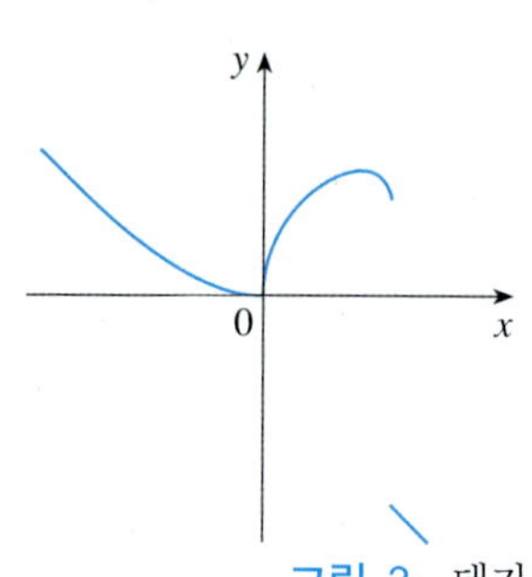

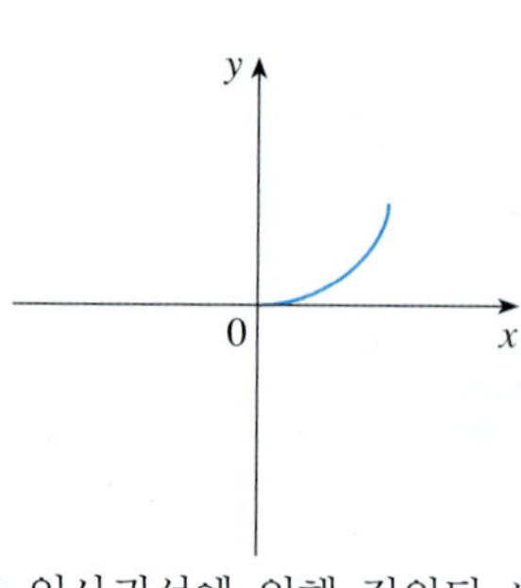

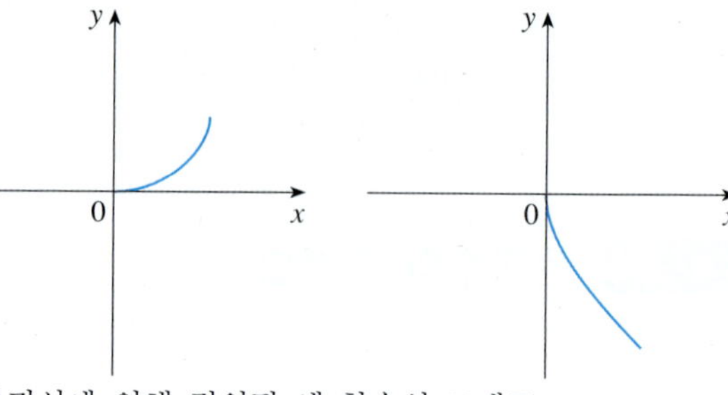

그림 3 데카르트 잎사귀선에 의해 정의된 세 함수의 그래프

용어
음함수의 미분법 implicit differentiation

다행스럽게도, y의 도함수를 찾기 위해, 방정식을 y에 대해 x의 식으로 풀 필요가 없다. 그 대신에 **음함수의 미분법**을 사용할 수 있다. 이는 방정식의 양변을 각각 x에 대해 미분한 다음에 그 결과로 얻은 방정식을 y'에 대해 푸는 과정으로 이루어진다. 이번 절의 보기와 익힘 문제에 있는 방정식은 y를 x의 미분 가능한 음함수로 정의하고 있으며 이에 따라 음함수의 미분법을 적용할 수 있다고 가정한다.

보기 1 (a) $x^2 + y^2 = 25$일 때, $\dfrac{dy}{dx}$를 찾아라.

(b) 점 (3, 4)에서 원 $x^2 + y^2 = 25$에 대한 접선의 방정식을 찾아라.

풀이 1 (a) 방정식 $x^2 + y^2 = 25$의 양변을 미분하면 다음과 같다.

$$\frac{d}{dx}(x^2 + y^2) = \frac{d}{dx}(25),$$

$$\frac{d}{dx}(x^2) + \frac{d}{dx}(y^2) = 0$$

y가 x의 함수임을 상기하고 연쇄 법칙을 이용하면 다음을 얻는다.

$$\frac{d}{dx}(y^2) = \frac{d}{dy}(y^2)\frac{dy}{dx} = 2y\frac{dy}{dx}$$

그러므로 다음이 성립한다.

$$2x + 2y\frac{dy}{dx} = 0$$

이제 이 방정식을 dy/dx에 대해 풀면 다음을 얻는다.

$$\frac{dy}{dx} = -\frac{x}{y}$$

(b) 점 (3, 4)에서 $x = 3$이고 $y = 4$이므로, 다음을 얻는다.

$$\frac{dy}{dx} = -\frac{3}{4}$$

따라서 (3, 4)에서 원에 대한 접선의 방정식은 다음과 같다.

$$y - 4 = -\frac{3}{4}(x - 3) \quad \text{또는} \quad 3x + 4y = 25$$

풀이 2 (b) 방정식 $x^2+y^2=25$를 풀면, $y=\pm\sqrt{25-x^2}$을 얻는다. 점 (3, 4)는 위쪽 반원 $y=\sqrt{25-x^2}$에 놓여있으므로, 함수 $f(x)=\sqrt{25-x^2}$을 생각하자. 연쇄 법칙을 이용해서 f를 미분하면, 다음과 같다.

$$f'(x)=\frac{1}{2}(25-x^2)^{-1/2}\frac{d}{dx}(25-x^2)$$
$$=\frac{1}{2}(25-x^2)^{-1/2}(-2x)=-\frac{x}{\sqrt{25-x^2}}$$

그러므로 다음을 얻는다.

$$f'(3)=-\frac{3}{\sqrt{25-3^2}}=-\frac{3}{4}$$

따라서 풀이 1과 같이 접선의 방정식은 $3x+4y=25$이다. ■

■ 보기 1은 방정식을 풀어 y를 x의 양함수로 나타낼 수 있더라도 음함수 미분법이 더 쉬울 수 있음을 예시한다.

보기 2 (a) $x^3+y^3=6xy$일 때, y'를 찾아라.

(b) 점 (3, 3)에서 데카르트 잎사귀선 $x^3+y^3=6xy$에 대한 접선을 찾아라.

(c) 제1사분면의 어떤 점에서의 접선이 수평선인가?

풀이 (a) y를 x의 함수로 생각해서 $x^3+y^3=6xy$의 양변을 x에 관해 미분하고, y^3에 연쇄 법칙을 $6xy$에는 곱의 미분법을 적용하면 다음을 얻는다.

$$3x^2+3y^2y'=6y+6xy',$$

곧
$$x^2+y^2y'=2y+2xy'$$

이제 y'에 대해 풀면 다음을 얻는다.

$$y^2y'-2xy'=2y-x^2,$$
$$(y^2-2x)y'=2y-x^2,$$
$$y'=\frac{2y-x^2}{y^2-2x}$$

(b) $x=y=3$일 때, 다음을 얻는다.

$$y'=\frac{2\cdot 3-3^2}{3^2-2\cdot 3}=-1$$

그리고 그림 4를 보고 확인할 수 있듯이, 이는 (3, 3)에서의 기울기로 적절하다. 그러므로 (3, 3)에서 잎사귀선에 대한 접선의 방정식은 다음과 같다.

$$y-3=-1(x-3) \quad \text{또는} \quad x+y=6$$

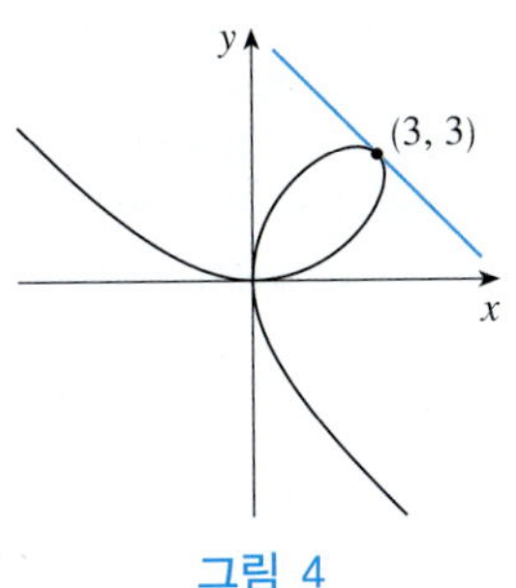

그림 4

(c) 접선은 $y'=0$일 때 수평선이다. (a)에서 y'에 대한 식을 이용해서 ($y^2-2x\neq 0$일 때) $2y-x^2=0$이면 $y'=0$임을 알 수 있다. 곡선의 방정식에 $y=\frac{1}{2}x^2$을 대입하면 다음을 얻는다.

$$x^3+\left(\frac{1}{2}x^2\right)^3=6x\left(\frac{1}{2}x^2\right)$$

이를 간단히 하면 $x^6=16x^3$이다. 제1사분면에서 $x\neq 0$이므로, $x^3=16$을 얻는다. $x=16^{1/3}=2^{4/3}$이면 $y=\frac{1}{2}(2^{8/3})=2^{5/3}$이다. 그러므로 접선은 점 $(2^{4/3},\ 2^{5/3})$에서 수평선이다. $(2^{4/3},\ 2^{5/3})$은 근사적으로 (2.5198, 3.1748)이다. 그림 5를 보면, 이 답이 적절함을 알 수 있다. ■

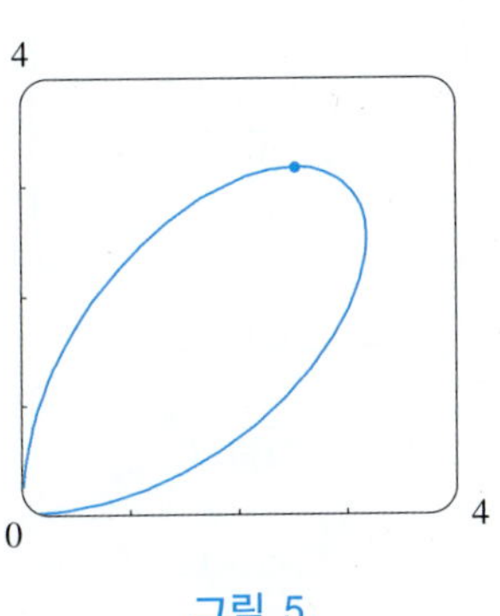

그림 5

보기 3 $\sin(x+y) = y^2 \cos x$일 때, y'을 찾아라.

풀이 y가 x의 함수임을 상기하고 x에 관해 음함수의 미분법을 적용하면 다음을 얻는다.

$$\cos(x+y) \cdot (1+y') = 2yy' \cos x + y^2(-\sin x)$$

(좌변에는 연쇄 법칙을 사용했고 우변에는 곱의 미분법과 연쇄 법칙을 사용했다.) y'가 포함된 항들을 모으면 다음과 같다.

$$\cos(x+y) + y^2 \sin x = (2y\cos x)y' - \cos(x+y) \cdot y'$$

그러므로 다음을 얻는다,

$$y' = \frac{y^2 \sin x + \cos(x+y)}{2y\cos x - \cos(x+y)}$$

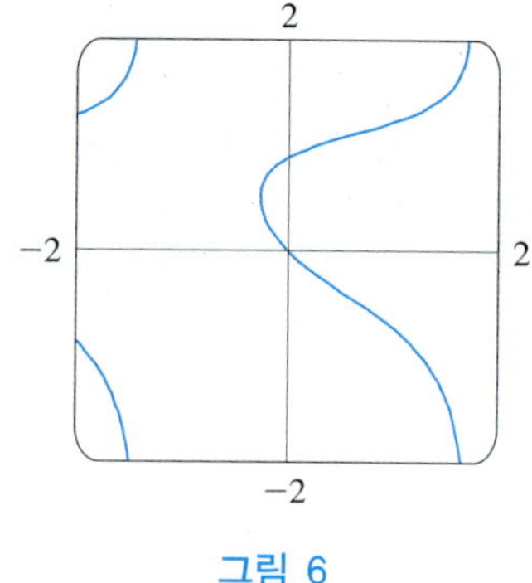

그림 6

컴퓨터 대수 체계에서 음함수의 그래프 그리기 명령으로 그린 그림 6은 곡선 $\sin(x+y) = y^2 \cos x$의 일부를 보여준다. 위의 셈을 확인하기 위해 위에서 얻은 식에 $x = y = 0$을 대입하면 $y' = -1$인데, 이 그래프에서도 원점에서의 기울기가 거의 -1로 보인다. ■

■ www.stewartcalculus.com

Additional Example A를 보라.

보기 4 $x^4 + y^4 = 16$일 때, y''을 찾아라.

풀이 주어진 방정식을 x에 관해 음함수의 미분법을 적용하면 다음을 얻는다.

$$4x^3 + 4y^3 y' = 0$$

y'에 대해 풀면 다음과 같다.

3 $$y' = -\frac{x^3}{y^3}$$

y''를 찾기 위해, y'에 관한 이 식을 몫의 미분법을 이용해서 미분하고 y가 x의 함수임을 상기하면 다음을 얻는다.

$$y'' = \frac{d}{dx}\left(-\frac{x^3}{y^3}\right) = -\frac{y^3(d/dx)(x^3) - x^3(d/dx)(y^3)}{(y^3)^2}$$

$$= -\frac{y^3 \cdot 3x^2 - x^3(3y^2 y')}{y^6}$$

식 3을 이 식에 대입하면, 다음을 얻는다.

$$y'' = -\frac{3x^2y^3 - 3x^3y^2\left(-\dfrac{x^3}{y^3}\right)}{y^6}$$

$$= -\frac{3(x^2y^4 + x^6)}{y^7} = -\frac{3x^2(y^4 + x^4)}{y^7}$$

그런데 x와 y의 값은 원래의 방정식 $x^4 + y^4 = 16$을 만족시켜야 한다. 그러므로 답을 간단히 하면 다음과 같다.

$$y'' = -\frac{3x^2 \cdot 16}{y^7} = -48\frac{x^2}{y^7}$$ ■

■ 그림 7은 보기 4의 곡선 $x^4 + y^4 = 16$을 보여준다. 이는 원 $x^2 + y^2 = 4$를 늘리고 밋밋하게 한 모양이다. 이런 이유에서 이를 때대로 '뚱뚱한 원'이라 부른다. 이는 왼쪽에서 매우 가파르게 출발하지만 갑자기 매우 평평해진다. 이는 다음 식에서 확인할 수 있다.

$$y' = -\frac{x^3}{y^3} = -\left(\frac{x}{y}\right)^3$$

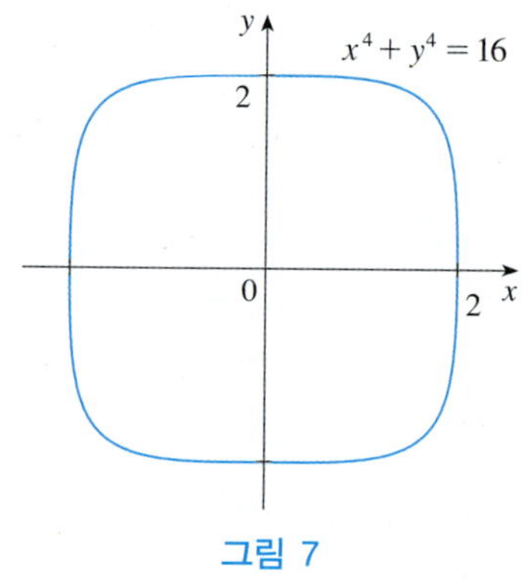

그림 7

2.6 익힘 문제

1–2. (a) 음함수의 미분법으로 y'을 찾아라.

(b) 방정식을 풀어 y에 관한 양함수로 나타내고, 이를 미분해서 y'을 x의 식으로 나타내라.

(c) (a)에서 얻은 답에 y에 대한 식을 대입해서, (a)와 (b)의 답이 일치함을 확인하라.

1. $9x^2 - y^2 = 1$ **2.** $4x^2 + 9y^2 = 36$

3–16. dy/dx를 음함수의 미분법으로 찾아라.

3. $x^3 + x^2y + 4y^2 = 6$ **4.** $x^2 - 2xy + y^3 = c$

5. $x^2 + xy - y^2 = 4$ **6.** $y^5 + x^2y^3 = 1 + x^4y$

7. $y\cos x = x^2 + y^2$ **8.** $1 + x = \sin(xy^2)$

9. $4\cos x \sin y = 1$ **10.** $y\sin(x^2) = x\sin(y^2)$

11. $\tan(x/y) = x + y$ **12.** $\sqrt{x+y} = 1 + x^2y^2$

13. $\sqrt{xy} = 1 + x^2y$ **14.** $\sin x + \cos y = \sin x \cos y$

15. $y\cos x = 1 + \sin(xy)$ **16.** $\tan(x-y) = \dfrac{y}{1+x^2}$

17. $f(x) + x^2\{f(x)\}^3 = 10$이고 $f(1) = 2$일 때, $f'(1)$을 찾아라.

18. $g(x) + x\sin g(x) = x^2$일 때, $g'(0)$을 찾아라.

19–24. 음함수의 미분법을 사용해서, 주어진 점에서 다음 곡선에 대한 접선의 방정식을 찾아라.

19. $x^2 + xy + y^2 = 3$, $(1, 1)$ (타원)

20. $x^2 + 2xy - y^2 + x = 2$, $(1, 2)$ (쌍곡선)

21. $x^2 + y^2 = (2x^2 + 2y^2 - x)^2$
$(0, \frac{1}{2})$
(심장선)

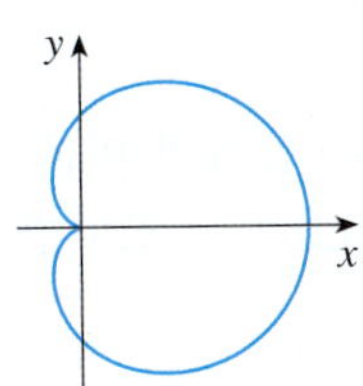

22. $x^{2/3} + y^{2/3} = 4$
$(-3\sqrt{3}, 1)$
(별모양선)

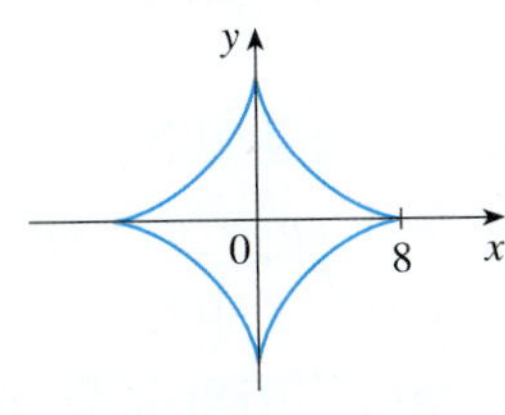

23. $2(x^2+y^2)^2 = 25(x^2-y^2)$
$(3, 1)$
(두 잎 선)

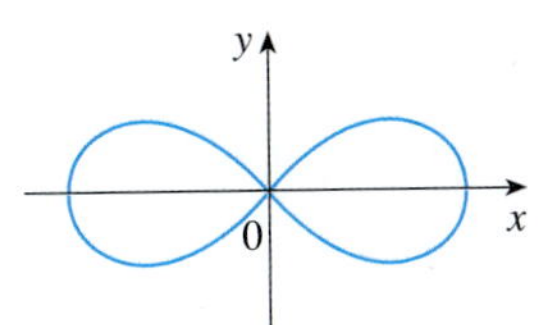

24. $y^2(y^2-4) = x^2(x^2-5)$
$(0, -2)$
(악마의 곡선)

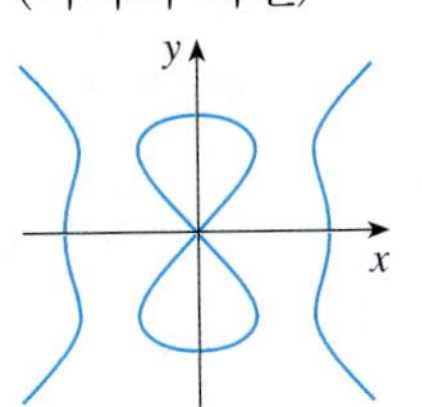

25–28. 음함수의 미분법으로 y''을 찾아라.

25. $9x^2 + y^2 = 9$ **26.** $\sqrt{x} + \sqrt{y} = 1$

27. $x^3 + y^3 = 1$ **28.** $x^4 + y^4 = a^4$

29. (a) 방정식이 $y^2 = 5x^4 - x^2$인 곡선을 에우독소스의 곡선이라 부른다. 점 $(1, 2)$에서 이 곡선에 대한 접선의 방정식을 찾아라.

(b) (a)의 곡선과 접선을 같은 화면에 그려라. (그래프 장치가 음함수의 그래프를 그릴 수 있다면, 그것을 이용하자. 그렇지 않더라도, 위쪽과 아래쪽 반씩 별도로 이 곡선을 그릴 수 있다.)

30. (a) 방정식이 $y^2 = x^3 + 3x^2$인 곡선을 치른하우젠 삼차 곡선이라 한다. 점 $(1, -2)$에서 이 곡선에 대한 접선의 방정식을 찾아라.

(b) 어떤 점에서 이 곡선에 대한 접선이 수평선인가?

(c) 같은 화면에 (a)와 (b)의 곡선과 접선들을 그려라.

CAS **31.** 음함수의 그래프를 그릴 수 있는 컴퓨터 대수 체계를 이용하면 기발한 모양을 만들 수 있다.

(a) 방정식이 다음과 같은 곡선을 그려라.

$$y(y^2-1)(y-2) = x(x-1)(x-2)$$

얼마나 많은 점에서 이 곡선에 대한 접선이 수평선인가? 이런 점들의 x좌표를 어림하라.

(b) 두 점 $(0, 1)$과 $(0, 2)$에서의 접선의 방정식을 각각 찾아라.

(c) (a)의 점들의 정확한 x좌표를 찾아라.

(d) (a)의 방정식을 수정해서 훨씬 더 기발한 곡선들을 만들어 보자.

CAS **32.** (a) 방정식이 다음과 같은 곡선은 큰 자동차에 비유됐다.

$$2y^3 + y^2 - y^5 = x^4 - 2x^3 + x^2$$

컴퓨터 대수 체계를 이용해서 이 곡선을 그리고, 그 이유를 알아보자.

(b) 어떤 점에서 이 곡선에 대한 접선이 수평선인가? 그런 점의 x좌표를 찾아라.

33. 익힘 문제 23에 있는 두 잎 선의 점 중에서 그 점에서의 접선이 수평선인 것을 찾아라.

34. 음함수의 미분법으로 점 (x_0, y_0)에서 타원 $\dfrac{x^2}{a^2} + \dfrac{y^2}{b^2} = 1$에 대한 접선이 다음과 같음을 보여라.

$$\frac{x_0 x}{a^2} + \frac{y_0 y}{b^2} = 1$$

35–38. 두 곡선의 교점에서 그 접선들이 수직일 때, 그 두 곡선은 직교한다고 한다. 다음 곡선족들이 서로의 직교 절선임을 보여라. 곧, 한 곡선족에 속하는 각 곡선은 다른 곡선족에 속한 모든 곡선과 직교함을 보여라. 두 곡선족을 같은 좌표 평면에 함께 그려라.

35. $x^2 + y^2 = r^2, \quad ax + by = 0$

36. $x^2 + y^2 = ax, \quad x^2 + y^2 = by$

37. $y = cx^2, \quad x^2 + 2y^2 = k$

38. $y = ax^3, \quad x^2 + 3y^2 = b$

39. (a) n몰의 기체의 기압은 P, 부피는 V, 온도는 T일 때, 반 데르 발스 방정식은 다음과 같다.

$$\left(P + \frac{n^2 a}{V^2}\right)(V - nb) = nRT$$

여기서 R은 보편 기체 상수이고, a와 b는 특별한 기체의 특성을 나타내는 양수들이다. T가 일정할 때, 음함수의 미분법을 사용해서 dV/dP를 찾아라.

(b) 부피가 $V = 10\text{L}$이고 기압이 $P = 2.5\text{atm}$인 1몰의 이산화탄소의 기압에 관한 부피의 변화율을 찾아라. $a = 3.592\,\text{L}^2\text{-atm/mole}^2$과 $b = = 0.0426\,\text{L/mole}$을 이용하자.

40. (a) $x^2 + xy + y^2 + 1 = 0$일 때, 음함수의 미분법으로 y'를 찾아라.

CAS (b) (a)의 곡선을 좌표 평면에 그려라. 무엇을 관찰할 수 있는가? 관찰한 결과가 정확함을 증명하라.

(c) (b)의 결과로, (a)에서 찾은 y'에 대한 식에 관해 무엇을 말할 수 있는가?

41. 음함수의 미분법을 이용해서, 점 P에서 중심이 O인 원에 접하는 임의의 접선은 반지름 OP와 수직임을 보여라.

42. 곡선 $\sqrt{x} + \sqrt{y} = \sqrt{c}$에 대한 임의의 접선의 x좌표와 y좌표의 합이 c임을 보여라.

43. 방정식 $x^2 - xy + y^2 = 3$은 '회전한 타원,' 곧 축이 좌표축과 평행하지 않은 타원을 나타낸다. 이 타원이 x축을 지나는 점들을 찾고, 그런 점에서의 접선이 서로 평행임을 보여라.

44. (a) 점 $(-1, 1)$에서 타원 $x^2 - xy + y^2 = 3$에 대한 법선이 이 타원을 또다시 지나는 곳은 어디인가?

(b) (a)의 타원과 법선을 그려라.

45. 곡선 $x^2y^2 + xy = 2$의 점 중에서 그 점에서의 접선의 기울기가 -1인 것을 모두 찾아라.

46. 점 $(12, 3)$을 지나는 타원 $x^2 + 4y^2 = 36$에 대한 두 접선의 방정식을 모두 찾아라.

47. 타원 $x^2/a^2 + y^2/b^2 = 1$과 쌍곡선 $x^2/A^2 - y^2/B^2 = 1$은 $A^2 < a^2$이고 $a^2 - b^2 = A^2 + B^2$일 때(그러므로 타원과 쌍곡선의 초점이 서로 같을 때) 직교 절선임을 보여라.

48. 두 곡선족 $y = (x + c)^{-1}$과 $y = a(x + k)^{1/3}$이 직교 절선이 되도록 수 a의 값을 찾아라.

49. 0차 베셀 함수 $y = J(x)$는 x의 모든 값에서 미분 방정식 $xy'' + y' + xy = 0$을 만족시키고 0에서의 값이 $J(0) = 1$이다.

(a) $J'(0)$의 값을 찾아라.

(b) 음함수의 미분법을 이용해서 $J''(0)$을 찾아라.

50. 아래 그림은 y축에서 오른쪽으로 3단위만큼 떨어져 있는 전등과 타원 구역 $x^2+4y^2 \le 5$가 만든 그림자를 보여준다. 점 $(-5,\ 0)$이 그림자의 모서리에 있다면, 전등은 x축 위로 얼마만큼 떨어져 있는가?

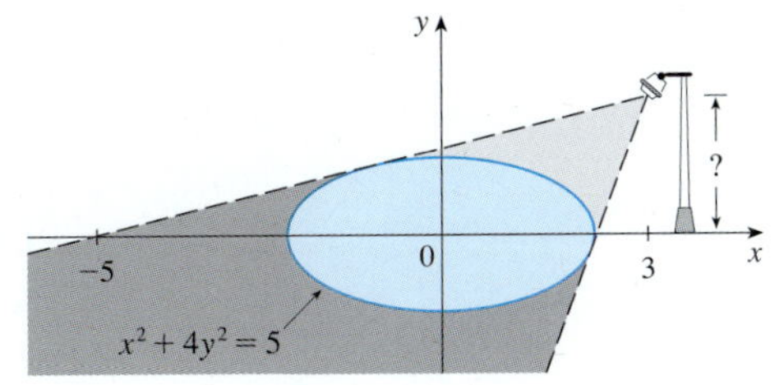

2.7 서로 관련된 변화율

풍선 속으로 공기를 불어넣으면, 풍선의 부피와 반지름이 증가하고 그 증가율들은 서로 관련되어 있다. 그런데 반지름의 증가율보다 부피의 증가율을 직접 측정하는 것이 더 쉽다.

서로 관련된 변화율 문제를 푸는 발상은 한 변수의 변화율을 (좀 더 쉽게 측정할 수 있는) 다른 변수의 변화율을 이용해서 셈하는 것이다. 이 과정은 두 변수를 관련짓는 방정식을 찾고, 다음에 연쇄 법칙을 이용해서 시간에 관해 양변을 미분하는 것이다.

보기 1 구형 풍선 속으로 공기를 불어넣고 있는데, 부피가 $100\text{cm}^3/\text{s}$의 변화율로 증가한다. 지름이 50cm일 때 풍선의 반지름은 얼마나 빨리 증가하는가?

풀이 다음 두 가지를 확인하고 출발한다.

주어진 정보 : 공기 부피의 증가율은 $100\text{cm}^3/\text{s}$이다.

찾으려는 양 : 지름이 50cm일 때 반지름의 증가율

이런 수량을 수학적으로 표현하기 위해서, 다음과 같이 함축성 있는 기호를 도입한다.

V를 풍선의 부피라 하고, r을 그 반지름이라 하자.

상기해야할 결정적인 열쇠는 변화율이 도함수라는 사실이다. 이 문제에서 부피와 반지름은 모두 시간 t의 함수이다. 시간에 관한 부피의 증가율은 도함수 dV/dt이고, 반지름의 증가율을 dr/dt이다. 그러므로 주어진 정보와 찾으려는 양을 다음과 같이 다시 쓸 수 있다.

주어진 정보: $\dfrac{dV}{dt}=100\text{cm}^3/\text{s}$

찾으려는 양: $r=25\text{cm}$일 때의 $\dfrac{dr}{dt}$

dV/dt와 dr/dt을 연결시키기 위해서, 먼저 V와 r을 구의 부피에 관한 다음 공식으로 관련 짓는다.

$$V=\frac{4}{3}\pi r^3$$

주어진 정보를 이용하기 위해서, 이 식의 양변을 t에 관해 미분한다. 우변

을 미분하기 위해서는 다음과 같이 연쇄 법칙을 이용할 필요가 있다.

$$\frac{dV}{dt} = \frac{dV}{dr}\frac{dr}{dt} = 4\pi r^2 \frac{dr}{dt}$$

이제 이를 다음과 같이 찾으려는 양에 대해 풀자.

$$\frac{dr}{dt} = \frac{1}{4\pi r^2}\frac{dV}{dt}$$

■ dV/dt는 상수지만, dr/dt은 상수가 아니다.

이 식에 $r = 25$와 $dV/dt = 100$을 대입하면, 다음을 얻는다.

$$\frac{dr}{dt} = \frac{1}{4\pi(25)^2}100 = \frac{1}{25\pi}$$

풍선의 반지름은 $1/(25\pi)$cm/s의 변화율로 증가한다. ■

보기 2 5 m의 사다리가 연직 벽에 기대어 있다. 사다리의 다리가 1 m/s의 속력으로 벽으로부터 멀어지고 있다면, 사다리의 다리가 벽으로부터 3 m만큼 떨어져 있을 때, 사다리의 머리는 벽을 따라 얼마나 빨리 내려가는가?

풀이 먼저 그림 1과 같이 그림을 그리고, 적절하게 표시하자. x(m)를 사다리의 다리와 벽 사이의 거리라 하고, y(m)는 사다리의 머리와 지면 사이의 거리라 하자. x와 y는 모두 시간 t(초)의 함수이다.

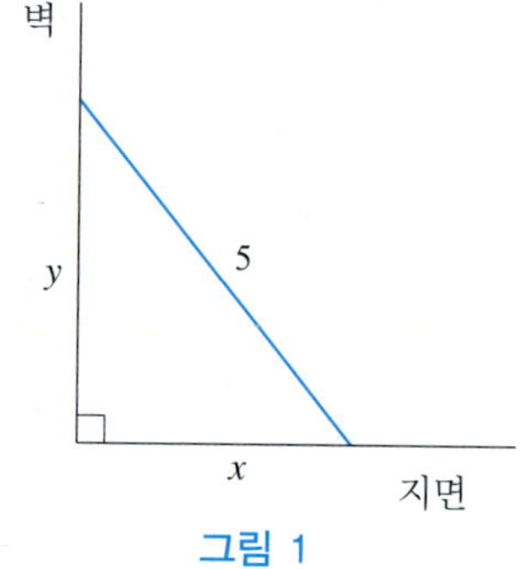

그림 1

주어진 조건은 $dx/dt = 1$ m/s이고, 찾으려는 수량은 $x = 3$ m일 때 dy/dt이다. (그림 2를 보라.) 이 문제에서 x와 y 사이의 관계는 피타고라스의 정리에 의해 다음과 같다.

$$x^2 + y^2 = 25$$

연쇄 법칙을 이용해서 양변을 t에 관해 미분하면, 다음과 같다.

$$2x\frac{dx}{dt} + 2y\frac{dy}{dt} = 0$$

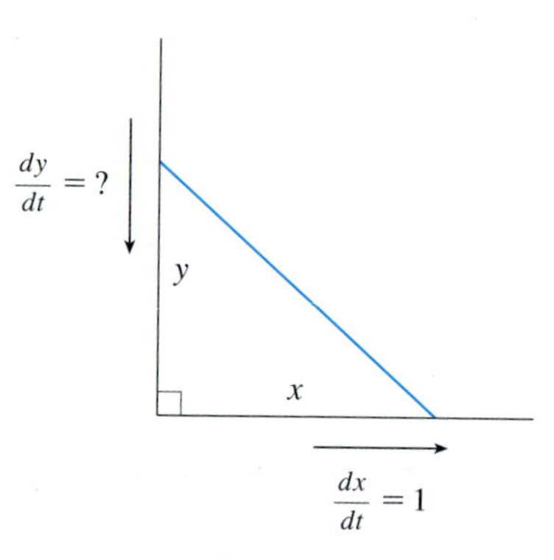

그림 2

이 방정식을 원하는 변화율에 대해 풀면 다음을 얻는다.

$$\frac{dy}{dt} = -\frac{x}{y}\frac{dx}{dt}$$

$x = 3$일 때 피타고라스의 정리에 의해 $y = 4$이고, 이에 따라 이런 값들과 $dx/dt = 1$을 대입하면 다음을 얻는다.

$$\frac{dy}{dt} = -\frac{3}{4}(1) = -\frac{3}{4}\text{ m/s}$$

dy/dt가 음수라는 사실은 사다리의 머리와 지면 사이의 거리가 $\frac{3}{4}$ m/s의 속력으로 감소함을 뜻한다. 바꿔 말하면, 사다리의 머리는 벽을 따라 $\frac{3}{4}$ m/s의 속력으로 내려간다. ■

보기 3 뒤집힌 원뿔 모양의 물탱크가 있는데, 밑면의 반지름은 2 m이고 높이는 4 m이다. 이 탱크에 물을 2 m^3/min의 변화율로 넣고 있다면, 물의 깊이가 3 m

일 때 수면이 상승하는 속력을 찾아라.

풀이 먼저 그림 3과 같이 원뿔을 그리고, 적절하게 표시하자. V, r, h는 차례로 시각 t일 때 물의 부피, 수면의 반지름, 높이라고 하자. 여기서 t의 단위는 분이다.

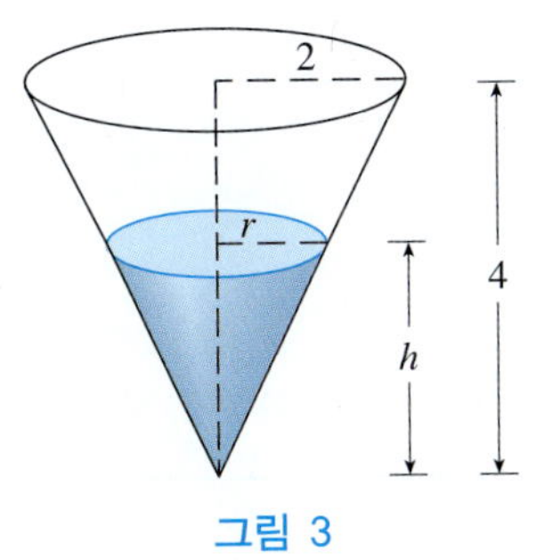

그림 3

주어진 조건은 $dV/dt = 2\,\mathrm{m}^3/\mathrm{min}$이고, 찾으려는 수량은 h가 $3\,\mathrm{m}$일 때의 dh/dt이다. 변수 V와 h는 다음 식으로 관련되어 있다.

$$V = \frac{1}{3}\pi r^3 h$$

그런데 V를 h만의 함수로 표현하는 것이 매우 유용하다. r를 없애기 위해서 그림 3에 있는 닮은 삼각형들을 이용하면 다음과 같이 쓸 수 있다.

$$\frac{r}{h} = \frac{2}{4}, \qquad r = \frac{h}{2}$$

그러므로 V에 관한 식은 다음과 같이 된다.

$$V = \frac{1}{3}\pi\left(\frac{h}{2}\right)^2 h = \frac{\pi}{12}h^3$$

이제 양변을 t에 관해 미분할 수 있는데, 다음이 성립한다.

$$\frac{dV}{dt} = \frac{\pi}{4}h^2\frac{dh}{dt}$$

그러므로 다음과 같다.

$$\frac{dh}{dt} = \frac{4}{\pi h^2}\frac{dV}{dt}$$

$h = 3\,\mathrm{m}$와 $dV/dt = 2\,\mathrm{m}^3/\mathrm{min}$을 대입하면 다음을 얻는다.

$$\frac{dh}{dt} = \frac{4}{\pi(3)^2}\cdot 2 = \frac{8}{9\pi}$$

수면은 $8/(9\pi) \approx 0.28\,\mathrm{m/min}$의 속력으로 상승한다. ■

> ⊘ **경고** 일상적으로 나타나는 오류는 (시간에 따라 변하는 변수들에 대한) 주어진 수치 정보를 너무 일찍 대입하는 것이다. 미분한 뒤에 대입해야 한다. (단계 7은 단계 6의 다음이다.) 예를 들면, 보기 3에서 h의 일반적인 값을 다루다가 마지막 단계에서 최종적으로 $h = 3$을 대입했다. ($h = 3$을 그 전에 대입하면, $dV/dt = 0$을 얻을 것인데 이는 분명히 잘못이다.

전략 보기 1~3은 서로 관련된 변화율 문제를 다음과 같은 단계에 따라 풀 것을 암시한다.

1. 문제를 주의 깊게 읽는다.
2. 가능하다면, 그림을 그린다.
3. 기호를 도입한다. 시간의 함수인 모든 변수에 기호를 부여한다.
4. 주어진 정보와 찾으려는 변화율을 도함수로 표현한다.
5. 문제의 여러 변수들을 관련짓는 방정식을 쓴다. 필요하다면, 주어진 상황과 관련된 기하학을 이용해서 (보기 3에서와 같이) 변수 중 하나를 대입을 통해 없앤다.
6. 연쇄 법칙을 이용해서 방정식의 양변을 t에 관해 미분한다.
7. 그 결과로 얻은 방정식에 주어진 정보를 대입하고, 찾으려는 변화율에 대해 푼다.

다음 보기들은 이 전략에 대한 또 다른 예시이다

보기 4 자동차 A가 서쪽으로 $90\,\text{km/h}$의 속력으로 달리고, 자동차 B는 북쪽으로 $100\,\text{km/h}$의 속력으로 달린다. 모두 두 길의 교차로를 향하고 있다. 교차로에서 A는 $60\,\text{m}$, B는 $80\,\text{m}$ 떨어져 있을 때, 두 차가 서로 가까워지는 속력은 얼마인가?

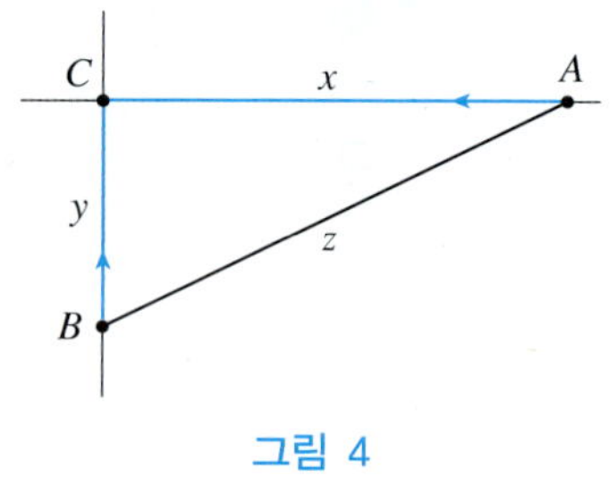

그림 4

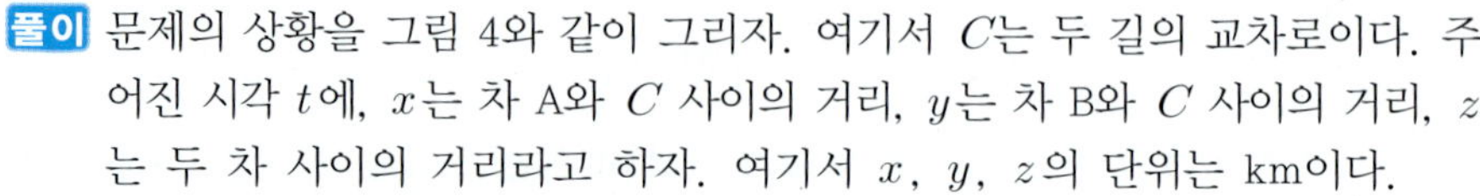

풀이 문제의 상황을 그림 4와 같이 그리자. 여기서 C는 두 길의 교차로이다. 주어진 시각 t에, x는 차 A와 C 사이의 거리, y는 차 B와 C 사이의 거리, z는 두 차 사이의 거리라고 하자. 여기서 x, y, z의 단위는 km이다.

주어진 조건은 $dx/dt = -90\,\text{km/h}$와 $dy/dt = -100\,\text{km/h}$이다. ($x$와 y가 감소하므로, 도함수에 음의 부호를 붙였다.) dz/dt를 찾으려고 한다. x, y, z를 관련짓는 관계는 피타고라스의 정리에 의해 다음과 같다.

$$z^2 = x^2 + y^2$$

양변을 t에 관해 미분하면, 다음을 얻는다.

$$2z\frac{dz}{dt} = 2x\frac{dx}{dt} + 2y\frac{dy}{dt},$$

$$\frac{dz}{dt} = \frac{1}{z}\left(x\frac{dx}{dt} + y\frac{dy}{dt}\right)$$

$x = 0.06\,\text{km}$이고 $y = 0.08\,\text{km}$일 때 피타고라스의 정리에 의해 $z = 0.1\,\text{km}$이므로, 이를 대입하면 다음과 같다.

$$\frac{dz}{dt} = \frac{1}{0.1}\{0.06\cdot(-90) + 0.08\cdot(-100)\}$$

$$= -134\,\text{km/h}$$

두 차는 서로 $134\,\text{km/h}$의 속력으로 가까워진다. ■

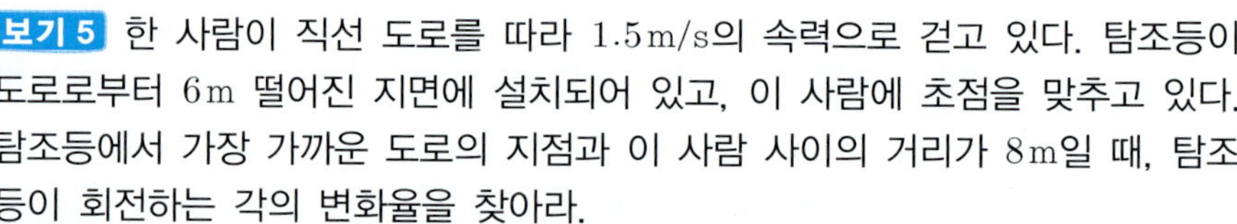

보기 5 한 사람이 직선 도로를 따라 $1.5\,\text{m/s}$의 속력으로 걷고 있다. 탐조등이 도로로부터 $6\,\text{m}$ 떨어진 지면에 설치되어 있고, 이 사람에 초점을 맞추고 있다. 탐조등에서 가장 가까운 도로의 지점과 이 사람 사이의 거리가 $8\,\text{m}$일 때, 탐조등이 회전하는 각의 변화율을 찾아라.

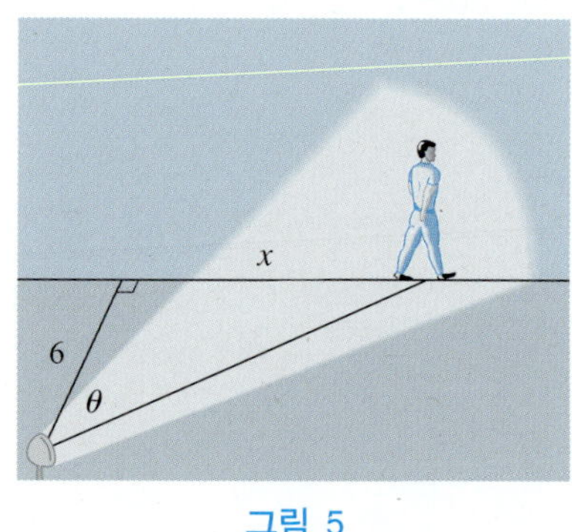

그림 5

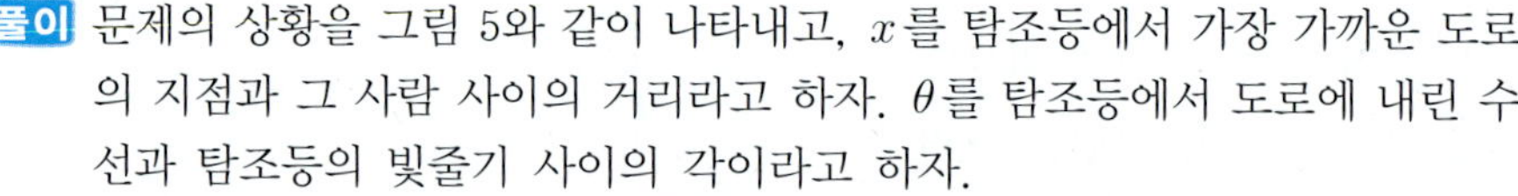

풀이 문제의 상황을 그림 5와 같이 나타내고, x를 탐조등에서 가장 가까운 도로의 지점과 그 사람 사이의 거리라고 하자. θ를 탐조등에서 도로에 내린 수선과 탐조등의 빛줄기 사이의 각이라고 하자.

주어진 조건은 $dx/dt = 1.5\,\text{m/s}$이고, $x = 8$일 때 $d\theta/dt$를 찾으려고 한다. 그림 5에서 x와 θ를 관련짓는 다음과 같은 식을 찾을 수 있다.

$$\frac{x}{6} = \tan\theta, \qquad x = 6\tan\theta$$

양변을 t에 관해 미분하면, 다음을 얻는다.

$$\frac{dx}{dt} = 6\sec^2\theta\frac{d\theta}{dt},$$

$$\frac{d\theta}{dt} = \frac{1}{6}\cos^2\theta\frac{dx}{dt} = \frac{1}{6}\cos^2\theta(1.5) = \frac{1}{4}\cos^2\theta$$

$x=8\text{m}$ 때 빛줄기의 길이는 10m이므로, $\cos\theta=\frac{3}{5}$이고 다음을 얻는다.

$$\frac{d\theta}{dt}=\frac{1}{4}\left(\frac{3}{5}\right)^2=\frac{9}{100}=0.09$$

탐조등은 0.09rad/s의 변화율로 회전한다. ■

2.7 익힘 문제

1. V는 모서리의 길이가 x인 정육면체의 부피이고 시간이 흐름에 따라 정육면체가 팽창할 때, dV/dt를 dx/dt의 식으로 나타내라.

2. (a) A는 반지름이 r인 원의 넓이이고 시간이 흐름에 따라 원이 팽창할 때, dA/dt를 dr/dt의 식으로 나타내라.
   (b) 파손된 유조선에서 유출된 원유가 원형으로 퍼진다고 하자. 유출된 원유의 반지름이 1m/s의 일정한 변화율로 커진다면, 유출된 원유의 반지름이 30m일 때 그 넓이는 얼마나 빨리 커지는가?

3. 정사각형의 각 변이 6cm/s의 변화율로 커진다. 정사각형의 넓이가 16cm^{2}일 때, 정사각형의 넓이는 어떤 변화율로 증가하는가?

4. 직사각형의 가로가 8cm/s의 변화율로 커지고 세로는 3cm/s의 변화율로 커진다. 가로가 20cm이고 세로가 10cm일 때, 직사각형의 넓이는 얼마나 빨리 증가하는가?

5. 반지름이 5m인 원기둥 모양의 탱크에 물을 3m^3/min의 변화율로 채우고 있다. 물의 높이는 얼마나 빨리 증가하는가?

6. 구의 반지름은 4mm/s의 비율로 커지고 있다. 지름이 80mm일 때, 부피는 얼마나 빨리 증가하는가?

7. $y=\sqrt{2x+1}$이고 x와 y는 모두 t의 함수라고 하자.
   (a) $\frac{dx}{dt}=3$이라 하자. $x=4$일 때, $\frac{dy}{dt}$를 찾아라.
   (b) $\frac{dy}{dt}=5$라 하자. $x=12$일 때, $\frac{dx}{dt}$를 찾아라.

8. $4x^2+9y^2=36$이고 x와 y는 모두 t의 함수라고 하자.
   (a) $\frac{dy}{dt}=\frac{1}{3}$이라 하자. $x=2$이고 $y=\frac{2\sqrt{5}}{3}$일 때, $\frac{dx}{dt}$를 찾아라.
   (b) $\frac{dx}{dt}=3$이라 하자. $x=-2$이고 $y=\frac{2\sqrt{5}}{3}$일 때, $\frac{dy}{dt}$를 찾아라.

9. $x^2+y^2+x^2=9$, $\frac{dx}{dt}=5$, $\frac{dy}{dt}=4$라 하자. $(x, y, z)=(2, 2, 1)$일 때, $\frac{dz}{dt}$를 찾아라.

10. 한 입자가 곡선 $y=\sqrt{1+x^3}$을 따라 움직인다. 이것이 점 (2, 3)에 도달할 때, y좌표는 4cm/s의 변화율로 증가한다. 그 순간에 x좌표는 얼마나 빨리 변하는가?

11–14. (a) 문제에 주어진 변수는 무엇인가?
(b) 찾으려는 수량은 무엇인가?
(c) 임의의 시각 t에서 이 상황을 그림으로 나타내라.
(d) 변수들을 관련짓는 방정식을 적어라.
(e) 문제 풀이를 마무리 지어라.

11. 눈덩이가 녹아서 그 겉넓이가 1cm^2/min의 변화율로 감소하면, 반지름이 10cm일 때 반지름이 감소하는 변화율을 찾아라.

12. 정오에 배 A는 배 B에서 서쪽으로 150km 떨어진 지점에 있다. 배 A는 속력 35km/h로 동쪽으로, 배 B는 속력 25km/h로 북쪽으로 항해한다. 두 배 사이의 거리는 오후 4시에 얼마나 빨리 변하는가?

13. 800km/h의 속력으로 2km의 높이에서 수평으로 날고 있는 비행기가 레이더 기지 상공을 지나고 있다. 비행기와 기지 사이의 거리가 3km일 때, 비행기와 기지 사이의 거리가 증가하는 속력을 찾아라.

14. 가로등이 높이 6m의 전봇대 위에 있다. 키가 2m인 사람이 직선 도로를 따라 1.5m/s의 속력으로 전봇대로부터 멀어지고 있다. 그가 전봇대로부터 10m 떨어져 있을 때, 그의 그림자 끝은 얼마나 빨리 움직이는가?

15. 자동차 두 대가 같은 지점에서 출발해서 달리고 있다. 하나는 속력 30km/h로 남쪽으로, 다른 것은 속력 72km/h로 서쪽으로 달린다. 두 시간 뒤에 두 자동차 사이의 거리는 어떤 속력으로 증가하는가?

16. 지면에 있는 스포트라이트가 12 m 떨어져있는 건물 벽면을 비추고 있다. 키가 2 m인 사람이 스포트라이트로부터 건물을 향해 1.6 m/s의 속력으로 걷고 있다. 그가 건물로부터 4 m의 거리에 있을 때, 그의 그림자의 길이는 얼마나 빨리 감소하는가?

17. 한 남자가 지점 P로부터 북쪽으로 1.2 m/s의 속력으로 걷기 시작했다. 5분 뒤에 한 여자가 P에서 동쪽으로 200m 떨어져있는 지점에서 남쪽으로 1.6m/s의 속력으로 걷기 시작했다. 여자가 걷기 시작하고 15분 뒤에 두 사람을 어떤 속력으로 멀어지는가?

18. 야구장 내야는 한 변이 90 ft인 정사각형이다. 타자가 공을 치고 제1루를 향해 24 ft/s의 속력으로 달린다.
   (a) 제1루까지의 절반 지점에 있을 때, 제2루와 그 사이의 거리는 어떤 속력으로 감소하는가?
   (b) 같은 순간에 제3루와 그 사이의 거리는 어떤 속력으로 증가하는가?

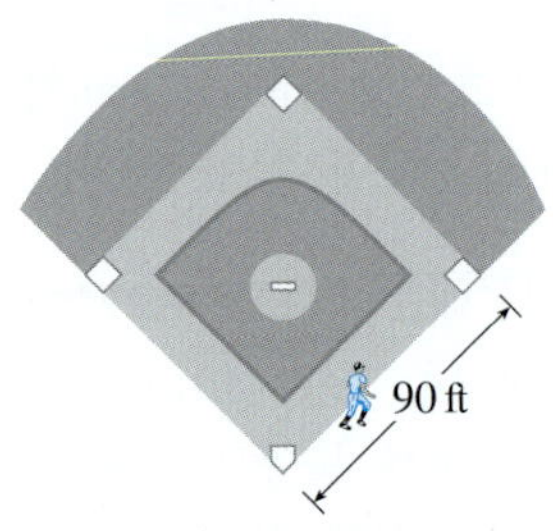

19. 삼각형의 높이는 1cm/min의 속력으로 증가하고, 넓이는 2cm^2/min의 변화율로 증가한다. 삼각형의 높이가 10cm이고 넓이가 100cm^2일 때, 밑변의 길이는 어떤 변화율로 변하는가?

20. 한 배가 뱃머리에 부착된 밧줄에 의해 부두로 끌려가고 있는데, 이 밧줄은 뱃머리보다 1 m 더 높은 부두의 도르래를 통과한다. 밧줄이 1m/s의 속력으로 끌리고 있다면, 배가 부두로부터 8 m 떨어져있을 때 배는 부두에 얼마나 빨리 접근하는가?

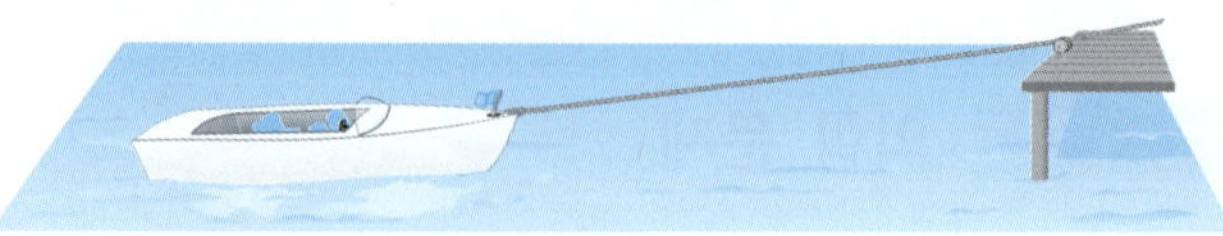

21. 정오에 배 A는 배 B에서 서쪽으로 100 km 떨어진 지점에 있다. 배 A는 속력 35 km/h로 남쪽으로, 배 B는 속력 25 km/h로 북쪽으로 항해한다. 두 배 사이의 거리는 오후 4시에 얼마나 빨리 변하는가?

22. 입자가 곡선 $y = \sqrt{x}$를 따라 움직이고 있다. 이 입자가 점 (4, 2)를 지날 때, 이것의 x좌표는 3cm/s의 속력으로 증가한다. 이 순간에 이 입자와 원점 사이의 거리는 얼마나 빨리 변하는가?

23. 두 대의 카트 A와 B가 그림과 같이 길이가 12m인 밧줄로 연결되어 있고, 밧줄은 도르래 P를 지난다. 바닥에 있는 점 Q는 P에서 4m 바로 아래에 있으며 두 카트 사이에 있다. 카트 A는 0.5m/s의 속력으로 Q로부터 멀어지고 있다. 카트 A와 Q 사이의 거리가 3m일 때, 카트 B는 Q를 향해 얼마나 빨리 움직이는가?

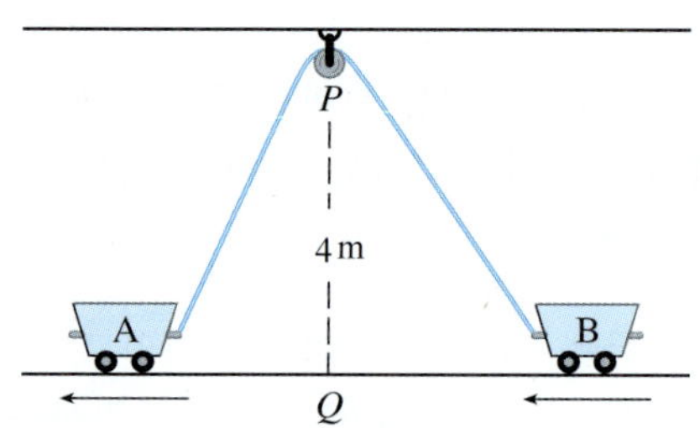

24. 뒤집힌 원뿔 모양의 탱크에서 물이 $10000\ \text{cm}^3$/min의 변화율로 새고 있는데, 이와 동시에 탱크 속으로 물을 일정한 변화율로 넣고 있다. 탱크의 높이는 6 m이고 윗면의 지름은 4 m이다. 물의 깊이가 2 m일 때 수면이 20 cm/min의 변화율로 상승한다면, 탱크에 물을 넣는 변화율을 찾아라.

25. 물통의 길이는 6 m이고 그 단면은 뒤집힌 이등변 삼각형으로 윗변이 1 m이고 높이는 50 cm이다. 이 물통에 $1.2\,\mathrm{m}^3/\mathrm{min}$의 변화율로 물을 채운다면, 물의 깊이가 30 cm일 때 수면은 얼마나 빨리 상승하는가?

26. 수영장의 너비는 5 m, 길이는 10 m, 얕은 쪽 끝의 깊이는 1 m, 가장 깊은 지점의 깊이는 3 m이다. 그림은 이의 단면을 나타낸다. 수영장에 물을 $0.1\,\mathrm{m}^3/\mathrm{min}$의 변화율로 채운다면, 가장 깊은 지점의 물의 깊이가 1 m일 때 수면은 얼마나 빨리 상승하는가?

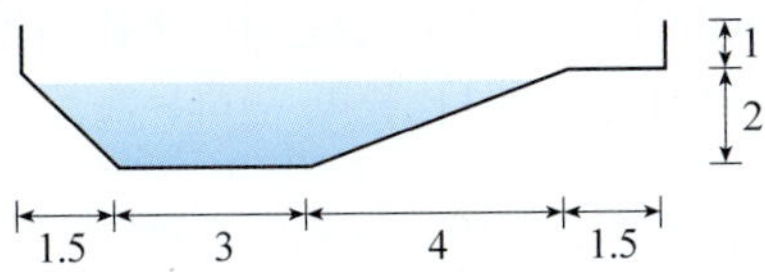

27. 그림과 같이 자갈을 컨베이어 벨트로 $3\,\mathrm{m}^3/\mathrm{min}$의 변화율로 하적하고 있는데, 자갈 더미는 언제나 밑면의 지름과 높이가 서로 같은 원뿔 모양이다. 더미의 높이가 3 m일 때, 더미의 높이는 얼마나 빨리 증가하는가?

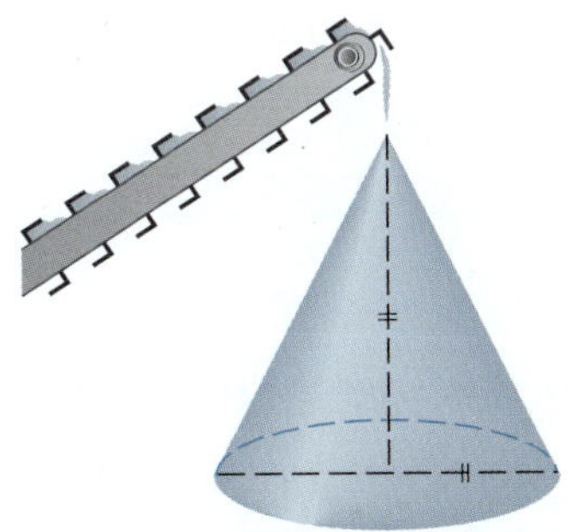

28. 지면에서 50 m 위에 있는 연이 2 m/s의 속력으로 수평으로 움직이고 있다. 100 m의 줄이 풀렸을 때, 줄과 수평선 사이의 각은 어떤 변화율로 감소하는가?

29. 삼각형에서 두 변의 길이가 4 m와 5 m이고 그 사이의 각이 0.06 rad/s의 변화율로 증가한다. 두 변 사이의 각이 $\pi/3$일 때, 삼각형의 넓이는 어떤 변화율로 증가하는가?

30. 삼각형에서 두 변의 길이가 12 m와 15 m이고 그 사이의 각이 $2°/\mathrm{min}$의 변화율로 증가한다. 두 변 사이의 각이 $60°$일 때, 나머지 한 변의 길이는 얼마나 빨리 증가하는가?

31. 사다리의 꼭대기가 연직 벽에서 0.15 m/s의 속력으로 내려가고 있다. 사다리의 다리가 벽면으로부터 3 m 떨어져 있는 순간에, 이것은 0.2 m/s의 속력으로 벽에서 멀어지고 있다. 사다리의 길이는 얼마인가?

32. 물꼭지에서 2 L/min의 변화율로 나오는 물이 지름이 60 cm인 반구 모양의 대야를 채우고 있다. 대야가 절반 채워졌을 때 물이 상승하는 속도를 찾아라. [다음 사실을 이용하자. 1 L는 $1000\,\mathrm{cm}^3$이다. 바닥으로부터의 높이가 h이고 반지름이 r인 구의 일부의 부피는 $V = \pi(rh^2 - \frac{1}{3}h^3)$이다. 이것은 제 7 장에서 알아볼 것이다.)

33. 보일의 법칙에 따라, 일정한 온도에서 기체를 압축할 때, 압력 P와 부피 V는 방정식 $PV = C$를 만족시킨다. 여기서 C는 상수이다. 어떤 순간에 기체의 부피가 $600\,\mathrm{cm}^3$이고 압력이 150 kPa이며, 압력이 20 kPa/min의 변화율로 증가한다고 하자. 이 순간에 부피는 어떤 변화율로 감소하는가?

34. 공기가 (열을 얻지도 않고 잃지도 않으면서) 단열 팽창할 때, 압력 P와 부피 V의 관계는 방정식 $PV^{1.4} = C$로 표현된다. 여기서 C는 상수이다. 어떤 순간에 공기의 부피가 $400\,\mathrm{cm}^3$이고, 압력이 80 kPa이며 10 kPa/min의 변화율로 감소한다고 하자. 이 순간에 부피는 어떤 변화율로 증가하는가?

35. 저항이 각각 R_1과 R_2인 두 저항기가 그림과 같이 병렬로 연결되어 있으면, 단위가 옴(Ω)인 전체 저항 R은 다음과 같다.

$$\frac{1}{R} = \frac{1}{R_1} + \frac{1}{R_2}$$

R_1과 R_2가 각각 $0.3\,\Omega/\mathrm{s}$와 $0.2\,\Omega/\mathrm{s}$의 변화율로 증가하면, $R_1 = 80\,\Omega$이고 $R_2 = 100\,\Omega$일 때 R의 변화율은 얼마인가?

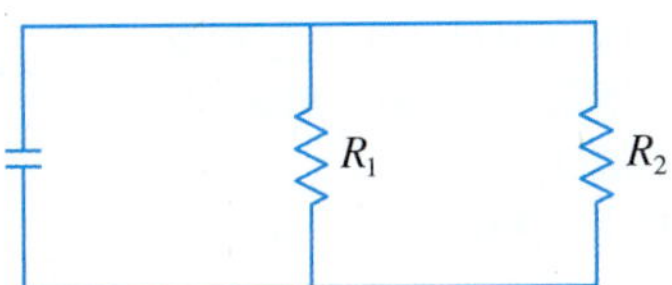

36. 물고기의 몸무게 W의 함수로 뇌 무게 B에 대한 모형을 멱 함수 $B=0.007\,W^{2/3}$으로 나타낸다. 여기서 B와 W의 단위는 그램(g)이다. 몸길이 L(cm)의 함수로서 몸무게에 대한 모형은 $W=0.12L^{2.53}$이다. 1000만 년 동안 어떤 종의 물고기는 평균 길이가 일정한 변화율에 따라 15cm에서 20cm로 진화했다면, 평균 길이가 18cm일 때 그 종의 뇌는 어떤 변화율로 증가했는가?

37. 텔레비전 카메라를 로켓 발사대로부터 1200m 떨어진 곳에 설치했다. 로켓을 화면에 계속 담기 위해서는 카메라의 올려다보는 각을 정확한 변화율로 바꾸어야 한다. 또, 카메라의 초점을 맞추기 위해 카메라와 로켓 사이의 거리가 증가함을 고려해야 한다. 로켓은 연직으로 상승하고, 900m 상공에 있을 때의 속력이 200m/s라 하자.

(a) 그 순간 텔레비전 카메라와 로켓 사이의 거리는 얼마나 빨리 변하는가?

(b) 텔레비전 카메라는 언제나 로켓에 초점을 맞추고 있다면, 그 순간에 카메라의 올려다보는 각은 얼마나 빨리 변하는가?

38. 작은 섬의 등대가 가장 가까운 직선 해안의 지점 P로부터 3km 떨어진 곳에 있는데, 그 빛줄기는 1분에 네 번 회전한다. P로부터 1km 떨어진 해안에는 이 빛줄기가 얼마나 빨리 움직이는가?

39. 일정한 속력 300km/h로 날고 있는 비행기가 지상 레이더 기지 위를 1km의 높이에서 30°의 각도로 상승하고 있다. 1분 뒤에 비행기와 레이더 기지 사이의 거리는 어떤 속력으로 증가하는가?

40. 두 사람이 같은 점에서 출발하는데, 한 사람은 동쪽으로 4km/h의 속력으로 걷고 다른 사람은 북동쪽으로 2km/h의 속력으로 걷는다. 15분 뒤에 두 사람 사이의 거리는 얼마나 빨리 변하는가?

41. 육상 선수가 반지름이 100m인 원형 트랙을 7m/s의 일정한 속력으로 돌고 있다. 이 선수의 친구가 트랙의 중심에서 200m 떨어진 지점에 서 있다. 두 친구 사이의 거리가 200m일 때, 두 사람 사이의 거리는 얼마나 빨리 변하는가?

42. 시계의 분침은 8mm이고 시침은 4mm이다. 1시 정각에 두 바늘의 끝 사이의 거리는 얼마나 빨리 변하는가?

2.8 선형 근사와 미분

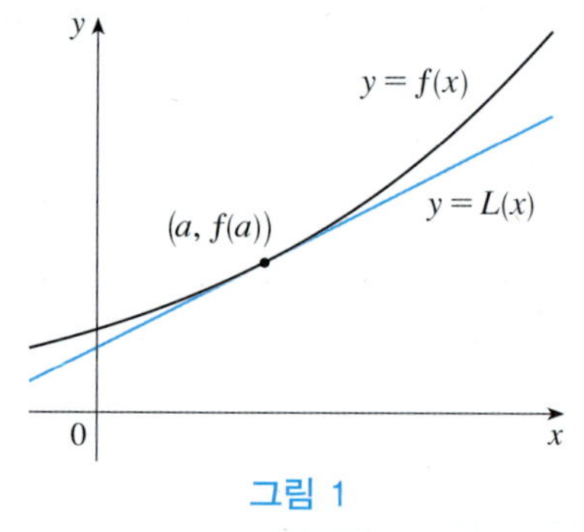

그림 1

용어

선형 근사 linear approximation
접선 근사 tangent line approximation
선형화, 선형 근사 함수 linearization
'$f(x)\approx L(x)$'를 '선형 근사식'이라 하기도 한다. 그런데 여기서 f와 L은 함수이므로, 개념의 혼동을 피하기 위해 '선형 근사'라 부르겠다.
다른 경우에도 '⋯ 근사 $l(x)\approx m(x)$'와 같이 부르겠다.

곡선은 접점 근방에서 그 접선과 매우 가깝게 놓여있음을 알아봤다. 실제로, 미분 가능한 함수의 그래프에 있는 한 점을 향해 확대하면, 그래프는 점점 더 접선과 똑같이 보인다는 사실을 확인했다. (2.1절의 그림 4를 보라.) 이런 관찰 결과는 함수의 근삿값을 찾는 기초적인 방법을 제공한다.

문제가 되는 상황은 함숫값 $f(a)$를 쉽게 셈할 수 있지만 그 근방에서는 f의 값을 셈하기가 어려운 (심지어 불가능한) 경우이다. 발상은 이런 경우에 점 $(a, f(a))$에서 f의 그래프에 대한 접선이 그래프인 선형(곧, 일차) 함수 L에 만족하는 것인데, L의 값은 쉽게 셈할 수 있다. (그림 1을 보라.)

바꿔 말하면, x가 a의 근방에 있을 때, 점 $(a, f(a))$에서의 접선이 곡선 $y=f(x)$에 근접한 것으로 생각한다. 이 접선의 방정식은 다음과 같다.

$$y=f(a)+f'(a)(x-a)$$

그리고 다음을 a에서 f의 **선형 근사** 또는 **접선 근사**라 한다.

$$f(x)\approx f(a)+f'(a)(x-a) \tag{1}$$

그래프가 이 접선인 다음과 같은 선형 함수를 a에서 f의 **선형화** 또는 **선형 근사 함수라 한다.

2 $$L(x) = f(a) + f'(a)(x - a)$$

보기 1 $a = 1$에서 함수 $f(x) = \sqrt{x+3}$ 의 선형화를 찾아라. 그리고 이를 이용해서 두 수 $\sqrt{3.98}$ 과 $\sqrt{4.05}$ 의 근삿값을 각각 찾아라. 이 근삿값들은 참값보다 큰가? 아니면 작은가?

풀이 $f(x) = (x+3)^{1/2}$ 의 도함수는 다음과 같다.

$$f'(x) = \frac{1}{2}(x+3)^{-1/2} = \frac{1}{2\sqrt{x+3}}$$

그러므로 $f(1) = 2$이고 $f'(1) = \frac{1}{4}$이다. 이런 값을 식 2에 대입하면, 다음과 같은 선형화를 얻는다.

$$L(x) = f(1) + f'(1)(x-1) = 2 + \frac{1}{4}(x-1) = \frac{7}{4} + \frac{x}{4}$$

대응하는 선형 근사 1은 다음과 같다.

$$\sqrt{x+3} \approx \frac{7}{4} + \frac{x}{4} \quad (x\text{가 1의 근방에 있을 때})$$

특히, 다음을 얻는다.

$$\sqrt{3.98} \approx \frac{7}{4} + \frac{0.98}{4} = 1.995, \qquad \sqrt{4.05} \approx \frac{7}{4} + \frac{1.05}{4} = 2.0125$$

이 선형 근사를 그림 2에 나타냈다. x가 1의 근방에 있을 때, 접선 근사가 주어진 함수에 대한 좋은 근사임을 실제로 알 수 있다. 근삿값은 참값보다 큰데, 접선이 곡선보다 위에 있기 때문이다.

물론, 계산기를 사용하면 $\sqrt{3.98}$ 과 $\sqrt{4.05}$ 에 대한 근삿값을 얻을 수 있지만, 선형 근사는 전체 구간 위에서의 근삿값을 제공한다. ■

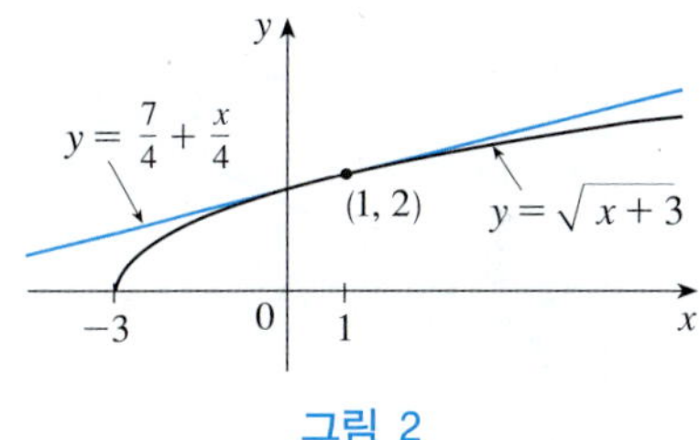

그림 2

아래 표는 보기 1의 선형화로 얻은 근삿값과 참값을 비교하고 있다. 이 표와 그림 2에서 알 수 있듯이, 접선 근사는 x가 1에 가까울 때 좋은 근삿값을 주지만, x가 1에서 멀어지면 근삿값의 정확도가 떨어진다.

	x	$L(x)$의 값	참값
$\sqrt{3.9}$	0.9	1.975	$1.97484176\cdots$
$\sqrt{3.98}$	0.98	1.995	$1.99499373\cdots$
$\sqrt{4}$	1	2	$2.00000000\cdots$
$\sqrt{4.05}$	1.05	2.0125	$2.01246117\cdots$
$\sqrt{4.1}$	1.1	2.025	$2.02484567\cdots$
$\sqrt{5}$	2	2.25	$2.23606797\cdots$
$\sqrt{6}$	3	2.5	$2.44948974\cdots$

보기 1에서 얻은 선형 근사는 얼마나 정확할까? 다음 보기는 그래프 계산기 또는 컴퓨터를 이용해서 선형 근사가 지정된 정확도를 보장하는 구간을 결정할 수 있음을 보여준다.

보기 2 다음 선형 근사는 x의 어떤 값에 대해 오차 0.5의 범위에서 정확한가? 오차 0.1의 범위에서는 어떤가?

$$\sqrt{x+3} \approx \frac{7}{4} + \frac{x}{4}$$

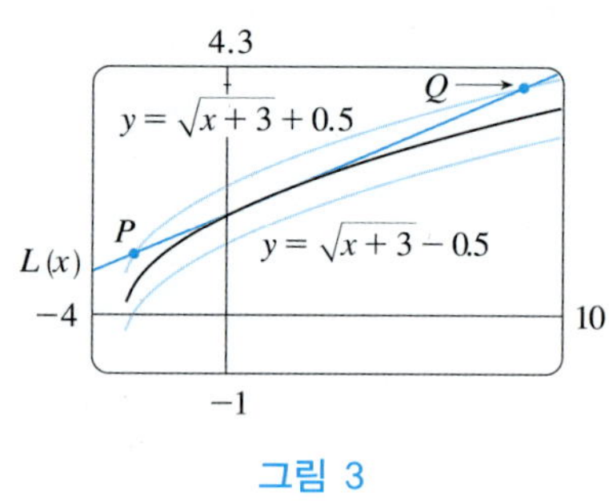

그림 3

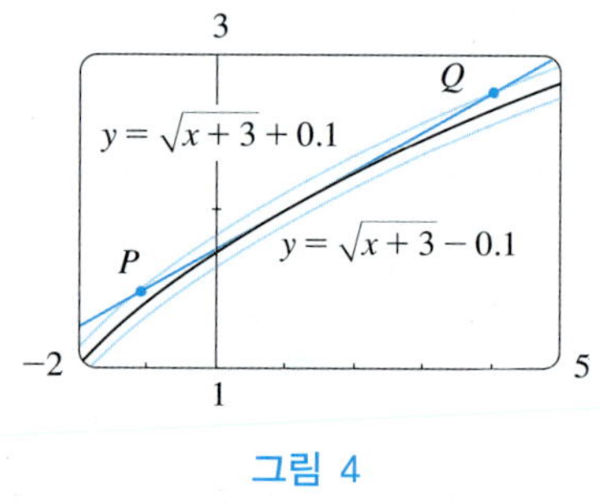

그림 4

풀이 오차 0.5의 범위에서 정확하다는 것은 다음과 같이 두 함수의 차가 0.5보다 작음을 뜻한다.

$$\left| \sqrt{x+3} - \left(\frac{7}{4} + \frac{x}{4} \right) \right| < 0.5$$

이를 다음과 같이 나타낼 수 있다.

$$\sqrt{x+3} - 0.5 < \frac{7}{4} + \frac{x}{4} < \sqrt{x+3} + 0.5$$

이는 선형화의 그래프가 곡선 $y = \sqrt{x+3}$을 위와 아래로 0.5만큼 평행이동해서 얻은 두 곡선 사이에 놓여 있음을 뜻한다. 그림 3은 접선 $y = (7+x)/4$가 위의 곡선 $y = \sqrt{x+3} + 0.5$를 P와 Q에서 지나고 있음을 보여준다. 확대해서 보면, P의 x좌표가 약 -2.66이고 Q의 x좌표가 약 8.66이라고 어림할 수 있다. 그러므로 그래프로부터 다음 선형 근사가 $-2.6 < x < 8.6$일 때 오차 0.5의 범위에서 정확함을 알 수 있다.

$$\sqrt{x+3} \approx \frac{7}{4} + \frac{x}{4}$$

마찬가지로, 그림 4로부터 이 선형 근사가 $-1.1 < x < 3.9$일 때 오차 0.1의 범위에서 정확함을 알 수 있다. ■

물리학에의 활용

선형 근사가 물리학에 흔히 이용된다. 물리학자는 어떤 식의 결과를 분석할 때 종종 함수를 그것의 선형화로 대체해서 함수를 단순화할 필요가 있다. 예를 들어 흔들이의 주기에 대한 공식을 유도할 때, 물리학 교과서에서는 접선 방향의 가속도에 대한 표현 $a_T = -g\sin\theta$를 얻은 다음에, θ가 크지 않으면 $\sin\theta$는 θ에 매우 가깝다는 지적과 함께 $\sin\theta$를 θ로 바꾼다.[1] $a = 0$에서 $f(x) = \sin x$의 선형화가 $L(x) = x$이고, 이에 따라 0에서 선형 근사가 다음과 같음을 밝힐 수 있다. (익힘 문제 28을 보라.)

$$\sin x \approx x$$

그러므로 사실상 흔들이의 주기에 대한 공식의 유도는 사인 함수에 대한 접선 근사를 이용한다.

용어
흔들이 pendulum
근축 광선 paraxial ray
광축 optical axis

또 다른 예는 광학 이론에서 나타나는데, 여기서 광축과 근소한 각을 이루며 그에 접근하는 광선을 근축 광선이라 한다. 근축 (또는 가우스) 광학에서,

1) Eugene Hecht 저 *Physics: Calculus*, 2nd ed. (Pacific Grove, CA:, 2000) p.431을 예로 보라.

$\sin\theta$와 $\cos\theta$는 모두 각각의 선형화로 대체된다. 바꿔 말하면, θ가 0에 가까울 때, 다음과 같은 선형 근사가 이용된다.

$$\sin\theta \approx \theta, \qquad \cos\theta \approx 1$$

이런 근사로 이루어진 셈 결과는 렌즈의 설계에 쓰이는 기초적인 이론적 도구가 된다.[2)]

8.8절에서 물리학에 활용되는 선형 근사의 개념을 몇 가지 더 제시할 것이다.

미분

선형 근사의 기초를 이루는 발상은 흔히 **미분**의 용어와 기호로 공식화한다. $y=f(x)$이고 f가 미분 가능한 함수일 때, **미분** dx는 독립 변수이다. 곧, 임의의 실수를 dx의 값으로 줄 수 있다. 그리고 **미분** dy는 다음과 같이 dx의 식으로 정의한다.

[3] $$dy = f'(x)dx$$

그러므로 dy는 종속 변수이다. 이는 x와 dx의 값에 따라 결정된다. dx에 특정한 값을 주고 x에 f의 정의역의 어떤 특정한 값을 주면, dy의 값이 결정된다.

■ $dx \neq 0$이면 식 [3]의 양변을 dx로 나누어 다음을 얻을 수 있다.

$$\frac{dy}{dx} = f'(x)$$

앞에서 비슷한 표현을 봤지만, 여기서 좌변은 진정한 미분의 비로 해석할 수 있다.

미분의 기하학적 의미를 그림 5에 나타냈다. $P(x,\ f(x))$와 $Q(x+\Delta x,\ f(x+\Delta x))$가 f의 그래프에 있는 점이고 $dx=\Delta x$라고 하자. 대응하는 y의 증분은 다음과 같다.

$$\Delta y = f(x+\Delta x) - f(x)$$

접선 PR의 기울기는 미분 계수 $f'(x)$이다. 그러므로 S부터 R까지의 유향 거리는 $f'(x)dx=dy$이다. 따라서 dy는 접선이 올라가거나 내려간 양(선형화의 증분)을 나타낸다. 반면에 Δy는 x가 dx만큼 변할 때 곡선 $y=f(x)$가 올라가거나 내려간 양을 표현한다. 그림 5에서 알 수 있듯이, Δx가 작아질수록 근사 $\Delta y \approx dy$는 더 정확해진다.

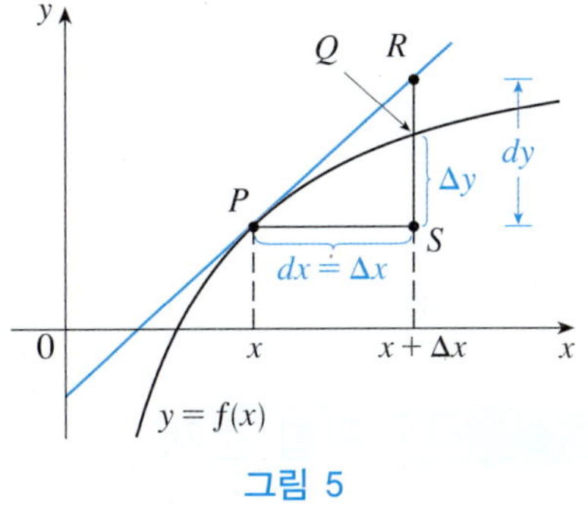

그림 5

$dx = x-a$라 하면, $x=a+dx$이고 선형 근사 [1]을 미분 기호를 이용해서 다음과 같이 다시 쓸 수 있다.

$$f(a+dx) \approx f(a) + dy$$

예를 들어 보기 1의 함수 $f(x)=\sqrt{x+3}$의 경우에 다음을 얻는다.

$$dy = f'(x)dx = \frac{dx}{2\sqrt{x+3}}$$

$a=1$이고 $dx=\Delta x = 0.05$이면, 다음과 같다.

$$dy = \frac{0.05}{2\sqrt{1+3}} = 0.0125,$$

$$\sqrt{4.05} = f(1.05) \approx f(1) + dy = 2.0125$$

용어
미분 differential 'differentiation'도 '미분'으로 나타내어(몇 번은 '미분하기'로 번역했음), 'differential'의 '미분'과 혼동된다. 'differential'을 나타내는 '미분'은 문맥을 통해 이해해야 한다.

2) Eugene Hecht 저 *Optics*, 4th ed.(San Francisco, 2002) p.154를 보라.

이는 보기 1에 찾은 값과 같다.

마지막 보기는 근사 측정 때문에 나타나는 오차를 미분을 이용해서 어림하는 경우를 예시한다.

보기 3 구의 반지름을 측정했는데, 측정 오차 0.05 cm의 범위에서 21 cm로 밝혀졌다. 이 반지름의 값을 이용해서 구의 부피를 셈할 때 나타날 수 있는 최대 오차는 얼마인가?

풀이 구의 반지름이 r이면 그 부피는 $V=\frac{4}{3}\pi r^3$이다. r의 측정값에서의 오차를 $dr=\Delta r$로 나타내면, 이에 대응하는 V를 셈한 값에서의 오차 ΔV는 다음과 같이 미분을 이용해서 근사시킬 수 있다.

$$dV=4\pi r^2 dr$$

$r=21$이고 $dr=0.05$일 때, 이는 다음과 같이 된다.

$$dV=4\pi(21)^2 0.05\approx 277$$

셈한 부피에서 나타날 수 있는 최대 오차는 약 $277\,\text{cm}^3$이다. ■

용어
상대 오차 relative error
백분율 오차 percentage error

참고 보기 3에서 나타날 수 있는 오차가 꽤 크게 보일 수 있다. 그런데 오차에 대한 더 정확한 개념은 **상대 오차**를 통해 확인할 수 있는데, 이는 다음과 같이 오차를 전체 부피로 나누어 셈한다.

$$\frac{\Delta V}{V}\approx\frac{dV}{V}=\frac{4\pi r^2 dr}{\frac{4}{3}\pi r^3}=3\frac{dr}{r}$$

따라서 부피의 상대 오차는 반지름의 상대 오차의 약 3배이다. 보기 3에서 반지름의 상대 오차는 약 $dr/r=0.05/21\approx 0.0024$이고, 이에 따라 부피의 상대 오차는 약 0.007이다. 반지름의 **백분율 오차**는 0.24%이고 부피의 백분율 오차는 0.7%이다.

2.8 익힘 문제

1–4. a에서 다음 함수의 선형화 $L(x)$를 찾아라.

1. $f(x)=x^4+3x^2,\ a=-1$
2. $f(x)=\sin x,\quad a=\pi/6$
3. $f(x)=\sqrt{x},\quad a=4$
4. $f(x)=x^{3/4},\ a=16$

5. $a=0$에서 함수 $f(x)=\sqrt{1-x}$의 선형 근사를 찾고, 이를 이용해서 두 수 $\sqrt{0.9}$와 $\sqrt{0.99}$의 근삿값을 찾아라. f의 그래프와 접선을 그려라.

6. $a=0$에서 함수 $g(x)=\sqrt[3]{1+x}$의 선형 근사를 찾고, 이를 이용해서 두 수 $\sqrt[3]{0.95}$와 $\sqrt[3]{1.1}$의 근삿값을 찾아라. g의 그래프와 접선을 그려라.

7–10. $a=0$에서 다음 선형 근사를 밝혀라. 선형 근사가 오차 0.1의 범위에서 정확한 x의 값을 결정하라.

7. $\sqrt[4]{1+2x}\approx 1+\frac{1}{2}x$
8. $\tan x\approx x$
9. $\dfrac{1}{(1+2x)^4}\approx 1-8x$
10. $\dfrac{1}{\sqrt{4-x}}\approx\dfrac{1}{2}+\dfrac{1}{16}x$

11–14. 선형 근사(또는 미분)를 이용해서, 다음 수를 어림하라.

11. $(1.999)^4$
12. $\sqrt{99.8}$
13. $(8.06)^{2/3}$
14. $1/1002$

15–16. 선형 근사 또는 미분을 이용해서 다음 근사가 적절한 이유를 설명하라.

15. $\sec 0.08 \approx 1$ **16.** $(1.01)^6 \approx 1.06$

17–18. 다음 함수의 미분을 찾아라.

17. (a) $y = \tan \sqrt{t}$ (b) $y = \dfrac{1-v^2}{1+v^2}$

18. (a) $y = s/(1+2s)$ (d) $y = 1/(x+1)$

19. $y = \tan x$라 하자.
(a) 미분 dy를 찾아라.
(b) $x = \pi/4$이고 $dx = -0.1$일 때, dy와 Δy의 값을 찾아라.

20. $y = \sqrt{x}$라 하자.
(a) 미분 dy를 찾아라.
(b) $x = 1$이고 $dx = \Delta x = 1$일 때, dy와 Δy의 값을 찾아라.
(c) 그림 5와 같이 길이가 dx, dy, Δy인 선분들을 보여주는 그림을 그려라.

21. 정육면체의 모서리가 측정 오차 0.1 cm의 범위에서 30 cm로 밝혀졌다. 미분을 이용해서 (a) 정육면체의 부피와 (b) 겉넓이를 셈할 때 나타날 수 있는 최대 오차, 상대 오차, 백분율 오차를 어림하라.

22. 원판의 반지름이 측정 오차 0.2 cm의 범위에서 24 cm로 밝혀졌다.
(a) 미분을 이용해서 원판의 넓이를 셈할 때 나타날 수 있는 최대 오차를 어림하라.
(b) 상대 오차와 백분율 오차는 얼마인가?

23. 구의 둘레가 오차 0.5 cm의 범위에서 84 cm로 측정됐다.
(a) 미분을 이용해서 겉넓이를 셈할 때 나타날 수 있는 최대 오차를 어림하라. 상대 오차는 얼마인가?
(b) 미분을 이용해서 부피를 셈할 때 나타날 수 있는 최대 오차를 어림하라. 상대 오차는 얼마인가?

24. 미분을 이용해서, 지름이 50 m인 반구 모양의 돔에 0.05 cm의 두께로 페인트를 칠하기 위해 필요한 페인트의 양을 어림하라.

25. 저항이 R인 저항기를 통해 전류 I가 흐르면, 옴의 법칙에 따라 전압 강하 $V = RI$가 나타난다. V가 일정하고 R은 어떤 오차로 측정되면, 미분을 사용해서 I를 셈하는 상대 오차는 R에서의 상대 오차와 똑같이 근접함을 보여라.

26. 직각 삼각형의 한 변은 20 cm로 알려져 있고 대각의 크기는 기껏해야 ±1°의 오차로 30°로 측정됐다.
(a) 미분을 사용해서 빗변의 길이를 셈할 때의 오차를 어림하라.
(b) 백분율 오차는 얼마인가?

27. 피가 혈관을 통해 흐를 때, (주어진 점을 지나 단위 시간에 흐르는 피의 부피인) 흐름량 F는 다음과 같이 혈관의 반지름 R의 네제곱에 비례한다.

$$F = kR^4$$

(이를 푸애즈이유의 법칙이라 한다.) 부분적으로 막힌 동맥은 혈관 확장술이라는 수술로 확대할 수 있는데, 동맥 속으로 끝에 풍선이 달린 카테터라는 작은 관을 넣고 부풀려서 혈관을 확대하고 피를 정상적으로 흐르게 한다.

F의 상대적인 증분이 R의 상대적인 증분의 약 네 배임을 보여라. 반지름을 5% 늘리면, 피의 흐름에 얼마만큼 영향을 주는가?

28. 책 ≪*Physics*: *Calculus*, 2nd ed. (Eugene Hecht 저, Pacific Grove, CA, 2000)≫의 431쪽에서 길이가 L인 흔들이의 주기에 대한 공식 $T = 2\pi\sqrt{L/g}$를 유도하면서, 저자는 흔들이 추의 접선 방향의 가속도에 대한 식 $a_T = -g\sin\theta$를 얻는다. 그리고 그는 "작은 각에 대해 단위가 라디안인 θ의 값은 $\sin\theta$의 값과 매우 비슷하다. 이 값들의 차는 약 20°까지 2%보다 작다."고 말한다.
(a) 사인 함수에 대한 0에서의 다음 선형 근사를 밝혀라.

$$\sin x \approx x$$

(b) 그래프 장치를 이용해서 $\sin x$와 x의 차가 2%보다 작은 x의 값을 결정하라. 그리고 라디안을 도(°)로 바꾸어, 위 저자의 말을 밝혀라.

29. 함수 f에 관한 정보는 $f(1) = 5$와 그림에 나타낸 그 도함수의 그래프뿐이라고 하자.
(a) 선형 근사를 이용해서 $f(0.9)$와 $f(1.1)$을 어림하라.

(b) (a)에서 어림한 값이 너무 큰가? 아니면 너무 작은가? 그 이유를 설명하라.

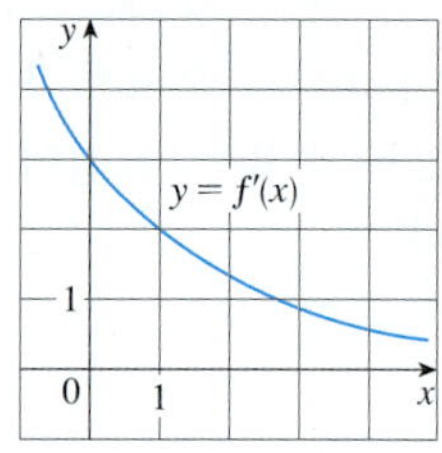

30. $g(x)$의 식은 모르지만, $g(2)=-4$이고 모든 x에 대해 $g'(x)=\sqrt{x^2+5}$ 라고 하자.

(a) 선형 근사를 이용해서 $g(1.95)$와 $g(2.05)$의 값을 어림하라.

(b) (a)에서 어림한 값이 너무 큰가? 아니면 너무 작은가? 그 이유를 설명하라.

2 복습 개념 확인

1. 점 $(a, f(a))$에서 곡선 $y=f(x)$에 대한 접선의 기울기를 식으로 나타내라.

2. 직선을 따라 움직이는 물체의 시각 t에서의 위치가 $f(t)$라고 하자. 시각 $t=a$에서 이 물체의 순간 속도에 대한 식을 써라. 이 속도를 f의 그래프를 이용해서 어떻게 해석할 수 있는가?

3. 미분 계수 $f'(a)$를 정의하라. 이 수를 해석하는 두 가지 방법을 논의하라.

4. $y=f(x)$이고 x는 x_1부터 x_2까지 변할 때, 다음을 식으로 나타내라.

(a) 구간 $[x_1, x_2]$ 위에서 x에 관한 y의 평균 변화율

(b) $x=x_1$에서 x에 관한 y의 순간 변화율

5. f의 이계 도함수를 정의하라. $f(t)$가 입자의 위치 함수일 때, 이계 도함수를 어떻게 해석할 수 있는가?

6. (a) f가 a에서 미분 가능하다는 말의 뜻은 무엇인가?

(b) 함수의 미분 가능성과 연속성 사이의 관계는 무엇인가?

(c) $a=2$에서 연속이지만 미분 불가능한 함수의 그래프를 그려라.

7. 함수가 미분 가능할 수 없는 여러 가지 방법을 설명하라. 그래프로 예시하라.

8. 다음 미분 법칙을 기호와 말로 서술하라.

(a) 멱의 미분법　(b) 상수배의 미분법

(c) 합의 미분법　(d) 차의 미분법

(e) 곱의 미분법　(f) 몫의 미분법

(g) 연쇄 법칙

9. 다음 함수의 도함수를 말하라.

(a) $y=x^n$　(b) $y=\sin x$

(c) $y=\cos x$　(d) $y=\tan x$

(e) $y=\csc x$　(f) $y=\sec x$

(g) $y=\cot x$

10. 음함수의 미분법을 적용하는 방법을 설명하라.

11. (a) a에서 f의 선형화에 대한 식을 써라.

(b) $y=f(x)$일 때, 미분 dy에 대한 식을 써라.

(c) $dx=\Delta x$일 때, Δy와 dy의 기하학적 의미를 보여주는 그림을 그려라.

2 복습 ○× 문제

다음 명제의 참과 거짓을 판별하라. 참이면, 그 이유를 설명하라. 거짓이면, 그 이유를 설명하거나 반례를 들어라.

1. f가 a에서 연속이면, f는 a에서 미분 가능하다.

2. f와 g가 미분 가능하면, 다음이 성립한다.

$$\frac{d}{dx}\{f(x)+g(x)\}=f'(x)+g'(x)$$

3. f와 g가 미분 가능하면, 다음이 성립한다.

$$\frac{d}{dx}\{f(x)g(x)\} = f'(x)g'(x)$$

4. f와 g가 미분 가능하면, 다음이 성립한다.

$$\frac{d}{dx}\{f(g(x))\} = f'(g(x))g'(x)$$

5. f가 미분 가능하면, 다음이 성립한다.

$$\frac{d}{dx}\sqrt{f(x)} = \frac{f'(x)}{2\sqrt{f(x)}}$$

6. f가 미분 가능하면, 다음이 성립한다.

$$\frac{d}{dx}f(\sqrt{x}) = \frac{f'(x)}{2\sqrt{x}}$$

7. $\frac{d}{dx}|x^2+x| = |2x+1|$

8. $f'(r)$가 존재하면, $\lim_{x\to r} f(x) = f(r)$이다.

9. $g(x) = x^5$이면, 다음이 성립한다.

$$\lim_{x\to 2}\frac{g(x)-g(2)}{x-2} = 80$$

10. $\frac{d^2y}{dx^2} = \left(\frac{dy}{dx}\right)^2$

11. $(-2,\ 4)$에서 포물선 $y = x^2$에 대한 접선의 방정식은 $y-4 = 2x(x+2)$이다.

12. $\frac{d}{dx}(\tan^2 x) = \frac{d}{dx}(\sec^2 x)$

2 복습 연습 문제

1. 함수 f의 그래프가 아래 그림과 같을 때, 다음 수들을 작은 것부터 차례로 나열하라.

$0,\quad 1,\quad f'(2),\quad f'(3),\quad f'(5),\quad f''(5)$

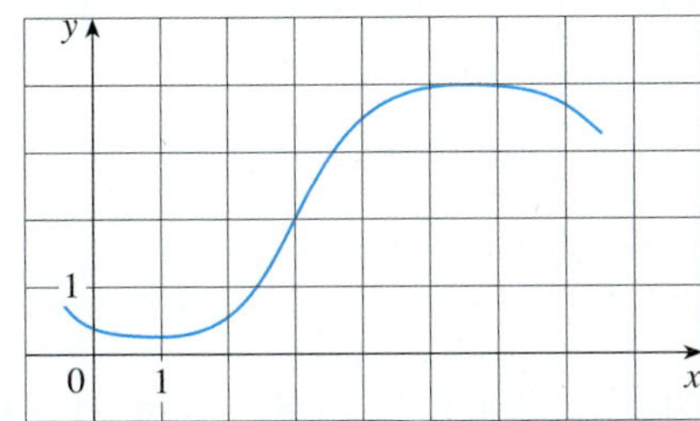

2. 다음을 만족시키는 함수 f와 수 a를 찾아라.

$$\lim_{h\to 0}\frac{(2+h)^6-64}{h} = f'(a)$$

3. 연이율 r%의 학자금 대출을 갚기 위한 전체 비용을 $C = f(r)$이라고 하자.

(a) 도함수 $f'(r)$의 뜻은 무엇인가? 이것의 단위는 무엇인가?

(b) 명제 $f'(10) = 1200$의 뜻은 무엇인가?

(c) $f'(r)$은 언제나 양수인가? 아니면 부호가 바뀌는가?

4–6. 다음 함수의 그래프를 복사하라. 그리고 그 도함수의 그래프를 그 바로 밑에 그려라.

4.

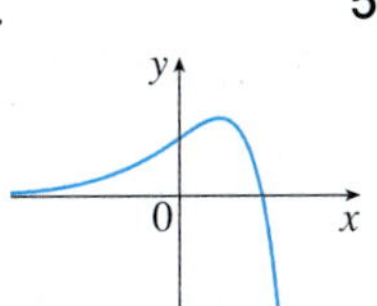

5. 6.

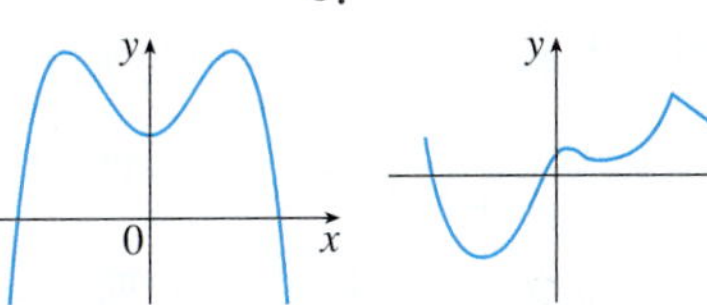

7. 아래 그림은 f, f', f''의 그래프를 보여준다. 각 곡선의 정체를 확인하고, 그 이유를 설명하라.

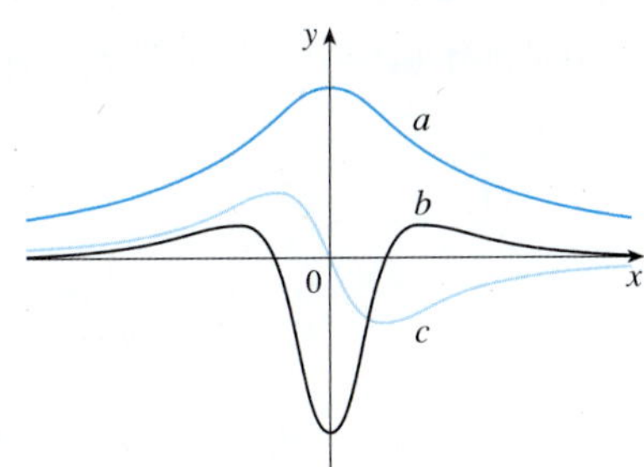

8. 시각 t에서의 총출산율 $F(t)$는 각 여성이 낳은 아이 수의 평균이다. (단, 현재의 출산율은 일정하다고 가정한다.) 다음 아메리카 합중국의 총출산율 그래프는 1940년부터 1990년까지의 변동 상황을 보여준다.

(a) $F'(1950)$, $F'(1965)$, $F'(1987)$의 값을 어림하라.
(b) 이런 미분 계수의 뜻은 무엇인가?
(c) 이런 미분 계수가 나타난 이유를 설명할 수 있는가?

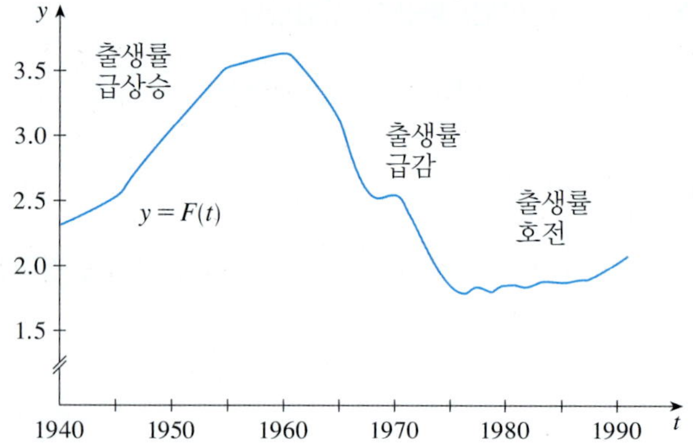

9. $E(t)$는 시각 t에 달러(아메리카 합중국 통화)에 대한 유로(유럽 통화)의 가치라고 하자. 아래 표는 2000년부터 2004년까지 해의 중간에 조사한 이 함수의 값을 알려준다. $E'(2002)$의 값을 어림하고, 이를 해석하라.

t	2000	2001	2002	2003	2004
$E(t)$	0.955	0.847	0.986	1.149	1.218

10–11. 도함수의 정의를 이용해서 직접 $f'(x)$를 찾아라.

10. $f(x)=\dfrac{4-x}{3+x}$ 11. $f(x)=x^3+5x+4$

12. (a) $f(x)=\sqrt{3-5x}$ 일 때 도함수의 정의를 이용해서 $f'(x)$를 찾아라.
(b) f와 f'의 정의역을 찾아라.

(c) f와 f'의 그래프를 같은 화면에 그려라. 두 그래프를 비교해서 (a)의 답이 적절함을 확인하라.

13–40. y'를 찾아라.

13. $y=(x^2+x^3)^4$ 14. $y=\dfrac{1}{\sqrt{x}}-\dfrac{1}{\sqrt[5]{x^3}}$

15. $y=\dfrac{x^2-x+2}{\sqrt{x}}$ 16. $y=\dfrac{\tan x}{1+\cos x}$

17. $y=x^2\sin \pi x$ 18. $y=\left(x+\dfrac{1}{x^2}\right)^{\sqrt{7}}$

19. $y=\dfrac{t^4-1}{t^4+1}$ 20. $y=\sin(\cos x)$

21. $y=\tan\sqrt{1-x}$ 22. $y=\dfrac{1}{\sin(x-\sin x)}$

23. $xy^4+x^2y=x+3y$ 24. $y=\sec(1+x^2)$

25. $y=\dfrac{\sec 2\theta}{1+\tan 2\theta}$ 26. $x^2\cos y+\sin 2y=xy$

27. $y=(1-x^{-1})^{-1}$ 28. $y=1/\sqrt[3]{x+\sqrt{x}}$

29. $\sin(xy)=x^2-y$ 30. $y=\sqrt{\sin\sqrt{x}}$

31. $y=\cot(3x^2+5)$ 32. $y=\dfrac{(x+\lambda)^4}{x^4+\lambda^4}$

33. $y=\sqrt{x}\cos\sqrt{x}$ 34. $y=\dfrac{\sin mx}{x}$

35. $y=\tan^2(\sin\theta)$ 36. $x\tan y=y-1$

37. $y=\sqrt[5]{x\tan x}$ 38. $y=\dfrac{(x-1)(x-4)}{(x-2)(x-3)}$

39. $y=\sin(\tan\sqrt{1+x^3})$

40. $y=\sin^2(\cos\sqrt{\sin\pi x})$

41. $f(t)=\sqrt{4t+1}$ 일 때, $f''(2)$를 찾아라.
42. $g(\theta)=\theta\sin\theta$일 때, $g''(\pi/6)$를 찾아라.
43. $x^6+y^6=1$일 때, y''을 찾아라.
44. $f(x)=1/(2-x)$일 때, $f^{(n)}(x)$를 찾아라.

45–46. 주어진 점에서 다음 곡선에 대한 접선의 방정식을 찾아라.

45. $y=4\sin^2 x$, $(\pi/6,\ 1)$
46. $y=\dfrac{x^2-1}{x^2+1}$, $(0,\ -1)$

47–48. 주어진 점에서 다음 곡선에 대한 접선과 법선의 방정식을 찾아라.

47. $y=\sqrt{1+4\sin x}$, $(0,\ 1)$
48. $x^2+4xy+y^2=13$, $(2,\ 1)$

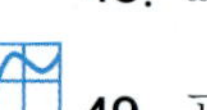
49. 곡선 $y=\sin x+\cos x$ $(0\le x\le 2\pi)$에 있는 점 중에서 그 점에서의 접선이 수평선인 것을 찾아라.
50. 타원 $x^2+2y^2=1$에 있는 점 중에서 그 점에서의 접선의 기울기가 1인 것을 찾아라.
51. $h(x)=f(x)g(x)$이고 $F(x)=f(g(x))$이며, $f(2)=3$, $g(2)=5$, $g'(2)=4$, $f'(2)=-2$, $f'(5)=11$이라고 하자. (a) $h'(2)$와 (b) $F'(2)$를 찾아라.

52. 두 함수 f와 g의 그래프가 아래 그림과 같을 때, $P(x)=f(x)g(x)$, $Q(x)=f(x)/g(x)$, $C(x)=f(g(x))$라 하자. (a) $P'(2)$, (b) $Q'(2)$, (c) $C'(2)$를 찾아라.

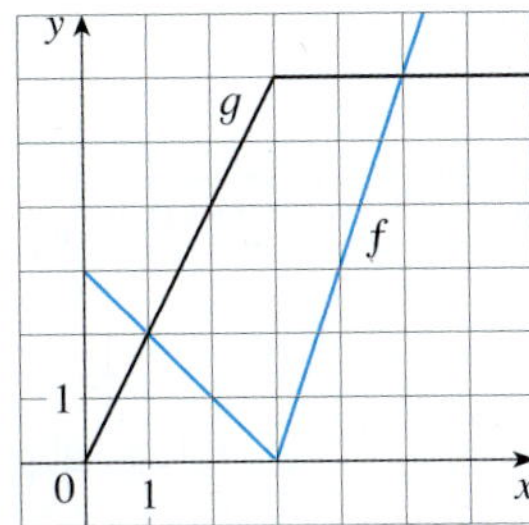

53–60. f'를 g'의 식으로 찾아라.

53. $f(x)=x^2g(x)$

54. $f(x)=g(x^2)$

55. $f(x)=\{g(x)\}^2$

56. $f(x)=x^ag(x^b)$

57. $f(x)=g(g(x))$

58. $f(x)=\sin(g(x))$

59. $f(x)=g(\sin x)$

60. $f(x)=g(\tan\sqrt{x})$

61–62. h'를 f'과 g'의 식으로 나타내라.

61. $h(x)=\dfrac{f(x)g(x)}{f(x)+g(x)}$

62. $h(x)=f(g(\sin 4x))$

63. f의 그래프가 아래 그림과 같다. f가 미분 불가능한 수를 말하고, 그 이유를 설명하라.

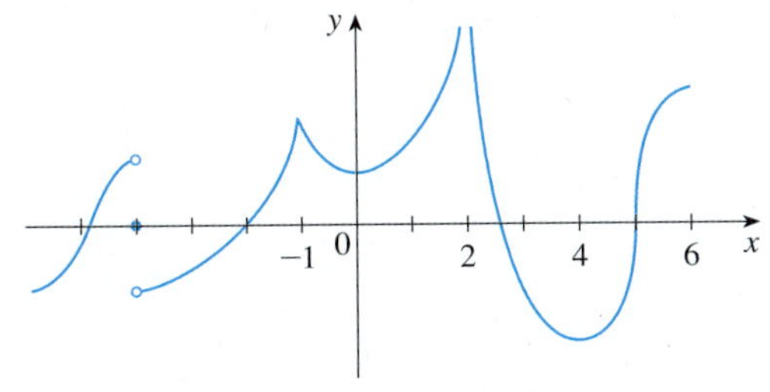

64. 밑면의 반지름이 r이고 높이가 h인 직원뿔의 부피는 $V=\pi r^2h/3$이다.

(a) 반지름이 일정할 때, 높이에 관한 부피의 변화율을 찾아라.

(b) 높이가 일정할 때, 반지름에 관한 부피의 변화율을 찾아라.

65. 입자가 연직선에서 운동하고 있는데, 시각 t에서의 좌표는 $y=t^3-12t+3\ (t\geq 0)$이다.

(a) 속도 함수와 가속도 함수를 찾아라.

(b) 입자는 언제 위쪽으로 움직이고, 언제 아래로 움직이는가?

(c) 시간 구간 $0\leq t\leq 3$에서 입자가 움직인 거리를 찾아라.

66. 어떤 상품을 x단위 생산하는 비용(달러)은 다음과 같다.

$$C(x)=920+2x-0.02x^2+0.00007x^3$$

(a) 한계 비용 함수를 찾아라.

(b) $C'(100)$을 찾고, 그 의미를 설명하라.

(c) $C'(100)$을 101번째 품목을 생산하는 비용과 비교하라.

67. 정육면체의 부피가 $10\,\text{cm}^3/\text{min}$의 변화율로 증가한다. 모서리의 길이가 30 cm일 때, 겉넓이는 얼마나 빨리 증가하는가?

68. 원뿔 모양의 종이컵이 있는데, 높이는 10 cm이고 (윗면의) 반지름은 3 cm이다. 컵에 물을 $2\,\text{cm}^3/\text{s}$의 변화율로 부어넣으면, 물의 깊이가 5 cm일 때 수면은 얼마나 빨리 상승하는가?

69. 풍선이 2 m/s의 일정한 속력으로 올라가고 있다. 한 소년이 자전거를 타고 직선 도로를 따라 5 m/s의 속력으로 달리고 있다. 그가 풍선 아래를 지나갈 때, 풍선은 그보다 15 m 위에 있다. 3초 뒤에 그 소년과 풍선 사이의 거리는 얼마나 빨리 증가하는가?

70. 수상 스키 선수가 아래 그림과 같은 경사로를 10 m/s의 속력으로 스키를 타고 넘는다. 경사로를 떠날 때, 그 선수는 얼마나 빨리 상승하는가?

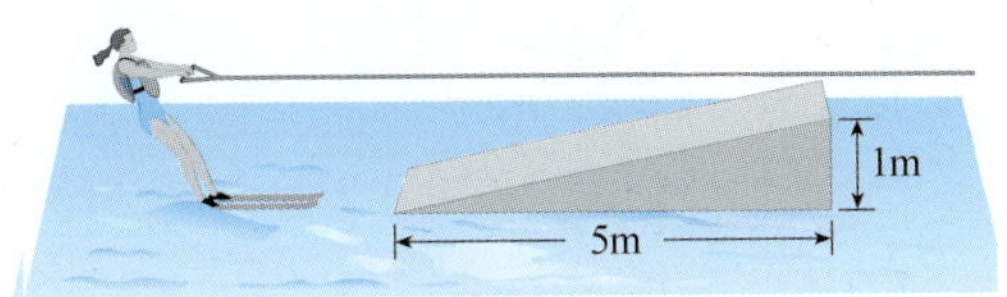

71. 태양을 올려보는 각이 0.25 rad/h의 변화율로 줄어들고 있다. 태양을 올려본 각이 $\pi/6$일 때, 높이가 400 ft인 건물이 드리운 그림자는 얼마나 빨리 증가하는가?

72. (a) 3의 근방에서 $f(x)=\sqrt{25-x^2}$ 의 선형 근사를 찾아라.
(b) f와 이의 선형화의 그래프를 그려라.
(c) x의 어떤 값에 대해 선형 근사는 오차 0.1의 범위에서 정확한가?

73. (a) $a=0$에서 $f(x)=\sqrt[3]{1+3x}$ 의 선형화를 찾아라. 대응하는 선형 근사를 말하고, 이를 이용해서 $\sqrt[3]{1.03}$ 에 대한 근삿값을 찾아라.
(b) (a)의 선형화가 오차 0.1의 범위에서 정확한 x의 값을 결정하라.

74. $y=x^3-2x^2+1$이고 $x=2$이며 $dx=0.2$일 때, dy의 값을 찾아라.

75. 정사각형 위에 반원을 올려놓은 모양의 유리창이 있다. 유리창의 밑변은 최대 측정 오차 0.1 cm의 범위에서 60 cm로 측정됐다. 미분을 이용해서, 유리창의 넓이를 셈할 때 나타날 수 있는 최대 오차를 어림하라.

76–78. 다음 극한을 도함수로 나타내고, 값을 찾아라.

76. $\displaystyle\lim_{x\to1}\frac{x^{17}-1}{x-1}$

77. $\displaystyle\lim_{h\to0}\frac{\sqrt[4]{16+h}-2}{h}$

78. $\displaystyle\lim_{\theta\to\pi/3}\frac{\cos\theta-0.5}{\theta-\pi/3}$

79. $\displaystyle\lim_{x\to0}\frac{\sqrt{1+\tan x}-\sqrt{1+\sin x}}{x^3}$ 의 값을 찾아라.

80. 별모양선 $x^{2/3}+y^{2/3}=a^{2/3}$에 대한 접선이 좌표축들에 의해 잘린 부분의 길이가 일정함을 보여라.

81. $f(x)=\displaystyle\lim_{t\to x}\frac{\sec t-\sec x}{t-x}$ 일 때, $f'\left(\dfrac{\pi}{4}\right)$의 값을 찾아라.

82. 다음을 만족시키는 두 상수 a와 b의 값을 찾아라.

$$\lim_{x\to0}\frac{\sqrt[3]{ax+b}-2}{x}=\frac{5}{12}$$

3 CHAPTER

역함수 지수 · 로그 · 역삼각 함수

이번 장에서 다루는 함수들을 연결하는 공통된 주제는 이런 함수들이 역함수와 쌍으로 등장한다는 사실이다. 특히, 수학 및 그 응용에서 나타나는 가장 중요한 함수 중 두 개는 지수 함수 $f(x)=a^x$ 과 이의 역함수인 로그 함수 $g(x)=\log_a x$ 이다. 여기에서는 이런 함수들의 성질을 조사하고, 그 도함수를 찾으며, 이를 이용해서 생물학, 물리학, 화학 및 다른 과학에서 지수적 증가와 감소를 설명한다. 또, 삼각 함수와 쌍곡선 함수의 역함수를 배운다. 마지막으로 이런 함수들의 극한을 셈하는 방법(로피탈의 법칙)을 알아본다.

3.1 지수 함수

함수 $y=2^x$을 지수 함수라 하는데, 변수 x가 지수이기 때문이다. 변수가 밑인 멱 함수(거듭제곱 함수) $g(x)=x^2$과 혼동하지 말자.

용어
지수 함수 exponential function
지수, 어깨 수 exponent
밑 base

일반적으로 지수 함수는 다음과 같은 꼴의 함수이다.

$$f(x)=a^x$$

여기서 a는 양의 상수이다. 이것이 뜻하는 바를 다시 알아보자.

x가 양의 정수 n일 때, 다음과 같이 정의한다.

$$a^n=\underbrace{a\cdot a\cdot \cdots \cdot a}_{n\text{개의 인수}}$$

$x=0$일 때 $a^0=1$이고, 양의 정수 n에 대해 $x=-n$일 때 다음과 같다.

$$a^{-n}=\frac{1}{a^n}$$

x가 유리수 $x=p/q$로 p와 q는 정수이고 $q>0$일 때, 다음과 같다.

$$a^x=a^{p/q}=\sqrt[q]{a^p}=(\sqrt[q]{a})^p$$

그런데 x가 무리수일 때, a^x의 뜻은 무엇일까? 예를 들면, $2^{\sqrt{3}}$ 또는 5^{π}은 무엇을 뜻할까?

이 질문에 답하기 위해서, 먼저 x가 유리수일 때 함수 $y=2^x$의 그래프를 관찰하자. 이 그래프는 그림 1에 나타냈다. $y=2^x$의 정의역을 유리수와 무리수를 모두 포함해서 확대하고 싶다.

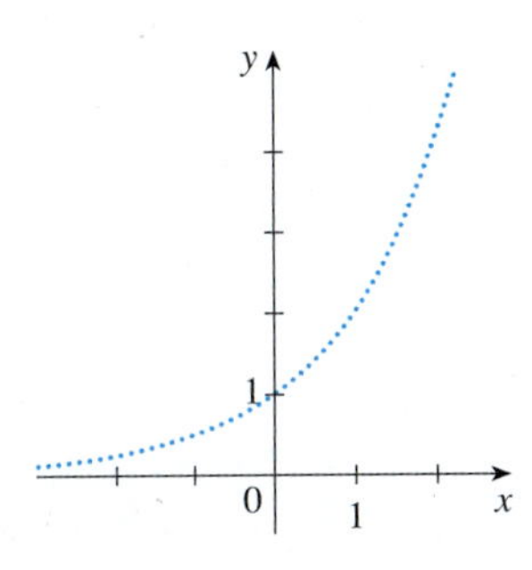

그림 1 x가 유리수일 때, $y=2^x$의 그래프

그림 1의 그래프에는 x의 무리수 값에 대응하는 구멍이 있다. $x\in\mathbb{R}$일 때 $f(x)=2^x$을 정의해서 이런 구멍을 메움으로써, f를 증가하는 연속 함수가 되게 하고 싶다. 예를 들면, 무리수 $\sqrt{3}$은 다음을 만족시킨다.

$$1.7<\sqrt{3}<1.8$$

그러므로 반드시 다음이 성립해야 한다.

$$2^{1.7}<2^{\sqrt{3}}<2^{1.8}$$

1.7과 1.8은 유리수이므로, $2^{1.7}$과 $2^{1.8}$의 뜻은 알고 있다. 마찬가지로, $\sqrt{3}$에 더 가까운 근삿값을 이용하면, 다음과 같이 $2^{\sqrt{3}}$에 더 가까운 근삿값을 얻는다.

$$\begin{array}{ccc} 1.73 < \sqrt{3} < 1.74 & \Rightarrow & 2^{1.73} < 2^{\sqrt{3}} < 2^{1.74} \\ 1.732 < \sqrt{3} < 1.733 & \Rightarrow & 2^{1.732} < 2^{\sqrt{3}} < 2^{1.733} \\ 1.7320 < \sqrt{3} < 1.7321 & \Rightarrow & 2^{1.7320} < 2^{\sqrt{3}} < 2^{1.7321} \\ 1.73205 < \sqrt{3} < 1.73206 & \Rightarrow & 2^{1.73205} < 2^{\sqrt{3}} < 2^{1.73206} \\ \vdots \quad \vdots & & \vdots \quad \vdots \end{array}$$

여기서

$2^{1.7},\ 2^{1.73},\ 2^{1.732},\ 2^{1.7320},\ 2^{1.73205},\ \cdots$의 모든 수보다 크고

$2^{1.8},\ 2^{1.74},\ 2^{1.733},\ 2^{1.7321},\ 2^{1.73206},\ \cdots$의 모든 수보다 작은

수가 단 한 개 존재함을 밝힐 수 있다. $2^{\sqrt{3}}$을 이 수로 정의하자. 앞의 근사 과정을 이용해서, 다음과 같이 소수 여섯째 자리까지 정확한 근삿값을 찾을 수 있다.

■ 이 사실에 대한 증명은 다음 책을 보라. J. Marsden, A. Weinstein, *Calculus Unlimited*, Menlo Park, CA, 1981. 개요는 다음을 보라. www.cds.caltech.edu/~marsden/volumes/cu/CU.pdf

$$2^{\sqrt{3}} \approx 3.321997$$

마찬가지로, x가 임의의 무리수인 경우에 2^x(또는 $a > 0$일 때 a^x)을 정의할 수 있다. 그림 2는 그림 1에 있는 모든 구멍을 메워서 함수 $90f(x) = 2^x$ $(x \in \mathbb{R})$의 그래프를 완성하는 방법을 보여준다.

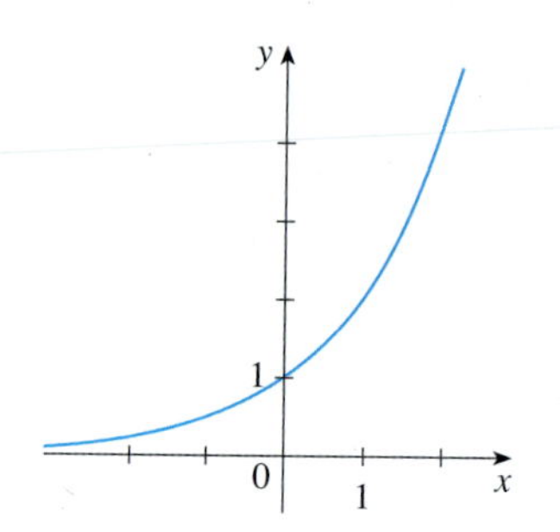

그림 2 x가 실수일 때, $y = 2^x$의 그래프

일반적으로, 임의의 양수 a에 대해 다음과 같이 정의한다.

1 $$a^x = \lim_{r \to x} a^r \quad (\text{단, } r\text{은 유리수})$$

임의의 무리수에 대해 원하는 만큼 가까운 유리수를 찾을 수 있으므로, 이 정의는 적절하다. 예를 들면, $\sqrt{3}$의 소수 전개는 $\sqrt{3} = 1.7320508\cdots$이므로, 정의 1에 따라 $2^{\sqrt{3}}$은 다음 수열의 극한이다.

$$2^{1.7},\quad 2^{1.73},\quad 2^{1.732},\quad 2^{1.7320},\quad 2^{1.73205},\quad 2^{1.732050},\quad 2^{1.7320508},\quad \cdots$$

마찬가지로, 5^π은 다음 수열의 극한이다.

$$5^{3.1},\quad 5^{3.14},\quad 5^{3.141},\quad 5^{3.1415},\quad 5^{3.14159},\quad 5^{3.141592},\quad 5^{3.1415926},\quad \cdots$$

정의 1에 의해 a^x이 유일하게 정해지고 함수 $f(x) = a^x$이 연속임을 밝힐 수 있다.

그림 3에는 밑 a의 여러 가지 값에 대한 함수 $y = a^x$의 그래프들을 나타내고 있다. 이 모든 그래프가 똑같은 점 (0, 1)을 지나는데, $a \neq 0$이면 $a^0 = 1$이기 때문이다. 밑 a가 커질수록, ($x > 0$에서) 지수 함수가 더 빨리 증가함을 알 수 있다.

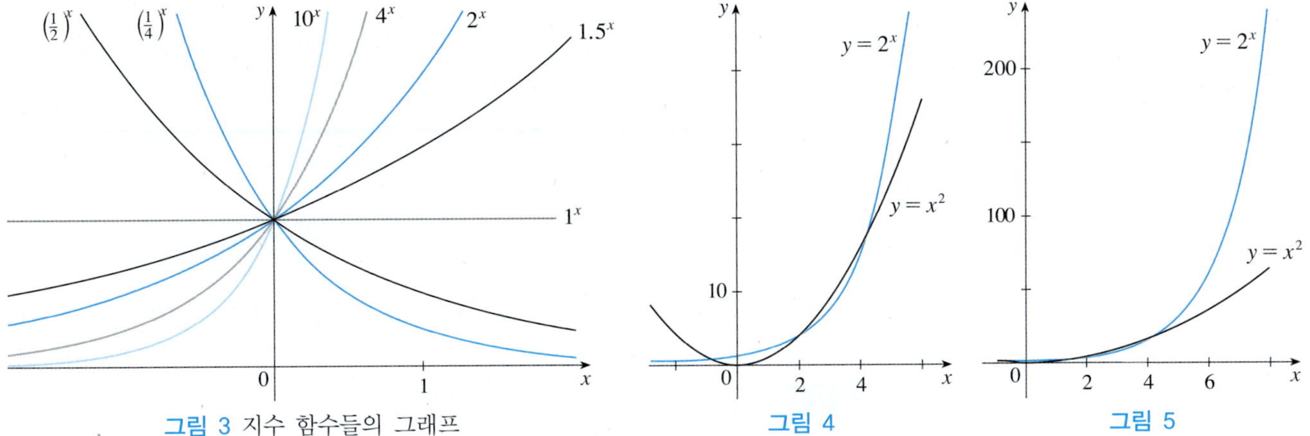

그림 3 지수 함수들의 그래프

그림 4

그림 5

그림 4는 지수 함수 $y = 2^x$과 거듭제곱 함수 $y = x^2$을 비교하는 방법을 보여준다. 두 그래프는 세 번 만나지만, 궁극적으로 지수 함수 $y = 2^x$의 그래프가 포물선 $y = x^2$보다 훨씬 더 빠르게 증가한다. (그림 5도 보라.)

■ www.stewartcalculus.com

Additional Example A를 보라.

그림 3에서 알 수 있듯이, 지수 함수 $y = a^x$은 기본적으로 세 가지로 분류할 수 있다. $0 < a < 1$일 때, 지수 함수는 감소한다. $a = 1$일 때, 지수 함수는 상수이다. $a > 1$일 때, 지수 함수는 증가한다. 이런 세 가지 경우를 그림 6에 나타냈다. $(1/a)^x = 1/a^x = a^{-x}$이므로, $y = (1/a)^x$의 그래프는 $y = a^x$의 그래프를 y축에 대해 대칭 이동한 것이다.

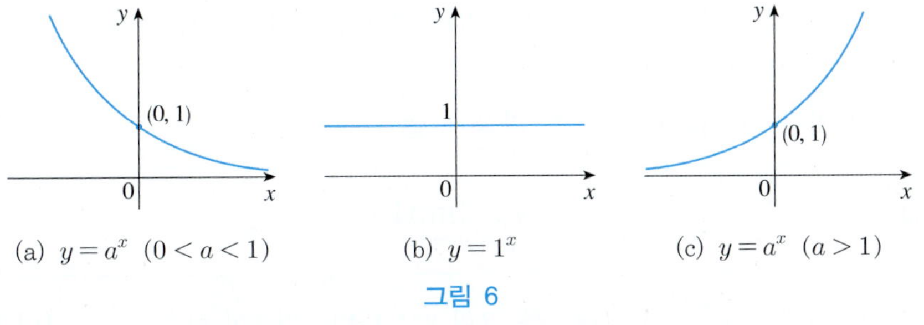

(a) $y = a^x$ $(0 < a < 1)$ (b) $y = 1^x$ (c) $y = a^x$ $(a > 1)$

그림 6

지수 함수의 성질을 다음 정리로 요약한다.

2 정리 $a > 0$이고 $a \neq 1$일 때, $f(x) = a^x$은 연속 함수로 정의역은 $\mathbb{R}$이고 치역은 $(0, \infty)$이다. 특히, 모든 x에 대해 $a^x > 0$이다. 두 양수 a와 b 및 두 실수 x와 y에 대해 다음이 성립한다.

1. $a^{x+y} = a^x a^y$, 2. $a^{x-y} = \dfrac{a^x}{a^y}$, 3. $(a^x)^y = a^{xy}$, 4. $(ab)^x = a^x b^x$

용어

지수 법칙 law of exponents

지수 함수가 중요한 이유는 위의 성질 1~4 때문인데, 이를 **지수 법칙**이라 한다. x와 y가 유리수일 때의 지수 법칙은 초등 대수학에서 이미 다루었다. 임의의 실수 x와 y에 대한 지수 법칙은 식 1을 이용해서 지수가 유리수인

■ 부록 C에 지수 법칙을 쉽게 증명할 수 있게 하는 지수 함수의 정의가 있다.

특수한 경우로부터 유도할 수 있다.

다음 극한은 그림 6에 나타낸 그래프에서 확인하거나, 무한대에서의 극한의 정의로부터 증명할 수 있다. (3.2절의 익힘 문제 79를 보라.)

> **3** $a > 1$일 때, $\lim_{x\to\infty} a^x = \infty$이고 $\lim_{x\to-\infty} a^x = 0$이다.
>
> $0 < a < 1$일 때, $\lim_{x\to\infty} a^x = 0$이고 $\lim_{x\to-\infty} a^x = \infty$이다.

특히, $a \neq 1$일 때 x축은 지수 함수 $y = a^x$의 그래프의 수평 점근선이다.

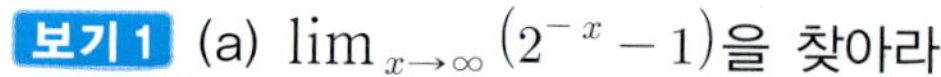

보기 1 (a) $\lim_{x\to\infty}(2^{-x} - 1)$을 찾아라.

(b) 함수 $y = 2^{-x} - 1$의 그래프를 그려라.

풀이 (a)

$$\lim_{x\to\infty}(2^{-x} - 1) = \lim_{x\to\infty}\left\{\left(\frac{1}{2}\right)^x - 1\right\}$$

$$= 0 - 1 \qquad [a = \tfrac{1}{2} < 1\text{인 } \boxed{3}\text{에 의해}]$$

$$= -1$$

(b) (a)에서와 같이 $y = (\frac{1}{2})^x - 1$로 놓자. $y = (\frac{1}{2})^x$의 그래프는 그림 3에 나타냈다. 그러므로 이를 아래로 1단위 평행 이동하면, 그림 7에 나타낸 $y = (\frac{1}{2})^x - 1$의 그래프를 얻는다. (그래프의 평행 이동에 대해서는 1.2절을 보라.) (a)에서 밝힌 대로, 직선 $y = -1$이 수평 점근선이다. ■

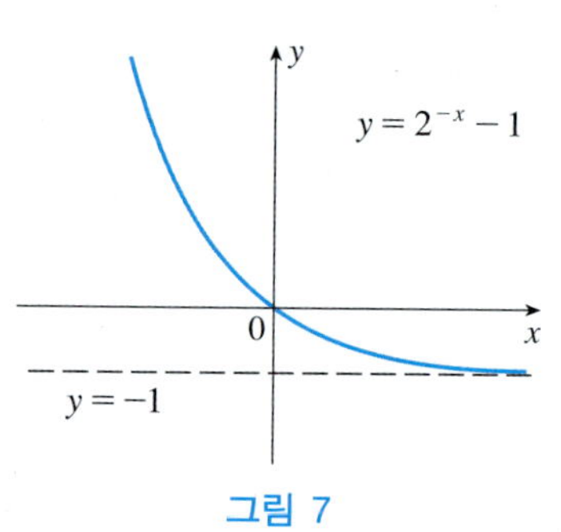

그림 7

수 e와 자연 지수 함수

지수 함수에 대한 모든 밑 중에는 미분 적분학을 위해 가장 간편한 것이 있다. 3.3절에서 알아보겠지만, 지수 함수에 대한 미분 공식은 수 e를 밑으로 택할 때 가장 단순하다. 수 e는 다음과 같이 정의한다.

> **4** $$e = \lim_{x\to 0}(1 + x)^{1/x}$$

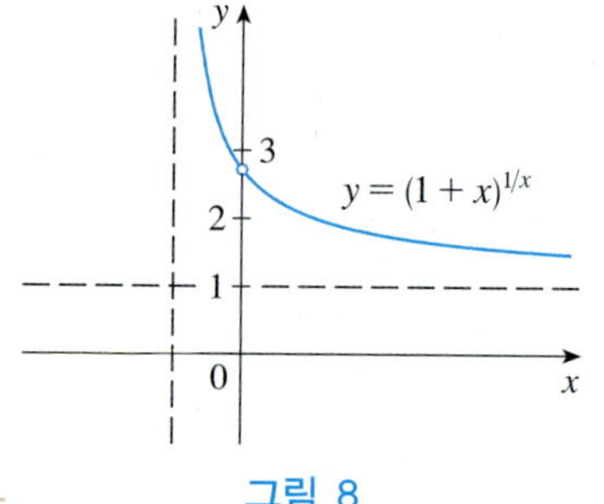

그림 8

x	$(1+x)^{1/x}$
0.1	2.59374246
0.01	2.70481383
0.001	2.71692393
0.0001	2.71814593
0.00001	2.71826824
0.000001	2.71828047
0.0000001	2.71828169
0.00000001	2.71828181

함수 $y = (1 + x)^{1/x}$의 그래프를 그림 8에 나타냈다. 이 함수는 $x = 0$일 때 정의되지 않지만, 소수 여덟째 자리까지 정확한 값을 알려주는 왼쪽 표로부터, x가 0의 근방에 있을 때 이 함수의 행동은 짐작할 수 있다. 이 표는 정의 $\boxed{4}$의 극한이 존재하고 $e \approx 2.71828$임을 암시한다. (증명은 아니다.) 이 극한의 존재는 부록 D에 증명되어 있다. 소수 20째 자리까지 정확한 근삿값은 다음과 같다.

$$e \approx 2.71828182845904523536$$

e가 무리수이므로, e의 소수 전개는 순환하지 않는다. (8.8절의 익힘 문제 30을 보라.) 이 수를 나타내는 기호 e는 스위스 수학자 오일러(Leonhard Euler)가 1727년에 선택했는데, 이것이 'exponential'의 머리글자이기 때문일 것이다.

밑이 e인 지수 함수 $y=e^x$을 자연 지수 함수라 한다. e는 2와 3 사이에 있으므로, 그림 9에 나타낸 대로 $y=e^x$의 그래프는 $y=2^x$과 $y=3^x$의 그래프 사이에 놓여있다.

용어
자연 지수 함수 natural exponental function

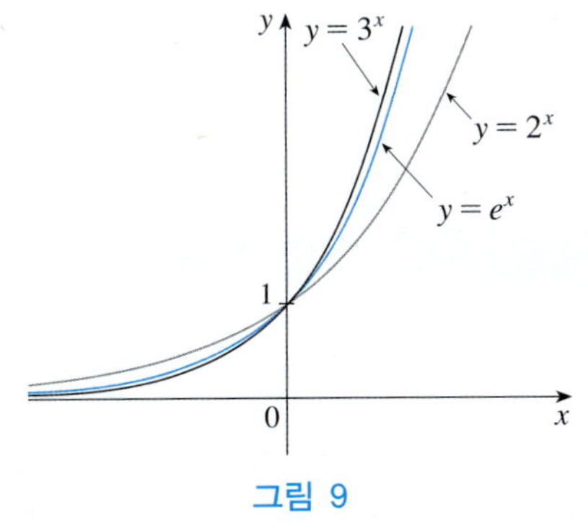

그림 9

3.3절에 알아보겠지만, 자연 지수 함수는 그 그래프가 y축을 기울기 1로 지나가는 지수 함수이다. (그림 10을 보라.) 사실, 정의 4의 극한을 관찰하면, 이것이 참일 수 있는 이유를 알 수 있다. 점 (0, 1)에서 $f(x)=e^x$의 그래프에 대한 접선의 기울기는 다음과 같다.

$$f'(0)=\lim_{h\to 0}\frac{f(0+h)-f(0)}{h}=\lim_{h\to 0}\frac{e^h-1}{h}$$

정의 4에서 x를 h로 바꾸면, h의 작은 값에 대해 다음이 성립한다.

$$e\approx(1+h)^{1/h}, \quad \text{곧} \quad e^h\approx 1+h \quad \text{또는} \quad e^h-1\approx h$$

그러므로 h가 0의 근방에 있을 때, 다음을 얻는다.

$$\frac{e^h-1}{h}\approx 1$$

이에 따라 $f'(0)=1$일 것으로 보인다.

지수 함수 $f(x)=e^x$은 미분 적분학과 그 응용에서 가장 자주 나타나는 함수의 하나이다. 그러므로 이의 그래프(그림 10)와 성질을 잘 알고 있어야 한다. 이 함수가 앞에서 고려한 지수 함수의 특별한 경우로 밑이 $a=e>1$이라는 사실을 이용해서, 그 성질을 다음과 같이 요약한다.

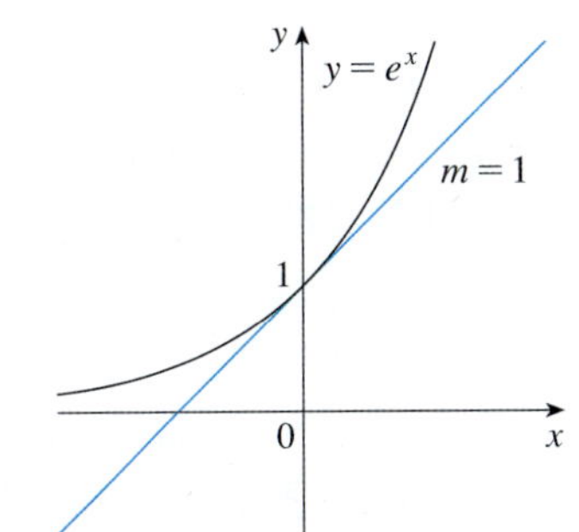

그림 10 자연 지수 함수는 y축을 기울기 1로 지나간다.

> **5 자연 지수 함수의 성질** 자연 지수 함수 $f(x)=e^x$은 연속 함수로 정의역은 $\mathbb{R}$이고 치역은 $(0,\infty)$이다. 그러므로 모든 x에 대해 $e^x>0$이다. 또, 다음이 성립한다.
>
> $$\lim_{x\to-\infty}e^x=0, \qquad \lim_{x\to\infty}e^x=\infty$$
>
> 이에 따라 x축은 $f(x)=e^x$의 수평 점근선이다.

보기 2 $\lim_{x\to 0^-}e^{1/x}$의 값을 찾아라.

풀이 $t=1/x$로 놓으면, 1.6절에서 알아본 대로 $x\to 0^-$일 때 $t\to-\infty$이다. 따라서 5에 의해 다음이 성립한다.

$$\lim_{x\to 0^-}e^{1/x}=\lim_{t\to-\infty}e^t=0$$

■

■ www.stewartcalculus.com
Additional Example B를 보라.

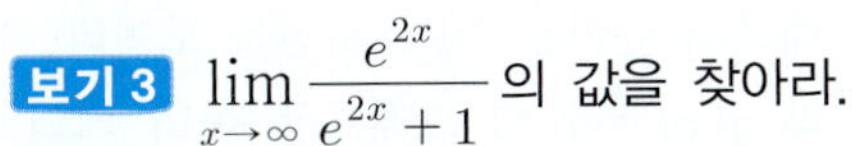

보기 3 $\lim_{x\to\infty}\frac{e^{2x}}{e^{2x}+1}$의 값을 찾아라.

풀이 분모와 분자를 e^{2x}으로 나누면, 다음을 얻는다.

$$\lim_{x\to\infty}\frac{e^{2x}}{e^{2x}+1}=\lim_{x\to\infty}\frac{1}{1+e^{-2x}}=\frac{1}{1+\lim_{x\to\infty}e^{-2x}}=\frac{1}{1+0}=1$$

여기서 $x\to\infty$일 때 $t=-2x\to-\infty$이고 이에 따라 다음이 성립한다는 사실을 이용했다.

$$\lim_{x\to\infty}e^{-2x}=\lim_{t\to-\infty}e^{t}=0$$ ■

3.1 익힘 문제

1. (a) 밑이 $a>0$인 지수 함수를 정의하는 식을 써라.
   (b) 이 함수의 정의역은 무엇인가?
   (c) $a\neq 1$일 때, 이 함수의 치역은 무엇인가?
   (d) 다음 각 경우에 지수 함수의 그래프의 일반적인 형태를 그려라.
   (i) $a>1$ (ii) $a=1$ (iii) $0<a<1$
2. (a) 수 e는 어떻게 정의하는가?
   (b) e의 근삿값은 얼마인가?
   (c) 자연 지수 함수는 무엇인가?

3–6. 다음 함수들의 그래프를 같은 화면에 그려라. 이런 그래프들 사이의 관계는 무엇인가?

3. $y=2^x$, $y=e^x$, $y=5^x$, $y=20^x$
4. $y=e^x$, $y=e^{-x}$, $y=8^x$, $y=8^{-x}$
5. $y=3^x$, $y=10^x$, $y=\left(\frac{1}{3}\right)^x$, $y=\left(\frac{1}{10}\right)^x$
6. $y=0.9^x$, $y=0.6^x$, $y=0.3^x$, $y=0.1^x$

7–12. 다음 함수의 개략적인 그래프를 그려라. 계산기를 사용하지 말라. 두 그림 3과 9에 있는 그래프만을 이용하고, 필요하면 1.2절의 변환을 이용하라.

7. $y=4^x-3$
8. $y=4^{x-3}$
9. $y=-2^{-x}$
10. $y=1+2e^x$
11. $y=1-\frac{1}{2}e^{-x}$
12. $y=2(1-e^x)$
13. $y=e^x$의 그래프에서 출발해서, 다음과 같이 이동해서 얻은 그래프의 방정식을 써라.
   (a) 2단위 아래로 평행 이동
   (b) 2단위 오른쪽으로 평행 이동
   (c) x축에 대한 대칭 이동
   (d) y축에 대한 대칭 이동
   (e) x축에 대해 대칭 이동한 다음에 y축에 대한 대칭 이동
14. $y=e^x$의 그래프에서 출발해서, 다음과 같이 이동해서 얻은 그래프의 방정식을 써라.
   (a) 직선 $y=4$에 대한 대칭 이동
   (b) 직선 $x=2$에 대한 대칭 이동

15–16. 다음 함수의 정의역을 찾아라.

15. (a) $f(x)=\dfrac{1-e^{x^2}}{1-e^{1-x^2}}$ (b) $f(x)=\dfrac{1+x}{e^{\cos x}}$
16. (a) $g(t)=\sin(e^{-t})$ (b) $g(t)=\sqrt{1-2^t}$

17–18. 그래프가 다음과 같은 지수 함수 $f(x)=Ca^x$을 찾아라.

17.

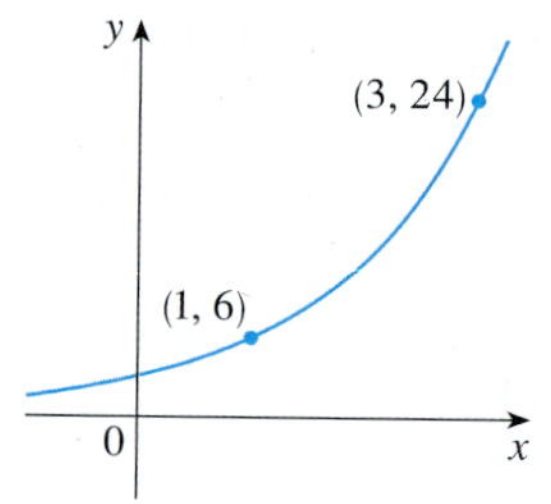

18.

19. $f(x)=x^2$과 $g(x)=2^x$의 그래프를 간격이 1 cm인 모눈종이 위에 함께 그렸다고 하자. 원점으로부터 오른쪽으로 1 m 떨어진 곳에서 f의 그래프의 높이는 100 m이지만 g의 그래프의 높이는 10^{25} km임을 보여라.
20. 함수 $f(x)=x^5$과 $g(x)=5^x$의 그래프를 여러 개의 관찰 직사각형에 함께 그려서 그 증가율을 비교하자. 그래프의 모든 교점을 소수 첫째 자리까지 정확하게 찾아라.

21. 두 함수 $f(x)=x^{10}$과 $g(x)=e^x$의 그래프를 여러 개의 관찰 직사각형에 함께 그려서, 서로 비교하라. 언제 g의 그래프가 f의 그래프를 마지막으로 추월하는가?

22. 그래프를 이용해서 다음을 만족시키는 x의 값을 어림하라.

$$e^x > 1000000000$$

23–30. 다음 극한을 찾아라.

23. $\lim_{x\to\infty}(1.001)^x$

24. $\lim_{x\to\infty} e^{-x^2}$

25. $\lim_{x\to\infty}\dfrac{e^{3x}-e^{-3x}}{e^{3x}+e^{-3x}}$

26. $\lim_{x\to\infty}\dfrac{2+10^x}{3-10^x}$

27. $\lim_{x\to 2^+} e^{3/(2-x)}$

28. $\lim_{x\to 2^-} e^{3/(2-x)}$

29. $\lim_{x\to\infty}(e^{-2x}\cos x)$

30. $\lim_{x\to(\pi/2)^+} e^{\tan x}$

31. 다음 함수의 그래프를 그리면 f가 홀 함수로 보인다. 이 사실을 증명하라.

$$f(x)=\frac{1-e^{1/x}}{1+e^{1/x}}$$

32. 몇 개의 $a>0$에 대해 다음 함수의 그래프를 그려라. b가 변하면 그래프는 어떻게 변하는가? a가 변하면 그래프는 어떻게 변하는가?

$$f(x)=\frac{1}{1+ae^{bx}}$$

3.2 역함수와 로그

표 1은 영양분이 제한된 배양기에 처음에 100 마리의 박테리아를 넣어 배양한 실험 결과를 나타낸 자료이다. 박테리아의 개체 수는 한 시간마다 기록했다. 박테리아의 수 N은 시간 t의 함수이다. 곧, $N=f(t)$이다.

그런데 생물학자가 관심을 바꾸어 각 수준의 개체 수에 도달하는 데 필요한 시간을 알고 싶다고 하자. 바꿔 말하면, t를 N의 함수로 생각하고 싶다고 하자. 이 함수를 f의 **역함수**라 하고, 기호 f^{-1}로 나타내며 'f의 역함수'라 읽는다. 그러므로 $t=f^{-1}(N)$은 개체 수가 N에 도달하는 데 걸린 시간이다. f^{-1}의 값은 표 1을 오른쪽에서 왼쪽으로 읽거나 표 2를 참조해서 찾을 수 있다. 예를 들면, $f(6)=550$이므로, $f^{-1}(550)=6$이다.

용어
역함수 inverse function
일대일 함수 one-to-one function

표 1. N은 t의 함수

t (시간)	$N=f(t)=$ (시각 t에서의 개체 수)
0	100
1	168
2	259
3	358
4	445
5	509
6	550
7	573
8	586

표 2. t는 N의 함수

N	$t=f^{-1}(N)=$(박테리아의 수 N에 도달하는 시간)
100	0
168	1
259	2
358	3
445	4
509	5
550	6
573	7
586	8

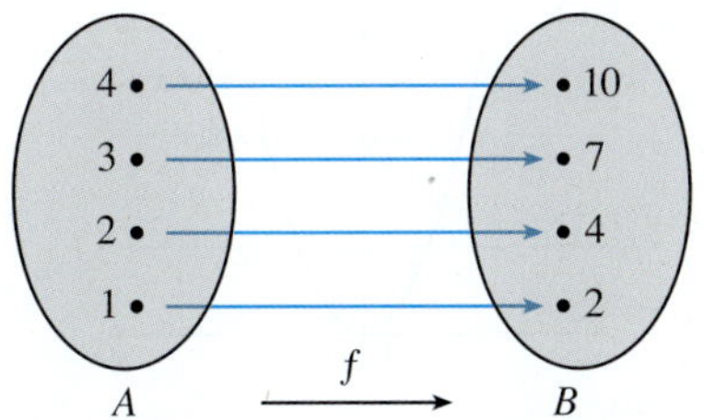

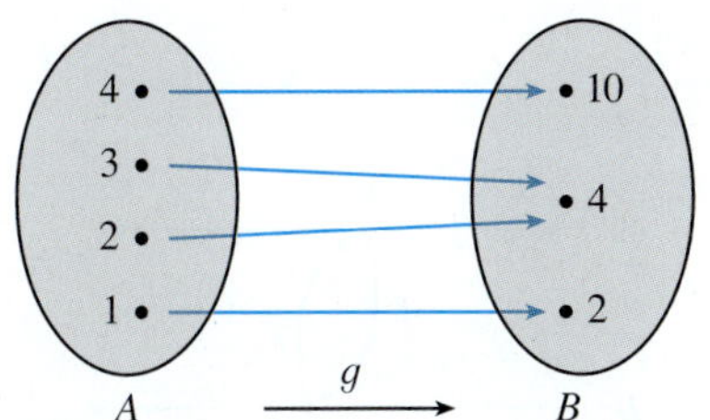

그림 1 f는 일대일이고 g는 아니다.

모든 함수의 역함수가 존재하는 것은 아니다. 그림 1에 화살표 모형으로 나

■ 입력과 출력이란 표현을 이용하면, 정의 [1]은 각 출력이 단 한 개의 입력에 대응할 때 f가 일대일이라고 말한다.

타낸 두 함수 f와 g를 비교하자. f는 똑같은 값을 두 번 취하지 않는다. (A의 서로 다른 두 입력에 대한 출력은 서로 다르다.) 반면에 g는 똑같은 값을 두 번 취한다. (두 입력 2와 3에 대한 출력은 모두 4로 똑같다.) 기호로 나타내면 $g(2) = g(3)$이지만

$$x_1 \neq x_2 \text{일 때마다 } f(x_1) \neq f(x_2) \text{이다.}$$

f와 같은 이런 성질이 있는 함수를 **일대일 함수**라고 한다.

> [1] **정의** 함수 f가 똑같은 값을 두 번 취하지 않을 때, 곧 다음이 성립할 때 f를 **일대일 함수**라 한다.
>
> $$x_1 \neq x_2 \text{일 때마다 } f(x_1) \neq f(x_2) \text{이다.}$$

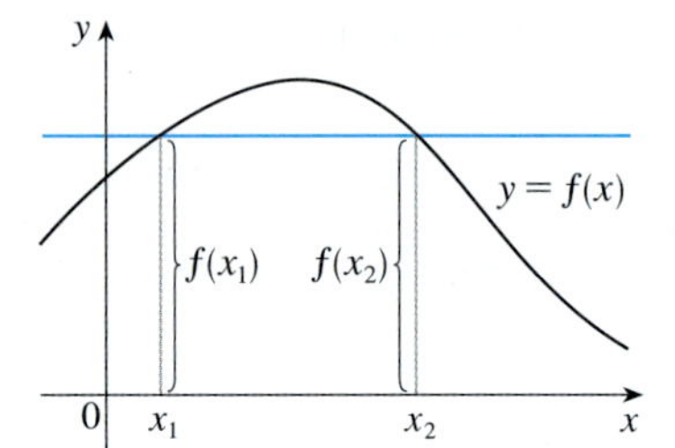

그림 2 $f(x_1) = f(x_2)$이므로, 이 함수는 일대일이 아니다.

수평선이 f의 그래프와 두 점 이상에서 만날 때, 그림 2로부터 두 수 x_1과 x_2가 존재해서 $f(x_1) = f(x_2)$가 성립함을 알 수 있다. 그러므로 함수의 일대일 여부를 결정할 수 있는 다음과 같은 기하학적 방법이 있다.

> **수평선 판정법** 함수가 일대일이기 위한 필요 충분 조건은 어떠한 수평선도 함수의 그래프와 두 점 이상에서 만나지 않는 것이다.

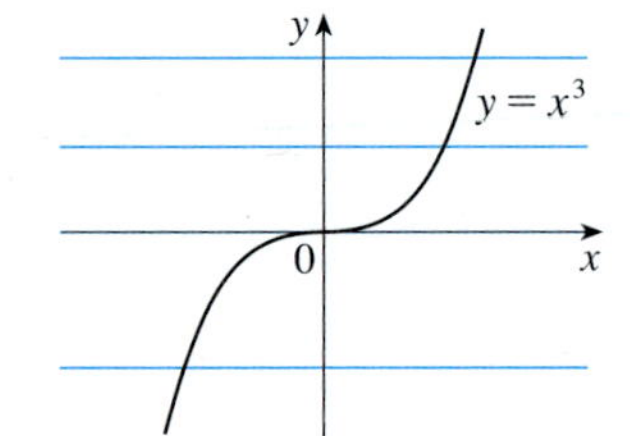

그림 3 $f(x) = x^3$은 일대일이다.

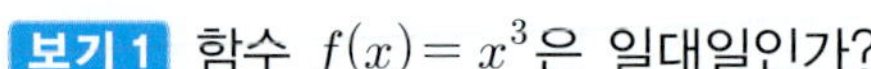

보기 1 함수 $f(x) = x^3$은 일대일인가?

풀이 1 $x_1 \neq x_2$일 때, $x_1^3 \neq x_2^3$이다. (서로 다른 두 수의 세제곱이 서로 같을 수 없다.) 따라서 정의 [1]에 의해 $f(x) = x^3$은 일대일이다.

풀이 2 그림 3에서 어떠한 수평선도 $f(x) = x^3$의 그래프와 두 번 이상 만나지 않는다. 따라서 수평선 판정법에 의해 f는 일대일이다. ■

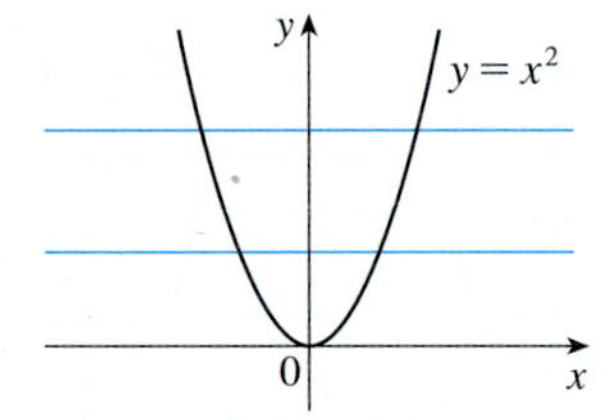

그림 4 $g(x) = x^2$은 일대일이 아니다.

보기 2 함수 $g(x) = x^2$은 일대일인가?

풀이 1 이 함수는 일대일이 아니다. 왜냐하면 $g(1) = 1 = g(-1)$이므로 1과 -1에 대한 출력이 같기 때문이다.

풀이 2 그림 4에서 알 수 있듯이, g의 그래프와 두 번 만나는 수평선이 있다. 따라서 수평선 판정법에 의해 g는 일대일이 아니다. ■

일대일 함수는 중요한데, 다음 정의에 의해 이런 함수에 역함수가 존재하기 때문이다.

> [2] **정의** f는 정의역이 A이고 치역이 B인 일대일 함수라 하자. 그러면 이의 역함수 f^{-1}는 정의역이 B이고 치역이 A이며, B의 임의의 y에 대해 다음과 같이 정의된다.
>
> $$f^{-1}(y) = x \iff f(x) = y$$

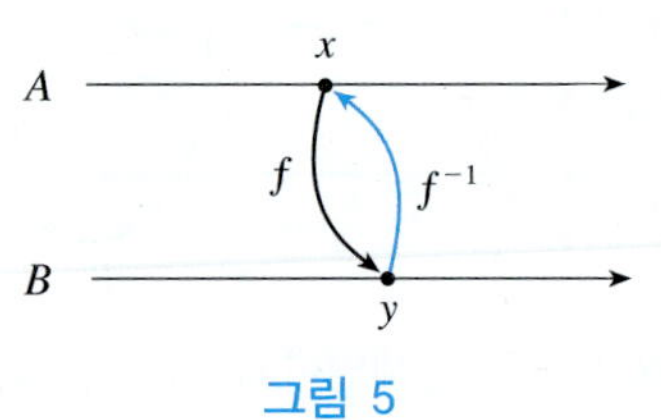

그림 5

이 정의에 따라, f가 x를 y로 보내면, f^{-1}는 y를 x로 보낸다. (f가 일대

일이 아니면, f^{-1}가 유일하게 정의되지 않는다.) 그림 5의 화살표 모형은 f^{-1}가 f의 효과를 되돌려 놓는 상황을 보여준다. 다음을 확인하자.

$$f^{-1}\text{의 정의역} = f\text{의 치역}$$
$$f^{-1}\text{의 치역} = f\text{의 정의역}$$

예를 들면, $f(x) = x^3$의 역함수는 $f^{-1}(x) = x^{1/3}$인데, $y = x^3$이면 다음이 성립하기 때문이다.

$$f^{-1}(y) = f^{-1}(x^3) = (x^3)^{1/3} = x$$

주의 f^{-1}에 있는 -1을 지수라고 오해하지 말자. 그러므로

$$f^{-1}(x)\text{은 } \frac{1}{f(x)}\text{을 뜻하지 않는다.}$$

그렇지만 역수 $1/f(x)$은 $\{f(x)\}^{-1}$으로 쓸 수 있다.

보기 3 $f(1) = 5$, $f(3) = 7$, $f(8) = -10$일 때, $f^{-1}(7)$, $f^{-1}(5)$, $f^{-1}(-10)$을 찾아라.

풀이 f^{-1}의 정의에 의해 다음을 얻는다.

$f(3) = 7$이므로 $f^{-1}(7) = 3$이고,
$f(1) = 5$이므로 $f^{-1}(5) = 1$이며,
$f(8) = -10$이므로 $f^{-1}(-10) = 8$이다.

그림 6의 모형은 이 경우에 f^{-1}가 f의 효과를 되돌려 놓는 상황을 명확하게 보여준다. ■

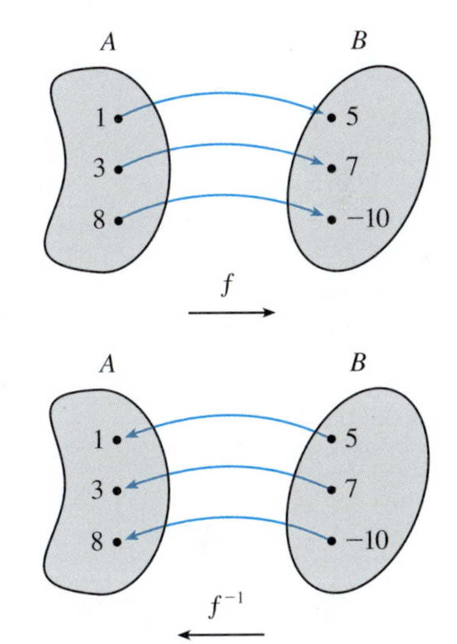

그림 6 역함수는 입력과 출력을 바꾼다.

문자 x는 전통적으로 독립 변수로 사용되므로, f가 아니라 f^{-1}에 관심을 둘 때는 통상 정의 [2]에서 x와 y의 역할을 바꾸어 다음과 같이 쓴다.

[3] $$f^{-1}(x) = y \iff f(y) = x$$

용어
소거 방정식 cancellation equation

정의 [2]에서 y에 $f(x)$를 대입하고 [3]에서 x에 $f(y)$를 대입해서, 다음과 같은 소거 방정식을 얻는다.

[4] A에 속한 모든 x에 대해 $f^{-1}(f(x)) = x$이고,
B에 속한 모든 x에 대해 $f(f^{-1}(x)) = x$이다.

첫째 소거 방정식은 x에서 출발해서 f를 적용한 다음에 f^{-1}를 적용하면, 출발했던 x로 되돌아감을 알려준다. (그림 7의 기계 모형을 보라.) 그러므로 f가 한 것을 f^{-1}는 원상으로 되돌려 놓는다. 둘째 방정식은 f^{-1}가 한 것을 f

가 원상으로 되돌려 놓는 상황을 알려준다.

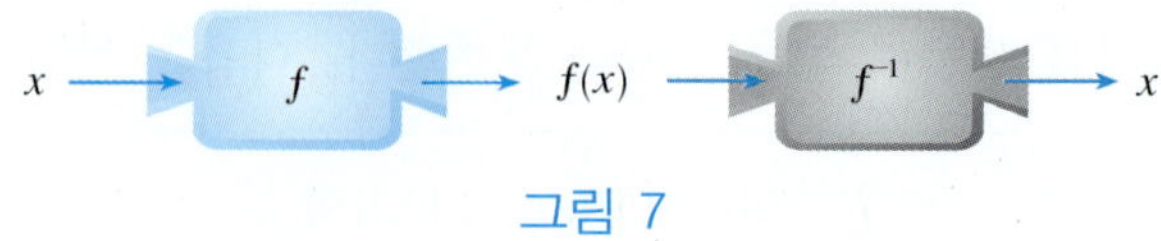

그림 7

예를 들어 $f(x)=x^3$이면 $f^{-1}(x)=x^{1/3}$이므로, 소거 방정식은 다음과 같이 된다.

$$f^{-1}(f(x))=(x^3)^{1/3}=x,$$
$$f(f^{-1}(x))=(x^{1/3})^3=x$$

이런 방정식들은 세제곱 함수와 세제곱근 함수가 잇따라 적용될 때 서로를 소거함을 간단하게 보여준다.

이제 역함수를 셈하는 방법을 알아보자. 함수 $y=f(x)$가 주어지고 이 방정식을 x에 대해 y의 식으로 풀 수 있으면, 정의 2에 의해 $x=f^{-1}(y)$를 얻는다. 독립변수를 x로 나타내고 싶으면, x와 y를 바꾸어 방정식 $y=f^{-1}(x)$에 도달한다.

5 일대일 함수 f의 역함수를 찾는 방법

단계 1 $y=f(x)$로 쓴다.

단계 2 이 방정식을 (가능하면) x에 대해 y의 식으로 푼다.

난계 3 x와 y를 바꾸어, f^{-1}를 x의 함수로 표현한다.
이 결과로 얻은 방정식은 $y=f^{-1}(x)$이다.

■ 보기 4에서 f^{-1}가 f의 효과를 되돌리는 방법을 확인하자. 함수 f는 "세제곱한 다음에 2를 더한다."는 규칙이다. f^{-1}는 "2를 뺀 다음에 세제곱근을 취한다."는 규칙이다.

보기 4 $f(x)=x^3+2$의 역함수를 찾아라.

풀이 5에 따라서 먼저 다음과 같이 쓰자.

$$y=x^3+2$$

이제 다음과 같이 이를 x에 대해 풀자.

$$x^3=y-2,$$
$$x=\sqrt[3]{y-2}$$

마지막으로 다음과 같이 x와 y를 바꾼다.

$$y=\sqrt[3]{x-2}$$

따라서 역함수는 $f^{-1}(x)=\sqrt[3]{x-2}$ 이다. ■

역함수를 찾기 위해 x와 y를 바꾸는 원리는 또한 f의 그래프로부터 f^{-1}의 그래프를 찾는 방법을 알려준다. $f(a)=b$이기 위한 필요 충분 조건은 $f^{-1}(b)=a$이므로, 점 (a, b)가 f의 그래프에 있기 위한 필요 충분 조건은 점 (b, a)가 f^{-1}의 그래프에 있는 것이다. 그런데 점 (b, a)는 점 (a, b)를 직선 $y=x$에 대해 대칭 이동해서 얻을 수 있다. (그림 8을 보라.)

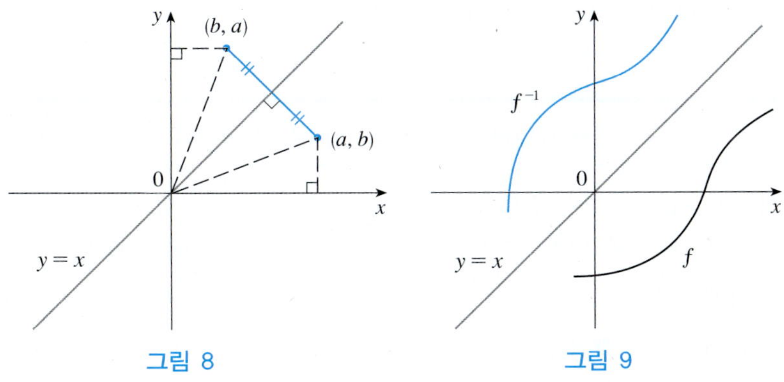

그림 8　　　　그림 9

따라서 그림 9에 예시한 대로 다음이 성립한다.

> f^{-1}의 그래프는 f의 그래프를 직선 $y=x$에 대해 대칭 이동해서 얻는다.

보기 5 함수 $f(x)=\sqrt{-1-x}$와 이의 역함수의 그래프를 같은 좌표 평면에 함께 그려라.

풀이 먼저 $y=\sqrt{-1-x}$의 그래프를 그리자. (포물선 $y^2=-1-x$ 또는 $x=-y^2-1$의 위쪽 반이다.) 그리고 이를 직선 $y=x$에 대해 대칭 이동시켜 f^{-1}의 그래프를 그리자. (그림 10을 보라.) 이 그래프를 검토하기 위해서, f^{-1}에 대한 식이 $f^{-1}(x)=-x^2-1$ $(x\geq 0)$임을 확인하자. 그러므로 f^{-1}의 그래프는 포물선 $y=-x^2-1$의 오른쪽 반인데, 그림 10에서 이것이 확실하게 보인다.

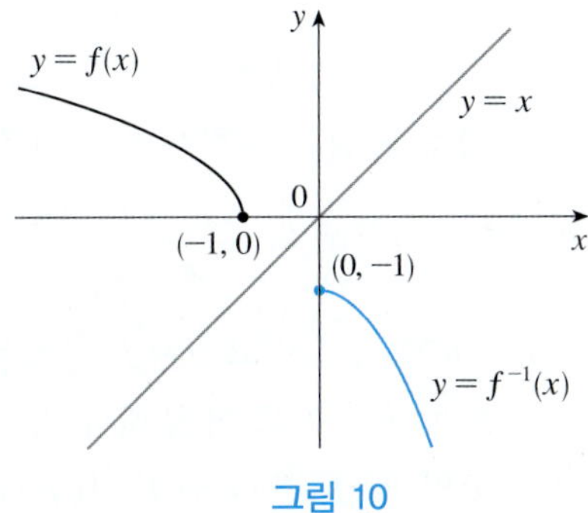

그림 10 ■

역함수의 연속성과 미분 가능성

이제 역함수의 연속성과 미분 가능성을 알아보자. 함수 f가 일대일이고 연속이라 가정하자. 연속 함수는 그래프에 구멍이 없는 함수라고 생각한다. (그래프는 한 조각이다.) f^{-1}의 그래프는 f의 그래프를 직선 $y=x$에 대해 대칭 이동해서 얻으므로, f^{-1}의 그래프에도 구멍은 없다. (그림 9를 보라.) 그러므로 f^{-1}도 연속 함수라고 예상된다.

이런 기하학적 논법이 다음 정리를 증명하지는 못하지만, 적어도 정리를 긍정적으로 만든다. 증명은 부록 D에서 찾아볼 수 있다.

> 6 정리 f가 구간에서 정의된 일대일 연속 함수이면, 역함수 f^{-1}도 연속이다.

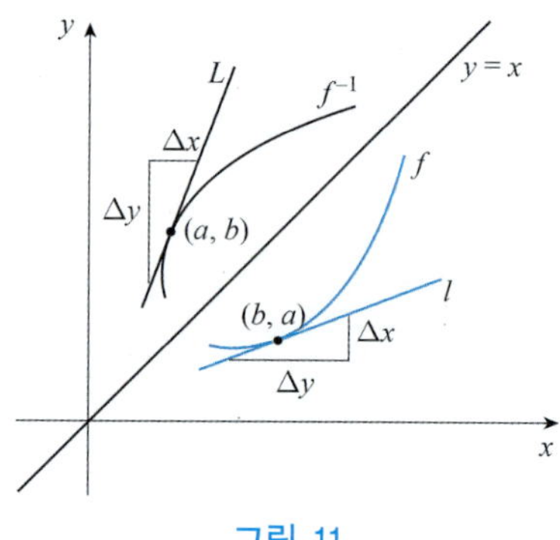

그림 11

이제 f가 미분 가능한 일대일 함수라고 가정하자. 기하학적으로 미분 가능한 함수는 그래프에 뾰족점이나 꼬인 모양이 없는 함수로 생각할 수 있다. f^{-1}의 그래프를 f의 그래프를 직선 $y=x$에 대해 대칭 이동해서 얻으므로, f^{-1}의 그래프에도 뾰족점이나 꼬인 모양이 없다. 이에 따라 f^{-1}도 (접선이 연직선인 곳을 제외하면) 미분 가능하다고 예상된다. 사실, 주어진 점에서 f^{-1}의 도함수의 값을 기하학적 논법에 따라 예상할 수 있다. 그림 11에 함수 f와 그 역함수 f^{-1}의 그래프를 함께 나타냈다. $f(b)=a$이면, $f^{-1}(a)=b$이고 $(f^{-1})'(a)$는 점 (a, b)에서 f^{-1}의 그래프에 대한 접선의 기울기로 $\Delta y/\Delta x$이다. 직선 $y=x$에 대해 대칭 이동하면, x좌표와 y좌표가 바뀐다. 그러므로 [(b, a)에서 f의 그래프에 대한 접선인] 대칭 이동된 직선 ℓ의 기울기는 $\Delta x/\Delta y$이다. 그러므로 L의 기울기는 ℓ의 기울기의 역수이다. 곧, 다음과 같다.

$$(f^{-1})'(a)=\frac{\Delta y}{\Delta x}=\frac{1}{\Delta x/\Delta y}=\frac{1}{f'(b)}$$

> 7 정리 f는 미분 가능한 일대일 함수로 역함수는 f^{-1}이고 $f'(f^{-1}(a))\neq 0$이라 하자. 그러면 역함수 f^{-1}는 a에서 미분 가능하고 다음이 성립한다.
>
> $$(f^{-1})'(a)=\frac{1}{f'(f^{-1}(a))}$$

증명 2.1절의 식 5에 따라 다음과 같이 도함수의 정의를 쓰자.

$$(f^{-1})'(a)=\lim_{x\to a}\frac{f^{-1}(x)-f^{-1}(a)}{x-a}$$

$f(b)=a$이면, $f^{-1}(a)=b$이다. 그리고 $y=f^{-1}(x)$라 하면 $f(y)=x$이다. f가 미분 가능하므로, 이는 연속이고 이에 따라 정리 6에 의해 f^{-1}도 연속이다. 그러므로 $x\to a$일 때 $f^{-1}(x)\to f^{-1}(a)$, 곧 $y\to b$이다. 따라서 다음을 얻는다.

▪ f가 일대일 함수이므로, $x\neq a \Rightarrow f(y)\neq f(b)$임에 주목하자.

$$\begin{aligned}(f^{-1})'(a)&=\lim_{x\to a}\frac{f^{-1}(x)-f^{-1}(a)}{x-a}=\lim_{y\to b}\frac{y-b}{f(y)-f(b)}\\&=\lim_{y\to b}\frac{1}{\dfrac{f(y)-f(b)}{y-b}}=\frac{1}{\lim\limits_{y\to b}\dfrac{f(y)-f(b)}{y-b}}\\&=\frac{1}{f'(b)}=\frac{1}{f'(f^{-1}(a))}\end{aligned}$$

□

참고 1. 정리 [7]의 공식에서 a를 일반적인 수 x로 바꾸면, 다음을 얻는다.

[8] $$(f^{-1})'(x)=\frac{1}{f'(f^{-1}(x))}$$

$y=f^{-1}(x)$로 쓰면 $f(y)=x$이므로, 라이프니츠의 기호로 표현하면 식 [8]은 다음과 같이 된다.

$$\frac{dy}{dx}=\frac{1}{\dfrac{dx}{dy}}$$

참고 2. 이미 f^{-1}가 미분 가능함을 알고 있다면, 음함수의 미분법을 이용해서 이의 도함수를 정리 [7]의 증명에서보다 더 쉽게 셈할 수 있다. $y=f^{-1}(x)$이면 $f(y)=x$이다. 방정식 $f(y)=x$를 y가 x의 함수임을 상기하면서 음함수의 미분법을 이용해서 x에 관해 미분하고 연쇄 법칙을 이용하면, 다음을 얻는다.

$$f'(y)\frac{dy}{dx}=1$$

따라서 다음이 성립한다.

$$\frac{dy}{dx}=\frac{1}{f'(y)}=\frac{1}{\dfrac{dx}{dy}}$$

보기 6 $f(x)=2x+\cos x$일 때, $(f^{-1})'(1)$을 찾아라.

풀이 함수 f가 일대일이고 미분 가능함을 확인하자. (이의 그래프를 그림 12에 나타냈다.) 정리 [7]을 이용하기 위해서는 $f^{-1}(1)$을 알아야 하는데, 다음과 같은 조사로 그 값을 찾을 수 있다.

$$f(0)=1 \quad\Rightarrow\quad f^{-1}(1)=0$$

따라서 다음을 얻는다.

$$(f^{-1})'(1)=\frac{1}{f'(f^{-1}(1))}=\frac{1}{f'(0)}=\frac{1}{2-\sin 0}=\frac{1}{2}$$

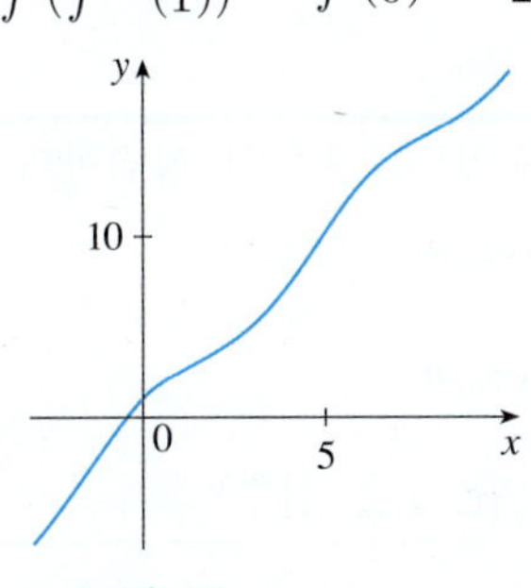

그림 12

■

용어
로그 함수 logarithmic functions

로그 함수

$a>0$이고 $a \neq 1$일 때 지수 함수 $f(x)=a^x$은 증가하거나 감소하므로, 수평선 판정법에 의해 이 함수는 일대일이다. 이에 따라 역함수 f^{-1}이 존재하는데, 이를 **밑이 a인 로그 함수**라 하고 기호 $\log_a$로 나타낸다. [3]에 주어진 역함수의 공식은 다음과 같다.

$$f^{-1}(x)=y \iff f(y)=x$$

그러므로 다음을 얻는다.

[9]
$$\log_a x = y \iff a^y = x$$

그러므로 $x>0$이면 $\log_a x$는 x를 얻기 위해 취해야 할 a의 지수이다. 예를 들면, $\log_{10} 0.001=-3$인데, $10^{-3}=0.001$이기 때문이다.

소거 방정식 [4]를 함수 $f(x)=a^x$과 $f^{-1}(x)=\log_a x$에 적용하면 다음과 같이 된다.

[10]
$$\text{모든 } x \in \mathbb{R}\text{에 대해 } \log_a(a^x)=x\text{이고,}$$
$$\text{모든 } x>0\text{에 대해 } a^{\log_a x}=x\text{이다.}$$

그림 13

로그 함수 $\log_a$는 정의역이 $(0, \infty)$이고 치역이 $\mathbb{R}$인 연속 함수인데, 연속 함수인 지수 함수의 역함수이기 때문이다. 이것의 그래프는 $y=a^x$의 그래프를 직선 $y=x$에 대해 대칭 이동한 것이다.

그림 13은 $a>1$인 경우를 보여준다. (가장 중요한 로그 함수의 밑은 $a>1$이다.) $y=a^x$가 $x>0$일 때 매우 빠르게 증가하는 함수라는 사실은 $y=\log_a x$가 $x>1$일 때 매우 느리게 증가한다는 사실에 반영되어 있다.

그림 14는 여러 가지 밑 $a>1$에 대한 $y=\log_a x$의 그래프를 보여준다. $\log_a 1=0$이므로, 모든 로그 함수의 그래프는 점 $(1, 0)$을 지난다.

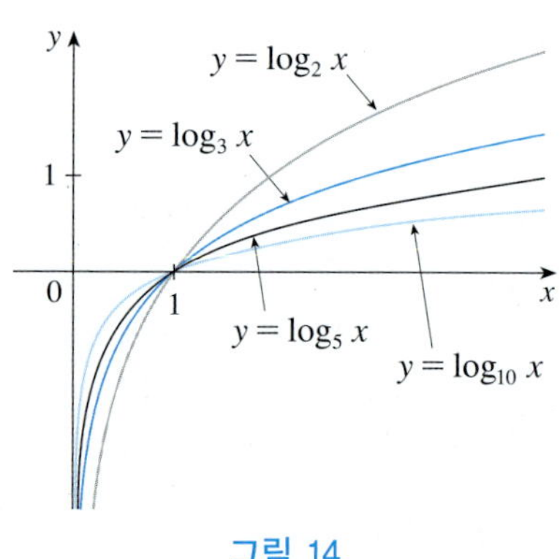

그림 14

로그 함수의 다음 성질은 3.1절에 제시한 이에 대응하는 지수 함수의 성질로부터 유도된다.

로그 법칙 x와 y가 양수이면, 다음이 성립한다.

1. $\log_a(xy)=\log_a x+\log_a y$
2. $\log_a\left(\dfrac{x}{y}\right)=\log_a x-\log_a y$
3. $\log_a(x^r)=r\log_a x$ (단, r은 실수)

보기 7 로그 법칙을 이용해서 $\log_2 80-\log_2 5$의 값을 찾아라.

풀이 $2^4 = 16$이므로, 로그 법칙 2를 이용하면 다음을 얻는다.

$$\log_2 80 - \log_2 5 = \log_2\left(\frac{80}{5}\right) = \log_2 16 = 4$$ ■

3.1절에 제시한 지수 함수의 극한은 다음과 같이 로그 함수의 극한에 반영되어 있다. (그림 13과 비교하자.)

> [11] $a > 1$일 때, 다음이 성립한다.
>
> $$\lim_{x\to\infty} \log_a x = \infty, \qquad \lim_{x\to 0^+} \log_a x = -\infty$$

특히, y축은 곡선 $y = \log_a x$의 연직 점근선이다.

보기 8 $\lim_{x\to 0} \log_{10}(\tan^2 x)$의 값을 찾아라.

풀이 $x \to 0$일 때 $t = \tan^2 x \to \tan^2 0 = 0$이고 t의 값은 양수임을 알고 있다. 그러므로 [11]에 의해 $a = 10 > 1$일 때, 다음을 얻는다.

$$\lim_{x\to 0} \log_{10}(\tan^2 x) = \lim_{t\to 0^+} \log_{10} t = -\infty$$ ■

자연 로그

로그의 모든 밑 a 중에서 가장 편리한 밑이 e라는 사실을 다음 절에서 알아볼 것이다. e는 3.1절에서 정의했다. 밑이 e인 로그를 **자연 로그**라 하는데, 다음과 같이 특별한 기호로 나타낸다.

$$\log_e x = \ln x$$

$a = e$로 놓고 [9]와 [10]에서 $\log_e$를 $\ln$으로 바꾸면, 자연 로그를 정의하는 성질은 다음과 같이 된다.

[12] $$\ln x = y \iff e^y = x$$

[13] 모든 $x \in \mathbb{R}$에 대해 $\ln(e^x) = x$이고,
모든 $x > 0$에 대해 $e^{\ln x} = x$이다.

특히, $x = 1$로 놓으면, 다음을 얻는다.

$$\ln e = 1$$

보기 9 $\ln x = 5$를 만족시키는 x의 값을 찾아라.

풀이 1 [12]에 의해 다음을 알 수 있다.

> ■ **로그 표기법**
> 미분 적분학과 과학 교과서 대부분 및 계산기에서는 자연 로그를 기호 $\ln x$로, 상용 로그 $\log_{10} x$를 기호 $\log x$로 나타낸다. 그렇지만 더 고급 과정의 수학과 과학 문헌 및 컴퓨터 언어에서는 통상 기호 $\log x$로 자연 로그를 나타낸다.

용어
자연 로그 natural logarithm

$$\ln x = 5\text{는 } e^5 = x\text{를 뜻한다.}$$

따라서 $x = e^5$이다.

(기호 ln을 이용하기가 불편하면, 이를 $\log_e$로 바꾸면 된다. 그러면 위의 방정식은 $\log_e x = 5$가 되고, 로그의 정의에 의해 $e^5 = x$를 얻는다.)

풀이 2 다음 방정식에서 출발하자.

$$\ln x = 5$$

양변에 지수 함수를 적용하면 다음을 얻는다.

$$e^{\ln x} = e^5$$

그런데 13의 둘째 소거 방정식은 $e^{\ln x} = x$이다. 따라서 $x = e^5$이다. ■

보기 10 방정식 $e^{5-3x} = 10$을 풀어라.

풀이 이 방정식의 양변에 자연 로그 함수를 취하고, 13을 이용하면 다음과 같다.

$$\ln\left(e^{5-3x}\right) = \ln 10,$$
$$5 - 3x = \ln 10,$$
$$3x = 5 - \ln 10,$$
$$x = \frac{1}{3}(5 - \ln 10)$$

자연 로그를 공학용 계산기로 찾을 수 있다. 이 해를 소수 넷째 자리까지 찾으면 $x \approx 0.8991$이다. ■

보기 11 $\ln a + \frac{1}{2}\ln b$를 단 하나의 로그로 표현하라.

풀이 두 로그 법칙 3과 1을 이용하면 다음을 얻는다.

$$\ln a + \frac{1}{2}\ln b = \ln a + \ln b^{1/2} = \ln a + \ln\sqrt{b} = \ln\left(a\sqrt{b}\right)$$ ■

다음 정리는 밑이 임의인 로그를 자연 로그를 이용해서 표현할 수 있음을 주장한다.

> 14 **밑의 변환 공식** 임의의 양수 $a\,(a \neq 1)$에 대해 다음이 성립한다.
>
> $$\log_a x = \frac{\ln x}{\ln a}$$

증명 $y = \log_a x$라 하자. 그러면 9에 의해 $a^y = x$이다. 이 식의 양변에 자연 로그를 취하면, $y \ln a = \ln x$를 얻는다. 그러므로 다음이 성립한다.

$$y = \frac{\ln x}{\ln a}$$ □

공학용 계산기에는 자연 로그 셈 기능이 있으므로, 공식 14를 이용하면 (다음 보기가 보여주듯이) 계산기로 밑이 임의인 로그를 셈할 수 있다. 마찬가지로, 공식 14를 이용하면 임의의 로그 함수의 그래프를 그래프 계산기와 컴퓨터에서 그릴 수 있다. (익힘 문제 55와 56을 보라.)

보기 12 $\log_8 5$의 값을 소수 여섯째 자리까지 정확하게 찾아라.

풀이 공식 14에 의해 다음을 얻는다.

$$\log_8 5 = \frac{\ln 5}{\ln 8} \approx 0.773976$$ ■

지수 함수 $y = e^x$과 그 역함수인 자연 로그 함수의 그래프를 그림 15에 나타냈다. 곡선 $y = e^x$이 y축을 기울기 1로 지나가기 때문에, 대칭 이동한 곡선 $y = \ln x$는 x축을 기울기 1로 지나간다.

밑이 1보다 큰 다른 모든 로그 함수와 마찬가지로, 자연 로그 함수는 $(0, \infty)$에서 정의된 증가하는 연속 함수이며 y축이 연직 점근선이다.

11에 $a = e$를 대입하면, 다음 극한을 얻는다.

15 $$\lim_{x \to \infty} \ln x = \infty, \qquad \lim_{x \to 0^+} \ln x = -\infty$$

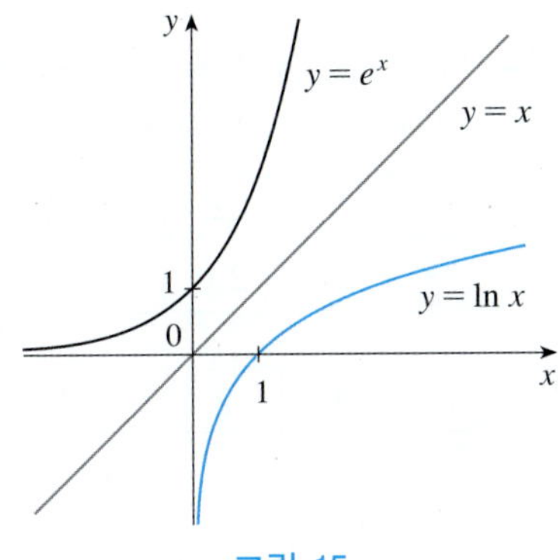

그림 15

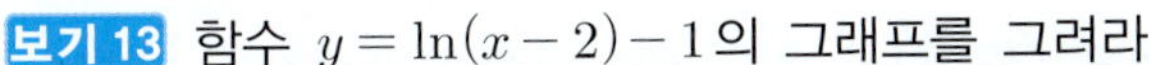

보기 13 함수 $y = \ln(x-2) - 1$의 그래프를 그려라.

풀이 그림 15에 나타낸 $y = \ln x$의 그래프에서 출발한다. 1.2절의 변환을 이용하면, 이를 오른쪽으로 2 단위 평행 이동시켜 $y = \ln(x-2)$의 그래프를 얻고, 이를 아래로 1 단위 평행 이동시켜 $y = \ln(x-2) - 1$의 그래프를 얻는다. (그림 16을 보라.) 다음이 성립하므로, 직선 $x = 2$는 연직 점근선이다.

$$\lim_{x \to 2^+} \{\ln(x-2) - 1\} = -\infty$$ ■

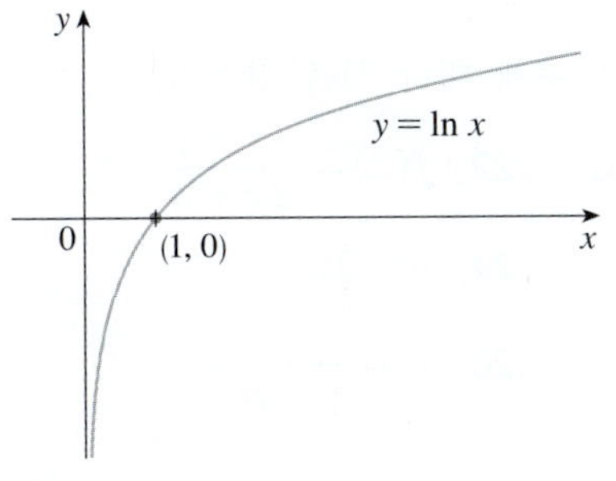

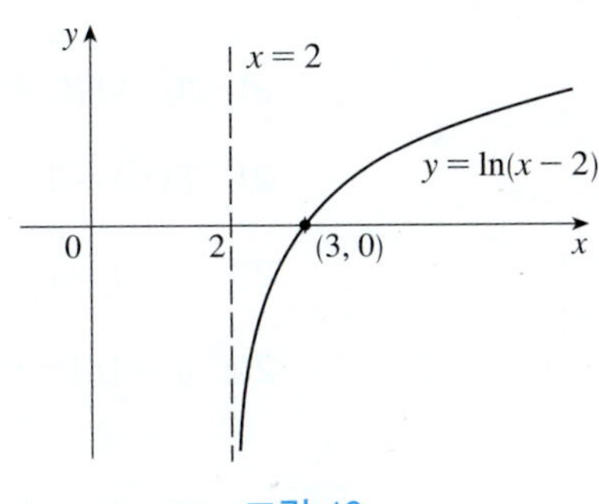

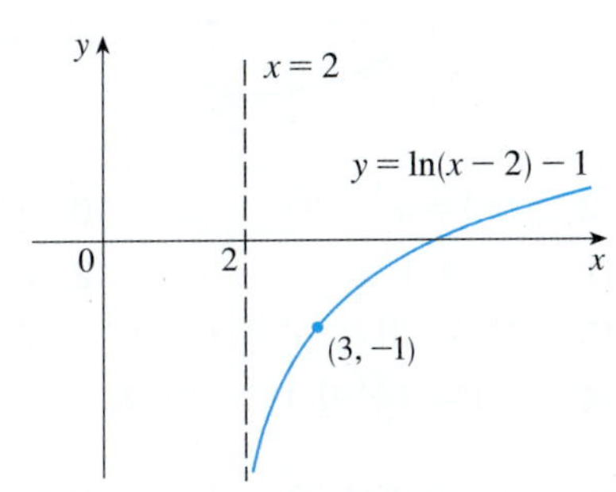

그림 16

3.2 익힘 문제

1. (a) 일대일 함수란 무엇인가?
   (b) 일대일 함수의 그래프는 어떻게 찾을 수 있는가?

2. (a) f는 일대일 함수로 정의역이 A이고 치역이 B라고 하자. 역함수 f^{-1}를 어떻게 정의하는가? f^{-1}의 정의역은 무엇인가? f^{-1}의 치역은 무엇인가?
   (b) f에 대한 식이 주어지면, f^{-1}에 대한 식은 어떻게 찾는가?
   (c) f의 그래프가 주어지면, f^{-1}의 그래프를 어떻게 그리는가?

3–14. 다음 함수를 수표, 그래프, 공식, 설명 등으로 정의했다. 일대일 함수인지 판정하라.

3.

x	1	2	3	4	5	6
$f(x)$	1.5	2.0	3.6	5.3	2.8	2.0

4.

x	1	2	3	4	5	6
$f(x)$	1	2	4	8	16	32

5.

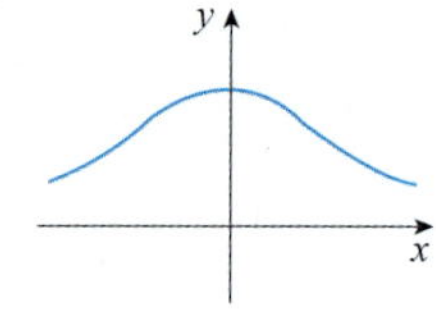

6.

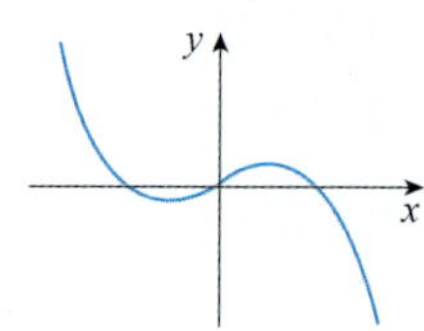

7.

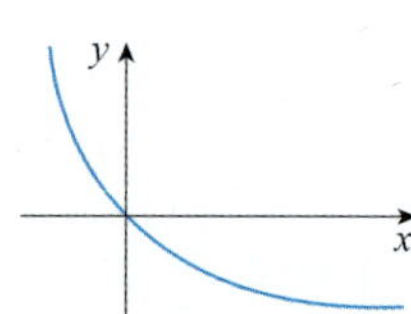

8.

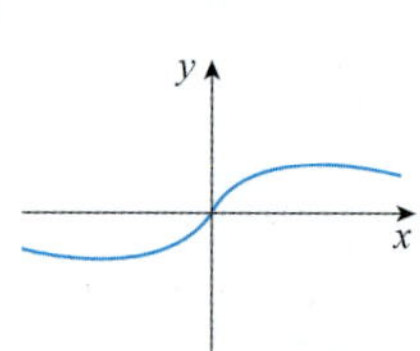

9. $f(x) = x^2 - 2x$
10. $f(x) = 10 - 3x$
11. $g(x) = 1/x$
12. $g(x) = \cos x$
13. $f(t)$는 경기 시작 t초 뒤 축구 공의 높이
14. $f(t)$는 t살일 때 나의 키

15. f는 일대일 함수라고 가정하자.
    (a) $f(6) = 17$이면, $f^{-1}(17)$은 무엇인가?
    (b) $f^{-1}(3) = 2$이면, $f(2)$는 무엇인가?

16. $f(x) = x^5 + x^3 + x$일 때, $f^{-1}(3)$과 $f(f^{-1}(3))$을 찾아라.

17. $g(x) = 3 + x + e^x$일 때, $g^{-1}(4)$를 찾아라.

18. f의 그래프는 아래 그림과 같다.
    (a) f가 일대일인 이유는?
    (b) f^{-1}의 정의역과 치역은 무엇인가?
    (c) $f^{-1}(2)$의 값은 무엇인가?
    (d) $f^{-1}(0)$의 값을 어림하라.

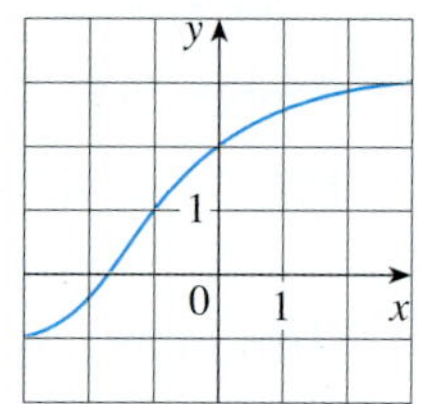

19. $F \geq -459.67$일 때, 공식 $C = \frac{5}{9}(F - 32)$는 섭씨 온도 C를 화씨 온도 F의 함수로 표현한다. 역함수의 식을 찾고, 그것을 해석하라. 역함수의 정의역은 무엇인가?

20. 상대성 이론에서 속도가 v인 입자의 질량은 다음과 같다.

$$m = f(v) = \frac{m_0}{\sqrt{1 - v^2/c^2}}$$

여기서 m_0은 정지 상태에 있는 입자의 질량이고 c는 진공 상태에서 빛의 속도이다. f의 역함수를 찾고 그 의미를 설명하라.

21–26. 다음 함수의 역함수에 대한 식을 찾아라.

21. $f(x) = 1 + \sqrt{2 + 3x}$
22. $f(x) = \dfrac{4x - 1}{2x + 3}$
23. $f(x) = e^{2x-1}$
24. $y = 2x^3 + 3$
25. $y = \ln(x + 3)$
26. $y = \dfrac{e^x}{1 + 2e^x}$

27–28. f^{-1}에 대한 양함수 식을 찾고, 이를 이용해서 f^{-1}와 f의 그래프 및 직선 $y = x$를 같은 화면에 그려라. 결과를 점검하기 위해서, f와 f^{-1}의 그래프들이 직선 $y = x$

에 대해 대칭인지 확인하라.

27. $f(x)=x^4+1\ \ (x\geq 0)$ 28. $f(x)=2-e^x$

29–30. 주어진 f의 그래프를 이용해서 f^{-1}의 그래프를 그려라.

29.

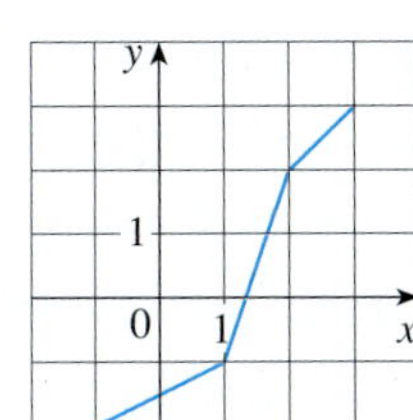

30.

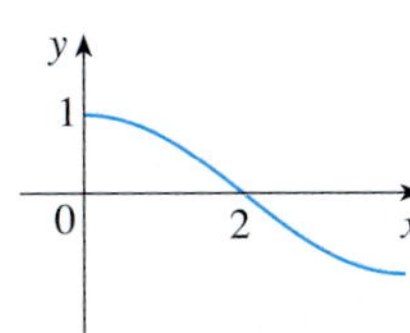

31–34. (a) f가 일대일임을 보여라.

(b) 정리 7을 이용해서 $(f^{-1})'(a)$를 찾아라.

(c) $f^{-1}(x)$를 셈하고, f^{-1}의 정의역과 치역을 말하라.

(d) (c)의 식을 이용해서 $(f^{-1})'(a)$를 셈하고, 이것이 (b)의 결과와 일치함을 확인하라.

(e) f와 f^{-1}의 그래프를 같은 화면에 그려라.

31. $f(x)=x^3,\quad a=8$

32. $f(x)=\sqrt{x-2},\quad a=2$

33. $f(x)=9-x^2\ \ (0\leq x\leq 3),\quad a=8$

34. $f(x)=1/(x-1)\ \ (x>1),\quad a=2$

35–38. $(f^{-1})'(a)$를 찾아라.

35. $f(x)=2x^3+3x^2+7x+4,\ a=4$

36. $f(x)=x^5-x^3+2x,\quad a=2$

37. $f(x)=3+x^2+\tan\left(\dfrac{\pi x}{2}\right)\ (-1<x<1),\ a=3$

38. $f(x)=\sqrt{x^3+x^2+x+1},\quad a=2$

39. f^{-1}는 미분 가능한 함수 f의 역함수이고 $f(4)=5$이며 $f'(4)=\dfrac{2}{3}$이라 하자. $(f^{-1})'(5)$를 찾아라.

40. f^{-1}는 미분 가능한 함수 f의 역함수이고 $G(x)=1/f^{-1}(x)$이라 하자. $f(3)=2$이고 $f'(3)=\frac{1}{9}$일 때, $G'(2)$를 찾아라.

41. (a) 로그 함수 $y=\log_a x$는 어떻게 정의하는가?

(b) 이 함수의 정의역은 무엇인가?

(c) 이 함수의 치역은 무엇인가?

(d) $a>1$일 때 함수 $y=\log_a x$의 그래프의 일반적인 형태를 그려라.

42. (a) 자연 로그는 무엇인가?

(b) 상용 로그는 무엇인가?

(c) 자연 로그 함수와 자연 지수 함수의 그래프를 같은 좌표 평면에 그려라.

43–46. 다음 식의 참값을 (계산기 없이) 찾아라.

43. (a) $\log_5 125$ (b) $\log_3\left(\frac{1}{27}\right)$

44. (a) $\log_8 2$ (b) $\ln e^{\sqrt{2}}$

45. (a) $\log_2 6-\log_2 15+\log_2 20$

(b) $\log_3 100-\log_3 18-\log_3 50$

46. (a) $2^{(\log_2 3+\log_2 5)}$ (b) $e^{3\ln 2}$

47–50. 로그의 성질을 이용해서 다음 식을 전개하라.

47. $\ln\sqrt{ab}$ 48. $\ln\sqrt{\dfrac{x-1}{x+1}}$

49. $\ln\dfrac{x^2}{y^3z^4}$ 50. $\ln\dfrac{3x^2}{(x+1)^5}$

51–53. 다음 식을 한 개의 로그로 표현하라.

51. $\ln 5+5\ln 3$ 52. $\ln x+a\ln y-b\ln z$

53. $\dfrac{1}{3}\ln(x+2)^3+\dfrac{1}{2}\{\ln x-\ln(x^2+3x+2)^2\}$

54. 공식 14를 이용해서 다음 로그의 값을 소수 여섯째 자리까지 찾아라.

(a) $\log_{12}10$ (b) $\log_2 8.4$

55–56. 공식 14를 이용해서 다음 함수들의 그래프를 같은 화면에 그려라. 이런 그래프들은 어떤 관계에 있는가?

55. $y=\log_{1.5}x,\ y=\ln x,\ y=\log_{10}x,\ y=\log_{50}x$

56. $y=\ln x,\ y=\log_{10}x,\ y=e^x,\ y=10^x$

57. $y=\log_2 x$의 그래프를 간격이 1 inch인 모눈종이에 그린다고 하자. 곡선의 높이가 3 ft에 이르기 위해서는 원점에서 오른쪽으로 몇 mile 나아가야 하는가?

58. 두 함수 $f(x)=x^{0.1}$과 $g(x)=\ln x$의 그래프를 여러 개의 관찰 직사각형에 함께 그려서 f와 g를 비교하라. f의 그래프는 g의 그래프를 언제 마지막으로 추월하는가?

59–60. 다음 함수의 그래프의 개형을 그려라. 계산기를 사용하지 말라. 두 그림 14와 15에 주어진 그림만을 사용하고, 필요하면 1.2절의 변환을 이용하라.

59. (a) $y=\log_{10}(x+5)$ (b) $y=-\ln x$

60. (a) $y=\ln(-x)$ (b) $y=\ln|x|$

61–62.

(a) f의 정의역과 치역은 무엇인가?

(b) f의 그래프의 x절편은 무엇인가?

(c) f의 그래프를 그려라.

61. $f(x)=\ln x+2$ **62.** $f(x)=\ln(x-1)-1$

63–66. 다음 방정식을 x에 대해 풀어라.

63. (a) $e^{7-4x}=6$ (b) $\ln(3x-10)=2$

64. (a) $e^{2x+3}-7=0$ (b) $\ln(5-2x)=-3$

65. (a) $2^{x-5}=3$ (b) $\ln x+\ln(x-1)=1$

66. (a) $\ln(\ln x)=1$ (b) $e^{ax}=Ce^{bx}$ (단, $a\neq b$)

67–68. 다음 부등식을 x에 대해 풀어라.

67. (a) $\ln x<0$ (b) $e^x>5$

68. (a) $1<e^{3x-1}<2$ (b) $1-2\ln x<3$

69. (a) $f(x)=\ln(e^x-3)$의 정의역을 찾아라.

(b) f^{-1}과 이의 정의역을 찾아라.

70. (a) $e^{\ln 300}$과 $\ln(e^{300})$의 값은 각각 무엇인가?

(b) 계산기를 사용해서 $e^{\ln 300}$과 $\ln(e^{300})$의 값을 찾아라. 무엇을 알 수 있는가? 계산기가 문제를 일으키는 이유를 설명할 수 있는가?

71–76. 다음 극한을 찾아라.

71. $\lim_{x\to 3^+}\ln(x^2-9)$ **72.** $\lim_{x\to 2^-}\log_5(8x-x^4)$

73. $\lim_{x\to 0}\ln(\cos x)$ **74.** $\lim_{x\to 0^+}\ln(\sin x)$

75. $\lim_{x\to\infty}\{\ln(1+x^2)-\ln(1+x)\}$

76. $\lim_{x\to\infty}\{\ln(2+x)-\ln(1+x)\}$

CAS **77.** 함수 $f(x)=\sqrt{x^3+x^2+x+1}$의 그래프를 그리고, 이것이 일대일인 이유를 설명하라. 그리고 컴퓨터 대수체제를 이용해서 $f^{-1}(x)$에 대한 양함수 표현을 찾아라. (CAS는 세 가지 가능한 표현을 제시할 것이다. 이런 상황에서 두 가지는 부적절한 이유를 설명하라.)

78. 카메라 플래시가 터지면, 배터리는 즉시 플래시 축전기를 재충전하기 시작하는데, 축전기는 전하를 다음과 같이 충전한다.

$$Q(t)=Q_0(1-e^{-t/a})$$

여기서 Q_0은 최대 전하 용량이고 t의 단위는 초이다.

(a) 이 함수의 역함수를 찾고, 그 의미를 설명하라.

(b) $a=2$일 때 축전기를 용량의 90%까지 재충전하는 데 일마나 오래 걸리는가?

79. $a>1$이라 하자. 명확한 정의를 이용해서, 다음을 증명하라.

(a) $\lim_{x\to-\infty}a^x=0$ (b) $\lim_{x\to\infty}a^x=\infty$

80. (a) 곡선을 왼쪽으로 평행 이동하면, 이 곡선을 직선 $y=x$에 대해 대칭 이동한 것은 어떻게 되는가? 이런 기하학적 원리에 비추어, f가 일대일 함수일 때 $g(x)=f(x+c)$의 역함수에 대한 식을 찾아라.

(b) $c\neq 0$일 때, $h(x)=f(cx)$의 역함수에 대한 식을 찾아라.

3.3 로그 함수와 지수 함수의 도함수

이번 절에서는 로그 함수의 도함수에 대한 공식을 찾고, 이를 이용해서 지수 함수의 도함수를 알아본다.

로그 함수의 도함수

도함수의 정의를 이용해서 함수 $f(x)=\log_a x$를 미분할 때, 이것이 연속이라는 사실과 함께 몇 가지 로그 법칙을 이용한다. 또, 다음과 같은 3.1절의 e 의 정의를 확인해야 한다.

$$e = \lim_{x \to 0} (1+x)^{1/x}$$

1 정리 함수 $f(x) = \log_a x$는 미분 가능하고, 다음이 성립한다.

$$f'(x) = \frac{1}{x} \log_a e$$

증명 $f'(x) = \lim_{h \to 0} \frac{f(x+h)-f(x)}{h} = \lim_{h \to 0} \frac{\log_a (x+h) - \log_a x}{h}$

$$= \lim_{h \to 0} \frac{\log_a \left(\frac{x+h}{x} \right)}{h} = \lim_{h \to 0} \frac{1}{h} \log_a \left(1 + \frac{h}{x} \right)$$

$$= \lim_{h \to 0} \frac{1}{x} \cdot \frac{x}{h} \log_a \left(1 + \frac{h}{x} \right)$$

$$= \frac{1}{x} \lim_{h \to 0} \frac{x}{h} \log_a \left(1 + \frac{h}{x} \right) \qquad \text{(극한 법칙 3에 의해)}$$

$$= \frac{1}{x} \lim_{h \to 0} \log_a \left(1 + \frac{h}{x} \right)^{x/h} \qquad \text{(로그 법칙 3에 의해)}$$

$$= \frac{1}{x} \log_a \left\{ \lim_{h \to 0} \left(1 + \frac{h}{x} \right)^{x/h} \right\} \qquad (\log_a \text{는 연속이므로})$$

$$= \frac{1}{x} \log_a \left\{ \lim_{h \to 0} \left(1 + \frac{h}{x} \right)^{1/(h/x)} \right\} = \frac{1}{x} \log_a e$$

마지막 단계는 변수 변환 $t = h/x$를 통해 더 명확하게 확인할 수 있다. $h \to 0$일 때 $t \to 0$이므로, e의 정의에 의해 다음을 얻는다.

$$\lim_{h \to 0} \left(1 + \frac{h}{x} \right)^{1/(h/x)} = \lim_{t \to 0} (1+t)^{1/t} = e$$

그러므로 다음이 성립한다.

$$f'(x) = \frac{1}{x} \log_a e$$ □

참고 3.2절의 밑의 변환 공식 14에 의해 다음이 성립한다.

$$\log_a e = \frac{\ln e}{\ln a} = \frac{1}{\ln a}$$

그러므로 정리 1의 공식을 다음과 같이 쓸 수 있다

2 $$\frac{d}{dx} (\log_a x) = \frac{1}{x \ln a}$$

보기 1 $f(x)=\log_{10}(2+\sin x)$를 미분하라.

풀이 연쇄 법칙과 함께 공식 ②를 $a=10$로 놓고 이용하면 다음을 얻는다.

$$f'(x)=\frac{d}{dx}\log_{10}(2+\sin x)=\frac{1}{(2+\sin x)\ln 10}\frac{d}{dx}(2+\sin x)$$

$$=\frac{\cos x}{(2+\sin x)\ln 10}$$ ■

공식 ②에 $a=e$를 대입하면, 우변의 인수 $\ln a$는 $\ln e=1$이 되고, 다음과 같이 자연 로그 함수 $\log_e x=\ln x$의 도함수에 대한 공식을 얻는다.

③ 자연 로그 함수의 도함수

$$\frac{d}{dx}(\ln x)=\frac{1}{x}$$

두 공식 ②와 ③을 비교하면, (밑이 e인 로그인) 자연 로그 함수가 미분 적분학에서 이용되는 주요한 이유 중 하나를 알 수 있다. 곧, $a=e$일 때 $\ln e=1$이므로, 미분 공식이 매우 단순하다.

보기 2 $y=\ln(x^3+1)$을 미분하라.

풀이 연쇄 법칙을 이용하기 위해서 $u=x^3+1$이라 하자. 그러면 $y=\ln u$이므로, 다음을 얻는다.

$$\frac{dy}{dx}=\frac{dy}{du}\frac{du}{dx}=\frac{1}{u}\frac{du}{dx}=\frac{1}{x^3+1}(3x^2)=\frac{3x^2}{x^3+1}$$ ■

일반적으로, 보기 2와 같이 공식 ③을 연쇄 법칙과 결합시켜 다음을 얻는다.

④ $$\frac{d}{dx}(\ln u)=\frac{1}{u}\frac{du}{dx}$$ 또는 $$\frac{d}{dx}\{\ln g(x)\}=\frac{g'(x)}{g(x)}$$

보기 3 $\dfrac{d}{dx}\ln(\sin x)$를 찾아라.

풀이 ④를 이용하면 다음을 얻는다.

$$\frac{d}{dx}\ln(\sin x)=\frac{1}{\sin x}\frac{d}{dx}(\sin x)=\frac{1}{\sin x}\cos x=\cot x$$ ■

보기 4 $f(x)=\sqrt{\ln x}$를 미분하라.

풀이 이번에는 로그 함수가 안쪽에 있으므로, 연쇄 법칙에 따라 다음을 얻는다.

$$f'(x)=\frac{1}{2}(\ln x)^{-1/2}\frac{d}{dx}(\ln x)=\frac{1}{2\sqrt{\ln x}}\cdot\frac{1}{x}=\frac{1}{2x\sqrt{\ln x}}$$ ■

보기 5 $\dfrac{d}{dx}\ln\dfrac{x+1}{\sqrt{x-2}}$ 를 찾아라.

풀이 1

$$\frac{d}{dx}\ln\frac{x+1}{\sqrt{x-2}} = \frac{1}{\dfrac{x+1}{\sqrt{x-2}}}\,\frac{d}{dx}\,\frac{x+1}{\sqrt{x-2}}$$

$$= \frac{\sqrt{x-2}}{x+1}\,\frac{\sqrt{x-2}\cdot 1-(x+1)(\frac{1}{2})(x-2)^{-1/2}}{x-2}$$

$$= \frac{x-2-\frac{1}{2}(x+1)}{(x+1)(x-2)} = \frac{x-5}{2(x+1)(x-2)}$$

풀이 2 다음과 같이 먼저 주어진 함수를 로그 법칙을 이용해서 간단히 한 뒤에 미분하는 것이 더 쉽다.

$$\frac{d}{dx}\ln\frac{x+1}{\sqrt{x-2}} = \frac{d}{dx}\left\{\ln(x+1)-\frac{1}{2}\ln(x-2)\right\}$$

$$= \frac{1}{x+1}-\frac{1}{2}\left(\frac{1}{x-2}\right)$$

(답은 여기에 쓰인 대로 남길 수 있다. 그러나 공통 분모를 이용하면, 풀이 1과 같은 답을 얻는다.) ■

■ 그림 1은 보기 5의 함수 f의 그래프와 함께 그 도함수의 그래프를 보여준다. 이를 통해 셈 결과를 가시적으로 점검할 수 있다. f가 빠르게 감소할 때, $f'(x)$는 절댓값이 큰 음수가 됨을 확인하자.

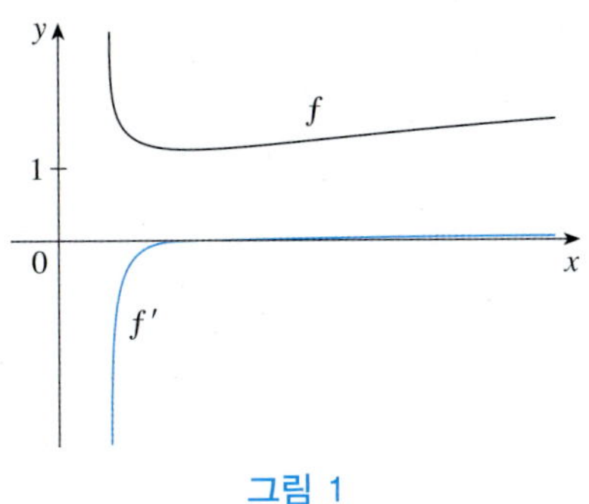

그림 1

보기 6 $f(x)=\ln|x|$일 때 $f'(x)$를 찾아라.

풀이 다음이 성립한다.

$$f(x)=\begin{cases}\ln x & (x>0)\\ \ln(-x) & (x<0)\end{cases}$$

그러므로 다음을 얻는다.

$$f'(x)=\begin{cases}\dfrac{1}{x} & (x>0)\\[2mm] \dfrac{1}{-x}(-1)=\dfrac{1}{x} & (x<0)\end{cases}$$

따라서 모든 $x\neq 0$에 대해 $f'(x)=1/x$이다. ■

■ 그림 2는 보기 6의 함수 $f(x)=\ln|x|$와 그 도함수 $f'(x)=1/x$의 그래프를 보여준다. x의 절댓값이 작을 때 $y=\ln|x|$의 그래프는 가파르고 이에 따라 $f'(x)$는 (양수 또는 음수로) 크다.

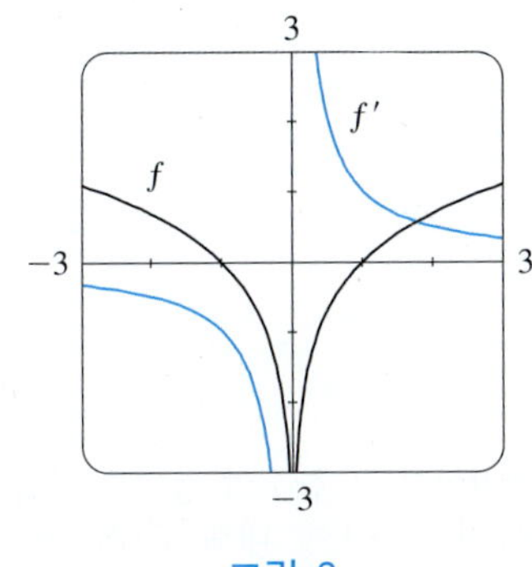

그림 2

보기 6의 결과는 기억할 만한 가치가 있다.

5 $$\frac{d}{dx}\ln|x| = \frac{1}{x}$$

로그 미분

곱, 몫 또는 멱을 포함하는 복잡한 함수의 도함수는 종종 로그를 취해서 간단하게 셈할 수 있다. 다음 보기에서 사용하는 방법을 **로그 미분**이라 한다.

용어
로그 미분 logarithmic differentiation

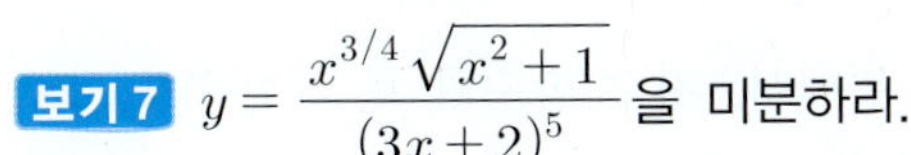

보기 7 $y=\dfrac{x^{3/4}\sqrt{x^2+1}}{(3x+2)^5}$ 을 미분하라.

풀이 이 식의 양변에 로그를 취하고 로그 법칙을 이용해서 간단히 하면 다음과

▪ 보기 7에서 로그 미분을 이용하지 않았다면, 몫의 미분법과 곱의 미분법을 모두 사용해야 한다. 이에 따라 시행해야 할 셈은 끔찍할 것이다.

같다.

$$\ln y = \frac{3}{4}\ln x + \frac{1}{2}\ln(x^2+1) - 5\ln(3x+2)$$

음함수의 미분법으로 x에 관해 미분하면 다음을 얻는다.

$$\frac{1}{y}\frac{dy}{dx} = \frac{3}{4}\cdot\frac{1}{x} + \frac{1}{2}\cdot\frac{2x}{x^2+1} - 5\cdot\frac{3}{3x+2}$$

dy/dx에 대해 풀면, 다음을 얻는다.

$$\frac{dy}{dx} = y\left(\frac{3}{4x} + \frac{x}{x^2+1} - \frac{15}{3x+2}\right)$$

y에 관한 양함수 표현이므로, 이를 대입해서 다음과 같이 쓸 수 있다.

$$\frac{dy}{dx} = \frac{x^{3/4}\sqrt{x^2+1}}{(3x+2)^5}\left(\frac{3}{4x} + \frac{x}{x^2+1} - \frac{15}{3x+2}\right)$$ ■

로그 미분의 단계

1. 식 $y = f(x)$의 양변에 자연 로그를 취하고, 로그 법칙을 이용해서 간단히 한다.
2. 음함수의 미분법으로 x에 관해 미분한다.
3. 그 결과로 얻은 식을 y'에 대해 푼다.

x의 어떤 값에 대해 $f(x) < 0$이면, $\ln f(x)$가 정의되지 않는다. 그러나 $|y| = |f(x)|$로 쓸 수 있고, 공식 5를 이용할 수 있다. 이런 과정을, 2.3절에서 약속한 일반적인 형태의 멱의 미분법을 증명해서 예시하겠다.

멱의 미분법 임의의 실수 n에 대해 $f(x) = x^n$이면, 다음이 성립한다.

$$f'(x) = nx^{n-1}$$

▪ $x = 0$이면, 도함수의 정의를 직접 적용해서 $n > 1$에 대해 $f'(0) = 0$임을 증명할 수 있다.

증명 $y = x^n$이라 하고, 로그 미분을 적용하자.

$$\ln|y| = \ln|x|^n = n\ln|x| \quad (x \neq 0)$$

그러면 다음을 얻는다.

$$\frac{y'}{y} = \frac{n}{x}$$

따라서 $y' = n\dfrac{y}{x} = n\dfrac{x^n}{x} = nx^{n-1}$이다. □

지수 함수의 도함수

지수 함수 $y = a^x$의 도함수를 찾기 위해서, 지수 함수와 로그 함수가 서로 역함수라는 사실을 이용한다.

6 정리 $a > 0$일 때 지수 함수 $f(x) = a^x$은 미분 가능하고, 다음이 성립한다.

$$\frac{d}{dx}(a^x) = a^x \ln a$$

증명 이미 밝힌 대로, 정리 1에 의해 로그 함수 $y = \log_a x$는 미분 가능하다. (그리고 그 도함수는 영이 아니다.) 그러므로 이의 역함수 $y = a^x$은 3.2절의 정리 7에 의해 미분 가능하다.

$y = a^x$이면, $\log_a y = x$이다. 이 식을 음함수의 미분법으로 x에 관해 미분하면 다음을 얻는다.

$$\frac{1}{y \ln a}\frac{dy}{dx} = 1$$

그러므로 $\dfrac{dy}{dx} = y \ln a = a^x \ln a$이다. □

▪ 정리 6을 증명하는 또 다른 방법은 로그 미분을 사용하는 것이다.

보기 8 정리 6과 연쇄 법칙을 결합하면, 다음을 얻는다.

$$\frac{d}{dx}\left(10^{x^2}\right) = 10^{x^2}(\ln 10)\frac{d}{dx}(x^2) = (2\ln 10)x\,10^{x^2}$$ ■

정리 6에서 $a = e$로 놓으면, 지수 함수에 대한 미분 공식은 다음과 같이 매우 간단한 꼴이 된다.

7 자연 지수 함수의 도함수

$$\frac{d}{dx}(e^x) = e^x$$

TEC Visual 3.3은 slope-a-scope를 사용해서 이 공식을 예시한다.

이 식은 지수 함수 $f(x) = e^x$의 도함수가 자기 자신임을 보여준다. 정리 6과 공식 7을 비교하면, 지수 함수에 대한 가장 간단한 미분 공식은 $a = e$일 때 나타남을 알 수 있다. 이것이 바로 자연 지수 함수가 미분 적분학에서 가장 많이 이용되는 이유이다.

공식 7의 기하학적 의미는 임의의 점에서 $y = e^x$에 대한 접선의 기울기는 그 점에서의 y좌표와 같다는 사실이다. 특히, $f(x) = e^x$이면, $f'(0) = e^0 = 1$이다. 이는 모든 지수 함수 $y = a^x$ 중에서 $y = e^x$이 y축을 기울기 1로 지나가는 지수 함수임을 뜻한다. (그림 3을 보라.)

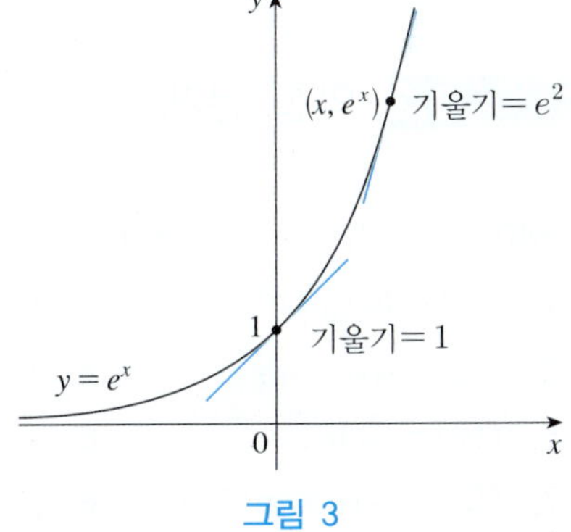

그림 3

보기 9 함수 $y = e^{\tan x}$을 미분하라.

풀이 연쇄 법칙을 이용하기 위해서 $u = \tan x$라 하자. 그러면 $y = e^u$이므로, 다음이 성립한다.

$$\frac{dy}{dx} = \frac{dy}{du}\frac{du}{dx} = e^u\frac{du}{dx} = e^{\tan x}\sec^2 x$$ ■

일반적으로 보기 9에서와 같이 공식 7과 연쇄 법칙을 결합하면, 다음을 얻는다.

8
$$\frac{d}{dx}(e^u) = e^u \frac{du}{dx}$$

보기 10 $y = e^{-4x}\sin 5x$일 때, y'를 찾아라.

풀이 공식 8과 곱의 미분법을 이용하면, 다음을 얻는다.

$$y' = e^{-4x}(\cos 5x)(5) + (\sin 5x)e^{-4x}(-4) = e^{-4x}(5\cos 5x - 4\sin 5x) \quad ■$$

■ www.stewartcalculus.com

Additional Example A, B, C를 보라.

밑과 지수가 모두 함수인 $y = \{f(x)\}^{g(x)}$ 꼴의 함수를 미분하기 위해서는 다음 보기에서와 같이 로그 미분을 이용할 수 있다.

■ 그림 4는 $f(x) = x^{\sqrt{x}}$과 그 도함수의 그래프를 보여줌으로써 보기 11을 예시한다.

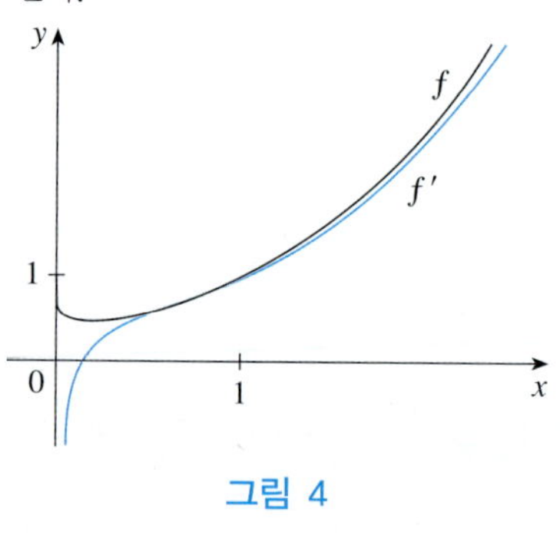

그림 4

보기 11 $y = x^{\sqrt{x}}$을 미분하라.

풀이 1 로그 미분을 이용하면, 다음을 얻는다.

$$\ln y = \ln x^{\sqrt{x}} = \sqrt{x}\ln x,$$

$$\frac{y'}{y} = \sqrt{x}\cdot\frac{1}{x} + (\ln x)\frac{1}{2\sqrt{x}},$$

$$y' = y\left(\frac{1}{\sqrt{x}} + \frac{\ln x}{2\sqrt{x}}\right) = x^{\sqrt{x}}\left(\frac{2+\ln x}{2\sqrt{x}}\right)$$

풀이 2 또 다른 방법은 $x^{\sqrt{x}} = (e^{\ln x})^{\sqrt{x}}$으로 놓고, 다음과 같이 미분한다.

$$\frac{d}{dx}\left(x^{\sqrt{x}}\right) = \frac{d}{dx}\left(e^{\sqrt{x}\ln x}\right) = e^{\sqrt{x}\ln x}\frac{d}{dx}(\sqrt{x}\ln x)$$

$$= x^{\sqrt{x}}\left(\frac{2+\ln x}{2\sqrt{x}}\right) \qquad \text{(풀이 1과 같이)} \quad ■$$

3.3 익힘 문제

1–40. 다음 함수를 미분하라.

1. $f(x) = \log_{10}(x^3+1)$
2. $f(x) = x\ln x - x$
3. $f(x) = \sin(\ln x)$
4. $f(x) = \ln(\sin^2 x)$
5. $f(x) = \sqrt[5]{\ln x}$
6. $f(x) = \ln\sqrt[5]{x}$
7. $f(x) = \sin x\ln(5x)$
8. $f(x) = \log_5(xe^x)$
9. $g(x) = \ln\dfrac{a-x}{a+x}$
10. $f(t) = \dfrac{1+\ln t}{1-\ln t}$
11. $g(x) = \ln\left(x\sqrt{x^2-1}\right)$
12. $h(x) = \ln\left(x+\sqrt{x^2-1}\right)$
13. $G(y) = \ln\dfrac{(2y+1)^5}{\sqrt{y^2+1}}$
14. $y = \ln(x^4\sin^2 x)$
15. $F(s) = \ln\ln s$
16. $y = \ln|\cos(\ln x)|$
17. $y = \tan\{\ln(ax+b)\}$
18. $H(z) = \ln\sqrt{\dfrac{a^2-z^2}{a^2+z^2}}$
19. $f(x) = (x^3+2x)e^x$
20. $g(x) = \sqrt{x}\,e^x$
21. $y = \dfrac{e^x}{x^2}$
22. $y = \dfrac{e^x}{1+x}$
23. $y = \sqrt{1+2e^{3x}}$
24. $y = e^{-5x}\cos 3x$
25. $y = 5^{-1/x}$
26. $y = 10^{1-x^2}$
27. $F(t) = e^{t\sin 2t}$
28. $y = \dfrac{e^u - e^{-u}}{e^u + e^{-u}}$
29. $y = \ln|2 - x - 5x^2|$
30. $y = \sqrt{1+xe^{-2x}}$

31. $f(t) = \tan e^t + e^{\tan t}$ **32.** $y = e^{k \tan \sqrt{x}}$

33. $y = \ln(e^{-x} + xe^{-x})$ **34.** $y = \{\ln(1+e^x)\}^2$

35. $y = 2x \log_{10} \sqrt{x}$ **36.** $y = x^2 e^{-1/x}$

37. $f(t) = \sin^2(e^{\sin^2 t})$ **38.** $y = \log_2(e^{-x} \cos \pi x)$

39. $g(x) = (2ra^{rx} + n)^p$ **40.** $y = 2^{3^{x^2}}$

41–44. y'와 y''를 찾아라.

41. $y = e^{\alpha x} \sin \beta x$ **42.** $y = \dfrac{\ln x}{x^2}$

43. $y = x \ln x$ **44.** $y = \ln(\sec x + \tan x)$

45–46. 주어진 점에서 다음 곡선에 대한 접선의 방정식을 찾아라.

45. $y = \ln(x^2 - 3x + 1)$, $(3, 0)$

46. $y = e^x / x$, $(1, e)$

47–48. f를 미분하고, f의 정의역을 찾아라.

47. $f(x) = \dfrac{x}{1 - \ln(x-1)}$ **48.** $f(x) = \ln \ln \ln x$

49. $f(x) = cx + \ln(\cos x)$일 때, c의 어떤 값에 대해 $f'(\pi/4) = 6$인가?

50. $f(x) = \log_a(3x^2 - 2)$일 때, a의 어떤 값에 대해 $f'(1) = 3$인가?

51–60. 로그 미분 또는 다른 방법을 이용해서 다음 함수의 도함수를 찾아라.

51. $y = (x^2+2)^2(x^4+4)^4$ **52.** $y = \dfrac{e^{-x} \cos^2 x}{x^2 + x + 1}$

53. $y = \sqrt{\dfrac{x-1}{x^4+1}}$

54. $y = \sqrt{x}\, e^{x^2 - x}(x+1)^{2/3}$

55. $y = x^x$ **56.** $y = x^{\cos x}$

57. $y = (\cos x)^x$ **58.** $y = \sqrt{x}^{\,x}$

59. $y = (\tan x)^{1/x}$ **60.** $y = (\sin x)^{\ln x}$

61. $e^{x^2 y} = x + y$일 때, y'를 찾아라.

62. 점 $(0, 1)$에서 곡선 $xe^y + ye^x = 1$에 대한 접선의 방정식을 찾아라.

63. $y = \ln(x^2 + y^2)$일 때, y'를 찾아라.

64. $x^y = y^x$일 때, y'를 찾아라.

65. 마찰력 또는 (자동차의 완충기와 같이) 제동력의 영향을 받는 용수철의 운동에 대한 모형은 흔히 지수 함수와 사인 또는 코사인 함수의 곱으로 표현된다. 이런 용수철에 있는 어떤 점의 운동 방정식이 다음과 같다고 하자.

$$s(t) = 2e^{-1.5t} \sin 2\pi t$$

여기서 s의 단위는 cm이고 t의 단위는 초이다. t초 뒤의 속도를 찾고, $0 \le t \le 2$에서 위치 함수와 속도 함수의 그래프를 그려라.

66. 어떤 상황에서 소문은 다음 식에 따라 확산된다.

$$p(t) = \frac{1}{1 + ae^{-kt}}$$

여기서 $p(t)$는 시각 t에 그 소문을 알고 있는 모집단의 비율이고, a와 k는 양의 상수이다.

(a) $\lim_{t \to \infty} p(t)$를 찾아라.

(b) 소문의 확산율을 찾아라.

(c) t의 단위가 시일 때, $a = 10$과 $k = 0.5$인 경우에 대한 p의 그래프를 그려라. 그래프를 이용해서, 모집단의 80%가 그 소문을 듣게 되는 데 걸리는 시간을 어림하라.

67. 함수 $y = Ae^{-x} + Bxe^{-x}$이 미분 방정식 $y'' + 2y' + y = 0$을 만족시킴을 보여라.

68. r의 어떤 값에 대해 함수 $y = e^{rx}$은 미분 방정식 $y'' + 5y' - 6y = 0$을 만족시키는가?

69. $f(x) = e^{2x}$일 때, $f^{(n)}(x)$에 대한 식을 찾아라.

70. $f(x) = xe^{-x}$의 1000계 도함수를 찾아라.

71. $f(x) = \ln(x-1)$일 때, $f^{(n)}(x)$에 대한 식을 찾아라.

72. $\dfrac{d^9}{dx^9}(x^8 \ln x)$를 찾아라.

73. $f(x) = 3 + x + e^x$일 때, $(f^{-1})'(4)$를 찾아라.

74. $\lim\limits_{x \to \pi} \dfrac{e^{\sin x} - 1}{x - \pi}$의 값을 찾아라.

3.4 지수적 증가와 감소

많은 자연 현상에서 수량의 증가율 또는 감소율은 그 크기에 비례한다. 예를 들면, $y = f(t)$가 시각 t에서 동물 또는 박테리아의 개체 수이면, 증가율 $f'(t)$가 개체 수 $f(t)$에 비례한다는 예상은 적절해 보인다. 이는 상수 k에 대해 $f'(t) = kf(t)$로 나타낼 수 있다. 사실, (무제한의 환경, 적절한 영양, 병에 대한 면역 등과 같은) 이상적인 조건에서 방정식 $f'(t) = kf(t)$로 주어진 수학적 모형은 실제로 발생하는 상황을 매우 정확하게 예측한다. 또 다른 예가 핵물리학에 등장하는데, 여기서 방사성 물질의 경우에 질량의 감쇠율은 그 질량에 비례한다. 화학에서 단분자층의 일계 반응률은 물질의 농도에 비례한다. 재정학에서 연속 복리로 이자를 셈하는 계좌에 투자한 원리합계의 증가율은 그 원리합계에 비례한다.

일반적으로, 시각 t에서 변수 y의 값이 $y(t)$이고 모든 시각에서 t에 관한 y의 변화율이 그 크기 $y(t)$에 비례하면, 다음이 성립한다.

[1] $$\frac{dy}{dt} = ky$$

여기서 k는 상수이다. 방정식 [1]을 때로는 ($k > 0$일 때) 자연 증가 법칙 또는 ($k < 0$일 때) 자연 감소 법칙이라 부른다. 이를 미분 방정식이라 부르는데, 여기에 미지 함수 y와 그 도함수 dy/dt가 포함되기 때문이다.

방정식 [1]의 해를 어렵지 않게 찾아낼 수 있다. 이 방정식이 요구하는 함수는 도함수가 그 함수 자체의 상수 배인 것이다. 이번 장에서 그런 함수를 알아 봤다. 상수 C에 대해 $y(t) = Ce^{kt}$ 꼴의 임의의 지수 함수는 다음을 만족시킨다.

$$y'(t) = C(ke^{kt}) = k(Ce^{kt}) = ky(t)$$

7.7절에서 알아보겠지만, $dy/dt = ky$를 만족시키는 모든 함수는 반드시 $y = Ce^{kt}$ 꼴이다. 상수 C의 의미를 알기 위해서, 다음을 관찰하자.

$$y(0) = Ce^{k \cdot 0} = C$$

따라서 C는 이 함수의 초깃값이다.

> [2] **정리** 미분 방정식 $dy/dt = ky$의 유일한 해는 다음과 같은 지수 함수이다.
>
> $$y(t) = y(0)e^{kt}$$

용어
자연 증가 법칙 law of natural growth
자연 감소 법칙 law of natural decay
미분 방정식 differential equation

인구 증가

비례 상수 k는 무엇을 뜻할까? 인구 증가의 상황에서 $P(t)$는 시각 t에서 모집단의 크기이며, 다음과 같이 쓸 수 있다.

3 $$\frac{dP}{dt} = kP \quad \text{또는} \quad \frac{1}{P}\frac{dP}{dt} = k$$

다음은 증가율을 모집단의 크기로 나눈 값이다.

$$\frac{1}{P}\frac{dP}{dt}$$

이를 상대 증가율이라 한다. 3에 의해 "증가율이 모집단의 크기에 비례한다."는 말 대신에 "상대 증가율은 일정하다."고 말할 수 있다. 그러므로 2에 의해 상대 증가율이 일정한 모집단은 지수적으로 증가한다. 상대 증가율 k는 지수함수 Ce^{kt}에서 t의 계수로 나타난다. 예를 들어 다음과 같다고 하자.

용어
상대 증가율 relative growth rate

$$\frac{dP}{dt} = 0.02P$$

t의 단위가 년이면, 상대 증가율은 $k = 0.02$이고 모집단은 해마다 2%의 상대 증가율로 증가한다. 시각 0에서 모집단의 크기가 P_0이라 하면, 모집단의 크기를 나타내는 식은 다음과 같다.

$$P(t) = P_0 e^{0.02t}$$

보기 1 세계 인구는 1950년에 25억 6000만 명이고 1960년에 30억 4000만 명이라는 사실을 이용해서, 20세기 후반기의 세계 인구에 대한 모형을 만들어라. (증가율은 인구에 정비례한다고 가정한다.) 상대 증가율을 얼마인가? 이 모형을 이용해서 1993년의 세계 인구를 어림하고, 2020년의 인구를 예측하라.

풀이 t의 단위를 년으로 하고, $t = 0$을 1950년으로 하자. 인구 $P(t)$의 단위를 백만 명이라 하자. 그러면 $P(0) = 2560$이고 $P(10) = 3040$이다. $dP/dt = kP$라 가정하면, 정리 2에 의해 다음을 얻는다.

$$P(t) = P(0)e^{kt} = 2560e^{kt},$$

$$P(10) = 2560e^{10k} = 3040,$$

$$k = \frac{1}{10}\ln\frac{3040}{2560} \approx 0.017185$$

상대 증가율은 약 1.7%/년이고, 모형은 다음과 같다.

$$P(t) = 2560e^{0.017185t}$$

1993년의 세계 인구는 다음과 같이 어림할 수 있다.

$$P(43) = 2560e^{0.017185 \cdot 43} \approx 5360(\text{백만 명})$$

■ www.stewartcalculus.com
Additional Example A를 보라.

이 모형은 2020년의 인구를 다음과 같이 예측한다.

$$P(70) = 2560e^{0.017185 \cdot 70} \approx 8524(\text{백만 명})$$

그림 1의 그래프는 이 모형이 현재까지도 꽤 정확함을 보여준다. (굵은 점은 실제의 인구를 표현한다.) 그러므로 1993년에 대한 어림은 매우 신뢰할 만하다. 그러나 2020년에 대한 예측은 약간 위험하다.

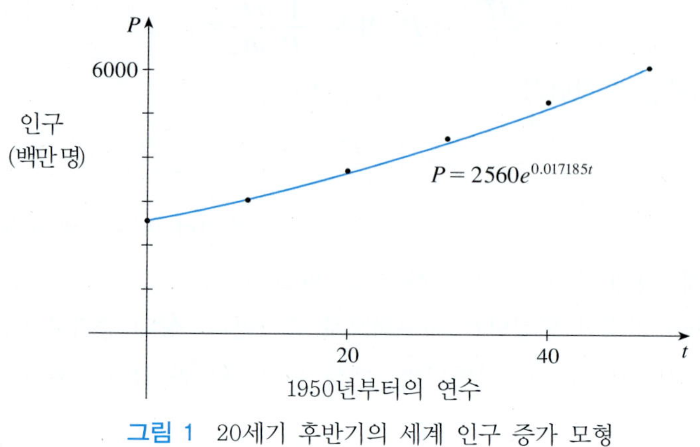

그림 1 20세기 후반기의 세계 인구 증가 모형 ■

방사성 감쇠

방사성 물질은 자연 발생적인 방사선 방출에 의해 감쇠한다. 방사성 물질의 질량이 처음에 m_0이고 시간 t가 흐른 뒤에 남은 질량이 $m(t)$이라 할 때, 다음과 같은 상대 감쇠율은 실험에 의해 일정한 것으로 밝혀졌다.

$$-\frac{1}{m}\frac{dm}{dt}$$

(dm/dt가 음수이므로, 상대 감쇠율을 양수이다.) 이에 따라 다음을 얻는다.

$$\frac{dm}{dt} = km$$

여기서 k는 감쇠율을 나타내는 음의 상수이다. 바꿔 말하면, 방사성 물질의 감쇠율은 남은 질량에 비례한다. 이는 [2]를 이용해서 다음과 같이 질량이 지수적으로 감소함을 보일 수 있음을 뜻한다.

$$m(t) = m_0 e^{kt}$$

물리학자는 감쇠율을 반감기라는 말로 표현한다. **반감기**는 주어진 방사성 물질의 질량이 반으로 감쇠하는 데 걸리는 시간이다.

용어
방사성 감쇠 radioactive decay
반감기 half-life
감쇠율 rate of decay

보기 2 라듐 226 ($^{226}_{88}\mathrm{Ra}$)의 반감기는 1590년이다.

(a) 라듐 226 시료가 100 mg 있다. t년 뒤에 남는 $^{226}_{88}\mathrm{Ra}$의 질량에 대한 공식을 찾아라.

(b) 1000년 뒤에 남는 질량을 mg 단위까지 정확하게 찾아라.

(c) 언제 질량이 30 mg으로 줄어드는가?

풀이 (a) $m(t)$를 t년 뒤에 남는 라듐 226의 질량(mg)이라 하자. 그러면

$dm/dt = km$ 이고 $y(0) = 100$ 이므로, [2]에 의해 다음이 성립한다.

$$m(t) = m(0)e^{kt} = 100e^{kt}$$

k의 값을 결정하기 위해서, $y(1590) = \frac{1}{2} \cdot 100$라는 사실을 이용하자. 그러면 다음을 얻는다.

$$100e^{1590k} = 50, \quad e^{1590k} = \frac{1}{2},$$

$$1590k = \ln\frac{1}{2} = -\ln 2,$$

$$k = -\frac{\ln 2}{1590}$$

따라서 $m(t) = 100e^{-(\ln 2)t/1590}$ 이다.

$e^{\ln 2} = 2$라는 사실을 이용하면, $m(t)$에 대한 식을 다음과 같은 꼴로 표현할 수 있다.

$$m(t) = 100 \times 2^{-t/1590}$$

(b) 1000년 뒤의 질량은 다음과 같다.

$$m(1000) = 100e^{-(\ln 2)1000/1590} \approx 65\,(\mathrm{mg})$$

(c) $m(t) = 30$, 곧 다음을 만족시키는 t의 값을 찾고 싶다.

$$100e^{-(\ln 2)t/1590} = 30 \quad \text{또는} \quad e^{-(\ln 2)t/1590} = 0.3$$

이 식의 양변에 자연 로그를 취해서, 식을 t에 대해 풀면 다음과 같다.

$$-\frac{\ln 2}{1590}t = \ln 0.3,$$

$$t = -1590\frac{\ln 0.3}{\ln 2} \approx 2762 \text{ (년)}$$ ■

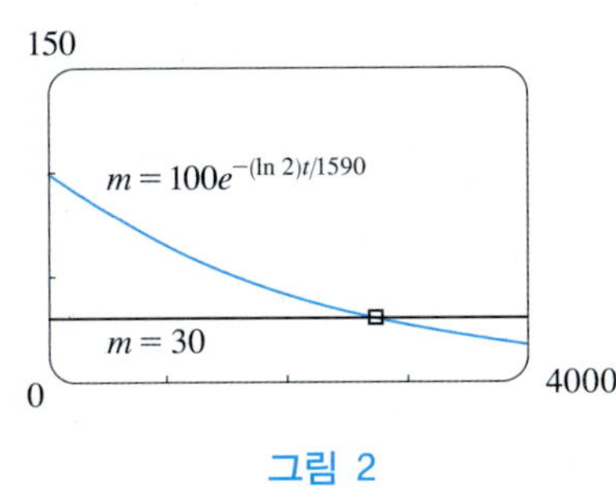

그림 2

보기 2의 계산 결과를 검토하기 위해, 그래프 장치를 이용해서 그림 2와 같이 $m(t)$의 그래프와 함께 수평선 $m = 30$을 그리자. 두 곡선은 $t \approx 2800$에서 만나는데, 이는 (c)의 답과 일치한다.

뉴턴의 냉각 법칙

용어
뉴턴의 냉각 법칙 Newton's law of cooling
냉각률 rate of cooling

뉴턴의 냉각 법칙에 따르면, 물체의 냉각률은 그 물체와 주변 온도 사이의 차에 비례한다. 단, 그 차가 너무 크지 않은 경우에 한한다. (이 법칙은 난방에도 적용된다.) $T(t)$를 시각 t에서 물체의 온도이고 T_s를 주변의 온도라고 하자. 그러면 뉴턴의 냉각 법칙을 다음과 같은 미분 방정식으로 공식화할 수 있다.

$$\frac{dT}{dt} = k(T - T_s)$$

여기서 k는 냉각률을 나타내는 상수이다. 이 방정식은 방정식 [1]과 정확하게 같지는 않다. 그러므로 $y(t) = T(t) - T_s$로 변수 변환하자. T_s는 상수이므로, $y'(t) = T'(t)$이고 위의 방정식은 다음과 같이 된다.

$$\frac{dy}{dt} = ky$$

따라서 [2]를 이용해서 y에 관한 식을 찾을 수 있고, T를 찾을 수 있다.

보기 3 온도가 22℃인 방에 있던 소다수를 7℃인 냉장고 속에 넣었다. 30분 뒤에 이 소다수가 16℃로 냉각되었다.

(a) 30분이 더 지났을 때, 이 소다수의 온도는 얼마인가?

(b) 소다수가 10℃로 냉각되려면 얼마나 오래 걸리는가?

풀이 (a) $T(t)$를 t분 뒤 소다수의 온도라고 하자. 주변 온도는 $T_s = 7$℃이므로, 뉴턴의 냉각 법칙에 의해 다음이 성립한다.

$$\frac{dT}{dt} = k(T-7)$$

$y = T-7$라 하면, $y(0) = T(0) - 7 = 22 - 7 = 15$이므로, y는 다음을 만족시킨다.

$$\frac{dy}{dt} = ky, \quad y(0) = 15$$

그러므로 [2]에 의해 다음을 얻는다.

$$y(t) = y(0)e^{kt} = 15e^{kt}$$

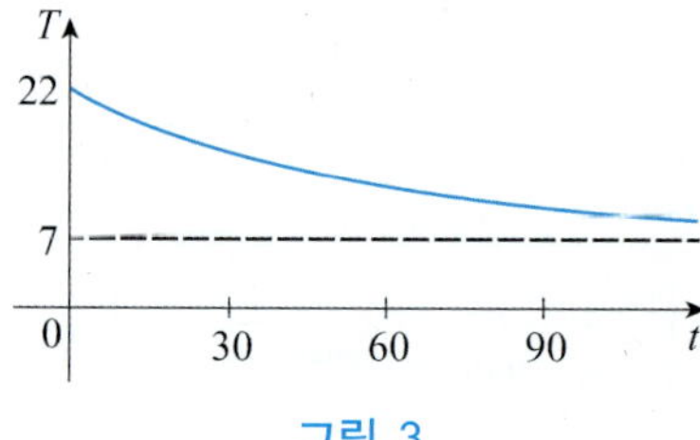

그림 3

주어진 조건에 의해 $T(30) = 16$이므로, $y(30) = 16 - 7 = 19$이고 다음이 성립한다.

$$15e^{30k} = 9, \quad e^{30k} = \frac{3}{5}$$

로그를 취하면, 다음을 얻는다.

$$k = \frac{\ln\left(\frac{3}{5}\right)}{30} \approx -0.01703$$

그러므로 다음이 성립한다.

$$y(t) = 15e^{-0.01703t},$$
$$T(t) = 7 + 15e^{-0.01703t},$$
$$T(60) = 7 + 15e^{-0.01703 \cdot 60} \approx 12.4$$

따라서 30분이 더 지나면 소다수는 약 12℃로 냉각된다.

(b) $T(t) = 10$은 다음과 같을 때 나타난다.

$$7 + 15e^{-0.01703t} = 10,$$
$$e^{-0.01703t} = \frac{3}{15} = \frac{1}{5},$$
$$t = \frac{\ln\left(\frac{1}{5}\right)}{-0.01703} \approx 94.5$$

소다수는 약 1시간 35분 뒤에 10℃로 냉각된다. ■

보기 3에서 다음과 같이 예상할 수 있는 결과를 얻는다.

$$\lim_{t\to\infty} T(t) = \lim_{t\to\infty}(7+15e^{-0.01703t}) = 7+15\cdot 0 = 7$$

온도 함수의 그래프를 그림 3에 나타냈다.

연속 복리 이자

보기 4 1000 달러를 연 복리로 연이율이 6%인 예금 상품에 투자하면, 1년 뒤의 원리합계는 $1000(1.06)=1060$달러이고 2년 뒤의 원리합계는 $\{1000(1.06)\}1.06 = 1123.60$달러이며 t년 뒤에는 $1000(1.06)^t$달러가 된다. 일반적으로 연이율이 r일 때(이 보기에서는 $r=0.06$인데) 원금 A_0을 투자하면, t년 뒤의 원리합계는 $A_0(1+r)^t$이다. 그런데 통상 이자는 더 잦은 복리로 셈한다. 1년에 n번 복리로 셈한다면, 각 복리 회전 주기에 이율은 r/n이고 t년 동안 nt번 복리로 셈하므로, 원리합계는 다음과 같다.

$$A_0\left(1+\frac{r}{n}\right)^{nt}$$

> **용어**
> 복리 회전 주기 compounding period
> 연 복리(복리 회전 주기가 1년) annual compounding
> 6개월 복리 semiannual compounding
> 3개월 복리 quarterly compounding
> 월 복리 monthly compounding
> 일 복리 daily compounding
> 연속 복리 continuous compounding

예를 들어 1000 달러를 연이율 6%로 3년 동안 투자하면, 원리합계는 복리 회전 주기에 따라 다음과 같다.

$$1000(1.06)^3 = 1191.02\text{달러} \quad (\text{연 복리})$$
$$1000(1.03)^6 = 1194.05\text{달러} \quad (\text{6개월 복리})$$
$$1000(1.015)^{12} = 1195.62\text{달러} \quad (\text{3개월 복리})$$
$$1000(1.005)^{36} = 1196.68\text{달러} \quad (\text{월 복리})$$
$$1000\left(1+\frac{0.06}{365}\right)^{365\cdot 3} = 1197.20\text{달러} \quad (\text{일 복리})$$

이자는 복리 회전 주기의 수(n)가 커질수록 이자가 더 커짐을 알 수 있다. $n\to\infty$일 때, 연속 복리로 셈하게 되며, 원리합계는 다음과 같이 된다.

$$\begin{aligned} A(t) &= \lim_{n\to\infty} A_0\left(1+\frac{r}{n}\right)^{nt} = \lim_{n\to\infty} A_0\left\{\left(1+\frac{r}{n}\right)^{n/r}\right\}^{rt} \\ &= A_0\left\{\lim_{n\to\infty}\left(1+\frac{r}{n}\right)^{n/r}\right\}^{rt} \\ &= A_0\left\{\lim_{m\to\infty}\left(1+\frac{1}{m}\right)^{m}\right\}^{rt} \qquad (\text{여기서 } m=n/r) \end{aligned}$$

그런데 이 식에서 극한은 수 e와 같다. 그러므로 연이율이 r이고 연속 복리로 셈하면 t년 뒤의 원리합계는 다음과 같다.

$$A(t) = A_0e^{rt}$$

> ▪ $e=\lim_{x\to 0}(1+x)^{1/x}$이므로 $n=1/x$으로 놓으면, $x\to 0^+$일 때 $n\to\infty$이다. 그러므로 e에 대한 또 다른 표현 $e=\lim_{n\to\infty}\left(1+\frac{1}{n}\right)^n$을 얻는다.

이 식을 미분하면, 다음을 얻는다.

$$\frac{dA}{dt} = rA_0e^{rt} = rA(t)$$

이에 따라 연속 복리로 셈하면 원리합계의 증가율은 그 크기에 비례한다.

연이율 6%로 3년 동안 1000달러를 투자한 경우에, 연속 복리로 셈하면 원리합계는 다음과 같이 된다.

$$A(3) = 1000e^{0.06 \cdot 3} = 1197.22\text{달러}$$

이 액수는 일 복리로 계산한 원리합계 1197.20달러와 매우 비슷함을 알 수 있다. 그런데 원리합계는 연속 복리를 셈하는 것이 더 쉽다. ■

3.4 익힘 문제

1. 원생 동물의 개체군은 일정한 상대 증가율 0.7944/(마리, 일)로 번식한다. 0째 날 두 마리가 있을 때, 6일 뒤의 개체 수를 찾아라.

2. 대장균은 인간의 창자에 일상적으로 번식하는 박테리아다. 육즙 배양기에서 이 박테리아의 세포는 20분마다 두 개의 세포로 나누어진다. 처음에 배양기에 60개의 세포가 있다.

(a) 상대 증가율을 찾아라.
(b) t시간 뒤의 세포 수를 표현하는 식을 찾아라.
(c) 8시간 뒤의 세포 수를 찾아라.
(d) 8시간 뒤의 증가율을 찾아라.
(e) 언제 세포 수가 20000에 도달하는가?

3. 박테리아 배양기에 처음에 100개의 세포가 들어있는데, 증가율은 전체 개체 수에 비례한다. 한 시간 뒤 개체 수가 420으로 증가했다.

(a) t시간 뒤의 박테리아 수를 표현하는 식을 찾아라.
(b) 3시간 뒤의 박테리아 수를 찾아라.
(c) 3시간 뒤의 증가율을 찾아라.
(d) 언제 개체 수가 10000에 도달하는가?

4. 박테리아 배양균은 일정한 상대 증가율로 증가한다. 박테리아의 수는 2시간 뒤에 600이고 8시간 뒤에는 75000이다.

(a) 초기의 개체 수를 찾아라.
(b) t시간 뒤의 박테리아 수를 표현하는 식을 찾아라.
(c) 5시간 뒤의 세포 수를 찾아라.
(d) 5시간 뒤의 증가율을 찾아라.
(e) 언제 개체 수가 20000에 도달하는가?

5. 아래 표는 1750년부터 2000년까지 세계 인구를 백만 단위로 어림한 값을 알려준다.

년	인구	년	인구
1750	790	1900	1650
1800	980	1950	2560
1850	1260	2000	6080

(a) 지수 모형 및 1750년과 1800년의 인구를 이용해서, 1900년과 1950년의 세계 인구를 예측하라. 실제의 인구와 비교하라.
(b) 지수 모형 및 1850년과 1900년의 인구를 이용해서, 1950년의 세계 인구를 예측하라. 실제의 인구와 비교하라.
(c) 지수 모형 및 1900년과 1950년의 인구를 이용해서, 2000년의 세계 인구를 예측하라. 실제의 인구와 비교하고 차이점을 설명해 보라.

6. 아래 표는 20세기 후반에 인도 인구를 백만 단위로 나타낸 것이다.

년	인구
1951	361
1961	439
1971	548
1981	683
1991	846
2001	1209

(a) 지수 모형 및 1951년과 1961년의 인구를 이용해서, 2001년의 인구를 예측하라. 실제의 인구와 비교하고, 차이점을 비교해 보라.
(b) 지수 모형 및 1961년과 1981년의 인구를 이용해서, 2001년의 인구를 예측하라. 실제의 인구와 비교하라. 그리고 이 모형을 이용해서 2010년과 2020년의 인구를 예측하라.
(c) (a)와 (b)의 두 지수 함수의 그래프를 그리고, 실제의 인구를 굵은 점으로 표시하라. 이런 모형들은 적절한가?

7. 실험실에서 다음과 같은 화학 반응을 45℃ 에서 시행한다고 하자.

$$N_2O_5 \rightarrow 2NO_2 + \tfrac{1}{2}O_2$$

그러면 오산화이질소 N_2O_5의 반응율은 다음과 같이 그 농도에 비례한다는 사실이 밝혀진다.

$$-\frac{d[N_2O_5]}{dt} = 0.0005[N_2O_5]$$

(a) 처음의 농도가 C일 때, t초 뒤의 농도 $[N_2O_5]$를 표현하는 식을 찾아라.

(b) 반응이 얼마나 오랫동안 일어나야 N_2O_5의 농도가 원래의 90%로 줄어드는가?

8. 비스무트 210의 반감기는 5.0일이다.

(a) 원래 시료의 질량이 800 mg이다. t일 뒤에 남는 질량에 대한 공식을 찾아라.

(b) 30일 뒤에 남는 질량을 찾아라.

(c) 언제 질량이 1 mg으로 줄어드는가?

(d) 질량 함수의 그래프를 그려라.

9. 세슘 137의 반감기는 30년이다. 100 mg의 시료가 있다.

(a) t년 뒤에 남는 질량을 찾아라.

(b) 100년 뒤에 이 시료의 얼마가 남는가?

(c) 얼마 뒤에 1 mg만 남겠는가?

10. 트리튬 3의 시료는 1년 뒤에 원래 양의 94.5%로 감쇠한다.

(a) 트리튬 3의 반감기는 얼마인가?

(b) 시료가 원래 양의 20%로 감쇠하는 데 얼마나 오래 걸리는가?

11. 과학자들은 방사성 탄소 연대 측정법으로 고대 물체의 시대를 결정할 수 있다. 우주 전파가 초고층 대기에 충격을 가하면, 질소가 탄소의 방사성 동위 원소 ^{14}C로 변환된다. 이의 반감기는 5730년이다. 식물은 공기를 통해 이산화탄소를 흡수하고, 동물은 먹이 사슬을 통해 ^{14}C를 흡수한다. 식물과 동물이 죽으면, 탄소의 교환이 중지되고 ^{14}C의 양은 방사성 감쇠를 통해 감소하기 시작한다. 따라서 방사능의 수준도 지수적으로 감소한다. 양피지 조각이 발견됐는데, 이에는 오늘날 지구에 있는 식물에 있는 ^{14}C 방사성의 약 74%가 있었다. 그 양피지 조각의 연대를 어림하라.

12. 점 (0, 5)를 지나는 곡선에 있는 임의의 점 P에서 이 곡선의 기울기는 P의 y좌표의 두 배이다. 이 곡선의 방정식은 무엇인가?

13. 구운 칠면조를 온도가 85℃까지 오른 오븐에서 꺼내어 온도가 22℃인 방의 식탁에 올려놓는다.

(a) 30분 뒤에 칠면조의 온도가 65℃일 때, 45분 뒤의 온도는 얼마인가?

(b) 언제 칠면조는 40℃로 식는가?

14. 살인 수사를 하는데, 시체의 체온이 오후 1시 30분에 32.5℃이고 한 시간 뒤에 30.3℃이다. 정상 체온은 37.0℃이고 주변의 기온은 20.0℃이다. 언제 살인이 일어났는가?

15. 온도가 5℃ 인 냉장고 속에서 찬 음료를 꺼냈다. 20℃ 인 방에서 25분이 지난 뒤에 그 온도가 10℃로 올라갔다.

(a) 50분 뒤에 이 음료의 온도는 얼마인가?

(b) 언제 이 음료의 온도는 15℃ 가 되는가?

16. 온도가 95℃ 인 새로 우려낸 커피가 20℃ 인 방에 있다. 커피의 온도가 70℃ 일 때, 냉각률은 1℃/분 이다. 이것은 얼마의 시간이 지난 뒤인가?

17. 높이 h에 관한 기압 P의 변화율은 (온도가 일정하다면) P에 비례한다. 15℃ 일 때, 해수면에서의 기압은 101.3 kPa이고 $h = 1000$ m에서의 기압은 87.14 kPa이다.

(a) 높이 3000 m에서의 기압은 얼마인가?

(b) 높이가 6187 m인 매킨리 산 정상에서의 기압은 얼마인가?

18. (a) 1000달러를 연이율 8%로 빌렸다면, 다음과 같은 복리 회전 주기로 셈할 때 3년 뒤에 갚아야할 액수를 찾아라.

(i) 연 복리　　(ii) 3개월 복리

(iii) 월 복리　　(iv) 일 복리

(v) 시 복리　　(vi) 연속 복리

(b) 1000달러를 빌렸는데, 이자는 연속 복리로 셈한다. $A(t)$를 t년 뒤의 원리합계라 하자. (단, $0 \le t \le 3$) 연이율이 6%, 8%, 10%일 때 $A(t)$의 각 그래프를 같은 화면에 그려라.

19. 3000달러를 연이율 5%로 투자하는 경우에, 다음과 같은 복리 회전 주기로 셈할 때 5년 뒤의 원리합계를 찾아라.
(a) 연 복리 (b) 6개월 복리
(c) 월 복리 (d) 주 복리
(e) 일 복리 (f) 연속 복리

20. (a) 연이율 6%에 연속 복리로 투자하면, 원리합계가 두 배로 되는 데 얼마나 걸리는가?
(b) 단리로는 얼마의 연이율에 해당하는가?

3.5 역삼각 함수

3.2절에서 알아본 대로, 일대일 함수에 대해서만 역함수가 존재한다. 그런데 삼각 함수는 일대일이 아니고, 이에 따라 역함수가 존재하지 않는다. 그러나 삼각 함수는 그 정의역을 축소해서 일대일로 만들 수 있으며, 이런 축소된 삼각 함수들의 역함수는 적분학에서 주요한 역할을 한다는 사실을 알아볼 것이다.

용어
역사인 함수 inverse sine function 아크사인 함수 arcsine function

그림 1에서 확인할 수 있듯이, 사인 함수 $y = \sin x$는 일대일이 아니다. (수평선 판정법을 이용하자.) 그러나 함수 $f(x) = \sin x$ $(-\pi/2 \le x \le \pi/2)$는 일대일이다. (그림 2를 보라.) 이렇게 축소된 사인 함수 f의 역함수는 존재하고, 이를 기호 $\sin^{-1}$ 또는 arcsin으로 나타낸다. 이를 역사인 함수 또는 아크사인 함수라 한다.

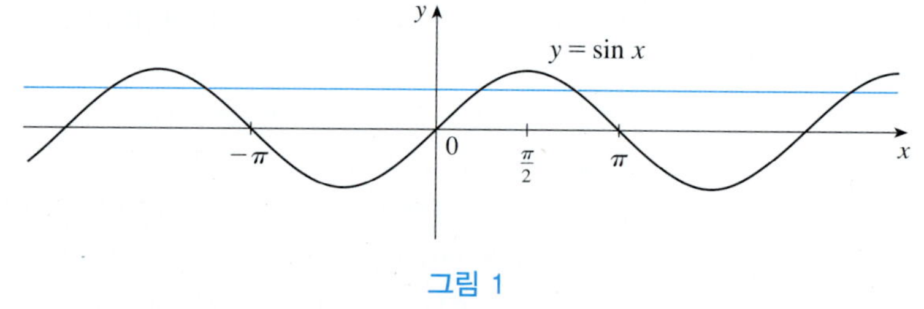

그림 1

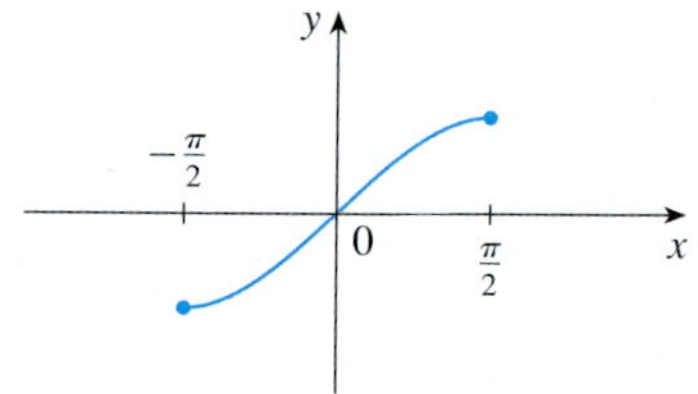

그림 2 $y = \sin x \left(-\frac{\pi}{2} \le x \le \frac{\pi}{2}\right)$

역함수의 정의에 의해 다음이 성립한다.

$$f^{-1}(x) = y \iff f(y) = x$$

그러므로 다음을 얻는다.

1

$$\sin^{-1} x = y \iff \sin y = x \quad \left(-\frac{\pi}{2} \le y \le \frac{\pi}{2}\right)$$

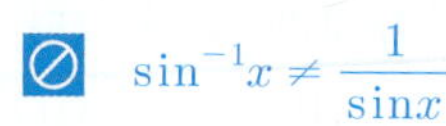
$\sin^{-1} x \ne \dfrac{1}{\sin x}$

따라서 $-1 \le x \le 1$일 때, $\sin^{-1} x$는 $-\pi/2$부터 $\pi/2$까지의 수로, 그 사인 값이 x이다.

보기 1 (a) $\sin^{-1}(\frac{1}{2})$과 (b) $\tan(\arcsin\frac{1}{3})$의 값을 찾아라.

풀이 (a) $\sin(\pi/6)=\frac{1}{2}$이고 $\pi/6$는 $-\pi/2$와 $\pi/2$ 사이에 있으므로, 다음을 얻는다.

$$\sin^{-1}\left(\frac{1}{2}\right)=\frac{\pi}{6}$$

(b) $\theta=\arcsin\frac{1}{3}$라 하면, $\sin\theta=\frac{1}{3}$이다. 그러면 그림 3과 같이 한 각이 θ인 직각 삼각형을 그릴 수 있고, 피타고라스의 정리에 의해 나머지 한 변의 길이 $\sqrt{9-1}=2\sqrt{2}$를 이끌어낼 수 있다. 이에 따라 이 삼각형에서 다음을 얻을 수 있다.

$$\tan\left(\arcsin\frac{1}{3}\right)=\tan\theta=\frac{1}{2\sqrt{2}}$$ ■

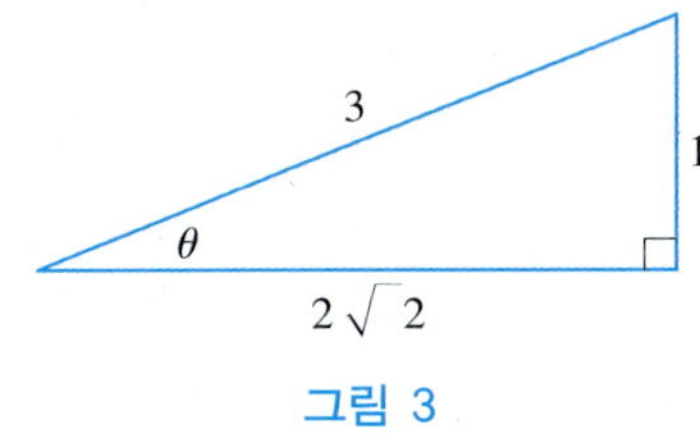

그림 3

이 경우에 역함수에 대한 소거 방정식은 다음과 같이 된다.

2
$$\sin^{-1}(\sin x)=x \quad \left(-\frac{\pi}{2}\le x\le\frac{\pi}{2}\right)$$
$$\sin(\sin^{-1}x)=x \quad (-1\le x\le 1)$$

역사인 함수 $\sin^{-1}$의 정의역은 $[-1, 1]$이고 치역은 $[-\pi/2, \pi/2]$이며, 그림 4에 나타낸 이의 그래프는 축소된 사인 함수의 그래프(그림 2)로부터 직선 $y=x$에 대해 대칭 이동시켜 얻을 수 있다.

사인 함수 f가 연속이므로, 역사인 함수도 연속이다. 2.3절에서 알 수 있듯이, 사인 함수가 미분 가능하므로, 역사인 함수도 미분 가능하다. $\sin^{-1}$의 도함수는 3.2절 정리 7의 공식으로 셈할 수 있다. 그러나 $\sin^{-1}$이 미분 가능함을 알고 있기 때문에, 다음과 같이 음함수의 미분법으로 쉽게 셈할 수 있다.

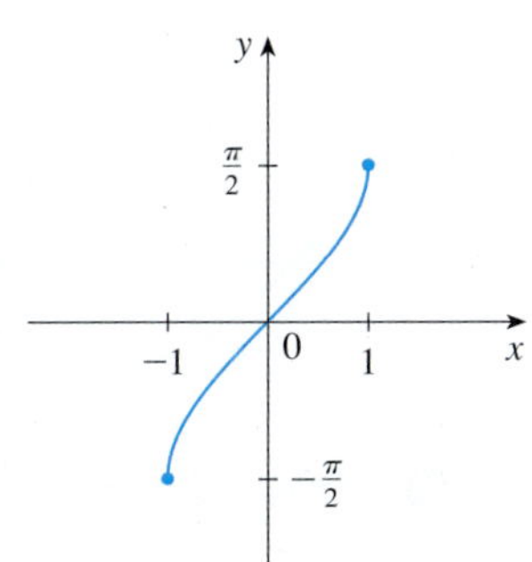

그림 4 $y=\sin^{-1}x=\arcsin x$

$y=\sin^{-1}x$라 하자. 그러면 $\sin y=x$이고 $-\pi/2\le y\le\pi/2$이다. 음함수의 미분법으로 $\sin y=x$를 x에 관해 미분하면, 다음을 얻는다.

$$\cos y\frac{dy}{dx}=1,$$

$$\frac{dy}{dx}=\frac{1}{\cos y}$$

■ www.stewartcalculus.com
Additional Example A를 보라.

그런데 $-\pi/2\le y\le\pi/2$이므로 $\cos y\ge 0$이고, 다음이 성립한다.

$$\cos y=\sqrt{1-\sin^2 y}=\sqrt{1-x^2}$$

따라서 다음을 얻는다.

$$\frac{dy}{dx}=\frac{1}{\cos y}=\frac{1}{\sqrt{1-x^2}}$$

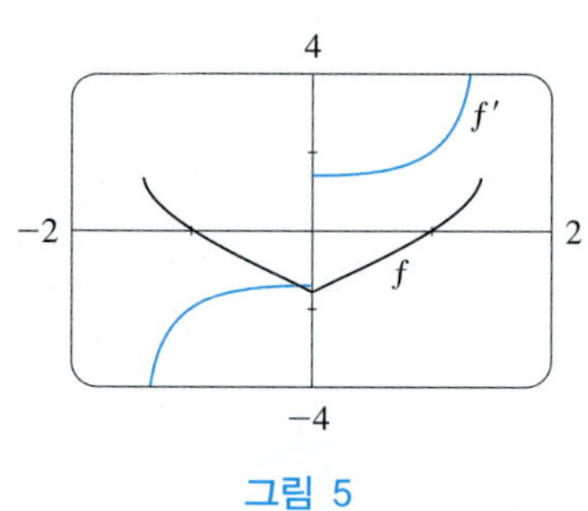

그림 5

■ 보기 2의 함수 f와 그 역함수의 그래프를 그림 5에 나타냈다. f가 0에서 미분 불가능하고 이는 f'의 그래프가 $x=0$에서 갑자기 비약한다는 사실과 일치함을 확인하자.

3
$$\frac{d}{dx}(\sin^{-1}x)=\frac{1}{\sqrt{1-x^2}} \quad (-1<x<1)$$

보기 2 $f(x)=\sin^{-1}(x^2-1)$일 때, (a) f의 정의역, (b) $f'(x)$, (c) f'의 정의역을 찾아라.

풀이 (a) 역사인 함수의 정의역이 $[-1, 1]$이므로, f의 정의역은 다음과 같다.

$$\{x \mid -1 \le x^2-1 \le 1\}=\{x \mid 0 \le x^2 \le 2\}$$
$$=\{x \mid |x| \le \sqrt{2}\}=[-\sqrt{2}, \sqrt{2}]$$

(b) 공식 3과 연쇄 법칙을 결합하면, 다음을 얻는다.

$$f'(x)=\frac{1}{\sqrt{1-(x^2-1)^2}}\frac{d}{dx}(x^2-1)$$
$$=\frac{1}{\sqrt{1-(x^4-2x^2+1)}}2x=\frac{2x}{\sqrt{2x^2-x^4}}$$

(c) f'의 정의역은 다음과 같다.

$$\{x \mid -1<x^2-1<1\}=\{x \mid 0<x^2<2\}$$
$$=\{x \mid 0<|x|<\sqrt{2}\}=(-\sqrt{2}, 0)\cup(0, \sqrt{2}) \quad ■$$

역코사인 함수도 비슷하게 처리한다. 축소된 코사인 함수 $f(x)=\cos x$ $(0 \le x \le \pi)$는 일대일이므로(그림 6을 보라), 역함수가 존재한다. 이를 기호 $\cos^{-1}$ 또는 arccos로 나타낸다.

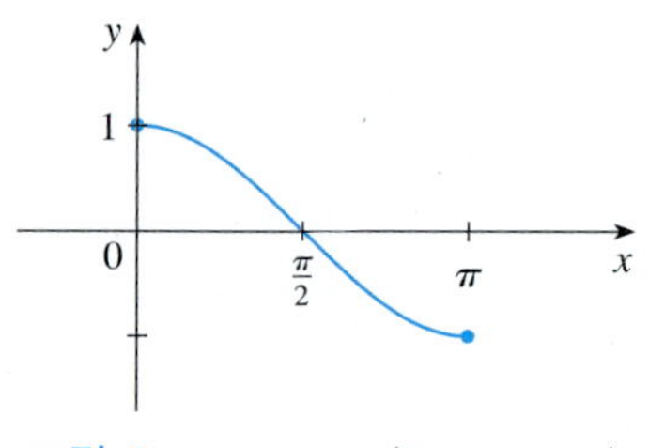

그림 6 $y=\cos x \quad (0 \le x \le \pi)$

4
$$\cos^{-1}x=y \iff \cos y=x \quad (0 \le y \le \pi)$$

소거 방정식은 다음과 같다.

5
$$\cos^{-1}(\cos x)=x \quad (0 \le x \le \pi)$$
$$\cos(\cos^{-1}x)=x \quad (-1 \le x \le 1)$$

역코사인 함수 $\cos^{-1}$는 정의역이 $[-1, 1]$이고 치역이 $[0, \pi]$이며, 그래프가 그림 7과 같은 연속 함수이다. 도함수는 다음과 같다.

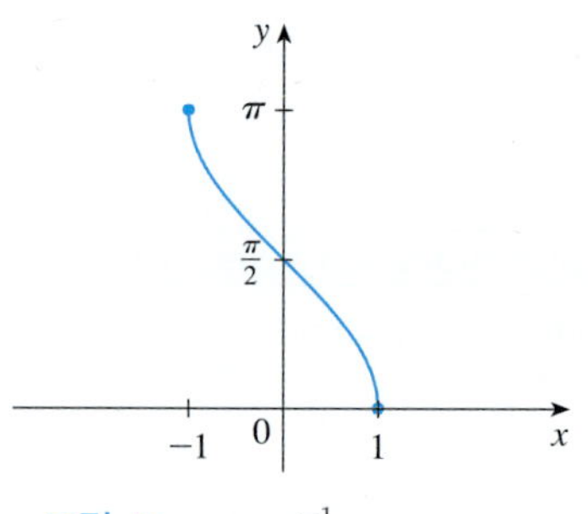

그림 7 $y=\cos^{-1}x=\arccos x$

6
$$\frac{d}{dx}(\cos^{-1}x)=-\frac{1}{\sqrt{1-x^2}} \quad (-1<x<1)$$

공식 6을 공식 3과 같은 방법으로 증명할 수 있는데, 이는 익힘 문제 11로 남긴다.

탄젠트 함수를 구간 $(-\pi/2, \pi/2)$로 축소함으로써 일대일 함수로 만들 수 있다. 그러므로 역탄젠트 함수는 함수 $f(x)=\tan x$ $(-\pi/2<x<\pi/2)$의 역함수로 정의한다. (그림 8을 보라.) 이를 기호 $\tan^{-1}$ 또는 arctan로 나타낸다.

용어
역코사인 함수 inverse cosine function
역탄젠트 함수 inverse tangent function

7
$$\tan^{-1}x = y \iff \tan y = x \quad \left(-\frac{\pi}{2} < y < \frac{\pi}{2}\right)$$

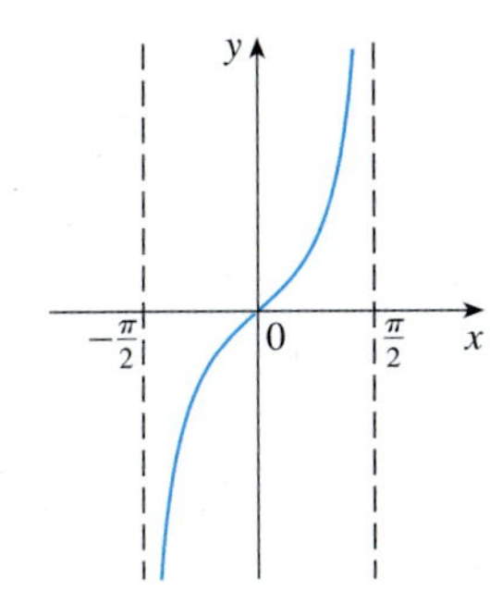

그림 8 $y = \tan x \ \left(-\frac{\pi}{2} < x < \frac{\pi}{2}\right)$

보기 3 식 $\cos(\tan^{-1}x)$를 간단히 하라.

풀이 1 $y = \tan^{-1}x$라 하자. 그러면 $\tan y = x$이고 $-\pi/2 < y < \pi/2$이다. $\cos y$를 찾기 원하지만, $\tan y$를 알고 있으므로 다음과 같이 먼저 $\sec y$를 찾는 것이 더 쉽다.

$$\sec^2 y = 1 + \tan^2 y = 1 + x^2,$$

$$\sec y = \sqrt{1+x^2} \qquad (-\pi/2 < y < \pi/2\text{일 때 } \sec y > 0\text{이므로})$$

그러므로 $\cos(\tan^{-1}x) = \cos y = \dfrac{1}{\sec y} = \dfrac{1}{\sqrt{1+x^2}}$이다.

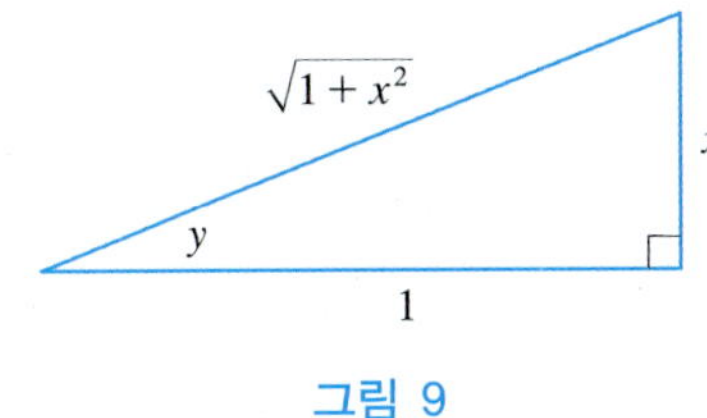

그림 9

풀이 2 풀이 1에서와 같이 삼각 등식을 이용하지 않고, 도형을 이용하는 것이 더 쉬울 수 있다. $y = \tan^{-1}x$라 하면 $\tan y = x$이므로, ($y > 0$인 경우를 예시한) 그림 9에서 다음을 얻을 수 있다.

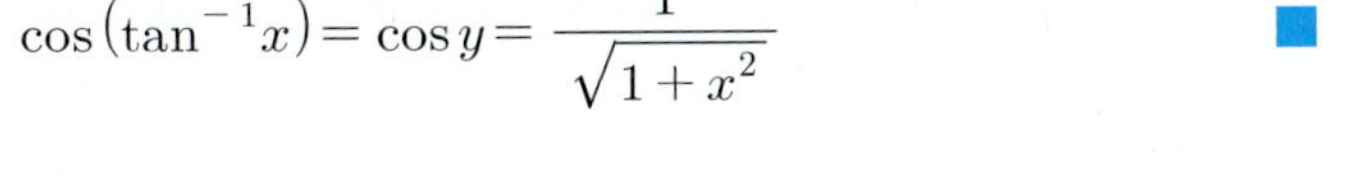

$$\cos(\tan^{-1}x) = \cos y = \frac{1}{\sqrt{1+x^2}}$$ ■

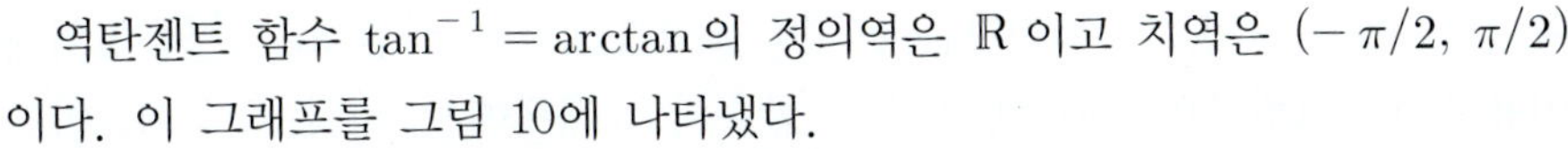

역탄젠트 함수 $\tan^{-1} = \arctan$의 정의역은 $\mathbb{R}$이고 치역은 $(-\pi/2, \pi/2)$이다. 이 그래프를 그림 10에 나타냈다.

이미 알고 있는 대로 다음이 성립한다.

$$\lim_{x\to(\pi/2)^-} \tan x = \infty, \qquad \lim_{x\to-(\pi/2)^+} \tan x = -\infty$$

그러므로 직선 $x = \pm\pi/2$는 탄젠트 함수의 그래프의 연직 점근선이다. $\tan^{-1}$의 그래프는 축소된 탄젠트 함수의 그래프를 직선 $y = x$에 대해 대칭 이동해서 얻을 수 있으므로, 두 직선 $y = \pi/2$와 $y = -\pi/2$는 $\tan^{-1}$의 그래프의 수평 점근선이다. 이 사실을 다음 극한으로 표현한다.

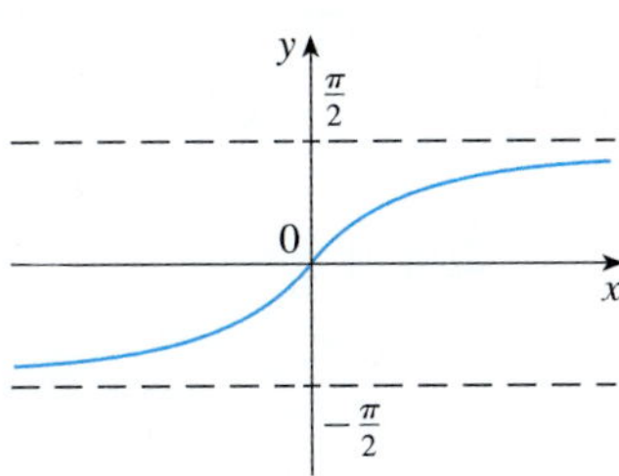

그림 10 $y = \tan^{-1}x = \arctan x$

8
$$\lim_{x\to\infty} \tan^{-1}x = \frac{\pi}{2}, \qquad \lim_{x\to-\infty} \tan^{-1}x = -\frac{\pi}{2}$$

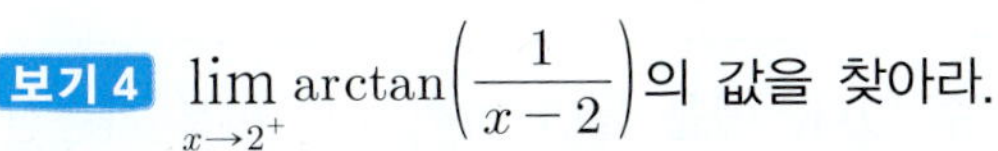

보기 4 $\displaystyle\lim_{x\to2^+} \arctan\left(\frac{1}{x-2}\right)$의 값을 찾아라.

풀이 $t = 1/(x-2)$이라 하면, $x \to 2^+$일 때 $t \to \infty$임을 알고 있다. 따라서 8의 첫째 식에 의해 다음을 얻는다.

$$\lim_{x\to2^+} \arctan\left(\frac{1}{x-2}\right) = \lim_{t\to\infty} \arctan t = \frac{\pi}{2}$$ ■

■ www.stewartcalculus.com

Additional Example B를 보라.

tan가 미분 가능하므로, $\tan^{-1}$도 미분 가능하다. 이의 도함수를 찾기 위해서 $y=\tan^{-1}x$라 하자. 그러면 $\tan y = x$이다. 이 식을 음함수의 미분법으로 x에 관해 미분하면 다음을 얻는다.

$$\sec^2 y \frac{dy}{dx} = 1$$

그러므로 다음이 성립한다.

$$\frac{dy}{dx} = \frac{1}{\sec^2 y} = \frac{1}{1+\tan^2 y} = \frac{1}{1+x^2}$$

9
$$\frac{d}{dx}(\tan^{-1}x) = \frac{1}{1+x^2}$$

나머지 역삼각 함수들은 자주 사용하지는 않는데, 여기에 요약한다.

10 $y=\csc^{-1}x \ (|x| \geq 1) \iff \csc y = x \quad (y \in (0, \pi/2] \cup (\pi, 3\pi/2])$

$y=\sec^{-1}x \ (|x| \geq 1) \iff \sec y = x \quad (y \in [0, \pi/2) \cup [\pi, 3\pi/2))$

$y=\cot^{-1}x \ (x \in \mathbb{R}) \iff \cot y = x \quad (y \in (0, \pi))$

$\csc^{-1}$와 $\sec^{-1}$의 정의에서 y에 대한 구간을 누구나 똑같이 선택하는 것은 아니다. 예를 들면, 일부 저자는 $y \in [0, \pi/2) \cup (\pi/2, \pi]$를 $\sec^{-1}$의 정의에 이용한다. [그림 11에 나타낸 시컨트 함수의 그래프에서 알 수 있듯이, 이런 선택과 10의 선택은 모두 유효하다.] 10에서 구간을 그렇게 선택한 이유는 미분 공식이 더 단순하기 때문이다. (익힘 문제 41을 보라.)

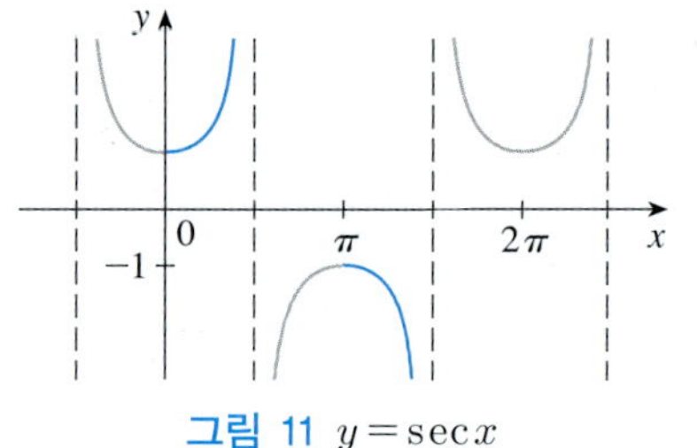

그림 11 $y=\sec x$

표 11에 모든 역삼각 함수의 미분 공식을 모았다. $\csc^{-1}$, $\sec^{-1}$, $\cot^{-1}$의 미분 공식에 대한 증명은 익힘 문제 13-15로 남긴다.

11 역삼각 함수의 도함수

$$\frac{d}{dx}(\sin^{-1}x) = \frac{1}{\sqrt{1-x^2}}, \qquad \frac{d}{dx}(\csc^{-1}x) = -\frac{1}{x\sqrt{x^2-1}},$$

$$\frac{d}{dx}(\cos^{-1}x) = -\frac{1}{\sqrt{1-x^2}}, \qquad \frac{d}{dx}(\sec^{-1}x) = \frac{1}{x\sqrt{x^2-1}},$$

$$\frac{d}{dx}(\tan^{-1}x) = \frac{1}{1+x^2}, \qquad \frac{d}{dx}(\cot^{-1}x) = -\frac{1}{1+x^2}$$

각 공식을 연쇄 법칙과 결합할 수 있다. 예를 들면, u가 x의 미분 가능한 함수이면, 다음이 성립한다.

$$\frac{d}{dx}(\sin^{-1}u) = \frac{1}{\sqrt{1-u^2}}\frac{du}{dx}, \qquad \frac{d}{dx}(\tan^{-1}u) = \frac{1}{1+u^2}\frac{du}{dx}$$

보기 5 $f(x)=x\tan^{-1}\sqrt{x}$ 를 미분하라.

풀이 $$f'(x)=x\frac{1}{1+(\sqrt{x})^2}\frac{1}{2}x^{-1/2}+\tan^{-1}\sqrt{x}$$
$$=\frac{\sqrt{x}}{2(1+x)}+\tan^{-1}\sqrt{x}$$ ■

3.5 익힘 문제

1–6. 다음 식의 정확한 값을 찾아라.

1. (a) $\sin^{-1}(\sqrt{3}/2)$ (b) $\cos^{-1}(-1)$
2. (a) $\arctan(-1)$ (b) $\csc^{-1}2$
3. (a) $\arctan 1$ (b) $\sin^{-1}(1/\sqrt{2})$
4. (a) $\sec^{-1}\sqrt{2}$ (b) $\arcsin 1$
5. (a) $\tan(\arctan 10)$ (b) $\sin^{-1}(\sin(7\pi/3))$
6. (a) $\sec(\arctan 2)$ (b) $\cos\left(2\sin^{-1}\left(\frac{5}{13}\right)\right)$

7. $\cos(\sin^{-1}x)=\sqrt{1-x^2}$ 임을 증명하라.

8–10. 다음 식을 간단히 하라.

8. $\tan(\sin^{-1}x)$
9. $\sin(\tan^{-1}x)$ 10. $\cos(2\tan^{-1}x)$

11. 공식 [3]에서와 같은 방법으로 $\cos^{-1}$의 도함수에 대한 공식 [6]을 증명하라.

12. (a) $\sin^{-1}x+\cos^{-1}x=\pi/2$ 임을 증명하라.
(b) (a)를 이용해서 공식 [6]을 증명하라.

13. $\frac{d}{dx}(\cot^{-1}x)=-\frac{1}{1+x^2}$ 임을 증명하라.

14. $\frac{d}{dx}(\sec^{-1}x)=\frac{1}{x\sqrt{x^2-1}}$ 임을 증명하라.

15. $\frac{d}{dx}(\csc^{-1}x)=-\frac{1}{x\sqrt{x^2-1}}$ 임을 증명하라.

16–29. 다음 함수의 도함수를 찾아라. 가능한 경우에는 간단히 하라.

16. $y=\tan^{-1}(x^2)$ 17. $y=(\tan^{-1}x)^2$
18. $h(x)=\sqrt{1-x^2}\arcsin x$
19. $y=\sin^{-1}(2x+1)$
20. $y=\tan^{-1}(x-\sqrt{1+x^2})$
21. $G(x)=\sqrt{1-x^2}\arccos x$
22. $F(\theta)=\arcsin\sqrt{\sin\theta}$
23. $h(t)=\cot^{-1}(t)+\cot^{-1}(1/t)$
24. $y=\cos^{-1}(\sin^{-1}t)$
25. $y=\arctan(\cos\theta)$
26. $f(x)=x\ln(\arctan x)$
27. $y=x\sin^{-1}x+\sqrt{1-x^2}$
28. $y=\arctan\sqrt{\frac{1-x}{1+x}}$
29. $y=\arccos\left(\frac{b+a\cos x}{a+b\cos x}\right)$ $(0\le x\le\pi,\ a>b>0)$

30–31. 다음 함수의 도함수를 찾아라. 함수와 그 도함수의 정의역을 찾아라.

30. $f(x)=\arcsin(e^x)$ 31. $g(x)=\cos^{-1}(3-2x)$

32. $\tan^{-1}(xy)=1+x^2y$일 때, y'를 찾아라.
33. $g(x)=x\sin^{-1}(x/4)+\sqrt{16-x^2}$ 일 때, $g'(2)$를 찾아라.
34. 점 $(1,\ \pi)$에서 곡선 $y=3\arccos(x/2)$에 대한 접선의 방정식을 찾아라.

35–38. 다음 극한을 찾아라.

35. $\lim_{x\to-1^+}\sin^{-1}x$ 36. $\lim_{x\to\infty}\arccos\left(\frac{1+x^2}{1+2x^2}\right)$
37. $\lim_{x\to\infty}\arctan(e^x)$ 38. $\lim_{x\to0^+}\tan^{-1}(\ln x)$

39. 길이가 3m인 사다리가 연직 벽에 기대어 있다. 사다리의 아래 끝이 벽의 밑으로부터 0.9m/s의 속력으로 멀어지면, 사다리의 아래 끝이 벽의 밑으로부터 1.8m 떨어져 있을 때, 사다리와 벽 사이의 각은 얼마나 빨리 변하는가?

40. 등대가 작은 섬에 설치되어 있는데, 직선 해안의 가장 가까운 지점 P로부터 3km 떨어져 있다. 등대의 불빛은 1분마다 네 번 회전한다. P로부터 1km 떨어져 있는 해안의 지점을 이 불빛은 얼마나 빨리 지나가는가?

41. 일부 저자는 다음과 같이 정의한다.

$$y=\sec^{-1}x \Leftrightarrow \sec y = x \quad (y \in [0,\ \pi/2) \cup (\pi/2,\ \pi])$$

이 정의에 따르면 (익힘 문제 14에 있는 공식이 아니라) 다음이 성립함을 보여라.

$$\frac{d}{dx}(\sec^{-1}x)=\frac{1}{|x|\sqrt{x^2-1}} \quad (|x|>1)$$

42. (a) 함수 $f(x)=\sin(\sin^{-1}x)$의 그래프를 그려라.

(b) 함수 $g(x)=\sin^{-1}(\sin x)$ $(x\in\mathbb{R})$의 그래프를 그려라.

(c) $g'(x)=\dfrac{\cos x}{|\cos x|}$ 임을 보여라.

(d) 함수 $h(x)=\cos^{-1}(\sin x)$ $(x\in\mathbb{R})$의 그래프를 그리고, 이의 도함수를 찾아라.

3.6 쌍곡선 함수

용어
쌍곡선 함수 hyperbolic function
쌍곡선 사인 hyperbolic sine
쌍곡선 코사인 hyperbolic cosine

두 지수 함수 e^x과 e^{-x}의 특정한 결합들은 수학과 그 활용 분야에서 매우 자주 나타나기 때문에, 특별한 이름을 붙일 만하다. 이것들은 여러 가지 방법으로 삼각 함수와 유사하고, 이것들과 쌍곡선 사이의 관계는 삼각 함수들과 원 사이의 관계와 같다. 이런 이유에서 이것들을 통틀어 **쌍곡선 함수**라 부르고, 개별적으로는 **쌍곡선 사인**, **쌍곡선 코사인** 등과 같이 부른다.

쌍곡선 함수의 정의

$$\sinh x=\frac{e^x-e^{-x}}{2}, \qquad \operatorname{csch} x=\frac{1}{\sinh x},$$

$$\cosh x=\frac{e^x+e^{-x}}{2}, \qquad \operatorname{sech} x=\frac{1}{\cosh x},$$

$$\tanh x=\frac{\sinh x}{\cosh x}, \qquad \coth x=\frac{\cosh x}{\sinh x}$$

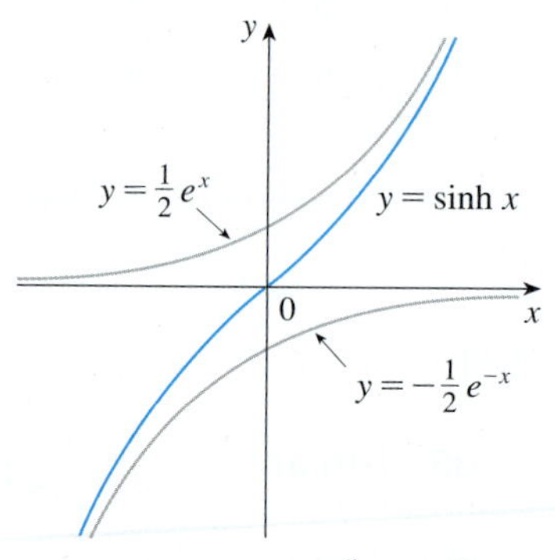

그림 1 $y=\sinh x=\frac{1}{2}e^x-\frac{1}{2}e^{-x}$

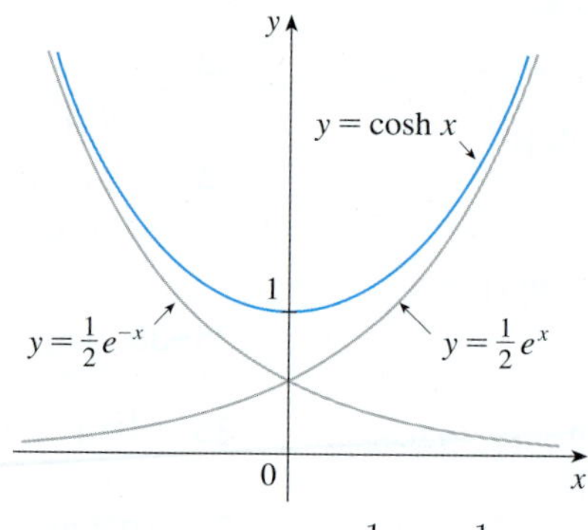

그림 2 $y=\cosh x=\frac{1}{2}e^x+\frac{1}{2}e^{-x}$

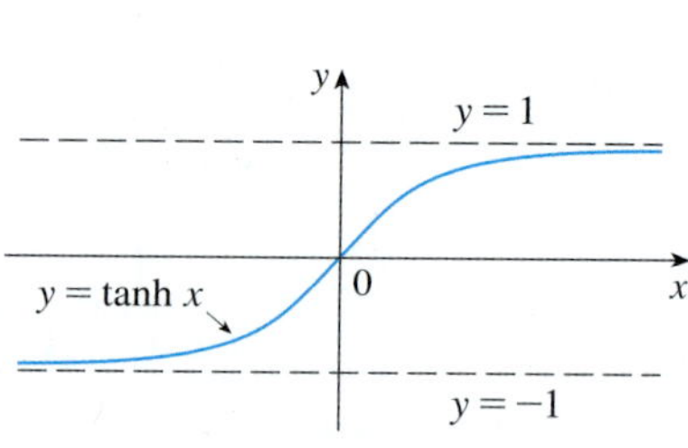

그림 3

두 그림 1과 2에서와 같이, 쌍곡선 사인과 쌍곡선 코사인의 그래프는 그래프를 더하는 방법으로 그릴 수 있다.

sinh의 정의역은 $\mathbb{R}$이고 치역은 $\mathbb{R}$이다. 반면에, cosh의 정의역은 $\mathbb{R}$이고 치역은 $[1, \infty)$이다. tanh의 그래프를 그림 3에 나타냈다. 이에는 수평 점근선 $y = \pm 1$이 있다. (익힘 문제 19를 보라.)

과학과 공학에서 빛, 속도, 전기, 방사능 등과 같은 존재가 점진적으로 흡수되거나 소멸되는 상황에는 언제나 쌍곡선 함수가 활용된다. 그런 감소는 쌍곡선 함수로 표현할 수 있다. 가장 유명한 활용의 예는 매달린 줄 모양을 묘사하는 쌍곡선 코사인이다. (전화선 또는 송전선과 같이) 무겁고 유연한 줄이 같은 높이의 두 점 사이에 매달려 있으면, **현수선**이라 부르는 방정식이 $y = c + a\cosh(x/a)$인 곡선 모양이 된다는 사실을 밝힐 수 있다. (그림 4을 보라.)

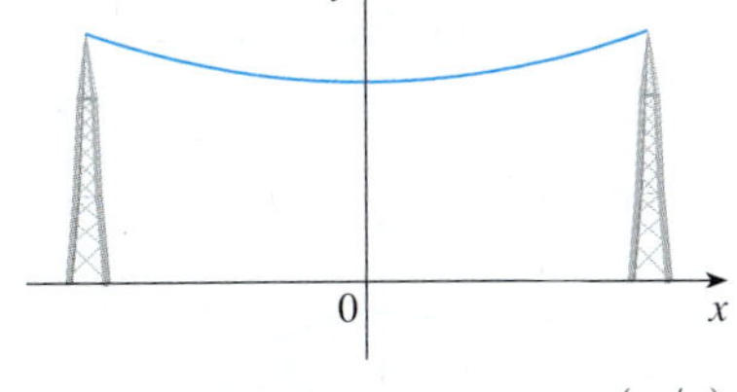

그림 4 현수선 $y = c + a\cosh(x/a)$

■ 현수선은 영어로 catenary인데, 이것이 유래한 라틴어 catena는 'chain(쇠사슬)'을 뜻한다.

쌍곡선 함수의 또 다른 활용은 파랑을 묘사할 때 나타난다. 깊이가 d인 물줄기를 가로질러 움직이는 길이가 L인 파도의 속도에 대한 모형은 다음 함수로 주어진다.

$$v = \sqrt{\frac{gL}{2\pi}\tanh\left(\frac{2\pi d}{L}\right)}$$

여기서 g는 중력 가속도이다. (그림 5와 익힘 문제 45를 보라.)

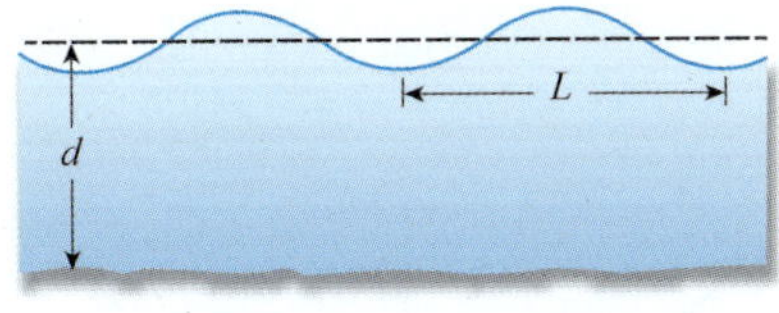

그림 5 이상화된 파랑

쌍곡선 함수는 친숙한 삼각 등식과 비슷한 여러 개의 등식을 만족시킨다. 여기에 몇 개를 나열하는데, 이에 대한 증명의 대부분은 익힘 문제로 남긴다.

쌍곡선 등식

$$\sinh(-x) = -\sinh x, \qquad \cosh(-x) = \cosh x,$$

$$\cosh^2 x - \sinh^2 x = 1, \qquad 1 - \tanh^2 x = \operatorname{sech}^2 x,$$

$$\sinh(x+y) = \sinh x \cosh y + \cosh x \sinh y,$$

$$\cosh(x+y) = \cosh x \cosh y + \sinh x \sinh y$$

보기 1 등식 (a) $\cosh^2 x - \sinh^2 x = 1$과 (b) $1 - \tanh^2 x = \operatorname{sech}^2 x$를 증명하라.

풀이 (a)

$$\cosh^2 x - \sinh^2 x = \left(\frac{e^x + e^{-x}}{2}\right)^2 - \left(\frac{e^x - e^{-x}}{2}\right)^2$$

$$= \frac{e^{2x} + 2 + e^{-2x}}{4} - \frac{e^{2x} - 2 + e^{-2x}}{4}$$

$$= \frac{4}{4} = 1$$

(b) (a)에서 증명한 다음 등식에서 출발하자.

$$\cosh^2 x - \sinh^2 x = 1$$

양변을 $\cosh^2 x$로 나누면, 다음을 얻는다.

용어
현수선 catenary
파랑 ocean wave
파도 water ware
물줄기 body of water

$$1 - \frac{\sinh^2 x}{\cosh^2 x} = \frac{1}{\cosh^2 x}$$

곧, $$1 - \tanh^2 x = \operatorname{sech}^2 x$$ ■

용어
원 함수 circular function

보기 1(a)에서 증명한 등식은 '쌍곡선' 함수라는 이름이 붙은 단서를 제공한다.

임의의 실수 t에 대해 점 $P(\cos t,\ \sin t)$는 단위 원 $x^2 + y^2 = 1$에 놓여있는데, $\cos^2 t + \sin^2 t = 1$이 성립하기 때문이다. 실제로, t를 그림 6에서 $\angle POQ$의 라디안 측도로 해석할 수 있다. 이런 이유에서 삼각 함수를 때때로 원 함수라고 부른다.

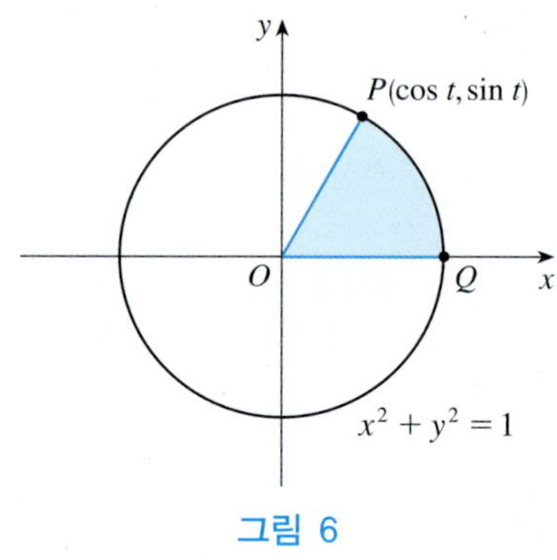

그림 6

마찬가지로 임의의 실수 t에 대해 점 $P(\cosh t,\ \sinh t)$는 쌍곡선 $x^2 - y^2 = 1$의 오른쪽 가지에 놓여있는데, $\cosh^2 t - \sinh^2 t = 1$이 성립하고 $\cosh t \geq 1$이기 때문이다. 이번에 t는 각의 크기를 나타내지 않는다. 그런데 t가 그림 7에 어둡게 나타낸 도형 넓이의 두 배를 나타낸다는 사실이 밝혀졌는데, 이는 삼각 함수의 경우에 t가 그림 6에 어둡게 나타낸 부채꼴 넓이의 두 배를 나타내는 것과 같다.

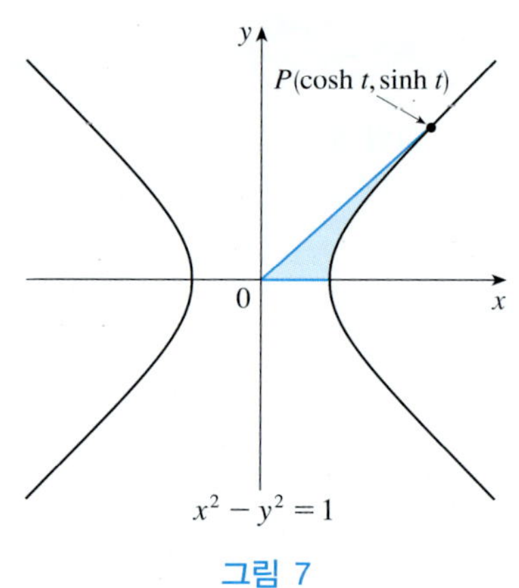

그림 7

쌍곡선 함수의 도함수는 쉽게 찾을 수 있다. 예를 들면 다음과 같다.

$$\frac{d}{dx}(\sinh x) = \frac{d}{dx}\left(\frac{e^x - e^{-x}}{2}\right) = \frac{e^x + e^{-x}}{2} = \cosh x$$

쌍곡선 함수의 미분 공식을 표 1에 나열했다. 나머지 증명은 익힘 문제로 남긴다. 삼각 함수의 미분 공식과 유사하지만, 일부 경우에 부호가 다르다.

1 쌍곡선 함수의 도함수

$$\frac{d}{dx}(\sinh x) = \cosh x, \qquad \frac{d}{dx}(\operatorname{csch} x) = -\operatorname{csch} x \coth x,$$

$$\frac{d}{dx}(\cosh x) = \sinh x, \qquad \frac{d}{dx}(\operatorname{sech} x) = -\operatorname{sech} x \tanh x,$$

$$\frac{d}{dx}(\tanh x) = \operatorname{sech}^2 x, \qquad \frac{d}{dx}(\coth x) = -\operatorname{csch}^2 x$$

보기 2 이런 모든 미분 공식을 연쇄 법칙과 결합시킬 수 있다. 예를 들면, 다음과 같다.

$$\frac{d}{dx}(\cosh\sqrt{x}) = \sinh\sqrt{x} \cdot \frac{d}{dx}\sqrt{x} = \frac{\sinh\sqrt{x}}{2\sqrt{x}}$$ ■

역쌍곡선 함수

두 그림 1과 3에서 알 수 있듯이, sinh와 tanh가 일대일 함수이고 이에 따라 역함수가 존재하는데, 기호로 $\sinh^{-1}$과 $\tanh^{-1}$로 나타낸다. 그림 2가 보여주듯이, cosh는 일대일이 아니지만, 정의역을 $[0,\ \infty)$로 축소하면 일대일이 된다. 역쌍곡선 코사인 함수는 이렇게 축소된 함수의 역함수로 정의한다.

2

$$y = \sinh^{-1}x \iff \sinh y = x$$
$$y = \cosh^{-1}x \iff \cosh y = x \quad (y \geq 0)$$
$$y = \tanh^{-1}x \iff \tanh y = x$$

나머지 역쌍곡선 함수도 비슷하게 정의한다. (익힘 문제 24를 보라.)

세 그림 8, 9, 10에 나타낸 $\sinh^{-1}$, $\cosh^{-1}$, $\tanh^{-1}$의 그래프는 차례로 세 그림 1, 2, 3을 이용해서 그릴 수 있다.

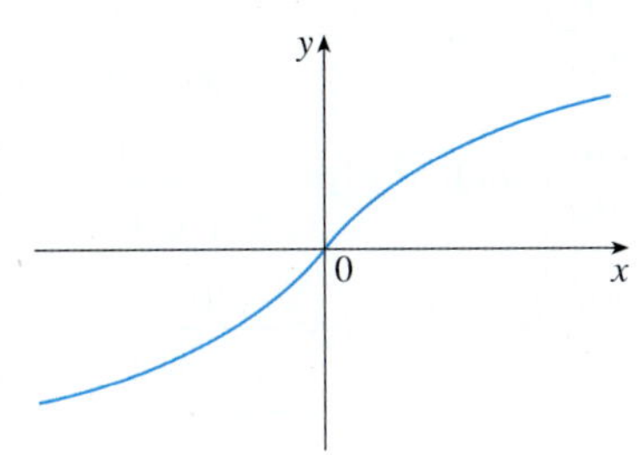

그림 8 $y = \sinh^{-1}x$
정의역 $\mathbb{R}$, 치역 $\mathbb{R}$

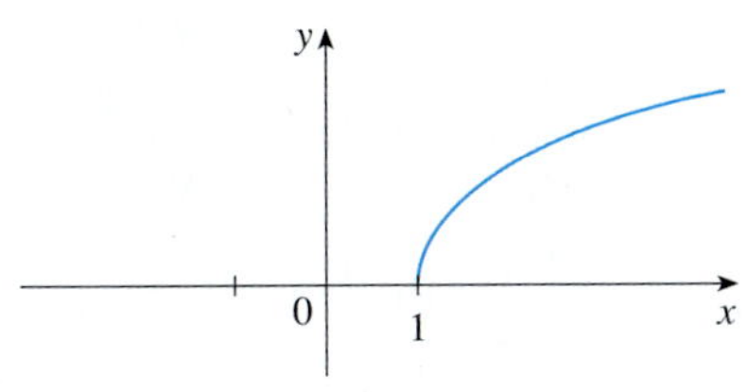

그림 9 $y = \cosh^{-1}x$
정의역 $[1, \infty)$, 치역 $[0, \infty)$

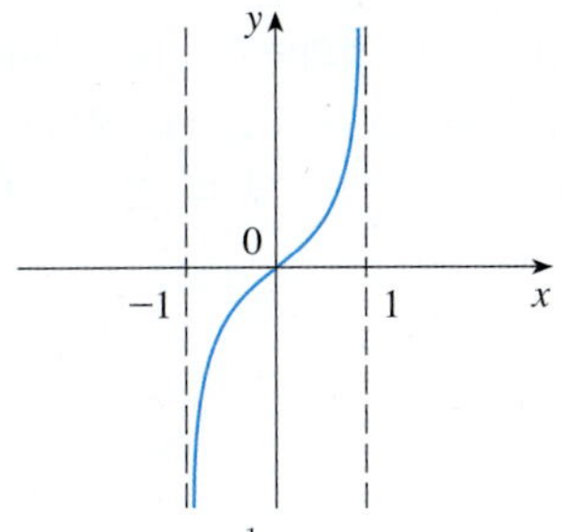

그림 10 $y = \tanh^{-1}x$
정의역 $(-1, 1)$, 치역 $\mathbb{R}$

쌍곡선 함수는 지수 함수의 식으로 정의되므로, 역쌍곡선 함수를 로그의 식으로 표현할 수 있다는 사실이 놀랍지 않다. 특히, 다음을 얻는다.

3 $$\sinh^{-1}x = \ln\left(x + \sqrt{x^2+1}\right) \quad (x \in \mathbb{R})$$

4 $$\cosh^{-1}x = \ln\left(x + \sqrt{x^2-1}\right) \quad (x \geq 1)$$

5 $$\tanh^{-1}x = \frac{1}{2}\ln\left(\frac{1+x}{1-x}\right) \quad (-1 < x < 1)$$

■ 공식 3은 보기 3에서 증명한다. 두 공식 4와 5의 증명은 익힘 문제 22와 23에서 요구한다.

보기 3 $\sinh^{-1}x = \ln\left(x + \sqrt{x^2+1}\right)$임을 보여라.

풀이 $y = \sinh^{-1}x$라 놓으면, 다음이 성립한다.

$$x = \sinh y = \frac{e^y - e^{-y}}{2},$$

$$e^y - 2x - e^{-y} = 0$$

e^y을 양변에 곱하면 다음을 얻는다.

$$e^{2y} - 2xe^y - 1 = 0$$

이것은 다음과 같이 실제로 e^y에 관한 이차 방정식이다.

$$(e^y)^2 - 2x(e^y) - 1 = 0$$

근의 공식을 이용해서 풀면, 다음을 얻는다.

$$e^y = \frac{2x \pm \sqrt{4x^2+4}}{2} = x \pm \sqrt{x^2+1}$$

$e^y > 0$이지만 ($x < \sqrt{x^2+1}$ 이므로) $x - \sqrt{x^2+1} < 0$이다. 그러므로

이런 경우를 제외하면, 다음이 성립한다.

$$e^y = x + \sqrt{x^2+1}$$

따라서 다음을 얻는다.

$$y = \ln(e^y) = \ln\left(x + \sqrt{x^2+1}\right)$$

(익힘 문제 21에 있는 다른 방법을 보라.) ■

■ $\tanh^{-1}x$와 $\coth^{-1}x$의 도함수는 서로 일치하는 것으로 보인다. 그러나 이 함수들의 정의역은 서로 소이다. $\tanh^{-1}x$는 $|x|<1$일 때 정의되고, $\coth^{-1}x$는 $|x|>1$일 때 정의된다.

6 역쌍곡선 함수의 도함수

$$\frac{d}{dx}(\sinh^{-1}x) = \frac{1}{\sqrt{1+x^2}}, \qquad \frac{d}{dx}(\operatorname{csch}^{-1}x) = -\frac{1}{|x|\sqrt{x^2+1}},$$

$$\frac{d}{dx}(\cosh^{-1}x) = \frac{1}{\sqrt{x^2-1}}, \qquad \frac{d}{dx}(\operatorname{sech}^{-1}x) = -\frac{1}{x\sqrt{1-x^2}},$$

$$\frac{d}{dx}(\tanh^{-1}x) = \frac{1}{1-x^2}, \qquad \frac{d}{dx}(\coth^{-1}x) = \frac{1}{1-x^2}$$

역쌍곡선 함수는 모두 미분 가능한데, 쌍곡선 함수가 미분 가능하기 때문이다. 표 6에 있는 공식들은 역함수 미분법을 이용하거나 세 공식 3, 4, 5를 미분해서 증명할 수 있다.

보기 4 $\dfrac{d}{dx}(\sinh^{-1}x) = \dfrac{1}{\sqrt{1+x^2}}$을 증명하라.

풀이 $y = \sinh^{-1}x$로 놓으면, $\sinh y = x$이다. 음함수 미분법으로 이 식을 x에 관해 미분하면 다음을 얻는다.

$$\cosh y \frac{dy}{dx} = 1$$

■ 보기 4를 푸는 또 다른 방법은 공식 3을 직접 미분하는 것이다.

$\cosh^2 y - \sinh^2 y = 1$이고 $\cosh y \geq 0$이므로, $\cosh y = \sqrt{1+\sinh^2 y}$이고 다음이 성립한다.

$$\frac{dy}{dx} = \frac{1}{\cosh y} = \frac{1}{\sqrt{1+\sinh^2 y}} = \frac{1}{\sqrt{1+x^2}}$$ ■

보기 5 $\dfrac{d}{dx}\{\tanh^{-1}(\sin x)\}$를 찾아라.

풀이 표 6과 연쇄 법칙을 이용하면, 다음을 얻는다.

$$\frac{d}{dx}\{\tanh^{-1}(\sin x)\} = \frac{1}{1-(\sin x)^2}\frac{d}{dx}(\sin x)$$

$$= \frac{1}{1-\sin^2 x}\cos x = \frac{\cos x}{\cos^2 x} = \sec x$$ ■

3.6 익힘 문제

1–6. 다음 식의 값을 찾아라.

1. (a) $\sinh 0$ (b) $\cosh 0$
2. (a) $\tanh 0$ (b) $\tanh 1$
3. (a) $\sinh(\ln 2)$ (c) $\sinh 2$
4. (a) $\cosh 3$ (b) $\cosh(\ln 3)$
5. (a) $\operatorname{sech} 0$ (b) $\cosh^{-1} 1$
6. (a) $\sinh 1$ (b) $\sinh^{-1} 1$

7–15. 다음 등식을 증명하라.

7. $\sinh(-x) = -\sinh x$
(이는 sinh가 홀 함수임을 보여준다.)
8. $\cosh(-x) = \cosh x$
(이는 cosh가 짝 함수임을 보여준다.)
9. $\cosh x + \sinh x = e^x$
10. $\cosh x - \sinh x = e^{-x}$
11. $\sinh(x+y) = \sinh x \cosh y + \cosh x \sinh y$
12. $\cosh(x+y) = \cosh x \cosh y + \sinh x \sinh y$
13. $\sinh 2x = 2\sinh x \cosh x$
14. $\dfrac{1+\tanh x}{1-\tanh x} = e^{2x}$
15. $(\cosh x + \sinh x)^n = \cosh nx + \sinh nx$
(단, n은 임의의 실수)

16. $\sinh x = \frac{3}{4}$일 때, x에서 다른 쌍곡선 함수들의 값을 찾아라.

17. $\tanh x = \frac{4}{5}$이고 $x > 0$일 때, x에서 다른 쌍곡선 함수들의 값을 찾아라.

18. (a) 그림 1~3에 있는 sinh, cosh, tanh의 그래프를 이용해서 csch, sech, coth의 그래프를 그려라.

(b) (a)에서 그린 그래프를 그래프 장치를 이용해서 확인하라.

19. 쌍곡선 함수의 정의를 이용해서 다음 극한을 찾아라.
(a) $\lim_{x\to\infty} \tanh x$ (b) $\lim_{x\to-\infty} \tanh x$
(c) $\lim_{x\to\infty} \sinh x$ (d) $\lim_{x\to-\infty} \sinh x$
(e) $\lim_{x\to\infty} \operatorname{sech} x$ (f) $\lim_{x\to\infty} \coth x$
(g) $\lim_{x\to 0^+} \coth x$ (h) $\lim_{x\to 0^-} \coth x$
(i) $\lim_{x\to-\infty} \operatorname{csch} x$

20. 함수 (a) cosh, (b) tanh, (c) csch, (d) sech, (e) coth의 도함수에 대한 표 [1]의 공식을 증명하라.

21. 보기 3을 $y = \sinh^{-1}x$로 놓고 x를 y로 바꾼 익힘 문제 9와 보기 1(a)를 이용해서 다른 방법으로 풀어라.

22. 공식 [4]를 증명하라.

23. 공식 [5]를 (a) 보기 3의 방법과 (b) x를 y로 바꾼 익힘 문제 14를 이용해서 증명하라.

24. 다음 함수에 대해 (i) [2]와 같은 정의를 내리고, (ii) 그래프를 그리며, (iii) 공식 [3]과 비슷한 공식을 찾아라.
(a) csch^{-1} (b) sech^{-1} (c) $\coth^{-1}$

25. 표 [6]에 있는 다음 함수의 도함수에 대한 공식을 증명하라.
(a) $\cosh^{-1}$ (b) $\tanh^{-1}$ (c) sech^{-1}

26–41. 다음 함수의 도함수를 찾아라. 가능하면 간단히 하라.

26. $g(x) = \sinh^2 x$
27. $f(x) = x\sinh x - \cosh x$
28. $g(x) = \cosh(\ln x)$
29. $h(x) = \ln(\cosh x)$
30. $f(t) = e^t \operatorname{sech} t$
31. $y = e^{\cosh 3x}$
32. $f(t) = \operatorname{csch} t\,(1 - \ln \operatorname{csch} t)$
33. $f(t) = \operatorname{sech}^2(e^t)$
34. $y = \sinh(\cosh x)$
35. $G(x) = \dfrac{1-\cosh x}{1+\cosh x}$
36. $y = x^2 \sinh^{-1}(2x)$
37. $y = \cosh^{-1}\sqrt{x}$
38. $y = x\tanh^{-1}x + \ln\sqrt{1-x^2}$
39. $y = x\sinh^{-1}(x/3) - \sqrt{9+x^2}$
40. $y = \operatorname{sech}^{-1}\sqrt{1-x^2}$ $(x > 0)$
41. $y = \coth^{-1}(\sec x)$

42. $\dfrac{d}{dx}\sqrt[4]{\dfrac{1+\tanh x}{1-\tanh x}} = \dfrac{1}{2}e^{x/2}$임을 보여라.

43. $\dfrac{d}{dx}\arctan(\tanh x) = \operatorname{sech} 2x$ 임을 보여라.

44. 세인트루이스에 있는 게이트웨이 아치는 에로 사리넨(Eero Saarinen)이 설계했는데, 아치의 중심 곡선은 다음 방정식을 사용해서 건축됐다.

$$y = 211.49 - 20.96\cosh 0.03291765x$$

여기서 x와 y의 단위는 m이고 $|x| \le 91.20$이다.

(a) 중심 곡선의 그래프를 그려라.

(b) 아치의 높이는 그 중심에서 얼마인가?

(c) 어느 점에서의 높이가 100 m인가?

(d) (c)의 점에서 아치의 기울기는 무엇인가?

45. 길이가 L인 파도가 깊이가 d인 물줄기를 가로질러 속도 v로 움직이면, 다음이 성립한다.

$$v = \sqrt{\frac{gL}{2\pi}\tanh\left(\frac{2\pi d}{L}\right)}$$

여기서 g는 중력 가속도이다. (그림 5를 보라.) 깊은 물에서 다음 근사가 적절한 이유를 설명하라.

$$v \approx \sqrt{\frac{gL}{2\pi}}$$

46. 매달려 있는 유연한 줄은 언제나 현수선 $y = c + a\cosh(x/a)$ 꼴의 모양을 하고 있다. 여기서 c와 a는 상수이고 $a > 0$이다. (그림 4와 익힘 문제 48을 보라.) a의 여러 가지 값에 대한 함수 $y = a\cosh(x/a)$의 그래프를 그려라. a의 값이 변함에 따라 그래프는 어떻게 변하는가?

47. 전화선이 14 m 떨어져있는 두 전주 사이에 현수선 $y = 20\cosh(x/20) - 15$ 꼴로 매달려 있다. 여기서 x와 y의 단위는 m(미터)이다.

(a) 전화선과 오른쪽 전주가 만나는 점에서 이 곡선의 기울기를 찾아라.

(b) 전화선과 전주 사이의 각 θ를 찾아라.

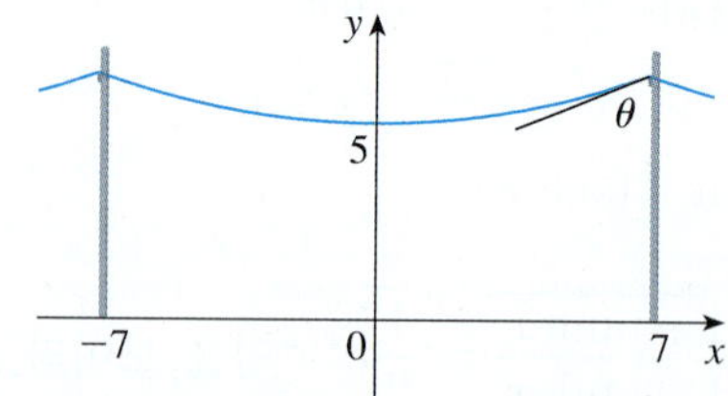

48. 물리학의 원리를 이용하면, 두 전주 사이에 매달려 있는 줄이 다음 미분 방정식을 만족시키는 곡선 $y = f(x)$의 형태를 취하고 있음을 밝힐 수 있다.

$$\frac{d^2y}{dx^2} = \frac{\rho g}{T}\sqrt{1 + \left(\frac{dy}{dx}\right)^2}$$

여기서 ρ는 줄의 선형 밀도이고 g는 중력 가속도이며 T는 줄의 가장 낮은 점에서의 장력이고 적절한 좌표계를 선택한다. 다음 함수가 이 미분 방정식의 해임을 밝혀라.

$$y = f(x) = \frac{T}{\rho g}\cosh\left(\frac{\rho g x}{T}\right)$$

49. 선형 밀도가 $\rho = 2\,\text{kg/m}$인 전선이 200 m 떨어져 있는 두 기둥의 꼭대기에 매달려 있다.

(a) 익힘 문제 48을 사용해서, 전선이 가장 낮은 지점이 지면으로부터 60 m 위에 있기 위한 장력 T를 찾아라. 두 기둥은 얼마나 높은가?

(b) 장력을 두 배하면, 이 전선의 가장 낮은 지점은 어디인가? 이제 두 기둥은 얼마나 높은가?

50. $\displaystyle\lim_{x\to\infty}\frac{\sinh x}{e^x}$의 값을 찾아라.

51. (a) $y = A\sinh mx + B\cosh mx$ 꼴의 임의의 함수가 미분 방정식 $y'' = m^2y$를 만족시킴을 보여라.

(b) 다음을 만족시키는 $y = y(x)$를 찾아라.

$$y'' = 9y, \quad y(0) = -4, \quad y'(0) = 6$$

52. $x = \ln(\sec\theta + \tan\theta)$이면, $\sec\theta = \cosh x$임을 보여라.

53. 곡선 $y = \cosh x$의 어느 점에서 접선의 기울기가 1인가?

54. $a \ne 0$이고 $b \ne 0$이면, 적당한 수 α와 β가 존재해서 $ae^x + be^{-x}$이 $\alpha\sinh(x+\beta)$ 또는 $\alpha\cosh(x+\beta)$와 같음을 보여라. 바꿔 말하면, $f(x) = ae^x + be^{-x}$ 꼴의 거의 대부분의 함수는 쌍곡선 사인 또는 쌍곡선 코사인 함수의 평행 이동과 확대이다.

3.7 부정형과 로피탈의 법칙

다음 함수의 행동을 살펴보자.

$$F(x) = \frac{\ln x}{x-1}$$

F는 $x=1$일 때 정의되지 않지만, F가 1의 근방에서 행동하는 방법을 알 필요가 있다. 특히, 다음 극한을 알고 싶다.

1
$$\lim_{x \to 1} \frac{\ln x}{x-1}$$

이 극한을 셈할 때, 분모의 극한이 0이므로 (몫의 극한은 극한의 몫이라는) 극한 법칙 5를 적용할 수 없다. (1.4절을 보라.) 사실, 1의 극한이 존재하지만 그 값이 분명하지 않은데, 분모와 분자가 모두 0으로 가까워지고 $\frac{0}{0}$은 정의되지 않기 때문이다.

일반적으로, $x \to a$일 때 $f(x) \to 0$이고 $g(x) \to 0$인 경우에 다음과 같은 꼴의 극한을 찾는다고 하자.

$$\lim_{x \to a} \frac{f(x)}{g(x)}$$

이런 극한은 존재할 수도 있고 그렇지 않을 수도 있는데, $\frac{0}{0}$ 꼴의 부정형이라 한다. 제1장에서 이런 꼴의 극한을 몇 가지 알아봤다. 유리 함수의 경우에는 다음과 같이 공통 인수를 소거할 수 있다.

$$\lim_{x \to 1} \frac{x^2 - x}{x^2 - 1} = \lim_{x \to 1} \frac{x(x-1)}{(x+1)(x-1)} = \lim_{x \to 1} \frac{x}{x+1} = \frac{1}{2}$$

기하학적 논법을 이용해서 다음을 보였다.

$$\lim_{x \to 0} \frac{\sin x}{x} = 1$$

그런데 이런 방법은 1과 같은 극한에 적용되지 않는다. 이에 따라 이번 절에서는 부정형의 값을 셈하기 위한 체계적인 방법인 로피탈의 법칙을 도입한다.

극한이 명확하지 않은 또 다른 상황은 1에 있는 F의 수평 점근선을 찾을 때로 다음과 같은 극한을 셈할 때 나타난다.

2
$$\lim_{x \to \infty} \frac{\ln x}{x-1}$$

이 극한을 찾는 방법이 명확하지 않은데, $x \to \infty$일 때 분모와 분자가 모두 커지기 때문이다. 분모와 분자 사이에 다툼이 있다. 분자가 이기면 극한은 ∞일 것이고, 분모가 이기면 극한은 0일 것이다. 또는 절충이 이루어질 수 있는데, 이런 경우에 극한은 유한한 양수일 것이다.

일반적으로 $f(x) \to \infty$ (또는 $-\infty$)이고 $g(x) \to \infty$ (또는 $-\infty$)인 경우에

> **용어**
> 부정형 indeterminate form
> 로피탈의 법칙 l'Hospital's Rule

다음과 같은 꼴의 극한을 구한다고 하자.

$$\lim_{x \to a} \frac{f(x)}{g(x)}$$

이런 극한은 존재할 수도 있고 그렇지 않을 수도 있는데, $\frac{\infty}{\infty}$ 꼴의 부정형이라 한다. 1.6절에서 알아본 대로, 이런 꼴의 극한은 유리 함수를 포함하는 특별한 함수의 경우에는 분모에 나타나는 차수가 가장 높은 x의 거듭제곱으로 분모와 분자를 나누어 셈할 수 있다. 예를 들면 다음과 같다.

$$\lim_{x \to \infty} \frac{x^2-1}{2x^2+1} = \lim_{x \to \infty} \frac{1-\dfrac{1}{x^2}}{2+\dfrac{1}{x^2}} = \frac{1-0}{2+0} = \frac{1}{2}$$

이 방법은 [2]와 같은 극한에는 적용되지 않지만, 로피탈의 법칙은 이런 형태의 부정형에도 적용된다.

■ 로피탈의 법칙은 프랑스의 귀족 로피탈(Marquis de l'Hospital, 1661~1704)의 이름을 딴 것이지만, 스위스 수학자 요한 베르누이(John Bernoulli, 1667~1748)가 발견했다. 로피탈이 이 법칙을 예시하기 위해 사용한 예는 익힘 문제 49에 있다.

로피탈의 법칙 a의 근방에서 (기껏해야 a를 제외하고) 두 함수 f와 g는 미분 가능하고 $g'(x) \neq 0$이라고 하자. 그리고

$$\lim_{x \to a} f(x) = 0 \text{이고} \lim_{x \to a} g(x) = 0 \text{이거나}$$

$$\lim_{x \to a} f(x) = \pm\infty \text{이고} \lim_{x \to a} g(x) = \pm\infty \text{라고 하자.}$$

(바꿔 말하면, $\frac{0}{0}$ 또는 $\frac{\infty}{\infty}$ 꼴의 부정형이 주어졌다고 하자.) 그러면 극한 $\lim_{x \to a} \frac{f'(x)}{g'(x)}$가 존재하는 경우에 (또는 ∞이거나 $-\infty$인 경우에) 다음이 성립한다.

$$\lim_{x \to a} \frac{f(x)}{g(x)} = \lim_{x \to a} \frac{f'(x)}{g'(x)}$$

그림 1

■ 그림 1은 로피탈의 법칙이 참일 수 있는 이유를 가시적으로 암시한다. 첫째 그래프는 미분 가능한 두 함수 f와 g를 보여주는데, 각각 $x \to a$일 때 0으로 수렴한다. 점 $(a, 0)$을 향해 확대하면 그래프들은 거의 직선과 같이 보이기 시작한다. 그런데 둘째 그래프에서와 같이 함수가 실제로 선형이면 그 비는 다음과 같을 것이다.

$$\frac{m_1(x-a)}{m_2(x-a)} = \frac{m_1}{m_2}$$

이는 그 도함수의 비이다. 이는 다음을 암시한다.

$$\lim_{x \to a} \frac{f(x)}{g(x)} = \lim_{x \to a} \frac{f'(x)}{g'(x)}$$

참고 1 로피탈의 법칙에 따라, 주어진 조건이 성립할 때 함수들의 몫의 극한은 그 도함수들의 몫의 극한과 같다. 로피탈의 법칙을 이용하기 전에, f와 g의 극한에 관한 조건을 확인하는 것이 특히 중요하다.

참고 2 로피탈의 법칙은 한쪽 극한 또는 무한대에서의 극한 또는 음의 무한대에서의 극한에 대해서도 유효하다. 곧, 기호 '$x \to a$'를 $x \to a^+$, $x \to a^-$, $x \to \infty$, $x \to -\infty$ 중 어느 것으로도 바꿀 수 있다.

참고 3 특별한 경우로, $f(a) = g(a) = 0$이고 f'와 g'가 연속이며 $g'(a) \neq 0$일 때는 로피탈의 법칙이 참인 이유를 쉽게 확인할 수 있다. 실제로, 미분 계수의 정의에 대한 또 다른 형식을 이용하면 다음을 얻는다.

$$\lim_{x\to a}\frac{f'(x)}{g'(x)}=\frac{f'(a)}{g'(a)}=\frac{\displaystyle\lim_{x\to a}\frac{f(x)-f(a)}{x-a}}{\displaystyle\lim_{x\to a}\frac{g(x)-g(a)}{x-a}}=\lim_{x\to a}\frac{\dfrac{f(x)-f(a)}{x-a}}{\dfrac{g(x)-g(a)}{x-a}}$$

$$=\lim_{x\to a}\frac{f(x)-f(a)}{g(x)-g(a)}=\lim_{x\to a}\frac{f(x)}{g(x)}$$

일반적인 형태의 로피탈의 법칙을 증명하기는 더 어렵다. 이에 대한 증명은 부록 D에서 찾아볼 수 있다.

보기 1 $\displaystyle\lim_{x\to 1}\frac{\ln x}{x-1}$ 를 찾아라.

풀이 다음이 성립한다.

$$\lim_{x\to 1}\ln x=\ln 1=0, \qquad \lim_{x\to 1}(x-1)=0$$

그러므로 다음과 같이 로피탈의 법칙을 적용할 수 있다.

$$\lim_{x\to 1}\frac{\ln x}{x-1}=\lim_{x\to 1}\frac{\dfrac{d}{dx}(\ln x)}{\dfrac{d}{dx}(x-1)}=\lim_{x\to 1}\frac{1/x}{1}=\lim_{x\to 1}\frac{1}{x}=1$$ ■

⊘ 로피탈의 법칙을 사용할 때, 분모와 분자를 별도로 미분한다. 몫의 미분법을 이용하지 않는다.

보기 2 $\displaystyle\lim_{x\to\infty}\frac{e^x}{x^2}$ 을 셈하라.

풀이 $\lim_{x\to\infty}e^x=\infty$ 이고 $\lim_{x\to\infty}x^2=\infty$ 이므로, 로피탈의 법칙에 따라 다음을 얻는다.

$$\lim_{x\to\infty}\frac{e^x}{x^2}=\lim_{x\to\infty}\frac{\dfrac{d}{dx}(e^x)}{\dfrac{d}{dx}(x^2)}=\lim_{x\to\infty}\frac{e^x}{2x}$$

$x\to\infty$ 일 때 $e^x\to\infty$ 이고 $2x\to\infty$ 이므로, 우변의 극한은 또다시 부정형이지만, 로피탈의 법칙을 또다시 적용하면 다음을 얻는다.

$$\lim_{x\to\infty}\frac{e^x}{x^2}=\lim_{x\to\infty}\frac{e^x}{2x}=\lim_{x\to\infty}\frac{e^x}{2}=\infty$$ ■

■ 보기 2의 함수의 그래프를 그림 2에 나타냈다. 앞에서 지적한 대로 지수 함수는 거듭제곱 함수보다 훨씬 더 빠르게 증가하므로, 보기 2의 결과가 예측 불가능한 것은 아니다. 익힘 문제 41을 보라.

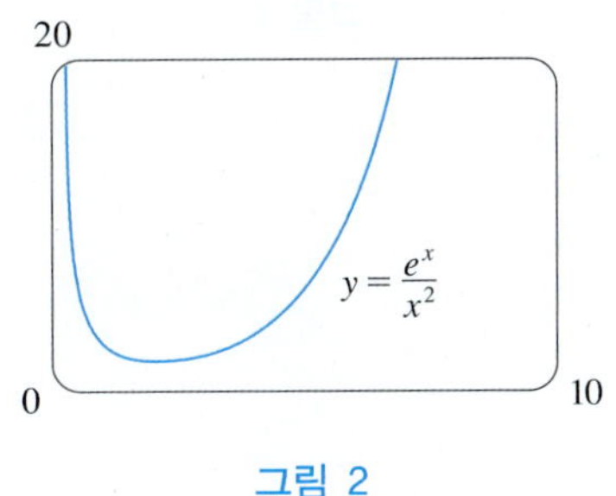

그림 2

보기 3 $\displaystyle\lim_{x\to\infty}\frac{\ln x}{\sqrt[3]{x}}$ 를 셈하라.

풀이 $x\to\infty$ 일 때 $\ln x\to\infty$ 이고 $\sqrt[3]{x}\to\infty$ 이므로, 로피탈의 법칙을 적용하면 다음을 얻는다.

$$\lim_{x\to\infty}\frac{\ln x}{\sqrt[3]{x}}=\lim_{x\to\infty}\frac{1/x}{\frac{1}{3}x^{-2/3}}$$

■ 보기 3에 있는 함수의 그래프를 그림 3에 나타냈다. 이미 논의한 대로 로그함수는 느리게 증가하므로 $x \to \infty$일 때 이 비가 0에 수렴한다는 사실은 놀랍지 않다. 익힘 문제 42를 보라.

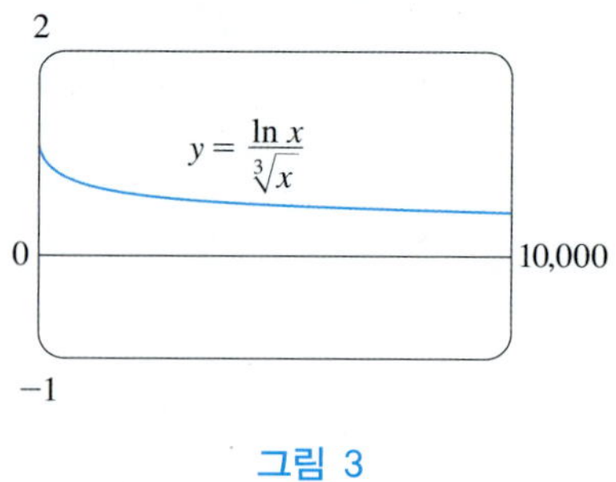

그림 3

우변의 극한이 이제 $\frac{0}{0}$ 꼴의 부정형임을 확인하자. 그러나 보기 2에서와 같이 로피탈의 법칙을 또다시 적용하지 않고, 식을 간단히 하면 다음을 얻는다.

$$\lim_{x\to\infty}\frac{\ln x}{\sqrt[3]{x}} = \lim_{x\to\infty}\frac{1/x}{\frac{1}{3}x^{-2/3}} = \lim_{x\to\infty}\frac{3}{\sqrt[3]{x}} = 0$$ ■

보기 4 $\lim_{x\to 0}\frac{\tan x - x}{x^3}$를 찾아라. [1.3절의 익힘 문제 22를 보라.]

풀이 $x \to 0$일 때 $(\tan x - x) \to 0$이고 $x^3 \to 0$이므로, 로피탈의 법칙을 적용하면 다음과 같다.

$$\lim_{x\to 0}\frac{\tan x - x}{x^3} = \lim_{x\to 0}\frac{\sec^2 x - 1}{3x^2}$$

우변의 극한이 여전히 $\frac{0}{0}$ 꼴의 부정형이므로, 다음과 같이 로피탈의 법칙을 적용하자.

$$\lim_{x\to 0}\frac{\sec^2 x - 1}{3x^2} = \lim_{x\to 0}\frac{2\sec^2 x\tan x}{6x}$$

$\lim_{x\to 0}\sec^2 x = 1$이므로, 다음과 같이 간단히 셈할 수 있다.

$$\lim_{x\to 0}\frac{2\sec^2 x\tan x}{6x} = \frac{1}{3}\lim_{x\to 0}\sec^2 x \cdot \lim_{x\to 0}\frac{\tan x}{x} = \frac{1}{3}\lim_{x\to 0}\frac{\tan x}{x}$$

이 마지막 극한은 로피탈의 법칙을 세 번째로 적용해서 값을 찾거나 $\tan x$를 $(\sin x)/(\cos x)$로 쓰고 삼각 함수의 극한에 관한 결과를 이용해서 값을 찾을 수 있다. 모든 단계를 합치면, 다음을 얻는다.

$$\lim_{x\to 0}\frac{\tan x - x}{x^3} = \lim_{x\to 0}\frac{\sec^2 x - 1}{3x^2} = \lim_{x\to 0}\frac{2\sec^2 x\tan x}{6x}$$

$$= \frac{1}{3}\lim_{x\to 0}\frac{\tan x}{x} = \frac{1}{3}\lim_{x\to 0}\frac{\sec^2 x}{1} = \frac{1}{3}$$ ■

■ 그림 4의 그래프는 보기 4의 결과를 가시적으로 확인시켜 준다. 그렇지만 너무 멀리서 보면, 부정확한 그래프를 얻는데, x가 작을 때 $\tan x$는 x와 가깝기 때문이다. 1.3절의 익힘 문제 22(d)를 보라.

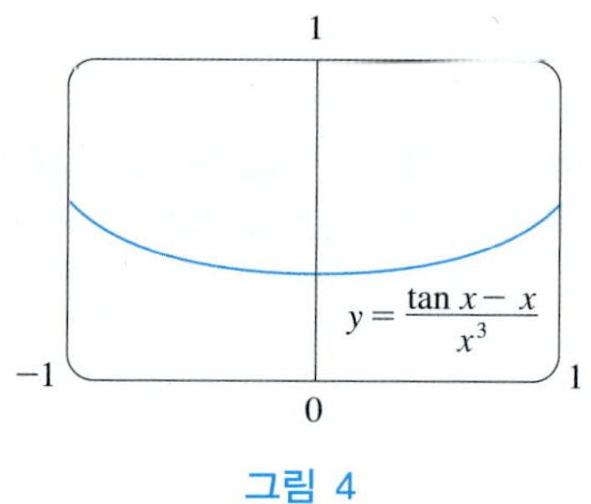

그림 4

보기 5 $\lim_{x\to\pi^-}\frac{\sin x}{1-\cos x}$를 찾아라.

풀이 무턱대고 로피탈의 법칙을 적용하면 다음을 얻는다.

⊘
$$\lim_{x\to\pi^-}\frac{\sin x}{1-\cos x} = \lim_{x\to\pi^-}\frac{\cos x}{\sin x} = -\infty$$

이는 옳지 않다! $x \to \pi^-$일 때 분자는 $\sin x \to 0$이지만 분모 $(1-\cos x)$는 0으로 가까워지지 않으므로, 여기서 로피탈의 법칙을 적용할 수 없다.

원하는 극한은 실제로 쉽게 찾을 수 있는데, π에서 이 함수가 연속이고 분모가 0이 아니기 때문에 다음과 같이 극한을 찾을 수 있다.

$$\lim_{x\to\pi^-}\frac{\sin x}{1-\cos x} = \frac{\sin\pi}{1-\cos\pi} = \frac{0}{1-(-1)} = 0$$ ■

보기 5는 로피탈의 법칙을 무턱대고 적용하면 잘못될 수 있음을 보여준다. 어떤 극한은 로피탈의 법칙을 사용해서 찾을 수 있지만, 다른 방법으로 더 쉽게 찾을 수 있다. (1.4절의 두 보기 2와 4, 1.6절의 보기 5, 이번 절의 시작 부분에서 논의한 사항을 보라.) 그러므로 극한을 찾을 때는 로피탈의 법칙을 사용하기에 앞서 다른 방법을 생각해야 한다.

곱의 부정형

$\lim_{x\to a} f(x)=0$이고 $\lim_{x\to a} g(x)=\infty$ (또는 $-\infty$)일 때, $\lim_{x\to a} f(x)g(x)$의 값이 무엇인지는 명확하지 않다. f와 g 사이에 다툼이 있다. f가 이기면 극한은 0이고, g가 이기면 극한은 ∞ (또는 $-\infty$)이다. 또는 타협이 이루어져, 극한이 음이 아닌 유한한 수일 수 있다. 이런 종류의 극한을 $0\cdot\infty$ **꼴의 부정형**이라 한다. 곱 fg를 다음과 같은 몫으로 나타내어 다룰 수 있다.

$$fg=\frac{f}{1/g} \quad \text{또는} \quad fg=\frac{g}{1/f}$$

이는 주어진 극한을 $\frac{0}{0}$ 또는 $\frac{\infty}{\infty}$ 꼴의 부정형으로 변형시켜서, 로피탈의 법칙을 이용할 수 있게 한다.

보기 6 $\lim_{x\to 0^+} x\ln x$의 값을 찾아라.

풀이 주어진 극한은 부정형인데, $x\to 0^+$일 때 첫째 인수(x)는 0에 가까워지지만, 둘째 인수($\ln x$)는 $-\infty$로 가까워지기 때문이다. $x=1/(1/x)$로 쓰면, $x\to 0^+$일 때 $1/x\to\infty$이므로 로피탈의 법칙에 따라 다음을 얻는다.

$$\lim_{x\to 0^+} x\ln x=\lim_{x\to 0^+}\frac{\ln x}{1/x}=\lim_{x\to 0^+}\frac{1/x}{-1/x^2}=\lim_{x\to 0^+}(-x)=0$$ ■

■ 그림 5는 보기 6에 있는 함수의 그래프를 보여준다. 함수가 $x=0$에서 정의되지 않음을 확인하자. 그래프는 원점에 가까워지지만 실제로 도달하지는 못한다.

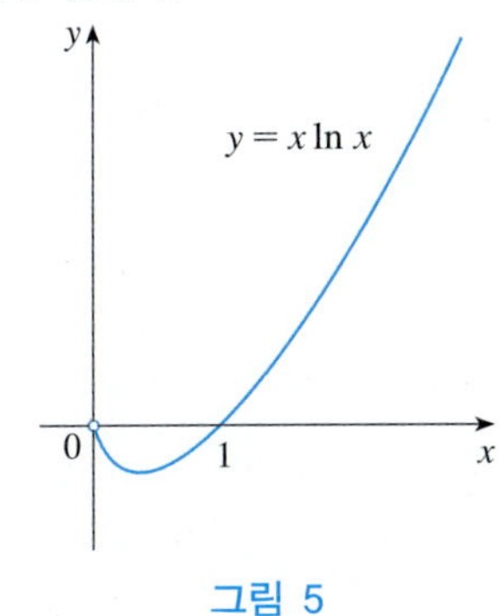

그림 5

참고 보기 6을 풀 때, 다음과 같은 식으로 나타낼 수도 있다.

$$\lim_{x\to 0^+} x\ln x=\lim_{x\to 0^+}\frac{x}{1/\ln x}$$

그러면 $\frac{0}{0}$ 꼴의 부정형을 얻지만, 로피탈의 법칙을 적용하면 출발했던 것보다 더 복잡한 식을 얻는다. 일반적으로, 곱의 부정형을 다시 쓸 때는 더 단순한 극한을 얻을 수 있는 방향을 선택한다.

차의 부정형

$\lim_{x\to a} f(x)=\infty$이고 $\lim_{x\to a} g(x)=\infty$일 때, 다음과 같은 극한을 $\infty-\infty$ **꼴의 부정형**이라 한다.

$$\lim_{x\to a}\{f(x)-g(x)\}$$

또다시 f와 g 사이에 다툼이 있다. 답은 (f가 이겨서) ∞ 일까? 또는 (g가 이겨서) $-\infty$ 일까? 아니면 유한한 수로 타협할 수 있을까? 이를 확인하기 위해, 차를 몫으로 바꾸어 (예를 들면 공통 분모 또는 유리화를 이용하거나 공통 인수를 묶어내어) $\frac{0}{0}$ 또는 $\frac{\infty}{\infty}$ 꼴의 부정형으로 변형시켜 보자.

보기 7 $\lim_{x \to (\pi/2)^-} (\sec x - \tan x)$를 셈하라.

풀이 먼저 $x \to (\pi/2)^-$ 일 때 $\sec x \to \infty$ 이고 $\tan x \to \infty$ 이므로 이 극한은 부정형임을 확인하자. 다음과 같이 공통 분모를 이용할 수 있다.

$$\lim_{x \to (\pi/2)^-} (\sec x - \tan x) = \lim_{x \to (\pi/2)^-} \left(\frac{1}{\cos x} - \frac{\sin x}{\cos x} \right)$$

$$= \lim_{x \to (\pi/2)^-} \frac{1 - \sin x}{\cos x} = \lim_{x \to (\pi/2)^-} \frac{-\cos x}{-\sin x} = 0$$

$x \to (\pi/2)^-$ 일 때 $(1 - \sin x) \to 0$ 이고 $\cos x \to 0$ 이므로, 로피탈의 법칙을 이용하는 것은 정당하다. ■

멱의 부정형

다음과 같은 극한으로부터 아래와 같은 여러 가지 부정형이 나타난다.

$$\lim_{x \to a} \{f(x)\}^{g(x)}$$

■ 0^0, ∞^0, 1^∞ 꼴은 부정형이지만, 0^∞ 꼴은 부정형이 아니다. (익힘 문제 52를 보라.)

1. $\lim_{x \to a} f(x) = 0$ 이고 $\lim_{x \to a} g(x) = 0$ 인 $\quad 0^0$ 꼴
2. $\lim_{x \to a} f(x) = \infty$ 이고 $\lim_{x \to a} g(x) = 0$ 인 $\quad \infty^0$ 꼴
3. $\lim_{x \to a} f(x) = 1$ 이고 $\lim_{x \to a} g(x) = \pm\infty$ 인 $\quad 1^\infty$ 꼴

세 가지 각각은 다음과 같이 자연 로그를 취해서 처리할 수 있다.

$y = \{f(x)\}^{g(x)}$ 이라 하면, $\ln y = g(x) \ln f(x)$ 이다.

또는 다음과 같이 함수를 지수로 나타내어 처리할 수 있다.

$$\{f(x)\}^{g(x)} = e^{g(x) \ln f(x)}$$

(이런 방법은 모두 이런 함수를 미분하는 데 사용했음을 상기하자.) 각 방법은 곱의 부정형 $g(x) \ln f(x)$에 이르는데, 이는 $0 \cdot \infty$ 꼴이다.

보기 8 $\lim_{x \to 0^+} (1 + \sin 4x)^{\cot x}$을 셈하라.

풀이 먼저 $x \to 0^+$ 일 때 $(1 + \sin 4x) \to 1$ 이고 $\cot x \to \infty$ 이므로, 주어진 극한은 부정형임을 확인하자. 다음과 같이 놓자.

$$y = (1 + \sin 4x)^{\cot x}$$

자연 로그를 취하면 다음과 같다.

$$\ln y = \ln\left\{(1 + \sin 4x)^{\cot x}\right\} = \cot x \ln(1 + \sin 4x)$$

그러므로 로피탈의 법칙에 의해 다음을 얻는다.

$$\lim_{x\to 0^+} \ln y = \lim_{x\to 0^+} \frac{\ln(1+\sin 4x)}{\tan x} = \lim_{x\to 0^+} \frac{\dfrac{4\cos 4x}{1+\sin 4x}}{\sec^2 x} = 4$$

지금까지 $\ln y$의 극한을 셈했지만, 원하는 것은 y의 극한이다. $y = e^{\ln y}$이라는 사실을 이용해서 이를 찾으면 다음과 같다.

$$\lim_{x\to 0^+} (1+\sin 4x)^{\cot x} = \lim_{x\to 0^+} y = \lim_{x\to 0^+} e^{\ln y} = e^4$$ ■

보기 9 $\lim_{x\to 0^+} x^x$을 찾아라.

풀이 모든 $x > 0$에 대해 $0^x = 0$이므로 이 극한이 부정형임을 확인하자. 그러나 모든 $x \neq 0$에 대해 $x^0 = 1$이다. 보기 8과 같이 진행할 수 있다. 또는 다음과 같이 함수를 지수로 나타내어 진행할 수도 있다.

$$x^x = \left(e^{\ln x}\right)^x = e^{x\ln x}$$

보기 6에서 로피탈의 법칙을 적용해서 다음을 보였다.

$$\lim_{x\to 0^+} x\ln x = 0$$

따라서 찾는 극한은 다음과 같다.

$$\lim_{x\to 0^+} x^x = \lim_{x\to 0^+} e^{x\ln x} = e^0 = 1$$ ■

■ 함수 $y = x^x$ $(x > 0)$의 그래프를 그림 6에 나타냈다. 0^0은 정의되지 않지만 $x \to 0^+$일 때 이 함수가 1에 가까워짐에 주목하자. 이는 보기 9의 결과를 확인한다.

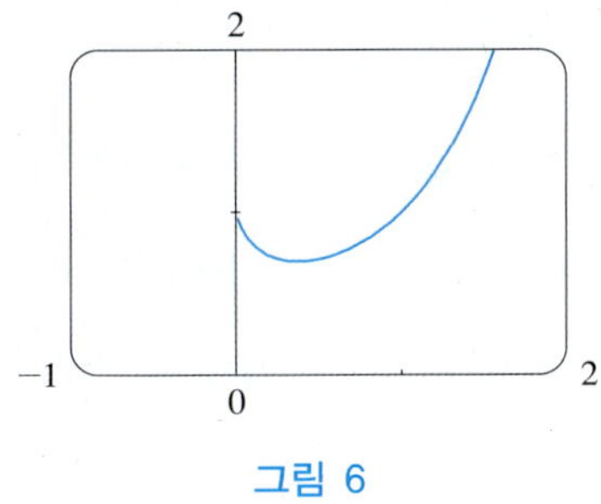

그림 6

3.7 익힘 문제

1–38. 다음 극한을 찾아라. 적절한 곳에서 로피탈의 법칙을 이용하자. 좀 더 초등적인 방법이 있으면, 그것의 사용을 고려하자. 로피탈의 법칙을 적용할 수 없으면, 그 이유를 설명하라.

1. $\lim_{x\to 1} \dfrac{x^2-1}{x^2-x}$
2. $\lim_{x\to 2} \dfrac{x^2+x-6}{x-2}$
3. $\lim_{x\to(\pi/2)^+} \dfrac{\cos x}{1-\sin x}$
4. $\lim_{x\to 0} \dfrac{x+\tan x}{\sin x}$
5. $\lim_{t\to 0} \dfrac{e^{2t}-1}{\sin t}$
6. $\lim_{t\to 0} \dfrac{e^{3t}-1}{t}$
7. $\lim_{\theta\to\pi/2} \dfrac{1-\sin\theta}{1+\cos 2\theta}$
8. $\lim_{\theta\to\pi/2} \dfrac{1-\sin\theta}{\csc\theta}$
9. $\lim_{x\to 0^+} \dfrac{\ln x}{x}$
10. $\lim_{x\to\infty} \dfrac{\ln\sqrt{x}}{x^2}$
11. $\lim_{t\to 0} \dfrac{t^8-1}{t^5-1}$
12. $\lim_{x\to 1} \dfrac{\ln x}{\sin\pi x}$
13. $\lim_{x\to 0} \dfrac{e^x-1-x}{x^2}$
14. $\lim_{x\to\infty} \dfrac{e^x}{x^3}$
15. $\lim_{x\to 0} \dfrac{x\,3^x}{3^x-1}$
16. $\lim_{x\to 0} \dfrac{\cos mx - \cos nx}{x^2}$
17. $\lim_{x\to 1} \dfrac{1-x+\ln x}{1+\cos\pi x}$
18. $\lim_{x\to 0} \dfrac{x}{\tan^{-1}(4x)}$
19. $\lim_{x\to 1} \dfrac{x^a-ax+a-1}{(x-1)^2}$
20. $\lim_{x\to 0} \dfrac{1-e^{-2x}}{\sec x}$
21. $\lim_{x\to 0} \dfrac{\cos x - 1 + \frac{1}{2}x^2}{x^4}$
22. $\lim_{x\to a^+} \dfrac{\cos x\ln(x-a)}{\ln(e^x-e^a)}$
23. $\lim_{x\to 0} \cot 2x\sin 6x$
24. $\lim_{x\to\infty} \sqrt{x}\, e^{-x/2}$
25. $\lim_{x\to\infty} x^3 e^{-x^2}$
26. $\lim_{x\to 0^+} \sin x\ln x$
27. $\lim_{x\to 1^+} \ln x\tan(\pi x/2)$
28. $\lim_{x\to\infty} x\tan(1/x)$
29. $\lim_{x\to 0^+} \left(\dfrac{1}{x} - \dfrac{1}{e^x-1}\right)$
30. $\lim_{x\to 0} (\csc x - \cot x)$

31. $\lim_{x\to\infty}(x-\ln x)$

32. $\lim_{x\to 1^+}\{\ln(x^7-1)-\ln(x^5-1)\}$

33. $\lim_{x\to 0^+} x^{\sqrt{x}}$

34. $\lim_{x\to 0^+}(\tan 2x)^x$

35. $\lim_{x\to 0}(1-2x)^{1/x}$

36. $\lim_{x\to\infty}\left(1+\dfrac{a}{x}\right)^{bx}$

37. $\lim_{x\to 1^+} x^{1/(1-x)}$

38. $\lim_{x\to\infty}(e^x+x)^{1/x}$

39–40. 그래프를 이용해서 다음 극한을 어림하라. 그리고 로피탈의 법칙을 이용해서 정확한 값을 찾아라.

39. $\lim_{x\to\infty} x\{\ln(x+5)-\ln x\}$

40. $\lim_{x\to 0}\dfrac{5^x-4^x}{3^x-2^x}$

41. 임의의 양의 정수 n에 대해 다음이 성립함을 증명하라.

$$\lim_{x\to\infty}\frac{e^x}{x^n}=\infty$$

이는 지수 함수가 x의 어떠한 거듭제곱보다 빨리 무한대로 커짐을 보여준다.

42. 임의의 양수 p에 대해 다음이 성립함을 증명하라.

$$\lim_{x\to\infty}\frac{\ln x}{x^p}=0$$

이는 로그 함수가 x의 어떠한 멱보다 느리게 무한대로 커짐을 보여준다.

43–44. 다음 극한을 찾기 위해 로피탈의 법칙을 사용하려고 할 때, 어떤 현상이 나타나는가? 다른 방법으로 극한 값을 찾아라.

43. $\lim_{x\to\infty}\dfrac{x}{\sqrt{x^2+1}}$

44. $\lim_{\theta\to(\pi/2)^-}\dfrac{\sec x}{\tan x}$

45. 원금 A_0을 연이율 r로 1년에 n번 복리로 셈하는 예금 상품에 투자하면, t년 뒤의 원리합계는 다음과 같다.

$$A=A_0\left(1+\frac{r}{n}\right)^{nt}$$

$n\to\infty$일 때, 이를 연속 복리라고 한다. 로피탈의 법칙을 이용해서, 연속 복리로 셈하면 t년 뒤의 원리합계가 다음과 같음을 보여라.

$$A=A_0e^{rt}$$

46. 질량이 m인 물체를 정지 상태에서 떨어뜨릴 때, 공기의 저항을 고려하는 경우에 t초 뒤의 속도 v에 대한 한 가지 모형은 다음과 같다.

$$v=\frac{mg}{c}\left(1-e^{-ct/m}\right)$$

여기서 g는 중력 가속도이고 c는 양의 상수이다.

(a) $\lim_{t\to\infty} v$를 셈하라. 이 극한의 의미는 무엇인가?

(b) 고정된 t에 대해, 로피탈의 법칙을 이용해서 $\lim_{c\to 0^+} v$를 셈하라. 진공 상태에서 떨어지는 물체의 속도에 대해 어떤 결론을 내릴 수 있는가?

47. 정전기 마당 E가 액체 또는 가스 극 유전체에 작용하면, 단위 부피에서 알짜 쌍극자 모멘트 P는 다음과 같다.

$$P(E)=\frac{e^E+e^{-E}}{e^E-e^{-E}}-\frac{1}{E}$$

$\lim_{E\to 0^+}P(E)=0$임을 보여라.

48. 반지름이 r인 금속 전선에 절연체를 씌우는데, 전선의 중심으로부터 절연체 바깥면까지의 거리는 R이다. 전선 안에서 전기 충격의 속도는 v는 다음과 같다.

$$v=-c\left(\frac{r}{R}\right)^2\ln\left(\frac{r}{R}\right)$$

여기서 c는 양의 상수이다. 다음 극한을 찾고 그 뜻을 해석하라.

(a) $\lim_{R\to r^+} v$ (b) $\lim_{r\to 0^+} v$

49. 로피탈의 법칙은 로피탈이 1696년에 발간한 책 ≪무한소 해석(Analyse des Infiniment Petits)≫을 통해 인쇄물로는 최초로 등장했다. 이 책은 최초로 출판된 미분 적분학 교과서인데, 로피탈의 법칙을 예시하기 위해 이 책에서 사용한 예는 x가 양수 a에 가까워질 때 다음 함수의 극한을 찾는 것이었다.

$$y=\frac{\sqrt{2a^3x-x^4}-a\sqrt[3]{aax}}{a-\sqrt[4]{ax^3}}$$

(당시에는 a^2 대신에 aa로 나타내는 것이 통례였다.) 이 문제를 풀어라.

50. 아래 그림은 중심각이 θ인 부채꼴을 보여준다. $A(\theta)$를 현 PR과 호 PR 사이의 활꼴의 넓이라 하고, $B(\theta)$

는 삼각형 PQR의 넓이라 하자. $\lim_{\theta\to 0^+} A(\theta)/B(\theta)$를 찾아라.

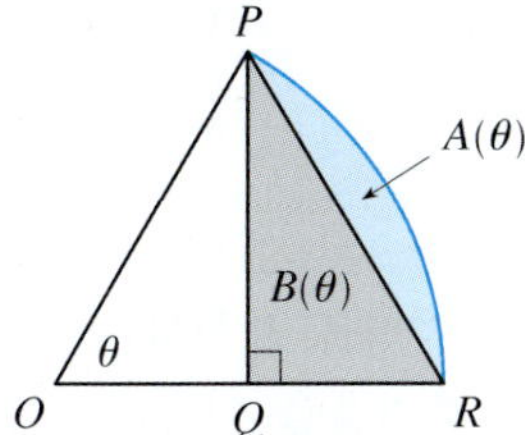

51. $\lim_{x\to\infty}\left\{x - x^2\ln\left(\frac{1+x}{x}\right)\right\}$의 값을 찾아라.

52. f는 양수값 함수라고 하자. $\lim_{x\to a} f(x)=0$이고 $\lim_{x\to a} g(x)=\infty$일 때, 다음이 성립함을 보여라.

$$\lim_{x\to a}\{f(x)\}^{g(x)}=0$$

이것은 0^∞ 꼴이 부정형이 아님을 보여준다.

53. f'는 연속이고 $f(2)=0$이며 $f'(2)=7$일 때, 다음 값을 찾아라.

$$\lim_{x\to 0}\frac{f(2+3x)+f(2+5x)}{x}$$

54. a와 b의 어떤 값에 대해 다음이 참인가?

$$\lim_{x\to 0}\left(\frac{\sin 2x}{x^3}+a+\frac{b}{x^2}\right)=0$$

55. f'가 연속일 때, 로피탈의 법칙을 이용해서 다음이 성립함을 보여라.

$$\lim_{h\to 0}\frac{f(x+h)-f(x-h)}{2h}=f'(x)$$

그림을 이용해서 이 식의 의미를 설명하라.

56. f''가 연속일 때, 다음이 성립함을 보여라.

$$\lim_{h\to 0}\frac{f(x+h)-2f(x)+f(x-h)}{h^2}=f''(x)$$

57. 다음과 같이 정의하자.

$$f(x)=\begin{cases} e^{-1/x^2} & (x\neq 0)\\ 0 & (x=0)\end{cases}$$

(a) 도함수의 정의를 이용해서 $f'(0)$을 셈하라.

(b) f의 모든 계의 도함수가 존재하고 $\mathbb{R}$에서 정의됨을 보여라. [*귀띔*: 먼저 귀납법으로 다항 함수 $p_n(x)$와 음이 아닌 정수 k_n이 존재해서 모든 $x\neq 0$에서 $f^{(n)}(x)=p_n(x)f(x)/x^{k_n}$가 성립함을 보여라.]

58. 함수 f를 다음과 같이 정의하자.

$$f(x)=\begin{cases} |x|^x & (x\neq 0)\\ 1 & (x=0)\end{cases}$$

(a) f가 0에서 연속임을 보여라.

(b) f의 그래프에서 점 (0, 1)을 향해 여러 번 확대해서 f가 0에서 미분 가능한지를 그림을 통해 조사하라.

(c) f가 0에서 미분 불가능함을 보여라. 이 사실과 (b)에서 그래프에 나타나는 현상을 비교 설명하라.

3 복습 개념 확인

1. (a) 일대일 함수란 무엇인가? 그래프를 보고 일대일 함수를 확인할 수 있는가?

(b) 일대일 함수 f의 역함수 f^{-1}을 어떻게 정의하는가? f의 그래프로부터 f^{-1}의 그래프를 어떻게 얻을 수 있는가?

(c) f가 일대일 함수이고 $f'(f^{-1}(a))\neq 0$일 때, $(f^{-1})'(a)$에 대한 공식을 찾아라.

2. (a) e를 극한으로 표현하라.

(b) 소수 다섯째 자리까지 정확한 e의 근삿값을 찾아라.

(c) 자연 지수 함수 $y=e^x$을 미분 적분학에서 다른 지수 함수 $y=a^x$보다 더 자주 사용하는 이유는 무엇인가?

(d) 자연 로그 함수 $y=\ln x$를 미분 적분학에서 다른 로그 함수 $y=\log_a x$보다 더 자주 사용하는 이유는 무엇인가?

3. (a) 자연 지수 함수 $f(x)=e^x$의 정의역과 치역은 무엇인가?
   (b) 자연 로그 함수 $f(x)=\ln x$의 정의역과 치역은 무엇인가?
   (c) 이런 함수들의 그래프 사이의 관계는 무엇인가? 이 그래프들을 같은 좌표 평면에 손으로 그려라.
   (d) a가 양수이고 $a \neq 1$일 때, $\log_a x$를 $\ln x$의 식으로 표현하라.

4. (a) 역사인 함수 $f(x)=\sin^{-1}x$는 어떻게 정의하는가? 이의 정의역과 치역은 무엇인가?
   (b) 역코사인 함수 $f(x)=\cos^{-1}x$는 어떻게 정의하는가? 이의 정의역과 치역은 무엇인가?
   (c) 역탄젠트 함수 $f(x)=\tan^{-1}x$는 어떻게 정의하는가? 이의 정의역과 치역은 무엇인가? 이의 그래프를 그려라.

5. 쌍곡선 함수 $\sinh x$, $\cosh x$, $\tanh x$의 정의를 써라.

6. 다음 함수의 도함수를 말하라.
   (a) $y=e^x$　　(b) $y=a^x$
   (c) $y=\ln x$　　(d) $y=\log_a x$
   (e) $y=\sin^{-1}x$　　(f) $y=\cos^{-1}x$
   (g) $y=\tan^{-1}x$　　(h) $y=\sinh x$
   (i) $y=\cosh x$　　(j) $y=\tanh x$
   (k) $y=\sinh^{-1}x$　　(l) $y=\cosh^{-1}x$
   (m) $y=\tanh^{-1}x$

7. (a) 자연 증가 법칙을 표현하는 미분 방정식을 써라. 이를 상대 증가율을 이용해서 설명하라.
   (b) 어떤 상황에서 이것은 개체 수 증가에 대한 적절한 모형인가?
   (c) 이 방정식의 해는 무엇인가?

8. (a) 로피탈의 법칙은 무엇을 말하는가?
   (b) $x \to a$일 때 $f(x) \to 0$이고 $g(x) \to \infty$이면, 곱 $f(x)g(x)$의 극한을 로피탈의 법칙을 이용해서 어떻게 찾을 수 있는가?
   (c) $x \to a$일 때 $f(x) \to \infty$이고 $g(x) \to \infty$이면, 차 $f(x)-g(x)$의 극한을 로피탈의 법칙을 이용해서 어떻게 찾을 수 있는가?
   (d) $x \to a$일 때 $f(x) \to 0$이고 $g(x) \to 0$이면, 멱 $\{f(x)\}^{g(x)}$의 극한을 로피탈의 법칙을 이용해서 어떻게 찾을 수 있는가?

3 복습 ○× 문제

다음 명제의 참과 거짓을 판별하라. 참이면, 그 이유를 설명하라. 거짓이면, 그 이유를 설명하거나 반례를 들어라.

1. 정의역이 $\mathbb{R}$인 f가 일대일이면 $f^{-1}(f(6))=6$이다.
2. 정의역이 $\mathbb{R}$인 f가 일대일이고 미분 가능하면, $(f^{-1})'(6)=1/f'(6)$이다.
3. 함수 $f(x)=\cos x$ $(-\pi/2 \le x \le \pi/2)$는 일대일이다.
4. $\tan^{-1}(-1)=3\pi/4$
5. $0<a<b$이면, $\ln a<\ln b$이다.
6. $\pi^{\sqrt{5}}=e^{\sqrt{5}\ln\pi}$
7. 언제나 e^x으로 나눌 수 있다.
8. $a>0$이고 $b>0$일 때, $\ln(a+b)=\ln a+\ln b$이다.
9. $x>0$일 때, $(\ln x)^6=6\ln x$이다.
10. $\dfrac{d}{dx}(10^x)=x\,10^{x-1}$
11. $\dfrac{d}{dx}(\ln 10)=\dfrac{1}{10}$
12. $y=e^{3x}$의 역함수는 $y=\dfrac{1}{3}\ln x$이다.
13. $\cos^{-1}x=\dfrac{1}{\cos x}$
14. $\tan^{-1}x=\dfrac{\sin^{-1}x}{\cos^{-1}x}$
15. 모든 x에 대해 $\cosh x \ge 1$이다.
16. $\displaystyle\lim_{x\to\pi^-}\frac{\tan x}{1-\cos x}=\lim_{x\to\pi^-}\frac{\sec^2 x}{\sin x}=\infty$

3 복습 연습 문제

1. 함수 f의 그래프가 아래 그림과 같을 때, f는 일대일인가? 이유를 설명하라.

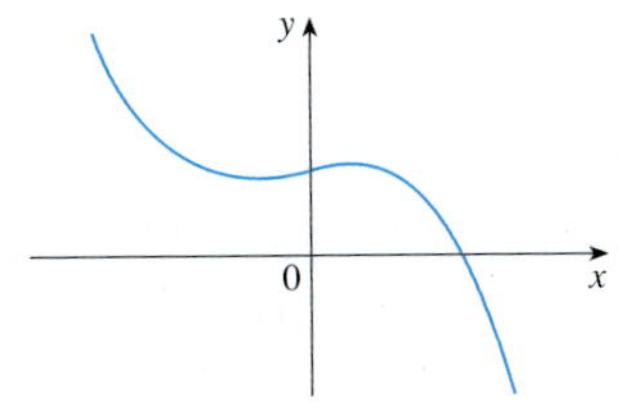

2. g의 그래프는 아래와 같다.
   (a) g는 왜 일대일인가?
   (b) $g^{-1}(2)$의 값을 어림하라.
   (c) g^{-1}의 정의역을 어림하라.
   (d) g^{-1}의 그래프를 그려라.

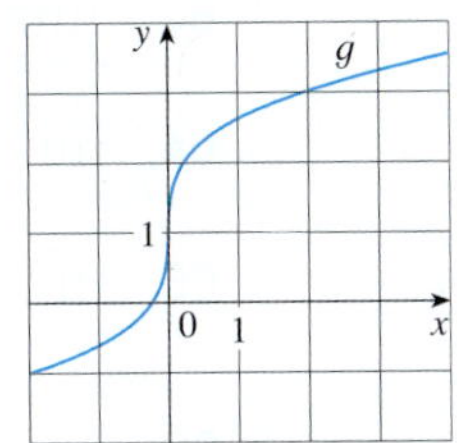

3. f가 일대일이고 $f(7)=3$이며 $f'(7)=8$일 때,
   (a) $f^{-1}(3)$과 (b) $(f^{-1})'(3)$을 찾아라.

4. $f(x)=\dfrac{x+1}{2x+1}$의 역함수를 찾아라.

5–9. 계산기를 사용하지 말고, 다음 함수의 개략적인 그래프의 그려라.

5. $y=5^x-1$
6. $y=-e^{-x}$
7. $y=-\ln x$
8. $y=\ln(x-1)$
9. $y=2\arctan x$

10. $a>1$일 때, x의 큰 값에 대해 함수 $y=x^a$, $y=a^x$, $y=\log_a x$의 값 중에서 가장 큰 것과 가장 작은 것은 무엇인가?

11–12. 다음 식의 정확한 값을 찾아라.

11. (a) $e^{2\ln 3}$ (b) $\log_{10}25+\log_{10}4$
12. (a) $\ln e^{\pi}$ (b) $\tan(\arcsin\frac{1}{2})$

13–16. x에 대한 다음 방정식을 풀어라.

13. (a) $e^x=5$ (b) $\ln x=2$
14. (a) $e^{e^x}=2$ (b) $\tan^{-1}x=1$
15. (a) $\ln(x+1)+\ln(x-1)=1$ (b) $\log_5(c^x)=d$
16. (a) $\ln(1+e^{-x})=3$ (b) $\sin x=0.3$

17–43. 다음을 미분하라.

17. $y=\ln(x\ln x)$
18. $y=e^{mx}\cos nx$
19. $y=\dfrac{e^{1/x}}{x^2}$
20. $y=\ln\sec x$
21. $y=\sqrt{\arctan x}$
22. $y=x\cos^{-1}x$
23. $f(t)=t^2\ln t$
24. $g(t)=\dfrac{e^t}{1+e^t}$
25. $y=3^{x\ln x}$
26. $y=(\cos x)^x$
27. $y=x\sinh(x^2)$
28. $xe^y=y\sin x$
29. $h(\theta)=e^{\tan 2\theta}$
30. $y=(\arcsin 2x)^2$
31. $y=\ln\sin x-\frac{1}{2}\sin^2 x$
32. $y=10^{\tan\pi\theta}$
33. $y=\log_5(1+2x)$
34. $y=e^{\cos x}+\cos(e^x)$
35. $y=\dfrac{\sqrt{x+1}\,(2-x)^5}{(x+3)^7}$
36. $y=\sin^{-1}(e^x)$
37. $y=x\tan^{-1}(4x)$
38. $y=\dfrac{(x^2+1)^4}{(2x+1)^3(3x-1)^5}$
39. $y=\ln(\cosh 3x)$
40. $y=\arctan(\arcsin\sqrt{x})$
41. $y=\cosh^{-1}(\sinh x)$
42. $y=x\tanh^{-1}\sqrt{x}$
43. $y=\cos\left(e^{\sqrt{\tan 3x}}\right)$

44. 다음을 보여라.

$$\frac{d}{dx}\left(\frac{1}{2}\tan^{-1}x+\frac{1}{4}\ln\frac{(x+1)^2}{x^2+1}\right)=\frac{1}{(1+x)(1+x^2)}$$

45–48. f'를 g'의 식으로 나타내라.

45. $f(x)=e^{g(x)}$
46. $f(x)=g(e^x)$
47. $f(x)=\ln|g(x)|$
48. $f(x)=g(\ln x)$

49–50. $f^{(n)}(x)$를 찾아라.

49. $f(x)=2^x$
50. $f(x)=\ln(2x)$

51. $f(x)=xe^x$일 때 $f^{(n)}(x)=(x+n)e^x$임을 수학적 귀납법을 이용해서 보여라.

52. 점 $(e,\ e)$에서 곡선 $y=x\ln x$에 대한 접선의 방정식을 찾아라.

53. 곡선 $y=\{\ln(x+4)\}^2$의 어느 점에서의 접선이 수평선인가?

54. $f(x)=xe^{\sin x}$일 때, $f'(x)$를 찾아라. f와 f'의 그래프를 같은 화면에 그리고 설명하라.

55. (a) 직선 $x-4y=1$에 평행인 곡선 $y=e^x$에 대한 접선의 방정식을 찾아라.
(b) 원점을 지나는 곡선 $y=e^x$에 대한 접선의 방정식을 찾아라.

56. 세 양의 상수 a, b, K에 대해 $b>a$일 때, 함수 $C(t)=K\left(e^{-at}-e^{-bt}\right)$을 혈관에 주입한 약품의 시각 t에서의 농도에 대한 모형으로 사용한다.
(a) $\lim_{t\to\infty} C(t)=0$임을 보여라.
(b) 약품이 피의 순환에서 사라지는 변화율인 $C'(t)$를 찾아라.
(c) 이 변화율은 언제 0인가?

57. 박테리아 배양기에 처음에 200개의 세포가 있는데, 증가율은 전체 세포 수에 비례한다. 30분 뒤에 세포 수가 360으로 증가했다.
(a) t시간 뒤 박테리아의 수를 찾아라.
(b) 4시간 뒤 박테리아의 수를 찾아라.
(c) 4시간 뒤의 증가율을 찾아라.
(d) 세포 수는 언제 10000에 도달하는가?

58. 코발트 60의 반감기는 5.24년이다.
(a) 100 mg의 시료가 20년 뒤에 남는 질량을 찾아라.
(b) 100 mg의 시료가 1 mg으로 붕괴하는 데 걸리는 시간을 찾아라.

59. $C(t)$는 혈관에 주입한 약품의 농도라고 하자. 몸이 약품을 배출할 때, $C(t)$의 감소율은 그 시각에 남아있는 약품의 양에 비례한다. 그러므로 $C'(t)=-kC(t)$가 성립하는데, 여기서 양수 k를 약품의 **소멸 상수**라 한다.
(a) 시각 $t=0$에서의 농도를 C_0이라 할 때, 시각 t에서의 농도를 찾아라.
(b) 몸이 30시간 동안 약품의 반을 배출한다면, 약품의 90%를 배출하는 데 걸리는 시간을 찾아라.

60. 80℃의 뜨거운 초콜릿을 20℃로 유지되고 있는 방안에 넣었다. 30분 뒤에 초콜릿이 60℃가 됐다.
(a) 30분이 더 지난 뒤 초콜릿의 온도는 얼마인가?
(b) 언제 초콜릿이 40℃가 되는가?

61–76. 다음 극한을 찾아라.

61. $\displaystyle\lim_{x\to 0^+}\tan^{-1}(1/x)$

62. $\displaystyle\lim_{x\to\infty} e^{x-x^2}$

63. $\displaystyle\lim_{x\to 3^-} e^{2/(x-3)}$

64. $\displaystyle\lim_{x\to\infty}\arctan\left(x^3-x\right)$

65. $\displaystyle\lim_{x\to 0^+}\ln(\sinh x)$

66. $\displaystyle\lim_{x\to\infty} c^{-x}\sin x$

67. $\displaystyle\lim_{x\to\infty}\frac{1+2^x}{1-2^x}$

68. $\displaystyle\lim_{x\to\infty}\left(1+\frac{4}{x}\right)^x$

69. $\displaystyle\lim_{x\to 0}\frac{e^x-1}{\tan x}$

70. $\displaystyle\lim_{x\to 0}\frac{\tan 4x}{x+\sin 2x}$

71. $\displaystyle\lim_{x\to 0}\frac{e^{4x}-1-4x}{x^2}$

72. $\displaystyle\lim_{x\to\infty}\frac{e^{4x}-1-4x}{x^2}$

73. $\displaystyle\lim_{x\to-\infty}\left(x^2-x^3\right)e^{2x}$

74. $\displaystyle\lim_{x\to\pi^-}(x-\pi)\csc x$

75. $\displaystyle\lim_{x\to 1^+}\left(\frac{x}{x-1}-\frac{1}{\ln x}\right)$

76. $\displaystyle\lim_{x\to(\pi/2)^-}(\tan x)^{\cos x}$

77. $f(x)=\ln x+\tan^{-1}x$일 때, $\left(f^{-1}\right)'(\pi/4)$를 찾아라.

78. 다음을 보여라.

$$\cos\left[\arctan\{\sin(\operatorname{arccot} x)\}\right]=\sqrt{\frac{x^2+1}{x^2+2}}$$

4 미분의 활용

CHAPTER

앞에서 이미 도함수를 활용한 예를 몇 가지 알아봤다. 그런데 이제 여러 가지 미분법을 알고 있으므로, 더 좋은 상황에서 미분의 활용을 더욱 깊이 있게 탐구할 수 있다. 여기서는 도함수가 함수의 그래프의 모양에 어떤 영향을 미치는지, 특히 함수의 최댓값과 최솟값이 있는 곳을 찾는 데 어떤 도움을 주는지에 대해 알아본다. 실용적인 많은 문제는 비용을 최소화하거나 넓이를 최대화하거나 최선의 결과를 찾아내기를 요구한다. 특히, 캔의 최적의 형태를 탐구할 수 있고 벌집에 있는 방의 형태를 설명할 수 있게 된다.

4.1 최댓값과 최솟값

미분학의 가장 중요한 활용 중에는 최적화 문제가 있다. 이런 문제에서는 어떤 것을 하기 위한 최적(최선)의 방법을 찾는다. 다음은 이번 장에서 해결할 이런 문제의 예이다.

- 제작 비용을 최소화하는 캔은 어떤 모양인가?
- 우주 왕복선의 최대 가속도는 얼마인가? (이는 가속도의 영향을 견뎌야 하는 우주 비행사에게 중요한 문제이다.)
- 기침할 때 공기를 가장 빠르게 배출하는 수축된 기관(숨통)의 반지름은 얼마인가?
- 미술 전시관에서 최선의 시야의 확보하기 위해서는 그림으로부터 얼마나 멀리 떨어져있어야 하는가?

이런 문제는 함수의 최댓값 또는 최솟값을 찾는 문제로 환원된다. 먼저 최댓값과 최솟값의 정확한 뜻을 설명하자.

그림 1에 나타낸 함수 f의 그래프에서 가장 높은 점이 점 $(3, 5)$임을 알 수 있다. 바꿔 말하면, f의 가장 큰 값은 $f(3)=5$이다. 마찬가지로, 가장 작은 값은 $f(6)=2$이다. $f(3)=5$를 f의 최댓값이라 하고, $f(6)=2$를 최솟값이라 한다. 일반적으로 다음과 같이 정의한다.

> 1 정의 c가 함수 f의 정의역 D에 속하고 D에 속한 모든 x에 대해
> - $f(c)\geq f(x)$일 때 수 $f(c)$는 D에서 f의 최댓값이다.
> - $f(c)\leq f(x)$일 때 수 $f(c)$는 D에서 f의 최솟값이다.

때때로 최대를 절대 최대 또는 대역 최대라 하고, 최소를 절대 최소 대역 최소라 하기도 한다.

그림 2는 d에서 최대이고 a에서 최소인 함수 f의 그래프를 보여준다. $(d, f(d))$는 그래프에서 가장 높은 점이고 $(a, f(a))$는 가장 낮은 점임에 주목하자. 그림 2에서 b 근방에 있는 x의 값만을 생각하면[이를테면 구간 (a, c)에서만 생각하면], $f(b)$는 이런 $f(x)$의 값 중에서 가장 큰데 이를 f의 극댓값

용어

최적화 문제 optimization problem
최대 absolute maximum, global maximum
최댓값 absolute maximum value
최소 absolute minimum, global minimum
최솟값 absolute minimum value
극댓값 local maximum value

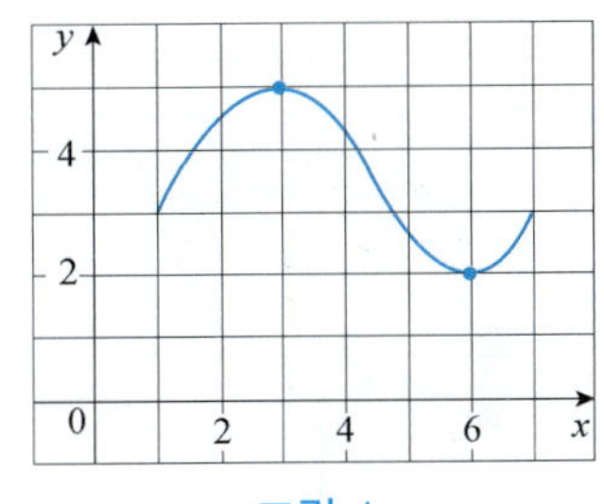

그림 1

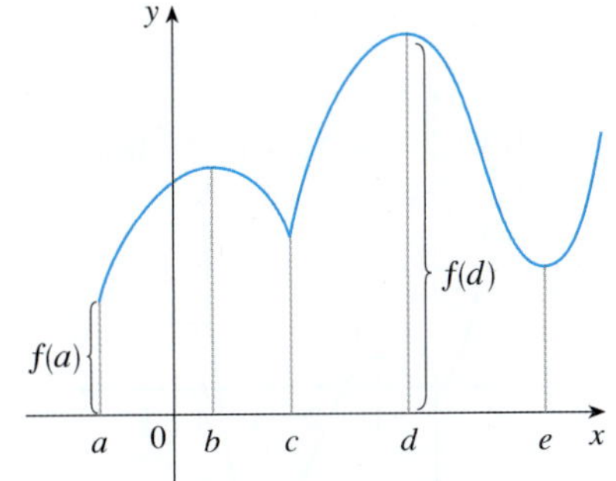

그림 2 최솟값 $f(a)$, 최댓값 $f(d)$,
극솟값 $f(c)$, $f(e)$
극댓값 $f(b)$, $f(d)$

용어
극솟값 local minimum value 극값 local extreme value

이라 한다. 마찬가지로, $f(c)$를 f의 극솟값이라 하는데, c 근방에 있는 x에 대해[이를테면 구간 (b, d)에서] $f(c) \le f(x)$가 성립하기 때문이다. 함수 f는 e에서도 극솟값을 취한다. f의 극댓값과 극솟값을 통틀어 f의 극값이라 한다. 일반적으로 다음과 같이 정의한다.

2 정의 c의 근방에 있는 x에 대해

- $f(c) \ge f(x)$일 때 수 $f(c)$는 f의 극댓값이다.
- $f(c) \le f(x)$일 때 수 $f(c)$는 f의 극솟값이다.

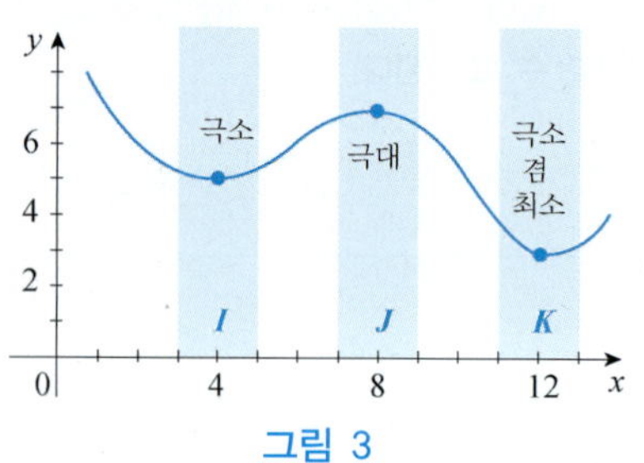

그림 3

정의 2(와 다른 곳)에서 어떤 명제가 c의 근방에서 참이라는 말은 그것이 c를 포함하는 적당한 열린 구간에서 참임을 뜻한다. 예를 들면, 그림 3에서 $f(4) = 5$는 극소값인데, 이것이 구간 I에서 가장 작은 값이기 때문이다. 이것은 최솟값은 아닌데, $f(x)$의 값이 x가 12의 근방(이를테면 구간 K)에 있을 때 더 작기 때문이다. 실제로 $f(12) = 3$은 극소값이자 최솟값이다. 마찬가지로, $f(8) = 7$은 극댓값이지만 최댓값은 아닌데, f는 1의 근방에서 더 큰 값을 취하기 때문이다.

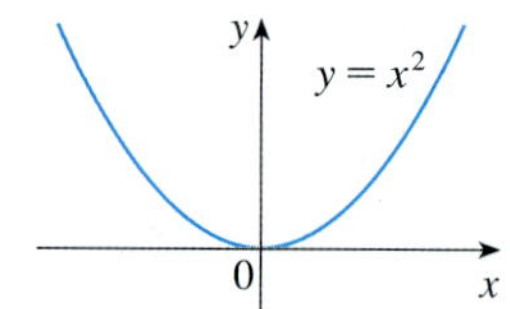

그림 4 최솟값 0, 최댓값 없음

보기 1 함수 $f(x) = \cos x$는 최댓값(이고 극댓값인) 1을 무한 번 취하는데, 모든 정수 n에 대해 $\cos 2n\pi = 1$이고 모든 x에 대해 $-1 \le \cos x \le 1$이기 때문이다. 마찬가지로, 임의의 n에 대해 $\cos(2n+1)\pi = -1$은 최솟값(이고 극솟값)이다. ■

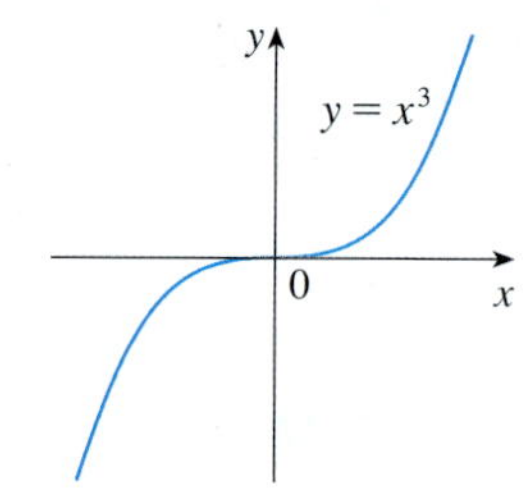

그림 5 최솟값 없음, 최댓값 없음

보기 2 $f(x) = x^2$이면, 모든 x에 대해 $x^2 \ge 0$이므로 $f(x) \ge f(0)$이다. 따라서 $f(0) = 0$은 f의 최솟값(이고 극솟값)이다. 이는 원점이 포물선 $y = x^2$에서 가장 낮은 점이라는 사실에 대응한다. (그림 4를 보라.) 그렇지만 이 포물선에는 가장 높은 점이 없으므로, 이 함수의 최댓값은 없다. ■

보기 3 그림 5에 나타낸 함수 $f(x) = x^3$의 그래프로부터 이 함수의 최댓값도 없고 최솟값도 없음을 알 수 있다. ■

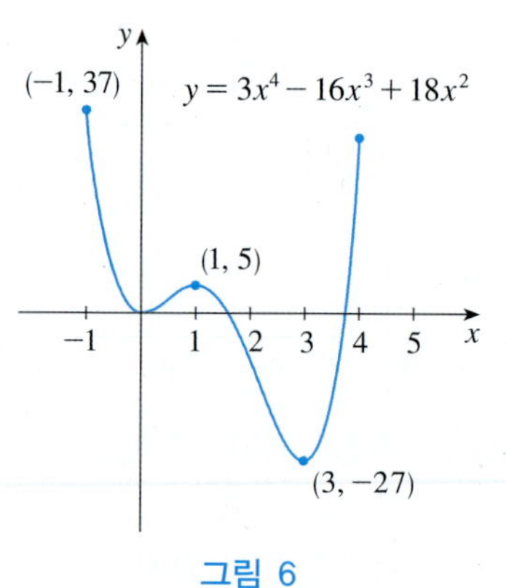

그림 6

보기 4 다음 함수의 그래프를 그림 6에 나타냈다.

$$f(x) = 3x^4 - 16x^3 + 18x^2 \quad (-1 \le x \le 4)$$

그림에서 알 수 있듯이, $f(1) = 5$는 극댓값이고 $f(-1) = 37$은 최댓값이다. (이 최댓값은 끝점에서 나타나기 때문에 극댓값은 아니다.) 또, $f(0) = 0$은 극솟값이고 $f(3) = -27$은 극솟값이자 최솟값이다. f의 $x = 4$에서의 값은 극댓값도 아니고 최댓값도 아니다. ■

위에서 알아본 대로, 어떤 함수에는 최댓값 또는 최솟값이 있지만, 어떤 함수는 그렇지 않다. 다음 정리는 함수의 최댓값과 최솟값이 존재하기 위한 충분 조건을 알려준다.

용어
극대 local maximum, relative maximum
극소 local minimum, relative minimum
최대 · 최소 정리 extreme value theorem

3 최대 · 최소 정리 함수 f가 닫힌 구간 $[a, b]$에서 연속이면, $[a, b]$에 속한 두 수 c와 d가 존재해서 f는 c에서 최댓값 $f(c)$를 취하고 d에서 최솟값 $f(d)$를 취한다.

최대 · 최소 정리를 그림 7에 예시했다. 최댓값 또는 최솟값을 두 번 이상 취할 수 있음에 주목하자. 최대 · 최소 정리는 직관적으로 매우 그럴 듯하지만, 증명하기는 어려우므로 증명은 생략한다.

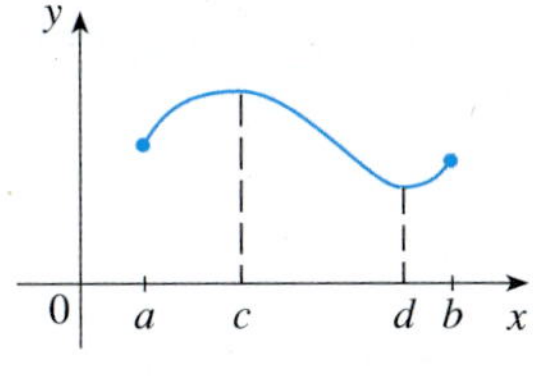

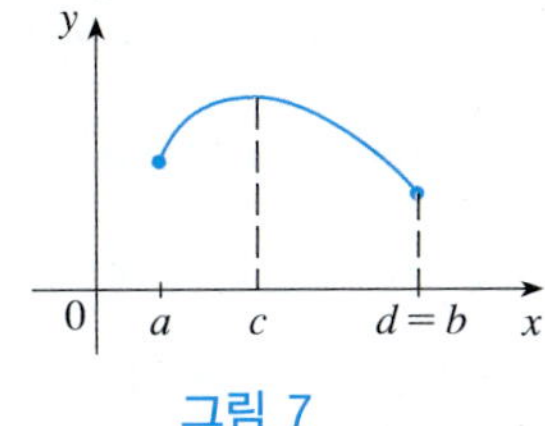

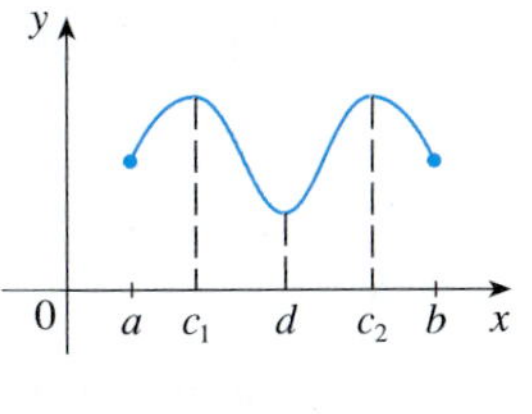

그림 7

두 그림 8과 9는 최대 · 최소 정리에서 가정의 조건(연속과 닫힌 구간)을 빠뜨리면 함수의 최댓값 또는 최솟값이 존재하지 않을 수 있음을 보여준다.

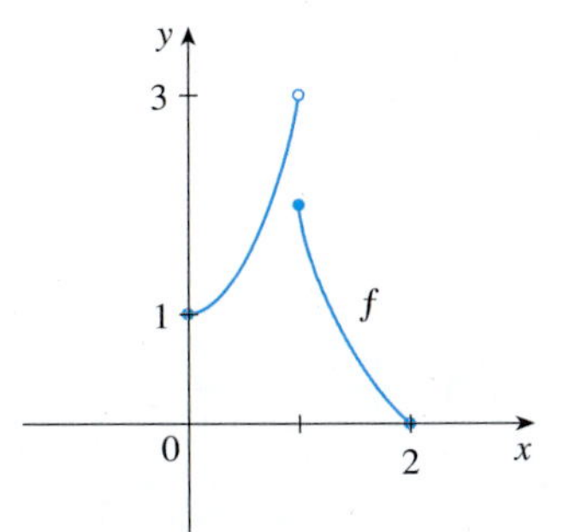

그림 8 이 함수의 최솟값 $f(2)=0$은 존재하지만, 최댓값은 존재하지 않는다.

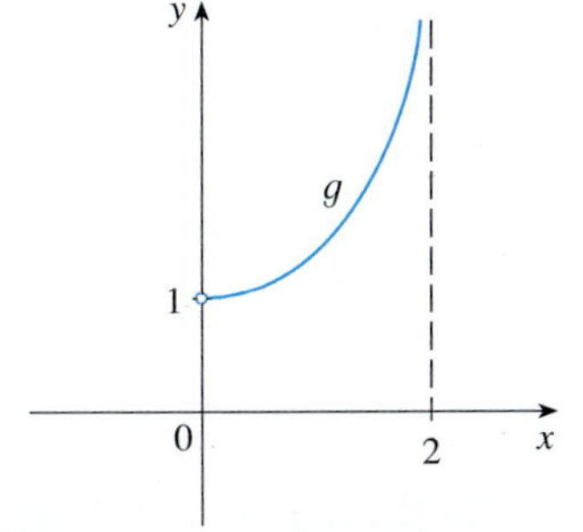

그림 9 이 연속 함수 g의 최댓값도 최솟값도 존재하지 않는다.

그림 8에 나타낸 함수 f는 닫힌 구간 $[0, 2]$에서 정의되어 있지만, 최댓값은 존재하지 않는다. [f의 치역은 $[0, 3)$이다. 이 함수는 함숫값으로 3에 임의로 가까운 값을 취하지만, 결코 3을 취하지 못한다.] 이는 최대 · 최소 정리에 모순되지 않는데, f가 연속이 아니기 때문이다. [그렇지만 불연속 함수도 최댓값과 최솟값을 취할 수 있다. 익힘 문제 13(b)를 보라.]

그림 9에 나타낸 함수 g는 열린 구간 $(0, 2)$에서 연속이지만, 최댓값도 최솟값도 취하지 못한다. [g의 치역은 $(1, \infty)$이다. 이 함수는 임의로 큰 값을 취한다.] 이는 최대 · 최소 정리에 모순되지 않는데, $(0, 2)$이 닫힌 구간이 아니기 때문이다.

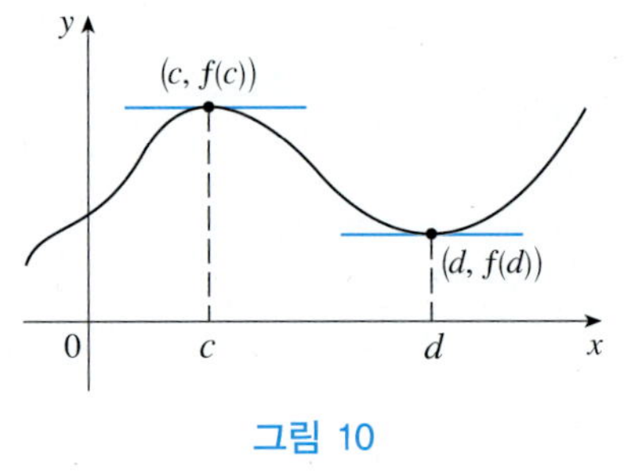

그림 10

용어
페르마의 정리 Fermat's theorem

■ 페르마

페르마의 정리는, 프랑스의 법률가로 수학을 취미로 삼았던 페르마(Pierre Fermat, 1601~1665)의 이름의 딴 것이다. 페르마는 해석 기하학을 발견한 두 사람 중 한 명이다. (데카르트가 다른 한 사람이다.) 곡선의 접선을 찾고 최댓값과 최솟값을 찾는 그의 방법은 (극한과 도함수가 발견되기 전에) 미분학의 발견 과정에서 그가 뉴턴의 선구자임을 보여준다.

최대·최소 정리는 닫힌 구간에서 연속 함수의 최댓값과 최솟값의 존재를 보장하지만, 최댓값과 최솟값을 찾는 방법은 알려주지 않는다. 먼저 극값을 찾아보자.

그림 10은 c에서 극대이고 d에서 극소인 함수 f의 그래프를 보여준다. 극대와 극소를 취하는 점에서 접선은 수평선이고, 이에 따라 그 기울기는 0이다. 미분 계수는 접선의 기울기이므로, $f'(c)=0$이고 $f'(d)=0$이다. 다음 정리는 미분 가능한 함수에 대해 이것이 언제나 참임을 알려준다.

> 4 **페르마의 정리** f가 c에서 극대 또는 극소이고 $f'(c)$가 존재하면, $f'(c)=0$이다.

증명 명확하게 나타내기 위해서, f가 c에서 극대라고 하자. 그러면 정의 2에 의해 x가 c에 충분히 가까이 있으면 $f(c) \geq f(x)$가 성립한다. 이에 따라 h가 0에 충분히 가까이 있으면 h가 양수이거나 음수이거나 다음이 성립한다.

$$f(c) \geq f(c+h),$$

5 $$f(c+h)-f(c) \leq 0$$

부등식의 양변을 양수로 나누면 부등호의 방향이 바뀌지 않는다. 그러므로 $h>0$이고 h가 충분히 작으면 다음이 성립한다.

$$\frac{f(c+h)-f(c)}{h} \leq 0$$

이 부등식의 양변의 오른쪽 극한을 취하면(1.4절의 정리 3에 의해), 다음을 얻는다.

$$\lim_{h\to 0^+}\frac{f(c+h)-f(c)}{h} \leq \lim_{h\to 0^+} 0 = 0$$

그런데 $f'(c)$가 존재하므로, 다음이 성립한다.

$$f'(c)=\lim_{h\to 0}\frac{f(c+h)-f(c)}{h}=\lim_{h\to 0^+}\frac{f(c+h)-f(c)}{h}$$

그러므로 $f'(c) \leq 0$이 밝혀진다.

$h<0$일 때, 부등식 5를 h로 나누면 다음과 같이 부등호의 방향이 바뀐다.

$$\frac{f(c+h)-f(c)}{h} \geq 0 \qquad (h<0)$$

그러므로 왼쪽 극한을 취하면 다음을 얻는다.

$$f'(c)=\lim_{h\to 0}\frac{f(c+h)-f(c)}{h}=\lim_{h\to 0^-}\frac{f(c+h)-f(c)}{h} \geq 0$$

앞에서 $f'(c) \geq 0$과 $f'(c) \leq 0$을 모두 보였다. 이런 부등식이 모두 참이어야 하므로, 유일한 가능성은 $f'(c)=0$이다.

페르마의 정리를 극대인 경우에 대해 증명했다. 극소인 경우도 비슷한 방법으로 증명할 수 있다. 또는 연습 문제 64를 이용해서 방금 증명한 경우로부터 이를 유도할 수 있다.(익힘 문제 65를 보라.) □

페르마의 정리는 매우 유용하지만, 이를 너무 크게 생각하는 것은 경계해야 한다. $f(x)=x^3$일 때, $f'(x)=3x^2$이므로 $f'(0)=0$이다. 그러나 f는 0에서 극대도 아니고 극소도 아닌데, 그림 11에 있는 이 함수의 그래프에서 이를 확인할 수 있다. $f'(0)=0$이라는 사실은 단순히 점 $(0,\ 0)$에서 곡선 $y=x^3$에 대한 접선이 수평임을 뜻한다. 이 곡선은 $(0,\ 0)$에서 극대도 아니고 극소도 아니지만, 이 점에서 수평 접선을 가로질러간다.

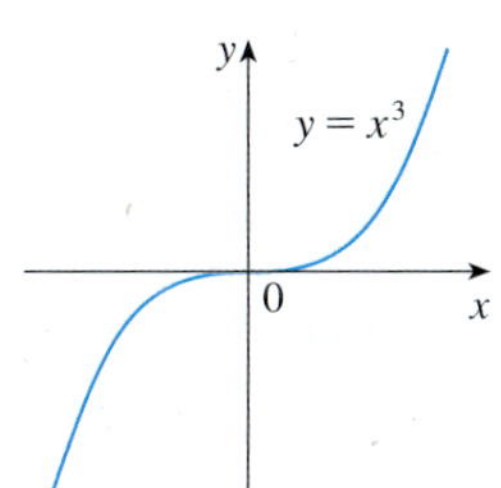

그림 11 $f(x)=x^3$이면 $f'(0)=0$이지만, f는 0에서 극대도 극소도 아니다.

그러므로 $f'(c)=0$일 때, f가 c에서 극대 또는 극소일 필연적인 이유는 없다. (바꿔 말하면, 페르마 정리의 역은 일반적으로는 거짓이다.)

마음에 새겨야할 사실은 $f'(c)$가 존재하지 않는 곳에서 극값이 존재할 수 있다는 점이다. 예를 들면, 함수 $f(x)=|x|$은 0에서 극솟값이자 최솟값을 취한다. (그림 12를 보라.) 그렇지만 이 값을 $f'(x)=0$으로 놓고 찾을 수는 없는데, 2.2절의 보기 5에서 밝힌 대로 $f'(0)$이 존재하지 않기 때문이다.

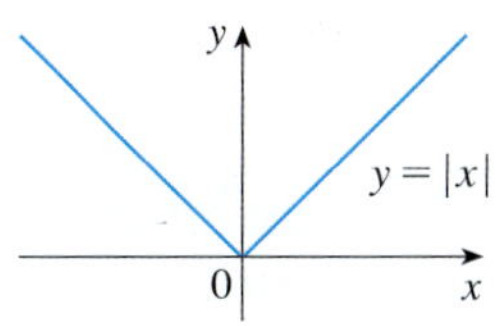

그림 12 $f(x)=|x|$이면 $f(0)=0$이 최솟값이지만, $f'(0)$은 존재하지 않는다.

페르마의 정리가 분명히 알려주는 바는, f의 극값은 어쨌든 $f'(c)=0$이거나 $f'(c)$가 존재하지 않는 수 c에서 찾기 시작해야 한다는 사실이다. 이런 수에는 특별한 이름이 붙는다.

> **6 정의** 함수 f의 정의역에 속한 수 c에 대해 $f'(c)=0$이거나 $f'(c)$가 존재하지 않을 때 c를 f의 **임계수**라 한다.

용어
임계수 critical number

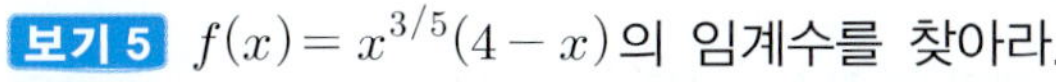

보기 5 $f(x)=x^{3/5}(4-x)$의 임계수를 찾아라.

풀이 곱의 미분법에 따라 다음을 얻는다.

$$f'(x)=x^{3/5}(-1)+\frac{3}{5}x^{-2/5}(4-x)=-x^{3/5}+\frac{3(4-x)}{5x^{2/5}}$$

$$=\frac{-5x+3(4-x)}{5x^{2/5}}=\frac{12-8x}{5x^{2/5}}$$

[먼저 $f(x)=4x^{3/5}-x^{8/5}$으로 쓴 다음에 이와 똑같은 결과를 얻을 수 있다.] 그러므로 $12-8x=0$, 곧 $x=\frac{3}{2}$일 때 $f'(x)=0$이고, $x=0$일 때 $f'(x)$는 존재하지 않는다. 따라서 임계수는 $\frac{3}{2}$과 0이다. ■

■ 그림 13은 보기 5의 함수 f의 그래프를 보여준다. 이 그림은 $x=1.5$에서 수평 접선이 존재하고 $x=0$에서 연직 접선이 존재한다는 결과를 지지한다.

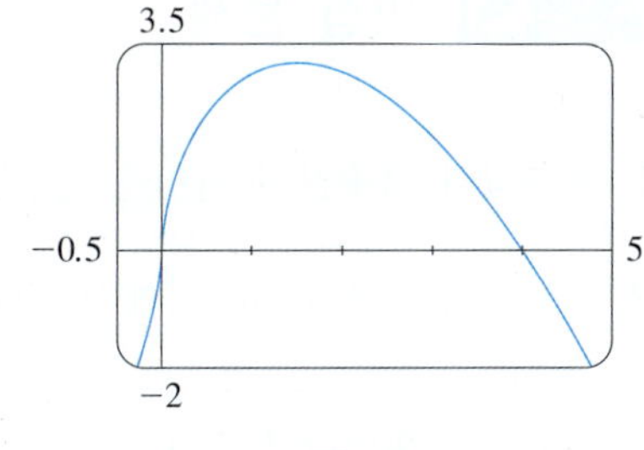

그림 13

임계수를 이용해서 페르마의 정리를 다음과 같이 다시 나타낼 수 있다. (정의 6과 정리 4를 비교하자.)

> **7** f가 c에서 극대 또는 극소이면, c는 f의 임계수이다.

닫힌 구간에서 연속 함수의 최댓값 또는 최솟값을 찾기 위해서는, 극댓값 또는 극솟값을 찾거나[이런 경우에는 7에 의해 임계수에서 나타난다.] 구간의 끝점에서의 값을 조사해야 한다. 그러므로 다음의 세 단계 과정이 언제나 적용된다.

용어
닫힌 구간 방법
closed interval method

닫힌 구간 방법 닫힌 구간 $[a, b]$에서 연속 함수 f의 최댓값과 최솟값을 찾기 위해서는,

1. (a, b)에 속한 f의 임계수에서 f의 값을 찾는다.
2. 구간의 끝점에서 f의 값을 찾는다.
3. 단계 1과 2에서 얻은 값 중에서 가장 큰 값이 최댓값이고, 가장 작은 값이 최솟값이다.

보기 6 다음 함수의 최댓값과 최솟값을 찾아라.

$$f(x) = x^3 - 3x^2 + 1 \quad (-\tfrac{1}{2} \le x \le 4)$$

■ www.stewartcalculus.com
Additional Example A를 보라.

풀이 f는 $[-\frac{1}{2}, 4]$에서 연속이므로, 닫힌 구간 방법을 이용할 수 있다.

$f(x) = x^3 - 3x^2 + 1$이므로, $f'(x) = 3x^2 - 6x = 3x(x-2)$이다.

$f'(x)$가 모든 x에서 존재하므로, f의 임계수들은 $f'(x) = 0$일 때, 곧 $x = 0$ 또는 $x = 2$에서만 나타난다. 이런 임계수는 모두 구간 $(-\frac{1}{2}, 4)$에 속한다. 이런 임계수에서 f의 값은 다음과 같다.

$$f(0) = 1, \qquad f(2) = -3$$

구간의 두 끝점에서 f의 값은 다음과 같다.

$$f\left(-\frac{1}{2}\right) = \frac{1}{8}, \qquad f(4) = 17$$

이런 네 수를 비교해서, 최댓값은 $f(4) = 17$이고 최솟값은 $f(2) = -3$임을 알 수 있다.

이 예에서 최댓값은 끝점에서 나타나고, 반면에 최솟값은 임계수에서 나타난다. f의 그래프를 그림 14에 나타냈다. ■

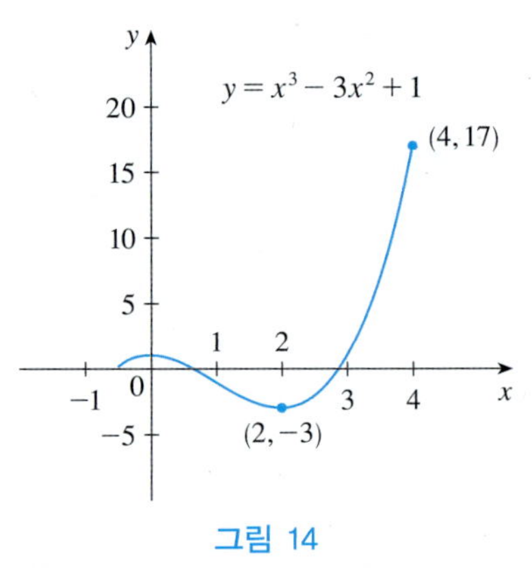

그림 14

4.1 익힘 문제

1. 최솟값과 극솟값의 차이를 설명하라.

2. f는 닫힌 구간 $[a, b]$에서 정의된 연속 함수라고 하자.
   (a) 어떤 정리가 f에 대한 최댓값과 최솟값의 존재를 보장하는가?
   (b) 어떤 단계를 따라 최댓값과 최솟값을 찾는가?

3–4. 그래프가 아래 그림과 같은 함수가 각 수 a, b, c, d, e, r, s에서 최대 또는 최소인지, 극대 또는 극소인지, 아니면 어느 것도 아닌지 말하라.

3.

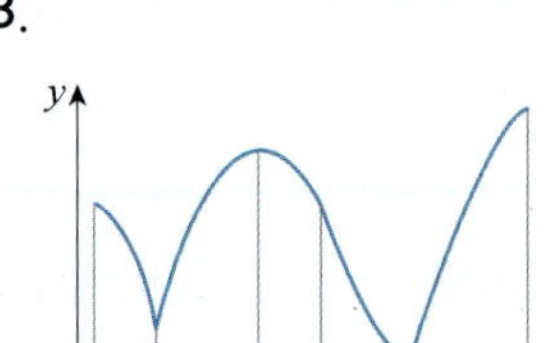

4.

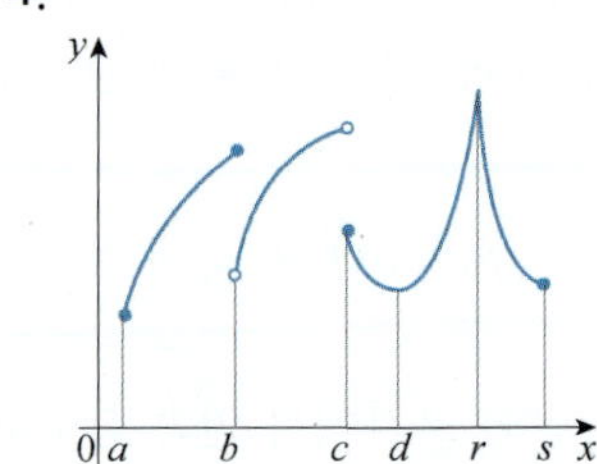

5–6. 아래 그래프를 이용해서 다음 함수의 최댓값과 최솟값 및 극댓값과 극솟값을 말하라.

5.

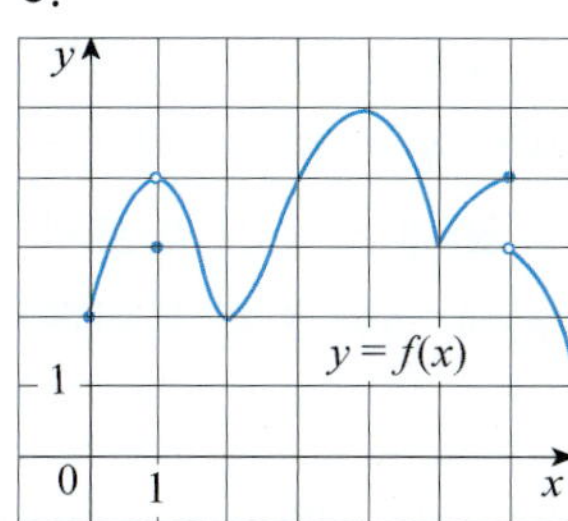

6.

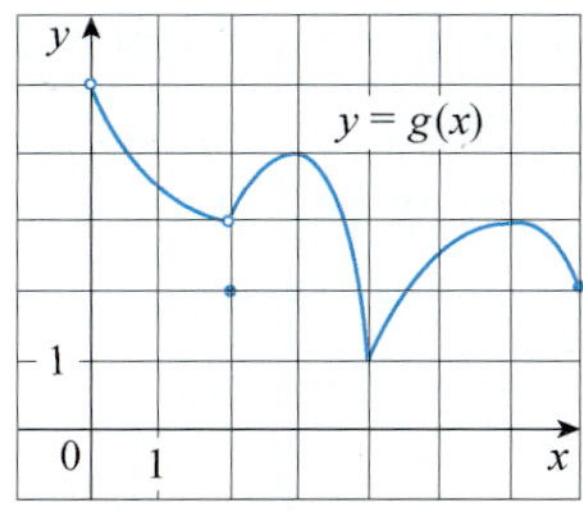

7–10. 구간 $[1,\ 5]$에서 연속이고 다음과 같은 성질을 만족시키는 함수 f의 그래프를 그려라.

7. 2에서 최소, 3에서 최대, 4에서 극소

8. 1에서 최소, 5에서 최대, 2에서 극대, 4에서 극소

9. 5에서 최대, 2에서 최소, 3에서 극대, 2와 4에서 극소

10. f는 극대도 극소도 취하지 않지만, 2와 4는 임계수

11. (a) 2에서 극대이고 2에서 미분 가능한 함수의 그래프를 그려라.
(b) 2에서 극대이고 2에서 연속이지만 미분 불가능한 함수의 그래프를 그려라.
(c) 2에서 극대이고 2에서 연속이 아닌 함수의 그래프를 그려라.

12. (a) $[-1,\ 2]$에서 최댓값을 취하지만 극댓값을 취하지 않는 함수의 그래프를 그려라.
(b) $[-1,\ 2]$에서 극댓값을 취하지만 최댓값을 취하지 않는 함수의 그래프를 그려라.

13. (a) $[-1,\ 2]$에서 최댓값을 취하지만 최솟값을 취하지 않는 함수의 그래프를 그려라.
(b) $[-1,\ 2]$에서 불연속이지만 최댓값과 최솟값을 모두 취하는 함수의 그래프를 그려라.

14. (a) 두 개의 극댓값과 한 개의 극솟값을 취하지만 최솟값을 취하지 않는 함수의 그래프를 그려라.
(b) 세 개의 극솟값과 두 개의 극댓값를 취하고 일곱 개의 임계수가 있는 함수의 그래프를 그려라.

15–22. 다음 함수 f의 그래프를 손으로 그리고, 이를 이용해서 f의 최댓값과 최솟값 및 극댓값과 극솟값을 찾아라. (1.2절의 그래프와 변환을 이용하라.)

15. $f(x)=8-3x \quad (x \geq 1)$

16. $f(x)=3-2x \quad (x \leq 5)$

17. $f(x)=\sin x \quad (0 \leq x < \pi/2)$

18. $f(x)=e^{x}$

19. $f(x)=\ln x \quad (0 < x \leq 2)$

20. $f(x)=1/x \quad (1 < x < 3)$

21. $f(x)=1-\sqrt{x}$

22. $f(x)=\begin{cases} 4-x^2 & (-2 \leq x < 0) \\ 2x-1 & (0 \leq x \leq 2) \end{cases}$

23–36. 다음 함수의 임계수를 찾아라.

23. $f(x)=4+\dfrac{1}{3}x-\dfrac{1}{2}x^2$

24. $f(x)=x^3+6x^2-15x$

25. $f(x)=2x^3-3x^2-36x$

26. $f(x)=2x^3+x^2+2x$

27. $g(t)=t^4+t^3+t^2+1$

28. $g(t)=|3t-4|$

29. $g(y)=\dfrac{y-1}{y^2-y+1}$

30. $h(p)=\dfrac{p-1}{p^2+4}$

31. $F(x)=x^{4/5}(x-4)^2$

32. $g(x)=x^{1/3}-x^{-2/3}$

33. $f(\theta)=2\cos\theta+\sin^2\theta$

34. $g(\theta)=4\theta-\tan\theta$

35. $f(x)=x^2e^{-3x}$

36. $f(x)=x^{-2}\ln x$

37–50. 주어진 구간에서 다음 함수 f의 최댓값과 최솟값을 찾아라.

37. $f(x)=12+4x-x^2, \quad [0,\ 5]$

38. $f(x)=x^3-3x+1, \quad [0,\ 3]$

39. $f(x)=2x^3-3x^2-12x+1, \quad [-2,\ 3]$

40. $f(x)=x^3-6x^2+9x+2, \quad [-1,\ 4]$

41. $f(x)=3x^4-4x^3-12x^2+1, \quad [-2,\ 3]$

42. $f(x)=(x^2-1)^3, \quad [-1,\ 2]$

43. $f(t)=t\sqrt{4-t^2}, \quad [-1,\ 2]$

44. $f(x)=\dfrac{x}{x^2+4}, \quad [0,\ 3]$

45. $f(t)=2\cos t+\sin 2t, \quad [0,\ \pi/2]$

46. $f(t)=t+\cot(\frac{1}{2}t), \quad [\pi/4,\ 7\pi/4]$

47. $f(x)=xe^{-x^2/8}, \quad [-1,\ 4]$

48. $f(x)=x-\ln x, \quad [\frac{1}{2},\ 2]$

49. $f(x) = \ln(x^2+x+1)$, $[-1, 1]$

50. $f(x) = x - 2\tan^{-1}x$, $[0, 4]$

51. a와 b가 양수일 때, 다음 함수의 최댓값을 찾아라.

$$f(x) = x^a(1-x)^b \quad (0 \le x \le 1)$$

52. 그래프를 이용해서 $f(x) = |x^3 - 3x^2 + 2|$의 임계수들을 소수 첫째 자리까지 정확하게 어림하라.

53–56.

(a) 그래프를 이용해서 다음 함수의 최댓값과 최솟값을 소수 둘째 자리까지 어림하라.

(b) 미분을 이용해서 정확한 최댓값과 최솟값을 찾아라.

53. $f(x) = x^5 - x^3 + 2 \quad (-1 \le x \le 1)$

54. $f(x) = e^{x^3 - x} \quad (-1 \le x \le 0)$

55. $f(x) = x\sqrt{x - x^2}$

56. $f(x) = x - 2\cos x \quad (-2 \le x \le 0)$

57. 0℃와 30℃ 사이의 온도 T에서 물 1kg의 부피 V (cm^3)는 다음 공식으로 근사적으로 주어진다.

$$V = 999.87 - 0.06426T + 0.0085043T^2 - 0.0000679T^3$$

물의 밀도가 최대일 때의 온도를 찾아라.

58. 질량이 m인 물체가 수평면에서 그 물체에 붙인 밧줄을 통해 가해지는 힘에 의해 끌리고 있다. 밧줄과 평면 사이의 각이 θ일 때, 힘의 크기는 다음과 같다.

$$F = \frac{\mu mg}{\mu\sin\theta + \cos\theta}$$

여기서 μ는 마찰 계수라 부르는 양수이고 $0 \le \theta \le \pi/2$이다. $\tan\theta = \mu$일 때 F가 최소임을 보여라.

59. 1993년부터 2003년까지 미국에서 백설탕 1파운드의 평균 가격에 대한 모형은 다음 함수로 주어진다.

$$S(t) = -0.00003237t^5 + 0.0009037t^4 - 0.008956t^3 + 0.03629t^2 - 0.04458t + 0.4074$$

여기서 t는 1993년 8월부터 년 단위로 측정된다. 1993년 2003년의 시기에 설탕 값이 가장 쌀 때와 비쌀 때를 어림하라.

60. 허블 우주 망원경은 1990년 4월 24일 우주 왕복선 〈디스커버리〉 호가 설치했다. 우주 왕복선이 $t = 0$에 발사된 뒤부터 $t = 126$s(초)에 고체 보조 로켓과 분리될 때까지 그 속도(ft/s)에 대한 모형은 다음과 같이 주어진다.

$$v(t) = 0.001302t^3 - 0.09029t^2 + 23.61t - 3.083$$

이 모형을 이용해서 우주 왕복선이 발사된 뒤부터 보조 로켓을 분리할 때까지 가속도의 최댓값과 최솟값을 어림하라.

61. 기관[숨통]에 들어온 이물질 때문에 기침을 하면, 횡격막이 위로 올라가서 허파의 압력을 증가시킨다. 이와 함께 기관이 축소해져서, 공기가 배출되는 통로가 좁아진다. 주어진 양의 공기가 고정된 시간에 배출되기 위해서는, 통로가 넓을 때보다 좁을 때 더 빨리 이동해야 한다. 공기가 더 빨리 흐를수록, 이물질에 가해지는 힘이 더 커진다. X선 촬영을 통해, 기침할 때 원형 기관의 반지름은 정상적인 반지름의 약 $\frac{2}{3}$로 축소된다. 기침에 대한 수학적 모형에 따라서, 공기 흐름의 속도 v와 기관의 반지름 r 사이의 관계는 다음 방정식과 같다.

$$v(r) = k(r_0 - r)r^2 \quad \left(\tfrac{1}{2}r_0 \le r \le r_0\right)$$

여기서 k는 상수이고 r_0은 정상적인 기관의 반지름이다. r에 대한 제한은, 압력이 가해질 때 기관의 벽이 굳어져서 $\frac{1}{2}r_0$보다 더 축소되지 않도록 방지한다는 사실에 기인한다. (그렇지 않으면 질식할 수 있다.)

(a) 구간 $\left[\frac{1}{2}r_0, r_0\right]$에서 v가 최댓값을 취하는 r의 값을 결정하라. 이 결과와 실험적인 증거를 어떻게 비교하는가?

(b) 이 구간에서 v의 최댓값을 얼마인가?

(c) 구간 $[0, r_0]$에서 v의 그래프를 그려라.

62. 5는 함수 $g(x) = 2 + (x-5)^3$의 임계수이지만, g는 5에서 극값을 취하지 않음을 보여라.

63. 함수 $f(x)=x^{101}+x^{51}+x+1$은 극댓값도 극솟값도 취하지 않음을 보여라.

64. 함수 f가 c에서 최솟값을 취하면, 함수 $g(x)=-f(x)$는 c에서 최댓값을 취함을 보여라.

65. 함수 f가 c에서 극솟값을 취하는 경우에 대한 페르마의 정리를 증명하라.

66. 삼차 함수는 3차의 다항 함수이다. 곧, $a \neq 0$일 때 $f(x)=ax^3+bx^2+cx+d$ 꼴이다.
(a) 삼차 함수에는 두 개 또는 한 개 또는 영 개의 임계수가 있음을 보여라. 세 가지 경우를 예시하는 예와 그래프를 그려라.
(b) 삼차 함수에는 몇 개의 극값이 존재할 수 있는가?

4.2 평균값 정리

곧 알아보듯이, 이번 장의 결과 중 많은 것은 하나의 중심적인 사실에 의존하는데, 이것을 평균값 정리라 부른다. 평균값 정리를 알아보기 전에, 먼저 다음 결과가 필요하다.

용어
평균값 정리 mean value theorem
롤의 정리 Rolle's theorem

▪ 롤(Michel Rolle)
롤의 정리는 프랑스의 수학자 롤(1652~1719)이 1691년에 책 ≪방정식 풀이 방법(Méthode pour résoudre les égalitéz)≫을 통해 처음으로 발표했다. 그렇지만 그는 나중에 당시에 통용되는 방법을 거세게 반대했으며, 미분 적분학을 "교묘한 오류의 모음"이라고 공격했다.

롤의 정리 함수 f가 다음 세 가지 가정을 만족시킨다고 하자.

1. f는 닫힌 구간 $[a, b]$에서 연속이다.
2. f는 열린 구간 (a, b)에서 미분 가능하다.
3. $f(a)=f(b)$

그러면 (a, b)에 속한 수 c가 존재해서 $f'(c)=0$이 성립한다.

증명을 제시하기 전에, 위의 세 가지 가정을 만족시키는 전형적인 함수들의 그래프를 관찰하자. 그림 1은 그런 네 개의 함수의 그래프를 보여준다. 각 경우에 그래프에는 적어도 하나의 점 $(c, f(c))$가 존재해서 그 점에서의 접선은 수평선이고 $f'(c)=0$이다. 그러므로 롤의 정리는 긍정적이다.

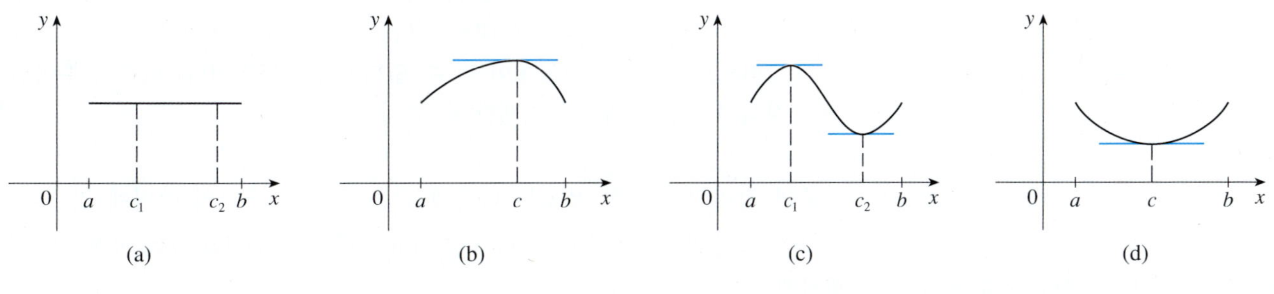

그림 1

증명 다음과 같은 세 가지 경우가 있다.

경우 I. $f(x)=k$가 상수일 때
그러면 $f'(x)=0$이므로, c를 (a, b)에 속한 임의의 수로 택할 수 있다.

경우 II. 어떤 $x \in (a, b)$에서 $f(x) > f(a)$일 때 [그림 1(b) 또는 (c)와 같이] 최대・최소 정리에 의해(가정 1 때문에 적용할 수 있는데), f는 $[a, b]$의 어떤 수에서 최댓값을 취한다. $f(a) = f(b)$이므로, 이 최댓값은 열린 구간 (a, b)에 속한 수 c에서 취한다. 그러면 f는 c에서 극대이고, 가정 2에 의해 f는 c에서 미분 가능하다. 따라서 페르마의 정리에 의해 $f'(c) = 0$이다.

경우 III. 어떤 $x \in (a, b)$에서 $f(x) < f(a)$일 때 [그림 1(c) 또는 (d)와 같이] 최대・최소 정리에 의해 f는 $[a, b]$에서 최솟값을 취하고, $f(a) = f(b)$이므로 이 최솟값은 (a, b)에 속한 수 c에서 취한다. 또다시 페르마의 정리에 의해 $f'(c) = 0$이다. □

보기 1 움직이는 물체의 위치 함수 $s = f(t)$에 롤의 정리를 적용해 보자. 이 물체가 서로 다른 두 순간 $t = a$와 $t = b$에서 똑같은 위치에 있으면, $f(a) = f(b)$이다. 롤의 정리에 의해서, a와 b 사이의 어떤 순간 $t = c$가 존재해서 $f'(c) = 0$이 성립한다. 곧, 속도가 0이다. (특별한 경우로, 공을 위로 똑바로 던졌을 때 이것이 참임을 확인할 수 있다.) ■

▪ 그림 2는 보기 2에서 논의한 함수 $f(x) = x^3 + x - 1$의 그래프를 보여준다. 롤의 정리는 화면을 아무리 확대해도 또 다른 x절편을 찾을 수 없음을 밝혀준다.

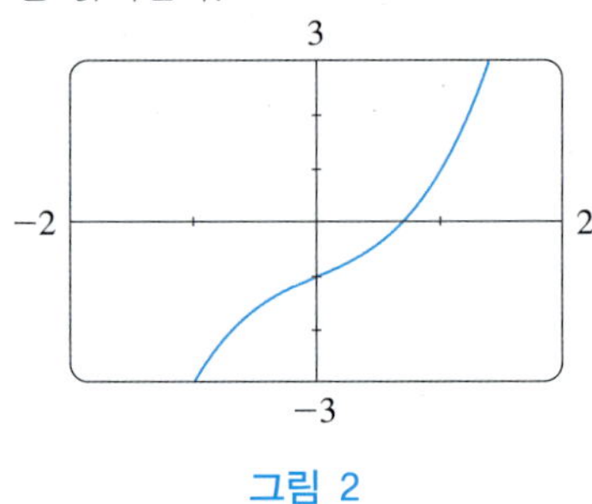

그림 2

보기 2 방정식 $x^3 + x - 1 = 0$의 실근이 단 한 개 존재함을 증명하라.

풀이 먼저 중간값 정리(1.5절의 정리 9)를 이용해서 근이 존재함을 보이자. $f(x) = x^3 + x - 1$이라 하자. 그러면 $f(0) = -1 < 0$이고 $f(1) = 1 > 0$이다. f가 다항 함수이므로, 연속이고 중간값 정리에 따라 0과 1 사이에 적당한 수 c가 존재해서 $f(c) = 0$이다. 그러므로 주어진 방정식의 실근이 존재한다.

이 방정식의 다른 실근이 존재하지 않음을 보이기 위해서, 롤의 정리를 이용해서 모순을 유도한다. 이 방정식의 실근이 a와 b 두 개라고 하자. 그러면 $f(a) = 0 = f(b)$이다. f가 다항 함수이므로 (a, b)에서 미분 가능하고 $[a, b]$에서 연속이다. 그러므로 롤의 정리에 의해 a와 b 사이에 적당한 수 c가 존재해서 $f'(c) = 0$이 성립한다. 그런데 $x^2 \geq 0$이므로 다음이 성립한다.

$$\text{모든 } x\text{에 대해 } f'(x) = 3x^2 + 1 \geq 1\text{이다.}$$

그러므로 $f'(x)$는 결코 0이 될 수 없다. 이는 모순이다. 따라서 주어진 방정식의 실근이 두 개 존재할 수 없다. ■

롤의 정리의 주요한 용도는 다음과 같은 중요한 정리의 증명에 있는데, 이는 프랑스의 또 다른 수학자 라그랑주(Joseph-Louis Lagrange)가 처음으로 제시했다.

▪ 평균값 정리는 이른바 존재 정리의 한 예이다. 중간값 정리, 최대・최소 정리, 롤의 정리와 마찬가지로, 이는 어떤 성질을 만족시키는 적당한 수의 존재를 보장한다. 그렇지만 그 수를 찾는 방법을 알려주지는 않는다.

평균값 정리 함수 f가 다음 가정들을 만족시킨다고 하자.

1. f는 닫힌 구간 $[a, b]$에서 연속이다.
2. f는 열린 구간 (a, b)에서 미분 가능하다.

그러면 (a, b)에 속한 수 c가 존재해서 다음이 성립한다.

1 $$f'(c)=\frac{f(b)-f(a)}{b-a}$$

또는 동치로 다음이 성립한다.

2 $$f(b)-f(a)=f'(c)(b-a)$$

이 정리를 증명하기에 앞서, 이를 기하학적으로 적절하게 해석할 수 있다. 두 그림 3과 4는 미분 가능한 두 함수의 그래프에 있는 두 점 $A(a, f(a))$와 $B(b, f(b))$를 보여준다. 할선 AB의 기울기는 다음과 같다.

3 $$m_{AB}=\frac{f(b)-f(a)}{b-a}$$

이는 식의 1의 우변과 똑같다. $f'(c)$는 점 $(c, f(c))$에서 접선의 기울기이므로, 식 1에 주어진 꼴의 평균값 정리는 함수의 그래프에 적어도 한 개의 점 $P(c, f(c))$가 존재해서 이 점에서의 접선의 기울기가 할선 AB의 기울기와 같다는 사실을 말한다. 바꿔 말하면, 적당한 점 P가 존재해서 그 점에서의 접선이 할선 AB와 평행이다.(AB의 평행선을 상상하는데, 이것은 먼 곳에서 출발해서 그 자체와 평행하게 움직여서 그래프와 처음으로 닿을 때까지 이동한다.)

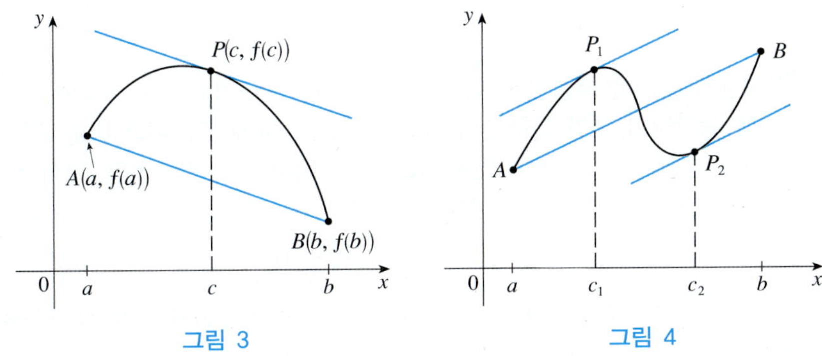

그림 3　　그림 4

증명 그래프가 할선 AB인 함수와 f의 차로 정의된 새로운 함수 h에 롤의 정리를 적용하자. 식 3을 이용하면, 직선 AB의 방정식을 다음과 같이 쓸 수 있다.

$$y-f(a)=\frac{f(b)-f(a)}{b-a}(x-a)$$

또는

$$y=f(a)+\frac{f(b)-f(a)}{b-a}(x-a)$$

그러므로 그림 5에 나타낸 대로, 함수 h는 다음과 같다.

4 $$h(x)=f(x)-f(a)-\frac{f(b)-f(a)}{b-a}(x-a)$$

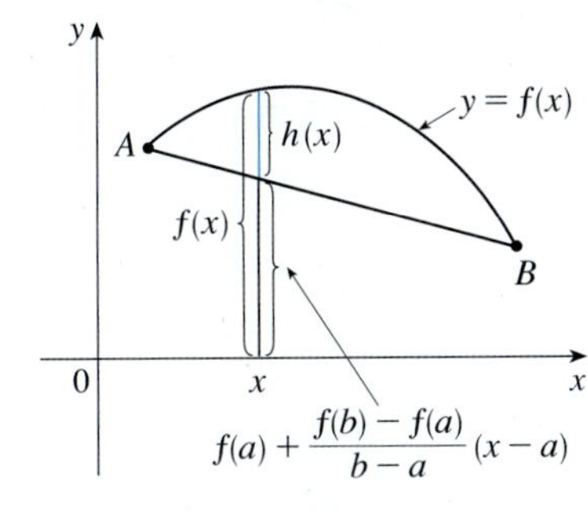

그림 5

> **■ 라그랑주와 평균값 정리**
> 평균값 정리는 라그랑주(Joseph-Louis Lagrange, 1736~1813)가 처음으로 공식화했다. 그는 프랑스인 아버지와 이탈리아인 어머니 사이에서 이탈리아에서 태어났다. 신동이었는데, 19세의 어린 나이에 토리노에서 교수가 됐다. 그는 수론, 함수론, 방정식론, 해석적 역학, 천체 역학에 크게 공헌했다. 특히, 그는 미분 적분학을 활용해서 태양계의 안정성을 분석했다. 프리드리히 대왕의 초청을 받고, 베를린 과학원에서 오일러의 자리를 물려받았다. 프리드리히가 죽은 뒤에 루이 16세의 초청을 받아들여 파리로 갔고, 루브르에 있는 아파트를 하사받았다. 온갖 사치와 출세의 유혹에도 불구하고, 그는 언제나 친절하고 조용한 사람으로 과학만을 위해 살았다.

먼저 h가 롤의 정리의 세 가지 가정을 만족시킨다는 사실을 밝혀야 한다.

1. 함수 h는 $[a, b]$에서 연속인데, 이것은 모두 연속 함수인 f와 일차 다항 함수의 합이기 때문이다.
2. 함수 h는 (a, b)에서 미분 가능한데, f와 일차 다항 함수가 모두 미분 가능하기 때문이다. 실제로, h'를 식 [4]로부터 직접 다음과 같이 찾을 수 있다.

$$h'(x) = f'(x) - \frac{f(b)-f(a)}{b-a}$$

[$f(a)$와 $\{f(b)-f(a)\}/(b-a)$는 상수이다.]

3.
$$h(a) = f(a) - f(a) - \frac{f(b)-f(a)}{b-a}(a-a) = 0,$$
$$h(b) = f(b) - f(a) - \frac{f(b)-f(a)}{b-a}(b-a)$$
$$= f(b) - f(a) - \{f(b)-f(a)\} = 0$$

그러므로 $h(a) = h(b)$이다.

h가 롤의 정리의 가정을 모두 만족시키므로, 롤의 정리에 따라 (a, b)에 속한 적당한 c가 존재해서 $h'(c) = 0$이다. 따라서 다음이 성립한다.

$$0 = h'(c) = f'(c) - \frac{f(b)-f(a)}{b-a},$$

곧
$$f'(c) = \frac{f(b)-f(a)}{b-a}$$
□

보기 3 평균값 정리를 특별한 함수로 예시하기 위해서, $f(x) = x^3 - x$와 $a = 0$ 및 $b = 2$를 생각하자. f가 다항 함수이므로, 모든 x에서 연속이고 미분 가능하다. 그러므로 분명히 $[0, 2]$에서 연속이고 $(0, 2)$에서 미분 가능하다. 따라서 평균값 정리에 의해 $(0, 2)$에 속한 적당한 수 c가 존재해서 다음이 성립한다.

$$f(2) - f(0) = f'(c)(2-0)$$

여기서 $f(2) = 6$이고 $f(0) = 0$이며 $f'(x) = 3x^2 - 1$이므로, 이 방정식은 다음과 같이 된다.

$$6 = (3c^2 - 1)2 = 6c^2 - 2$$

그러므로 $c^2 = \frac{4}{3}$, 곧 $c = \pm 2/\sqrt{3}$이다. 그런데 c는 $(0, 2)$에 속해야 하므로, $c = 2/\sqrt{3}$이다. 그림 6은 이런 셈을 그림으로 보여준다. c의 이 값에서의 접선은 할선 OB와 평행이다. ■

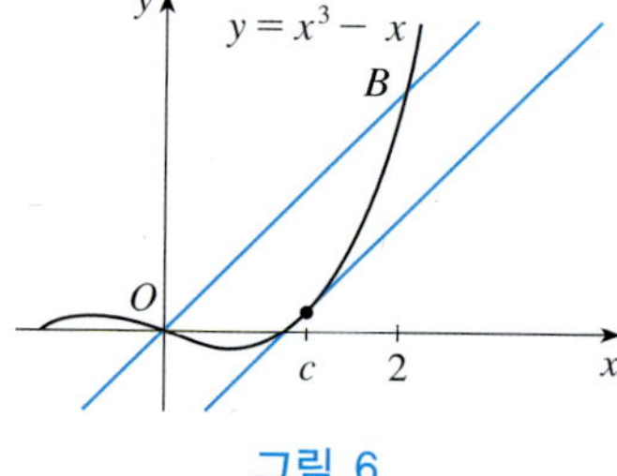

그림 6

보기 4 물체가 직선에서 위치 함수 $s = f(t)$에 따라 움직일 때, $t = a$와 $t = b$ 사이에서의 평균 속도는 다음과 같다.

$$\frac{f(b)-f(a)}{b-a}$$

그리고 $t = c$에서의 속도는 $f'(c)$이다. 그러므로 평균값 정리에 따라 (식 [1]의 형식으로) a와 b 사이의 적당한 시각 $t=c$에서의 순간 속도 $f'(c)$는 위의 평균 속도와 같아야 한다. 예를 들면, 자동차가 2시간에 180km를 달렸다면, 속도계는 적어도 한 곳에서 90km/h를 가리켜야 한다.

일반적으로 평균값 정리를 어떤 구간의 내부에 적당한 수가 존재해서 그 점에서의 순간 변화율이 그 구간에서의 평균 변화율과 같다는 말로 해석할 수 있다. ■

평균값 정리의 가장 중요한 점은, 이것이 함수에 관한 정보를 그것의 도함수에 관한 정보로부터 얻을 수 있게 해준다는 사실이다. 다음 보기는 이런 원리를 예시한다.

보기 5 $f(0)=-3$이고 모든 x에 대해 $f'(x)\le 5$라고 하자. $f(2)$는 얼마나 클 수 있는가?

풀이 f는 모든 수에서 미분 가능하다. (이에 따라 연속이다.) 특히, 평균값 정리를 구간 $[0, 2]$에서 적용할 수 있다. 다음을 만족시키는 c가 존재한다.

$$f(2)-f(0)=f'(c)(2-0),$$

곧 $$f(2)=f(0)+2f'(c)=-3+2f'(c)$$

모든 x에서 $f'(x)\le 5$이므로, 특히 $f'(c)\le 5$이다. 이 부등식의 양변에 2를 곱하면, $2f'(c)\le 10$이므로 다음이 성립한다.

$$f(2)=-3+2f'(c)\le -3+10=7$$

$f(2)$가 될 수 있는 가장 큰 값은 7이다. ■

평균값 정리를 이용하면, 미분법의 기초적인 사실 몇 가지를 증명할 수 있다. 그런 기초적인 사실 중 하나가 다음 정리이다. 다른 사실들은 뒤의 절들에서 알아볼 수 있다.

5 정리 구간 (a, b)에 속한 모든 x에서 $f'(x)=0$이면, f는 (a, b)에서 상수이다.

증명 x_1과 x_2는 (a, b)의 임의의 두 수로 $x_1 < x_2$라고 하자. f는 (a, b)에서 미분 가능하므로, 이는 (x_1, x_2)에서 미분 가능하고 $[x_1, x_2]$에서 연속이다. 평균값 정리를 $[x_1, x_2]$에서 f에 적용하면, 적당한 수 c가 (x_1, x_2)에 존재해서 다음이 성립한다.

$$f(x_2)-f(x_1)=f'(c)(x_2-x_1) \tag{6}$$

모든 x에서 $f'(x)=0$이므로, $f'(c)=0$이고 식 6은 다음과 같이 된다.

$$f(x_2)-f(x_1)=0 \quad \text{또는} \quad f(x_2)=f(x_1)$$

따라서 f는 (a, b)에 속한 임의의 두 수 x_1과 x_2에서 똑같은 값을 취한다. 이는 f가 (a, b)에서 상수임을 뜻한다. □

7 따름 정리 구간 (a, b)에 속한 모든 x에서 $f'(x)=g'(x)$이면, $f-g$는 (a, b)에서 상수이다. 곧, 적당한 상수 c에 대해 $f(x)=g(x)+c$이다.

증명 $F(x)=f(x)-g(x)$라 하자. 그러면 (a, b)에 속한 모든 x에서 다음이 성립한다.

$$F'(x)=f'(x)-g'(x)=0$$

그러므로 정리 5에 의해 F는 상수이다. 곧, $f-g$는 상수이다. □

■ www.stewartcalculus.com
Additional Example A를 보라.

참고 정리 5를 적용할 때 주의해야 한다. 다음 함수를 생각하자.

$$f(x)=\frac{x}{|x|}=\begin{cases}1 & (x>0)\\ -1 & (x<0)\end{cases}$$

f의 정의역은 $D=\{x \mid x\neq 0\}$이고 D에 속한 모든 x에서 $f'(x)=0$이다. 그러나 명백하게 f는 상수 함수가 아니다. 그렇지만 이는 정리 5에 모순되지 않는데, D가 하나의 구간이 아니기 때문이다. f는 구간 $(0, \infty)$에서 상수이고, 구간 $(-\infty, 0)$에서도 상수임에 주목하자.

4.7절에서 역도함수를 배울 때, 정리 5와 따름 정리 7을 널리 이용할 것이다.

4.2 익힘 문제

1–4. 다음 함수가 주어진 구간에서 롤의 정리의 세 가지 가정을 모두 만족시킴을 밝혀라. 그리고 롤의 정리의 결론을 만족시키는 수 c를 모두 찾아라.

1. $f(x)=5-12x+3x^2$, $[1, 3]$
2. $f(x)=x^3-3x^2+2x+5$, $[0, 2]$
3. $f(x)=\sqrt{x}-\frac{1}{3}x$, $[0, 9]$
4. $f(x)=\cos 2x$, $[\pi/8, 7\pi/8]$

5. $f(x)=1-x^{2/3}$이라 하자. $f(-1)=f(1)$이지만, $(-1, 1)$에 속한 어떠한 수 c에 대해서도 $f'(c)=0$이 성립하지 않음을 보여라. 이것은 왜 롤의 정리와 모순되지 않는가?

6. $f(x)=(x-1)^{-2}$이라 하자. $f(0)=f(2)$이지만, $(0, 2)$에 속한 어떠한 수 c에 대해서도 $f'(c)=0$이 성립하지 않음을 보여라. 이것은 왜 롤의 정리와 모순되지 않는가?

7. 다음 f의 그래프를 이용해서, 구간 $[0, 8]$에서 평균값 정리의 결론을 만족시키는 c의 값을 어림하라.

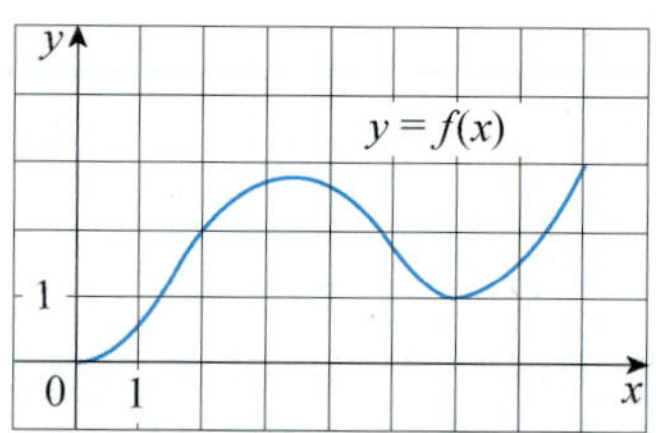

8. 익힘 문제 7에 있는 f의 그래프를 이용해서 구간 $[1, 7]$에서 평균값 정리의 결론을 만족시키는 c의 값을 어림하라.

9–12. 다음 함수가 주어진 구간에서 평균값 정리의 가정을 모두 만족시킴을 밝혀라. 그리고 평균값 정리의 결론을 만족시키는 수 c를 모두 찾아라.

9. $f(x)=2x^2-3x+1$, $[0, 2]$
10. $f(x)=x^3+x-1$, $[0, 2]$

11. $f(x) = \ln x$, $[1, 4]$

12. $f(x) = \dfrac{x}{x+2}$, $[1, 4]$

13–14. 주어진 구간에서 평균값 정리의 결론을 만족시키는 수 c를 찾아라. 다음 함수와 끝점들을 지나는 할선 및 $(c, f(c))$에서의 접선의 그래프를 그려라. 할선과 접선은 평행인가?

13. $f(x) = \sqrt{x}$, $[0, 4]$ **14.** $f(x) = e^{-x}$, $[0, 2]$

15. $f(x) = (x-3)^{-2}$이라 하자. $(1, 4)$에 속한 c의 어떠한 값에 대해서도 $f(4) - f(1) = f'(c)(4-1)$이 성립하지 않음을 보여라. 이것은 왜 평균값 정리의 결론에 모순되지 않는가?

16. $f(x) = 2 - |2x-1|$이라 하자. c의 어떠한 값에 대해서도 $f(3) - f(0) = f'(c)(3-0)$이 성립하지 않음을 보여라. 이것은 왜 평균값 정리의 결론에 모순되지 않는가?

17–18. 다음 방정식의 실근이 단 한 개 존재함을 보여라.

17. $2x + \cos x = 0$ **18.** $x^3 + e^x = 0$

19. 방정식 $x^3 - 15x + c = 0$의 실근이 구간 $[-2, 2]$에 많아야 한 개 존재함을 보여라.

20. 방정식 $x^4 + 4x + c = 0$의 실근이 많아야 두 개 존재함을 보여라.

21. (a) 3차 다항 방정식에는 많아야 세 개의 실근이 존재함을 보여라.
(b) n차 다항 방정식에는 많아야 n개의 실근이 존재함을 보여라.

22. (a) f가 $\mathbb{R}$에서 미분 가능하고 두 개의 영점(f의 함숫값이 0인 수)이 있다고 하자. f'의 영점이 적어도 한 개 존재함을 보여라.
(b) f가 $\mathbb{R}$에서 두 번 미분 가능하고 세 개의 영점이 있다고 하자. f''의 영점이 적어도 한 개 존재함을 보여라.
(c) (a)와 (b)의 결과를 일반화할 수 있는가?

23. $f(1) = 10$이고 $1 \le x \le 4$에서 $f'(x) \ge 2$일 때, $f(4)$의 값은 얼마나 작을 수 있는가?

24. 모든 x에 대해 $3 \le f'(x) \le 5$라고 하자. 그러면 $18 \le f(8) - f(2) \le 30$임을 보여라.

25. 함수 f가 존재해서 $f(0) = -1$이고 $f(2) = 4$이며 모든 x에 대해 $f'(x) \le 2$가 성립할 수 있는가?

26. f와 g가 $[a, b]$에서 연속이고 (a, b)에서 미분 가능하다고 하자. $f(a) = g(a)$이고 $a < x < b$일 때 $f'(x) < g'(x)$라고 하자. 이때 $f(b) < g(b)$임을 증명하라. [*귀띔*: 평균값 정리를 함수 $h = f - g$에 적용하라.]

27. $x > 0$일 때 $\sqrt{1+x} < 1 + \frac{1}{2}x$임을 보여라.

28. f가 홀 함수이고 모든 수에서 미분 가능하다고 하자. 모든 양수 b에 대해 $(-b, b)$에 적당한 수 c가 존재해서 $f'(c) = f(b)/b$가 성립함을 증명하라.

29. 평균값 정리를 이용해서 모든 a와 b에 대해 $|\sin a - \sin b| \le |a - b|$가 성립함을 증명하라.

30. 모든 x에 대해 $f'(x) = c$(c는 상수)이면, 따름 정리 [7]을 이용해서 적당한 상수 d에 대해 $f(x) = cx + d$임을 보여라.

31. $f(x) = 1/x$이고 다음과 같이 정의하자.

$$g(x) = \begin{cases} \dfrac{1}{x} & (x > 0) \\ 1 + \dfrac{1}{x} & (x < 0) \end{cases}$$

정의역에 속한 모든 x에서 $f'(x) = g'(x)$임을 보여라. 따름 정리 [7]을 이용해서 $f - g$가 상수라고 결론을 내릴 수 있는가?

32. 정리 [5]를 이용해서 다음 등식을 증명하라.

$$2\sin^{-1} x = \cos^{-1}(1 - 2x^2) \quad (x \ge 0)$$

33. 다음 등식을 증명하라.

$$\arcsin \frac{x-1}{x+1} = 2\arctan\sqrt{x} - \frac{\pi}{2}$$

34. 자동차의 속도계가 오후 2시 정각에 50km/h를 가리키고, 오후 2시 10분에 65km/h를 가리켰다. 오후 2시 정각과 2시 10분 사이에 가속도가 정확하게 90 km/h^{2}인 시각이 있음을 보여라.

35. 두 명의 달리기 선수가 똑같은 시각에 출발해서 똑같이 결승선을 통과했다. 달리기 중에 두 선수의 속도가 똑같은 시각이 있음을 증명하라. [*귀띔*: 두 선수의 위치 함수가 g와 h일 때, $f(t)=g(t)-h(t)$를 생각하자.]

36. 수 a와 함수 f에 대해 $f(a)=a$일 때, a를 f의 **고정점**이라 한다. 모든 실수 x에 대해 $f'(x)\neq 1$일 때, f의 고정점이 많아야 한 개 존재함을 증명하라.

4.3 도함수와 그래프의 모양

미분 적분학은 함수 f에 관한 사실들을 그 도함수에 관한 정보로부터 유도할 수 있는 능력이 있기 때문에, 많이 활용된다. $f'(x)$는 점 $(x,\ f(x))$에서 곡선 $y=f(x)$의 기울기를 나타내기 때문에, 이것은 각 점에서 곡선이 나아갈 방향을 알려준다. 그러므로 $f'(x)$에 관한 정보가 $f(x)$에 관한 정보를 제공할 것이라는 예상은 적절하다.

f'가 f에 대해 알려주는 것은?

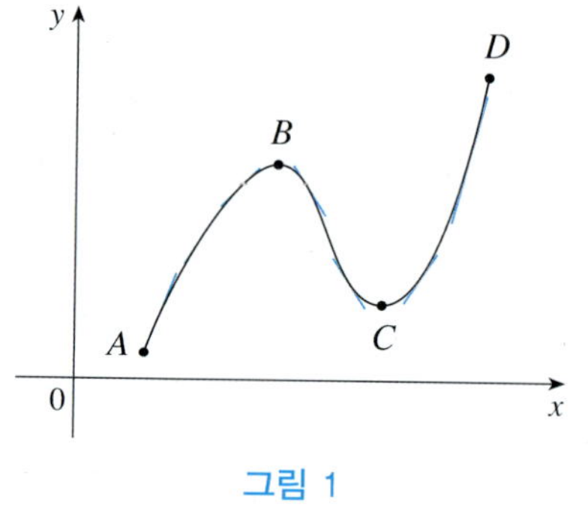

그림 1

함수가 증가하거나 감소하는 곳을 f의 도함수가 알려주는 방법을 확인하기 위해서 그림 1을 보자. (증가 함수와 감소 함수의 정의는 1.1절에 있다.) A와 B 사이 및 C와 D 사이에서, 접선의 기울기는 양수이므로 $f'(x)>0$이다. B와 C 사이에서 접선의 기울기는 음수이므로 $f'(x)<0$이다. 그러므로 $f'(x)$가 양수일 때 f는 증가하고 $f'(x)$가 음수일 때 f는 감소하는 것으로 보인다. 이것이 언제나 참임을 보이기 위해서 평균값 정리를 이용한다.

증감 판정법

(a) 한 구간에서 $f'(x)>0$이면, 그 구간에서 f는 증가한다.

(b) 한 구간에서 $f'(x)<0$이면, 그 구간에서 f는 감소한다.

증명 (a) x_1과 x_2는 그 구간에 속한 임의의 두 수이고 $x_1<x_2$라고 하자. 증가 함수의 정의에 따라서(8쪽), 부등식 $f(x_1)<f(x_2)$를 증명해야 한다.

가정이 $f'(x)>0$이므로, f는 $[x_1,\ x_2]$에서 미분 가능하다. 그러므로 평균값 정리에 의해 x_1과 x_2 사이의 적당한 c가 존재해서 다음이 성립한다.

$$\boxed{1}\qquad f(x_2)-f(x_1)=f'(c)(x_2-x_1)$$

그런데 가정에 의해 $f'(c)>0$이고 $x_1<x_2$이므로 $x_2-x_1>0$이다. 따라서 식 $\boxed{1}$의 우변은 양수이고, 이에 따라 다음을 얻는다.

$$f(x_2)-f(x_1)>0 \qquad \text{또는} \qquad f(x_1)<f(x_2)$$

이는 f가 증가함을 보여준다.

이와 마찬가지로 (b)를 증명할 수 있다. □

용어
증감 판정법 increasing/decreasing test

보기 1 함수 $f(x)=3x^4-4x^3-12x^2+5$가 증가하는 곳과 감소하는 곳을 찾아라.

풀이 $$f'(x)=12x^3-12x^2-24x=12x(x-2)(x+1)$$

증감 판정법을 이용하기 위해서는 $f'(x)>0$인 곳과 $f'(x)<0$인 곳을 알아야 한다. 이는 $f'(x)$의 인수, 곧 $12x$, $x-2$, $x+1$의 부호에 따라 결정된다. 수직선을 임계수 -1, 0, 2가 끝점인 구간들로 나누고, 셈 결과를 아래와 같은 표로 정리하자. 양의 부호는 주어진 식이 양수이고 음의 부호는 주어진 식이 음수임을 나타낸다. 이 표의 마지막 열은 증감 판정법에 따른 결론을 보여준다. 예를 들면 $0<x<2$일 때 $f'(x)<0$이므로, f는 $(0,\ 2)$에서 감소한다. (f가 닫힌 구간 $[0,\ 2]$에서 감소한다고 말해도 무방하다.)

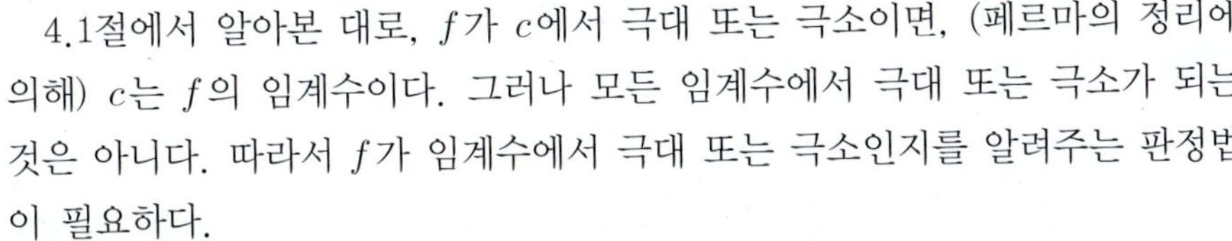

구 간	$12x$	$x-2$	$x+1$	$f'(x)$	f
$x<-1$	$-$	$-$	$-$	$-$	$(-\infty,\ -1)$에서 감소
$-1<x<0$	$-$	$-$	$+$	$+$	$(-1,\ 0)$에서 증가
$0<x<2$	$+$	$-$	$+$	$-$	$(0,\ 2)$에서 감소
$x>2$	$+$	$+$	$+$	$+$	$(2,\ \infty)$에서 증가

그림 2에 나타낸 f의 그래프는 이 표의 결과를 확인시켜 준다. ■

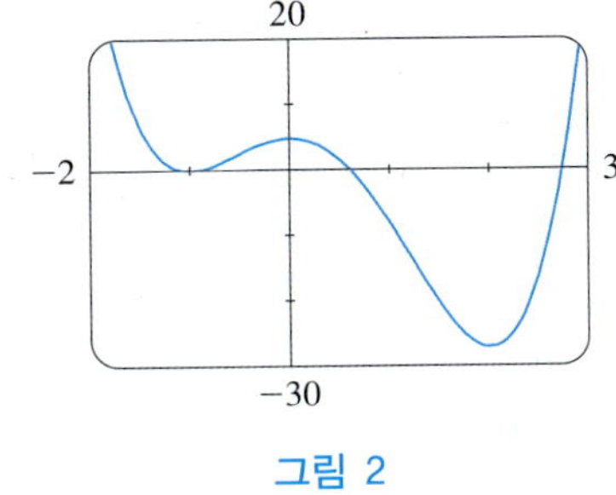

그림 2

4.1절에서 알아본 대로, f가 c에서 극대 또는 극소이면, (페르마의 정리에 의해) c는 f의 임계수이다. 그러나 모든 임계수에서 극대 또는 극소가 되는 것은 아니다. 따라서 f가 임계수에서 극대 또는 극소인지를 알려주는 판정법이 필요하다.

그림 2에서 알 수 있듯이, $f(0)=5$는 f의 극댓값인데, f가 구간 $(-1,\ 0)$에서 증가하고 구간 $(0,\ 2)$에서 감소하기 때문이다. 또는 도함수를 이용해서 $-1<x<0$일 때 $f'(x)>0$이고 $0<x<2$일 때 $f'(x)<0$이기 때문이다. 바꿔 말하면, $f'(x)$의 부호는 0에서 양에서 음으로 바뀐다. 이런 관찰 결과는 다음 판정법의 기초이다.

일계 도함수 판정법 c가 연속 함수 f의 임계수라고 하자.

(a) f'가 c에서 양에서 음으로 바뀌면, f는 c에서 극대이다.

(b) f'가 c에서 음에서 양으로 바뀌면, f는 c에서 극소이다.

(c) f'가 c에서 부호가 바뀌지 않으면(곧, f'가 c의 양쪽에서 모두 양이거나 모두 음이면), f는 c에서 극대도 아니고 극소도 아니다.

일계 도함수 판정법은 증감 판정법의 결과이다. 예를 들면, (a)에서 $f'(x)$의 부호가 c에서 양에서 음으로 바뀌므로, f는 c의 왼쪽에서 증가하고 c의 오른쪽에서 감소한다. 이에 따라 f는 c에서 극소이다.

일계 도함수 판정법은 그림 3과 같이 가시화하면 쉽게 기억할 수 있다.

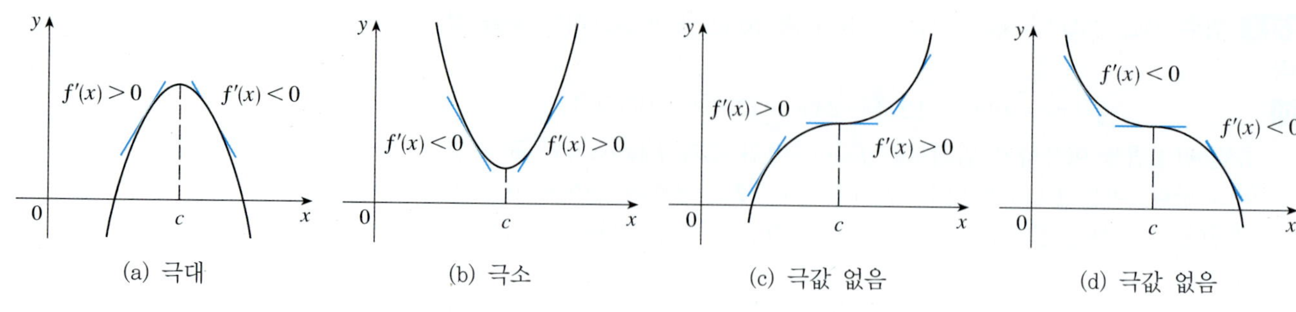

그림 3

보기 2 보기 1에 있는 함수 f의 극댓값과 극솟값을 찾아라.

풀이 보기 1의 풀이에 있는 표로부터 $f'(x)$가 -1에서 음에서 양으로 바뀜을 알 수 있다. 그러므로 일계 도함수 판정법에 의해 $f(-1)=0$은 극솟값이다. 마찬가지로, f'는 2에서 음에서 양으로 바뀌므로, $f(2)=-27$도 극솟값이다. 앞에서 지적한 대로, $f(0)=5$는 극댓값인데, $f'(x)$가 0에서 양에서 음으로 바뀌기 때문이다. ■

보기 3 다음 함수의 극댓값과 극솟값을 찾아라.

$$g(x)=x+2\sin x \quad (0 \le x \le 2\pi)$$

풀이 g의 임계수를 찾기 위해서 다음과 같이 미분하자.

$$g'(x)=1+2\cos x$$

그러므로 $\cos x=-\frac{1}{2}$일 때 $g'(x)=0$이다. 이 방정식의 해는 $2\pi/3$와 $4\pi/3$이다. g가 모든 곳에서 미분 가능하므로, 임계수는 $2\pi/3$와 $4\pi/3$뿐이고, 다음 표와 같이 g를 분석할 수 있다.

■ 표에서 부호 +는 $\cos x > -\frac{1}{2}$일 때 $g'(x)>0$이라는 사실로부터 얻는다. $y=\cos x$의 그래프로부터 각 구간에서의 결과가 참임을 확인할 수 있다.

구 간	$g'(x)=1+2\cos x$	g
$0<x<2\pi/3$	$+$	$(0,\ 2\pi/3)$에서 증가
$2\pi/3<x<4\pi/3$	$-$	$(2\pi/3,\ 4\pi/3)$에서 감소
$4\pi/3<x<2\pi$	$+$	$(4\pi/3,\ 2\pi)$에서 증가

$g'(x)$는 $2\pi/3$에서 양에서 음으로 바뀌므로, 일계 도함수 판정법에 따라 $2\pi/3$에서 극대이고 극댓값은 다음과 같다.

$$g\left(\frac{2\pi}{3}\right)=\frac{2\pi}{3}+2\sin\frac{2\pi}{3}=\frac{2\pi}{3}+2\left(\frac{\sqrt{3}}{2}\right)=\frac{2\pi}{3}+\sqrt{3}\approx 3.83$$

마찬가지로, $g'(x)$는 $4\pi/3$에서 음에서 양의 바뀌므로, 극솟값은 다음과 같다.

$$g\left(\frac{4\pi}{3}\right)=\frac{4\pi}{3}+2\sin\frac{4\pi}{3}=\frac{4\pi}{3}+2\left(-\frac{\sqrt{3}}{2}\right)=\frac{4\pi}{3}-\sqrt{3}\approx 2.46$$

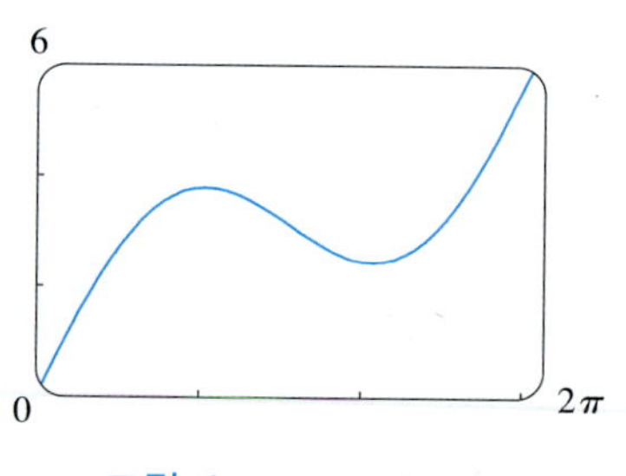

그림 4 $y=x+2\sin x$

그림 4에 나타낸 g의 그래프는 이런 결론을 확인해준다. ■

f''가 f에 대해 알려주는 것은?

그림 5는 (a, b)에서 증가하는 두 함수의 그래프를 보여준다. 두 그래프는 모두 두 점 A와 B를 연결하지만 다르게 보이는데, 서로 다른 방향으로 휘었기 때문이다. 이런 두 가지 행동 사이를 어떻게 구별할 수 있을까? 그림 6에서는 여러 개의 점에서 이런 곡선에 대한 접선을 그렸다. (a)에서 곡선은 접선들의 위에 놓이는데, f는 (a, b)에서 **아래로 볼록** 또는 **위로 오목**이라고 한다. (b)에서 곡선은 접선들의 아래에 놓이는데, g는 (a, b)에서 **위로 볼록** 또는 **아래로 오목**이라고 한다.

용어
아래로 볼록, 위로 오목 concave upward
위로 볼록 ,아래로 오목 concave downward
변곡점 inflection point

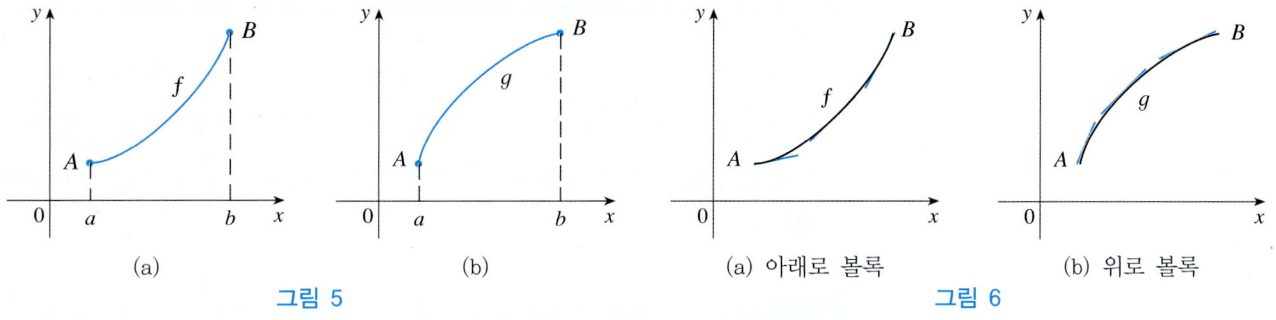

(a) (b)
그림 5

(a) 아래로 볼록 (b) 위로 볼록
그림 6

> **정의** 함수 f의 그래프가 구간 I에서 접선들보다 언제나 위에 놓여있으면, 이를 I에서 **아래로 볼록** 또는 **위로 오목**이라 한다. f의 그래프가 I에서 접선들보다 언제나 아래에 놓여 있으면, 이를 I에서 **위로 볼록** 또는 **아래로 오목**이라고 한다.

그림 7은 세 구간 (b, c), (d, e), (e, p)에서는 아래로 볼록이고 세 구간 (a, b), (c, d), (p, q)에서는 위로 볼록인 함수의 그래프를 보여준다.

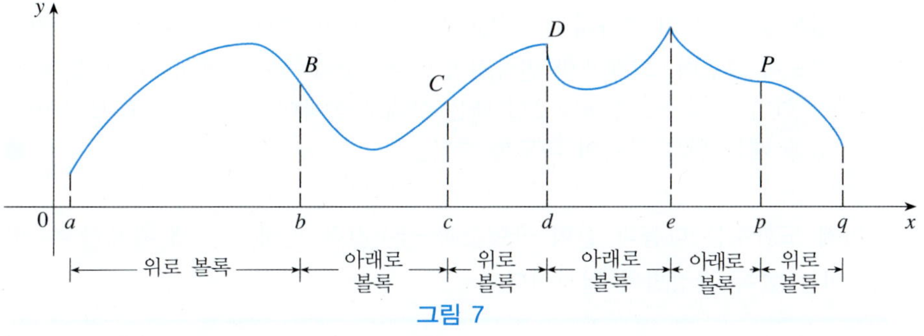

그림 7

> **정의** 곡선 $y = f(x)$의 점 P를 **변곡점**이라 하는 것은, f가 그곳에서 연속이고 곡선이 P에서 위로 볼록에서 아래로 볼록으로 또는 아래로 볼록에서 위로 볼록으로 바뀌는 경우이다.

예를 들면, 그림 7에서 B, C, D, P는 모두 변곡점이다. 변곡점에서 곡선

■ www.stewartcalculus.com

Additional Example A와 B를 보라.

에 대한 접선이 존재하면, 곡선은 변곡점에서 접선을 가로질러간다.

이제 이계 도함수가 위 또는 아래로 볼록인 구간을 결정해주는 방법을 알아보자. 그림 6(a)에서 왼쪽에서 오른쪽으로 갈 때 접선의 기울기가 증가한다는 사실을 알 수 있다. 이는 도함수 f'가 증가 함수이고, 이에 따라 그 도함수 f''가 양수임을 뜻한다. 마찬가지로 그림 6(b)에서 접선의 기울기는 왼쪽에서 오른쪽으로 갈 때 감소한다, 이에 따라 f'는 감소하고 f''는 음수이다. 이런 논리를 뒤집을 수 있는데, 다음과 같은 정리가 참임을 시사한다. 평균값 정리를 이용한 이의 증명은 부록 D에 있다.

볼록 판정법

(a) I의 모든 x에서 $f''(x) > 0$이면, f의 그래프는 I에서 아래로 볼록이다.

(b) I의 모든 x에서 $f''(x) < 0$이면, f의 그래프는 I에서 위로 볼록이다.

볼록 판정법에 비추어 볼 때, 이계 도함수의 부호가 바뀌는 곳에 변곡점이 존재한다.

보기 4 다음 조건들을 만족시키는 함수 f의 가능성 있는 그래프를 그려라.

(i) $(-\infty, 1)$에서 $f'(x) > 0$, $(1, \infty)$에서 $f'(x) < 0$

(ii) $(-\infty, -2)$와 $(2, \infty)$에서 $f''(x) > 0$, $(-2, 2)$에서 $f''(x) < 0$

(iii) $\lim_{x\to-\infty} f(x) = -2$, $\lim_{x\to\infty} f(x) = 0$

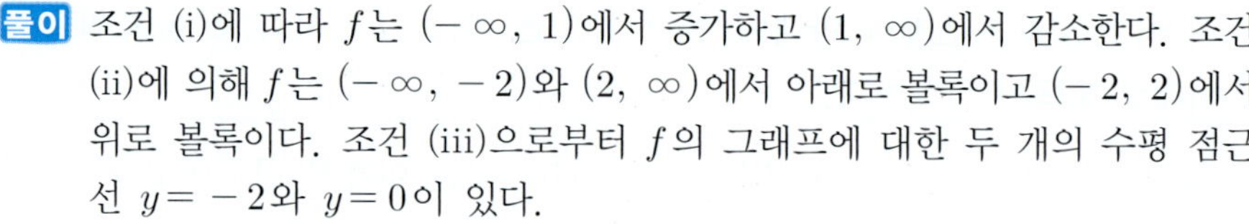

풀이 조건 (i)에 따라 f는 $(-\infty, 1)$에서 증가하고 $(1, \infty)$에서 감소한다. 조건 (ii)에 의해 f는 $(-\infty, -2)$와 $(2, \infty)$에서 아래로 볼록이고 $(-2, 2)$에서 위로 볼록이다. 조건 (iii)으로부터 f의 그래프에 대한 두 개의 수평 점근선 $y = -2$와 $y = 0$이 있다.

먼저 수평 점근선 $y = -2$를 점선으로 그리자. (그림 8을 보라.) 그리고 f의 그래프를 왼쪽 먼 곳에서는 이 점근선에 가까워지고, 가장 높은 점이 있는 $x = 1$까지 증가하며, 다음에는 오른쪽 먼 곳에서는 x축을 향해 감소하도록 그린다. 그래프의 변곡점이 $x = -2$와 $x = 2$에서 나타나도록 해야 한다. $x < -2$와 $x > 2$일 때는 아래로 볼록이고 x가 -2와 2 사이에 있을 때는 위로 볼록이 되도록 한다. ■

그림 8

이계 도함수는 다음과 같이 극댓값과 극솟값을 판정하는 데 활용할 수 있다. 이는 볼록 판정법의 결과이다.

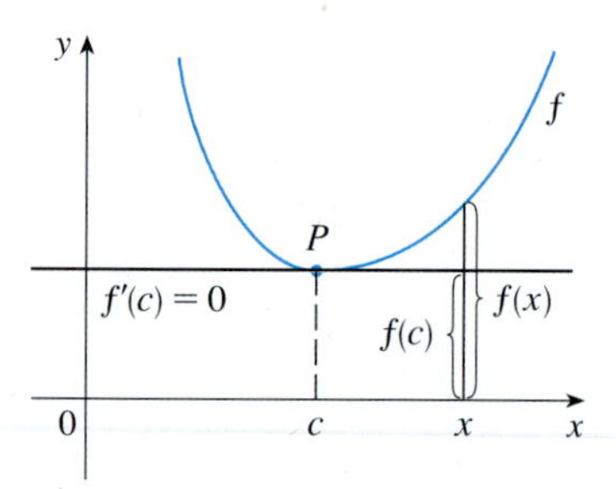

그림 9 $f''(c) > 0$, f는 아래로 볼록

이계 도함수 판정법 f''가 c의 근방에서 연속이라고 하자.

(a) $f'(c) = 0$이고 $f''(c) > 0$이면, f는 c에서 극소이다.

(b) $f'(c) = 0$이고 $f''(c) < 0$이면, f는 c에서 극대이다.

예를 들어 (a)는 참인데, c의 근방에서 $f''(x) > 0$이면 f는 c의 근방에서 아래로 볼록이기 때문이다. 이는 f의 그래프가 c에서의 접선들보다 위에 놓여있고, 이에 따라 f가 c에서 극소임을 뜻한다. (그림 9를 보라.)

보기 5 곡선 $y = x^4 - 4x^3$의 볼록과 변곡점 및 극대와 극소를 논의하라. 이런 정보를 이용해서 그래프를 그려라.

풀이 $f(x) = x^4 - 4x^3$이라 하면, 다음을 얻는다.

$$f'(x) = 4x^3 - 12x^2 = 4x^2(x-3),$$

$$f''(x) = 12x^2 - 24x = 12x(x-2)$$

임계수를 찾기 위해 $f'(x) = 0$으로 놓으면, $x = 0$과 $x = 3$을 얻는다. 이계 도함수 판정법을 이용하기 위해 임계수에서 f''를 셈하면 다음과 같다.

$$f''(0) = 0, \qquad f''(3) = 36 > 0$$

$f'(3) = 0$이고 $f''(3) > 0$이므로, $f(3) = -27$은 극솟값이다. $f''(0) = 0$이므로, 이계 도함수 판정법은 임계수 0에 관해 어떠한 정보도 주지 않는다. 그러나 $x < 0$일 때와 $0 < x < 3$일 때 $f'(x) < 0$이므로, 일계 도함수 판정법에 의해 f는 0에서 극대도 아니고 극소도 아니다. [실제로, $f'(x)$에 관한 식은 f가 3의 왼쪽에서는 감소하고 3의 오른쪽에서는 증가한다는 사실을 알려준다.]

$x = 0$ 또는 2에서 $f''(x) = 0$이므로, 수직선을 이런 수들이 끝점인 구간으로 나누고 다음과 같이 표를 작성하자.

구간	$f''(x) = 12x(x-2)$	볼록
$(-\infty, 0)$	+	아래로 볼록
$(0, 2)$	−	위로 볼록
$(2, \infty)$	+	아래로 볼록

점 $(0, 0)$은 변곡점인데, 곡선이 이 점에서 아래로 볼록에서 위로 볼록으로 바뀌기 때문이다. 또, $(2, -6)$도 변곡점인데, 이 점에서 위로 볼록에서 아래로 볼록으로 바뀌기 때문이다.

극소와 위 또는 아래로 볼록인 구간 및 변곡점을 이용하면, 그림 10에 나타낸 그래프를 그릴 수 있다. ■

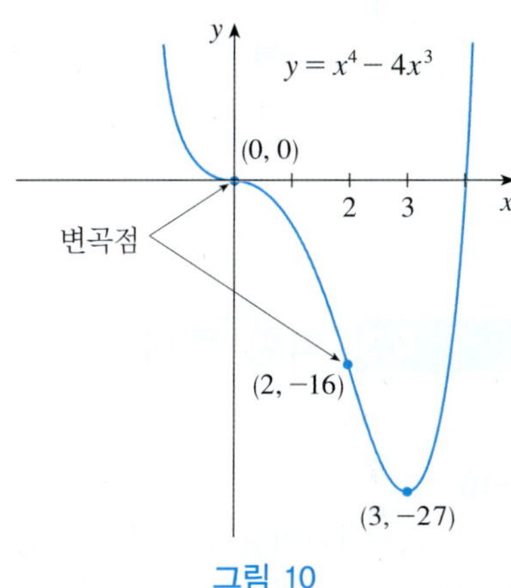

그림 10

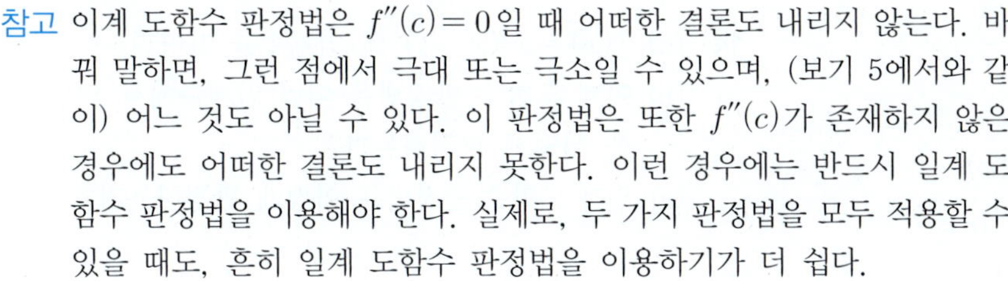
참고 이계 도함수 판정법은 $f''(c) = 0$일 때 어떠한 결론도 내리지 않는다. 바꿔 말하면, 그런 점에서 극대 또는 극소일 수 있으며, (보기 5에서와 같이) 어느 것도 아닐 수 있다. 이 판정법은 또한 $f''(c)$가 존재하지 않은 경우에도 어떠한 결론도 내리지 못한다. 이런 경우에는 반드시 일계 도함수 판정법을 이용해야 한다. 실제로, 두 가지 판정법을 모두 적용할 수 있을 때도, 흔히 일계 도함수 판정법을 이용하기가 더 쉽다.

■ www.stewartcalculus.com
Additional Example B, C, D를 보라.

보기 6 함수 $f(x) = x^{2/3}(6-x)^{1/3}$의 그래프를 그려라.

풀이 미분법을 이용해서 일계와 이계 도함수가 다음과 같음을 확인할 수 있다.

$$f'(x) = \frac{4-x}{x^{1/3}(6-x)^{2/3}}, \qquad f''(x) = \frac{-8}{x^{4/3}(6-x)^{5/3}}$$

▪ 그래프 계산기 또는 컴퓨터로 그림 11을 얻어보자. 일부는 완전한 그래프를 제시하고, 일부는 y축의 오른쪽 부분만 제시하며, 일부는 $x=0$과 $x=6$ 사이의 부분만을 제시한다. 그래프가 정확하게 같은 동치인 식은 다음과 같다.

$$y=(x^2)^{1/3}\cdot\frac{6-x}{|6-x|}|6-x|^{1/3}$$

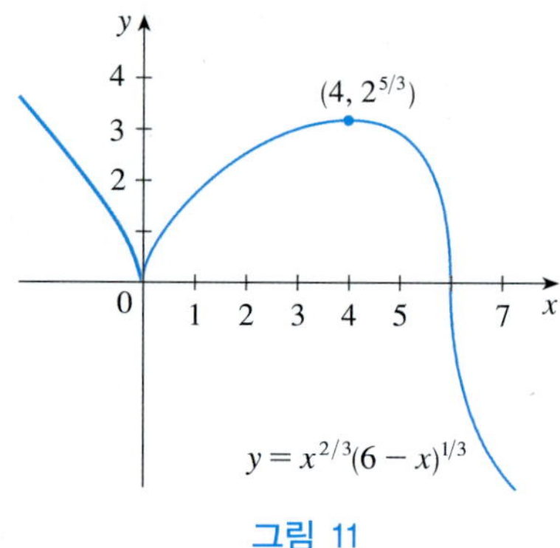

그림 11

$x=4$일 때 $f'(x)=0$이고 $x=0$ 또는 $x=6$일 때 $f'(x)$는 존재하지 않으므로, 임계수는 0, 4, 6이다.

구간	$4-x$	$x^{1/3}$	$(6-x)^{2/3}$	$f'(x)$	f
$x<0$	+	−	+	−	$(-\infty, 0)$에서 감소
$0<x<4$	+	+	+	+	$(0, 4)$에서 증가
$4<x<6$	−	+	+	−	$(4, 6)$에서 감소
$x>6$	−	+	+	−	$(6, \infty)$에서 감소

극값을 찾기 위해, 일계 도함수 판정법을 이용하자. f'가 0에서 음에서 양으로 바뀌므로, $f(0)=0$은 극솟값이다. f'가 4에서 양에서 음으로 바뀌므로, $f(4)=2^{5/3}$은 극댓값이다. f'의 부호는 6에서 바뀌지 않으므로, 이곳에서는 극값을 취하지 않는다. (이계 도함수 판정법을 4에서 이용할 수 있지만, 0 또는 6에서는 f''가 존재하지 않으므로 이용할 수 없다.)

$f''(x)$에 대한 식을 보면 모든 x에 대해 $x^{4/3}\geq 0$이므로, $x<0$과 $0<x<6$일 때 $f''(x)<0$이고 $x>6$일 때 $f''(x)>0$이다. 그러므로 f는 $(-\infty, 0)$과 $(0, 6)$에서 위로 볼록이고 $(6, \infty)$에서 아래로 볼록이며 유일한 변곡점은 $(6, 0)$이다. 이 그래프는 그림 11에 나타냈다. $(0, 0)$과 $(6, 0)$에서 이 곡선에 대한 접선은 연직선인데, $x\to 0$일 때와 $x\to 6$일 때 $|f'(x)|\to\infty$이기 때문이다. ■

4.3 익힘 문제

1–10.
(a) f가 증가하거나 감소하는 구간을 찾아라.
(b) f의 극댓값과 극솟값을 찾아라.
(c) 위와 아래로 볼록인 구간과 변곡점을 찾아라.

1. $f(x)=x^3-12x+1$　**2.** $f(x)=x^4-4x-1$

3. $f(x)=x^4-2x^2+3$　**4.** $f(x)=\dfrac{x^2}{x^2+3}$

5. $f(x)=\sin x+\cos x\quad(0\leq x\leq 2\pi)$

6. $f(x)=\cos^2 x-2\sin x\quad(0\leq x\leq 2\pi)$

7. $f(x)=e^{2x}+e^{-x}$　**8.** $f(x)=x^2\ln x$

9. $f(x)=x^2-x-\ln x$　**10.** $f(x)=x^4e^{-x}$

11–12. 일계와 이계 도함수 판정법을 이용해서 f의 극댓값과 극솟값을 찾아라. 어느 방법이 더 편한가?

11. $f(x)=1+3x^2-2x^3$　**12.** $f(x)=\dfrac{x}{x^2+4}$

13. f''가 $(-\infty, \infty)$에서 연속이고, 다음과 같을 때 f에 대해 어떤 결론을 내릴 수 있는가?
(a) $f'(2)=0,\ f''(2)=-5$
(b) $f'(6)=0,\ f''(6)=0$

14. (a) $f(x)=x^4(x-1)^3$의 임계수를 찾아라.
(b) 이계 도함수 판정법은 이런 임계수에서 f의 행동을 어떻게 판정하는가?
(c) 일계 도함수 판정법은 어떻게 판정하는가?

15. 다음과 같은 f의 변곡점의 x좌표를 찾아라. 그 이유를 말하라.
(a) 아래 곡선은 f의 그래프이다.
(b) 아래 곡선은 f'의 그래프이다.
(c) 아래 곡선은 f''의 그래프이다.

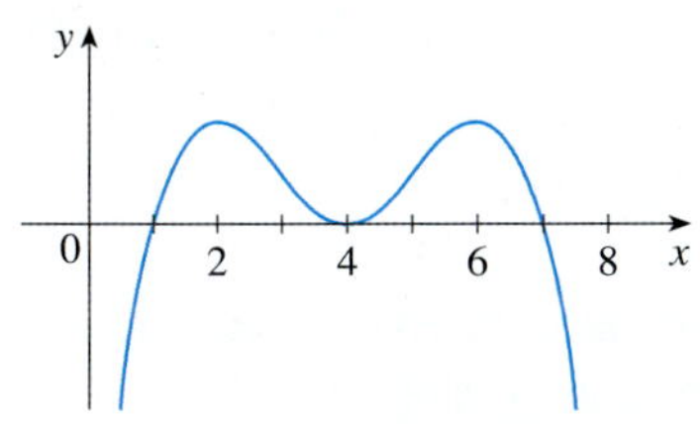

16. 함수 f의 일계 도함수 f'의 그래프는 아래와 같다.
(a) 어떤 구간에서 f가 증가하는가? 설명하라.
(b) x의 어떤 값에서 f가 극댓값 또는 극솟값을 취하는가? 설명하라.
(c) 어떤 구간에서 f는 아래로 볼록이고 위로 볼록인가? 설명하라
(d) f의 변곡점의 x좌표는 무엇인가? 이유는?

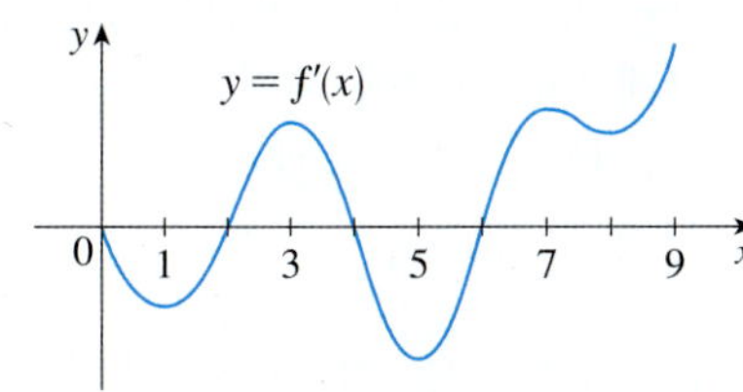

17–22. 다음 주어진 조건을 모두 만족시키는 함수의 그래프를 그려라.

17. $f'(x)$와 $f''(x)$는 언제나 음수

18. 연직 점근선 $x=0$, $x<-2$일 때 $f'(x)>0$,
$x>-2$(이고 $x\neq 0$)일 때 $f'(x)<0$,
$x<0$일 때 $f''(x)<0$, $x>0$일 때 $f''(x)>0$

19. $f'(0)=f'(2)=f'(4)=0$,
$x<0$ 또는 $2<x<4$일 때 $f'(x)>0$,
$0<x<2$ 또는 $x>4$일 때 $f'(x)<0$,
$1<x<3$일 때 $f''(x)>0$,
$x<1$ 또는 $x>3$일 때 $f''(x)<0$

20. $f'(1)=f'(-1)=0$, $|x|<1$일 때 $f'(x)<0$,
$1<|x|<2$일 때 $f'(x)>0$,
$|x|>2$일 때 $f'(x)=-1$,
$-2<x<0$일 때 $f''(x)<0$, 변곡점 $(0,\ 1)$

21. $|x|<2$일 때 $f'(x)>0$, $|x|>2$일 때 $f'(x)<0$,
$f'(-2)=0$, $\lim_{x\to 2}|f'(x)|=\infty$,
$x\neq 2$일 때 $f''(x)>0$

22. $|x|<2$일 때 $f'(x)>0$, $|x|>2$일 때 $f'(x)<0$,
$f'(2)=0$, $\lim_{x\to\infty}f(x)=1$, $f(-x)=-f(x)$,
$0<x<3$일 때 $f''(x)<0$,
$x>3$일 때 $f''(x)>0$

23–24. 연속 함수 f의 도함수 f'의 그래프가 아래와 같다.
(a) 어떤 구간에서 f는 증가하거나 감소하는가?
(b) x의 어떤 값에서 f는 극대 또는 극소인가?
(c) 어떤 구간에서 f는 위 또는 아래로 볼록인가?
(d) 변곡점의 x좌표를 말하라.
(e) $f(0)=0$이라 가정하고, f의 그래프를 그려라.

23.

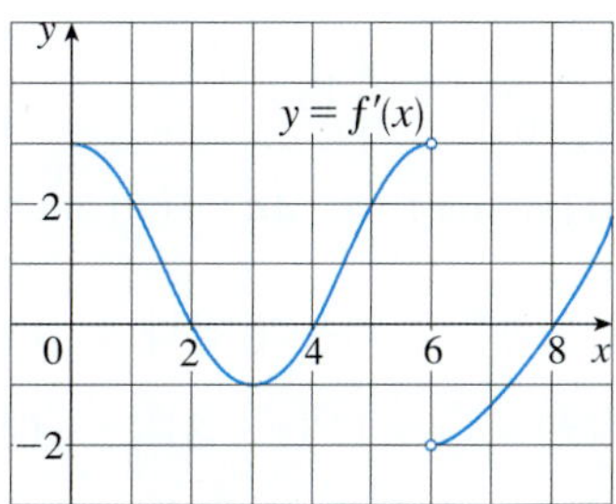

24.

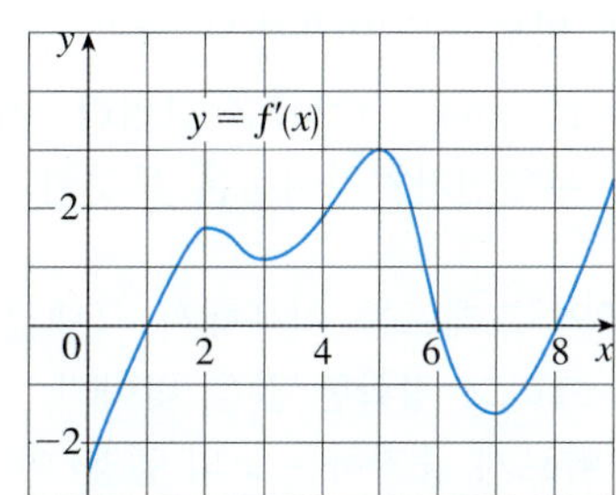

25–36. (a) 증가 또는 감소하는 구간을 찾아라.
(b) 극댓값과 극솟값을 찾아라.
(c) 위와 아래로 볼록인 구간과 변곡점을 찾아라.
(d) (a)~(c)의 정보를 이용해서 그래프를 그려라. 그래프 장치로 이 그래프를 확인하라.

25. $f(x)=x^3-12x+2$ **26.** $f(x)=2+3x-x^3$

27. $f(x)=2+2x^2-x^4$ **28.** $g(x)=200+8x^3+x^4$

29. $h(x)=(x+1)^5-5x-2$

30. $h(x)= 5x^3 - 3x^5$

31. $F(x)= x\sqrt{6-x}$

32. $B(x)= 3x^{2/3} - x$

33. $C(x)= x^{1/3}(x+4)$

34. $f(x)= \ln(x^4+27)$

35. $f(\theta)= 2\cos\theta + \cos^2\theta \quad (0 \le \theta \le 2\pi)$

36. $S(x)= x - \sin x \quad (0 \le t \le 4\pi)$

37–44. (a) 연직과 수평 점근선을 찾아라.
(b) 증가 또는 감소하는 구간을 찾아라.
(c) 극댓값과 극솟값을 찾아라.
(d) 위와 아래로 볼록인 구간과 변곡점을 찾아라.
(e) (a)~(d)의 정보를 이용해서 f의 그래프를 그려라.

37. $f(x)= 1+\dfrac{1}{x}-\dfrac{1}{x^2}$

38. $f(x)= \dfrac{x^2}{(x-2)^2}$

39. $f(x)= \sqrt{x^2+1}-x$

40. $f(x)= \dfrac{e^x}{1+e^x}$

41. $f(x)= e^{-x^2}$

42. $f(x) = x-\dfrac{1}{6}x^2-\dfrac{2}{3}\ln x$

43. $f(x)= \ln(1-\ln x)$

44. $f(x)= e^{\arctan x}$

45. 함수 f의 도함수가 다음과 같다고 하자.

$$f'(x)= (x+1)^3(x-3)^5(x-6)^4$$

어떤 구간에서 f는 증가하는가?

46. 이번 절의 방법들을 이용해서, a가 양의 상수일 때 곡선 $y = x^3 - 3a^2x + 2a^3$을 그려라. 이런 곡선들의 공통점은 무엇인가? 차이점은 무엇인가?

47–48. (a) f의 그래프를 이용해서 극댓값과 극솟값을 어림하라. 그리고 정확한 값을 찾아라.
(b) f가 가장 빠르게 증가하는 x의 값을 어림하라. 그리고 정확한 값을 찾아라.

47. $f(x)= \dfrac{x+1}{\sqrt{x^2+1}}$

48. $f(x)= x^2e^{-x}$

49. 약물 반응 곡선은 약물을 투여한 뒤에 혈류에 남아있는 약물의 수준을 묘사한다. 흔히 급등 함수 $S(t) = At^pe^{-kt}$을 이 반응 곡선의 모형으로 사용하는데, 약물 수준이 초기에 급등하고 그 뒤에 서서히 감소하는 현상을 반영한다. 어떤 특정한 약물에 대해 $A = 0.01$, $p = 4$, $k = 0.07$이고 t의 단위는 분일 때, 변곡점에 대응하는 시각들을 어림하고 이의 의미를 설명하라. 그래프 장치가 있으면, 이를 사용해서 약물 반응 곡선을 그려라.

50. 정규(확률) 밀도 함수라 부르는 다음과 같은 종 모양 곡선이 확률과 통계에 나타난다.

$$y = \frac{1}{\sigma\sqrt{2\pi}}e^{-(x-\mu)^2/(2\sigma^2)}$$

상수 μ는 평균이고 양의 상수 σ는 표준편차이다. 단순화하기 위해, 인수 $1/(\sigma\sqrt{2\pi})$을 없애서 함수의 크기를 조절하고, $\mu = 0$인 특별한 경우를 분석하자. 곧, 다음 함수를 조사하자.

$$f(x) = e^{-x^2/(2\sigma^2)}$$

(a) f의 점근선, 최댓값, 변곡점을 찾아라.
(b) σ는 그래프의 모양에 어떤 영향을 미치는가?
(c) σ의 서로 다른 네 값에 대응하는 곡선을 같은 화면에 함께 그려보자.

51. $x = -2$에서 극댓값 3을 취하고 $x = 1$에서 극솟값 0을 취하는 삼차 함수 $f(x) = ax^3 + bx^2 + cx + d$를 찾아라.

52. a와 b의 어떤 값에서 함수 $f(x)= axe^{bx^2}$은 최댓값 $f(2)= 1$을 취하는가?

53. (a) 함수 $f(x) = x^3 + ax^2 + bx$가 $x = 1/\sqrt{3}$에서 극솟값 $-2\sqrt{3}/9$을 취하면, a와 b의 값은 얼마인가?
(b) (a)의 곡선에 대한 어떤 접선의 기울기가 최소인가?

54. 곡선 $y = x\sin x$의 변곡점이 곡선 $y^2(x^2+4) = 4x^2$에 놓여 있음을 증명하라.

55. 곡선 $y = (1+x)/(1+x^2)$의 변곡점이 세 개 있고, 모두 한 직선에 놓여 있음을 보여라.

56. 두 곡선 $y = e^{-x}$과 $y = -e^{-x}$이 곡선 $y = e^{-x}\sin x$의 변곡점에서 접함을 보여라.

57. $0 < x < \pi/2$일 때 $\tan x > x$임을 보여라. [*귀띔*: $f(x)= \tan x - x$가 $(0,\ \pi/2)$에서 증가함을 보여라.]

58. (a) $x \ge 0$일 때 $e^x \ge 1+x$임을 보여라.

(b) $x \geq 0$일 때 $e^x \geq 1 + x + \frac{1}{2}x^2$임을 유도하라.

(c) 수학적 귀납법을 이용해서, $x \geq 0$일 때 모든 n에 대해 다음이 성립함을 증명하라.

$$e^x \geq 1 + x + \frac{x^2}{2!} + \cdots + \frac{x^n}{n!}$$

59. 삼차 함수에는 언제나 단 한 개의 변곡점이 존재함을 보여라. 그래프의 x절편이 세 개 x_1, x_2, x_3이 있으면, 변곡점의 x좌표가 $(x_1 + x_2 + x_3)/3$임을 보여라.

60. c의 어떤 값에서 다항 함수 $P(x) = x^4 + cx^3 + x^2$에 두 개의 변곡점이 있는가? 한 개의 변곡점이 있는가? 변곡점이 없는가? c의 몇 개의 값에 대해 P의 그래프를 그려라. c가 감소함에 따라 그래프의 모양은 어떻게 바뀌는가?

61. $(c, f(c))$가 f의 그래프의 변곡점이고 f''가 c를 포함하는 열린 구간에서 존재하면, $f''(c) = 0$임을 보여라. [*귀띔*: 일계 도함수 판정법과 페르마의 정리를 함수 $g = f'$에 적용하라.]

62. $f(x) = x^4$이면 $f''(0) = 0$이지만, $(0, 0)$은 f의 그래프의 변곡점이 아님을 보여라.

63. $(0, 0)$이 함수 $g(x) = x|x|$의 변곡점이지만, $g''(0)$이 존재하지 않음을 보여라.

64. f'''가 연속이고 $f'(c) = f''(c) = 0$이지만 $f'''(c) > 0$이라고 하자. f는 c에서 극대인가? 극소인가? f는 c에서 변곡점을 취하는가?

65. 함수 f는 구간 I에서 미분 가능하고, 단 한 점 c를 제외하고 I에 속한 모든 수 x에 대해 $f'(x) > 0$이라 하자. f는 전체 구간 I에서 증가함을 증명하라.

66. c의 어떤 값에 대해 다음 함수는 $(-\infty, \infty)$에서 증가하는가?

$$f(x) = cx + \frac{1}{x^3 + 3}$$

4.4 곡선 그리기

지금까지 곡선을 그리기 위한 몇 가지 특별한 사항을 알아봤다. 제 1 장에서는 정의역, 치역, 대칭성, 극한, 연속, 점근선을, 제 2 장과 3 장에서는 도함수와 접선을, 이번 장에서는 극값, 증가·감소하는 구간, 볼록, 변곡점을 알아봤다. 지금은 이런 모든 정보를 종합해서, 함수의 중요한 특징을 드러내는 그래프를 그려야 할 시간이다.

다음과 같이 질문할 수 있다. 그래프 계산기 또는 컴퓨터를 사용해서 곡선을 그리면 충분하지 않을까? 반드시 미분을 이용할 필요가 있을까?

실제로 현대의 공학 기술은 매우 정확한 그래프를 제공한다. 그렇지만 최고의 그래프 장치라도 솜씨 있게 사용해야 한다. 미분을 이용하면, 곡선의 가장 흥미로운 면을 발견할 수 있고, 그렇지 않으면 간과할 수도 있는 곡선의 행동을 찾아낼 수 있다. 보기 4에서는 미분의 도움으로 공학 기술의 함정을 피할 수 있는 방법을 알아본다.

곡선을 그리기 위한 지침

아래의 확인 사항 목록은 곡선 $y = f(x)$를 손으로 그리는 과정에서 참고해야할 지침이다. 모든 항목이 모든 함수와 관련된 것은 아니다. (예를 들면, 주어진 곡선에 점근선이나 대칭성이 없을 수 있다.) 그렇지만 이 지침은 함수의 가장 중요한 면들을 드러내는 그래프를 그리기 위해 필요한 모든 정보를 제공한다.

A. 정의역 먼저 f의 정의역 D, 곧 $f(x)$가 정의되는 x의 값의 집합을 결정하는 것이 쓸모 있는 경우가 흔하다.

B. 절편 y절편은 $f(0)$인데, 이는 곡선이 y축과 만나는 곳을 알려준다. x절편을 찾기 위해서는 $y=0$으로 놓고, x에 대해 푼다. (방정식을 풀기가 어려우면, 이 단계를 생략할 수 있다.)

C. 대칭성

(i) D에 속한 모든 x에 대해 $f(-x)=f(x)$이면, 곧 x를 $-x$로 바꾸어도 곡선의 방정식이 변하지 않으면, f는 짝 함수(우함수)이고 곡선은 y축에 대해 대칭이다. 이는 해야 할 일이 반으로 줄어듦을 뜻한다. $x \geq 0$일 때의 곡선의 모양을 알면, 이를 y축에 대해 대칭 이동시켜서 전체 곡선을 얻을 수 있다. [그림 1(a)를 보라.] 이를테면 $y=x^2$, $y=x^4$, $y=|x|$, $y=\cos x$ 등이 이런 함수의 예이다.

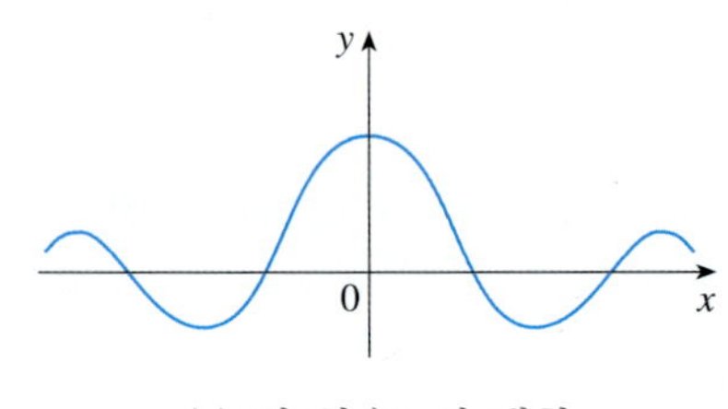

(a) 짝 함수: 선 대칭

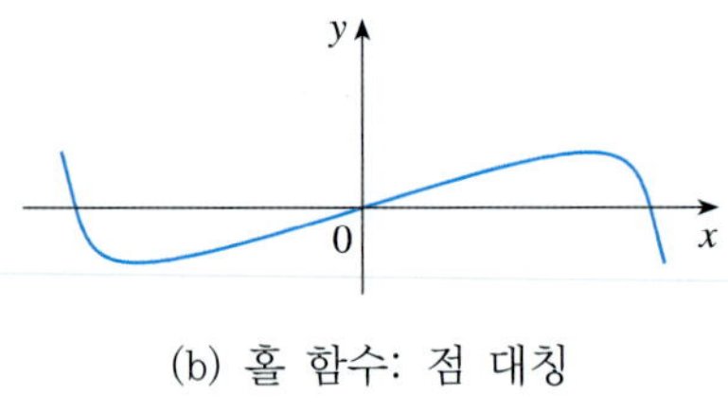

(b) 홀 함수: 점 대칭

그림 1

(ii) D에 속한 모든 x에 대해 $f(-x)=-f(x)$이면, f는 홀 함수(기함수)이고 곡선은 원점에 대해 대칭이다. 또다시 $x \geq 0$일 때의 곡선의 모양을 알면, 전체 곡선을 얻을 수 있다. [원점을 중심으로 180° 회전시킨다. 그림 1(b)를 보라.] 이를테면 $y=x$, $y=x^3$, $y=x^5$, $y=\sin x$ 등이 홀 함수의 예이다.

용어
주기 period
주기 함수 periodic function

(iii) 양의 상수 p가 존재해서 D에 속한 모든 x에 대해 $f(x+p)=f(x)$가 성립할 때, f는 주기 함수라 하고 이를 만족시키는 가장 작은 수 p를 주기라고 한다. 예를 들면, $y=\sin x$의 주기는 2π이고 $y=\tan x$의 주기는 π이다. 길이가 p인 구간에서의 그래프를 알면, 평행 이동을 이용해서 전체 그래프를 그릴 수 있다.(그림 2를 보라.)

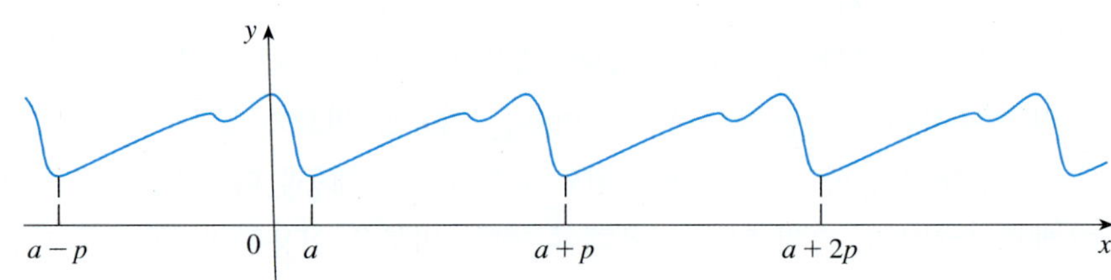

그림 2 주기 함수: 평행 이동 대칭

D. 점근선

(i) 수평 점근선. 1.6절에서 알아본 대로, $\lim_{x\to\infty} f(x)=L$ 또는 $\lim_{x\to-\infty} f(x)=L$이면, 직선 $y=L$은 곡선 $y=f(x)$의 수평 점근선이다. $\lim_{x\to\infty} f(x)=\infty$ (또는 $-\infty$)이면, 오른쪽에 점근선이 존재

하지 않지만, 이는 여전히 그래프를 그리기 위한 유용한 정보이다.

(ii) 연직 점근선. 1.6절에서 알아본 대로, 다음 명제 중 적어도 하나가 참일 때, 직선 $x = a$가 연직 점근선이다.

1
$$\lim_{x \to a^+} f(x) = \infty, \qquad \lim_{x \to a^-} f(x) = \infty$$
$$\lim_{x \to a^+} f(x) = -\infty, \qquad \lim_{x \to a^-} f(x) = -\infty$$

(유리 함수의 경우에는 공통 인수를 소거한 뒤에 분모를 0으로 놓고 풀어서 연직 점근선을 찾을 수 있다. 그러나 다른 함수의 경우에는 이런 방법을 적용할 수 없다.) 또, 곡선을 그릴 때, 1의 명제 중에서 참인 명제를 정확하게 알면 매우 유용하다. $f(a)$가 정의되지 않지만 a가 f의 정의역의 끝점이면, $\lim_{x \to a^-} f(x)$ 또는 $\lim_{x \to a^+} f(x)$를 확인해야 하고, 이런 극한이 무한대인지 확인해야 한다.

E. 증가 · 감소하는 구간 증감 판정법을 이용하자. $f'(x)$를 셈하고 $f'(x)$가 양수인 (f가 증가하는) 구간과 $f'(x)$가 음수인 (f가 감소하는) 구간을 찾자.

F. 극댓값과 극솟값 f의 임계수 c를 찾자. [c에서 $f'(c) = 0$이거나 $f'(c)$가 존재하지 않는다.] 그리고 일계 도함수 판정법을 이용하자. f'가 임계수 c에서 양에서 음으로 바뀌면, $f(c)$는 극댓값이다. f'가 c에서 음에서 양으로 바뀌면, $f(c)$는 극솟값이다. 통상 일계 도함수 판정법을 우선적으로 이용하지만, $f'(c) = 0$이고 $f''(c) \neq 0$일 때는 이계 도함수 판정법을 이용할 수 있다. $f''(c) > 0$이면 $f(c)$는 극솟값이고, $f''(c) < 0$이면 $f(c)$는 극댓값이다.

G. 볼록과 변곡점 $f''(x)$를 셈하고 볼록 판정법을 이용하자. $f''(x) > 0$일 때 아래로 볼록이고, $f''(x) < 0$일 때 위로 볼록이다. 변곡점은 볼록인 방향이 바뀌는 곳에서 나타난다.

H. 곡선 그리기 A~G 항목의 정보를 이용해서 그래프를 그리자. 점근선은 점선으로 그린다. 절편, 극값이 나타나는 점, 변곡점을 표시하자. 다음에 이런 점들을 지나는 곡선을 그리는데, E에 따라 오르내리고 G에 따라 볼록인 방향이 정해지며 점근선에 가까워진다. 어떤 점 근방을 더욱 세밀하게 나타내고 싶으면, 그곳에서 도함수의 셈할 수 있다. 접선은 곡선이 나아가려는 방향을 가리킨다.

TEC Module 4.4에서 f'와 f''에 관한 정보를 사용해서 f의 그래프의 모양을 결정하는 연습을 할 수 있다.

보기 1 위의 지침을 참고해서, 곡선 $y = \dfrac{2x^2}{x^2 - 1}$을 그려라.

A. 정의역은 다음과 같다.

$$\{x \mid x^2 - 1 \neq 0\} = \{x \mid x \neq \pm 1\} = (-\infty, -1) \cup (-1, 1) \cup (1, \infty)$$

B. x절편과 y절편은 모두 0이다.

C. $f(-x) = f(x)$이므로, f는 짝 함수이다. 곡선은 y축에 대해 대칭이다.

D. $$\lim_{x \to \pm\infty} \frac{2x^2}{x^2 - 1} = \lim_{x \to \pm\infty} \frac{2}{1 - 1/x^2} = 2$$

따라서 직선 $y=2$가 수평 점근선이다.

$x=\pm 1$일 때 분모가 0이므로, 다음 극한을 셈한다.

$$\lim_{x\to 1^+}\frac{2x^2}{x^2-1}=\infty,\qquad \lim_{x\to 1^-}\frac{2x^2}{x^2-1}=-\infty,$$

$$\lim_{x\to -1^+}\frac{2x^2}{x^2-1}=-\infty,\qquad \lim_{x\to -1^-}\frac{2x^2}{x^2-1}=\infty$$

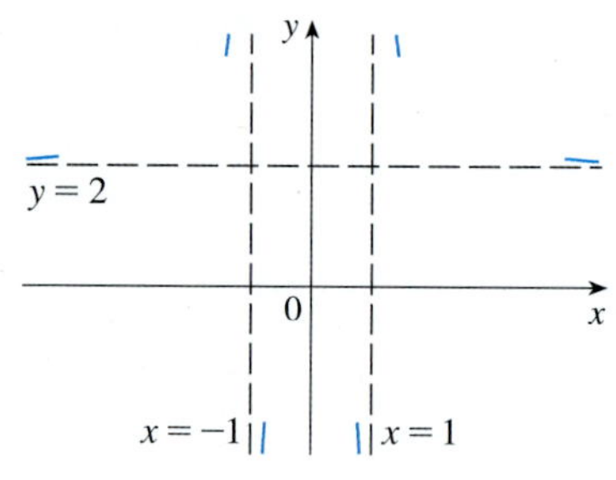

그림 3 예비적인 그림

따라서 두 직선 $x=1$과 $x=-1$은 연직 점근선이다. 극한과 점근선에 관한 이런 정보를 바탕으로 그림 3과 같은 예비적인 그림을 그릴 수 있다. 여기에는 점근선 근처에서 곡선의 행동 양식을 일부 나타냈다.

E. $$f'(x)=\frac{4x(x^2-1)-2x^2\cdot 2x}{(x^2-1)^2}=\frac{-4x}{(x^2-1)^2}$$

▪ 그림 3에서 곡선이 점근선에 가까워짐을 보였다. 이는 증가·감소하는 구간을 통해 확인된다.

$x<0\,(x\neq -1)$일 때 $f'(x)>0$이고 $x>0\,(x\neq 1)$일 때 $f'(x)<0$이므로, f는 $(-\infty,\ -1)$과 $(-1,\ 0)$에서 증가하고 $(0,\ 1)$과 $(1,\ \infty)$에서 감소한다.

F. 유일한 임계수는 $x=0$이다. f'가 0에서 양에서 음으로 바뀌므로, 일계 도함수 판정법에 따라 $f(0)=0$은 극댓값이다.

G. $$f''(x)=\frac{-4(x^2-1)^2+4x\cdot 2(x^2-1)2x}{(x^2-1)^4}=\frac{12x^2+4}{(x^2-1)^3}$$

모든 x에서 $12x^2+4>0$이므로, 다음이 성립한다.

$$f''(x)>0 \iff x^2-1>0 \iff |x|>1,$$
$$f''(x)<0 \iff |x|<1$$

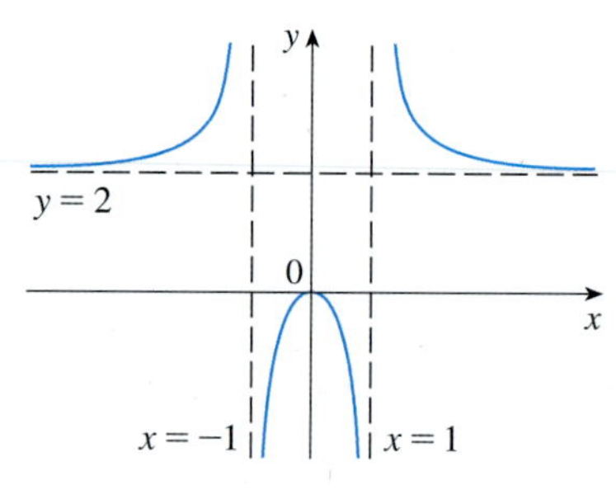

그림 4 $y=\dfrac{2x^2}{x^2-1}$의 그래프

그러므로 곡선은 구간 $(-\infty,\ -1)$과 $(1,\ \infty)$에서 아래로 볼록이고 구간 $(-1,\ 1)$에서 위로 볼록이다. 1과 -1이 f의 정의역에 속하지 않으므로, 변곡점은 없다.

H. E~G의 정보를 이용해서, 그림 4와 같이 그래프를 완성한다. ■

보기 2 $f(x)=xe^x$의 그래프를 그려라.

A. 정의역은 $\mathbb{R}$이다.

B. x절편과 y절편은 모두 0이다.

C. 대칭성은 없다.

D. $x\to\infty$일 때 x와 e^x은 모두 한없이 커지므로 $\lim_{x\to\infty} xe^x=\infty$이다.

그렇지만 $x\to-\infty$일 때 $e^x\to 0$이므로, 곱의 부정형을 얻는다. 이때 로피탈의 법칙을 이용하면 다음을 얻는다.

$$\lim_{x\to-\infty} xe^x=\lim_{x\to-\infty}\frac{x}{e^{-x}}=\lim_{x\to-\infty}\frac{1}{-e^{-x}}=\lim_{x\to-\infty}(-e^x)=0$$

그러므로 x축은 수평 점근선이다.

E. $$f'(x) = xe^x + e^x = (x+1)e^x$$

e^x은 언제나 양수이므로, $x+1>0$일 때 $f'(x)>0$이고 $x+1<0$일 때 $f'(x)<0$이다. 그러므로 f는 $(-1, \infty)$에서 증가하고 $(-\infty, -1)$에서 감소한다.

F. $f'(-1)=0$이고 f'는 $x=-1$에서 음에서 양으로 바뀌므로 $f(-1) = -e^{-1}$은 극솟값(최솟값)이다.

G. $$f''(x) = (x+1)e^x + e^x = (x+2)e^x$$

$x>-2$일 때 $f''(x)>0$이고 $x<-2$일 때 $f''(x)<0$이므로, f는 $(-2, \infty)$에서 아래로 볼록하고 $(-\infty, -2)$에서 위로 볼록하다. 변곡점은 $(-2, -2e^{-2})$이다.

H. 이런 정보를 이용해서 그림 5와 같이 곡선을 그렸다. ■

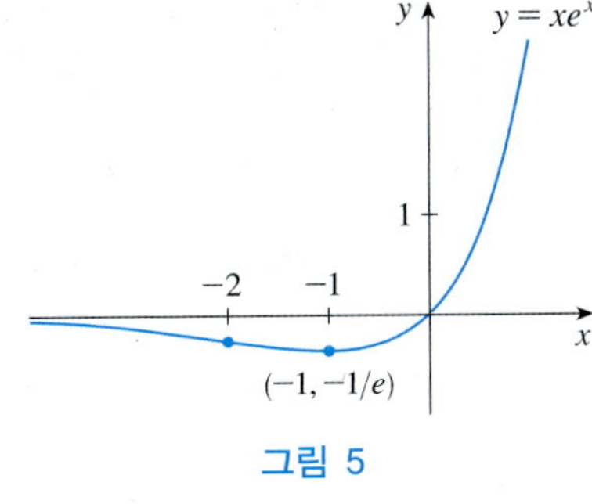

그림 5

보기 3 $f(x) = \dfrac{\cos x}{2+\sin x}$의 그래프를 그려라.

A. 정의역은 $\mathbb{R}$이다.

B. y절편은 $f(0) = \frac{1}{2}$이다. x절편은 $\cos x = 0$일 때, 곧 정수 n에 대해 $x = (2n+1)\pi/2$이다.

C. f는 짝 함수도 홀 함수도 아니지만, 모든 x에 대해 $f(x+2\pi) = f(x)$이므로 f는 주기가 2π인 주기 함수이다. 그러므로 아래에서 $0 \le x \le 2\pi$인 경우만 고려하고 충분하다. H에서는 평행 이동을 통해 곡선을 확장하면 된다.

D. 점근선은 없다.

E. $$f'(x) = \frac{(2+\sin x)(-\sin x) - \cos x(\cos x)}{(2+\sin x)^2} = -\frac{2\sin x + 1}{(2+\sin x)^2}$$

그러므로 $2\sin x + 1 < 0 \iff \sin x < -\frac{1}{2} \iff 7\pi/6 < x < 11\pi/6$일 때, $f'(x) > 0$이다. 따라서 f는 $(7\pi/6, 11\pi/6)$에서 증가하고 $(0, 7\pi/6)$과 $(11\pi/6, 2\pi)$에서 감소한다.

■ www.stewartcalculus.com

Additional Example A와 B를 보라.

F. E와 일계 도함수 판정법에 의해 극솟값은 $f(7\pi/6) = -1/\sqrt{3}$이고 극댓값은 $f(11\pi/6) = 1/\sqrt{3}$이다.

G. 몫의 미분법을 또다시 이용하고 간단히 하면 다음을 얻는다.

$$f''(x) = -\frac{2\cos x(1-\sin x)}{(2+\sin x)^3}$$

모든 x에서 $(2+\sin x)^3 > 0$이고 $1-\sin x \ge 0$이므로, $\cos x < 0$일 때, 곧 $\pi/2 < x < 3\pi/2$일 때 $f''(x) > 0$이다. 따라서 f는 $(\pi/2, 3\pi/2)$에서 아래로 볼록하고 $(0, \pi/2)$와 $(3\pi/2, 2\pi)$에서 위로 볼록하다. 변곡점은 $(\pi/2, 0)$과 $(3\pi/2, 0)$이다.

H. $0 \le x \le 2\pi$로 제한된 함수의 그래프는 그림 6에 나타냈다. 다음에 주기

성을 이용해서 이를 확장하면 그림 7에 나타낸 완전한 그래프를 얻는다.

그림 6

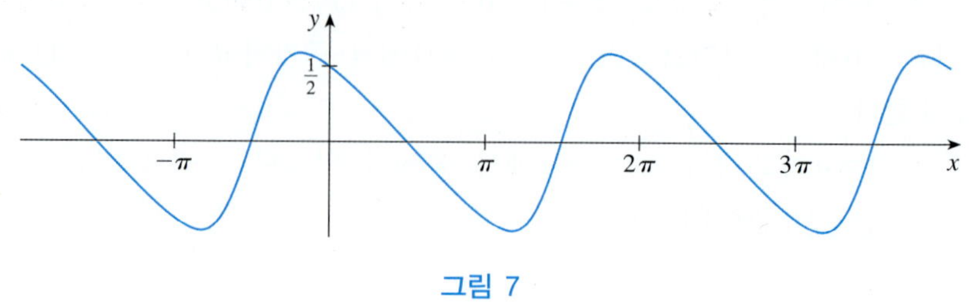

그림 7 ■

공학 도구를 이용한 곡선 그리기

공학 도구를 이용해서 곡선을 그릴 때의 전략은 보기 1~3의 방법과 다르다. 여기서는 그래프 계산기 또는 컴퓨터로 생성한 그래프에서 출발해서 이를 세심하게 다듬어야 한다. 미분을 이용해서 확실하게 곡선의 중요한 특징을 모두 드러내도록 해야 한다. 그래프 장치를 이용하면 이런 공학 도구 없이는 너무 복잡해서 다룰 수 없는 곡선을 공략할 수 있다.

보기 4 다항 함수 $f(x)=2x^6+3x^5+3x^3-2x^2$의 그래프를 그려라. f'와 f''를 이용해서 극값이 나타나는 모든 점 및 볼록인 방향이 다른 구간들을 어림하라.

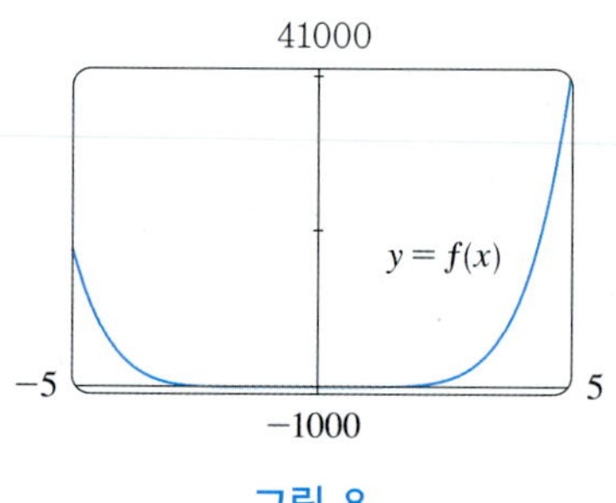

그림 8

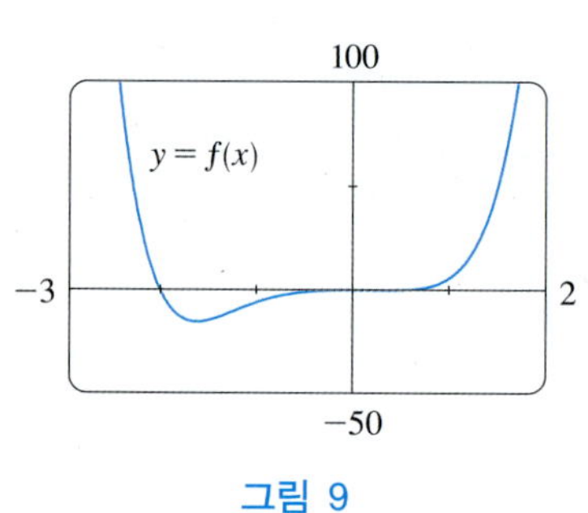

그림 9

풀이 정의역을 지정하고 치역은 지정하지 않아도, 많은 그래프 장치는 셈한 값을 바탕으로 적절한 치역을 유도한다. 그림 8은 정의역을 $-5 \le x \le 5$로 지정했을 때, 한 그래프 장치가 화면에 나타낸 것이다. 이 관찰 직사각형도 근사적인 행동이 $y=2x^6$과 비슷함을 보여준다는 점에서 유용하지만, 분명히 좀 더 세밀한 내용을 숨기고 있다. 그래서 관찰 직사각형을 그림 9에 나타낸 것과 같이 $[-3, 2]\times[-50, 100]$으로 바꾸자.

이 그래프를 보면 (커서로 짚어서) $x \approx -1.62$일 때 약 -15.33의 최솟값을 취하고, f가 $(-\infty, -1.62)$에서 감소하고 $(-1.62, \infty)$에서 증가하는 것으로 보인다. 또, 원점에서 수평 접선이 있고, $x=0$일 때와 x가 -2와 -1 사이의 어느 곳에 있을 때 변곡점이 있을 것으로 보인다.

이제 미분을 이용해서 이런 느낌을 확인해보자. 미분하면 다음을 얻는다.

$$f'(x)=12x^5+15x^4+9x^2-4x,$$

$$f''(x)=60x^4+60x^3+18x-4$$

그림 10에 나타낸 f'의 그래프에서 $f'(x)$가 $x \approx -1.62$일 때 음에서 양의 바뀜을 알 수 있다. (일계 도함수 판정법에 의해) 이는 앞에서 찾은 최솟값을 확인해준다. 그런데 놀랍게도 $f'(x)$는 $x=0$일 때 양에서 음으로 바뀌고 $x \approx 0.35$일 때 음에서 양으로 바뀐다. 이는 f가 0에서 극댓값을 취하고 $x \approx 0.35$에서 극솟값을 취함을 뜻하지만, 그림 9에는 숨겨져 있다. 실제로, 원점을 향해 확대하면 그림 11과 같은 그림을 얻고, 앞에서 빠뜨린 사실을 확인할 수 있다. $x=0$일 때 극댓값 0을 취하고, $x \approx 0.35$일 때 약 -0.1의 극솟값을 취한다.

■ www.stewartcalculus.com

Additional Example C~F를 보라.

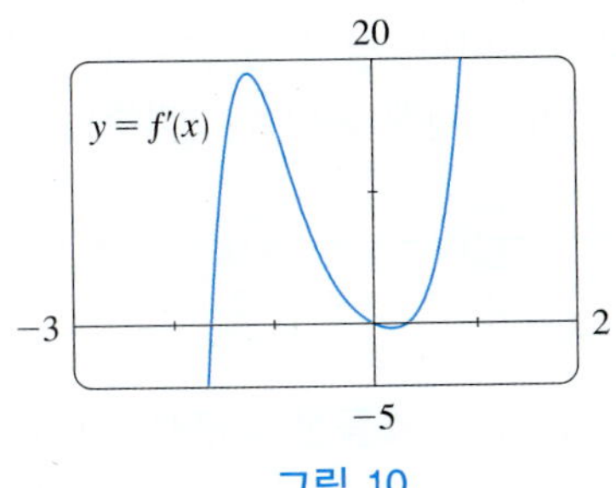

그림 10

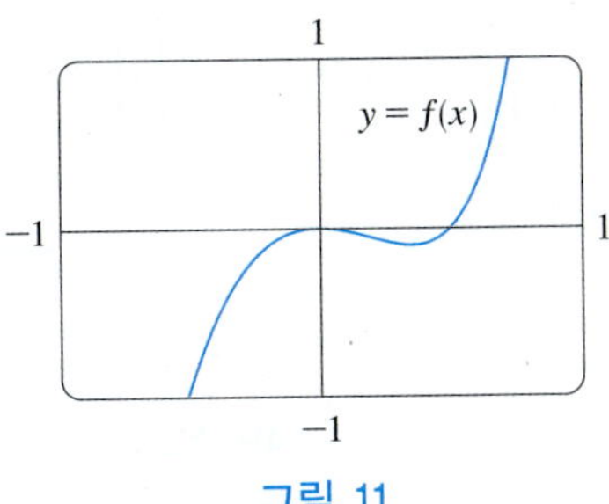

그림 11

볼록과 변곡점은 어떨까? 그림 9와 11로부터 변곡점이 x가 -1보다 약간 왼쪽에 있을 때와 x가 0의 약간 오른쪽에 있을 때 나타날 것으로 보인다. 그런데 f의 그래프로부터 변곡점을 결정하기가 어렵기 때문에, 그림 12에 f''의 그래프를 나타냈다. f''는 $x \approx -1.23$일 때 양에서 음으로 바뀌고, $x \approx 0.19$일 때 음에서 양으로 바뀐다. 그러므로 소수 둘째 자리까지 정확하게 f는 $(-\infty, -1.23)$과 $(0.19, \infty)$에서 아래로 볼록이고 $(-1.23, 0.19)$에서 위로 볼록이다. 변곡점은 $(-1.23, -10.18)$과 $(0.19, -0.05)$이다.

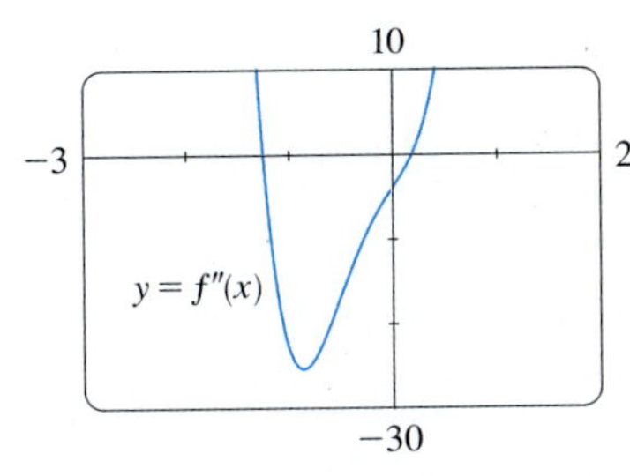

그림 12

위에서 알아본 대로, 단 하나의 그래프로는 이 다항 함수의 중요한 특징을 모두 드러낼 수 없다. 그러나 그림 9와 11를 함께 생각하면 정밀한 그림을 얻는다. ■

4.4 익힘 문제

1–44. 이번 절의 지침을 이용해서 다음 곡선을 그려라.

1. $y = x^3 - 12x^2 + 36x$
2. $y = 2 + 3x^2 - x^3$
3. $y = x^4 - 4x$
4. $y = 8x^2 - x^4$
5. $y = x(x-4)^3$
6. $y = x^5 - 5x$
7. $y = \dfrac{1}{5}x^5 - \dfrac{8}{3}x^3 + 16x$
8. $y = 20x^3 - 3x^5$
9. $y = \dfrac{x}{x-1}$
10. $y = \dfrac{x}{(x-1)^2}$
11. $y = \dfrac{1}{x^2-9}$
12. $y = \dfrac{x}{x^2-9}$
13. $y = \dfrac{x}{x^2+9}$
14. $y = \dfrac{x^2}{x^2+9}$
15. $y = \dfrac{x-1}{x^2}$
16. $y = \dfrac{x^3-1}{x^3+1}$
17. $y = x\sqrt{5-x}$
18. $y = 2\sqrt{x} - x$
19. $y = \dfrac{x}{\sqrt{x^2+1}}$
20. $y = \sqrt{x^2+x} - x$
21. $y = \dfrac{\sqrt{1-x^2}}{x}$
22. $y = x\sqrt{2-x^2}$
23. $y = x - 3x^{1/3}$
24. $y = x^{5/3} - 5x^{2/3}$
25. $y = \sqrt[3]{x^2-1}$
26. $y = \sqrt[3]{(x^2-1)^2}$
27. $y = \sin^3 x$
28. $y = x + \cos x$
29. $y = x\tan x \quad (-\pi/2 < x < \pi/2)$
30. $y = 2x - \tan x \quad (-\pi/2 < x < \pi/2)$
31. $y = \frac{1}{2}x - \sin x \quad (0 < x < 3\pi)$
32. $y = \sec x + \tan x \quad (0 < x < \pi/2)$
33. $y = \dfrac{\sin x}{1+\cos x}$
34. $y = \dfrac{\sin x}{2+\cos x}$
35. $y = 1/(1+e^{-x})$
36. $y = e^{2x} - e^x$
37. $y = x\ln x$
38. $y = x(\ln x)^2$
39. $y = xe^{-x}$
40. $y = \ln(x^2 - 3x + 2)$
41. $y = \ln(\sin x)$
42. $y = e^x - 3e^{-x} - 4x$

43. $y = xe^{-1/x}$

44. $y = \tan^{-1}\left(\dfrac{x-1}{x+1}\right)$

45. 상대성 이론에서 입자의 질량은 다음과 같다.

$$m = \frac{m_0}{\sqrt{1 - v^2/c^2}}$$

여기서 m_0은 정지해 있는 입자의 질량이고, m은 입자가 관찰자에 대한 상대 속력 v로 움직일 때의 질량이며, c는 빛의 속력이다. v의 함수로서 m의 그래프를 그려라.

46. 상대성 이론에서 입자의 에너지는 다음과 같다.

$$E = \sqrt{m_0^2 c^4 + h^2 c^2/\lambda^2}$$

여기서 m_0은 정지해 있는 입자의 질량이고 λ는 그것의 파장이며 h는 플랑크 상수이다. λ의 함수로서 E의 그래프를 그려라. 그래프는 에너지에 대해 무엇을 알려주는가?

47. 아래 그림은 콘크리트 벽에 박혀 있는 길이가 L인 들보를 보여준다. 일정한 하중 W가 이 들보의 길이를 따라 고르게 분포되어 있으면, 들보의 모양은 다음과 같이 아래로 굽은 곡선이다.

$$y = -\frac{W}{24EI}x^4 + \frac{WL}{12EI}x^3 - \frac{WL^2}{24EI}x^2$$

여기서 E와 I는 양의 상수이다. [E는 영(Young)의 탄성 계수이고, I는 들보 단면의 관성 모멘트이다.] 아래로 굽은 곡선의 그래프를 그려라.

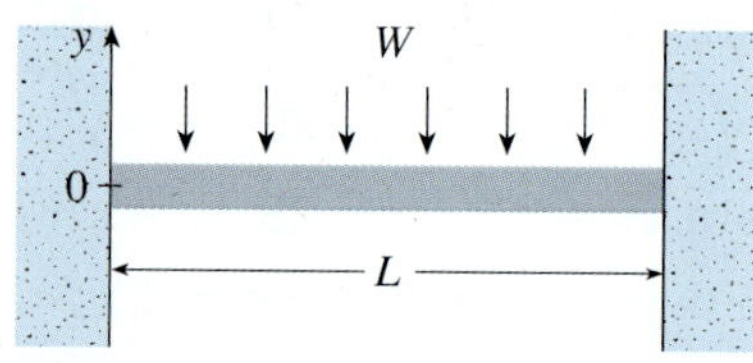

48. 쿨롱의 법칙에 따라 두 대전 입자 사이의 인력은 전하의 곱에 정비례하고 그들 사이의 거리의 제곱에 반비례한다. 아래 그림에 나타낸 대로, 전하가 1인 입자는 수직선의 좌표 0과 2의 위치에 있고, 전하가 -1인 입자는 이들 사이의 좌표 x의 위치에 있다. 쿨롱의 법칙에 의해, 가운데 입자에 가해지는 알짜 힘은 다음과 같다.

$$F(x) = -\frac{k}{x^2} + \frac{k}{(x-2)^2} \quad (0 < x < 2)$$

여기서 k는 양의 상수이다. 알짜 힘 함수의 그래프를 그려라. 그래프는 힘에 대해 무엇을 알려주는가?

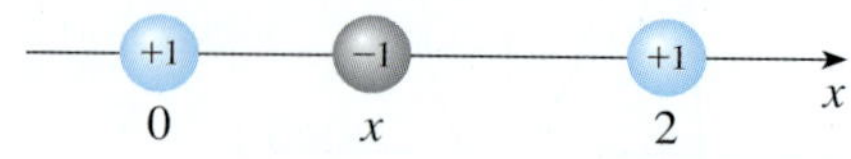

49–52. 직선 $y = mx + b$를 **비스듬한 점근선**이라 하는 것은, $x \to \infty$ 또는 $x \to -\infty$일 때 $f(x) - (mx+b) \to 0$인 경우인데, x가 커짐에 따라 곡선 $y = f(x)$와 직선 $y = mx + b$ 사이의 거리가 0에 가까워지기 때문이다. 다음 함수의 비스듬한 점근선의 방정식을 찾고, 이를 그래프를 그리는 데 이용하라. [유리 함수의 경우에는 분자의 차수가 분모의 차수보다 1만큼 클 때 비스듬한 점근선이 나타난다. 이를 찾기 위해 나눗셈을 이용해서 $f(x) = mx + b + R(x)/Q(x)$와 같이 적는다.]

49. $y = \dfrac{x^2}{x-1}$

50. $y = \dfrac{x^2+12}{x-2}$

51. $y = \dfrac{x^3+4}{x^2}$

52. $y = 1 - x + e^{1+x/3}$

53. 곡선 $y = x - \tan^{-1}x$에 대해 두 개의 비스듬한 점근선 $y = x + \pi/2$와 $y = x - \pi/2$가 존재함을 보여라. 이 사실을 이용해서 그래프를 그려라.

54. 곡선 $y = \sqrt{x^2 + 4x}$에 대해 두 개의 비스듬한 점근선 $y = x + 2$와 $y = -x - 2$가 존재함을 보여라. 이 사실을 이용해서 그래프를 그려라.

55–58. 곡선의 중요한 특징을 모두 드러내는 다음 f의 그래프를 그려라. 특히, f'와 f''의 그래프를 이용해서 증가·감소하는 구간, 극값, 볼록인 방향이 다른 구간, 변곡점을 어림하라.

55. $f(x) = 4x^4 - 32x^3 + 89x^2 - 95x + 29$

56. $f(x) = x^6 - 15x^5 + 75x^4 - 125x^3 - x$

57. $y = 6\sin x + \cot x \quad (-\pi \le x \le \pi)$

58. $f(x) = e^x - 0.186x^4$

59–60. 곡선의 중요한 특징을 모두 드러내는 다음 f의 그래프를 그려라. 증가·감소하는 구간과 볼록인 방향이 다른 구간을 어림하고, 미분을 이용해서 그런 구간을 정확하게 찾아라.

59. $f(x) = 1 + \dfrac{1}{x} + \dfrac{8}{x^2} + \dfrac{1}{x^3}$

60. $f(x) = \dfrac{1}{x^8} - \dfrac{2 \times 10^8}{x^4}$

61–65. c가 변함에 따라 f의 그래프가 변하는 방법을 설명하라. 몇 개의 그래프를 그려서, 앞에서 찾은 변화 방법을 예시하라. 특히, c가 변함에 따라 극값을 취하는 수와 변곡점이 이동하는 방법을 조사해야 한다. 곡선의 기본적인 형태가 바뀔 때의 c의 값도 찾아야 한다.

61. $f(x) = \sqrt{x^4 + cx^2}$ 62. $f(x) = x^3 + cx$

63. $f(x) = e^{-c/x^2}$ 64. $f(x) = \ln(x^2 + c)$

65. $f(x) = cx + \sin x$

66. 방정식 $f(x) = x^4 + cx^2 + x$로 정의된 곡선족을 조사하자. 먼저, 변곡점의 개수가 바뀔 때의 c의 값을 결정하라. 몇 개의 그래프를 그려서, 어떤 형태가 나타날 수 있는지 알아보자. 임계수의 개수가 바뀔 때의 c의 또 다른 값이 있다. 찾아낸 사실을 증명하라.

4.5 최적화 문제

이번 장에서 알아본 최댓값과 최솟값을 찾는 방법은 많은 분야에 실용적으로 활용된다. 사업가는 비용을 최소화하고 이익을 최대화하기 바란다. 여행가는 이동 시간을 최소화하기 바란다. 페르마의 광학 원리에 따라서, 빛은 시간이 가장 적게 걸리는 경로를 따른다. 이번 절과 다음 절에서는 넓이, 부피, 이익을 최대화하고 거리, 시간, 비용을 최소화하는 문제를 해결한다.

이런 실용적인 문제를 해결할 때, 흔히 가장 어려운 단계는 문제 상황을 최대화 또는 최소화하려는 함수를 설정함으로써 수학적인 최적화 문제로 변환시키는 과정이다. 다음과 같은 단계들이 도움이 될 수 있다.

최적화 문제의 풀이 단계

1. 문제의 이해 첫째 단계는 문제를 명확하게 이해할 때까지 세심하게 분석하는 것이다. 모르는 것은 무엇인가? 주어진 양은 무엇인가? 주어진 조건은 무엇인가?
2. 그림 그리기 대부분의 문제에서 그림을 그리고 그 그림에 주어진 양과 모르는 양을 표시하면 도움이 된다.
3. 기호의 도입 최대화 또는 최소화하려는 양에 기호를 할당한다. (여기서는 이를 Q라 하자.) 또, 모르는 다른 양을 위한 기호(a, b, c, ..., x, y)를 선택하고, 이런 기호를 그림에 표시하자. 넓이는 A, 높이는 h, 시간은 t와 같이 암시적인 머리글자를 이용하면 도움이 된다.
4. Q를 단계 3의 다른 기호 중 일부로 표현하자.
5. 단계 4에서 Q가 두 개 이상의 변수의 함수로 표현되면, 주어진 정보를 이용해서 이런 변수 사이의 (방정식의 형태로) 관계를 찾아라. 그리고 이런 방정식을 이용해서 Q에 대한 식에서 변수 중 한 개를 제외한 나머지를 모두 소거하자. 그러면 Q는 한 개의 변수 x에 관한 함수, 이를테면 $Q = f(x)$로 표현된다. 이 함수의 정의역을 써라.

6. 4.1절과 4.3절의 방법을 이용해서 f의 최댓값 또는 최솟값을 찾는다. 특히, f의 정의역이 닫힌 구간이면, 4.1절의 닫힌 구간 방법을 이용할 수 있다.

보기 1 길이가 1200 m인 울타리를 칠 수 있는 재료를 갖고 있는 농부가 직선으로 흐르는 강가에 있는 직사각형 땅에 울타리를 치려고 한다. 강쪽에는 울타리를 칠 필요가 없다. 울타리로 에워싸을 수 있는 넓이가 가장 큰 직사각형 땅의 규격을 찾아라.

풀이 이 문제에서 나타날 수 있는 상황을 알아보기 위해서, 몇 가지 특별한 경우를 조사해보자. (크기가 정확하지는 않은) 그림 1은 1200 m의 울타리로 에워싸는 세 가지 가능한 방법을 보여준다.

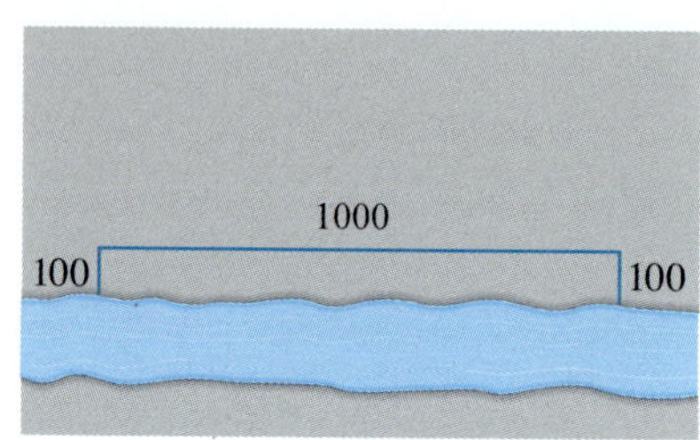

넓이 $= 100 \cdot 1000 = 100000\,\text{m}^2$

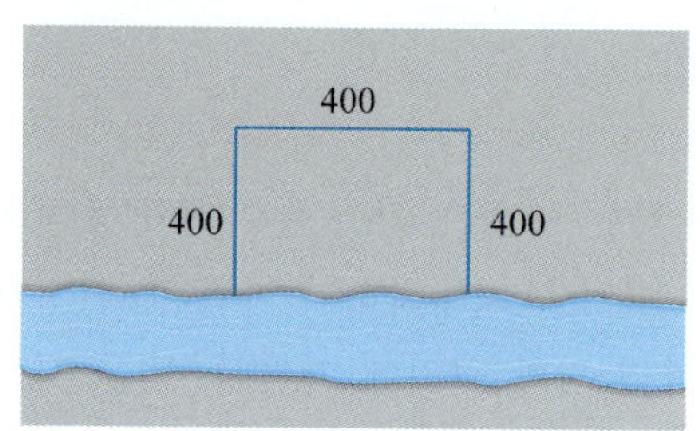

넓이 $= 400 \cdot 400 = 160000\,\text{m}^2$

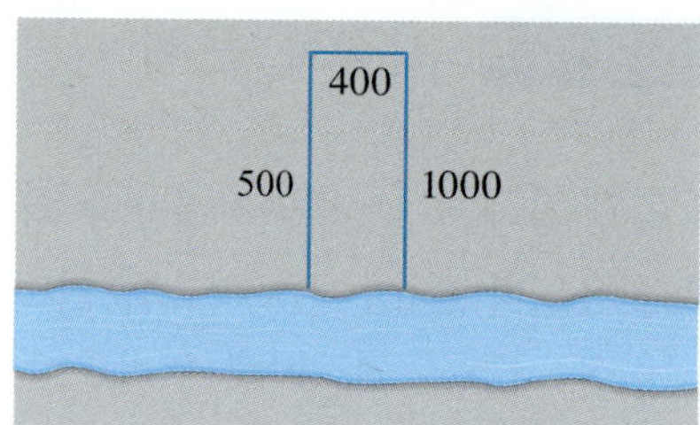

넓이 $= 500 \cdot 200 = 100000\,\text{m}^2$

그림 1

너비가 작고 길이를 길게 하거나 너비가 크고 길이를 작게 할 때 넓이가 상대적으로 작아짐을 알 수 있다. 이런 것의 중간적인 형태에서 가장 큰 넓이가 나타날 것으로 보인다.

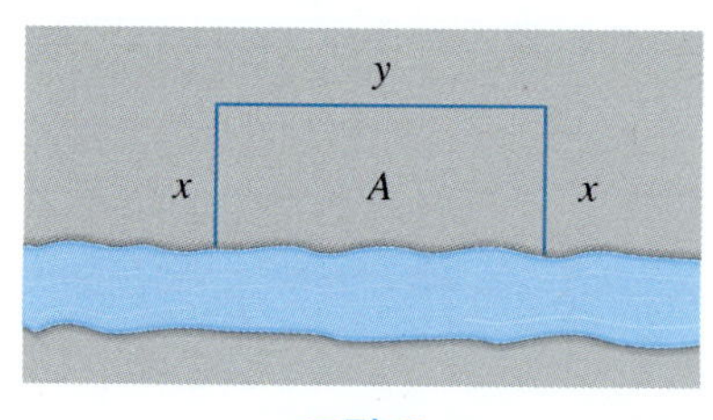

그림 2

그림 2는 일반적인 경우를 예시한다. 직사각형의 넓이 A를 최대화하려고 한다. x와 y를 각각 직사각형의 너비(m)와 길이(m)라고 하자. 그러면 A는 다음과 같이 x와 y의 식으로 표현된다.

$$A = xy$$

A를 단 한 개의 변수의 함수로 표현하고 싶으므로, y를 x로 나타내어 이를 소거하자. 이를 위해 울타리의 전체 길이가 1200m라는 주어진 정보를 이용하자. 그러므로 다음이 성립한다.

$$2x + y = 1200$$

이 식으로부터 $y = 1200 - 2x$를 얻는데, 이에 따라 다음이 성립한다.

$$A = x(1200 - 2x) = 1200x - 2x^2$$

$x \geq 0$이고 $x \leq 1200$이어야 한다. (그렇지 않으면 $A < 0$이다.) 그러므로 최대화하려는 함수는 다음과 같다.

$$A(x) = 1200x - 2x^2 \quad (0 \leq x \leq 600)$$

도함수는 $A'(x) = 1200 - 4x$이므로, 임계수를 찾으려면 다음 방정식을 풀면 된다.

$$1200 - 4x = 0$$

$x=300$을 얻는다. A의 최댓값은 임계수 또는 구간의 끝점에서 나타난다. $A(0)=0$이고 $A(300)=180000$이며 $A(600)=0$이므로, 닫힌 구간 방법에 따라 최댓값은 $A(300)=180000$이다.

[다른 방법으로, 모든 x에 대해 $A''(x)=-4<0$을 확인할 수 있다. 그러므로 A는 언제나 위로 볼록하고 $x=300$에서의 극댓값은 최댓값이다.]

따라서 직사각형 땅은 너비가 300m이고 길이가 600m이어야 한다. ■

보기 2 원기둥 모양의 캔은 1L의 석유를 담을 수 있다. 이런 캔을 제작하기 위한 금속의 비용을 최소화하는 규격을 찾아라.

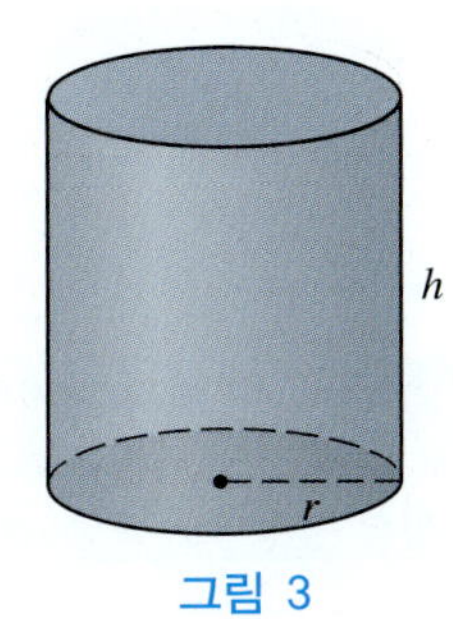

그림 3

풀이 그림 3과 같이 도형을 그리자. 여기서 r은 밑면의 반지름이고 h는 높이이다. (단위는 모두 cm이다.) 금속의 비용을 최소화하기 위해서는 원기둥의 겉넓이(밑면과 윗면 및 옆면의 넓이의 합)를 최소화해야 한다. 그림 4로부터 옆면의 모양은 가로와 세로가 $2\pi r$과 h인 직사각형이다. 그러므로 겉넓이는 다음과 같다.

$$A=2\pi r^2+2\pi rh$$

h를 소거하기 위해서 부피가 1L, 곧 $1000\,\text{cm}^3$이라는 사실을 이용하자. 이는 다음을 뜻한다.

$$\pi r^2 h=1000$$

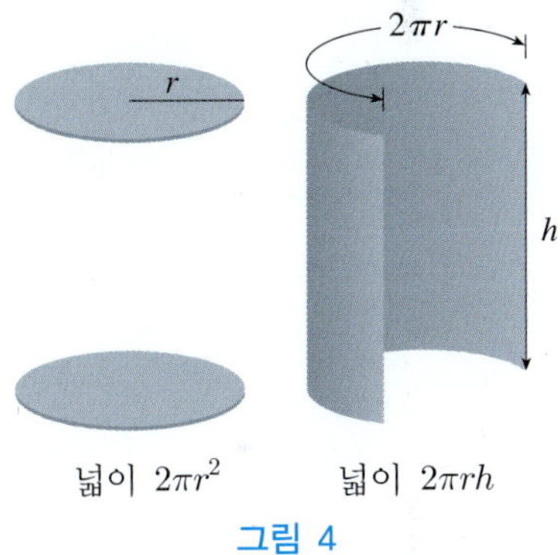

그림 4

그러므로 $h=1000/(\pi r^2)$이다. 이를 A에 대한 식에 대입하면 다음과 같다.

$$A=2\pi r^2+2\pi r\left(\frac{1000}{\pi r^2}\right)=2\pi r^2+\frac{2000}{r}$$

따라서 최소화하려는 함수는 다음과 같다.

$$A(r)=2\pi r^2+\frac{2000}{r}\quad(r>0)$$

임계수를 찾기 위해, 다음과 같이 미분하자.

$$A'(r)=4\pi r-\frac{2000}{r^2}=\frac{4(\pi r^3-500)}{r^2}$$

그러므로 $\pi r^3=500$일 때 $A'(r)=0$이므로, 유일한 임계수는 $r=\sqrt[3]{500/\pi}$이다.

A의 정의역이 $(0,\infty)$이므로, 끝점들을 고려한 보기 1의 논법을 이용할 수 없다. 그렇지만 $r<\sqrt[3]{500/\pi}$일 때 $A'(r)<0$이고 $r>\sqrt[3]{500/\pi}$일 때 $A'(r)>0$이므로, A는 임계수의 왼쪽에 있는 모든 수 r에서 감소하고 오른쪽에 있는 모든 수 r에서 증가한다. 그러므로 $r=\sqrt[3]{500/\pi}$에서 반드시 최솟값을 취한다.

[다른 방법으로, $r\to 0^+$일 때 $A(r)\to\infty$이고 $r\to\infty$일 때 $A(r)\to\infty$이므로 최솟값 $A(r)$이 반드시 존재하는데, 그것은 임계수에 나타난다. 그림 5를 보라.]

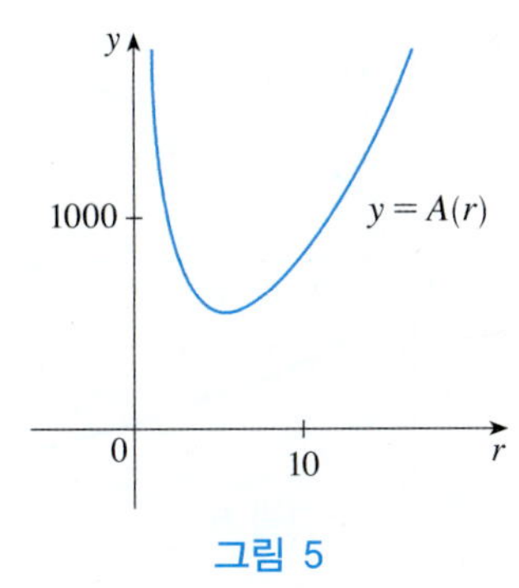

그림 5

$r=\sqrt[3]{500/\pi}$ 에 대응하는 h는 다음과 같다.

$$h=\frac{1000}{\pi r^2}=\frac{1000}{\pi(500/\pi)^{2/3}}=2\sqrt[3]{\frac{500}{\pi}}=2r$$

따라서 캔의 제작 비용을 최소화하려면 반지름은 $\sqrt[3]{500/\pi}\approx 5.42\,\text{cm}$이고 높이는 반지름의 두 배, 곧 지름과 같아야 한다. ■

참고 1. 최솟값을 확인하기 위해 보기 2에서 이용한 논법은 (극댓값 또는 극솟값에만 적용되는) 일계 도함수 판정법의 변형이다. 앞으로 참조하기 위해 다음과 같이 정리한다.

TEC Module 4.5에서 최적화 문제 여섯 개를 추가로 알아볼 수 있는데, 물리적 상황의 동영상도 포함되어 있다.

최댓값 · 최솟값을 찾는 일계 도함수 판정법 c를 구간에서 정의된 연속 함수 f의 임계수라고 하자.

(a) $x<c$일 때 $f'(x)>0$이고 $x>c$일 때 $f'(x)<0$이면, $f(c)$는 f의 최댓값이다.

(b) $x<c$일 때 $f'(x)<0$이고 $x>c$일 때 $f'(x)>0$이면, $f(c)$는 f의 최솟값이다.

참고 2. 최적화 문제를 푸는 또 다른 방법은 음함수의 미분법을 이용하는 것이다. 이 방법을 예시하기 위해 보기 2를 다시 생각하자. 다음과 같이 똑같은 방정식에서 출발한다.

$$A=2\pi r^2+2\pi rh,\qquad \pi r^2h=100$$

그러나 h를 소거하지 않고, 음함수의 미분법으로 두 방정식을 r에 관해 다음과 같이 미분한다.

$$A'=4\pi r+2\pi rh'+2\pi h,\qquad \pi r^2h'+2\pi rh=0$$

임계수에서 최솟값이 나타나므로, $A'=0$이라 놓으면 다음을 얻는다.

$$2r+h+rh'=0,\qquad 2h+rh'=0$$

두 식을 빼면 $2r-h=0$, 곧 $h=2r$을 얻는다.

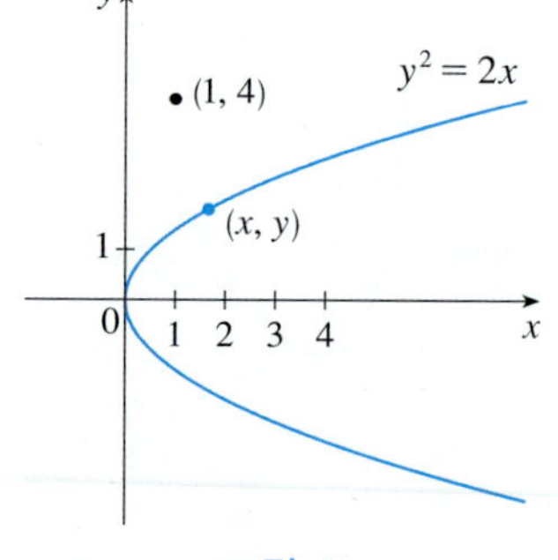

그림 6

보기 3 점 (1, 4)로부터 가장 가까운 포물선 $y^2=2x$의 점을 찾아라.

풀이 점 (1, 4)와 점 (x, y) 사이의 거리는 다음과 같다.

$$d=\sqrt{(x-1)^2+(y-4)^2}$$

(그림 6을 보라.) 그런데 (x, y)가 포물선의 점이면 $x=y^2/2$이므로, d에 대한 식은 다음과 같이 된다.

$$d=\sqrt{\left(\frac{1}{2}y^2-1\right)^2+(y-4)^2}$$

(다른 방법으로 $y = \sqrt{2x}$ 를 대입해서 d를 x만의 식으로 나타낼 수 있다.) d를 최소화하지 않고, 이의 제곱인 다음을 최소화하자.

$$d^2 = f(y) = \left(\frac{1}{2}y^2 - 1\right)^2 + (y-4)^2$$

(d의 최솟값은 d^2의 최솟값과 같은 점에서 나타나지만, d^2을 다루기가 더 쉽다는 사실을 확인하자.) 미분하면 다음을 얻는다.

$$f'(y) = 2\left(\frac{1}{2}y^2 - 1\right)y + 2(y-4) = y^3 - 8$$

그러므로 $y = 2$일 때 $f'(y) = 0$이다. $y < 2$일 때 $f'(y) < 0$이고 $y > 2$일 때 $f'(y) > 0$이므로, 최댓값·최솟값을 찾는 일계 도함수 판정법에 의해 $y = 2$일 때 최솟값이 나타난다. (또는 문제의 기하학적 속성 때문에 가장 먼 점이 아니라 가장 가까운 점이 존재한다고 간단히 말할 수 있다.) 대응하는 x의 값은 $x = y^2/2 = 2$이다. 따라서 $(1, 4)$에 가장 가까운 $y^2 = 2x$에 있는 점은 $(2, 2)$이다. ■

보기 4 한 사람이 너비가 3km이고 곧게 흐르는 강의 둑에 있는 지점 A에서 배를 띄우고 건너편 둑에서 8km 아래에 있는 지점 B에 가능한 한 빨리 도착하려고 한다. (그림 7을 보라.) 그는 배를 저어 강을 똑바로 가로질러 지점 C까지 간 다음에 B까지 뛰어갈 수 있고, B까지 직접 배를 저어갈 수도 있으며, C와 B 사이의 지점 D까지 배를 저어간 다음에 B까지 뛰어갈 수도 있다. 그는 배로는 6km/h로, 뛰어서는 8km/h로 갈 수 있을 때, 가능한 한 빨리 B에 도착하기 위해 건너편 둑에 내려야 할 지점을 찾아라. (강물의 속도는 이 사람이 배를 저어가는 속도에 비해 무시할 수 있을 정도라고 가정한다.)

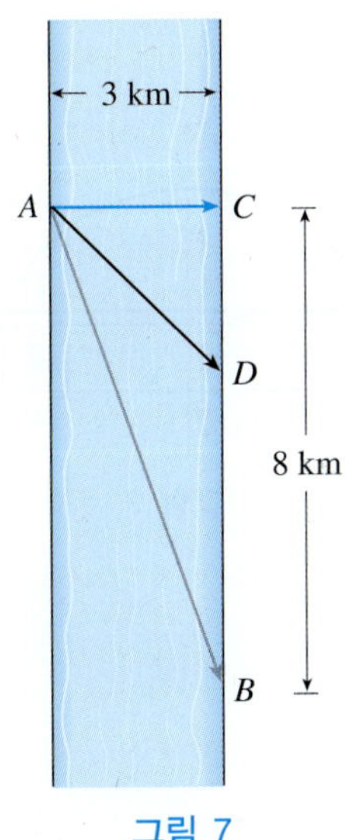

그림 7

풀이 x를 C로부터 D까지의 거리라 하면, 뛰어갈 거리는 $|DB| = 8 - x$ 이고 피타고라스의 정리에 의해 배를 저어갈 거리는 $|AD| = \sqrt{x^2 + 9}$ 이다. 다음 공식을 이용한다.

$$\text{시간} = \frac{\text{거리}}{\text{속력}}$$

그러므로 배를 저어가는 시간은 $\sqrt{x^2+9}/6$이고 달려가는 거리는 $(8-x)/8$이다. 이에 따라 x에 관한 함수로서 전체 시간 T는 다음과 같다.

$$T(x) = \frac{\sqrt{x^2+9}}{6} + \frac{8-x}{8}$$

이 함수 T의 정의역은 $[0, 8]$이다. $x = 0$일 때 배를 저어 C까지 가고, $x = 8$일 때 배를 저어 B까지 간다. T의 도함수는 다음과 같다.

$$T'(x) = \frac{x}{6\sqrt{x^2+9}} - \frac{1}{8}$$

그러므로 $x \geq 0$이라는 사실을 이용하면 다음을 얻는다.

$$T'(x) = 0 \iff \frac{x}{6\sqrt{x^2+9}} = \frac{1}{8} \iff 4x = 3\sqrt{x^2+9}$$
$$\iff 16x^2 = 9(x^2+9) \iff 7x^2 = 81$$
$$\iff x = \frac{9}{\sqrt{7}}$$

유일한 임계수는 $x = 9/\sqrt{7}$ 이다. 최솟값이 이 임계수 또는 정의역 $[0, 8]$의 끝점에서 나타나는지 알아보기 위해서, 다음과 같이 세 점에서 T의 값을 찾자.

그림 8

$$T(0) = 1.5, \quad T\left(\frac{9}{\sqrt{7}}\right) = 1 + \frac{\sqrt{7}}{8} \approx 1.33, \quad T(8) = \frac{\sqrt{73}}{6} \approx 1.42$$

T의 이런 값 중에서 가장 작은 것은 $x = 9/\sqrt{7}$ 일 때 나타나므로, T의 최솟값은 반드시 이 수에서 나타난다. 그림 8은 T의 그래프를 그려서 이 셈 결과를 확인시켜 준다.

따라서 이 사람은 출발점으로부터 아래쪽으로 $9/\sqrt{7}$ km ≈ 3.4 km 떨어진 지점의 건너편 둑까지 배를 저어가야 한다. ■

보기 5 반지름이 r인 반원에 내접할 수 있는 가장 큰 직사각형의 넓이를 찾아라.

풀이 1 반원을 중심이 원점인 원 $x^2 + y^2 = r^2$의 위쪽 반이라고 하자. 그러면 '내접'은 그림 9에 나타낸 대로 직사각형의 두 꼭짓점이 반원에 있고 두 꼭짓점은 x축에 있음을 뜻한다.

그림 9

(x, y)를 제1사분면에 있는 꼭짓점이라 하자. 그러면 직사각형의 두 변의 길이는 $2x$와 y이고, 넓이는 다음과 같다.

$$A = 2xy$$

y를 소거하기 위해서, (x, y)가 원 $x^2 + y^2 = r^2$에 있으므로 $y = \sqrt{r^2 - x^2}$ 이라는 사실을 이용하자. 그러면 다음을 얻는다.

$$A = 2x\sqrt{r^2 - x^2}$$

이 함수의 정의역은 $0 \le x \le r$이고, 도함수는 다음과 같다.

$$A' = -\frac{2x^2}{\sqrt{r^2 - x^2}} + 2\sqrt{r^2 - x^2} = \frac{2(r^2 - 2x^2)}{\sqrt{r^2 - x^2}}$$

이것은 $2x^2 = r^2$일 때, 곧 ($x \ge 0$이므로) $x = r/\sqrt{2}$ 일 때 0이다. $A(0) = 0$이고 $A(r) = 0$이므로, $x = r/\sqrt{2}$ 일 때 A의 최댓값이 나타난다. 따라서 내접하는 가장 큰 직사각형의 넓이는 다음과 같다.

$$A\left(\frac{r}{\sqrt{2}}\right) = 2\frac{r}{\sqrt{2}}\sqrt{r^2 - \frac{r^2}{2}} = r^2$$

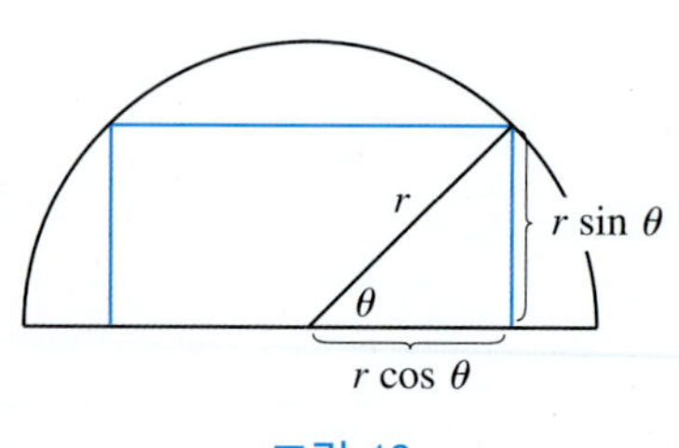

그림 10

풀이 2 변수로 각을 이용하면, 더 간단하게 풀이할 수 있다. θ를 그림 10에 나타낸 각이라 하자. 그러면 이 직사각형의 넓이는 다음과 같다.

$$A(\theta) = (2r\cos\theta)(r\sin\theta) = r^2(2\sin\theta\cos\theta) = r^2\sin 2\theta$$

$\sin 2\theta$의 최댓값은 1이고, 이는 $2\theta = \pi/2$일 때 나타난다. 그러므로 $A(\theta)$의 최댓값은 r^2이고, 이는 $\theta = \pi/4$일 때 나타난다.

이 삼각 함수 풀이 방법은 미분을 이용하지 않는다. 실제로, 미분 적분을 이용할 필요가 없다. ■

경영과 경제에의 활용

2.3절의 보기 10에서 한계 비용의 개념을 도입했다. $C(x)$가 **비용 함수**로 어떤 상품 x단위를 생산하는 데 드는 비용이면, **한계 비용**은 x에 관한 C의 변화율이다. 바꿔 말하면, 한계 비용 함수는 비용 함수의 도함수 $C'(x)$이다.

이제 판매를 생각하자. $p(x)$를 판매 회사가 x단위를 팔 때 붙일 수 있는 단위당 가격이라 하자. 이때 p를 **가격 함수**(또는 **수요 함수**)라 하는데, 이는 x에 관한 감소 함수라고 예상할 수 있다. x단위를 팔고 단위당 가격이 $p(x)$이면, 총수입은 다음과 같다.

$$R(x) = xp(x)$$

여기서 R를 **수입 함수**라 한다. 수입 함수의 도함수 R'를 **한계 수입 함수**라 하는데, 이는 판매한 단위 수에 관한 수입의 변화율이다.

x단위를 팔면, 총이윤은 다음과 같다.

$$P(x) = R(x) - C(x)$$

여기서 P를 **이윤 함수**라 한다. **한계 이윤 함수**는 이윤 함수의 도함수 P'이다. 익힘 문제 43~48에서 한계 비용·수입·이윤 함수를 이용해서 비용을 최소화하고 수입과 이윤을 최대화하는 문제를 풀어본다.

용어
비용 함수 cost function
한계 비용 marginal cost
가격 함수 price function
수요 함수 demand function
수입 함수 revenue function
한계 수입 함수 marginal revenue function
이윤 함수 profit function
한계 이윤 함수 marginal profit function

보기 6 한 가게에서는 가격이 350달러인 블루레이 디스크 플레이어를 일주일에 200대씩 팔고 있다. 시장 조사를 통해, 구매자에게 10달러씩 더 환불해줄 때마다 일주일에 20대씩 더 판매된다는 결과를 얻었다. 가격 함수와 수입 함수를 찾아라. 환불을 얼마만큼 해줘야 이 가게는 수입을 최대화할 수 있는가?

풀이 x를 일주일에 판매되는 블루레이 디스크 플레이어의 대수라고 하면, 일주일에 200대보다 더 판매된 대수는 $x - 200$이다. 가격을 10달러 내리면 20대가 더 팔린다. 그러므로 한 대를 더 판매하려면, 가격을 $\frac{1}{20} \times 10$(달러) 내려야 하고 이에 따라 가격 함수는 다음과 같다.

$$p(x) = 350 - \frac{10}{20}(x - 200) = 450 - \frac{1}{2}x$$

그리고 수입 함수는 다음과 같다.

$$R(x) = xp(x) = 450x - \frac{1}{2}x^2$$

$R'(x) = 450 - x$ 이므로, $x = 450$일 때 $R'(x) = 0$이다. 일계 도함수 판정법에 따라 (또는 단순히 R의 그래프가 위로 볼록한 포물선이라는 사실을 관찰해서) x의 이 값에서 최댓값을 취한다. 대응하는 가격은 다음과 같다.

$$p(450) = 450 - \frac{1}{2}(450) = 225$$

그리고 환불 액수는 $350 - 225 = 125$이다. 따라서 가계는 수익을 최대화하기 위해서 125달러씩 환불해야 한다. ■

4.5 익힘 문제

1. 합이 23이고 곱이 최대인 두 수를 찾는 문제를 생각하자.
   (a) 다음과 같이 표를 만들자. 처음 두 열에 있는 수들의 합은 23이다. 이 표에서 관찰할 수 있는 사실에 근거해서 문제의 답을 어림하라.

첫째 수	둘째 수	곱
1	22	22
2	21	42
3	20	60
⋮	⋮	⋮

   (b) 미분을 이용해서 문제를 풀고, (a)의 답과 비교하라.

2. 차가 100이고 곱이 최소인 두 수를 찾아라.

3. 곱이 100이고 합이 최소인 두 수를 찾아라.

4. 양수 중에서 그것의 역수와의 합이 가장 작은 것을 찾아라.

5. $-1 \le x \le 2$에서 직선 $y = x + 2$와 포물선 $y = x^2$ 사이의 연직 거리의 최댓값은 얼마인가?

6. 두 포물선 $y = x^2 + 1$과 $y = x - x^2$ 사이의 연직 거리의 최솟값은 얼마인가?

7. 둘레가 100m일 때 넓이가 가장 큰 직사각형의 규격을 찾아라.

8. 넓이가 $1000\,\text{m}^2$일 때 둘레가 가장 작은 직사각형의 규격을 찾아라.

9. 다음 문제를 생각하자. 길이가 300 m인 울타리를 칠 수 있는 재료를 갖고 있는 농부가 직사각형 땅에 울타리를 치고, 각 변에 평행인 울타리를 세워 네 개의 우리로 나누려고 한다. 네 우리의 넓이의 합은 최대 얼마인가?
   (a) 이 상황을 예시하는 몇 가지 그림을 그리는데, 너비가 작고 길이가 큰 경우와 너비가 크고 길이가 작은 경우 등을 포함시키자. 각 경우에 넓이의 합을 찾자. 최대의 넓이가 있을 것으로 보이는가? 있다면, 그 값을 어림하라.
   (b) 일반적인 상황을 예시하는 그림을 그리자. 기호를 도입하고 그림에 이를 표시하자.
   (c) 넓이의 합을 식으로 나타내자.
   (d) 주어진 정보를 이용해서 변수들을 연관 짓는 방정식을 세워라.
   (e) (d)를 이용해서 넓이의 합을 한 개의 변수의 함수로 나타내라.
   (f) 문제의 풀이를 마무리 짓고, (a)에서 어림한 답과 비교하라.

10. 다음 문제를 생각하자. 한 변의 길이가 3 m인 정사각형의 판지에서 네 귀퉁이 각각으로부터 똑같은 정사각형을 잘라내고 모서리를 구부려서 뚜껑이 없는 상자를

만들자. 이런 상자의 들이(용적)의 최댓값을 찾아라.

(a) 이런 상황을 예시하는 몇 가지 그림을 그리는데, 높이는 작고 밑면이 크거나 높이가 크고 밑면이 작은 경우를 포함시키자. 이런 상자 몇 가지의 들이를 찾자. 들이의 최댓값이 있을 것으로 보이는가? 그렇다면 그 값을 어림하라.

(b) 일반적인 상황을 예시하는 그림을 그리자. 기호를 도입하고 그림에 이를 표시하자.

(c) 들이를 나타내는 식을 쓰자.

(d) 주어진 정보를 이용해서 변수들을 연관 짓는 방정식을 세워라.

(e) (d)를 이용해서 들이를 한 개의 변수의 함수로 나타내라.

(f) 문제의 풀이를 마무리 짓고, (a)에서 어림한 답과 비교하라.

11. $1200\,\text{cm}^2$의 재료로 뚜껑이 없고 밑면이 정사각형인 상자를 만들 때, 상자의 들이의 최댓값은 얼마인가?

12. 뚜껑이 없고 밑면이 정사각형이며 들이가 $32000\,\text{cm}^3$인 상자를 만든다. 사용한 재료의 양을 최소화하기 위한 상자의 규격을 찾아라.

13. (a) 넓이가 같은 직사각형 중에서 둘레가 가장 작은 것이 정사각형임을 보여라.

(b) 둘레가 같은 직사각형 중에서 넓이가 가장 큰 것이 정사각형임을 보여라.

14. 뚜껑이 없는 직육면체 컨테이너의 들이가 $10\,\text{m}^3$이다. 밑면의 길이는 너비의 두 배이다. 밑면에 필요한 재료는 1제곱미터에 10달러이고, 옆면에 필요한 재료는 1제곱미터에 6달러이다. 이런 컨테이너를 만드는데 필요한 재료비의 최솟값을 찾아라.

15. 직선 $y = 2x + 3$에 있는 점 중에서 원점에 가장 가까운 것을 찾아라.

16. 곡선 $y = \sqrt{x}$에 있는 점 중에서 점 $(3, 0)$에 가장 가까운 것을 찾아라.

17. 점 $(1, 0)$으로부터 가장 먼 타원 $4x^2 + y^2 = 4$의 점을 찾아라.

18. 점 $(1, 1)$로부터 가장 가까운 곡선 $y = \tan x$의 점의 좌표를 소수 둘째 자리까지 정확하게 찾아라.

19. 한 변의 길이가 L인 정삼각형에 내접하는 직사각형 중에서 직사각형의 한 변이 정삼각형의 한 변에 놓여있으며 넓이가 가장 큰 것의 규격을 찾아라.

20. 반지름이 1인 원에 내접하고 밑변이 지름인 가장 큰 사다리꼴의 넓이를 찾아라.

21. 반지름이 r에 내접하는 이등변 삼각형 중에서 넓이가 가장 큰 것의 규격을 찾아라.

22. 직사각형 중에서 한 변이 x축에 놓여있고 다른 두 꼭짓점은 x축 위의 포물선 $y = 8 - x^2$에 놓여있으며 넓이가 가장 큰 것의 규격을 찾아라.

23. 반지름이 r인 구에 내접하는 직원기둥 중에서 부피가 가장 큰 것의 규격을 찾아라.

24. 타원 $x^2/a^2 + y^2/b^2 = 1$에 내접하고 넓이가 가장 큰 직사각형을 찾아라.

25. 노르만 창문의 모양은 직사각형 위에 반원을 올려놓은 꼴이다. (그러므로 반원의 지름은 직사각형의 너비와 같다.) 이런 창문의 둘레가 $10\,\text{m}$일 때, 빛을 가장 많이 받아들일 수 있는 창문의 규격을 찾아라.

26. 밑면의 반지름이 r이고 높이가 h인 직원뿔에 내접하고 부피가 가장 큰 직원기둥의 규격을 찾아라.

27. 길이가 $10\,\text{m}$인 철사를 두 조각으로 나누는데, 하나를 굽혀서 정사각형을 만들고 다른 하나를 굽혀서는 정삼각형을 만든다. 넓이의 합이 (a) 최대와 (b) 최소가 되도록 철사를 나누는 방법을 찾아라.

28. 높이가 $2\,\text{m}$인 담이 높은 건물로부터 $1\,\text{m}$ 떨어져 있는 곳에 건물과 평행으로 서 있다. 지면에 세우고 이 담을 넘어 건물의 벽에 기댈 수 있는 사다리의 길이는 최소 얼마인가?

29. 원뿔 모양의 음료수 잔을 반지름이 R인 원형 종이 조각에서 부채꼴을 잘라내고 두 모서리 CA와 CB를 붙여서 만든다. 이런 잔의 최대 들이를 찾아라.

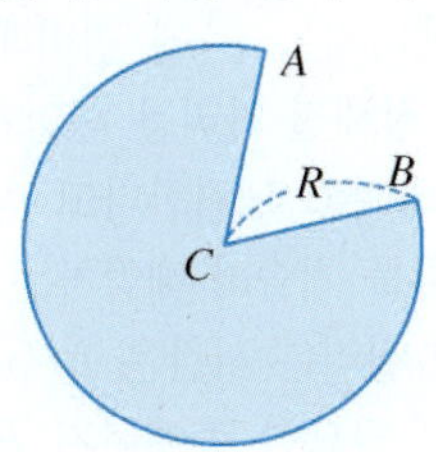

30. 원뿔 모양의 음료수 종이 잔에 27cm^3의 물을 담을 수 있다. 최소의 종이가 필요한 잔의 높이와 밑면의 반지름을 찾아라.

31. 높이가 h인 직원뿔이 높이가 H인 직원뿔에 내접하고 있는데, 안쪽의 원뿔의 꼭짓점이 바깥 원뿔의 밑면의 중심에 놓인다. 안쪽 원뿔의 부피는 $h = \frac{1}{3}H$일 때 최대임을 보여라.

32. 아래 그래프는 어느 자동차의 연료 소비량 c(L/시)를 자동차의 속력 v의 함수로 나타낸 것이다. 저속에서는 엔진이 비효율적으로 가동되므로, 처음에는 속도가 증가함에 따라 c가 감소한다. 그러나 고속에서는 연료 소비량이 증가한다. 이 자동차의 경우에 $v \approx 48\text{km/h}$일 때 $c(v)$가 최소로 보인다. 그런데 연료의 효율성의 경우에 최소화해야할 것은 시간당 소비량이 아니라 km당 소비량이다. 이런 소비량을 G라고 하자. 그래프를 이용해서 G가 최솟값을 취하는 속도를 어림하라.

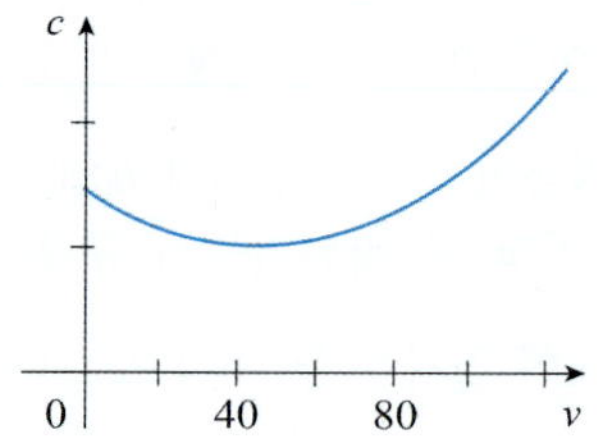

33. 저항이 R옴인 저항기를 내부 저항이 r옴이고 전압이 E볼트인 건전지에 연결할 때, 외부 저항기에서 전력(와트)은 다음과 같다.

$$P = \frac{E^2 R}{(R+r)^2}$$

E와 r이 고정되어 있고 R이 변할 때, 전력의 최댓값은 얼마인가?

34. 물에 대해 상대 속력 v로 헤엄치는 물고기가 단위 시간에 소비하는 에너지는 v^3에 정비례한다. 철따라 이동하는 물고기는 정해진 거리를 헤엄치는 데 필요한 총에너지를 최소화하려고 노력한다고 믿고 있다. 속력이 u $(u < v)$인 해류를 거슬러 헤엄치는 물고기가 L의 거리를 헤엄치는 데 걸리는 시간은 $L/(v-u)$이고 이 거리를 헤엄치는 데 필요한 총에너지 E는 다음과 같다.

$$E(v) = av^3 \cdot \frac{L}{v-u}$$

여기서 a는 비례 상수이다.

(a) E를 최소화하는 v의 값을 결정하라.

(b) E의 그래프를 그려라.

참고: 이 결과는 실험적으로 입증됐다. 철따라 이동하는 물고기는 조류의 속력보다 50% 더 빠른 속력으로 조류를 거슬러 헤엄친다.

35. 벌집의 각 방은 정육각기둥 모양인데, 아래 그림과 같이 한 쪽 끝은 열려 있고, 다른 쪽 끝은 삼면체 각을 이룬다. 꿀벌은 이런 방을 주어진 부피에 대해 겉넓이를 최소화하는 방식으로, 이에 따라 최소의 꿀을 사용하는 방식으로 방을 만든다고 믿고 있다. 이런 방에 대한 조사를 통해 꼭지각의 크기 θ가 놀라울 만큼 일관된다는 사실이 밝혀졌다. 방의 기하학에 근거해서, 겉넓이 S가 다음과 같음을 보일 수 있다.

$$S = 6sh - \frac{3}{2}s^2\cot\theta + \left(3s^2\frac{\sqrt{3}}{2}\right)\csc\theta$$

여기서 육각형 변의 길이 s와 높이 h는 상수이다.

(a) $dS/d\theta$를 셈하라.

(b) 꿀벌이 좋아하는 각은 무엇인가?

(c) 방의 겉넓이의 최솟값을 (s와 h의 식으로) 결정하라.

참고: 벌집에서 각 θ의 크기를 실제로 측정했는데, 그런 각은 셈한 값과 2°보다 큰 차이는 거의 나지 않았다.

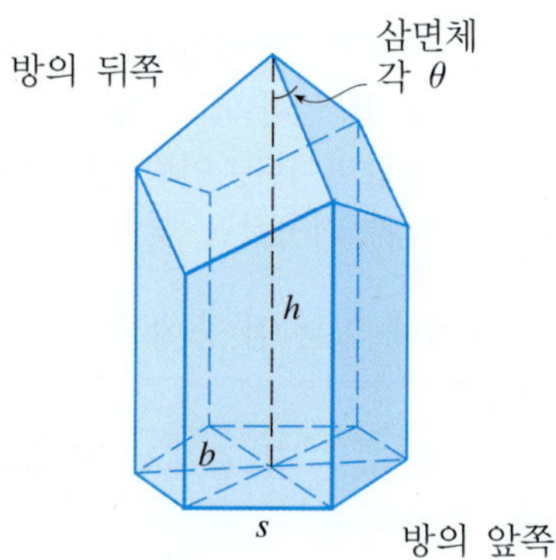

36. 한 배가 오후 2시에 부두를 떠나 20km/h의 속력으로 남쪽으로 항해한다. 다른 배는 동쪽 방향으로 15km/h의 속력으로 항해해서 그 부두에 오후 3시에 도착한다. 두 배가 서로 가장 가까운 시각을 찾아라.

37. 광원을 물체에 비추었을 때의 빛의 밝기는 광원의 빛의 세기에 정비례하고 광원으로부터의 거리의 제곱에 반비례한다. 4m 떨어져있는 두 광원이 있는데, 한 광원의 빛의 세기는 다른 것의 세 배이다. 물체를 두 광원 사이에 그것들을 잇는 선분에 놓을 때, 빛의 밝기를 최소화하는 위치를 찾아라.

38. 반지름이 3km인 원형 호수의 연안에 있는 지점 A에 한 사람이 있는데, A를 지나는 지름의 반대편 연안에 있는 지점 C에 가능한 한 빨리 도달하려고 한다. 그는 6km/h의 속력으로 걷고 2km/h의 속력으로 배를 저어갈 수 있다. 그는 어떻게 나아가야 할까?

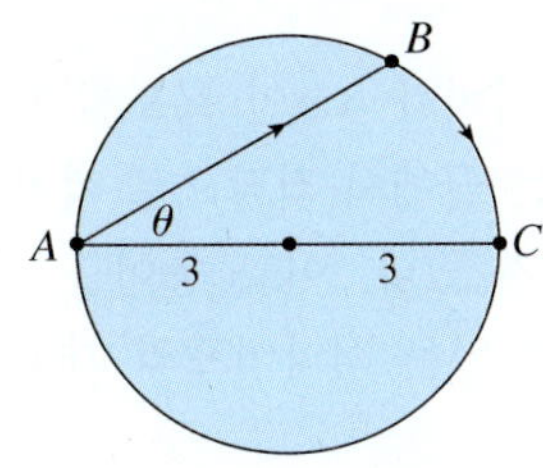

39. 점 (3, 5)를 지나는 직선 중에서 제 1 사분면으로부터 가장 적은 넓이의 영역을 잘라내는 것의 방정식을 찾아라.

40. 곡선 $y = 1 + 40x^3 - 3x^5$의 점 중에서 그 점에서의 접선의 기울기가 최대인 것을 찾아라.

41. 곡선 $y = 3/x$ 의 접선이 제 1 사분면에 의해 잘린 가장 짧은 선분의 길이를 찾아라.

42. 포물선 $y = 4 - x^2$의 접선이 제 1 사분면에 의해 잘린 선분이 빗변인 직각 삼각형의 넓이는 최소 얼마인가?

43. (a) $C(x)$가 한 상품을 x단위 생산하는 비용일 때, 단위당 평균 비용은 $c(x) = C(x)/x$이다. 평균 비용이 최소일 때 한계 비용이 그 평균 비용과 같음을 보여라.

(b) $C(x) = 16000 + 200x + 4x^{3/2}$(달러)일 때, (i) 1000단위의 생산 수준에서 비용, 평균 비용, 한계 비용과 (ii) 평균 비용을 최소화하는 생산 수준 및 (iii) 최소 평균 비용을 찾아라.

44. (a) 이윤 $P(x)$가 최대일 때, 한계 수입이 한계 비용과 같음을 보여라.

(b) $C(x) = 16000 + 500x - 1.6x^2 + 0.004x^3$이 비용 함수이고 $p(x) = 1700 - 7x$가 가격 함수일 때, 이윤을 최대화하는 생산 수준을 찾아라.

45. 한 야구팀이 55000명의 관중을 수용하는 야구장에서 시합을 한다. 입장권의 가격이 10달러일 때, 평균 관중은 27000명이다. 입장권의 가격을 8달러로 낮추면, 평균 관중이 33000명으로 증가한다.

(a) 선형이라 가정하고, 가격 함수를 찾아라.

(b) 수입을 최대화하려면, 입장권의 가격을 얼마로 정해야 하는가?

46. 여름에 테리는 목걸이를 만들어 해변에서 팔았다. 작년 여름에 목걸이의 가격을 10달러로 정했는데, 하루에 평균 20개를 팔았다. 가격을 1달러 올리면, 하루에 2개를 덜 팔았다.

(a) 선형이라 가정하고, 가격 함수를 찾아라.

(b) 한 개의 목걸이를 만드는 재료비가 6달러일 때, 이윤을 최대화하기 위한 판매 가격은 얼마인가?

47. 한 제조 회사는 450달러짜리 텔레비전을 일주일에 1000대씩 판매했다. 시장 조사에 따르면, 구매자에게 10달러씩 더 환불해줄 때마다 일주일에 100대씩 더 판매됐다.

(a) 가격 함수를 찾아라.

(b) 수입을 최대화하려면, 회사는 구매자에게 얼마를 환불해줘야 하는가?

(c) 일주일의 비용 함수가 $C(x) = 68000 + 150x$일 때, 제조 회사는 이윤을 최대화하기 위해 환불의 크기를 얼마로 정해야 하는가?

48. 100채의 아파트 관리인은 경험을 통해 월세가 800달러일 때 모든 아파트가 찬다는 사실을 알고 있다. 시장 조사에 따르면, 평균적으로 월세를 10달러씩 올릴 때마다 아파트가 한 채씩 더 빌 것이라고 한다. 수입을 최대화하려면 월세를 얼마로 해야 하는가?

49. a와 b는 양수이다. 점 (a, b)를 지나는 직선 중에서 제 1 사분면에 의해 잘리는 선분의 길이가 최소인 것의 길이를 찾아라.

CAS **50.** 아래 연의 틀은 여섯 개의 나무 막대로 이루어진다. 바깥쪽에 있는 네 개의 막대는 그림에 나타낸 길이로 정했다. 연의 넓이를 최대화하기 위해서는 대각선에 있는 두 막대의 길이를 얼마로 해야 하는가?

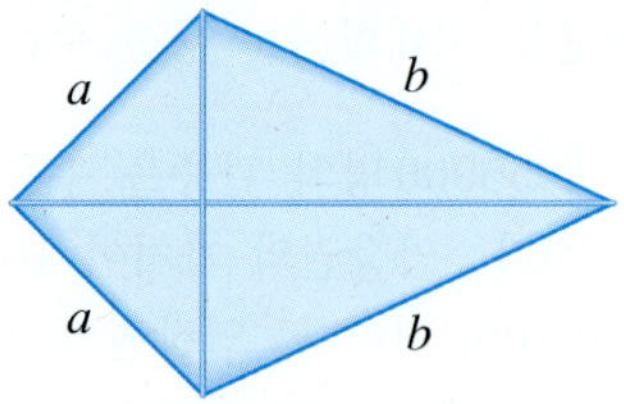

51. v_1은 공기에서 빛의 속도이고 v_2는 물에서 빛의 속도라고 하자. 페르마의 원리에 따라, 빛은 공중의 점 A부터 물속의 B까지 경과 시간이 최소인 경로 ACB를 따라 나아간다. 다음이 성립함을 보여라.

$$\frac{\sin\theta_1}{\sin\theta_2} = \frac{v_1}{v_2}$$

여기서 θ_1(입사각)과 θ_2(반사각)은 아래 그림에 나타낸 바와 같다. 이 공식을 스넬의 법칙이라 한다.

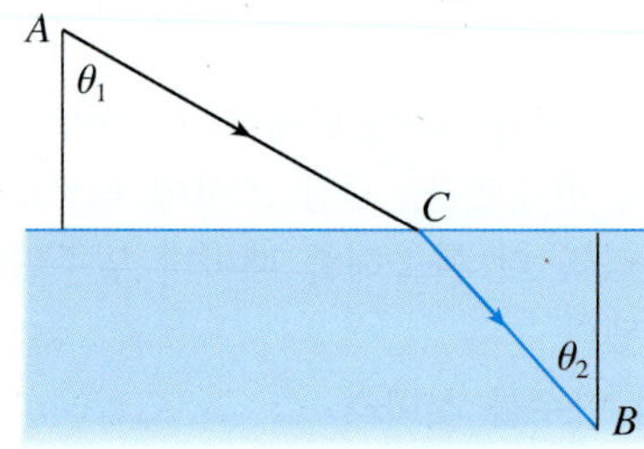

52. 두 개의 연직 장대 PQ와 ST는 밧줄 PRS로 고정되어 있는데, 아래 그림에서와 같이 이는 첫째 장대의 끝에서 두 장대 사이의 지면에 있는 지점 R를 거쳐 둘째 장대의 끝을 연결한다. 이런 밧줄의 길이의 최솟값은 $\theta_1 = \theta_2$일 때 나타남을 보여라.

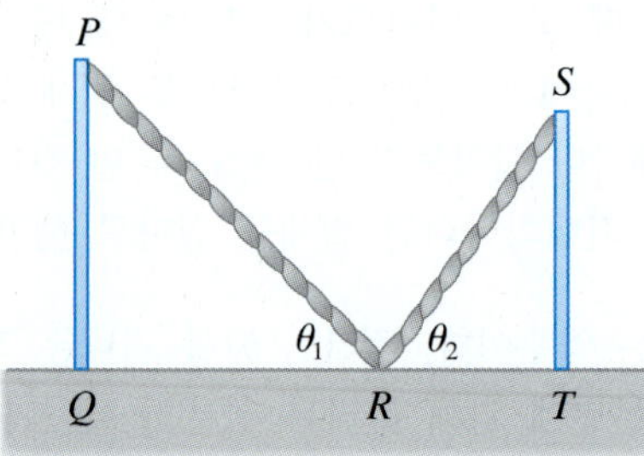

53. 아래 그림과 같이 30 cm×20 cm의 종이 조각에서 위의 오른쪽 구석이 바닥 모서리에 놓이도록 접는다. 접히는 선의 길이를 최소화하기 위해서는 어떻게 접어야 하는가? 바꿔 말하면, y를 최소화하기 위해 어떤 x를 택해야 하는가?

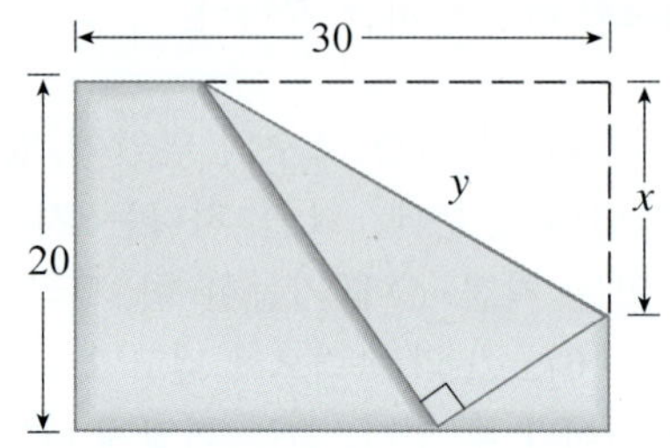

54. 쇠파이프를 너비가 3 m인 복도를 따라 운반하고 있다. 이 복도는 끝에서 직각으로 꺾이고 너비가 2 m인 복도가 이어져 있다. 이 모퉁이를 지나 수평 방향으로 운반할 수 있는 쇠파이프의 가장 긴 길이는 얼마인가?

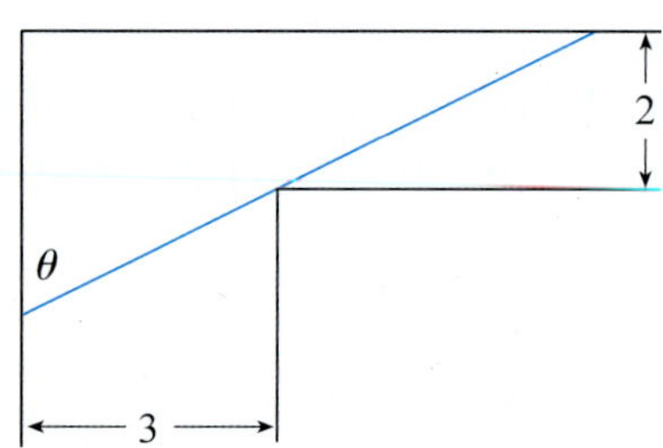

55. 길이가 L이고 너비가 W인 직사각형에 외접하는 직사각형의 최대 넓이는 얼마인가? [*귀띔*: 넓이를 각 θ의 함수로 표현하자.]

56. 빗물받이를 너비가 30 cm인 양철판을 삼등분하고 양쪽 3분의 1씩을 각 θ만큼 구부려서 만들려고 한다. 물받이가 가장 많은 물을 흘려보낼 수 있도록 하기 위해서는 θ를 어떻게 정해야 하는가?

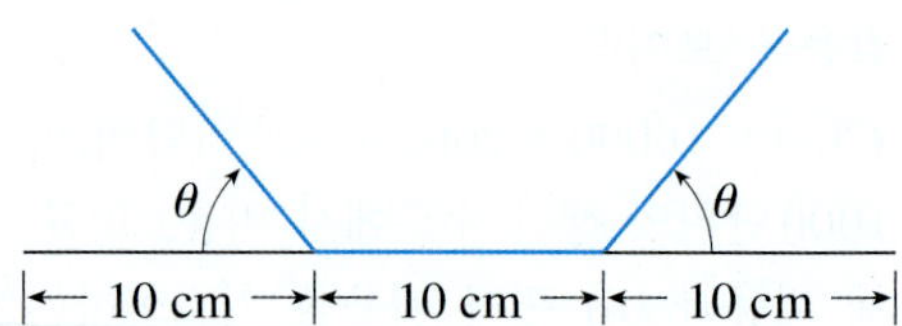

57. 아래 그림에서 각 θ를 최대화하기 위해서는 점 P는 선분 AB의 어느 곳에 위치해야 하는가?

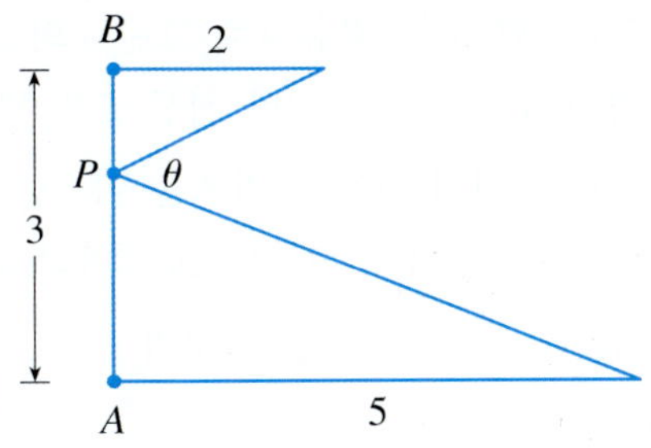

58. 높이가 h인 그림 액자가 미술관 벽에 걸려 있는데, 액자 아래는 관람객의 눈의 높이보다 d만큼 위에 있다. 가장 좋은 시야를 확보하기 위해 관람객은 벽으로부터 얼마만큼 떨어져 있어야 하는가? (바꿔 말하면, 아래 그림에서 눈이 그림을 바라보는 각 θ를 최대화하기 위해 관람객은 어디에 서 있어야 하는가?)

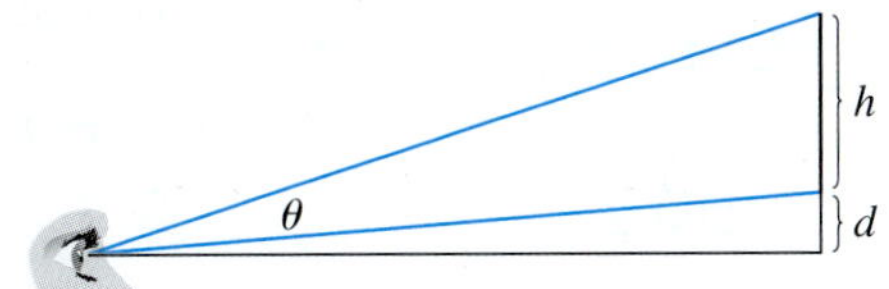

4.6 뉴턴의 방법

자동차 판매원이 한 자동차를 일시불로는 18000달러에 팔고, 할부로는 5년 동안 매달 375달러에 팔겠다고 제안했다고 하자. 그러면 판매원이 부과하는 실제의 월이율이 얼마인지를 알고 싶을 것이다. 이의 답을 얻기 위해서는 다음 방정식을 풀어야 한다.

용어
근사 해 approximate solution 뉴턴의 방법 Newton's method 뉴턴 · 래프슨 방법 Newton–Raphson method

[1] $$48x(1+x)^{60} - (1+x)^{60} + 1 = 0$$

(자세한 내용은 익힘 문제 31에 설명되어 있다.) 이런 방정식을 어떻게 풀 수 있을까?

이차 방정식 $ax^2+bx+c=0$의 경우에는 근을 찾는 잘 알려진 공식이 있다. 삼차와 사차 방정식의 경우에도 근을 찾는 공식이 있지만, 매우 복잡하다. 오차 이상의 다항 방정식 f에 대해서는 그런 공식이 없다. 마찬가지로, $\cos x = x$와 같은 초월 방정식의 정확한 근을 찾을 수 있는 공식은 없다.

방정식 [1]의 근사 해는 좌변을 좌표 평면에 나타내어 찾을 수 있다. 그래프 장치를 사용하고 적절한 관찰 직사각형을 찾아보면 그림 1의 그래프를 얻을 수 있다.

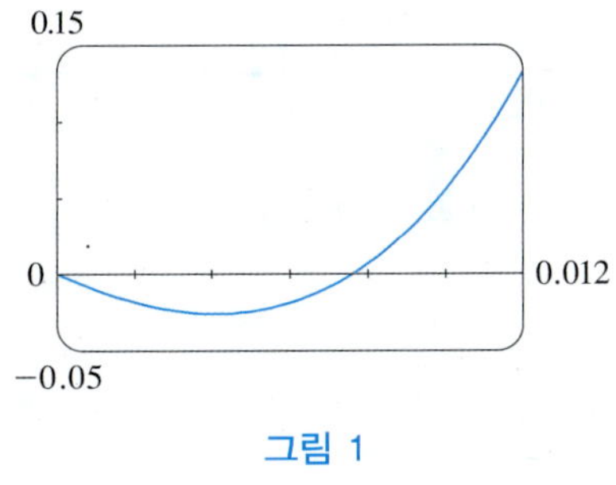

그림 1

자명한 해인 $x=0$과 함께 0.007과 0.008 사이에 또 다른 해가 있음을 알 수 있다. 확대하면 근이 약 0.0076임을 알게 된다. 더 정확한 근이 필요하면 반복해서 확대하면 되지만, 지루한 작업이다. 더 빠른 대안은 계산기 또는 컴퓨터 대수 체계에서 수치적 근 찾기를 사용하는 것이다. 그렇게 하면, 소수 아홉째 자리까지 정확한 근 0.007628603을 얻는다.

이런 수치적 근 찾기는 어떻게 작동하는가? 다양한 방법을 이용하지만, 대부분은 뉴턴의 방법을 이용한다. 이는 뉴턴 · 래프슨 방법이라 부르기도 한다. 이 방법이 작동하는 방법을 설명하겠다. 이는 계산기 또는 컴퓨터의 내부에서 벌어지는 현상과 함께 선형 근사의 응용을 보여준다.

■ 계산기 또는 컴퓨터에서 수치적 근 찾기를 이용해서 방정식 [1]을 풀어보자. 일부 기계는 이를 풀지 못할 것이다. 성공적인 기계도 탐색을 위한 출발점을 요구할 것이다.

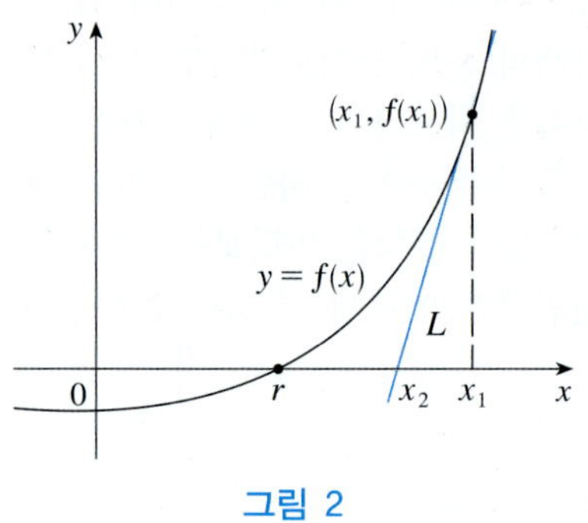

그림 2

뉴턴의 방법의 기초를 이루는 기하학을 그림 2에 나타냈다. 여기에서 찾으려고 하는 근을 r로 표시했다. 첫째 근삿값 x_1에서 출발하는데, 이는 단순히 추측하거나 f의 그래프의 개형으로부터 또는 컴퓨터로 그린 f의 그래프로부터 얻는다. 점 $(x_1, f(x_1))$에서 곡선 $y = f(x)$에 대한 접선 L을 생각하고, L의 x절편을 찾아서 x_2로 표시하자. 뉴턴의 방법의 기초를 이루는 발상은 접선이 곡선에 가깝고 이에 따라 접선의 x절편 x_2가 곡선의 x절편(곧, 찾고 있는 근 r)에 가깝다는 사실이다. 접선은 직선이므로, 이것의 x 절편은 쉽게 찾을 수 있다.

x_1의 식으로 나타낸 x_2에 대한 공식을 찾으려면, L의 기울기가 $f'(x_1)$이므로 방정식이 다음과 같다는 사실을 이용한다.

$$y - f(x_1) = f'(x_1)(x - x_1)$$

L의 x절편이 x_2이므로, $y = 0$으로 놓으면 다음을 얻는다.

$$0 - f(x_1) = f'(x_1)(x_2 - x_1)$$

$f'(x_1) \neq 0$이면, 다음과 같이 이 식을 x_2에 대해 풀 수 있다.

$$x_2 = x_1 - \frac{f(x_1)}{f'(x_1)}$$

x_2를 r에 대한 둘째 근삿값으로 사용한다.

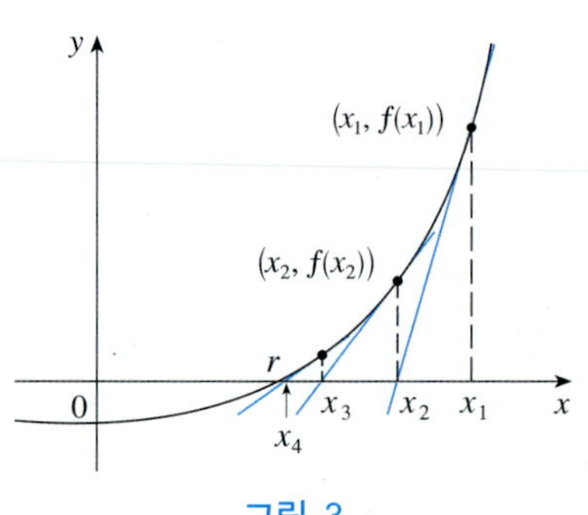

그림 3

다음으로 x_1를 x_2로 바꿔고 $(x_2, f(x_2))$에서의 접선을 사용해서 이 과정을 반복하자. 그러면 다음과 같은 셋째 근삿값을 얻는다.

$$x_3 = x_2 - \frac{f(x_2)}{f'(x_2)}$$

이 과정을 계속 반복하면, 그림 3에 나타낸 근삿값의 수열 x_1, x_2, x_3, x_4, ...를 얻는다. 일반적으로, n째 근삿값이 x_n이고 $f'(x_n) \neq 0$이면, $n+1$째 근삿값은 다음과 같이 주어진다.

2
$$x_{n+1} = x_n - \frac{f(x_n)}{f'(x_n)}$$

■ 무한 수열의 수렴은 8.1절에서 자세하게 논의한다.

n이 커짐에 따라 수 x_n이 r에 더욱더 가까워지면, 이 수열은 r에 **수렴한다**고 하고 다음과 같이 나타낸다.

$$\lim_{n \to \infty} x_n = r$$

그림 3에 예시한 형태의 함수의 경우에는 연속한 근삿값들의 수열이 찾고 있는 근에 수렴하지만, 어떤 상황에서는 이런 수열이 수렴하지 않을 수 있다. 예를 들어, 그림 4에 나타낸 상황을 생각하자. 여기서는 x_2가 x_1보다 더 나쁜

근삿값이다. $f'(x_1)$이 0에 가까울 때 이런 경우가 나타날 것으로 보인다. (그림 4의 x_3과 같이) 근삿값이 f의 정의역에서 벗어나는 상황도 일어날 수 있다. 그러면 뉴턴의 방법은 실패하고, 더 좋은 초기 근삿값 x_1을 선택해야 한다. ⊘ 뉴턴의 방법이 매우 느리게 작동하거나 전혀 작동하지 않는 특별한 예는 익힘 문제 25-27을 보라.

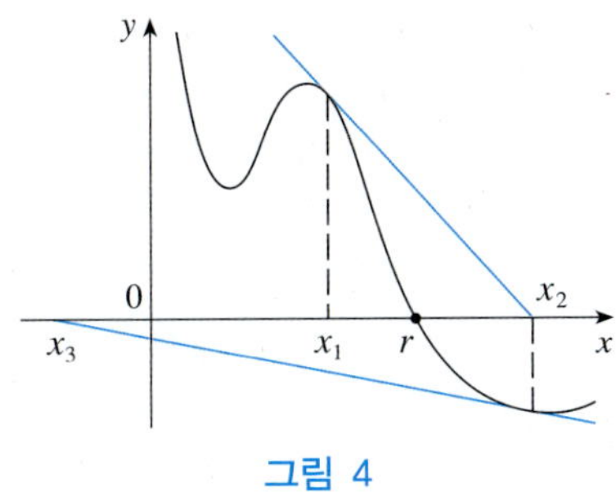

그림 4

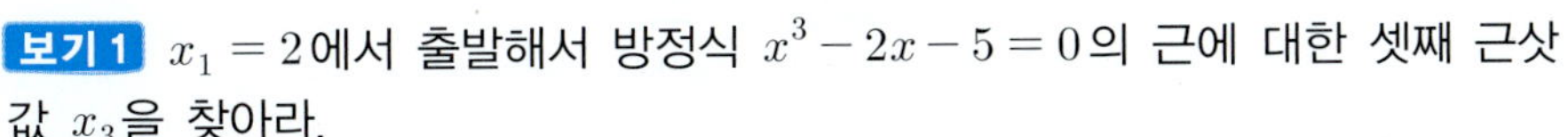

보기 1 $x_1 = 2$에서 출발해서 방정식 $x^3 - 2x - 5 = 0$의 근에 대한 셋째 근삿값 x_3을 찾아라.

풀이 뉴턴의 방법을 다음에 적용하자.

$$f(x) = x^3 - 2x - 5, \quad f'(x) = 3x^2 - 2$$

실제로 뉴턴은 이 방정식을 이용해서 이 방법을 예시했다. 그는 몇 번 실험한 뒤에 $f(1) = -6$, $f(2) = -1$, $f(3) = 16$이기 때문에 $x_1 = 2$를 선택했다. 식 [2]는 다음과 같이 된다.

$$x_{n+1} = x_n - \frac{x_n^3 - 2x_n - 5}{3x_n^2 - 2}$$

$n = 1$일 때 다음을 얻는다.

$$x_2 = x_1 - \frac{x_1^3 - 2x_1 - 5}{3x_1^2 - 2}$$

$$= 2 - \frac{2^3 - 2(2) - 5}{3(2)^2 - 2} = 2.1$$

다음에 $n = 2$일 때 다음을 얻는다.

$$x_3 = x_2 - \frac{x_2^3 - 2x_2 - 5}{3x_2^2 - 2}$$

$$= 2.1 - \frac{(2.1)^3 - 2(2.1) - 5}{3(2.1)^2 - 2} \approx 2.0946$$

이 셋째 근삿값 $x_3 \approx 2.0946$은 소수 넷째 자리까지 정확하다. ■

TEC Module 4.6에서 뉴턴의 방법을 몇 개의 함수에 적용하는 방법과 x_1을 바꿀 때 나타나는 현상을 알아볼 수 있다.

▪ 그림 5는 보기 1에서 뉴턴 방법의 첫째 단계의 기초를 이루는 기하학을 보여준다. $f'(2) = 10$이므로 $(2, -1)$에서 $y = x^3 - 2x - 5$에 대한 접선의 방정식은 $y = 10x - 21$이고, 이에 따라 이의 x 절편은 $x_2 = 2.1$이다.

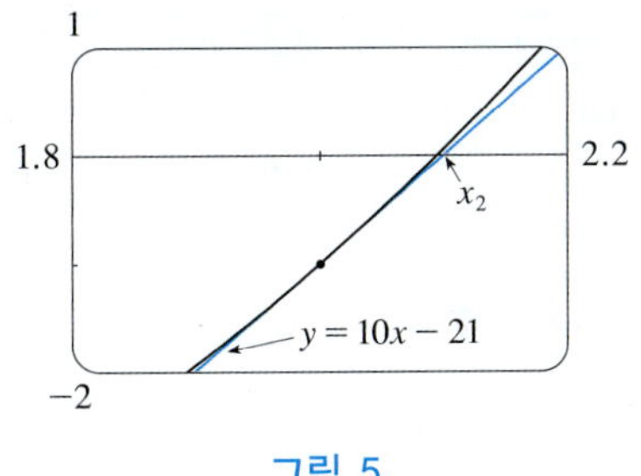

그림 5

뉴턴의 방법을 이용해서 지정된 정확도, 이를테면 소수 여덟째 자리까지 정확한 근삿값을 얻으려 한다고 하자. 언제 멈추어야 할지를 어떻게 알 수 있을까? 일반적으로 이용하는 경험적인 규칙은 연속적인 근삿값 x_n과 x_{n+1}이 소수 여덟째 자리까지 일치할 때 멈출 수 있다는 것이다. (뉴턴의 방법의 정확성에 관한 명확한 명제는 8.8절의 익힘 문제 29에 제시되어 있다.)

n으로부터 $n+1$로 가는 과정은 n의 모든 값에 대해 똑같다. (이를 반복 과정이라 한다.) 이는 뉴턴의 방법이 프로그램을 적용할 수 있는 계산기 또는 컴퓨터에서 사용하기가 매우 간편함을 뜻한다.

용어
반복 과정 iterative process

보기 2 뉴턴의 방법을 이용해서, $\sqrt[6]{2}$ 의 근삿값을 소수 여덟째 자리까지 정확

하게 찾아라.

풀이 먼저 $\sqrt[6]{2}$ 을 찾는 것은 다음 방정식의 양수 근을 찾은 것과 동치임을 확인하자.

$$x^6 - 2 = 0$$

그러므로 $f(x) = x^6 - 2$로 택하면, $f'(x) = 6x^5$이고 공식 [2](뉴턴의 방법)는 다음과 같이 된다.

$$x_{n+1} = x_n - \frac{x_n^6 - 2}{6x_n^5}$$

첫째 근삿값으로 $x_1 = 1$을 택하면, 다음을 얻는다.

$$x_2 \approx 1.16666667,$$
$$x_3 \approx 1.12644368,$$
$$x_4 \approx 1.12249707,$$
$$x_5 \approx 1.12246205,$$
$$x_6 \approx 1.12246205$$

x_5와 x_6이 소수 여덟째 자리까지 일치하므로, 소수 여덟째 자리까지 정확한 근삿값이 다음과 같다는 결론을 얻는다.

$$\sqrt[6]{2} \approx 1.12246205$$ ■

보기 3 방정식 $\cos x = x$의 근을 소수 여섯째 자리까지 정확하게 찾아라.

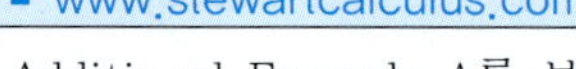

■ www.stewartcalculus.com

Additional Example A를 보라.

풀이 먼저 방정식을 다음과 같은 표준형으로 다시 쓰자.

$$\cos x - x = 0$$

그러므로 $f(x) = \cos x - x$로 놓으면, $f'(x) = -\sin x - 1$이고 공식 [2]는 다음과 같이 된다.

$$x_{n+1} = x_n - \frac{\cos x_n - x_n}{-\sin x_n - 1} = x_n + \frac{\cos x_n - x_n}{\sin x_n + 1}$$

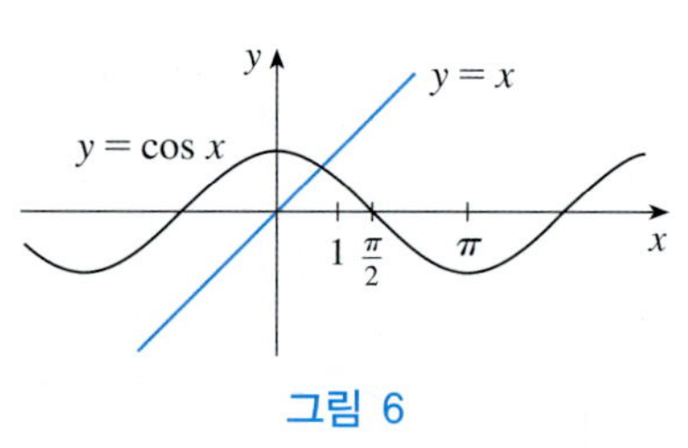

그림 6

x_1을 위한 적절한 값을 추측하기 위해, 그림 6과 같이 $y = \cos x$와 $y = x$의 그래프를 그리자. 두 그래프는 x좌표가 1보다 약간 작은 점에서 만나는 것으로 보이므로, 간편한 첫째 근삿값으로 $x_1 = 1$을 택하자. 그러면 계산기를 호도법 모드로 변환해서 셈하면 다음을 얻는다.

$$x_2 \approx 0.75036387,$$
$$x_3 \approx 0.73911289,$$
$$x_4 \approx 0.73908513,$$
$$x_5 \approx 0.73908513$$

x_4와 x_5가 소수 여섯째(실제로는 여덟째) 자리까지 일치하므로, 주어진 방정식의 근은 소수 여섯째 자리까지 정확하게 0.739085이다. ■

보기 3에서 뉴턴의 방법을 이용하기 위한 첫째 근삿값을 얻기 위해 그림 6과 같은 거친 그래프가 아니라, 계산기 또는 컴퓨터가 제공하는 더 정밀한 그래프를 이용할 수도 있었다. 그림 7은 $x_1 = 0.75$를 첫째 근삿값으로 사용할 것을 암시한다. 그러면 뉴턴의 방법에 의해 다음을 얻는다.

$$x_2 \approx 0.73911114, \quad x_3 \approx 0.73908513, \quad x_4 \approx 0.73908513$$

보기 3과 똑같은 결과를 얻지만, 한 단계 전에 이를 얻는다.

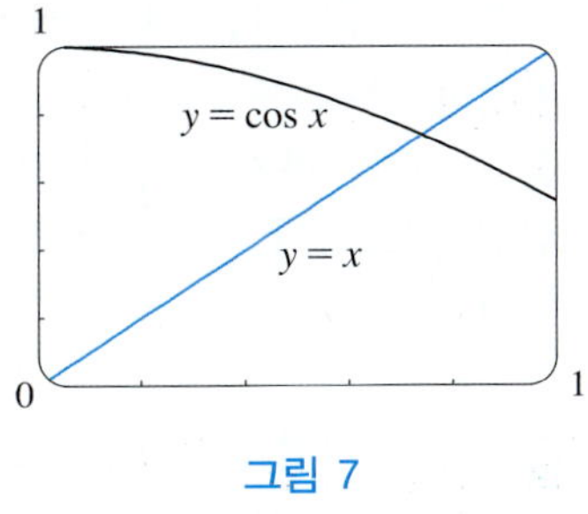

그림 7

4.6 익힘 문제

1. 아래 그림은 함수 f의 그래프이다. 뉴턴의 방법을 이용해서 방정식 $f(x) = 0$의 근 r에 대한 근삿값을 찾는데, 첫째 근삿값은 $x_1 = 1$이라 하자.
   (a) x_2와 x_3을 찾기 위해 사용하는 접선들을 그리고, x_2와 x_3의 수치적 값을 어림하라.
   (b) $x_1 = 5$가 첫째 근삿값으로 더 나은가? 설명하라.

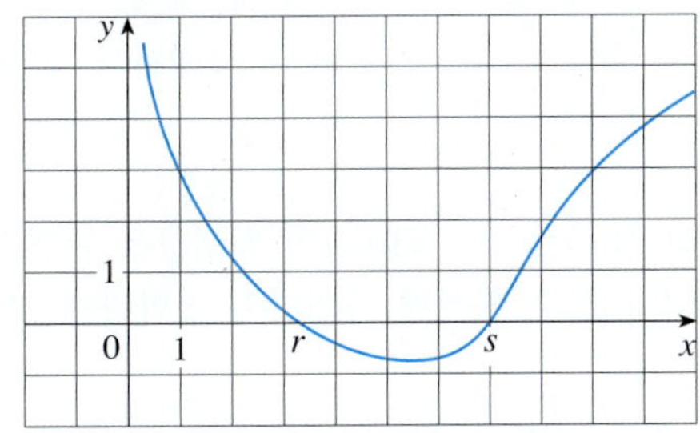

2. 근 s를 찾기 위한 첫째 근삿값으로 $x_1 = 9$를 사용해서 익힘 문제 1(a)에 답하라.

3. 직선 $y = 9 - 2x$가 점 $(2, 5)$에서 곡선 $y = f(x)$에 대한 접선이라 하자. 뉴턴의 방법을 이용해서 방정식 $f(x) = 0$의 근을 찾기 위해 첫째 근삿값으로 $x_1 = 2$를 선택할 때, 둘째 근삿값 x_2를 찾아라.

4. 다음 첫째 근삿값에 대해, 그래프가 아래 그림과 같은 함수에 뉴턴의 방법을 이용할 때 나타나는 결과를 그림으로 판단하라.
   (a) $x_1 = 0$ (b) $x_1 = 1$ (c) $x_1 = 3$
   (d) $x_1 = 4$ (e) $x_1 = 5$

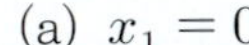

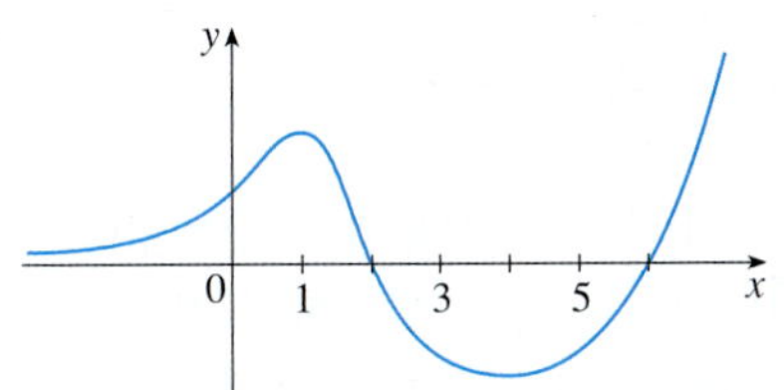

5. 초기 근삿값 $x_1 = a$, b, c, d 중에서 뉴턴의 방법이 잘 실행되고 방정식 $f(x) = 0$의 근에 도달하는 것을 찾아라.

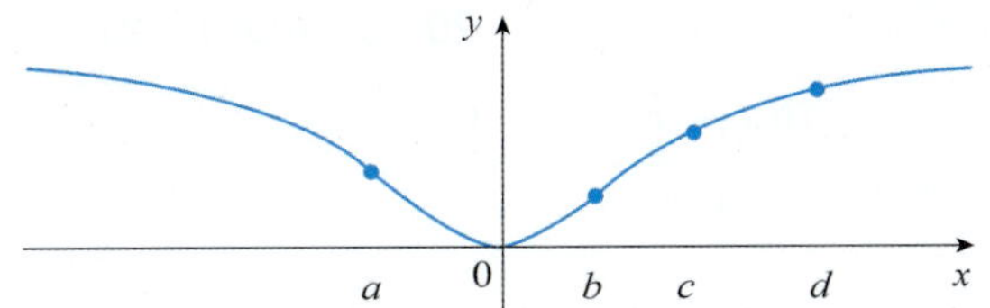

6–8. 첫째 근삿값 x_1이 다음과 같을 때, 뉴턴의 방법을 이용해서 주어진 방정식의 근에 대한 셋째 근삿값 x_3을 찾아라. (답을 소수 넷째 자리까지 써라.)

6. $x^3 + 2x - 4 = 0$, $x_1 = 1$
7. $x^5 - x - 1 = 0$, $x_1 = 1$
8. $x^7 + 4 = 0$, $x_1 = -1$

9. 첫째 근삿값이 $x_1 = -1$일 때 뉴턴의 방법을 이용해서 방정식 $x^3 + x + 3 = 0$의 근에 대한 둘째 근삿값 x_2를 찾아라. 먼저 함수의 그래프와 $(-1, 1)$에서의 접선을 그려서, 이 방법이 실행되는 방법을 설명하라.

10. 첫째 근삿값이 $x_1 = 1$일 때 뉴턴의 방법을 이용해서 방정식 $x^4 - x - 1 = 0$의 근에 대한 둘째 근삿값 x_2를 찾아라. 먼저 함수의 그래프와 $(1, -1)$에서의 접선을 그려서, 이 방법이 실행되는 방법을 설명하라.

11–12. 뉴턴의 방법을 이용해서 소수 여덟째 자리까지 정확한 다음 수의 근삿값을 찾아라.

11. $\sqrt[5]{20}$　　**12.** $\sqrt[7]{1000}$

13–14. 뉴턴의 방법을 이용해서 다음 방정식의 근에 대한 근삿값을 소수 여섯째 자리까지 정확하게 찾아라.

13. 구간 $[1, 2]$에서 $x^4 - 2x^3 + 5x^2 - 6 = 0$의 근

14. $3\sin x = x$ 의 양수 근

15–22. 뉴턴의 방법을 이용해서 다음 방정식의 모든 근을 소수 여덟째 자리까지 정확하게 찾아라. 첫째 근삿값을 정하기 위해 먼저 그래프를 그려라.

15. $x^6 - x^5 - 6x^4 - x^2 + x + 10 = 0$

16. $x^5 - 3x^4 + x^3 - x^2 - x + 6 = 0$

17. $e^{-x} = 2 + x$　　**18.** $x^2(4 - x^2) = \dfrac{4}{x^2 + 1}$

19. $x^2\sqrt{2 - x - x^2} = 1$　　**20.** $3\sin(x^2) = 2x$

21. $4e^{-x^2}\sin x = x^2 - x + 1$

22. $e^{\arctan x} = \sqrt{x^3 + 1}$

23. (a) 뉴턴의 방법을 방정식 $x^2 - a = 0$에 적용해서 (고대 바빌로니아에서 $\sqrt{a}$를 셈할 때 이용한) 다음 제곱근 알고리즘을 유도하라.

$$x_{n+1} = \frac{1}{2}\left(x_n + \frac{a}{x_n}\right)$$

(b) (a)를 이용해서 $\sqrt{1000}$을 소수 여섯째 자리까지 정확하게 셈하라.

24. (a) 뉴턴의 방법을 방정식 $1/x - a = 0$에 적용해서 다음 역수 알고리즘을 유도하라.

$$x_{n+1} = 2x_n - ax_n^2$$

(이 알고리즘을 이용하면 실제로 나누지 않고도 역수를 찾을 수 있다.)

(b) (a)를 이용해서 $1/1.6984$을 소수 여섯째 자리까지 정확하게 셈하라.

25. 첫째 근삿값으로 $x_1 = 1$을 선택하면, 뉴턴의 방법으로 방정식 $x^3 - 3x + 6 = 0$의 근을 찾을 수 없는 이유를 설명하라.

26. (a) $x_1 = 1$일 때 뉴턴의 방법을 이용해서 방정식 $x^3 - x = 1$의 근을 소수 여섯째 자리까지 정확하게 찾아라.

(b) 첫째 근삿값으로 $x_1 = 0.6$을 선택해서 (a)의 방정식을 풀어라.

(c) $x_1 = 0.57$을 이용해서 (a)의 방정식을 풀어라. (이 문제를 풀기 위해서는 프로그램이 가능한 계산기가 필요하다.)

(d) $f(x) = x^3 - x - 1$의 그래프와 x_1이 $1, 0.6, 0.57$일 때의 접선을 그려서, 뉴턴의 방법이 첫째 근삿값에 매우 예민하게 반응하는 이유를 설명하라.

27. 임의의 첫째 근삿값 $x_1 \neq 0$에 대해 뉴턴의 방법을 방정식 $\sqrt[3]{x} = 0$에 적용하면 실패하는 이유를 설명하라. 그림을 그려서 설명하라.

28. 방정식 $f(x) = x^2 + \sin x$ 의 최댓값을 뉴턴의 방법을 이용해서 소수 여섯째 자리까지 정확하게 찾아라.

29. 곡선 $y = x^2\sin x$ $(0 \le x \le \pi)$의 변곡점의 좌표를 뉴턴의 방법을 이용해서 소수 여섯째 자리까지 정확하게 찾아라.

30. 곡선 $y = -\sin x$에 접하고 원점을 지나는 무수히 많은 직선 중에서 기울기가 가장 큰 것이 하나 존재한다. 뉴턴의 방법을 이용해서 그 직선의 기울기를 소수 여섯째 자리까지 정확하게 찾아라.

31. 한 판매원이 18000달러짜리 새 자동차를 팔고 있다. 이 자동차를 5년 동안 매달 375달러의 할부로 팔겠다고 제안했다. 그러면 이 판매원이 부과하는 월이율은 얼마인가?

이 문제를 풀기 위해서는, 단위 기간의 이율이 i이고 똑같은 액수 R을 n번 지불하는 연부금의 현가 A에 대한 다음 공식을 이용할 필요가 있다.

$$A = \frac{R}{i}\{1-(1+i)^{-n}\}$$

i를 x로 바꾸어, 다음이 성립함을 보여라.

$$48x(1+x)^{60}-(1+x)^{60}+1=0$$

뉴턴의 방법을 이용해서 이 방정식을 풀어라.

32. 아래는 태양을 원점, 지구를 점 $(1, 0)$에 위치시킨 그림이다. [여기서 단위는 지구와 태양의 중심 사이의 거리인 천문 단위(AU)이다. 1AU $\approx 1.496\times 10^8$ km] 다섯 점 L_1, L_2, L_3, L_4, L_5는 지구가 태양을 공전하는 평면에 위치한다. 이런 점에서는 인공위성이 지구에 대해 움직임 없이 머물러 있는데, (지구와 태양의 인력으로 포함해서) 인공위성에 작용하는 힘들이 서로 균형을 이루기 때문이다. 이런 위치를 칭동점이라 한다. m_1이 태양의 질량이고 m_2가 지구의 질량이며 $r = m_2/(m_1+m_2)$일 때, L_1의 x좌표는 다음 오차 방정식의 유일한 근으로 밝혀진다.

$$p(x) = x^5-(2+r)x^4+(1+2r)x^3$$
$$-(1-r)x^2+2(1-r)x+r-1=0$$

그리고 L_2의 x좌표는 다음 방정식의 근이다.

$$p(x)-2rx^2=0$$

값 $r \approx 3.04042\times 10^{-6}$을 이용해서, 칭동점 (a) L_1과 (b) L_2의 위치를 찾아라.

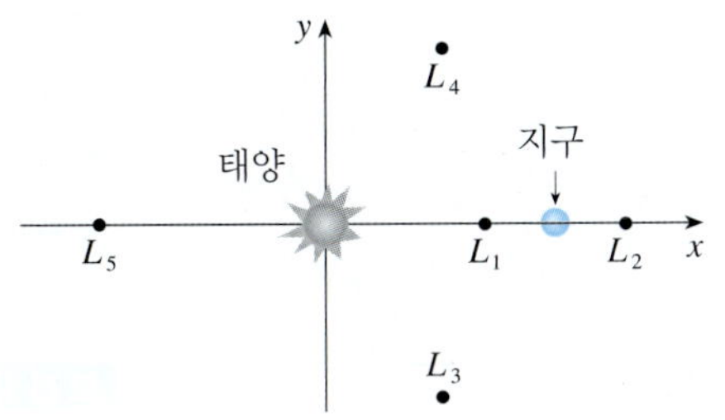

4.7 역도함수

입자의 속도를 알고 있는 물리학자는 주어진 시각에서 입자의 위치를 알고 싶을 것이다. 물탱크로부터 물이 새는 변화율을 알고 있는 공학자는 어떤 시간 동안 샌 물의 양을 알고 싶을 것이다. 박테리아 개체 수의 증가율을 알고 있는 생물학자는 미래의 어떤 시점에서의 개체 수를 유도하고 싶을 것이다. 이런 경우에 문제는 이미 알고 있는 함수 f가 그 도함수인 함수 F를 찾는 것이다. 이런 함수 F가 존재할 때, 이를 역도함수라 한다.

용어
역도함수 antiderivative

정의 함수 F를 구간 I에서 f의 역도함수라고 하는 것은, I에 속한 모든 x에 대해 $F'(x)=f(x)$가 성립하는 경우이다.

예를 들어 $f(x)=x^2$이라 하자. 멱의 미분법을 기억하고 있으면, f의 역도함수를 어렵지 않게 찾을 수 있다. 실제로 $F(x)=\frac{1}{3}x^3$이면 $F'(x)=x^2=f(x)$이다. 그런데 함수 $G(x)=\frac{1}{3}x^3+100$도 $G'(x)=x^2$을 만족시킨다. 따라서 F와 G는 모두 f의 역도함수이다. 사실, 상수 C에 대해 $H(x)=\frac{1}{3}x^3+C$ 꼴의 모든 함수는 f의 역도함수이다. 문제는 이와 다른 꼴이 있는가? 이다.

이 질문에 답하기 위해, 4.2절에서 평균값 정리를 이용해서, 두 함수의 도함수가 어떤 구간에서 일치하면 그것들의 차는 상수임(4.2절의 따름 정리 7)을 증명한 사실을 상기하자. 그러므로 F와 G가 f의 역도함수이면, 다음이 성립한다.

$$F'(x)=f(x)=G'(x)$$

그러므로 적당한 상수 C에 대해 $G(x)-F(x)=C$이다. 이를 $G(x)=F(x)+C$와 같이 다시 쓸 수 있으므로, 다음 결과를 얻는다.

용어
일반 역도함수 general antiderivative

1 정리 함수 F가 구간 I에서 f의 역도함수이면, I에서 f의 일반 역도함수는 다음과 같다.

$$F(x)+C$$

여기서 C는 임의의 상수이다.

함수 $f(x)=x^2$을 다시 생각하면, f의 일반 역도함수는 $\frac{1}{3}x^3+C$이다. 상수 C에 특정한 값을 대입함에 따라 함수족을 얻는데, 각 그래프는 서로를 연직 방향으로 평행 이동한 것이다. (그림 1을 보라.) x의 임의의 값에서 모든 곡선의 기울기는 서로 같기 때문에, 이는 합당하다.

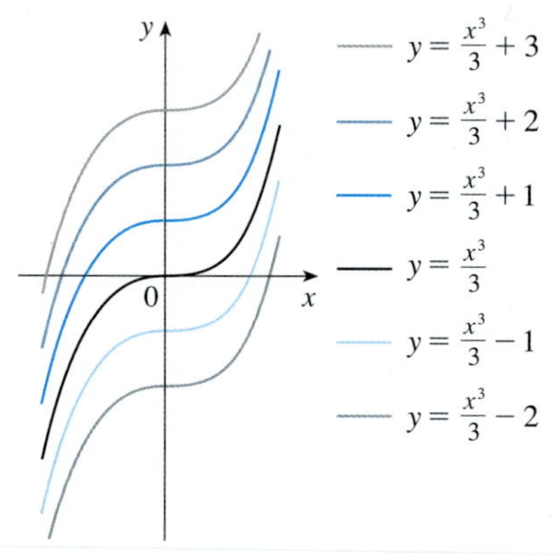

그림 1 $f(x)=x^2$의 역도함수족

보기 1 다음 함수의 일반 역도함수를 찾아라.

(a) $f(x)=\sin x$ (b) $f(x)=1/x$ (c) $f(x)=x^n \ (n\neq -1)$

풀이 (a) $F(x)=-\cos x$이면 $F'(x)=\sin x$이므로, $-\cos x$는 $\sin x$의 한 역도함수이다. 정리 1에 의해 일반 역도함수는 $G(x)=-\cos x+C$이다.

(b) 3.3절에서 알아본 대로 다음이 성립한다.

$$\frac{d}{dx}(\ln x)=\frac{1}{x}$$

그러므로 구간 $(0, \infty)$에서 $1/x$의 일반 역도함수는 $\ln x+C$이다. 또, 다음 사실도 알아봤다.

$$\frac{d}{dx}(\ln|x|)=\frac{1}{x} \quad (x\neq 0)$$

그러므로 정리 1에 의해, 0을 포함하지 않는 임의의 구간에서 $\ln|x|+C$는 $f(x)=1/x$의 일반 역도함수이다. 특히, 구간 $(-\infty, 0)$과 $(0, \infty)$의 각각에서 이는 참이다. 그러므로 f의 일반 역도함수는 다음과 같다.

$$F(x)=\begin{cases}\ln x+C_1 & (x>0)\\ \ln(-x)+C_2 & (x<0)\end{cases}$$

(c) 멱의 미분법을 이용해서 x^n의 역도함수를 찾을 수 있다. 실제로, $n\neq -1$일 때 다음이 성립한다.

$$\frac{d}{dx}\left(\frac{x^{n+1}}{n+1}\right)=\frac{(n+1)x^n}{n+1}=x^n$$

그러므로 $f(x)=x^n$의 일반 역도함수는 다음과 같다.

$$F(x)=\frac{x^{n+1}}{n+1}+C$$

$n \geq 0$일 때 이는 정당한데, $f(x) = x^n$이 임의의 구간에서 정의되기 때문이다. n이 음수일 때($n \neq -1$) 이는 0을 포함하지 않는 임의의 구간에서 정당하다. ■

보기 1에서와 같이, 모든 미분 공식은 오른쪽에서 왼쪽으로 읽을 때 역미분 공식이 된다. 표 2에는 몇 가지 특별한 역도함수를 나열했다. 이 표에 있는 각 공식은 참인데, 오른쪽 열에 있는 함수의 도함수가 왼쪽에 나타나기 때문이다. 특히, 첫째 공식은 함수의 상수 배의 역도함수는 그 함수의 역도함수의 상수 배임을 알려준다. 둘째 공식은 합의 역도함수는 역도함수의 합임을 알려준다. (여기서 기호 $F' = f$와 $G' = g$를 이용했다.)

용어
역미분 antidifferentiation

2 역미분 공식 표

함수	특수한 역도함수	함수	특수한 역도함수
$cf(x)$	$cF(x)$	$\sec^2 x$	$\tan x$
$f(x)+g(x)$	$F(x)+G(x)$	$\sec x \tan x$	$\sec x$
$x^n \ (n \neq -1)$	$\dfrac{x^{n+1}}{n+1}$	$\dfrac{1}{\sqrt{1-x^2}}$	$\sin^{-1} x$
$1/x$	$\ln\lvert x\rvert$	$\dfrac{1}{1+x^2}$	$\tan^{-1} x$
e^x	e^x	$\cosh x$	$\sinh x$
$\cos x$	$\sin x$	$\sinh x$	$\cosh x$
$\sin x$	$-\cos x$		

■ 표 2에서 특수한 역도함수로부터 일반 역도함수를 얻기 위해서는 보기 1에서와 같이 상수(들)를 더하면 된다.

보기 2 다음을 만족시키는 함수 g를 모두 찾아라.

$$g'(x) = 4\sin x + \frac{2x^5 - \sqrt{x}}{x}$$

풀이 먼저 주어진 함수를 다음과 같이 다시 쓰자.

$$g'(x) = 4\sin x + \frac{2x^5}{x} - \frac{\sqrt{x}}{x} = 4\sin x + 2x^4 - \frac{1}{\sqrt{x}}$$

그러므로 다음의 역도함수를 찾으려고 한다.

$$g'(x) = 4\sin x + 2x^4 - x^{-1/2}$$

정리 1과 함께 표 2의 공식을 이용하면 다음을 얻는다.

$$g(x) = 4(-\cos x) + 2\frac{x^5}{5} - \frac{x^{1/2}}{\frac{1}{2}} + C$$

$$= -4\cos x + \frac{2}{5}x^5 - 2\sqrt{x} + C$$ ■

미분을 활용하는 경우에, 보기 2와 같은 상황을 아주 흔히 접하게 된다. 곧, 함수를 찾으려고 하는데, 그 도함수가 주어지는 경우가 많이 있다. 함수

용어
미분 방정식 differential equation 일반해 general solution 특수해 particular solution

의 도함수를 포함하는 방정식을 미분 방정식이라 한다. 이에 대해서는 7.7절에서 좀 더 자세하게 알아보겠지만, 여기서도 몇 가지 초등적인 미분 방정식을 풀 수 있다. 미분 방정식의 일반해는 보기 2에서와 같이 임의의 상수(들)를 동반한다. 그렇지만 상수(들)를 결정하고 이에 따라 해를 유일하게 지정하는 추가적인 조건이 있을 수 있다.

■ 그림 2는 보기 3의 함수 f'와 그 역도함수 f의 그래프를 보여준다. $f'(x)>0$이므로 f가 언제나 증가함을 확인하자. 또, f'의 극값이 나타나는 곳에서 f의 변곡점이 존재함을 확인하자. 이에 따라 그래프는 셈 결과를 확인하는 도구가 된다.

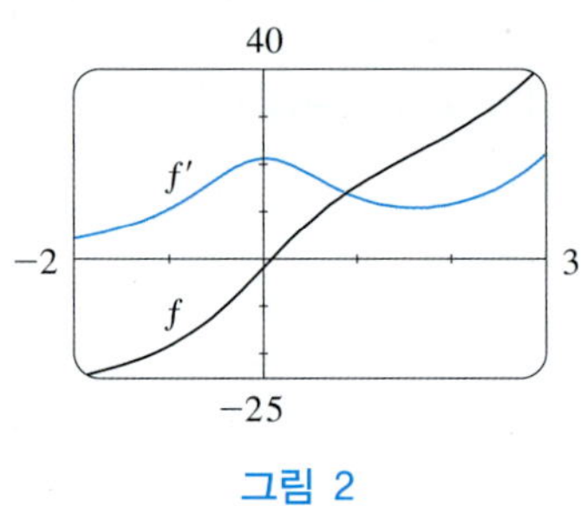

그림 2

보기 3 다음을 만족시키는 함수 f를 찾아라.

$$f'(x)=e^x+20(1+x^2)^{-1}, \quad f(0)=-2$$

풀이 $f'(x)=e^x+\dfrac{20}{1+x^2}$의 일반 역도함수는 다음과 같다.

$$f(x)=e^x+20\tan^{-1}x+C$$

C를 결정하기 위해서, $f(0)=-2$이라는 사실을 이용하면 다음과 같다.

$$f(0)=e^0+20\tan^{-1}0+C=-2$$

따라서 $C=-2-1=-3$이므로, 특수해는 다음과 같다.

$$f(x)=e^x+20\tan^{-1}x-3$$ ■

보기 4 다음을 만족시키는 함수 f를 찾아라.

$$f''(x)=12x^2+6x-4, \quad f(0)=4, \quad f(1)=1$$

풀이 $f''(x)=12x^2+6x-4$의 일반 역도함수는 다음과 같다.

$$f'(x)=12\frac{x^3}{3}+6\frac{x^2}{2}-4x+C=4x^3+3x^2-4x+C$$

역미분 공식을 한 번 더 이용하면, 다음을 얻는다.

$$f(x)=4\frac{x^4}{4}+3\frac{x^3}{3}-4\frac{x^2}{2}+Cx+D=x^4+x^3-2x^2+Cx+D$$

C와 D를 결정하기 위해서, 주어진 조건 $f(0)=4$와 $f(1)=1$을 이용한다. $f(0)=0+D=4$이므로 $D=4$이다. 그리고 다음이 성립한다.

$$f(1)=1+1-2+C+4=1$$

그러므로 $C=-3$이다. 따라서 찾는 함수는 다음과 같다.

$$f(x)=x^4+x^3-2x^2-3x+4$$ ■

직선 운동

■ www.stewartcalculus.com
Additional Example A를 보라.

역미분은 직선에서 움직이는 물체의 운동을 분석할 때 특히 쓸모 있다. 물체의 위치 함수가 $s=f(t)$일 때, 속도 함수는 $v(t)=s'(t)$이다. 이는 위치 함수가 속도 함수의 역도함수임을 뜻한다. 마찬가지로, 가속도 함수는 $a(t)=v'(t)$이므로, 속도 함수는 가속도 함수의 역도함수이다. 가속도 및 초깃값 $s(0)$과

$v(0)$을 알고 있으면, 두 번 역미분해서 위치 함수를 찾을 수 있다.

보기 5 입자가 직선을 따라 움직이고 있는데, 가속도가 $a(t) = 6t + 4$로 주어졌다. 초기 속도가 $v(0) = -6\text{cm/s}$이고 초기 변위는 $s(0) = 9\text{cm}$이다. 위치 함수 $s(t)$를 찾아라.

풀이 $v'(t) = a(t) = 6t + 4$이므로, 역미분하면 다음을 얻는다.

$$v(t) = 6\frac{t^2}{2} + 4t + C = 3t^2 + 4t + C$$

$v(0) = C$이다. 그런데 주어진 조건이 $v(0) = -6$이므로, $C = -6$이고 다음을 얻는다.

$$v(t) = 3t^2 + 4t - 6$$

$v(t) = s'(t)$이므로, 다음과 같이 s는 v의 역도함수이다.

$$s(t) = 3\frac{t^3}{3} + 4\frac{t^2}{2} - 6t + D = t^3 + 2t^2 - 6t + D$$

이에 따라 $s(0) = D$이다. 주어진 조건이 $s(0) = 9$이므로 $D = 9$이다. 따라서 찾고 있는 위치 함수는 다음과 같다.

$$s(t) = t^3 + 2t^2 - 6t + 9$$ ■

지구 표면 근처에서 물체는 중력을 받는데, g로 나타내는 아래 방향으로의 가속도가 생긴다. 지면에 가까운 곳에서의 운동에 대해서는 g를 상수로 가정할 수 있는데, 그 값은 약 9.8m/s^2(또는 32ft/s^2)이다.

보기 6 지면으로부터의 높이가 140 m인 절벽의 끝에서 공을 15m/s의 속력으로 위로 던졌다. t초 뒤, 지면으로부터의 공의 높이를 찾아라. 공은 언제 최고 높이에 도달하는가? 공은 언제 땅에 떨어지는가?

풀이 운동이 연직 방향이므로, 양의 방향을 위쪽으로 선택하자. 시각 t에서 지면으로부터의 거리는 $s(t)$이고 속도 $v(t)$는 감소한다. 그러므로 가속도는 음수인데, 다음이 성립한다.

$$a(t) = \frac{dv}{dt} = -9.8$$

역도함수를 취하면, 다음을 얻는다.

$$v(t) = -9.8t + C$$

C를 결정하기 위해서, 주어진 정보 $v(0) = 15$를 이용하자. 이에 따라 $15 = 0 + C$이므로, 다음이 성립한다.

$$v(t) = -9.8t + 15$$

최고 높이는 $v(t) = 0$일 때, 곧 $15/9.8 \approx 1.53$초 뒤에 도달한다. $s'(t) = v(t)$이므로, 또다시 역미분하면 다음을 얻는다.

▪ 그림 3은 보기 6에서 공의 위치 함수를 보여준다. 그래프는 보기에서 얻은 결론을 확증한다. 공은 1.5초 뒤에 최고 높이에 도달하고 7.1초 뒤에 땅에 떨어진다.

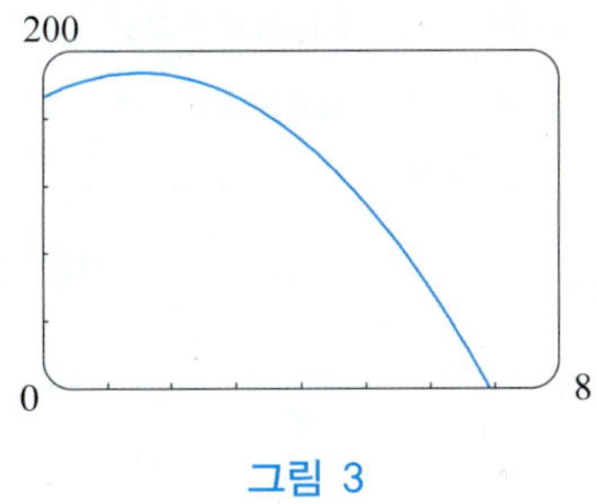

그림 3

$$s(t) = -4.9t^2 + 15t + D$$

$s(0) = 140$이라는 사실을 이용하면, $140 = 0 + D$이므로 다음이 성립한다.

$$s(t) = -4.9t^2 + 15t + 140$$

$s(t)$에 대한 식은 공이 땅에 떨어질 때까지 유효하다. $s(t) = 0$일 때, 곧 다음과 같을 때 땅에 떨어진다.

$$-4.9t^2 + 15t + 140 = 0$$

근의 공식을 이용해서 이 방정식을 풀면 다음을 얻는다.

$$t = \frac{15 \pm \sqrt{2969}}{9.8}$$

음의 부호는 t의 음수 값을 주므로, 이런 근은 버리자. 따라서 공이 땅에 떨어지는 시간은 다음과 같다.

$$t = \frac{15 + \sqrt{2969}}{9.8} \approx 7.1(\text{초})$$ ■

4.7 익힘 문제

1–14. 다음 함수의 일반 역도함수를 찾아라. (미분해서 답을 확인하라.)

1. $f(x) = \frac{1}{2} + \frac{3}{4}x^2 - \frac{4}{5}x^3$
2. $f(x) = 1 - x^3 + 12x^5$
3. $f(x) = 7x^{2/5} + 8x^{-4/5}$
4. $f(x) = 2x + 3x^{1.7}$
5. $f(x) = 3\sqrt{x} - 2\sqrt[3]{x}$
6. $f(t) = \dfrac{3t^4 - t^3 + 6t^2}{t^4}$
7. $g(t) = \dfrac{1 + t + t^2}{\sqrt{t}}$
8. $r(\theta) = \sec\theta\tan\theta - 2e^\theta$
9. $h(\theta) = 2\sin\theta - \sec^2\theta$
10. $f(x) = 3e^x + 7\sec^2 x$
11. $f(x) = 5e^x - 3\cosh x$
12. $f(x) = 2\sqrt{x} + 6\cos x$
13. $f(x) = \dfrac{x^5 - x^3 + 2x}{x^4}$
14. $f(x) = \dfrac{2 + x^2}{1 + x^2}$

15–16. 다음 주어진 조건을 만족시키는 f의 역도함수 F를 찾아라. f와 F의 그래프를 비교해서 답을 확인하라.

15. $f(x) = 5x^4 - 2x^5$, $F(0) = 4$
16. $f(x) = 4 - 3(1 + x^2)^{-1}$, $F(1) = 0$

17–34. 다음을 만족시키는 f를 찾아라.

17. $f''(x) = 20x^3 - 12x^2 + 6x$
18. $f''(x) = 2 + x^3 + x^6$
19. $f''(x) = \frac{2}{3}x^{2/3}$
20. $f''(x) = 6x + \sin x$
21. $f'''(t) = \cos t$
22. $f'''(t) = e^t + t^{-4}$
23. $f'(x) = 1 + 3\sqrt{x}$, $f(4) = 25$
24. $f'(x) = 5x^4 - 3x^2 + 4$, $f(-1) = 2$
25. $f'(t) = 4/(1 + t^2)$, $f(1) = 0$
26. $f'(t) = t + 1/t^3$ $(t > 0)$, $f(1) = 6$
27. $f'(t) = 2\cos t + \sec^2 t$ $\left(-\frac{\pi}{2} < t < \frac{\pi}{2}\right)$, $f\left(\frac{\pi}{3}\right) = 4$
28. $f'(x) = \dfrac{4}{\sqrt{1 - x^2}}$, $f\left(\frac{1}{2}\right) = 1$
29. $f''(x) = -2 + 12x - 12x^2$, $f(0) = 4$, $f'(0) = 12$
30. $f''(x) = 4 - 6x - 40x^3$, $f(0) = 2$, $f'(0) = 1$

31. $f''(\theta) = \sin\theta + \cos\theta$, $f(0) = 3$, $f'(0) = 4$

32. $f''(t) = 3/\sqrt{t}$, $f(4) = 20$, $f'(4) = 7$

33. $f''(x) = x^{-2}$ $(x > 0)$, $f(1) = 0$, $f(2) = 0$

34. $f''(t) = 2e^t + 3\sin t$, $f(0) = 0$, $f(\pi) = 0$

35. f의 그래프가 점 (1, 6)을 지나고 $(x, f(x))$에서의 접선의 기울기가 $2x+1$일 때, $f(2)$를 찾아라.

36. 함수 f가 $f'(x) = x^3$을 만족시키고 직선 $x+y=0$이 f의 그래프에 접할 때, f를 찾아라.

37–38. 함수 f의 그래프가 아래 그림과 같을 때, f의 역도함수의 그래프를 찾아라. 이유를 말하라.

37.

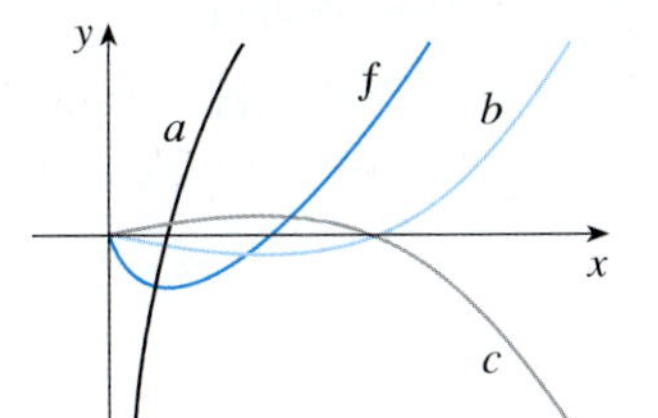

38.

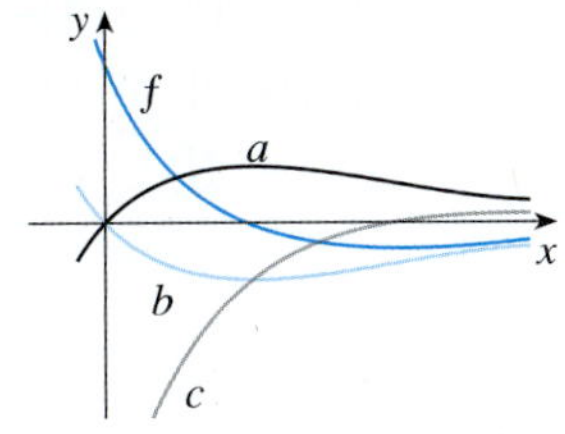

39–42. 입자가 다음 조건에 따라 움직일 때, 입자의 위치를 찾아라.

39. $v(t) = \sin t - \cos t$, $s(0) = 0$

40. $v(t) = 1.5\sqrt{t}$, $s(4) = 10$

41. $a(t) = 10\sin t + 3\cos t$, $s(0) = 0$, $s(2\pi) = 12$

42. $a(t) = 10 + 3t - 3t^2$, $s(0) = 0$, $s(2) = 10$

43. 지면으로부터 450m의 높이에 있는 CN 탑의 전망대 상층(스페이스 데크)에서 돌을 떨어뜨린다.
(a) 시각 t일 때 지면으로부터 돌까지의 거리를 찾아라.
(b) 돌이 지면에 닿을 때까지 걸리는 시간은?
(c) 지면에 닿을 때의 속도는 얼마인가?
(d) 돌은 아래쪽으로 5m/s의 속력으로 던질 때, 돌이 지면에 닿을 때까지 걸리는 시간은?

44. 직선 위에서 일정한 가속도 a, 초기 속도 v_0, 초기 변위 s_0으로 움직일 때, t초 뒤의 변위가 다음과 같음을 보여라.

$$s = \frac{1}{2}at^2 + v_0 t + s_0$$

45. 지면으로부터의 높이가 s_0m인 지점에서 한 물체를 초기 속도 v_0으로 위쪽으로 발사했다. 다음을 보여라.

$$\{v(t)\}^2 = v_0^2 - 19.6\{s(t) - s_0\}$$

46. 보기 6과 같은 절벽의 끝에서 위쪽으로 두 개의 공을 던진다. 첫째 공은 15m/s의 속도로 던지고, 둘째 공은 1초 뒤에 8m/s의 속도로 던진다. 두 공은 서로 교차하는가?

47. 돌을 절벽 끝에서 떨어뜨렸더니, 지면에 40 m/s의 속력으로 떨어졌다. 절벽의 높이는 얼마인가?

48. 질량이 m인 다이빙 선수가 길이가 L이고 선형 밀도가 ρ인 다이빙대 끝에 서 있을 때, 다이빙대의 모양인 곡선 $y = f(x)$는 다음을 만족시킨다.

$$EIy'' = mg(L-x) + \frac{1}{2}\rho g(L-x)^2$$

E와 I는 다이빙대의 재질에 따라 결정되는 양의 상수이고, $g(<0)$는 중력 가속도이다.
(a) 곡선의 모양을 나타내는 식을 찾아라.
(b) $f(L)$을 이용해서, 수평선과 다이빙대 끝 사이의 거리를 어림하라.

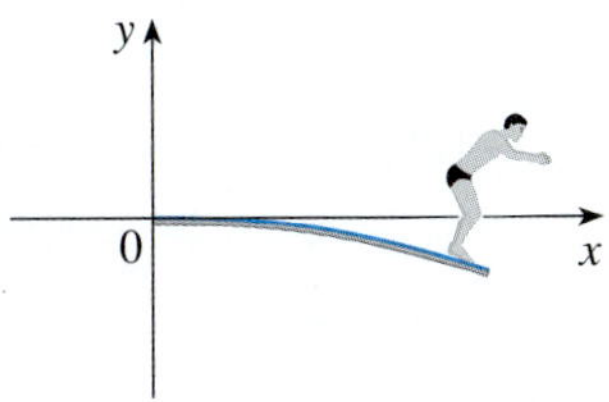

49. 빗방울은 떨어지면서 커지기 때문에, 겉넓이가 증가하고 이에 따라 낙하에 대한 저항도 증가한다. 빗방울이 처음에 10m/s의 속력으로 아래로 떨어지고, 아래 방향의 가속도는 다음과 같다.

$$a = \begin{cases} 9 - 0.9t & (0 \le t \le 10) \\ 0 & (t > 10) \end{cases}$$

물방울이 처음에 지면으로부터 500m 위에서 떨어지면, 떨어지는 데 얼마나 오래 걸리는가?

50. 80km/h로 달리고 있는 자동차의 브레이크를 완전히 밟으면, 일정한 가속도 -8m/s^2이 발생한다. 자동차가 정지하기 전까지 달린 거리는 얼마인가?

51. 자동차의 속력을 5초 동안에 50km/h에서 80km/h로 올리기 위해 필요한 일정한 가속도는 얼마인가?

52. 한 자동차가 일정한 가속도 -5m/s^2으로 제동되어 정지할 때까지 60m의 타이어 자국을 남겼다. 브레이크를 처음 작동했을 때, 자동차의 속도는 얼마였는가?

53. 자동차를 100km/h로 운전하고 있던 운전자가 80m 앞에서 일어난 사고를 목격하고 브레이크를 밟았다. 적절하게 연쇄 충돌을 피하기 위해 필요한 일정한 가속도는 얼마인가?

54. 모형 로켓이 정지 상태에서 연직 방향의 위쪽으로 발사됐다. 처음 3초 동안의 가속도는 $a(t)=18t$인데, 이때에 이르러 연료가 소진되고 자유 낙하하기 시작한다. 14초 뒤에 로켓의 낙하산이 펴지고 5초 동안에 (아래쪽 방향의) 속도가 -5.5m/s까지 선형으로 줄어든다. 다음에 로켓은 이 속도로 지면까지 내려앉는다.
(a) (시간 t에 대해) 위치 함수 s와 속도 함수 v를 결정하라. s와 v의 그래프를 그려라.
(b) 어느 시각에 로켓은 최고 높이에 도달하는가? 그 높이는 얼마인가?
(c) 어느 시각에 로켓은 땅에 도착하는가?

55. 고속 열차가 가속도 1.2m/s^2로 가속하고 감속한다. 최고 속도는 145km/h이다.
(a) 이 열차가 정지 상태에서 최고 속도에 도달할 때까지 가속한 뒤에 그 속도로 15분 동안 달리면, 이 열차가 달릴 수 있는 최대 거리는 얼마인가?
(b) 정지 상태에서 출발한 이 기차가 15분 뒤에 완전히 정차한다고 가정하자. 이런 조건에서 이 열차가 달릴 수 있는 최대 거리는 얼마인가?
(c) 72km 떨어져있는 인접한 두 역을 이 열차가 여행하는 데 걸리는 최소 시간을 찾아라.
(d) 이 열차가 한 역에서 다음 역까지 가는 데 37.5분이 걸렸다. 두 역 사이의 거리는 얼마인가?

4 복습 개념 확인

1. 최댓값과 극댓값의 차이점을 설명하라. 그림으로 예시하라.
2. (a) 최대 · 최소 정리는 무엇을 말하는가?
(b) 닫힌 구간 방법을 적용하는 과정을 설명하라.
3. (a) 페르마의 정리를 써라.
(b) f의 임계수를 정의하라.
4. (a) 롤의 정리를 써라.
(b) 평균값 정리를 쓰고, 기하학적으로 해석하라.
5. (a) 증감 판정법을 써라.
(b) f가 구간 I에서 아래로 볼록이라는 것은 무엇을 뜻하는가?
(c) 볼록 판정법을 써라.
(d) 변곡점은 무엇인가? 어떻게 찾는가?
6. (a) 일계 도함수 판정법을 써라.
(b) 이계 도함수 판정법을 써라.
(c) 이런 판정법의 상대적인 장점과 약점은 무엇인가?
7. 그래프 계산기 또는 컴퓨터가 있더라도, 함수의 그래프를 그릴 때 미분이 필요한 이유는 무엇인가?
8. (a) 방정식 $f(x)=0$의 근에 대한 첫째 근삿값 x_1에 대해 뉴턴의 방법에서 둘째 근삿값 x_2를 얻는 방법을 그림을 그려 기하학적으로 설명하라.
(b) x_2를 x_1과 $f(x_1)$ 및 $f'(x_1)$의 식으로 나타내라.
(c) x_{n+1}을 x_n과 $f(x_n)$ 및 $f'(x_n)$의 식으로 나타내라.
(d) 어떤 상황에서 뉴턴의 방법이 실패하거나 매우 느리게 작동할 것으로 보이는가?
9. (a) 함수 f의 역도함수는 무엇인가?
(b) F_1과 F_2가 모두 구간 I에서 f의 역도함수일 때, F_1과 F_2의 관계는 무엇인가?

4 복습 OX 문제

다음 명제의 참과 거짓을 판별하라. 참이면, 그 이유를 설명하라. 거짓이면, 그 이유를 설명하거나 반례를 들어라.

1. $f'(c)=0$이면, f는 c에서 극대 또는 극소이다.
2. f가 c에서 최대이면, $f'(c)=0$이다.
3. f가 (a, b)에서 연속이면, f는 (a, b)에 속한 어떤 두 수 c와 d에서 최댓값 $f(c)$와 최솟값 $f(d)$를 취한다.

4. f가 미분 가능하고 $f(-1)=f(1)$이면, 절댓값이 1보다 작은 수 c가 존재해서 $f'(c)=0$이 성립한다.
5. $1<x<6$일 때 $f'(x)<0$이면, f는 $(1, 6)$에서 감소한다.
6. $f''(2)=0$이면, $(2, f(2))$는 곡선 $y=f(x)$의 변곡점이다.
7. $0<x<1$일 때 $f'(x)=g'(x)$이면, $0<x<1$일 때 $f(x)=g(x)$이다.
8. 적당한 함수 f가 존재해서 $f(1)=-2$이고 $f(3)=0$이며 모든 x에서 $f'(x)>1$이 성립한다.
9. 적당한 함수 f가 존재해서 모든 x에서 $f(x)>0$이고 $f'(x)<0$이며 $f''(x)>0$이 성립한다.
10. 적당한 함수 f가 존재해서 모든 x에서 $f(x)<0$이고 $f'(x)<0$이며 $f''(x)>0$이 성립한다.
11. f와 g가 구간 I에서 증가하면, $f+g$도 I에서 증가한다.
12. f와 g가 구간 I에서 증가하면, $f-g$도 I에서 증가한다.
13. f와 g가 구간 I에서 증가하면, fg도 I에서 증가한다.
14. f와 g가 구간 I에서 양수이고 증가하면, fg도 I에서 증가한다.
15. 구간 I에서 f가 증가하고 $f(x)>0$이면, $g(x)=1/f(x)$은 I에서 감소한다.
16. f가 짝 함수이면, f'도 짝 함수이다.
17. f가 주기 함수이면, f'도 주기 함수이다.
18. $f(x)=x^{-2}$의 일반 역도함수는 $F(x)=-\dfrac{1}{x}+C$이다.
19. 모든 x에서 $f'(x)$가 존재하고 영이 아니면, $f(1)\neq f(0)$이다.

4 복습 연습 문제

1–4. 다음 함수의 주어진 구간에서의 극대값과 극솟값 및 최댓값과 최솟값을 찾아라.

1. $f(x)=x^3-6x^2+9x+1,\quad [2, 4]$
2. $f(x)=x\sqrt{1-x},\quad [-1, 1]$
3. $f(x)=\dfrac{3x-4}{x^2+1},\quad [-2, 2]$
4. $f(x)=x^2e^{-x},\quad [-1, 3]$

5–7. 주어진 조건을 만족시키는 함수의 그래프를 그려라.

5. $f(0)=0$, $f'(-2)=f'(1)=f'(9)=0$,
$\lim_{x\to\infty} f(x)=0$, $\lim_{x\to 6} f(x)=-\infty$,
$(-\infty, -2)$, $(1, 6)$, $(9, \infty)$에서 $f'(x)<0$,
$(-2, 1)$과 $(6, 9)$에서 $f'(x)>0$,
$(-\infty, 0)$과 $(12, \infty)$에서 $f''(x)>0$,
$(0, 6)$과 $(6, 12)$에서 $f''(x)<0$

6. $f(0)=0$, f는 연속이고 짝 함수,
$0<x<1$일 때 $f'(x)=2x$,
$1<x<3$일 때 $f'(x)=-1$,
$x>3$일 때 $f'(x)=1$

7. f는 홀 함수, $0<x<2$일 때 $f'(x)<0$,
$x>2$일 때 $f'(x)>0$,
$0<x<3$일 때 $f''(x)>0$
$x>3$일 때 $f''(x)<0$, $\lim_{x\to\infty} f(x)=-2$

8. 아래 그림은 함수 f의 도함수 f'의 그래프이다.
(a) f가 증가 또는 감소하는 구간을 찾아라.
(b) f가 극대 또는 극소인 x의 값을 찾아라.
(c) f''의 그래프를 그려라.
(d) f의 가능성 있는 그래프를 그려라.

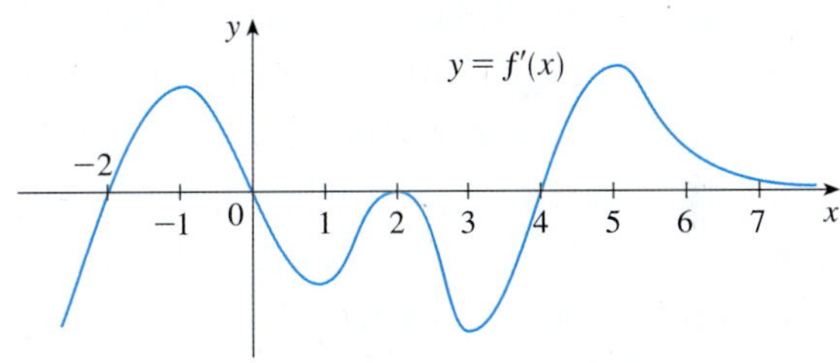

9–14. (a) (존재하면) 연직과 수평 점근선을 찾아라.
(b) 증가하거나 감소하는 구간를 찾아라.
(c) 극댓값과 극솟값을 찾아라.
(d) 위 아래로 볼록인 구간과 변곡점을 찾아라.
(e) (a)~(d)의 정보를 이용해서 f의 그래프를 그려라. 그래프 장치를 이용해서 확인하라.

9. $f(x)=2-2x-x^3$
10. $f(x)=\dfrac{1}{1-x^2}$
11. $y=\sin^2 x-2\cos x$
12. $y=e^{2x-x^2}$
13. $y=e^x+e^{-3x}$
14. $y=\ln(x^2-1)$

15–24. 4.4절의 지침에 따라 다음 곡선을 그려라.

15. $y=x^4-3x^3+3x^2-x$
16. $y=x^3-6x^2-15x+4$

17. $y = \dfrac{1}{x(x-3)^2}$ 18. $y = \dfrac{x}{1-x^2}$

19. $y = x\sqrt{2+x}$

20. $y = \sqrt{1-x} + \sqrt{1+x}$

21. $y = \sin^{-1}(1/x)$

22. $y = 4x - \tan x \quad (-\pi/2 < x < \pi/2)$

23. $y = (x-2)e^{-x}$ 22. $y = x + \ln(x^2+1)$

25–28. 다음 곡선의 중요한 특징을 모두 드러내는 f의 그래프를 그려라. f'와 f''의 그래프를 이용해서, 증가하고 감소하는 구간, 극값, 위 아래로 볼록인 구간, 변곡점을 어림하라. 익힘 문제 25에서는 미분을 이용해서 이런 값을 정확히 찾아라.

25. $f(x) = \dfrac{x^2-1}{x^3}$ 26. $f(x) = \dfrac{x^2-x}{x^2+x+3}$

27. $f(x) = 3x^6 - 5x^5 + x^4 - 5x^3 - 2x^2 + 2$

28. $f(x) = x^2 + 6.5\sin x \quad (-5 \le x \le 5)$

29. 함수 $f(x) = e^{-1/x^2}$의 주요한 특징을 모두 보여주는 그래프를 관찰 직사각형에 그려라. 변곡점을 어림하라. 다음에 미분을 이용해서 정확한 값을 찾아라.

CAS 30. (a) 함수 $f(x) = 1/(1+e^{1/x})$의 그래프를 그려라.
(b) x가 ∞, $-\infty$, 0^+, 0^-로 가까워질 때의 $f(x)$의 극한을 셈해서 그래프의 모양을 설명하라.
(c) f의 그래프를 이용해서 변곡점의 좌표를 어림하라.
(d) CAS를 이용해서 f''를 셈하고 그래프를 그려라.
(e) (d)의 그래프를 이용해서 좀 더 정확한 변곡점을 어림하라.

CAS 31–32. f, f', f''의 그래프들을 사용해서 f의 최댓값과 최솟값 및 변곡점이 나타나는 x 좌표를 어림하라.

31. $f(x) = \dfrac{\cos^2 x}{\sqrt{x^2+x+1}} \quad (-\pi \le x \le \pi)$

32. $f(x) = e^{-0.1x}\ln(x^2-1)$

33. 함수족 $f(x) = \ln(\sin x + C)$를 조사하자. 이 함수들의 공동된 특징은 무엇인가? 다른 점은 무엇인가? C의 어떤 값에서 f는 $\mathbb{R}$에서 연속인가? C의 어떤 값에서 f의 그래프가 전혀 없는가? $C \to \infty$일 때 어떤 현상이 나타나는가?

34. 함수족 $f(x) = cxe^{-cx^2}$을 조사하자. c가 바뀔 때, 최댓점과 최솟점 및 변곡점은 어떻게 되는가? 몇 개의 그래프를 그려서 위에서 얻은 결론을 예시하라.

35. 방정식 $3x + 2\cos x + 5 = 0$의 실근이 단 한 개 존재함을 보여라.

36. f가 $[0, 4]$에서 연속이고 $f(0) = 1$이며 $(0, 4)$에 속한 모든 x에서 $2 \le f'(x) \le 5$이라 하자. 이때 $9 \le f(4) \le 21$임을 보여라.

37. 구간 $[32, 33]$에서 평균값 정리를 함수 $f(x) = x^{1/5}$에 적용해서 다음을 보여라.

$$2 < \sqrt[5]{33} < 2.0125$$

38. 두 상수 a와 b의 어떤 값에 대해 점 $(1, 3)$이 곡선 $y = ax^3 + bx^2$의 변곡점인가?

39. 두 개의 양의 정수 중에서 한 수의 4배와 다른 수의 합이 1000이고 두 수의 곱이 가장 큰 경우를 찾아라.

40. 쌍곡선 $xy = 8$의 점 중에서 점 $(3, 0)$에 가장 가까운 것을 찾아라.

41. 반지름이 r인 원에 외접하는 이등변 삼각형의 넓이의 최솟값을 찾아라.

42. 반지름이 r인 구에 내접하는 원뿔의 부피의 최댓값을 찾아라.

43. ΔABC에서 D는 AB의 점, $|CD| = 5\text{cm}$, $|AD| = 4\text{cm}$, $|BD| = 4\text{cm}$, $CD \perp AB$이다. CD의 점 P에 대해 $|PA| + |PB| + |PC|$의 최솟값은? $|CD| = 2\text{cm}$인 경우에는 어떤가?

44. 아래 그림과 같이 트랙으로부터 1단위 떨어져있는 점 P에 관찰자가 있다. 두 사람이 점 S에서 동시에 출발해서 트랙을 따라 달리는데, 한 사람이 다른 사람의 3배만큼의 속력으로 달린다. 관찰자가 두 사람을 바라보는 각 θ의 최댓값을 찾아라. [*귀띔*: $\tan\theta$를 최대화하라.]

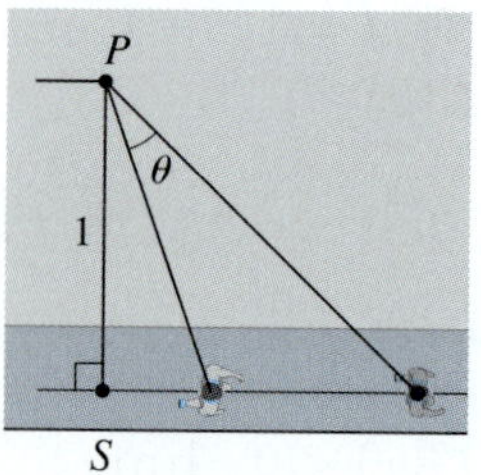

45. 깊은 물에서 파장이 L인 파도의 속도는 다음과 같다.

$$v = K\sqrt{\frac{L}{C} + \frac{C}{L}}$$

여기서 K와 C는 알려진 양의 상수이다. 파장이 얼마일 때 속도가 최소인가?

46. 부피가 V인 금속 저장 탱크를 직원기둥에 반구를 올려놓은 모양으로 만들려고 한다. 최소의 금속을 요구하는 규격을 찾아라.

47. 어느 하키 팀은 15000명의 관중을 수용할 수 있는 경기장에서 시합을 한다. 입장권의 가격을 12달러로 고정할 때 평균 11000명의 관중이 든다. 시장 조사에 따르면, 입장권의 가격을 1달러씩 내릴 때마다 관중이 1000명씩 는다고 한다. 입장권 판매 수입을 최대화하는 가격은 얼마인가?

48. 뉴턴의 방법을 이용해서 방정식 $\sin x = x^2 - 3x + 1$의 모든 근을 소수 여섯째 자리까지 정확하게 찾아라.

49. 뉴턴의 방법을 이용해서 함수 $f(t) = \cos t + t - t^2$의 최댓값을 소수 여덟째 자리까지 정확하게 찾아라.

50. 곡선 $y = x\sin x \ (0 \le x \le 2\pi)$를 4.4절의 지침을 이용해서 그려라. 필요하면 뉴턴의 방법을 이용하라.

51–52. 다음 함수의 일반 역도함수를 찾아라.

51. $f(x) = e^x - (2/\sqrt{x})$ **50.** $g(t) = (1+t)/\sqrt{t}$

53–56. 다음을 만족시키는 $f(x)$를 찾아라.

53. $f'(x) = 2/(1+x^2)$, $f(0) = -1$

54. $f'(u) = \dfrac{u^2 + \sqrt{u}}{u}$, $f(1) = 3$

55. $f''(x) = 1 - 6x + 48x^2$, $f(0) = 1$, $f'(0) = 2$

56. $f''(x) = 2x^3 + 3x^2 - 4x + 5$, $f(0) = 2$, $f(1) = 0$

57–58. 입자가 다음을 만족시키면서 움직인다. 입자의 위치를 찾아라.

57. $v(t) = 2t - 1/(1+t^2)$, $s(0) = 1$

58. $a(t) = 3\cos t + \sin t$, $s(0) = 0$, $v(0) = 2$

59. 산탄통이 지상 500m의 헬리콥터에서 떨어졌다. 낙하산이 펴지지 않았지만, 산탄통은 100m/s의 속도로 충돌해도 견딜 수 있도록 설계됐다. 이 산탄통은 파열될까?

60. 다음과 같이 정의된 곡선족을 조사하자.

$$f(x) = x^4 + x^3 + cx^2$$

특히, 임계수의 개수가 바뀔 때의 c의 값과 변곡점의 개수가 바뀔 때의 c의 값을 결정하라. 그래프의 가능성 있는 다양한 모양을 예시하라.

61. 반지름이 30cm인 원기둥 모양의 통나무를 깎아서 단면이 직사각형인 목재를 만든다.

(a) 단면의 넓이가 최대인 목재의 단면은 정사각형임을 보여라.

(b) 정사각형 목재를 잘라내고 남은 통나무의 네 부분을 깎아서 네 개의 직사각형 널빤지를 만든다. 단면의 넓이가 최대인 널빤지의 규격을 결정하라.

(c) 직사각형 목재의 강도는 그 깊이의 제곱과 너비의 곱에 정비례한다고 하자. 원기둥 모양의 통나무를 깎아서 만들 수 있는 가장 강한 목재의 규격을 찾아라.

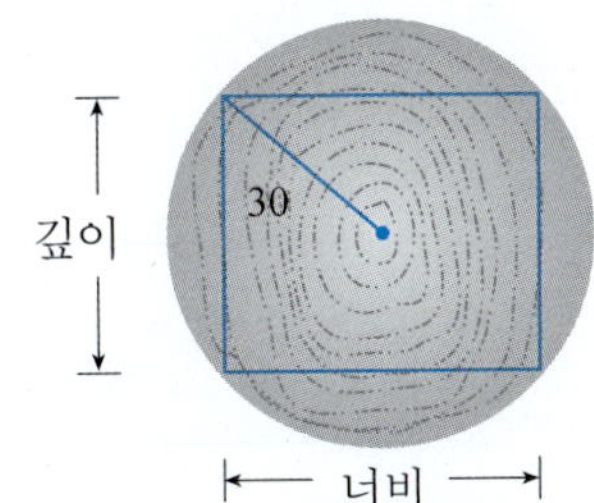

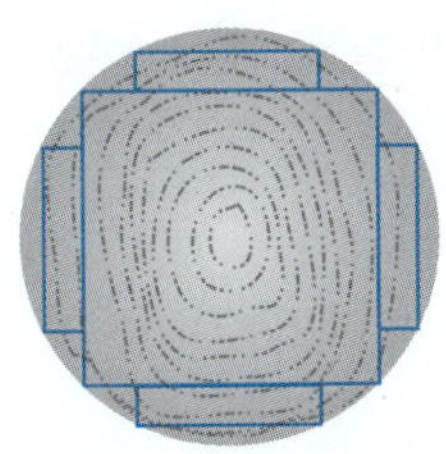

CHAPTER 5 적분

제 2 장에서는 접선과 속도 문제를 이용해서 도함수를 도입했는데, 이는 미분학에서 중심적인 개념이다. 이와 매우 비슷한 방법으로, 이번 장에서는 넓이와 거리 문제에서 출발하는데, 이를 이용해서 정 적분의 개념을 공식화한다. 정 적분은 적분학의 기초적인 개념이다. 제 7 장에서는 적분을 이용해서 부피, 곡선의 길이, 일, 댐에 가해지는 힘, 질량 중심 등과 관련된 문제를 해결하는 방법을 알아본다.

미분학과 적분학 사이를 연결하는 고리가 있다. 미적분학의 기본 정리는 적분을 도함수와 연관시키는데, 이번 장에서는 이것이 많은 문제의 풀이를 대단히 단순화시킨다는 점을 알아본다.

5.1 넓이와 거리

이번 절에서는 곡선 아래의 넓이 또는 자동차가 달린 거리를 찾는 과정에서 특별한 형태의 극한에 귀착된다는 사실을 알아본다.

넓이 문제

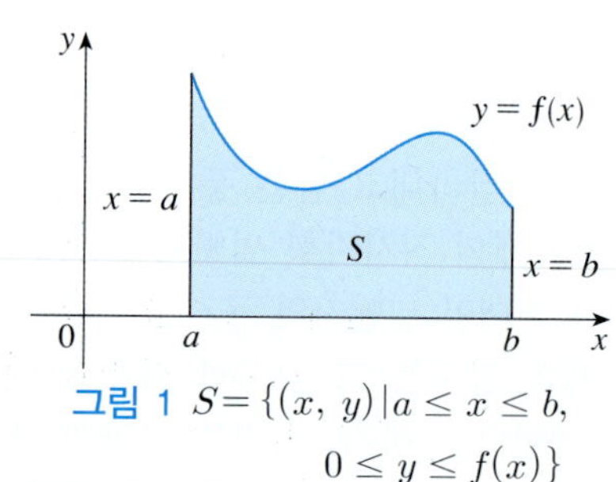

그림 1 $S = \{(x, y) \mid a \le x \le b,\ 0 \le y \le f(x)\}$

용어
넓이 area
넓이 문제 area problem

먼저 넓이 문제를 풀어 보자. a부터 b까지 곡선 $y = f(x)$ 아래의 영역 S의 넓이를 찾아보자. 그림 1에 예시한 대로, 이는 S가 연속 함수 f[여기서는 $f(x) \ge 0$]의 그래프와 두 연직선 $x = a$와 $x = b$ 및 x축으로 둘러싸여 (또는 갇혀) 있음을 뜻한다.

넓이 문제를 해결하기 위해서는 다음과 같은 질문에 답해야 한다. 용어 넓이는 무엇을 뜻하는가? 직선으로 둘러싸인 다각형 영역의 경우에는 이 질문에 쉽게 대답할 수 있다. 직사각형의 경우에, 넓이는 길이와 너비의 곱으로 정의한다. 삼각형의 넓이는 밑변의 길이와 높이의 곱의 반이다. 다각형의 넓이는 (그림 2와 같이) 이를 삼각형으로 나누고 삼각형의 넓이를 더해서 얻는다.

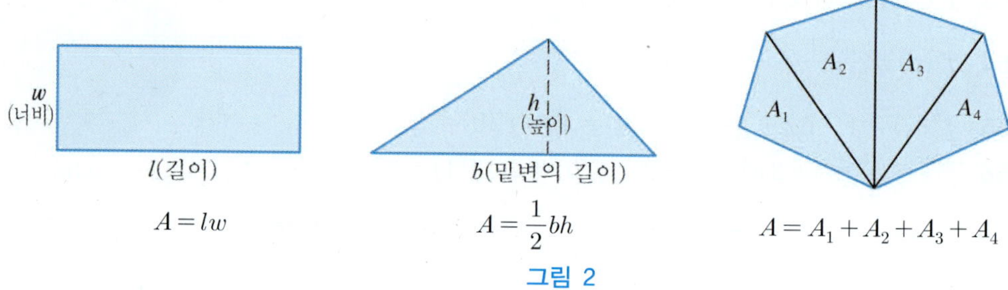

그림 2

그렇지만 곡선으로 둘러싸인 영역의 넓이를 찾기는 쉽지 않다. 영역의 넓이에 대한 직관적 개념은 있다. 그런데 넓이에 대한 정확한 정의를 제시해서 이런 직관적인 개념을 명확하게 하는 것이 넓이 문제의 일부이다.

앞에서 접선을 정의할 때, 먼저 근접하는 할선들의 기울기로 접선의 기울기에 근사시킨 다음에 이런 근삿값들의 극한을 취했다. 넓이에 대해서도 비슷한 발상으로 진행한다. 먼저 영역 S를 직사각형들로 근접시키고, 다음에 이런 직사각형들의 개수를 증가시킬 때 직사각형들의 넓이의 극한을 취한다. 다음 보기는 이런 과정을 예시한다.

보기 1 직사각형들을 이용해서 0부터 1까지 포물선 $y = x^2$ 아래의 (그림 3에 나타낸 포물선 영역 S의) 넓이를 어림하라.

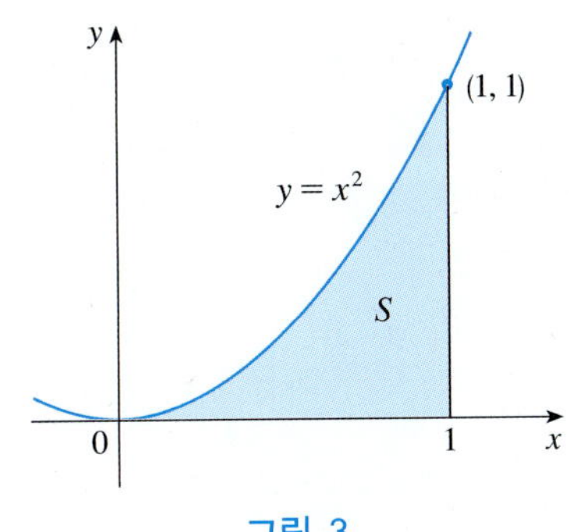

그림 3

풀이 먼저 S가 변의 길이가 1인 정사각형에 포함되므로, S의 넓이는 0과 1 사이의 값임을 알 수 있다. 그렇지만 분명히 이보다 더 정확한 값을 얻을 수 있다. 그림 4(a)에서와 같이 연직선 $x = \frac{1}{4}$, $x = \frac{1}{2}$, $x = \frac{3}{4}$을 그려서 S를 네 개의 띠 S_1, S_2, S_3, S_4로 나눈다고 하자.

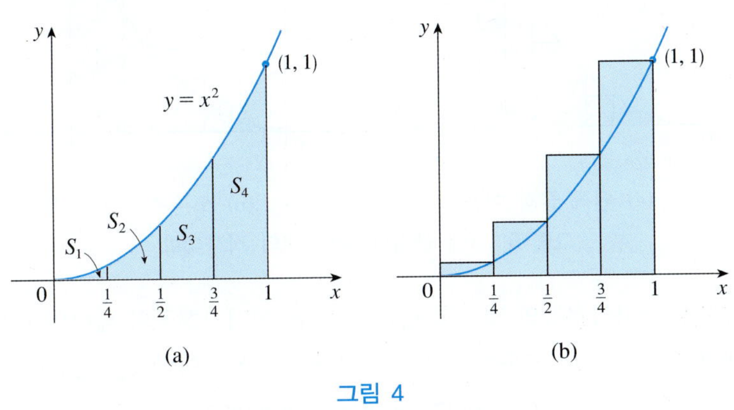

그림 4

각 띠를 [그림 4(b)와 같이] 밑변이 띠의 밑변과 같고 높이가 띠의 오른쪽 끝과 같은 직사각형으로 근접시킬 수 있다. 바꿔 말하면, 이런 직사각형들의 높이는 부분 구간 또는 소구간 $\left[0, \frac{1}{4}\right]$, $\left[\frac{1}{4}, \frac{1}{2}\right]$, $\left[\frac{1}{2}, \frac{3}{4}\right]$, $\left[\frac{3}{4}, 1\right]$의 오른쪽 끝점에서 $f(x) = x^2$의 값이다.

> **용어**
> 부분 구간, 소구간 subinterval
> 구간은 집합이므로 'subinterval'을 '부분 구간'으로 번역하는 것이 'subset'을 '부분 집합'으로 번역하는 것과 어울린다.

각 직사각형의 너비는 $\frac{1}{4}$이고 높이는 $\left(\frac{1}{4}\right)^2$, $\left(\frac{1}{2}\right)^2$, $\left(\frac{3}{4}\right)^2$, 1^2이다. 이렇게 근접한 직사각형들의 넓이의 합을 R_4라고 하면, 다음을 얻는다.

$$R_4 = \frac{1}{4} \cdot \left(\frac{1}{4}\right)^2 + \frac{1}{4} \cdot \left(\frac{1}{2}\right)^2 + \frac{1}{4} \cdot \left(\frac{3}{4}\right)^2 + \frac{1}{4} \cdot 1^2$$

$$= \frac{15}{32} = 0.46875$$

그림 4(b)로부터 S의 넓이 A는 R_4보다 작으므로, 다음이 성립한다.

$$A < 0.46875$$

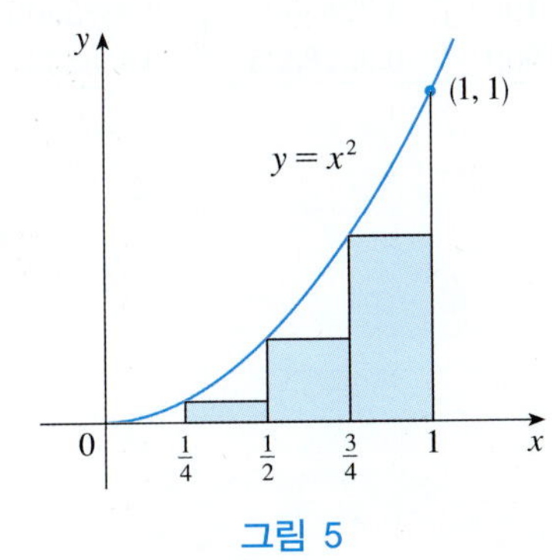

그림 5

그림 4(b)에 있는 직사각형들을 이용하지 않고, 그림 5에 있는 더 작은 직사각형들을 이용할 수 있다. 이 직사각형들의 높이는 각 부분 구간의 왼쪽 끝점에서 f의 값이다. (가장 왼쪽 직사각형의 높이는 0이므로, 그림에

나타나지 않는다.) 이렇게 근접한 직사각형들의 넓이의 합은 다음과 같다.

$$L_4 = \frac{1}{4} \cdot 0^2 + \frac{1}{4} \cdot \left(\frac{1}{4}\right)^2 + \frac{1}{4} \cdot \left(\frac{1}{2}\right)^2 + \frac{1}{4} \cdot \left(\frac{3}{4}\right)^2 = \frac{7}{32} = 0.21875$$

S의 넓이는 L_4보다 더 크므로, A에 대한 크고 작은 어림값을 얻는다.

$$0.21875 < A < 0.46875$$

띠의 개수를 증가시키면서 이 과정을 반복할 수 있다. 그림 6은 영역 S를 너비가 같은 여덟 개의 띠로 나누었을 때 나타나는 상황을 보여준다.

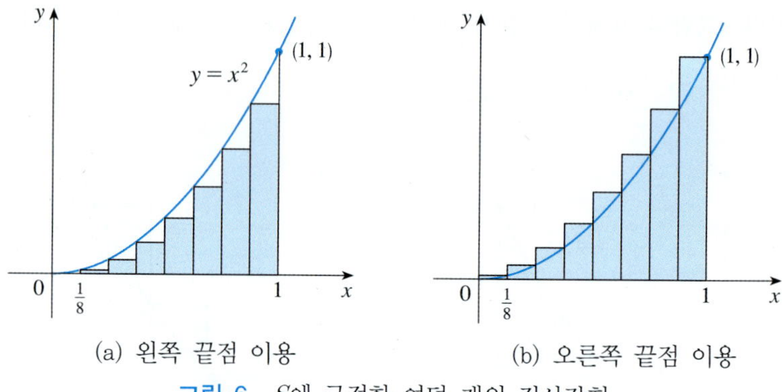

(a) 왼쪽 끝점 이용 (b) 오른쪽 끝점 이용

그림 6 S에 근접한 여덟 개의 직사각형

작은 직사각형들의 넓이의 합(L_8)과 큰 직사각형들의 넓이의 합(R_8)을 셈해서, A에 더 가까운 이보다 크고 작은 다음 어림값을 얻는다.

$$0.2734375 < A < 0.3984375$$

그러므로 S의 넓이의 참값이 0.2734375와 0.3984375 사이에 있다는 말로 이 문제에 답할 수는 있다.

띠의 개수를 증가시켜서 더 정확한 어림값을 얻을 수 있다. 오른쪽 표는 컴퓨터를 이용한 비슷한 셈 결과를 보여주는데, 직사각형의 개수가 n일 때 L_n은 왼쪽 끝점에서 찾은 값이고 R_n은 오른쪽 끝점에서 찾은 값이다. 특히, 50개의 띠를 이용하면 넓이는 0.3234와 0.3434 사이에 있음을 알 수 있다. 1000개의 띠를 사용하면, 이 간격을 더욱 좁힐 수 있는데, A는 두 수 0.3328335와 0.3338335 사이에 놓인다. 이 두 수의 평균 $A \approx 0.3333335$은 매우 정확한 어림값이다. ■

n	L_n	R_n
10	0.2850000	0.3850000
20	0.3087500	0.3587500
30	0.3168519	0.3501852
50	0.3234000	0.3434000
100	3.3283500	3.3383500
1000	0.3328335	0.3338335

보기 1의 표에서, n의 값이 커짐에 따라 R_n이 $\frac{1}{3}$에 가까워지는 것으로 보인다. 이를 다음 보기에서 확인한다.

보기 2 보기 1의 영역 S에 대해 위쪽에서 근접하는 직사각형들의 넓이의 합이 $\frac{1}{3}$에 가까워짐을, 곧 다음이 성립함을 보여라.

$$\lim_{n \to \infty} R_n = \frac{1}{3}$$

풀이 R_n은 그림 7에 있는 n개의 직사각형의 넓이의 합이다. 각 직사각형의 너비는 $1/n$이고 높이는 점 $1/n,\ 2/n,\ 3/n,\ \ldots,\ n/n$에서 함수 $f(x)=x^2$의 값이다. 곧, 높이는 $(1/n)^2,\ (2/n)^2,\ (3/n)^2,\ \ldots,\ (n/n)^2$이다. 그러므로 다음을 얻는다.

$$\begin{aligned} R_n &= \frac{1}{n}\left(\frac{1}{n}\right)^2+\frac{1}{n}\left(\frac{2}{n}\right)^2+\frac{1}{n}\left(\frac{3}{n}\right)^2+\cdots+\frac{1}{n}\left(\frac{n}{n}\right)^2 \\ &= \frac{1}{n}\cdot\frac{1}{n^2}(1^2+2^2+3^2+\cdots+n^2) \\ &= \frac{1}{n^3}(1^2+2^2+3^2+\cdots+n^2) \end{aligned}$$

여기서 처음 n개의 자연수의 제곱의 합에 대한 다음 공식이 필요하다.

1 $$1^2+2^2+3^2+\cdots+n^2=\frac{n(n+1)(2n+1)}{6}$$

이 공식을 이미 알고 있을 것이다. 부록 B의 보기 5에서 이를 증명한다.

공식 1을 R_n의 식에 대입하면 다음을 얻는다.

$$R_n=\frac{1}{n^3}\cdot\frac{n(n+1)(2n+1)}{6}=\frac{(n+1)(2n+1)}{6n^2}$$

그러므로 다음이 성립한다.

$$\begin{aligned} \lim_{n\to\infty} R_n &= \lim_{n\to\infty}\frac{(n+1)(2n+1)}{6n^2} \\ &= \lim_{n\to\infty}\frac{1}{6}\left(\frac{n+1}{n}\right)\left(\frac{2n+1}{n}\right) \\ &= \lim_{n\to\infty}\frac{1}{6}\left(1+\frac{1}{n}\right)\left(2+\frac{1}{n}\right) \\ &= \frac{1}{6}\cdot 1\cdot 2=\frac{1}{3} \end{aligned}$$

■

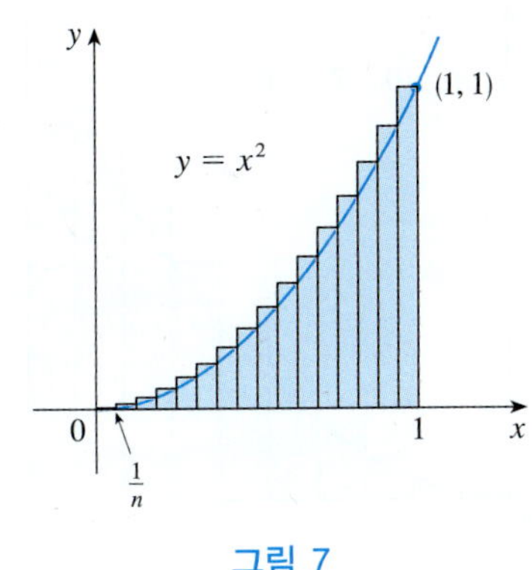

그림 7

■ 여기서 수열 $\{R_n\}$의 극한을 셈하고 있다. 수열과 그 극한은 8.1절에서 자세히 알아볼 것이다. 이 발상은 무한대에서의 극한(1.6절)과 매우 비슷하다. 단지 $\lim_{n\to\infty}$로 쓸 때 n을 양의 정수로 제한할 뿐이다. 특히, 다음 결과를 알고 있다.

$$\lim_{n\to\infty}\frac{1}{n}=0$$

$\lim_{n\to\infty} R_n=\frac{1}{3}$은 충분히 큰 n을 택하면 R_n을 $\frac{1}{3}$에 원하는 만큼 가깝게 할 수 있음을 뜻한다.

아래쪽에서 근접하는 직사각형들의 넓이의 합도 $\frac{1}{3}$에 가까워짐을, 곧 다음이 성립함을 밝힐 수 있다.

$$\lim_{n\to\infty} L_n=\frac{1}{3}$$

두 그림 8과 9로부터 n의 값이 커짐에 따라 L_n과 R_n이 모두 S의 넓이에 대한 더 정확한 근삿값이 됨을 알 수 있다. 따라서 넓이 A를 근접하는 직사각형들의 넓이의 합의 극한으로, 곧 다음과 같이 정의한다.

$$A=\lim_{n\to\infty} R_n=\lim_{n\to\infty} L_n=\frac{1}{3}$$

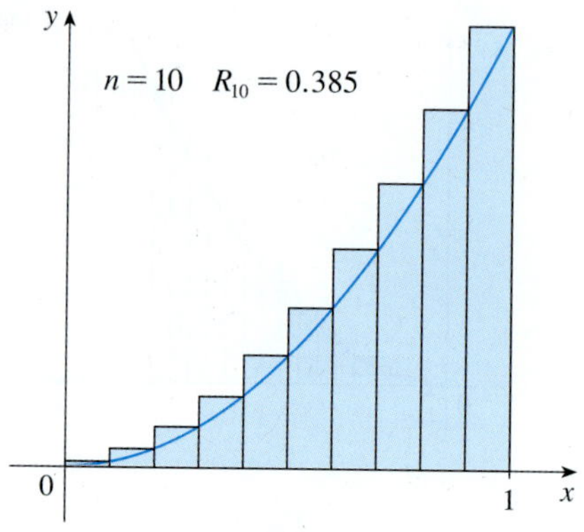

y
n = 10 R10 = 0.385
0
1
x
y
n = 30 R30 ≈ 0.3502
0
1
x
y
n = 50 R50 = 0.3434
0
1
x

그림 8

y
n = 10 L10 = 0.285
0
1
x
y
n = 30 L30 ≈ 0.3169
0
1
x
y
n = 50 L50 = 0.3234
0
1
x

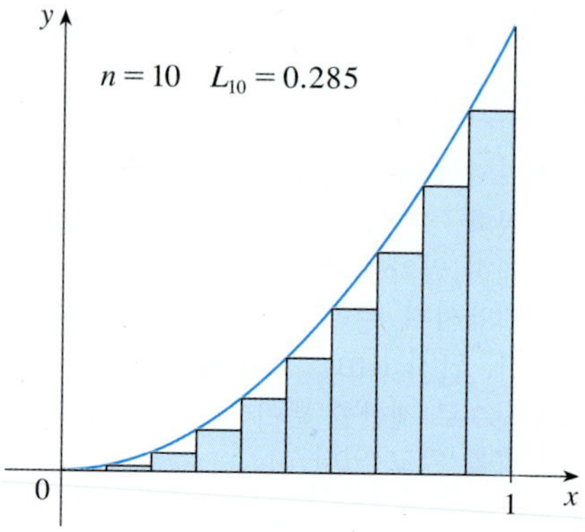

그림 9 넓이는 모든 위쪽 합보다 작고 모든 아래쪽 합보다 큰 수이다.

> **TEC** Visual 5.1에서 n의 다른 값들에 대해 두 그림 8과 9에 있는 것과 같은 그림을 생성한다.

두 보기 1과 2의 발상을 그림 1에 나타낸 좀 더 일반적인 영역 S에 적용하자. 먼저 S를 그림 10과 같이 너비가 같은 n개의 띠 S_1, S_2, …, S_n으로 나누자.

y
y = f(x)
S1
S2
S3
Si
Sn
0
a
x1
x2
x3
. . .
xi−1
xi
. . .
xn−1
b
x

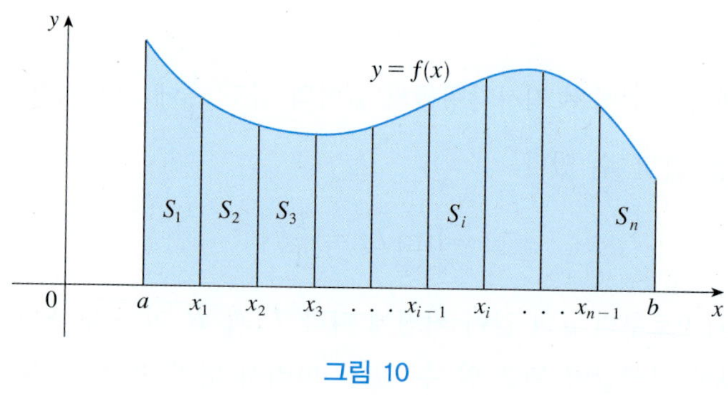

그림 10

구간 $[a, b]$의 너비는 $b-a$이므로, n개 각 띠의 너비는 다음과 같다.

$$\Delta x = \frac{b-a}{n}$$

이런 띠는 구간 $[a, b]$를 다음과 같은 n개의 부분 구간으로 나눈다.

$$[x_0,\ x_1],\quad [x_1,\ x_2],\quad [x_2,\ x_3],\quad \ldots,\quad [x_{n-1},\ x_n]$$

여기서 $x_0 = a$이고 $x_n = b$이다. 각 부분 구간의 오른쪽 끝점은 다음과 같다.

$$x_1 = a + \Delta x,$$
$$x_2 = a + 2\Delta x,$$
$$x_3 = a + 3\Delta x,$$
$$\vdots$$

이제 i째 띠 S_i를 너비가 Δx이고 높이가 $f(x_i)$인 직사각형으로 근접시키자. 여기서 $f(x_i)$는 오른쪽 끝점에서 f의 값이다. (그림 11을 보라.) 그러므로 i째 직사각형의 넓이는 $f(x_i)\Delta x$이다. 직관적으로, S의 넓이를 다음과 같은 이런 직사각형의 넓이의 합이 가까워지는 값으로 생각할 수 있다.

$$R_n = f(x_1)\Delta x + f(x_2)\Delta x + \cdots + f(x_n)\Delta x$$

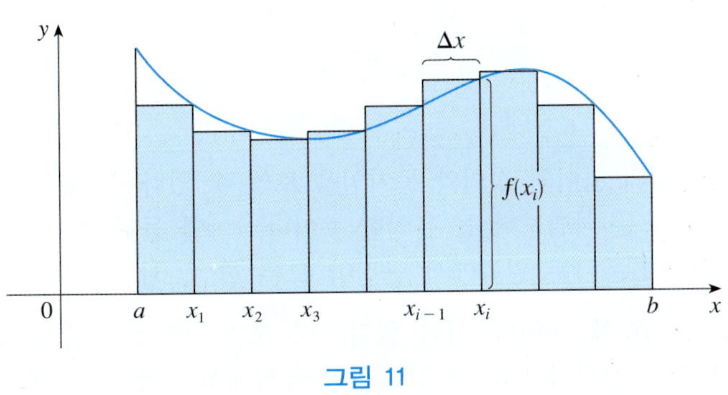

그림 11

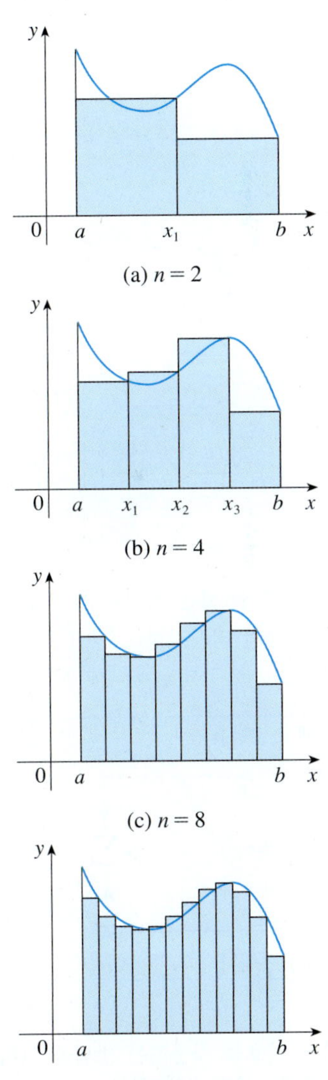

그림 12

그림 12는 $n = 2,\ 4,\ 8,\ 12$일 때 이렇게 근접시킨 상황을 보여준다. 이렇게 얻은 근삿값은 띠의 개수가 증가할 때, 곧 $n \to \infty$일 때, 더욱더 정확해지는 것으로 보인다. 따라서 영역 S의 넓이 A를 다음과 같이 정의한다.

2 정의 연속 함수 f의 그래프 아래에 놓인 영역 S의 **넓이** A는 다음과 같이 근접한 직사각형들의 넓이의 합의 극한으로 정의한다.

$$A = \lim_{n\to\infty} R_n = \lim_{n\to\infty}\{f(x_1)\Delta x + f(x_2)\Delta x + \cdots + f(x_n)\Delta x\}$$

f는 연속이라 가정하고 있으므로, 정의 2의 극한이 언제나 존재한다는 사실을 증명할 수 있다. 그리고 다음과 같이 왼쪽 끝점을 사용해도 똑같은 값을 얻는다는 사실도 밝힐 수 있다.

3 $$A = \lim_{n\to\infty} L_n = \lim_{n\to\infty}\{f(x_0)\Delta x + f(x_1)\Delta x + \cdots + f(x_{n-1})\Delta x\}$$

사실, 왼쪽 끝점이나 오른쪽 끝점 대신에 i째 직사각형의 높이로 i째 부분 구간 $[x_{i-1},\ x_i]$에 속한 임의의 수 x_i^*에서 f의 값을 택할 수 있다. 수 $x_1^*,\ x_2^*,$

용어
표본점 sample point
합의 기호 sigma notation

..., x_n^*을 **표본점**이라 한다. 그림 13은 끝점이 아닌 표본점을 택했을 때의 근접한 직사각형들을 보여준다. 그러므로 S의 넓이에 대한 좀 더 일반적인 표현은 다음과 같다.

[4] $$A = \lim_{n\to\infty} \{f(x_1^*)\Delta x + f(x_2^*)\Delta x + \cdots + f(x_i^*)\Delta x\}$$

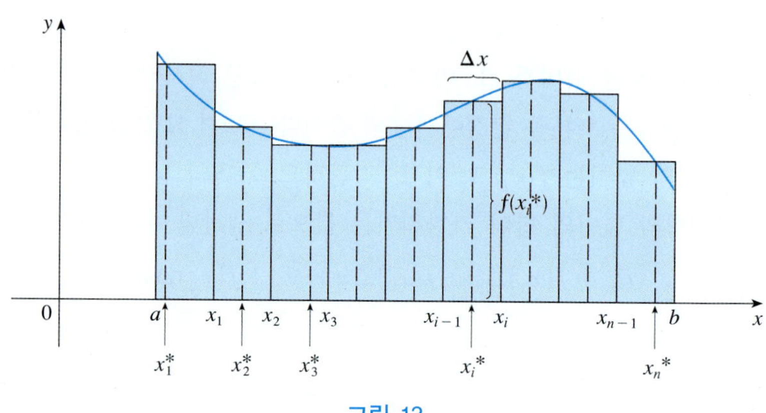

그림 13

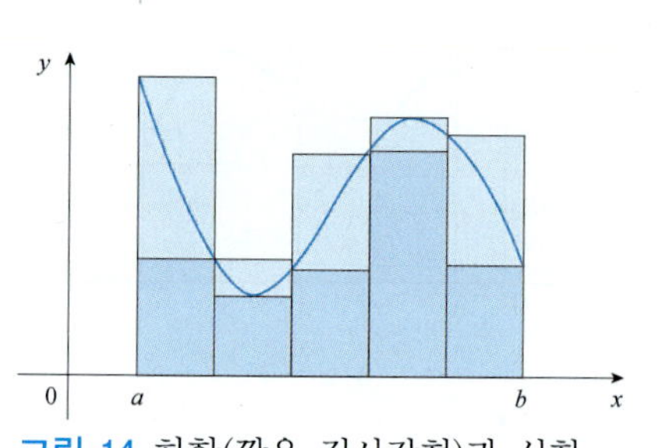

그림 14 하합(짧은 직사각형)과 상합 (긴 직사각형)

참고 다음이 위의 넓이의 정의와 동치임을 보일 수 있다. "A는 모든 상합보다 작고 모든 하합보다 큰 유일한 수이다." 예를 들면, 두 보기 1과 2에서 넓이($A = \frac{1}{3}$)는 왼쪽에서 근접한 모든 합 L_n과 오른쪽에서 근접한 모든 합 R_n에 사이에 끼어 있다. 이 보기들에 있는 함수 $y = x^2$은 $[0,\ 1]$에서 증가하므로, 하합은 왼쪽 끝점에서 나타나고 상합은 오른쪽 끝점에서 나타난다. (두 그림 8과 9를 보라.) 일반적으로, 하합[과 상합]은 표본점 x_i^*을 $f(x_i^*)$이 i째 부분 구간에서 f의 최솟값[과 최댓값]이 되도록 선택해서 형성한다. (그림 14와 익힘 문제 7–8을 보라.)

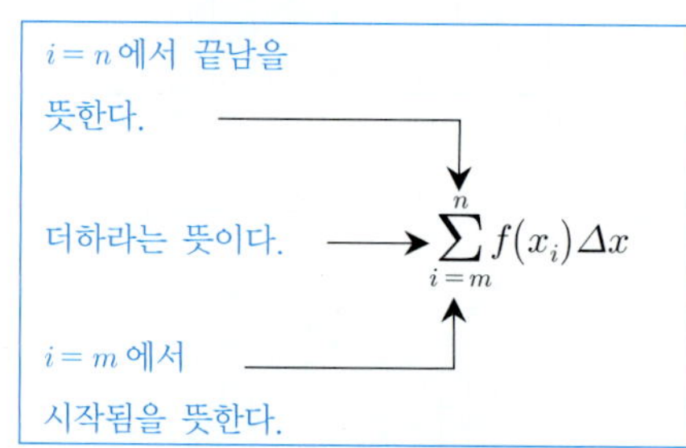

흔히 **합의 기호**를 사용해서 많은 항이 포함된 합을 좀 더 간결하게 나타낸다. 예를 들면 다음과 같다.

$$\sum_{i=1}^{n} f(x_i)\Delta x = f(x_1)\Delta x + f(x_2)\Delta x + \cdots + f(x_n)\Delta x$$

그러므로 세 식 [2], [3], [4]에서 넓이에 대한 식을 다음과 같이 쓸 수 있다.

$$A = \lim_{n\to\infty} \sum_{i=1}^{n} f(x_i)\Delta x,$$

$$A = \lim_{n\to\infty} \sum_{i=1}^{n} f(x_{i-1})\Delta x,$$

$$A = \lim_{n\to\infty} \sum_{i=1}^{n} f(x_i^*)\Delta x$$

■ 합의 기호를 사용하는 방법을 익히고 싶으면, 부록 B에 있는 보기들을 관찰하고 익힘 문제를 몇 개 풀어보라.

공식 [1]도 다음과 같은 방법을 다시 쓸 수 있다.

$$\sum_{i=1}^{n} i^2 = \frac{n(n+1)(2n+1)}{6}$$

보기 3 A를 $x=0$과 $x=2$ 사이의 $f(x)=e^{-x}$의 그래프 아래 영역의 넓이라고 하자.

(a) 오른쪽 끝점을 이용해서, A에 대한 식을 극한으로 나타내라. 극한을 찾지는 말라.

(b) 부분 구간의 중점을 표본점으로 택하고 네 개의 부분 구간을 이용해서 넓이를 어림하라. 다음에는 열 개의 부분 구간을 이용해서 넓이를 어림하라.

풀이 (a) $a=0$이고 $b=2$이므로, 부분 구간의 너비는 다음과 같다.

$$\Delta x = \frac{2-0}{n} = \frac{2}{n}$$

그러므로 $x_1 = 2/n$, $x_2 = 4/n$, $x_3 = 6/n$, $x_i = 2i/n$, $x_n = 2n/n$이다 근접한 직사각형들의 넓이의 합은 다음과 같다.

$$\begin{aligned} R_n &= f(x_1)\Delta x + f(x_2)\Delta x + \cdots + f(x_n)\Delta x \\ &= e^{-x_1}\Delta x + e^{-x_2}\Delta x + \cdots + e^{-x_n}\Delta x \\ &= e^{-2/n}\left(\frac{2}{n}\right) + e^{-4/n}\left(\frac{2}{n}\right) + \cdots + e^{-2n/n}\left(\frac{2}{n}\right) \end{aligned}$$

정의 [2]에 따라 넓이는 다음과 같다.

$$A = \lim_{n\to\infty} R_n = \lim_{n\to\infty} \frac{2}{n}\left(e^{-2/n} + e^{-4/n} + e^{-6/n} + \cdots + e^{-2n/n}\right)$$

합의 기호를 사용해서 다음과 같이 쓸 수 있다.

$$A = \lim_{n\to\infty} \frac{2}{n} \sum_{i=1}^{n} e^{-2i/n}$$

이 극한을 손으로 직접 찾기는 어렵지만, 컴퓨터 대수 체계를 이용하면 어렵지 않다. (익힘 문제 22를 보라.) 5.3절에서는 다른 방법을 이용해서 좀 더 쉽게 A를 찾을 것이다.

(b) $n=4$일 때 너비가 똑같이 $\Delta x = 0.5$인 부분 구간들은 $[0, 0.5]$, $[0.5, 1]$, $[1, 1.5]$, $[1.5, 2]$이다. 이런 부분 구간들의 중점은 $x_1^* = 0.25$, $x_2^* = 0.75$, $x_3^* = 1.25$, $x_4^* = 1.75$이고, 네 개의 근접한 직사각형들의 넓이의 합은 다음과 같다. (그림 15를 보라.)

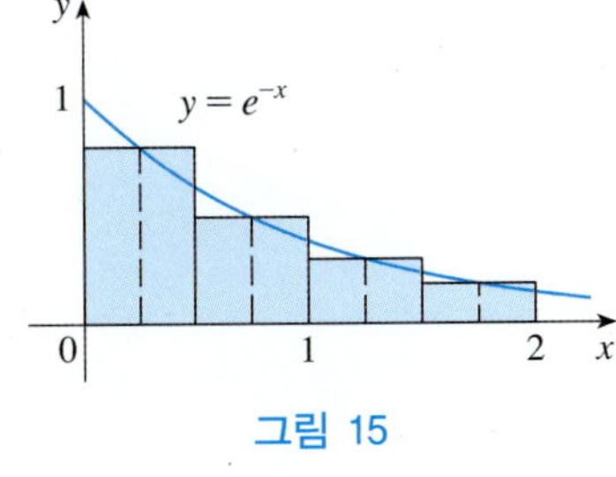

그림 15

$$\begin{aligned} M_4 &= \sum_{i=1}^{4} f(x_i^*)\Delta x \\ &= f(0.25)\Delta x + f(0.75)\Delta x + f(1.25)\Delta x + f(1.75)\Delta x \\ &= e^{-0.25}(0.5) + e^{-0.75}(0.5) + e^{-1.25}(0.5) + e^{-1.75}(0.5) \\ &= \frac{1}{2}\left(e^{-0.25} + e^{-0.75} + e^{-1.25} + e^{-1.75}\right) \approx 0.8557 \end{aligned}$$

그러므로 넓이에 대한 어림값은 다음과 같다.

$$A \approx 0.8557$$

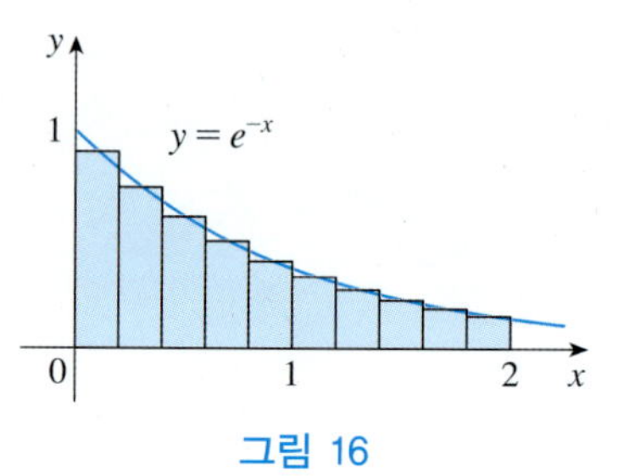

그림 16

$n=10$일 때 부분 구간들은 $[0, 0.2]$, $[0.2, 0.4]$, ..., $[1.8, 2]$이고 중점은 $x_1^*=0.1$, $x_2^*=0.3$, $x_3^*=0.5$, ..., $x_{10}^*=1.9$이다. 그러므로 다음을 얻는다.

$$A \approx M_{10} = f(0.1)\Delta x + f(0.3)\Delta x + f(0.5)\Delta x + \cdots + f(1.9)\Delta x$$
$$= 0.2\left(e^{-0.1} + e^{-0.3} + e^{-0.5} + \cdots + e^{-1.9}\right) \approx 0.8632$$

그림 16은 이 어림값이 $n=4$인 경우의 어림값보다 더 정확함을 보여준다. ■

거리 문제

이제 다음과 같은 거리 문제를 생각하자. "모든 시각에서 물체의 속도가 주어졌을 때, 그 물체가 특정한 시간 동안 움직인 거리를 찾아라." (어떤 점에서 이는 2.1절에서 논의한 속도 문제의 역 문제이다.) 속도가 언제나 일정하면, 거리 문제는 다음 공식으로 쉽게 풀린다.

$$\text{거리} = \text{속도} \times \text{시간}$$

그런데 속도가 변하면, 움직인 거리를 찾기가 쉽지 않다. 다음 보기에서 이 문제를 조사하자.

보기 4 자동차의 주행 기록계가 고장 났지만, 30초 동안 달린 거리를 어림하고 싶다고 하자. 그리고 속도계를 5초마다 읽고 그 결과를 표로 나타내면 다음과 같다고 하자.

시간(s)	0	5	10	15	20	25	30
속도(km/h)	27	34	38	46	51	50	45

시간과 속도에서 단위를 일치시키기 위해서, 속도를 다음과 같이 m/s로 변환시키자. [1 km/h = 1000/3600 m/s]

시간(s)	0	5	10	15	20	25	30
속도(m/s)	7.5	9.4	10.6	12.8	14.2	13.9	12.5

처음 5초 동안 속도는 크게 변하지 않으므로, 이 시간에 속도가 일정하다고 가정하고 이 시간에 달린 거리를 어림할 수 있다. 이 시간의 속도를 처음 속도 7.5m/s로 택하면, 다음과 같이 처음 5초 동안 달린 거리의 근삿값을 얻는다.

$$7.5\,\text{m/s} \times 5\,\text{s} = 37.5\,\text{m}$$

마찬가지로, 둘째 5초 동안의 속도는 거의 일정하다고 생각하고 $t = 5\mathrm{s}$일 때의 속도를 택하자. 그러면 $t = 5\mathrm{s}$부터 $t = 10\mathrm{s}$까지 달린 거리에 대한 근삿값은 다음과 같다.

$$9.4\,\mathrm{m/s} \times 5\,\mathrm{s} = 47\,\mathrm{m}$$

다른 시간 구간에 대해서도 이와 같이 셈한 근삿값을 더하면, 다음과 같이 달린 거리 전체에 대한 근삿값을 얻는다.

$$(7.5 \times 5) + (9.4 \times 5) + (10.6 \times 5) + (12.8 \times 5) + (14.2 \times 5) + (13.9 \times 5) = 342\,\mathrm{m}$$

그런데 일정한 속도로 택하는 값을 각 시간 구간에서 처음이 아니라 끝에서의 속도를 이용할 수도 있다. 이런 경우에 근삿값은 다음과 같다.

$$(9.4 \times 5) + (10.6 \times 5) + (12.8 \times 5) + (14.2 \times 5) + (13.9 \times 5) + (12.5 \times 5) = 367\,\mathrm{m}$$

좀 더 정확한 근삿값을 원한다면, 속도를 2초마다 또는 1초마다 읽을 수 있다. ■

아마도 보기 4의 셈은 앞에서 넓이를 어림할 때 사용한 합을 상기시킬 것이다. 이런 유사성은, 그림 17과 같이 자동차의 속도 함수의 그래프를 그리고 각 시간 구간에서 초기 속도를 높이로 하는 직사각형을 그려서 설명할 수 있다. 첫째 직사각형의 넓이는 $7.5 \times 5 = 37.5$인데, 이는 처음 5초 동안 달린 거리에 대한 근삿값과 같다. 실제로, 각 직사각형의 넓이를 거리로 해석할 수 있는데, 높이는 속도를 나타내고 너비는 시간을 나타내기 때문이다. 그림 17에서 직사각형들의 넓이의 합은 $L_6 = 342$인데, 이는 자동차가 달린 거리 전체에 대한 처음 근삿값이다.

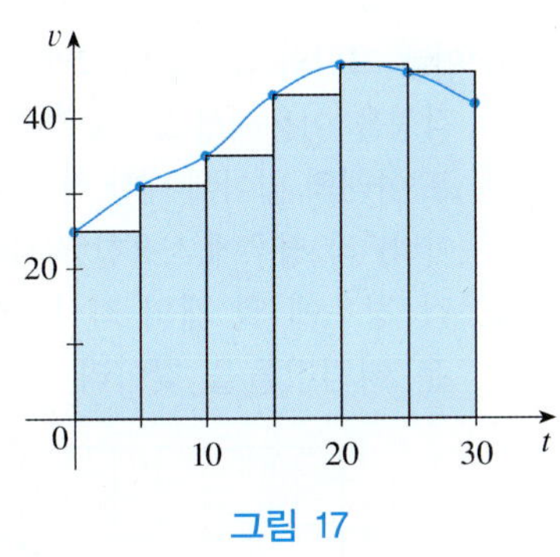

그림 17

일반적으로 물체가 $a \le t \le b$일 때 속도 $v = f(t)$로 움직이고 $f(t) \ge 0$이라고 가정하자. (그러므로 이 물체는 언제나 양의 방향으로 움직인다.) 각 부분 구간에서 속도가 거의 일정하도록, 속도를 시각 $t_0(= a)$, t_1, t_2, …, $t_n (= b)$에서 읽는다. 이런 시각들이 똑같은 간격으로 떨어져있으면, 인접한 시각 사이의 간격은 $\Delta t = (b - a)/n$이다. 첫째 시간 구간에서 속도는 거의 $f(t_0)$이므로, 움직인 거리는 대략 $f(t_0)\Delta t$이다. 마찬가지로, 둘째 시간 구간에서 움직인 거리는 약 $f(t_1)\Delta t$이고, 시간 구간 $[a, b]$에서 움직인 거리 전체는 대략 다음과 같다.

$$f(t_0)\Delta t + f(t_1)\Delta t + \cdots + f(t_{n-1})\Delta t = \sum_{i=1}^{n} f(t_{i-1})\Delta t$$

왼쪽 끝점이 아니라 오른쪽 끝점에서의 속도를 이용하면, 움직인 거리 전체에 대한 근삿값은 다음과 같이 된다.

$$f(t_1)\Delta t + f(t_2)\Delta t + \cdots + f(t_n)\Delta t = \sum_{i=1}^{n} f(t_i)\Delta t$$

속도를 더 자주 측정할수록 근삿값은 더욱 정확해지므로, 움직인 거리 d의 정확한 값은 다음과 같은 극한일 것으로 보인다.

$$d = \lim_{n\to\infty}\sum_{i=1}^{n} f(t_{i-1})\Delta t = \lim_{n\to\infty}\sum_{i=1}^{n} f(t_1)\Delta t \qquad \boxed{5}$$

이것이 실제로 참임을 5.3절에서 알아본다.

식 5는 두 식 2와 3에 있는 넓이에 대한 식과 똑같은 형태이므로, 움직인 거리는 속도 함수의 그래프 아래의 넓이와 같다. 제 7 장에서 자연 과학과 사회 과학에서 (변하는 힘이 한 일과 같은) 다른 흥미로운 수량도 어떤 곡선 아래의 넓이로 해석할 수 있다. 그러므로 이번 장에서 넓이를 셈할 때는 그것을 실용적인 방법으로 다양하게 해석할 수 있다는 사실을 마음에 새겨두자.

5.1 익힘 문제

1. (a) 아래 그림의 함수 f의 그래프를 보고, 다섯 개의 직사각형을 이용해서 $x=0$부터 $x=10$까지 f의 그래프 아래의 넓이에 대한 작은 어림값과 큰 어림값을 찾아라. 각 경우에 사용한 직사각형을 그림에 나타내라.
   (b) 각 경우에 열 개의 직사각형을 사용할 때의 새로운 어림값들을 찾아라.

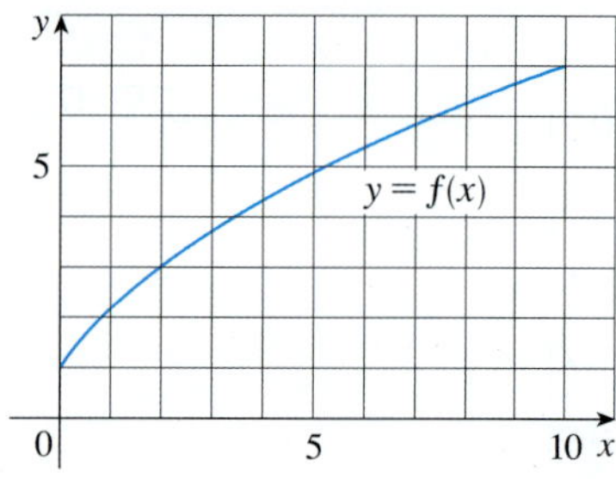

2. (a) 여섯 개의 직사각형을 사용해서 아래 그림과 같은 $x=0$부터 $x=12$까지 f의 그래프 아래의 넓이에 대한 다음과 같은 형태의 어림값을 찾아라.
   (i) L_6 (표본점은 왼쪽 끝점)
   (ii) R_6 (표본점은 오른쪽 끝점)
   (iii) M_6 (표본점은 중점)
   (b) L_6은 실제 넓이보다 큰가? 작은가?
   (c) R_6은 실제 넓이보다 큰가? 작은가?
   (d) L_6, R_6, M_6 중에서 가장 정확한 어림값은 어느 것인가? 이유를 설명하라.

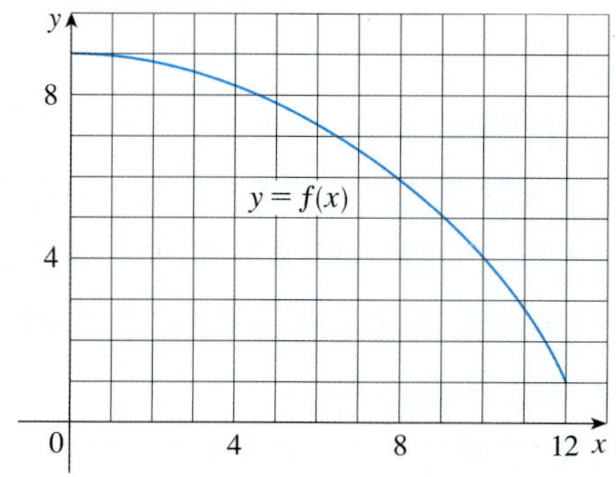

3. (a) $x=0$부터 $x=\pi/2$까지 $f(x)=\cos x$의 그래프 아래의 넓이를 네 개의 근접한 직사각형들과 오른쪽 끝점을 이용해서 어림하라. 그래프와 직사각형들을 그려라. 어림값이 실제 넓이보다 큰가? 작은가?
   (b) 왼쪽 끝점을 이용해서 (a)를 반복하라.

4. (a) $x=0$부터 $x=5$까지 $f(x)=25-x^2$의 그래프 아래의 넓이를 다섯 개의 근접한 직사각형들과 오른쪽 끝점을 이용해서 어림하라. 그래프와 직사각형들을 그려라. 어림값이 실제 넓이보다 큰가? 작은가?
   (b) 왼쪽 끝점을 이용해서 (a)를 반복하라.

5. (a) $x=-1$부터 $x=2$까지 $f(x)=1+x^2$의 그래프 아래의 넓이를 세 개의 직사각형과 오른쪽 끝점

을 이용해서 어림하라. 여섯 개의 직사각형을 이용해서 어림값을 개선하라. 곡선과 근접한 직사각형들을 그려라.

(b) 왼쪽 끝점을 이용해서 (a)를 반복하라.

(c) 중점을 이용해서 (a)를 반복하라.

(d) (a)~(c)에서 찾은 어림값 중에서 어느 것이 가장 정확하게 보이는가?

6. (a) 함수 $f(x)=e^{-x^2}$ $(-2 \le x \le 2)$의 그래프를 그려라.

(b) f의 그래프 아래의 넓이를 네 개의 근접한 직사각형을 이용하고 표본점을 (i) 오른쪽 끝점, (ii) 중점으로 택해서 어림하라. 각 경우에 곡선과 직사각형들을 그려라.

(c) 여덟 개의 직사각형을 이용해서 (b)의 어림값을 개선하라.

7. $f(x)=2+\sin x$ $(0 \le x \le \pi)$에 대한 상합과 하합의 값을 $n=2,\ 4,\ 8$일 때 찾아라. 그림 14와 같은 그림으로 예시하라.

8. $f(x)=1+x^2$ $(-1 \le x \le 1)$에 대한 상합과 하합의 값을 $n=3$과 4일 때 찾아라. 그림 14와 같은 그림으로 예시하라.

9. 달리기 선수가 처음 3초 동안 속력을 꾸준히 높였다. 0.5초 간격으로 측정한 이 선수의 속력은 아래 표와 같다. 3초 동안 이 선수가 달린 거리에 대한 큰 어림값과 작은 어림값을 찾아라.

t(s)	0	0.5	1.0	1.5	2.0	2.5	3.0
v(m/s)	0	1.9	3.3	4.5	5.5	5.9	6.2

10. 다음은 모터사이클의 속도계를 12초마다 읽어서 만든 표이다.

t(s)	0	12	24	36	48	60
v(m/s)	9.1	8.5	7.6	6.7	7.3	8.2

(a) 각 시간 구간에서 왼쪽 끝점에서의 속도를 이용해서 이 시간 동안 모터사이클이 달린 거리를 어림하라.

(b) 각 시간 구간에서 오른쪽 끝점에서의 속도를 이용해서 셈한 어림값을 찾아라.

(c) (a)와 (b)의 어림값은 큰가? 작은가? 이유를 설명하라.

11. 석유가 탱크로부터 한 시간마다 $r(t)$ L의 변화율로 새고 있다. 이 변화율은 시간이 흐르면서 감소하는데, 두 시간 간격으로 측정한 이 변화율의 값은 아래 표와 같다. 샌 석유 전체의 양에 대한 작은 어림값과 큰 어림값을 찾아라.

t(h)	0	2	4	6	8	10
$r(t)$(L/h)	8.7	7.6	6.8	6.2	5.7	5.3

12. 속도 기록으로 거리를 어림할 때, 종종 같지 않은 간격의 시각 $t_0,\ t_1,\ t_2,\ t_3,\ \ldots$을 이용할 필요가 있다. 여전히 시간 간격 $\Delta t_i = t_i - t_{i-1}$을 이용해서 거리를 어림할 수 있다. 예를 들면 1992년 5월 7일 우주 왕복선 엔데버(Endeavour)가 Intelsat 통신 위성에 새로운 근지점 반동 모터를 장착하기 위한 목적의 비행 계획 STS-49에 따라 발사됐다. NASA가 제공한 아래 표는 발사와 고체 로켓 추진 보조 장치 분리 사이에 왕복선의 속도를 기록한 것이다. 이 기록을 이용해서 발사되고 62초 뒤 우주 왕복선 엔데버의 지면으로부터의 높이를 어림하라.

상 황	시각(s)	속도(m/s)
발사	0	0
횡전 조작 시작	10	56
횡전 조작 끝	15	97
조절판 추력 89%	20	136
조절판 추력 67%	32	226
조절판 추력 104%	59	404
최대 동적 압력	62	440
고체 로켓 추진 보조 장치 분리	125	1265

13. 아래 그림은 브레이크를 건 자동차의 속도를 보여준다. 이를 이용해서 브레이크를 건 동안 자동차가 달린 거리를 어림하라.

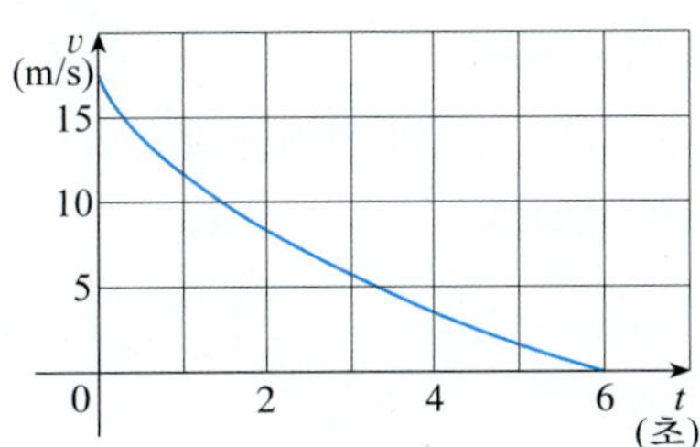

14. 아래 그림은 정지 상태에서 출발해서 30초 동안 120 km/h의 속력까지 가속한 자동차의 속도를 보여준다. 이 시간에 이 자동차가 달린 거리를 어림하라.

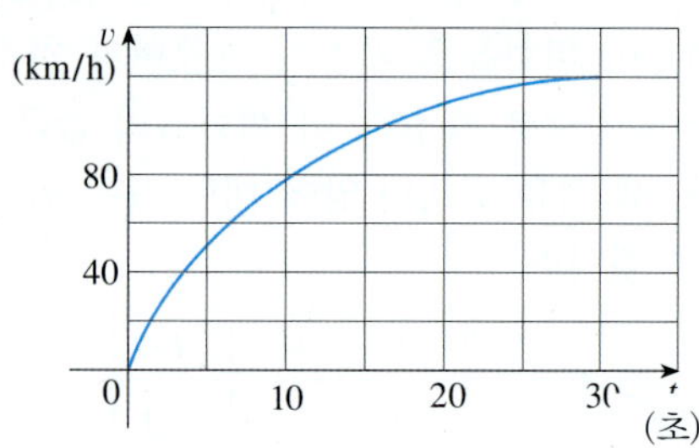

15–16. 정의 [2]를 이용해서 다음 함수 f의 그래프 아래의 넓이를 나타내는 식을 찾아라. 극한을 찾지는 말라.

15. $f(x) = \dfrac{2x}{x^2+1} \quad (1 \le x \le 3)$

16. $f(x) = \dfrac{\ln x}{x} \quad (3 \le x \le 10)$

17. 넓이가 다음과 같은 영역을 설명하라.

$$\lim_{n\to\infty}\sum_{i=1}^{n}\frac{\pi}{4n}\tan\frac{i\pi}{4n}$$

극한을 찾지는 말라.

18. (a) 정의 [2]를 이용해서 0부터 1까지 곡선 $y = x^3$ 아래의 넓이에 대한 식을 찾아라.

(b) 처음 n개의 자연수의 세제곱의 합에 대한 다음 공식은 부록 B에 증명되어 있다. 이를 이용해서 (a)에서 얻은 극한을 찾아라.

$$1^3+2^3+3^3+\cdots+n^3 = \left\{\frac{n(n+1)}{2}\right\}^2$$

19. a부터 b까지 증가하는 연속 함수 f의 그래프 아래의 넓이를 A라 하고, n개의 부분 구간에서 왼쪽 끝점과 오른쪽 끝점을 사용한 A에 대한 어림값을 각각 L_n과 R_n이라 하자.

(a) A, L_n, R_n 사이의 관계는 무엇인가?

(b) 다음을 보여라.

$$R_n - L_n = \frac{b-a}{n}\{f(b)-f(a)\}$$

그리고 $R_n - L_n$을 표현하는 n개의 직사각형을 다시 모아서 그 넓이가 등식의 우변인 단 한 개의 직사각형을 형성할 수 있음을 보여주는 그림을 그려서 이 등식을 예시하라.

(c) 다음 부등식을 유도하라.

$$R_n - A < \frac{b-a}{n}\{f(b)-f(a)\}$$

20. 1부터 3까지 곡선 $y = e^x$ 아래의 넓이를 A라 할 때, 익힘 문제 19를 이용해서 $R_n - A < 0.0001$을 만족시키는 n의 값을 찾아라.

CAS **21.** (a) 0부터 2까지 곡선 $y = x^5$ 아래의 넓이를 극한으로 표현하라.

(b) 컴퓨터 대수 체계를 이용해서 (a)에서 얻은 식의 합을 찾아라.

(c) (a)의 극한을 찾아라.

CAS **22.** 0부터 2까지 $y = e^{-x}$ 아래 영역의 정확한 넓이를 찾는데, 컴퓨터 대수 체계를 이용해서 보기 3(a)에서 얻은 합과 극한을 찾아라. 보기 3(b)에서 얻은 어림값과 비교하라.

CAS **23.** $0 \le b \le \pi/2$일 때 $x = 0$부터 $x = b$까지 곡선 $y = \cos x$ 아래의 정확한 넓이를 찾아라. (컴퓨터 대수 체계를 이용해서 합과 극한을 찾아라.) 특히, $b = \pi/2$일 때의 넓이는 얼마인가?

24. (a) A_n을 반지름이 r인 원에 내접하는 정n각형의 넓이라고 하자. 이 다각형을 중심각이 $2\pi/n$인 n개의 합동인 삼각형으로 나누어, 다음이 성립함을 보여라.

$$A_n = \tfrac{1}{2}nr^2\sin(2\pi/n)$$

(b) $\lim_{n\to\infty} A_n = \pi r^2$임을 보여라. [*귀띔*: 1.4절의 식 [6]을 이용하라.]

5.2 정 적분

5.1절에서 알아본 대로, 넓이를 셈할 때 다음과 같은 꼴의 극한이 나타난다.

$$\boxed{1} \qquad \lim_{n\to\infty}\sum_{i=1}^{n} f(x_i^*)\Delta x = \lim_{n\to\infty}\{f(x_1^*)\Delta x + f(x_2^*)\Delta x + \cdots + f(x_n^*)\Delta x\}$$

또, 물체가 움직인 거리를 찾으려고 할 때도 이런 극한이 나타났다. 이런 꼴의 극한은 f가 양수값 함수가 아닌 경우를 포함해서 매우 다양한 상황에서 나타난다는 사실이 밝혀진다. 여기서는 $\boxed{1}$과 비슷한 극한을 생각하지만, f는 양수일 필요도 없고 연속일 필요도 없으며 부분 구간들은 길이가 반드시 같을 필요도 없다.

용어
양수값 함수 positive function
분할 partition
분점, 분할점 partition point
표본점 sample point
리만 합 Riemann sum

일반적으로 $[a, b]$에서 정의된 임의의 함수 f에서 출발해서 다음을 만족시키는 분점 또는 분할점 $x_0, x_1, x_2, \ldots, x_n$을 택해서 $[a, b]$를 n개의 작은 부분 구간으로 나누자.

$$a = x_0 < x_1 < x_2 < \cdots < x_{n-1} < x_n = b$$

이 결과로 얻은 다음과 같은 부분 구간들의 집합을 $[a, b]$의 **분할** P라 한다.

$$[x_0, x_1], \quad [x_1, x_2], \quad [x_2, x_3], \quad \ldots, \quad [x_{n-1}, x_n]$$

i째 부분 구간 $[x_{i-1}, x_i]$의 길이를 기호 Δx_i로 나타낸다. 곧, 다음과 같다.

$$\Delta x_i = x_i - x_{i-1}$$

다음에 이런 부분 구간의 **표본점** $x_1^*, x_2^*, \ldots, x_n^*$을 선택하는데, x_i^*는 i째 부분 구간 $[x_{i-1}, x_i]$에 속한다. 이런 표본점은 왼쪽 끝점 또는 오른쪽 끝점일 수 있고 두 끝점 사이의 임의의 수일 수 있다. 그림 1은 분할과 표본점의 예를 보여준다.

그림 1 표본점이 x_i^*인 $[a, b]$의 분할

분할 P와 함수 f에 관련된 **리만 합**은 다음과 같이 각 표본점에서 f의 값과 이에 대응하는 부분 구간의 길이를 곱한 다음에 더해서 형성한다.

■ 리만 합은 독일 수학자 리만(Bernhard Riemann, 1826~1866)의 이름을 딴 것이다. 전기는 290쪽을 보라.

$$\sum_{i=1}^{n} f(x_i^*)\Delta x_i = f(x_1^*)\Delta x_1 + f(x_2^*)\Delta x_2 + \cdots + f(x_n^*)\Delta x_n$$

그림 2는 리만 합을 기하학적으로 해석한 상황을 보여준다. $f(x_i^*)$가 음수이면 $f(x_i^*)\Delta x_i$는 음수이고, 이에 따라 대응하는 직사각형의 넓이를 빼야 한다.

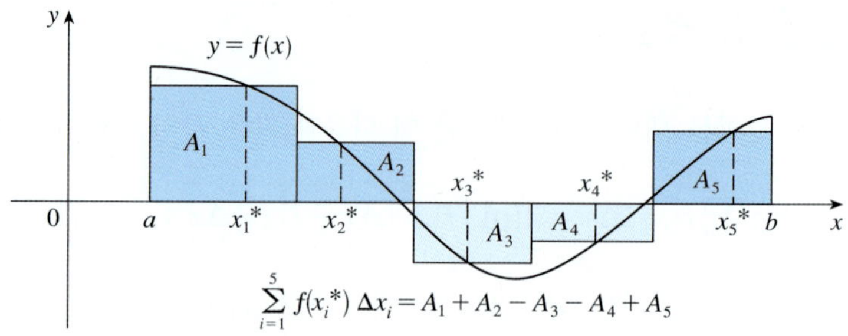

그림 2 리만 합은 x축 위에 있는 직사각형들의 넓이의 합에서 x축 아래에 있는 직사각형들의 넓이를 뺀 것이다.

$[a, b]$의 모든 분할과 모든 표본점을 상상하면, 넓이의 정의와 유사하게 n의 값이 커짐에 따라 모든 리만 합의 극한을 취하는 것을 생각할 수 있다. 그런데 지금은 길이가 서로 다른 부분 구간들을 허용하고 있으므로, 이런 길이 Δx_i들이 모두 0에 가까워짐을 보장할 필요가 있다. 이를 위해 $\max \Delta x_i$로 나타내는 이런 길이 중에서 가장 큰 것이 0에 가까워진다고 하자. 이 결과를 a부터 b까지 f의 **정 적분**이라 한다.

> **■ 리만**
> 리만(Bennhard Riemann)은 괴팅겐 대학에서 전설적인 가우스의 지도를 받고 박사 학위를 취득했으며, 그곳에 남아 가르쳤다. 가우스는 좀처럼 다른 수학자를 칭찬하지 않았지만, 리만은 "창조적이고 의욕적이며 진정한 수학적인 정신과 엄청나게 풍부한 독창성"을 지녔다고 말했다. 적분의 정의 2는 리만이 제시했다. 그는 또한 복소 변수 함수론, 수리 물리학, 수론, 기하학의 기초 등에 주요한 공적을 남겼다. 공간과 기하학에 대한 리만의 폭넓은 개념은 50년 뒤에 아인슈타인의 일반 상대성 이론을 위한 올바른 설정으로 밝혀졌다. 리만은 평생 동안 건강 상태가 좋지 않았는데, 39세의 나이에 결핵으로 죽었다.

2 정 적분의 정의 f가 $[a, b]$에서 정의된 함수일 때, (아래의 극한이 존재하면) **a부터 b까지 f의 정 적분** 또는 **확정 적분**은 다음 수이다.

$$\int_a^b f(x)\,dx = \lim_{\max \Delta x_i \to 0} \sum_{i=1}^{n} f(x_i^*)\Delta x_i$$

이 극한이 존재할 때, f는 $[a, b]$에서 **적분 가능**하다고 한다.

정의 2에서 적분을 정의하는 극한의 명확한 뜻은 다음과 같다.

$\int_a^b f(x)dx = I$는 임의의 양수 ϵ에 대해 이에 대응하는 양수 δ가 존재해서 $\max \Delta x_i < \delta$인 $[a, b]$의 모든 분할 P와 $[x_{i-1}, x_i]$에서 택한 임의의 x_i^*에 대해 다음을 성립함을 뜻한다.

$$\left| I - \sum_{i=1}^{n} f(x_i^*)\Delta x_i \right| < \epsilon$$

이는 정 적분을 리만 합으로 원하는 만큼 정확하게 근사시킬 수 있음을 뜻한다.

용어
정 적분, 확정 적분 definite integral
적분 가능 integrable
적분 기호 integral sign
피적분 함수, 적분할 함수 integrand
적분 한계 limits of integration
아래끝 lower limit
위끝 upper limit
적분하기, 적분법 integration

참고 1. 기호 $\int$는 라이프니츠가 도입했는데, **적분 기호**라 한다. 이는 S를 길게 늘린 것으로, 적분이 합(sum)의 극한이기 때문에 선택됐다. 기호 $\int_a^b f(x)\,dx$에서 $f(x)$를 **피적분 함수** 또는 **적분할 함수**, a와 b를 **적분 한계**, a를 **아래끝**, b를 **위끝**이라 한다. 기호 dx는 자체로 공식적인 의미가 없고, $\int_a^b f(x)\,dx$는 전체적으로 한 기호이다. 적분을 셈하는 과정을 **적분하기** 또는 **적분법**이라고 한다.

참고 2. 정 적분 $\int_a^b f(x)\,dx$는 수이다. 이는 x에 좌우되지 않는다. 실제로, 다음과 같이 x 대신에 임의의 문자를 사용할 수 있는데, 적분 값은 바뀌지 않는다.

$$\int_a^b f(x)\,dx = \int_a^b f(t)\,dt = \int_a^b f(r)\,dr$$

적분 가능한 함수의 정 적분을 정의했지만, 모든 함수가 적분 가능한 것은 아니다. 다음 정리는 가장 일상적으로 나타나는 함수들이 실제로 적분 가능함을 보여준다. 이 정리는 상급 과정에서 증명한다.

3 정리 f가 $[a, b]$에서 연속이거나 단지 유한개의 비약 불연속 점이 있으면, f는 $[a, b]$에서 적분 가능하다. 곧, 정 적분 $\int_a^b f(x)\,dx$가 존재한다.

f가 $[a, b]$에서 적분 가능하면, 정의 2의 리만 합은 분할과 표본점을 어떻게 택하더라도 $\Delta x_i \to 0$일 때 $\int_a^b f(x)\,dx$에 가까워져야 한다. 그러므로 적분 값을 찾을 때 셈을 간단히 하기 위해서 분할 P와 표본점 x_i^*를 자유롭게 택할 수 있다. 흔히 P를 정규 분할, 곧 모든 부분 구간의 길이가 Δx로 서로 같은 분할로 택하는 것이 간편하다. 그러면 다음과 같다.

용어
정규 분할 regular partition

$$\Delta x = \Delta x_1 = \Delta x_2 = \cdots = \Delta x_n = \frac{b-a}{n},$$

$$x_0 = a,\ x_1 = a + \Delta x,\ x_2 = a + 2\Delta x,\ \ldots,\ x_i = a + i\Delta x$$

x_i^*은 i째 부분 구간의 오른쪽 끝점을 택하면, 다음과 같다.

$$x_i^* = x_i = a + i\Delta x = a + i\frac{b-a}{n}$$

이런 경우에 $n \to \infty$일 때 $\Delta x_i = \Delta x = (b-a)/n \to 0$이므로, 정의 2에 의해 다음이 성립한다.

$$\int_a^b f(x)\,dx = \lim_{\Delta x \to 0} \sum_{i=1}^{n} f(x_i)\Delta x = \lim_{n \to \infty} \sum_{i=1}^{n} f(x_i)\Delta x$$

4 정리 f가 $[a, b]$에서 적분 가능할 때, 다음이 성립한다.

$$\int_a^b f(x)\,dx = \lim_{n \to \infty} \sum_{i=1}^{n} f(x_i)\Delta x$$

여기서 $\Delta x = \dfrac{b-a}{n}$이고 $x_i = a + i\Delta x$이다.

적분 값을 셈할 때, 정리 4가 정의 2보다 훨씬 더 간편하다.

보기 1 다음 식을 구간 $[0, \pi]$에서의 적분으로 표현하라.

$$\lim_{n\to\infty}\sum_{i=1}^{n}(x_i^3 + x_i \sin x_i)\Delta x$$

풀이 주어진 극한과 정리 [4]의 극한을 비교하면, $f(x) = x^3 + x\sin x$로 선택할 때 서로 일치함을 알 수 있다. $a = 0$이고 $b = \pi$이다. 따라서 정리 [4]에 의해 다음을 얻는다.

$$\lim_{n\to\infty}\sum_{i=1}^{n}(x_i^3 + x_i\sin x_i)\Delta x = \int_0^{\pi}(x^3 + x\sin x)\,dx$$ ■

나중에 정 적분을 물리적 상황에 적용할 때, 보기 1에서와 같이 합의 극한을 적분으로 인식하는 것이 중요하다. 라이프니츠가 적분을 위한 기호를 선택할 때, 극한 과정을 연상시키는 성분을 선택했다. 일반적으로 다음 식의 좌변에 있는 극한에서 $\lim\sum$를 $\int$로, x_i^*를 x로, Δx를 dx로 바꾸면 우변의 적분을 얻는다.

$$\lim_{n\to\infty}\sum_{i=1}^{n}f(x_i^*)\Delta x = \int_a^b f(x)\,dx$$

참고 3. f가 양수일 때, 리만 합을 근접한 직사각형들의 넓이의 합으로 해석할 수 있다. (그림 3을 보라.) 정리 [4]와 5.1절의 넓이의 정의를 비교하면 알 수 있듯이, 정 적분 $\int_a^b f(x)\,dx$를 a부터 b까지 곡선 $y = f(x)$ 아래의 넓이로 해석할 수 있다. (그림 4를 보라.)

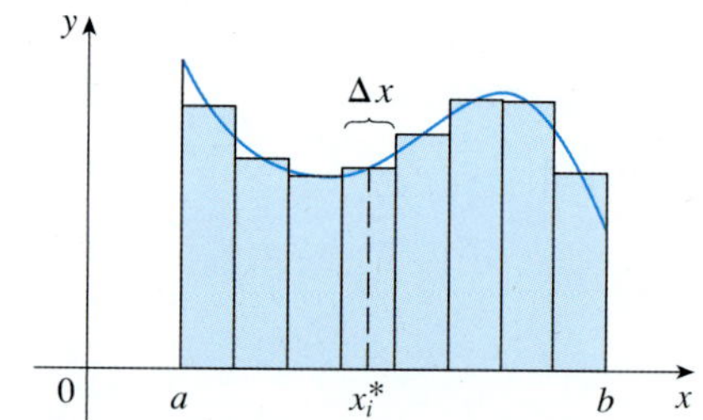

그림 3 $f(x) \geq 0$일 때 리만 합 $\sum f(x_i^*)\Delta x$는 직사각형들의 넓이의 합이다.

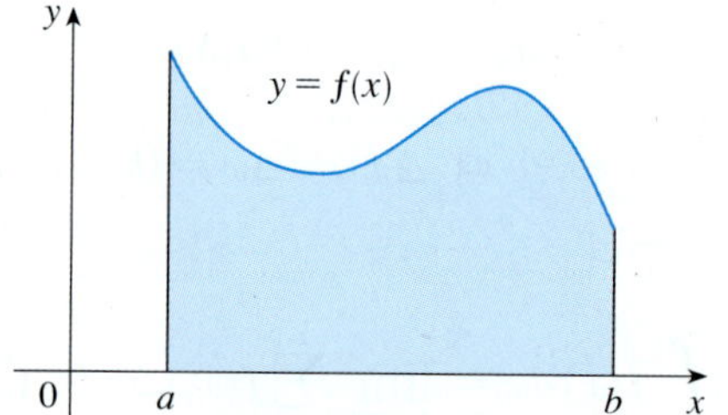

그림 4 $f(x) \geq 0$일 때 적분 $\int_a^b f(x)\,dx$는 a부터 b까지 곡선 $y = f(x)$ 아래의 넓이이다.

그림 5와 같이 f가 양수와 음수 값을 모두 취하면, 리만 합은 x축 위에 놓인 직사각형들의 넓이의 합에서 x축 아래에 놓인 직사각형들의 넓이의 합을 뺀 값이다. (진하게 파란 직사각형들의 넓이에서 옅게 파란 직사각형들의 넓이를 뺀 값이다.) 이런 리만 합의 극한을 취하면, 그림 6에 예시한 상황을 얻는다. 정 적분은 **알짜 넓이**, 곧 다음과 같이 넓이의 차다.

용어
알짜 넓이 net area

$$\int_a^b f(x)\,dx = A_1 - A_2$$

여기서 A_1은 x축 위와 f의 그래프 아래에 있는 영역의 넓이이고, A_2는 x축 아래와 f의 그래프 위에 있는 영역의 넓이이다.

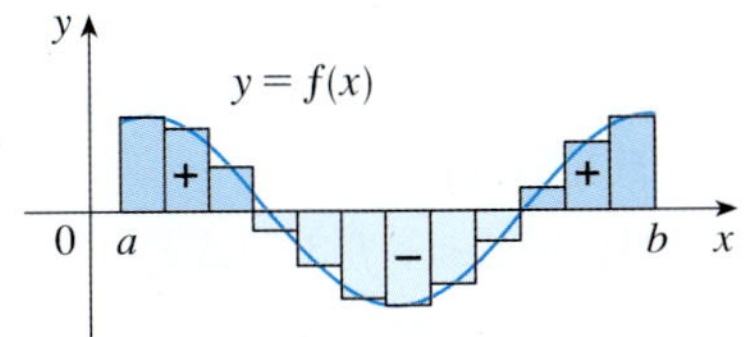

그림 5 $\sum f(x_i^*)\Delta x$는 알짜 넓이에 대한 근삿값

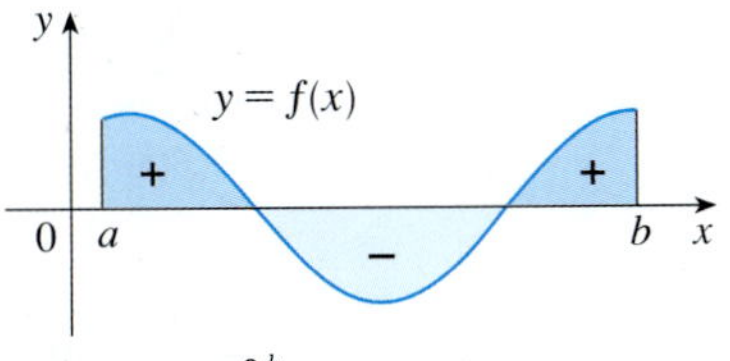

그림 6 $\int_a^b f(x)dx$는 알짜 넓이

적분 값 찾기

정 적분의 값을 찾기 위해 정의 또는 정리 [4]를 이용할 때는 합을 처리하는 방법을 알아야 한다. 다음 세 식은 양의 정수의 거듭제곱의 합에 대한 공식이다. 다음 공식들은 고등학교 수학에서 이미 배운 내용인데, 두 공식 [6]과 [7]은 5.1절에서 논의했고 부록 B에 증명되어 있다.

[5] $$\sum_{i=1}^{n} i = \frac{n(n+1)}{2},$$

[6] $$\sum_{i=1}^{n} i^2 = \frac{n(n+1)(2n+1)}{6},$$

[7] $$\sum_{i=1}^{n} i^3 = \left\{\frac{n(n+1)}{2}\right\}^2$$

다음 공식들은 합의 기호에서 성립하는 간단한 법칙들이다.

[8] $$\sum_{i=1}^{n} c = nc,$$

[9] $$\sum_{i=1}^{n} ca_i = c\sum_{i=1}^{n} a_i,$$

[10] $$\sum_{i=1}^{n} (a_i + b_i) = \sum_{i=1}^{n} a_i + \sum_{i=1}^{n} b_i,$$

[11] $$\sum_{i=1}^{n} (a_i - b_i) = \sum_{i=1}^{n} a_i - \sum_{i=1}^{n} b_i$$

▪ 공식 [8]~[11]은 양변을 전개해서 증명할 수 있다. 공식 [9]의 좌변은 다음과 같다.

$$ca_1 + ca_2 + \cdots + ca_n$$

우변은 다음과 같다.

$$c(a_1 + a_2 + \cdots + a_n)$$

이것들은 분배 법칙에 의해 서로 같다. 다른 공식들은 부록 B에서 논의한다.

보기 2 (a) $a = 0$이고 $b = 3$일 때 $f(x) = x^3 - 6x$에 대한 리만 합을 $n = 6$이고 표본점을 오른쪽 끝점으로 택해서 찾아라.

(b) $\int_0^3 (x^3 - 6x)\,dx$의 값을 찾아라.

풀이 (a) $n = 6$이므로 부분 구간의 길이는 다음과 같다.

$$\Delta x = \frac{b-a}{n} = \frac{3-0}{6} = \frac{1}{2}$$

오른쪽 끝점은 $x_1 = 0.5$, $x_2 = 1.0$, $x_3 = 1.5$, $x_4 = 2.0$, $x_5 = 2.5$, $x_6 = 3.0$이다. 그러므로 리만 합은 다음과 같다.

$$\begin{aligned} R_6 &= \sum_{i=1}^{6} f(x_i)\Delta x \\ &= f(0.5)\Delta x + f(1.0)\Delta x + f(1.5)\Delta x \\ &\qquad + f(2.0)\Delta x + f(2.5)\Delta x + f(3.0)\Delta x \\ &= \frac{1}{2}(-2.875 - 5 - 5.625 - 4 + 0.625 + 9) \\ &= -3.9375 \end{aligned}$$

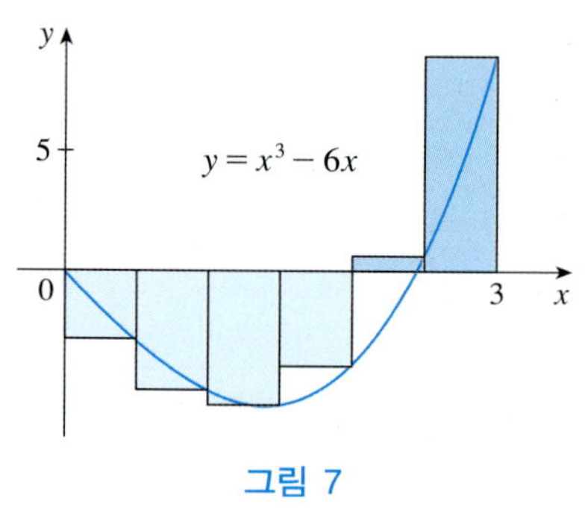

그림 7

f가 양수값 함수가 아니므로, 이 리만 합은 직사각형들의 넓이의 합을 나타내지 않는다. 그러나 이는 그림 7에서 (x축 위에 있는) 진하게 파란 직사각형들의 넓이의 합에서 (x축 아래에 있는) 옅게 파란 직사각형들의 넓이의 합을 뺀 값을 나타낸다.

(b) 부분 구간이 n개이면 다음이 성립한다.

$$\Delta x = \frac{b-a}{n} = \frac{3}{n}$$

그러므로 $x_0 = 0$, $x_1 = 3/n$, $x_2 = 6/n$, $x_3 = 9/n$이고 일반적으로 $x_i = 3i/n$이다. 오른쪽 끝점을 이용하므로, 다음과 같이 정리 [4]를 이용할 수 있다.

■ 이 합에서 (i와 달리) n은 상수이므로, 기호 $\sum$ 앞으로 $3/n$을 이동시킬 수 있다.

$$\begin{aligned} \int_0^3 (x^3 - 6x)\,dx &= \lim_{n\to\infty} \sum_{i=1}^{n} f(x_i)\Delta x = \lim_{n\to\infty} \sum_{i=1}^{n} f\left(\frac{3i}{n}\right)\frac{3}{n} \\ &= \lim_{n\to\infty} \frac{3}{n} \sum_{i=1}^{n} \left\{\left(\frac{3i}{n}\right)^3 - 6\left(\frac{3i}{n}\right)\right\} && \text{[공식 [9]에서 } c=3/n\text{]} \\ &= \lim_{n\to\infty} \frac{3}{n} \sum_{i=1}^{n} \left\{\frac{27}{n^3} i^3 - \frac{18}{n} i\right\} \\ &= \lim_{n\to\infty} \left\{\frac{81}{n^4} \sum_{i=1}^{n} i^3 - \frac{54}{n^2} \sum_{i=1}^{n} i\right\} && \text{[공식 [11]과 [9]]} \\ &= \lim_{n\to\infty} \left[\frac{81}{n^4}\left\{\frac{n(n+1)}{2}\right\}^2 - \frac{54}{n^2}\frac{n(n+1)}{2}\right] && \text{[공식 [7]과 [5]]} \\ &= \lim_{n\to\infty} \left\{\frac{81}{4}\left(1+\frac{1}{n}\right)^2 - 27\left(1+\frac{1}{n}\right)\right\} \\ &= \frac{81}{4} - 27 = -\frac{27}{4} = -6.75 \end{aligned}$$

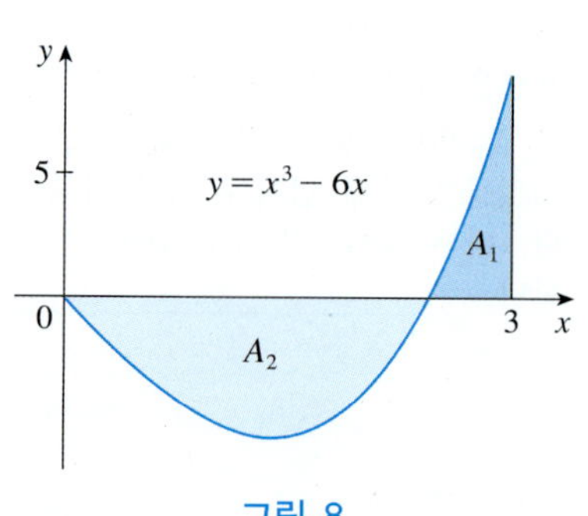

그림 8

$$\int_0^3 (x^3 - 6x)\,dx = A_1 - A_2 = -6.75$$

이 적분은 넓이로 해석할 수 없는데, f가 양수와 음수 값을 모두 취하기 때문이다. 그러나 이를 그림 8에 나타낸 두 넓이 A_1과 A_2의 차 $A_1 - A_2$로 해석할 수는 있다.

그림 9는 $n = 40$일 때 오른쪽 표에 있는 리만 합 R_n에서 양수와 음수 항을 보여줌으로써 이 셈을 예시하고 있다. 오른쪽 표에 있는 값들은 $n \to \infty$일 때 리만 합이 적분의 정확한 값 -6.75에 가까워짐을 보여준다.

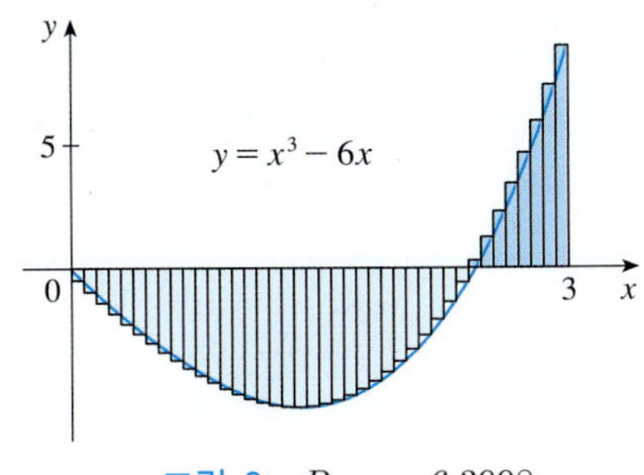

그림 9 $R_{40} \approx -6.3998$

n	R_n
40	-6.3998
100	-6.6130
500	-6.7229
1000	-6.7365
5000	-6.7473

■

보기 2의 적분 값을 찾는 훨씬 더 간단한 방법은, 5.3절에서 정 적분의 기본 정리를 증명한 뒤에 제시하겠다.

■ www.stewartcalculus.com

Additional Example A를 보라.

보기 3 다음 적분 값을 넓이로 해석해서 찾아라.

(a) $\int_0^1 \sqrt{1 - x^2}\, dx$ (b) $\int_0^3 (x - 1)\, dx$

풀이 (a) $f(x) = \sqrt{1 - x^2} \geq 0$이므로, 이 적분을 0부터 1까지 곡선 $y = \sqrt{1 - x^2}$ 아래의 넓이로 해석할 수 있다. 그런데 $y^2 = 1 - x^2$이므로 $x^2 + y^2 = 1$인데, 이는 f의 그래프가 그림 10에 나타낸 반지름이 1인 사분원임을 보여준다. 따라서 다음을 얻는다.

$$\int_0^1 \sqrt{1 - x^2}\, dx = \frac{1}{4}\pi \cdot 1^2 = \frac{\pi}{4}$$

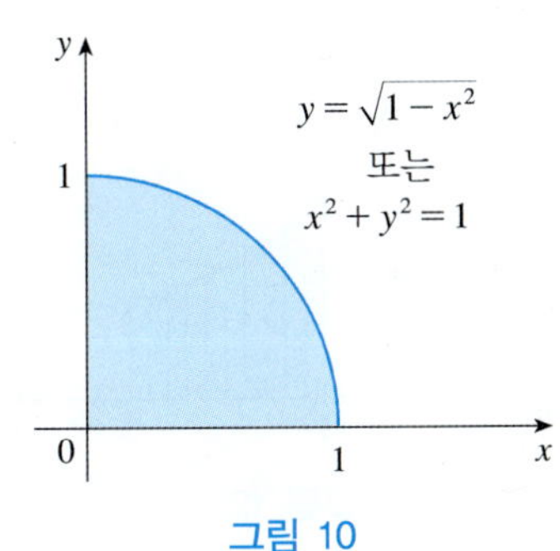

그림 10

(6.2절에서 반지름이 r인 원의 넓이가 πr^2임을 증명한다.)

(b) $y = x - 1$의 그래프는 그림 11에 나타낸 대로 기울기가 1인 직선이다. 이 적분 값을 다음과 같이 두 삼각형의 넓이의 차로 셈할 수 있다.

$$\int_0^3 (x - 1)\, dx = A_1 - A_2 = \frac{1}{2}(2 \cdot 2) - \frac{1}{2}(1 \cdot 1) = 1.5$$

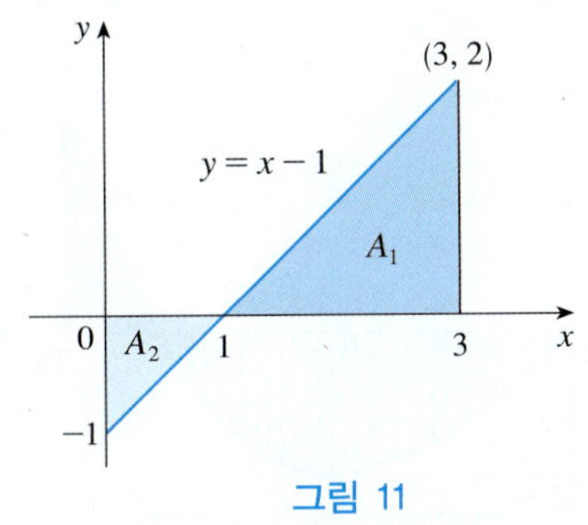

그림 11

■

중점 법칙

> **용어**
>
> 중점 법칙 midpoint rule

표본점 x_i^*은 흔히 i째 부분 구간의 오른쪽 끝점으로 택하는데, 이것이 극한을 셈하기가 편하기 때문이다. 그러나 적분의 근삿값을 찾는 것이 목적이라면, x_i^*를 부분 구간의 중점으로 택하는 것이 통상 더 좋다. 부분 구간의 중점을 $\overline{x}_i$로 나타낸다. 모든 리만 합이 적분의 근삿값이지만, 중점과 정규 분할을 이용하면 다음과 같은 근사식을 얻는다.

> **TEC** Module 5.2/6.5는 n의 값이 커짐에 따라 중점 법칙의 어림값이 개선되는 상황을 보여준다.

중점 법칙

$$\int_a^b f(x)\,dx \approx \sum_{i=1}^{n} f(\overline{x}_i)\Delta x = \Delta x\{f(\overline{x}_1) + \cdots + (\overline{x}_n)\}$$

여기서 $\Delta x = \dfrac{b-a}{n}$ 이고 $\overline{x}_i = \dfrac{1}{2}(x_{i-1} + x_i)$는 $[x_{i-1},\ x_i]$의 중점이다.

보기 4 $n=5$일 때 중점 법칙을 이용해서 $\displaystyle\int_1^2 \frac{1}{x}\,dx$의 근삿값을 찾아라.

풀이 다섯 부분 구간의 끝점은 1, 1.2, 1.4, 1.6, 1.8, 2.0이므로, 중점은 1.1, 1.3, 1.5, 1.7, 1.9이다. 부분 구간의 길이는 $\Delta x = (2-1)/5 = \frac{1}{5}$이므로, 중점 법칙에 따라 다음을 얻는다.

$$\int_1^2 \frac{1}{x}\,dx \approx \Delta x\{f(1.1) + f(1.3) + f(1.5) + f(1.7) + f(1.9)\}$$

$$= \frac{1}{5}\left(\frac{1}{1.1} + \frac{1}{1.3} + \frac{1}{1.5} + \frac{1}{1.7} + \frac{1}{1.9}\right) \approx 0.691908$$

$1 \le x \le 2$에서 $f(x) = 1/x > 0$이므로 이 적분은 넓이를 나타내고, 중점 법칙으로 얻은 근삿값은 그림 12에 나타낸 직사각형들의 넓이의 합이다. ■

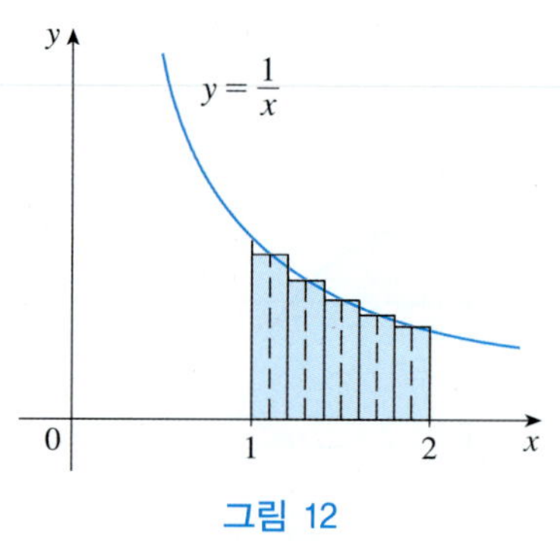

그림 12

현재로서는 보기 4의 근삿값이 얼마나 정확한지를 알 수 없지만, 6.5절에서 중점 법칙으로 얻은 근삿값의 오차를 어림하는 방법을 배운다. 그때 정 적분의 근삿값을 셈하는 다른 방법들도 논의한다.

중점 법칙을 보기 2의 적분에 적용하면, 그림 13의 그림을 얻는다. 이때 얻는 근삿값 $M_{40} \approx -6.7563$은, 그림 9에 나타낸 오른쪽 끝점으로 얻는 근삿값 $R_{40} \approx -6.3998$보다 참값 -6.75에 훨씬 더 가깝다.

> **TEC** Visual 5.2에서 n의 서로 다른 값에 대해 보기 2의 적분에 대한 왼쪽 끝점, 오른쪽 끝점, 중점 어림값을 비교할 수 있다.

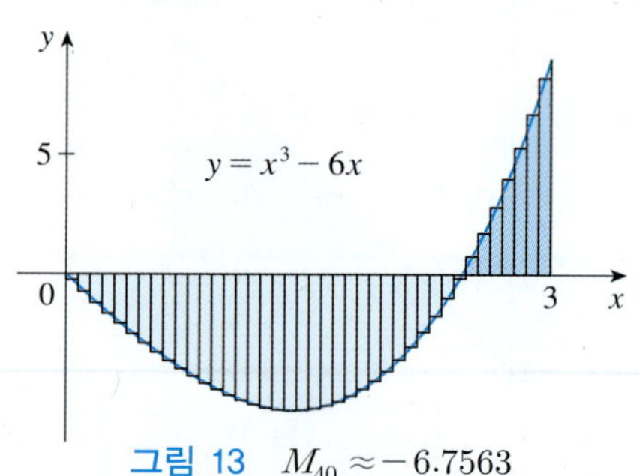

그림 13 $M_{40} \approx -6.7563$

정 적분의 성질

이제 적분 값을 간단한 방식으로 찾을 수 있는 적분의 기본적인 성질들을 알아보겠다. f와 g는 적분 가능한 함수라고 가정한다.

정 적분 $\int_a^b f(x)\,dx$ 를 정의할 때, 묵시적으로 $a<b$로 가정했다. 그러나 리만 합으로서의 정의는 $a>b$일 때도 의미가 있다. 정리 4에서 a와 b가 바뀌면 Δx는 $(b-a)/n$에서 $(a-b)/n$로 바뀐다. 따라서 다음이 성립한다.

$$\int_b^a f(x)\,dx = -\int_a^b f(x)\,dx$$

$a=b$이면 $\Delta x=0$이므로 다음이 성립한다.

$$\int_a^a f(x)\,dx = 0$$

적분의 성질 다음 적분은 모두 존재한다고 가정하자.

1. $\int_a^b c\,dx = c(b-a)$ (c는 상수)
2. $\int_a^b \{f(x)+g(x)\}dx = \int_a^b f(x)\,dx + \int_a^b g(x)\,dx$
3. $\int_a^b cf(x)\,dx = c\int_a^b f(x)\,dx$ (c는 상수)
4. $\int_a^b \{f(x)-g(x)\}\,dx = \int_a^b f(x)dx - \int_a^b g(x)\,dx$

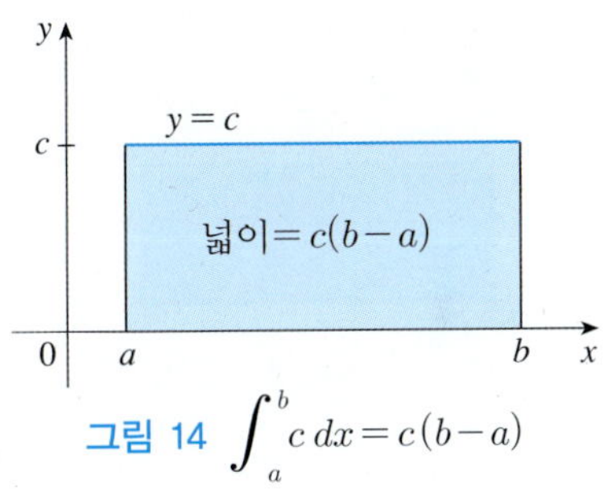

그림 14 $\int_a^b c\,dx = c(b-a)$

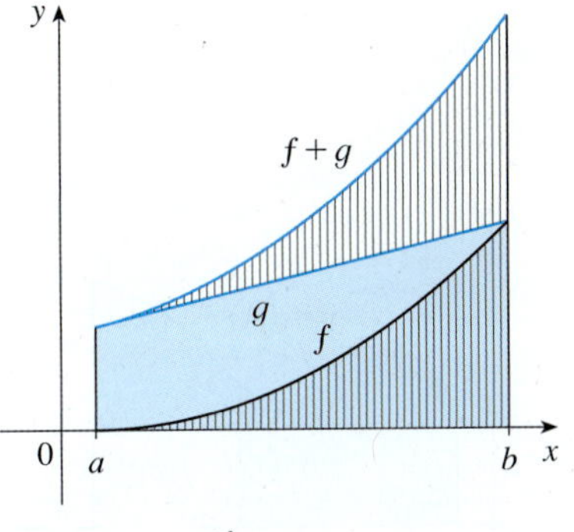

그림 15 $\int_a^b \{f(x)+g(x)\}\,dx = \int_a^b f(x)\,dx + \int_a^b g(x)\,dx$

성질 1은 상수 함수 $f(x)=c$의 적분이 상수와 구간의 길이의 곱임을 뜻한다. $c>0$이고 $a<b$일 때, $c(b-a)$는 그림 14에 나타낸 직사각형의 넓이이므로 이는 예상된 결과이다.

성질 2는 합의 적분이 적분의 합임을 뜻한다. 양수값 함수의 경우에, $f+g$ 아래의 넓이는 f 아래의 넓이와 g 아래의 넓이의 합이다. 그림 15에서 이것이 참인 이유를 이해할 수 있다.

일반적으로 성질 2는 다음과 같이 정리 4와 합의 극한은 극한의 합이라는 사실로부터 유도한다.

$$\begin{aligned}\int_a^b \{f(x)+g(x)\}\,dx &= \lim_{n\to\infty}\sum_{i=1}^{n}\{f(x_i)+g(x_i)\}\Delta x \\ &= \lim_{n\to\infty}\left\{\sum_{i=1}^{n} f(x_i)\Delta x + \sum_{i=1}^{n} g(x_i)\Delta x\right\}\end{aligned}$$

$$= \lim_{n\to\infty} \sum_{i=1}^{n} f(x_i)\Delta x + \lim_{n\to\infty} \sum_{i=1}^{n} g(x_i)\Delta x$$

$$= \int_a^b f(x)\,dx + \int_a^b g(x)\,dx$$

■ 성질 3은 직관적으로도 합당한데, 함수에 양수 c를 곱하면 그 그래프는 연직 방향으로 c배 만큼 늘거나 줄기 때문이다. 그러면 각각의 근접한 직사각형은 c배 만큼 늘거나 줄고, 이에 따라 넓이에 c를 곱한 결과를 얻는다.

성질 3은 위와 비슷한 방법으로 증명할 수 있는데, 함수의 상수 배의 적분이 함수의 적분의 상수 배임을 뜻한다. 바꿔 말하면, 상수를 적분 기호 앞으로 이동시킬 수 있다. 성질 4는 $f-g=f+(-g)$로 쓰고, 성질 2와 $c=-1$인 경우의 성질 3을 이용해서 증명한다.

보기 5 적분의 성질을 이용해서 $\int_0^1 (4+3x^2)\,dx$의 값을 찾아라.

풀이 적분의 성질 2와 3에 의해 다음을 얻는다.

$$\int_0^1 (4+3x^2)\,dx = \int_0^1 4\,dx + \int_0^1 3x^2\,dx = \int_0^1 4\,dx + 3\int_0^1 x^2\,dx$$

성질 1에 의해 다음이 성립한다.

$$\int_0^1 4\,dx = 4(1-0) = 4$$

그리고 5.1절의 보기 2에서 $\int_0^1 x^2\,dx = \frac{1}{3}$을 얻었다. 그러므로 다음을 얻는다.

$$\int_0^1 (4+3x^2)\,dx = \int_0^1 4\,dx + 3\int_0^1 x^2\,dx$$

$$= 4 + 3 \cdot \frac{1}{3} = 5$$

■

다음 성질은 인접한 구간에서 똑같은 함수의 적분을 결합하는 방법을 알려준다.

5. $$\int_a^c f(x)\,dx + \int_c^b f(x)\,dx = \int_a^b f(x)\,dx$$

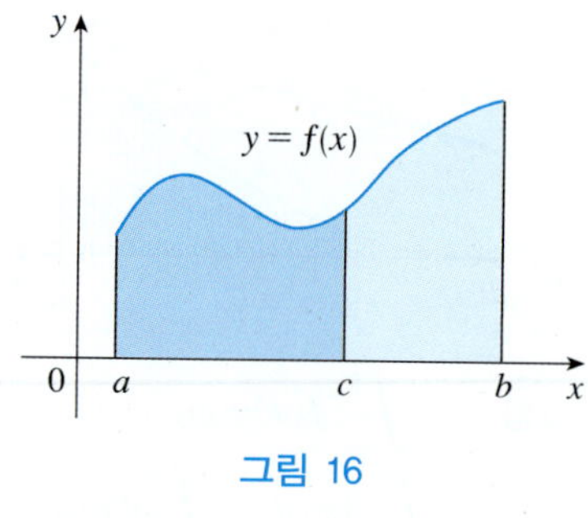

그림 16

성질 5는 약간 더 복잡한데, 부록 D에 증명되어 있다. 그런데 $f(x) \geq 0$이고 $a < c < b$인 경우에는 이를 그림 16에 나타낸 기하학적 해석으로부터 확인할 수 있다. 곧, a부터 c까지 $y=f(x)$ 아래의 넓이와 c부터 b까지 $y=f(x)$ 아래의 넓이의 합은 a부터 b까지 $y=f(x)$ 아래의 넓이와 같다.

보기 6 $\int_0^{10} f(x)\,dx = 17$이고 $\int_0^8 f(x)\,dx = 12$일 때, $\int_8^{10} f(x)\,dx$의 값을 찾

아라.

풀이 성질 5에 의해 다음이 성립한다.

$$\int_0^8 f(x)\,dx + \int_8^{10} f(x)\,dx = \int_0^{10} f(x)\,dx$$

그러므로 다음을 얻는다.

$$\int_8^{10} f(x)\,dx = \int_0^{10} f(x)\,dx - \int_0^8 f(x)\,dx = 17 - 12 = 5$$ ■

성질 1~5는 $a < b$ 또는 $a = b$ 또는 $a > b$일 때 모두 성립한다. 다음 성질은 함수의 크기와 적분의 크기를 비교하는데, $a \le b$일 때만 성립한다.

적분의 대소 관계

6. $a \le x \le b$에서 $f(x) \ge 0$일 때, $\int_a^b f(x)\,dx \ge 0$이다.

7. $a \le x \le b$에서 $f(x) \ge g(x)$일 때, $\int_a^b f(x)\,dx \ge \int_a^b g(x)\,dx$이다.

8. $a \le x \le b$에서 $m \le f(x) \le M$일 때 다음이 성립한다.

$$m(b-a) \le \int_a^b f(x)\,dx \le M(b-a)$$

$f(x) \ge 0$일 때 $\int_a^b f(x)\,dx$는 f의 그래프 아래의 넓이를 나타내므로, 성질 6에 대한 기하학적 해석은 단순히 넓이가 양수라는 사실이다. (이 성질은 또한 정의로부터 직접 유도할 수 있는데, 관련된 모든 수량이 양수이기 때문이다.) 성질 7은 더 큰 함수의 적분이 더 큼을 뜻한다. 이는 두 성질 6과 4로부터 유도되는데, $f - g \ge 0$이기 때문이다.

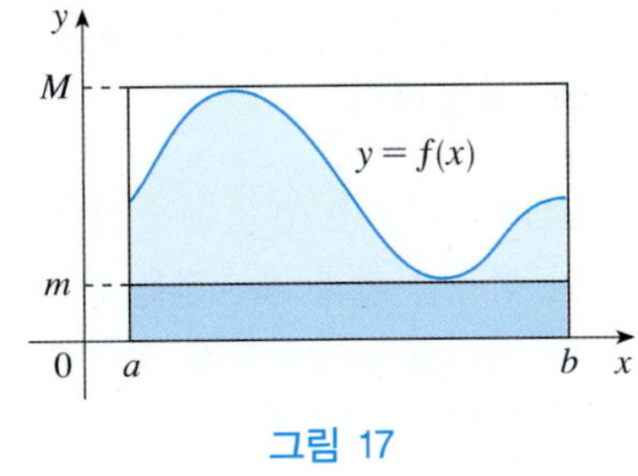

그림 17

그림 17은 $f(x) \ge 0$인 경우에 성질 8을 예시한다. f가 연속일 때는 m과 M을 구간 $[a, b]$에서 f의 최솟값과 최댓값으로 택할 수 있다. 이런 경우에 성질 8은 f의 그래프 아래의 넓이는 높이가 m인 직사각형의 넓이보다 크고 높이가 M인 직사각형의 넓이보다 작음을 뜻한다.

일반적으로 $m \le f(x) \le M$이면 성질 7에 의해 다음이 성립한다.

$$\int_a^b m\,dx \le \int_a^b f(x)\,dx \le \int_a^b M\,dx$$

성질 1을 이용해서 왼쪽과 오른쪽에 있는 적분 값을 찾으면, 다음을 얻는다.

$$m(b-a) \le \int_a^b f(x)\,dx \le M(b-a)$$

불편하게 중점 법칙을 이용하지 않고, 적분 값을 거칠게 어림하는 경우에는 성질 8이 쓸모 있다.

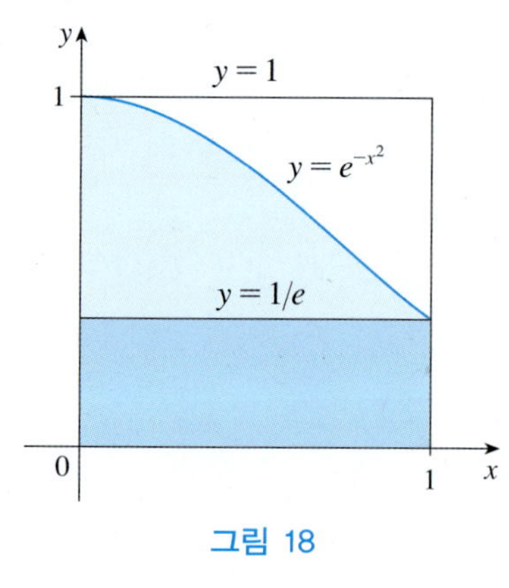

그림 18

보기 7 성질 8을 이용해서 $\int_0^1 e^{-x^2}dx$의 값을 어림하라.

풀이 함수 $f(x)=e^{-x^2}$은 $[0,\ 1]$에서 감소하므로, 최댓값은 $M=f(0)=1$이고 최솟값은 $m=f(1)=e^{-1}$이다. 그러므로 성질 8에 의해 다음을 얻는다.

$$e^{-1}(1-0) \le \int_0^1 e^{-x^2}dx \le 1(1-0),$$

$$e^{-1} \le \int_0^1 e^{-x^2}dx \le 1$$

$e^{-1} \approx 0.3679$이므로, 다음과 같이 쓸 수 있다.

$$0.367 \le \int_0^1 e^{-x^2}dx \le 1$$ ■

보기 7의 결과를 그림 18에 나타냈다. 적분 값은 낮은 직사각형의 넓이보다 크고 정사각형의 넓이보다는 작다.

5.2 익힘 문제

1. $f(x)=3-\frac{1}{2}x\ (2 \le x \le 14)$에 대한 리만 합을 길이가 같은 여섯 개의 부분 구간과 표본점을 왼쪽 끝점으로 택해서 찾아라. 그림을 이용해서 리만 합이 뜻하는 바를 설명하라.

2. $f(x)=x^2-2x\ (0 \le x \le 3)$일 때, 리만 합을 $n=6$인 정규 분할과 표본점을 오른쪽 끝점으로 택해서 찾아라. 리만 합은 무엇을 뜻하는가? 그림으로 설명하라.

3. $f(x)=e^x-2\ (0 \le x \le 2)$일 때, 리만 합을 $n=4$인 정규 분할과 표본점을 중점으로 택해서 소수 여섯째 자리까지 정확하게 찾아라. 리만 합은 무엇을 뜻하는가? 그림으로 설명하라.

4. (a) $f(x)=\sin x\ (0 \le x \le 3\pi/2)$에 대한 리만 합을 항이 여섯 개인 정규 분할과 표본점을 오른쪽 끝점으로 택해서 찾아라. (소수 여섯째 자리까지 정확한 답을 찾아라.) 그림을 이용해서 리만 합이 뜻하는 바를 설명하라.
   (b) 표본점을 중점으로 택해서 (a)를 반복하라.

5. $f(x)=x^3\ (-1 \le x \le 1)$에 대한 리만 합을 분점이 $-1,\ -0.5,\ 0,\ 0.5,\ 1$이고 표본점이 $-1,\ -0.4,\ 0.2,\ 1$일 때 찾아라.

6. $f(x)=x+x^2\ (-2 \le x \le 0)$에 대한 리만 합을 분점이 $-2,\ -1.5,\ -1,\ -0.7,\ -0.4,\ 0$이고 표본점이 왼쪽 끝점일 때 찾아라. $\max \Delta x_i$는 무엇인가?

7. 함수 f의 그래프는 아래와 같다. $\int_0^{10} f(x)\,dx$의 값을 다섯 개의 부분 구간과 (a) 오른쪽 끝점, (b) 왼쪽 끝점, (c) 중점을 이용해서 어림하라.

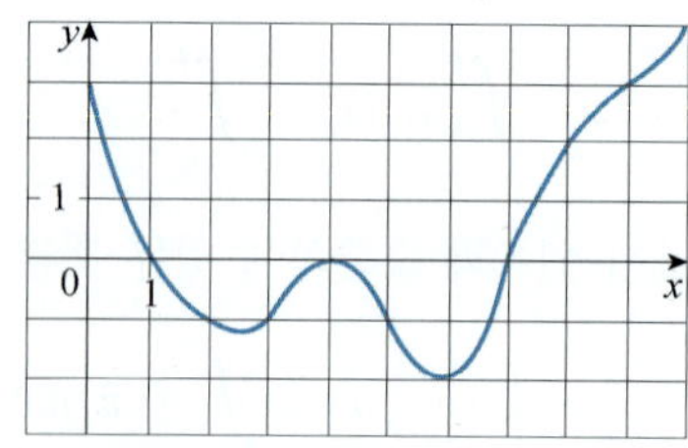

8. 함수 g의 그래프는 아래와 같다. $\int_{-3}^{3} g(x)\,dx$의 값을 여섯 개의 부분 구간과 (a) 오른쪽 끝점, (b) 왼쪽 끝

점, (c) 중점을 이용해서 어림하라.

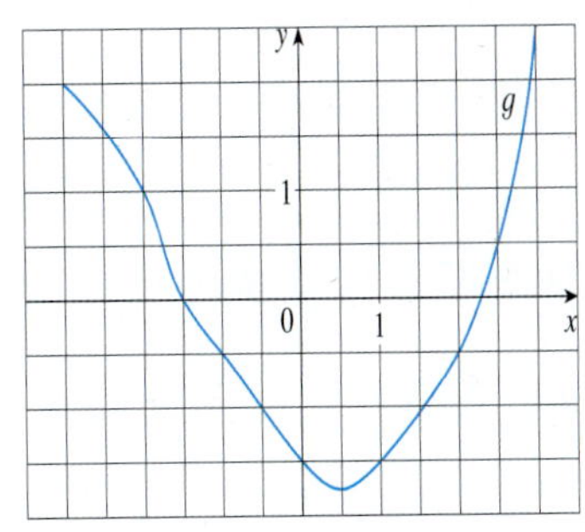

9. 증가 함수 f의 값은 아래와 같다. 이 표를 이용해서 $\int_{10}^{30} f(x)\,dx$에 대한 크고 작은 어림값을 찾아라.

x	10	14	18	22	26	30
$f(x)$	-12	-6	-2	-1	3	8

10. 아래 표는 실험을 통해 얻은 함숫값이다. $\int_0^6 f(x)\,dx$의 값을 길이가 같은 세 개의 부분 구간과 (a) 오른쪽 끝점, (b) 왼쪽 끝점, (c) 중점을 이용해서 어림하라. 함수가 감소 함수라면, 앞에서 어림한 값이 적분의 정확한 값보다 큰지 또는 작은지를 말할 수 있는가?

x	0	1	2	3	4	5	6
$f(x)$	9.3	9.0	8.3	6.5	2.3	-7.6	-10.5

11–14. 주어진 n의 값으로 중점 법칙을 이용해서 다음 적분 값을 어림하라. 답을 소수 넷째 자리까지 써라.

11. $\int_0^8 \sin\sqrt{x}\,dx,\ n=4$

12. $\int_0^{\pi} \sec(x/3)\,dx,\ n=6$

13. $\int_0^2 \dfrac{x}{x+1}\,dx,\ n=5$ **14.** $\int_1^5 x^2 e^{-x}\,dx,\ n=4$

15–18. 다음 극한을 주어진 구간에서의 정 적분으로 나타내라.

15. $\lim_{n\to\infty}\sum_{i=1}^{n} x_i \ln(1+x_i^2)\,\Delta x,\quad [2,\ 6]$

16. $\lim_{n\to\infty}\sum_{i=1}^{n} \dfrac{e^{x_i}}{1+x_i}\,\Delta x,\quad [1,\ 5]$

17. $\lim_{n\to\infty}\sum_{i=1}^{n} \{5(x_i^*)^3-4x_i^*\}\,\Delta x,\quad [2,\ 7]$

18. $\lim_{n\to\infty}\sum_{i=1}^{n} \dfrac{x_i^*}{(x_i^*)^2+4}\,\Delta x_i,\quad [1,\ 3]$

19–23. 정리 4에 제시된 적분의 정의에 따라 다음 적분 값을 찾아라.

19. $\int_2^5 (4-2x)\,dx$ **20.** $\int_1^4 (x^2+2x-5)\,dx$

21. $\int_{-2}^0 (x^2+x)\,dx$ **22.** $\int_0^5 (1+2x^3)\,dx$

23. $\int_0^1 (x^3-3x^2)\,dx$

24. (a) 오른쪽 끝점과 $n=8$을 이용한 리만 합으로 적분 $\int_0^4 (x^2-3x)\,dx$의 근삿값을 찾아라.

(b) (a)의 근사 과정을 나타내는 그림 2와 같은 그림을 그려라.

(c) 정리 4를 이용해서 $\int_0^4 (x^2-3x)\,dx$의 값을 찾아라.

(d) (a)의 적분을 넓이의 차로 해석하고, 그림 6과 같은 그림으로 설명하라.

25–26. 다음 적분을 리만 합으로 표현하라. 극한을 찾지는 말라.

25. $\int_2^6 \dfrac{x}{1+x^5}\,dx$ **26.** $\int_1^{10} (x-4\ln x)\,dx$

CAS **27–28.** 다음 적분을 리만 합의 극한으로 표현하라. 그리고 컴퓨터 대수 체계를 이용해서 합과 극한을 찾아라.

27. $\int_0^{\pi} \sin 5x\,dx$ **28.** $\int_2^{10} x^6\,dx$

29. f의 그래프는 아래와 같다. 다음 적분 값을 넓이로 해석해서 찾아라.

(a) $\int_0^2 f(x)\,dx$ (b) $\int_0^5 f(x)\,dx$

(c) $\int_5^7 f(x)\,dx$ (d) $\int_0^9 f(x)\,dx$

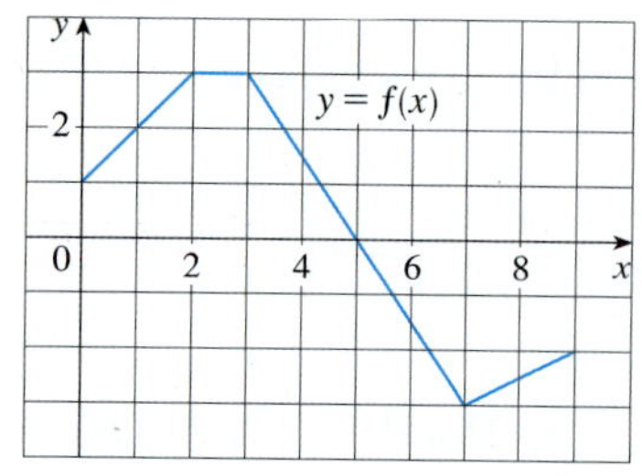

30. g의 그래프는 아래와 같이 두 개의 직선과 반원으로 이루어져 있다. 이를 이용해서 다음 적분 값을 찾아라.

(a) $\int_0^2 g(x)\,dx$ (b) $\int_2^6 g(x)\,dx$ (c) $\int_0^7 g(x)\,dx$

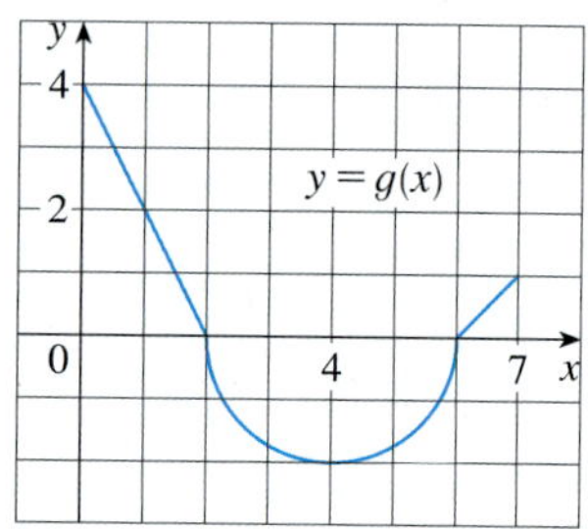

31–36. 다음 적분 값을 넓이로 해석해서 찾아라.

31. $\int_{-1}^{2} (1-x)\,dx$ **32.** $\int_{-2}^{2} \sqrt{4-x^2}\,dx$

33. $\int_{-3}^{0} \left(1+\sqrt{9-x^2}\right)dx$

34. $\int_{-5}^{5} \left(x-\sqrt{25-x^2}\right)dx$

35. $\int_{-1}^{2} |x|\,dx$ **36.** $\int_{0}^{10} |x-5|\,dx$

37. $\int_{\pi}^{\pi} \sin^2 x \cos^4 x\,dx$ 의 값을 찾아라.

38. $\int_0^1 3x\sqrt{x^2+4}\,dx = 5\sqrt{5}-8$이면, $\int_1^0 3u\sqrt{u^2+4}\,du$의 값은 얼마인가?

39. 다음을 $\int_a^b f(x)\,dx$ 꼴의 단 하나의 적분으로 나타내라.

$$\int_{-2}^{2} f(x)\,dx + \int_{2}^{5} f(x)\,dx - \int_{-2}^{-1} f(x)\,dx$$

40. $\int_1^5 f(x)\,dx = 12$이고 $\int_4^5 f(x)\,dx = 3.6$일 때, $\int_1^4 f(x)\,dx$의 값을 찾아라.

41. $\int_0^9 f(x)\,dx = 37$이고 $\int_0^9 g(x)\,dx = 16$일 때, $\int_0^9 \{2f(x)+3g(x)\}\,dx$ 의 값을 찾아라.

42. 다음과 같을 때, $\int_0^5 f(x)\,dx$의 값을 찾아라.

$$f(x) = \begin{cases} 3 & (x < 3) \\ x & (x \geq 3) \end{cases}$$

43. 5.1절의 보기 2에서 $\int_0^1 x^2\,dx = \frac{1}{3}$임을 보였다. 이 사실과 적분의 성질을 이용해서 적분 $\int_0^1 (5-6x^2)dx$의 값을 찾아라.

44. 함수 f의 그래프는 아래 그림과 같고 $F(x) = \int_2^x f(t)\,dt$ 일 때, 다음 중에서 가장 큰 값은?

(A) $F(0)$ (B) $F(1)$
(C) $F(2)$ (D) $F(3)$
(E) $F(4)$

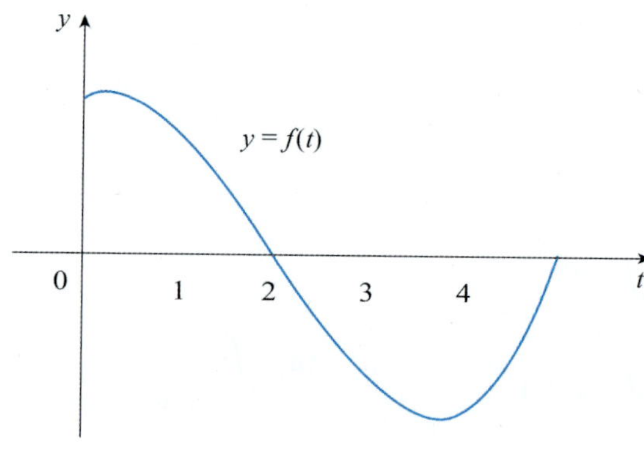

45. f의 그래프와 x축으로 둘러싸인 세 영역 A, B, C 각각의 넓이가 3일 때, 다음 적분 값을 찾아라.

$$\int_{-4}^{2} \{f(x)+2x+5\}\,dx$$

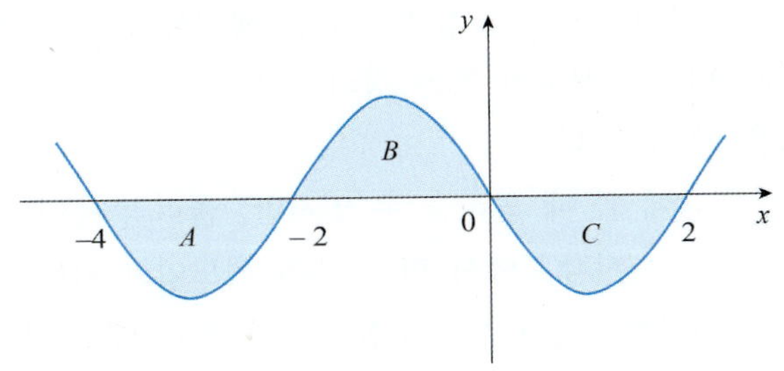

46. f의 최솟값은 m이고 최댓값은 M이라 하자. $\int_0^2 f(x)\,dx$의 값은 어떤 두 값 사이에 있는가? 적분의 어느 성질이 위의 결론을 보장하는가?

47. 적분의 성질을 이용해서, 적분 값을 찾지 말고, 다음을 밝혀라.

$$0 \le \int_1^3 \ln x\,dx \le 2\ln 3$$

48–52. 성질 8을 이용해서 다음 적분 값을 어림하라.

48. $\int_0^2 \sqrt{x^3+1}\,dx$ **49.** $\int_1^2 \frac{1}{x}\,dx$

50. $\int_0^2 (x^3-3x+3)\,dx$ **51.** $\int_{\pi/4}^{\pi/3} \tan x\,dx$

52. $\int_{\pi/4}^{3\pi/4} \sin^2 x\,dx$

53. 다음 극한을 정 적분으로 표현하라.

$$\lim_{n\to\infty} \sum_{i=1}^{n} \frac{i^4}{n^5}$$

5.3 정 적분의 값 찾기

5.2절에서 적분을 리만 합의 극한으로 정의하고 그 값을 셈했다. 이런 과정은 종종 길고 복잡하다. 뉴턴은 적분 값을 찾는 훨씬 더 간단한 방법을 발견했고, 몇 년 뒤에 라이프니츠도 똑같은 결과를 발견했다. 그들은 $\int_a^b f(x)\,dx$는 f의 역도함수 F를 알면 그 값을 셈할 수 있다는 사실을 알게 됐다. 이 발견은 다음 절에서 논의할 미적분학의 기본 정리의 일부로 정 적분의 기본 정리라 부른다.

> **정 적분의 기본 정리** f가 구간 $[a, b]$에서 연속이면 다음이 성립한다.
>
> $$\int_a^b f(x)\,dx = F(b) - F(a)$$
>
> 여기서 F는 f의 역도함수, 곧 $F' = f$이다.

> **용어**
> 미적분학의 기본 정리 fundamental theorem of calculus
> 정 적분의 기본 정리 evaluation theorem

이 정리에 따라, f의 역도함수 F를 알면 $\int_a^b f(x)\,dx$의 값을 단순히 구간 $[a, b]$의 양 끝점에서 F의 값들을 빼서 찾을 수 있다. $a \le x \le b$에서 $f(x)$의 모든 값과 관련된 복잡한 과정으로 정의된 $\int_a^b f(x)\,dx$의 값을 단지 두 점 a와 b에서 $F(x)$의 값을 알면 찾을 수 있다는 사실은 매우 놀랍다.

예를 들면, 4.7절에서 논의한 대로 $f(x) = x^2$의 역도함수는 $F(x) = \frac{1}{3}x^3$이므로, 정 적분의 기본 정리에 따라 다음을 얻는다.

$$\int_0^1 x^2\,dx = F(1) - F(0) = \frac{1}{3}\cdot 1^3 - \frac{1}{3}\cdot 0^3 = \frac{1}{3}$$

0부터 1까지 포물선 $y=x^2$ 아래의 넓이를 합의 극한을 셈해서 찾은 5.1절의 보기 2와 이 방법을 비교하면, 정 적분의 기본 정리가 간단하면서도 강력한 방법을 제공한다는 사실을 알 수 있다.

정 적분의 기본 정리는 처음에 볼 때 놀라울 수 있지만, 물리적 용어로 해석하면 그럴듯해 보인다. $v(t)$는 시각 t에서 한 물체의 속도이고 $s(t)$는 그 위치라고 하면, $v(t)=s'(t)$이므로 s는 v의 역도함수이다. 5.1절에서 언제나 양의 방향으로 움직이는 물체를 생각했고, 속도 곡선 아래의 넓이가 움직인 거리와 같다고 추측했다. 기호로 나타내면, 다음과 같다.

$$\int_a^b v(t)\,dt = s(b)-s(a)$$

이것은 정 적분의 기본 정리가 이런 상황에서 뜻하는 바와 정확하게 같다.

정 적분의 기본 정리의 증명 구간 $[a, b]$를 길이가 같은 n개의 부분 구간으로 나누어 분점은 $x_0(=a)$, x_1, x_2, …, $x_n(=b)$이고 각 길이는 $\Delta x=(b-a)/n$라 하자. F는 f의 역도함수라 하자. 다음과 같이 같은 항을 빼고 더하면 전체에서 F의 값의 차를 부분 구간에서 값의 차의 합으로 표현할 수 있다.

$$\begin{aligned} F(b)-F(a) &= F(x_n)-F(x_0) \\ &= F(x_n)-F(x_{n-1})+F(x_{n-1})-F(x_{n-2})+\cdots \\ &\qquad +F(x_2)-F(x_1)+F(x_1)-F(x_0) \\ &= \sum_{i=1}^{n}\{F(x_i)-F(x_{i-1})\} \end{aligned}$$

■ 평균값 정리는 4.2절을 보라.

그런데 F가 연속이므로(미분 가능하기 때문에) 각 부분 구간 $[x_{i-1}, x_i]$에서 F에 평균값 정리를 적용할 수 있다. 그러면 x_{i-1}과 x_i 사이의 수 x_i^*이 존재해서 다음이 성립한다.

$$F(x_i)-F(x_{i-1})=F'(x_i^*)(x_i-x_{i-1})=f(x_i^*)\Delta x$$

따라서 다음을 얻는다.

$$F(b)-F(a)=\sum_{i=1}^{n} f(x_i^*)\Delta x$$

이제 $n\to\infty$일 때 위 식의 양변의 극한을 취하자. 좌변은 상수이고, 우변은 함수 f에 대한 리만 합이므로, 다음이 성립한다.

$$F(b)-F(a)=\lim_{n\to\infty}\sum_{i=1}^{n} f(x_i^*)\Delta x=\int_a^b f(x)\,dx \qquad \square$$

정 적분의 기본 정리를 이용할 때, 다음과 같은 기호를 사용한다.

$$F(x)\Big]_a^b = F(b)-F(a)$$

그러므로 $F'=f$ 일 때 다음과 같이 쓸 수 있다.

$$\int_a^b f(x)dx = F(x)\Big]_a^b$$

통상적으로 사용되는 다른 기호로 $F(x)|_a^b$와 $[F(x)]_a^b$가 있다.

보기 1 $\int_1^3 e^x\,dx$의 값을 찾아라.

풀이 $f(x)=e^x$의 한 역도함수는 $F(x)=e^x$이므로, 정 적분의 기본 정리에 따라 다음을 얻는다.

$$\int_1^3 e^x dx = e^x\Big]_1^3 = e^3 - e$$ ■

■ 정 적분의 기본 정리를 적용할 때, f의 특수한 역도함수 F를 이용하면 된다. 일반 역도함수(e^x+C)를 이용할 필요는 없다.

보기 2 $0 \le b \le \pi/2$일 때, 0부터 b까지 코사인 곡선 아래의 넓이를 찾아라.

풀이 $f(x)=\cos x$의 한 역도함수는 $F(x)=\sin x$이므로, 다음이 성립한다.

$$A = \int_0^b \cos x\,dx = \sin x\Big]_0^b = \sin b - \sin 0 = \sin b$$

특히 $b=\pi/2$로 택하면, 0부터 $\pi/2$까지 코사인 곡선 아래의 넓이가 $\sin(\pi/2)=1$이라는 사실을 증명한다.(그림 1을 보라.) ■

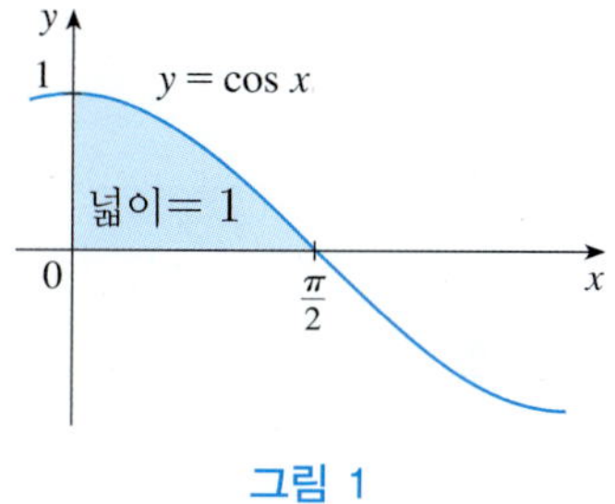

그림 1

프랑스 수학자 로베르발(Gilles de Roberval)이 1635년에 사인과 코사인 곡선 아래의 넓이를 처음 찾았을 때, 이는 대단한 창의력이 요구되는 매우 도전적인 문제였다. 만약 정 적분의 기본 정리의 혜택을 받을 수 없다면, 모호한 삼각 등식을 이용해서 (또는 5.1절의 익힘 문제 23에서와 같이 컴퓨터 대수 체계를 이용해서) 합의 극한을 어렵게 셈해야 한다. 극한이라는 장치가 1635년에는 고안되지 않았었기 때문에, 이 문제가 로베르발에게는 훨씬 더 어려웠다. 그러나 1660년대와 1670년대에 뉴턴과 라이프니츠가 정 적분의 기본 정리를 발견한 뒤에는, 보기 2에서 알 수 있듯이, 이런 문제는 매우 쉬워졌다.

■ www.stewartcalculus.com

Additional Example A를 보라.

부정 적분

역도함수를 쉽게 다룰 수 있는 간편한 기호가 필요하다. 정 적분의 기본 정리에 나타난 역도함수와 적분 사이의 관계 때문에, 기호 $\int f(x)\,dx$가 전통적으로 f의 역도함수를 나타내는 데 사용됐고, 이를 **부정 적분** 또는 **미정 적분**이라 한다. 그러므로

$\int f(x)\,dx = F(x)$는 $F'(x)=f(x)$를 뜻한다.

용어

부정 적분, 미정 적분 indefinite integral

정 적분과 부정 적분 사이를 분명히 구별해야 한다. 정 적분 $\int_a^b f(x)\,dx$는

수이고 부정 적분 $\int f(x)\,dx$는 함수(또는 함수족)이다. 둘 사이의 관계는 정 적분의 기본 정리로 주어진다. 곧, f가 $[a, b]$에서 연속이면 다음이 성립한다.

$$\int_a^b f(x)\,dx = \int f(x)\,dx\Big]_a^b$$

4.7절에서 알아본 대로, F가 구간 I에서 f의 역도함수이면, I에서 f의 일반 역도함수는 $F(x)+C$이다. 여기서 C는 임의의 상수이다. 예를 들면, $(d/dx)\ln|x| = 1/x$이므로 (0을 포함하지 않는 임의의 구간에서) 다음 공식이 성립한다.

$$\int \frac{1}{x}\,dx = \ln|x| + C$$

그래서 부정 적분 $\int f(x)\,dx$는 f의 특정한 역도함수를 나타내거나 역도함수 전체의 집합을 나타낼 수 있다. (상수 C의 각 값에 대해 하나의 역도함수가 대응한다.)

정 적분의 기본 정리의 효율성은 함수의 역도함수를 얼마나 많이 알고 있는지에 따라 결정된다. 그러므로 4.7절에 있는 역미분 공식표를 다시 제시하는데, 몇 가지를 더 추가하고 부정 적분의 기호로 나타낸다. 각 공식은 우변에 있는 함수를 미분해서 적분할 함수를 얻음으로써 확인할 수 있다. 예들 들면, 다음과 같다.

$$\frac{d}{dx}(\tan x + C) = \sec^2 x \text{이므로 } \int \sec^2 x\,dx = \tan x + C \text{이다.}$$

▪ 일반 부정 적분이 주어질 때 이는 한 구간에서만 유효하다는 관례를 따른다.

1 부정 적분표

$$\int \{f(x)+g(x)\}dx = \int f(x)\,dx + \int g(x)\,dx, \quad \int cf(x)\,dx = c\int f(x)\,dx$$

$$\int x^n dx = \frac{x^{n+1}}{n+1} + C \ (n \neq -1), \qquad \int \frac{1}{x}\,dx = \ln|x| + C$$

$$\int e^x dx = e^x + C, \qquad \int a^x\,dx = \frac{a^x}{\ln a} + C$$

$$\int \sin x\,dx = -\cos x + C, \qquad \int \cos x\,dx = \sin x + C$$

$$\int \sec^2 x\,dx = \tan x + C, \qquad \int \csc^2 x\,dx = -\cot x + C$$

$$\int \sec x \tan x\,dx = \sec x + C, \qquad \int \csc x \cot x\,dx = -\csc x + C$$

$$\int \frac{1}{x^2+1}\,dx = \tan^{-1} x + C, \qquad \int \frac{1}{\sqrt{1-x^2}}\,dx = \sin^{-1} x + C$$

$$\int \sinh x\,dx = \cosh x + C, \qquad \int \cosh x\,dx = \sinh x + C$$

보기 3 다음의 일반 부정 적분을 찾아라.

$$\int (10x^4 - 2\sec^2 x)\,dx$$

풀이 관례와 표 ①을 이용해서 다음을 얻는다.

$$\begin{aligned}\int (10x^4 - 2\sec^2 x)\,dx &= 10\int x^4 dx - 2\int \sec^2 x\,dx \\ &= 10\frac{x^5}{5} - 2\tan x + C \\ &= 2x^5 - 2\tan x + C\end{aligned}$$

미분해서 이 답을 점검해야 한다. ■

■ 그림 2에 보기 3의 부정 적분을 C의 몇 개의 값에 대해 나타냈다. 여기서 C의 값은 y절편이다.

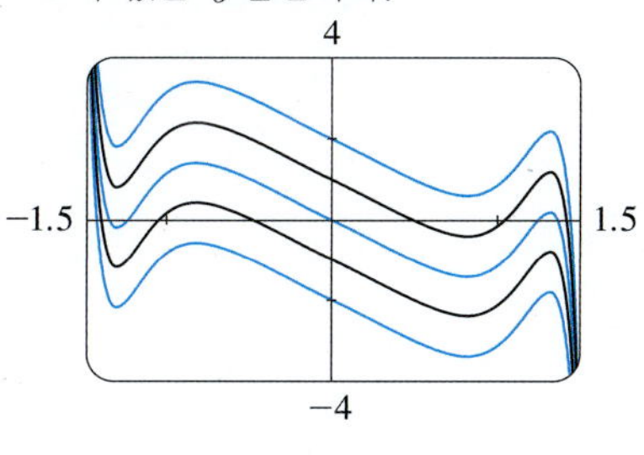

그림 2

보기 4 $\int_0^3 (x^3 - 6x)\,dx$의 값을 찾아라.

풀이 정 적분의 기본 정리와 표 ①을 이용하면, 다음을 얻는다.

$$\begin{aligned}\int_0^3 (x^3 - 6x)\,dx &= \frac{x^4}{4} - 6\frac{x^2}{2}\Big]_0^3 \\ &= \left(\frac{1}{4}\cdot 3^4 - 3\cdot 3^2\right) - \left(\frac{1}{4}\cdot 0^4 - 3\cdot 0^2\right) \\ &= \frac{81}{4} - 27 - 0 + 0 = -6.75\end{aligned}$$

이 셈을 5.2절의 보기 2(b)와 비교하라. ■

보기 5 $\int_0^2 \left(2x^3 - 6x + \frac{3}{x^2+1}\right) dx$의 값을 찾고, 그 결과를 넓이로 해석하라.

풀이 정 적분의 기본 정리에 따라 다음을 얻는다.

$$\begin{aligned}\int_0^2 \left(2x^3 - 6x + \frac{3}{x^2+1}\right) dx &= 2\frac{x^4}{4} - 6\frac{x^2}{2} + 3\tan^{-1}x\Big]_0^2 \\ &= \frac{1}{2}x^4 - 3x^2 + 3\tan^{-1}x\Big]_0^2 \\ &= \frac{1}{2}(2^4) - 3(2^2) + 3\tan^{-1}2 - 0 \\ &= -4 + 3\tan^{-1}2\end{aligned}$$

이것은 적분의 정확한 값이다. 소수 근삿값을 원하면, 계산기를 이용해서 $\tan^{-1}2$의 근삿값을 찾을 수 있다. 그렇게 하면 다음을 얻는다.

$$\int_0^2 \left(2x^3 - 6x + \frac{3}{x^2+1}\right) dx \approx -0.67855$$ ■

■ 그림 3은 보기 5에 있는 적분할 함수의 그래프를 보여준다. 5.2절에서 알 수 있듯이, 적분 값은 양의 부호로 나타낸 넓이의 합에서 음의 부호로 나타낸 넓이를 뺀 값으로 해석할 수 있다.

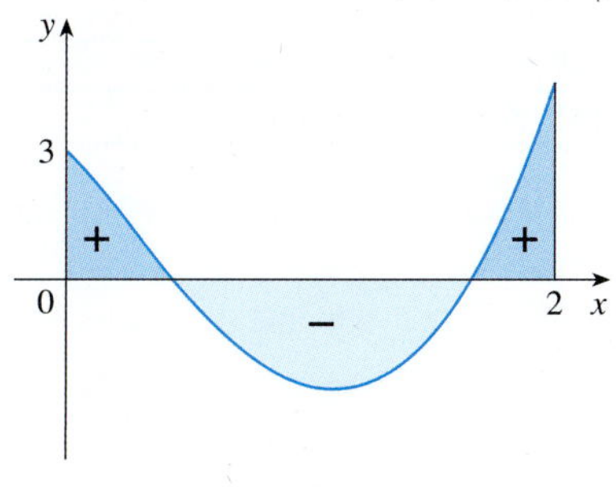

그림 3

보기 6 $\int_1^9 \frac{2t^2 + t^2\sqrt{t} - 1}{t^2}\,dt$의 값을 찾아라.

■ www.stewartcalculus.com

Additional Example B를 보라.

풀이 먼저 적분할 함수를 나눗셈을 통해 더 간단한 꼴로 바꾸어 적분하면 다음과 같다.

$$\int_1^9 \frac{2t^2 + t^2\sqrt{t} - 1}{t^2}\, dt = \int_1^9 (2 + t^{1/2} - t^{-2})\, dt$$

$$= 2t + \frac{t^{3/2}}{3/2} - \frac{t^{-1}}{-1}\Big]_1^9 = 2t + \frac{2}{3}t^{3/2} + \frac{1}{t}\Big]_1^9$$

$$= \left(2 \cdot 9 + \frac{2}{3} \cdot 9^{3/2} + \frac{1}{9}\right) - \left(2 \cdot 1 + \frac{2}{3} \cdot 1^{3/2} + \frac{1}{1}\right)$$

$$= 18 + 18 + \frac{1}{9} - 2 - \frac{2}{3} - 1 = \frac{292}{8}$$ ■

활용

정 적분의 기본 정리에 의해 f가 $[a, b]$에서 연속이면 다음이 성립한다.

$$\int_a^b f(x)\, dx = F(b) - F(a)$$

여기서 F는 f의 임의의 역도함수이다. 이는 $F' = f$ 임을 뜻한다. 그러므로 위의 식을 다음과 같이 다시 쓸 수 있다.

$$\int_a^b F'(x)\, dx = F(b) - F(a)$$

$F'(x)$가 x에 관한 $y = F(x)$의 순간 변화율이고 $F(b) - F(a)$는 x가 a부터 b까지 변할 때의 y의 증분이다. [y는 이를테면 증가했다가 감소하고 다시 증가할 수 있다. y는 양 방향으로 바뀔 수 있지만, $F(b) - F(a)$는 y의 알짜 변화를 나타낸다.] 그러므로 정 적분의 기본 정리를 다음과 같은 말로 다시 공식화할 수 있다.

용어

알짜 변화 net change

알짜 변화 정리 순간 변화율의 적분은 알짜 변화이다.

$$\int_a^b F'(x)\, dx = F(b) - F(a)$$

이 원리는 자연과 사회 과학에 나타나는 모든 변화율에 적용할 수 있다. 다음은 이런 발상을 보여주는 몇 가지 예이다.

- $V(t)$가 시각 t에 저수지에 있는 물의 부피이면, 도함수 $V'(t)$는 시각 t에 저수지에 물이 흘러 들어오는 변화율이다. 그러므로 다음 정 적분은 시각 t_1과 t_2 사이에 저수지에 있는 물의 양의 변화이다.

$$\int_{t_1}^{t_2} V'(t)\, dt = V(t_2) - V(t_1)$$

■ $[\mathrm{C}](t)$가 시각 t에 화학 반응 생성물의 농도이면, 반응율은 도함수 $d[\mathrm{C}]/dt$이다. 그러므로 다음 정 적분은 시각 t_1부터 t_2까지 C의 농도의 변화이다.

$$\int_{t_1}^{t_2} \frac{d[\mathrm{C}]}{dt}\,dt = [\mathrm{C}](t_2) - [\mathrm{C}](t_1)$$

■ 인구 증가율이 dn/dt이면, 다음 정 적분은 t_1부터 t_2까지의 시기에 인구의 알짜 증가를 나타낸다.

$$\int_{t_1}^{t_2} \frac{dn}{dt}\,dt = n(t_2) - n(t_1)$$

(인구는 출생이 발생하면 증가하고 사망이 발생하면 감소한다. 알짜 증가는 탄생과 사망을 모두 고려한 결과이다.)

■ 한 물체가 직선을 따라 위치 함수 $s(t)$로 움직이면, 그 속도는 $v(t) = s'(t)$이다. 그러므로 다음 정 적분은 t_1부터 t_2까지의 시기에 물체 위치의 알차 변화, 곧 **변위**이다.

용어	
변위	displacement

2 $$\int_{t_1}^{t_2} v(t)\,dt = s(t_2) - s(t_1)$$

5.1절에서 물체가 양의 방향으로 움직이는 경우에 이것이 참이라고 추측했는데, 방금 이것이 언제나 참임을 증명했다.

■ 어떤 시간 구간에서 움직인 거리를 셈하려면, $v(t) \geq 0$일 때(입자가 오른쪽으로 움직일 때)의 구간과 함께 $v(t) \leq 0$일 때(입자가 왼쪽으로 움직일 때)의 구간을 생각해야 한다. 두 경우 모두 거리는 속력 $|v(t)|$를 적분해서 셈한다. 따라서 다음을 얻는다.

3 $$\int_{t_1}^{t_2} |v(t)|\,dt = \text{움직인 전체 거리}$$

그림 4는 변위와 움직인 거리를 모두 속도 곡선 아래의 넓이로 해석하는 방법을 보여준다.

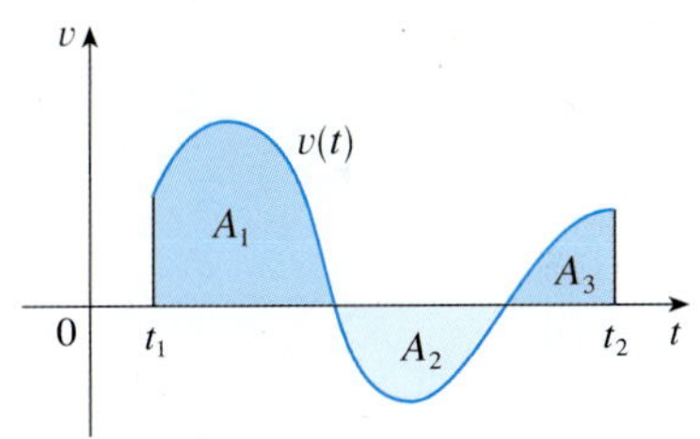

그림 4

$$\text{변위} = \int_{t_1}^{t_2} v(t)\,dt = A_1 - A_2 + A_3$$

$$\text{거리} = \int_{t_1}^{t_2} |v(t)|\,dt = A_1 + A_2 + A_3$$

■ 물체의 가속도는 $a(t) = v'(t)$이므로, 다음 정 적분은 시각 t_1부터 시각 t_2까지 속도의 변화이다.

$$\int_{t_1}^{t_2} a(t)\,dt = v(t_2) - v(t_1)$$

보기 7 입자가 직선을 따라 움직이는데, 시각 t에서의 속도는 $v(t) = t^2 - t - 6$ (m/s)이다.

(a) 시간 구간 $1 \le t \le 4$에서 입자의 변위를 찾아라.
(b) 이 시간 동안 움직인 거리를 찾아라.

풀이 (a) 식 [2]에 의해 변위는 다음과 같다.

$$s(4)-s(1)=\int_1^4 v(t)\,dt=\int_1^4 (t^2-t-6)\,dt$$
$$=\left[\frac{t^3}{3}-\frac{t^2}{2}-6t\right]_1^4=-\frac{9}{2}$$

이는 시각 $t=4$에서의 위치가 이 시간 구간의 시작에서의 위치에서 왼쪽으로 4.5m임을 뜻한다.

(b) $v(t)=t^2-t-6=(t-3)(t+2)$이므로, 구간 $[1, 3]$에서 $v(t)\le 0$이고 $[3, 4]$에서 $v(t)\ge 0$이다. 그러므로 식 [3]에 의해 움직인 거리는 다음과 같다.

■ $v(t)$의 절댓값을 적분하기 위해, 5.2절의 적분의 성질 5를 이용해서 적분을 $v(t)\le 0$일 때와 $v(t)\ge 0$일 때로 나눈다.

$$\int_1^4 |v(t)|\,dt=\int_1^3 \{-v(t)\}dt+\int_3^4 v(t)\,dt$$
$$=\int_1^3 (-t^2+t+6)\,dt+\int_3^4 (t^2-t-6)\,dt$$
$$=\left[-\frac{t^3}{3}+\frac{t^2}{2}+6t\right]_1^3+\left[\frac{t^3}{3}-\frac{t^2}{2}-6t\right]_3^4$$
$$=\frac{61}{6}\approx 10.17\,\text{m}$$ ■

보기 8 그림 5는 9월의 어느 날 샌프란시스코에서 전력 소비량을 보여준다. (P의 단위는 메가와트이고 t는 자정부터 잰 시간이다.) 이 날 소비된 에너지를 어림하라.

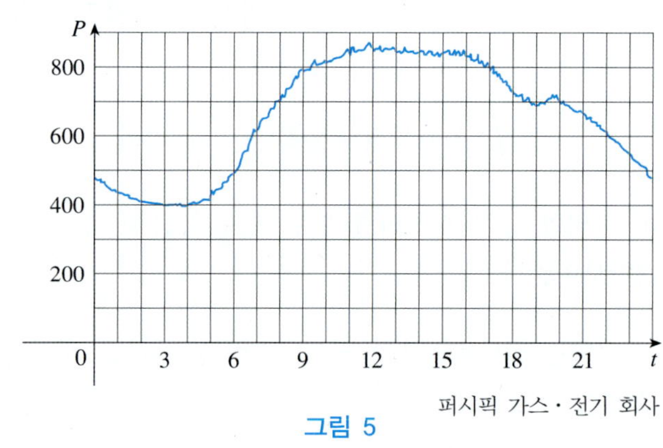

그림 5

풀이 전력은 에너지의 변화율 $P(t)=E'(t)$이다. 그러므로 알짜 변화 정리에 의해 다음은 그 날 사용된 에너지의 총량이다.

$$\int_0^{24} P(t)\,dt=\int_0^{24} E'(t)\,dt=E(24)-E(0)$$

적분의 근삿값을 부분 구간이 12개이고 $\Delta t=2$일 때 중점 법칙을 이용해서 다음과 같이 찾는다.

$$\int_0^{24} P(t)\,dt \approx \{P(1)+P(3)+P(5)+\cdots+P(21)+P(23)\}\Delta t$$
$$\approx (440+400+420+620+790+840+850+840+810+690+670+550)(2)$$
$$= 15840$$

사용된 에너지는 약 15840메가와트-시이다. ■

보기 8에서 에너지의 단위를 어떻게 알 수 있을까? 적분 $\int_0^{24} P(t)\,dt$는 항이 $P(t_i^*)\Delta t$ 꼴인 합의 극한으로 정의한다. 그런데 $P(t_i^*)$의 단위는 메가와트이고 Δt의 단위는 시이므로, 곱의 단위는 메가와트-시이다. 이는 극한에 대해서도 똑같이 참이다. 일반적으로, $\int_a^b f(x)\,dx$의 단위는 $f(x)$의 단위와 x의 단위의 곱이다.

■ 단위에 대한 참고 사항

5.3 익힘 문제

1–30. 다음 적분 값을 찾아라.

1. $\int_{-1}^{3} x^5\,dx$
2. $\int_1^3 (1+2x-4x^3)\,dx$
3. $\int_0^2 (6x^2-4x+5)\,dx$
4. $\int_{-2}^{0} (u^5-u^3+u^2)\,du$
5. $\int_0^2 (2x-3)(4x^2+1)\,dx$
6. $\int_{-1}^{1} t(1-t)^2\,dt$
7. $\int_0^{\pi} (5e^x+3\sin x)\,dx$
8. $\int_1^2 \left(\frac{1}{x^2}-\frac{4}{x^3}\right)dx$
9. $\int_1^4 \left(\frac{4+6u}{\sqrt{u}}\right)du$
10. $\int_0^4 (3\sqrt{t}-2e^t)\,dt$
11. $\int_0^1 x(\sqrt[3]{x}+\sqrt[4]{x})\,dx$
12. $\int_1^9 \frac{3x-2}{\sqrt{x}}\,dx$
13. $\int_1^9 \frac{1}{2x}\,dx$
14. $\int_0^1 (5x-5^x)\,dx$
15. $\int_0^1 (x^{10}+10^x)\,dx$
16. $\int_{\pi/4}^{\pi/3} \csc^2\theta\,d\theta$
17. $\int_0^{\pi/4} \frac{1+\cos^2\theta}{\cos^2\theta}\,d\theta$
18. $\int_0^{\pi/3} \frac{\sin\theta+\sin\theta\tan^2\theta}{\sec^2\theta}\,d\theta$
19. $\int_0^1 \cosh t\,dt$
20. $\int_{-10}^{10} \frac{2e^x}{\sinh x+\cosh x}\,dx$
21. $\int_0^{\sqrt{3}/2} \frac{dr}{\sqrt{1-r^2}}$
22. $\int_{1/\sqrt{3}}^{\sqrt{3}} \frac{8}{1+x^2}\,dx$
23. $\int_1^e \frac{x^2+x+1}{x}\,dx$
24. $\int_{\pi/4}^{\pi/3} \sec\theta\tan\theta\,d\theta$
25. $\int_{-1}^{1} e^{u+1}\,du$
26. $\int_1^2 \frac{(x-1)^3}{x^2}\,dx$
27. $\int_0^{1/\sqrt{3}} \frac{t^2-1}{t^4-1}\,dt$
28. $\int_0^2 |2x-1|\,dx$
29. $\int_{-1}^{2} (x-2|x|)\,dx$
30. $\int_0^{3\pi/2} |\sin x|\,dx$

31–32. 다음 등식의 잘못된 점을 찾아라.

31. $\int_{-1}^{3} \frac{1}{x^2}\,dx = \left.\frac{x^{-1}}{-1}\right]_{-1}^{3} = -\frac{4}{3}$
32. $\int_0^{\pi} \sec^2 x\,dx = \tan x\Big]_0^{\pi} = 0$

33–34. 다음 곡선 아래와 x축 위에 놓인 영역의 넓이를 셈하라.

33. $y = 1 - x^2$　　**34.** $y = 2x - x^2$

35–36. 그래프를 이용해서 다음 곡선 아래 영역의 넓이에 대한 개략적인 어림값을 찾아라. 그리고 정확한 넓이를 찾아라.

35. $y = \sin x \quad (0 \le x \le \pi)$

36. $y = \sec^2 x \quad (0 \le x \le \pi/3)$

37–38. 다음 적분 값을 찾고, 이를 넓이의 차로 해석하라. 그림을 그려 설명하라.

37. $\int_{-1}^{2} x^3\,dx$　　**38.** $\int_{\pi/4}^{5\pi/2} \sin x\,dx$

39–40. 다음 공식이 정확함을 미분해서 밝혀라.

39. $\int \frac{x}{\sqrt{x^2+1}}\,dx = \sqrt{x^2+1} + C$

40. $\int \cos^2 x\,dx = \frac{1}{2}x + \frac{1}{4}\sin 2x + C$

41–42. 다음 일반 부정 적분을 찾아라. 이 곡선족에 속하는 몇 개의 그래프를 같은 화면에 함께 그려라.

41. $\int x\sqrt{x}\,dx$　　**42.** $\int (\cos x - 2\sin x)\,dx$

43–48. 다음 일반 부정 적분을 찾아라.

43. $\int (\sin x + \sinh x)\,dx$

44. $\int (\sqrt{x^3} + \sqrt[3]{x^2})\,dx$

45. $\int (u+4)(2u+1)\,du$

46. $\int x(1+2x^4)\,dx$

47. $\int \frac{\sin x}{1-\sin^2 x}\,dx$　　**48.** $\int \frac{\sin 2x}{\sin x}\,dx$

49. y축의 오른쪽과 포물선 $x = 2y - y^2$의 왼쪽에 놓인 영역의 넓이는 정 적분 $\int_0^2 (2y - y^2)\,dy$로 주어진다. (머리를 시계 방향으로 돌리고 $y = 0$부터 $y = 2$까지 곡선 $x = 2y - y^2$ 아래의 영역을 생각하자.) 이 영역의 넓이를 찾아라.

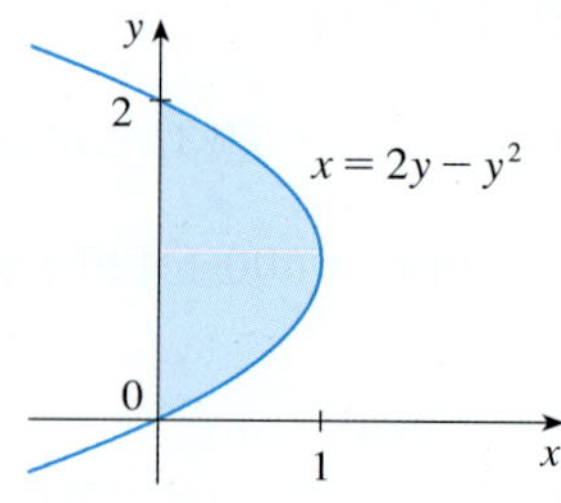

50. 아래 그림에 나타낸 영역의 경계는 y축과 직선 $y = 1$ 및 곡선 $y = \sqrt[4]{x}$이다. 이 영역의 넓이를 (익힘 문제 49와 같이) x를 y의 함수로 나타내고 y에 대해 적분해서 찾아라.

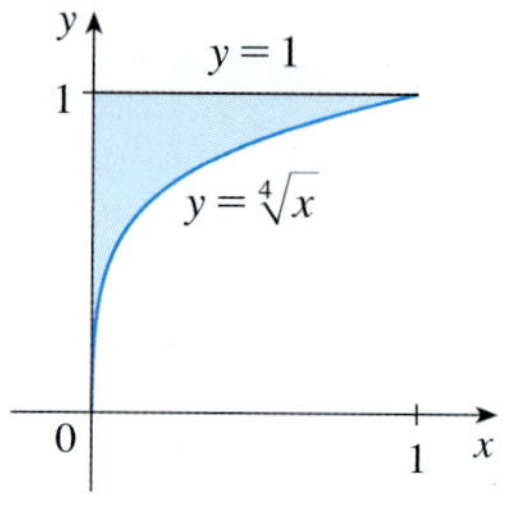

51. $w'(t)$를 어린이의 몸무게 증가율(kg/년)이라 하면, $\int_5^{10} w'(t)\,dt$는 무엇을 뜻하는가?

52. 전선의 전류는 전하량의 도함수 $I(t) = Q'(t)$로 정의한다. $\int_a^b I(t)\,dt$는 무엇을 뜻하는가?

53. 석유가 탱크로부터 시각 t에 $r(t)$(L/분)의 변화율로 새고 있을 때, $\int_0^{120} r(t)\,dt$는 무엇을 뜻하는가?

54. 꿀벌의 개체 수가 100마리에서 출발해서 $n'(t)$(마리/주일)의 변화율로 증가한다. $100 + \int_0^{15} n'(t)\,dt$는 무엇을 뜻하는가?

55. 4.5절에서 한계 수익 함수 $R'(x)$를 수익 함수 $R(x)$의 도함수로 정의했다. 여기서 x는 판매된 단위의 수이다. $\int_{1000}^{5000} R'(x)\,dx$는 무엇을 뜻하는가?

56. $f(x)$가 산책길의 출발점으로부터 x km 떨어진 지점에서 이 길의 기울기일 때, $\int_3^5 f(x)\,dx$는 무엇을 뜻하는가?

57. x의 단위는 미터이고 $f(x)$의 단위는 뉴턴일 때, $\int_0^{100} f(x)\,dx$의 단위는 무엇인가?

58. x의 단위는 피트이고 $a(x)$의 단위는 파운드/피트일 때, da/dx의 단위는 무엇인가? $\int_2^8 a(x)\,dx$의 단위는 무엇인가?

59–60. 다음은 직선을 따라 움직이는 입자의 속도 함수(m/s)이다. 입자가 주어진 시간 구간에서 움직인 (a) 변위와 (b) 거리를 찾아라.

59. $v(t) = 3t - 5 \quad (0 \le x \le 3)$

60. $v(t) = t^2 - 2t - 8 \quad (1 \le t \le 6)$

61–62. 다음은 직선을 따라 움직이는 입자의 가속도 함수($\mathrm{m/s^2}$)와 초기 속도이다. (a) 시각 t에서의 속도와 (b) 주어진 시간 구간에서 움직인 거리를 찾아라.

61. $a(t) = t + 4,\quad v(0) = 5,\quad 0 \le t \le 10$

62. $a(t) = 2t + 3,\quad v(0) = -4,\quad 0 \le t \le 3$

63. 자동차의 속도를 10초 간격으로 속도계에서 읽고 아래 표에 기록했다. 중점 법칙을 이용해서 자동차가 달린 거리를 어림하라.

t(s)	v(mi/h)	t(s)	v(mi/h)
0	0	60	56
10	38	70	53
20	52	80	50
30	58	90	47
40	55	100	45
50	51		

64. 화산이 폭발했는데, 아래 표와 같이 고체 물질을 $r(t)$의 변화율로 분출하고 있다고 하자. t의 단위는 초이고 $r(t)$의 단위는 톤/초이다.

t	0	1	2	3	4	5	6
$r(t)$	2	10	24	36	46	54	60

(a) 6초 동안 분출한 전체 양 $Q(6)$에 대한 작고 큰 근삿값을 찾아라.

(b) 중점 규칙을 이용해서 $Q(6)$을 어림하라.

65. 물이 저장 탱크의 바닥으로부터 $r(t) = 200 - 4t$ (L/m)의 변화율로 흘러나온다. 여기서 $0 \le t \le 50$이다. 처음 10분 동안 탱크로부터 흘러나온 물의 양을 찾아라.

66. 물이 저장 탱크에 흘러들고 또 흘러나오고 있다. 아래 그림을 탱크에 있는 물의 부피의 변화율 $r(t)$(리터/일)의 그래프이다. 시각 $t = 0$에 탱크에 있던 물의 양이 25000L일 때, 중점 법칙을 이용해서 4일 뒤의 물의 양을 어림하라.

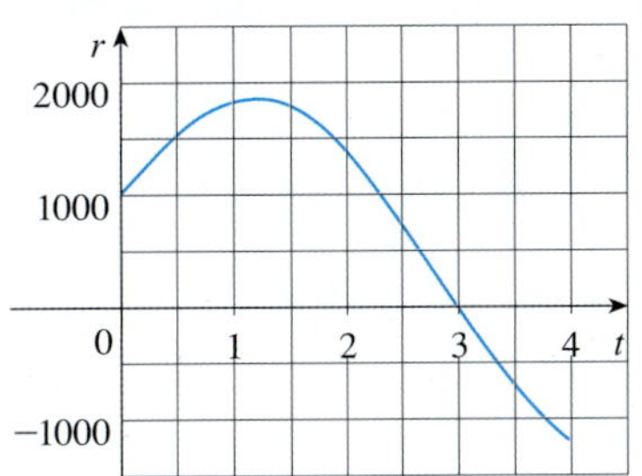

67. 시각 $t = 0$에서 박테리아의 개체 수가 4000이고, t시간 뒤에 이의 증가율은 $1000 \cdot 2^t$ 박테리아/시간이다. 1시간 뒤의 개체 수는 얼마인가?

68. 아래 그림은 자정부터 오전 8시까지 어떤 인터넷 서비스 제공 업체의 T1 데이터 선로에서의 소통량 그래프이다. D는 데이터 처리량으로 단위는 mb/s이다. 중점 법칙을 사용해서 그 시기에 전송된 데이터 전체의 양을 어림하라.

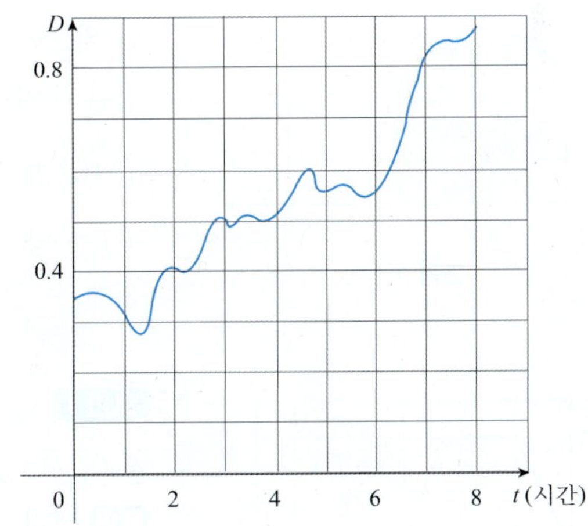

69. 함수 h는 $h(1) = -2,\ h'(1) = 2,\ h''(1) = 3,\ h(2) = 6,\ h'(2) = 5,\ h''(2) = 13$을 만족시키고, h''는 모

든 곳에서 연속이다. $\int_1^2 h''(u)\,du$ 의 값을 찾아라.

70. B로 표시한 영역의 넓이는 A로 표시한 영역의 넓이의 세 배이다. b를 a의 식으로 나타내라.

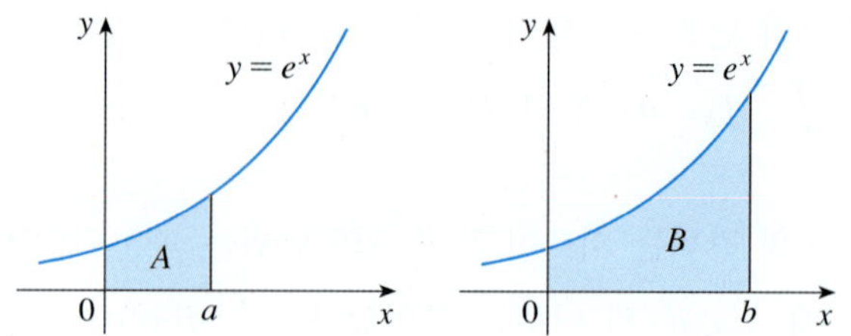

5.4 미적분학의 기본 정리

미적분학의 기본 정리는 적절한 이름인데, 이것이 미분학과 적분학의 두 분야 사이의 관계를 확립하기 때문이다. 미분학은 접선 문제로부터 발생했고, 이에 비해 적분학은 겉보기에 관련이 없어 보이는 문제인 넓이 문제로부터 발생했다. 케임브리지 대학에서 뉴턴을 가르쳤던 배로(Isaac Barrow, 1630~1677)는 이 두 가지 문제가 실제로 매우 밀접하게 관련되어 있다는 사실을 발견했다. 실제로 그는 '미분하기'와 '적분하기'가 서로 역 과정이라는 사실을 인식했다. 미적분학의 기본 정리는 미분과 적분 사이의 명확한 역 관계를 제시한다. 바로 뉴턴과 라이프니츠가 이런 관계를 탐구했고 이를 이용해서 미분 적분학을 체계적인 수학적 방법으로 발전시켰다.

미적분학의 기본 정리의 첫째 부분, 곧 적분과 미분의 관계는 다음과 같은 꼴의 식으로 정의된 함수를 다룬다.

$$\boxed{1} \qquad g(x) = \int_a^x f(t)\,dt$$

여기서 f는 $[a, b]$에서 연속 함수이고 x는 a와 b 사이에서 변한다. g가 x에만 의존함을 알 수 있는데, x는 적분에서 변하는 위끝으로 나타난다. x가 고정된 수이면, 적분 $\int_a^x f(t)\,dt$는 명확한 수이다. 다음에 x를 변화시키면, 수 $\int_a^x f(t)\,dt$도 변하고 이에 따라 x의 함수를 정의하는데, 이를 $g(x)$로 나타낸다.

f가 양수값 함수이면, $g(x)$를 a부터 x까지 f의 그래프 아래의 넓이로 해석할 수 있다. (g를 "이제까지의 넓이"로 생각하자. 그림 1을 보라.)

그림 1

보기 1 함수 f의 그래프는 그림 2와 같고 $g(x) = \int_0^x f(t)\,dt$일 때, $g(0)$, $g(1)$, $g(2)$, $g(3)$, $g(4)$, $g(5)$의 값을 찾아라. 그리고 g의 개략적인 그래프를 그려라.

풀이 먼저 $g(0) = \int_0^0 f(t)\,dt = 0$임을 확인하자. 그림 3에서 $g(1)$이 다음과 같은 삼각형의 넓이임을 알 수 있다.

$$g(1) = \int_0^1 f(t)\,dt = \frac{1}{2}(1 \cdot 2) = 1$$

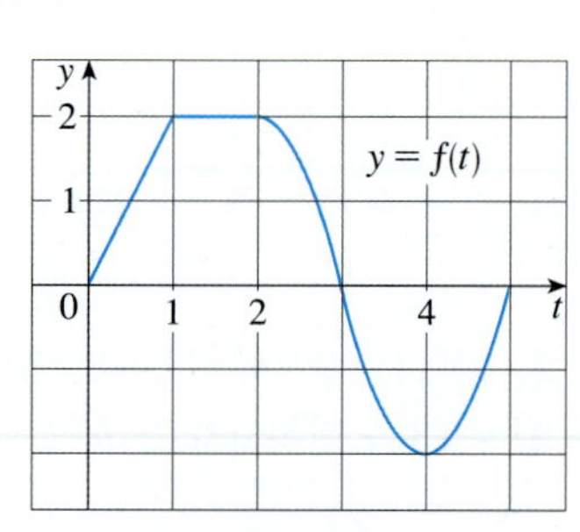

그림 2

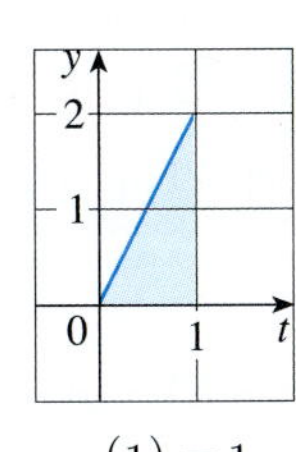
$g(1)=1$

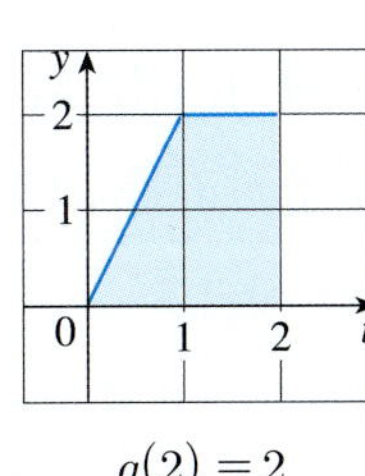
$g(2)=2$

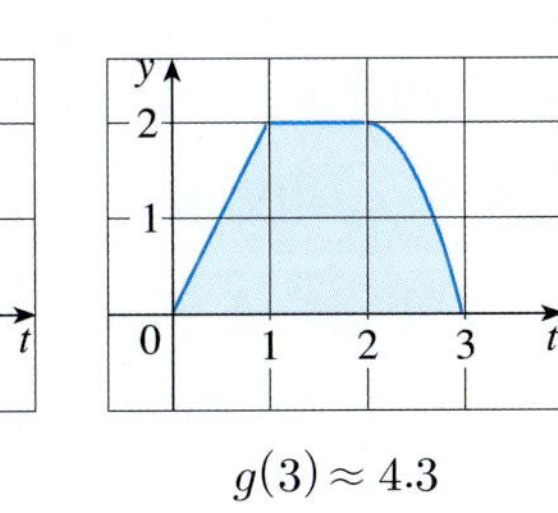
$g(3)\approx 4.3$

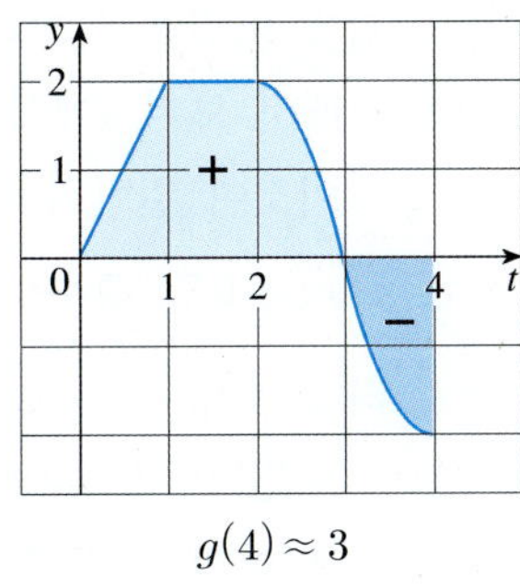
$g(4)\approx 3$

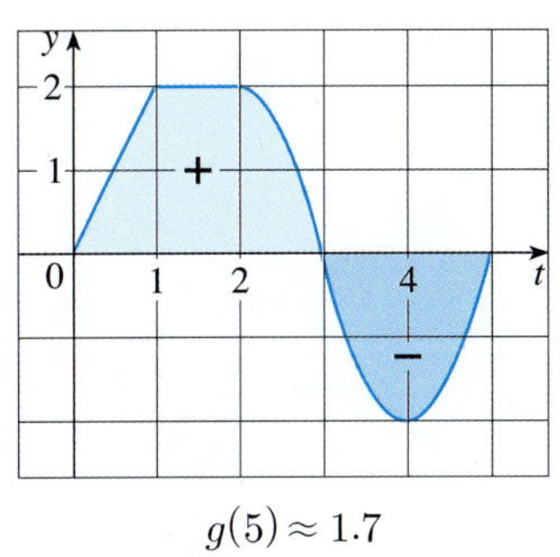
$g(5)\approx 1.7$

그림 3

$g(2)$를 얻기 위해서 $g(1)$에 다음과 같이 직사각형의 넓이를 더하자.

$$g(2)=\int_0^2 f(t)\,dt=\int_0^1 f(t)\,dt+\int_1^2 f(t)\,dt=1+(1\cdot 2)=3$$

2부터 3까지 f 아래의 넓이는 약 1.3이므로, 다음을 얻는다.

$$g(3)=g(2)+\int_2^3 f(t)\,dt\approx 3+1.3=4.3$$

$t>3$일 때 $f(t)$는 음수이므로, 이제 넓이를 빼기 시작한다.

$$g(4)=g(3)+\int_3^4 f(t)\,dt\approx 4.3+(-1.3)=3.0,$$

$$g(5)=g(4)+\int_4^5 f(t)\,dt\approx 3+(-1.3)=1.7$$

이 값들을 이용해서 g의 그래프를 그림 4에 그렸다. $t<3$일 때 $f(t)$가 양수이므로, $t<3$에서는 넓이를 더해가고 이에 따라 g는 $x=3$까지 증가하고 이 수에서 최댓값을 취한다. $x>3$일 때 $f(t)$가 음수이므로 g는 감소한다. ■

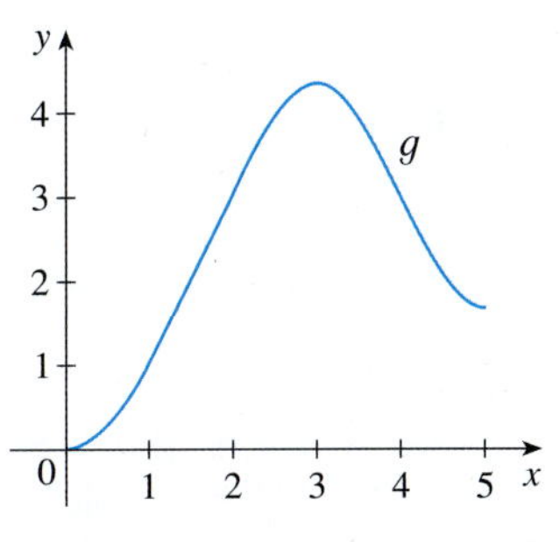

그림 4 $g(x)=\int_0^x f(t)\,dt$

보기 2 $g(x)=\int_a^x f(t)\,dt$이고 $a=1$이며 $f(t)=t^2$일 때, $g(x)$에 대한 식을 찾고 $g'(x)$를 셈하라.

풀이 이런 경우에는 정 적분의 기본 정리를 이용해서 다음과 같이 $g(x)$를 명확하게 셈할 수 있다.

$$g(x)=\int_1^x t^2\,dt=\left.\frac{t^3}{3}\right]_1^x=\frac{x^3-1}{3}$$

그러므로 도함수는 다음과 같다.

$$g'(x)=\frac{d}{dx}\left(\frac{1}{3}x^3-\frac{1}{3}\right)=x^2$$ ■

보기 2의 함수의 경우에 $g'(x)=x^2$, 곧 $g'=f$이다. 바꿔 말하면, g를 식 [1]에 의해 f의 적분으로 정의하면, 적어도 이 경우에는 g가 f의 역도함수로 밝혀진다. 그리고 그림 4에 나타낸 함수 g의 도함수의 그래프를 접선의 기울기를 어림해서 그리면, 그림 2에 있는 f의 그래프와 같은 그래프를 얻는다. 그래서 보기 1에서도 $g' = f$가 성립할 것으로 보인다.

이것이 일반적으로 참인 이유를 알아보기 위해서, 임의의 연속 함수 f로 $f(x) \geq 0$인 경우를 생각하자. 그러면 $g(x) = \int_a^x f(t)\,dt$를 그림 1과 같이 a부터 x까지 f의 그래프 아래의 넓이로 해석할 수 있다.

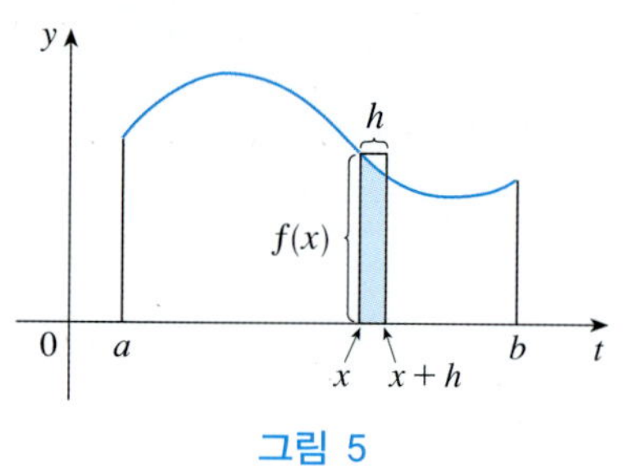

그림 5

도함수의 정의로부터 $g'(x)$를 셈하기 위해서, 먼저 $h > 0$일 때 $g(x+h) - g(x)$는 넓이의 차로 얻을 수 있으므로 이는 x부터 $x+h$까지 f의 그래프 아래의 넓이(그림 5에 어둡게 나타낸 넓이)로 해석할 수 있다. 그림에서 알 수 있듯이, 작은 h에 대해 이 넓이는 다음과 같이 근사적으로 높이가 $f(x)$이고 너비가 h인 직사각형의 넓이와 같다.

$$g(x+h) - g(x) \approx hf(x),$$

곧

$$\frac{g(x+h) - g(x)}{h} \approx f(x)$$

따라서 직관적으로 다음을 예상하게 된다.

$$g'(x) = \lim_{h \to 0} \frac{g(x+h) - g(x)}{h} = f(x)$$

f가 반드시 양수가 아닌 경우에도 이것이 참이라는 사실이 미적분학의 기본 정리의 첫째 부분, 곧 적분과 미분의 관계이다.

▪ 말로 나타내면, 적분과 미분의 관계는 정 적분의 위끝에 관한 도함수는 적분할 함수의 위끝에서의 값임을 뜻한다.

미적분학의 기본 정리, 적분과 미분의 관계 f가 $[a, b]$에서 연속일 때, g를 다음과 같이 정의하자.

$$g(x) = \int_a^x f(t)\,dt \qquad (a \leq x \leq b)$$

그러면 g는 f의 역도함수, 곧 $a < x < b$일 때 $g'(x) = f(x)$이다.

증명 x와 $x+h$가 모두 열린 구간 (a, b)에 속하면, 다음이 성립한다.

$$\begin{aligned} g(x+h) - g(x) &= \int_a^{x+h} f(t)\,dt - \int_a^x f(t)\,dt \\ &= \left(\int_a^x f(t)\,dt + \int_x^{x+h} f(t)\,dt \right) - \int_a^x f(t)\,dt \quad \text{(성질 5에 의해)} \\ &= \int_x^{x+h} f(t)\,dt \end{aligned}$$

TEC Module 5.4는 적분과 미분의 관계에 대한 시각적인 논거를 제공한다.

그러므로 $h \neq 0$일 때 다음을 얻는다.

2
$$\frac{g(x+h) - g(x)}{h} = \frac{1}{h} \int_x^{x+h} f(t)\,dt$$

현재는 $h > 0$이라 가정하자. f가 $[x, x+h]$에서 연속이므로, 최대·최소 정리에 의해 m과 M이 각각 $[x, x+h]$에서 f의 최솟값과 최댓값일 때 $[x, x+h]$에 두 수 u와 v가 존재해서 $f(u) = m$과 $f(v) = M$이 성립

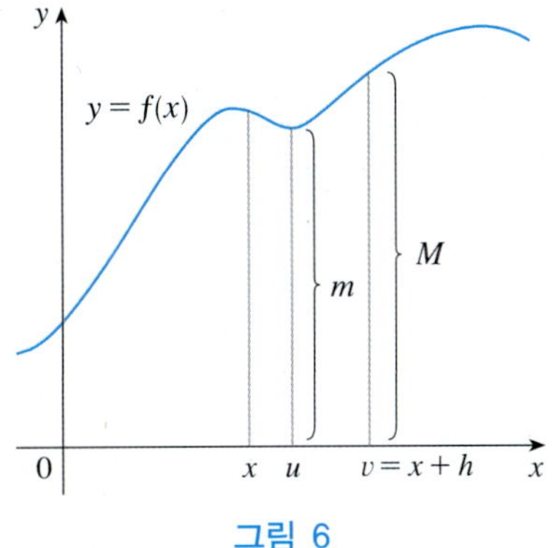

그림 6

한다. (그림 6을 보라.)

적분의 성질 8에 의해 다음이 성립한다.

$$mh \le \int_x^{x+h} f(t)\,dt \le Mh,$$

곧, 다음이 성립한다.

$$f(u)h \le \int_x^{x+h} f(t)\,dt \le f(v)h$$

$h > 0$이므로, 이 부등식을 h로 나누어 다음을 얻을 수 있다.

$$f(u) \le \frac{1}{h}\int_x^{x+h} f(t)\,dt \le f(v)$$

이제 식 [2]를 이 부등식의 가운데 항에 대입하면 다음을 얻는다.

[3] $$f(u) \le \frac{g(x+h)-g(x)}{h} \le f(v)$$

부등식 [3]은 $h < 0$인 경우에도 비슷한 방법으로 증명할 수 있다.

이제 $h \to 0$이라 하면, u와 v가 x와 $x+h$ 사이에 있으므로 $u \to x$이고 $v \to x$이다. 이에 따라 f가 x에서 연속이므로 다음을 얻는다.

$$\lim_{h\to 0} f(u) = \lim_{u\to x} f(u) = f(x), \qquad \lim_{h\to 0} f(v) = \lim_{v\to x} f(v) = f(x)$$

[3]과 조임 정리에 의해 다음과 같은 결론을 얻는다.

[4] $$g'(x) = \lim_{h\to 0}\frac{g(x+h)-g(x)}{h} = f(x)$$

x가 a 또는 b이면, 식 [4]를 한쪽 극한으로 해석할 수 있다. 그러면 (한쪽 극한에 대해 수정한) 2.2절의 정리 [4]는 g가 $[a, b]$에서 연속이라는 사실을 보여준다. □

라이프니츠의 도함수 기호를 사용하면, 미적분학의 기본 정리에서 적분과 미분의 관계는 f가 연속일 때 다음과 같이 쓸 수 있다.

$$\frac{d}{dx}\int_a^x f(t)\,dt = f(x)$$

개략적으로 말하면, 이 식은 먼저 f를 적분한 다음에 그 결과를 미분하면 다시 원래의 함수 f로 되돌아간다는 사실을 뜻한다.

보기 3 함수 $g(x) = \int_0^x \sqrt{1+t^2}\,dt$의 도함수를 찾아라.

풀이 $f(t) = \sqrt{1+t^2}$은 연속이므로, 미적분학의 기본 정리에서 적분과 미분의 관계에 의해 다음을 얻는다.

$$g'(x) = \sqrt{1+x^2}$$ ■

용어
프레넬 함수 Fresnel function

보기 4 $g(x)=\int_a^x f(t)\,dt$ 꼴의 공식은 함수를 정의하는 이상한 방법으로 보일 수 있지만, 물리학, 화학, 통계학 책에는 이런 함수들로 가득 차 있다. 예를 들어 다음과 같은 프레넬 함수를 생각하자.

$$S(x)=\int_0^x \sin(\pi t^2/2)\,dt$$

이는 광학에 관한 연구로 유명한 프랑스 물리학자 프레넬(August Fresnel, 1788~1827)의 이름을 딴 것이다. 이 함수는 광파의 확산에 관한 프레넬의 이론에 처음 등장했다. 그런데 최근에 이것은 고속도로의 설계에 활용됐다.

미적분학의 기본 정리에서 적분과 미분의 관계는 다음과 같이 프레넬 함수를 미분하는 방법을 알려준다.

$$S'(x)=\sin(\pi x^2/2)$$

이는 미분학의 모든 방법을 적용해서 S를 분석할 수 있음을 뜻한다. (익힘 문제 29를 보라.)

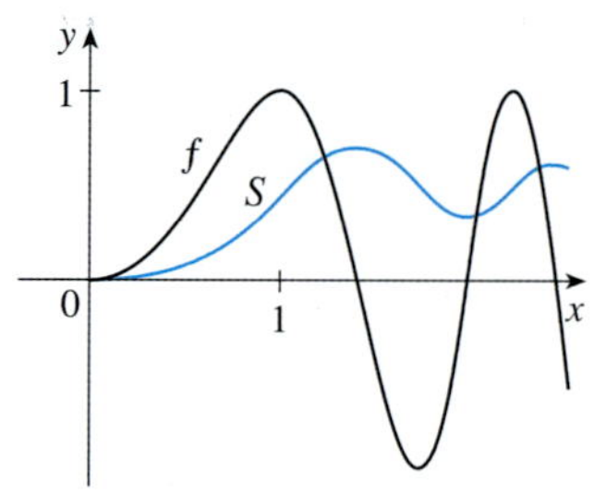

그림 7 $f(x)=\sin(\pi x^2/2)$
$S(x)=\int_0^x \sin(\pi t^2/2)\,dt$

그림 7은 $f(x)=\sin(\pi x^2/2)$와 프레넬 함수 $S(x)=\int_0^x f(t)\,dt$의 그래프를 보여준다. 컴퓨터를 이용해서 x의 많은 값에 대한 적분 값을 셈해서 S의 그래프를 그렸다. 실제로, $S(x)$는 0부터 x까지 f의 그래프 아래의 넓이처럼 보인다. [$x \approx 1.4$부터 $S(x)$는 넓이의 차가 된다.] 그림 8은 넓은 범위에서 S의 그래프를 보여준다.

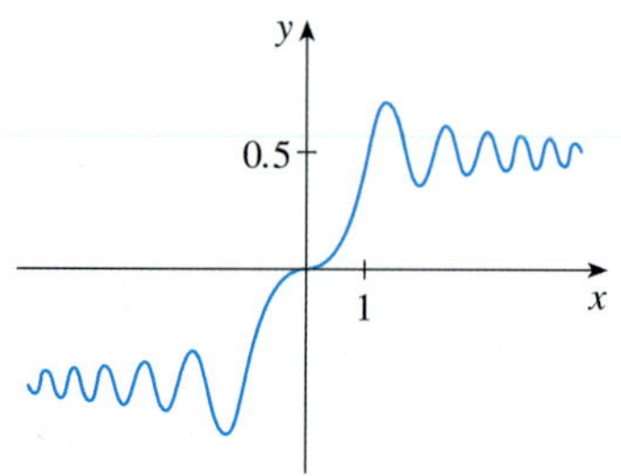

그림 8 프레넬 함수
$S(x)=\int_0^x \sin(\pi t^2/2)\,dt$

이제 그림 7에 있는 S의 그래프에서 출발하고 그 도함수가 어떨지를 생각하면, $S'(x)=f(x)$가 합당하게 보인다. [예를 들면, S는 $f(x)>0$일 때 증가하고 $f(x)<0$일 때 감소한다.] 그러므로 이것은 미적분학의 기본 정리에서 적분과 미분의 관계를 가시적으로 확인해준다. ■

보기 5 $\dfrac{d}{dx}\int_1^{x^4} \sec t\,dt$를 찾아라.

풀이 미적분학의 기본 정리에서 적분과 미분의 관계와 함께 연쇄 법칙을 사용할 때는 주의해야 한다. $u=x^4$이라 하면, 다음을 얻는다.

$$\frac{d}{dx}\int_1^{x^4} \sec t\,dt=\frac{d}{dx}\int_1^{u} \sec t\,dt$$

$$=\frac{d}{du}\left\{\int_1^{u} \sec t\,dt\right\}\frac{du}{dt} \qquad \text{(연쇄 법칙에 의해)}$$

$$=\sec u\,\frac{du}{dx} \qquad \text{(적분과 미분의 관계에 의해)}$$

$$=\sec(x^4)\cdot 4x^3$$

■

미분하기와 적분하기는 서로 역 과정

이제 미분 적분학의 기본 정리의 두 부분을 함께 모으자. 첫째 부분이 적분과 미분을 연결시키므로, 이를 더 기본적으로 생각한다. 그러나 5.3절의 정적분의 기분 정리도 적분과 미분을 관련시키므로, 이를 미적분학의 기본 정리의 둘째 부분으로 부르기도 한다.

> **미적분학의 기본 정리** 함수 f가 $[a, b]$에서 연속이라고 하자.
>
> 1. (적분과 미분의 관계) $g(x) = \int_a^x f(t)\,dt$이면, $g'(x) = f(x)$이다.
> 2. (정 적분의 기본 정리) $\int_a^b f(x)\,dx = F(b) - F(a)$이다.
>
> 여기서 F는 f의 역도함수, 곧 $F' = f$이다.

적분과 미분의 관계를 다음과 같이 다시 쓸 수 있다.

$$\frac{d}{dx}\int_a^x f(t)\,dt = f(x)$$

이에 따라 f를 적분하고 그 결과를 미분하면 원래의 함수 f로 다시 돌아간다. 5.3절에서 정 적분의 기본 정리를 다음과 같이 알짜 변화 정리로 다시 공식화했다.

$$\int_a^b F'(x)\,dx = F(b) - F(a)$$

이런 꼴에서는 함수 F를 택하고 먼저 미분한 다음에 그 결과를 미분하면 원래의 함수 F로 되돌아가는데, $F(b) - F(a)$ 꼴이 된다. 함께 생각하면 미적분학의 기본 정리의 두 부분은 미분하기와 적분하기가 역 과정임을 보여준다. 서로 다른 것을 원상태로 되돌린다.

미적분학의 기본 정리는 의심할 나위 없이 미분 적분학에서 가장 중요한 정리이고, 사실 이는 인간 정신의 위대한 성취의 하나라는 위치에 있다. 이것이 발견되기 전에, 에우독소스와 아르키메데스의 시대부터 갈릴레오와 페르마의 시대까지, 넓이와 부피 및 곡선의 길이를 찾는 문제는 대단히 어려워서 천재만이 도전할 수 있었다. 그러나 현재는 뉴턴과 라이프니츠가 만들어낸 미적분학의 기본 정리라는 체계적인 방법이 있으므로, 누구나 이런 도전적인 문제들에 쉽게 접근할 수 있음을 다음 장들에서 알아볼 것이다.

함수의 평균값

유한개의 수 $y_1, y_2, \ldots, y_n$의 평균값은 다음과 같이 쉽게 센한다.

$$y_{\text{평균}} = \frac{y_1 + y_2 + \cdots + y_n}{n}$$

그런데 기온을 무수히 여러 번 잴 수 있다면, 하루의 평균 기온은 어떻게 셈

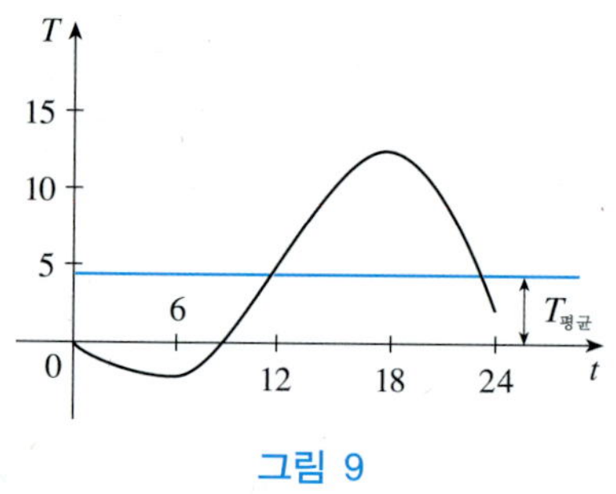

그림 9

할 수 있을까? 그림 9는 기온 함수 $T(t)$의 그래프를 보여주는데, t의 단위는 시이고 T의 단위는 ℃이며 평균 기온 $T_{평균}$는 추측이다.

일반적인 함수 $y=f(x)$ $(a \le x \le b)$의 평균값을 셈하려 한다고 하자. 먼저 구간 $[a, b]$를 길이가 같은 n개의 부분 구간으로 나누어, 각각의 길이를 $\Delta x=(b-a)/n$라 하자. 그리고 잇따른 부분 구간에서 x_1^*, …, x_n^*을 선택하고 다음과 같이 수 $f(x_1^*)$, …, $f(x_n^*)$의 평균을 셈하자.

$$\frac{f(x_1^*)+\cdots+f(x_n^*)}{n}$$

(예를 들어 f가 기온 함수를 나타내고 $n=24$이면, 이는 한 시간마다 기온을 측정하고 그것의 평균값을 찾은 것이다.) $\Delta x=(b-a)/n$이므로, 이로부터 $n=(b-a)/\Delta x$를 얻고 평균값은 다음과 같이 된다.

$$\frac{f(x_1^*)+\cdots+f(x_n^*)}{\dfrac{b-a}{\Delta x}}=\frac{1}{b-a}\{f(x_1^*)\Delta x+\cdots+f(x_n^*)\Delta x\}$$

$$=\frac{1}{b-a}\sum_{i=1}^{n}f(x_i^*)\Delta x$$

n의 값이 커지면, 가깝게 분포된 많은 값들의 평균값을 셈하게 된다. (예를 들면, 1분마다 또는 1초마다 측정한 기온의 평균을 찾을 수 있다.) 극한 값은 정 적분의 정의에 의해 다음과 같다.

$$\lim_{n\to\infty}\frac{1}{b-a}\sum_{i=1}^{n}f(x_i^*)\Delta x=\frac{1}{b-a}\int_a^b f(x)\,dx$$

용어
평균값 average value

따라서 구간 $[a, b]$에서 f의 **평균값**을 다음과 같이 정의한다.

$$f_{평균}=\frac{1}{b-a}\int_a^b f(x)\,dx$$

■ 양수값 함수에 대해 이 정의를 다음과 같이 말할 수 있다.

$$\frac{넓이}{너비}=평균\ 높이$$

보기 6 구간 $[-1, 2]$에서 함수 $f(x)=1+x^2$의 평균값을 찾아라.

풀이 $a=-1$이고 $b=2$이므로, 다음을 얻는다.

$$f_{평균}=\frac{1}{b-a}\int_a^b f(x)\,dx=\frac{1}{2-(-1)}\int_{-1}^{2}(1+x^2)\,dx$$

$$=\frac{1}{3}\left[x+\frac{x^3}{3}\right]_{-1}^{2}=2$$

■

$T(t)$가 시각 t에서의 기온이라면, 평균 기온과 같은 특정한 시각의 기온이 있지 않을까 생각하게 된다. 그림 9에 나타낸 기온 함수의 경우에는 그런 시각이 두 번 있는데, 정오 직전과 자정 직전에 있음을 알 수 있다. 일반적으로

수 c가 존재해서 이 수에서 함수 f의 값이 그 함수의 평균값과 정확하게 같을 수 있을까? 곧, $f(c)=f_{평균}$일 수 있을까? 다음 정리에 따르면, 이것은 연속 함수에 대해 참이다.

> **적분에 대한 평균값 정리** f가 $[a,\ b]$에서 연속이면, 다음을 만족시키는 c가 $[a,\ b]$에 존재한다.
>
> $$f(c)=f_{평균}=\frac{1}{b-a}\int_a^b f(x)\,dx\,,$$
>
> 곧 $$\int_a^b f(x)\,dx=f(c)(b-a)$$

증명 $a \le x \le b$에 대해 $F(x)=\int_a^x f(t)dt$라 하자. 도함수에 대한 평균값 정리에 의해 다음을 만족시키는 c가 a와 b 사이에 존재한다.

$$F(b)-F(a)=F'(c)(b-a)$$

적분과 미분의 관계에 의해 $F'(x)=f(x)$이다. 따라서 다음이 성립한다.

$$\int_a^b f(t)\,dt-0=f(c)(b-a)$$ □

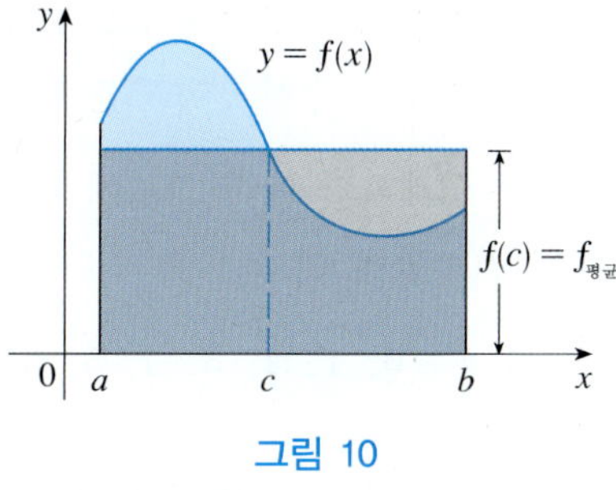

그림 10

적분에 대한 평균값 정리를 기하학적으로 해석하면, 양수값 함수 f의 경우에 적당한 수 c가 존재해서 밑변이 $[a,\ b]$이고 높이가 $f(c)$인 직사각형의 넓이는 a부터 b까지 f의 그래프 아래의 영역의 넓이와 같다. (그림 10 및 여백에 있는 다른 기하학적 해석을 보라.)

■ 언제나 (이차원) 산을 적당한 높이 위에 있는 꼭대기 부분을 잘래내고 이를 이용해서 계곡을 매워서 산을 완전히 평평하게 만들 수 있다.

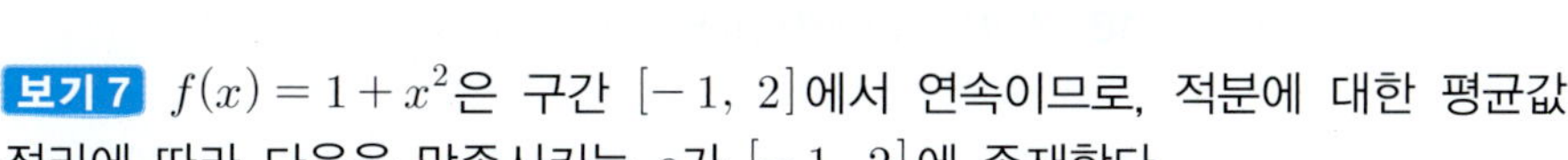

보기 7 $f(x)=1+x^2$은 구간 $[-1,\ 2]$에서 연속이므로, 적분에 대한 평균값 정리에 따라 다음을 만족시키는 c가 $[-1,\ 2]$에 존재한다.

$$\int_{-1}^{2}(1+x^2)\,dx=f(c)\{2-(-1)\}$$

이 특별한 경우에는 c를 명확하게 찾을 수 있다. 보기 6으로부터 $f_{평균}=2$임을 알고 있으므로, c의 값은 다음을 만족시켜야 한다.

$$f(c)=f_{평균}=2$$

따라서 $1+c^2=2$이므로 $c^2=1$이다.
그러므로 이 경우에 두 수 $c=\pm 1$이 구간 $[-1,\ 2]$에 존재해서 적분에 대한 평균값 정리를 만족시킨다. ■

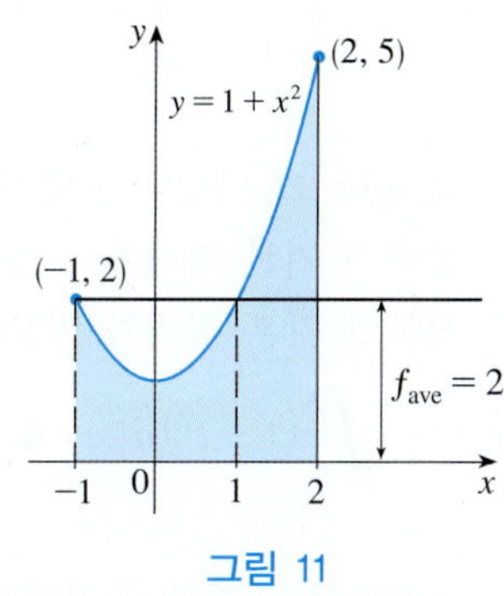

그림 11

두 보기 6과 7을 그림 11에 나타냈다.

5.4 익힘 문제

1. f는 그래프가 아래 그림에 나타낸 함수이고 $g(x)=\int_0^x f(t)\,dt$라 하자.
   (a) $g(0)$, $g(1)$, $g(2)$, $g(3)$, $g(6)$의 값을 찾아라.
   (b) g는 어떤 구간에서 증가하는가?
   (c) g는 어디에서 최댓값을 취하는가?
   (d) g의 개략적인 그래프를 그려라.

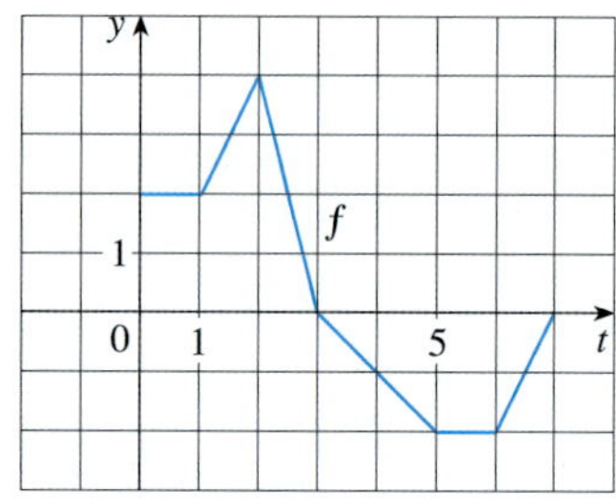

2. f는 그래프가 아래 그림에 나타낸 함수이고 $g(x)=\int_0^x f(t)\,dt$라 하자.
   (a) $x=0$, 1, 2, 3, 4, 5, 6일 때 $g(x)$의 값을 찾아라.
   (b) $g(7)$의 값을 어림하라.
   (c) g는 어디에서 최댓값을 취하는가? 최솟값을 취하는가?
   (d) g의 개략적인 그래프를 그려라.

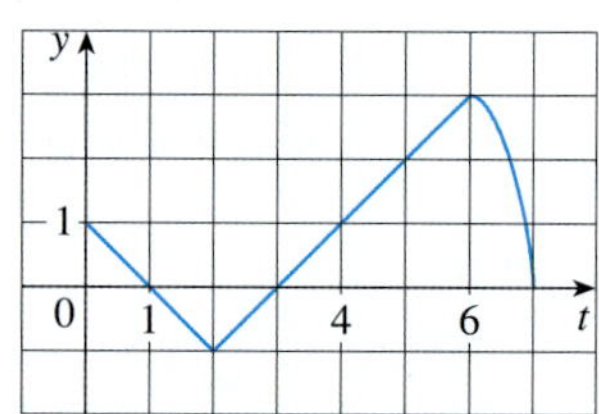

3–4. 다음 $g(x)$가 나타내는 영역을 그려라. 그리고 $g'(x)$를 미적분학의 기본 정리에서 (a) 적분과 미분의 관계 및 (b) 정 적분의 기본 정리와 미분을 통해 찾아라.

3. $g(x)=\displaystyle\int_0^x (1+t^2)\,dt$ 4. $g(x)=\displaystyle\int_0^x (1+\sqrt{t})\,dt$

5–14. 미적분학의 기본 정리에서 적분과 미분의 관계를 이용해서 다음 함수의 도함수를 찾아라.

5. $g(x)=\displaystyle\int_1^x \frac{1}{t^3+1}\,dt$ 6. $g(x)=\displaystyle\int_1^x \ln t\,dt$

7. $g(s)=\displaystyle\int_5^s (t-t^2)^8\,dt$ 8. $F(x)=\displaystyle\int_x^{10} \tan\theta\,d\theta$

[귀띔: $\displaystyle\int_x^{10}\tan\theta\,d\theta=-\int_{10}^x \tan\theta\,d\theta$]

9. $h(x)=\displaystyle\int_2^{1/x} \arctan t\,dt$ 10. $h(x)=\displaystyle\int_0^{x^2} \sqrt{1+r^3}\,dr$

11. $y=\displaystyle\int_0^{\tan x} \sqrt{t+\sqrt{t}}\,dt$ 12. $y=\displaystyle\int_{e^x}^0 \sin^3 t\,dt$

13. $g(x)=\displaystyle\int_{2x}^{3x} \frac{u^2-1}{u^2+1}\,du$

[귀띔: $\displaystyle\int_{2x}^{3x} f(u)\,du=\int_{2x}^0 f(u)\,du+\int_0^{3x} f(u)\,du$]

14. $y=\displaystyle\int_{\sin x}^{\cos x} (1+v^2)^{10}\,dv$

15–18. 주어진 구간에서 다음 함수의 평균값을 찾아라.

15. $g(x)=\sqrt[3]{x}$, $[1,\ 8]$ 16. $f(x)=1/x$, $[1,\ 4]$

17. $g(x)=\cos x$, $[0,\ \pi/2]$

18. $f(\theta)=\sec\theta\tan\theta$, $[0,\ \pi/4]$

19–20. (a) 주어진 구간에서 f의 평균값을 찾아라.
(b) $f_{평균}=f(c)$를 만족시키는 c를 찾아라.
(c) f의 그래프를 그리고, 넓이가 f의 그래프 아래의 넓이와 같은 직사각형을 그려라.

19. $f(x)=(x-3)^2$, $[2,\ 5]$

20. $f(x)=\sqrt{x}$, $[0,\ 4]$

21. 그래프가 다음과 같은 함수 f의 평균값을 찾아라.

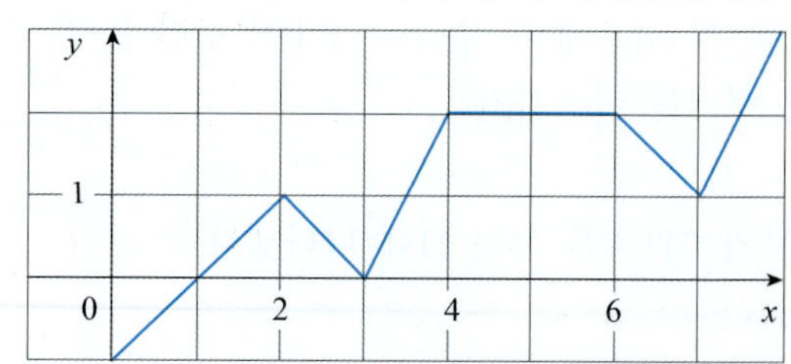

22. 다음은 가속하고 있는 차의 속도를 나타낸 것이다.

(a) 처음 12초 동안 이 차의 평균 속도를 어림하라.

(b) 언제 순간 속도가 평균 속도와 같은가?

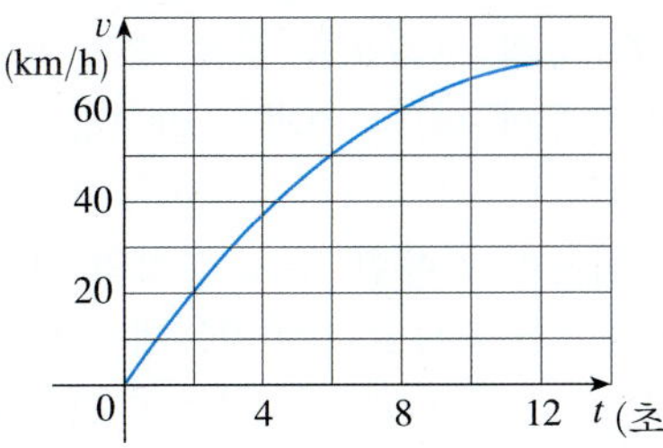

23. 다음 곡선이 아래로 볼록인 구간을 찾아라.

$$y=\int_0^x \frac{t^2}{t^2+t+2}\,dt$$

24. $f(x)=\int_0^{\sin x}\sqrt{1+t^2}\,dt$ 이고 $g(y)=\int_3^y f(x)\,dx$ 일 때, $g''(\pi/6)$를 찾아라.

25–26. f는 그래프가 아래 그림에 나타낸 함수이고 $g(x)=\int_0^x f(t)\,dt$라 하자.

(a) g가 극댓값과 극솟값을 취하는 x의 값들을 찾아라.

(b) g가 최댓값을 취하는 곳을 찾아라.

(c) g가 위로 볼록인 구간을 찾아라.

(d) g의 그래프를 그려라.

25.

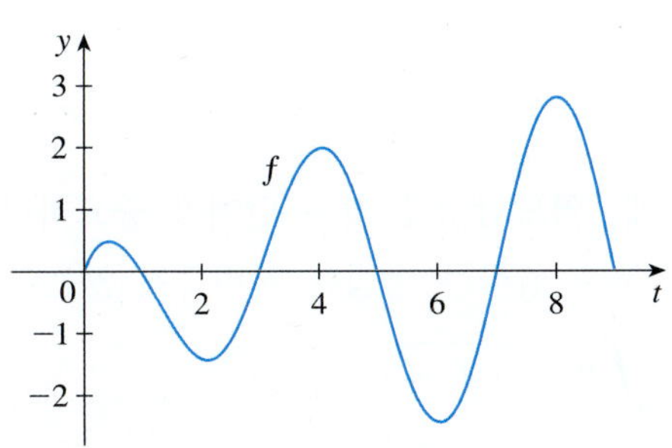

26.

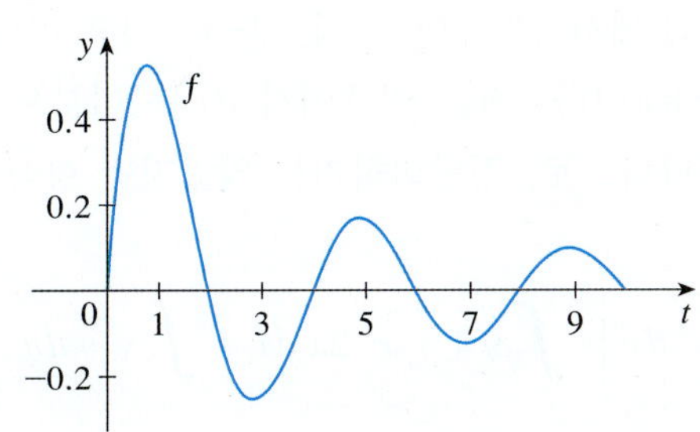

27. $f(1)=12$이고 f'는 연속이며 $\int_1^4 f'(x)\,dx=17$일 때, $f(4)$의 값은 얼마인가?

28. 다음 오차 함수는 확률론, 통계학, 공학 등에서 사용된다.

$$\mathrm{erf}(x)=\frac{2}{\sqrt{\pi}}\int_0^x e^{-t^2}dt$$

(a) $\int_a^b e^{-t^2}dt=\frac{1}{2}\sqrt{\pi}\,\{\mathrm{erf}(b)-\mathrm{erf}(a)\}$임을 보여라.

(b) 함수 $y=e^{x^2}\mathrm{erf}(x)$가 미분 방정식 $y'=2xy+2/\sqrt{\pi}$를 만족시킴을 보여라.

29. 프레넬 함수 S는 보기 4에서 정의했고, 그래프는 두 그림 7과 8에 나타냈다.

(a) x의 어떤 값에서 이 함수는 극댓값을 취하는가?

(b) 어떤 구간에서 이 함수는 아래로 볼록인가?

(c) 그래프를 이용해서 다음 방정식의 근을 소수 둘째 자리까지 정확하게 찾아라.

$$\int_0^x \sin(\pi t^2/2)\,dt=0.2$$

CAS **30.** 다음 사인 적분 함수는 전기 공학에서 중요하다.

$$\mathrm{Si}(x)=\int_0^x \frac{\sin t}{t}\,dt$$

[적분할 함수 $f(t)=(\sin t)/t$는 $t=0$에서 정의되지 않지만, $t\to 0$일 때의 극한이 1임을 알고 있다. 그러므로 $f(0)=1$로 정의하면, 이 함수 f는 모든 곳에서 연속이다.]

(a) Si의 그래프를 그려라.

(b) 이 함수가 극댓값을 취하는 x의 값을 찾아라.

(c) 원점의 오른쪽에서 처음으로 나타나는 변곡점의 좌표를 찾아라.

(d) 이 함수의 수평 점근선이 있는가?

(e) 다음 방정식의 해를 소수 첫째 자리까지 정확하게 찾아라.

$$\int_0^x \frac{\sin t}{t}\,dt=1$$

31. 모든 $x > 0$에서 다음을 만족시키는 함수 f와 수 a를 찾아라.

$$6 + \int_a^x \frac{f(t)}{t^2}\,dt = 2\sqrt{x}$$

32. 어떤 첨단 기술 회사에서 새로운 컴퓨터 시스템을 구입했는데, 처음 가치는 V이다. 이 시스템의 가치는 $f = f(t)$의 변화율로 하락하고, 유지비는 $g = g(t)$의 변화율로 누적된다. 여기서 t의 단위는 월이다. 이 회사는 컴퓨터 시스템을 교체할 최적의 시기를 결정하려고 한다.

(a) 다음과 같이 놓자.

$$C(t) = \frac{1}{t}\int_0^t \{f(s) + g(s)\}\,ds$$

C의 임계수는 $C(t) = f(t) + g(t)$를 만족시키는 t에서 나타남을 보여라.

(b) 다음과 같이 가정하자.

$$f(t) = \begin{cases} \dfrac{V}{15} - \dfrac{V}{450}t & (0 < t \le 30) \\ 0 & (t > 30) \end{cases}$$

$$g(t) = \frac{Vt^2}{12900} \quad (t > 0)$$

가치 하락 총액 $D(t) = \int_0^t f(s)\,ds$가 처음 가치 V와 같은 시간 T를 결정하라.

(c) $(0,\ T]$에서 C의 최솟값을 결정하라.

(d) C와 $f + g$의 그래프를 같은 좌표 평면에 그리고, 이 경우에 (a)의 결과를 밝혀라.

33. 어떤 제조 회사가 소유한 주요 장치의 가치는 (연속적인) 변화율 $f = f(t)$로 떨어지는데, 여기서 t는 마지막으로 분해 수리한 때부터 월을 단위로 측정한 시간이다. 이 장치를 분해 수리할 때마다 고정 비용 A가 발생하기 때문에, 이 회사는 분해 수리 간격에 대한 최적의 시간 T(개월)을 결정하고 싶다.

(a) $\int_0^t f(s)\,ds$가 마지막으로 분해 수리한 때부터 t 개월 동안 이 장치의 가치 손실을 나타내는 이유를 설명하라.

(b) $C = C(t)$를 다음과 같이 놓자.

$$C(t) = \frac{1}{t}\left\{A + \int_0^t f(s)\,ds\right\}$$

C는 무엇을 나타내며, 회사는 왜 C를 최소화하려고 하는가?

(c) C의 최솟값은 $C(T) = f(T)$를 만족시키는 $t = T$에서 나타남을 보여라.

5.5 치환 적분법

미적분학의 기본 정리 때문에, 역도함수를 찾는 단계가 중요하다. 그런데 역미분 공식은 다음과 같은 적분을 셈하는 방법을 알려주지 않는다.

1 $$\int 2x\sqrt{1 + x^2}\,dx$$

■ 미분은 2.8절에서 정의했다. $u = f(x)$이면 $du = f'(x)\,dx$이다.

이런 적분을 셈하는 우리의 전략은 변수 x를 새로운 변수 u로 바꾸어 적분을 단순화하는 것이다. u를 식 1에서 근호 안의 식, 곧 $u = 1 + x^2$이라 하자. 그러면 u의 미분은 $du = 2x\,dx$이다. 적분 기호에서 dx를 미분으로 해석하면, 미분 $2x\,dx$가 식 1에 나타나므로, 정당화하지는 않았지만 형식적으로 다음과 같이 셈할 수 있다.

2 $$\int 2x\sqrt{1 + x^2}\,dx = \int \sqrt{1 + x^2}\,2x\,dx = \int \sqrt{u}\,du$$

$$= \frac{2}{3}u^{3/2} + C = \frac{2}{3}(x^2+1)^{3/2} + C$$

그런데 다음과 같이 연쇄 법칙을 이용해서 식 [2]의 마지막 함수를 미분하면, 위의 셈이 정확함을 확인할 수 있다.

$$\frac{d}{dx}\left\{\frac{2}{3}(x^2+1)^{3/2} + C\right\} = \frac{2}{3} \cdot \frac{3}{2}(x^2+1)^{1/2} \cdot 2x = 2x\sqrt{x^2+1}$$

일반적으로 $\int f(g(x))g'(x)\,dx$ 꼴로 나타낼 수 있는 적분의 경우에는 이런 방법이 유효하게 적용된다. $F' = f$ 이면 다음이 성립함을 관찰하자.

[3] $$\int F'(g(x))g'(x)\,dx = F(g(x)) + C$$

왜냐하면 연쇄 법칙에 의해 다음이 성립하기 때문이다.

$$\frac{d}{dx}\{F(g(x))\} = F'(g(x))g'(x)$$

$u = g(x)$로 '변수 변환' 또는 '치환'하면, 식 [3]에 의해 다음을 얻는다.

$$\int F'(g(x))g'(x)\,dx = F(g(x)) + C = F(u) + C = \int F'(u)\,du$$

또는 $F' = f$로 놓으면 다음을 얻는다.

$$\int f(g(x))g'(x)\,dx = \int f(u)\,du$$

이에 따라 다음 법칙을 증명했다.

> [4] **치환 법칙** $u = g(x)$가 미분 가능한 함수이고 치역이 구간 I이며 f는 I에서 연속이면, 다음이 성립한다.
>
> $$\int f(g(x))g'(x)\,dx = \int f(u)\,du$$

용어
치환 법칙 substitution rule
치환 적분법 substitution rule for integralion

적분에 대한 치환 법칙, 곧 치환 적분법은 미분에 대한 연쇄 법칙을 이용해서 증명했다. $u = g(x)$이면 $du = g'(x)\,dx$이므로, 치환 법칙을 기억하는 한 가지 방법은 dx와 du를 미분으로 생각하는 것이다.

그러므로 치환 법칙에 따라, 적분 기호 뒤에 나오는 dx와 du는 미분처럼 조작할 수 있다.

보기 1 $\int x^3\cos(x^4+2)\,dx$를 찾아라.

풀이 $u = x^4 + 2$로 치환하는데, 미분이 $du = 4x^3\,dx$이기 때문이다. 적분에는 인수 4가 없으므로, $x^3dx = \frac{1}{4}du$와 치환 법칙을 이용하면 다음을 얻는다.

$$\int x^3\cos(x^4+2)\,dx = \int \cos u \cdot \frac{1}{4}\,du = \frac{1}{4}\int \cos u\,du$$

$$= \frac{1}{4}\sin u + C$$

$$= \frac{1}{4}\sin(x^4+2)+C$$

▪ 미분해서 답을 검토하자.

마지막 단계에서는 원래의 변수 x로 나타내야 한다. ■

치환 적분법의 기초를 이루는 발상은 상대적으로 복잡한 적분을 더 단순한 적분으로 바꾸는 것이다. 원래의 변수 x를 새로운 변수 u로 바꾸면 되는데, 여기서 u는 x의 함수이다. 예를 들면 보기 1에서 적분 $\int x^3\cos(x^4+2)\,dx$를 더 간단한 적분 $\frac{1}{4}\int \cos u\,du$로 바꾸었다.

치환 적분법을 이용할 때 가장 어려운 단계는, 적절한 치환을 생각해내는 것이다. 적분할 함수의 내부에 있는 어떤 함수를 u로 선택하는데, 그 미분이 (상수 인수를 제외하고) 적분할 함수에 또다시 나타나야 한다. 보기 1이 이런 경우였다. 이것이 불가능하면, u를 적분할 함수에서 복잡한 부분으로 선택해 본다. (어쩌면 합성 함수의 안쪽 함수를 선택할 수 있다.) 올바른 치환을 찾기 위해서는 약간의 기술이 필요하다. 잘못 추측하는 경우가 드물지 않다. 처음의 추측이 적용되지 않으면, 다른 치환을 시도하자.

보기 2 $\int \sqrt{2x+1}\,dx$를 찾아라.

풀이 1 $u=2x+1$이라 하자. 그러면 $du=2\,dx$이므로 $dx=\frac{1}{2}du$이다. 그러므로 치환 법칙에 따라 다음을 얻는다.

$$\int \sqrt{2x+1}\,dx = \int \sqrt{u}\cdot\frac{1}{2}du = \frac{1}{2}\int u^{1/2}du$$

$$= \frac{1}{2}\cdot\frac{u^{3/2}}{3/2}+C = \frac{1}{3}u^{3/2}+C$$

$$= \frac{1}{3}(2x+1)^{3/2}+C$$

풀이 2 가능성 있는 또 다른 치환은 $u=\sqrt{2x+1}$이다. 이때 다음이 성립한다.

$$du = \frac{dx}{\sqrt{2x+1}}, \qquad dx = \sqrt{2x+1}\,du = u\,du$$

(또는 $u^2=2x+1$이므로 $2u\,du = 2\,dx$이다.) 따라서 다음을 얻는다.

$$\int \sqrt{2x+1}\,dx = \int u\cdot u\,du = \int u^2\,du$$

$$= \frac{u^3}{3}+C = \frac{1}{3}(2x+1)^{3/2}+C$$ ■

보기 3 $\int \frac{x}{\sqrt{1-4x^2}}\,dx$를 찾아라.

풀이 $u=1-4x^2$이라 하면, $du=-8x\,dx$이므로 $x\,dx=-\frac{1}{8}du$이다. 따라서 다음을 얻는다.

$$\int \frac{x}{\sqrt{1-4x^2}}\,dx = -\frac{1}{8}\int \frac{1}{\sqrt{u}}\,du = -\frac{1}{8}\int u^{-1/2}\,du$$

$$= -\frac{1}{8}(2\sqrt{u}) + C = -\frac{1}{4}\sqrt{1-4x^2} + C \qquad ■$$

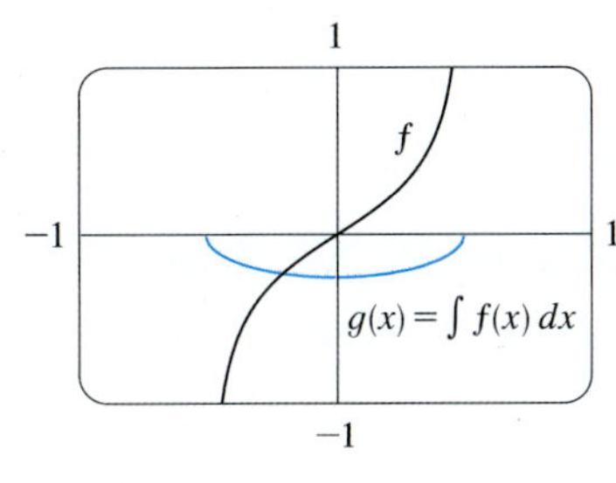

그림 1

$f(x) = \dfrac{x}{\sqrt{1-4x^2}}$

$g(x) = \displaystyle\int f(x)dx$

$= -\dfrac{1}{4}\sqrt{1-4x^2}$

보기 3의 답을 미분해서 확인할 수 있지만, 그래프를 이용해서 확인해보자. 그림 1은 컴퓨터를 사용해서 적분할 함수 $f(x) = x/\sqrt{1-4x^2}$ 와 그 부정 적분 $g(x) = -\frac{1}{4}\sqrt{1-4x^2}$ 의 그래프를 함께 그린 것이다. ($C=0$인 경우를 택했다.) $g(x)$는 $f(x)$가 음수일 때 감소하고 $f(x)$가 양수일 때 증가하며 $f(x)=0$일 때 최솟값을 취한다. 그러므로 그래프가 입증하는 대로 g가 f의 역도함수라는 사실이 타당해 보인다.

보기 4 $\int e^{5x}\,dx$를 셈하라.

풀이 $u = 5x$로 놓으면, $du = 5\,dx$이므로 $dx = \frac{1}{5}\,du$이다. 따라서 다음을 얻는다.

$$\int e^{5x}\,dx = \frac{1}{5}\int e^u\,du = \frac{1}{5}e^u + C = \frac{1}{5}e^{5x} + C \qquad ■$$

참고 경험을 쌓으면, 보기 1–4에 있는 것과 같은 적분은 명시적으로 치환하는 어려움을 겪지 않고도 그 값을 찾을 수 있을 것이다. 공식 [3]에서 좌변에 있는 적분할 함수는 바깥 함수의 도함수와 안쪽 함수의 도함수의 곱이라는 규칙을 확인하면, 보기 1을 다음과 같이 풀 수 있다.

$$\int x^3\cos(x^4+2)\,dx = \int \cos(x^4+2)\cdot x^3\,dx$$

$$= \frac{1}{4}\int \cos(x^4+2)\cdot(4x^3)\,dx$$

$$= \frac{1}{4}\int \cos(x^4+2)\cdot\frac{d}{dx}(x^4+2)\,dx$$

$$= \frac{1}{4}\sin(x^4+2) + C$$

마찬가지로, 보기 4를 다음과 같이 풀 수 있다.

$$\int e^{5x}\,dx = \frac{1}{5}\int 5e^{5x}\,dx = \frac{1}{5}\int \frac{d}{dx}(e^{5x})\,dx = \frac{1}{5}e^{5x} + C$$

그렇지만 다음 보기는 더욱 복잡하고, 이에 따라 치환을 명시적으로 할 필요가 있다.

보기 5 $\int \tan x\,dx$를 셈하라.

풀이 먼저 탄젠트를 다음과 같이 사인과 코사인으로 나타내자

$$\int \tan x\,dx = \int \frac{\sin x}{\cos x}\,dx$$

이제 $u = \cos x$로 치환하면 $du = -\sin x\,dx$이므로 $\sin x\,dx = -du$이다. 따라서 다음을 얻는다.

$$\int \tan x\,dx = \int \frac{\sin x}{\cos x}\,dx = -\int \frac{1}{u}\,du$$

$$= -\ln|u| + C = -\ln|\cos x| + C$$ ■

■ www.stewartcalculus.com

Additional Example A를 보라.

$-\ln|\cos x| = \ln(|\cos x|^{-1}) = \ln(1/|\cos x|) = \ln|\sec x|$이므로, 보기 5의 결과를 다음과 같이 나타낼 수도 있다.

5
$$\int \tan x\,dx = \ln|\sec x| + C$$

정 적분

치환으로 정 적분의 값을 찾을 때는 두 가지 방법이 가능하다. 한 가지 방법은 부정 적분을 먼저 셈한 다음에 정 적분의 기본 정리를 이용하는 것이다. 예를 들면, 보기 2의 결과를 이용해서 다음을 얻을 수 있다.

$$\int_0^4 \sqrt{2x+1}\,dx = \int \sqrt{2x+1}\,dx\Big]_0^4 = \frac{1}{3}(2x+1)^{3/2}\Big]_0^4$$

$$= \frac{1}{3}(9)^{3/2} - \frac{1}{3}(1)^{3/2} = \frac{1}{3}(27-1) = \frac{26}{3}$$

통상 더 많이 이용하는 다른 방법은 변수를 바꿀 때 적분 한계도 바꾸는 것이다.

■ 이 법칙에 따라 정 적분에서 치환할 때는 x와 dx뿐만 아니라 적분 한계까지 모든 것을 새로운 변수 u의 식으로 나타내야 한다. 새로운 적분 한계는 $x=a$와 $x=b$에 대응하는 u의 값들이다.

6 **정 적분에 대한 치환 법칙** g'가 $[a, b]$에서 연속이고 f가 $u = g(x)$의 치역에서 연속이면 다음이 성립한다.

$$\int_a^b f(g(x))\,g'(x)\,dx = \int_{g(a)}^{g(b)} f(u)\,du$$

증명 F를 f의 역도함수라고 하자. 그러면 3에 의해 $F(g(x))$는 $f(g(x))\,g'(x)$의 역도함수이다. 그러므로 정 적분의 기본 정리에 의해 다음이 성립한다.

$$\int_a^b f(g(x))\,g'(x)\,dx = F(g(x))\Big]_a^b = F(g(b)) - F(g(a))$$

■ www.stewartcalculus.com

Additional Example B를 보라.

그런데 정 적분의 기본 정리를 다시 적용하면 다음을 얻는다.

$$\int_{g(a)}^{g(b)} f(u)\,du = F(u)\Big]_{g(a)}^{g(b)} = F(g(b)) - F(g(a))$$ □

보기 6 $\displaystyle\int_1^2 \frac{dx}{(3-5x)^2}$ 의 값을 찾아라.

■ 보기 6의 적분은 $\displaystyle\int_1^2 \frac{1}{(3-5x)^2}\,dx$를 간략하게 나타낸 것이다.

풀이 $u = 3-5x$라 놓자. 그러면 $du = -5\,dx$이므로 $dx = -\frac{1}{5}du$이다. 새로운 적분 한계를 찾기 위해서, $x=1$일 때 $u = 3-5(1) = -2$이고 $x=2$일 때 $u = 3-5(2) = -7$임을 확인하자. 따라서 다음을 얻는다.

$$\int_1^2 \frac{dx}{(3-5x)^2} = -\frac{1}{5}\int_{-2}^{-7}\frac{du}{u^2} = -\frac{1}{5}\left[-\frac{1}{u}\right]_{-2}^{-7}$$

$$= \frac{1}{5u}\bigg]_{-2}^{-7} = \frac{1}{5}\left(-\frac{1}{7}+\frac{1}{2}\right) = \frac{1}{14}$$

6을 사용할 때는 적분한 뒤에 변수 x로 되돌아가지 않는다. 단순히 u에 관한 식을 u의 적절한 값 사이에서 셈하면 된다. ■

보기 7 $\displaystyle\int_1^e \frac{\ln x}{x}\,dx$를 셈하라.

■ 보기 7의 함수 $f(x) = (\ln x)/x$는 $x > 1$일 때 양수이므로, 이 적분은 그림 2에서 어둡게 나타낸 영역의 넓이다.

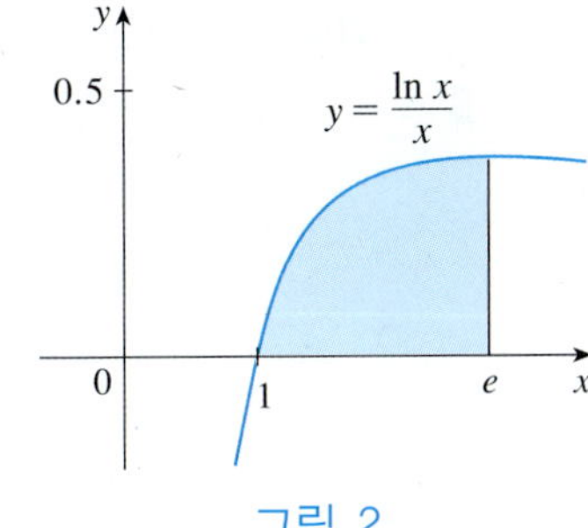

그림 2

풀이 $u = \ln x$로 놓는데, 이의 미분 $du = dx/x$가 적분에 나타나기 때문이다. $x=1$일 때 $u = \ln 1 = 0$이고, $x=e$일 때 $u = \ln e = 1$이다. 그러므로 다음을 얻는다.

$$\int_1^e \frac{\ln x}{x}\,dx = \int_0^1 u\,du = \frac{u^2}{2}\bigg]_0^1 = \frac{1}{2}$$ ■

대칭 함수

다음 정리는 정 적분에 대한 치환 법칙을 이용해서 대칭성을 지닌 함수의 적분 셈을 간단히 해준다.

> 7 **대칭 함수의 적분** 함수 f가 $[-a, a]$에서 연속이라 하자.
>
> (a) f가 짝 함수[곧, $f(-x) = f(x)$]이면, $\displaystyle\int_{-a}^a f(x)\,dx = 2\int_0^a f(x)\,dx$이다.
>
> (b) f가 홀 함수[곧, $f(-x) = -f(x)$]이면, $\displaystyle\int_{-a}^a f(x)\,dx = 0$이다.

증명 적분을 다음과 같이 두 개로 분리하자.

8
$$\int_{-a}^a f(x)\,dx = \int_{-a}^0 f(x)\,dx + \int_0^a f(x)\,dx$$
$$= -\int_0^{-a} f(x)\,dx + \int_0^a f(x)\,dx$$

가장 오른쪽 변에서 첫째 적분에 치환 $u = -x$를 적용하자. 그러면 $du = -dx$이고, $x = -a$일 때 $u = a$이다. 그러므로 다음이 성립한다.

$$-\int_0^{-a} f(x)\,dx = -\int_0^a f(-u)(-du) = \int_0^a f(-u)\,du$$

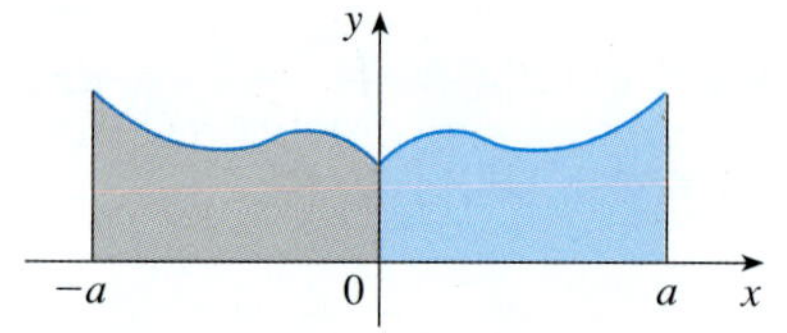

(a) f가 짝 함수일 때,

$\int_{-a}^{a} f(x)dx = 2\int_{0}^{a} f(x)dx$

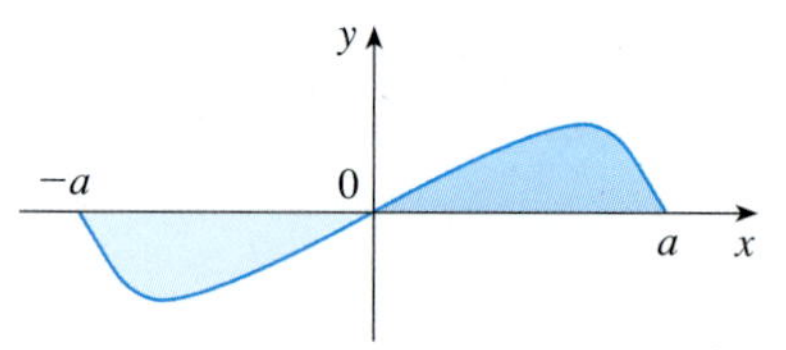

(b) f 홀 함수일 때,

$\int_{-a}^{a} f(x)dx = 0$

그림 3

따라서 식 [8]은 다음과 같이 된다.

[9] $$\int_{-a}^{a} f(x)\,dx = \int_{0}^{a} f(-u)\,du + \int_{0}^{a} f(x)\,dx$$

(a) f가 짝 함수일 때, $f(-u) = f(u)$이므로 식 [9]는 다음과 같이 된다.

$$\int_{-a}^{a} f(x)\,dx = \int_{0}^{a} f(u)\,du + \int_{0}^{a} f(x)\,dx = 2\int_{0}^{a} f(x)\,dx$$

(b) f가 홀 함수일 때, $f(-u) = -f(u)$이므로 식 [9]는 다음과 같이 된다.

$$\int_{-a}^{a} f(x)\,dx = -\int_{0}^{a} f(u)\,du + \int_{0}^{a} f(x)\,dx = 0$$ □

정리 [7]을 그림 3에 예시했다. f가 양수값 함수이고 짝 함수인 경우에, (a)에 따라 $-a$부터 a까지 $y = f(x)$ 아래의 넓이는 대칭성 때문에 0부터 a까지 $y = f(x)$ 아래의 넓이의 두 배이다. 앞에서 알아본 대로, 적분 $\int_{a}^{b} f(x)dx$를 x축 위와 $y = f(x)$의 아래의 넓이에서 x축 아래와 $y = f(x)$의 위의 넓이를 뺀 값으로 표현할 수 있다. 그러므로 (b)에 따라 이런 넓이가 서로 소거되므로 적분 값은 0이다.

보기 8 $f(x) = x^6 + 1$은 $f(-x) = f(x)$를 만족시키므로 짝 함수이고, 다음이 성립한다.

$$\int_{-2}^{2} (x^6 + 1)\,dx = 2\int_{0}^{2} (x^6 + 1)\,dx$$
$$= 2\left[\frac{1}{7}x^7 + x\right]_0^2 = 2\left(\frac{128}{7} + 2\right) = \frac{284}{7}$$ ■

보기 9 $f(x) = (\tan x)/(1 + x^2 + x^4)$는 $f(-x) = -f(x)$를 만족시키므로, 이는 홀 함수이고 다음이 성립한다.

$$\int_{-1}^{1} \frac{\tan x}{1 + x^2 + x^4}\,dx = 0$$ ■

5.5 익힘 문제

1–6. 주어진 치환을 이용해서 다음 적분을 찾아라.

1. $\int e^{-x}\,dx, \quad u = -x$
2. $\int x(4 + x^2)^{10}\,dx, \quad u = 4 + x^2$
3. $\int x^2\sqrt{x^3 + 1}\,dx, \quad u = x^3 + 1$
4. $\int \frac{\sin\sqrt{x}}{\sqrt{x}}\,dx, \quad u = \sqrt{x}$
5. $\int \cos^3\theta\sin\theta\,d\theta, \quad u = \cos\theta$
6. $\int \frac{\sec^2(1/x)}{x^2}\,dx, \quad u = \frac{1}{x}$

7–36. 다음 부정 적분을 찾아라.

7. $\int x\sin(x^2)\,dx$

8. $\int xe^{x^2}dx$

9. $\int (1-2x)^9\,dx$

10. $\int \frac{1}{(5t+4)^{2.7}}dt$

11. $\int \frac{(\ln x)^2}{x}dx$

12. $\int \sec^2 2\theta\, d\theta$

13. $\int \frac{dx}{5-3x}$

14. $\int \frac{x}{(x^2+1)^2}dx$

15. $\int \frac{a+bx^2}{\sqrt{3ax+bx^3}}\,dx$

16. $\int u\sqrt{1-u^2}\,du$

17. $\int \sin\pi t\,dt$

18. $\int \frac{\sin\sqrt{x}}{\sqrt{x}}\,dx$

19. $\int e^x\sqrt{1+e^x}\,dx$

20. $\int \cos^4\theta\sin\theta\,d\theta$

21. $\int \sinh^2 x\cosh x\,dx$

22. $\int \frac{\sin(\ln x)}{x}\,dx$

23. $\int \sqrt{\cot x}\csc^2 x\,dx$

24. $\int \frac{\tan^{-1}x}{1+x^2}\,dx$

25. $\int \frac{dx}{\sqrt{1-x^2}\sin^{-1}x}$

26. $\int \frac{\cos(\pi/x)}{x^2}\,dx$

27. $\int \sec^3 x\tan x\,dx$

28. $\int \frac{e^x}{e^x+1}\,dx$

29. $\int 5^t\sin(5^t)\,dt$

30. $\int \frac{dt}{\cos^2 t\sqrt{1+\tan t}}\,dt$

31. $\int \frac{\sin 2x}{1+\cos^2 x}\,dx$

32. $\int \frac{\sin x}{1+\cos^2 x}\,dx$

33. $\int x(2x+5)^8\,dx$

34. $\int \frac{x^3}{\sqrt{x^2+1}}\,dx$

35. $\int \frac{1+x}{1+x^2}\,dx$

36. $\int \frac{x}{1+x^4}\,dx$

37–52. 다음 정 적분의 값을 찾아라.

37. $\int_0^1 \cos(\pi t/2)\,dt$

38. $\int_0^7 \sqrt{4+3x}\,dx$

39. $\int_0^1 \sqrt[3]{1+7x}\,dx$

40. $\int_0^3 \frac{dx}{5x+1}$

41. $\int_0^\pi \sec^2(t/4)\,dt$

42. $\int_{1/6}^{1/2} \csc\pi t\cot\pi t\,dt$

43. $\int_1^2 \frac{e^{1/x}}{x^2}\,dx$

44. $\int_0^{\pi/2} \cos x\sin(\sin x)\,dx$

45. $\int_1^2 x\sqrt{x-1}\,dx$

46. $\int_{-\pi/2}^{\pi/2} \frac{x^2\sin x}{1+x^6}\,dx$

47. $\int_0^1 \frac{e^z+1}{e^z+z}\,dz$

48. $\int_0^4 \frac{x}{\sqrt{1+2x}}\,dx$

49. $\int_{-\pi/4}^{\pi/4} (x^3+x^4\tan x)\,dx$

50. $\int_0^a x\sqrt{a^2-x^2}\,dx$

51. $\int_e^{e^4} \frac{dx}{x\sqrt{\ln x}}$

52. $\int_0^{1/2} \frac{\sin^{-1}x}{\sqrt{1-x^2}}\,dx$

53–56. 주어진 구간에서 다음 함수의 평균값을 찾아라.

53. $f(t)=te^{-t^2}$, $[0,\ 5]$

54. $g(x)=x^2\sqrt{1+x^3}$, $[0,\ 2]$

55. $h(x)=\cos^4 x\sin x$, $[0,\ \pi]$

56. $h(r)=3/(1+r)^2$, $[1,\ 6]$

57. $\int_{-2}^{2}(x+3)\sqrt{4-x^2}\,dx$ 를 두 개의 적분의 합으로 쓰고 이 중 하나를 넓이로 해석해서, 그 값을 찾아라.

58. $\int_0^1 x\sqrt{1-x^4}\,dx$ 를 치환하고 그 결과로 얻은 적분을 넓이로 해석해서, 그 값을 찾아라.

59. 다음 중 넓이가 서로 같은 것은? 이유는?

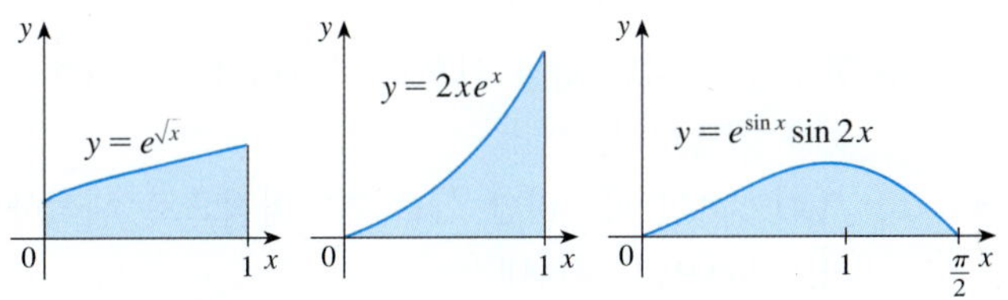

60. 한 젊은이의 기초 대사율(kcal/h)에 대한 모형은 $R(t)=85-0.18\cos(\pi t/12)$이다. 여기서 t는 오전 5시부터 잰 경과 시간(시, h)이다. 24시간 동안 이 사람의 전체 기초 대사 $\int_0^{24} R(t)\,dt$는 얼마인가?

61. 석유 저장 탱크가 시각 $t=0$에 터져서 그 탱크로부터 석유가 $r(t)=100e^{-0.01t}$(L/h)의 변화율로 새어 나오고 있다. 처음 한 시간 동안 얼마나 많은 오일이 새어나오는가?

62. 박테리아 개체군이 400마리에서 출발해서 변화율 $r(t)=(450.268)e^{1.12567t}$(마리/시)로 증가하고 있다. 세 시간 뒤에 박테리아는 몇 마리가 되는가?

63. 숨쉬기는 주기적인데, 들이쉬기의 시작에서 내쉬기의 끝까지 완전한 호흡 주기는 약 5초이다. 허파로의 공기 최대 흡입률은 약 0.5L/s이다. 이는 부분적으로 함수 $f(t)=\frac{1}{2}\sin(2\pi t/5)$가 허파로의 공기 흡입률에 대한 모형으로 종종 사용되는 이유를 설명한다. 이 모형을 이용해서 시각 t에 허파로 흡입된 공기의 부피를 찾아라.

64. 앨라배마 기구 회사는 새로운 계산기를 제조하는 생산라인을 설치했다. t주 뒤 계산기를 생산하는 속도는 다음과 같다.

$$\frac{dx}{dt}=5000\left(1-\frac{100}{(t+10)^2}\right)\text{(대/주)}$$

(시간이 지나면 생산 속도는 500대/주에 가까워지지만, 처음에는 노동자가 새로운 기술에 익숙하지 않으므로 생산 속도가 낮다.) 셋째 주 초부터 넷째 주 말까지 생산된 계산기 대수를 찾아라.

65. f가 연속이고 $\int_0^4 f(x)\,dx=10$일 때, $\int_0^2 f(2x)\,dx$의 값을 찾아라.

66. f가 연속이고 $\int_0^9 f(x)\,dx=4$일 때, $\int_0^3 xf(x^2)\,dx$의 값을 찾아라.

67. f가 $\mathbb{R}$에서 연속일 때, 다음을 증명하라.

$$\int_a^b f(-x)\,dx=\int_{-b}^{-a} f(x)\,dx$$

$f(x)\geq 0$이고 $0<a<b$인 경우에, 그림을 그려서 이 등식을 기하학적인 넓이의 상등으로 해석하라.

68. f가 $\mathbb{R}$에서 연속일 때, 다음을 증명하라.

$$\int_a^b f(x+c)\,dx=\int_{a+c}^{b+c} f(x)\,dx$$

$f(x)\geq 0$인 경우에, 그림을 그려서 이 등식을 기하학적인 넓이의 상등으로 해석하라.

69. a와 b가 양수일 때, 다음이 성립함을 보여라.

$$\int_0^1 x^a(1-x)^b\,dx=\int_0^1 x^b(1-x)^a\,dx$$

5 복습 개념 확인

1. (a) 함수 f의 리만 합을 식으로 나타내라. 각 기호의 뜻을 설명하라.
(b) $f(x)\geq 0$일 때, 리만 합을 기하학적으로 해석하라. 그림으로 나타내라.
(c) $f(x)$가 양수와 음수 값을 모두 취할 때, 리만 합을 기하학적으로 해석하라. 그림으로 나타내라.

2. (a) a부터 b까지 f의 정 적분의 정의를 써라. f가 연속이고 길이가 같은 부분 구간들을 이용하면, 정의는 어떻게 간단히 되는가?
(b) $f(x)\geq 0$일 때 $\int_a^b f(x)\,dx$를 기하학적으로 해석하라.
(c) $f(x)$가 양수와 음수 값을 모두 취할 때, $\int_a^b f(x)\,dx$를 기하학적으로 해석하라. 그림으로 나타내라.

3. 중점 법칙을 써라.

4. (a) 정 적분의 기본 정리를 써라.
(b) 알짜 변화 정리를 써라.
(c) 물이 저수지로 흘러들어가는 변화율 $r(t)$이 일 때, $\int_{t_1}^{t_2} r(t)\,dt$는 무엇을 뜻하는가?

5. (a) 부정 적분 $\int f(x)\,dx$ 의 뜻을 설명하라.
   (b) 정 적분 $\int_a^b f(x)\,dx$ 와 부정 적분 $\int f(x)\,dx$ 사이의 관계는 무엇인가?

6. 미적분학의 기본 정리의 두 부분을 모두 써라.

7. 입자가 직선을 따라 앞뒤로 속도 $v(t)$ m/s와 가속도 $a(t)$로 움직인다고 하자.
   (a) $\int_{60}^{120} v(t)\,dt$ 는 무엇을 뜻하는가?
   (b) $\int_{60}^{120} |v(t)|\,dt$ 는 무엇을 뜻하는가?
   (c) $\int_{60}^{120} a(t)\,dt$ 는 무엇을 뜻하는가?

8. (a) 구간 $[a,\ b]$에서 함수 f의 평균값은 무엇인가?
   (b) 적분에 대한 평균값 정리는 무엇을 뜻하는가? 기하학적으로 해석하라.

9. "미분하기와 적분하기는 서로 역 과정이다."라는 말의 뜻을 정확하게 설명하라.

10. 치환 법칙을 써라. 실제로 이를 어떻게 이용하는가?

5 복습 ○× 문제

다음 명제의 참과 거짓을 판별하라. 참이면, 그 이유를 설명하라. 거짓이면, 그 이유를 설명하거나 반례를 들어라.

1. f와 g가 $[a,\ b]$에서 연속이면, 다음이 성립한다.
$$\int_a^b \{f(x)+g(x)\}\,dx = \int_a^b f(x)\,dx + \int_a^b g(x)\,dx$$

2. f와 g가 $[a,\ b]$에서 연속이면, 다음이 성립한다.
$$\int_a^b \{f(x)g(x)\}\,dx = \left(\int_a^b f(x)\,dx\right)\left(\int_a^b g(x)\,dx\right)$$

3. f가 $[a,\ b]$에서 연속이면, 다음이 성립한다.
$$\int_a^b 5f(x)\,dx = 5\int_a^b f(x)\,dx$$

4. f가 $[a,\ b]$에서 연속이면, 다음이 성립한다.
$$\int_a^b xf(x)\,dx = x\int_a^b f(x)\,dx$$

5. f가 $[a,\ b]$에서 연속이고 $f(x) \geq 0$이면, 다음이 성립한다.
$$\int_a^b \sqrt{f(x)}\,dx = \sqrt{\int_a^b f(x)\,dx}$$

6. f'가 $[1,\ 3]$에서 연속이면, 다음이 성립한다.
$$\int_1^3 f'(v)\,dv = f(3) - f(1)$$

7. f와 g가 연속이고 $a \leq x \leq b$에서 $f(x) \geq g(x)$일 때, 다음이 성립한다.
$$\int_a^b f(x)\,dx \geq \int_a^b g(x)\,dx$$

8. f와 g가 미분 가능하고 $a < x < b$에서 $f(x) \geq g(x)$일 때, $a < x < b$에서 $f'(x) \geq g'(x)$이다.

9. $\displaystyle\int_{-1}^{1}\left(x^5 - 6x^9 + \frac{\sin x}{(1+x^4)^2}\right)dx = 0$

10. $\displaystyle\int_{-5}^{5}(ax^2+bx+c)\,dx = 2\int_0^5 (ax^2+c)\,dx$

11. 모든 연속 함수의 도함수가 존재한다.

12. 모든 연속 함수의 역도함수가 존재한다.

13. $\displaystyle\int_0^3 e^{x^2}\,dx = \int_0^5 e^{x^2}\,dx + \int_5^3 e^{x^2}\,dx$

14. $\int_0^1 f(x)\,dx = 0$이면, $0 \leq x \leq 1$에서 $f(x) = 0$이다.

15. f가 $[a,\ b]$에서 연속이면, 다음이 성립한다.
$$\frac{d}{dx}\left(\int_a^b f(x)\,dx\right) = f(x)$$

16. $\int_0^2 (x - x^3)\,dx$는 0부터 2까지 곡선 $y = x - x^3$ 아래의 넓이를 나타낸다.

17. $\displaystyle\int_{-2}^{1}\frac{1}{x^4}\,dx = -\frac{3}{8}$

18. f가 0에서 불연속이면, $\int_{-1}^1 f(x)\,dx$는 존재하지 않는다.

5 복습 연습 문제

1. 아래 그림에 나타낸 f의 그래프를 이용해서, 부분 구간이 여섯 개인 리만 합을 찾아라. 표본점을 (a) 왼쪽 끝점과 (b) 중점으로 택하라. 각 경우에 대한 그림을 그리고, 리만 합이 표현하는 바를 설명하라.

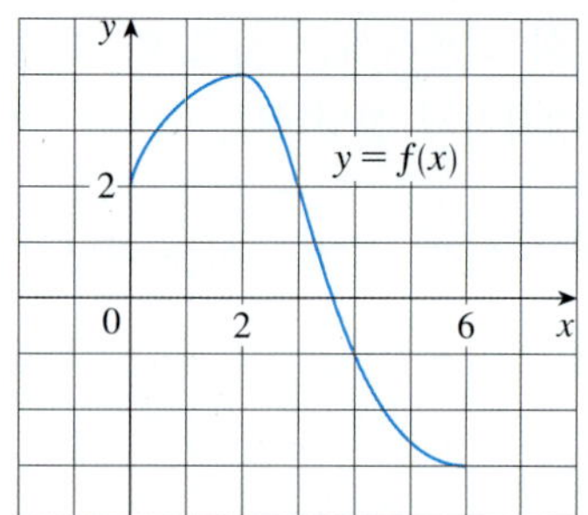

2. (a) 다음 함수에 대한 리만 합을 네 개의 부분 구간과 표본점을 오른쪽 끝점으로 택해서 그 값을 찾아라.

$$f(x) = x^2 - x \quad (0 \le x \le 2)$$

그림을 이용해서 리만 합이 나타내는 바를 설명하라.

(b) (오른쪽 끝점을 이용한) 정 적분의 정의를 이용해서 다음 적분 값을 셈하라.

$$\int_0^2 (x^2 - x)\,dx$$

(c) 미적분학의 기본 정리를 이용해서 (b)의 답을 확인하라.

(d) (b)의 적분의 기하학적 의미를 설명하는 그림을 그려라.

3. 넓이로 해석해서 다음 값을 찾아라.

$$\int_0^1 \left(x + \sqrt{1 - x^2}\right)dx$$

4. 다음을 구간 $[0, \pi]$에서의 정 적분으로 나타내라.

$$\lim_{n \to \infty} \sum_{i=1}^{n} \sin x_i \,\Delta x$$

그리고 적분 값을 찾아라.

5. 아래 그림은 f와 f' 및 $\int_0^x f(t)\,dt$의 그래프를 보여준다. 각 그래프를 선택하고 그렇게 선택한 이유를 설명하라.

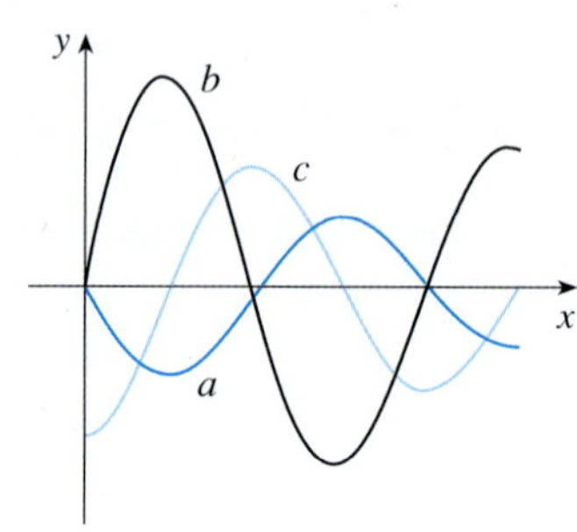

6. 다음 값을 찾아라.

(a) $\displaystyle\int_0^1 \frac{d}{dx}\left(e^{\arctan x}\right)dx$

(b) $\displaystyle\frac{d}{dx}\int_0^1 e^{\arctan x}\,dx$

(c) $\displaystyle\frac{d}{dx}\int_0^x e^{\arctan t}\,dt$

7–32. 다음 적분 값을 (존재하면) 찾아라.

7. $\displaystyle\int_1^2 (8x^3 + 3x^2)\,dx$

8. $\displaystyle\int_0^T (x^4 - 8x + 7)\,dx$

9. $\displaystyle\int_0^1 (1 - x^9)\,dx$

10. $\displaystyle\int_0^1 (1 - x)^9\,dx$

11. $\displaystyle\int_1^9 \frac{\sqrt{u} - 2u^2}{u}\,du$

12. $\displaystyle\int_0^1 (\sqrt[4]{u} + 1)^2\,du$

13. $\displaystyle\int_0^1 y(y^2 + 1)^5\,dy$

14. $\displaystyle\int_0^2 y^2\sqrt{1 + y^3}\,dy$

15. $\displaystyle\int_0^1 v^2\cos(v^3)\,dv$

16. $\displaystyle\int_0^1 \sin(3\pi t)\,dt$

17. $\displaystyle\int_{-\pi/4}^{\pi/4} \frac{t^4\tan t}{2 + \cos t}\,dt$

18. $\displaystyle\int_{-1}^1 \frac{\sin x}{1 + x^2}\,dx$

19. $\displaystyle\int \left(\frac{1 - x}{x}\right)^2 dx$

20. $\displaystyle\int_0^1 \frac{e^x}{1 + e^{2x}}\,dx$

21. $\displaystyle\int \frac{x + 2}{\sqrt{x^2 + 4x}}\,dx$

22. $\displaystyle\int \frac{\csc^2 x}{1 + \cot x}\,dx$

23. $\displaystyle\int \sin\pi t\cos\pi t\,dt$

24. $\displaystyle\int \sin x\cos(\cos x)\,dx$

25. $\displaystyle\int \frac{e^{\sqrt{x}}}{\sqrt{x}}\,dx$

26. $\displaystyle\int \frac{\cos(\ln x)}{x}\,dx$

27. $\displaystyle\int \tan x\ln(\cos x)\,dx$

28. $\displaystyle\int \frac{x}{\sqrt{1 - x^4}}\,dx$

29. $\displaystyle\int \frac{x^3}{1+x^4}\,dx$

30. $\displaystyle\int \sinh(1+4x)\,dx$

31. $\displaystyle\int \frac{\sec\theta\tan\theta}{1+\sec\theta}\,d\theta$

32. $\displaystyle\int_0^{\pi/4}(1+\tan t)^3\sec^2 t\,dt$

33. 곡선 $y=x\sqrt{x}\ (0\le x\le 4)$ 아래에 놓인 영역의 넓이에 대한 근삿값을, 그래프를 이용해서 찾아라.

34. 함수 $f(x)=\cos^2 x\sin x$의 그래프를 그리고, 이 그래프를 이용해서 적분 $\int_0^{2\pi} f(x)\,dx$의 값을 추측하라. 적분을 이용해서 그 추측을 확인하라.

35–38. 다음 함수의 도함수를 찾아라.

35. $F(x)=\displaystyle\int_1^x \sqrt{1+t^4}\,dt$

36. $g(x)=\displaystyle\int_1^{\cos x} \sqrt[3]{1-t^2}\,dt$

37. $y=\displaystyle\int_{\sqrt{x}}^{x} \frac{e^t}{t}\,dt$

38. $y=\displaystyle\int_{2x}^{3x+1} \sin(t^4)\,dt$

39. 적분의 성질 8을 이용해서 다음 값을 어림하라.

$$\int_1^3 \sqrt{x^2+3}\,dx$$

40. 적분의 성질을 이용해서 다음을 밝혀라.

$$0\le\int_0^1 x^4\cos x\,dx\le 0.2$$

41. $n=5$인 중점 법칙을 이용해서 $\int_0^1 \sqrt{1+x^3}\,dx$의 근삿값을 찾아라.

42. 한 입자가 직선 위에서 움직이고 있는데, 속도 함수는 $v(t)=t^2-t$(m/s)이다. 시간 구간 $[0, 5]$에서 이 입자의 (a) 변위와 (b) 움직인 거리를 찾아라.

43. $r(t)$를 세계의 석유 소비율이라 하자. 여기서 t는 2000년 1월 1일에 $t=0$에서 출발해서 년을 단위로 측정하고, $r(t)$의 단위는 배럴/년이라 하자. $\int_0^3 r(t)\,dt$는 무엇을 뜻하는가?

44. 스피드 건을 이용해서 달리기 선수의 속력을 아래 표와 같이 측정했다. 중점 법칙을 이용해서 5초 동안 이 선수가 달린 거리를 어림하라.

t(s)	v(m/s)	t(s)	v)m/s)
0	0	3.0	10.51
0.5	4.67	3.5	10.67
1.0	7.34	4.0	10.76
1.5	8.86	4.5	10.81
2.0	9.73	5.0	10.81
2.5	10.22		

45. 꿀벌의 마리 수가 $r(t)$(마리/주)의 변화율로 증가하고 있는데, r의 그래프는 아래와 같다. 여섯 개의 부분 구간에서 중점 법칙을 이용해서 처음 24주 동안 꿀벌 마리 수의 증가를 어림하라.

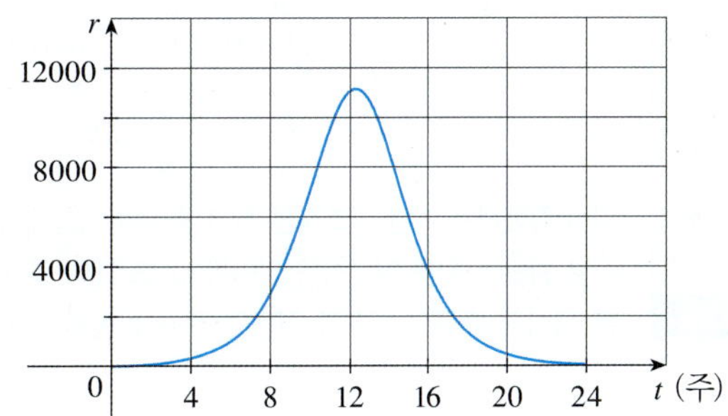

46. 구간 $[0, 2]$에서 함수 $f(x)=x\sin(x^2)$의 평균값을 찾아라.

47. f가 연속 함수일 때, 구간 $[x, x+h]$에서 f의 평균값의 $h\to 0$일 때의 극한은 얼마인가?

48. 다음과 같이 정의하자.

$$f(x)=\begin{cases}-x-1 & (-3\le x\le 0)\\ -\sqrt{1-x^2} & (0\le x\le 1)\end{cases}$$

적분을 넓이의 차로 해석해서, $\int_{-3}^{1} f(x)\,dx$의 값을 찾아라.

49. $x=0$과 $x=1$ 사이의 곡선 $y=\sinh cx$ 아래의 넓이가 1과 같을 때, 수 c의 값을 어림하라.

50. 다음 값을 찾아라.

$$\lim_{n\to\infty}\frac{1}{n}\left\{\left(\frac{1}{n}\right)^9+\left(\frac{2}{n}\right)^9+\left(\frac{3}{n}\right)^9+\cdots+\left(\frac{n}{n}\right)^9\right\}$$

6 적분의 기법

CHAPTER

미적분학의 기본 정리 덕분에, 역도함수, 곧 부정 적분을 이용해서 함수를 적분할 수 있다. 지금까지 배운 것 중에서 아주 중요한 적분 공식들을 요약하면 다음과 같다.

$$\int x^n\,dx = \frac{x^{n+1}}{n+1} + C\ (n \neq -1), \qquad \int \frac{1}{x}\,dx = \ln|x| + C$$

$$\int e^x\,dx = e^x + C, \qquad \int a^x\,dx = \frac{a^x}{\ln a} + C$$

$$\int \sin x\,dx = -\cos x + C, \qquad \int \cos x\,dx = \sin x + C$$

$$\int \sec^2 x\,dx = \tan x + C, \qquad \int \csc^2 x\,dx = -\cot x + C$$

$$\int \sec x \tan x\,dx = \sec x + C, \qquad \int \csc x \cot x\,dx = -\csc x + C$$

$$\int \sinh x\,dx = \cosh x + C, \qquad \int \cosh x\,dx = \sinh x + C$$

$$\int \tan x\,dx = \ln|\sec x| + C, \qquad \int \cot x\,dx = \ln|\sin x| + C$$

$$\int \frac{1}{x^2+a^2}\,dx = \frac{1}{a}\tan^{-1}\left(\frac{x}{a}\right) + C, \qquad \int \frac{1}{\sqrt{a^2-x^2}}\,dx = \sin^{-1}\left(\frac{x}{a}\right) + C\quad (a > 0)$$

이번 장에서는 이런 기초적인 적분 공식을 이용해서 더 복잡한 함수의 부정 적분을 얻기 위한 기법을 알아본다. 5.5절에서는 가장 중요한 적분 방법인 치환 적분법을 알아봤다. 또 다른 일반적인 기법인 부분 적분법을 6.1절에서 제시한다. 다음에 삼각 함수 및 유리 함수와 같은 특별한 종류의 함수와 관련된 적분 방법을 배운다.

6.1 부분 적분법

용어
부분 적분 integration by parts

모든 미분 법칙에 대응하는 적분 법칙이 있다. 예를 들면, 적분의 치환 법칙은 미분의 연쇄 법칙에 대응한다. 곱의 미분법에 대응하는 적분 법칙을 **부분 적분법**이라 한다.

곱의 미분법에 따라, f와 g가 미분 가능하면 다음이 성립한다.

$$\frac{d}{dx}\{f(x)g(x)\} = f(x)g'(x) + g(x)f'(x)$$

부정 적분 기호를 이용하면 이 식은 다음과 같이 된다.

$$\int \{f(x)g'(x) + g(x)f'(x)\}\,dx = f(x)g(x)$$

또는 $$\int f(x)g'(x)\,dx + \int g(x)f'(x)\,dx = f(x)g(x)$$

이 식을 다음과 같이 정리할 수 있다.

1 $$\int f(x)g'(x)\,dx = f(x)g(x) - \int g(x)f'(x)\,dx$$

1을 부분 적분 공식이라 한다. 다음과 같은 기호로 기억하는 것이 더 쉬울 수 있다. $u=f(x)$이고 $v=g(x)$라 하자. 그러면 미분은 $du=f'(x)\,dx$와 $dv=g'(x)\,dx$이므로, 치환 법칙에 의해, 부분 적분 공식은 다음과 같이 된다.

> **용어**
> 부분 적분 공식 formula for imtegration by parts

2
$$\int u\,dv = uv - \int v\,du$$

보기 1 $\displaystyle\int x\sin x\,dx$를 찾아라.

풀이 (공식 1 이용) $f(x)=x$와 $g'(x)=\sin x$로 택한다고 하자. 그러면 $f'(x)=1$이고 $g(x)=-\cos x$이다. (g는 g'의 임의의 역도함수를 택할 수 있다.) 그러면 공식 1에 의해 다음을 얻는다.

$$\begin{aligned}\int x\sin x\,dx &= f(x)g(x) - \int g(x)f'(x)\,dx \\ &= x(-\cos x) - \int(-\cos x)\,dx \\ &= -x\cos x + \int \cos x\,dx \\ &= -x\cos x + \sin x + C\end{aligned}$$

이 답은 미분해서 검토하는 것이 바람직하다. 그렇게 하면 예상대로 $x\sin x$를 얻는다.

풀이 (공식 2 이용) 다음과 같이 놓자.

$$u=x, \qquad dv=\sin x\,dx$$

그러면 다음이 성립한다.

$$du=dx, \qquad v=-\cos x$$

그러므로 공식 2에 의해 다음을 얻는다.

$$\begin{aligned}\int x\sin x\,dx &= \int \underbrace{x}_{u}\,\underbrace{\sin x\,dx}_{dv} = \underbrace{x}_{u}\underbrace{(-\cos x)}_{v} - \int \underbrace{(-\cos x)}_{v}\underbrace{dx}_{du} \\ &= -x\cos x + \int \cos x\,dx \\ &= -x\cos x + \sin x + C\end{aligned}$$
■

▪ 다음과 같은 형식을 이용하는 것이 도움이 된다.

$u=\square, \quad dv=\square,$
$du=\square, \quad v=\square$

> **참고** 부분 적분을 이용하는 목적은 출발했던 적분보다 더 간단한 적분을 얻는 것이다. 예를 들어 보기 1에서는 $\int x\sin x\,dx$에서 출발해서 이를 더 간단한 적분 $\int \cos x\,dx$로 표현했다. $u=\sin x$와 $dv=x\,dx$를 선택했다면, $du=\cos x\,dx$이고 $v=x^2/2$이므로 다음을 얻는다.
>
> $$\int x\sin x\,dx = (\sin x)\frac{x^2}{2} - \frac{1}{2}\int x^2\cos x\,dx$$
>
> 이것도 참이지만, $\int x^2\cos x\,dx$는 출발했던 적분보다 더 어렵다. 일반

적으로 u와 dv를 선택할 때, $u=f(x)$는 미분하면 더 간단해지는 (적어도 더 복잡해지지는 않는) 함수로 택하는데, 이때 $dv=g'(x)\,dx$는 v에 대해 쉽게 적분되어야 한다.

보기 2 $\int \ln x\,dx$를 찾아라.

풀이 이 경우에 u와 dv를 선택할 여지가 크지 않다. 다음과 같이 놓자.

$$u=\ln x, \qquad dv=dx$$

그러면 다음이 성립한다.

$$du=\frac{1}{x}\,dx, \qquad v=x$$

부분 적분에 의해 다음을 얻는다.

$$\begin{aligned}\int \ln x\,dx &= x\ln x-\int x\,\frac{dx}{x}\\ &= x\ln x-\int dx\\ &= x\ln x-x+C\end{aligned}$$

■ 관례적으로 $\int 1\,dx$를 $\int dx$로 나타낸다.

■ 미분해서 답을 검토하자.

부분 적분이 이 예에서 효율적인데, 함수 $f(x)=\ln x$의 도함수가 f보다 더 간단하기 때문이다. ■

보기 3 $\int t^2 e^t\,dt$를 찾아라.

풀이 t^2은 미분하면 간단해진다. (반면에 e^t는 미분하거나 적분해도 바뀌지 않는다.) 그러므로 다음과 같이 택하자.

$$u=t^2, \qquad dv=e^t dt$$

그러면 다음이 성립한다.

$$du=2t\,dt, \quad v=e^t$$

부분 적분에 의해 다음을 얻는다.

3 $$\int t^2e^t dt=t^2e^t-2\int te^t dt$$

여기서 얻은 적분 $\int te^t dt$는 원래의 적분보다 간단하지만, 여전히 명확하지 않다. 따라서 부분 적분을 한 번 더 이용하는데, 이번에는 $u=t$와 $dv=e^t dt$로 놓는다. 그러면 $du=dt$이고 $v=e^t$이므로, 다음을 얻는다.

$$\begin{aligned}\int te^t dt &= te^t-\int e^t dt\\ &= te^t-e^t+C\end{aligned}$$

이를 식 3에 대입하면, 다음을 얻는다.

$$\begin{aligned}\int t^2e^t dt &= t^2e^t - 2\int te^t dt \\ &= t^2e^t - 2(te^t - e^t + C) \\ &= t^2e^t - 2te^t + 2e^t + C_1 \quad (\text{단, } C_1 = -2C)\end{aligned}$$ ■

보기 4 $\int e^x \sin x\, dx$를 찾아라.

풀이 미분했을 때 e^x도 $\sin x$도 더 간단해지지 않지만, 어쨌든 $u = e^x$과 $dv = \sin x\, dx$를 선택하자. 그러면 $du = e^x dx$이고 $v = -\cos x$이므로 다음을 얻는다.

4 $$\int e^x \sin x\, dx = -e^x \cos x + \int e^x \cos x\, dx$$

여기서 얻은 적분 $\int e^x \cos x\, dx$는 원래의 적분보다 더 간단하지 않지만, 그래도 더 어렵지는 않다. 앞의 보기에서 부분 적분을 두 번 이용해서 성공했으므로, 여기서도 참을성 있게 부분 적분을 한 번 더 이용하자. $u = e^x$과 $dv = \cos x\, dx$로 놓자. 그러면 $du = e^x dx$이고 $v = \sin x$이므로, 다음을 얻는다.

5 $$\int e^x \cos x\, dx = e^x \sin x - \int e^x \sin x\, dx$$

얼핏 볼 때는 처음에 출발했던 $\int e^x \sin x\, dx$에 되돌아갔으므로 아무것도 한 것이 없는 것으로 보인다. 그렇지만 식 5의 $\int e^x \cos x\, dx$를 식 4에 대입하면 다음을 얻는다.

$$\int e^x \sin x\, dx = -e^x \cos x + e^x \sin x - \int e^x \sin x\, dx$$

이것을 미지의 적분에 대해 푸는 방정식으로 생각할 수 있다. 양변에 $\int e^x \sin x\, dx$를 더하면, 다음을 얻는다.

$$2\int e^x \sin x\, dx = -e^x \cos x + e^x \sin x$$

2로 나누고 적분 상수를 더하면 다음 결과를 얻는다.

$$\int e^x \sin x\, dx = \frac{1}{2}e^x(\sin x - \cos x) + C$$ ■

www.stewartcalculus.com
■ 복소수를 이용한 더 쉬운 방법이 Additional Topics에 제시되어 있다. Complex Numbers를 열어보고, 익힘 문제 50을 보라.

■ 그림 1은 두 함수 $f(x) = e^x \sin x$와 $F(x) = \frac{1}{2}e^x(\sin x - \cos x)$의 그래프를 그려서 보기 4를 나타내고 있다. 가시적으로 검토하기 위해서, F가 최댓값 또는 최솟값을 취할 때 $f(x) = 0$임을 확인하자.

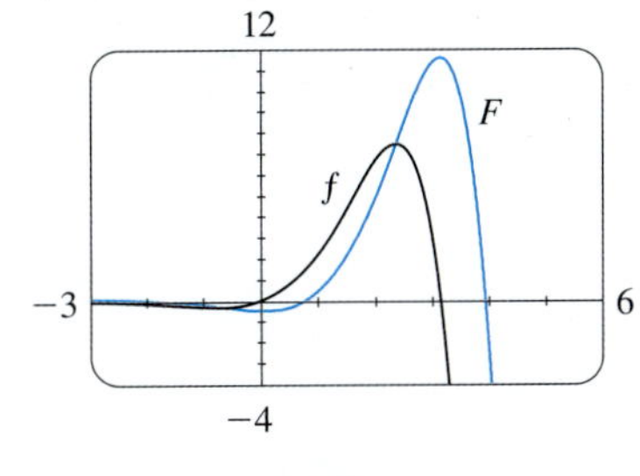

그림 1

부분 적분 공식과 정 적분의 기본 정리를 결합하면, 부분 적분으로 정 적분의 값을 찾을 수 있다. f'와 g'가 모두 연속이라 가정하고 정 적분의 기본 정리를 이용해서 공식 1의 양변을 a와 b 사이에서 값을 셈하면, 다음을 얻는다.

6 $$\int_a^b f(x)g'(x)\, dx = f(x)g(x)\Big]_a^b - \int_a^b g(x)f'(x)\, dx$$

보기 5 $\int_0^1 \tan^{-1}x\,dx$를 셈하라.

풀이 다음과 같이 놓자.

$$u = \tan^{-1}x, \quad dv = dx$$

그러면 다음이 성립한다.

$$du = \frac{dx}{1+x^2}, \quad v = x$$

그러므로 공식 6에 의해 다음을 얻는다.

$$\int_0^1 \tan^{-1}x\,dx = x\tan^{-1}x\Big]_0^1 - \int_0^1 \frac{x}{1+x^2}\,dx$$

$$= 1\cdot\tan^{-1}1 - 0\cdot\tan^{-1}0 - \int_0^1 \frac{x}{1+x^2}\,dx$$

$$= \frac{\pi}{4} - \int_0^1 \frac{x}{1+x^2}\,dx$$

■ $x \geq 0$일 때 $\tan^{-1}x \geq 0$이므로 보기 5의 적분을 그림 2에 나타낸 영역의 넓이로 해석할 수 있다.

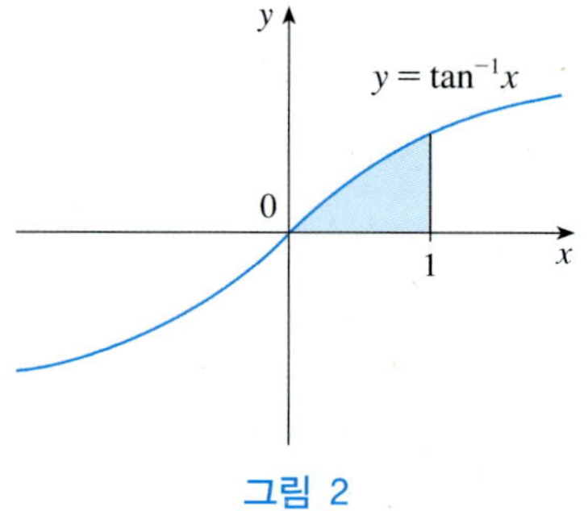

그림 2

이 적분 값을 찾기 위해서, (u는 이 예에서 다른 뜻으로 사용했으므로) 치환 $t = 1+x^2$을 이용하자. 그러면 $dt = 2x\,dx$이므로 $x\,dx = \frac{1}{2}dt$이다. $x=0$일 때 $t=1$이고, $x=1$일 때 $t=2$이다. 그러므로 다음이 성립한다.

$$\int_0^1 \frac{x}{1+x^2}\,dx = \frac{1}{2}\int_1^2 \frac{dt}{t} = \frac{1}{2}\ln|t|\Big]_1^2$$

$$= \frac{1}{2}(\ln 2 - \ln 1) = \frac{1}{2}\ln 2$$

따라서 다음을 얻는다.

$$\int_0^1 \tan^{-1}x\,dx = \frac{\pi}{4} - \int_0^1 \frac{x}{1+x^2}\,dx = \frac{\pi}{4} - \frac{\ln 2}{2}$$

■

보기 6 정수 $n \geq 2$에 대해 다음 줄임 공식을 증명하라.

7 $$\int \sin^n x\,dx = -\frac{1}{n}\cos x\sin^{n-1}x + \frac{n-1}{n}\int \sin^{n-2}x\,dx$$

■ 식 7을 **줄임 공식**이라 하는데, 지수 n이 $n-1$과 $n-2$로 줄기(축소되기) 때문이다.

용어
줄임 공식, 축소 공식 reduction formula

풀이 다음과 같이 놓자.

$$u = \sin^{n-1}x, \qquad dv = \sin x\,dx$$

그러면 다음이 성립한다.

$$du = (n-1)\sin^{n-2}x\cos x\,dx, \quad v = -\cos x$$

부분 적분에 의해 다음을 얻는다.

$$\int \sin^n x\,dx = -\cos x\sin^{n-1}x + (n-1)\int \sin^{n-2}x\cos^2 x\,dx$$

$\cos^2 x = 1 - \sin^2 x$이므로, 다음과 같이 쓸 수 있다.

$$\int \sin^n x\,dx = -\cos x \sin^{n-1} x + (n-1)\int \sin^{n-2} x\,dx - (n-1)\int \sin^n x\,dx$$

보기 4에서와 같이 우변의 마지막 항을 좌변으로 옮겨서 찾으려는 적분에 대해 이 방정식을 풀자. 그러면 다음을 얻는다.

$$n\int \sin^n x\,dx = -\cos x \sin^{n-1} x + (n-1)\int \sin^{n-2} x\,dx$$

곧, 다음을 얻는다.

$$\int \sin^n x\,dx = -\frac{1}{n}\cos x \sin^{n-1} x + \frac{n-1}{n}\int \sin^{n-2} x\,dx$$ ■

줄임 공식 [7]은 유용한데, 이를 반복해서 이용하면 $\int \sin^n x\,dx$를 결국 (n이 홀수일 때) $\int \sin x\,dx$ 또는 (n이 짝수일 때) $\int (\sin x)^0 dx = \int dx$로 표현할 수 있기 때문이다.

6.1 익힘 문제

1–2. 다음 적분을 지정된 u와 dv에 따라 부분 적분으로 찾아라.

1. $\int x^2 \ln x\,dx$; $\quad u = \ln x$, $\quad dv = x^2\,dx$
2. $\int \theta \sec^2\theta\,d\theta$; $\quad u = \theta$, $\quad dv = \sec^2\theta\,d\theta$

3–26. 다음 적분을 찾아라.

3. $\int x\cos 5x\,dx$
4. $\int xe^{-x}\,dx$
5. $\int te^{-3t}\,dt$
6. $\int (x-1)\sin \pi x\,dx$
7. $\int (x^2+2x)\cos x\,dx$
8. $\int x^2 \cos mx\,dx$
9. $\int \ln(2x+1)\,dx$
10. $\int p^5 \ln p\,dp$
11. $\int \arctan 4t\,dt$
12. $\int \sin^{-1} x\,dx$
13. $\int e^{2\theta}\sin 3\theta\,d\theta$
14. $\int e^{-\theta}\cos 2\theta\,d\theta$
15. $\int \frac{xe^{2x}}{(1+2x)^2}\,dx$
16. $\int t^3 e^t\,dt$
17. $\int_0^{1/2} x\cos \pi x\,dx$
18. $\int_0^1 (x^2+1)e^{-x}\,dx$
19. $\int_1^3 r^3 \ln r\,dr$
20. $\int_1^4 \sqrt{t}\ln t\,dt$
21. $\int_0^1 t\cosh t\,dt$
22. $\int_1^{\sqrt{3}} \arctan\left(\frac{1}{x}\right)dx$
23. $\int_0^{1/2} \cos^{-1} x\,dx$
24. $\int_0^1 \frac{r^3}{\sqrt{4+r^2}}\,dr$
25. $\int_1^2 (\ln x)^2\,dx$
26. $\int_0^t e^s \sin(t-s)\,ds$

27–30. 먼저 치환하고 다음에 부분 적분을 이용해서 다음 적분을 찾아라.

27. $\int \cos\sqrt{x}\,dx$
28. $\int x^5\cos(x^3)\,dx$
29. $\int_{\sqrt{\pi/2}}^{\sqrt{\pi}} \theta^3\cos(\theta^2)\,d\theta$
30. $\int_1^4 e^{\sqrt{x}}\,dx$

31. (a) 보기 6의 줄임 공식을 이용해서 다음이 성립함을 보여라.

$$\int \sin^2 x\,dx = \frac{x}{2} - \frac{\sin 2x}{4} + C$$

(b) (a)와 줄임 공식을 이용해서 $\int \sin^4 x\,dx$를 찾아라.

32. (a) 다음 줄임 공식을 증명하라.

$$\int \cos^n x\,dx = \frac{1}{n}\cos^{n-1}x\sin x + \frac{n-1}{n}\int \cos^{n-2}x\,dx$$

(b) (a)를 이용해서 $\int \cos^2 x\,dx$를 찾아라.

(c) (a)와 (b)를 이용해서 $\int \cos^4 x\,dx$를 찾아라.

33. (a) 보기 6의 줄임 공식을 이용해서 정수 $n \ge 2$에 대해 다음이 성립함을 보여라.

$$\int_0^{\pi/2} \sin^n x\,dx = \frac{n-1}{n}\int_0^{\pi/2} \sin^{n-2}x\,dx$$

(b) (a)를 이용해서 $\int_0^{\pi/2} \sin^3 x\,dx$와 $\int_0^{\pi/2} \sin^5 x\,dx$의 값을 찾아라.

(c) (a)를 이용해서 사인의 홀수 거듭제곱에 관한 다음 결과를 보여라.

$$\int_0^{\pi/2} \sin^{2n+1}x\,dx = \frac{2\cdot 4\cdot 6\cdot \cdots \cdot 2n}{3\cdot 5\cdot 7\cdot \cdots \cdot (2n+1)}$$

34. 사인의 짝수 거듭제곱에 관한 다음 결과를 증명하라.

$$\int_0^{\pi/2} \sin^{2n}x\,dx = \frac{1\cdot 3\cdot 5\cdot \cdots \cdot (2n-1)}{2\cdot 4\cdot 6\cdot \cdots \cdot 2n}\frac{\pi}{2}$$

35–38. 부분 적분을 이용해서 다음 줄임 공식을 증명하라.

35. $\int (\ln x)^n\,dx = x(\ln x)^n - n\int (\ln x)^{n-1}dx$

36. $\int x^n e^x\,dx = x^n e^x - n\int x^{n-1}e^x\,dx$

37. $\int \tan^n x\,dx = \dfrac{\tan^{n-1}x}{n-1} - \int \tan^{n-2}x\,dx$ $\quad (n \ne 1)$

38. $\int \sec^n x\,dx = \dfrac{\tan x\sec^{n-2}x}{n-1} + \dfrac{n-2}{n-1}\int \sec^{n-2}x\,dx$ $\quad (n \ne 1)$

39. 익힘 문제 35를 이용해서 $\int (\ln x)^3\,dx$를 찾아라.

40. 익힘 문제 36을 이용해서 $\int x^4 e^x\,dx$를 찾아라.

41. 구간 $[0, \pi/4]$에서 $f(x) = x\sec^2 x$의 평균값을 찾아라.

42. 로켓은 내장된 연료를 연소시켜 가속하므로, 질량은 시간이 지나면서 감소한다. 발사될 때 (연료를 포함한) 로켓의 질량이 m이고, 연료는 변화율 r로 소비되며, 배기 가스는 일정한 속도(로켓에 대한 상대 속도) v_e로 배출된다고 하자. 시각 t에서 로켓의 속도에 대한 모형은 다음 식으로 주어진다.

$$v(t) = -gt - v_e \ln\frac{m-rt}{m}$$

여기서 g는 중력 가속도이고 t는 아주 크지는 않다. $g = 9.8\,\mathrm{m/s^2}$, $m = 30000\,\mathrm{kg}$, $r = 160\,\mathrm{kg/s}$, $v_e = 3000\,\mathrm{m/s}$일 때, 발사되고 1분 뒤 로켓의 높이를 찾아라.

43. 직선을 따라 움직이는 입자의 t초 뒤의 속도는 $v(t) = t^2 e^{-t}$(m/s)이라 하자. 처음 t초 동안 이것이 움직인 거리는 얼마인가?

44. $f(0) = g(0) = 0$이고 f''와 g''가 연속일 때, 다음이 성립함을 보여라.

$$\int_0^a f(x)g''(x)\,dx = f(a)g'(a) - f'(a)g(a) + \int_0^a f''(x)g(x)\,dx$$

45. $f(1) = 2$, $f(4) = 7$, $f'(1) = 5$, $f'(4) = 3$이고 f''가 연속이라 하자. $\int_1^4 xf''(x)\,dx$의 값을 찾아라.

46. (a) 부분 적분을 이용해서 다음을 보여라.

$$\int f(x)\,dx = xf(x) - \int xf'(x)\,dx$$

(b) f와 g가 서로 역함수이고 f'가 연속일 때, 다음이 성립함을 증명하라.

$$\int_a^b f(x)\,dx = bf(b) - af(a) - \int_{f(a)}^{f(b)} g(y)\,dy$$

[*귀띔*: (a)와 치환 $y = f(x)$를 이용하자.]

(c) f와 g가 양수값 함수이고 $b > a > 0$인 경우에, (b)를 기하학적으로 해석하는 그림을 그려라.

(d) (b)를 이용해서 $\int_1^e \ln x\,dx$의 값을 찾아라.

6.2 삼각 적분과 삼각 치환

이번 절에서는 삼각 함수와 관련된 적분 및 치환을 통해 삼각 적분으로 변환할 수 있는 적분에 대해 알아본다.

용어
삼각 적분 trigonometric integral
삼각 치환 trigonometric substitution

삼각 적분

여기서는 삼각 등식을 이용해서 삼각 함수들의 특정한 결합을 적분한다. 먼저 사인과 코사인의 거듭제곱의 적분을 알아보자.

보기 1 $\int \cos^3 x\, dx$를 셈하라.

풀이 치환 $u = \cos x$는 도움이 안 된다. 왜냐하면 $du = -\sin x\, dx$이기 때문이다. 코사인의 거듭제곱을 적분하기 위해서는, 여분의 $\sin x$ 인수가 필요하다. 마찬가지로 사인의 거듭제곱은 여분의 $\cos x$ 인수가 요구된다. 그래서 여기서는 코사인 인수 하나를 분리하고 나머지 $\cos^2 x$ 인수를 등식 $\sin^2 x + \cos^2 x = 1$을 이용해서 다음과 같이 사인과 관련된 식으로 바꾸자.

$$\cos^3 x = \cos^2 x \cdot \cos x = (1 - \sin^2 x)\cos x$$

그러면 치환 $u = \sin x$로 적분을 찾을 수 있다. $du = \cos x\, dx$이므로, 다음을 얻는다.

$$\int \cos^3 x\, dx = \int \cos^2 x \cdot \cos x\, dx = \int (1 - \sin^2 x)\cos x\, dx$$

$$= \int (1 - u^2)\, du = u - \frac{1}{3}u^3 + C = \sin x - \frac{1}{3}\sin^3 x + C \quad ■$$

일반적으로 사인과 코사인의 거듭제곱과 관련된 피적분 함수는 하나의 사인 인수(와 나머지는 코사인으로 표현된 식) 또는 하나의 코사인 인수(와 나머지는 사인으로 표현된 식)의 꼴로 나타내도록 한다. 등식 $\sin^2 x + \cos^2 x = 1$을 이용하면, 사인과 코사인의 짝수 거듭제곱을 서로 다른 것으로 변환시킬 수 있다.

■ 보기 2의 피적분 함수 $\sin^5 x \cos^2 x$와 ($C = 0$인) 이의 부정 적분의 그래프를 그림 1에 나타냈다. 어느 것이 어느 것인가?

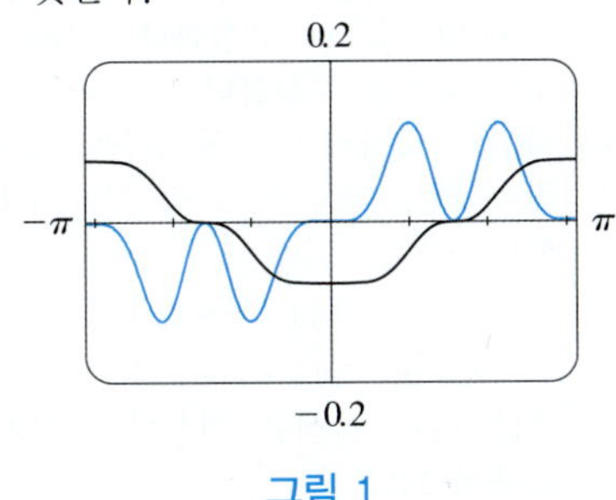

그림 1

보기 2 $\int \sin^5 x \cos^2 x\, dx$를 찾아라.

풀이 $\cos^2 x$를 $1 - \sin^2 x$로 변환할 수 있지만, 그렇게 하면 여분의 $\cos x$ 없이 $\sin x$의 식만 얻는다. 그래서 다음과 같이 하나의 사인 인수를 분리하고 나머지 $\sin^4 x$를 $\cos x$로 나타내자.

$$\sin^5 x \cos^2 x = (\sin^2 x)^2 \cos^2 x \sin x = (1 - \cos^2 x)^2 \cos^2 x \sin x$$

이제 $u = \cos x$로 치환하면 $du = -\sin x\, dx$이므로 다음을 얻는다.

$$\int \sin^5 x \cos^2 x\, dx = \int (\sin^2 x)^2 \cos^2 x \sin x\, dx$$

$$= \int (1 - \cos^2 x)^2 \cos^2 x \sin x\, dx$$

$$= \int (1-u^2)^2 u^2(-du) = -\int (u^2 - 2u^4 + u^6)\,du$$

$$= -\left(\frac{u^3}{3} - 2\frac{u^5}{5} + \frac{u^7}{7}\right) + C$$

$$= -\frac{1}{3}\cos^3 x + \frac{2}{5}\cos^5 x - \frac{1}{7}\cos^7 x + C$$ ■

앞의 두 보기에서는 사인과 코사인의 홀수 거듭제곱에서 하나의 인수를 분리하고 나머지 짝수 거듭제곱을 변환했다. 그런데 적분할 함수에 사인과 코사인의 짝수 거듭제곱만이 포함될 때는 이런 전략을 이용할 수 없다. 이런 경우에는 다음과 같은 반각 공식을 이용할 수 있다. (부록 A에 있는 식 17b와 17a를 보라.)

$$\sin^2 x = \frac{1}{2}(1 - \cos 2x), \qquad \cos^2 x = \frac{1}{2}(1 + \cos 2x)$$

▪ 보기 3은 그림 2에 나타낸 영역의 넓이가 $\pi/2$임을 보여준다.

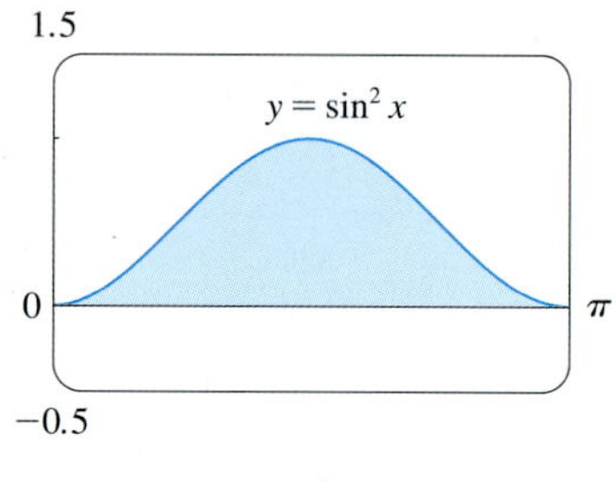

그림 2

보기 3 $\displaystyle\int_0^{\pi} \sin^2 x\,dx$를 찾아라.

풀이 $\sin^2 x = 1 - \cos^2 x$로 나타내면, 적분할 함수가 더 간단해지지 않는다. 그렇지만 $\sin^2 x$에 대한 반각 공식을 이용하면 다음을 얻는다.

$$\int_0^{\pi} \sin^2 x\,dx = \frac{1}{2}\int_0^{\pi}(1 - \cos 2x)\,dx = \left[\frac{1}{2}\left(x - \frac{1}{2}\sin 2x\right)\right]_0^{\pi}$$

$$= \frac{1}{2}\left(\pi - \frac{1}{2}\sin 2\pi\right) - \frac{1}{2}\left(0 - \frac{1}{2}\sin 0\right) = \frac{1}{2}\pi$$

$\cos 2x$를 적분할 때, 머릿속으로 $u = 2x$로 치환했다. 이 적분을 찾는 또 다른 방법을 6.1절의 익힘 문제 31에서 제시했다. ■

$\sin x$와 $\cos x$의 거듭제곱을 적분하는 방법

보기 1~4에서 다음과 같은 전략이 적용됨을 알아봤다.

(i) $\cos x$의 거듭제곱이 홀수이면, 하나의 코사인 인수를 분리하고 $\cos^2 x = 1 - \sin^2 x$를 이용해서 나머지 인자를 $\sin x$의 식으로 표현한다. 그리고 $u = \sin x$로 치환한다.

(ii) $\sin x$의 거듭제곱이 홀수이면, 하나의 사인 인자를 분리하고 $\sin^2 x = 1 - \cos^2 x$를 이용해서 나머지 인자를 $\cos x$의 식으로 표현한다. 그리고 $u = \cos x$로 치환한다.

(iii) 사인과 코사인의 거듭제곱이 모두 짝수이면, 다음 반각 공식을 이용한다.

$\sin^2 x = \frac{1}{2}(1 - \cos 2x)$,

$\cos^2 x = \frac{1}{2}(1 + \cos 2x)$

종종 다음 등식을 이용하는 것이 도움이 된다.

$\sin x \cos x = \frac{1}{2}\sin 2x$

보기 4 $\displaystyle\int \sin^4 x\,dx$를 찾아라.

풀이 이 적분은 $\int \sin^n x\,dx$에 대한 줄임 공식(6.1절의 식 7)과 함께 보기 3을 이용해서 (6.1절의 익힘 문제 31에서와 같이) 셈할 수 있다. 그러나 더 좋은 방법은 다음과 같이 $\sin^4 x = (\sin^2 x)^2$으로 쓰고 반각 공식을 이용하는 것이다.

$$\int \sin^4 x\,dx = \int (\sin^2 x)^2 dx$$

$$= \int \left(\frac{1 - \cos 2x}{2}\right)^2 dx$$

$$= \frac{1}{4}\int (1 - 2\cos 2x + \cos^2 2x)\,dx$$

$\cos^2 2x$가 나타나므로, 다음과 같이 반각 공식을 또다시 이용한다.

$$\cos^2 2x = \frac{1}{2}(1 + \cos 4x)$$

이에 따라 다음을 얻는다.

$$\int \sin^4 x\,dx = \frac{1}{4}\int \left\{1 - 2\cos 2x + \frac{1}{2}(1+\cos 4x)\right\}dx$$
$$= \frac{1}{4}\int \left(\frac{3}{2} - 2\cos 2x + \frac{1}{2}\cos 4x\right)dx$$
$$= \frac{1}{4}\left(\frac{3}{2}x - \sin 2x + \frac{1}{8}\sin 4x\right) + C \quad ■$$

비슷한 전략을 이용해서, $\int \tan^m x \sec^n x\,dx$ 꼴의 적분을 셈할 수 있다. $(d/dx)\tan x = \sec^2 x$이므로, $\sec^2 x$ 인수를 분리하고 나머지 시컨트의 (짝수) 거듭제곱을 등식 $\sec^2 x = 1 + \tan^2 x$를 이용해서 탄젠트와 관련된 식으로 변환할 수 있다. 또는 $(d/dx)\sec x = \sec x \tan x$이므로, $\sec x \tan x$ 인수를 분리하고 나머지 탄젠트의 (짝수) 거듭제곱을 시컨트로 변환할 수 있다.

보기 5 $\int \tan^6 x \sec^4 x\,dx$를 찾아라.

풀이 하나의 $\sec^2 x$를 분리하면, 나머지 $\sec^2 x$를 등식 $\sec^2 x = 1 + \tan^2 x$를 이용해서 탄젠트의 식으로 표현할 수 있다. $u = \tan x$로 치환하면 $du = \sec^2 x\,dx$이므로, 다음과 같이 적분을 찾을 수 있다.

$$\int \tan^6 x \sec^4 x\,dx = \int \tan^6 x \sec^2 x \sec^2 x\,dx$$
$$= \int \tan^6 x(1+\tan^2 x)\sec^2 x\,dx$$
$$= \int u^6(1+u^2)\,du = \int (u^6 + u^8)\,du$$
$$= \frac{u^7}{7} + \frac{u^9}{9} + C$$
$$= \frac{1}{7}\tan^7 x + \frac{1}{9}\tan^9 x + C \quad ■$$

보기 6 $\int \tan^5\theta \sec^7\theta\,d\theta$를 찾아라.

풀이 앞의 보기에서와 같이 $\sec^2\theta$ 인수를 분리하면, $\sec^5\theta$ 인수가 남는데, 이것을 탄젠트로 변환하기가 쉽지 않다. 그렇지만 $\sec\theta\tan\theta$ 인수를 분리하면, 나머지 탄젠트의 거듭제곱을 등식 $\tan^2\theta = \sec^2\theta - 1$을 이용해서 시컨트만 관련된 식으로 변환할 수 있다. 그러면 $u = \sec\theta$로 치환하면 $du = \sec\theta\tan\theta\,d\theta$이므로 다음과 같이 주어진 적분을 셈할 수 있다.

$$\int \tan^5\theta \sec^7\theta\,d\theta = \int \tan^4\theta \sec^6\theta \sec\theta \tan\theta\,d\theta$$
$$= \int (\sec^2\theta - 1)^2 \sec^6\theta \sec\theta \tan\theta\,d\theta$$
$$= \int (u^2-1)^2 u^6\,du = \int (u^{10} - 2u^8 + u^6)\,du$$

$\tan x$와 $\sec x$의 거듭제곱을 적분하는 방법

두 보기 5와 6에서 다음과 같은 두 가지 전략을 알아봤다.

(i) $\sec x$의 거듭제곱이 짝수이면, $\sec^2 x$ 인수를 분리하고 $\sec^2 x = 1 + \tan^2 x$를 이용해서 나머지 인수를 $\tan x$의 식으로 표현한다. 그리고 $u = \tan x$로 치환한다.

(ii) $\tan x$의 거듭제곱이 홀수이면, $\sec x \tan x$ 인수를 분리하고 $\tan^2 x = \sec^2 x - 1$을 이용해서 나머지 인수를 $\sec x$로 표현한다. 그리고 $u = \sec x$로 치환한다.

$$= \frac{u^{11}}{11} - 2\frac{u^9}{9} + \frac{u^7}{7} + C$$

$$= \frac{1}{11}\sec^{11}\theta - \frac{2}{9}\sec^9\theta + \frac{1}{7}\sec^7\theta + C \quad ■$$

다른 경우에는 적분을 위한 지침을 제시하기가 분명하지 않다. 삼각 등식과 부분 적분 및 때로는 약간의 재치를 활용할 필요가 있다. $\tan x$는 5.5절의 5에서 증명한 다음 공식으로 적분할 필요가 있는 경우가 종종 있다.

$$\int \tan x\,dx = \ln|\sec x| + C$$

다음과 같은 시컨트의 부정 적분도 필요하다.

1 $$\int \sec x\,dx = \ln|\sec x + \tan x| + C$$

공식 1은 우변을 미분하거나 다음과 같이 밝힐 수 있다. 먼저 분모와 분자에 $\sec x + \tan x$를 곱하면 다음과 같다.

$$\int \sec x\,dx = \int \sec x\,\frac{\sec x + \tan x}{\sec x + \tan x}\,dx$$

$$= \int \frac{\sec^2 x + \sec x \tan x}{\sec x + \tan x}\,dx$$

$u = \sec x + \tan x$로 치환하면 $du = (\sec x \tan x + \sec^2 x)\,dx$이므로 적분은 $\int (1/u)\,du = \ln|u| + C$가 된다. 그러므로 다음을 얻는다.

$$\int \sec x\,dx = \ln|\sec x + \tan x| + C$$

보기 7 $\int \tan^3 x\,dx$를 찾아라.

풀이 여기에는 $\tan x$만 나타나므로, $\tan^2 x = \sec^2 x - 1$을 이용해서 다음과 같이 $\tan^2 x$를 $\sec^2 x$의 식으로 나타내자.

$$\int \tan^3 x\,dx = \int \tan x \tan^2 x\,dx = \int \tan x(\sec^2 x - 1)\,dx$$

$$= \int \tan x \sec^2 x\,dx - \int \tan x\,dx$$

$$= \frac{\tan^2 x}{2} - \ln|\sec x| + C$$

첫째 적분에서는 머릿속으로 $u = \tan x$로 치환해서 $du = \sec^2 x\,dx$를 이용했다. ■

탄젠트의 짝수 거듭제곱과 시컨트의 홀수 거듭제곱이 함께 나타나면, 적분할 함수를 완전히 $\sec x$의 식으로 표현하는 것이 도움이 된다. $\sec x$의 거듭제곱은 다음 보기에서 보이듯이 부분 적분을 요구한다.

보기 8 $\int \sec^3 x\,dx$를 찾아라.

풀이 여기서는 다음과 같이 부분 적분을 이용한다.

$$u = \sec x, \qquad dv = \sec^2 x\,dx,$$
$$du = \sec x \tan x\,dx, \quad v = \tan x$$

그러면 다음을 얻는다.

$$\begin{aligned}\int \sec^3 x\,dx &= \sec x \tan x - \int \sec x \tan^2 x\,dx \\ &= \sec x \tan x - \int \sec x(\sec^2 x - 1)\,dx \\ &= \sec x \tan x - \int \sec^3 x\,dx + \int \sec x\,dx\end{aligned}$$

공식 1을 이용하고 찾으려는 적분에 대해 풀면 다음을 얻는다.

$$\int \sec^3 x\,dx = \frac{1}{2}(\sec x \tan x + \ln|\sec x + \tan x|) + C$$ ■

보기 8에 있는 것과 같은 적분은 매우 특별해 보이지만, 제 7 장에서 알아보듯이 적분의 활용에서 흔히 나타난다. $\int \cot^m x \csc^n x\,dx$ 꼴의 적분은 등식 $1 + \cot^2 x = \csc^2 x$를 이용해서 비슷한 방법으로 찾을 수 있다.

삼각 치환

원 또는 타원의 넓이를 찾을 때, $\int \sqrt{a^2 - x^2}\,dx$ 꼴의 적분이 나타난다. 여기서 $a > 0$이다. $\int x\sqrt{a^2 - x^2}\,dx$일 때는 치환 $u = a^2 - x^2$으로 적분할 수 있지만, $\int \sqrt{a^2 - x^2}\,dx$는 더 어렵다. 치환 $x = a\sin\theta$를 이용해서 변수를 x에서 θ로 바꾸면, 등식 $1 - \sin^2\theta = \cos^2\theta$를 이용해서 다음과 같이 근호를 없앨 수 있다.

$$\sqrt{a^2 - x^2} = \sqrt{a^2 - a^2\sin^2\theta} = \sqrt{a^2(1 - \sin^2\theta)} = \sqrt{a^2\cos^2\theta} = a|\cos\theta|$$

(새로운 변수가 옛 변수의 함수인) 치환 $u = a^2 - x^2$과 (옛 변수가 새로운 변수의 함수인) 치환 $x = a\sin\theta$ 사이의 차이점에 주목하자.

일반적으로 치환 법칙을 거꾸로 이용해서 $x = g(t)$ 꼴의 치환을 할 수 있다. 셈을 더 간단히 하기 위해서 g의 역함수가 존재한다고 가정하자. 곧, g는 일대일이라 가정하자. 이런 경우에는 치환 법칙(5.5절의 식 4)에서 u를 x로 바꾸고 x를 t로 바꾸어 다음을 얻는다.

$$\int f(x)\,dx = \int f(g(t))\,g'(t)\,dt$$

용어
역 치환 inverse substitution

이런 종류의 치환을 역 치환이라 한다.

역 치환 $x = a\sin\theta$는 이것이 일대일 함수인 경우에 시행할 수 있다. 이는 θ를 구간 $[-\pi/2, \pi/2]$로 제한하면 성립한다.

다음 표에 삼각 치환을 나열했는데, 이는 제시된 삼각 등식 때문에 주어진 제곱근 식에 대해 유효하다. 각 경우에 θ에 대한 제한은 치환을 정의하는 함수가 일대일이 되도록 보장한다. (이것들은 역함수를 정의할 때 3.5절에서 이용한 구간과 같다.)

삼각 치환표

식	치환	등식
$\sqrt{a^2 - x^2}$	$x = a\sin\theta \quad \left(-\dfrac{\pi}{2} \le \theta \le \dfrac{\pi}{2}\right)$	$1 - \sin^2\theta = \cos^2\theta$
$\sqrt{a^2 + x^2}$	$x = a\tan\theta \quad \left(-\dfrac{\pi}{2} < \theta < \dfrac{\pi}{2}\right)$	$1 + \tan^2\theta = \sec^2\theta$
$\sqrt{x^2 - a^2}$	$x = a\sec\theta \quad \left(0 \le \theta < \dfrac{\pi}{2}\ \text{또는}\ \pi \le \theta < \dfrac{3\pi}{2}\right)$	$\sec^2\theta - 1 = \tan^2\theta$

보기 9 $\displaystyle\int \frac{\sqrt{9 - x^2}}{x^2}\,dx$를 찾아라.

풀이 $x = 3\sin\theta$이고 $-\pi/2 \le \theta \le \pi/2$라 하자. 그러면 $dx = 3\cos\theta\,d\theta$이고 다음이 성립한다.

$$\sqrt{9 - x^2} = \sqrt{9 - 9\sin^2\theta} = \sqrt{9\cos^2\theta} = 3|\cos\theta| = 3\cos\theta$$

($-\pi/2 \le \theta \le \pi/2$이므로 $\cos\theta \ge 0$이다.) 그러므로 역 치환을 이용해서 다음을 얻는다.

$$\begin{aligned}\int \frac{\sqrt{9 - x^2}}{x^2}\,dx &= \int \frac{3\cos\theta}{9\sin^2\theta}\,3\cos\theta\,d\theta = \int \frac{\cos^2\theta}{\sin^2\theta}\,d\theta \\ &= \int \cot^2\theta\,d\theta = \int (\csc^2\theta - 1)\,d\theta = -\cot\theta - \theta + C\end{aligned}$$

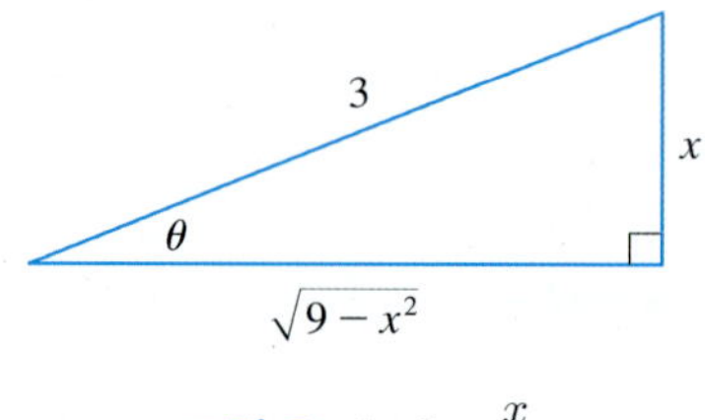

그림 3 $\sin\theta = \dfrac{x}{3}$

이것이 부정 적분이므로, 원래의 변수 x로 나타내야 한다. 이는 삼각 등식을 이용해서 $\cot\theta$를 $\sin\theta = x/3$의 식으로 나타내거나 (θ를 직각 삼각형의 각으로 해석한) 그림 3에 나타낸 도형을 이용해서 나타낼 수 있다. $\sin\theta = x/3$이므로, 대변과 빗변의 길이를 각각 x와 3으로 놓는다. 그러면 피타고라스의 정리에 의해 이웃변의 길이 $\sqrt{9 - x^2}$을 얻는다. 그러므로 이 그림으로부터 $\cot\theta$의 값을 다음과 같이 간단히 읽을 수 있다.

$$\cot\theta = \frac{\sqrt{9 - x^2}}{x}$$

(그림에서는 $\theta > 0$이지만, $\cot\theta$에 대한 이 식은 $\theta < 0$인 경우에도 성립한다.) $\sin\theta = x/3$이므로, $\theta = \sin^{-1}(x/3)$이고 다음을 얻는다.

$$\int \frac{\sqrt{9-x^2}}{x^2}\,dx = -\frac{\sqrt{9-x^2}}{x} - \sin^{-1}\left(\frac{x}{3}\right) + C$$ ■

보기 10 다음 타원으로 둘러싸인 영역의 넓이를 찾아라.

$$\frac{x^2}{a^2} + \frac{y^2}{b^2} = 1$$

풀이 타원의 방정식을 y에 대해 풀면, 다음을 얻는다.

$$\frac{y^2}{b^2} = 1 - \frac{x^2}{a^2} = \frac{a^2 - x^2}{a^2} \qquad \text{또는} \qquad y = \pm\frac{b}{a}\sqrt{a^2 - x^2}$$

이 타원이 두 좌표축에 대해 대칭이므로, 전체 넓이 A는 제1사분면에 있는 영역의 넓이의 네 배이다. (그림 4를 보라.) 제1사분면에 있는 타원은 다음 함수로 정의된다.

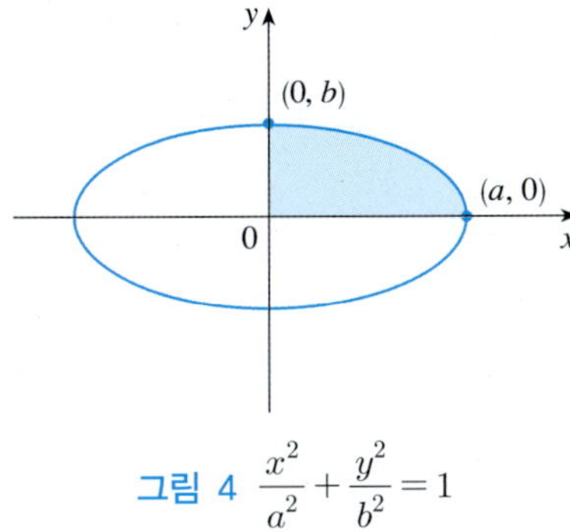

그림 4 $\frac{x^2}{a^2} + \frac{y^2}{b^2} = 1$

$$y = \frac{b}{a}\sqrt{a^2 - x^2} \qquad (0 \le x \le a)$$

그러므로 다음이 성립한다.

$$\frac{1}{4}A = \int_0^a \frac{b}{a}\sqrt{a^2 - x^2}\,dx$$

이 적분 값을 찾기 위해서 $x = a\sin\theta$로 치환하자. 그러면 $dx = a\cos\theta\,d\theta$이다. 적분 한계를 바꾸기 위해서, $x = 0$일 때 $\sin\theta = 0$이므로 $\theta = 0$이고 $x = a$일 때 $\sin\theta = 1$이므로 $\theta = \pi/2$임을 확인하자. 또, $0 \le \theta \le \pi/2$이므로 다음이 성립한다.

$$\sqrt{a^2 - x^2} = \sqrt{a^2 - a^2\sin^2\theta} = \sqrt{a^2\cos^2\theta} = a|\cos\theta| = a\cos\theta$$

따라서 다음을 얻는다.

$$\begin{aligned} A &= 4\frac{b}{a}\int_0^a \sqrt{a^2 - x^2}\,dx = 4\frac{b}{a}\int_0^{\pi/2} a\cos\theta \cdot a\cos\theta\,d\theta \\ &= 4ab\int_0^{\pi/2} \cos^2\theta\,d\theta = 4ab\int_0^{\pi/2} \frac{1}{2}(1 + \cos 2\theta)\,d\theta \\ &= 2ab\left[\theta + \frac{1}{2}\sin 2\theta\right]_0^{\pi/2} = 2ab\left(\frac{\pi}{2} + 0 - 0\right) = \pi ab \end{aligned}$$

축의 반이 a와 b인 타원의 넓이가 πab임을 보였다. 특히 $a = b = r$로 택하면, 반지름이 r인 원의 넓이에 대한 유명한 공식 πr^2을 얻는다. ■

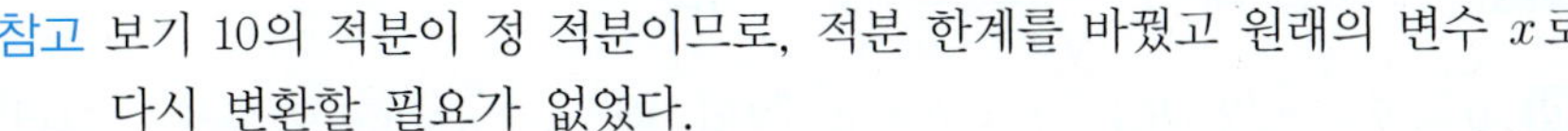
참고 보기 10의 적분이 정 적분이므로, 적분 한계를 바꿨고 원래의 변수 x로 다시 변환할 필요가 없었다.

보기 11 $\displaystyle\int \frac{1}{x^2\sqrt{x^2+4}}\,dx$를 찾아라.

풀이 $x = 2\tan\theta\ (-\pi/2 < \theta < \pi/2)$라 하자. 그러면 $dx = 2\sec^2\theta\,d\theta$이고 다음이 성립한다.

$$\sqrt{x^2+4} = \sqrt{4(\tan^2\theta+1)} = \sqrt{4\sec^2\theta} = 2|\sec\theta| = 2\sec\theta$$

그러므로 다음을 얻는다.

$$\int \frac{dx}{x^2\sqrt{x^2+4}} = \int \frac{2\sec^2\theta\,d\theta}{4\tan^2\theta\cdot 2\sec\theta} = \frac{1}{4}\int \frac{\sec\theta}{\tan^2\theta}\,d\theta$$

이 삼각 적분을 셈하기 위해서 모든 것을 $\sin\theta$와 $\cos\theta$로 나타내면 다음과 같다.

$$\frac{\sec\theta}{\tan^2\theta} = \frac{1}{\cos\theta}\cdot\frac{\cos^2\theta}{\sin^2\theta} = \frac{\cos\theta}{\sin^2\theta}$$

따라서 $u = \sin\theta$로 치환하면, 다음을 얻는다.

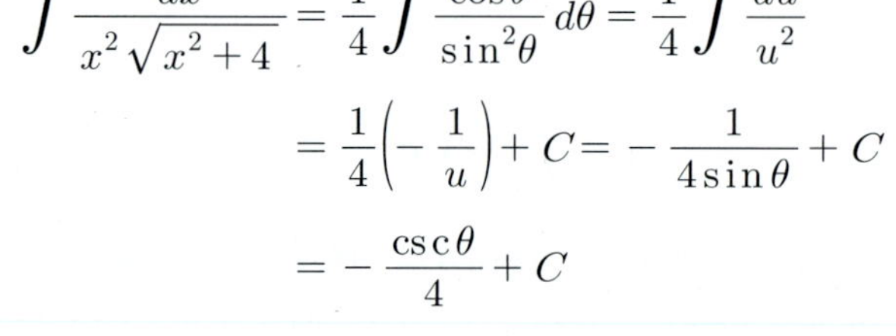

$$\int \frac{dx}{x^2\sqrt{x^2+4}} = \frac{1}{4}\int \frac{\cos\theta}{\sin^2\theta}\,d\theta = \frac{1}{4}\int \frac{du}{u^2}$$

$$= \frac{1}{4}\left(-\frac{1}{u}\right) + C = -\frac{1}{4\sin\theta} + C$$

$$= -\frac{\csc\theta}{4} + C$$

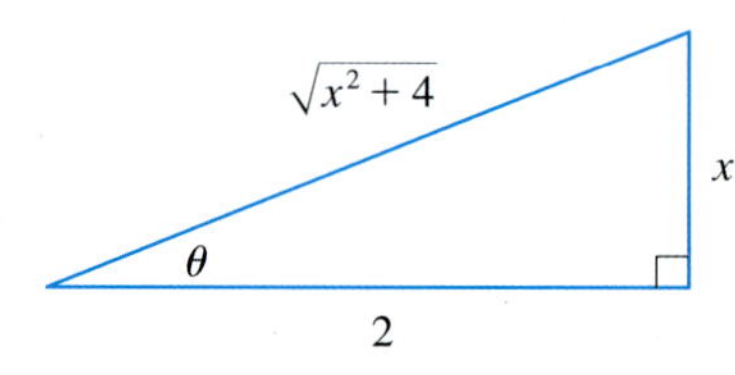

그림 5 $\tan\theta = \dfrac{x}{2}$

그림 5를 이용해서 $\csc\theta = \sqrt{x^2+4}/x$임을 결정할 수 있으므로, 다음이 성립한다.

$$\int \frac{dx}{x^2\sqrt{x^2+4}} = -\frac{\sqrt{x^2+4}}{4x} + C$$ ■

■ 보기 12는 삼각 치환이 가능한 경우에도, 그것으로 해를 가장 쉽게 얻지 못할 수 있다는 사실을 예시한다. 먼저 더 간단한 방법을 찾아야 한다.

보기 12 $\displaystyle\int \frac{x}{\sqrt{x^2+4}}\,dx$를 찾아라.

풀이 여기서 (보기 11에서와 같이) 삼각 치환 $x = 2\tan\theta$를 이용할 수 있을 것이다. 그러나 직접적인 치환 $u = x^2+4$가 더 간단한데, $du = 2x\,dx$이고 다음을 얻기 때문이다.

$$\int \frac{x}{\sqrt{x^2+4}}\,dx = \frac{1}{2}\int \frac{du}{\sqrt{u}} = \sqrt{u} + C = \sqrt{x^2+4} + C$$ ■

보기 13 $a > 0$일 때 $\displaystyle\int \frac{dx}{\sqrt{x^2-a^2}}$를 찾아라.

풀이 $0 < \theta < \pi/2$ 또는 $\pi < \theta < 3\pi/2$일 때 $x = a\sec\theta$로 놓자. 그러면 $dx = a\sec\theta\tan\theta\,d\theta$이고 다음이 성립한다.

$$\sqrt{x^2-a^2}=\sqrt{a^2(\sec^2\theta-1)}=\sqrt{a^2\tan^2\theta}=a|\tan\theta|=a\tan\theta$$

따라서 다음을 얻는다.

$$\int\frac{dx}{\sqrt{x^2-a^2}}=\int\frac{a\sec\theta\tan\theta}{a\tan\theta}\,d\theta$$
$$=\int\sec\theta\,d\theta=\ln|\sec\theta+\tan\theta|+C$$

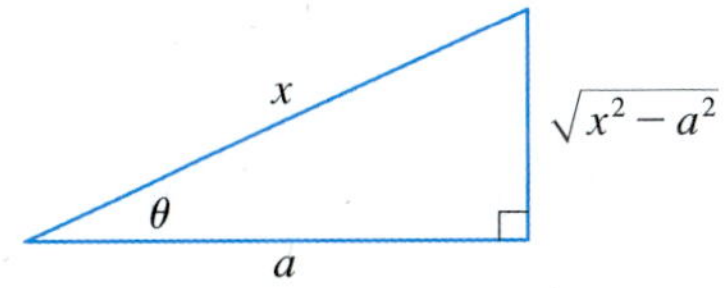

그림 6 $\sec\theta=\dfrac{x}{a}$

그림 6의 삼각형에 의해 $\tan\theta=\sqrt{x^2-a^2}/a$이므로, 다음이 성립한다.

$$\int\frac{dx}{\sqrt{x^2-a^2}}=\ln\left|\frac{x}{a}+\frac{\sqrt{x^2-a^2}}{a}\right|+C$$
$$=\ln\left|x+\sqrt{x^2-a^2}\right|-\ln a+C$$

$C_1=C-\ln a$로 나타내면, 다음을 얻는다.

$$\int\frac{dx}{\sqrt{x^2-a^2}}=\ln\left|x+\sqrt{x^2-a^2}\right|+C_1$$ ■

보기 14 $\displaystyle\int_0^{3\sqrt{3}/2}\frac{x^3}{(4x^2+9)^{3/2}}\,dx$를 찾아라.

풀이 먼저 $(4x^2+9)^{3/2}=\left(\sqrt{4x^2+9}\right)^3$이므로, 삼각 치환이 적절함에 주목하자. $\sqrt{4x^2+9}$가 삼각 치환표에 있는 식 중 하나와 완전히 일치하지는 않지만, 예비적으로 $u=2x$로 치환하면 그런 식 중 하나가 된다. 이것과 탄젠트 치환을 결합해서, $x=\frac{3}{2}\tan\theta$라 하면 $dx=\frac{3}{2}\sec^2\theta\,d\theta$이고 다음이 성립한다.

$$\sqrt{4x^2+9}=\sqrt{9\tan^2\theta+9}=3\sec\theta$$

$x=0$일 때 $\tan\theta=0$이므로 $\theta=0$이고, $x=3\sqrt{3}/2$일 때 $\tan\theta=\sqrt{3}$이므로 $\theta=\pi/3$이다. 따라서 다음을 얻는다.

$$\int_0^{3\sqrt{3}/2}\frac{x^3}{(4x^2+9)^{3/2}}\,dx=\int_0^{\pi/3}\frac{\frac{27}{8}\tan^3\theta}{27\sec^3\theta}\,\frac{3}{2}\sec^2\theta\,d\theta$$
$$=\frac{3}{16}\int_0^{\pi/3}\frac{\tan^3\theta}{\sec\theta}\,d\theta=\frac{3}{16}\int_0^{\pi/3}\frac{\sin^3\theta}{\cos^2\theta}\,d\theta$$
$$=\frac{3}{16}\int_0^{\pi/3}\frac{1-\cos^2\theta}{\cos^2\theta}\sin\theta\,d\theta$$

이제 $u=\cos\theta$로 치환하면 $du=-\sin\theta\,d\theta$이다. $\theta=0$일 때 $u=1$이고 $\theta=\pi/3$일 때 $u=\frac{1}{2}$이다. 따라서 다음을 얻는다.

$$\int_0^{3\sqrt{3}/2}\frac{x^3}{(4x^2+9)^{3/2}}\,dx=-\frac{3}{16}\int_1^{1/2}\frac{1-u^2}{u^2}\,du$$

■ 보기 14가 보여주듯이, 임의의 정수 n에 대해 $(x^2+a^2)^{n/2}$이 적분에 나타낼 때 종종 삼각 치환은 좋은 발상이다. $(a^2-x^2)^{n/2}$ 또는 $(x^2-a^2)^{n/2}$가 나타낼 때도 삼각 치환을 이용할 수 있다.

■ www.stewartcalculus.com

Additional Example A를 보라.

$$= \frac{3}{16}\int_1^{1/2}(1-u^{-2})\,du = \frac{3}{16}\left[u+\frac{1}{u}\right]_1^{1/2}$$

$$= \frac{3}{16}\left\{\left(\frac{1}{2}+2\right)-(1+1)\right\} = \frac{3}{32}$$ ■

6.2 익힘 문제

1–36. 다음 적분을 찾아라.

1. $\int \sin^2 x \cos^3 x\, dx$
2. $\int \sin^6 x \cos^3 x\, dx$
3. $\int_0^{\pi/2} \sin^7\theta \cos^5\theta\, d\theta$
4. $\int_0^{\pi/2} \cos^5 x\, dx$
5. $\int_0^{\pi/2} \cos^2\theta\, d\theta$
6. $\int_0^{2\pi} \sin^2\left(\frac{1}{3}\theta\right) d\theta$
7. $\int_0^{\pi} \cos^4(2t)\, dt$
8. $\int_0^{\pi/2} \sin^2(2\theta)\, d\theta$
9. $\int_0^{\pi/2} \sin^2 x \cos^2 x\, dx$
10. $\int_0^{\pi} \cos^6\theta\, d\theta$
11. $\int t\sin^2 t\, dt$
12. $\int x\cos^2 x\, dx$
13. $\int \cos^2 x \tan^3 x\, dx$
14. $\int \cot^5\theta \sin^4\theta\, d\theta$
15. $\int \frac{1-\sin x}{\cos x}\, dx$
16. $\int \cos^2 x \sin 2x\, dx$
17. $\int \tan x \sec^3 x\, dx$
18. $\int \tan^2\theta \sec^4\theta\, d\theta$
19. $\int \tan^2 x\, dx$
20. $\int \tan^4 x\, dx$
21. $\int \tan^4 x \sec^6 x\, dx$
22. $\int_0^{\pi/4} \sec^4\theta \tan^4\theta\, d\theta$
23. $\int_0^{\pi/3} \tan^5 x \sec^4 x\, dx$
24. $\int \tan^5 x \sec^3 x\, dx$
25. $\int \tan^3 x \sec x\, dx$
26. $\int_0^{\pi/3} \tan^5 x \sec^6 x\, dx$
27. $\int \tan^5 x\, dx$
28. $\int \tan^2 x \sec x\, dx$
29. $\int_{\pi/6}^{\pi/2} \cot^2 x\, dx$
30. $\int_{\pi/4}^{\pi/2} \cot^3 x\, dx$
31. $\int_{\pi/4}^{\pi/2} \cot^5\phi \csc^3\phi\, d\phi$
32. $\int \csc^4 x \cot^6 x\, dx$
33. $\int \csc x\, dx$
34. $\int \frac{1-\tan^2 x}{\sec^2 x}\, dx$
35. $\int_0^{\pi/6} \sqrt{1+\cos 2x}\, dx$
36. $\int \frac{dx}{\cos x - 1}$

37. (a) $\cos(A+B)$와 $\cos(A-B)$에 대한 공식을 이용해서 다음이 성립함을 보여라.

$$\sin A \sin B = \frac{1}{2}\{\cos(A-B)-\cos(A+B)\}$$

(b) (a)를 이용해서 $\int \sin 5x \sin 2x\, dx$를 찾아라.

38. (a) $\sin(A+B)$와 $\sin(A-B)$에 대한 공식을 이용해서 다음이 성립함을 보여라.

$$\sin A \cos B = \frac{1}{2}\{\sin(A-B)+\sin(A+B)\}$$

(b) (a)를 이용해서 $\int \sin 3x \cos x\, dx$를 찾아라.

39–41. 지정된 삼각 치환을 이용해서 다음 적분을 찾아라. 관련된 직각 삼각형을 그리고 적절히 표시하라.

39. $\int \frac{1}{x^2\sqrt{4-x^2}}\, dx, \quad x = 2\sin\theta$
40. $\int \frac{x^3}{\sqrt{x^2+4}}\, dx, \quad x = 2\tan\theta$
41. $\int \frac{\sqrt{x^2-4}}{x}\, dx, \quad x = 2\sec\theta$

42–60. 다음 적분값을 찾아라.

42. $\int_0^{2\sqrt{3}} \frac{x^3}{\sqrt{16-x^2}}\, dx$
43. $\int_{\sqrt{2}}^{2} \frac{1}{t^3\sqrt{t^2-1}}\, dt$
44. $\int_0^2 x^3\sqrt{x^2+4}\, dx$

45. $\int_0^a \frac{dx}{(a^2+x^2)^{3/2}}$ $(a>0)$

46. $\int \frac{dt}{t^2\sqrt{t^2-16}}$

47. $\int \frac{dx}{\sqrt{x^2+16}}$

48. $\int \frac{t^5}{\sqrt{t^2+2}}\,dt$

49. $\int \sqrt{1-4x^2}\,dx$

50. $\int \frac{du}{u\sqrt{5-u^2}}$

51. $\int \frac{\sqrt{x^2-9}}{x^3}\,dx$

52. $\int \frac{x}{\sqrt{1+x^2}}\,dx$

53. $\int_0^{0.6} \frac{x^2}{\sqrt{9-25x^2}}\,dx$

54. $\int \frac{dx}{\{(ax)^2-b^2\}^{3/2}}$

55. $\int \frac{x}{\sqrt{x^2-7}}\,dx$

56. $\int_0^1 \sqrt{x^2+1}\,dx$

57. $\int \frac{\sqrt{1+x^2}}{x}\,dx$

58. $\int_0^1 \frac{dx}{(x^2+1)^2}$

59. $\int x\sqrt{1-x^4}\,dx$

60. $\int_0^{\pi/2} \frac{\cos t}{\sqrt{1+\sin^2 t}}\,dt$

61. 다음 적분을 먼저 완전 제곱식으로 나타내고 치환 $u=3x+1$을 이용해서 찾아라.

$$\int \frac{1}{\sqrt{9x^2+6x-8}}\,dx$$

62–64. 다음 적분을 먼저 완전 제곱식으로 나타내고 찾아라.

62. $\int \frac{dt}{\sqrt{t^2-6t+13}}$

63. $\int \sqrt{5+4x-x^2}\,dx$

64. $\int \frac{x^2+1}{(x^2-2x+2)^2}\,dx$

65. 입자가 직선을 따라 $v(t)=\sin\omega t\cos^2\omega t$의 속도 함수로 움직인다. $f(0)=0$일 때 위치 함수 $s=f(t)$를 찾아라.

66. 가정용 전기는 교류의 형태로 공급되는데, 155V부터 -155V까지 변하고 주파수는 60헤르츠(Hz)이다. 그러므로 전압은 다음 식으로 주어진다.

$$E(t)=155\sin(120\pi t)$$

여기서 t의 단위는 초이다. 전압계는 RMS(root-mean-square 제곱 평균의 제곱근) 볼트를 읽는데, 이는 한 주기 동안 $\{E(t)\}^2$의 평균값의 제곱근이다.

(a) 가정용 전기의 RMS 볼트를 셈하라.

(b) 많은 전기 난로는 220V의 RMS 볼트를 요구한다. 볼트 $E(t)=A\sin(120\pi t)$에 필요한 대응하는 크기 A를 찾아라.

67. $f(x)=\sqrt{x^2-1}/x$ $(1\le x\le 7)$의 평균값을 찾아라.

68. 쌍곡선 $9x^2-4y^2=36$과 직선 $x=3$으로 둘러싸인 영역의 넓이를 찾아라.

69. 반지름이 r이고 중심각이 θ인 부채꼴의 넓이에 대한 공식 $A=\frac{1}{2}r^2\theta$를 증명하라. [*귀띔*: $0<\theta<\pi/2$라 가정하고, 부채꼴의 중심을 원점에 위치시켜서 그 방정식이 $x^2+y^2=r^2$이라 하자. 그러면 A는 그림 1에서 삼각형 POQ의 넓이와 영역 PQR의 넓이의 합이다.]

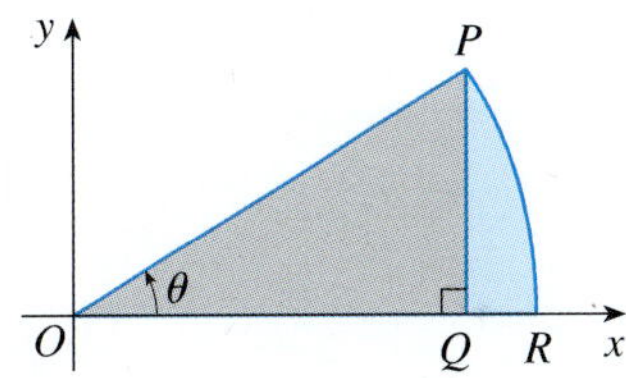

70. 길이가 L인 대전 막대는 점 $P(a,\ b)$에서 다음과 같이 정의된 전기 마당을 생성한다.

$$E(P)=\int_{-a}^{L-a} \frac{\lambda b}{4\pi\varepsilon_0(x^2+b^2)^{3/2}}\,dx$$

여기서 λ는 막대에서 단위 길이의 전하 밀도이고 ε_0은 자유 공간 유전율이다. (아래 그림을 보라.) 전기 마당 $E(P)$에 대한 식을 결정하는 적분을 찾아라.

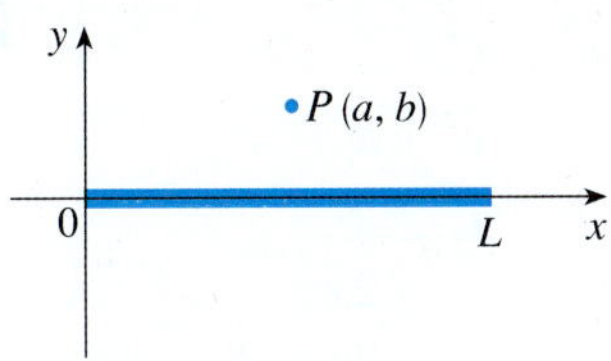

6.3 부분 분수

용어
부분 분수 partial fraction
진유리 함수 proper rational function
가유리 함수 improper rational function

이번 절에서는 임의의 유리 함수(다항 함수들의 몫)를 (적분하는 방법을 이미 알고 있는) 부분 분수라 부르는 더 간단한 분수들의 합으로 표현해서 적분하는 방법을 보여준다. 이 방법을 예시하기 위해서, 분수 $2/(x-1)$와 $1/(x+2)$의 공통 분모를 취하면 다음이 성립함을 관찰하자.

$$\frac{2}{x-1}-\frac{1}{x+2}=\frac{2(x+2)-(x-1)}{(x-1)(x+2)}=\frac{x+5}{x^2+x-2}$$

이제 이 과정을 역전시키면, 다음과 같이 이 방정식의 우변에 있는 함수를 적분하는 방법을 알 수 있다.

$$\int \frac{x+5}{x^2+x-2}\,dx=\int\left(\frac{2}{x-1}-\frac{1}{x+2}\right)dx$$
$$=2\ln|x-1|-\ln|x+2|+C$$

부분 분수의 방법을 일반적으로 적용하는 과정을 알아보기 위해서, 다음 유리 함수를 생각하자.

$$f(x)=\frac{P(x)}{Q(x)}$$

여기서 P와 Q는 다항 함수이다. P의 차수가 Q의 차수보다 작으면 f를 더 간단한 분수들의 합으로 표현할 수 있다. 이를 진유리 함수라 한다. 다항 함수 $P(x)=a_nx^n+a_{n-1}x^{n-1}+\cdots+a_1x+a_0$에서 $a_n\neq 0$일 때, P의 차수는 n이라 하고, 이를 $\deg(P)=n$으로 나타낸다.

f가 가유리 함수일 때, 곧 $\deg(P)\geq\deg(Q)$일 때는 예비적인 단계로 먼저 P를 Q로 나누어 나머지 $R(x)$가 $\deg(R)<\deg(Q)$를 만족시키도록 해야 한다. 곧, 다음과 같이 나타낸다.

1 $$f(x)=\frac{P(x)}{Q(x)}=S(x)+\frac{R(x)}{Q(x)}$$

여기서 S와 R은 모두 다항 함수이다.

다음 보기가 예시하듯이, 이런 예비적인 단계로 모든 것이 끝나는 경우가 종종 있다.

$$\begin{array}{r}
x^2+x+2\\
x-1\,\overline{)\,x^3\qquad+x}\\
\underline{x^3-x^2}\qquad\\
x^2+x\\
\underline{x^2-x}\\
2x\\
\underline{2x-2}\\
2
\end{array}$$

보기 1 $\int \frac{x^3+x}{x-1}\,dx$를 찾아라.

풀이 분자의 차수가 분모의 차수보다 크므로, 먼저 나눗셈을 시행한다. 그러면 다음을 얻는다.

$$\int \frac{x^3+x}{x-1}\,dx=\int\left(x^2+x+2+\frac{2}{x-1}\right)dx$$

$$=\frac{x^3}{3}+\frac{x^2}{2}+2x+2\ln|x-1|+C$$ ■

다음 단계는 분모 $Q(x)$를 가능한 한 끝까지 인수 분해하는 것이다. 임의의 다항식 Q는 ($ax+b$ 꼴의) 일차 인수와 ($b^2-4ac<0$인 ax^2+bx+c 꼴의) 기약인 이차 인수의 곱으로 인수 분해할 수 있다는 사실을 밝힐 수 있다. 예를 들면, $Q(x)=x^4-16$을 다음과 같이 인수 분해할 수 있다.

$$Q(x)=(x^2-4)(x^2+4)=(x-2)(x+2)(x^2+4)$$

셋째 단계는 (식 1의) 진유리 함수 $R(x)/Q(x)$를 다음과 같은 꼴의 **부분 분수**의 합으로 나타내는 것이다.

$$\frac{A}{(ax+b)^i} \quad \text{또는} \quad \frac{Ax+B}{(ax^2+bx+c)^j}$$

대수학의 한 정리에 따르면 언제나 이렇게 할 수 있다. 이를 네 가지 경우로 나누어 설명하겠다.

경우 I. 분모 $Q(x)$가 서로 다른 일차 인수들의 곱인 경우

이는 다음과 쓸 수 있음을 뜻한다.

$$Q(x)=(a_1x+b_1)(a_2x+b_2)\cdots(a_kx+b_k)$$

여기서 중복되는 인수는 없다. (그리고 다른 것의 상수 배인 인수도 없다.) 이런 경우에 부분 분수 정리에 따르면, 다음을 만족시키는 상수 A_1, A_2, ..., A_k가 존재한다.

2 $$\frac{R(x)}{Q(x)}=\frac{A_1}{a_1x+b_1}+\frac{A_2}{a_2x+b_2}+\cdots+\frac{A_k}{a_kx+b_k}$$

이런 상수들은 다음 보기에서와 같이 결정할 수 있다.

보기 2 $\displaystyle\int\frac{x^2+2x-1}{2x^3+3x^2-2x}\,dx$를 찾아라.

풀이 분자의 차수가 분모의 차수보다 작으므로, 나눌 필요는 없다. 분모는 다음과 같이 인수 분해된다.

$$2x^3+3x^2-2x=x(2x^2+3x-2)=x(2x-1)(x+2)$$

분모에 세 개의 서로 다른 인수가 있으므로, 적분할 함수의 부분 분수 분해는 다음과 같은 꼴이다.

3 $$\frac{x^2+2x-1}{x(2x-1)(x+2)}=\frac{A}{x}+\frac{B}{2x-1}+\frac{C}{x+2}$$

A, B, C의 값을 결정하기 위해서, 분모의 곱 $x(2x-1)(x+2)$를 이 식의 양변에 곱하면 다음을 얻는다.

■ A, B, C를 찾는 다른 방법은 이 보기의 뒤에 있는 참고를 보라.

4 $$x^2+2x-1=A(2x-1)(x+2)+Bx(x+2)+Cx(2x-1)$$

식 4의 우변을 전개하고 동류항을 묶어서 다음과 같이 나타낼 수 있다.

■ 그림 1은 보기 2의 적분할 함수와 그것의 ($K=0$인) 부정 적분의 그래프를 보여준다. 어느 것이 어느 것인가?

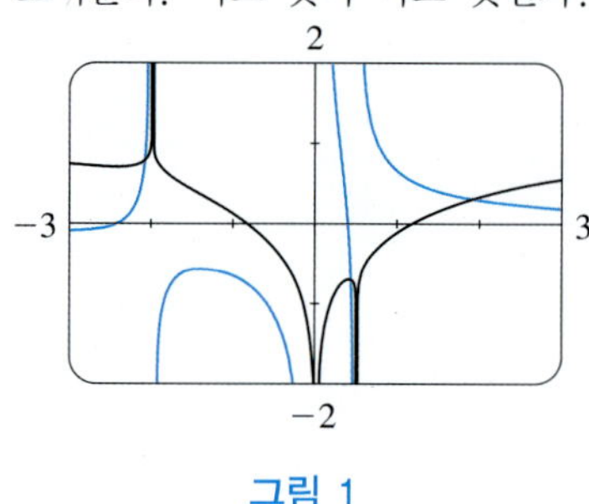

그림 1

■ 이 결과는 통분하고 서로 더해서 검토할 수 있다.

5 $$x^2+2x-1=(2A+B+2C)x^2+(3A+2B-C)x-2A$$

식 5는 항등식이므로, 계수들이 서로 같아야 한다. 우변에서 x^2의 계수 $2A+B+2C$는 좌변에서 x^2의 계수 1과 같아야 한다. 마찬가지로, x의 계수끼리 서로 같고 상수항끼리 서로 같다. 이에 따라 다음과 같은 A, B, C에 관한 연립 방정식을 얻는다.

$$\begin{cases} 2A+\ \ B+2C=1 \\ 3A+2B-\ \ C=2 \\ -2A \qquad\qquad\ =-1 \end{cases}$$

이를 풀면 $A=\frac{1}{2}$, $B=\frac{1}{5}$, $C=-\frac{1}{10}$을 얻으므로, 다음이 성립한다.

$$\int \frac{x^2+2x-1}{2x^3+3x^2-2x}\,dx=\int\left(\frac{1}{2}\frac{1}{x}+\frac{1}{5}\frac{1}{2x-1}-\frac{1}{10}\frac{1}{x+2}\right)dx$$
$$=\frac{1}{2}\ln|x|+\frac{1}{10}\ln|2x-1|-\frac{1}{10}\ln|x+2|+K$$

가운데 항을 적분할 때는 머릿속으로 $u=2x-1$로 치환했다. 그러면 $du=2\,dx$이고 $dx=du/2$이다. ■

■ www.stewartcalculus.com

Additional Example A와 B를 보라.

참고 보기 2에서 계수 A, B, C를 찾는 다른 방법이 있다. 식 4는 항등식이다. 곧, x의 모든 값에 대해 성립한다. 식을 간단히 할 수 있는 x의 값을 선택하자. 식 4에 $x=0$을 대입하면, 우변에서 둘째와 셋째 항이 사라지고 식은 $-2A=-1$, 곧 $A=\frac{1}{2}$이 된다. 마찬가지로, $x=\frac{1}{2}$을 대입하면 $5B/4=\frac{1}{4}$을 얻고 $x=-2$를 대입하면 $10C=-1$을 얻는다. 그러므로 $B=\frac{1}{5}$이고 $C=-\frac{1}{10}$이다. (식 3은 x가 0 또는 $\frac{1}{2}$ 또는 -2일 때 유효하지 않으므로, 이런 값에 대해 식 4가 유효한 이유를 반문할 수 있다. 사실, 식 4는 x의 모든 값에 대해 성립하고, $x=0$, $\frac{1}{2}$, -2일 때도 물론 성립한다. 이 이유는 익힘 문제 45를 보라.)

경우 II. 분모 $Q(x)$가 중복된 것이 있는 일차 인수들의 곱인 경우

첫째 일차 인수 (a_1x+b_1)이 r번 중복된다고 하자. 곧, $(a_1x+b_1)^r$이 $Q(x)$의 인수 분해에 나타난다고 하자. 그러면 식 2에서 $A_1/(a_1x+b_1)$을 단 한 개가 아니라 다음과 같이 이용할 수 있다.

6 $$\frac{A_1}{a_1x+b_1}+\frac{A_2}{(a_1x+b_1)^2}+\cdots+\frac{A_r}{(a_1x+b_1)^r}$$

예를 들면, 다음과 같이 쓸 수 있다.

$$\frac{x^3-x+1}{x^2(x-1)^3}=\frac{A}{x}+\frac{B}{x^2}+\frac{C}{x-1}+\frac{D}{(x-1)^2}+\frac{E}{(x-1)^3}$$

여기서는 이보다 더 간단한 예를 자세히 알아보겠다.

보기 3 $\displaystyle\int \frac{x^4-2x^2+4x+1}{x^3-x^2-x+1}\,dx$를 찾아라.

풀이 첫째 단계는 나눗셈인데, 그 결과는 다음과 같다.

$$\frac{x^4-2x^2+4x+1}{x^3-x^2-x+1}=x+1+\frac{4x}{x^3-x^2-x+1}$$

둘째 단계는 분모 $Q(x)=x^3-x^2-x+1$을 인수 분해하는 것이다. $Q(1)=0$이므로, $x-1$이 인수이고 다음을 얻는다.

$$\begin{aligned} x^3-x^2-x+1 &= (x-1)(x^2-1)=(x-1)(x-1)(x+1) \\ &= (x-1)^2(x+1) \end{aligned}$$

일차 인수 $x-1$이 두 번 나타나므로, 부분 분수 분해는 다음과 같다.

$$\frac{4x}{(x-1)^2(x+1)}=\frac{A}{x-1}+\frac{B}{(x-1)^2}+\frac{C}{x+1}$$

최소의 공통 분모 $(x-1)^2(x+1)$을 양변에 곱하면 다음을 얻는다.

7 $$\begin{aligned} 4x &= A(x-1)(x+1)+B(x+1)+C(x-1)^2 \\ &= (A+C)x^2+(B-2C)x+(-A+B+C) \end{aligned}$$

이제 계수끼리 같게 놓으면 다음을 얻는다.

$$\begin{cases} A+\quad\;\; C=0 \\ \qquad B-2C=4 \\ -A+B+\;C=0 \end{cases}$$

■ 계수를 찾는 다른 방법: 7에 $x=1$을 넣으면 $B=2$, $x=-1$을 넣으면 $C=-1$, $x=0$을 넣으면 $A=B+C=1$을 얻는다.

이를 풀면 $A=1$, $B=2$, $C=-1$이므로, 다음을 얻는다.

$$\begin{aligned} \int \frac{x^4-2x^2+4x+1}{x^3-x^2-x+1}\,dx &= \int\left\{x+1+\frac{1}{x-1}+\frac{2}{(x-1)^2}-\frac{1}{x+1}\right\}dx \\ &= \frac{x^2}{2}+x+\ln|x-1|-\frac{2}{x-1}-\ln|x+1|+K \\ &= \frac{x^2}{2}+x-\frac{2}{x-1}+\ln\left|\frac{x-1}{x+1}\right|+K \end{aligned}$$ ■

■ 여기서 $\ln\frac{a}{b}=\ln a-\ln b$를 이용한다.

경우 III. 분모 $Q(x)$에 서로 다른 기약인 이차 인수가 포함된 경우

$Q(x)$에 $b^2-4ac<0$인 인수 ax^2+bx+c가 있으면, 두 식 2와 6에 있는 부분 분수와 함께 $R(x)/Q(x)$에 대한 식에는 다음과 같은 꼴의 항이 추가된다.

8 $$\frac{Ax+B}{ax^2+bx+c}$$

여기서 A와 B는 결정해야할 상수이다. 예를 들어 함수 $f(x)=x/\{(x-2)(x^2+1)(x^2+4)\}$는 다음과 같은 꼴로 부분 분수 분해된다.

$$\frac{x}{(x-2)(x^2+1)(x^2+4)} = \frac{A}{x-2} + \frac{Bx+C}{x^2+1} + \frac{Dx+E}{x^2+4}$$

식 [8]은 완전 제곱으로 고치고 다음 공식을 이용해서 적분할 수 있다.

[9] $$\int \frac{dx}{x^2+a^2} = \frac{1}{a}\tan^{-1}\left(\frac{x}{a}\right) + C$$

보기 4 $\int \frac{2x^2-x+4}{x^3+4x}\,dx$를 찾아라.

풀이 $x^3+4x = x(x^2+4)$를 더 이상 인수 분해할 수 없으므로, 다음과 같이 나타내자.

$$\frac{2x^2-x+4}{x(x^2+4)} = \frac{A}{x} + \frac{Bx+C}{x^2+4}$$

$x(x^2+4)$를 양변에 곱하면 다음을 얻는다.

$$\begin{aligned} 2x^2-x+4 &= A(x^2+4)+(Bx+C)x \\ &= (A+B)x^2+Cx+4A \end{aligned}$$

계수끼리 같게 놓으면, 다음을 얻는다.

$$A+B=2, \quad C=-1, \quad 4A=4$$

그러면 $A=1$, $B=1$, $C=-1$이므로 다음이 성립한다.

$$\int \frac{2x^2-x+4}{x^3+4x}\,dx = \int \left(\frac{1}{x} + \frac{x-1}{x^2+4}\right)dx$$

둘째 항을 적분하기 위해서 이를 다음과 같이 두 개로 분리하자.

$$\int \frac{x-1}{x^2+4}\,dx = \int \frac{x}{x^2+4}\,dx - \int \frac{1}{x^2+4}\,dx$$

여기서 첫째 적분에서는 $u=x^2+4$로 치환하면 $du=2x\,dx$이다. 둘째 적분은 $a=2$일 때의 공식 [9]를 이용해서 다음과 같이 셈할 수 있다.

$$\begin{aligned} \int \frac{2x^2-x+4}{x(x^2+4)}\,dx &= \int \frac{1}{x}\,dx + \int \frac{x}{x^2+4}\,dx - \int \frac{1}{x^2+4}\,dx \\ &= \ln|x| + \frac{1}{2}\ln(x^2+4) - \frac{1}{2}\tan^{-1}\left(\frac{x}{2}\right) + K \end{aligned}$$ ■

보기 5 $\int \frac{4x^2-3x+2}{4x^2-4x+3}\,dx$를 찾아라.

풀이 분자의 차수가 분모의 차수보다 작지 않기 때문에 먼저 나눗셈을 하면 다음을 얻는다.

$$\frac{4x^2-3x+2}{4x^2-4x+3}=1+\frac{x-1}{4x^2-4x+3}$$

$4x^2-4x+3$은 기약인데, 판별식이 $b^2-4ac=-32<0$이기 때문이다. 이는 인수 분해할 수 없음을 뜻하므로, 부분 분수 방법을 이용할 수 없다.

주어진 함수를 적분하기 위해서, 분모를 다음과 같이 완전 제곱식으로 나타내자.

$$4x^2-4x+3=(2x-1)^2+2$$

치환 $u=2x-1$을 이용할 수 있을 것으로 보인다. 그러면 $du=2\,dx$이고 $x=(u+1)/2$이므로, 다음을 얻는다.

$$\begin{aligned}\int\frac{4x^2-3x+2}{4x^2-4x+3}\,dx&=\int\left(1+\frac{x-1}{4x^2-4x+3}\right)dx\\&=x+\frac{1}{2}\int\frac{\frac{1}{2}(u+1)-1}{u^2+2}\,du=x+\frac{1}{4}\int\frac{u-1}{u^2+2}\,du\\&=x+\frac{1}{4}\int\frac{u}{u^2+2}\,du-\frac{1}{4}\int\frac{1}{u^2+2}\,du\\&=x+\frac{1}{8}\ln(u^2+2)-\frac{1}{4}\cdot\frac{1}{\sqrt{2}}\tan^{-1}\left(\frac{u}{\sqrt{2}}\right)+C\\&=x+\frac{1}{8}\ln(4x^2-4x+3)-\frac{1}{4\sqrt{2}}\tan^{-1}\left(\frac{2x-1}{\sqrt{2}}\right)+C\end{aligned}$$ ■

> ■ www.stewartcalculus.com
> 현재까지 적분을 셈하는 여러 가지 기법을 배웠다. 주어진 적분에 사용할 기법을 어떻게 알 수 있을까? 귀띔을 얻기 위해 Additional Topics를 열어 보고, 다음에 Strategy for Integration을 열어보라.

참고 보기 5는 다음과 같은 꼴의 부분 분수를 적분하는 일반적인 과정을 예시한다.

$$\frac{Ax+B}{ax^2+bx+c}\qquad (\text{단, } b^2-4ac<0)$$

분모를 완전 제곱으로 나타낸 다음에 치환해서, 다음과 같은 꼴의 적분으로 변환한다.

$$\int\frac{Cu+D}{u^2+a^2}\,du=C\int\frac{u}{u^2+a^2}\,du+D\int\frac{1}{u^2+a^2}\,du$$

그러면 첫째 적분은 로그이고 둘째 적분은 $\tan^{-1}$의 식으로 표현된다.

경우 IV. 분모 $Q(x)$에 중복된 기약인 이차 인수가 포함된 경우

$Q(x)$에 $b^2-4ac<0$인 인수 $(ax^2+bx+c)^r$이 있으면, $R(x)/Q(x)$의 부분 분수 분해에는 [8]과 같은 단 하나의 부분 분수가 아니라 다음과 같은 합이 나타난다.

[10] $$\frac{A_1x+b_1}{ax^2+bx+c}+\frac{A_2x+B_2}{(ax^2+bx+c)^2}+\cdots+\frac{A_rx+B_r}{(ax^2+bx+c)^r}$$

[10]에서 각 항은 먼저 완전 제곱으로 바꾸어 적분할 수 있다.

■ 보기 6에서 계수를 손으로 셈하는 것은 대단히 지루하다. 그런데 대부분의 컴퓨터 대수 체계는 이런 계수를 매우 빠르게 찾아준다. 예를 들면 Maple 명령어 *convert*(*f*, *parfrac*, *x*) 또는 Mathematica 명령어 *Apart*[*f*]는 다음 값을 준다.

$A=-1,\ B=\frac{1}{8},\ C=D=-1,$

$E=\frac{15}{8},\ F=-\frac{1}{8},\ G=H=\frac{3}{4},$

$I=-\frac{1}{2},\ J=\frac{1}{2}$

보기 6 다음 함수를 부분 분수로 분해한 꼴로 써라.

$$\frac{x^3+x^2+1}{x(x-1)(x^2+x+1)(x^2+1)^3}$$

풀이
$$\frac{x^3+x^2+1}{x(x-1)(x^2+x+1)(x^2+1)^3}$$
$$=\frac{A}{x}+\frac{B}{x-1}+\frac{Cx+D}{x^2+x+1}+\frac{Ex+F}{x^2+1}+\frac{Gx+H}{(x^2+1)^2}+\frac{Ix+J}{(x^2+1)^3}$$ ■

보기 7 $\int \frac{1-x+2x^2-x^3}{x(x^2+1)^2}\,dx$를 찾아라.

풀이 부분 분수 분해는 다음과 같은 꼴이다.

$$\frac{1-x+2x^2-x^3}{x(x^2+1)^2}=\frac{A}{x}+\frac{Bx+C}{x^2+1}+\frac{Dx+E}{(x^2+1)^2}$$

$x(x^2+1)^2$을 곱하면 다음을 얻는다.

$$\begin{aligned}-x^3+2x^2-x+1&=A(x^2+1)^2+(Bx+C)x(x^2+1)+(Dx+E)x\\&=A(x^4+2x^2+1)+B(x^4+x^2)+C(x^3+x)+Dx^2+Ex\\&=(A+B)x^4+Cx^3+(2A+B+D)x^2+(C+E)x+A\end{aligned}$$

계수끼리 같게 놓으면, 다음 연립 방정식을 얻는다.

$$A+B=0,\quad C=-1,\quad 2A+B+D=2,\quad C+E=-1,\quad A=1$$

이의 해는 $A=1,\ B=-1,\ C=-1,\ D=1,\ E=0$이다. 그러므로 다음을 얻는다.

$$\begin{aligned}\int \frac{1-x+2x^2-x^3}{x(x^2+1)^2}\,dx&=\int\left(\frac{1}{x}-\frac{x+1}{x^2+1}+\frac{x}{(x^2+1)^2}\right)dx\\&=\int\frac{dx}{x}-\int\frac{x}{x^2+1}\,dx-\int\frac{dx}{x^2+1}+\int\frac{x\,dx}{(x^2+1)^2}\\&=\ln|x|-\frac{1}{2}\ln(x^2+1)-\tan^{-1}x-\frac{1}{2(x^2+1)}+K\end{aligned}$$ ■

■ 둘째와 넷째 항에서 머릿속으로 $u=x^2+1$로 치환했다.

6.3 익힘 문제

1–6. 다음 함수를 (보기 6에서와 같이) 부분 분수로 분해한 꼴로 써라. 계수를 찾지는 말라.

1. (a) $\dfrac{1+6x}{(4x-3)(2x+5)}$ (b) $\dfrac{10}{5x^2-2x^3}$

2. (a) $\dfrac{x-1}{x^3+x^2}$ (b) $\dfrac{x-1}{x^3+x}$

3. (a) $\dfrac{x^4+1}{x^5+4x^3}$ (b) $\dfrac{1}{(x^2-9)^2}$

4. (a) $\dfrac{x^3}{x^2+4x+3}$ (b) $\dfrac{2x+1}{(x+1)^3(x^2+4)^2}$

5. (a) $\dfrac{x^6}{x^2-4}$ (b) $\dfrac{x^4}{(x^2-x+1)(x^2+2)^2}$

6. (a) $\dfrac{t^6+1}{t^6+t^3}$ (b) $\dfrac{x^5+1}{(x^2-x)(x^4+2x^2+1)}$

7–34. 다음 적분을 찾아라.

7. $\displaystyle\int \frac{x^4}{x-1}\,dx$

8. $\displaystyle\int \frac{r^2}{r+4}\,dr$

9. $\displaystyle\int \frac{5x+1}{(2x+1)(x-1)}\,dx$

10. $\displaystyle\int \frac{1}{(t+4)(t-1)}\,dt$

11. $\displaystyle\int_0^1 \frac{2}{2x^2+3x+1}\,dx$

12. $\displaystyle\int_0^1 \frac{x-1}{x^2+3x+2}\,dx$

13. $\displaystyle\int \frac{ax}{x^2-bx}\,dx$

14. $\displaystyle\int \frac{1}{(x+a)(x+b)}\,dx$

15. $\displaystyle\int_0^1 \frac{2x+3}{(x+1)^2}\,dx$

16. $\displaystyle\int_0^1 \frac{x^3-4x-10}{x^2-x-6}\,dx$

17. $\displaystyle\int_1^2 \frac{4y^2-7y-12}{y(y+2)(y-3)}\,dy$

18. $\displaystyle\int \frac{x^2+2x-1}{x^3-x}\,dx$

19. $\displaystyle\int \frac{x^2+1}{(x-3)(x-2)^2}\,dx$

20. $\displaystyle\int \frac{x^2-5x+6}{(2x+1)(x-2)^2}\,dx$

21. $\displaystyle\int \frac{x^3+4}{x^2+4}\,dx$

22. $\displaystyle\int \frac{x^2-x+6}{x^3+3x}\,dx$

23. $\displaystyle\int \frac{10}{(x-1)(x^2+9)}\,dx$

24. $\displaystyle\int \frac{x^2-2x-1}{(x-1)^2(x^2+1)}\,dx$

25. $\displaystyle\int \frac{x^3+x^2+2x+1}{(x^2+1)(x^2+2)}\,dx$

26. $\displaystyle\int \frac{x^3-2x^2+x+1}{x^4+5x^2+4}\,dx$

27. $\displaystyle\int \frac{x+4}{x^2+2x+5}\,dx$

28. $\displaystyle\int_0^1 \frac{x}{x^2+4x+13}\,dx$

29. $\displaystyle\int \frac{1}{x^3-1}\,dx$

30. $\displaystyle\int \frac{x^5+x-1}{x^3+1}\,dx$

31. $\displaystyle\int \frac{dx}{x(x^2+4)^2}$

32. $\displaystyle\int \frac{x^4+3x^2+1}{x^5+5x^3+5x}\,dx$

33. $\displaystyle\int \frac{x-3}{(x^2+2x+4)^2}\,dx$

34. $\displaystyle\int \frac{x^4+1}{x(x^2+1)^2}\,dx$

35–40. 치환을 통해 다음 적분할 함수를 유리 함수를 표현하고, 적분을 찾아라.

35. $\displaystyle\int_9^{16} \frac{\sqrt{x}}{x-4}\,dx$ ($u=\sqrt{x}$로 놓자.)

36. $\displaystyle\int_0^1 \frac{1}{1+\sqrt[3]{x}}\,dx$ ($u=\sqrt[3]{x}$로 놓자.)

37. $\displaystyle\int \frac{x^3}{\sqrt[3]{x^2+1}}\,dx$

38. $\displaystyle\int_{1/3}^3 \frac{\sqrt{x}}{x^2+x}\,dx$

39. $\displaystyle\int \frac{e^{2x}}{e^{2x}+3e^x+2}\,dx$

40. $\displaystyle\int \frac{\sin x}{\cos^2 x-3\cos x}\,dx$

41–42. 이번 절의 기법과 함께 부분 적분을 이용해서 다음 적분을 찾아라.

41. $\displaystyle\int \ln(x^2-x+2)\,dx$

42. $\displaystyle\int x\tan^{-1}x\,dx$

43. 살충제를 사용하지 않고 곤충 개체군의 증가를 억제하는 한 가지 방법은 그 개체군에 번식력이 없는 수컷을 다수 집어넣는 것이다. 이런 수컷은 번식력이 있는 암컷과 짝짓기를 할 수 있지만 번식시키지는 못한다. 한 개체군에서 암컷 곤충의 수를 P, 각 세대에 집어넣은 번식력이 없는 수컷의 수를 S, 이 개체군의 자연 상태에서의 증가율을 r이라 하면, 암컷의 개체 수는 다음과 같이 시간 t와 연관된다.

$$t=\int \frac{P+S}{P\{(r-1)P-S\}}\,dP$$

한 곤충 개체군에 10000마리의 암컷이 있고 증가율은 $r=0.10$이며 900마리의 번식력이 없는 수컷을 집어넣었다고 하자. 이때 위의 적분을 셈해서, 암컷 개체 수와 시간을 연관 짓는 방정식을 찾아라. (이 결과로 얻는 방정식을 P에 대해 명확하게 풀 수 없다.)

44. x^4+1을 제곱식의 차로 인수 분해하는데, 먼저 똑같은 식을 더하고 빼라. 이 인수 분해를 이용해서 부정적분 $\int 1/(x^4+1)\,dx$를 찾아라.

45. F, G, Q는 다항 함수이고 $Q(x)\neq 0$인 모든 x에 대해 다음이 성립한다고 하자.

$$\frac{F(x)}{Q(x)}=\frac{G(x)}{Q(x)}$$

그러면 모든 x에 대해 $F(x)=G(x)$가 성립함을 증명하라. [*귀띔*: 연속성을 이용하라.]

46. f는 이차 함수로 $f(0)=1$이며 다음은 유리 함수라 하자.

$$\int \frac{f(x)}{x^2(x+1)^3}\,dx$$

이때 $f'(0)$의 값을 찾아라.

47. $a\neq 0$이고 n이 양의 정수일 때, 다음의 부분 분수 분해를 찾아라.

$$f(x)=\frac{1}{x^n(x-a)}$$

[*귀띔*: 먼저 $1/(x-a)$의 계수를 찾아라. 다음에 그 결과로 찾은 항을 빼고, 남은 것을 간단히 하라.]

6.4 적분표와 컴퓨터 대수 체계

이번 절에서는 적분표와 컴퓨터 대수 체계를 이용해서 적분하는 방법을 설명하겠다.

적분표

부정 적분표는 손으로 찾기 어려운 적분에 마주치거나 컴퓨터 대수 체계에 접근할 수 없는 경우에 매우 유용한다. 비교적 간단한 120개의 적분을 형태에 따라 분류해서 이 책의 참고 사항에 실었다. 더 확장된 표는 다음과 같은 책에서 찾아볼 수 있다.

Daniel Zwillinger, *CRC Standard Mathematical Tables and Formulae*, 32nd. (Boca Raton, FL: 2012) [709 항목]

A. Jeffrey and D. Zwillinger ed., Gradshteyn and Ryzhik's *Table of Integrals, Series, and Products*, 7e. (Boston, 2007) [이 책에는 수백 쪽의 적분이 포함되어 있다.]

그렇지만 적분이 이런 표에 나열된 꼴과 정확하게 같은 모습으로 나타나지 않는다. 통상 치환 법칙이나 대수적 조작을 이용해서 주어진 적분을 표에 있는 꼴로 변환해야 한다.

보기 1 적분표를 이용해서 $\displaystyle\int \frac{x^2}{\sqrt{5-4x^2}}\,dx$를 찾아라.

■ 적분표는 참고 사항 6~10쪽에 있다.

풀이 적분표에서 $\sqrt{a^2-u^2}$ 과 관련된 꼴이라는 제목이 붙은 부분을 보면, 이와 가장 가까운 항목은 다음과 같은 공식 34이다.

$$\int \frac{u^2}{\sqrt{a^2-u^2}}\,du = -\frac{u}{2}\sqrt{a^2-u^2}+\frac{a^2}{2}\sin^{-1}\left(\frac{u}{a}\right)+C$$

이것이 찾으려는 적분과 정확하게 일치하지는 않지만, 먼저 $u=2x$로 치환하면 다음과 같이 이를 이용할 수 있다.

$$\int \frac{x^2}{\sqrt{5-4x^2}}\,dx = \int \frac{(u/2)^2}{\sqrt{5-u^2}}\,\frac{du}{2} = \frac{1}{8}\int \frac{u^2}{\sqrt{5-u^2}}\,du$$

따라서 $a^2=5$, 곧 $a=\sqrt{5}$인 경우에 공식 34를 이용하면 다음을 얻는다.

$$\begin{aligned}\int \frac{x^2}{\sqrt{5-4x^2}}\,dx &= \frac{1}{8}\int \frac{u^2}{\sqrt{5-u^2}}\,du \\ &= \frac{1}{8}\left\{-\frac{u}{2}\sqrt{5-u^2}+\frac{5}{2}\sin^{-1}\frac{u}{\sqrt{5}}\right\}+C \\ &= -\frac{x}{8}\sqrt{5-4x^2}+\frac{5}{16}\sin^{-1}\left(\frac{2x}{\sqrt{5}}\right)+C\end{aligned}$$ ■

보기 2 적분표를 이용해서 $\int x^3\sin x\,dx$를 찾아라.

풀이 적분표에서 삼각 함수 꼴이란 부분을 보면, 인자 u^3을 분명하게 포함하는 항목을 찾아볼 수 없다. 그러나 항목 84에 있는 환원 공식을 다음과 같이 $n=3$인 경우에 사용할 수 있다.

$$\int x^3\sin x\,dx = -x^3\cos x + 3\int x^2\cos x\,dx$$

85. $\int u^n\cos u\,du$
$= u^n\sin u - n\int u^{n-1}\sin u\,du$

이제 $\int x^2\cos x\,dx$를 셈해야 한다. 다음과 같이 항목 85에 있는 줄임 공식을 $n=2$인 경우에 사용하고 다음에 항목 82를 이용한다.

$$\begin{aligned}\int x^2\cos x\,dx &= x^2\sin x - 2\int x\sin x\,dx \\ &= x^2\sin x - 2(\sin x - x\cos x)+K\end{aligned}$$

세 가지 셈을 종합하면, 다음을 얻는다.

$$\int x^3\sin x\,dx = -x^3\cos x + 3x^2\sin x + 6x\cos x - 6\sin x + C$$

여기서 $C=3K$이다. ■

보기 3 적분표를 이용해서 $\int x\sqrt{x^2+2x+4}\,dx$를 찾아라.

풀이 적분표에 $\sqrt{a^2+x^2}$, $\sqrt{a^2-x^2}$, $\sqrt{x^2-a^2}$ 등과 관련된 꼴은 있지만, $\sqrt{ax^2+bx+c}$ 꼴은 없으므로, 먼저 다음과 같이 완전 제곱으로 쓴다.

$$x^2+2x+4=(x+1)^2+3$$

$u=x+1$(그러므로 $x=u-1$)로 치환하면, 적분할 함수는 $\sqrt{a^2+u^2}$ 꼴이 되므로, 다음을 얻는다.

$$\int x\sqrt{x^2+2x+4}\,dx = \int (u-1)\sqrt{u^2+3}\,du$$
$$= \int u\sqrt{u^2+3}\,du - \int \sqrt{u^2+3}\,du$$

첫째 적분은 치환 $t = u^2+3$을 이용해서 다음과 같이 셈할 수 있다.

$$\int u\sqrt{u^2+3}\,du = \frac{1}{2}\int \sqrt{t}\,dt = \frac{1}{2}\cdot\frac{2}{3}t^{3/2} = \frac{1}{3}(u^2+3)^{3/2}$$

21. $\int \sqrt{a^2+u^2}\,du = \frac{u}{2}\sqrt{a^2+u^2} + \frac{a^2}{2}\ln\left(u+\sqrt{a^2+u^2}\right) + C$

둘째 적분은 $a = \sqrt{3}$인 경우에 공식 21을 이용해서 다음과 같이 된다.

$$\int \sqrt{u^2+3}\,du = \frac{u}{2}\sqrt{u^2+3} + \frac{3}{2}\ln\left(u+\sqrt{u^2+3}\right)$$

따라서 다음을 얻는다.

$$\int x\sqrt{x^2+2x+4}\,dx$$
$$= \frac{1}{3}(x^2+2x+4)^{3/2} - \frac{x+1}{2}\sqrt{x^2+2x+4}$$
$$- \frac{3}{2}\ln\left(x+1+\sqrt{x^2+2x+4}\right) + C$$ ■

컴퓨터 대수 체계

앞에서 알아본 대로 적분표를 사용하기 위해서는 주어진 피적분 함수를 적분표에 있는 적분할 함수의 꼴과 일치시켜야 한다. 컴퓨터는 이렇게 꼴을 일치시키는 데 아주 뛰어난 능력을 발휘한다. 그리고 적분표와의 관계에서 치환을 이용했던 것과 같이, CAS(컴퓨터 대수 체계)는 치환을 시행해서 주어진 적분을 내장된 공식에 나타나는 적분으로 변환시킬 수 있다. 이에 따라 CAS의 탁월한 적분 능력이 놀랍지만은 않다. 이것이 손으로 하는 적분이 시대에 뒤진 기술이라는 것을 뜻하지 않는다. 손 셈이 때로는 기계의 답보다 더 간편한 꼴의 부정 적분을 제시하는 예를 알아볼 것이다.

먼저, 비교적 간단한 함수 $y = 1/(3x-2)$을 적분하라고 기계에 명령했을 때 나타나는 현상을 알아보자. 치환 $u = 3x-2$를 이용하면, 손 셈으로 다음을 쉽게 얻는다.

$$\int \frac{1}{3x-2}\,dx = \frac{1}{3}\ln|3x-2| + C$$

반면에 Derive, Mathematica, Maple 등은 모두 다음과 같은 답을 제시한다.

$$\frac{1}{3}\ln(3x-2)$$

첫째로 지적할 사항은 컴퓨터 대수 체제가 적분 상수를 생략한다는 사실이다. 바꿔 말하면, CAS는 일반 역도함수가 아니라 특별한 역도함수를 제시한다.

그러므로 기계 적분을 이용할 때는 반드시 상수를 더해야 한다. 둘째, 절댓값 기호가 기계의 답에서는 생략된다. $\frac{2}{3}$보다 큰 x의 값만을 고려할 때는 아무런 문제가 되지 않는다. 그러나 x의 다른 값도 생각한다면, 절댓값 기호를 넣어야 한다.

다음 보기에서는 보기 3의 적분을 다시 고려한다. 그러나 이번에는 기계에게 답을 물어본다.

보기 4 컴퓨터 대수 체계를 이용해서 $\int x\sqrt{x^2+2x+4}\,dx$를 찾아라.

풀이 Maple의 답은 다음과 같다.

$$\frac{1}{3}(x^2+2x+4)^{3/2}-\frac{1}{4}(2x+2)\sqrt{x^2+2x+4}-\frac{3}{2}\operatorname{arcsinh}\frac{\sqrt{3}}{3}(1+x)$$

이것은 보기 3에서 찾은 답과 다르게 보이지만, 이는 동치이다. 왜냐하면 셋째 항을 다음 등식을 이용해서 다시 쓸 수 있기 때문이다.

$$\operatorname{arcsinh} x=\ln\left(x+\sqrt{x^2+1}\right)$$

■ 이것은 3.6절의 식 [3]이다.

그러므로 다음을 얻는다.

$$\begin{aligned}\operatorname{arcsinh}\frac{\sqrt{3}}{3}(1+x)&=\ln\left\{\frac{\sqrt{3}}{3}(1+x)+\sqrt{\frac{1}{3}(1+x)^2+1}\right\}\\&=\ln\frac{1}{\sqrt{3}}\left\{1+x+\sqrt{(1+x)^2+3}\right\}\\&=\ln\frac{1}{\sqrt{3}}+\ln\left(x+1+\sqrt{x^2+2x+4}\right)\end{aligned}$$

이 결과로 얻은 여분의 항 $-\frac{3}{2}\ln(1/\sqrt{3})$은 적분 상수에 끼워넣을 수 있다.

Mathematica는 다음과 같은 답을 제시한다.

$$\left(\frac{5}{6}+\frac{x}{6}+\frac{x^2}{3}\right)\sqrt{x^2+2x+4}-\frac{3}{2}\operatorname{arcsinh}\left(\frac{1+x}{\sqrt{3}}\right)$$

Mathematica는 보기 3(과 Maple 답)의 처음 두 항을 인수 분해해서 한 개의 항으로 결합시켰다.

Derive는 다음과 같은 답을 제시한다.

$$\frac{1}{6}\sqrt{x^2+2x+4}\,(2x^2+x+5)-\frac{3}{2}\ln\left(\sqrt{x^2+2x+4}+x+1\right)$$

첫째 항은 Mathematica의 답에서 첫째 항과 같고, 둘째 항은 보기 3의 마지막 항과 일치한다. ■

보기 5 CAS를 사용해서 $\int x(x^2+5)^8dx$를 찾아라.

풀이 Maple과 Mathematica는 똑같이 다음 답을 제시한다.

$$\frac{1}{18}x^{18}+\frac{5}{2}x^{16}+50x^{14}+\frac{1750}{3}x^{12}+4375x^{10}+21875x^8$$

$$+\frac{218750}{3}x^6+156250x^4+\frac{390625}{2}x^2$$

분명히 두 CAS는 모두 $(x^2+5)^8$을 이항 정리로 전개한 다음에 각 항을 적분했다.

손으로 적분한다면, 치환 $u=x^2+5$를 이용해서 다음을 얻을 것이다.

$$\int x(x^2+5)^8dx=\frac{1}{18}(x^2+5)^9+C$$

▪ Derive, TI-89, TI-92도 이 답을 제시한다.

대부분의 목적을 위해서는 이 답이 더 편리하다. ■

보기 6 CAS를 사용해서 $\int \sin^5x\cos^2x\,dx$를 찾아라.

풀이 6.2절의 보기 2에서는 다음 답을 찾았다.

1 $$\int \sin^5x\cos^2x\,dx=-\frac{1}{3}\cos^3x+\frac{2}{5}\cos^5x-\frac{1}{7}\cos^7x+C$$

Derive와 Maple은 다음 답을 제시한다.

$$-\frac{1}{7}\sin^4x\cos^3x-\frac{4}{35}\sin^2x\cos^3x-\frac{8}{105}\cos^3x$$

반면에 Mathematica는 다음 답을 준다.

$$-\frac{5}{64}\cos x-\frac{1}{192}\cos 3x+\frac{3}{320}\cos 5x-\frac{1}{448}\cos 7x$$

이 세 가지 답이 서로 동치임을 보여주는 삼각 등식들이 있는지 의심스럽다. 사실, Derive, Maple, Mathematica에게 삼각 등식들을 이용해서 각자의 답을 간단히 하라고 요구하면, 결국 식 1과 같은 꼴을 제시할 것이다. ■

모든 연속 함수를 적분할 수 있을까?

다음과 같은 질문이 제기된다. 기초적인 적분 공식과 함께 치환 법칙, 부분 적분, 적분표, 컴퓨터 대수 체계를 사용하면 모든 연속 함수를 적분할 수 있을까? 특히, 이렇게 해서 $\int e^{x^2}dx$를 적분할 수 있을까? 적어도 친숙한 함수로는 표현할 수 없다는 점에서, 답은 '아니다'이다.

용어
초등 함수 elementary function

이 책에서 다루는 대부분의 함수는 초등 함수라 부르는 것이다. 이에는 다항 함수, 유리 함수, 멱 함수(x^a), 지수 함수(a^x), 로그 함수, 삼각 함수와 역삼각 함수 등 및 다섯 가지 연산인 덧셈, 뺄셈, 곱셈, 나눗셈, 합성을 통해 이런 함수들로부터 얻을 수 있는 모든 함수가 포함된다. 예를 들어 다음은 초등 함수이다.

$$f(x)=\sqrt{\frac{x^2-1}{x^3+2x-1}}+\ln(\cos x)-xe^{\sin 2x}$$

f가 초등 함수이면, f'는 초등 함수이지만 $\int f(x)dx$는 초등 함수가 아닐 수 있다. $f(x)=e^{x^2}$을 생각하자. f가 연속이므로, 이의 적분이 존재한다. 함

수 F를 다음과 같이 정의하자.

$$F(x) = \int_0^x e^{t^2} dt$$

그러면 미적분학의 기본 정리에서 적분과 미분의 관계로부터 다음을 알 수 있다.

$$F'(x) = e^{x^2}$$

그러므로 $f(x) = e^{x^2}$의 역도함수 F가 존재하지만, F가 초등 함수가 아님을 증명할 수 있다. 이는 아무리 노력해도 $\int e^{x^2} dx$를 우리가 알고 있는 함수로는 표현할 수 없다는 사실을 뜻한다. (그렇지만 제 8 장에서 $\int e^{x^2} dx$를 무한 급수로 표현하는 방법을 알아본다.) 다음 적분에 대해서도 똑같은 말을 할 수 있다.

$$\int \frac{e^x}{x} dx, \qquad \int \sin(x^2) dx, \qquad \int \cos(e^x) dx,$$

$$\int \sqrt{x^3+1}\, dx, \qquad \int \frac{1}{\ln x} dx, \qquad \int \frac{\sin x}{x} dx$$

사실, 대부분의 초등 함수의 역도함수는 초등 함수가 아니다.

6.4 익힘 문제

1–22. 참고 사항 6~10쪽에 있는 적분표를 이용해서 다음 적분을 찾아라.

1. $\displaystyle\int_0^{\pi/8} \arctan 2x\, dx$
2. $\displaystyle\int e^{2\theta} \sin 3\theta\, d\theta$
3. $\displaystyle\int \frac{\cos x}{\sin^2 x - 9} dx$
4. $\displaystyle\int_2^3 \frac{1}{x^2\sqrt{4x^2-7}} dx$
5. $\displaystyle\int \frac{dx}{x^2\sqrt{4x^2+9}}$
6. $\displaystyle\int \frac{\sqrt{2y^2-3}}{y^2} dy$
7. $\displaystyle\int_0^{\pi} x^3 \sin x\, dx$
8. $\displaystyle\int \frac{dx}{2x^3-3x^2}$
9. $\displaystyle\int \frac{\tan^3(1/z)}{z^2} dz$
10. $\displaystyle\int \sin^{-1}\sqrt{x}\, dx$
11. $\displaystyle\int y\sqrt{6+4y-4y^2}\, dy$
12. $\displaystyle\int x\sin(x^2)\cos(3x^2) dx$
13. $\displaystyle\int \sin^2 x \cos x \ln(\sin x) dx$
14. $\displaystyle\int_0^{\pi} \cos^4(3\theta)\, d\theta$
15. $\displaystyle\int \frac{e^x}{3-e^{2x}} dx$
16. $\displaystyle\int_0^2 x^3\sqrt{4x^2-x^4}\, dx$
17. $\displaystyle\int \frac{x^4\, dx}{\sqrt{x^{10}-2}}$
18. $\displaystyle\int_0^1 x^4 e^{-x} dx$
19. $\displaystyle\int \frac{\sqrt{4+(\ln x)^2}}{x} dx$
20. $\displaystyle\int \frac{\sec^2\theta \tan^2\theta}{\sqrt{9-\tan^2\theta}} d\theta$
21. $\displaystyle\int \sqrt{e^{2x}-1}\, dx$
22. $\displaystyle\int e^t \sin(\alpha t - 3) dt$

23. 적분표에 있는 공식 53을 (a) 미분과 (b) 치환 $t = a + bu$를 이용해서 밝혀라.

24. 공식 31을 (a) 미분과 (b) 치환 $u = a\sin\theta$를 이용해서 밝혀라.

CAS **25–32.** 컴퓨터 대수 체계를 이용해서 다음 적분을 찾아라. 적분표를 이용해서 얻은 답과 비교하라. 답이 똑같지 않으면, 서로 동치임을 보여라.

25. $\displaystyle\int \sec^4 x\, dx$
26. $\displaystyle\int x^2(1+x^3)^4 dx$
27. $\displaystyle\int x^2\sqrt{x^2+4}\, dx$
28. $\displaystyle\int \frac{dx}{e^x(3e^x+2)}$

29. $\int \cos^4 x\, dx$

30. $\int x^2 \sqrt{1-x^2}\, dx$

31. $\int \tan^5 x\, dx$

32. $\int \dfrac{dx}{\sqrt{1+\sqrt[3]{x}}}$

CAS **33.** (a) 적분표를 이용해서 다음과 같은 f에 대해 $F(x)=\int f(x)\,dx$를 셈하라.

$$f(x) = \frac{1}{x\sqrt{1-x^2}}$$

f와 F의 정의역은 무엇인가?

(b) CAS를 사용해서 $F(x)$를 셈하라. CAS가 제공하는 함수 F의 정의역은 무엇인가? 이 정의역과 (a)에서 찾은 함수 F의 정의역 사이에 차이가 있는가?

CAS **34.** 컴퓨터 대수 체계로 다음을 찾아 보라.

$$\int (1+\ln x)\sqrt{1+(x\ln x)^2}\, dx$$

답을 제시하지 않으면, 치환을 통해 CAS가 찾을 수 있는 적분으로 바꾸어라.

6.5 근사 적분

(a) 왼쪽 끝점 근사

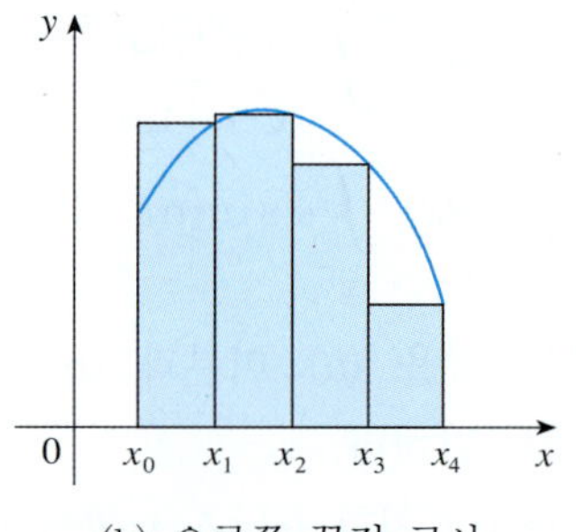

(b) 오른쪽 끝점 근사

(c) 중점 근사

그림 1

정 적분의 정확한 값을 찾기가 불가능한 상황이 두 가지 있다.

첫째 상황은 정 적분의 기본 정리를 이용해서 $\int_a^b f(x)\,dx$를 찾기 위해서는 f의 역도함수를 알 필요가 있다는 사실로부터 나타난다. 그런데 종종 역도함수가 찾기가 어렵거나 심지어 불가능할 수 있다. (6.4절을 보라.) 예를 들면, 다음과 같은 적분의 정확한 값을 찾기는 불가능하다.

$$\int_0^1 e^{x^2}\,dx, \qquad \int_{-1}^1 \sqrt{1+x^3}\,dx$$

둘째 상황은 함수가 과학 실험에서 계기를 읽어 얻은 수치 또는 수집된 자료로 결정될 때 나타난다. 함수에 대한 식이 없을 수 있다. (보기 5를 보라.)

두 가지 경우 모두에서 정 적분의 근삿값을 찾을 필요가 있다. 이런 한 가지 방법은 이미 알고 있다. 정 적분은 리만 합의 극한으로 정의되므로, 임의의 리만 합을 근삿값으로 사용할 수 있다. $[a, b]$를 길이가 같은 n개의 부분 구간으로 나누면, 부분 구간의 길이는 $\Delta x = (b-a)/n$이고 다음을 얻는다.

$$\int_a^b f(x)\,dx \approx \sum_{i=1}^{n} f(x_i^*)\Delta x$$

여기서 x_i^*는 i째 부분 구간 $[x_{i-1}, x_i]$에 속한 임의의 점이다. x_i^*를 구간의 왼쪽 끝점으로 택하면 $x_i^* = x_{i-1}$이고 다음을 얻는다.

$$\boxed{1} \qquad \int_a^b f(x)\,dx \approx L_n = \sum_{i=1}^{n} f(x_{i-1})\Delta x$$

$f(x) \ge 0$일 때, 적분은 넓이를 나타내고 $\boxed{1}$은 그림 1(a)에 나타낸 직사각형들의 넓이에 의한 이런 넓이의 근삿값을 표현한다. x_i^*를 오른쪽 끝점으로 택하

면 $x_i^* = x_i$이고 다음을 얻는다.

2 $$\int_a^b f(x)\,dx \approx R_n = \sum_{i=1}^{n} f(x_i)\Delta x$$

[그림 1(b)를 보라.] 두 식 1과 2로 정의된 근삿값 L_n과 R_n을 각각 **왼쪽 끝점 근삿값**과 **오른쪽 끝점 근삿값**이라 한다.

5.2절에서는 x_i^*를 부분 구간 $[x_{i-1}, x_i]$의 중점 $\overline{x}_i$로 택한 경우를 생각했다. 그림 1(c)는 **중점 근삿값** M_n을 보여주는데, L_n 또는 R_n보다 더 정확한 근삿값으로 보인다.

용어
왼쪽 끝점 근삿값 left endpoint approximation
오른쪽 끝점 근삿값 right endpoint approximation
중점 근삿값 midpoint approximation
사다리꼴 법칙 trapezoidal rule

중점 법칙

$$\int_a^b f(x)\,dx \approx M_n = \Delta x\{f(\overline{x}_1) + f(\overline{x}_2) + \cdots + f(\overline{x}_n)\}$$

여기서 $\Delta x = \dfrac{b-a}{n}$ 이고

$\overline{x}_i = \dfrac{1}{2}(x_{i-1} + x_i)$는 $[x_{i-1}, x_i]$ 의 중점이다.

다음과 같이 두 식 1과 2의 근삿값들의 평균을 취해서 얻은 또 다른 근삿값이 있는데, 이를 **사다리꼴 법칙** 또는 **사다리꼴 공식**이라 한다.

$$\begin{aligned}\int_a^b f(x)\,dx &\approx \frac{1}{2}\left\{\sum_{i=1}^{n} f(x_{i-1})\Delta x + \sum_{i=1}^{n} f(x_i)\Delta x\right\}\\ &= \frac{\Delta x}{2}\left\{\sum_{i=1}^{n}\left(f(x_{i-1}) + f(x_i)\right)\right\}\\ &= \frac{\Delta x}{2}\{(f(x_0)+f(x_1)) + (f(x_1)+f(x_2)) + \cdots + (f(x_{n-1})+f(x_n))\}\\ &= \frac{\Delta x}{2}\{f(x_0) + 2f(x_1) + 2f(x_2) + \cdots + 2f(x_{n-1}) + f(x_n)\}\end{aligned}$$

사다리꼴 법칙

$$\int_a^b f(x)\,dx \approx T_n = \frac{\Delta x}{2}\{f(x_0) + 2f(x_1) + 2f(x_2) + \cdots + 2f(x_{n-1}) + f(x_n)\}$$

여기서 $\Delta x = (b-a)/n$이고 $x_i = a + i\Delta x$이다.

사다리꼴 법칙이란 이름이 붙은 이유는 그림 2에서 확인할 수 있는데, 이 그림은 $f(x) \geq 0$인 경우를 예시하고 있다. i째 부분 구간 위에 놓인 사다리꼴의 넓이는 다음과 같다.

$$\Delta x\left(\frac{f(x_{i-1}) + f(x_i)}{2}\right) = \frac{\Delta x}{2}\{f(x_{i-1}) + f(x_i)\}$$

그리고 이런 사다리꼴의 넓이를 모두 더하면, 사다리꼴 법칙의 우변에 있는 식을 얻는다.

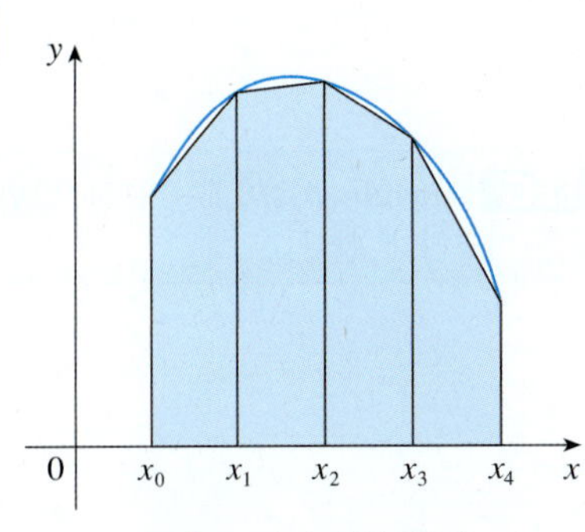

그림 2 사다리꼴 근사

보기 1 적분 $\int_1^2 (1/x)\,dx$ 의 근삿값을 $n=5$인 경우에 (a) 사다리꼴 법칙과 (b) 중점 법칙을 사용해서 찾아라.

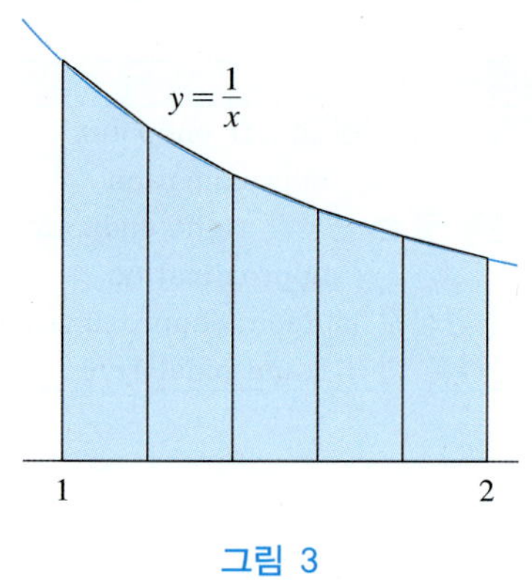

그림 3

풀이 (a) $n=5$, $a=1$, $b=2$이므로, $\Delta x=(2-1)/5=0.2$이고 사다리꼴 법칙에 의해 다음을 얻는다.

$$\begin{aligned}\int_1^2 \frac{1}{x}\,dx &\approx T_5\\ &= \frac{0.2}{2}\{f(1)+2f(1.2)+2f(1.4)+2f(1.6)+2f(1.8)+f(2)\}\\ &= 0.1\left(\frac{1}{1}+\frac{2}{1.2}+\frac{2}{1.4}+\frac{2}{1.6}+\frac{2}{1.8}+\frac{1}{2}\right)\\ &\approx 0.695635\end{aligned}$$

이 근사를 그림 3에 그림으로 나타냈다.

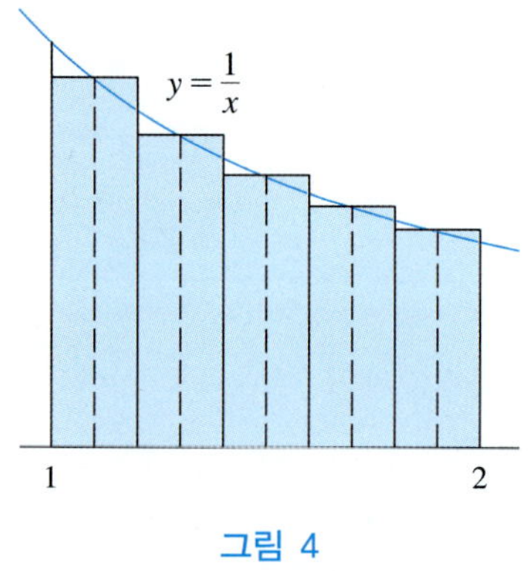

그림 4

(b) 다섯 개의 부분 구간의 중점은 1.1, 1.3, 1.5, 1.7, 1.9이므로, 중점 법칙에 의해 다음을 얻는다.

$$\begin{aligned}\int_1^2 \frac{1}{x}\,dx &\approx \Delta x\{f(1.1)+f(1.3)+f(1.5)+f(1.7)+f(1.9)\}\\ &= \frac{1}{5}\left(\frac{1}{1.1}+\frac{1}{1.3}+\frac{1}{1.5}+\frac{1}{1.7}+\frac{1}{1.9}\right)\\ &\approx 0.691908\end{aligned}$$

이 근사를 그림 4에 그림으로 나타냈다. ■

보기 1에서는 함숫값을 명확하게 셈할 수 있는 구간을 선택했는데, 이에 따라 사다리꼴 법칙과 중점 법칙이 얼마나 정확한지를 확인할 수 있다. 미적분학의 기본 정리에 따라 다음을 얻는다.

$$\int_1^2 \frac{1}{x}\,dx = \ln x\Big]_1^2 = \ln 2 = 0.693147\cdots$$

용어
오차 error

$$\int_a^b f(x)\,dx = \text{근삿값} + \text{오차}$$

근사 함수를 사용할 때의 **오차**는 근삿값을 정확하게 만들기 위해 더해야 하는 양으로 정의한다. 보기 1에서 $n=5$일 때 사다리꼴 법칙 근사의 오차 E_T와 중점 법칙 근사의 오차 E_M이 다음과 같음을 알 수 있다.

$$E_T \approx -0.002488, \qquad E_M \approx 0.001239$$

TEC Module 5.2/6.5는 근사 방법들을 비교하게 한다.

일반적으로 다음이 성립한다.

$$E_T = \int_a^b f(x)\,dx - T_n, \qquad E_M = \int_a^b f(x)\,dx - M_n$$

다음 표는 $n=5$, 10, 20일 때 왼쪽과 오른쪽 끝점 근사와 함께 사다리꼴과 중점 법칙에 대한 보기 1과 비슷한 셈 결과를 보여준다.

$\int_1^2 \frac{1}{x}\,dx$에 대한 근사

n	L_n	R_n	T_n	M_n
5	0.745635	0.645635	0.695635	0.691908
10	0.718771	0.668771	0.693771	0.692835
20	0.705803	0.680803	0.693303	0.693069

대응하는 오차

n	E_L	E_R	E_T	E_M
5	−0.052488	0.047512	−0.002488	0.001239
10	−0.025624	0.024376	−0.000624	0.000312
20	−0.012656	0.012344	−0.000156	0.000078

이런 표에서 다음과 같은 몇 가지 사실을 관찰할 수 있다.

■ 이런 관찰 결과가 대부분의 경우에 참이라는 사실이 밝혀진다.

1. 모든 방법에서 n의 값이 커질 때 더 정확한 근삿값을 얻는다. (그러나 n의 값이 매우 커지면 산술 연산 횟수도 커져서 반올림 오차가 누적된다는 사실을 알아야 한다.)
2. 왼쪽과 오른쪽 끝점 근삿값의 오차들은 부호가 서로 다르고, n의 값이 두 배가 될 때마다 약 $\frac{1}{2}$씩 줄어드는 것으로 보인다.
3. 사다리꼴 법칙과 중점 법칙이 끝점 근삿값보다 훨씬 더 정확하다.
4. 사다리꼴 법칙과 중점 법칙에서 근삿값의 오차들은 부호가 서로 다르고, n의 값이 두 배가 될 때마다 약 $\frac{1}{4}$씩 줄어드는 것으로 보인다.
5. 중점 법칙에서 오차의 크기는 사다리꼴 법칙에서 오차의 크기의 약 $\frac{1}{2}$이다.

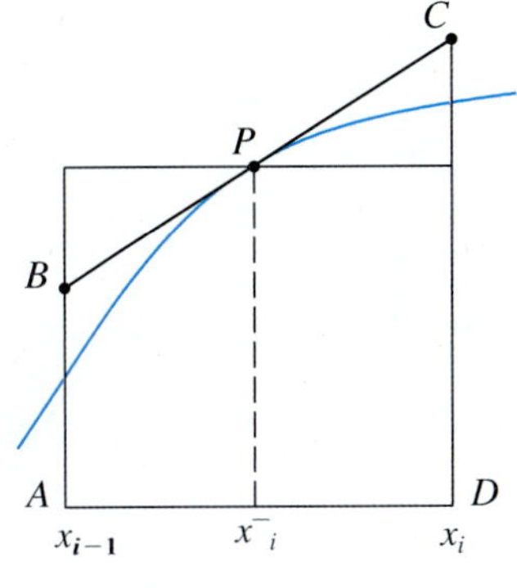

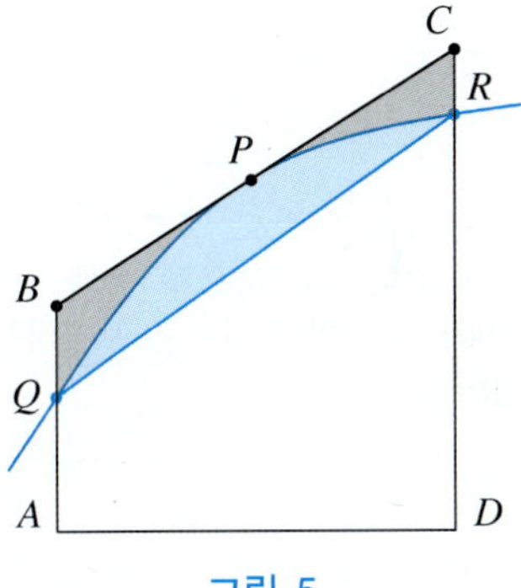

그림 5

그림 5는 통상 중점 법칙이 사다리꼴 법칙보다 더 정확하다고 예상할 수 있는 이유를 보여준다. 중점 법칙에서 전형적인 직사각형의 넓이는 사다리꼴 $ABCD$의 넓이와 같은데, 이 사다리꼴의 위쪽 변은 점 P에서 그래프에 대한 접선이다. 이 사다리꼴의 넓이는, 사다리꼴 법칙에서 사용하는 사다리꼴 $AQRD$의 넓이보다 그래프 아래의 넓이에 더 가깝다. [(회색으로 나타낸) 중점 법칙에서의 오차가 (파랗게 나타낸) 사다리꼴 법칙에서의 오차보다 더 작다.]

이런 관찰 결과는 아래의 오차 어림값으로 확인되는데, 이런 어림값은 수치 해석학 책에 증명되어 있다. 관찰 결과 4는 각 분모에서 n^2에 대응하는데, $(2n)^2 = 4n^2$이기 때문이다. 어림값이 이계 도함수의 크기에 좌우된다는 사실은 그림 5을 보면 놀랍지 않는데, $f''(x)$는 그래프가 휘어진 정도를 측정하기 때문이다. [$f''(x)$는 $y = f(x)$의 기울기가 얼마나 빨리 변하는지를 측정한다.]

3 **오차 한계** $a \le x \le b$일 때 $|f''(x)| \le K$라고 하자. E_T와 E_M이 각각 사다리꼴 법칙과 중점 법칙에서의 오차라면, 다음이 성립한다.

$$|E_T| \le \frac{K(b-a)^3}{12n^2}, \quad |E_M| \le \frac{K(b-a)^3}{24n^2}$$

이 오차 어림값을 보기 1에 있는 사다리꼴 법칙 근삿값에 적용하자. $f(x) = 1/x$이면, $f'(x) = -1/x^2$이고 $f''(x) = 2/x^3$이다. $1 \le x \le 2$이므로 $1/x \le 1$이

고 다음이 성립한다.

$$|f''(x)| = \left|\frac{2}{x^3}\right| \le \frac{2}{1^3} = 2$$

▪ K는 $|f''(x)|$의 모든 값보다 더 클 수 있지만, K의 더 작은 값은 더 좋은 오차 한계를 준다.

따라서 오차 한계 ③에서 $K=2$, $a=1$, $b=2$, $n=5$를 취하면, 다음을 얻는다.

$$|E_T| \le \frac{2(2-1)^3}{12(5)^2} = \frac{1}{150} \approx 0.006667$$

이 오차 어림값 0.006667과 실제의 오차 약 0.002488을 비교하면, 실제의 오차가 ③으로 주어진 오차의 한계보다 매우 작을 수 있음을 알게 된다.

보기 2 $\int_1^2 (1/x)\,dx$에 대한 사다리꼴 법칙과 중점 법칙 근삿값이 오차 0.0001의 범위에서 정확하기 위해서는 n의 값을 얼마나 크게 택해야 하는가?

풀이 앞의 셈에 의해 $1 \le x \le 2$일 때 $|f''(x)| \le 2$이므로, ③에서 $K=2$, $a=1$, $b=2$를 택할 수 있다. 오차 0.0001 범위에서의 정확도는 오차의 크기가 0.0001보다 작아야함을 뜻한다. 따라서 다음을 만족시키는 n을 선택하자.

$$\frac{2(1)^3}{12n^2} < 0.0001$$

이 부등식을 n에 대해 풀면 다음을 얻는다.

$$n^2 > \frac{2}{12(0.0001)},$$

곧

$$n > \frac{1}{\sqrt{0.0006}} \approx 40.8$$

▪ n의 더 작은 값도 충분히 만족시킬 수 있지만, 41은 오차 한계 공식이 0.0001 범위의 정확도를 보장하는 최솟값이다.

그러므로 $n=41$은 원하는 정확도를 보장한다.

중점 법칙의 경우에 똑같은 정확도를 얻기 위해 다음을 만족시키는 n을 찾자.

$$\frac{2(1)^3}{24n^2} < 0.0001$$

그러면 다음을 얻는다.

$$n > \frac{1}{\sqrt{0.0012}} \approx 29$$ ■

보기 3 (a) $n=10$일 때 중점 법칙을 이용해서 적분 $\int_0^1 e^{x^2}\,dx$의 근삿값을 찾아라.

(b) 이런 근삿값과 관련된 오차 한계를 찾아라.

풀이 (a) $a=0$, $b=1$, $n=10$이므로, 중점 법칙에 의해 다음을 얻는다.

$$\int_0^1 e^{x^2}\,dx \approx \Delta x\{f(0.05)+f(0.15)+\cdots+f(0.85)+f(0.95)\}$$

$$= 0.1\{e^{0.0025} + e^{0.0225} + e^{0.0625} + e^{0.1225} + e^{0.2025} + e^{0.3025} + e^{0.4225} + e^{0.5625} + e^{0.7225} + e^{0.9025}\}$$

$$\approx 1.460393$$

그림 6은 이 근사를 그림으로 나타내고 있다.

(b) $f(x) = e^{x^2}$이므로, $f'(x) = 2xe^{x^2}$이고 $f''(x) = (2+4x^2)e^{x^2}$이다. 또한 $0 \le x \le 1$이므로 $x^2 \le 1$이고 다음이 성립한다.

$$0 \le f''(x) = (2+4x^2)e^{x^2} \le 6e$$

오차 추정 3에서 $K = 6e$, $a = 0$, $b = 1$, $n = 10$을 취하면, 오차 한계는 다음과 같다.

$$\frac{6e(1)^3}{24(10)^2} = \frac{e}{400} \approx 0.007$$

■

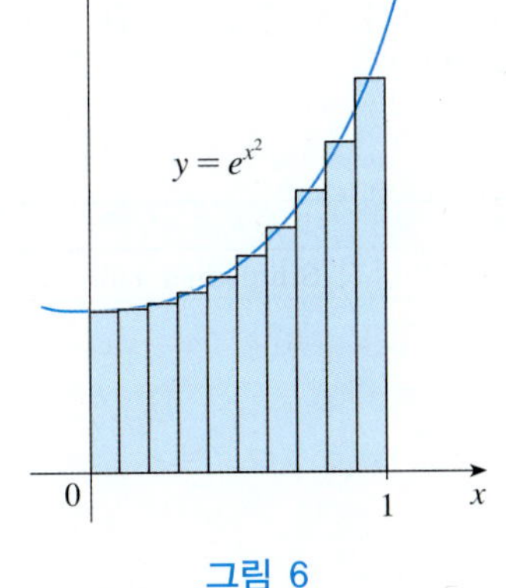

그림 6

■ 오차 한계는 오차에 대한 상계, 곧 오차보다 큰 값이다. 이는 이론적인 최악의 시나리오이다. 이 경우에 실제의 오차는 약 0.0023으로 밝혀진다.

심프슨의 법칙

적분에 근사시키는 또 다른 방법은 곡선에 근사하는 선분 대신에 포물선을 이용해서 얻는다. 앞에서와 같이 $[a, b]$를 길이가 같은 n개의 부분 구간으로 나누자. 그러면 각 부분 구간의 길이는 $h = \Delta x = (b-a)/n$이다. 그런데 이번에는 n을 짝수로 가정한다. 그리고 잇따른 구간의 쌍에서 곡선 $y = f(x) \ge 0$을 그림 7에 나타낸 바와 같이 포물선으로 근사시킨다. $y_i = f(x_i)$이면 $P_i(x_i, y_i)$는 x_i 위에 있는 곡선의 점이다. 전형적인 포물선은 잇따른 세 점 P_i, P_{i+1}, P_{i+2}를 지난다.

셈을 간단히 하기 위해서, 먼저 $x_0 = -h$, $x_1 = 0$, $x_2 = h$인 경우를 생각하자. (그림 8을 보라.) P_0, P_1, P_2를 지나는 포물선의 방정식은 $y = Ax^2 + Bx + C$ 꼴이므로, $x = -h$부터 $x = h$까지 곡선 아래의 넓이는 다음과 같다.

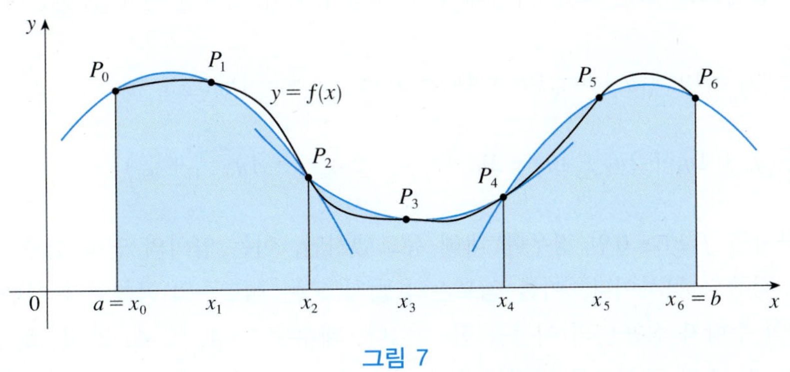

그림 7

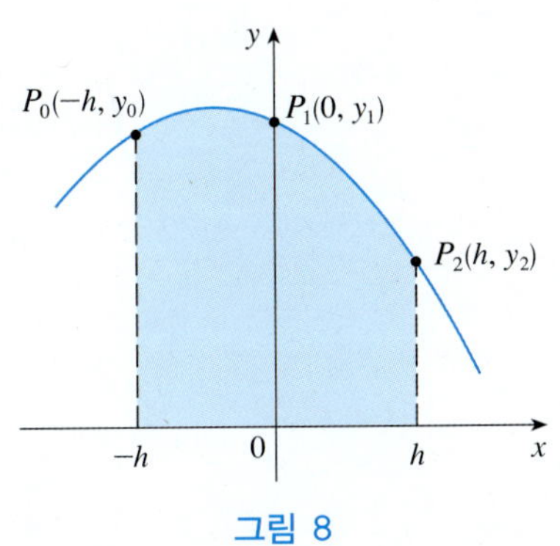

그림 8

▪ 여기서 5.5절의 정리 7을 사용했다. Ax^2+C는 짝 함수이고 Bx는 홀 함수이다.

용어
심프슨의 법칙 Simpson's rule

$$\int_{-h}^{h}(Ax^2+Bx+C)\,dx = 2\int_{0}^{h}(Ax^2+C)\,dx$$

$$= 2\left[A\frac{x^3}{3}+Cx\right]_0^h$$

$$= \left(A\frac{h^3}{3}+Ch\right) = \frac{h}{3}(2Ah^2+6C)$$

그런데 포물선이 $P_0(-h,\ y_0)$, $P_1(0,\ y_1)$, $P_2(h,\ y_2)$를 지나므로, 다음을 얻는다.

$$y_0 = A(-h)^2+B(-h)+C = Ah^2-Bh+C,$$

$$y_1 = C,$$

$$y_2 = Ah^2+Bh+C$$

따라서 다음이 성립한다.

$$y_0+4y_1+y_2 = 2Ah^2+6C$$

그러므로 포물선 아래의 넓이를 다음과 같이 다시 쓸 수 있다.

$$\frac{h}{3}(y_0+4y_1+y_2)$$

이 포물선을 수평 방향으로 평행 이동해도 그 아래의 넓이는 변하지 않는다. 이는 그림 7에서 $x=x_0$부터 $x=x_2$까지 P_0, P_1, P_2를 지나는 포물선 아래의 넓이가 여전히 다음과 같음을 뜻한다.

$$\frac{h}{3}(y_0+4y_1+y_2)$$

마찬가지로, $x=x_2$부터 $x=x_4$까지 P_2, P_3, P_4를 지나는 포물선 아래의 넓이는 다음과 같다.

$$\frac{h}{3}(y_2+4y_3+y_4)$$

이번 방법으로 모든 포물선 아래의 넓이를 셈해서 더하면 다음을 얻는다.

$$\int_a^b f(x)\,dx \approx \frac{h}{3}(y_0+4y_1+y_2)+\frac{h}{3}(y_2+4y_3+y_4)+\cdots+\frac{h}{3}(y_{n-2}+4y_{n-1}+y_n)$$

$$= \frac{h}{3}(y_0+4y_1+2y_2+4y_3+2y_4+\cdots+2y_{n-2}+4y_{n-1}+y_n)$$

이 근사를 $f(x)\geq 0$인 경우에 대해 유도했지만, 이는 임의의 연속 함수 f에 대한 적절한 근사이다. 이를 **심프슨의 법칙** 또는 **심프슨의 공식**이라 하는데, 영국의 수학자 심프슨의 이름을 딴 것이다. 계수는 1, 4, 2, 4, 2, 4, 2, ..., 4, 2, 4, 1의 규칙으로 나타난다.

심프슨의 법칙

$$\int_a^b f(x)dx \approx S_n = \frac{\Delta x}{3}\{f(x_0)+4f(x_1)+2f(x_2)+4f(x_3)+\cdots+2f(x_{n-2})+4f(x_{n-1})+f(x_n)\}$$

여기서 n은 짝수이고 $\Delta x=(b-a)/n$이다.

▪ **심프슨**

심프슨(Thomas Simpson, 1710~1761)은 천을 짜는 직공이었는데, 수학을 독학하고 18세기에 영국 최고의 수학자 중 한 사람이 됐다. 심프슨의 법칙이라 부르는 것은 실제로 18세기의 카발리에리와 그레고리도 알고 있었다. 그런데 심프슨은 그의 책 ≪수학 논문집(Mathematical Dissertations, 1743)≫을 통해 이를 널리 퍼뜨렸다.

보기 4 $n=10$일 때 심프슨의 법칙을 이용해서 $\int_1^2 (1/x)\,dx$의 근삿값을 찾아라.

풀이 $f(x)=1/x$, $n=10$, $\Delta x=0.1$을 심프슨의 법칙에 대입하면, 다음을 얻는다.

$$\begin{aligned}\int_1^2 \frac{1}{x}dx &\approx S_{10}\\ &= \frac{\Delta x}{3}\{f(1)+4f(1.1)+2f(1.2)+4f(1.3)+\cdots+2f(1.8)+4f(1.9)+f(2)\}\\ &= \frac{0.1}{3}\left(\frac{1}{1}+\frac{4}{1.1}+\frac{2}{1.2}+\frac{4}{1.3}+\frac{2}{1.4}+\frac{4}{1.5}+\frac{2}{1.6}+\frac{4}{1.7}+\frac{2}{1.8}+\frac{4}{1.9}+\frac{1}{2}\right)\\ &\approx 0.693150\end{aligned}$$

■

보기 4에서 적분의 참값($\ln 2 \approx 0.693147\cdots$)에 대해 심프슨의 법칙으로 얻은 근삿값($S_{10}\approx 0.693150$)은 사다리꼴 법칙($T_{10}\approx 0.693771$) 또는 중점 법칙($M_{10}\approx 0.692835$)으로 얻은 근삿값보다 훨씬 더 정확하다. 실제로, 심프슨의 법칙으로 얻은 근삿값은 사다리꼴 법칙과 중점 법칙으로 얻은 근삿값의 다음과 같은 가중 평균과 같다는 사실이 밝혀진다. (익힘 문제 42를 보라.)

$$S_{2n}=\frac{1}{3}T_n+\frac{2}{3}M_n$$

(통상 E_T와 E_M의 부호는 서로 반대이고 $|E_M|$은 $|E_T|$의 약 반임을 상기하자.)

미분 적분학의 많은 응용에서는, x의 함수로서 y에 대한 명확한 식이 없는 경우에도 적분 값을 찾을 필요가 있다. 함수는 그래프로 주어지거나 수집한 자료의 수표로 주어질 수 있다. 값들이 급격히 변하지 않는다는 증거가 있으면, x에 관한 y의 적분 $\int_a^b y\,dx$에 대한 근삿값을 찾는 데 사다리꼴 법칙이나 심프슨의 법칙을 여전히 사용할 수 있다.

보기 5 그림 9는 1998년 2월 10일 아메리카 합중국에서 SWITCH(스위스 교육 연구 네트워크)로의 접속을 통한 자료 처리량을 보여준다. $D(t)$는 초당 메가바이트(Mb/s)로 측정한 자료 처리량이다. 심프슨의 법칙을 이용해서 이 날 정오까지 접속을 통해 전송된 자료 전체의 양을 어림하라.

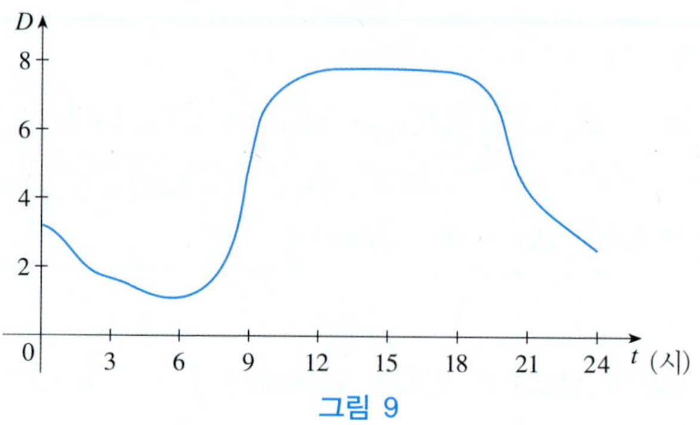

그림 9

풀이 $D(t)$가 초당 메가바이트로 측정되므로, 단위를 일관되게 사용하기 위해 t의 단위를 시에서 초로 변환하자. t를 초로 측정할 때 $A(t)$를 시각 t에 전송된 자료의 양(메가바이트)이라 하면, $A'(t) = D(t)$이다. 그러므로 알짜 변화 정리(5.3절)에 의해 정오($t = 12 \times 60^2 = 43200$일 때)까지 전송된 자료 전체의 양은 다음과 같다.

$$A(43200) = \int_0^{43200} D(t)\,dt$$

그래프에서 한 시간마다 $D(t)$의 값을 어림하고, 다음과 같이 표로 정리하자.

t(시)	t(초)	$D(t)$	t(시)	t(초)	$D(t)$
0	0	3.2	7	25200	1.3
1	3600	2.7	8	28800	2.8
2	7200	1.9	9	32400	5.7
3	10800	1.7	10	36000	7.1
4	14400	1.3	11	39600	7.7
5	18000	1.0	12	43200	7.9
6	21600	1.1			

그리고 $n = 12$이고 $\Delta t = 3600$일 때의 심프슨의 법칙을 이용해서 다음과 같이 적분을 어림하자.

$$\begin{aligned}\int_0^{43200} A(t)\,dt &\approx \frac{\Delta t}{3}\{D(0) + 4D(3600) + 2D(7200) + \cdots \\ &\qquad + 4D(39600) + D(43200)\} \\ &\approx \frac{3600}{3}\{3.2 + 4(2.7) + 2(1.9) + 4(1.7) + 2(1.3) + 4(1.0) + 2(1.1) \\ &\qquad + 4(1.3) + 2(2.8) + 4(5.7) + 2(7.1) + 4(7.7) + 7.9\} \\ &= 143880\end{aligned}$$

그러므로 정오까지 전송된 자료 전체의 양은 약 144000메가바이트, 곧 144기가바이트이다. ■

n	M_n	S_n
4	0.69121989	0.69315453
8	0.69266055	0.69314765
16	0.69302521	0.69314721

여백의 표는 적분 $\int_1^2 (1/x)\,dx$에 대한 심프슨의 법칙과 중점 법칙이 어떻게 비교되는지 보여준다. 이 적분의 값은 약 0.69314718이다. 둘째 표는 심프

슨의 법칙에서 오차 E_S가 n이 두 배로 커질 때마다 약 $\frac{1}{16}$로 줄어든다는 사실을 밝혀준다. (익힘 문제 24는 다른 적분의 경우에 이 사실을 밝힐 것을 요구한다.) 이 사실은 심프슨의 법칙에 대한 다음과 같은 오차 어림값의 분모에 나타나는 n^4과 일치한다. 이 어림값은 사다리꼴 법칙과 중점 법칙에 대해 [3]에 제시한 오차 한계와 비슷하지만, 이는 f의 사계 도함수를 이용한다.

n	E_M	E_S
4	0.00192729	−0.00000735
8	0.00048663	−0.00000047
16	0.00012197	−0.00000003

[4] 심프슨의 법칙에 대한 오차 한계 $a \le x \le b$일 때 $|f^{(4)}(x)| \le K$라고 하자. E_S를 심프슨의 법칙을 사용할 때의 오차라 하면, 다음이 성립한다.

$$|E_S| \le \frac{K(b-a)^5}{180n^4}$$

보기 6 $\int_1^2 (1/x)\,dx$에 대한 심프슨의 법칙 근삿값이 오차 0.0001의 범위에서 정확하기 위해서는 n의 값을 얼마나 크게 택해야 하는가?

풀이 $f(x) = 1/x$이므로, $f^{(4)}(x) = 24/x^5$이다. $x \ge 1$이므로 $1/x \le 1$이고 다음이 성립한다.

$$|f^{(4)}(x)| = \left|\frac{24}{x^5}\right| \le 24$$

그러므로 [4]에서 $K = 24$로 택할 수 있다. 그리고 0.0001보다 작은 오차를 위해 다음을 만족시키는 n을 택해야 한다.

$$\frac{24(1)^5}{180n^4} < 0.0001$$

이로부터 다음을 얻는다.

$$n^4 > \frac{24}{180(0.0001)},$$

곧
$$n > \frac{1}{\sqrt[4]{0.00075}} \approx 6.04$$

따라서 (n은 반드시 짝수이므로) $n = 8$은 원하는 정확도를 보장한다. (보기 2에서 사다리꼴 법칙에 대해서는 $n = 41$, 중점 법칙에 대해서는 $n = 29$를 얻었는데, 이와 비교해보자.) ■

■ 많은 계산기와 컴퓨터 대수 체계에는 정 적분의 근삿값을 셈하는 알고리즘이 내장되어 있다. 일부는 심프슨의 법칙을 사용하는데, 다른 것은 좀 더 정교한 기법인 적응(adaptive) 수치 적분과 같은 것을 이용한다. 이런 기법에서는 함수가 구간의 어떤 부분에서 다른 곳보다 훨씬 더 많이 변동하면, 그 부분은 좀 더 많은 부분 구간으로 나눈다. 이런 전략은 지정된 정확도를 얻는 데 필요한 계산 횟수를 줄여준다.

보기 7 (a) $n = 10$일 때 심프슨의 법칙을 이용해서 적분 $\int_0^1 e^{x^2}\,dx$의 근삿값을 찾아라.

(b) 이 근삿값과 관련된 오차를 어림하라.

풀이 (a) $n = 10$이면, $\Delta x = 0.1$이고 심프슨의 법칙에 의해 다음을 얻는다.

$$\int_0^1 e^{x^2}\,dx \approx \frac{\Delta x}{3}\{f(0) + 4f(0.1) + 2f(0.2) + \cdots + 2f(0.8) + 4f(0.9) + f(1)\}$$

■ 그림 10은 보기 7의 셈을 그림으로 보여준다. 포물선 조각은 $y=e^{x^2}$의 그래프와 매우 가까워서 실질적으로 서로 구분할 수 없다.

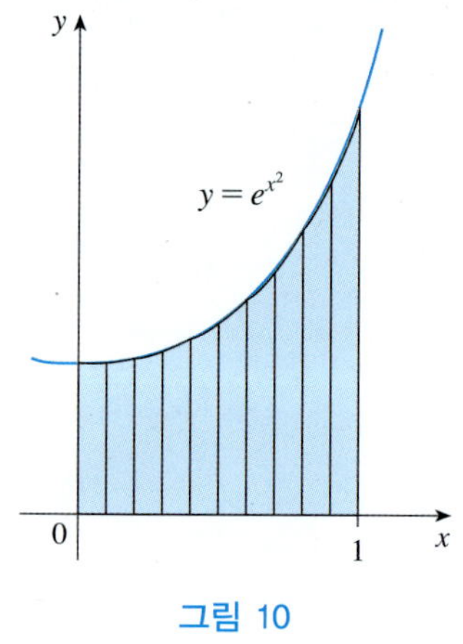

그림 10

$$= \frac{0.1}{3}\{e^0 + 4e^{0.01} + 2e^{0.04} + 4e^{0.09} + 2e^{0.16} + 4e^{0.25} + 2e^{0.36} + 4e^{0.49} + 2e^{0.64} + 4e^{0.81} + e^1\}$$

$$\approx 1.462681$$

(b) $f(x)=e^{x^2}$의 사계 도함수는 다음과 같다.

$$f^{(4)}(x) = (12+48x^2+16x^4)e^{x^2}$$

그리고 $0 \le x \le 1$이므로 다음이 성립한다.

$$0 \le f^{(4)}(x) \le (12+48+16)e^1 = 76e$$

따라서 4에 $K=76e$, $a=0$, $b=1$, $n=10$을 대입하면, 오차는 기껏해야 다음과 같음을 알게 된다.

$$\frac{76e(1)^5}{180(10)^4} \approx 0.000115$$

[이를 보기 3(b)와 비교하자.] 그러므로 소수 셋째 자리까지 정확하게 다음을 얻는다.

$$\int_0^1 e^{x^2}\,dx \approx 1.463$$

■

6.5 익힘 문제

1. 함수 f의 그래프가 아래 그림과 같을 때, $I=\int_0^4 f(x)\,dx$ 라 하자.
   (a) 그래프를 이용해서 L_2, R_2, M_2를 찾아라.
   (b) 이것들은 I보다 큰가? 작은가?
   (c) 그래프를 이용해서 T_2를 찾아라. 이는 I와 어떻게 비교되는가?
   (d) n의 임의의 값에 대해 다섯 수 L_n, R_n, M_n, T_n, I를 커지는 순서로 나열하라.

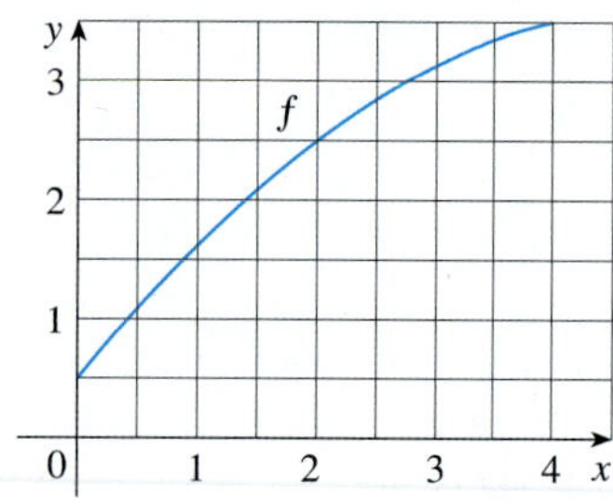

2. 함수 f의 그래프가 아래 그림과 같을 때, 왼쪽, 오른쪽, 사다리꼴, 중점 법칙을 사용해서 $\int_0^2 f(x)\,dx$ 를 어림했다. 근삿값은 0.7811, 0.8675, 0.8632, 0.9540이었고, 각 경우에 같은 개수의 부분 구간을 이용했다.
   (a) 어느 법칙으로 어느 근삿값을 얻었는가?
   (b) 어느 두 근삿값 사이에 $\int_0^2 f(x)\,dx$ 의 참값이 있는가?

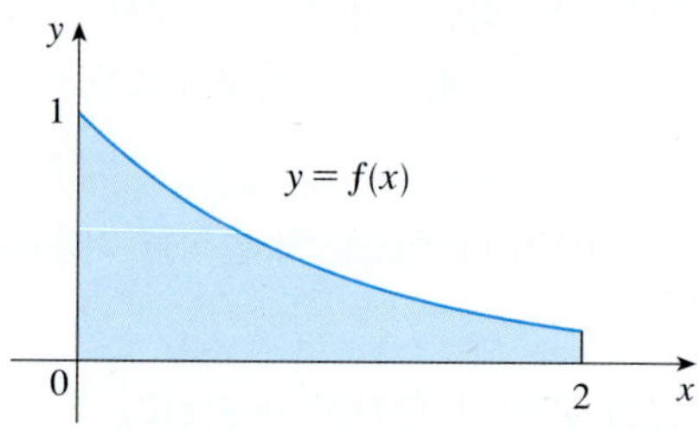

3. $n=4$일 때 (a) 사다리꼴 법칙과 (b) 중점 법칙을 사용해서 $\int_0^1 \cos(x^2)\,dx$ 를 어림하라. 적분할 함수의 그

래프를 이용해서 위에서 얻은 값이 참값보다 큰지 작은지 결정하라. 적분의 참값에 대해 어떤 결론을 내릴 수 있는가?

4. 관찰 직사각형 $[0, 1]\times[0, 0.5]$에 함수 $f(x)=\sin(x^2/2)$의 그래프를 그리고 $I=\int_0^1 f(x)\,dx$ 라 하자.
   (a) 그래프를 이용해서 L_2, R_2, M_2, T_2가 I보다 큰지 작은지 결정하라.
   (b) n의 임의의 값에 대해 다섯 수 L_n, R_n, M_n, T_n, I를 커지는 순서로 나열하라.
   (c) L_5, R_5, M_5, T_5를 셈하라. 그래프로 볼 때, 어느 것이 I의 가장 정확한 근삿값인가?

5–6. (a) 중점 법칙과 (b) 심프슨의 법칙을 이용해서 지정된 n의 값으로 다음 적분의 근삿값을 찾아라. (반올림해서 소수 여섯째 자리까지 찾아라.) 참값과 비교해서 각 근삿값의 오차를 결정하라.

5. $\displaystyle\int_0^2 \frac{x}{1+x^2}\,dx$, $n=10$

6. $\displaystyle\int_0^1 e^{-\sqrt{x}}\,dx$, $n=6$

7–16. (a) 사다리꼴 법칙과 (b) 중점 법칙 및 (b) 심프슨의 법칙을 이용해서 지정된 n의 값으로 다음 적분의 근삿값을 찾아라. (답은 반올림해서 소수 여섯째 자리까지 써라.)

7. $\displaystyle\int_1^2 \sqrt{x^3-1}\,dx$, $n=10$

8. $\displaystyle\int_0^{1/2} \sin(x^2)\,dx$, $n=4$

9. $\displaystyle\int_0^2 \frac{e^x}{1+x^2}\,dx$, $n=10$

10. $\displaystyle\int_0^{\pi/2} \sqrt[3]{1+\cos x}\,dx$, $n=4$

11. $\displaystyle\int_0^4 e^{\sqrt{t}}\sin t\,dt$, $n=8$

12. $\displaystyle\int_0^4 \sqrt{1+\sqrt{x}}\,dx$, $n=8$

13. $\displaystyle\int_1^5 \frac{\cos x}{x}\,dx$, $n=8$

14. $\displaystyle\int_4^6 \ln(x^3+2)\,dx$, $n=10$

15. $\displaystyle\int_0^3 \frac{1}{1+y^5}\,dy$, $n=6$

16. $\displaystyle\int_0^1 \sqrt{z}\,e^{-z}\,dz$, $n=10$

17. (a) $\int_0^1 \cos(x^2)\,dx$의 근삿값 T_8과 M_8을 찾아라.
   (b) (a)에서 찾은 근삿값의 오차를 어림하라.
   (c) (a)의 적분에 대한 근삿값 T_n과 M_n이 오차 0.00001의 범위에서 정확하기 위해서는 n을 얼마나 크게 택해야 하는가?

18. (a) 적분 $\int_0^2 e^{-x^2}\,dx$의 근삿값 T_{10}과 M_{10}을 찾아라.
   (b) (a)에서 찾은 근삿값의 오차를 어림하라.
   (c) (a)의 적분에 대한 근삿값 T_n과 M_n이 오차 0.00001의 범위에서 정확하기 위해서는 n을 얼마나 크게 택해야 하는가?

19. (a) $\int_0^{\pi} \sin x\,dx$의 근삿값 T_{10}, M_{10}, S_{10}과 이에 대응하는 오차 E_T, E_M, E_S를 찾아라.
   (b) (a)의 실제의 오차들을 [3]과 [4]로 얻은 오차 어림값과 비교하라.
   (c) (a)의 적분에 대한 근삿값 T_n, M_n, S_n이 오차 0.00001의 범위에서 정확하기 위해서는 n을 얼마나 크게 택해야 하는가?

20. $\int_0^1 e^{x^2}\,dx$에 대한 심프슨의 법칙 근삿값이 오차 0.00001의 범위에서 정확하기 위해서는 n을 얼마나 크게 택해야 하는가?

CAS 21. 오차 어림의 어려운 점은, 손으로 네 개의 도함수를 찾고 $|f^{(4)}(x)|$에 대한 좋은 상계 K을 얻기가 종종 매우 어렵다는 사실이다. 그러나 컴퓨터 대수 체계는 $f^{(4)}$를 찾고 이를 그래프로 나타내는 데 어려움이 없다. 그러므로 기계가 그린 그래프에서 K의 값을 쉽게 찾을 수 있다. 이 문제는 $f(x)=e^{\cos x}$일 때 적분 $I=\int_0^{2\pi} f(x)\,dx$ 의 근삿값을 다룬다.
   (a) 그래프를 이용해서 $|f''(x)|$에 대한 좋은 상계를 얻어라.
   (b) M_{10}을 이용해서 I의 근삿값을 찾아라.
   (c) (a)를 이용해서 (b)의 오차를 어림하라.
   (d) 수치 적분이 가능한 프로그램이 내장된 CAS를 이용해서 I의 근삿값을 찾아라.
   (e) 실제의 오차는 (c)에서 찾은 오차 어림값과 어떻게 비교되는가?
   (f) 그래프를 이용해서 $|f^{(4)}(x)|$에 대한 좋은 상계를 얻어라.

(g) S_{10}을 이용해서 I의 근삿값을 찾아라.

(h) (f)를 이용해서 (g)의 오차를 어림하라.

(i) 실제의 오차는 (h)의 오차 어림값과 어떻게 비교되는가?

(j) S_n을 이용한 오차의 크기가 0.0001보다 작기 위해서는 n은 얼마나 커야 하는가?

CAS **22.** 적분 $\int_{-1}^{1} \sqrt{4-x^3}\,dx$에 대해 익힘 문제 21을 반복하라.

23. $n=5$, 10, 20일 때 적분 $\int_0^1 xe^x\,dx$의 근삿값 L_n, R_n, T_n, M_n을 찾아라. 그리고 이에 대응하는 오차 E_L, E_R, E_T, E_M을 셈하라. (답은 반올림해서 소수 여섯째 자리까지 써라. 컴퓨터 대수 체계에서 합의 명령어를 사용할 수 있다.) 어떤 사실을 관찰할 수 있는가? 특히, n이 두 배가 될 때 오차는 어떻게 되는가?

24. $n=6$과 12에 대해 적분 $\int_1^4 1/\sqrt{x}\,dx$의 근삿값 T_n, M_n, S_n을 찾아라. 그리고 이에 대응하는 오차 E_T, E_M, E_S를 셈하라. (답은 반올림해서 소수 여섯째 자리까지 써라. 컴퓨터 대수 체계에서 합의 명령어를 사용할 수 있다.) 어떤 사실을 관찰할 수 있는가? 특히, n이 두 배가 될 때 오차는 어떻게 되는가?

25. $n=6$일 때 (a) 사다리꼴 법칙과 (b) 중점 법칙 및 (c) 심프슨의 법칙을 이용해서 아래 그림의 그래프 아래의 넓이를 어림하라.

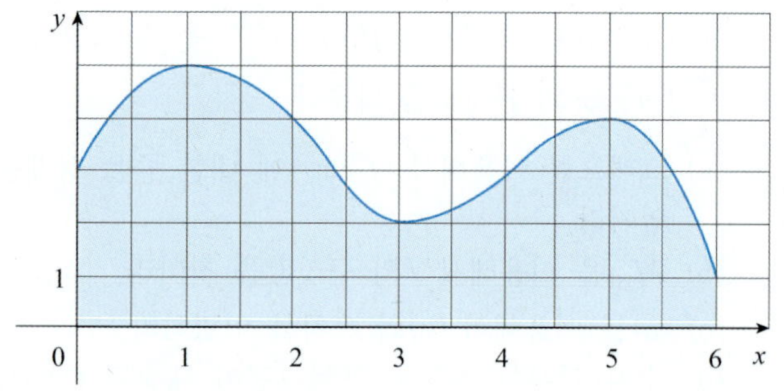

26. 속도 측정기로 달리기 선수가 처음 5초 동안 달릴 때의 속력을 측정했다. (아래 표를 보라.) 심프슨의 법칙을 이용해서 이 선수가 5초 동안 달린 거리를 어림하라.

t(s)	v(m/s)	t(s)	v(m/s)
0	0	3.0	10.51
0.5	4.67	3.5	10.67
1.0	7.34	4.0	10.76
1.5	8.86	4.5	10.81
2.0	9.73	5.0	10.81
2.5	10.22		

27. 아래 그래프는 단위 m/s^{2}으로 측정한 자동차의 가속도 $a(t)$를 나타낸다. 심프슨의 법칙을 이용해서 6초 동안 증가한 차의 속도를 어림하라.

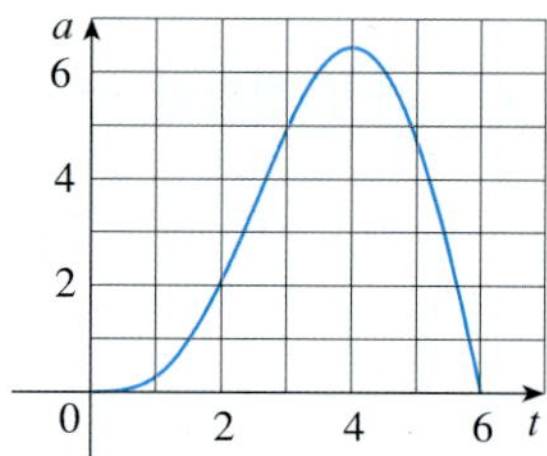

28. 물이 탱크로부터 $r(t)$(L/h)의 변화율로 새고 있다. 아래 그림은 r의 그래프이다. 심프슨의 법칙을 이용해서 처음 여섯 시간 동안 샌 물 전체의 양을 어림하라.

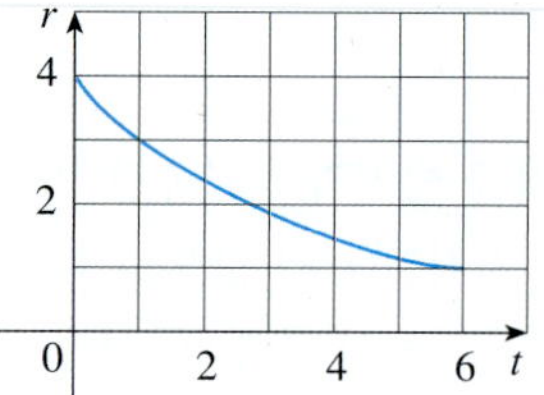

29. 아래 그래프는 2009년 9월 19일 뉴욕 시의 기온을 보여준다. $n=12$인 심프슨의 법칙을 이용해서 이 날의 평균 기온을 어림하라.

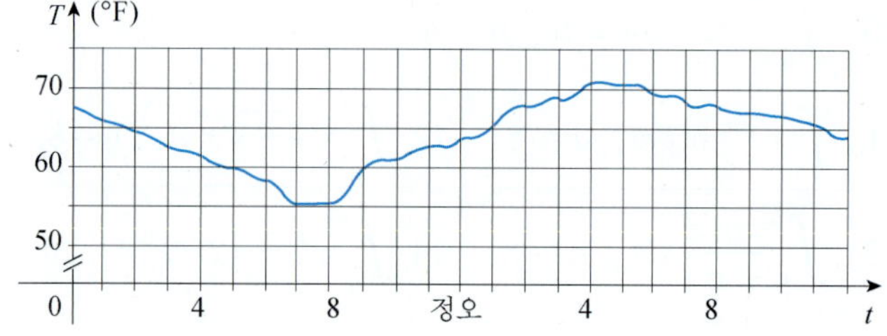

30. (a) 아래 표는 g의 함숫값을 보여준다. 심프슨의 법칙을 이용해서 $\int_0^{1.6} g(x)\,dx$의 값을 어림하라.

x	$g(x)$	x	$g(x)$
0.0	12.1	1.0	12.2
0.2	11.6	1.2	12.6
0.4	11.3	1.4	13.0
0.6	11.1	1.6	13.2
0.8	11.7		

(b) $0 \le x \le 1.6$에 대해 $-5 \le g^{(4)}(x) \le 2$일 때, (a)의 근삿값과 관련된 오차를 어림하라.

31. (a) 중점 법칙과 주어진 자료를 이용해서 적분 $\int_1^5 f(x)\,dx$의 값을 어림하라.

x	$f(x)$	x	$f(x)$
1.0	2.4	3.5	4.0
1.5	2.9	4.0	4.1
2.0	3.3	4.5	3.9
2.5	3.6	5.0	3.5
3.0	3.8		

(b) 모든 x에 대해 $-2 \le f''(x) \le 3$일 때, (a)의 근삿값과 관련된 오차를 어림하라.

32. 아래 그림은 어느 날 자정부터 오전 8시부터 한 인터넷 서비스 회사의 T1 데이터 선로를 통한 소통량을 나타내는 그래프이다. D는 자료 처리량으로 단위는 메가와트/초이다. 심프슨의 법칙을 이용해서 이 시간에 전송된 자료 전체의 양을 어림하라.

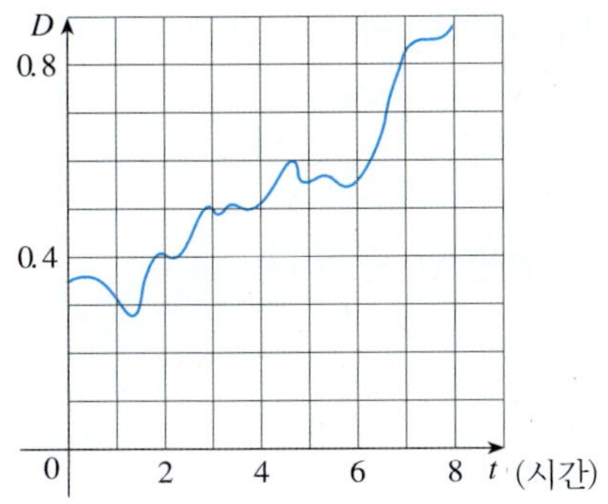

33. 2004년 12월 10일 자정부터 오전 6시까지 온타리오에서 소비되는 전력(메가와트)을 보여준다. 심프슨의 법칙을 이용해서 이 시간에 소비된 에너지를 어림하라. (전력은 에너지의 도함수라는 사실을 이용하라.)

t	P	t	P
0 : 00	17888	3 : 30	16835
0 : 30	17398	4 : 00	17065
1 : 00	17110	4 : 30	17264
1 : 30	16881	5 : 00	17577
2 : 00	16832	5 : 30	17992
2 : 30	16950	6 : 00	18216
3 : 00	16833		

CAS **34.** 아래 그림은 길이가 L인 흔들이를 보여주는데, 연직선과 최대 θ_0의 각을 이룬다. 뉴턴의 제 2 운동 법칙을 이용해서, (흔들이가 완전히 한 번 진동하는) 주기 T가 다음과 같음을 밝힐 수 있다.

$$T = 4\sqrt{\frac{L}{g}}\int_0^{\pi/2}\frac{dx}{\sqrt{1-k^2\sin^2 x}}$$

여기서 $k=\sin(\frac{1}{2}\theta_0)$이고 g는 중력 가속도이다. $L=1\,\text{m}$이고 $\theta_0=42°$인 경우에, $n=10$일 때의 심프슨의 법칙을 이용해서 주기를 찾아라.

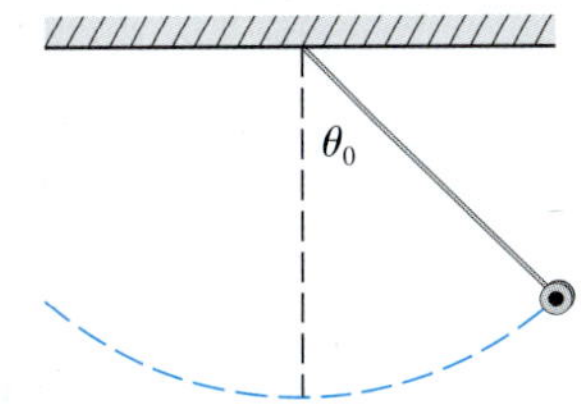

35. N개의 틈이 있는 회절 격자를 통해 각 θ로 방출된 파장이 λ인 빛의 세기는 $I(\theta)=N^2\sin^2 k/k^2$로 주어진다. 여기서 $k=(\pi Nd\sin\theta)/\lambda$이고 d는 인접한 틈 사이의 거리이다. 파장이 $\lambda=632.8\times10^{-9}\,\text{m}$인 헬륨-네온 레이저가 $10^{-4}\,\text{m}$ 떨어져 있는 10000개의 틈이 있는 격자를 통해 협대역 $-10^{-6}<\theta<10^{-6}$의 빛을 방출하고 있다. $n=10$일 때 중점 법칙을 이용해서 $\int_{-10^{-6}}^{10^{-6}} I(\theta)\,d\theta$, 곧 격자로부터 방출된 전체 빛의 세기를 어림하라.

36. $n=2$일 때 오른쪽 끝점 근삿값이 심프슨의 법칙보다 더 정확한 $[0, 2]$에서의 연속 함수의 그래프를 그려라.

37. $n=2$일 때 사다리꼴 법칙이 중점 법칙보다 더 정확한 $[0, 2]$에서의 연속 함수의 그래프를 그려라.

38. 적분 $\int_0^{20} \cos(\pi x)\,dx$의 근삿값을 $n=10$일 때 사다리꼴 법칙을 이용해서 찾아라. 이를 참값과 비교하라. 그 차를 설명할 수 있는가?

39. f가 양수값 함수이고 $a \le x \le b$일 때 $f''(x) < 0$이면 다음이 성립함을 보여라.

$$T_n < \int_a^b f(x)\,dx < M_n$$

40. f가 3차 이하의 다항 함수이면, 심프슨의 법칙으로 $\int_a^b f(x)\,dx$의 참값을 얻음을 보여라.

41. $\frac{1}{2}(T_n + M_n) = T_{2n}$이 성립함을 보여라.

42. $\frac{1}{3}T_n + \frac{2}{3}M_n = S_{2n}$이 성립함을 보여라.

6.6 특이 적분

용어
특이 적분 improper integral

정 적분 $\int_a^b f(x)\,dx$를 정의할 때, 유한 구간 $[a, b]$에서 정의된 함수 f를 다루었다. 이번 절에서는 정 적분의 개념을 구간이 무한대인 경우로 확장하며, 또 f가 $[a, b]$에서 무한 불연속인 경우로도 확장한다. 각 경우의 적분을 **특이 적분**이라 한다.

형태 1: 무한 구간

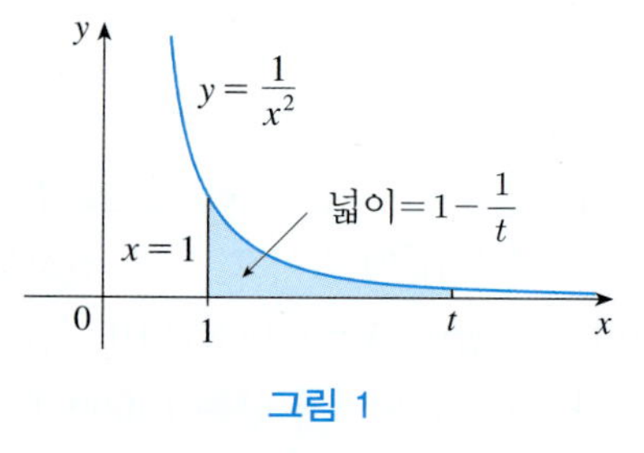

그림 1

곡선 $y = 1/x^2$ 아래와 x축 위 및 직선 $x=1$의 오른쪽에 놓인 무한 영역 S를 생각하자. S의 밑변이 무한대이기 때문에, 그 넓이도 무한대일 것으로 생각할 수 있다. 그러나 좀 더 자세히 관찰하자. (그림 1에 어둡게 나타낸) 직선 $x=t$의 왼쪽에 있는 S의 일부 넓이는 다음과 같다.

$$A(t) = \int_1^t \frac{1}{x^2}\,dx = -\frac{1}{x}\Big]_1^t = 1 - \frac{1}{t}$$

아무리 큰 t를 선택해도 $A(t) < 1$임을 알 수 있다.

또, 다음 사실도 관찰할 수 있다.

$$\lim_{t\to\infty} A(t) = \lim_{t\to\infty}\left(1 - \frac{1}{t}\right) = 1$$

어둡게 나타낸 영역의 넓이는 $t \to \infty$일 때 1에 가까워진다. (그림 2를 보라.) 그러므로 무한 영역 S의 넓이는 1과 같다고 말하고, 다음과 같이 나타낸다.

$$\int_1^\infty \frac{1}{x^2}\,dx = \lim_{t\to\infty}\int_1^t \frac{1}{x^2}\,dx = 1$$

이 예를 본보기로 이용해서, 무한 구간 위에서 (반드시 양수일 필요는 없는) 함수 f의 적분을 유한 구간 위에서의 적분의 극한으로 정의하자.

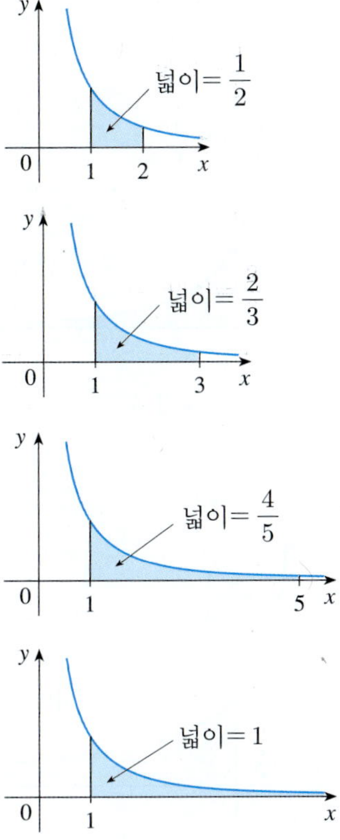

그림 2

1 형태 1 특이 적분의 정의

(a) 모든 수 $t \geq a$에 대해 $\int_a^t f(x)\,dx$가 존재할 때, (아래 극한이 유한인 수로 존재하면) 다음과 같이 정의한다.

$$\int_a^{\infty} f(x)\,dx = \lim_{t\to\infty}\int_a^t f(x)\,dx$$

(b) 모든 수 $t \leq b$에 대해 $\int_t^b f(x)\,dx$가 존재할 때, (아래 극한이 유한인 수로 존재하면) 다음과 같이 정의한다.

$$\int_{-\infty}^{b} f(x)\,dx = \lim_{t\to-\infty}\int_t^b f(x)\,dx$$

특이 적분 $\int_a^{\infty} f(x)\,dx$와 $\int_{-\infty}^{b} f(x)\,dx$는 대응하는 극한이 존재할 때 **수렴한다**고 하며, 그 극한이 존재하지 않을 때 **발산한다**고 한다.

(c) $\int_a^{\infty} f(x)\,dx$와 $\int_{-\infty}^{a} f(x)\,dx$가 모두 수렴할 때, 다음과 같이 정의한다.

$$\int_{-\infty}^{\infty} f(x)\,dx = \int_{-\infty}^{a} f(x)\,dx + \int_a^{\infty} f(x)\,dx$$

(c)에서 a를 임의로 선택할 수 있다. (익힘 문제 52를 보라.)

정의 1에 있는 모든 특이 적분은 f가 양수값 함수인 경우에는 넓이로 해석할 수 있다. 예를 들면, (a)의 경우에 $f(x) \geq 0$이고 적분 $\int_a^{\infty} f(x)\,dx$가 수렴하면, 그림 3에 나타낸 영역 $S = \{(x, y) \mid x \geq a,\ 0 \leq y \leq f(x)\}$의 넓이를 다음과 같이 정의한다.

$$A(S) = \int_a^{\infty} f(x)\,dx$$

$\int_a^{\infty} f(x)\,dx$는 a부터 t까지 f의 그래프 아래의 넓이의 $t \to \infty$일 때의 극한이므로, 이 정의는 적절하다.

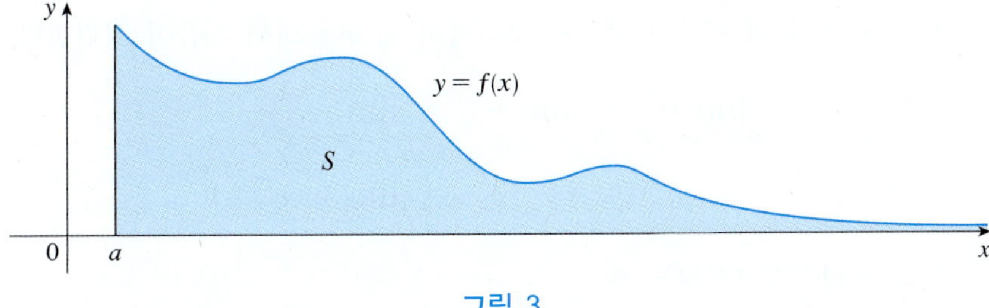

그림 3

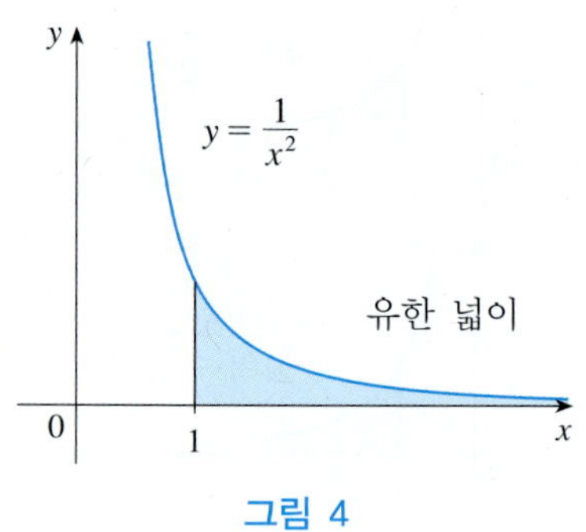

그림 4

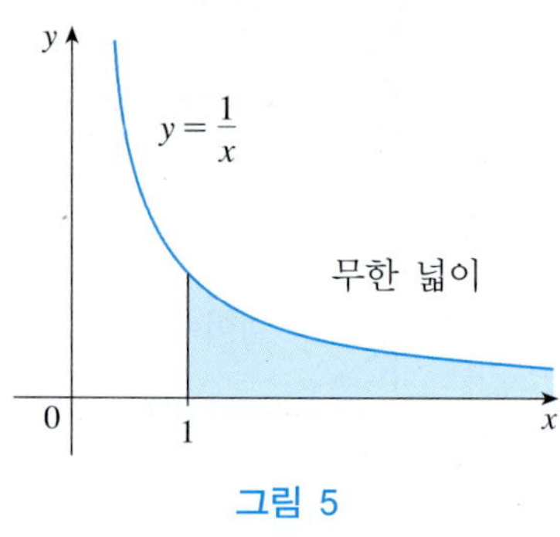

그림 5

보기 1 적분 $\int_1^\infty (1/x)\,dx$가 수렴하는지 발산하는지 판정하라.

풀이 정의 [1]의 (a)에 따라서 다음을 얻는다.

$$\int_1^\infty \frac{1}{x}\,dx = \lim_{t\to\infty}\int_1^t \frac{1}{x}\,dx = \lim_{t\to\infty} \ln|x|\Big]_1^t$$
$$= \lim_{t\to\infty}(\ln t - \ln 1) = \lim_{t\to\infty} \ln t = \infty$$

이 극한이 유한한 수로 존재하지 않으므로, 특이 적분 $\int_1^\infty (1/x)\,dx$는 발산한다. ■

보기 1의 결과를 이번 절의 시작 부분에서 제시한 다음 예와 비교하자.

$$\int_1^\infty \frac{1}{x^2}\,dx \text{는 수렴하고, } \int_1^\infty \frac{1}{x}\,dx \text{은 발산한다.}$$

기하학적으로 $x>0$일 때 두 곡선 $y=1/x^2$과 $y=1/x$은 매우 비슷해 보이지만, (그림 4에 어둡게 나타낸) $x=1$의 오른쪽에 있는 $y=1/x^2$ 아래 영역은 넓이가 유한이지만, (그림 5에 나타낸) $y=1/x$ 아래의 대응하는 영역은 넓이가 무한대이다. $x\to\infty$일 때 $1/x^2$과 $1/x$은 모두 0에 가까워지지만, $1/x^2$이 $1/x$보다 빨리 0에 가까워진다. $1/x$의 값은 그 적분이 유한인 값이 될 만큼 충분히 빨리 감소하지 않는다.

보기 2 $\int_{-\infty}^0 xe^x\,dx$의 값을 찾아라.

풀이 정의 [1]의 (b)에 의해, 다음이 성립한다.

$$\int_{-\infty}^0 xe^x\,dx = \lim_{t\to-\infty}\int_t^0 xe^x\,dx$$

부분 적분을 이용하기 위해 $u=x$와 $dv=e^x dx$로 놓으면 $du=dx$이고 $v=e^x$이므로, 다음을 얻는다.

$$\int_t^0 xe^x\,dx = xe^x\Big]_t^0 - \int_t^0 e^x\,dx = -te^t - 1 + e^t$$

> **TEC** Module 6.6에서 몇 가지 특이 적분의 수렴 여부를 시각적으로 그리고 수치적으로 고찰할 수 있다.

$t\to-\infty$일 때 $e^t\to 0$이므로 로피탈의 법칙에 의해 다음이 성립한다.

$$\lim_{t\to-\infty} te^t = \lim_{t\to-\infty}\frac{t}{e^{-t}} = \lim_{t\to-\infty}\frac{1}{-e^{-t}}$$
$$= \lim_{t\to-\infty}(-e^t) = 0$$

따라서 다음을 얻는다.

$$\int_{-\infty}^0 xe^x\,dx = \lim_{t\to-\infty}(-te^t - 1 + e^t)$$

$$= -0-1+0=-1$$ ■

보기 3 $\displaystyle\int_{-\infty}^{\infty} \frac{1}{1+x^2}\,dx$의 값을 찾아라.

풀이 정의 [1](c)에서 간편하게 $a=0$을 택해서 다음을 보이자.

$$\int_{-\infty}^{\infty} \frac{1}{1+x^2}\,dx = \int_{-\infty}^{0} \frac{1}{1+x^2}\,dx + \int_{0}^{\infty} \frac{1}{1+x^2}\,dx$$

우변에 있는 두 적분을 다음과 같이 별도로 셈해야 한다.

$$\int_{0}^{\infty} \frac{1}{1+x^2}\,dx = \lim_{t\to\infty}\int_{0}^{t} \frac{dx}{1+x^2} = \lim_{t\to\infty} \tan^{-1}x\Big]_0^t$$

$$= \lim_{t\to\infty}(\tan^{-1}t - \tan^{-1}0) = \lim_{t\to\infty} \tan^{-1}t = \frac{\pi}{2},$$

$$\int_{-\infty}^{0} \frac{1}{1+x^2}\,dx = \lim_{t\to-\infty}\int_{t}^{0} \frac{dx}{1+x^2} = \lim_{t\to-\infty} \tan^{-1}x\Big]_t^0$$

$$= \lim_{t\to-\infty}(\tan^{-1}0 - \tan^{-1}t)$$

$$= 0 - \left(-\frac{\pi}{2}\right) = \frac{\pi}{2}$$

두 적분이 모두 수렴하므로, 주어진 적분은 수렴하고 다음이 성립한다.

$$\int_{-\infty}^{\infty} \frac{1}{1+x^2}\,dx = \frac{\pi}{2} + \frac{\pi}{2} = \pi$$

$1/(1+x^2) > 0$이므로, 주어진 특이 적분을 곡선 $y=1/(1+x^2)$ 아래와 x축 위에 놓인 무한 영역의 넓이로 해석할 수 있다. (그림 6을 보라.) ■

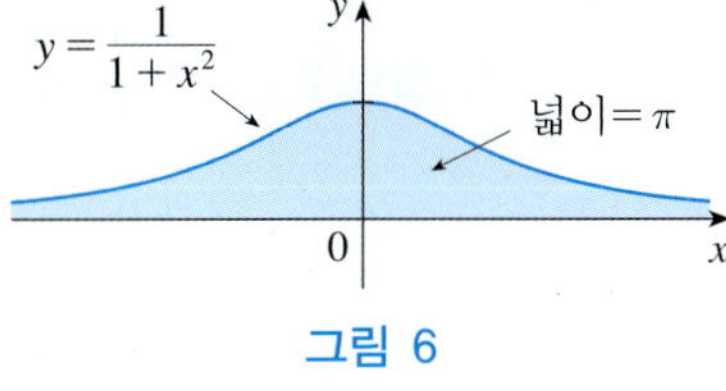

그림 6

보기 4 p의 어떤 값에 대해 다음 적분은 수렴하는가?

$$\int_{1}^{\infty} \frac{1}{x^p}\,dx$$

풀이 보기 1에서 알아본 대로, $p=1$일 때 이 적분은 발산한다. 이제 $p\neq 1$이라 하자. 그러면 다음이 성립한다.

$$\int_{1}^{\infty} \frac{1}{x^p}\,dx = \lim_{t\to\infty}\int_{1}^{t} x^{-p}\,dx = \lim_{t\to\infty}\frac{x^{-p+1}}{-p+1}\Big]_{x=1}^{x=t}$$

$$= \lim_{t\to\infty}\frac{1}{1-p}\left\{\frac{1}{t^{p-1}} - 1\right\}$$

$p>1$이면 $p-1>0$이므로, $t\to\infty$일 때 $t^{p-1}\to\infty$이고 $1/t^{p-1}\to 0$이다. 따라서 $p>1$일 때 다음이 성립하므로 적분은 수렴한다.

$$\int_{1}^{\infty} \frac{1}{x^p}\,dx = \frac{1}{p-1}$$

그러나 $p<1$일 때 $p-1<0$이다. 그러므로

$$t \to \infty \text{일 때 } \frac{1}{t^{p-1}} = t^{1-p} \to \infty \text{이다.}$$

그러므로 적분은 발산한다. ■

앞으로의 인용을 위해 보기 4의 결과를 다음과 같이 요약한다.

> 2 $\displaystyle\int_1^\infty \frac{1}{x^p}\,dx$은 $p > 1$일 때 수렴하고 $p \le 1$일 때 발산한다.

형태 2 : 불연속인 적분할 함수

f는 유한 구간 $[a, b)$에서 정의된 양수값 연속 함수이지만, b에 연직 점근선이 있다고 하자. S를 f의 그래프 아래와 a부터 b까지 x축 위의 갇히지 않는 영역이라고 하자. (형태 1의 적분에서, 영역은 수평 방향으로 한없이 확장됐다. 여기서 영역은 연직 방향으로 무한이다.) (그림 7에 어둡게 나타낸 영역인) a와 t 사이의 S의 일부 넓이는 다음과 같다.

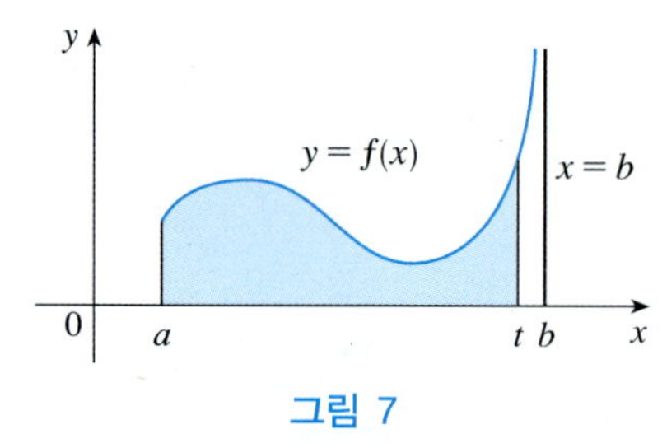

그림 7

$$A(t) = \int_a^t f(x)\,dx$$

$t \to b^-$일 때 $A(t)$가 일정한 수 A에 가까워지면, 영역 S의 넓이는 A이고, 다음과 같이 나타낸다.

$$\int_a^b f(x)\,dx = \lim_{t \to b^-} \int_a^t f(x)\,dx$$

f가 양수값 함수가 아닌 경우에도 그리고 b에서 f의 불연속 형태가 어떠한 경우에도, 이 식을 이용해서 형태 2의 특이 적분을 정의한다.

■ $f(x) \ge 0$인 경우에 정의 3의 (b)와 (c)를 그림 8과 9에 그림으로 나타냈는데, 각각 a와 c에서 f의 연직 점근선이 있다.

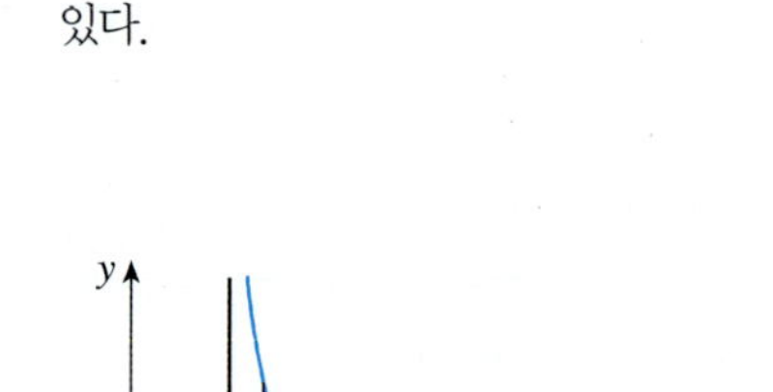

그림 8

> 3 **형태 2 특이 적분의 정의**
>
> (a) f가 $[a, b)$에서 연속이고 b에서 불연속일 때, (아래의 극한이 유한인 수로 존재하면) 다음과 같이 정의한다.
>
> $$\int_a^b f(x)\,dx = \lim_{t \to b^-} \int_a^t f(x)\,dx$$
>
> (b) f가 $(a, b]$에서 연속이고 a에서 불연속일 때, (아래의 극한이 유한인 수로 존재하면) 다음과 같이 정의한다.
>
> $$\int_a^b f(x)\,dx = \lim_{t \to a^+} \int_t^b f(x)\,dx$$
>
> 특이 적분 $\int_a^b f(x)\,dx$는 대응하는 극한이 존재할 때 **수렴한다**고 하며, 그 극한이 존재하지 않을 때 **발산한다**고 하자.

(c) $a < c < b$일 때 f가 c에서 불연속이고 $\int_a^c f(x)\,dx$와 $\int_c^b f(x)\,dx$가 모두 수렴하면, 다음과 같이 정의한다.

$$\int_a^b f(x)\,dx = \int_a^c f(x)\,dx + \int_c^b f(x)\,dx$$

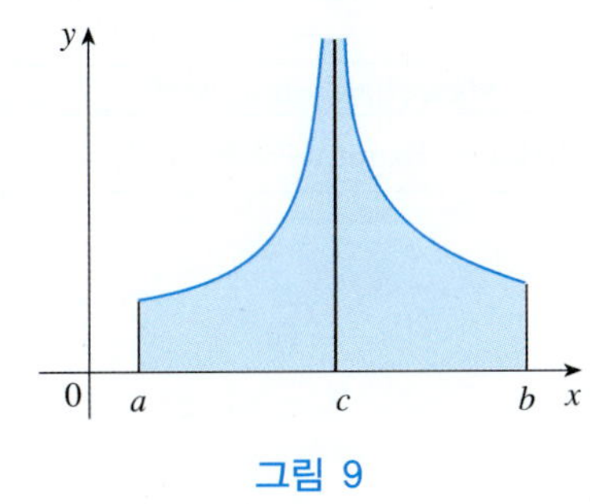

그림 9

보기 5 $\displaystyle\int_2^5 \frac{1}{\sqrt{x-2}}\,dx$를 찾아라.

풀이 먼저 $x = 2$에서 $f(x) = 1/\sqrt{x-2}$의 연직 점근선이 있으므로, 주어진 적분은 특이 적분이다. $[2,\ 5]$의 왼쪽 끝점에서 무한 불연속이므로, 정의 [3]의 (b)에 의해 다음을 얻는다.

$$\int_2^5 \frac{dx}{\sqrt{x-2}} = \lim_{t\to 2^+}\int_t^5 \frac{dx}{\sqrt{x-2}} = \lim_{t\to 2^+} 2\sqrt{x-2}\,\Big]_t^5$$

$$= \lim_{t\to 2^+} 2(\sqrt{3} - \sqrt{t-2}) = 2\sqrt{3}$$

그러므로 주어진 특이 적분은 수렴하고 적분할 함수가 양수이므로, 적분의 값을 그림 10에 어둡게 나타낸 영역의 넓이로 해석할 수 있다. ■

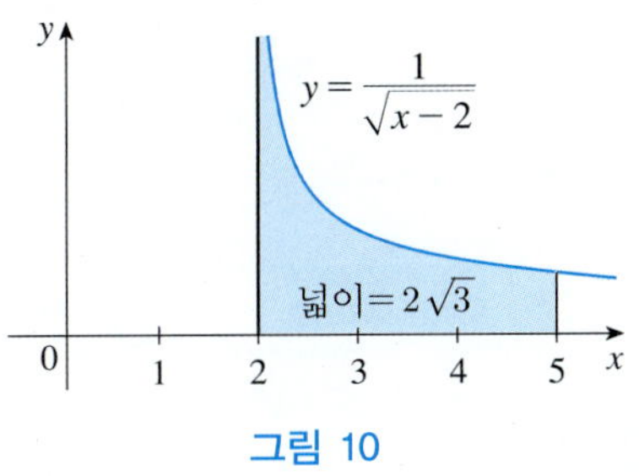

그림 10

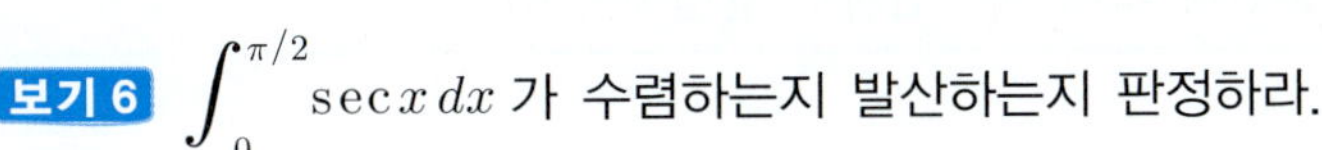

보기 6 $\displaystyle\int_0^{\pi/2} \sec x\,dx$가 수렴하는지 발산하는지 판정하라.

풀이 $\lim_{x\to(\pi/2)^-} \sec x = \infty$이므로, 주어진 적분은 특이 적분이다. 정의 [3]의 (a)와 적분표의 공식 14를 이용하면, $t \to (\pi/2)^-$일 때 $\sec t \to \infty$이고 $\tan t \to \infty$이므로 다음을 얻는다.

$$\int_0^{\pi/2} \sec x\,dx = \lim_{t\to(\pi/2)^-}\int_0^t \sec x\,dx$$

$$= \lim_{t\to(\pi/2)^-} \ln|\sec x + \tan x|\,\Big]_0^t$$

$$= \lim_{t\to(\pi/2)^-} \{\ln(\sec t + \tan t) - \ln 1\} = \infty$$

그러므로 주어진 특이 적분은 발산한다. ■

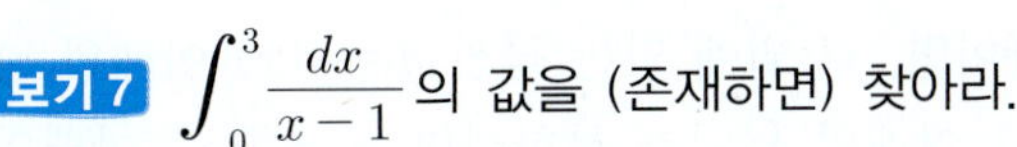

보기 7 $\displaystyle\int_0^3 \frac{dx}{x-1}$의 값을 (존재하면) 찾아라.

풀이 직선 $x = 1$은 피적분 함수의 연직 점근선이다. 이것이 구간 $[0,\ 3]$의 가운데 있으므로, 다음과 같이 $c = 1$일 때 정의 [3]의 (c)를 이용하자.

$$\int_0^3 \frac{dx}{x-1} = \int_0^1 \frac{dx}{x-1} + \int_1^3 \frac{dx}{x-1}$$

여기서 $t \to 1^-$일 때 $(1-t) \to 0^+$이므로 다음을 얻는다.

■ www.stewartcalculus.com

Additional Example A를 보라.

$$\int_0^1 \frac{dx}{x-1} = \lim_{t\to1^-}\int_0^t \frac{dx}{x-1} = \lim_{t\to1^-} \ln|x-1|\Big]_0^t$$
$$= \lim_{t\to1^-}(\ln|t-1| - \ln|-1|)$$
$$= \lim_{t\to1^-}\ln(1-t) = -\infty$$

그러므로 $\int_0^1 dx/(x-1)$을 발산한다. 이에 따라 $\int_0^3 dx/(x-1)$도 발산한다. [$\int_1^3 dx/(x-1)$의 값을 찾을 필요가 없다.] ■

주의 보기 7에서 점근선 $x=1$을 알아채지 못하고 주어진 적분을 통상적인 적분으로 착각하면, 다음과 같이 잘못 셈할 수 있다.

$$\int_0^3 \frac{dx}{x-1} = \ln|x-1|\Big]_0^3 = \ln 2 - \ln 1 = \ln 2$$

이는 틀렸다. 주어진 적분은 특이 적분이므로 극한을 이용해서 셈해야 하기 때문이다.

앞으로 기호 $\int_a^b f(x)\,dx$와 마주치면 $[a, b]$에서 f를 관찰해서 이것이 통상적인 적분인지 특이 적분인지를 결정해야 한다.

특이 적분에 대한 비교 판정법

때로는 특이 적분의 참값을 찾기가 불가능하지만, 그것의 수렴·발산 여부를 아는 것이 중요한 경우가 있다. 이런 경우에 다음 정리가 쓸모 있다. 이것은 형태 1 적분에 관한 것이지만, 비슷한 정리가 형태 2 적분에 대해 적용된다.

용어

비교 정리 comparison theorem

비교 정리 f와 g가 연속 함수이고 $x \ge a$일 때 $f(x) \ge g(x) \ge 0$이다.

(a) $\int_a^\infty f(x)\,dx$가 수렴하면, $\int_a^\infty g(x)\,dx$도 수렴한다.

(b) $\int_a^\infty g(x)\,dx$가 발산하면, $\int_a^\infty f(x)\,dx$도 발산한다.

비교 정리의 증명은 생략하지만, 그림 11로부터 이것이 타당해 보인다. 곡선 $y=f(x)$ 아래의 넓이가 유한이면, 그 밑에 있는 곡선 $y=g(x)$ 아래의 넓이도 유한이다. 그리고 $y=g(x)$ 아래의 넓이가 무한이면, $y=f(x)$ 아래의 넓이도 무한이다. [역은 반드시 참이 아닐 수 있다. $\int_a^\infty g(x)\,dx$가 수렴하면, $\int_a^\infty f(x)\,dx$는 수렴할 수도 있고 그렇지 않을 수도 있다. 그리고 $\int_a^\infty f(x)\,dx$가 발산하면, $\int_a^\infty g(x)\,dx$는 발산할 수도 있고 그렇지 않을 수도 있다.]

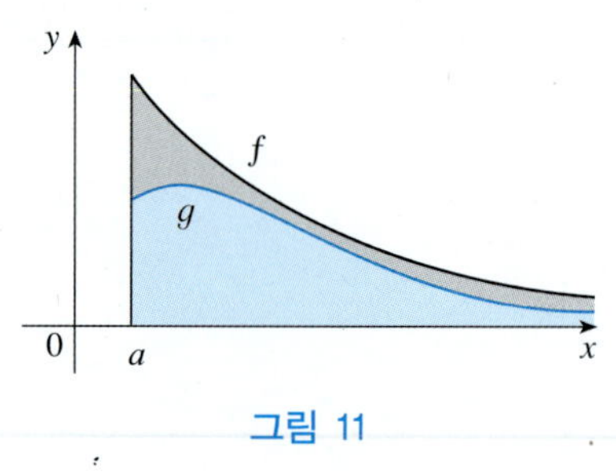

그림 11

보기 8 $\int_0^\infty e^{-x^2}dx$가 수렴함을 보여라.

풀이 (6.4절에서 설명한 대로) e^{-x^2}의 역도함수가 초등 함수가 아니므로, 이 적분의 값을 직접 찾을 수는 없다. 다음과 같이 나타내자.

$$\int_0^\infty e^{-x^2}dx = \int_0^1 e^{-x^2}dx + \int_1^\infty e^{-x^2}dx$$

우변의 첫째 적분은 통상적인 정 적분이다. 둘째 적분에서 $x \ge 1$일 때 $x^2 \ge x$이므로 $-x^2 \le -x$이고 이에 따라 $e^{-x^2} \le e^{-x}$라는 사실을 이용하자. (그림 12를 보라.) e^{-x}의 적분은 다음과 같이 셈하기 쉽다.

$$\int_1^\infty e^{-x}dx = \lim_{t\to\infty}\int_1^t e^{-x}dx = \lim_{t\to\infty}(e^{-1}-e^{-t}) = e^{-1}$$

그러므로 비교 정리에서 $f(x)=e^{-x}$과 $g(x)=e^{-x^2}$을 택하면, $\int_1^\infty e^{-x^2}dx$가 수렴함을 알 수 있다. 이에 따라 $\int_0^\infty e^{-x^2}dx$는 수렴한다. ■

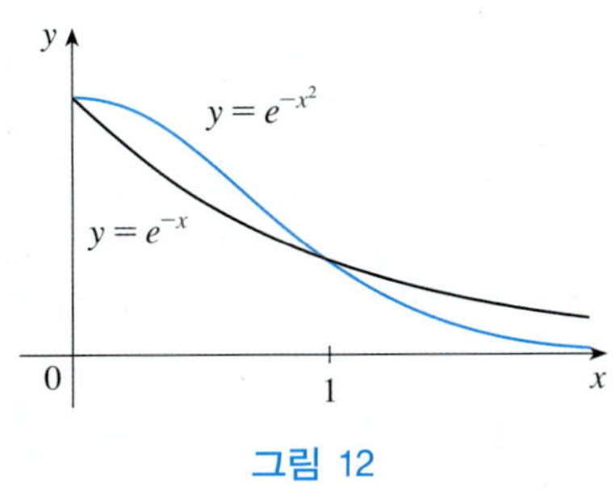

그림 12

보기 8에서 $\int_0^\infty e^{-x^2}dx$가 수렴한다는 사실을 그 값을 셈하지 않고 밝혔다. 익힘 문제 58에서 이 값이 약 0.8862임을 밝히는 방법을 알아본다. 확률론에서는 이 특이 적분의 참값을 아는 것이 중요하다. 다변수 미분 적분학의 방법을 이용해서 참값이 $\sqrt{\pi}/2$임을 밝힐 수 있다. 표 1은 t가 커짐에 따라 $\int_0^t e^{-x^2}dx$의 (컴퓨터 생성) 값이 $\sqrt{\pi}/2$에 가까워지는 상황을 보임으로써 특이 적분의 정의를 예시하고 있다. 실제로, $x\to\infty$일 때 매우 급격히 $e^{-x^2}\to 0$이기 때문에 이 값은 아주 빠르게 수렴한다.

표 1

t	$\int_0^t e^{-x^2}dx$
1	0.7468241328
2	0.8820813908
3	0.8862073483
4	0.8862269118
5	0.8862269255
6	0.8862269255

보기 9 적분 $\int_1^\infty \frac{1+e^{-x}}{x}dx$는 비교 정리에 의해 발산한다. 이유는 먼저 다음이 성립하기 때문이다.

$$\frac{1+e^{-x}}{x} > \frac{1}{x}$$

그리고 $\int_1^\infty (1/x)\,dx$가 보기 1에 의해 [또는 $p=1$인 [2]에 의해] 발산하기 때문이다. ■

표 2는 보기 9의 적분이 발산함을 예시하고 있다. 값들이 어떠한 고정된 수에도 가까워지지 않는 것으로 보인다.

표 2

t	$\int_1^t [(1+e^{-x})/x]dx$
2	0.8636306042
5	1.8276735512
10	2.5219648704
100	4.8245541204
1000	7.1271392134
10000	9.4297243064

6.6 익힘 문제

1. 다음이 특이 적분인 이유를 설명하라.

(a) $\int_1^2 \frac{x}{x-1}\,dx$ (b) $\int_0^\infty \frac{1}{1+x^3}\,dx$

(c) $\int_{-\infty}^\infty x^2 e^{-x^2}\,dx$ (d) $\int_0^{\pi/4} \cot x\,dx$

2. 다음 중 특이 적분을 찾아라. 이유는?

(a) $\int_1^2 \frac{1}{2x-1}\,dx$ (b) $\int_0^1 \frac{1}{2x-1}\,dx$

(c) $\int_{-\infty}^\infty \frac{\sin x}{1+x^2}\,dx$ (d) $\int_1^2 \ln(x-1)\,dx$

3. $x=1$부터 $x=t$까지 곡선 $y=1/x^3$ 아래의 넓이를 찾고, $t=10$, 100, 1000일 때의 값을 찾아라. 그리고 $x \ge 1$에 대해 이 곡선 아래의 전체 넓이를 찾아라.

4. (a) 두 함수 $f(x)=1/x^{1.1}$과 $g(x)=1/x^{0.9}$의 그래프를 관찰 직사각형 $[0, 10]\times[0, 1]$과 $[0, 100]\times[0, 1]$에 그려라.

(b) $x=1$부터 $x=t$까지 f와 g의 그래프 아래의 넓이를 찾고, $t=10$, 100, 10^4, 10^6, 10^{10}, 10^{20}일 때의 값을 셈하라.

(c) $x \ge 1$에 대해 각 곡선 아래의 전체 넓이를 (존재하면) 찾아라.

5–32. 다음 적분이 수렴하는지 발산하는지 판정하라. 수렴하면 그 값을 찾아라.

5. $\int_3^\infty \frac{1}{(x-2)^{3/2}}\,dx$
6. $\int_{-\infty}^0 \frac{1}{2x-5}\,dx$
7. $\int_{-\infty}^0 \frac{1}{3-4x}\,dx$
8. $\int_0^\infty \frac{x}{(x^2+2)^2}\,dx$
9. $\int_2^\infty e^{-5p}\,dp$
10. $\int_{-\infty}^0 2^r\,dr$
11. $\int_0^\infty \frac{x^2}{\sqrt{1+x^3}}\,dx$
12. $\int_{-\infty}^\infty (2-v^4)\,dv$
13. $\int_{-\infty}^\infty xe^{-x^2}\,dx$
14. $\int_{-\infty}^\infty x^2e^{-x^3}\,dx$
15. $\int_{-\infty}^0 ze^{2z}\,dz$
16. $\int_{-\infty}^\infty \cos \pi t\,dt$
17. $\int_1^\infty \frac{\ln x}{x}\,dx$
18. $\int_{-\infty}^6 re^{r/3}\,dr$
19. $\int_1^\infty \frac{1}{x^2+x}\,dx$
20. $\int_1^\infty \frac{\ln x}{x^3}\,dx$
21. $\int_{-\infty}^\infty \frac{x^2}{9+x^6}\,dx$
22. $\int_0^\infty \frac{e^x}{e^{2x}+3}\,dx$
23. $\int_0^1 \frac{3}{x^5}\,dx$
24. $\int_2^3 \frac{1}{\sqrt{3-x}}\,dx$
25. $\int_{-2}^{14} \frac{dx}{\sqrt[4]{x+2}}$
26. $\int_6^8 \frac{4}{(x-6)^3}\,dx$
27. $\int_0^9 \frac{1}{\sqrt[3]{x-1}}\,dx$
28. $\int_0^1 \frac{1}{4y-1}\,dy$
29. $\int_{-1}^1 \frac{e^x}{e^x-1}\,dx$
30. $\int_0^1 \frac{dx}{\sqrt{1-x^2}}$
31. $\int_0^2 z^2 \ln z\,dz$
32. $\int_0^1 \frac{\ln x}{\sqrt{x}}\,dx$

33–38. 다음 영역을 그리고, (존재하면) 넓이를 찾아라.

33. $S=\{(x, y) \mid x \ge 1,\ 0 \le y \le e^{-x}\}$
34. $S=\{(x, y) \mid x \ge -2,\ 0 \le y \le e^{-x/2}\}$
35. $S=\{(x, y) \mid x \ge 1,\ 0 \le y \le 1/(x^3+x)\}$
36. $S=\{(x, y) \mid x \ge 0,\ 0 \le y \le xe^{x}\}$
37. $S=\{(x, y) \mid 0 \le x < \pi/2,\ 0 \le y \le \sec^2 x\}$
38. $S=\{(x, y) \mid -2 < x \le 0,\ 0 \le y \le 1/\sqrt{x+2}\}$

39. (a) $g(x)=(\sin^2 x)/x^2$일 때, 계산기 또는 컴퓨터를 이용해서 $t=2$, 5, 10, 100, 1000, 10000일 때 $\int_1^t g(x)\,dx$의 근삿값을 표로 나타내라.

$\int_1^\infty g(x)\,dx$는 수렴하는 것으로 보이는가?

(b) $f(x)=1/x^2$과 비교 정리를 이용해서 $\int_1^\infty g(x)\,dx$가 수렴함을 보여라.

(c) $1 \le x \le 10$일 때 f와 g를 같은 화면에 그려서 (b)를 그림으로 나타내라. 그래프를 이용해서 $\int_1^\infty g(x)\,dx$가 수렴하는 이유를 직관적으로 설명하라.

40. (a) $g(x)=1/(\sqrt{x}-1)$일 때, 계산기 또는 컴퓨터를 이용해서 $t=5,\ 10,\ 100,\ 1000,\ 10000$일 때 $\int_2^t g(x)\,dx$의 근삿값을 표로 나타내라.

$\int_2^\infty g(x)\,dx$는 수렴 또는 발산하는 것으로 보이는가?

(b) $f(x)=1/\sqrt{x}$과 비교 정리를 이용해서 특이 적분 $\int_2^\infty g(x)\,dx$가 발산함을 보여라.

(c) $2\le x\le 20$일 때 f와 g를 같은 화면에 그려서 (b)를 그림으로 나타내라. 그래프를 이용해서 $\int_2^\infty g(x)\,dx$가 발산하는 이유를 직관적으로 설명하라.

41–46. 비교 정리를 이용해서 다음 적분이 수렴하는지 발산하는지 판정하라.

41. $\displaystyle\int_0^\infty \frac{x}{x^2+1}\,dx$ **42.** $\displaystyle\int_1^\infty \frac{2+e^{-x}}{x}\,dx$

43. $\displaystyle\int_1^\infty \frac{x+1}{\sqrt{x^4-x}}\,dx$ **44.** $\displaystyle\int_0^\infty \frac{\arctan x}{2+e^x}\,dx$

45. $\displaystyle\int_0^1 \frac{\sec^2 x}{x\sqrt{x}}\,dx$ **46.** $\displaystyle\int_0^1 \frac{e^{-x}}{\sqrt{x}}\,dx$

47. 다음은 특이 적분이다.

$$\int_0^\infty \frac{1}{\sqrt{x}\,(1+x)}\,dx$$

이유가 두 가지인데, 적분 구간 $[0,\ \infty)$이 무한이고 피적분 함수가 0에서 무한 불연속이다. 다음과 같이 형태 2와 형태 1의 특이 적분의 합으로 표현해서 그 값을 셈하라.

$$\int_0^\infty \frac{dx}{\sqrt{x}\,(1+x)}=\int_0^1 \frac{dx}{\sqrt{x}\,(1+x)}+\int_1^\infty \frac{dx}{\sqrt{x}\,(1+x)}$$

48–49. 다음 적분이 수렴하는 p의 값을 찾고, p의 그런 값에서 적분의 값을 셈하라.

48. $\displaystyle\int_e^\infty \frac{1}{x(\ln x)^p}\,dx$ **49.** $\displaystyle\int_0^1 \frac{1}{x^p}\,dx$

50. (a) $n=0,\ 1,\ 2,\ 3$일 때 적분 $\int_0^\infty x^n e^{-x}\,dx$의 값을 찾아라.

(b) n이 임의의 양의 정수일 때 $\int_0^\infty x^n e^{-x}\,dx$의 값을 추측하라.

(c) 수학적 귀납법으로 이 추측을 증명하라.

51. (a) $\int_{-\infty}^\infty x\,dx$가 발산함을 보여라.

(b) 다음이 성립함을 보여라.

$$\lim_{t\to\infty}\int_{-t}^t x\,dx=0$$

이는 다음과 같이 정의할 수 없음을 보여준다.

$$\int_{-\infty}^\infty f(x)\,dx=\lim_{t\to\infty}\int_{-t}^t f(x)\,dx$$

52. $\int_{-\infty}^\infty f(x)\,dx$가 수렴하고 a와 b가 실수일 때, 다음이 성립함을 보여라.

$$\int_{-\infty}^a f(x)\,dx+\int_a^\infty f(x)\,dx=\int_{-\infty}^b f(x)\,dx+\int_b^\infty f(x)\,dx$$

53. 전구 제조 회사는 약 700시간 사용 가능한 전구를 생산하려고 한다. 그러나 일부 전구는 다른 것보다 빨리 망가진다. $F(t)$를 t 시간 전에 망가지는 전구의 비율이라 하자. 그러므로 $F(t)$는 언제나 0과 1 사이에 있다.

(a) 상상할 수 있는 F의 개략적인 그래프를 그려보자.

(b) 도함수 $r(t)=F'(t)$의 뜻은 무엇인가?

(c) $\int_0^\infty r(t)\,dt$의 값은 얼마인가? 이유는?

54. 이상 기체에서 분자의 평균 속력은 다음과 같다.

$$\bar{v}=\frac{4}{\sqrt{\pi}}\left(\frac{M}{2RT}\right)^{3/2}\int_0^\infty v^3 e^{-Mv^2/(2RT)}\,dv$$

여기서 M은 기체의 분자량이고 R은 기체 상수이며 T는 기체 온도이고 v는 분자 속력이다. 다음이 성립함을 보여라.

$$\bar{v}=\sqrt{\frac{8RT}{\pi M}}$$

55. 3.4절에서 알아본 대로, 방사성 물질은 지수적으로 감쇠한다. 곧, 시각 t에서의 질량을 $m(t)=m(0)e^{kt}$으로 나타낼 수 있는데, $m(0)$은 처음 질량이고 k은 음의 상수이다. 이 물질에서 원자의 평균 수명 M은 다음과 같다.

$$M=-k\int_0^\infty te^{kt}\,dt$$

방사성 탄소 연대 측정에 사용되는 방사성 탄소 동위원소 ^{14}C에 대해 k의 값은 -0.000121이다. ^{14}C 원자의 평균 수명을 찾아라.

56. 천문학자는 항성 입체 화법이라는 기법을 이용해서, 사진으로부터 분석할 수 있는 (이차원) 밀도를 관찰해서 성단에 있는 항성의 밀도를 결정한다. 반지름이 R인 구형 성단에서 항성 밀도는 그 성단의 중심으로부터의 거리 r에 따라서만 결정된다고 가정하자. 관찰한 성단의 중심으로부터의 평면 거리 s에 대해 감지된 항성 밀도가 $y(s)$이고 실제의 밀도가 $x(r)$일 때, 다음이 성립함을 보일 수 있다.

$$y(s) = \int_s^R \frac{2r}{\sqrt{r^2 - s^2}}\, x(r)\, dr$$

성단에서 실제의 항성 밀도가 $x(r) = \frac{1}{2}(R - r)^2$일 때, 감지된 밀도 $y(s)$를 찾아라.

57. 다음이 성립하기 위해서는 수 a가 얼마나 커야 하는지 결정하라.

$$\int_a^\infty \frac{1}{x^2 + 1}\, dx < 0.001$$

58. $\int_0^\infty e^{-x^2} dx$를 $\int_0^4 e^{-x^2} dx$와 $\int_4^\infty e^{-x^2} dx$의 합으로 나타내어, 이의 수치적 값을 어림하라. 첫째 적분의 근삿값을 $n = 8$일 때 심프슨의 법칙을 이용해서 찾고, 둘째 적분이 $\int_4^\infty e^{-4x} dx$보다 작음을 보여라. 적분 $\int_4^\infty e^{-4x} dx$의 값은 0.0000001보다 작다.

59. $\int_0^\infty x^2 e^{-x^2} dx = \frac{1}{2}\int_0^\infty e^{-x^2} dx$ 임을 보여라.

60. $\int_0^\infty e^{-x^2} dx = \int_0^1 \sqrt{-\ln y}\, dy$ 임을 적분을 넓이로 해석해서 보여라.

61. 다음 적분이 수렴하는 상수 C의 값을 찾아라.

$$\int_0^\infty \left(\frac{1}{\sqrt{x^2 + 4}} - \frac{C}{x + 2} \right) dx$$

C의 이 값에 대해 적분의 값을 찾아라.

62. 다음 적분이 수렴하는 상수 C의 값을 찾아라.

$$\int_0^\infty \left(\frac{x}{x^2 + 1} - \frac{C}{3x + 1} \right) dx$$

C의 이 값에 대해 적분의 값을 찾아라.

63. f는 $[0, \infty)$에서 연속이고 $\lim_{x \to \infty} f(x) = 1$이라 하자. $\int_0^\infty f(x)\, dx$가 수렴하는 것이 가능한가?

64. $a > -1$이고 $b > a + 1$일 때, 다음 적분이 수렴함을 보여라.

$$\int_0^\infty \frac{x^a}{1 + x^b}\, dx$$

6 복습 개념 확인

1. 부분 적분 법칙을 써라. 실제로 이를 어떻게 사용하는가?
2. m이 홀수일 때, $\int \sin^m x \cos^n x\, dx$를 어떻게 찾는가? n이 홀수일 때는? m과 n이 모두 짝수일 때는?
3. 식 $\sqrt{a^2 - x^2}$이 적분에 나타날 때, 어떻게 치환해야 하는가? $\sqrt{a^2 + x^2}$이 나타날 때는? $\sqrt{x^2 - a^2}$이 나타날 때는?
4. P의 차수가 Q의 차수보다 작고 $Q(x)$가 서로 다른 일차 인자의 곱일 때, 유리 함수 $P(x)/Q(x)$의 부분분수 전개의 꼴은 무엇인가? 중복된 일차 인자가 있을 때는? $Q(x)$에 기약인 (중복되지 않은) 이차 인자가 있을 때는? 중복된 이차 인자가 있을 때는?
5. 정 적분 $\int_a^b f(x)\, dx$의 근삿값을 중점 법칙, 사다리꼴 법칙, 심프슨의 법칙으로 찾는 방법을 써라. 어느 방법으로 가장 정확한 근삿값을 얻을 것으로 예상되는가? 각 방법에서 오차의 근삿값을 어떻게 찾는가?
6. 다음 특이 적분을 정의하라.
   (a) $\int_a^\infty f(x)\, dx$ (b) $\int_{-\infty}^b f(x)\, dx$ (c) $\int_{-\infty}^\infty f(x)\, dx$
7. 다음 경우에 특이 적분 $\int_a^b f(x)\, dx$를 정의하라.
   (a) f는 a에서 무한 불연속이다.
   (b) f는 b에서 무한 불연속이다.
   (c) f는 c에서 무한 불연속인데, $a < c < b$이다.
8. 특이 적분에 대한 비교 정리를 써라.

6 복습 O× 문제

다음 명제의 참과 거짓을 판별하라. 참이면, 그 이유를 설명하라. 거짓이면, 그 이유를 설명하거나 반례를 들어라.

1. $\dfrac{x(x^2+4)}{x^2-4}$ 를 $\dfrac{A}{x+2}+\dfrac{B}{x-2}$ 꼴로 쓸 수 있다.
2. $\dfrac{x^2+4}{x(x^2-4)}$ 를 $\dfrac{A}{x}+\dfrac{B}{x+2}+\dfrac{C}{x-2}$ 꼴로 쓸 수 있다.
3. $\dfrac{x^2+4}{x^2(x-4)}$ 를 $\dfrac{A}{x^2}+\dfrac{B}{x-4}$ 꼴로 쓸 수 있다.
4. $\dfrac{x^2-4}{x(x^2+4)}$ 를 $\dfrac{A}{x}+\dfrac{B}{x^2+4}$ 꼴로 쓸 수 있다.
5. $\displaystyle\int_0^4 \frac{x}{x^2-1}\,dx=\frac{1}{2}\ln 15$
6. $\displaystyle\int_1^\infty \frac{1}{x^{\sqrt{2}}}\,dx$ 은 수렴한다.
7. f가 연속일 때, $\int_{-\infty}^{\infty} f(x)\,dx=\lim_{t\to\infty}\int_{-t}^{t} f(x)\,dx$ 이다.
8. 중점 법칙은 언제나 사다리꼴 법칙보다 더 정확하다.
9. (a) 모든 초등 함수의 도함수는 초등 함수이다.
   (b) 모든 초등 함수의 역도함수는 초등 함수이다.
10. f가 $[0,\ \infty)$에서 연속이고 $\int_1^\infty f(x)\,dx$가 수렴하면, $\int_0^\infty f(x)\,dx$도 수렴한다.
11. f가 $[1,\ \infty)$에서 연속이고 감소하며 $\lim_{x\to\infty} f(x)=0$ 일 때, $\int_1^\infty f(x)\,dx$는 수렴한다.
12. $\int_a^\infty f(x)\,dx$와 $\int_a^\infty g(x)\,dx$가 모두 수렴하면, $\int_a^\infty \{f(x)+g(x)\}\,dx$도 수렴한다.
13. $\int_a^\infty f(x)\,dx$와 $\int_a^\infty g(x)\,dx$가 모두 발산하면, $\int_a^\infty \{f(x)+g(x)\}\,dx$도 발산한다.
14. $f(x)\le g(x)$이고 $\int_a^\infty g(x)\,dx$가 발산하면, $\int_a^\infty f(x)\,dx$도 발산한다.

6 복습 연습 문제

1–40. 다음 적분을 찾아라.

1. $\displaystyle\int_1^2 \frac{(x+1)^2}{x}\,dx$
2. $\displaystyle\int_1^2 \frac{x}{(x+1)^2}\,dx$
3. $\displaystyle\int_0^{\pi/2} \sin\theta\, e^{\cos\theta}\,d\theta$
4. $\displaystyle\int_0^{\pi/6} t\sin 2t\,dt$
5. $\displaystyle\int \frac{dt}{2t^2+3t+1}dt$
6. $\displaystyle\int_1^2 x^5\ln x\,dx$
7. $\displaystyle\int \frac{\sin(\ln t)}{t}dt$
8. $\displaystyle\int \frac{dx}{x^2\sqrt{1+x^2}}$
9. $\displaystyle\int_1^4 x^{3/2}\ln x\,dx$
10. $\displaystyle\int_0^1 \frac{\sqrt{\arctan x}}{1+x^2}\,dx$
11. $\displaystyle\int_1^2 \frac{\sqrt{x^2-1}}{x}\,dx$
12. $\displaystyle\int_{-\pi/4}^{\pi/4} \frac{\tan x}{4+x^2}\,dx$
13. $\displaystyle\int \frac{dx}{x^3+x}$
14. $\displaystyle\int \frac{x^2+2}{x+2}\,dx$
15. $\displaystyle\int_0^{\pi/2} \sin^3\theta\cos^2\theta\,d\theta$
16. $\displaystyle\int \frac{\sec^6\theta}{\tan^2\theta}\,d\theta$
17. $\displaystyle\int x\sec x\tan x\,dx$
18. $\displaystyle\int \frac{x^2+8x-3}{x^3+3x^2}\,dx$
19. $\displaystyle\int \frac{x+1}{9x^2+6x+5}\,dx$
20. $\displaystyle\int \frac{dt}{\sin^2 t+\cos 2t}$
21. $\displaystyle\int \frac{dx}{\sqrt{x^2-4x}}$
22. $\displaystyle\int \frac{x^3}{(x+1)^{10}}\,dx$
23. $\displaystyle\int \csc^4 4x\,dx$
24. $\displaystyle\int e^x\cos x\,dx$
25. $\displaystyle\int \frac{3x^3-x^2+6x-4}{(x^2+1)(x^2+2)}\,dx$
26. $\displaystyle\int \tan^5\theta\sec^3\theta\,d\theta$
27. $\displaystyle\int_0^{\pi/2} \cos^3 x\sin 2x\,dx$
28. $\displaystyle\int \frac{\sqrt[3]{x}+1}{\sqrt[3]{x}-1}\,dx$
29. $\displaystyle\int_{-3}^3 \frac{x}{1+|x|}\,dx$
30. $\displaystyle\int \frac{dx}{e^x\sqrt{1-e^{-2x}}}$

31. $\displaystyle\int_0^{\ln 10} \frac{e^x\sqrt{e^x-1}}{e^x+8}\,dx$
32. $\displaystyle\int_0^{\pi/4} \frac{x\sin x}{\cos^3 x}\,dx$

33. $\displaystyle\int \frac{x^2}{(4-x^2)^{3/2}}\,dx$
34. $\displaystyle\int (\arcsin x)^2\,dx$

35. $\displaystyle\int \frac{1}{\sqrt{x+x^{3/2}}}\,dx$
36. $\displaystyle\int \frac{1-\tan\theta}{1+\tan\theta}\,d\theta$

37. $\displaystyle\int (\cos x+\sin x)^2\cos 2x\,dx$
38. $\displaystyle\int \frac{2^{\sqrt{x}}}{\sqrt{x}}\,dx$

39. $\displaystyle\int_0^{1/2} \frac{xe^{2x}}{(1+2x)^2}\,dx$
40. $\displaystyle\int_{\pi/4}^{\pi/3} \frac{\sqrt{\tan\theta}}{\sin 2\theta}\,d\theta$

41–50. 다음 적분의 값을 찾거나 발산함을 보여라.

41. $\displaystyle\int_1^{\infty} \frac{1}{(2x+1)^3}\,dx$
42. $\displaystyle\int_1^{\infty} \frac{\ln x}{x^4}\,dx$

43. $\displaystyle\int_2^{\infty} \frac{dx}{x\ln x}$
44. $\displaystyle\int_2^{6} \frac{y}{\sqrt{y-2}}\,dy$

45. $\displaystyle\int_0^{4} \frac{\ln x}{\sqrt{x}}\,dx$
46. $\displaystyle\int_0^{1} \frac{1}{2-3x}\,dx$

47. $\displaystyle\int_0^{1} \frac{x-1}{\sqrt{x}}\,dx$
48. $\displaystyle\int_{-1}^{1} \frac{dx}{x^2-2x}$

49. $\displaystyle\int_{-\infty}^{\infty} \frac{dx}{4x^2+4x+5}$
50. $\displaystyle\int_1^{\infty} \frac{\tan^{-1}x}{x^2}\,dx$

51–54. 참고 사항에 있는 적분표를 이용해서 다음 적분을 찾아라.

51. $\displaystyle\int \sqrt{4x^2-4x-3}\,dx$
52. $\displaystyle\int \csc^5 t\,dt$

53. $\displaystyle\int \cos x\sqrt{4+\sin^2 x}\,dx$

54. $\displaystyle\int \frac{\cot x}{\sqrt{1+2\sin x}}\,dx$

55. $\int_0^{\infty} x^n\,dx$가 수렴하는 n의 값을 찾을 수 있는가?

56. a의 어떤 값에 대해 $\int_0^{\infty} e^{ax}\cos x\,dx$가 수렴하는가? a의 그런 값에 대해 적분의 값을 찾아라.

57–58. $n=10$일 때 (a) 사다리꼴 법칙, (b) 중점 법칙, (c) 심프슨의 법칙을 이용해서 다음 적분의 근삿값을 찾아라. 반올림해서 답을 소수 여섯째 자리까지 써라.

57. $\displaystyle\int_2^{4} \frac{1}{\ln x}\,dx$
58. $\displaystyle\int_1^{4} \sqrt{x}\cos x\,dx$

59. 익힘 문제 57과 관련된 오차를 (a)와 (b)의 경우에 어림하라. 오차를 0.00001보다 작게 하기 위해서는 n은 얼마나 커야 하는가?

60. $x=1$부터 $x=4$까지 곡선 $y=e^x/x$ 아래의 넓이를 $n=6$일 때 심프슨의 법칙을 이용해서 어림하라.

61. 자동차의 속도계를 1분마다 읽은 값(v)을 다음 표로 기록했다. 심프슨의 법칙을 이용해서 이 차가 달린 거리를 어림하라.

t(분)	v(km/h)	t(분)	v(km/h)
0	64	6	90
1	67	7	91
2	72	8	91
3	78	9	88
4	83	10	90
5	86		

62. 꿀벌의 개체 수가 $r(t)$마리/주의 변화율로 증가하고 있다. r의 그래프는 아래 그림과 같다. 부분 구간이 여섯 개인 심프슨의 법칙을 이용해서 처음 24주 동안 꿀벌 개체 수의 증가량을 어림하라.

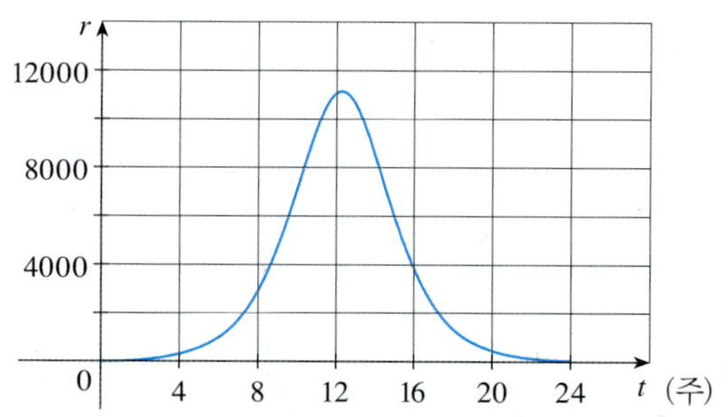

CAS 63. (a) $f(x)=\sin(\sin x)$일 때 그래프를 이용해서 $|f^{(4)}(x)|$에 대한 상계를 찾아라.

(b) $\int_0^{\pi} f(x)\,dx$의 근삿값을 $n=10$일 때 심프슨의 법칙을 이용해서 찾고, (a)를 이용해서 오차를 어림하라.

(c) S_n을 이용해서 오차의 크기를 0.00001보다 작게 하는 n의 값을 찾아라.

64. 비교 정리를 이용해서 다음 적분이 수렴하는지 발산하는지 판정하라.

$$\int_1^\infty \frac{x^3}{x^5+2}\,dx$$

65. f'는 $[0, \infty)$에서 연속이고 $\lim_{x\to\infty} f(x)=0$일 때, 다음이 성립함을 보여라.

$$\int_0^\infty f'(x)\,dx = -f(0)$$

7 적분의 활용

CHAPTER

이번 장에서 정 적분의 활용을 몇 가지 조사하는데, 곡선 사이의 넓이, 입체의 부피, 곡선의 길이, 변하는 힘이 한 일, 얇은 판의 무게 중심, 댐에 가해지는 힘 등의 셈에 정 적분을 이용한다. 이런 활용 대부분에서 공동된 주제는 다음과 같은 일반적인 방법인데, 이는 곡선 아래의 넓이를 찾을 때 이용한 방법과 비슷하다. 주어진 대상 Q를 많은 개수의 작은 부분으로 나눈다. 그리고 작은 각 부분을 $f(x_i^*)\Delta x$ 꼴의 값으로 근접시키고 이에 따라 Q를 리만 합으로 근사시킨다. 다음에 극한을 취하고 Q를 적분으로 표현한다. 마지막으로 정 적분의 기본 정리 또는 심프슨의 법칙 또는 공학 도구를 이용해서 이 적분의 값을 찾는다.

마지막 절에서는 적분의 활용 중 어쩌면 가장 중요한 미분 방정식을 다룬다. 과학자는 미분 적분학을 활용할 때, 흔히 어떤 자연 현상을 설명하기 위해 나타나는 미분 방정식을 푼다.

7.1 곡선 사이의 넓이

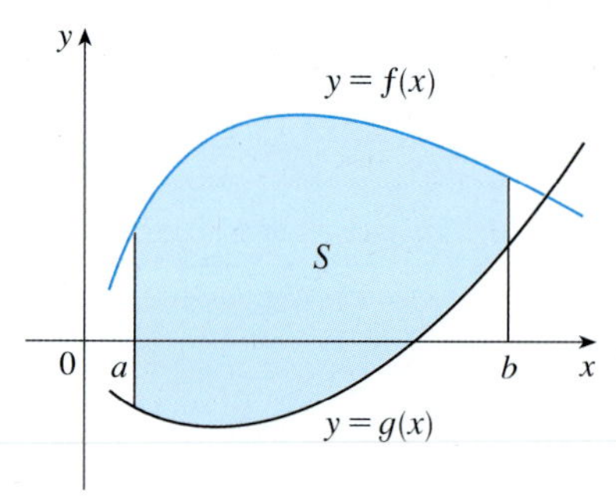

그림 1

$S = \{(x,\ y) \mid a \le x \le b,\ g(x) \le y \le f(x)\}$

제 5 장에서 함수의 그래프 아래에 놓인 영역의 넓이를 정의하고 셈했다. 여기서는 적분을 이용해서 두 함수의 그래프 사이에 놓인 영역의 넓이를 찾겠다.

두 함수 f와 g는 연속이고 $[a,\ b]$에 속한 모든 x에 대해 $f(x) \ge g(x)$일 때, 두 곡선 $y = f(x)$와 $y = g(x)$ 및 두 연직선 $x = a$와 $x = b$ 사이에 놓인 영역 S를 생각하자. (그림 1을 보라.)

5.1절에서 곡선 아래의 넓이에 대해 했던 것과 똑같이, S를 너비가 같은 n개의 띠로 나누고 i째 띠를 밑변이 Δx이고 높이가 $f(x_i^*) - g(x_i^*)$인 직사각형으로 근접시키자. (그림 2를 보라. 원한다면, 표본점을 모두 오른쪽 끝점, 곧 이 경우에는 $x_i^* = x_i$로 택할 수 있다.) 그러면 다음과 같은 리만 합은 직관적으로 S의 넓이로 생각하는 것에 대한 근삿값이다.

$$\sum_{i=1}^{n} \{f(x_i^*) - g(x_i^*)\}\Delta x$$

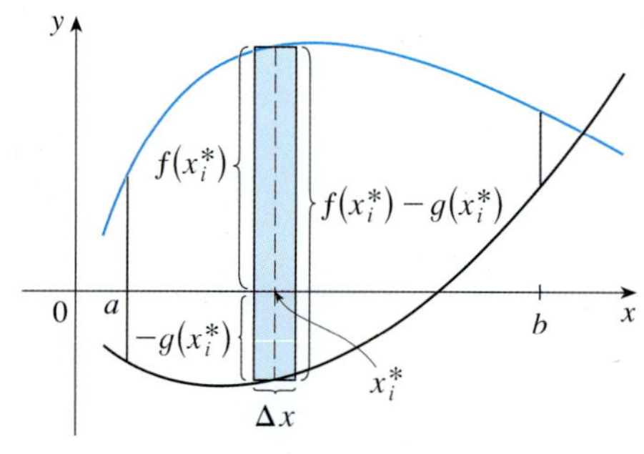

(a) 대표적인 직사각형

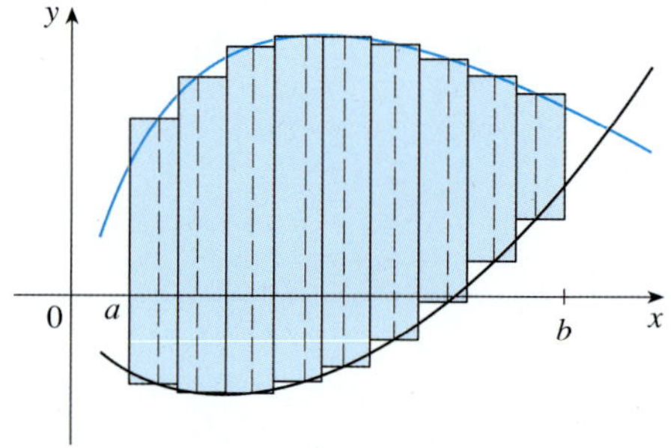

(b) 근접한 직사각형들

그림 2

이 근삿값은 $n \to \infty$일 때 더욱더 정확해질 것으로 보인다. 따라서 S의 넓이 A를 이렇게 근접한 직사각형들의 넓이의 합의 극한으로 정의한다.

1
$$A = \lim_{n \to \infty} \sum_{i=1}^{n} \{f(x_i^*) - g(x_i^*)\} \Delta x$$

1의 극한은 $f-g$의 정 적분임을 알 수 있다. 그러므로 다음과 같은 넓이에 대한 공식을 얻는다.

2 두 함수 f와 g는 연속이고 $[a, b]$에 속한 모든 x에 대해 $f(x) \geq g(x)$일 때, 두 곡선 $y = f(x)$와 $y = g(x)$ 및 두 직선 $x = a$와 $x = b$로 둘러싸인 영역의 넓이 A는 다음과 같다.

$$A = \int_a^b \{f(x) - g(x)\}\, dx$$

$g(x) = 0$인 특별한 경우에 S는 f의 그래프 아래의 영역이고, 넓이에 대한 일반적인 정의 1은 이전의 정의(5.1 정의 2)로 환원된다.

f와 g가 모두 양수인 경우에, 그림 3에서 다음이 참인 이유를 알 수 있다.

$$\begin{aligned} A &= [y = f(x) \text{ 아래의 넓이}] - [y = g(x) \text{ 아래의 넓이}] \\ &= \int_a^b f(x)\, dx - \int_a^b g(x)\, dx = \int_a^b \{f(x) - g(x)\}\, dx \end{aligned}$$

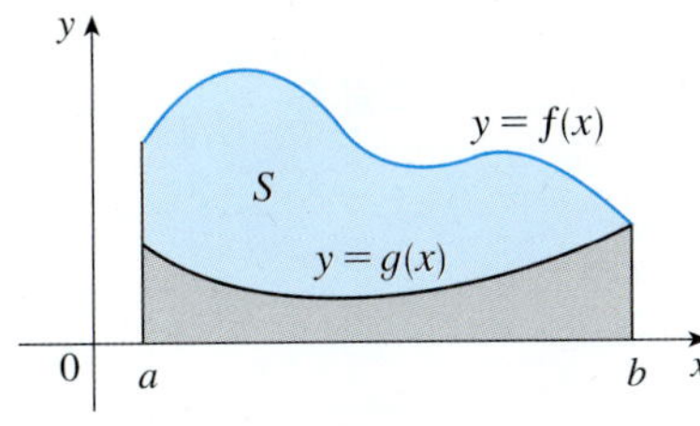

그림 3

$$A = \int_a^b f(x)\, dx - \int_a^b g(x)\, dx$$

보기 1 위로는 $y = e^x$, 아래로는 $y = x$, 옆으로는 $x = 0$과 $x = 1$로 갇혀 있는 영역의 넓이를 찾아라.

풀이 주어진 영역을 그림 4에 나타냈다. 위쪽 경계 곡선은 $y = e^x$이고 아래 경계 곡선은 $y = x$이다. 그러므로 넓이 공식 2를 $f(x) = e^x$, $g(x) = x$, $a = 0$, $b = 1$일 때 사용하면, 다음을 얻는다.

$$A = \int_0^1 (e^x - x)\, dx = e^x - \frac{1}{2}x^2 \Big]_0^1 = e - \frac{1}{2} - 1 = e - 1.5$$ ■

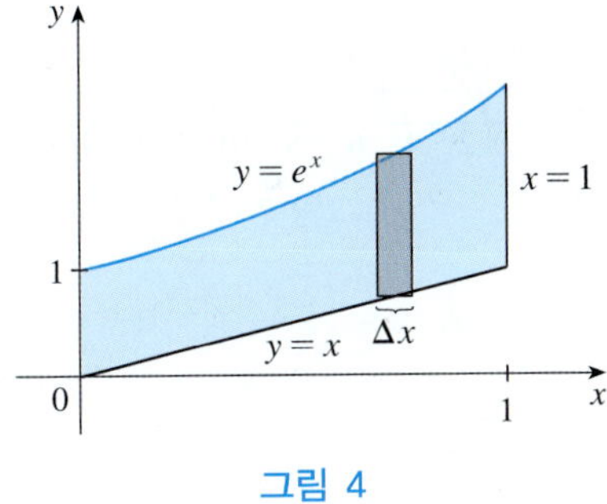

그림 4

그림 4에 1에서 넓이를 정의하는 과정을 되새기도록 너비가 Δx인 근접하는 직사각형을 한 개 그렸다. 일반적으로 넓이를 찾기 위한 적분을 세울 때, 그림 5와 같이 영역을 위쪽 곡선 y_T와 아래쪽 곡선 y_B 및 대표적인 근접하는 직사각형을 표시해서 그리는 것이 도움이 된다. 그러면 대표적인 직사각형의 넓이는 $(y_T - y_B)\Delta x$이고, 다음 식은 대표적인 직사각형 전체의 넓이들을 (극한의 의미에서) 더하는 과정을 간략하게 보여준다.

$$A = \lim_{n \to \infty} \sum_{i=1}^{n} (y_T - y_B) \Delta x = \int_a^b (y_T - y_B)\, dx$$

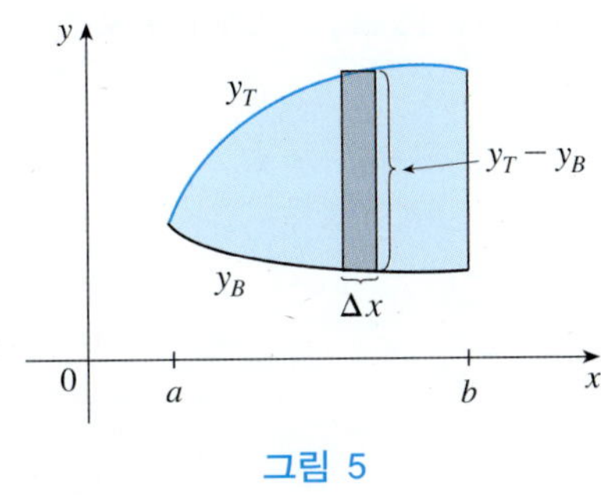

그림 5

그림 5에서 왼쪽 경계는 한 점으로 축소되어 있는데, 이에 반해 그림 3에서 오른쪽 경계가 한 점으로 축소되어 있다. 다음 보기에서는 양쪽 경계가 모두 한 점으로 축소되어 있다. 이에 따라 첫째 단계는 a와 b를 찾는 것이다.

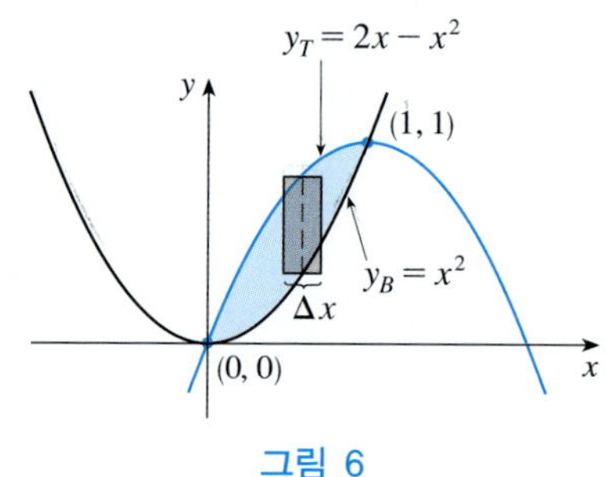
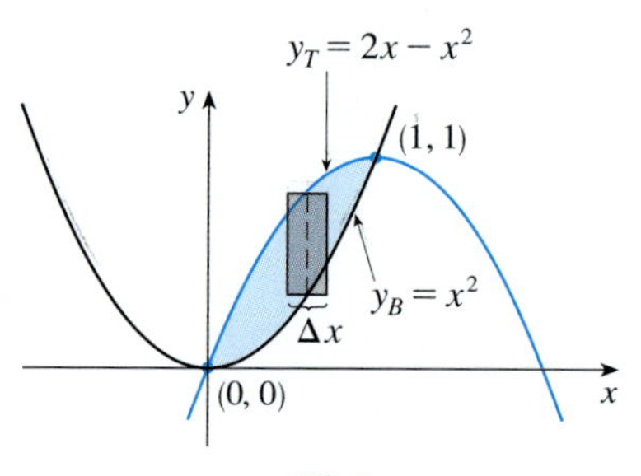

그림 6

보기 2 두 포물선 $y = x^2$과 $y = 2x - x^2$으로 둘러싸인 영역의 넓이를 찾아라.

풀이 먼저 두 포물선의 교점을 두 방정식을 연립해서 풀어서 찾자. 그러면 $x^2 = 2x - x^2$, 곧 $2x^2 - 2x = 0$이다. 따라서 $2x(x-1) = 0$이므로, $x = 0$ 또는 1이다. 교점은 $(0, 0)$과 $(1, 1)$이다.

그림 6으로부터 위와 아래 경계가 각각 다음과 같음을 알 수 있다.

$$y_T = 2x - x^2, \quad y_B = x^2$$

대표적인 직사각형의 넓이는 다음과 같다.

$$(y_T - y_B)\Delta x = (2x - x^2 - x^2)\Delta x = (2x - 2x^2)\Delta x$$

그리고 영역은 $x = 0$과 $x = 1$ 사이에 놓여 있다. 그러므로 전체 넓이는 다음과 같다.

$$A = \int_0^1 (2x - 2x^2)\,dx = 2\int_0^1 (x - x^2)\,dx$$

$$= 2\left[\frac{x^2}{2} - \frac{x^3}{3}\right]_0^1 = 2\left(\frac{1}{2} - \frac{1}{3}\right) = \frac{1}{3}$$ ■

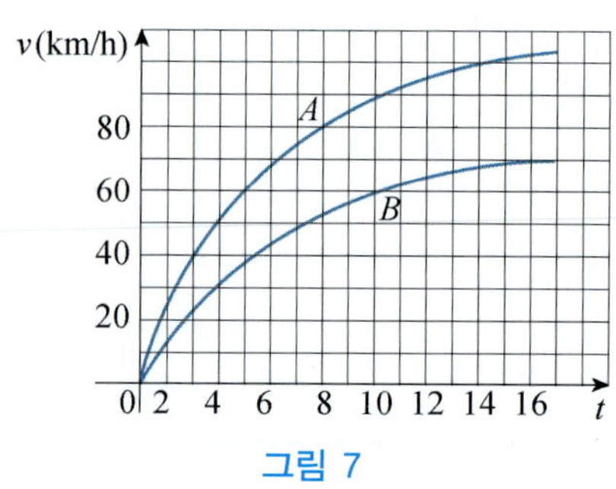

그림 7

보기 3 두 자동차 A와 B가 함께 출발해서 같은 길을 따라 달리고 있는데, 그 속도 곡선은 그림 7과 같다. 두 곡선 사이의 넓이는 무엇을 표현하는가? 심프슨의 법칙을 이용해서 이 넓이를 어림하라.

풀이 5.3절에서 알아본 대로, 속도 곡선 A 아래의 넓이는 자동차 A가 처음 16초 동안 달린 거리를 표현한다. 마찬가지로, 곡선 B 아래의 넓이는 자동차 B가 같은 시간에 달린 거리이다. 그러므로 두 곡선 사이의 넓이, 곧 두 곡선 아래의 넓이의 차는 16초 뒤 두 자동차 사이의 거리이다. 그래프에서 속도를 읽고 단위를 m/s로 바꾸면 다음 표를 얻는다. $(1\,\text{km/h} = \frac{1000}{3600}\,\text{m/s})$

t	0	2	4	6	8	10	12	14	16
v_A	0	10.4	16.5	20.4	23.2	25.6	27.1	28.0	29.0
v_B	0	6.4	10.4	13.4	15.5	17.1	18.3	19.2	19.8
$v_A - v_B$	0	4.0	6.1	7.0	7.7	8.5	8.8	8.8	9.2

부분 구간이 $n = 4$개이고 이에 따라 $\Delta t = 4$일 때, 중점 법칙을 이용하자. 구간의 중점은 $\overline{t_1} = 2$, $\overline{t_2} = 6$, $\overline{t_3} = 10$, $\overline{t_4} = 14$이다. 16초 뒤 두 자동차 사이의 거리를 어림하면 다음과 같다.

$$\int_0^{16} (v_A - v_B)\,dt \approx \Delta t(4.0 + 7.0 + 8.5 + 8.8)$$

$$\approx 4 \cdot 28.3 = 113.7(\text{m})$$ ■

■ www.stewartcalculus.com

Additional Example A와 B를 보라.

어떤 영역은 x를 y의 함수로 생각할 때 훨씬 더 잘 다룰 수 있다. 두 함수 f와 g가 연속이고 $c \le y \le d$에 대해 $f(y) \ge g(y)$일 때, 방정식이 $x = f(y)$, $x = g(y)$, $y = c$, $y = d$인 곡선들로 둘러싸인 영역의 넓이는 다음과 같다. (그림 8을 보라.)

$$A = \int_c^d \{f(y) - g(y)\}\, dy$$

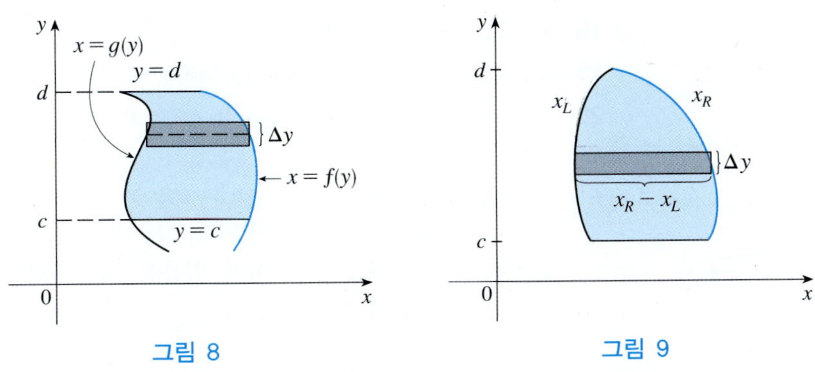

그림 8　　그림 9

오른쪽 경계를 x_R, 왼쪽 경계를 x_L로 나타내면, 그림 9에 나타낸 대로, 다음이 성립한다.

$$A = \int_c^d (x_R - x_L)\, dy$$

여기서 대표적인 근접한 직사각형의 길이와 너비는 $x_R - x_L$과 Δy이다.

보기 4 직선 $y = x - 1$과 포물선 $y^2 = 2x + 6$으로 둘러싸인 영역의 넓이를 찾아라.

풀이 두 방정식을 연립해서 풀면 두 교점 $(-1, -2)$와 $(5, 4)$를 얻는다. 포물선의 방정식을 x에 대해 풀면, 그림 10에서 알 수 있는 대로 왼쪽과 오른쪽 경계 곡선은 다음과 같다.

$$x_L = \frac{1}{2}y^2 - 3, \qquad x_R = y + 1$$

교점의 y좌표인 $y = -2$와 $y = 4$ 사이에서 적분해야 한다. 그러므로 다음을 얻는다.

$$A = \int_{-2}^{4} (x_R - x_L)\, dy = \int_{-2}^{4} \left\{(y+1) - \left(\frac{1}{2}y^2 - 3\right)\right\} dy$$

$$= \int_{-2}^{4} \left(-\frac{1}{2}y^2 + y + 4\right) dy = -\frac{1}{2}\left(\frac{y^3}{3}\right) + \frac{y^2}{2} + 4y\Bigg]_{-2}^{4}$$

$$= -\frac{1}{6}(64) + 8 + 16 - \left(\frac{4}{3} + 2 - 8\right) = 18$$

■

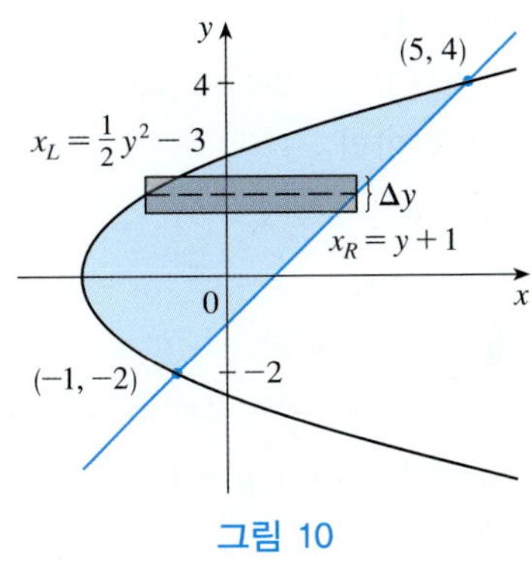

그림 10

> **참고** 보기 4의 넓이를 y가 아니라 x에 대해 적분해서 찾을 수도 있다. 그렇지만 셈은 훨씬 더 복잡해진다. 이를 위해서는 그림 11과 같이 영역을 둘로 나누고, A_1과 A_2로 표시한 넓이를 셈해야 한다. 보기 4에서 이용한 방법이 훨씬 더 쉽다.

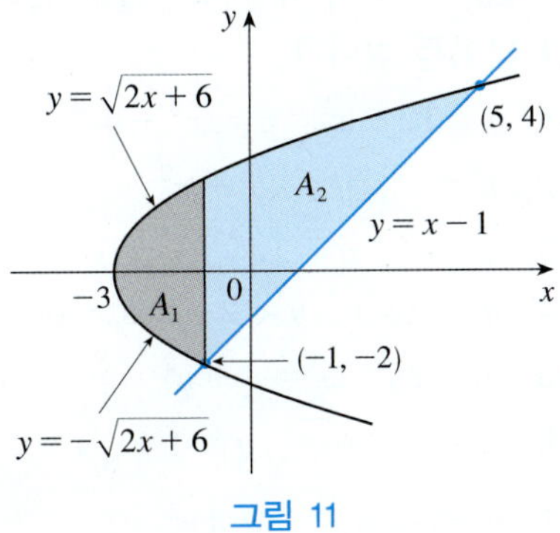

그림 11

7.1 익힘 문제

1–4. 어둡게 나타낸 영역의 넓이를 찾아라.

1.

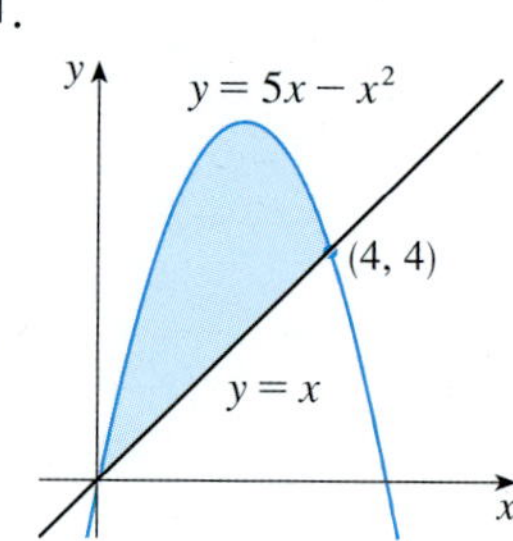

2.

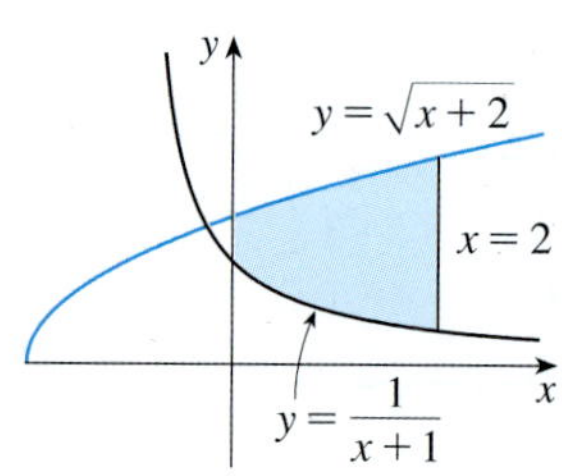

3.

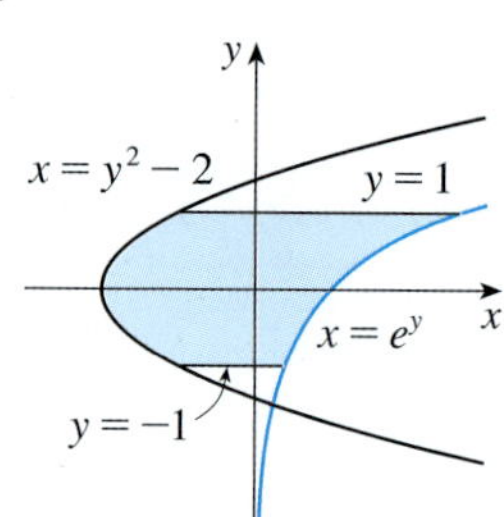

4.

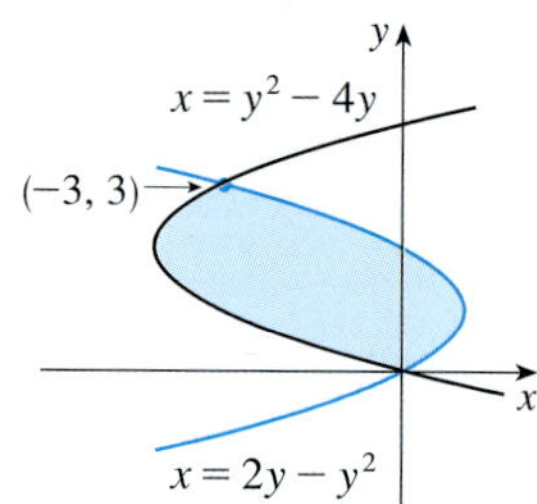

5–10. 다음 곡선들로 둘러싸인 영역을 그려라. x 또는 y에 대해 적분할지를 결정하라. 대표적인 근접하는 직사각형을 그리고 그 높이와 너비를 표시하라. 그리고 영역의 넓이를 찾아라.

5. $y = e^x$, $y = x^2 - 1$, $x = -1$, $x = 1$
6. $y = \sin x$, $y = e^x$, $x = 0$, $x = \pi/2$
7. $y = x$, $y = x^2$
8. $y = \sin x$, $y = 2x/\pi$ $(x \ge 0)$
9. $x = 2y^2$, $x + y = 1$
10. $4x + y^2 = 12$, $x = y$

11–20. 다음 주어진 곡선들로 둘러싸인 영역을 그리고, 그 넓이를 찾아라.

11. $y = 12 - x^2$, $y = x^2 - 6$
12. $y = x^2$, $y = 4x - x^2$
13. $y = e^x$, $y = xe^x$, $x = 0$
14. $y = \cos x$, $y = 2 - \cos x$ $(0 \le x \le 2\pi)$
15. $x = 2y^2$, $x = 4 + y^2$
16. $y = 1 + \sqrt{x}$, $y = 1 + \frac{1}{3}x$
17. $y = \cos \pi x$, $y = 4x^2 - 1$
18. $y = |x|$, $y = x^2 - 2$
19. $y = 1/x$, $y = x$, $y = \frac{1}{4}x$ $(x > 0)$
20. $y = \frac{1}{4}x^2$, $y = 2x^2$, $x + y = 3$ $(x \ge 0)$

21. 두 곡선 $y = \cos x$와 $y = \sin 2x$ 및 두 직선 $x = 0$과 $x = \pi/2$ 사이에 놓인 영역을 그려라. 이 영역이 분리된 두 부분으로 이루어져 있음을 확인하라. 이 영역의 넓이를 찾아라.

22. 두 곡선 $y = x^2 - x$와 $y = x^3 - 4x^2 + 3x$의 그래프를 같은 화면에 그리고, 두 곡선 사이의 영역이 두 부분으로 이루어져 있음을 확인하라. 이 영역의 넓이를 찾아라.

23–26. 다음 곡선들 사이의 영역을 그리고, 계산기를 이용해서 그 넓이를 소수 다섯째 자리까지 정확하게 셈하라.

23. $y = \dfrac{1}{1 + x^4}$, $y = x^2$ 24. $y = e^{1 - x^2}$, $y = x^4$

25. $y = \tan^2 x$, $y = \sqrt{x}$

26. $y = \cos x$, $y = x + 2\sin^4 x$

27. 크리스와 켈리가 각각 운전하는 경주용 자동차가 출발선에 나란히 서 있다. 아래 표는 이 경주에서 처음 10초 동안 각 자동차의 속도(km/h)를 보여준다. 중점 법칙을 이용해서 처음 10초 동안 켈리가 크리스보다 얼마나 더 많이 달렸는지를 어림하라.

t	v_c (크)	v_k (켈)	t	v_c (크)	v_k (켈)
0	0	0	6	110	128
1	32	35	7	120	138
2	51	59	8	130	150
3	74	83	9	138	157
4	86	98	10	144	163
5	99	114			

28. 두 자동차 A와 B가 나란히 출발하는데, 정지 상태에서 가속한다. 아래 그림은 두 자동차의 속도 함수의 그래프를 보여준다.

(a) 1분 뒤에 어느 자동차가 앞서 있는가? 설명하라.

(b) 어둡게 나타낸 영역의 넓이는 무엇을 뜻하는가?

(c) 2분 뒤에 어느 자동차가 앞서 있는가? 설명하라.

(d) 두 자동차가 또다시 나란히 있는 시각을 어림하라.

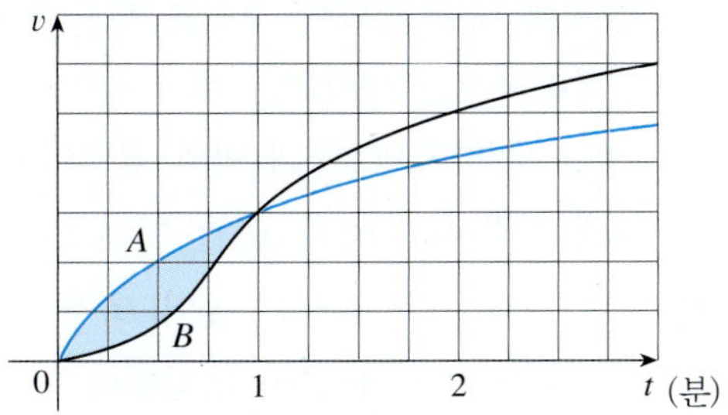

29. 아래 그림과 같이 콩팥 모양의 수영장의 너비(m)를 2m 간격으로 측정했다. 심프슨의 법칙을 이용해서 수영장의 넓이를 어림하라.

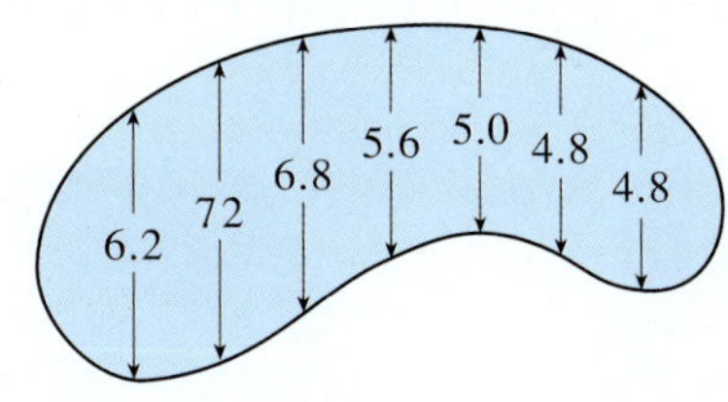

30. 아래 그림은 비행기 날개의 단면이다. 날개의 높이를 20 cm 간격으로 단위 cm로 측정했더니 5.8, 20.3, 26.7, 29.0, 27.6, 27.3, 23.8, 20.5, 15.1, 8.7, 2.8이었다. 심프슨의 법칙을 이용해서 날개 단면의 넓이를 어림하라.

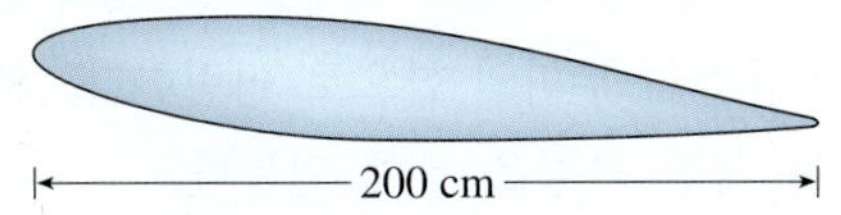

31. 출생률은 $b(t) = 2200e^{0.024t}$ (명/년)이고 사망률은 $d(t) = 1460e^{0.018t}$ (명/년)일 때, $0 \le t \le 10$에서 두 곡선 사이의 넓이를 찾아라. 이 넓이는 무엇을 표현하는가?

32. 물 저장 탱크는 지름이 10m인 원기둥 모양이다. 원형 단면들이 연직이 되도록 설치되어 있다. 물의 깊이가 7m일 때, 전체 들이(용적)의 몇 %가 사용된 것인가?

33. (아래 그림과 같이) 반지름이 r과 R인 두 원의 호로 둘러싸인 초승달 모양의 영역의 넓이를 찾아라.

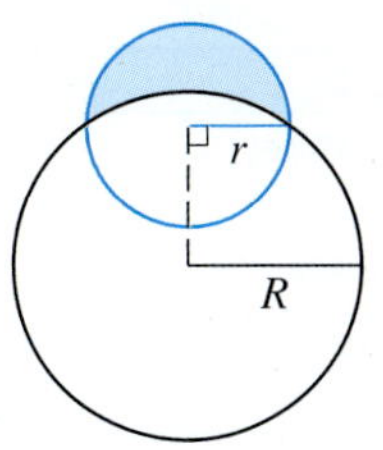

34. 연립 부등식 $x - 2y^2 \ge 0$, $1 - x - |y| \ge 0$으로 정의된 xy 평면의 영역을 그리고, 넓이를 찾아라.

35. 두 포물선 $y = x^2 - c^2$과 $y = c^2 - x^2$으로 둘러싸인 영역의 넓이가 576일 때, c의 값을 찾아라.

36. 포물선 $y = x^2$과 $(1, 1)$에서 이 포물선에 대한 접선 및 x축으로 둘러싸인 영역의 넓이를 찾아라.

37. 직선 $y = b$가 두 곡선 $y = x^2$과 $y = 4$로 둘러싸인 영역을 넓이가 서로 같도록 두 영역으로 나눌 때, b의 값을 찾아라.

38. (a) 직선 $x = a$가 $1 \le x \le 4$에서 곡선 $y = 1/x^2$ 아래의 넓이를 이등분할 때, a의 값을 찾아라.

(b) 직선 $y = b$가 (a)의 넓이를 이등분할 때, b의 값을 찾아라.

39. 양수값 연속 함수 f 중에서 모든 $t > 0$에 대해 0부터 t까지 f의 그래프 아래의 넓이가 $A(t) = t^3$인 것을 찾아라.

40. $0 < c < \pi/2$라고 하자. c의 어떤 값에 대해 세 곡선 $y = \cos x$, $y = \cos(x - c)$, $x = 0$으로 둘러싸인 영역의 넓이는 세 곡선 $y = \cos(x - c)$, $x = \pi$, $y = 0$으로 둘러싸인 영역의 넓이와 같은가?

41. m의 어떤 값에 대해 직선 $y = mx$와 곡선 $y = x/(x^2 + 1)$는 한 영역을 둘러싸는가? 그 영역의 넓이를 찾아라.

7.2 부피

용어
(직각)기둥 (right) cylinder
밑면 base
원기둥 circular cylinder
직사각기둥 rectangular box
직육면체 rectangular parallelepiped

입체의 부피를 찾으려고 하면, 넓이를 찾을 때와 같은 형태의 문제에 접하게 된다. 부피의 뜻에 대한 직관적인 개념이 있지만, 여기서는 미분 적분학을 이용해서 이 개념을 명확히 하고 부피에 대한 정확한 정의를 제시해야 한다.

먼저 간단한 입체인 기둥(좀 더 명확하게는 직각기둥)에서 출발하자. 그림 1(a)에 나타낸 기둥은 밑면이라 부르는 평면 영역 B_1과 이와 평행이고 합동인 영역 B_2로 갇혀 있다. 기둥은 밑면에 수직이고 B_1과 B_2를 잇는 선분에 있는 모든 점으로 이루어진다. 밑면의 넓이가 A이고 기둥의 높이(B_1부터 B_2까지의 거리)가 h일 때, 이 기둥의 부피 V는 다음과 같이 정의된다.

$$V = Ah$$

특히, 밑면이 반지름이 r인 원일 때, 원기둥인 이 기둥의 부피는 $V = \pi r^2 h$이다. [그림 1(b)를 보라.] 그리고 밑면이 길이가 l이고 너비가 w인 직사각형일 때, 직사각기둥(또는 직육면체)인 이 기둥의 부피는 $V = lwh$이다.[그림 1(c)를 보라.]

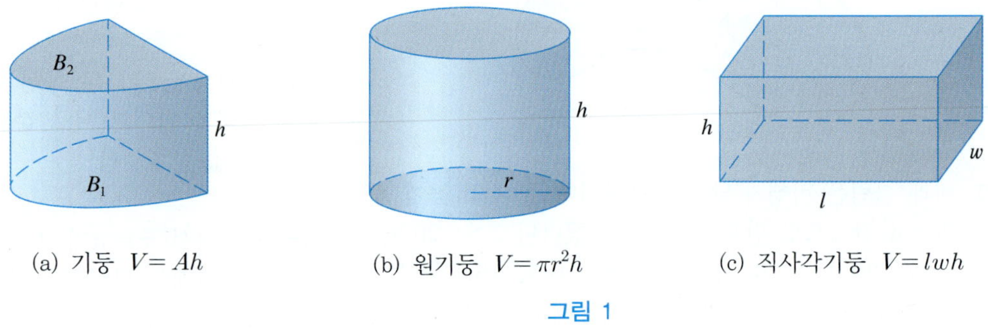

(a) 기둥 $V = Ah$ (b) 원기둥 $V = \pi r^2 h$ (c) 직사각기둥 $V = lwh$

그림 1

기둥이 아닌 입체 S의 경우에는 S를 조각으로 '쪼개고' 각 조각을 기둥으로 근접시킨다. S의 부피는 이런 기둥들의 부피의 합으로 어림한다. S의 정확한 부피는 조각의 개수를 크게 하는 극한 과정을 통해 얻는다.

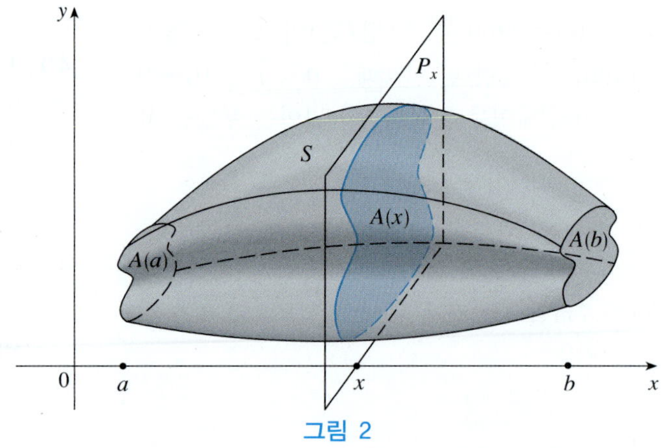

그림 2

먼저 S를 평면과 교차시켜서, S의 단면이라 부르는 평면 영역을 얻는다. $a \le x \le b$일 때 점 x를 지나고 x축에 수직인 평면 P_x에 있는 S의 단면의 넓이를 $A(x)$라 하자. (그림 2를 보라. 칼로 x지점의 S를 자르고 그 잘린 면의 넓이를 셈한다고 생각하자.) x가 a부터 b까지 증가함에 따라 단면의 넓이 $A(x)$는 변할 것이다.

용어
단면 cross-section

구간 $[a, b]$를 n개의 부분 구간으로 나누고 분점이 $x_0, x_1, x_2, \dots, x_n$인 분할을 생각하자. S를 자르는 평면 $P_{x_1}, P_{x_2}, \cdots$을 이용해서 이 입체를 너비가 $\Delta x_i = x_i - x_{i-1}$인 n개의 '조각'으로 나눈다. (빵 덩어리를 자른다고 생각하자.) $[x_{i-1}, x_i]$에서 표본점 x_i^*을 택하면, i째 조각 S_i(두 평면 $P_{x_{i-1}}$과 P_{x_i} 사이에 있는 S의 일부)를 밑면의 넓이가 $A(x_i^*)$이고 '높이'가 Δx_i인 기둥으로 근접시킬 수 있다. (그림 3을 보라.)

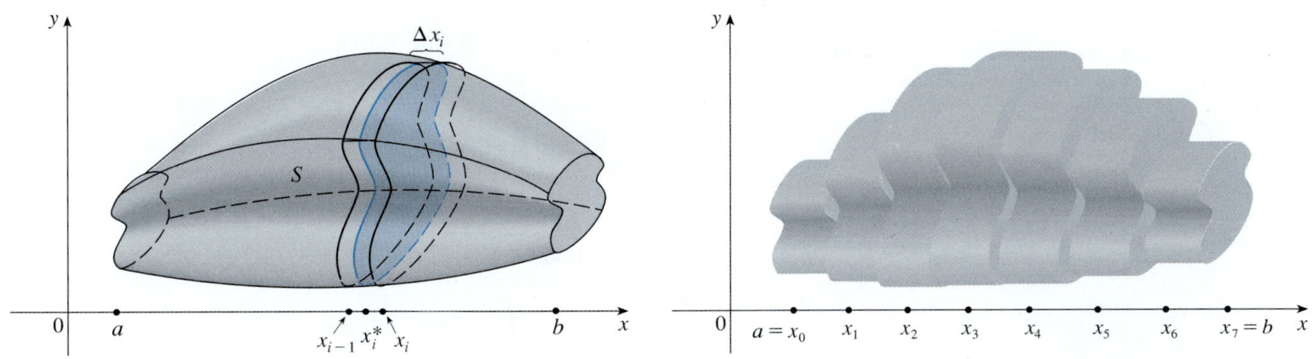

그림 3

이 기둥의 부피는 $A(x_i^*)\Delta x_i$이므로, i째 조각 S_i의 부피의 직관적인 개념에 대한 근삿값은 다음과 같다.

$$V(S_i) \approx A(x_i^*)\Delta x_i$$

이런 조각들의 부피를 더하면, 전체 부피(곧, 직관적으로 부피라 생각하는 것)에 대한 다음과 같은 근삿값을 얻는다.

$$V \approx \sum_{i=1}^{n} A(x_i^*)\Delta x_i$$

조각이 더욱더 얇아질수록 이 근삿값은 더욱더 정확해진다. 그러므로 $\max \Delta x_i \to 0$일 때 이런 합의 극한으로 부피를 정의한다. 그런데 리만 합의 극한을 정 적분으로 정의하므로, 다음과 같은 정의를 얻는다.

▪ 이 정의에서 x축에 대해 S가 어떠한 위치에 있더라도 같은 결과를 얻는다는 사실을 증명할 수 있다. 바꿔 말하면, S를 평행면들로 어떻게 자르더라도 똑같은 V를 얻는다.

부피의 정의 S는 $x=a$와 $x=b$ 사이에 놓여 있는 입체라고 하자. x를 지나고 x축에 수직인 평면 P_x에 있는 S의 단면의 넓이가 $A(x)$이고 A가 적분 가능한 함수일 때, S의 **부피**는 다음과 같다.

$$V = \lim_{\max \Delta x_i \to 0} \sum_{i=1}^{n} A(x_i^*) \Delta x_i = \int_a^b A(x)\,dx$$

부피 공식 $V=\int_a^b A(x)\,dx$를 이용할 때, $A(x)$는 x를 지나고 x축에 수직인 평면으로 잘라서 얻은 움직이는 단면의 넓이라는 사실을 기억하는 것이 중요하다.

기둥의 경우에 단면의 넓이는 일정하다. 곧, 모든 x에 대해 $A(x)=A$이다. 그러므로 부피의 정의에 의해 $V=\int_a^b A\,dx = A(b-a)$이다. 이는 공식 $V=Ah$와 일치한다.

보기 1 반지름이 r인 구의 부피가 $V=\frac{4}{3}\pi r^3$임을 보여라.

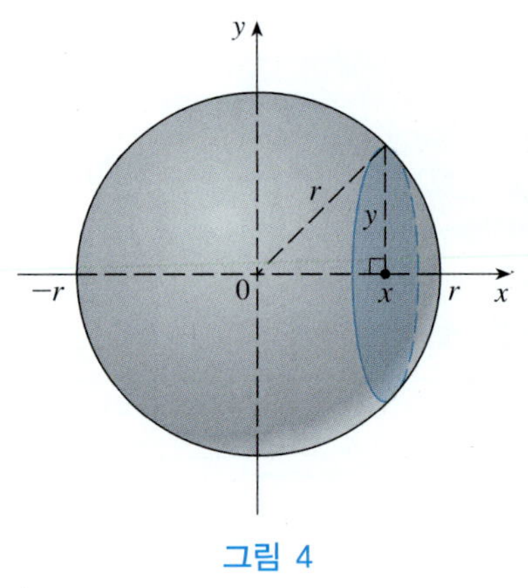

그림 4

풀이 (그림 4와 같이) 구의 중심이 원점에 놓이도록 하면, 평면 P_x는 구와 (피타고라스의 정리에 의해) 반지름이 $y=\sqrt{r^2-x^2}$ 인 원에서 교차한다. 그러므로 단면의 넓이는 다음과 같다.

$$A(x) = \pi y^2 = \pi(r^2-x^2)$$

$a=-r$이고 $b=r$일 때의 부피의 정의로부터 다음을 얻는다.

$$\begin{aligned} V &= \int_{-r}^{r} A(x)\,dx = \int_{-r}^{r} \pi(r^2-x^2)\,dx \\ &= 2\pi \int_0^r (r^2-x^2)\,dx \quad \text{(적분할 함수는 짝 함수)} \\ &= 2\pi \left[r^2 x - \frac{x^3}{3} \right]_0^r = 2\pi \left(r^3 - \frac{r^3}{3} \right) \\ &= \frac{4}{3}\pi r^3 \end{aligned}$$

■

그림 5는 입체가 반지름이 $r=1$인 구일 때 부피의 정의를 그림으로 예시한다. 보기 1의 결과에 의해 구의 부피는 $\frac{4}{3}\pi \approx 4.18879$이다. 여기서 조각은 원기둥 또는 '얇은 원반'이고 그림 5는 정규 분할을 이용하고 표본점 x_i^*을 중점 $\overline{x}_i$로 선택한 경우에 $n=5$, 10, 20일 때의 다음과 같은 리만 합에 대한 기하학적 해석을 보여준다.

$$\sum_{i=1}^{n} A(\overline{x}_i)\Delta x = \sum_{i=1}^{n} \pi(1^2 - \overline{x}_i^{\,2})\Delta x$$

근접하는 기둥의 개수가 커짐에 따라 대응하는 리만 합은 부피의 참값에 더 가까워진다.

TEC Visual 7.2A는 그림 5를 동영상으로 보여준다.

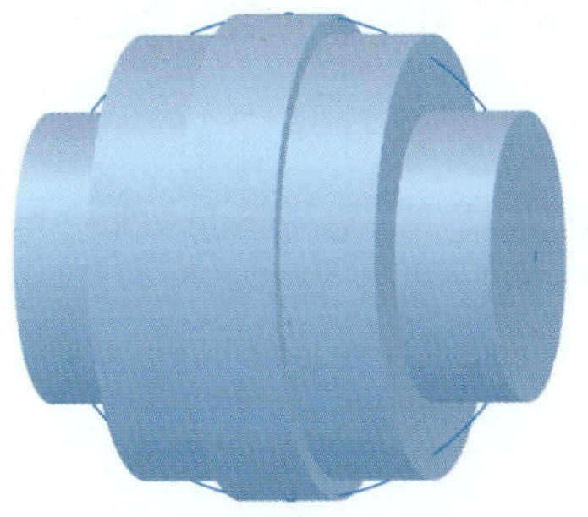

(a) 원반 5개 $V \approx 4.2726$

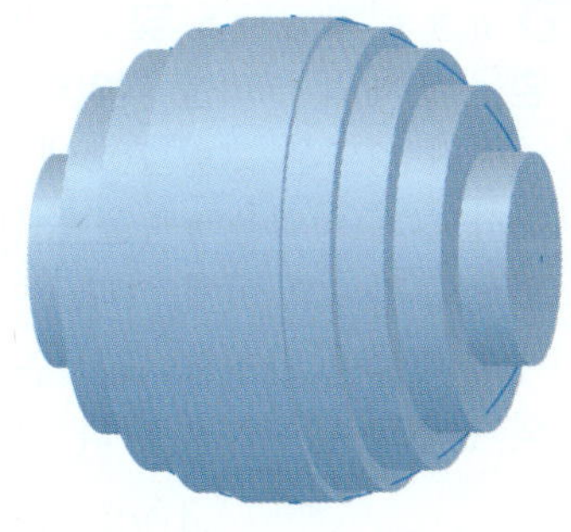

(b) 원반 10개 $V \approx 4.2097$

(c) 원반 20개 $V \approx 4.1940$

그림 5 반지름이 1인 구의 부피에 대한 근삿값

보기 2 0부터 1까지 곡선 $y = \sqrt{x}$ 아래의 영역을 x축을 중심으로 회전시켜 얻은 입체의 부피를 찾아라. 대표적인 근접하는 기둥을 그려서 부피의 정의를 예시하라.

풀이 영역은 그림 6(a)에 나타냈다. x축을 중심으로 회전시키면, 그림 6(b)에 나타낸 입체를 얻는다. 점 x를 지나는 평면으로 자르면, 반지름이 $\sqrt{x}$인 원판을 얻는다. 이 단면의 넓이는 다음과 같다.

$$A(x) = \pi(\sqrt{x})^2 = \pi x$$

그리고 근접하는 기둥(높이가 Δx인 원반)의 부피는 다음과 같다.

$$A(x)\Delta x = \pi x \Delta x$$

입체가 $x = 0$과 $x = 1$ 사이에 놓여 있으므로, 그 부피는 다음과 같다.

$$V = \int_0^1 A(x)\,dx = \int_0^1 \pi x\,dx = \pi \frac{x^2}{2}\bigg]_0^1 = \frac{\pi}{2}$$ ■

▪ 보기 2에서 적절한 답을 얻었는가? 결과를 점검하기 위해서 주어진 영역을 밑변이 [0, 1]이고 높이가 1인 정사각형으로 바꾸자. 이 정사각형을 회전시키면 반지름이 1이고 높이가 1인 원기둥을 얻는데, 그 부피는 $\pi \cdot 1^2 \cdot 1 = \pi$이다. 보기 2에서 얻은 주어진 입체의 부피는 이것의 반이다. 답이 적절해 보인다.

TEC Visual 7.2B는 보기 2~6에 있는 회전체들이 생성되는 과정을 보여준다.

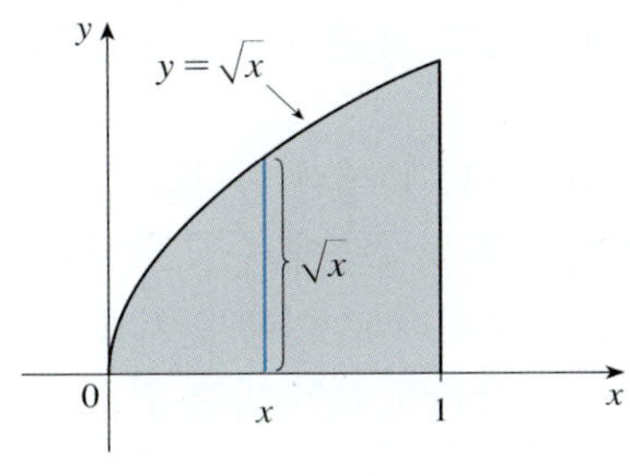

(a)

(b)

그림 6

보기 3 $y = x^3$과 $y = 8$ 및 $x = 0$으로 둘러싸인 영역을 y축을 중심으로 회전시켜 얻은 입체의 부피를 찾아라.

풀이 주어진 영역은 그림 7(a)에 나타냈고, 회전시켜 얻은 입체는 그림 7(b)에 나타냈다. 영역을 y축을 중심으로 회전시키므로, 입체를 y축에 수직인 평면으로 자르고 이에 따라 y에 관해 적분하는 것이 적절해 보인다. 높이 y에서 자르면 반지름이 x, 곧 $x = \sqrt[3]{y}$인 원판을 얻는다. 그러므로 y에서의 단면의 넓이는 다음과 같다.

$$A(y) = \pi x^2 = \pi\left(\sqrt[3]{y}\right)^2 = \pi y^{2/3}$$

그리고 그림 7(b)에 나타낸 근접하는 원기둥의 부피는 다음과 같다.

$$A(y)\Delta y = \pi y^{2/3}\Delta y$$

입체가 $y = 0$과 $y = 8$ 사이에 놓여 있으므로, 그 부피는 다음과 같다.

$$V = \int_0^8 A(y)\,dy = \int_0^8 \pi y^{2/3}\,dy = \pi\left[\frac{3}{5}y^{5/3}\right]_0^8 = \frac{96\pi}{5}$$ ■

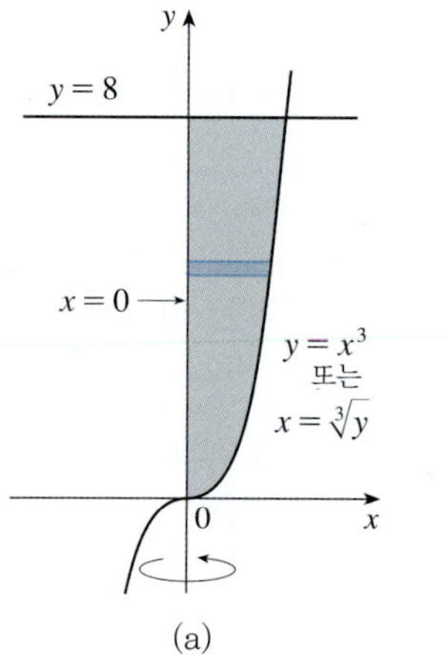

(a)

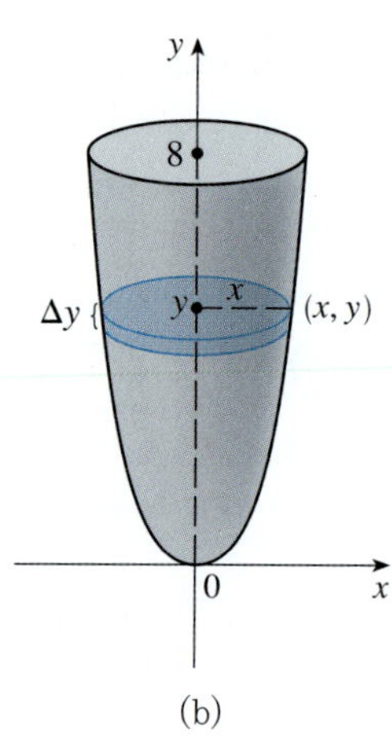

(b)

그림 7

보기 4 두 곡선 $y = x$와 $y = x^2$으로 둘러싸인 영역 $\Re$을 x축을 중심으로 회전시킨다. 그 결과로 얻는 입체의 부피를 찾아라.

풀이 두 곡선 $y = x$와 $y = x^2$은 두 점 $(0, 0)$과 $(1, 1)$에서 만난다. 그림 8에 이 두 곡선 사이의 영역과 회전시켜 얻은 입체 및 x축에 수직인 단면을 나타냈다. 평면 P_x에 있는 단면은 원환(원형 고리)으로 안쪽 반지름이 x^2이고 바깥 반지름이 x이므로, 단면의 넓이를 다음과 같이 바깥 원의 넓이에서 안쪽 원의 넓이를 빼서 얻는다.

$$A(x) = \pi x^2 - \pi\left(x^2\right)^2 = \pi\left(x^2 - x^4\right)$$

따라서 다음을 얻는다.

$$V = \int_0^1 A(x)\,dx = \int_0^1 \pi\left(x^2 - x^4\right)dx$$

$$= \pi\left[\frac{x^3}{3} - \frac{x^5}{5}\right]_0^1 = \frac{2\pi}{15}$$ ■

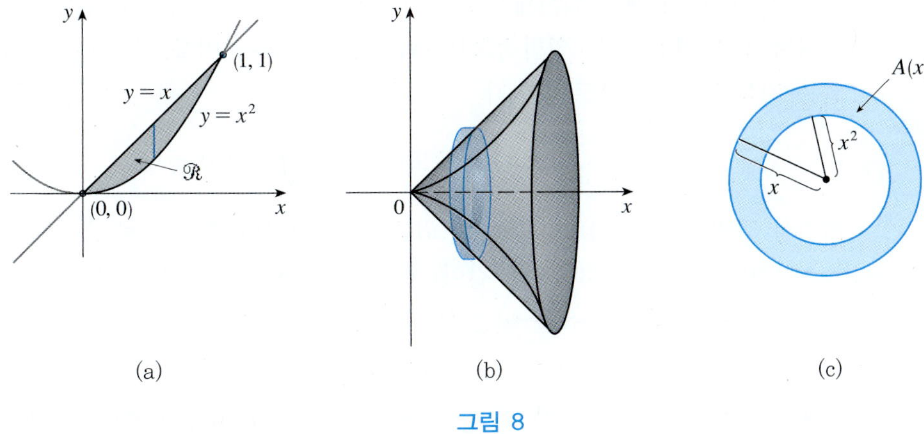

그림 8

보기 5 보기 4의 영역을 직선 $y=2$를 중심으로 회전시켜 얻은 입체의 부피를 찾아라.

풀이 주어진 입체와 단면을 그림 9에 나타냈다. 단면은 또다시 원환이지만, 이번에 안쪽 반지름은 $2-x$이고 바깥 반지름은 $2-x^2$이다. 단면의 넓이는 다음과 같다.

$$A(x)=\pi(2-x^2)^2-\pi(2-x)^2$$

그러므로 부피는 다음과 같다.

$$\begin{aligned} V=\int_0^1 A(x)\,dx &= \pi\int_0^1 \left\{(2-x^2)^2-(2-x)^2\right\}dx \\ &= \pi\int_0^1 (x^4-5x^2+4x)\,dx \\ &= \pi\left[\frac{x^5}{5}-5\frac{x^3}{3}+4\frac{x^2}{2}\right]_0^1=\frac{8\pi}{15} \end{aligned}$$

■

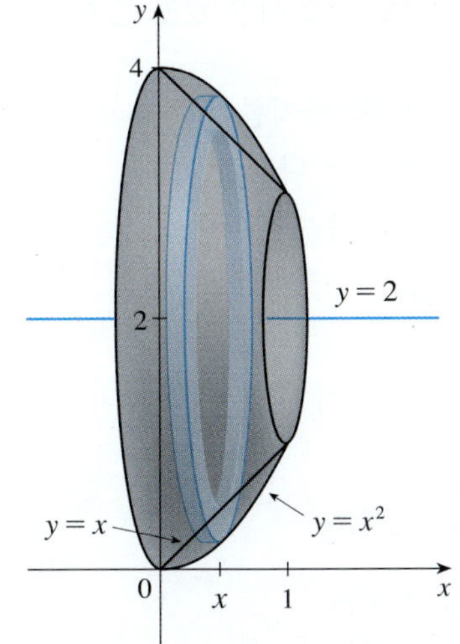

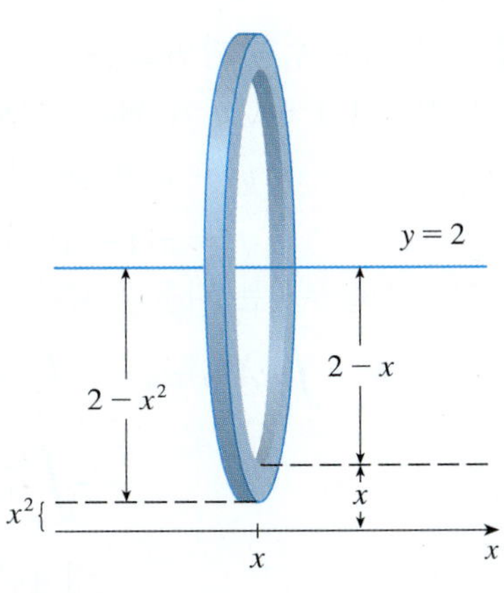

그림 9

용어
회전체 solid of revolutuon

보기 1~5의 입체를 회전체라 하는데, 한 영역을 어떤 직선을 중심으로 회전시켜 얻기 때문이다. 일반적으로, 회전체의 부피는 이를 정의하는 다음과 같은 기본적인 공식으로 셈한다.

$$V=\int_a^b A(x)\,dx \quad \text{또는} \quad V=\int_c^d A(y)\,dy$$

여기서 단면의 넓이 $A(x)$ 또는 $A(y)$는 다음의 방법 중 하나로 찾는다.

- 단면이 (보기 1~3에서와 같이) 원판이면, (x 또는 y의 식으로) 원판의 반지름을 찾고 다음을 이용한다.

$$A=\pi(\text{반지름})^2$$

- 단면이 (보기 4와 5에서와 같이) 원환이면, (그림 9와 10에서와 같은) 그림으로부터 안쪽 반지름 $r_{\text{안쪽}}$과 바깥 반지름 $r_{\text{바깥}}$를 찾고, 다음과 같이 바깥 원판의 넓이로부터 안쪽 원판의 넓이를 빼서 원환의 넓이를 셈한다.

$$A=\pi(\text{바깥 반지름})^2-\pi(\text{안쪽 반지름})^2$$

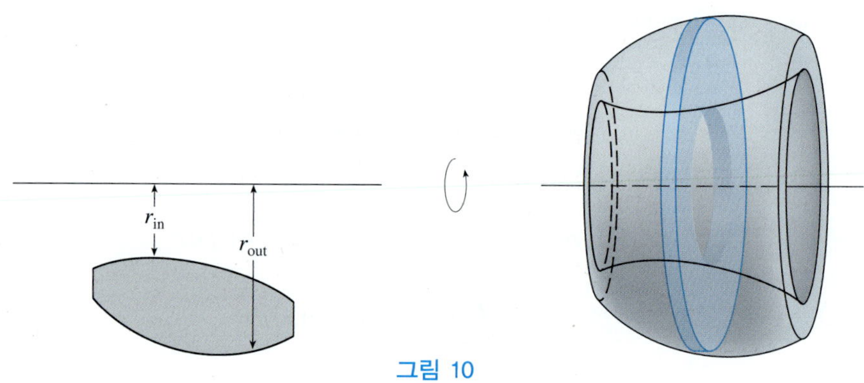

그림 10

다음 보기는 위의 과정을 한 번 더 예시한다.

보기 6 보기 4의 영역을 직선 $x=-1$을 중심으로 회전시켜 얻은 입체의 부피를 찾아라.

풀이 그림 11은 수평 단면을 보여준다. 이것은 안쪽 반지름이 $1+y$이고 바깥 반지름이 $1+\sqrt{y}$ 인 원환이므로, 단면의 넓이는 다음과 같다.

$$\begin{aligned}A(y)&=\pi(\text{바깥 반지름})^2-\pi(\text{안쪽 반지름})^2\\&=\pi\left(1+\sqrt{y}\right)^2-\pi(1+y)^2\end{aligned}$$

그러므로 부피는 다음과 같다.

$$\begin{aligned}V&=\int_0^1 A(y)\,dy=\pi\int_0^1\left\{\left(1+\sqrt{y}\right)^2-(1+y)^2\right\}dy\\&=\pi\int_0^1\left(2\sqrt{y}-y-y^2\right)dy\\&=\pi\left[\frac{4y^{3/2}}{3}-\frac{y^2}{2}-\frac{y^3}{3}\right]_0^1=\frac{\pi}{2}\end{aligned}$$

■

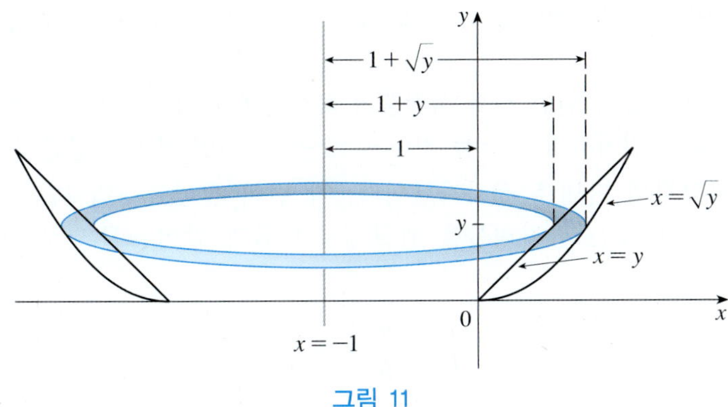

그림 11

이제 회전체가 아닌 두 가지 입체의 부피를 찾아보자.

TEC Visual 7.2C는 그림 12에 있는 입체가 생성된는 방법을 보여준다.

보기 7 그림 12에 나타낸 입체의 밑면은 반지름이 1인 원이다. 밑면에 수직이고 서로 평행인 단면들은 모두 정삼각형이다. 이 입체의 부피를 찾아라.

풀이 원의 방정식을 $x^2 + y^2 = 1$이라 하자. 그림 13에 이 입체와 그 밑면 및 원점으로부터의 거리가 x 인 대표적인 단면을 나타냈다.

B가 원의 점이므로, $y = \sqrt{1-x^2}$ 이고 이에 따라 삼각형 ABC의 밑변은 $|AB| = 2\sqrt{1-x^2}$ 이다. 이것이 정삼각형이므로 그림 13(c)로부터 그 높이는 $\sqrt{3}\,y = \sqrt{3}\sqrt{1-x^2}$ 이다. 따라서 단면의 넓이는 다음과 같다.

$$A(x) = \frac{1}{2} \cdot 2\sqrt{1-x^2} \cdot \sqrt{3}\sqrt{1-x^2} = \sqrt{3}(1-x^2)$$

그리고 입체의 부피는 다음과 같다.

$$\begin{aligned} V &= \int_{-1}^{1} A(x)\,dx = \int_{-1}^{1} \sqrt{3}(1-x^2)\,dx \\ &= 2\int_{0}^{1} \sqrt{3}(1-x^2)\,dx = 2\sqrt{3}\left[x - \frac{x^3}{3}\right]_0^1 = \frac{4\sqrt{3}}{3} \end{aligned}$$

■

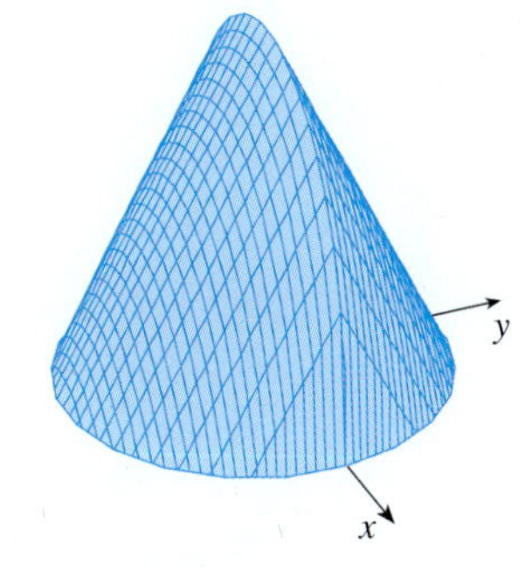

그림 12 컴퓨터로 생성한 보기 7의 입체

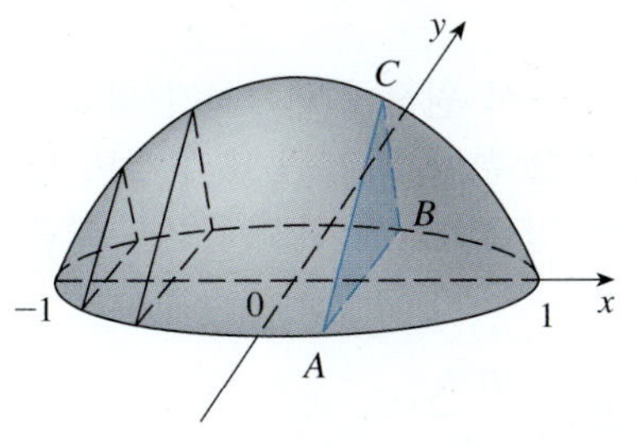

(a) 입체

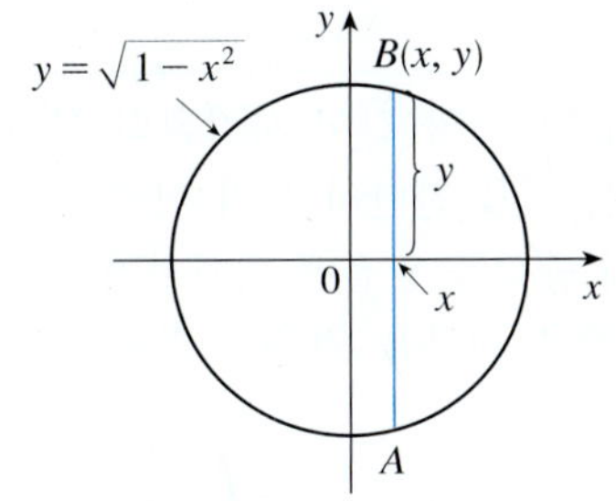

(b) 밑면

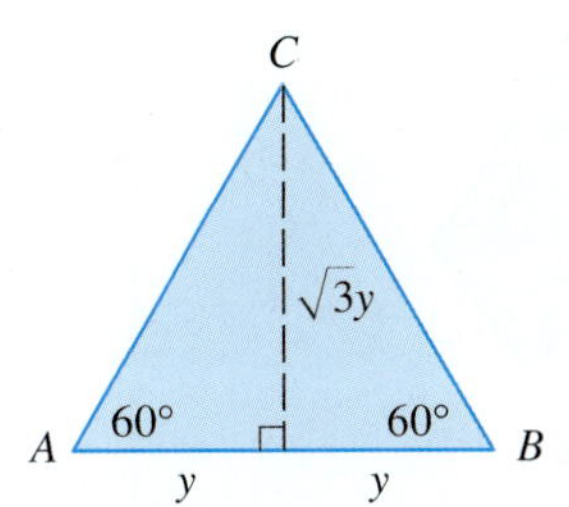

(c) 단면

그림 13

보기 8 밑면이 정사각형으로 각 변의 길이가 L이고 높이가 h인 사각뿔의 부피를 찾아라.

풀이 그림 14와 같이 원점 O를 사각뿔의 꼭짓점에 위치시키고, x축을 그 중심축을 따라 위치시키자. x를 지나고 x축에 수직인 임의의 평면 P_x에 있는 이 사각뿔의 단면은 정사각형이다. 각 변의 길이를 s라 하면, 그림 15에 나타낸 닮은 삼각형들을 관찰해서 다음과 같이 s를 x로 표현할 수 있다.

$$\frac{x}{h} = \frac{s/2}{L/2} = \frac{s}{L}$$

그러므로 $s = Lx/h$이다. [이를 찾는 다른 방법은 직선 OP의 기울기가 $L/(2h)$이므로 그 방정식이 $y = Lx/(2h)$라는 관찰 결과를 이용한다.] 이에 따라 단면의 넓이는 다음과 같다.

$$A(x) = s^2 = \frac{L^2}{h^2}x^2$$

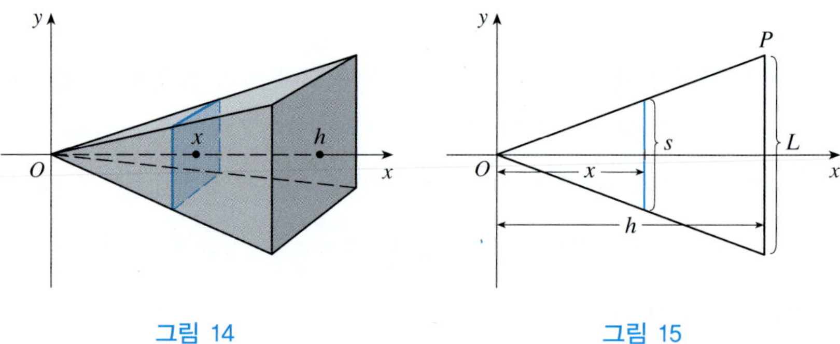

그림 14 그림 15

사각뿔이 $x = 0$과 $x = h$ 사이에 놓여있으므로, 그 부피는 다음과 같다.

$$V = \int_0^h A(x)\,dx = \int_0^h \frac{L^2}{h^2}x^2\,dx = \frac{L^2}{h^2}\frac{x^3}{3}\bigg]_0^h = \frac{L^2h}{3}$$ ■

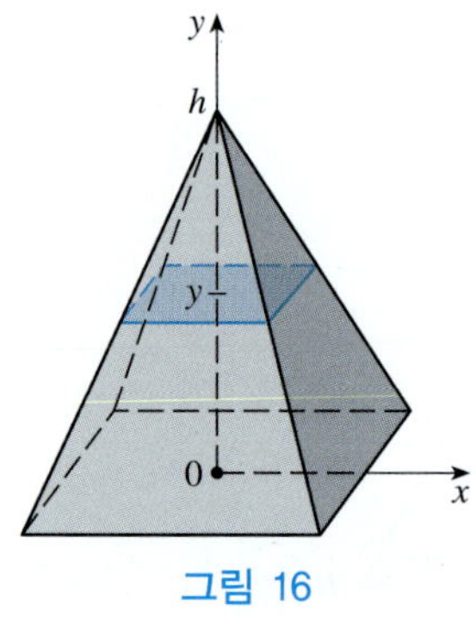

그림 16

참고 보기 8에서와 같이 사각뿔의 꼭짓점을 반드시 원점에 위치시킬 필요는 없다. 식을 간단히 하기 위해서 그렇게 했을 뿐이다. 그림 16과 같이 밑면의 중심을 원점에 위치시키고 꼭짓점을 양의 y축에 위치시키면, 다음과 같은 적분을 얻음을 밝힐 수 있다.

$$V = \int_0^h \frac{L^2}{h^2}(h-y)^2\,dy = \frac{L^2h}{3}$$

7.2 익힘 문제

1–12. 다음 곡선들로 둘러싸인 영역을 지정된 직선을 중심으로 회전시켜 얻은 입체의 부피를 찾아라. 영역과 입체 및 대표적인 원판 또는 원환을 그려라.

1. $y = 2 - \frac{1}{2}x$, $y = 0$, $x = 1$, $x = 2$; x축
2. $y = 1 - x^2$, $y = 0$; x축
3. $x = 2\sqrt{y}$, $x = 0$, $y = 9$; y축
4. $y = \ln x$, $y = 1$, $y = 2$, $x = 0$; y축
5. $y = x^3$, $y = x$ $(x \geq 0)$; x축
6. $y = \frac{1}{4}x^2$, $y = 5 - x^2$; x축
7. $y^2 = x$, $x = 2y$; y축
8. $y = x^{2/3}$, $x = 1$, $y = 0$; y축
9. $y = x$, $y = \sqrt{x}$; 직선 $y = 1$
10. $y = 1/x$, $y = 0$, $x = 1$, $x = 3$; 직선 $y = -1$
11. $y = x^2$, $x = y^2$; 직선 $x = -1$
12. $y = x$, $y = \sqrt{x}$; 직선 $x = 2$

13–18. 다음 곡선들로 둘러싸인 영역을 지정된 직선을 중심으로 회전시켜 얻은 입체의 부피를 찾아라.

13. $y = 1/x$, $x = 1$, $x = 2$, $y = 0$; x축
14. $x = 2y - y^2$, $x = 0$; y축
15. $x - y = 1$, $y = x^2 - 4x + 3$; 직선 $y = 3$
16. $x = y^2$, $x = 1$; 직선 $x = 1$
17. $y = x^3$, $y = \sqrt{x}$; 직선 $x = 1$
18. $y = x^3$, $y = \sqrt{x}$; 직선 $y = 1$

19–22. 다음 곡선들로 둘러싸인 영역을 지정된 직선을 중심으로 회전시켜 얻은 입체의 부피를 찾는 적분 식을 세워라. 그리고 계산기를 사용해서 소수 다섯째 자리까지 정확한 값을 찾아라.

19. $y = e^{-x^2}$, $y = 0$, $x = -1$, $x = 1$
    (a) x축 (b) 직선 $y = -1$
20. $y = 0$, $y = \cos^2 x$ $(-\pi/2 \leq x \leq \pi/2)$
    (a) x축 (b) 직선 $y = 1$
21. $x^2 + 4y^2 = 4$
    (a) 직선 $y = 2$ (b) 직선 $x = 2$
22. $y = x^2$, $x^2 + y^2 = 1$ $(y \geq 0)$
    (a) x축 (b) y축

23–24. 그래프를 이용해서 다음 곡선들의 교점의 x좌표의 근삿값을 찾아라. 그리고 다음 곡선들로 둘러싸인 영역을 x축을 중심으로 회전시켜 얻은 입체의 부피를 (근사적으로) 찾아라.

23. $y = x^2$, $y = \ln(x+1)$
24. $y = 3\sin(x^2)$, $y = e^{x/2} + e^{-2x}$

CAS 25–26. 컴퓨터 대수 체계를 이용해서 다음 곡선들로 둘러싸인 영역을 지정된 직선을 중심으로 회전시켜 얻은 입체의 정확한 부피를 찾아라.

25. $y = \sin^2 x$, $y = 0$ $(0 \leq x \leq \pi)$; 직선 $y = -1$
26. $y = x$, $y = xe^{1-x/2}$; 직선 $y = 3$

27–28. 다음 적분은 어떤 입체의 부피를 표현한다. 그 입체를 설명하라.

27. (a) $\pi \int_0^{\pi/2} \cos^2 x \, dx$ (b) $\pi \int_0^1 (y^4 - y^8)\, dy$
28. (a) $\pi \int_2^5 y \, dy$

    (b) $\pi \int_0^{\pi/2} \{(1+\cos x)^2 - 1^2\}\, dx$

29. CAT(X선 체축 단층 촬영) 사진은 등간격으로 인간 장기의 단면을 보여주는데, 그렇지 않으면 수술해야만 얻을 수 있는 정보를 제공한다. 인간 간장에 대한 CAT 사진이 1.5cm만큼씩 떨어져 있는 단면을 보여준다고 하자. 이 간장의 길이는 15 cm이고, 단면의 넓이(cm^2)는 차례로 0, 18, 58, 79, 94, 106, 117, 128, 63, 39, 0이라고 하자. 중점 법칙을 이용해서, 이 간장의 부피를 어림하라.

30. 길이가 10m인 통나무를 1m 간격으로 잘랐을 때 (통나무의 끝으로부터의 거리가 x인) 단면의 넓이 A는 다음 표와 같다. $n = 5$인 중점 법칙을 이용해서 통나무의 부피를 어림하라.

x(m)	A(m^2)	x(m)	A(m^2)
0	0.68	6	0.53
1	0.65	7	0.55
2	0.64	8	0.52
3	0.61	9	0.50
4	0.58	10	0.48
5	0.59		

31–43. 다음과 같은 입체 S의 부피를 찾아라.

31. 높이가 h이고 밑면의 반지름이 r인 직원뿔

32. 높이가 h이고 밑면의 반지름이 R이며 윗면의 반지름이 r인 직원뿔대

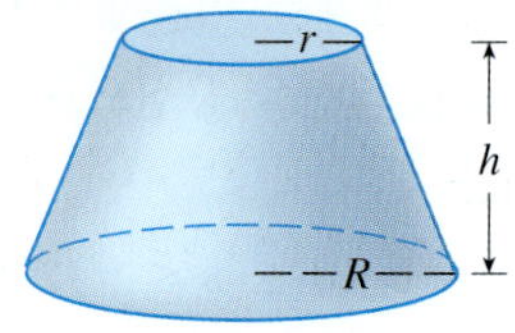

33. 반지름이 r이고 높이가 h인 구의 윗부분

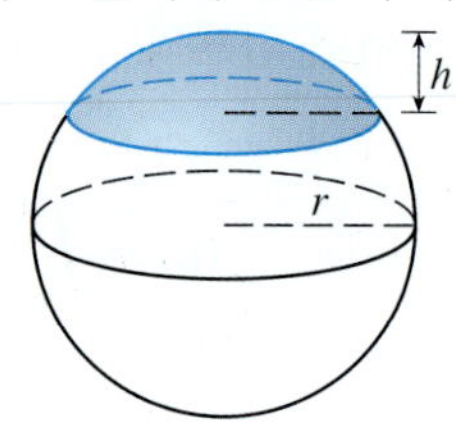

34. 밑면은 한 변이 b인 정사각형이고 윗면은 한 변이 a인 정사각형이며 높이가 h인 사각뿔대

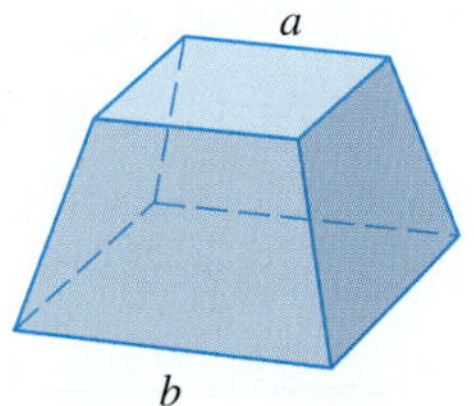

$a=b$일 때는 어떻게 되는가? $a=0$일 때는?

35. 높이가 h이고 직사각형 밑면의 가로와 세로가 b와 $2b$인 사각뿔

36. 높이가 h이고 정삼각형 밑면의 한 변이 a인 삼각뿔(사면체)

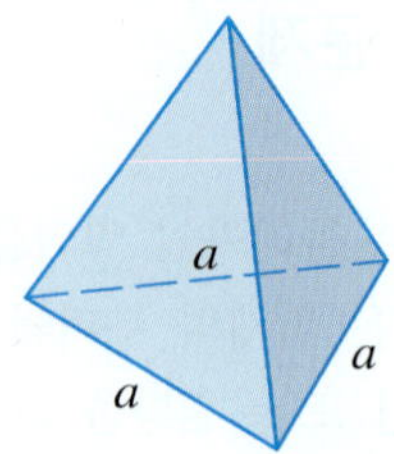

37. 세 면이 서로 수직이고 서로 수직인 세 모서리가 3 cm, 4 cm, 5 cm인 사면체

38. 밑면은 반지름이 r인 원판이고 밑면에 수직인 평행 단면들이 정사각형인 입체

39. 밑면은 경계 곡선이 타원 $9x^2+4y^2=36$인 영역이고 x축에 수직인 단면은 밑변이 빗변인 직각 이등변 삼각형인 입체

40. 밑면은 세 꼭짓점이 $(0, 0)$, $(1, 0)$, $(0, 1)$인 삼각형 영역이고 y축에 수직인 단면은 정삼각형인 입체

41. 밑면은 익힘 문제 40과 같고 x축에 수직인 단면이 정사각형인 입체

42. 밑면은 포물선 $y=1-x^2$과 x축으로 둘러싸인 영역이고 y축에 수직인 단면은 정사각형인 입체

43. 밑면은 익힘 문제 42와 같고 x축에 수직인 단면은 높이가 밑변과 같은 이등변 삼각형인 입체

44. 입체 S의 밑면은 반지름이 r인 원판이다. 밑면에 수직인 평행 단면들은 이등변 삼각형인데, 높이 h는 밑변의 길이와 다르다.

(a) S의 부피를 찾는 적분을 세워라.

(b) 적분을 넓이로 해석해서, S의 부피를 찾아라.

45. 케플러나 뉴턴과 같은 미분 적분학의 일부 선구자는 포도주통의 부피를 찾는 문제에 관심을 가졌다. (실제로 케플러는 통의 부피를 찾는 방법을 다룬 책 ≪포도주 통의 입체 기하학(Stereometria doliorum)≫을 1615년에 출판했다.) 그들은 흔히 모서리의 모양을 포물선으로 근접시켰다.

(a) 높이가 h이고 최대 반지름이 R인 통은 x축을 중심으로 포물선 $y = R - cx^2$ $(-h/2 \le x \le h/2)$을 회전시켜 얻는다. 여기서 c는 양의 상수이다. 통의 양 끝면의 반지름은 $d = ch^2/4$일 때 $r = R - d$임을 보여라.

(b) 통 내부의 부피가 다음과 같음을 보여라.

$$V = \frac{1}{3}\pi h\left(2R^2 + r^2 - \frac{2}{5}d^2\right)$$

CAS **46.** (a) 어떤 새 알의 모양에 대한 모형은 x축을 중심으로 다음 함수의 그래프 아래의 영역을 회전시켜 얻는다.

$$f(x) = (ax^3 + bx^2 + cx + d)\sqrt{1 - x^2}$$

CAS를 이용해서 이런 알의 부피를 찾아라.

(b) 목이 붉은 물새인 아비의 경우에 $a = -0.06$, $b = 0.04$, $c = 0.1$, $d = 0.54$이다. f의 그래프를 그리고, 이 새 알의 부피를 찾아라.

47. (a) (아래 그림에 나타낸 도넛 모양의 입체로) 두 반지름이 r과 R인 원환체의 부피를 찾는 적분을 세워라.

(b) 적분을 넓이로 해석해서, 원환체의 부피를 찾아라.

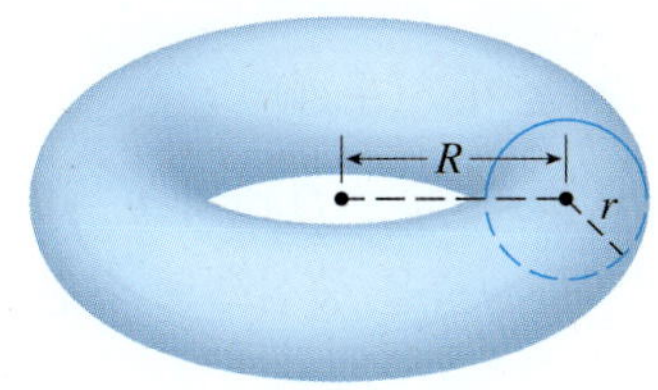

48. 쐐기는 반지름이 4인 원기둥을 다음과 같은 두 개의 평면으로 잘라서 만든다. 한 평면은 원기둥의 축에 수직이다. 다른 평면은 원기둥의 지름을 지나며 처음 평면과 30°의 각을 이룬다. 이 쐐기의 부피를 찾아라.

49. (a) 카발리에리의 원리에 따르면, 두 입체 S_1과 S_2를 지나는 평행면들에 있는 단면들의 넓이가 서로 같으면 S_1과 S_2의 부피가 서로 같다. 이 원리를 증명하라.

(b) 카발리에리의 원리를 이용해서 아래 그림에 나타낸 비스듬한 기둥의 부피를 찾아라.

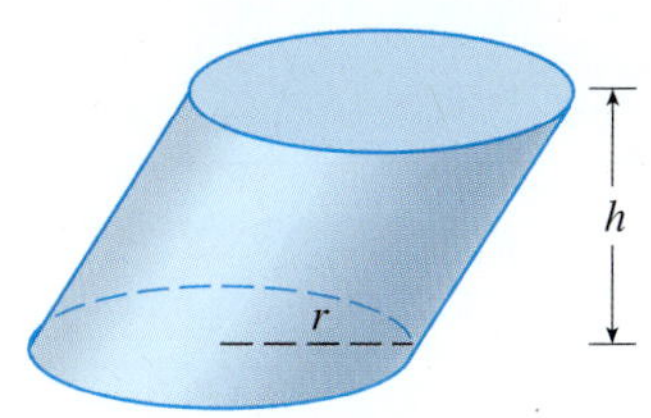

50. 아래 그림과 같은 두 원기둥의 공동 부분의 부피를 찾아라. 여기서 두 기둥의 반지름은 모두 r이고 축들은 서로 직교한다.

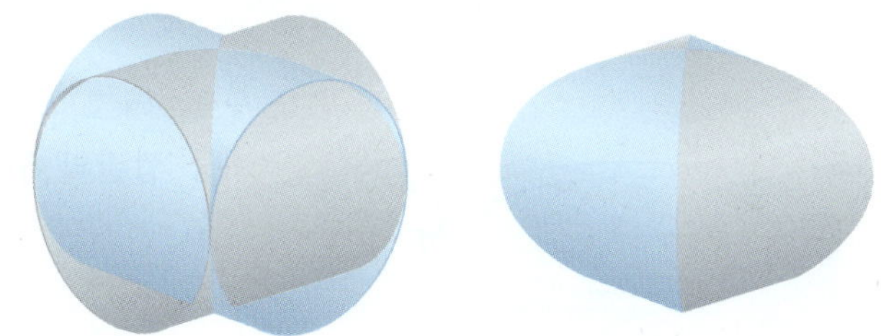

51. 반지름이 모두 r인 두 구의 공동 부분의 부피를 찾아라. 여기서 각 구의 중심은 다른 구의 면에 놓여 있다.

52. 지름이 30cm인 반구 모양의 사발이 있다. 지름이 10cm인 공이 사발 안에 있는데, 사발에 넣은 물의 깊이가 $h$cm이다. 사발 안에 있는 물의 부피를 찾아라.

53. 반지름이 r인 구멍을 반지름이 $R > r$인 원기둥을 통해 기둥의 축에 수직으로 뚫었다. 뚫어낸 부피를 찾는 적분을 세워라. (값을 찾지 말라.)

54. 반지름이 r인 구멍을 반지름이 $R > r$인 구의 중심을 통해 뚫었다. 구의 남은 부분의 부피를 찾아라.

7.3 기둥 껍질에 의한 부피

앞 절의 방법으로 다루기가 어려운 부피 문제가 몇 가지 있다. 예를 들어, 두 곡선 $y = 2x^2 - x^3$과 $y = 0$으로 둘러싸인 영역을 y축을 중심으로 회전시

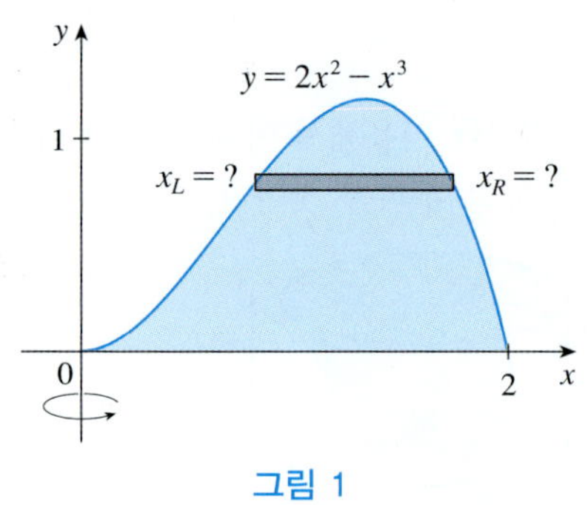

그림 1

용어
기둥 껍질 방법, 원주각 방법 method of cylindrical shells

켜 얻은 입체의 부피를 구하는 문제를 생각해보자. (그림 1을 보라.) 원환 방법을 적용하기 위해 y축에 수직으로 자르면, 원환을 얻는다. 그런데 원환의 안쪽 반지름과 바깥 반지름을 찾으려면, 삼차 방정식 $y = 2x^2 - x^3$을 x에 대해 풀어서 y의 식으로 나타내야 한다. 쉽지 않다.

다행스럽게도, 이런 경우에 사용하기가 더 쉬운 방법으로 기둥 껍질 방법 또는 원주각 방법이 있다. 그림 2는 안쪽 반지름이 r_1이고 바깥 반지름이 r_2이며 높이가 h인 기둥 껍질을 보여준다. 이것의 부피 V는 다음과 같이 바깥 기둥의 부피 V_2에서 안쪽 기둥의 부피 V_1을 빼서 얻는다.

$$
\begin{aligned}
V &= V_2 - V_1 \\
&= \pi r_2^2 h - \pi r_1^2 h = \pi\left(r_2^2 - r_1^2\right)h \\
&= \pi(r_2 + r_1)(r_2 - r_1)h \\
&= 2\pi \frac{r_2 + r_1}{2} h(r_2 - r_1)
\end{aligned}
$$

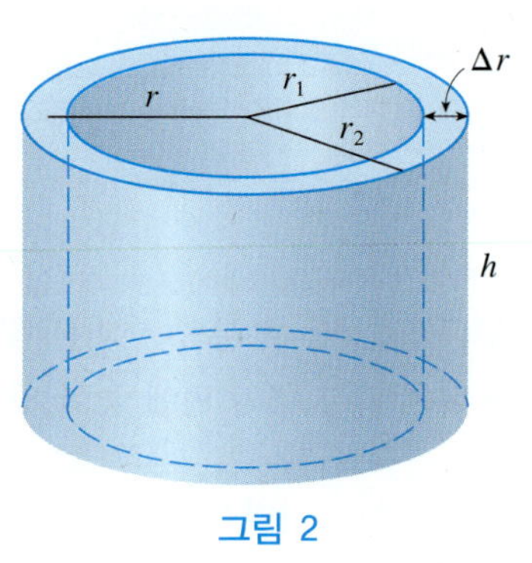

그림 2

$\Delta r = r_2 - r_1$(껍질의 두께)과 $r = \frac{1}{2}(r_2 + r_1)$(껍질의 평균 반지름)로 놓으면, 기둥 껍질의 부피에 대한 위의 공식은 다음과 같이 된다.

1
$$
V = 2\pi r h \Delta r
$$

이를 다음과 같이 기억할 수 있다.

$$
V = (\text{원주}) \times (\text{높이}) \times (\text{두께})
$$

이제 S를 [f가 연속이고 $f(x) \geq 0$일 때] $y = f(x)$와 $y = 0$ 및 $b > a \geq 0$일 때 $x = a$와 $x = b$로 둘러싸인 영역을 y축을 중심으로 회전시켜 얻은 입체라 하자. (그림 3을 보라.)

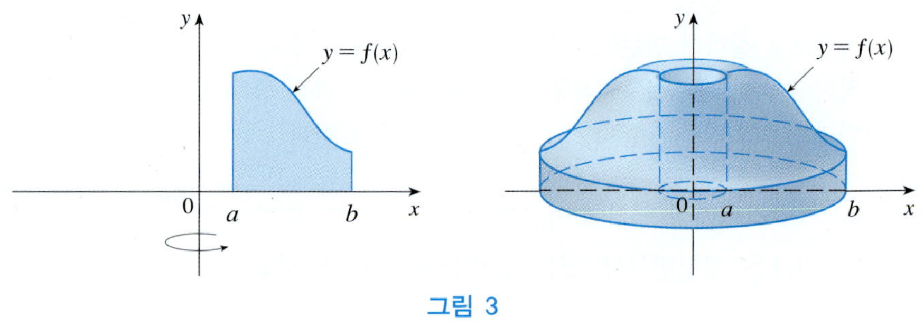

그림 3

구간 $[a, b]$를 너비가 똑같이 Δx인 n개의 부분 구간 $[x_{i-1}, x_i]$로 나누고, i째 부분 구간의 중점을 $\overline{x_i}$로 나타내자. 밑변이 $[x_{i-1}, x_i]$이고 높이가 $f(\overline{x_i})$인 직사각형을 y축을 중심으로 회전시키면 기둥 껍질을 얻는데, 이의 평균 반지름은 $\overline{x_i}$이고 높이는 $f(\overline{x_i})$이며 두께는 Δx이다. (그림 4를 보라.) 그러므로 공식 1에 의해 이의 부피는 다음과 같다.

$$V_i = (2\pi\overline{x_i})\{f(\overline{x_i})\}\Delta x$$

따라서 S의 부피 V에 대한 근삿값은 다음과 같이 이런 껍질들의 부피의 합으로 주어진다.

$$V \approx \sum_{i=1}^{n} V_i = \sum_{i=1}^{n} 2\pi\overline{x_i}\, f(\overline{x_i})\Delta x$$

이 근삿값은 $n \to \infty$ 일 때 더 정확해진다. 그런데 정 적분의 정의에 의해 다음이 성립한다.

$$\lim_{n\to\infty} \sum_{i=1}^{n} 2\pi\overline{x_i} f(\overline{x_i})\Delta x = \int_a^b 2\pi x f(x)\, dx$$

그러므로 다음이 타당해 보인다. 증명의 개요는 익힘 문제 43에 있다.

> 2 a부터 b까지 곡선 $y = f(x)$ 아래의 영역을 y축을 중심으로 회전시켜 얻은 그림 3에 나타낸 입체의 부피는 다음과 같다.
>
> $$V = \int_a^b 2\pi x f(x)\, dx \quad (\text{단, } 0 \le a < b)$$

공식 2를 기억하는 가장 좋은 방법은, 반지름이 x이고 원주가 $2\pi x$이며 높이가 $f(x)$이고 두께가 Δx 또는 dx인 대표적인 껍질을 그림 5와 같이 자르고 펼쳐놓은 것을 생각하는 것이다.

$$\int_a^b \underbrace{(2\pi x)}_{\text{원주}}\ \underbrace{\{f(x)\}}_{\text{높이}}\ dx$$

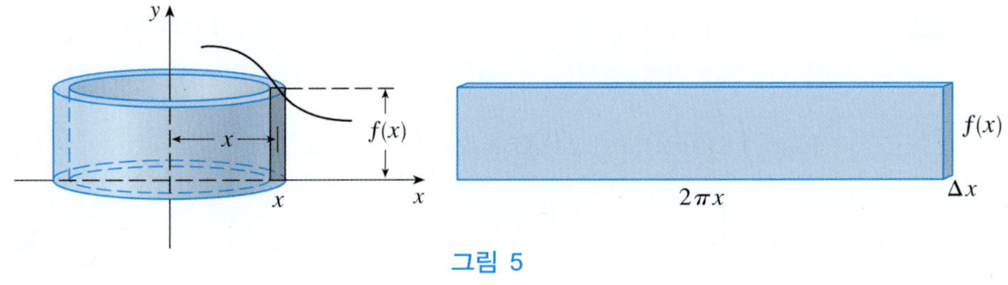

그림 5

이런 식의 논리는 y축이 아닌 다른 직선을 중심으로 회전시키는 것과 같은 다른 상황에서도 쓸모 있다.

보기 1 $y = 2x^2 - x^3$과 $y = 0$으로 둘러싸인 영역을 y축을 중심으로 회전시켜 얻은 입체의 부피를 찾아라.

풀이 그림 6에 나타낸 그림에서 대표적인 껍질의 반지름은 x이고 원주는 $2\pi x$

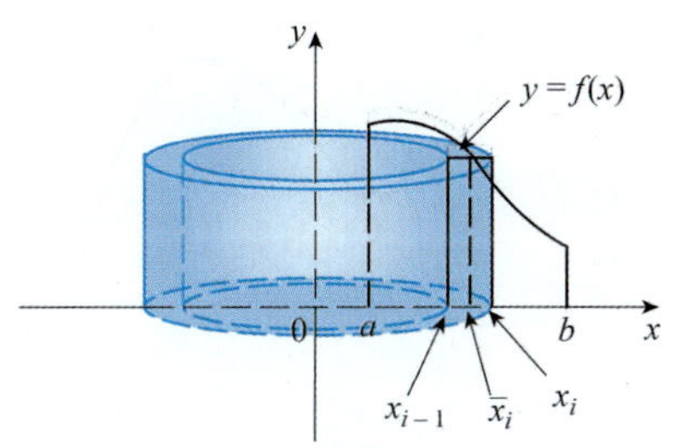

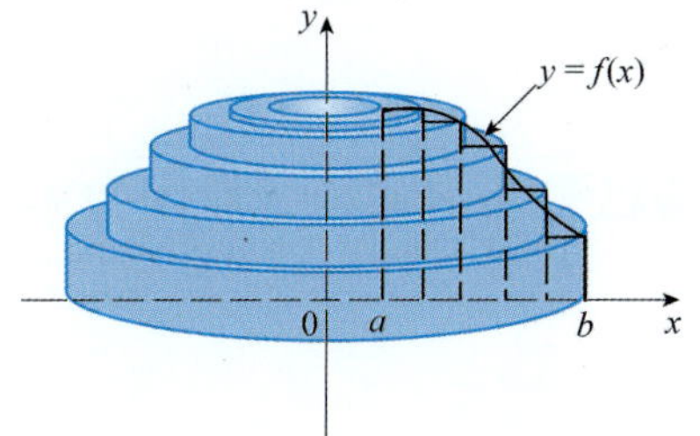

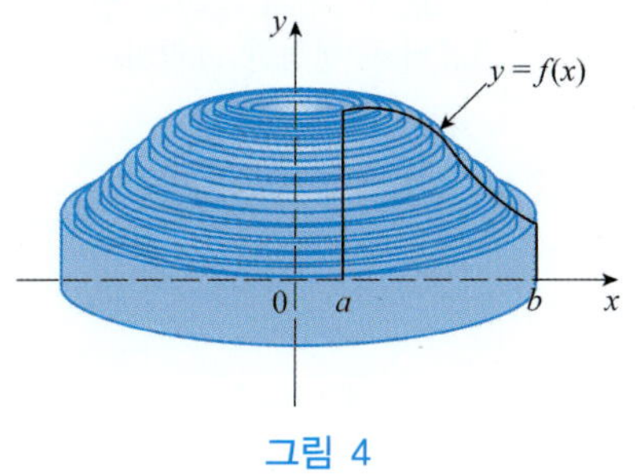

그림 4

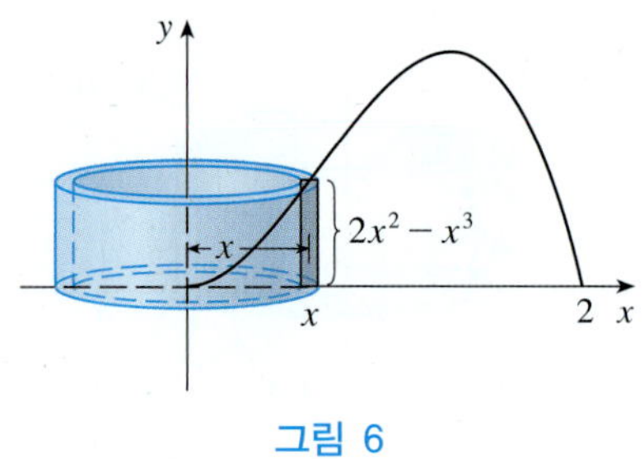

그림 6

TEC Visual 7.3은 보기 1의 입체와 기둥 껍질이 생성되는 과정을 보여준다.

이며 높이는 $f(x) = 2x^2 - x^3$임을 알 수 있다. 그러므로 껍질 방법에 의해 부피는 다음과 같다.

$$V = \int_0^2 (2\pi x)(2x^2 - x^3)\,dx = 2\pi \int_0^2 (2x^3 - x^4)\,dx$$

$$= 2\pi \left[\frac{1}{2}x^4 - \frac{1}{5}x^5 \right]_0^2 = 2\pi\left(8 - \frac{32}{5}\right) = \frac{16}{5}\pi$$

껍질 방법이 분할 방법과 같은 답을 준다는 사실을 밝힐 수 있다. ■

▪ 그림 7은 보기 2에서 부피를 셈한 입체를 컴퓨터로 생성한 그림이다.

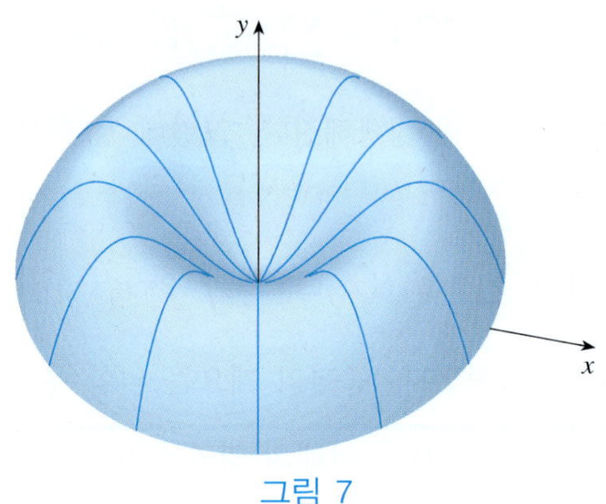

그림 7

참고 보기 1의 풀이를 이번 절의 시작 부분에서 지적한 말과 비교하면, 이 문제에 대해서는 기둥 껍질 방법이 원환 방법보다 훨씬 더 쉬움을 알 수 있다. 극댓값이 나타나는 좌표를 찾을 필요가 없고, 곡선의 방정식을 x에 대해 풀어서 y의 식으로 나타낼 필요도 없다. 그렇지만 다른 예에서는 앞 절의 방법이 더 쉬울 수 있다.

보기 2 $y = x$와 $y = x^2$ 사이의 영역을 y축을 중심으로 회전시켜 얻은 입체의 부피를 찾아라.

풀이 그림 8에 문제의 영역과 대표적인 껍질을 나타냈다. 이 껍질의 반지름은 x이고 원주는 $2\pi x$이며 높이는 $x - x^2$이다. 그러므로 부피는 다음과 같다.

$$V = \int_0^1 (2\pi x)(x - x^2)\,dx = 2\pi \int_0^1 (x^2 - x^3)\,dx$$

$$= 2\pi \left[\frac{x^3}{3} - \frac{x^4}{4} \right]_0^1 = \frac{\pi}{6}$$ ■

그림 8

다음 보기가 예시하듯이, 기둥 껍질 방법은 x축으로 중심으로 회전시키는 경우에도 마찬가지로 적용할 수 있다. 껍질의 반지름과 높이를 확인할 수 있는 그림을 그리면 충분하다.

보기 3 기둥 껍질 방법을 이용해서 0부터 1까지 곡선 $y = \sqrt{x}$ 아래의 영역을 x축을 중심으로 회전시켜 얻은 입체의 부피를 찾아라.

풀이 이 문제는 7.2절의 보기 2에서 원판을 이용해서 풀었다. 껍질을 이용하기 위해서, 그림 9와 같이 (그 보기의 그림에서) $y=\sqrt{x}$를 $x=y^2$으로 나타내자. x축을 중심으로 회전시키므로, 대표적인 껍질의 반지름은 y, 원주는 $2\pi y$, 높이는 $1-y^2$이다. 따라서 부피는 다음과 같다.

$$V=\int_0^1 (2\pi y)(1-y^2)\,dy=2\pi\int_0^1 (y-y^3)\,dy$$

$$=2\pi\left[\frac{y^2}{2}-\frac{y^4}{4}\right]_0^1=\frac{\pi}{2}$$

이 문제의 경우에는 원판 방법이 더 간단하다. ■

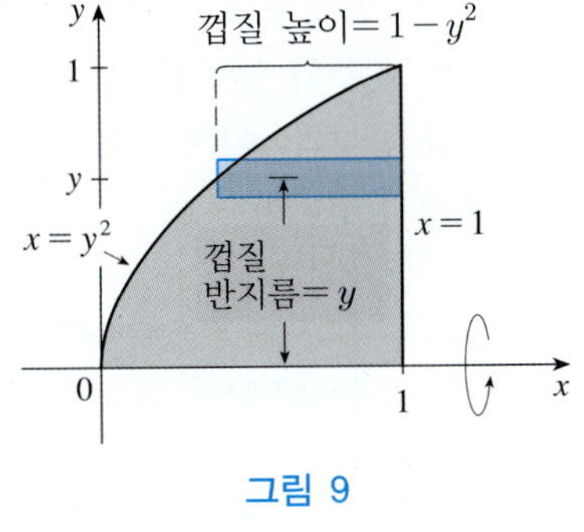

그림 9

보기 4 $y=x-x^2$과 $y=0$으로 둘러싸인 영역을 직선 $x=2$를 중심으로 회전시켜 얻은 입체의 부피를 찾아라.

풀이 그림 10은 문제의 영역 및 직선 $x=2$를 중심으로 회전시켜 얻는 기둥 껍질을 보여준다. 이의 반지름은 $2-x$이고 원주는 $2\pi(2-x)$이며 높이는 $x-x^2$이다.

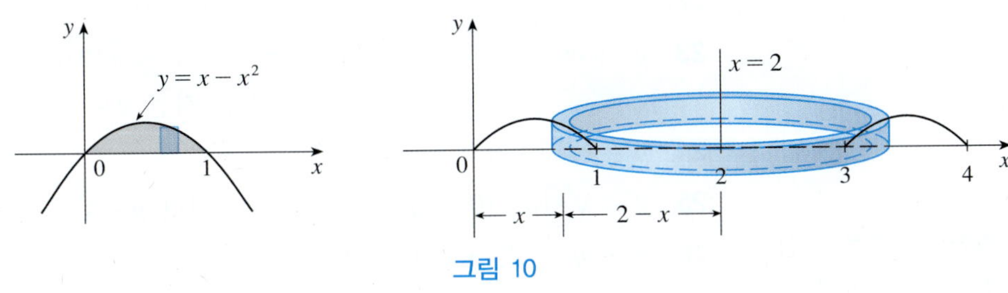

그림 10

따라서 주어진 입체의 부피는 다음과 같다.

$$V=\int_0^1 2\pi(2-x)(x-x^2)\,dx=2\pi\int_0^1 (x^3-3x^2+2x)\,dx$$

$$=2\pi\left[\frac{x^4}{4}-x^3+x^2\right]_0^1=\frac{\pi}{2}$$ ■

7.3 익힘 문제

1. 오른쪽 그림에 나타낸 영역을 y축을 중심으로 회전시켜 얻은 입체를 S라 하자. S의 부피 V를 원환 방법으로 찾기가 불편한 이유를 설명하라. 근접하는 대표적인 껍질을 그려라. 그것의 원주와 높이는 얼마인가? 껍질을 이용해서 V를 찾아라.

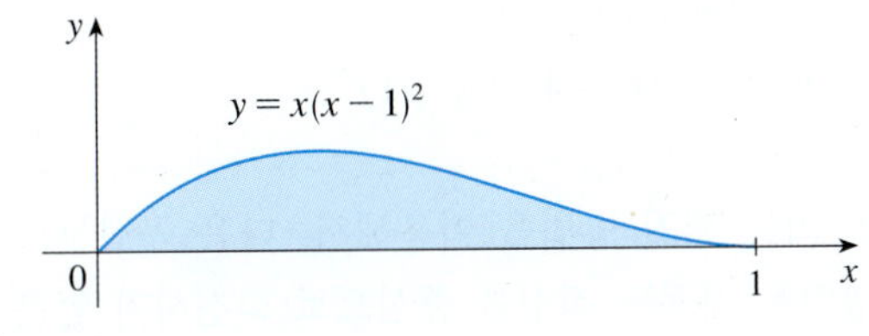

2. 아래 그림에 나타낸 영역을 y축을 중심으로 회전시켜 얻은 입체를 S라 하자. 대표적인 껍질을 그리고, 그것의 원주와 높이를 찾아라. 껍질을 이용해서 S의 부피를 찾아라. 이 방법이 원환 방법보다 더 좋은가? 이유를 설명하라.

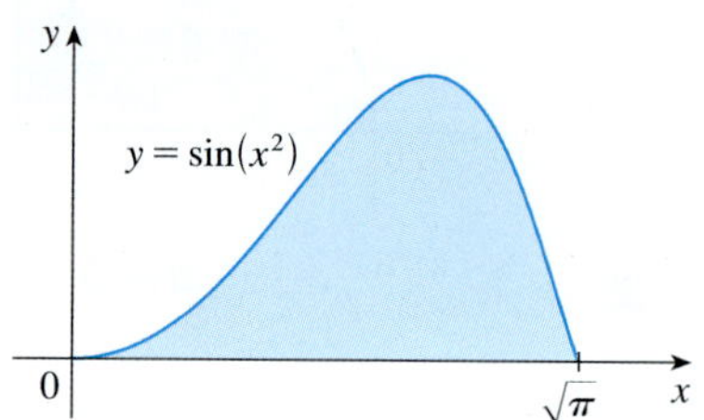

3–7. 기둥 껍질 방법을 이용해서 다음 곡선들로 둘러싸인 영역을 y축을 중심으로 회전시켜 얻은 입체의 부피를 찾아라. 영역과 대표적인 껍질을 그려라.

3. $y = \sqrt[3]{x}$, $y = 0$, $x = 1$
4. $y = x^2$, $y = 0$, $x = 1$
5. $y = e^{-x^2}$, $y = 0$, $x = 0$, $x = 1$
6. $y = 3 + 2x - x^2$, $x + y = 3$
7. $y = x^2$, $y = 6x - 2x^2 x = 2$

8. $y = \sqrt{x}$ 와 $y = x^2$ 으로 둘러싸인 영역을 y축을 중심으로 회전시켜 얻은 입체의 부피를 V라 하자. V를 원환 방법과 기둥 껍질 방법으로 모두 찾아라. 각 경우를 그림으로 나타내어 계산 방법을 설명하라.

9–14. 기둥 껍질 방법을 이용해서, 다음 곡선들로 둘러싸인 영역을 x축을 중심으로 회전시켜 얻은 입체의 부피를 찾아라. 영역과 대표적인 껍질을 그림으로 나타내라.

9. $xy = 1$, $x = 0$, $y = 1$, $y = 3$
10. $x = \sqrt{y}$, $x = 0$, $y = 1$
11. $y = x^3$, $y = 8$, $x = 0$
12. $x = 4y^2 - y^3$, $x = 0$
13. $x = 1 + (y-2)^2$, $x = 2$
14. $x + y = 3$, $x = 4 - (y-1)^2$

15–20. 기둥 껍질 방법을 이용해서, 다음 곡선들로 둘러싸인 영역을 지정된 직선을 중심으로 회전시켜 얻은 입체의 부피를 찾아라. 영역과 대표적인 껍질을 그림으로 나타내라.

15. $y = x^4$, $y = 0$, $x = 1$; 직선 $x = 2$
16. $y = \sqrt{x}$, $y = 0$, $x = 1$; 직선 $x = -1$
17. $y = 4x - x^2$, $y = 3$; 직선 $x = 1$
18. $y = x^2$, $y = 2 - x^2$; 직선 $x = 1$
19. $y = x^3$, $y = 0$, $x = 1$; 직선 $y = 1$
20. $y = x^2$, $x = y^2$; 직선 $y = -1$

21–26. (a) 다음 곡선들로 둘러싸인 영역을 지정된 직선을 중심으로 회전시켜 얻은 입체의 부피를 찾는 적분을 세워라.
(b) 계산기를 사용해서 이 적분의 값을 소수 다섯째 자리까지 찾아라.

21. $y = xe^{-x}$, $y = 0$, $x = 2$; y축
22. $y = \tan x$, $y = 0$, $x = \pi/4$; 직선 $x = \pi/2$
23. $y = \cos^4 x$, $y = -\cos^4 x$ $(-\pi/2 \le x \le \pi/2)$; 직선 $x = \pi$
24. $y = x$, $y = 2x/(1+x^3)$; 직선 $x = -1$
25. $x = \sqrt{\sin y}\,(0 \le y \le \pi)$, $x = 0$; 직선 $y = 4$
26. $x^2 - y^2 = 7$, $x = 4$; 직선 $y = 5$

27. $n = 4$일 때의 중점 법칙을 이용해서, 곡선 $y = \tan x$ $(0 \le x \le \pi/4)$ 아래의 영역을 y축을 중심으로 회전시켜 얻은 입체의 부피를 어림하라.

28. (a) 아래 그림에 나타낸 영역을 y축을 중심으로 회전시켜 입체를 형성한다. $n = 8$일 때의 심프슨의 법칙을 이용해서 이 입체의 부피를 어림하라.
(b) 이 영역을 x축을 중심으로 회전시켜 얻은 입체의 부피를 어림하라.

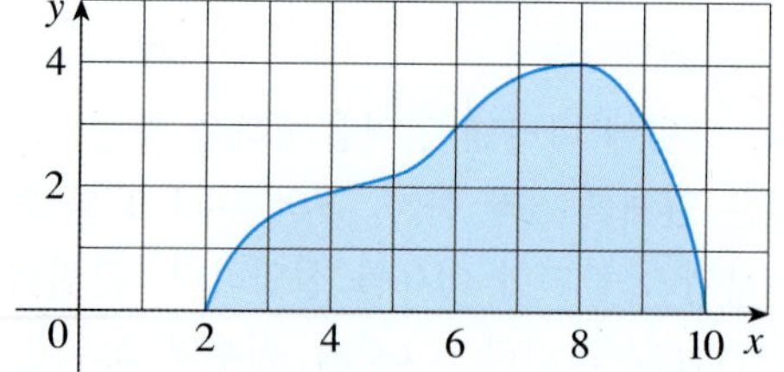

29–32. 다음 적분은 어떤 입체의 부피를 표현한다. 그 입체를 설명하라.

29. $\int_0^3 2\pi x^5\,dx$ **30.** $2\pi\int_0^2 \frac{y}{1+y^2}\,dy$

31. $\int_0^1 2\pi(3-y)(1-y^2)\,dy$

32. $\int_0^{\pi/4} 2\pi(\pi-x)(\cos x-\sin x)\,dx$

33–38. 다음 곡선들로 둘러싸인 영역을 지정된 직선을 중심으로 회전시킨다. 그 결과로 얻은 입체의 부피를 임의의 방법으로 찾아라.

33. $y=-x^2+6x-8$, $y=0$; y축

34. $y=x^2-3x+2$, $y=0$; y축

35. $y^2-x^2=1$, $y=2$; x축

36. $y^2-x^2=1$, $y=2$; y축

37. $x^2+(y-1)^2=1$; y축

38. $x=(y-3)^2$, $x=4$; 직선 $y=1$

39–41. 기둥 껍질을 이용해서 다음 입체의 부피를 찾아라.

39. 반지름이 r인 구

40. 7.2절의 익힘 문제 47에 있는 원환체

41. 높이가 h이고 밑면의 반지름이 r인 직원뿔

42. (지름이 서로 다른) 두 개의 나무 공에 지름이 서로 다른 구멍을 뚫어서 냅킨 고리를 만든다고 하자. 아래 그림에 나타낸 대로, 두 냅킨 고리의 높이는 모두 h라고 하자.

(a) 어느 고리에 나무가 더 많은지 추측하라.

(b) 위의 추측을 다음과 같이 검토하자. 기둥 껍질 방법을 이용해서, 반지름이 R인 구의 중심을 지나는 반지름이 r인 구멍을 뚫어서 만든 냅킨 고리의 부피를 셈하고 답을 h의 식으로 나타내라.

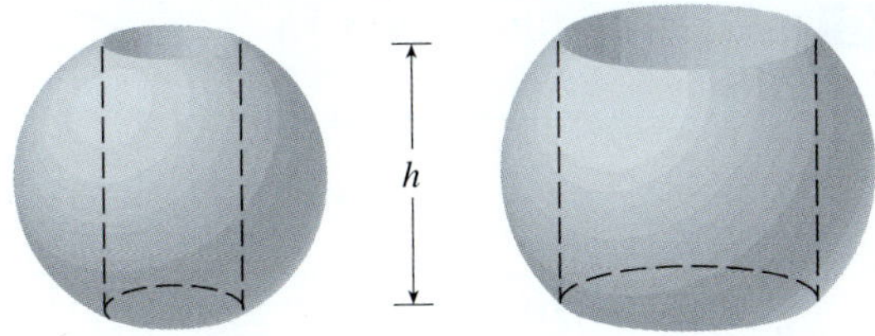

43. 다음 단계들을 따라서 f가 일대일 함수일 때, 이에 따라 역함수 f^{-1}가 존재하는 경우에 공식 [2]를 증명하라. 먼저 아래 그림을 이용해서 다음이 성립함을 보여라.

$$V=\pi b^2 d-\pi a^2 c-\int_c^d \pi\{f^{-1}(y)\}^2\,dy$$

$y=f(x)$로 치환하고 이를 통해 얻은 적분을 부분적분을 이용해서 다음을 보여라.

$$V=\int_a^b 2\pi x f(x)\,dx$$

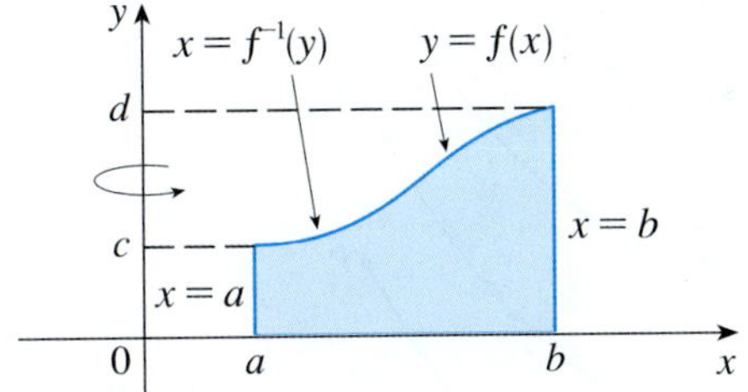

7.4 호의 길이

곡선의 길이가 뜻하는 바는 무엇인가? 그림 1에 있는 곡선에 꼭 알맞게 맞춘 끈을 펴서 자로 잴 수 있을 것이다. 그러나 복잡한 곡선인 경우에는 정확한 값을 얻기가 어려울 수 있다. 넓이와 부피의 개념에 대한 정의를 전개했던 것과 같은 방식으로, 곡선의 호의 길이에 대한 명확한 정의가 요구된다.

그림 1

이 곡선의 길이는 얼마일까?

곡선이 꺾인 선이면, 그 길이를 쉽게 찾을 수 있다. 꺾인 선을 이루는 선분들의 길이를 더하면 된다. (거리 공식을 이용해서 각 선분의 두 끝점 사이의

용어
꺾인 선, 꺾은 선, 다각선 polygon
길이 length
매끄럽다 smooth

TEC Visual 7.4는 그림 2를 동영상으로 보여준다.

거리를 찾을 수 있다.) 일반적인 곡선에 대해서는, 먼저 이를 꺾인 선으로 근접시킨 다음에 꺾인 선을 이루는 선분의 개수를 증가시켜서 극한을 택함으로써 그 길이를 정의하려고 한다. 이런 과정은 원의 경우에 친숙한데, 원주는 내접하는 다각형의 둘레의 길이의 극한이다. (그림 2를 보라.)

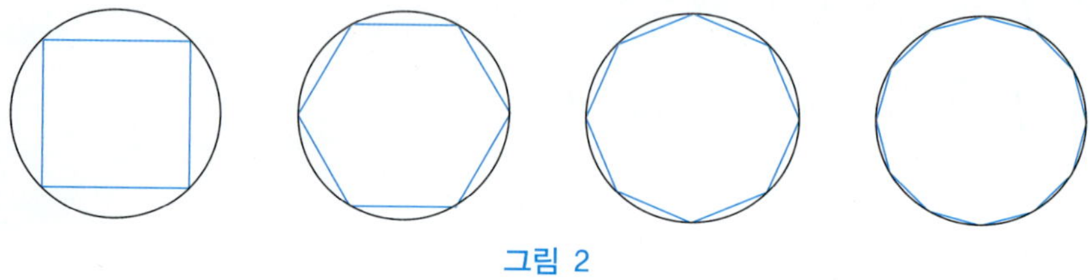

그림 2

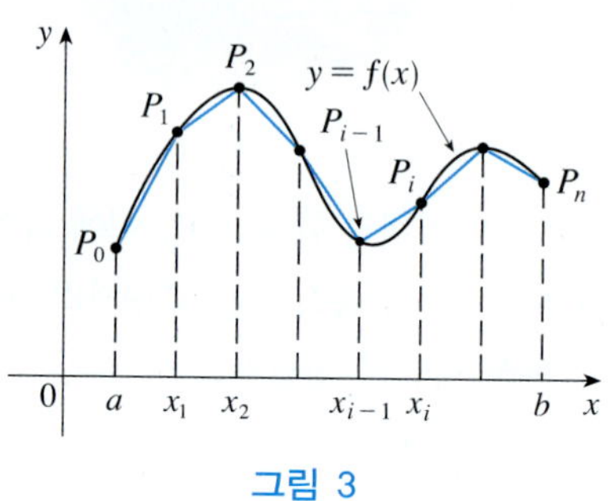

그림 3

곡선 C는 방정식 $y = f(x)$로 정의되는데, f는 연속이고 $a \le x \le b$라고 하자. C에 근접하는 꺾인 선은 구간 $[a, b]$를 길이가 Δx로 서로 같은 n개의 부분 구간으로 나누어 얻는다. 끝점들을 x_0, x_1, …, x_n이라 하고 $y_i = f(x_i)$라 하면, 점 $P_i(x_i, y_i)$는 C에 있는 점이다. 그림 3에 나타낸 꼭짓점이 P_0, P_1, …, P_n인 꺾인 선은 C에 근접한다. C의 길이 L은 이 꺾인 선의 길이와 가까운데, n이 커짐에 따라 근삿값은 더 정확해진다. (그림 4를 보라. 여기서 곡선 중 P_{i-1}과 P_i 사이의 호를 확대했고, Δx가 계속해서 작아질 때 근접하는 꺾인 선들을 나타냈다.) 따라서 방정식이 $y = f(x)$ $(a \le x \le b)$인 곡선 C의 **길이** L은 다음과 같이 이렇게 근접하는 꺾인 선들의 길이의 극한으로 (극한이 존재할 때) 정의한다.

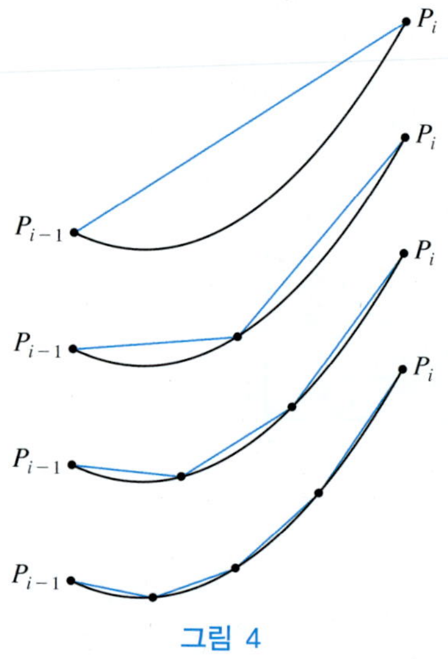

그림 4

1
$$L = \lim_{n \to \infty} \sum_{i=1}^{n} |P_{i-1}P_i|$$

호의 길이를 정의하는 과정은 넓이와 부피를 정의하는 데 이용한 과정과 매우 비슷하다. 곧, 먼저 곡선을 많은 개수의 작은 부분으로 나눈다. 다음에 작은 부분에 근접한 선분의 길이를 찾고 이것들을 더한다. 마지막으로 $n \to \infty$일 때의 극한을 취한다.

식 1에 제시한 호의 길이의 정의는 셈을 위해서는 아주 편리하지는 않다. 그러나 f의 도함수가 연속인 경우에는 이것으로부터 L을 찾는 적분 공식을 유도할 수 있다. [이런 함수 f를 **매끄럽다**고 하는데, x의 증분이 작으면 $f'(x)$의 증분도 작기 때문이다.]

$\Delta y_i = y_i - y_{i-1}$이라 하면, 다음이 성립한다.

$$|P_{i-1}P_i| = \sqrt{(x_i - x_{i-1})^2 + (y_i - y_{i-1})^2} = \sqrt{(\Delta x)^2 + (\Delta y_i)^2}$$

구간 $[x_{i-1}, x_i]$에서 f에 평균값 정리를 적용하면, x_{i-1}과 x_i 사이에 다음을 만족시키는 수 x_i^*가 존재한다.

$$f(x_i) - f(x_{i-1}) = f'(x_i^*)(x_i - x_{i-1}),$$

곧

$$\Delta y_i = f'(x_i^*)\Delta x$$

그러므로 다음을 얻는다.

$$\begin{aligned} |P_{i-1}P_i| &= \sqrt{(\Delta x)^2 + (\Delta y_i)^2} \\ &= \sqrt{(\Delta x)^2 + \{f'(x_i^*)\Delta x\}^2} \\ &= \sqrt{1 + \{f'(x_i^*)\}^2}\,\sqrt{(\Delta x)^2} \\ &= \sqrt{1 + \{f'(x_i^*)\}^2}\,\Delta x \qquad (\Delta x > 0 \text{이므로}) \end{aligned}$$

따라서 정의 1에 의해 다음이 성립한다.

$$L = \lim_{n\to\infty} \sum_{i=1}^{n} |P_{i-1}P_i| = \lim_{n\to\infty} \sum_{i=1}^{n} \sqrt{1 + \{f'(x_i^*)\}^2}\,\Delta x$$

이 식이 정 적분의 정의에 의해 다음과 같음을 알 수 있다.

$$\int_a^b \sqrt{1 + \{f'(x)\}^2}\,dx$$

함수 $g(x) = \sqrt{1 + \{f'(x)\}^2}$ 이 연속이므로, 이 적분은 존재한다. 이에 따라 다음 정리가 증명된다.

2 호의 길이 공식 f'가 $[a, b]$에서 연속일 때, 곡선 $y = f(x)$ $(a \le x \le b)$의 길이는 다음과 같다.

$$L = \int_a^b \sqrt{1 + \{f'(x)\}^2}\,dx$$

도함수에 대한 라이프니츠의 기호를 이용하면, 호의 길이 공식을 다음과 같이 나타낼 수 있다.

3 $$L = \int_a^b \sqrt{1 + \left(\frac{dy}{dx}\right)^2}\,dx$$

보기 1 반삼차 포물선 $y^2 = x^3$ 중에서 두 점 $(1, 1)$과 $(4, 8)$ 사이에 있는 호의 길이를 찾아라. (그림 5를 보라.)

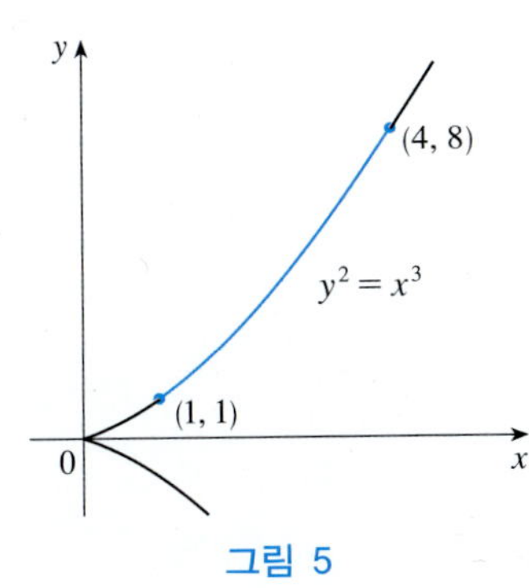

그림 5

풀이 곡선의 위쪽 반의 경우에 다음이 성립한다.

$$y = x^{3/2}, \qquad \frac{dy}{dx} = \frac{3}{2}x^{1/2}$$

그러므로 호의 길이 공식에 의해 다음이 성립한다.

■ 보기 1의 답을 검토하기 위해서, 그림 5로부터 이것이 (1, 1)과 (4, 8) 사이의 다음과 같은 거리보다 약간 더 큼을 확인하자.

$$\sqrt{58} \approx 7.615773$$

보기 1의 답으로부터 다음을 얻는다.

$$L = \frac{1}{27}(80\sqrt{10} - 13\sqrt{13}) \approx 7.633705$$

분명히 이는 선분의 길이보다 약간 더 크다.

$$L = \int_1^4 \sqrt{1 + \left(\frac{dy}{dx}\right)^2}\, dx = \int_1^4 \sqrt{1 + \frac{9}{4}x}\, dx$$

$u = 1 + \frac{9}{4}x$로 치환하면, $du = \frac{9}{4}dx$이다. $x = 1$일 때 $u = \frac{13}{4}$이고, $x = 4$일 때 $u = 10$이다. 따라서 다음을 얻는다.

$$L = \frac{4}{9}\int_{13/4}^{10} \sqrt{u}\, du = \frac{4}{9} \cdot \frac{2}{3}u^{3/2}\Big]_{13/4}^{10}$$

$$= \frac{8}{27}\left[10^{3/2} - \left(\frac{13}{4}\right)^{3/2}\right] = \frac{1}{27}(80\sqrt{10} - 13\sqrt{13})$$ ■

곡선의 방정식이 $x = g(y)$ $(c \le y \le d)$이고 $g'(y)$가 연속이면, 공식 [2] 또는 식 [3]에서 x와 y의 역할을 바꾸어, 이의 길이에 대한 다음과 같은 공식을 얻는다.

[4]
$$L = \int_c^d \sqrt{1 + \{g'(y)\}^2}\, dy = \int_c^d \sqrt{1 + \left(\frac{dx}{dy}\right)^2}\, dy$$

보기 2 포물선 $y^2 = x$ 중에서 (0, 0)부터 (1, 1)까지의 호의 길이를 찾아라.

풀이 $x = y^2$이므로 $dx/dy = 2y$이고, 공식 [4]에 의해 다음이 성립한다.

$$L = \int_0^1 \sqrt{1 + \left(\frac{dx}{dy}\right)^2}\, dy = \int_0^1 \sqrt{1 + 4y^2}\, dy$$

삼각 치환 $y = \frac{1}{2}\tan\theta$를 이용하면 $dy = \frac{1}{2}\sec^2\theta\, d\theta$이고 $\sqrt{1 + 4y^2} = \sqrt{1 + \tan^2\theta} = \sec\theta$이다. $y = 0$일 때 $\tan\theta = 0$이므로 $\theta = 0$이고, $y = 1$일 때 $\tan\theta = 2$이므로 $\theta = \tan^{-1}2 = \alpha$이다. 그러므로 다음이 성립한다.

$$L = \int_0^\alpha \sec\theta \cdot \frac{1}{2}\sec^2\theta\, d\theta = \frac{1}{2}\int_0^\alpha \sec^3\theta\, d\theta$$

$$= \frac{1}{2} \cdot \frac{1}{2}[\sec\theta\tan\theta + \ln|\sec\theta + \tan\theta|]_0^\alpha$$ (6.2절의 보기 8에 의해)

$$= \frac{1}{4}(\sec\alpha\tan\alpha + \ln|\sec\alpha + \tan\alpha|)$$

(적분표의 공식 21을 이용할 수 있다.) $\tan\alpha = 2$이므로 $\sec^2\alpha = 1 + \tan^2\alpha = 5$이고, 이에 따라 $\sec\alpha = \sqrt{5}$이고 다음을 얻는다.

$$L = \frac{\sqrt{5}}{2} + \frac{\ln(\sqrt{5} + 2)}{4}$$ ■

두 공식 [2]와 [4]에 근호가 있기 때문에, 호의 길이를 셈하다 보면 정확한 값을 찾기가 매우 어렵거나 심지어 불가능한 적분에 도달하는 경우가 흔하다. 그러므로 다음의 보기에서와 같이 곡선의 길이에 대한 근삿값을 찾는 것으로 만족해야 하는 경우가 종종 있다.

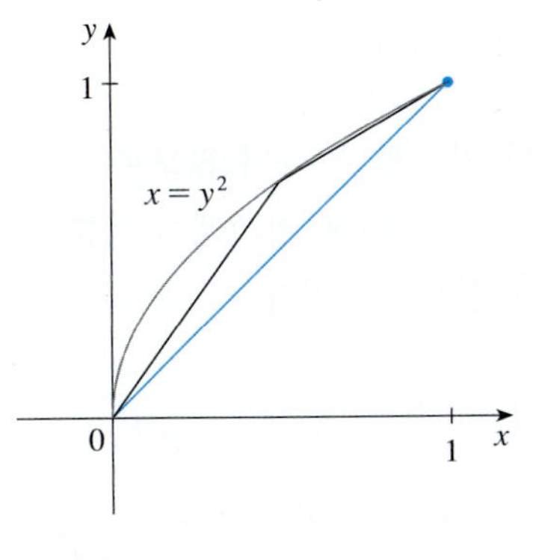

n	L_n
1	1.414
2	1.445
4	1.464
8	1.472
16	1.476
32	1.478
64	1.479

그림 6

■ 그림 6은 보기 2에서 길이를 찾은 포물선의 호와 함께 선분의 개수가 $n=1$과 $n=2$인 근접하는 꺾인 선들을 보여준다. $n=1$일 때 근접하는 길이는 정사각형의 대각선 $L_1=\sqrt{2}$이다. 표는 $[0, 1]$을 길이가 같은 n개의 부분 구간으로 나누어 얻은 근삿값 L_n을 보여준다. 꺾인 선의 변의 개수가 두 배로 커질 때마다 다음과 같은 정확한 길이에 더욱 가까워진다.

$$L=\frac{\sqrt{5}}{2}+\frac{\ln(\sqrt{5}+2)}{4}$$
$$\approx 1.478943$$

보기 3 (a) 쌍곡선 $xy=1$ 중에서 점 $(1, 1)$부터 $(2, \frac{1}{2})$까지의 호의 길이를 찾는 적분을 세워라.

(b) $n=10$일 때의 심프슨의 법칙을 이용해서 호의 길이를 어림하라.

풀이 (a) 다음이 성립한다.

$$y=\frac{1}{x}, \qquad \frac{dy}{dx}=-\frac{1}{x^2}$$

그러므로 호의 길이는 다음과 같다.

$$L=\int_1^2\sqrt{1+\left(\frac{dy}{dx}\right)^2}\,dx=\int_1^2\sqrt{1+\frac{1}{x^4}}\,dx=\int_1^2\frac{\sqrt{x^4+1}}{x^2}\,dx$$

(b) (6.5절에서 알아본) $a=1$, $b=2$, $n=10$, $\Delta x=0.1$, $f(x)=\sqrt{1+1/x^4}$일 때의 심프슨의 법칙을 이용하면, 다음을 얻는다.

$$\begin{aligned}L&=\int_1^2\sqrt{1+\frac{1}{x^4}}\,dx\\&\approx\frac{\Delta x}{3}\{f(1)+4f(1.1)+2f(1.2)+4f(1.3)+\cdots\\&\qquad\qquad+2f(1.8)+4f(1.9)+f(2)\}\\&\approx 1.1321\end{aligned}$$

■

■ 이 정 적분의 값을 컴퓨터 대수 체계로 얻은 좀 더 정확한 근삿값으로 검토하면, 심프슨의 법칙을 이용한 근삿값이 소수 넷째 자리까지 정확함을 알 수 있다.

호의 길이 함수

곡선 중에서 어떤 특정한 출발점부터 임의의 다른 점까지의 호의 길이를 알려주는 함수가 있다면 유용할 것이다. 그래서 매끄러운 곡선 C의 방정식이 $y=f(x)$ $(a\le x\le b)$일 때, 출발점 $P_0(a, f(a))$부터 점 $Q(x, f(x))$까지 C를 따라 잰 거리를 $s(x)$라고 하자. 그러면 s는 함수인데, **호의 길이 함수** 또는 **호장 함수**라 부르고, 공식 [2]에 의해 다음과 같다.

용어
호의 길이 함수, 호장 함수 arc length function

5 $$s(x) = \int_0^x \sqrt{1 + \{f'(t)\}^2}\, dt$$

(적분 변수를 t로 바꾸었는데, x가 두 가지를 뜻하지 않도록 하기 위해서이다.) (적분할 함수가 연속이므로) 미적분학의 기본 정리에서 적분과 미분의 관계를 이용해서 다음과 같이 식 5를 미분할 수 있다.

6 $$\frac{ds}{dx} = \sqrt{1 + \{f'(x)\}^2} = \sqrt{1 + \left(\frac{dy}{dx}\right)^2}$$

식 6은 x에 관한 s의 변화율이 언제나 적어도 1이고 곡선의 기울기 $f'(x)$가 0일 때 1임을 보여준다. 호의 길이의 미분은 다음과 같다.

7 $$ds = \sqrt{1 + \left(\frac{dy}{dx}\right)^2}\, dx$$

그리고 이 식을 종종 다음과 같은 대칭적인 꼴로 나타낸다.

8 $$(ds)^2 = (dx)^2 + (dy)^2$$

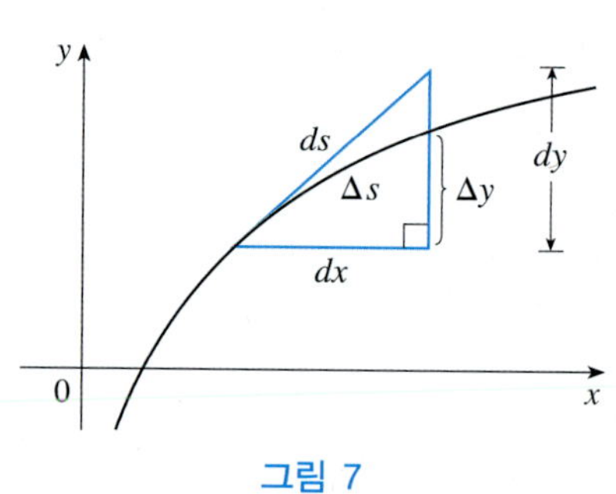

그림 7

그림 7은 식 8의 기하학적 해석을 보여준다. 이를 두 공식 3과 4를 모두 기억하기 위한 도구로 사용할 수 있다. $L = \int ds$ 로 쓰면, 식 8을 풀어서 7을 얻고 이에 따라 3을 유도하거나 이를 풀어서 다음을 얻고 이에 따라 4를 유도한다.

$$ds = \sqrt{1 + \left(\frac{dx}{dy}\right)^2}\, dy$$

보기 4 $P_0(1, 1)$을 출발점으로 택해서 곡선 $y = x^2 - \frac{1}{8}\ln x$에 대한 호의 길이 함수를 찾아라.

풀이 $f(x) = x^2 - \frac{1}{8}\ln x$라 하면, 다음을 얻는다.

$$f'(x) = 2x - \frac{1}{8x},$$

$$1 + \{f'(x)\}^2 = 1 + \left(2x - \frac{1}{8x}\right)^2 = 1 + 4x^2 - \frac{1}{2} + \frac{1}{64x^2}$$

$$= 4x^2 + \frac{1}{2} + \frac{1}{64x^2} = \left(2x + \frac{1}{8x}\right)^2,$$

$$\sqrt{1 + \{f'(x)\}^2} = 2x + \frac{1}{8x}$$

그러므로 호의 길이 함수는 다음과 같다.

$$s(x) = \int_1^x \sqrt{1 + \{f'(t)\}^2}\, dt$$

$$= \int_1^x \left(2t + \frac{1}{8t}\right) dt = t^2 + \frac{1}{8}\ln t \Big]_1^x$$

$$= x^2 + \frac{1}{8}\ln x - 1$$

예를 들면, 이 곡선 중에서 (1, 1)부터 (3, $f(3)$)까지의 호의 길이는 다음과 같다.

$$s(3) = 3^2 + \frac{1}{8}\ln 3 - 1 = 8 + \frac{\ln 3}{8} \approx 8.1373$$ ■

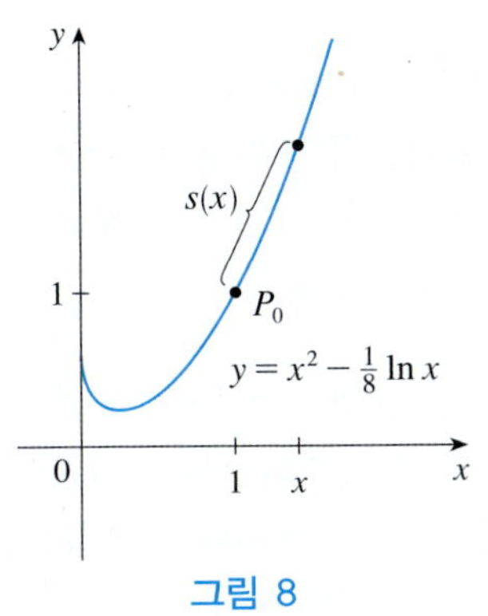

그림 8

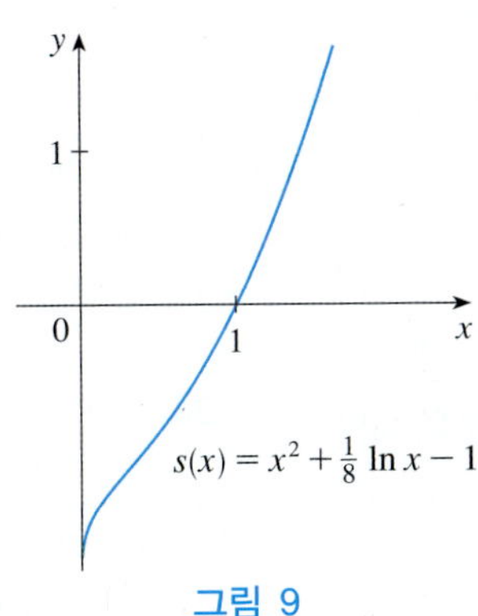

그림 9

▪ 그림 8은 보기 4에 있는 호의 길이 함수에 대한 기하학적 해석을 보여준다. 그림 9는 이 호의 길이 함수의 그래프를 보여준다. x가 1보다 작을 때 $s(x)$는 왜 음수인가?

7.4 익힘 문제

1. 호의 길이 공식 [3]을 이용해서 곡선 $y = 2 - 3x$ $(-2 \le x \le 1)$의 길이를 찾아라. 이 곡선이 선분임에 주목하고 거리 공식으로 그 길이를 찾아서, 위의 답을 검토하라.

2. 호의 길이 공식을 이용해서 곡선 $y = \sqrt{4 - x^2}$ $(0 \le x \le 2)$의 길이를 찾아라. 이 곡선이 사분원임에 주목해서, 위의 답을 검토하라.

3–6. 다음 곡선의 길이를 찾는 적분 식을 세워라. 그리고 계산기를 사용해서 길이를 소수 넷째 자리까지 정확하게 찾아라.

3. $y = \sin x \ (0 \le x \le \pi)$
4. $y = xe^{-x} \ (0 \le x \le 2)$
5. $x = \sqrt{y} - y \ (1 \le y \le 4)$
6. $x = y^2 - 2y \ (0 \le y \le 2)$

7–18. 다음 곡선의 정확한 길이를 찾아라.

7. $y = 1 + 6x^{3/2} \ (0 \le x \le 1)$
8. $y^2 = 4(x+4)^3 \ (0 \le x \le 2, \ y > 0)$
9. $y = \dfrac{x^3}{3} + \dfrac{1}{4x} \ (1 \le x \le 2)$
10. $x = \dfrac{y^4}{8} + \dfrac{1}{4y^2} \ (1 \le y \le 2)$
11. $x = \dfrac{1}{3}\sqrt{y}\,(y - 3) \ (1 \le y \le 9)$
12. $y = \ln(\cos x) \ (0 \le x \le \pi/3)$
13. $y = \ln(\sec x) \ (0 \le x \le \pi/4)$
14. $y = 3 + \frac{1}{2}\cosh 2x \ (0 \le x \le 1)$
15. $y = \frac{1}{4}x^2 - \frac{1}{2}\ln x \ (1 \le x \le 2)$
16. $y = \sqrt{x - x^2} + \sin^{-1}(\sqrt{x})$
17. $y = \ln(1 - x^2) \ (0 \le x \le \frac{1}{2})$
18. $y = 1 - e^{-x} \ (0 \le x \le 2)$

19–20. 다음 곡선을 그리고, 그 길이를 눈으로 어림하라. 그리고 계산기를 사용해서 그 길이를 소수 넷째 자리까지 정확하게 찾아라.

19. $y = x^2 + x^3 \ (1 \le x \le 2)$
20. $y = x + \cos x \ (0 \le x \le \pi/2)$

21–24. $n = 10$일 때의 심프슨의 법칙을 이용해서 다음 곡선의 호의 길이를 어림하라. 이렇게 얻은 답을 계산기로 얻은 값과 비교하라.

21. $y = x\sin x \ (0 \le x \le 2\pi)$

22. $x = y + \sqrt{y}\ \ (1 \le y \le 2)$

23. $y = \ln(1 + x^2)\ \ (0 \le x \le 5)$

24. $y = x \ln x\ \ (1 \le x \le 3)$

CAS **25.** 컴퓨터 대수 체계 또는 적분표를 이용해서 곡선 $x = \ln(1 - y^2)$ 중에서 두 점 $(0,\ 0)$과 $(\ln\frac{3}{4},\ \frac{1}{2})$ 사이에 있는 호의 정확한 길이를 찾아라.

CAS **26.** 컴퓨터 대수 체계 또는 적분표를 이용해서 곡선 $y = x^{4/3}$ 중에서 두 점 $(0,\ 0)$과 $(1,\ 1)$ 사이에 있는 호의 정확한 길이를 찾아라. CAS로 이 적분의 값을 얻기가 어려우면, CAS가 값을 찾을 수 있도록 치환을 통해 적분을 바꾸어라.

27. 방정식이 $x^{2/3} + y^{2/3} = 1$인 곡선을 그리고, 대칭성을 이용해서 그 길이를 찾아라.

28. (a) 곡선 $y^3 = x^2$을 그려라.

(b) 두 공식 3과 4를 이용해서 $(0,\ 0)$부터 $(1,\ 1)$까지의 호의 길이를 찾는 두 가지 적분을 세워라. 이 중 하나는 특이 적분임을 확인하고, 두 적분의 값을 각각 찾아라.

(c) 이 곡선 중에서 $(-1,\ 1)$부터 $(8,\ 4)$까지의 호의 길이를 찾아라.

29. 출발점이 $P_0(1,\ 2)$인 곡선 $y = 2x^{3/2}$에 대한 호의 길이 함수를 찾아라.

30. (a) 출발점이 $(\pi/2,\ 0)$인 곡선 $y = \ln(\sin x)\ (0 < x < \pi)$의 호의 길이 함수를 찾아라.

(b) 이 곡선과 이의 호의 길이 함수를 같은 화면에 나타내라.

31. 출발점이 $(0,\ 1)$인 곡선 $y = \sin^{-1}x + \sqrt{1 - x^2}$의 호의 길이 함수를 찾아라.

32. 서쪽으로 일정하게 부는 바람으로 연을 날리고 있다. 수평 방향으로 $x = 0$부터 $x = 25$m까지의 땅으로부터 연의 높이는 $y = 50 - 0.1(x - 15)^2$으로 주어진다. 연이 움직인 거리를 찾아라.

33. 매가 180m의 높이에서 15m/s의 속력으로 날고 있는데, 실수로 먹잇감을 떨어뜨렸다. 땅에 닿을 때까지 떨어지는 먹잇감이 그리는 포물선의 방정식은 다음과 같다.

$$y = 180 - \frac{x^2}{45}$$

여기서 y(m)는 땅으로부터의 높이이고 x(m)는 이동한 수평 거리이다. 먹이감이 떨어지기 시작한 시각부터 땅에 닿을 때까지 이동한 거리를 찾아라. 답을 0.1m까지 정확하게 나타내라.

34. (a) 아래 그림은 $x = -b$와 $x = b$에 서 있는 두 기둥 사이에 매달려 있는 전화선을 보여준다. 이것의 모양은 방정식 $y = c + a\cosh(x/a)$인 현수선이다. 이 전화선의 길이를 찾아라.

(b) 두 전화 기둥은 20m 떨어져 있고, 두 기둥 사이의 전화선의 길이는 20.4m이다. 전화선에서 가장 낮은 지점은 땅에서 9m의 높이에 있어야 한다면, 전화선은 각 기둥에 얼마만큼 높이 붙여야 하는가?

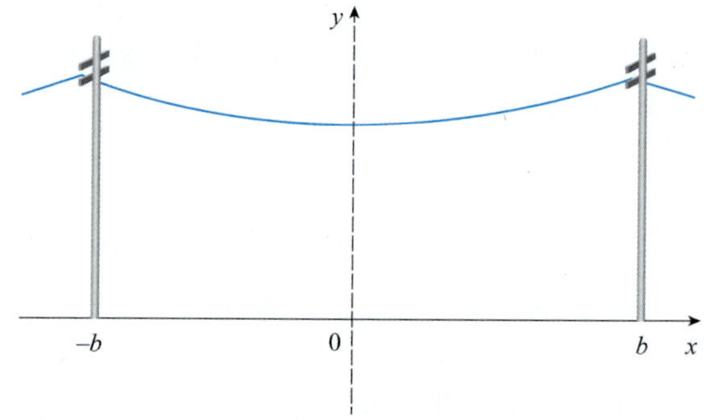

35. 물결 모양으로 주름이 잡힌 금속 지붕 재료를 제조하는 회사는 너비가 28인치이고 두께가 2인치인 패널을 아래 그림에 나타낸 평평한 금속판을 가공해서 만들려고 한다. 물결 모양이 사인 곡선 $y = \sin(\pi x/7)$임을 밝히고, 28인치 패널을 만들기 위해 필요한 평평한 금속판의 너비 w를 찾아라.

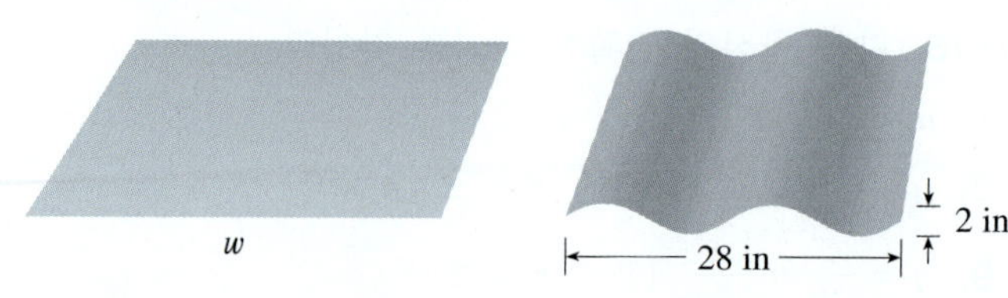

36. $n=4,\ 6,\ 8,\ \ldots$일 때의 방정식 $x^n+y^n=1$으로 정의된 곡선을 뚱뚱한 원이라 한다. $n=2,\ 4,\ 6,\ 8,\ 10$일 때의 곡선을 그려서, 이렇게 부르는 이유를 알아보라. $n=2k$인 뚱뚱한 원의 길이 L_{2k}를 찾는 적분을 세워라. 이 적분의 값을 셈하지 말고, $\lim_{k\to\infty} L_{2k}$의 값을 말하라.

7.5 회전면의 넓이

회전면은 곡선을 직선을 중심으로 회전시킬 때 생긴다. 회전면은 7.2 절과 7.3 절에서 논의한 꼴의 회전체의 옆면이다.

회전면의 넓이를 우리의 직관에 부합하는 방식으로 정의하려고 한다. 회전면의 넓이가 A라면, 그 회전면을 칠하는 데 필요한 페인트의 양은 넓이가 A인 평평한 영역을 칠하는 데 필요한 양과 같아야 할 것이다.

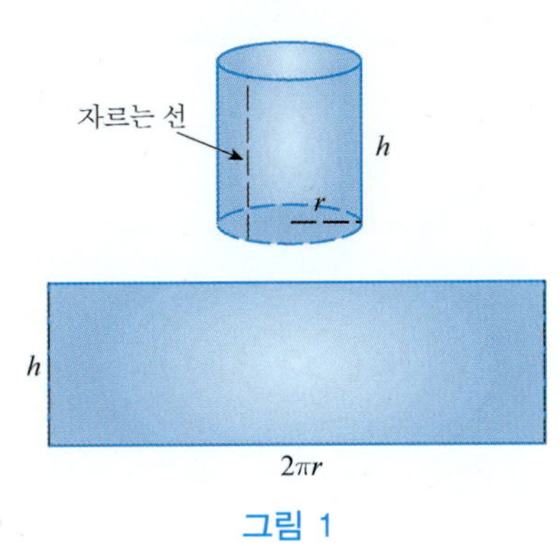

그림 1

몇 가지 간단한 회전면을 생각하자. 반지름이 r이고 높이가 h인 원기둥의 옆면의 넓이[곧, 옆넓이]는 $A=2\pi rh$인데, (그림 1과 같이) 원기둥을 자르고 펴면 너비와 폭이 $2\pi r$과 h인 직사각형을 얻기 때문이다.

마찬가지로, 밑면의 반지름이 r이고 모선의 길이가 l인 원뿔을 택하면, 이것을 그림 2에 나타낸 점선을 따라 자르고 이를 펴서 반지름이 l이고 중심각이 $\theta=2\pi r/l$인 부채꼴을 만들 수 있다. 일반적으로, 반지름이 l이고 중심각이 θ인 부채꼴의 넓이는 $\frac{1}{2}l^2\theta$이므로(6.2 절의 익힘 문제 69를 보라), 이 경우에 옆넓이는 다음과 같다.

$$A=\frac{1}{2}l^2\theta=\frac{1}{2}l^2\left(\frac{2\pi r}{l}\right)=\pi rl$$

따라서 원뿔의 옆넓이는 $A=\pi rl$로 정의한다.

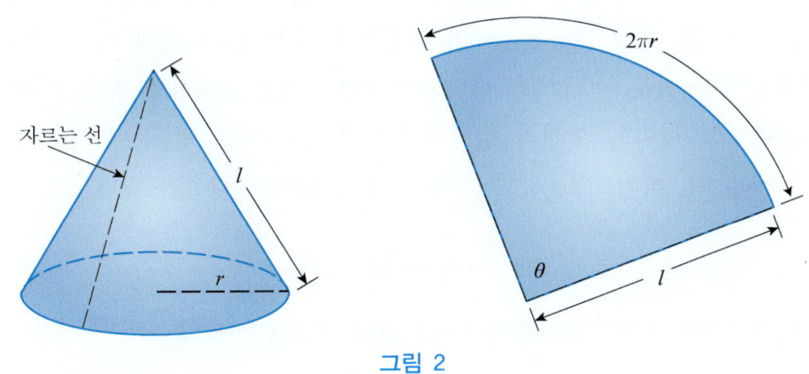

그림 2

좀 더 복잡한 회전면의 넓이는 어떻게 찾을까? 호의 길이를 찾을 때 이용한 전략을 따르면, 원래의 곡선을 꺾인 선으로 근접시킬 수 있다. 이 꺾인 선을

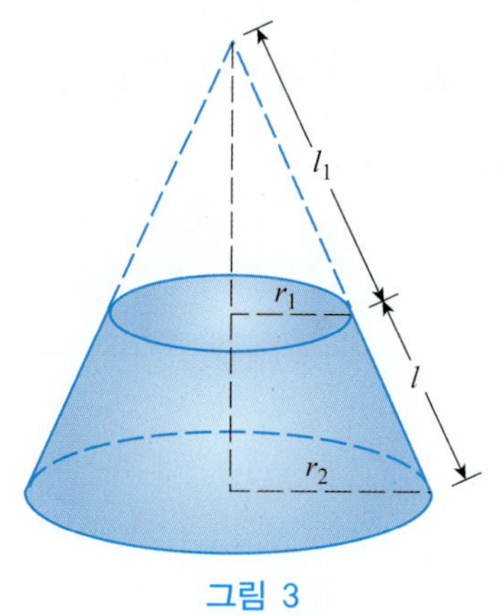

그림 3

축을 중심으로 회전시키면, 더 간단한 옆면이 생기는데, 이런 옆넓이는 실제의 옆넓이에 근접한다. 극한을 택함으로써, 정확한 옆넓이를 결정할 수 있다.

그러면 근접하는 옆면은 여러 개의 띠(band)로 이루어지는데, 각 띠는 선분을 축을 중심으로 회전시켜 얻는다. 옆넓이를 찾기 위해서, 이런 띠 각각을 그림 3에 나타낸 원뿔의 일부로 생각할 수 있다. 모선의 길이가 l이고 윗면과 아랫면의 반지름이 각각 r_1과 r_2인 띠의 넓이(또는 원뿔대의 옆넓이)는 다음과 같이 두 원뿔의 옆넓이의 차로 찾을 수 있다.

1 $$A = \pi r_2(l_1 + l) - \pi r_1 l_1 = \pi\{(r_2 - r_1)l_1 + r_2 l\}$$

닮은 두 삼각형으로부터 다음을 얻는다.

$$\frac{l_1}{r_1} = \frac{l_1 + l}{r_2}$$

이에 따라 다음이 성립한다.

$$r_2 l_1 = r_1 l_1 + r_1 l, \quad \text{곧 } (r_2 - r_1)l_1 = r_1 l$$

이것을 식 1에 넣으면, 다음을 얻는다.

$$A = \pi(r_1 l + r_2 l)$$

따라서 $r = \frac{1}{2}(r_1 + r_2)$을 띠의 평균 반지름이라 하면 다음이 성립한다.

2 $$A = 2\pi r l$$

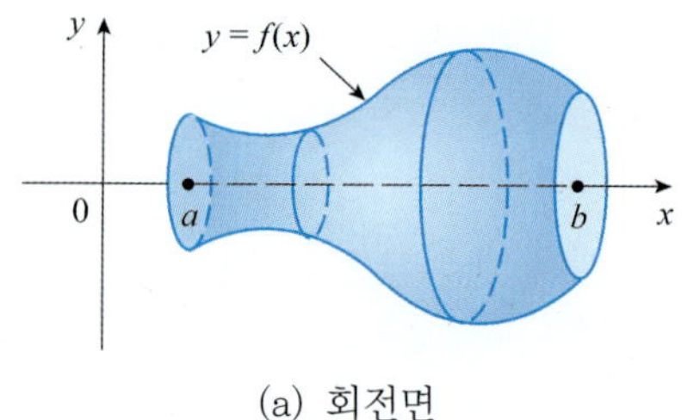

(a) 회전면

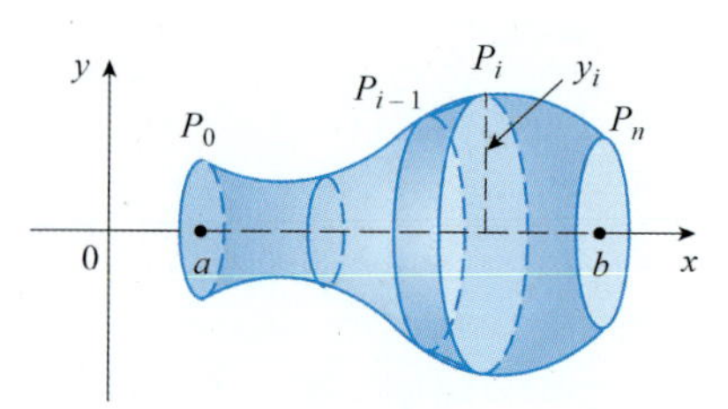

(b) 근접하는 띠

그림 4

이제 이 공식을 우리의 전략에 적용하자. 그림 4에 있는 회전면을 생각하자. 이것은 f가 양수이고 이의 도함수가 연속일 때, 곡선 $y = f(x)$ $(a \le x \le b)$를 x축을 중심으로 회전시켜 얻은 것이다. 이 회전면의 넓이를 정의하기 위해서 구간 $[a, b]$를 n개의 부분 구간으로 나누는데, 끝점은 $x_0, x_1, \cdots, x_n$이고 (호의 길이를 결정할 때 했던 것과 같이) 너비는 모두 똑같이 Δx이다. $y_i = f(x_i)$이면, 점 $P_i(x_i, y_i)$는 이 곡선에 놓여 있다. x_{i-1}과 x_i 사이의 회전면의 부분은 선분 $P_{i-1}P_i$를 택하고 이것을 x축을 중심으로 회전시키서 근접시킨다. 그 결과는 모선의 길이가 $l = |P_{i-1}P_i|$이고 평균 반지름이 $r = \frac{1}{2}(y_{i-1} + y_i)$인 띠이므로, 공식 2에 의해 그 넓이는 다음과 같다.

$$2\pi \frac{y_{i-1} + y_i}{2} |P_{i-1}P_i|$$

그러면 7.4절의 정리 2의 증명에서와 같이 다음을 얻는다.

$$|P_{i-1}P_i| = \sqrt{1 + \{f'(x_i^*)\}^2}\,\Delta x$$

여기서 x_i^*는 $[x_{i-1}, x_i]$에 속한 어떤 수이다. Δx가 작을 때, f가 연속이므로 $y_i = f(x_i) \approx f(x_i^*)$이고 또한 $y_{i-1} = f(x_{i-1}) \approx f(x_i^*)$이다. 따라서 다음

이 성립한다.

$$2\pi \frac{y_{i-1}+y_i}{2}|P_{i-1}P_i| \approx 2\pi f(x_i^*)\sqrt{1+\{f'(x_i^*)\}^2}\,\Delta x$$

그러므로 전체 회전면의 넓이로 생각하는 것에 대한 어림값은 다음과 같다.

3 $$\sum_{i=1}^{n} 2\pi f(x_i^*)\sqrt{1+\{f'(x_i^*)\}^2}\,\Delta x$$

이 어림값은 $n \to \infty$일 때 더 좋게 보이고 3은 함수 $g(x)=2\pi f(x)\cdot\sqrt{1+\{f'(x)\}^2}$에 대한 리만 합이므로 다음을 얻는다.

$$\lim_{n\to\infty}\sum_{i=1}^{n} 2\pi f(x_i^*)\sqrt{1+\{f'(x_i^*)\}^2}\,\Delta x = \int_a^b 2\pi f(x)\sqrt{1+\{f'(x)\}^2}\,dx$$

따라서 f가 양수이고 이의 도함수가 연속인 경우에 곡선 $y=f(x)$ $(a \le x \le b)$를 x축을 중심으로 회전시켜 얻은 **회전면의 넓이**는 다음과 같이 정의한다.

4 $$S=\int_a^b 2\pi f(x)\sqrt{1+\{f'(x)\}^2}\,dx$$

도함수에 대한 라이프니츠의 표기법으로 이 공식은 다음과 같이 표현된다.

5 $$S=\int_a^b 2\pi y\sqrt{1+\left(\frac{dy}{dx}\right)^2}\,dx$$

곡선이 $x=g(y)$ $(c \le y \le d)$로 표현되면, 겉넓이 공식은 다음과 같이 된다.

6 $$S=\int_c^d 2\pi x\sqrt{1+\left(\frac{dx}{dy}\right)^2}\,dy$$

그리고 두 공식 5와 6은 7.4 절에 제시한 호의 길이에 대한 표기법을 사용해서 다음과 같이 요약할 수 있다.

7 $$S=\int 2\pi y\,ds$$

y축을 중심으로 한 회전의 경우에 넓이 공식은 다음과 같이 된다.

8 $$S=\int 2\pi x\,ds$$

여기서 앞에서와 같이 다음 중에서 하나를 사용할 수 있다.

$$ds=\sqrt{1+\left(\frac{dy}{dx}\right)^2}\,dx, \quad ds=\sqrt{1+\left(\frac{dx}{dy}\right)^2}\,dy$$

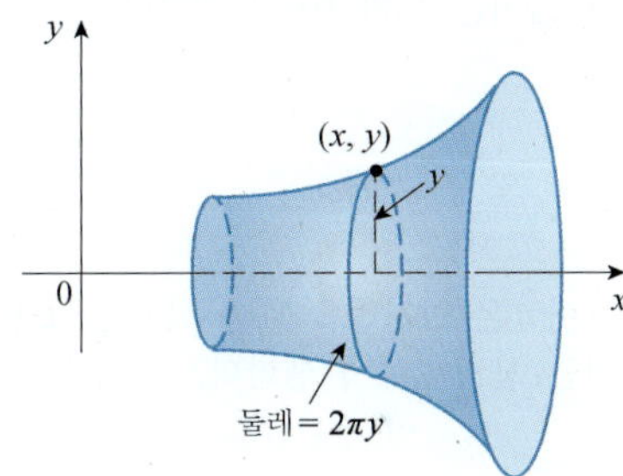

(a) x축이 중심이 회전: $S=\int 2\pi y\,ds$

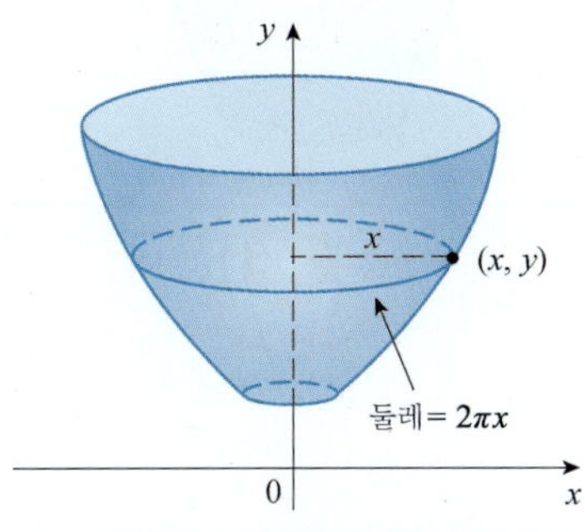

(b) y축이 중심인 회전: $S=\int 2\pi x\,ds$

그림 5

이런 공식들은 $2\pi y$와 $2\pi x$를 그 곡선에 있는 점 (x, y)가 각각 x축과 y축을 중심으로 회전할 때 그리는 원의 둘레로 생각해서 기억할 수 있다. (그림 5를 보라.)

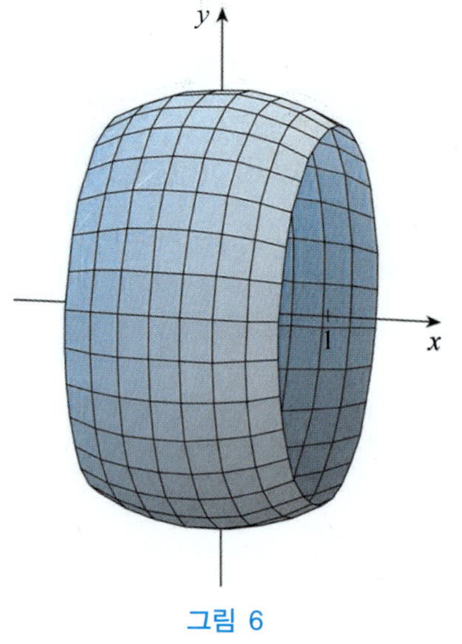

그림 6

■ 그림 6은 구면의 일부를 보여주는데, 그 넓이는 보기 1에서 셈한다.

보기 1 곡선 $y=\sqrt{4-x^2}$ $(-1 \le x \le 1)$은 원 $x^2+y^2=4$의 호이다. 이 호를 x축을 중심으로 회전시켜서 얻은 회전면의 넓이를 찾아라. (이 회전면은 반지름이 2인 구면의 일부이다. 그림 6을 보라.)

풀이 다음이 성립한다.

$$\frac{dy}{dx}=\frac{1}{2}(4-x^2)^{-1/2}(-2x)=\frac{-x}{\sqrt{4-x^2}}$$

그러므로 공식 [5]에 의해 이 회전면의 넓이는 다음과 같다.

$$\begin{aligned} S &= \int_{-1}^{1} 2\pi y\sqrt{1+\left(\frac{dy}{dx}\right)^2}\,dx \\ &= 2\pi\int_{-1}^{1}\sqrt{4-x^2}\sqrt{1+\frac{x^2}{4-x^2}}\,dx \\ &= 2\pi\int_{-1}^{1}\sqrt{4-x^2}\,\frac{2}{\sqrt{4-x^2}}\,dx \\ &= 4\pi\int_{-1}^{1}1\,dx = 4\pi(2)=8\pi \end{aligned}$$

■

■ 그림 7은 회전면을 보여주는데, 그 넓이는 보기 2에서 셈한다.

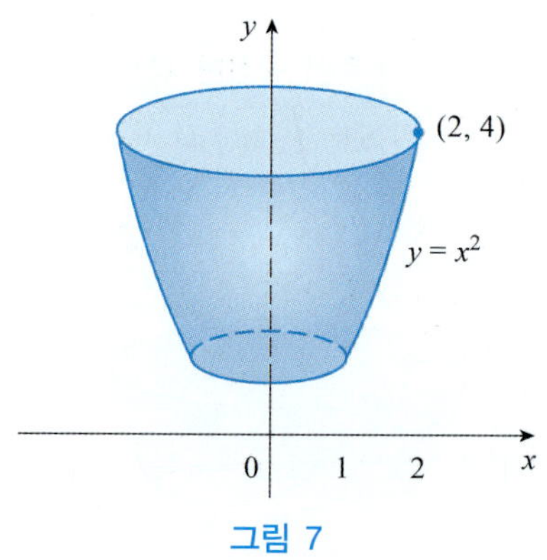

그림 7

■ www.stewartcalculus.com
Additional Example A를 보라.

보기 2 포물선 $y=x^2$에서 $(1, 1)$부터 $(2, 4)$까지의 호를 y축을 중심으로 회전시킨다. 이렇게 해서 얻은 회전면의 넓이를 찾아라.

풀이 1 다음을 사용하자.

$$y=x^2, \qquad \frac{dy}{dx}=2x$$

그러면 공식 [8]에서 다음을 얻는다.

$$\begin{aligned} S &= \int 2\pi x\,ds \\ &= \int_{1}^{2} 2\pi x\sqrt{1+\left(\frac{dy}{dx}\right)^2}\,dx \\ &= 2\pi\int_{1}^{2} x\sqrt{1+4x^2}\,dx \end{aligned}$$

$u=1+4x^2$으로 치환하면, $du=8x\,dx$이다. 적분 한계를 바꾸면, 다음을 얻는다.

$$\begin{aligned} S &= \frac{\pi}{4}\int_{5}^{17}\sqrt{u}\,du = \frac{\pi}{4}\left[\frac{2}{3}u^{3/2}\right]_{5}^{17} \\ &= \frac{\pi}{6}\left(17\sqrt{17}-5\sqrt{5}\right) \end{aligned}$$

풀이 2 다음을 사용하자.

$$x = \sqrt{y}, \quad \frac{dx}{dy} = \frac{1}{2\sqrt{y}}$$

그러면 다음을 얻는다.

$$\begin{aligned} S &= \int 2\pi x\, ds = \int_1^4 2\pi x \sqrt{1 + \left(\frac{dx}{dy}\right)^2}\, dy \\ &= 2\pi \int_1^4 \sqrt{y} \sqrt{1 + \frac{1}{4y}}\, dy = \pi \int_1^4 \sqrt{4y+1}\, dy \\ &= \frac{\pi}{4} \int_5^{17} \sqrt{u}\, du \quad (\text{여기서 } u = 1 + 4y \text{ 이다.}) \\ &= \frac{\pi}{6}(17\sqrt{17} - 5\sqrt{5}) \quad (\text{풀이 1과 같다.}) \end{aligned}$$

■

■ 보기 2의 답을 점검하기 위해서 그림 7에서 이 넓이가 높이는 이와 같고 반지름은 이 곡면의 위와 아래 반지름의 중간인 원기둥의 옆넓이 $2\pi(1.5)(3) \approx 28.27$와 가까워야 할 것이다. 그 넓이가 다음과 같다고 셈했다.

$$\frac{\pi}{6}(17\sqrt{17} - 5\sqrt{5}) \approx 30.85$$

이것은 적절해 보인다. 대안적으로, 이 넓이는 위와 아래 모서리가 각각 이와 같은 원뿔대의 옆넓이보다 약간 더 클 것이다. 공식 [2]로부터, 이것은 $2\pi(1.5)(\sqrt{10}) \approx 29.80$이다.

7.5 익힘 문제

1–4 (a) 주어진 곡선을 (i) x축과 (ii) y축을 중심으로 회전시켜 얻은 회전면의 넓이를 찾는 적분을 세워라.
(b) 계산기의 수치 적분 기능을 이용해서 회전면의 넓이를 소수 넷째 자리까지 값을 찾아라.

1. $y = \tan x \quad (0 \le x \le \pi/3)$

2. $y = x^{-2} \quad (1 \le x \le 2)$

3. $y = e^{-x^2} \quad (-1 \le x \le 1)$

4. $x = \ln(2y+1) \quad (0 \le y \le 1)$

5–12 주어진 곡선을 x축을 중심으로 회전시켜 얻은 회전면의 넓이를 정확하게 찾아라.

5. $y = x^3 \quad (6 \le x \le 2)$

6. $9x = y^2 + 18 \quad (2 \le x \le 6)$

7. $y = \sqrt{1+4x} \quad (1 \le x \le 5)$

8. $y = \sqrt{1+e^x} \quad (0 \le x \le 1)$

9. $y = \sin \pi x \quad (0 \le x \le 1)$

10. $y = \dfrac{x^3}{6} + \dfrac{1}{2x} \quad (\frac{1}{2} \le x \le 1)$

11. $x = \dfrac{1}{3}(y^2+2)^{3/2} \quad (1 \le y \le 2)$

12. $x = 1 + 2y^2 \quad (1 \le y \le 2)$

13–16 주어진 곡선을 y축을 중심으로 회전시켜라. 그 결과로 얻은 회전면의 넓이를 찾아라.

13. $y = \sqrt[3]{x} \quad (1 \le y \le 2)$

14. $y = 1 - x^2 \quad (0 \le x \le 1)$

15. $x = \sqrt{a^2 - y^2} \quad (0 \le y \le a/2)$

16. $y = \frac{1}{4}x^2 - \frac{1}{2}\ln x \quad (1 \le x \le 2)$

CAS **17–18** CAS를 사용해서 주어진 곡선을 y축을 중심으로 회전시켜 얻은 회전면의 넓이를 정확하게 찾아라. CAS로 적분의 값을 셈하기가 어려우면, 그 넓이를 다른 변수의 적분으로 나타내라.

17. $y = x^3 \quad (0 \le y \le 1)$

18. $y = \ln(x+1) \quad (0 \le x \le 1)$

19. (a) $a > 0$일 때, 곡선 $3ay = x(a-x)^2$의 고리를 x축을 중심으로 회전시켜서 얻은 회전면의 넓이를 찾아라.
(b) 그 고리를 y축을 중심으로 회전시켰을 때의 회전면의 넓이를 찾아라.

20. 한 무리의 공학자가 파라볼라 위성 안테나를 만들고 있는데, 그 모양은 곡선 $y = ax^2$을 y축을 중심으로 회전시켜 얻은 꼴이다. 이 파라볼라 안테나의 지름은 10피트이고 최고 깊이는 2피트일 때, a의 값과 이 안테나의 회전면 넓이를 찾아라.

21. (a) 다음 타원을 x축을 중심으로 회전시켜서 얻은 타원면 또는 장축 타원면이 부르는 곡면을 만들어라.

$$\frac{x^2}{a^2} + \frac{y^2}{b^2} = 1 \quad (a > b)$$

이 타원면의 넓이를 찾아라.

(b) (a)의 타원을 단축(y축)을 중심으로 회전시켜서 얻은 타원면 또는 편평 타원면이라 부른다. 이 타원면의 넓이를 찾아라.

22. 제 7.2 절의 익힘 문제 47에 있는 원환면의 넓이를 찾아라.

23. 곡선 $y = f(x)$, $a \le x \le b$를 수평선 $y = c$를 중심으로 회전시키자. 여기서 $f(x) \le c$이다. 이 결과로 얻은 회전면의 넓이를 찾아라.

CAS **24.** 익힘 문제 23의 결과를 이용해서 곡선 $y = \sqrt{x}$, $0 \le x \le 4$를 직선 $y = 4$를 중심으로 회전시켜서 얻은 회전면의 넓이를 찾는 적분을 세워라. 그리고 CAS를 사용해서 이 적분의 값을 찾아라.

25. 원 $x^2 + y^2 = r^2$을 직선 $y = r$을 중심으로 회전시켜서 얻은 회전면의 넓이를 찾아라.

26. (a) 두 평행면 사이에 있는 구대의 옆넓이가 $S = 2\pi Rh$임을 보여라. 여기서 R은 그 반지름이고, h는 두 평행면 사이의 거리이다. (두 평면이 모두 구와 만나면, S는 두 평면의 위치가 아니라 그 사이의 거리에만 의존함을 확인하자.)

(b) 반지름이 R이고 높이가 h인 원기둥의 옆넓이는 (a)의 구대의 옆넓이와 같음을 보여라.

7.6 물리학과 공학에의 활용

■ 일에 대한 셈의 결과로, 로켓이 지구의 중력 마당을 탈출하는 데 필요한 속력을 찾을 수 있다. (익힘 문제 23을 보라.)

적분학을 물리학과 공학에 활용하는 많은 예 중에서, 여기서는 일, 물의 압력에 의한 힘, 질량 중심 등 세 가지를 알아본다. 앞에서 기하학(넓이, 부피, 길이)에 활용할 때와 같이, 여기서의 전략도 물리적 양을 많은 개수의 작은 부분으로 나누고 각 작은 부분의 근삿값을 얻으며 그것들을 더한 다음에 극한을 취해서 그 결과로 얻은 적분의 값을 찾는다.

일

용어
일 work
힘 force
질량 mass

일상 언어에서 사용되는 용어 일은 어떤 과제를 시행하는 데 필요한 노력의 총량을 뜻한다. 물리학에서는 힘의 개념에 따라 결정되는 전문적인 뜻이 있다. 직관적으로 힘은 물체를 밀거나 당기는 것으로 설명할 수 있다. 예를 들면, 책상 위에서 책을 수평으로 밀거나 지구의 중력이 공을 아래로 당기는 힘이 있다. 일반적으로, 직선 위에서 움직이는 물체의 위치 함수가 $s(t)$일 때, 물체에 (같은 방향으로) 가해지는 힘 F는 뉴턴의 제 2 운동 법칙에 의해 다음과 같이 질량 m과 가속도의 곱으로 정의한다.

1 $$F = m\frac{d^2s}{dt^2}$$

국제 단위계 SI의 미터법에서 질량은 킬로그램(kg), 변위는 미터(m), 시간은 초(s), 힘은 뉴턴($N = kg \cdot m/s^2$)을 단위로 측정한다. 그러므로 질량 1kg의 물체에 1N의 힘을 가하면 $1\,m/s^2$의 가속도가 나온다. 아메리카 합중국 관례 체계에서는 기본 단위 파운드(lb)를 힘의 단위로 택한다.

용어
아메리카 합중국 관례 체계 US Customary system
무게 weight
줄 joule

가속도가 일정한 경우에 힘 F도 일정하고, 이때 한 일은 다음과 같이 힘 F와 물체가 움직인 거리 d의 곱으로 정의한다.

$$\boxed{2} \qquad W = Fd, \quad 일 = 힘 \times 거리$$

F의 단위가 뉴턴이고 d의 단위가 미터일 때, 일 W의 단위는 뉴턴-미터인데, 이를 줄(J)이라 부른다. F의 단위가 파운드이고 d의 단위가 피트일 때, 일의 단위는 피트-파운드(ft-lb)이다. 이는 약 1.36 J이다.

예를 들어, 바닥에 떨어져있는 1.2kg의 책을 들어 높이가 0.7 m인 책상 위에 올려놓는다고 하자. 이때 가하는 힘은 중력과 크기가 같고 반향은 반대이므로, 식 1에 따라 다음과 같다.

$$F = mg = (1.2)(9.8) = 11.76\,(\mathrm{N})$$

그리고 식 2에 따라 이때 한 일은 다음과 같다.

$$W = Fd = (11.76)(0.7) \approx 8.2\,(\mathrm{J})$$

그런데 무게가 20 lb인 물체를 땅으로부터 6 ft 위로 들어 올렸다면, 힘은 $F = 20$ lb로 주어지므로, 이때 한 일은 다음과 같다.

$$W = Fd = 20 \cdot 6 = 120\,(\mathrm{ft\text{-}lb})$$

여기서는 g를 곱하지 않았는데, 여기서는 질량이 아니라 무게(힘)가 주어졌기 때문이다.

식 2는 힘이 일정한 경우의 일을 정의한다. 그런데 힘이 변하면 어떻게 될까? 물체가 x축을 따라 양의 방향으로 $x = a$부터 $x = b$까지 움직이고, a와 b 사이의 모든 점 x에서 힘 $f(x)$가 그 물체에 가해진다고 하자. 여기서 f는 연속 함수이다. 구간 $[a, b]$를 길이가 모두 Δx인 n개의 부분 구간으로 나누고 끝점을 $x_0, x_1, \dots, x_n$이라 하자. 표본점 x_i^*를 i째 부분 구간 $[x_{i-1}, x_i]$에서 택하자. 그러면 그 점에서의 힘은 $f(x_i^*)$이다. n이 크면 Δx는 작고 f가 연속이므로, f의 값은 구간 $[x_{i-1}, x_i]$ 전체에서 크게 변하지 않는다. 바꿔 말하면, f는 이 구간에서 거의 일정하므로, x_{i-1}부터 x_i까지 움직이는 물체에 한 일 W_i는 식 2에 의해 대략 다음과 같다.

$$W_i \approx f(x_i^*)\Delta x$$

그러므로 전체 일을 다음과 같이 근사시킬 수 있다.

$$\boxed{3} \qquad W \approx \sum_{i=1}^{n} f(x_i^*)\Delta x$$

이 근삿값은 n을 더 크게 하면 더 정확해질 것으로 보인다. 따라서 a부터 b까지 움직이는 물체에 한 일을 $n \to \infty$일 때 이런 양의 극한으로 정의한다.

4
$$W = \lim_{n\to\infty} \sum_{i=1}^{n} f(x_i^*)\Delta x = \int_a^b f(x)\,dx$$

보기 1 입자가 원점으로부터 x m의 거리에 있을 때, 이에 $x^2 + 2x$ N의 힘을 가하고 있다. 이를 $x = 1$부터 $x = 3$까지 움직이는 데 한 일은 얼마인가?

풀이
$$W = \int_1^3 (x^2 + 2x)\,dx = \frac{x^3}{3} + x^2 \Big]_1^3 = \frac{50}{3}$$

한 일은 $\frac{50}{3}$ J이다. ■

용어
훅의 법칙 Hooke's law 용수철 상수 spring constant

다음 보기에서는 물리학의 법칙인 **훅의 법칙**을 이용한다. 훅의 법칙에 따라 용수철을 자연스러운 상태에서 x 단위 만큼 늘린 상태를 유지하기 위해 필요한 힘은 다음과 같이 x에 정비례한다.

$$f(x) = kx$$

여기서 k는 양의 상수로, **용수철 상수**라고 한다. 훅의 법칙은 x가 아주 크지 않은 경우에 성립한다.

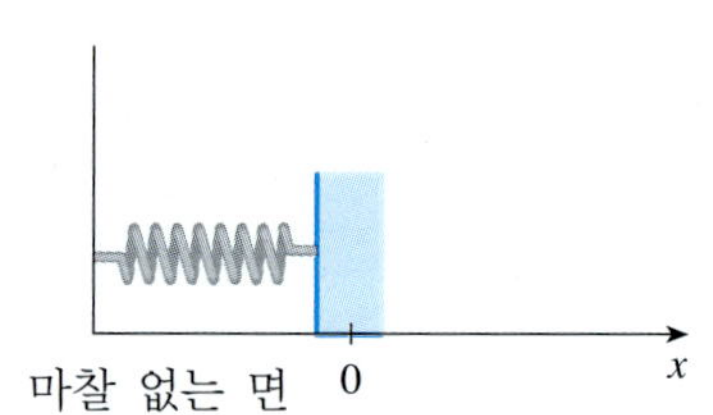

(a) 용수철의 자연스러운 위치

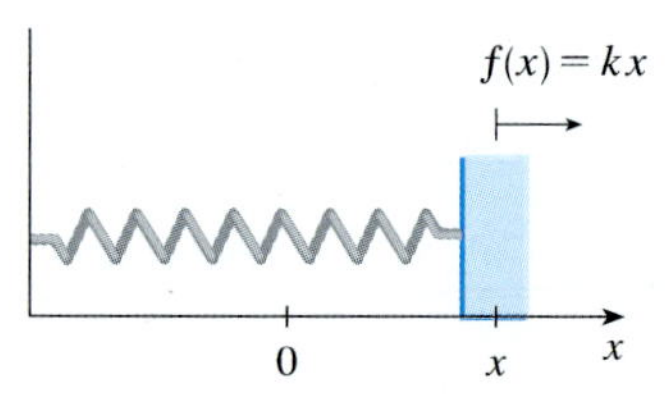

(b) 용수철의 늘린 위치

그림 1 훅의 법칙

보기 2 용수철을 자연스러운 길이 10 cm에서 늘려서 15 cm를 유지하기 위해서는 40 N의 힘이 필요하다. 이 용수철을 15 cm부터 18 cm까지 늘리는 데 한 일은 얼마인가?

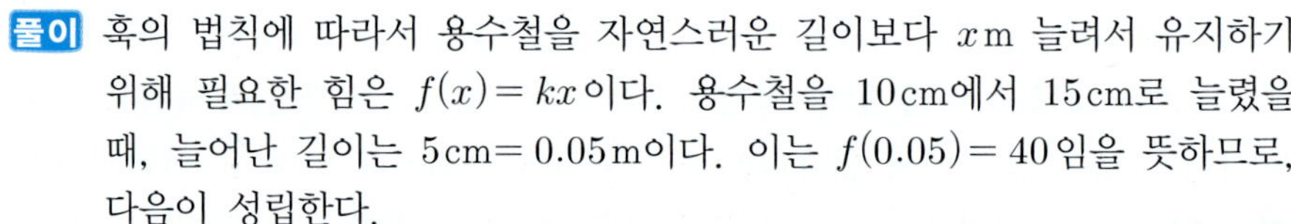

풀이 훅의 법칙에 따라서 용수철을 자연스러운 길이보다 x m 늘려서 유지하기 위해 필요한 힘은 $f(x) = kx$이다. 용수철을 10 cm에서 15 cm로 늘렸을 때, 늘어난 길이는 5 cm = 0.05 m이다. 이는 $f(0.05) = 40$임을 뜻하므로, 다음이 성립한다.

$$0.05k = 40, \quad 곧\ k = \frac{40}{0.05} = 800$$

그러므로 $f(x) = 800x$이고, 이 용수철을 15 cm부터 18 cm까지 늘리는 데 한 일은 다음과 같다.

$$W = \int_{0.05}^{0.08} 800x\,dx = 800\frac{x^2}{2}\Big]_{0.05}^{0.08}$$
$$= 400\{(0.08)^2 - (0.05)^2\} = 1.56\ (\mathrm{J})$$ ■

보기 3 200 lb의 케이블이 건물 옥상으로부터 연직으로 100 ft만큼 매달려 있다. 이 케이블을 건물 옥상으로 끌어올리기 위해 필요한 일은 얼마인가?

풀이 여기에 힘 함수에 대한 공식이 제시되지 않았지만, 정의 4에 이른 논법과 비슷한 논리를 전개할 수 있다.

그림 2와 같이 원점을 건물 옥상에 위치시키고, x축을 아래 방향을 향하도록 하자. 케이블을 길이가 Δx인 작은 부분으로 나눈다. x_i^*이 i째 부분 구간의 점이면, 이 구간에 속한 각 점을 끌어올리는 거리는 대략 x_i^*와 같다. 케이블의 무게는 1피트에 2파운드이므로, i째 부분 구간의 무게는 $2\Delta x$이다. 그러므로 i째 부분 구간에 한 일은 다음과 같다.

$$\underbrace{(2\Delta x)}_{\text{힘}} \cdot \underbrace{x_i^*}_{\text{거리}} = 2x_i^* \Delta x \,(\text{ft-lb})$$

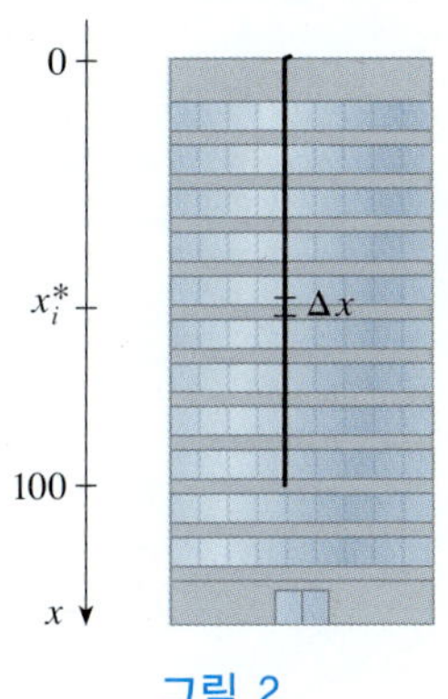

그림 2

이런 근삿값을 모두 더하고 작은 부분의 개수를 크게 하면(곧 $\Delta x \to 0$이면) 한 일 전체는 다음과 같다.

$$W = \lim_{n\to\infty} \sum_{i=1}^{n} 2x_i^* \Delta x = \int_0^{100} 2x\, dx = x^2 \Big]_0^{100} = 10000 \,(\text{ft-lb})$$ ■

■ 원점을 케이블의 아래쪽 끝에 위치시키고 x축을 위로 향하게 하면, 다음을 얻는다.

$$W = \int_0^{100} 2(100 - x)\, dx$$

이때도 같은 답을 얻는다.

보기 4 높이가 10m이고 밑면의 반지름이 4m인 원뿔을 뒤집어 놓은 모양의 물 탱크가 있다. 현재 담겨 있는 물의 높이는 8m이다. 이 물을 모두 탱크의 위로 퍼 올리는 데 필요한 일을 찾아라. (물의 밀도는 1000 kg/m^{3}이다.)

풀이 그림 3과 같이 연직 좌표축을 도입해서, 탱크의 위로부터 깊이를 측정하자. 물은 깊이 2m부터 10m까지 분포되어 있으므로, 구간 $[2, 10]$을 n개의 부분 구간으로 나누고 끝점들을 $x_0, x_1, \ldots, x_n$이라 하며 x_i^*을 i째 부분 구간에서 택하자. 이에 따라 물을 n개의 층으로 나눈다. i째 층은 근사적으로 반지름이 r_i이고 높이가 Δx인 원기둥이다. 그림 4에서 닮은 삼각형을 이용해서 다음과 같이 r_i를 찾을 수 있다.

$$\frac{r_i}{10 - x_i^*} = \frac{4}{10}, \qquad r_i = \frac{2}{5}(10 - x_i^*)$$

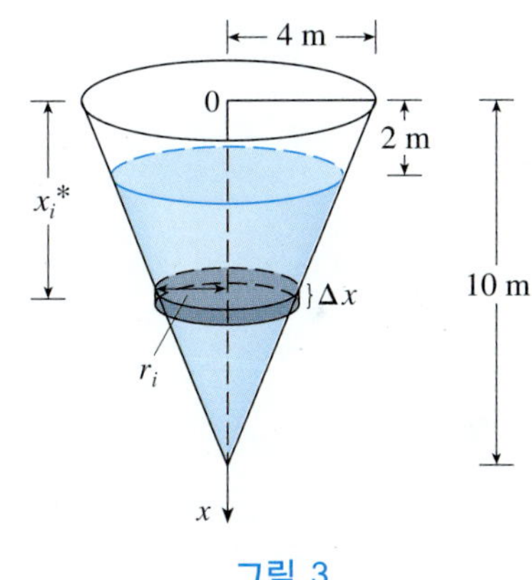

그림 3

그러므로 i째 층에 있는 물의 부피는 대략 다음과 같다.

$$V_i \approx \pi r_i^2 \Delta x = \frac{4\pi}{25}(10 - x_i^*)^2 \Delta x$$

이에 따라 질량은 다음과 같다.

$$\begin{aligned} m_i &= \text{밀도} \times \text{부피} \\ &\approx 1000 \cdot \frac{4\pi}{25}(10 - x_i^*)^2 \Delta x = 160\pi(10 - x_i^*)^2 \Delta x \end{aligned}$$

이 층을 끌어올리는 데 필요한 힘은 중력을 이겨야 하므로, 다음과 같다.

$$F_i = m_i g \approx (9.8)160\pi(10 - x_i^*)^2 \Delta x \approx 1568\pi(10 - x_i^*)^2 \Delta x$$

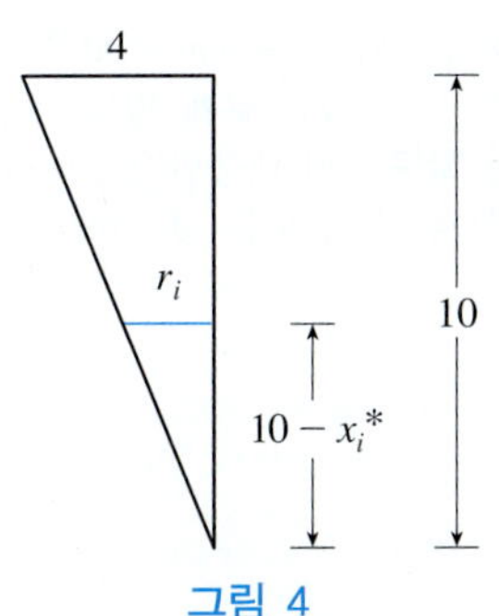

그림 4

이 층에 있는 각 입자는 대략 x_i^*만큼 이동한다. 이 층을 탱크 위로 올릴 때 한 일 W_i는 대략 다음과 같이 힘 F_i와 거리 x_i^*의 곱이다.

$$W_i \approx F_i x_i^* \approx 1568\pi x_i^* (10 - x_i^*)^2 \Delta x$$

전체 탱크를 비우기 위해 한 일 전체를 찾기 위해서, n개 층 각각에 대해 한 일을 더하고 $n \to \infty$일 때의 극한을 취하면 다음과 같다.

$$W = \lim_{n\to\infty} \sum_{i=1}^{n} 1568\pi x_i^* (10 - x_i^*)^2 \Delta x = \int_2^{10} 1568\pi x(10-x)^2\,dx$$

$$= 1568\pi \int_2^{10} (100x - 20x^2 + x^3)\,dx = 1568\pi \left[50x^2 - \frac{20x^3}{3} + \frac{x^4}{4} \right]_2^{10}$$

$$= 1568\pi \left(\frac{2048}{3} \right) \approx 3.4 \times 10^6 \text{(J)}$$

■

정지된 물의 압력과 힘

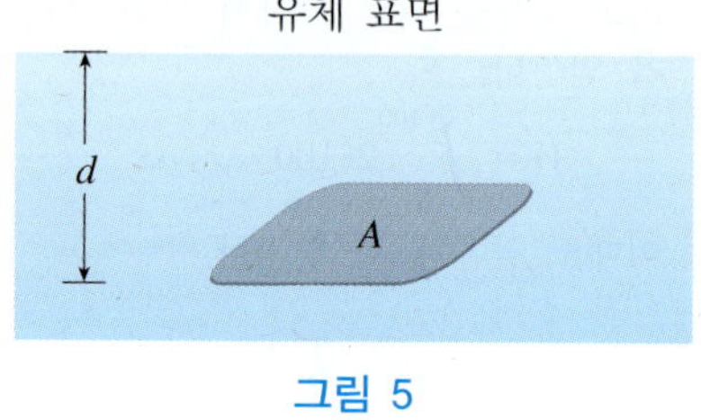

그림 5

깊은 물에 잠수하는 사람은 더 깊이 잠수할수록 물의 압력이 커짐을 경험한다. 그 위에 있는 물의 무게가 증가하기 때문이다.

일반적으로, 그림 5와 같이 넓이가 A m^{2}인 얇고 수평인 판이 밀도가 ρ kg/m^{3}인 유체에 그 표면으로부터 dm의 깊이에 잠겨있다고 하자. 판의 바로 위에 있는 유체의 부피는 $V = Ad$이므로, 그 질량은 $m = \rho V = \rho Ad$이다. 그러므로 이 유체가 판에 가해지는 힘은 다음과 같다.

$$F = mg = \rho g A d$$

여기서 g는 중력 가속도이다. 판이 받는 압력 P는 다음과 같이 단위 넓이에 가해지는 힘이다.

$$P = \frac{F}{A} = \rho g d$$

압력을 측정하는 SI 단위는 N/m^{2}인데, 이를 파스칼(Pa)이라 한다. 곧, 1 N/m^2 = 1 Pa이다. 이것이 작은 단위이기 때문에, 흔히 킬로파스칼 kPa가 이용된다. 예를 들면, 물의 밀도가 $\rho = 1000$ kg/m^{3}이므로, 2 m 깊이의 수영장 바닥의 압력은 다음과 같다.

$$P = \rho g d = 1000\,\text{kg/m}^3 \times 9.8\,\text{m/s}^2 \times 2\,\text{m}$$

$$= 19600\ \text{Pa} = 19.6\ \text{kPa}$$

■ 아메리카 합중국 관례 체계의 단위를 이용할 때, $P = \rho g d = \delta d$로 쓰는데, 여기서 $\delta = \rho g$는 **무게 밀도**이다. (이는 **질량 밀도** ρ에 대응한다.) 예를 들면, 물의 무게 밀도는 $\delta = 62.5$lb/ft^{2}이다.

유체 압력의 중요한 원리는 '유체의 임의의 점에서의 압력은 모든 방향에서 서로 같다.'는 실험을 통해 입증된 사실이다. (잠수하는 사람은 코와 양 귀에서 같은 압력을 느낀다.) 그러므로 질량 밀도가 ρ인 유체에서 깊이가 d인 곳에서 모든 방향에서의 압력은 다음과 같다.

$$P = \rho g d = \delta d \tag{5}$$

이는 유체에 있는 연직 판 또는 벽 또는 댐에 가해지는 정지된 유체의 힘을 결정하는 데 도움을 준다. 그런데 압력이 일정하지 않고 깊어질수록 증가하기 때문에, 이는 간단한 문제가 아니다.

보기 5 댐의 모양이 그림 6에 나타낸 사다리꼴이라 하자. 높이는 20m이고 위쪽 너비는 50m이며 아래쪽 너비는 30m라 하자. 물이 댐의 위로부터 4m까지 차 있을 때, 정지된 물이 댐에 가하는 압력에 의한 힘을 찾아라.

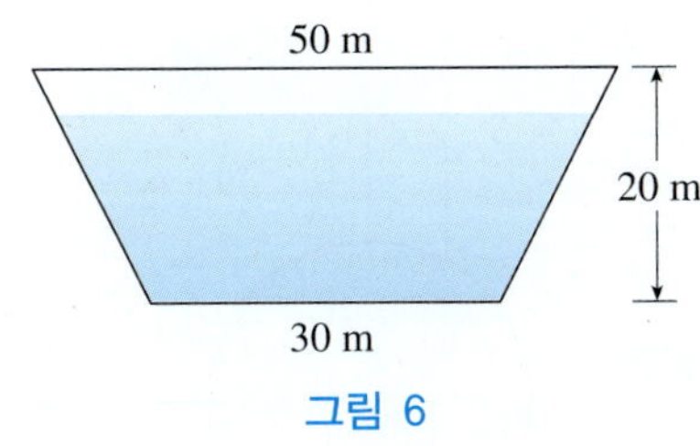

그림 6

풀이 그림 7(a)와 같이 물의 표면에 원점이 있는 연직인 x축을 택하자. 물의 깊이는 16m이므로, 구간 $[0, 16]$을 부분 구간들로 나누고 끝점을 x_i라 하며 $x_i^* \in [x_{i-1}, x_i]$를 택하자. 댐의 i째 수평 띠는 근사적으로 높이가 Δx이고 너비가 w_i인 직사각형이며, 그림 7(b)의 닮은 삼각형으로부터 다음이 성립한다.

$$\frac{a}{16-x_i^*} = \frac{10}{20}, \qquad \text{곧} \qquad a = \frac{16-x_i^*}{2} = 8 - \frac{x_i^*}{2}$$

그러므로 다음을 얻는다.

$$w_i = 2(15+a) = 2\left(15+8-\frac{1}{2}x_i^*\right) = 46 - x_i^*$$

i째 띠의 넓이 A_i는 다음과 같다.

$$A_i \approx w_i\,\Delta x = \left(46 - x_i^*\right)\Delta x$$

Δx가 작으면, i째 띠에 가해지는 압력 P_i는 거의 일정하고 식 5를 이용해서 다음과 같이 나타낼 수 있다.

$$P_i \approx 1000 g x_i^*$$

i째 띠에 가해지는 정지된 물의 힘 F_i는 다음과 같이 압력과 넓이의 곱이다.

$$F_i = P_i A_i \approx 1000 g x_i^* \left(46 - x_i^*\right)\Delta x$$

이런 힘들을 더하고 $n \to \infty$일 때의 극한을 취하면, 다음과 같이 댐에 가해지는 정지된 물의 전체 힘을 얻는다.

$$F = \lim_{n\to\infty}\sum_{i=1}^{n} 1000 g x_i^* \left(46 - x_i^*\right)\Delta x = \int_0^{16} 1000 g x (46 - x)\,dx$$

$$= 1000(9.8)\int_0^{16}\left(46x - x^2\right)dx = 9800\left[23x^2 - \frac{x^3}{3}\right]_0^{16}$$

$$\approx 4.43 \times 10^7\,(\text{N})$$ ■

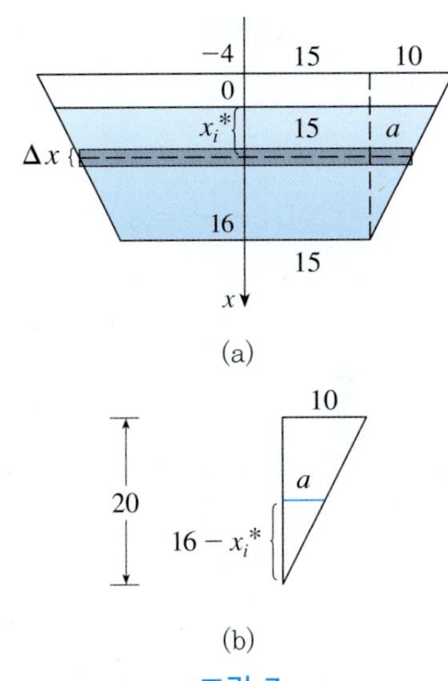

그림 7

보기 6 반지름이 3ft인 원기둥 모양의 드럼통이 10ft 깊이의 물속에 잠겨 있을 때, 한쪽 끝면에 가해지는 정지된 물의 힘을 찾아라.

풀이 이 보기에서는 그림 8과 같이 원점이 드럼통의 끝면 중심에 위치하도록 좌표축들을 택하는 것이 편리하다. 그러면 끝면인 원의 방정식은 간단히 $x^2 + y^2 = 9$이다. 보기 5에서와 같이 원형 영역을 너비가 같은 수평 띠로 나누자. 원의 방정식으로부터, i째 띠의 길이가 $2\sqrt{9-\left(y_i^*\right)^2}$이므로, 그 넓이는 다음과 같다.

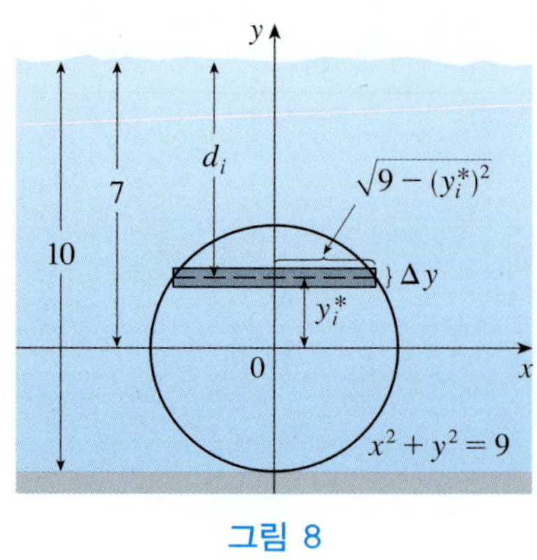

그림 8

$$A_i = 2\sqrt{9-(y_i^*)^2}\,\Delta y$$

이 띠에 가해지는 압력은 근사적으로 다음과 같다.

$$\delta d_i = 62.5(7-y_i^*)$$

그러므로 이 띠에 가해지는 힘은 근사적으로 다음과 같다.

$$\delta d_i A_i = 62.5(7-y_i^*)2\sqrt{9-(y_i^*)^2}\,\Delta y$$

전체 힘은 다음과 같이 모든 띠에 가해지는 힘을 더하고 극한을 취해서 얻는다.

$$\begin{aligned} F &= \lim_{n\to\infty}\sum_{i=1}^{n} 62.5(7-y_i^*)\,2\sqrt{9-(y_i^*)^2}\,\Delta y \\ &= 125\int_{-3}^{3}(7-y)\sqrt{9-y^2}\,dy \\ &= 125\cdot 7\int_{-3}^{3}\sqrt{9-y^2}\,dy - 125\int_{-3}^{3} y\sqrt{9-y^2}\,dy \end{aligned}$$

둘째 적분의 값은 0인데, 적분할 함수가 홀 함수이기 때문이다. (5.5절의 정리 7을 보라.) 첫째 적분 값은 삼각 치환 $y=3\sin\theta$를 이용해서 찾을 수 있지만, 이것이 반지름이 3인 반원판의 넓이라는 사실을 관찰하면 더 쉽게 찾을 수 있다. 그러므로 다음을 얻는다.

$$\begin{aligned} F &= 875\int_{-3}^{3}\sqrt{9-y^2}\,dy = 875\cdot\frac{1}{2}\pi(3)^2 \\ &= \frac{7875\pi}{2} \approx 12370\,(\text{lb}) \end{aligned}$$

■

용어
질량 중심 center of mass
중력 중심 center of gravity
지렛대 법칙 law of lever

모멘트와 질량 중심

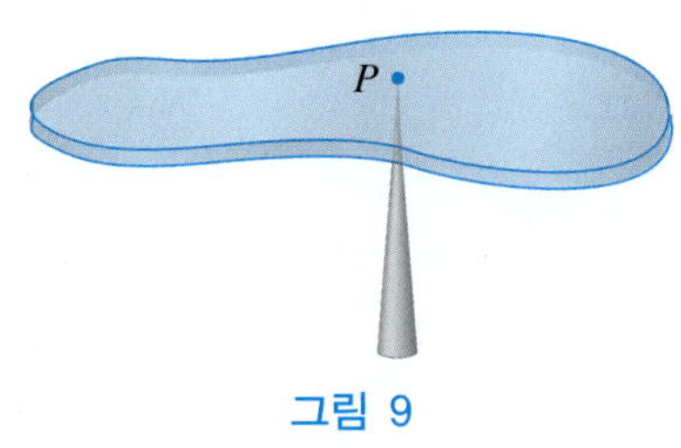

그림 9

여기서의 주요 목표는 모양이 임의로 주어진 얇은 판을 그림 9와 같이 수평으로 균형을 잡을 수 있는 점 P를 찾는 것이다. 이 점을 그 판의 질량 중심(또는 중력 중심)이라 한다.

먼저 그림 10에 나타낸 더 간단한 상황을 생각하자. 두 질량 m_1과 m_2가 지렛대 받침점의 양쪽에서 질량을 무시할 수 있는 막대에 붙어있는데, 받침점으로부터의 거리는 각각 d_1과 d_2이다. 다음이 성립할 때 막대는 균형이 잡힌다.

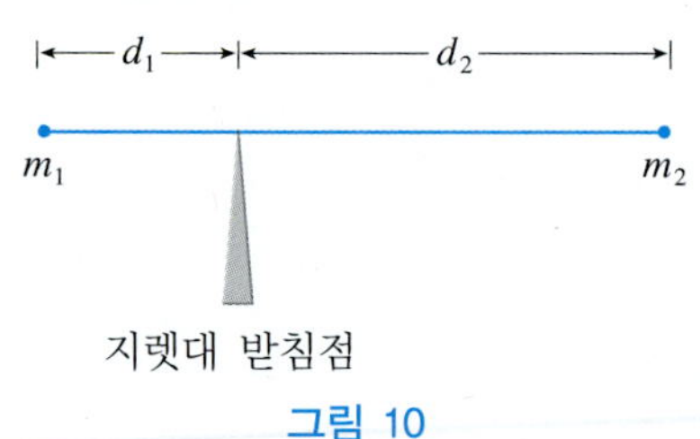

그림 10

6 $$m_1d_1 = m_2d_2$$

이는 아르키메데스가 실험을 통해 발견한 사실인데, 지렛대 법칙이라 한다. (놀이 기구인 시소에서 가벼운 사람이 중심으로부터 더 먼 곳에 앉으면 무거운 사람과 균형을 이룰 수 있음을 생각하자.)

이제 막대가 x축을 따라 놓여 있는데, m_1은 x_1에 있고 m_2는 x_2에 있으며 질량 중심이 $\overline{x}$에 있다고 하자. 두 그림 10과 11을 비교하면, $d_1=\overline{x}-x_1$이고

$d_2 = x_2 - \bar{x}$이므로 식 6에 의해 다음이 성립한다.

$$m_1(\bar{x} - x_1) = m_2(x_2 - \bar{x}),$$

$$m_1\bar{x} + m_2\bar{x} = m_1x_1 + m_2x_2,$$

7 $$\bar{x} = \frac{m_1x_1 + m_2x_2}{m_1 + m_2}$$

수 m_1x_1과 m_2x_2를 각각 질량 m_1과 m_2의 (원점에 관한) 모멘트라고 한다. 식 7에 따라 질량 중심 $\bar{x}$는 질량들의 모멘트를 더하고 질량의 합 $m = m_1 + m_2$로 나누어 얻을 수 있다.

용어
모멘트 moment

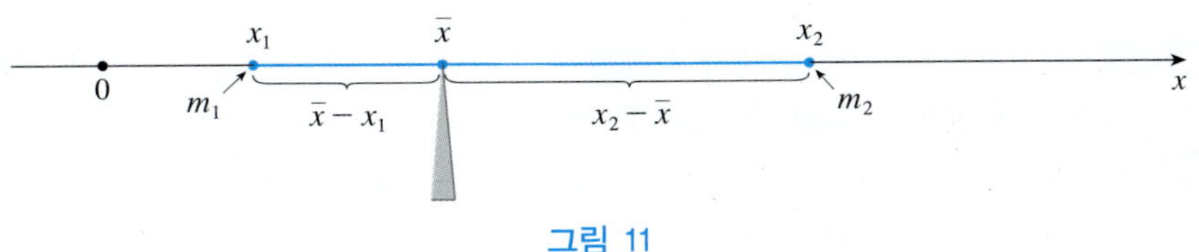

그림 11

일반적으로, 질량이 m_1, m_2, ..., m_n인 n개의 입자가 x축의 점 x_1, x_2, ..., x_n에 차례로 위치하는 체계를 생각하자. 이 체계의 질량 중심이 다음에 위치함을 위와 비슷한 방법으로 밝힐 수 있다.

8 $$\bar{x} = \frac{\sum_{i=1}^{n} m_i x_i}{\sum_{i=1}^{n} m_i} = \frac{\sum_{i=1}^{n} m_i x_i}{m}$$

여기서 $m = \sum m_i$는 이 체계의 전체 질량이고, 다음과 같은 개별적인 모멘트의 합은 원점에 관한 체계의 모멘트라고 한다.

$$M = \sum_{i=1}^{n} m_i x_i$$

그러므로 식 8을 $m\bar{x} = M$으로 다시 쓸 수 있는데, 질량 전체가 질량 중심 $\bar{x}$에 위치하면, 그 모멘트가 이 체계의 모멘트와 같다는 사실을 말한다.

이제 질량이 m_1, m_2, ..., m_n인 n개의 입자 체계가 그림 12에 나타낸 대로 xy평면의 점 (x_1, y_1), (x_2, y_2), ..., (x_n, y_n)에 차례로 위치한다고 하자. 일차원의 경우와 비슷하게, y축에 관한 체계의 모멘트를 다음과 같이 정의한다.

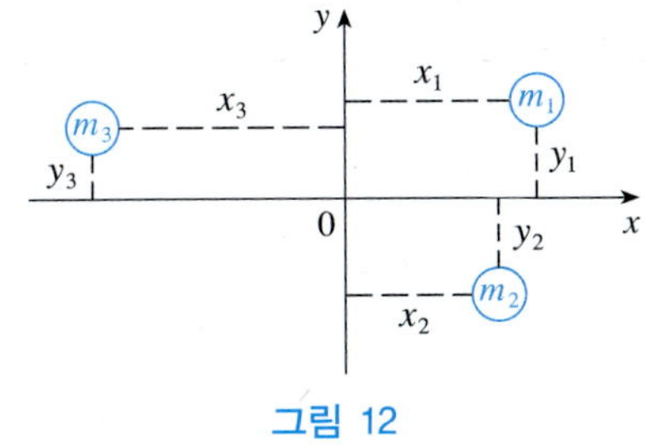

그림 12

9 $$M_y = \sum_{i=1}^{n} m_i x_i$$

그리고 x축에 관한 체계의 모멘트를 다음과 같이 정의한다.

10 $$M_x = \sum_{i=1}^{n} m_i y_i$$

그러면 M_y는 이 체계가 y축에 관해 회전하려는 경향을 측정하고, M_x는 x축에 관한 회전하려는 경향을 측정한다.

일차원의 경우와 같이, 질량 중심의 좌표 $(\bar{x}, \bar{y})$는 다음 공식과 같이 모멘트의 식으로 주어진다.

11
$$\bar{x} = \frac{M_y}{m}, \qquad \bar{y} = \frac{M_x}{m}$$

여기서 $m = \sum m_i$는 전체 질량이다. $m\bar{x} = M_y$이고 $m\bar{y} = M_x$이므로, 질량 중심 $(\bar{x}, \bar{y})$는 질량이 m인 단 한 개의 입자가 이 체계와 같은 모멘트를 취하는 점이다.

보기 7 질량이 3, 4, 8인 물체가 차례로 점 $(-1, 1)$, $(2, -1)$, $(3, 2)$에 위치하는 체계의 모멘트와 질량 중심을 찾아라.

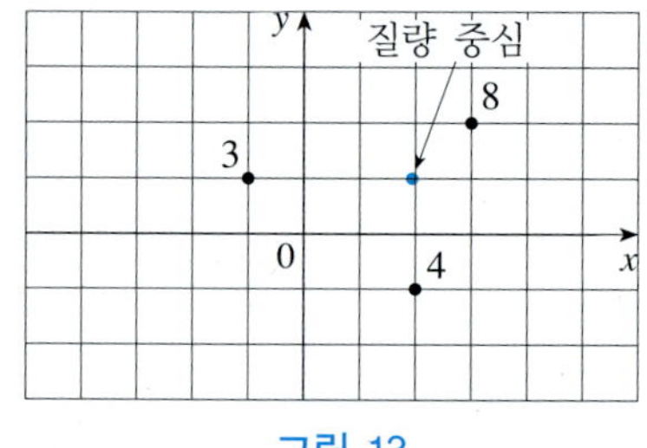

그림 13

풀이 두 식 9와 10을 이용해서 모멘트를 셈하면 다음과 같다.

$$M_y = 3(-1) + 4(2) + 8(3) = 29,$$
$$M_x = 3(1) + 4(-1) + 8(2) = 15$$

$m = 3 + 4 + 8 = 15$이므로, 식 11을 이용해서 다음을 얻는다.

$$\bar{x} = \frac{M_y}{m} = \frac{29}{15}, \qquad \bar{y} = \frac{M_x}{m} = \frac{15}{15} = 1$$

그러므로 질량 중심은 $\left(\frac{29}{15}, 1\right)$이다. (그림 13을 보라.) ■

용어
무게 중심 centroid
대칭 원리 symmetry principle
얇은 판 lamina

다음으로 평면에서 영역 $\mathfrak{R}$을 차지하고 밀도가 고르게 ρ인 얇은 판을 생각하자. 이 판의 질량 중심을 찾으려고 하는데, 이를 $\mathfrak{R}$의 무게 중심이라 한다. 이를 위해 다음과 같은 물리학의 원리를 이용한다. 대칭 원리에 따라 $\mathfrak{R}$이 직선 l에 대해 대칭이면 $\mathfrak{R}$의 무게 중심은 l에 놓여 있다. ($\mathfrak{R}$을 l에 대해 대칭이동하면, $\mathfrak{R}$은 똑같은 모양을 유지하므로 무게 중심도 고정된 상태로 남는다. 그러나 고정된 점들은 l에만 놓여있다.) 예를 들어, 직사각형의 무게 중심은 그 중심, 곧 두 대각선의 교점이다. 모멘트는 영역의 전체 질량을 질량 중심에 집중시킬 때 그 모멘트가 변하지 않도록 정의해야 한다. 또, 서로 겹치지 않는 두 영역의 합집합의 모멘트는 개별적인 영역의 모멘트의 합이어야 한다.

영역 $\mathfrak{R}$이 그림 14(a)에 나타낸 꼴이라고 하자. 곧, $\mathfrak{R}$은 두 직선 $x = a$와 $x = b$의 사이 및 x축 위와 f의 그래프 아래에 놓여있다고 하자. 여기서 f는 연속 함수이다. 구간 $[a, b]$는 너비가 Δx로 서로 같은 n개의 부분 구간으로 나누고 끝점은 $x_0, x_1, \ldots, x_n$이라 하자. 표본점 x_i^*을 i째 부분 구간의 중점 $\bar{x}_i$, 곧 $\bar{x}_i = (x_{i-1} + x_i)/2$라고 하자. 이는 그림 14(b)에 나타낸 $\mathfrak{R}$에 근접하는 다각형을 결정한다. 근접하는 i째 직사각형 R_i의 무게 중심은 그 중심

$C_i\left(\overline{x_i},\ \frac{1}{2}f\left(\overline{x_i}\right)\right)$이다. 넓이가 $f\left(\overline{x_i}\right)\Delta x$이므로, 질량은 다음과 같다.

$$\rho f\left(\overline{x_i}\right)\Delta x$$

y축에 관한 모멘트 R_i는 그 질량과 C_i로부터 y축까지의 거리 $\overline{x_i}$의 곱이다. 그러므로 다음이 성립한다.

$$M_y(R_i) = \left\{\rho f\left(\overline{x_i}\right)\Delta x\right\}\overline{x_i} = \rho\overline{x_i}\,f\left(\overline{x_i}\right)\Delta x$$

이런 모멘트를 더하면 $\mathfrak{R}$에 근접하는 다각형들의 모멘트를 얻고, $n \to \infty$일 때의 극한을 취하면 다음과 같이 y축에 관한 $\mathfrak{R}$ 자체의 모멘트를 얻는다.

$$M_y = \lim_{n\to\infty}\sum_{i=1}^{n}\rho\overline{x_i}\,f\left(\overline{x_i}\right)\Delta x = \rho\int_a^b xf(x)\,dx$$

비슷한 방식으로 x축에 관한 R_i의 모멘트를 다음과 같이 그 질량과 C_i로부터 x축 사이의 거의의 곱으로 셈한다.

$$M_x(R_i) = \left\{\rho f\left(\overline{x_i}\right)\Delta x\right\}\frac{1}{2}f\left(\overline{x_i}\right) = \rho\cdot\frac{1}{2}\left\{f\left(\overline{x_i}\right)\right\}^2\Delta x$$

또다시 이런 모멘트들을 더하고 극한을 취하면, 다음과 같이 x축에 관한 $\mathfrak{R}$의 모멘트를 얻는다.

$$M_x = \lim_{n\to\infty}\sum_{i=1}^{n}\rho\cdot\frac{1}{2}\left\{f\left(\overline{x_i}\right)\right\}^2\Delta x = \rho\int_a^b \frac{1}{2}\{f(x)\}^2\,dx$$

입자들의 체계에 대해서와 같이, 판의 질량 중심은 $m\overline{x} = M_y$와 $m\overline{y} = M_x$가 성립하도록 정의한다. 그런데 판의 질량은 다음과 같이 그 밀도와 넓이의 곱이다.

$$m = \rho A = \rho\int_a^b f(x)\,dx$$

그러므로 다음이 성립한다.

$$\overline{x} = \frac{M_y}{m} = \frac{\rho\int_a^b xf(x)\,dx}{\rho\int_a^b f(x)\,dx} = \frac{\int_a^b xf(x)\,dx}{\int_a^b f(x)\,dx},$$

$$\overline{y} = \frac{M_x}{m} = \frac{\rho\int_a^b \frac{1}{2}\{f(x)\}^2\,dx}{\rho\int_a^b f(x)\,dx} = \frac{\int_a^b \frac{1}{2}\{f(x)\}^2\,dx}{\int_a^b f(x)\,dx}$$

ρ끼리 소거됨에 주목하자. 질량 중심의 위치는 밀도와 독립적이다.

요약하면, 판의 질량 중심(또는 $\mathfrak{R}$의 무게 중심)이 위치하는 점 $(\overline{x},\ \overline{y})$의 각 좌표는 다음과 같다.

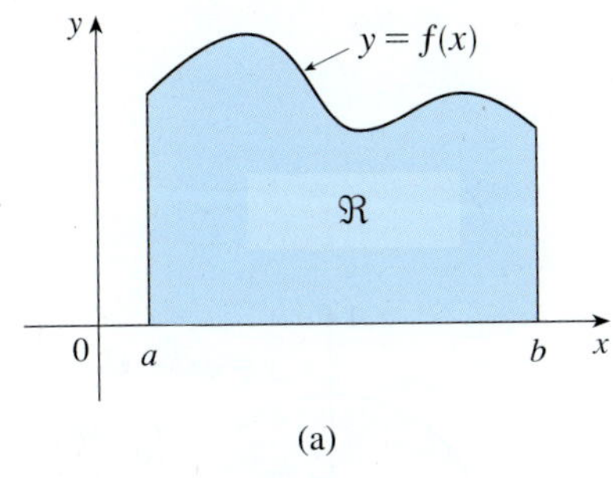

(a)

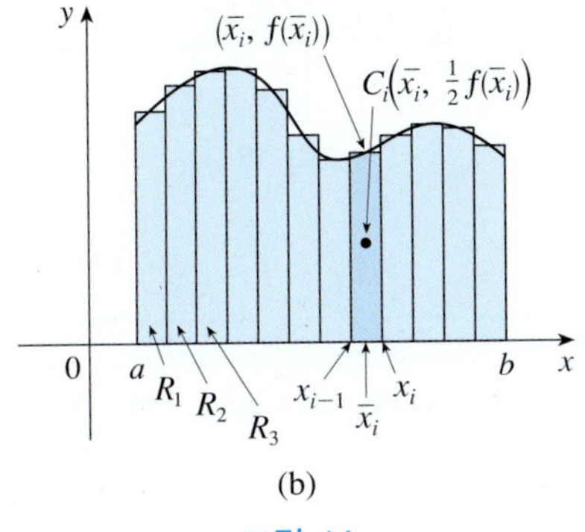

(b)

그림 14

12
$$\bar{x} = \frac{1}{A}\int_a^b x f(x)\,dx, \quad \bar{y} = \frac{1}{A}\int_a^b \frac{1}{2}\{f(x)\}^2\,dx$$

보기 8 반지름이 r인 반원 모양의 판의 질량 중심을 찾아라.

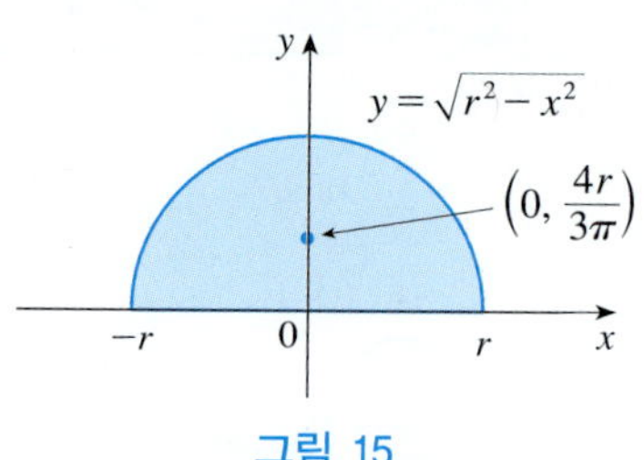

그림 15

풀이 식 12를 이용하기 위해서, 그림 15에서와 같이 반원을 $f(x) = \sqrt{r^2 - x^2}$, $a = -r$, $b = r$가 되도록 위치시키자. 여기서는 공식을 이용해서 $\bar{x}$를 계산할 필요가 없는데, 대칭 원리에 따라 질량 중심은 y축에 놓여있어야 한다. 그러므로 $\bar{x} = 0$이다. 반원의 넓이는 $A = \frac{1}{2}\pi r^2$이므로, 다음을 얻는다.

$$\bar{y} = \frac{1}{A}\int_{-r}^{r} \frac{1}{2}\{f(x)\}^2\,dx = \frac{1}{\frac{1}{2}\pi r^2} \cdot \frac{1}{2}\int_{-r}^{r} \left(\sqrt{r^2 - x^2}\right)^2 dx$$

$$= \frac{2}{\pi r^2}\int_0^r (r^2 - x^2)\,dx = \frac{2}{\pi r^2}\left[r^2 x - \frac{x^3}{3}\right]_0^r$$

$$= \frac{2}{\pi r^2}\,\frac{2r^3}{3} = \frac{4r}{3\pi}$$

따라서 질량 중심은 점 $(0,\ 4r/(3\pi))$에 위치한다. ■

▪ www.stewartcalculus.com
Additional Example A를 보라.

그림 16에 나타낸 대로 영역 $\mathfrak{R}$이 두 곡선 $y = f(x)$와 $y = g(x)$ 사이에 놓여 있고 $f(x) \geq g(x)$이면, 공식 12를 유도한 것과 같은 논법을 이용해서 $\mathfrak{R}$의 무게 중심 $(\bar{x}, \bar{y})$가 다음과 같음을 보일 수 있다.

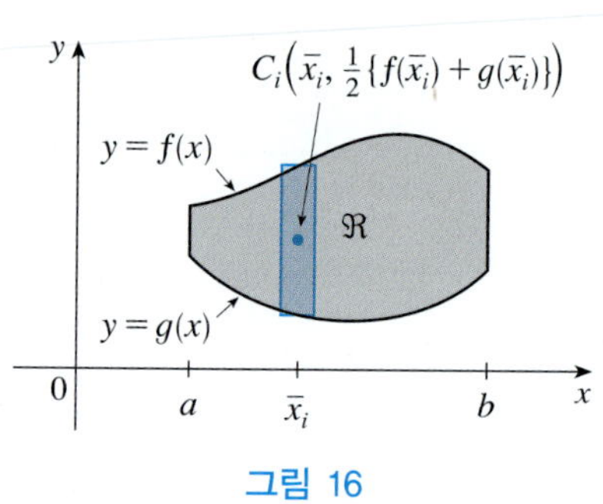

그림 16

13
$$\bar{x} = \frac{1}{A}\int_a^b x\{f(x) - g(x)\}\,dx,$$
$$\bar{y} = \frac{1}{A}\int_a^b \frac{1}{2}\left[\{f(x)\}^2 - \{g(x)\}^2\right]dx$$

(익힘 문제 55를 보라.)

보기 9 직선 $y = x$와 포물선 $y = x^2$으로 둘러싸인 영역의 무게 중심을 찾아라.

풀이 문제의 영역은 그림 17과 같다. 공식 13에서 $f(x) = x$, $g(x) = x^2$, $a = 0$, $b = 1$로 택하자. 먼저 주어진 영역의 넓이는 다음과 같다.

$$A = \int_0^1 (x - x^2)\,dx = \frac{x^2}{2} - \frac{x^3}{3}\bigg]_0^1 = \frac{1}{6}$$

그림 17

그러므로 다음을 얻는다.

$$\bar{x} = \frac{1}{A}\int_0^1 x\{f(x) - g(x)\}\,dx = \frac{1}{1/6}\int_0^1 x(x - x^2)\,dx$$

$$= 6\int_0^1 (x^2 - x^3)\,dx = 6\left[\frac{x^3}{3} - \frac{x^4}{4}\right]_0^1 = \frac{1}{2},$$

$$\bar{y} = \frac{1}{A}\int_0^1 \frac{1}{2}\left[\{f(x)\}^2 - \{g(x)\}^2\right] dx = \frac{1}{1/6}\int_0^1 \frac{1}{2}(x^2 - x^4)\,dx$$

$$= 3\left[\frac{x^3}{3} - \frac{x^5}{5}\right]_0^1 = \frac{2}{5}$$

따라서 무게 중심은 $\left(\frac{1}{2}, \frac{2}{5}\right)$이다. ■

무게 중심과 회전체의 부피 사이의 놀라운 관계를 보이는 것으로 이번 절의 마치겠다.

파포스의 정리 $\mathfrak{R}$을 평면에서 직선 l의 한 쪽에 완전히 놓인 평면 영역이라 하자. $\mathfrak{R}$을 l을 중심으로 회전시키면, 그 결과로 얻은 입체의 부피는 $\mathfrak{R}$의 넓이 A와 $\mathfrak{R}$의 무게 중심이 움직인 거리 d의 곱이다.

■ 이 정리는 그리스 수학자인 알렉산드리아의 파포스의 이름을 딴 것이다. 그는 서기 4세기에 활동했다.

증명 여기서는 영역이 그림 16과 같은 $y = f(x)$와 $y = g(x)$ 사이에 놓여있고 직선 l이 y축인 특별한 경우에 대한 증명을 제시하겠다. (7.3절에서 알아 본) 기둥 껍질 방법을 이용하면, 다음을 얻는다.

$$V = \int_a^b 2\pi x\{f(x) - g(x)\}\,dx = 2\pi\int_a^b x\{f(x) - g(x)\}\,dx$$

$$= 2\pi(\bar{x}A) \qquad \text{(공식 13에 의해)}$$

$$= (2\pi\bar{x})A = Ad$$

여기서 $d = 2\pi\bar{x}$는 y축을 중심으로 한 바퀴 회전하는 동안 무게 중심이 움직인 거리이다. □

보기 10 원환체는 반지름이 r인 원이 그 원이 포함된 평면에 있으면서 그 원의 중심으로부터 거리 $R(> r)$만큼 떨어져 있는 직선을 중심으로 회전시켜 얻는다. 이런 원환체의 부피를 찾아라.

풀이 원의 넓이는 $A = \pi r^2$이다. 대칭 원리에 의해, 원의 무게 중심은 그 중심이다. 그러므로 한 바퀴 회전하는 동안 무게 중심이 이동한 거리는 $d = 2\pi R$이다. 따라서 파포스의 정리에 의해 원환체의 부피는 다음과 같다.

$$V = Ad = (\pi r^2)(2\pi R) = 2\pi^2 r^2 R$$ ■

보기 10의 방법을 7.2절의 익힘 문제 47의 방법과 비교해봐야 한다.

7.6 익힘 문제

1. 원점으로부터 x 피트 떨어진 지점에 가해지는 $5x^{-2}$ 파운드의 힘에 의해 한 입자가 x축을 따라 움직이고 있다. 이 입자를 $x=1\text{ft}$ 부터 $x=10\text{ ft}$까지 움직이는 데 한 일을 찾아라.

2. 한 입자가 원점으로부터의 거리가 x m인 지점에 있을 때, 이에 $\cos(\pi x/3)$뉴턴의 힘이 가해진다. 이 입자를 $x=1$부터 $x=2$까지 움직이는 데 한 일은 얼마인가? $x=1$부터 $x=1.5$까지와 $x=1.5$부터 $x=2$까지 움직이는 데 한 일을 생각해서, 앞에서 얻은 답을 해석하라.

3. 아래 그림은 최댓값까지 증가했다가 그대로 일정하게 유지되는 힘 함수(단위 뉴턴)의 그래프이다. 이 힘이 물체를 거리 8m 만큼 움직이는 데 한 일은 얼마인가?

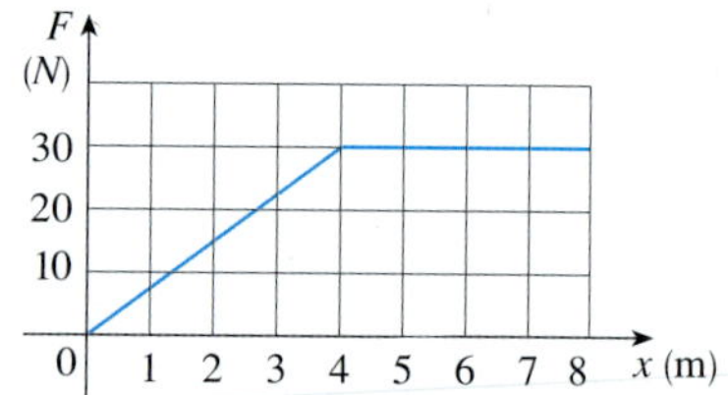

4. 아래 표는 힘 함수 $f(x)$의 값을 보여주는데, x의 단위는 m이고 $f(x)$의 단위는 뉴턴이다. 심프슨의 법칙을 이용해서, 이 힘이 물체를 거리 18m 만큼 움직이는 데 한 일을 어림하라.

x	0	3	6	9	12	15	18
$f(x)$	9.8	9.1	8.5	8.0	7.7	7.5	7.4

5. 자연스러운 길이보다 4인치 늘린 용수철을 유지하는 데 필요한 힘은 10 lb이다. 이 용수철을 자연스러운 길이부터 그보다 6인치 더 길게 늘리는 데 한 일은 얼마인가?

6. 자연스러운 길이가 20cm인 용수철이 있다. 이것을 30cm로 늘려서 유지하는 데 25N이 필요하다면, 이를 20cm부터 25cm까지 늘이는 데 한 일은 얼마인가?

7. 자연스러운 길이가 30cm인 용수철을 42cm까지 늘리기 위해 한 일이 2J이라고 하자.
   (a) 이 용수철을 35cm부터 40cm까지 늘리는 데 한 일은 얼마인가?
   (b) 30N의 힘은 이 용수철을 자연스러운 길이보다 얼마나 더 늘려서 유지할 수 있는가?

8. 용수철을 10cm부터 12cm까지 늘리는 데 6J의 일이 필요하고, 12cm부터 14cm까지 늘리는 데 10J의 일이 더 필요하다. 이때 이 용수철의 자연스러운 길이는 얼마인가?

9–16. 리만 합으로 필요한 일을 근사시키는 방법을 보여라. 일을 적분으로 표현하고 그 값을 찾아라.

9. 길이가 50ft이고 무게가 0.5lb/ft인 무거운 밧줄이 높이가 120ft인 건물의 모서리에 걸려 있다.
   (a) 이 밧줄을 건물 위로 끌어올리는 데 한 일은 얼마인가?
   (b) 이 밧줄의 반을 건물 위로 끌어올리는 데 한 일은 얼마인가?

10. 길이가 10m이고 질량이 80kg인 쇠사슬이 바닥에 놓여있다. 이 쇠사슬의 한쪽 끝을 6m의 높이까지 끌어올리는 데 필요한 일은 얼마인가?

11. 무게가 2 lb/ft인 케이블을 이용해서 500 ft 깊이의 수직 갱도에서 800 lb의 석탄을 끌어올린다. 이때 한 일을 찾아라.

12. 4 lb의 두레박과 무게를 무시할 수 있는 줄을 이용해서 80ft 깊이의 우물에서 물을 길어 올린다. 두레박에는 40 lb의 물을 담고 2 ft/s의 속력으로 끌어올리는데, 두레박에 있는 구멍을 통해 0.2 lb/s의 변화율로 물이 새어나간다. 이 두레박을 우물의 꼭대기까지 끌어올리는 데 한 일을 찾아라.

13. 무게가 10 kg이고 구멍이 뚫린 두레박을 무게가 0.8 kg/m인 줄을 이용해서 지면으로부터 12m의 높이까지 끌어올린다. 처음에 두레박에 36kg의 물이 담겨 있지만, 물은 일정한 변화율로 새고, 두레박이 12m의 높이에 도달하는 순간 물이 모두 빠져 나간다. 이때 한 일은 얼마인가?

14. 무게가 25lb이고 길이가 10ft인 쇠사슬이 천정에 매달려 있다. 쇠사슬의 아래쪽 끝을 위쪽 끝과 같은 높이까지 끌어올리는 데 한 일을 찾아라.

15. 길이가 2m, 너비가 1m, 깊이가 1m인 유리 수조에 물이 가득 담겨있다. 이 유리 수조에서 물의 반을 퍼 올리는 데 필요한 일을 찾아라. (물의 밀도가 1000 kg/m^3 이라는 사실을 이용하라.)

16. 원기둥 모양의 수영장의 지름은 10m, 옆면의 높이가 1.5m인데, 물이 1.2m의 깊이로 담겨있다. 이 모든 물을 옆면 밖으로 퍼 올리는 데 필요한 일은 얼마인가?

17. 아래 그림에 나타낸 탱크에 물이 가득 담겨있다.

(a) 물을 주둥이 밖으로 빼내는 데 필요한 일을 찾아라.

(b) 펌프가 4.7×10^5J의 일을 한 뒤에 고장이 났다고 하자. 탱크에 남은 물의 깊이는 얼마인가?

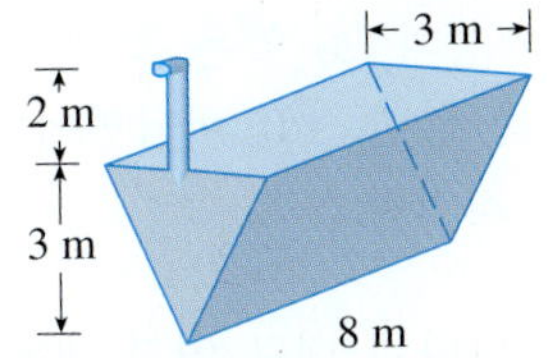

18. (a) 아래 그림에 나타낸 탱크에 물이 가득 들어 있다. 주둥이를 통해 물을 뿜어내는 데 필요한 일을 찾아라.

(b) 이 탱크에 밀도가 900 kg/m^3인 석유가 절반만큼 들어있다면 어떤가?

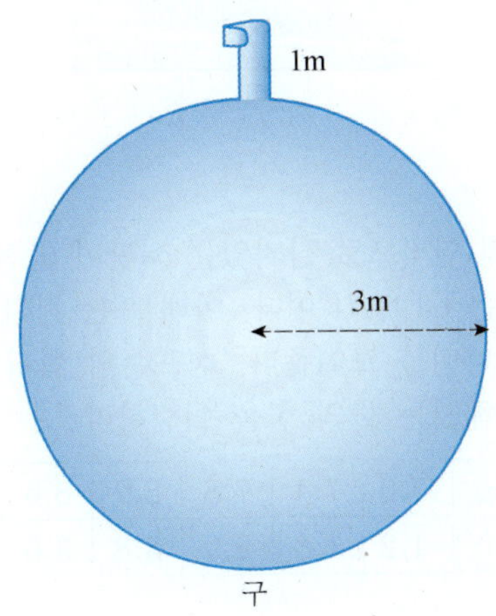

구

19. 반지름이 r인 실린더에서 기체가 팽창할 때, 임의의 시각에서의 압력은 부피에 관한 함수 $P = P(V)$이다. (그림에 나타낸 대로) 피스톤에 가하는 기체의 힘은 압력과 넓이의 곱 $F = \pi r^2 P$이다. 부피가 V_1부터 V_2까지 팽창할 때 기체가 한 일이 다음과 같음을 보여라.

$$W = \int_{V_1}^{V_2} P\,dV$$

피스톤 머리

20. 증기 기관에서 증기의 압력 P와 부피 V는 방정식 $PV^{1.4} = k$를 만족시킨다. 여기서 k는 상수이다. (단열 팽창, 곧 실린더와 외부 사이에 열이 이동하지 않는 팽창에 대해 이는 참이다.) 익힘 문제 19를 이용해서, 증기가 160 lb/in^2 의 압력과 100 in^3 의 부피에서 시작해서 800 in^3 의 부피까지 팽창하는 한 주기 동안 이 기관이 한 일을 셈하라.

21. (a) 뉴턴의 중력 법칙에 따라, 질량이 m_1과 m_2인 두 물체가 서로 끄는 힘은 다음과 같다.

$$F = G\frac{m_1 m_2}{r^2}$$

여기서 r은 두 물체 사이의 거리이고 G는 중력 상수이다. 한 물체가 고정되어 있을 때, 다른 물체를 $r = a$부터 $r = b$까지 움직이는 데 필요한 일을 찾아라.

(b) 1000kg의 위성을 연직으로 1000km 높이의 궤도까지 쏘아 올리는 데 필요한 일을 셈하라. 지구의 질량은 5.98×10^{24}kg인데 중심에 집중되어 있다고 가정할 수 있다. 지구의 반지름은 6.37×10^6m이고 $G = 6.67 \times 10^{-11}$ $N{\cdot}m^2/kg^2$ 으로 택한다.

22. 특이 적분과 익힘 문제 21의 정보를 이용해서, 1000 kg의 위성을 지구의 중력 마당 밖으로 내보내는 데 필요한 일을 찾아라.

23. 질량이 M이고 반지름이 R인 행성의 중력 마당 밖으로 질량이 m인 로켓을 내보내는 데 필요한 탈출 속도 v_0을 찾아라. (초기에 $\frac{1}{2}mv_0^2$의 운동에너지가 이에 필요한 일을 제공한다는 사실을 이용하자.)

24. 쿠푸 왕의 대 피라미드는 이집트에서 기원전 2580년부터 2560년까지의 20년 동안에 석회암으로 건설했

다. 이것의 밑면은 한 변의 길이가 756 ft이고 높이는 건설했을 때 481 ft이다. (이것은 3800년 이상 동안 세계에서 가장 높은 인조물이었다.) 석회암의 밀도는 약 150 lb/ft^{3}이다.

(a) 이 피라미드를 건설하는 데 한 일 전체를 어림하라.

(b) 일꾼 한 명이 하루에 10시간 동안 한 해에 340일 동안 20년 일하고 석회암 덩어리를 제자리에 올리는 데 200 ft-lb /h의 일을 한다면, 이 피라미드를 건설하는 데 몇 명의 일꾼이 필요했겠는가?

25–29. 아래 그림에 나타낸 모양의 연직 판이 물에 잠겨 있다. 이 판의 한쪽 면에 가해지는 정지된 물의 힘을 리만 합으로 근사시키는 방법을 설명하라. 그리고 그 힘을 적분으로 표현하고, 그 값을 찾아라.

25.

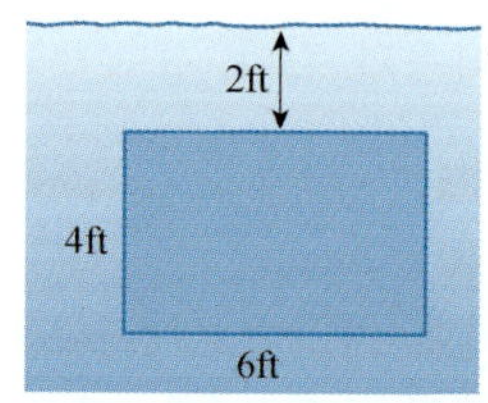

26.

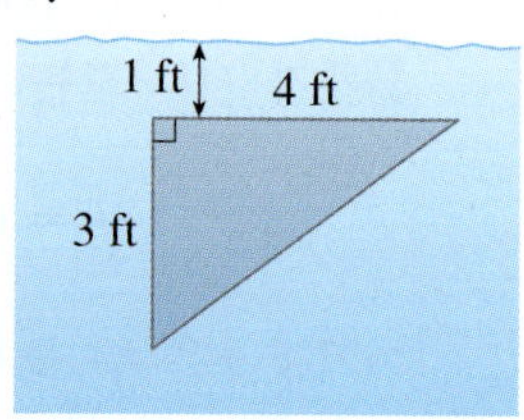

27.

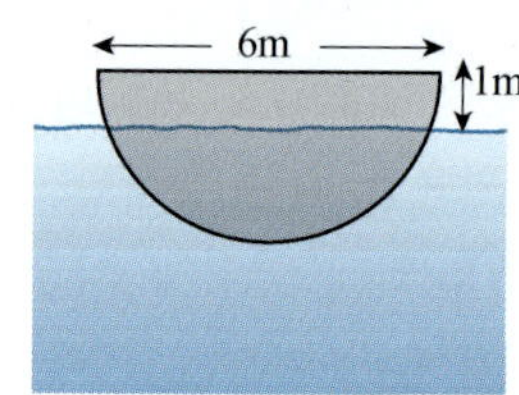

28.

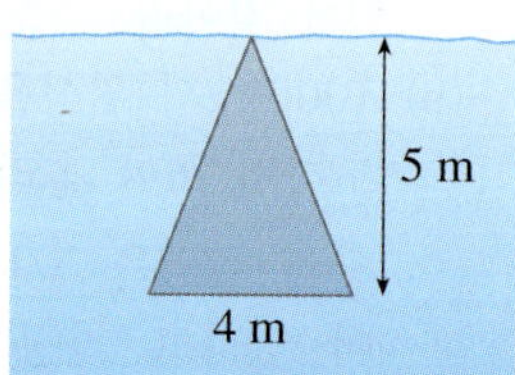

29.

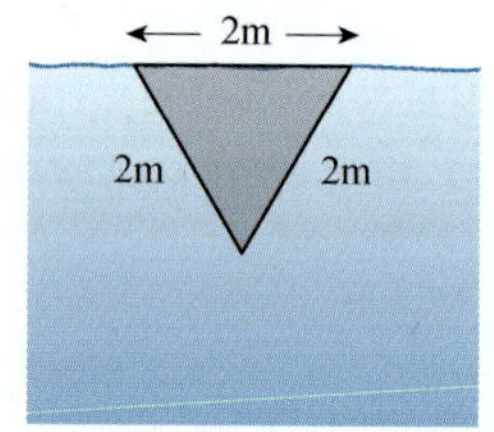

30. 우유 트럭이 밀도가 64.6 lb/ft^{3}인 우유를 수평으로 누운 지름이 6 ft인 원기둥 모양의 탱크로 운반한다.

(a) 탱크가 가득 찼을 때, 탱크의 한쪽 면에 우유가 가하는 힘을 찾아라.

(b) 탱크가 절반만큼 찼을 때는 어떤가?

31. V자 꼴의 구유에 밀도가 840 kg/m^{3}인 액체가 가득 담겨 있다. 구유의 끝은 한 변이 8 m인 정삼각형으로 꼭짓점이 아래를 향한 모습이다. 구유의 한쪽 끝면에 가해지는 정지된 액체의 힘을 찾아라.

32. 연직선과 30°의 각을 이루며 기울어진 댐이 있는데, 그 모양은 밑변이 100 ft이고 윗변이 50 ft이며 기울어진 높이가 70 ft인 등변 사다리꼴이다. 물이 가득 찼을 때, 이 댐에 가해지는 정지된 물의 힘을 찾아라.

33. 너비가 10 m이고 길이가 20 m인 수영장의 바닥은 비탈진 평면인데, 얕은 쪽 끝면의 깊이는 1 m이고 깊은 쪽 끝면의 깊이는 3 m이다. 수영장에 물이 가득 차 있을 때, 수영장의 (a) 얕은 쪽 끝면, (b) 깊은 쪽 끝면, (c) 한 쪽 옆면, (d) 바닥면에 가해지는 정지된 물의 압력을 찾아라.

34. 아래 그림에 나타낸 대로 연직 댐에 반원 모양의 문이 있다. 문에 가해지는 정지된 물의 힘을 찾아라.

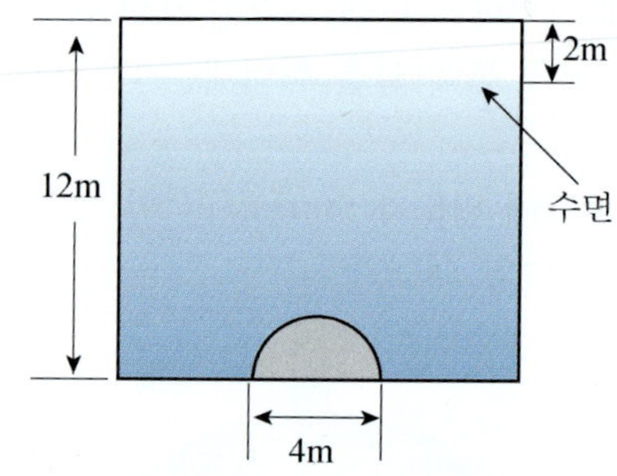

35. 바닷물에 연직으로 잠겨있는 쇠판이 발견됐다. 이 쇠의 밀도는 64 lb/ft^{3}이다. 아래 표는 지시된 깊이에서 측정한 너비를 보여준다. 심프슨의 법칙을 이용해서 판에 가해지는 물의 힘을 어림하라.

깊이(m)	7.0	7.4	7.8	8.2	8.6	9.0	9.4
너비(m)	1.2	1.8	2.9	3.8	3.6	4.2	4.4

36. 아래 그림에 나타낸 대로 x축에 점 질량 m_i들이 위치하고 있다. 원점에 관한 이 체계의 모멘트 M과 질량 중심 $\bar{x}$를 찾아라.

$m_1 = 25$ $m_2 = 20$ $m_3 = 10$

−2 0 3 7 x

37–38. 질량 m_i가 점 P_i에 위치하고 있다. 모멘트 M_x와 M_y 및 이 체계의 질량 중심을 찾아라.

37. $m_1 = 4$, $m_2 = 2$, $m_3 = 4$;
$P_1(2, -3)$, $P_2(-3, 1)$, $P_3(3, 5)$

38. $m_1 = 6$, $m_2 = 5$, $m_3 = 1$, $m_4 = 4$;
$P_1(1, -2)$, $P_2(3, 4)$, $P_3(-3, -7)$, $P_4(6, -1)$

39–42. 다음 곡선들로 둘러싸인 영역을 그리고, 가시적으로 무게 중심의 위치를 어림하라. 그리고 무게 중심의 정확한 좌표를 찾아라.

39. $y = 2x$, $y = 0$, $x = 1$

40. $y = \sqrt{x}$, $y = 0$, $x = 4$

41. $y = e^x$, $y = 0$, $x = 0$, $x = 1$

42. $y = 1/x$, $y = 0$, $x = 1$, $x = 2$

43–46. 다음 곡선들로 둘러싸인 영역의 무게 중심을 찾아라.

43. $y = x^2$, $x = y^2$

44. $y = x + 2$, $y = x^2$

45. $y = \sin x$, $y = \cos x$, $x = 0$, $x = \pi/4$

46. $y = x^3$, $x + y = 2$, $y = 0$

47–48. 밀도와 모양이 다음과 같은 얇은 판의 모멘트 M_x와 M_y 및 질량 중심을 셈하라.

47. $\rho = 10$

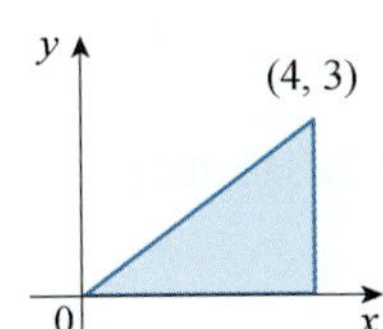

48. $\rho = 2$

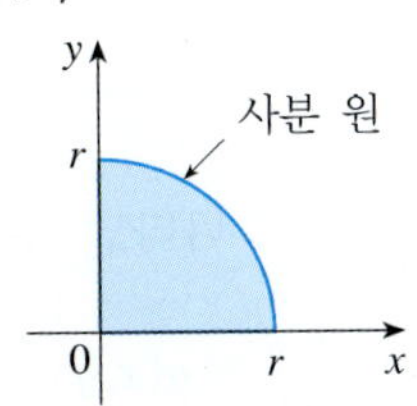

49. 임의의 삼각형의 무게 중심이 중선들의 교점에 위치한다는 사실을 증명하라. [*귀띔*: 세 꼭짓점의 좌표가 $(a, 0)$, $(0, b)$, $(c, 0)$이 되도록 좌표축들을 정하자. 중선은 꼭짓점과 대변의 중점을 잇는 선분이다. 또, 중선들은 각 꼭짓점으로부터 (중선을 따라) 대변까지의 거리의 $\frac{2}{3}$인 지점에서 교차한다.]

50–51. 다음 그림에 나타낸 영역의 무게 중심을, 적분하지 말고, 직사각형들의 무게 중심과 (익힘 문제 49의) 삼각형들의 무게 중심의 위치를 찾고 모멘트의 덧셈 성질을 이용해서 찾아라.

50.

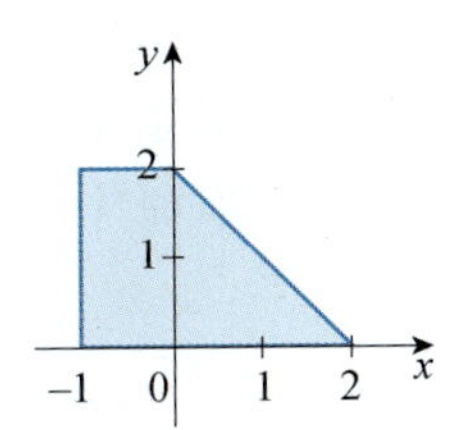

51.

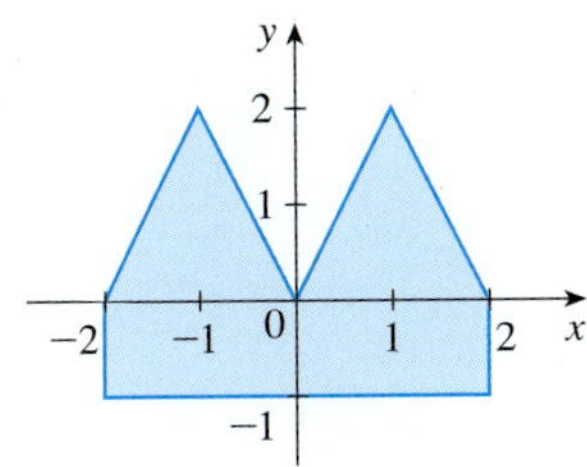

52–54. 파포스의 정리를 이용해서 다음 입체의 부피를 찾아라.

52. 반지름이 r인 구 (보기 8을 이용하라.)

53. 높이가 h이고 밑면의 반지름이 r인 원뿔

54. 세 꼭짓점이 $(2, 3)$, $(2, 5)$, $(5, 4)$인 삼각형을 x축을 중심으로 회전시켜 얻은 입체

55. 공식 13을 증명하라.

56. 두 정수 m과 n에 대해 $0 \le n < m$이고 $0 \le x \le 1$일 때, 두 곡선 $y = x^m$과 $y = x^n$ 사이에 놓인 영역을 $\mathfrak{R}$이라 하자.
(a) 영역 $\mathfrak{R}$을 그려라.
(b) $\mathfrak{R}$의 무게 중심의 좌표를 찾아라.
(c) 무게 중심이 $\mathfrak{R}$의 외부에 놓이는 m과 n의 값을 찾아보라.

7.7 미분 방정식

미분 방정식은 미지의 함수 및 한 개 이상의 이의 도함수를 포함하는 방정식이다. 다음은 미분 방정식의 몇 개의 예이다.

1 $$y' = xy,$$

용어
미분 방정식 differential equation
계수 order
해 solution
푼다 solve
분리 가능한 방정식 separable equation

2 $$y'' + 2y' + y = 0,$$

3 $$\frac{d^3y}{dx^3} + x\frac{d^2y}{dx^2} + \frac{dy}{dx} - 2y = e^{-x}$$

위의 각 미분 방정식에서 y는 x에 관한 미지의 함수이다. 미분 방정식이 중요한 이유는, 과학자와 공학자가 어떤 자연 현상을 수학적으로 공식화하면 그것이 흔히 미분 방정식으로 밝혀진다는 사실이다.

미분 방정식의 계수는 그 방정식에 나타나는 최고 계의 도함수의 계수이다. 그러므로 세 방정식 1, 2, 3은 차례로 일계, 이계, 삼계이다.

함수 f가 미분 방정식의 해라고 하는 것은, $y = f(x)$와 이의 도함수들을 그 방정식에 대입했을 때 방정식이 성립하는 경우이다. 그러므로 f가 방정식 1의 해가 되려면, 어떤 구간에 속한 모든 x에 대해 다음이 성립해야 한다.

$$f'(x) = xf(x)$$

미분 방정식을 푼다는 것은 그 방정식의 가능한 해를 모두 찾아내는 것을 말한다. 앞에서 이미 매우 단순한 미분 방정식으로, $y' = f(x)$ 꼴의 방정식을 풀었다. 예를 들면, 미분 방정식 $y' = x^3$의 일반해는 $y = \frac{1}{4}x^4 + C$이다. 여기서 C는 임의의 상수이다.

그런데 일반적으로 미분 방정식의 풀이는 쉬운 문제가 아니다. 모든 미분 방정식을 푸는 체계적인 기법은 없다. 이번 절에서는 분리 가능한 방정식이라 부르는 특수한 꼴의 미분 방정식을 푸는 방법을 알아보겠다. 그렇지만 이번 절의 끝 부분에서 일계 미분 방정식의 해에 대한 공식을 찾기가 불가능한 경우에도 그것의 개략적인 그래프를 그리는 방법을 알아볼 것이다.

분리 가능한 방정식

분리 가능한 방정식은 다음 꼴로 나타낼 수 있는 일계 미분 방정식이다.

$$\frac{dy}{dx} = g(x)f(y)$$

'분리 가능'이란 이름은 우변의 식을 x에 관한 함수와 y에 관한 함수로 '분리'했다는 사실 때문에 붙었다. $f(y) \neq 0$일 때는 $h(y) = 1/f(y)$에 대해 위의 방정식을 다음과 같은 동치인 방정식으로 나타낼 수 있다.

4 $$\frac{dy}{dx} = \frac{g(x)}{h(y)}$$

■ 분리 가능한 미분 방정식을 푸는 기법은, 야코프 베르누이가 (1690년에) 흔들이에 관한 문제를 풀 때와 라이프니츠가 (1691년에 하위헌스에게 보낸 편지에서) 처음 이용했다. 요한 베르누이는 1694년에 발표한 논문에서 이의 일반적인 방법을 설명했다.

이 방정식을 풀기 위해, y에 관한 모든 것을 방정식의 한쪽으로 모으고 x에 관한 모든 것은 다른 쪽으로 모아서 다음과 같은 미분 형식으로 다시 쓴다.

$$h(y)\,dy = g(x)\,dx$$

그리고 이 방정식의 양변을 다음과 같이 각각 적분한다.

용어
일반해 general solution
특수해 particular solution
초기 조건 initial condition
초깃값 문제 initial-value problem

5
$$\int h(y)\,dy = \int g(x)\,dx$$

방정식 5는 y를 x의 음함수로 정의한다. 일부 경우에는 y를 x의 식으로 풀 수 있다.

이 과정의 정당성은 다음과 같이 연쇄 법칙을 이용해서 밝힐 수 있다. h와 g가 5를 만족시키면, 다음이 성립한다.

$$\frac{d}{dx}\left(\int h(y)\,dy\right) = \frac{d}{dx}\left(\int g(x)\,dx\right)$$

그러므로 다음을 얻는다.

$$\frac{d}{dy}\left(\int h(y)\,dy\right)\frac{dy}{dx} = g(x),$$

곧
$$h(y)\frac{dy}{dx} = g(x)$$

그러므로 방정식 4를 만족시킨다.

미분 방정식을 활용할 때는, 통상 해의 집합(**일반해**)을 찾는 것보다는 추가적인 조건을 만족시키는 해를 찾는 데 더 관심을 둔다. 많은 응용 문제에서는 $y(x_0) = y_0$ 꼴의 조건을 만족시키는 **특수해**를 찾을 필요가 있다. 이를 **초기 조건**이라 하고, 초기 조건을 만족시키는 미분 방정식의 해를 찾는 문제를 **초깃값 문제**라고 한다.

보기 1 (a) 미분 방정식 $\dfrac{dy}{dx} = \dfrac{x^2}{y^2}$을 풀어라.

(b) 초기 조건 $y(0) = 2$를 만족시키는 이 방정식의 해를 찾아라.

풀이 (a) 주어진 방정식을 다음과 같이 미분으로 나타내고 양변을 적분하자.

$$y^2\,dy = x^2\,dx,$$
$$\int y^2\,dy = \int x^2\,dx,$$
$$\frac{1}{3}y^3 = \frac{1}{3}x^3 + C$$

여기서 C는 임의의 상수이다. (좌변에 상수 C_1을 사용하고 우변에 또 다른 상수 C_2를 사용할 수 있다. 그렇지만 이런 경우에도 상수들을 결합시켜 $C = C_2 - C_1$과 같이 쓸 수 있다.)

y에 대해 풀면, 다음을 얻는다.

$$y = \sqrt[3]{x^3 + 3C}$$

해를 이와 같이 남겨 둘 수 있다. 또는 다음과 같은 꼴로 쓸 수도 있다.

$$y = \sqrt[3]{x^3 + K}$$

여기서 $K = 3C$이다. (C가 임의의 상수이므로, K도 그렇다.)

■ 그림 1은 보기 1에 있는 미분 방정식의 해 집합에 속한 몇 개의 그래프를 보여준다. (b)에 있는 초깃값 문제의 해는 하늘색으로 나타냈다.

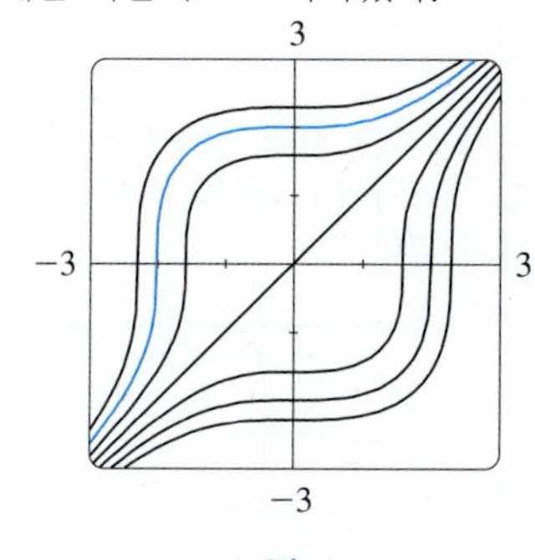

그림 1

(b) (a)의 일반해에 $x=0$을 대입하면, $y(0)=\sqrt[3]{K}$를 얻는다. 초기 조건 $y(0)=2$를 만족시키기 위해서는 $\sqrt[3]{K}=2$이고 이에 따라 $K=8$이어야 한다.

그러므로 주어진 초깃값 문제의 해는 다음과 같다.

$$y=\sqrt[3]{x^3+8}$$

■

■ 일부 컴퓨터 대수 체계는 음함수를 나타내는 방정식의 그래프를 그릴 수 있다. 그림 2는 보기 2에 있는 미분 방정식의 해 집합에 속한 몇 개의 그래프를 보여준다. 왼쪽부터 오른쪽까지의 곡선에 대한 C의 값은 차례로 3, 2, 1, 0, −1, −2, −3이다.

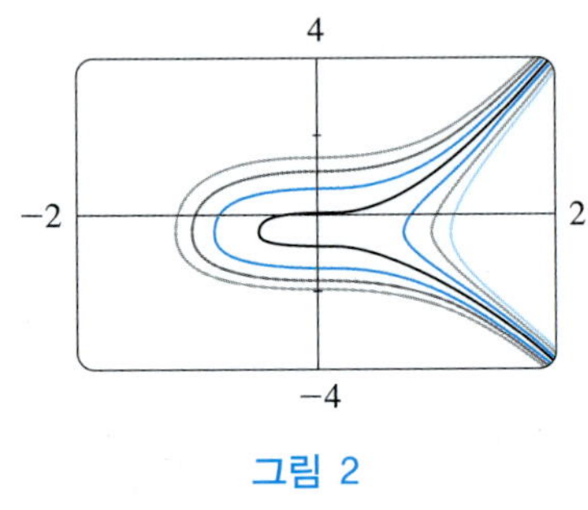

그림 2

보기 2 미분 방정식 $\dfrac{dy}{dx}=\dfrac{6x^2}{2y+\cos y}$을 풀어라.

풀이 주어진 방정식을 미분 형식으로 나타내고 양변을 적분하면, 다음을 얻는다.

$$(2y+\cos y)\,dy=6x^2\,dx,$$

$$\int(2y+\cos y)\,dy=\int 6x^2\,dx,$$

$$y^2+\sin y=2x^3+C \tag{6}$$

여기서 C는 상수이다. 식 6은 일반해를 음함수로 나타내고 있다. 이런 경우에 이 식을 풀어서 y를 x에 관한 양함수로 나타내기가 불가능하다. ■

보기 3 미분 방정식 $y'=x^2y$를 풀어라.

풀이 먼저 방정식을 라이프니츠의 기호로 다시 쓰면 다음과 같다.

$$\frac{dy}{dx}=x^2y$$

$y\neq 0$일 때, 이를 다음과 같이 미분 기호로 다시 쓰고 적분할 수 있다.

■ 해 y가 어떤 x에 대해 $y(x)\neq 0$일 때, 미분 방정식의 해에 대한 유일성 정리에 의해 모든 x에 대해 $y(x)\neq 0$이다.

$$\frac{dy}{y}=x^2\,dx\quad(y\neq 0),$$

$$\int\frac{dy}{y}=\int x^2\,dx,$$

$$\ln|y|=\frac{x^3}{3}+C$$

■ 보기 3에 있는 미분 방정식의 몇 개의 해를 그림 3에 나타냈다. A의 값은 y절편과 같다.

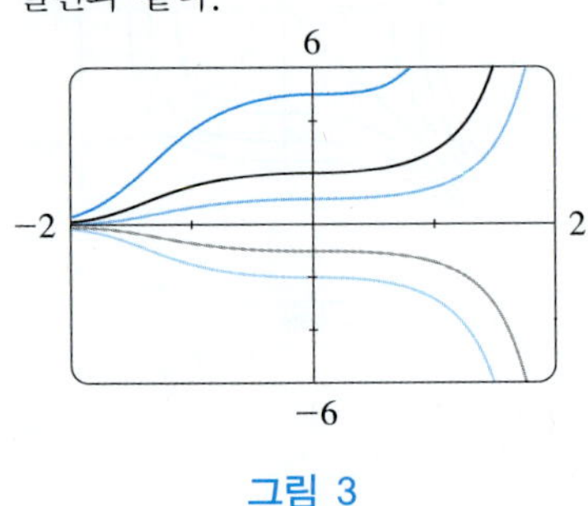

그림 3

이 방정식은 y를 x의 음함수로 정의하고 있다. 그런데 이 경우에 다음과 같이 풀어서 y를 양함수로 나타낼 수 있다.

$$|y|=e^{\ln|y|}=e^{(x^3/3)+C}=e^Ce^{x^3/3}$$

그러므로 다음을 얻는다.

$$y=\pm e^Ce^{x^3/3}$$

함수 $y=0$이 주어진 미분 방정식의 해임을 쉽게 밝힐 수 있다. 그러므로 일반해를 다음과 같은 꼴로 나타낼 수 있다.

$$y=Ae^{x^3/3}$$

여기서 A는 임의 상수이다. (A는 e^C 또는 $-e^C$ 또는 0이다.) ■

보기 4 미분 방정식 $\dfrac{dy}{dt}=ky$를 풀어라.

풀이 이 미분 방정식은 3.4절에서 알아봤는데, 그때 이를 자연 증가 (또는 감소)의 법칙이라 불렀다. 이것이 분리 가능한 방정식이므로, 다음과 같이 이번 절의 방법으로 풀 수 있다.

$$\int \frac{dy}{y} = \int k\,dt \quad (y \neq 0),$$

$$\ln|y| = kt + C,$$

$$|y| = e^{kt+C} = e^{C}e^{kt},$$

$$y = Ae^{kt}$$

여기서 $A(=\pm e^{C}$ 또는 0)는 임의 상수이다. ■

■ www.stewartcalculus.com

Additional Example A와 B를 보라.

병참 증가

보기 4의 미분 방정식은 무제한적인 환경과 식량 공급이 이루어지는 조건에서 인구 증가에 대한 모형으로 적절하다. ($y'=ky$는 증가율이 현 인구에 비례함을 나타낸다.) 그렇지만 환경이 제한적이고 식량 공급이 한정된 경우에 인구는 공급 가능한 식량을 모두 소비하는 (**포화 수준**이라 부르는) 최대 크기 M을 초과할 수 없다. 인구 증가율이 인구(y) 및 y가 최대 크기보다 작은 양 $(M-y)$의 곱에 비례한다고 가정하면, 다음과 같은 방정식을 얻는다.

용어

병참 증가 logistic growth

포화 수준 carrying capacity

병참 미분 방정식 logistic differential equation

7 $$\frac{dy}{dx} = ky(M-y)$$

여기서 k는 상수이다. 방정식 7을 **병참 미분 방정식**이라 하는데, 네덜란드의 수리 생물학자 베르헐스트(Pierre-François Verhulst)는 1840년대에 이를 세계 인구 증가에 대한 모형으로 이용했다.

병참 방정식은 분리 가능하므로, 다음과 같은 꼴로 나타낼 수 있다.

$$\int \frac{dy}{y(M-y)} = \int k\,dt$$

부분 분수로 나타내면 다음과 같다.

$$\frac{1}{y(M-y)} = \frac{1}{M}\left\{\frac{1}{y} + \frac{1}{M-y}\right\}$$

그러므로 다음을 얻는다.

$$\frac{1}{M}\left\{\int \frac{dy}{y} + \int \frac{dy}{M-y}\right\} = \int k\,dt = kt + C,$$

$$\frac{1}{M}(\ln|y| - \ln|M-y|) = kt + C$$

그런데 $0 < y < M$이므로 $|y| = y$이고 $|M - y| = M - y$이며, 다음이 성립한다.

$$\ln \frac{y}{M-y} = M(kt + C),$$

$$\frac{y}{M-y} = Ae^{kMt} \quad (A = e^{MC})$$

시각 $t = 0$에서 $y(0) = y_0$이면, $A = y_0/(M - y_0)$이므로 다음이 성립한다.

$$\frac{y}{M-y} = \frac{y_0}{M-y_0} e^{kMt}$$

이 식을 y에 대해 풀면 다음을 얻는다.

8
$$y = \frac{y_0 M e^{kMt}}{M - y_0 + y_0 e^{kMt}} = \frac{y_0 M}{y_0 + (M - y_0) e^{-kMt}}$$

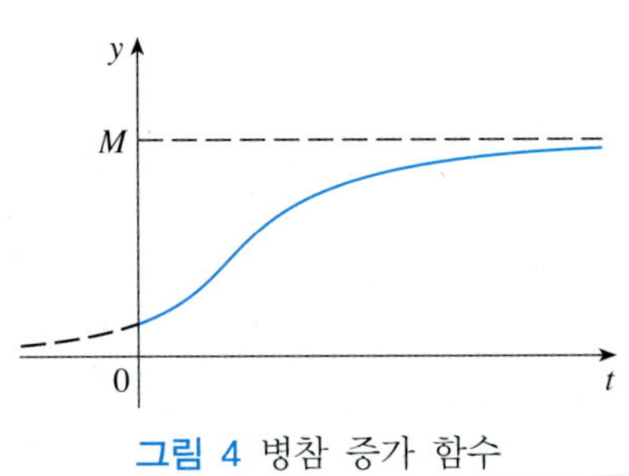

그림 4 병참 증가 함수

y에 대한 뒤의 표현을 이용하면, 예상한 대로 다음을 알 수 있다.

$$\lim_{t \to \infty} y(t) = M$$

병참 증가 함수의 그래프를 그림 4에 나타냈다. 이 그래프는 처음에 아래로 볼록하고 거의 지수 함수의 그래프와 같이 보이다가, 나중에는 위로 볼록해져서 극한 인구 M에 가까워진다.

혼합 문제

전형적인 혼합 문제는 소금과 같은 물질이 완전히 혼합된 용액으로 일정한 양만큼 차 있는 탱크에서 출발한다. 주어진 농도의 용액이 탱크 안으로 일정한 변화율로 들어가고, 완전히 휘저어 섞인 혼합물이 (들어가는 변화율과 다를 수 있는) 어떤 고정된 변화율로 탱크에서 흘러나간다. $y(t)$가 시각 t에서 탱크 안에 있는 물질의 양을 나타내면, $y'(t)$는 그 물질이 추가되는 변화율에서 그것이 제거되는 변화율을 뺀 값이다. 이런 상황에 대한 수학적인 표현은 흔히 분리 가능한 일계 미분 방정식에 귀착된다. 이런 형태의 논리는 화학 반응, 호수에 방출하는 오염 물질, 혈류에 주입되는 약품 등과 같은 다양한 현상에 대한 모형을 만드는 데 이용할 수 있다.

보기 5 탱크 안에 20 kg의 소금이 5000 L의 물에 녹아있는 소금물이 담겨있다. 물 1 L마다 0.03 kg의 소금이 녹아있는 소금물이 25 L/min의 변화율로 이 탱크 속으로 들어가고 있다. 두 가지 소금물은 완전히 섞이는데, 이 탱크로부터 같은 변화율로 소금물이 흘러나간다. 30분 뒤에 이 탱크에 남아있는 소금의 양은 얼마인가?

풀이 $y(t)$를 t분 뒤 소금의 양(kg)이라 하자. $y(0) = 20$이고 $y(30)$을 찾으려고 한다. 이를 위해 $y(t)$가 만족시키는 미분 방정식을 찾자. dy/dt는 소금 양의 변화율이므로, 소금이 탱크로 들어가는 변화율을 유입률이라 하고 소금이 탱크로부터 나가는 변화율을 유출률이라 하면 다음이 성립한다.

9
$$\frac{dy}{dt}=(\text{유입률})-(\text{유출률})$$

그런데 유입률은 다음과 같다.

$$(\text{유입률})=\left(0.03\frac{\text{kg}}{\text{L}}\right)\left(25\frac{\text{L}}{\text{min}}\right)=0.75\frac{\text{kg}}{\text{min}}$$

탱크에는 언제나 5000 L의 액체가 있으므로, 시각 t에서의 농도는 $y(t)/5000$ (kg/L)이다. 소금물이 25 L/min의 변화율로 흘러나가므로, 유출률은 다음과 같다.

$$(\text{유출률})=\left(\frac{y(t)}{5000}\frac{\text{kg}}{\text{L}}\right)\left(25\frac{\text{L}}{\text{min}}\right)=\frac{y(t)}{200}\frac{\text{kg}}{\text{min}}$$

그러므로 식 9로부터 다음이 성립한다.

$$\frac{dy}{dt}=0.75-\frac{y(t)}{200}=\frac{150-y(t)}{200}$$

이 분리 가능한 미분 방정식을 풀면, 다음을 얻는다.

$$\int\frac{dy}{150-y}=\int\frac{dt}{200},$$

$$-\ln|150-y|=\frac{t}{200}+C$$

$y(0)=20$이므로, $-\ln 130=C$이고 다음이 성립한다.

$$-\ln|150-y|=\frac{t}{200}-\ln 130$$

따라서 다음을 얻는다.

$$|150-y|=130e^{-t/200}$$

$y(t)$는 연속이고 $y(0)=20$이면 우변은 0이 될 수 없으므로, $150-y(t)$가 언제나 양수라는 사실이 유도된다. 그러므로 $|150-y|=150-y$이고 다음이 성립한다.

$$y(t)=150-130e^{-t/200}$$

30분 뒤의 소금의 양은 다음과 같다.

$$y(30)=150-130e^{-30/200}\approx 38.1\,(\text{kg})$$ ■

■ 그림 5는 보기 5에 있는 함수 $y(t)$의 그래프를 보여준다. 시간이 흐름에 따라 소금의 양은 150kg에 가까워진다.

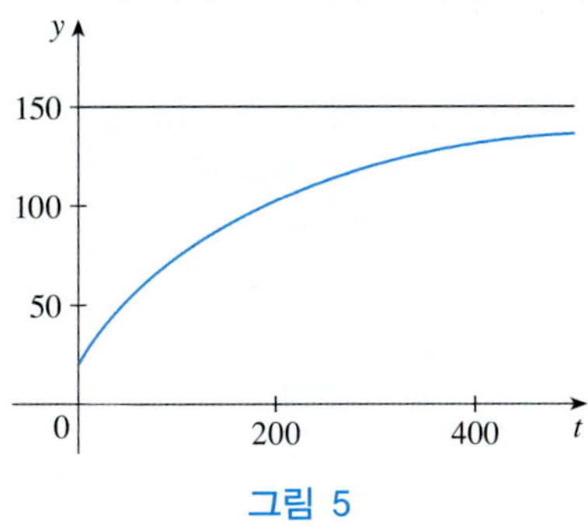

그림 5

방향 마당

x와 y에 관한 식 $F(x, y)$에 대해, 다음과 같은 꼴의 일계 미분 방정식이 주어졌다고 가정하자.

$$y'=F(x, y)$$

[분리 가능한 방정식은 $F(x, y)$를 x에 관한 함수와 y에 관한 함수로 인수 분해할 수 있는 특별한 경우이다.] 해에 대한 공식을 찾기가 불가능한 경우에도, 여전히 방향 마당을 이용해서 해 곡선을 가시화할 수 있다. 해 곡선이 점 (x, y)를 지날 때, 이 점에서의 기울기는 y'인데, 이는 $F(x, y)$와 같다. 여러 점 (x, y)에서 기울기가 $F(x, y)$인 짧은 선분을 그린 결과를 **방향 마당**(또는 **기울기 마당**)이라 한다. 이런 선분들은 해 곡선이 지향하는 방향을 지시하므로, 방향 마당은 해 곡선의 일반적인 모양을 기시화하는 데 도움을 준다.

용어
방향 마당, 방향장 directional field 기울기 마당 slope field

보기 6 (a) 미분 방정식 $y' = x^2 + y^2 - 1$에 대한 방향 마당을 그려라.
(b) (a)의 결과를 이용해서 원점을 지나는 해 곡선을 그려라.

풀이 (a) 먼저 다음 표와 같이 몇 개의 점에서의 기울기를 셈하자.

x	-2	-1	0	1	2	-2	-1	0	1	2	…
y	0	0	0	0	0	1	1	1	1	1	…
$y' = x^2 + y^2 - 1$	3	0	-1	0	3	4	1	0	1	4	…

이제 이런 점에서 기울기가 위와 같은 짧은 선분을 그리자. 그 결과는 그림 6에 나타낸 방향 마당이다.

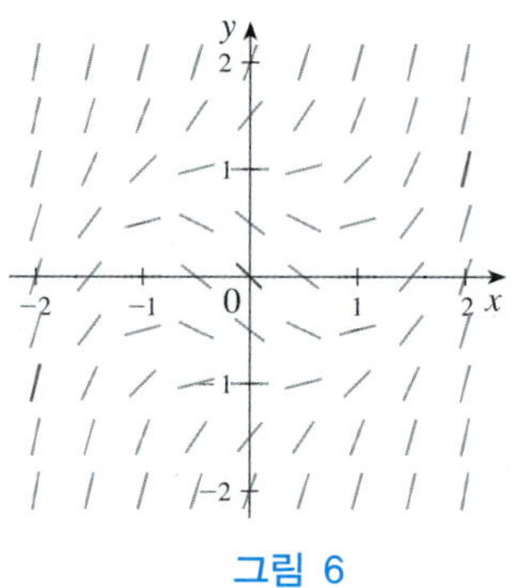

그림 6

(b) 원점에서 출발해서 (기울기가 -1인) 선분의 방향으로 따라 오른쪽으로 움직인다. 해 곡선을 계속해서 그리는데, 바로 이웃한 선분에 평행으로 움직이도록 한다. 이런 결과로 얻은 해 곡선을 그림 7에 나타냈다. 원점으로 되돌아가서 왼쪽으로 해 곡선을 그린다. ■

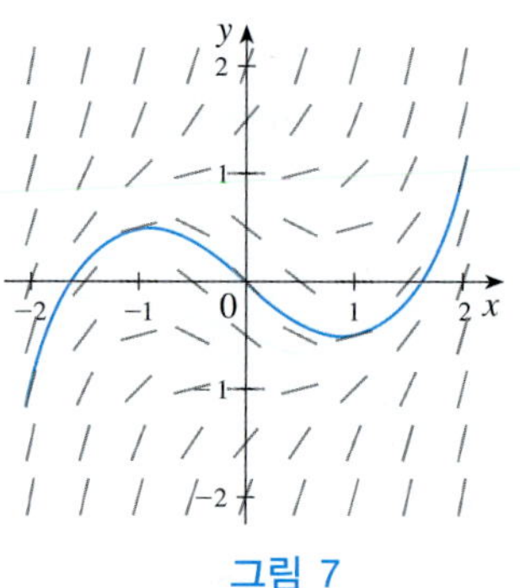

그림 7

방향 마당에 선분을 더 많이 그릴수록, 그림은 더욱 명확해진다. 물론, 아주 많은 점에서 손으로 기울기를 셈하고 선분을 그리는 작업은 지루하지만, 이런 과제에 컴퓨터가 아주 적합하다. 그림 8은 보기 6에 있는 미분 방정식에 대한 좀 더 자세한 방향 마당인데, 컴퓨터가 그린 것이다. 이를 이용하면 그림 9에 나타낸 대로 y절편이 $-2, -1, 0, 1, 2$인 해 곡선들을 꽤 정확하게 그릴 수 있다.

TEC Module 7.7은 여러 가지 미분 방정식에 대한 방향 마당과 해 곡선들을 보여준다.

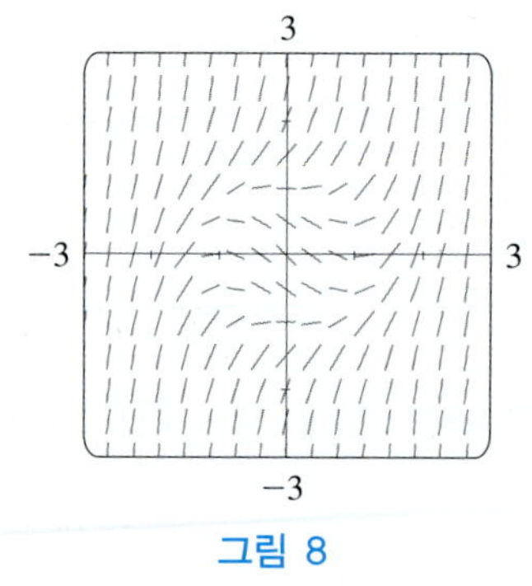

그림 8

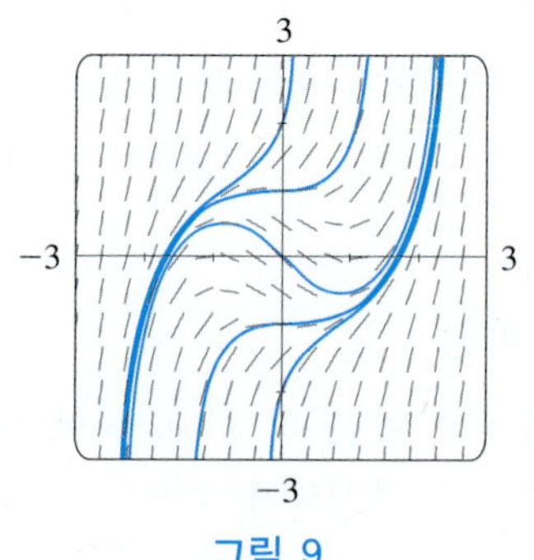

그림 9

7.7 익힘 문제

1–8. 다음 미분 방정식을 풀어라.

1. $\dfrac{dy}{dx}=\dfrac{y}{x}$

2. $\dfrac{dy}{dx}=\dfrac{\sqrt{x}}{e^y}$

3. $xy^2y'=x+1$

4. $y'=y^2\sin x$

5. $(1+\sin y)y'=x+x^3$

6. $\dfrac{dy}{d\theta}=\dfrac{e^y\sin^2\theta}{y\sec\theta}$

7. $\dfrac{dp}{dt}=t^2p-p+t^2-1$

8. $\dfrac{dz}{dt}+e^{t+z}=0$

9–14. 주어진 초기 조건을 만족시키는 다음 미분 방정식의 해를 찾아라.

9. $\dfrac{dy}{dx}=\dfrac{x}{y},\quad y(0)=-3$

10. $\dfrac{dy}{dx}=\dfrac{y\cos x}{1+y^2},\quad y(0)=1$

11. $\dfrac{du}{dt}=\dfrac{2t+\sec^2 t}{2u},\quad u(0)=-5$

12. $\dfrac{dP}{dt}=\sqrt{Pt},\quad P(1)=2$

13. $y'\tan x=a+y,\ y(\pi/3)=a\ \ (0<x<\pi/2)$

14. $\dfrac{dL}{dt}=kL^2\ln t,\ L(1)=-1$

15. 점 $(0,\ 1)$을 지나고 $(x,\ y)$에서의 기울기가 xy인 곡선의 방정식을 찾아라.

16. $f'(x)=f(x)(1-f(x))$이고 $f(0)=\frac{1}{2}$을 만족시키는 함수 f를 찾아라.

17. (a) 미분 방정식 $y'=2x\sqrt{1-y^2}$을 풀어라.

(b) 초깃값 문제 $y'=2x\sqrt{1-y^2}$, $y(0)=0$을 풀고, 해의 그래프를 그려라.

(c) 초깃값 문제 $y'=2x\sqrt{1-y^2}$, $y(0)=2$의 해가 존재하는가? 이유를 설명하라.

18. 미분 방정식 $e^{-y}y'+\cos x=0$을 풀고, 해 집합에 속한 몇 개 함수의 그래프를 그려라. 상수 C가 변함에 따라 해 곡선은 어떻게 변하는가?

CAS 19. 초깃값 문제 $y'=(\sin x)/\sin y,\ y(0)=\pi/2$를 풀고, (음함수의 그래프를 그리는 CAS가 있으면) 해의 그래프를 그려라.

CAS 20. 미분 방정식 $y'=x\sqrt{x^2+1}/(ye^y)$을 풀고, (음함수의 그래프를 그리는 CAS가 있으면) 해 집합에 속한 몇 개 함수의 그래프를 그려라. 상수 C가 변함에 따라 해 곡선은 어떻게 변하는가?

21–24. 다음 미분 방정식을 아래 방향 마당 I~IV와 짝지어라. 그렇게 답한 이유를 말하라.

21. $y'=2-y$

22. $y'=x+y-1$

23. $y'=x(2-y)$

24. $y'=\sin x\sin y$

I

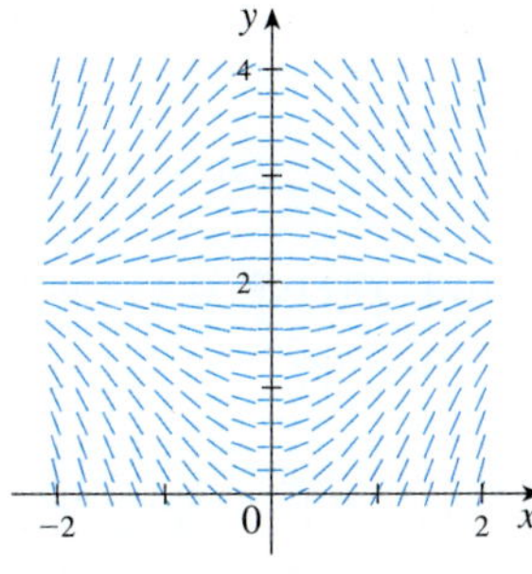

II

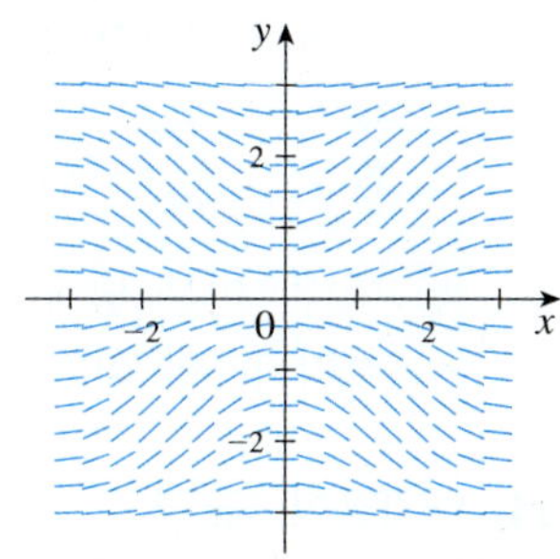

III

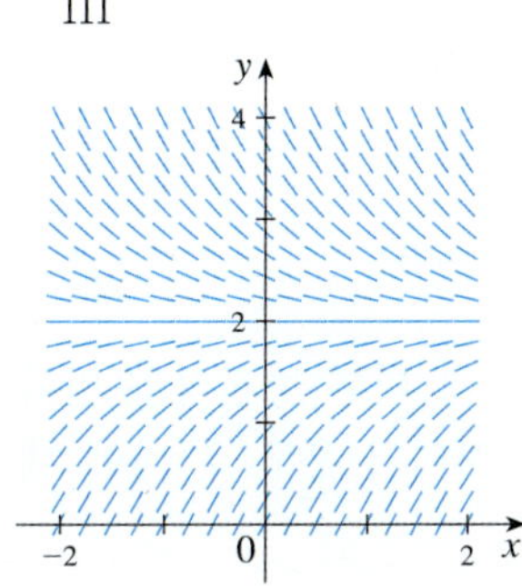

IV

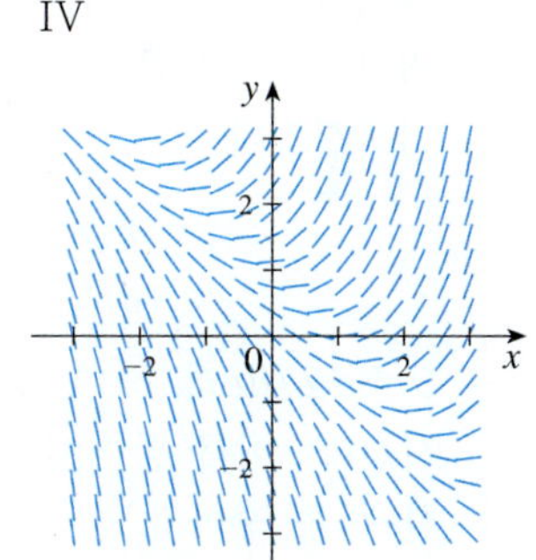

25–26. 익힘 문제 21–24의 방향 마당을 참조하라.

25. 마당 II를 이용해서 다음 초기 조건을 만족시키는 해의 그래프를 그려라.

(a) $y(0)=1$ (b) $y(0)=2$ (c) $y(0)=-1$

26. 마당 IV를 이용해서 다음 초기 조건을 만족시키는 해의 그래프를 그려라.

(a) $y(0)=-1$ (b) $y(0)=0$ (c) $y(0)=1$

27–28. 다음 미분 방정식의 방향 마당을 그려라. 이를 이용해서 해 곡선 세 개를 그려라.

27. $y' = \frac{1}{2}y$ **28**. $y' = x^2 - y^2$

29–32. 다음 미분 방정식의 방향 마당을 그려라. 이를 이용해서 주어진 점을 지나는 해 곡선을 그려라.

29. $y' = y - 2x$, $(1, 0)$ **30**. $y' = 1 - xy$, $(0, 0)$

31. $y' = y + xy$, $(0, 1)$ **32**. $y' = x - xy$, $(1, 0)$

33. 학습 이론에 관심을 가진 심리학자는 학습 곡선을 연구한다. 학습 곡선은 함수 $P(t)$의 그래프인데, 이는 어떤 지식을 배운 사람의 성적을 훈련 시간 t의 함수로 나타낸 것이다. 도함수 dP/dt는 성적의 증가율을 표현한다.

(a) M이 학습자가 보여줄 수 있는 최고 수준의 성적일 때, 다음 미분 방정식이 학습에 대한 적절한 모형인 이유를 설명하라.

$$\frac{dP}{dt} = k(M - P) \quad \text{(단, } k\text{는 양의 상수)}$$

(b) (a)의 미분 방정식을 풀어서 $P(t)$에 대한 식을 찾아라. 이 식의 극한은 무엇인가?

34. 반지름이 1 m인 구의 온도는 15℃ 이다. 이를 반지름이 2 m이고 온도가 25℃ 인 구의 안쪽에 중심끼리 일치하도록 놓았다. 구들의 공동 중심으로부터의 거리가 r인 지점의 온도 $T(r)$은 다음 미분 방정식을 만족시킨다.

$$\frac{d^2T}{dr^2} + \frac{2}{r}\frac{dT}{dr} = 0$$

$S = dT/dr$라 하면, S는 일계 미분 방정식을 만족시킨다. 이를 풀어서 두 구 사이의 온도 $T(r)$에 대한 식을 찾아라.

35. 포도당액을 정맥 주사를 통해 일정한 변화율 r로 혈류 속으로 주입하고 있다. 포도당이 추가되면, 이는 다른 물질로 전환되고 그 시각의 농도에 비례하는 변화율로 혈류에서 제거된다. 그래서 혈류에서 포도당액의 농도 $C = C(t)$에 대한 모형은 다음과 같다.

$$\frac{dC}{dt} = r - kC$$

여기서 k는 양의 상수이다.

(a) 시각 $t = 0$에서의 농도가 C_0이라 하자. 위의 미분 방정식을 풀어서 임의의 시각 t에서의 농도를 결정하라.

(b) $C_0 < r/k$라 가정하고, $\lim_{t\to\infty} C(t)$를 찾고 그 답을 해석하라.

36. 어떤 작은 나라에서 지폐의 유통량이 100억 달러이고, 매일 5000만 달러가 은행으로 들어간다. 정부는 새 지폐를 발행했는데, 옛 지폐가 은행으로 들어올 때마다 은행은 옛 지폐를 새 지폐로 교환해주기로 결정했다. 시각 t일 때 유통량 중에서 새 지폐의 양을 $x = x(t)$라 하고, $x(0) = 0$이라 하자.

(a) 새 지폐가 유통되는 '흐름'을 표현하는 수학적 모형을 초깃값 문제의 형태로 세워라.

(b) (a)에서 찾은 초깃값 문제를 풀어라.

(c) 새 지폐가 유통되는 지폐의 90%에 이르는 데 걸리는 시간을 얼마인가?

37. 다음 병참 초깃값 문제의 해를 써라.

$$\frac{dP}{dt} = 0.00008P(1000 - P), \quad P(0) = 100$$

이를 이용해서 인구 $P(40)$과 $P(80)$을 찾아라. 언제 인구가 900에 도달하는가?

38. 태평양에 서식하는 가자미과 어장의 모형을 다음 미분 방정식으로 설정했다.

$$\frac{dy}{dt} = ky(M - y)$$

여기서 $y(t)$는 시각 t(년)의 (현존하는 개체의 총량인) 생물량(kg)이고, 포화 수준은 $M = 8 \times 10^7$ kg으로 어림되며 $k = 8.875 \times 10^{-9}$/년 이다.

(a) $y(0) = 2 \times 10^7$ kg일 때, 1년 뒤의 생물량을 찾아라.

(b) 생물량이 4×10^7 kg에 도달하는 데 얼마나 걸리는가?

39. 소문의 확산에 대한 한 가지 모형은, 확산율이 그 소문을 들은 사람의 비율 y와 그 소문을 듣지 못한 사람의 비율의 곱에 정비례한다는 것이다.

(a) y가 만족시키는 미분 방정식을 세워라.

(b) 이 미분 방정식을 풀어라.

(c) 1000명의 주민이 사는 작은 마을이 있다. 오전 8시에 80명이 어떤 소문을 들었고, 정오까지는 주민 절반이 이를 들었다. 언제 90%의 주민이 이 소문을 들을까?

40. 생물학자들이 한 종류의 물고기 400마리를 호수에 방류했는데, 그 호수에서 그 물고기의 포화 상태는 10000마리로 어림했다. 이 물고기의 수는 첫 해에 세 배가 됐다.

(a) 이 물고기의 마리수가 병참 방정식을 만족시킨다고 가정하고, t년 뒤의 마리수에 대한 식을 찾아라.

(b) 마리수가 5000까지 증가하는 데 얼마나 걸리는가?

41. (a) y가 병참 방정식 [7]을 만족시키면, 다음이 성립함을 보여라.

$$\frac{d^2y}{dt^2} = k^2y(M-y)(M-2y)$$

(b) 인구는 포화 수준의 절반에 이를 때 가장 빨리 증가한다는 사실을 유도하라.

42. 고정된 M(이를테면 $M=10$)에 대해 식 [8]로 주어진 병참 함수의 집합은 초깃값 y_0과 비례 상수 k에 따라 결정된다. 이 집합의 몇 개 함수의 그래프를 그려라. y_0이 변함에 따라 그래프는 어떻게 변하는가? k가 변함에 따라 그래프는 어떻게 변하는가?

43. 탱크에 소금물 1000L가 들어있는데, 소금 15kg이 녹아있다. 순수한 물을 10L/min의 변화율로 탱크에 넣는다. 소금물을 완전히 휘저어 섞는데, 같은 변화율로 탱크에서 흘러나간다. (a) t분 뒤와 (b) 20분 뒤에 탱크에 있는 소금의 양은 얼마인가?

44. 부피가 180m^3 인 방에 있는 공기 중에는 처음에 0.15%의 이산화탄소가 포함되어 있다. 단지 0.05%의 이산화탄소를 포함한 신선한 공기가 2m^3/min의 변화율로 들어가고, 혼합된 공기가 같은 변화율로 빠져나간다. 방 안에서 이산화탄소의 백분율을 시간의 함수로 나타내라. 긴 시간이 지나면 어떻게 되는가?

45. 맥주 200L가 담긴 큰 통에 (부피로) 4%의 알코올이 포함되어 있다. 이 통에 알코올이 6%인 맥주를 20 L/min의 변화율로 집어넣고, 잘 섞인 맥주를 같은 변화율로 뽑아낸다. 한 시간 뒤 알코올은 몇 %가 되는가?

46. 탱크에 순순한 물이 1000L 담겨있다. 물 1L에 0.05 kg의 소금이 녹아있는 소금물을 이 탱크에 5L/min의 변화율로 집어넣는다. 물 1L에 0.04kg의 소금이 녹아있는 소금물을 이 탱크에 10L/min의 변화율로 집어넣는다. 이 소금물을 완전히 섞고, 15L/min의 변화율로 뽑아낸다. (a) t분 뒤와 (b) 한 시간 뒤에 탱크에 있는 소금의 양은 얼마인가?

47. 빗방울이 떨어질 때, 크기가 커지므로 시각 t에서의 질량은 t의 함수 $m(t)$이다. 질량의 증가율은 양의 상수 k에 대해 $km(t)$이다. 뉴턴의 운동 법칙을 빗방울에 적용하면, $(mv)'=gm$을 얻는데, 여기서 v는 (아래 방향으로의) 빗방울의 속도이고 g는 중력 가속도이다. 빗방울의 종단 속도는 $\lim_{t\to\infty} v(t)$이다. 종단 속도를 g와 k의 식으로 찾아라.

48. 질량이 m인 물체가 어떤 매질을 통해 수평으로 움직이고, 이 매질은 속도의 함수인 힘으로 이 운동에 저항한다. 곧, 다음과 같다.

$$m\frac{d^2s}{dt^2} = m\frac{dv}{dt} = f(v)$$

여기서 $v=v(t)$와 $s=s(t)$는 각각 시각 t에서 그 물체의 속도와 위치를 표현한다. 예를 들어, 물을 가로 지르는 배를 생각하자.

(a) 저항력이 속도에 정비례한다고 하자. 곧, 양의 상수 k에 대해 $f(v)=-kv$라 하자. (이 모형은 v의 작은 값에 대해 적절하다.) $v(0)=v_0$과 $s(0)=s_0$을 각각 v와 s의 초깃값이라 하자. 임의의 시각 t에서 v와 s를 결정하라. 이 물체가 $t=0$부터 움직인 전체 거리는 얼마인가?

(b) v의 큰 값에 대한 더 정확한 모형은 저항력이 속도의 제곱에 정비례한다는 가정으로부터 얻는다. 곧, $f(v)=-kv^2$ $(k>0)$이다. (이 모형은 뉴턴이 처음 제안했다.) v_0과 s_0을 각각 v와 s의 초깃값이라 하자. 임의의 시각 t에서 v와 s를 결정하라. 이 경우에 이 물체가 움직인 전체 거리는 얼마인가?

49. 시각 t에 배양된 조직의 넓이를 $A(t)$, 성장이 끝났을 때 최대의 넓이를 M이라 하자. 대부분의 세포 분열은 조직의 바깥둘레에서 나타나고, 바깥둘레에 있

는 세포의 개수는 $\sqrt{A(t)}$ 에 비례한다. 그러므로 조직의 성장에 대한 적절한 모형은 넓이의 증가율이 $\sqrt{A(t)}$ 와 $M-A(t)$ 의 곱에 정비례한다는 가정에서 얻는다.

(a) 미분 방정식을 세우고, 이를 이용해서 조직은 $A(t)=\frac{1}{3}M$ 일 때 가장 빨리 증가함을 보여라.

CAS (b) 미분 방정식을 풀어서 $A(t)$에 대한 식을 찾아라. 컴퓨터 대수 체계를 이용해서 적분을 시행하라.

50. 뉴턴의 보편 중력의 법칙에 따라서, 지구의 지면에 연직 방향 위로 발사된 질량이 m 인 물체에 가해지는 중력은 다음과 같다.

$$F=\frac{mgR^2}{(x+R)^2}$$

여기서 $x=x(t)$는 시각 t에 지면으로부터 그 물체까지의 거리이고, R은 지구의 반지름이며, g는 중력 가속도이다. 또, 뉴턴의 둘째 법칙에 의해 $F=ma=m(dv/dt)$이므로, 다음이 성립한다.

$$m\frac{dv}{dt}=-\frac{mgR^2}{(x+R)^2}$$

(a) 로켓이 연직 방향 위로 초기 속도 v_0으로 발사된다고 하자. 이 로켓이 도달할 수 있는 지면으로부터의 최고 높이를 h라 하자. 이때 다음이 성립함을 보여라.

$$v_0=\sqrt{\frac{2gRh}{r+h}}$$

[*귀띔*: 연쇄 법칙에 의해 $m(dv/dt)=mv(dv/dx)$가 성립한다.]

(b) $v_e=\lim_{h\to\infty}v_0$을 셈하자. 이 극한을 지구 **탈출 속도**라고 한다.

(c) $R=6370\,\text{km/s}$와 $g=9.8\,\text{m/s}^2$ 을 이용해서, v_e를 단위 km/s로 셈하라.

7 복습 개념 확인

1. (a) 대표적인 두 곡선 $y=f(x)$와 $y=g(x)$를 그리는데, $a\le x\le b$일 때 $f(x)\ge g(x)$이다. 두 곡선 사이의 넓이를 리만 합으로 근사시키는 방법을 보이고, 이에 대응하는 근접하는 직사각형들을 그려라. 그리고 정확한 넓이를 찾는 식을 써라.

(b) 곡선의 방정식이 $y=f(y)$와 $x=g(y)$이고 $c\le y\le d$일 때 $f(y)\ge g(y)$이면, 상황이 어떻게 바뀌는지 설명하라.

2. 1500 m 달리기 시합에서 수잔은 케이티보다 언제나 더 빨리 달렸다. 이 시합에서 처음 1분 동안 두 사람의 속도 곡선 사이의 넓이는 물리적으로 무엇을 뜻하는가?

3. (a) S를 단면의 넓이가 알려진 입체라 하자. S의 부피를 리만 합으로 근사시키는 방법을 설명하라. 그리고 정확한 부피를 찾는 식을 써라.

(b) S가 회전체일 때, 단면의 넓이를 어떻게 찾는가?

4. (a) 기둥 껍질의 부피는 무엇인가?

(b) 기둥 껍질을 이용해서 회전체의 부피를 찾는 방법을 설명하라.

(c) 원환 방법 대신에 기둥 껍질 방법의 이용을 원할 수 있는 이유는 무엇인가?

5. (a) 곡선의 길이는 어떻게 정의하는가?

(b) $y=f(x)$ $(a\le x\le b)$로 정의된 매끄러운 곡선의 길이를 찾는 식을 써라.

(c) x가 y의 함수로 주어질 때는 어떻게 하는가?

6. (a) 곡선 $y=f(x)$ $(a\le x\le b)$를 x축을 중심으로 회전시켜 얻은 회전면의 넓이를 찾는 식을 써라.

(b) x가 y의 함수로 주어질 때는 어떻게 하는가?

(c) 곡선을 y축을 중심으로 회전시키면 어떻게 되는가?

7. 책을 길이가 6m인 책상 위에서 $x=0$부터 $x=6$까지 $f(x)$의 힘을 가해서 민다고 하자. 이때 $\int_0^6 f(x)\,dx$는 무엇을 뜻하는가? $f(x)$의 단위가 뉴턴이면, 적분값의 단위는 무엇인가?

8. 유체에 잠긴 연직 벽에 가해지는 정지된 유체의 힘을 찾을 수 있는 방법을 설명하라.

9. (a) 얇은 판의 질량 중심의 물리적 의미는 무엇인가?

(b) $a \le x \le b$에서 $y = f(x)$와 $y = 0$ 사이에 판이 놓여 있을 때, 질량 중심의 좌표를 찾는 식을 써라.

10. 파포스의 정리는 무엇을 말하는가?

11. (a) 미분 방정식이란 무엇인가?
(b) 미분 방정식의 계수는 무엇인가?
(c) 초기 조건은 무엇인가?

12. 미분 방정식 $y' = F(x, y)$에 대한 방향 마당은 무엇인가?

13. 분리 가능한 미분 방정식을 무엇인가? 이런 방정식은 어떻게 푸는가?

7 복습 연습 문제

1–4. 다음 곡선들로 둘러싸인 영역의 넓이를 찾아라.

1. $y = x^2,\ y = 4x - x^2$
2. $y = 1/x,\ y = x^2,\ y = 0,\ x = e$
3. $y = 1 - 2x^2,\ y = |x|$
4. $x + y = 0,\ x = y^2 + 3y$

5–9. 다음 곡선들로 둘러싸인 영역을 지정된 직선을 중심으로 회전시켜 얻은 입체의 부피를 찾아라.

5. $y = 2x,\ y = x^2$; x축
6. $x = 1 + y^2,\ y = x - 3$; y축
7. $x = 0,\ x = 9 - y^2$; 직선 $x = -1$
8. $y = x^2 + 1,\ x = 9 - x^2$; 직선 $y = -1$
9. $x^2 - y^2 = a^2,\ x = a + h$ (단, $a > 0,\ h > 0$); y축

10–12. 다음 곡선들로 둘러싸인 영역을 지정된 직선을 중심으로 회전시켜 얻은 입체의 부피를 찾는 적분을 세워라. 값은 찾지 말라.

10. $y = \tan x,\ y = x,\ x = \pi/3$; y축
11. $y = \cos^2 x,\ |x| \le \pi/2,\ y = \frac{1}{4}$; 직선 $x = \pi/2$
12. $y = \sqrt{x},\ y = x^2$; 직선 $y = 2$

13. 두 곡선 $y = x$와 $y = x^2$으로 둘러싸인 영역을 다음 직선을 중심으로 회전시켜 얻은 입체의 부피를 찾아라.
(a) x축 (b) y축 (c) 직선 $y = 2$

14. $\mathfrak{R}$은 두 곡선 $y = x^3$과 $y = 2x - x^2$으로 둘러싸인 제1 사분면의 영역이라 하자. 다음 값을 찾아라.
(a) $\mathfrak{R}$의 넓이
(b) $\mathfrak{R}$을 x축을 중심으로 회전시켜 얻은 입체의 부피
(c) $\mathfrak{R}$을 y축을 중심으로 회전시켜 얻은 입체의 부피

15. $\mathfrak{R}$을 세 곡선 $y = \tan(x^2),\ x = 1,\ y = 0$으로 둘러싸인 영역이라 하자. $n = 4$일 때의 중점 법칙을 이용해서 다음 값을 찾아라.
(a) $\mathfrak{R}$의 넓이
(b) $\mathfrak{R}$을 x축을 중심으로 회전시켜 얻은 입체의 부피

16. $\mathfrak{R}$을 두 곡선 $y = 1 - x^2$과 $y = x^6 - x + 1$로 둘러싸인 영역이라 하자. 다음 값을 찾아라.
(a) 두 곡선의 교점들의 x좌표
(b) $\mathfrak{R}$의 넓이
(c) $\mathfrak{R}$을 x축을 중심으로 회전시켜 얻은 입체의 부피
(d) $\mathfrak{R}$을 y축을 중심으로 회전시켜 얻은 입체의 부피

17–20. 다음 적분은 입체의 부피를 표현한다. 그 입체를 설명하라.

17. $\displaystyle\int_0^{\pi/2} 2\pi x \cos x\, dx$
18. $\displaystyle\int_0^{\pi/2} 2\pi \cos^2 x\, dx$
19. $\displaystyle\int_0^{\pi} \pi(2 - \sin x)^2\, dx$
20. $\displaystyle\int_0^{4} 2\pi(6 - y)(4y - y^2)\, dy$

21. 입체의 밑면은 반지름이 3인 원판이다. 밑면에 수직인 평행 단면들은 직각 이등변 삼각형으로 빗변이 밑면을 따라 놓여 있을 때, 이 입체의 부피를 찾아라.

22. 입체의 밑면은 두 포물선 $y=x^2$과 $y=2-x^2$으로 둘러싸인 영역이다. x축에 수직인 단면들은 정사각형으로 한 변이 밑면을 따라 놓여 있을 때, 이 입체의 부피를 찾아라.

23. 높이가 20m인 탑이 있다. 꼭대기로부터 x m의 거리에 있는 수평 단면은 한 변이 $\frac{1}{4}x$m인 정삼각형이다. 기념탑의 부피를 찾아라.

24. (a) 입체의 밑면은 네 점 (1, 0), (0, 1), (−1, 0), (0, −1)에 꼭짓점이 있는 정사각형이다. x축에 수직인 모든 단면은 반원이다. 이 입체의 부피를 찾아라.

(b) (a)의 입체를 자른 다음에 다시 결합시켜서 원뿔을 형성할 수 있다. 이렇게 해서 좀 더 간단하게 그 부피를 셈하라.

25–26. 다음 곡선의 길이를 찾아라.

25. $y=\frac{1}{6}(x^2+4)^{3/2} \quad (0 \le x \le 3)$

26. $y=2\ln\left(\sin\frac{1}{2}x\right) \quad (\pi/3 \le x \le \pi)$

27. (a) 다음 곡선의 길이를 찾아라.

$$y=\frac{x^4}{16}+\frac{1}{2x^2} \quad (1 \le x \le 2)$$

(b) (a)의 곡선을 y축을 중심으로 회전시켜 얻은 회전면의 넓이를 찾아라.

28. (a) 곡선 $y=x^2$ $(0 \le x \le 1)$을 y축을 중심으로 회전시킨다. 그 결과로 얻은 회전면의 넓이를 찾아라.

(b) (a)의 곡선을 x축을 중심으로 회전시켜 얻은 회전면의 넓이를 찾아라.

29. $n=10$일 때의 심프슨의 법칙을 이용해서, 사인 곡선 $y=\sin x$ $(0 \le x \le \pi)$의 길이를 어림하라.

30. $n=10$일 때의 심프슨의 법칙을 이용해서, 연습 문제 29의 사인 곡선을 x축을 중심으로 회전시켜 얻은 회전면의 넓이를 어림하라.

31. 다음 곡선의 길이를 찾아라.

$$y=\int_1^x \sqrt{\sqrt{t}-1}\,dt \quad (1 \le x \le 16)$$

32. 연습 문제 31의 곡선을 y축을 중심으로 회전시켜 얻은 회전면의 넓이를 찾아라.

33. 용수철을 12cm의 자연스러운 길이로부터 15cm의 길이로 늘려서 유지하는 데 30N의 힘이 필요하다. 이 용수철을 12cm로부터 20cm까지 늘리는 데 한 일을 얼마인가?

34. 1600 lb의 엘리베이터가 무게가 10 lb/ft이고 길이가 200ft인 케이블에 매달려 있다. 이 엘리베이터를 지하층부터 30ft 높이의 3층까지 올리기 위해 필요한 일은 얼마인가?

35. 아래 그림에 나타낸 물이 가득 찬 탱크의 모양은 회전 포물면이다. 곧, 연직 축을 중심으로 포물선을 회전시켜 얻은 모양이다.

(a) 높이가 4ft이고 윗면의 반지름이 4ft일 때, 이 탱크의 물을 모두 퍼내는 데 필요한 일을 찾아라.

(b) 4000 ft-lb의 일을 한 뒤에, 탱크에 남은 물의 깊이는 얼마인가?

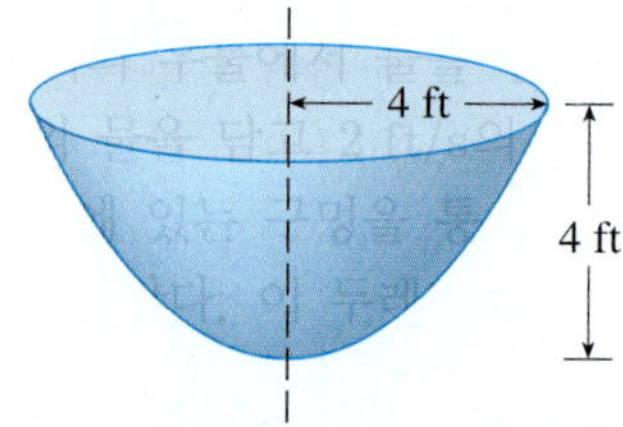

36. 아래 그림과 같이 연직 끝면의 모양이 포물 영역인 물통에 물이 가득 차 있다. 이 물통의 한 끝면에 가해지는 정지된 물의 힘을 찾아라.

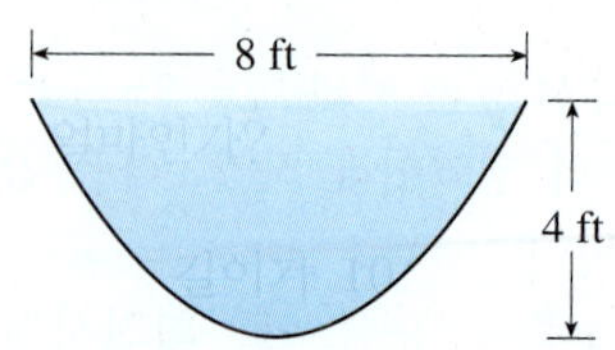

37. 관개 수로의 수문은 사다리꼴인데, 아래의 너비는 1 m, 위의 너비는 2 m, 높이는 1 m이다. 이것은 수로에 연직으로 서 있는데, 물이 수문 높이까지 가득 차 있다. 이 수문의 한쪽 면에 가하는 정지된 물의 힘을 찾아라.

38. 아래 그림에 나타낸 영역의 무게 중심을 찾아라.

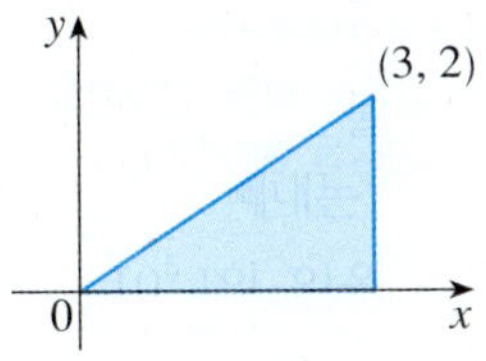

39–40. 다음 곡선들로 둘러싸인 영역의 무게 중심을 찾아라.

39. $y=\frac{1}{2}x$, $y=\sqrt{x}$

40. $y=\sin x$, $y=0$, $x=\pi/4$, $x=3\pi/4$

41. 중심이 $(1, 0)$이고 반지름이 1인 원을 y축을 중심으로 회전시켜 얻은 입체의 부피를 찾아라.

42. 파포스의 정리와 반지름이 r인 구의 부피가 $\frac{4}{3}\pi r^3$이라는 사실을 이용해서 x축과 곡선 $y=\sqrt{r^2-x^2}$으로 둘러싸인 반원 영역의 무게 중심을 찾아라.

43–44. 다음 미분 방정식을 풀어라.

43. $2ye^{y^2}y'=2x+3\sqrt{x}$ **44.** $\dfrac{dx}{dt}=1-t+x-tx$

45–46. 다음 초깃값 문제를 풀어라.

45. $\dfrac{dr}{dt}+2tr=r$, $r(0)=5$

46. $(1+\cos x)y'=(1+e^{-y})\sin x$, $y(0)=0$

47. (a) 미분 방정식 $y'=x/y$의 방향 마당을 그려라. 이를 이용해서 초기 조건 $y(0)=1$, $y(0)=-1$, $y(2)=1$, $y(-2)=1$을 각각 만족시키는 네 해의 그래프를 그려라.

(b) (a)에서 얻은 결과를 미분 방정식의 정확한 해를 찾아서 검토하라. 각 해 곡선은 어떤 모양인가?

48. $\mathfrak{R}_1$은 $y=x^2$, $y=0$, $x=b$ $(b>0)$로 둘러싸인 영역이고, $\mathfrak{R}_2$는 $y=x^2$, $x=0$, $y=b^2$으로 둘러싸인 영역이라 하자.

(a) $\mathfrak{R}_1$과 $\mathfrak{R}_2$의 넓이가 서로 같게 되는 b의 값이 있는가?

(b) $\mathfrak{R}_1$을 x축과 y축을 각각 중심으로 회전시켜 얻은 두 입체의 부피가 서로 같게 되는 b의 값이 있는가?

(c) $\mathfrak{R}_1$과 $\mathfrak{R}_2$를 각각 x축을 중심으로 회전시켜 얻은 두 입체의 부피가 서로 같게 되는 b의 값이 있는가?

(d) $\mathfrak{R}_1$과 $\mathfrak{R}_2$를 각각 y축을 중심으로 회전시켜 얻은 두 입체의 부피가 서로 같게 되는 b의 값이 있는가?

8 급수

CHAPTER

무한 급수는 무수히 많은 항의 합이다. (이번 장의 목표 중 하나는 무한 합이 뜻하는 바를 정확히 정의하는 것이다.) 미분 적분학에서 무한 급수의 중요성은 함수를 무한 급수의 합으로 표현한 뉴턴의 발상에서 유래한다. 예를 들어 넓이를 찾는 경우에, 그는 종종 함수를 먼저 급수로 표현하고 그 급수의 각 항을 적분해서 원래 함수를 적분했다. 8.7절에서 e^{-x^2}과 같은 함수를 적분하기 위해서, 그의 발상을 따라 실행해 본다. (앞에서는 이런 함수를 적분할 수 없었다.) 수리 물리학과 화학에서 나타나는 함수 중에서 베셀 함수와 같은 많은 함수는 급수의 합으로 정의된다. 이에 따라 무한 수열과 무한 급수의 수렴에 관한 기본적인 개념에 친숙해지는 것이 중요하다.

물리학자들은 급수를 다른 방법으로 사용하는데, 이는 8.8에서 알아본다. 광학, 특수 상대성 이론, 전자기학 등과 같이 다양한 분야의 연구에서 물리학자들은 함수를 그것을 표현하는 급수에서 처음 몇 개의 항으로 바꾸어 현상을 분석한다.

8.1 수열

수열은 다음과 같이 명확한 순서에 따라 나열된 수들로 생각할 수 있다.

$$a_1,\ a_2,\ a_3,\ a_4,\ \ldots,\ a_n,\ \ldots$$

용어
수열 sequence
첫째 항 first term
둘째 항 second term
n째 항 nth term
일반항 general term

수 a_1을 첫째 항, a_2를 둘째 항이라 하며, 일반적으로 a_n을 n째 항 또는 일반항이라 한다. 여기서는 무한 수열만을 다룬다. 이에 따라 각 항 a_n에는 그 다음 항 a_{n+1}이 있다.

모든 양의 정수 n에 대응하는 수 a_n이 있다. 그러므로 수열을 정의역이 양의 정수의 집합인 함수로 정의할 수 있다. 그런데 수 n의 함숫값을 함수 기호 $f(n)$ 대신에 통상 a_n으로 나타낸다.

표기법 : 수열 $\{a_1,\ a_2,\ a_3,\ \ldots\}$을 다음과 같이 나타내기도 한다.

$$\{a_n\} \quad \text{또는} \quad \{a_n\}_{n=1}^{\infty}$$

보기 1 일부 수열은 n째 항에 대한 식을 제시함으로써 정의할 수 있다. 다음 예에서는 각 수열을 나타내는 세 가지 방법을 보여준다. 첫째는 앞에서 제시한 기호, 둘째는 일반항을 정의하는 식, 셋째는 항들의 나열이다. n은 반드시 1에서 출발할 필요가 없음을 확인하자.

(a) $\left\{\dfrac{n}{n+1}\right\}_{n=1}^{\infty}$ $\quad a_n = \dfrac{n}{n+1}$ $\quad \left\{\dfrac{1}{2},\ \dfrac{2}{3},\ \dfrac{3}{4},\ \dfrac{4}{5},\ \ldots,\ \dfrac{n}{n+1},\ \ldots\right\}$

(b) $\left\{\dfrac{(-1)^n(n+1)}{3^n}\right\}$ $\quad a_n = \dfrac{(-1)^n(n+1)}{3^n}$ $\quad \left\{-\dfrac{2}{3},\ \dfrac{3}{9},\ -\dfrac{4}{27},\ \dfrac{5}{81},\ \ldots,\ \dfrac{(-1)^n(n+1)}{3^n},\ \ldots\right\}$

(c) $\{\sqrt{n-3}\}_{n=3}^{\infty}$ $\quad a_n = \sqrt{n-3}\ \ (n \ge 3)$ $\quad \{0,\ 1,\ \sqrt{2},\ \sqrt{3},\ \ldots,\ \sqrt{n-3},\ \ldots\}$

(d) $\left\{\cos\dfrac{n\pi}{6}\right\}_{n=0}^{\infty}$ $\quad a_n = \cos\dfrac{n\pi}{6}\ \ (n \ge 0)$ $\quad \left\{1,\ \dfrac{\sqrt{3}}{2},\ \dfrac{1}{2},\ 0,\ \ldots,\ \cos\dfrac{n\pi}{6},\ \ldots\right\}$ ■

보기 2 처음 몇 개 항에 나타나는 규칙이 계속된다고 가정하고, 다음 수열의 일반항 a_n에 대한 식을 찾아라.

$$\left\{\frac{3}{5}, -\frac{4}{25}, \frac{5}{125}, -\frac{6}{625}, \frac{7}{3125}, \dots\right\}$$

풀이 주어진 항은 다음과 같다.

$$a_1 = \frac{3}{5}, \quad a_2 = -\frac{4}{25}, \quad a_3 = \frac{5}{125}, \quad a_4 = -\frac{6}{625}, \quad a_5 = \frac{7}{3125}$$

이런 분수의 분자는 3에서 출발해서 다음 항으로 넘어갈 때마다 1씩 커진다. 둘째 항의 분자는 4이고, 셋째 항의 분자는 5이며, 일반적으로 n째 항의 분자는 $n+2$이다. 분모는 5의 거듭제곱으로, a_n의 분모는 5^n이다. 항의 부호는 양과 음이 교대로 나타나므로, -1의 거듭제곱을 곱해야 한다. 보기 1(b)에서 인수 $(-1)^n$은 음의 항으로 출발함을 뜻한다. 여기서는 양의 항으로 출발하므로 $(-1)^{n-1}$ 또는 $(-1)^{n+1}$을 사용한다. 따라서 구하는 식은 다음과 같다.

$$a_n = (-1)^{n-1}\frac{n+2}{5^n}$$

■

보기 3 다음은 일반항을 간단한 식으로 정의할 수 없는 수열의 예이다.

(a) p_n을 n년 1월 1일의 세계 인구라 할 때의 수열 $\{p_n\}$

(b) a_n을 수 e의 소수 n째 자리의 숫자라 할 때의 수열 $\{a_n\}$. $\{a_n\}$은 잘 정의된 수열이고 처음 몇 항을 나열하면 다음과 같다.

$$\{7, 1, 8, 2, 8, 1, 8, 2, 8, 4, 5, \dots\}$$

(c) 피보나치 수열 $\{f_n\}$은 다음 조건에 따라 귀납적으로 정의한다.

$$f_1 = 1, \quad f_2 = 1, \quad f_n = f_{n-1} + f_{n-2} \ (n \geq 3)$$

각 항은 직전 두 항의 합이다. 처음 몇 항을 나열하면 다음과 같다.

$$\{1, 1, 2, 3, 5, 8, 13, 21, \cdots\}$$

이 수열은 13세기 이탈리아의 수학자 피보나치(Fibonacci)가 토끼의 번식과 관련된 문제를 푸는 과정에서 나타났다. (익힘 문제 45를 보라.) ■

용어
피보나치 수열 Fibonacci sequence

보기 1(a)의 수열 $a_n = n/(n+1)$은 그림 1과 같이 수직선에 각 항을 표시하거나 그림 2와 같이 그래프로 나타내어 그림으로 나타낼 수 있다. 수열은 정의역이 양의 정수의 집합이므로, 그래프는 좌표가 다음과 같이 고립된 점으로 이루어진다.

$$(1, a_1), \quad (2, a_2), \quad (3, a_3), \quad \dots, \quad (n, a_n), \quad \dots$$

a_1 a_2 a_3 a_4 0 $\frac{1}{2}$ 1

그림 1

두 그림 1과 2로부터 n의 값이 커짐에 따라 수열 $a_n = n/(n+1)$의 항들이 1에 가까워지는 것으로 보인다. 사실, n을 충분히 크게 택함으로써 다음의

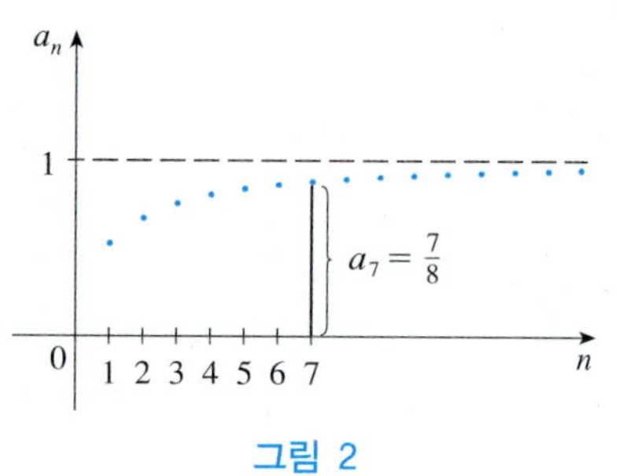

그림 2

차를 원하는 만큼 작게 만들 수 있다.

$$1 - \frac{n}{n+1} = \frac{1}{n+1}$$

이 사실을 다음과 같이 나타낸다.

$$\lim_{n\to\infty} \frac{n}{n+1} = 1$$

일반적으로, n의 값이 커짐에 따라 수열 $\{a_n\}$의 항들이 L에 가까워진다는 사실을 다음과 같은 기호로 나타낸다.

$$\lim_{n\to\infty} a_n = L$$

수열의 극한에 대한 다음 정의가 1.6절에서 알아본 무한대에서 함수의 극한에 대한 정의와 매우 유사함에 주목하자.

용어
극한 limit
수렴한다 converge
수열하는 convergent
발산한다 diverge
발산하는 divergent

1 **정의** $\{a_n\}$은 수열이고 L은 수라고 하자. n의 값을 충분히 크게 택함으로써 항 a_n을 L에 원하는 만큼 가까이 할 수 있을 때, 수열 $\{a_n\}$의 **극한**은 L이라 하고, 이를 다음과 같이 나타낸다.

$$\lim_{n\to\infty} a_n = L \quad \text{또는} \quad \text{'}n \to \infty \text{일 때 } a_n \to L\text{이다.'}$$

$\lim_{n\to\infty} a_n$이 존재할 때, 수열은 **수렴한다** 또는 **수렴하는** 수열이라 한다. 그렇지 않으면, 수열은 **발산한다** 또는 **발산하는** 수열이라 한다.

그림 3은 극한이 L인 두 수열의 그래프를 보여줌으로써 정의 1을 예시하고 있다.

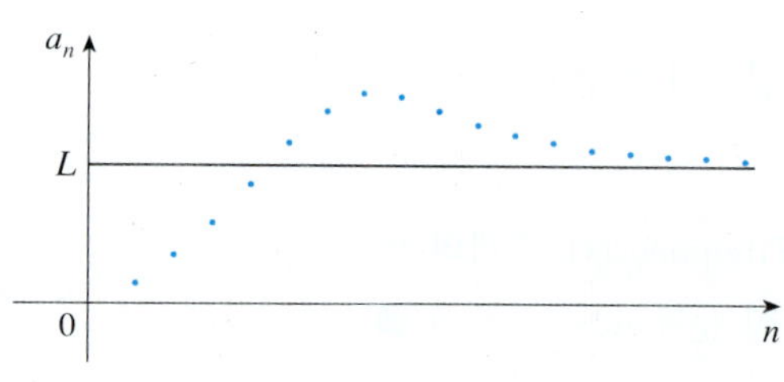

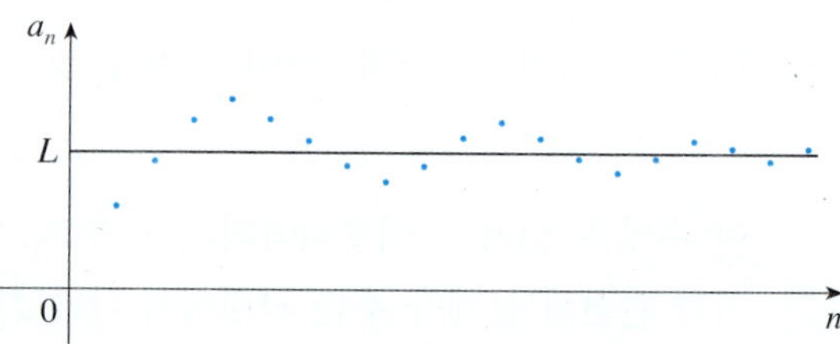

그림 3. $\lim_{n\to\infty} a_n = L$인 두 수열의 그래프

정의 1에 대한 좀 더 명확한 형태는 다음과 같다.

■ 이 정의를 1.6절의 정의 7과 비교하자.

2 **정의** $\{a_n\}$은 수열이고 L은 수라고 하자. 임의의 양수 ε에 대해 이에 대응하는 정수 N이 존재해서 $n > N$일 때 $|a_n - L| < \varepsilon$이 성립하면, 수열 $\{a_n\}$의 **극한**은 L이라 하고, 이를 다음과 같이 나타낸다.

$$\lim_{n\to\infty} a_n = L \quad \text{또는} \quad \text{'}n \to \infty \text{일 때 } a_n \to L\text{이다.'}$$

정의 [2]를 그림 4로 예시했는데, 여기서 a_1, a_2, a_3, …을 수직선에 나타냈다. 구간 $(L-\varepsilon,\ L+\varepsilon)$을 아무리 작게 택하더라도, 적당한 N이 존재해서 a_{N+1}부터 그 다음 모든 항은 이 구간에 반드시 속해야 한다.

그림 4

정의 [2]를 그림 5에 다른 방법으로 예시했다. $n > N$일 때, $\{a_n\}$의 그래프에 있는 점들은 두 수평선 $y = L+\varepsilon$과 $y = L-\varepsilon$ 사이에 반드시 놓여있어야 한다. 이 그림은 양수 ε을 아무리 작게 택하더라도 유효해야 하지만, 통상 더 작은 ε은 더 큰 N을 요구한다.

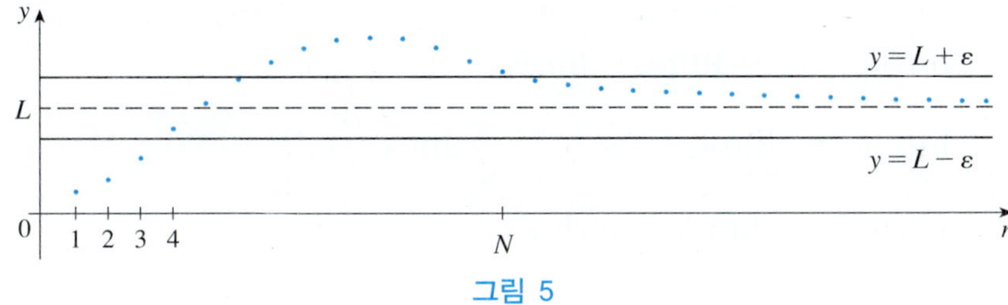

그림 5

정의 [2]와 1.6절의 정의 [7]을 비교하면, $\lim_{n\to\infty} a_n = L$과 $\lim_{x\to\infty} f(x) = L$ 사이의 유일한 차이점은 n이 양의 정수라는 사실이다. 그러므로 그림 6에 예시한 다음 정리를 얻는다.

> [3] **정리** $\lim_{x\to\infty} f(x) = L$이고 n이 양의 정수일 때 $f(n) = a_n$이면, $\lim_{n\to\infty} a_n = L$이다.

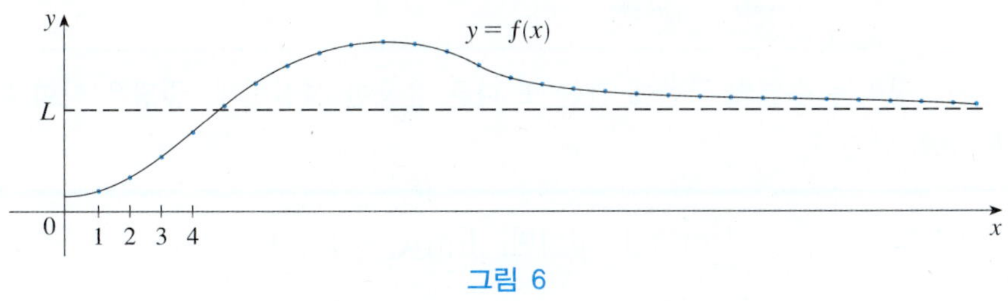

그림 6

특히, $r > 0$일 때 $\lim_{x\to\infty}(1/x^r) = 0$이므로, 다음이 성립한다.

[4]
$$\lim_{n\to\infty}\frac{1}{n^r} = 0 \quad (\text{단, } r > 0)$$

n의 값이 커짐에 따라 a_n이 한없이 커지면, 이를 기호 $\lim_{n\to\infty} a_n = \infty$로 나타낸다. 다음의 명확한 정의는 1.6절의 정의 8과 비슷하다.

5 정의 모든 양수 M에 대해 적당한 정수 N이 존재해서 $n > N$일 때 $a_n > M$이면, 다음과 같이 나타낸다.

$$\lim_{n\to\infty} a_n = \infty$$

$\lim_{n\to\infty} a_n = \infty$이면, 수열 $\{a_n\}$은 발산한다. 그러나 특별한 방법으로 발산한다. $\{a_n\}$은 ∞로 발산한다고 한다.

1.4절의 극한 법칙은 수열의 극한에 대해서도 성립하고, 그 증명도 비슷하다.

수열에 대한 극한 법칙

$\{a_n\}$과 $\{b_n\}$은 수렴하는 수열이고 c가 상수이면, 다음이 성립한다.

$$\lim_{n\to\infty}(a_n + b_n) = \lim_{n\to\infty} a_n + \lim_{n\to\infty} b_n,$$

$$\lim_{n\to\infty}(a_n - b_n) = \lim_{n\to\infty} a_n - \lim_{n\to\infty} b_n,$$

$$\lim_{n\to\infty} ca_n = c\lim_{n\to\infty} a_n, \qquad \lim_{n\to\infty} c = c,$$

$$\lim_{n\to\infty}(a_n b_n) = \lim_{n\to\infty} a_n \cdot \lim_{n\to\infty} b_n,$$

$$\lim_{n\to\infty}\frac{a_n}{b_n} = \frac{\lim_{n\to\infty} a_n}{\lim_{n\to\infty} b_n} \quad (\text{단, } \lim_{n\to\infty} b_n \neq 0),$$

$$\lim_{n\to\infty} a_n^p = \left[\lim_{n\to\infty} a_n\right]^p \quad (\text{단, } p > 0,\ a_n > 0)$$

조임 정리도 다음과 같이 수열에 적용할 수 있다. (그림 7을 보라.)

수열에 대한 조임 정리

$n \geq n_0$일 때 $a_n \leq b_n \leq c_n$이고

$$\lim_{n\to\infty} a_n = \lim_{n\to\infty} c_n = L\text{이면, } \lim_{n\to\infty} b_n = L\text{이다.}$$

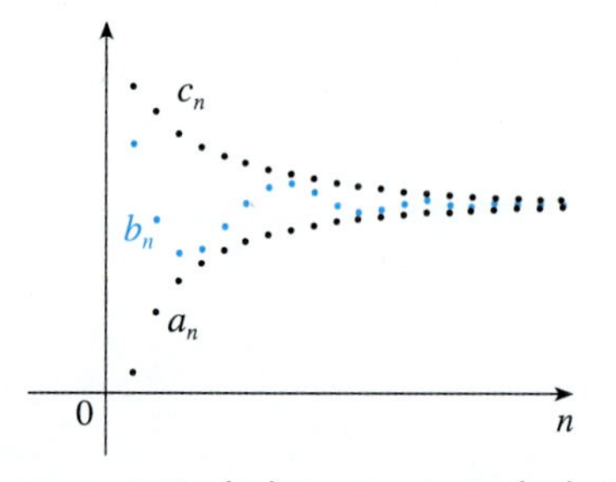

그림 7 수열 $\{b_n\}$은 두 수열 $\{a_n\}$과 $\{c_n\}$ 사이에 끼어 조여진다.

다음 정리는 수열의 극한에 관한 또 다른 유용한 사실인데, 증명은 익힘 문제 49로 남긴다.

6 정리 $\lim_{n\to\infty} |a_n| = 0$이면, $\lim_{n\to\infty} a_n = 0$이다.

보기 4 $\lim_{n\to\infty} \dfrac{n}{n+1}$을 찾아라.

풀이 풀이 방법은 1.6절에서 사용한 것과 비슷하다. 곧, 다음과 같이 분모에 나

타나는 n의 가장 높은 차수의 거듭제곱으로 분모와 분자를 나눈 다음에 극한 법칙을 적용한다.

$$\lim_{n\to\infty}\frac{n}{n+1}=\lim_{n\to\infty}\frac{1}{1+\dfrac{1}{n}}=\frac{\lim\limits_{n\to\infty}1}{\lim\limits_{n\to\infty}1+\lim\limits_{n\to\infty}\dfrac{1}{n}}$$

$$=\frac{1}{1+0}=1$$

여기서 $r=1$일 때의 식 [4]를 이용했다. ■

■ 이 결과는 두 그림 1과 2에서 추측한 것이 정확함을 보여준다.

보기 5 $\lim\limits_{n\to\infty}\dfrac{\ln n}{n}$을 셈하라.

풀이 $n\to\infty$일 때, 분모와 분자는 모두 무한대로 발산한다. 로피탈의 법칙을 직접 적용할 수 없는데, 이는 수열이 아니라 실 변수 함수에 적용되기 때문이다. 그렇지만 로피탈의 법칙을 관련된 함수 $f(x)=(\ln x)/x$에 적용해서 다음을 얻을 수 있다.

$$\lim_{x\to\infty}\frac{\ln x}{x}=\lim_{x\to\infty}\frac{1/x}{1}=0$$

따라서 정리 [3]에 의해 다음이 성립한다.

$$\lim_{n\to\infty}\frac{\ln n}{n}=0$$ ■

■ www.stewartcalculus.com

Additional Example A를 보라.

보기 6 수열 $a_n=(-1)^n$이 수렴하는지 발산하는지 판정하라.

풀이 수열의 항을 나열하면 다음을 얻는다.

$$\{-1,\ 1,\ -1,\ 1,\ -1,\ 1,\ -1,\ \ldots\}$$

이 수열의 그래프를 그림 8에 나타냈다. 항들이 1과 -1을 끝없이 반복하므로, a_n은 어떠한 수에도 가까워지지 않는다. 따라서 $\lim_{n\to\infty}(-1)^n$은 존재하지 않는다. 곧, 수열 $\{(-1)^n\}$은 발산한다. ■

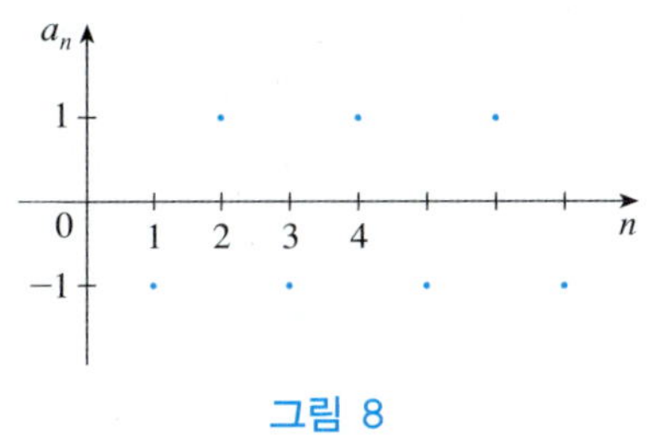

그림 8

■ 보기 7에 있는 수열의 그래프를 그림 9에 나타냈는데, 풀이가 정확함을 보여준다.

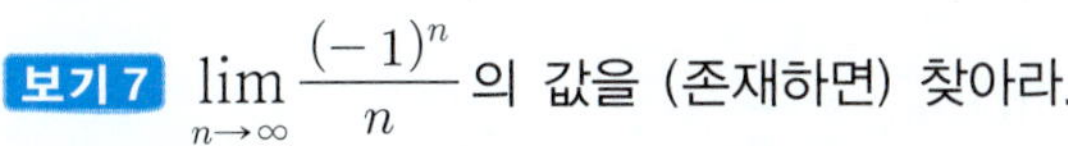
보기 7 $\lim\limits_{n\to\infty}\dfrac{(-1)^n}{n}$의 값을 (존재하면) 찾아라.

풀이

$$\lim_{n\to\infty}\left|\frac{(-1)^n}{n}\right|=\lim_{n\to\infty}\frac{1}{n}=0$$

따라서 정리 [6]에 의해 다음이 성립한다.

$$\lim_{n\to\infty}\frac{(-1)^n}{n}=0$$ ■

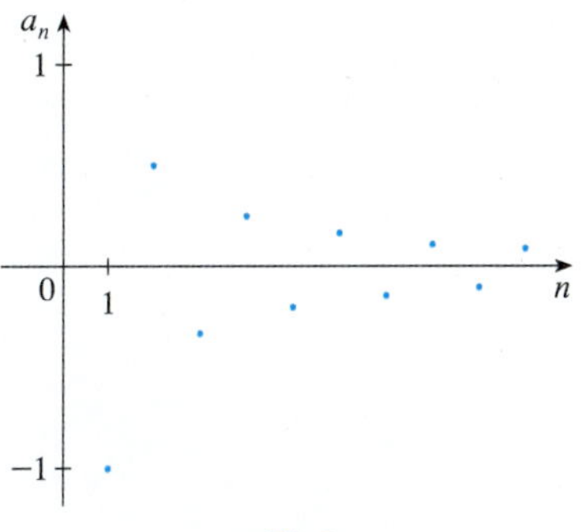

그림 9

다음 정리는 수렴하는 수열의 각 항에 연속 함수를 적용해서 얻은 수열도 수렴한다고 한다. 증명은 익힘 문제 50으로 남긴다.

연속과 수렴 정리 $\lim_{n\to\infty} a_n = L$ 이고 함수 f 가 L 에서 연속이면, 다음이 성립한다.

$$\lim_{n\to\infty} f(a_n) = f(L)$$

보기 8 $\lim\limits_{n\to\infty} \sin\left(\dfrac{\pi}{n}\right)$ 을 찾아라.

풀이 사인 함수는 0에서 연속이므로, 연속과 수렴 정리에 의해 다음과 같이 쓸 수 있다.

$$\lim_{n\to\infty} \sin\left(\frac{\pi}{n}\right) = \sin\left(\lim_{n\to\infty} \frac{\pi}{n}\right) = \sin 0 = 0$$ ■

■ **수열의 그래프 그리기**
일부 컴퓨터 대수 체계에는 수열의 그래프를 직접 그릴 수 있는 특별한 명령어가 있다. 그러나 대부분의 그래프 계산기에서는 매개 변수 방정식을 사용해야 그래프를 그릴 수 있다. 예를 들어 보기 9의 수열은 매개 변수 방정식 $x = t$, $y = t!/t^t$ 을 입력하고 $t = 1$ 에서 출발하고 t 스텝(step)을 1로 놓은 도트 모드(dot mode)를 이용해서 그래프를 그릴 수 있다.

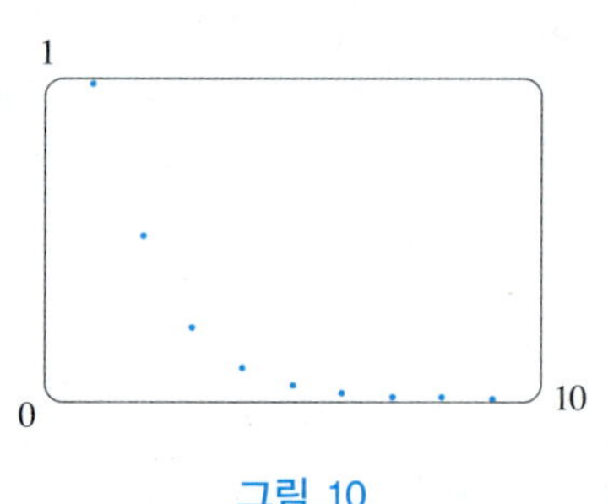

그림 10

보기 9 수열 $a_n = n!/n^n$ 의 수렴 여부를 논의하라. 여기서 $n! = 1 \cdot 2 \cdot 3 \cdot \cdots \cdot n$ 이다.

풀이 $n \to \infty$ 일 때, 분모와 분자는 모두 무한대로 발산한다. 그런데 여기서는 로피탈의 법칙을 적용할 수 있는 함수를 대응시킬 수 없다. (x 가 정수가 아닐 때, $x!$ 은 정의되지 않는다.) n 이 커질 때, a_n 에 나타나는 상황을 알아보기 위해서 처음 몇 개의 항을 써보자.

$$a_1 = 1, \quad a_2 = \frac{1 \cdot 2}{2 \cdot 2}, \quad a_3 = \frac{1 \cdot 2 \cdot 3}{3 \cdot 3 \cdot 3},$$

7 $$a_n = \frac{1 \cdot 2 \cdot 3 \cdot \cdots \cdot n}{n \cdot n \cdot n \cdot \cdots \cdot n}$$

이 표현과 그림 10의 그래프로부터 항들이 감소하고 0으로 수렴할 것으로 보인다. 이를 확인하기 위해서 식 7에서 다음을 관찰하자.

$$a_n = \frac{1}{n}\left(\frac{2 \cdot 3 \cdot \cdots \cdot n}{n \cdot n \cdot \cdots \cdot n}\right)$$

괄호 안의 식은 기껏해야 1인데, 분자가 분모보다 작거나 같기 때문이다. 그러므로 다음이 성립한다.

$$0 < a_n \le \frac{1}{n}$$

$n \to \infty$ 일 때 $1/n \to 0$ 임을 알고 있다. 따라서 조임 정리에 의해 $n \to \infty$ 일 때 $a_n \to 0$ 이다. ■

보기 10 r 의 어떤 값에 대해 수열 $\{r^n\}$ 이 수렴하는가?

풀이 1.6절과 3.1절의 지수 함수의 그래프로부터 $a > 1$ 일 때 $\lim_{x\to\infty} a^x = \infty$ 이고 $0 < a < 1$ 일 때 $\lim_{x\to\infty} a^x = 0$ 이다. 그러므로 $a = r$ 로 놓고 정리 3을 이용하면 다음을 얻는다.

$$\lim_{n\to\infty} r^n = \begin{cases} \infty & (r > 1) \\ 0 & (0 < r < 1) \end{cases}$$

$r = 1$이고 $r = 0$인 경우에 다음이 성립한다.

$$\lim_{n\to\infty} 1^n = \lim_{n\to\infty} 1 = 1, \qquad \lim_{n\to\infty} 0^n = \lim_{n\to\infty} 0 = 0$$

$-1 < r < 0$이면 $0 < |r| < 1$이므로, 다음이 성립한다.

$$\lim_{n\to\infty} |r^n| = \lim_{n\to\infty} |r|^n = 0$$

이에 따라 정리 6에 의해 $\lim_{n\to\infty} r^n = 0$이다. $r \le -1$이면, 보기 6에 의해 $\{r^n\}$은 발산한다. 그림 11은 r의 여러 가지 값에 대한 그래프를 보여 준다. ($r = -1$인 경우는 그림 8에 나타냈다.)

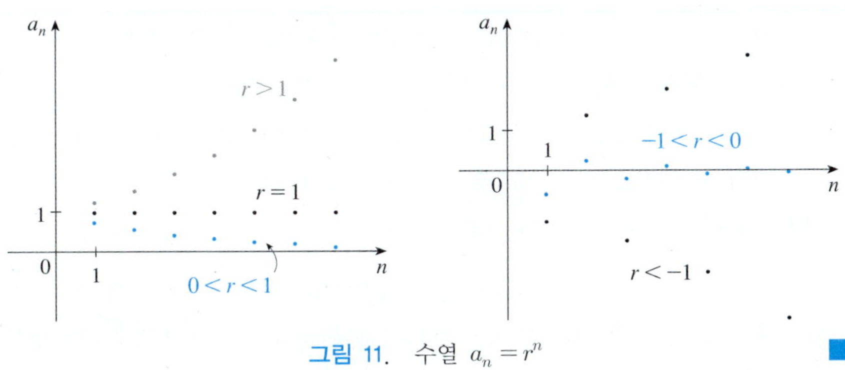

그림 11. 수열 $a_n = r^n$ ■

보기 10의 결과를 앞으로 이용하기 위해 다음과 같이 정리하자.

> 8 수열 $\{r^n\}$은 $-1 < r \le 1$일 때 다음과 같이 수렴하고, r의 다른 값에서는 발산한다.
>
> $$\lim_{n\to\infty} r^n = \begin{cases} 0 & (-1 < r < 1) \\ 1 & (r = 1) \end{cases}$$

> 9 **정의** 모든 $n \ge 1$에 대해 $a_n < a_{n+1}$일 때, 곧 $a_1 < a_2 < a_3 < \cdots$일 때, 수열 $\{a_n\}$은 **증가한다**고 한다. 모든 $n \ge 1$에 대해 $a_n > a_{n+1}$일 때, **감소한다**고 한다. 증가하거나 감소하는 수열을 **단조** 수열이라 한다.

용어
증가한다 increase
감소한다 decrease
단조 monotonic

보기 11 수열 $\left\{\dfrac{3}{n+5}\right\}$은 감소한다. 왜냐하면 다음이 성립하므로 모든 $n \ge 1$에 대해 $a_n > a_{n+1}$이기 때문이다.

$$\frac{3}{n+5} > \frac{3}{(n+1)+5} = \frac{3}{n+6}$$ ■

■ 우변이 더 작은데, 그 분모가 더 크기 때문이다.

▪ 보기 12를 푸는 또 다른 방법은 다음 함수가 감소함을 보이는 것이다.

$$f(x) = \frac{x}{x^2+1} \quad (x \geq 1)$$

$x > 1$일 때 $f'(x) < 0$이므로, f는 감소한다.

보기 12 수열 $a_n = \dfrac{n}{n^2+1}$이 감소함을 보여라.

풀이 $a_{n+1} < a_n$이 성립함을 보여야 한다. 곧, 다음을 보여야 한다.

$$\frac{n+1}{(n+1)^2+1} < \frac{n}{n^2+1}$$

이 부등식은 분모와 분자를 엇갈려 곱해서 얻은 다음 부등식과 동치이다.

$$\begin{aligned} \frac{n+1}{(n+1)^2+1} < \frac{n}{n^2+1} &\Leftrightarrow (n+1)(n^2+1) < n\{(n+1)^2+1\} \\ &\Leftrightarrow n^3+n^2+n+1 < n^3+2n^2+2n \\ &\Leftrightarrow 1 < n^2+n \end{aligned}$$

$n \geq 1$이므로, 부등식 $n^2+n > 1$은 참이다. 따라서 $a_{n+1} < a_n$이고 $\{a_n\}$은 감소한다. ■

용어
위로 유계, 위로 갇혀 있다 bounded above
아래로 유계, 아래로 갇혀 있다 bounded below
유계, 갇혀 있다 bounded
완비성 공리 completeness axiom
상계 upper bound
최소 상계 least upper bound
단조 수열 정리 monotonic sequence theorem

10 **정의** 수 M이 존재해서 모든 $n \geq 1$에 대해 $a_n \leq M$이 성립할 때, 수열 $\{a_n\}$은 **위로 유계**라고 또는 **위로 갇혀 있다**고 한다.

수 m이 존재해서 모든 $n \geq 1$에 대해 $m \leq a_n$이 성립할 때, 수열 $\{a_n\}$은 **아래로 유계**라고 또는 **아래로 갇혀 있다**고 한다.

위와 아래로 갇힌 수열 $\{a_n\}$을 **유계**라고 또는 **갇혀 있다**고 한다.

예를 들어, 수열 $a_n = n$은 아래로 갇혀 있지만($a_n > 0$), 위로 갇혀 있지 않다. 수열 $a_n = n/(n+1)$은 갇혀 있는데, 모든 n에 대해 $0 < a_n < 1$이기 때문이다.

이미 알고 있는 대로, 갇힌 수열이 모두 수렴하는 것은 아니다. [예를 들어 수열 $a_n = (-1)^n$은 $-1 \leq a_n \leq 1$을 만족시키지만 보기 6에 의해 수렴하지는 않는다.] 그리고 단조 수열이 모두 수렴하는 것도 아니다($a_n = n \to \infty$). 그러나 수열이 갇혀 있고 단조이면, 반드시 수렴한다. 이 사실은 정리 11에서 증명하지만, 이것이 참인 이유를 그림 12를 관찰함으로써 직관적으로 이해할 수 있다. $\{a_n\}$이 증가하고 모든 n에 대해 $a_n \leq M$이면, 항들은 서로 뭉쳐지게 되고 어떤 수 L에 가까워진다.

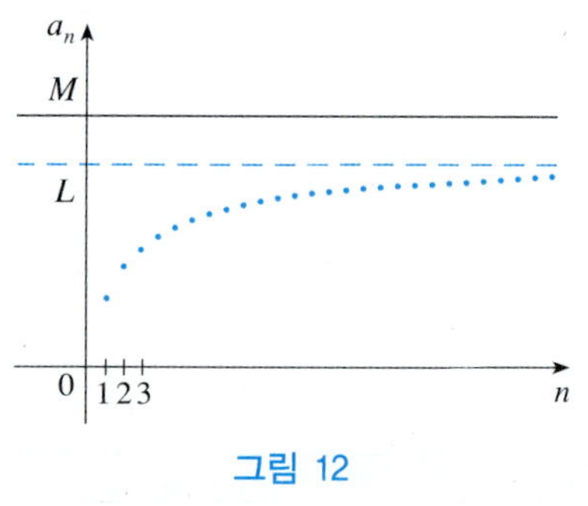

그림 12

정리 11의 증명은 실수의 집합 $\mathbb{R}$에 대한 **완비성 공리**에 근거한다. 완비성 공리에 따르면, 공집합이 아닌 S가 실수들의 집합으로 이의 **상계** M이 존재하면(곧 S에 속한 모든 x에 대해 $x \leq M$이면) S의 **최소 상계** b가 존재한다. (이는 b가 S의 상계이지만, M이 또 다른 상계이면 $b \leq M$임을 뜻한다.)

11 **단조 수열 정리** 모든 갇힌 단조 수열은 수렴한다.

증명 $\{a_n\}$을 증가 수열이라 하자. $\{a_n\}$이 갇혀 있으므로, $S = \{a_n \mid n \geq 1\}$의 상계가 존재한다. 완비성 공리에 의해 이 집합의 최소 상계 L이 존재한다.

임의의 양수 ε에 대해 $L-\varepsilon$은 S의 상계가 아니다. (왜냐하면 L이 최소 상계이므로.) 그러므로 적당한 정수 N에 대해 다음이 성립한다.

$$a_N > L-\varepsilon$$

그런데 수열이 증가하므로, 모든 $n > N$에 대해 $a_n \geq a_N$이 성립한다. 그러므로 $n > N$일 때, $a_n > L-\epsilon$이 성립한다. $a_n \leq L$이므로 이에 따라 다음이 성립한다.

$$0 \leq L-a_n < \varepsilon$$

따라서 $n > N$일 때 다음이 성립한다.

$$|L-a_n| < \varepsilon$$

그러므로 $\lim_{n\to\infty} a_n = L$이다.

수열 $\{a_n\}$이 감소하면, (최대 하계를 이용해서) 비슷하게 증명한다. □

정리 11의 증명은 증가하고 위로 갇힌 수열이 수렴함을 보여준다. (마찬가지로, 감소하고 아래로 갇힌 수열도 수렴한다.) 이 사실은 8.2절과 8.3절에서 무한 급수를 다룰 때 여러 번 이용된다.

익힘 문제 42~44에 정리 11의 또 다른 용도가 제시되어 있다.

8.1 익힘 문제

1. (a) 수열이란 무엇인가?
   (b) $\lim_{n\to\infty} a_n = 8$은 무엇을 뜻하는가?
   (c) $\lim_{n\to\infty} a_n = \infty$은 무엇을 뜻하는가?

2. (a) 수렴하는 수열은 무엇인가? 두 개의 예를 들어라.
   (b) 발산하는 수열은 무엇인가? 두 개의 예를 들어라.

3. 다음과 같이 정의된 수열의 처음 여섯 항을 나열하라.

$$a_n = \frac{n}{2n+1}$$

이 수열의 극한이 존재하는 것으로 보이는가? 그렇다면, 그 극한을 찾아라.

4. 수열 $\{\cos(n\pi/3)\}$의 처음 아홉 항을 나열하라. 이 수열의 극한이 존재하는 것으로 보이는가? 그렇다면, 그 극한을 찾아라. 그렇지 않으면 그 이유를 설명하라.

5-8. 처음 몇 개 항에 나타나는 규칙이 계속된다고 가정하고, 다음 수열의 일반항 a_n에 대한 식을 찾아라.

5. $\left\{-3,\ 2,\ -\frac{4}{3},\ \frac{8}{9},\ -\frac{16}{27},\ \ldots\right\}$

6. $\left\{-\frac{1}{4},\ \frac{2}{9},\ -\frac{3}{16},\ \frac{4}{25},\ \ldots\right\}$

7. $\left\{\frac{1}{2},\ -\frac{4}{3},\ \frac{9}{4},\ -\frac{16}{5},\ \frac{25}{6},\ \ldots\right\}$

8. $\{5,\ 1,\ 5,\ 1,\ 5,\ 1,\ \ldots\}$

9-32. 다음 수열의 수렴 여부를 판정하라. 수렴하면 극한을 찾아라.

9. $a_n = 1-(0.2)^n$

10. $a_n = \dfrac{n+1}{3n-1}$

11. $a_n = \dfrac{3+5n^2}{n+n^2}$

12. $a_n = \dfrac{n}{1+\sqrt{n}}$

13. $a_n = \tan\left(\dfrac{2n\pi}{1+8n}\right)$

14. $a_n = \dfrac{3^{n+2}}{5^n}$

15. $a_n = \dfrac{n^2}{\sqrt{n^3+4n}}$

16. $a_n = \dfrac{\sqrt{n}}{1+\sqrt{n}}$

17. $a_n = \dfrac{(-1)^n}{2\sqrt{n}}$

18. $a_n = \dfrac{(-1)^n n}{n+\sqrt{n}}$

19. $a_n = \cos\dfrac{n}{2}$

20. $a_n = \cos\dfrac{2}{n}$

21. $\left\{\dfrac{(2n-1)!}{(2n+1)!}\right\}$

22. $\{\arctan 2n\}$

23. $\{n^2 e^{-n}\}$

24. $a_n = \ln(n+1) - \ln n$

25. $a_n = \dfrac{\cos^2 n}{2^n}$

26. $a_n = 2^{-n}\cos n\pi$

27. $a_n = \left(1+\dfrac{2}{n}\right)^n$

28. $a_n = \dfrac{\sin 2n}{1+\sqrt{n}}$

29. $\{0, 1, 0, 0, 1, 0, 0, 0, 1, \ldots\}$

30. $a_n = \dfrac{(\ln n)^2}{n}$

31. $a_n = \ln(2n^2+1) - \ln(n^2+1)$

32. $a_n = \dfrac{(-3)^n}{n!}$

33. 1000달러를 연이율이 6%이고 연 복리로 셈하는 예금 상품에 투자하면, n년 뒤의 원리합계는 $a_n = 1000(1.06)^n$달러이다.
(a) 수열 $\{a_n\}$의 처음 다섯 개 항을 찾아라.
(b) 이 수열은 수렴하는가? 발산하는가? 설명하라.

34. 다음과 같이 정의된 수열의 처음 40개 항을 찾아라.

$$a_1 = 11, \quad a_{n+1} = \begin{cases} \frac{1}{2}a_n & (a_n\text{은 짝수}) \\ 3a_n + 1 & (a_n\text{은 홀수}) \end{cases}$$

$a_1 = 25$인 경우에 같은 질문에 답하라. 이런 꼴의 수열의 성질을 추측하라.

35. $\{a_n\}$은 감소 수열이고 모든 항이 5와 8 사이에 놓여 있다고 하자. 이 수열의 극한이 존재하는 이유를 설명하라. 극한에 대해 어떤 말을 할 수 있는가?

36. (a) 수렴하는 수열 $\{a_n\}$에 대해 다음이 성립함을 보여라.

$$\lim_{n\to\infty} a_{n+1} = \lim_{n\to\infty} a_n$$

(b) 수열 $\{a_n\}$은 $a_1 = 1$이고 $n \ge 1$일 때 $a_{n+1} = 1/(1+a_n)$로 정의하자. $\{a_n\}$이 수렴한다고 가정하고, 그 극한을 찾아라.

37–40. 다음 수열이 증가하는지 감소하는지, 아니면 어느 것도 아닌지를 판정하라. 수열은 갇혀 있는가?

37. $a_n = \dfrac{1}{2n+3}$

38. $a_n = \dfrac{2n-3}{3n+4}$

39. $a_n = n(-1)^n$

40. $a_n = n + \dfrac{1}{n}$

41. 다음 수열의 극한을 찾아라.

$$\left\{\sqrt{2},\ \sqrt{2\sqrt{2}},\ \sqrt{2\sqrt{2\sqrt{2}}},\ \ldots\right\}$$

42. 수열 $\{a_n\}$이 $a_1 = \sqrt{2}$이고 $a_{n+1} = \sqrt{2+a_n}$으로 정의되어 있다.
(a) 귀납법 또는 다른 방법으로 $\{a_n\}$이 증가하고 3에 의해 위로 갇혀 있음을 보여라. 단조 수열 정리를 이용해서 $\lim_{n\to\infty} a_n$이 존재함을 보여라.
(b) $\lim_{n\to\infty} a_n$을 찾아라.

43. 귀납법을 이용해서 $a_1 = 1$과 $a_{n+1} = 3 - 1/a_n$로 정의된 수열은 증가하고 모든 n에 대해 $a_n < 3$임을 보여라. $\{a_n\}$이 수렴함을 유도하고, 극한을 찾아라.

44. 수열을 다음과 같이 정의하자.

$$a_1 = 2, \quad a_{n+1} = \frac{1}{3-a_n}$$

그러면 이 수열이 감소하고 $0 < a_n \le 2$를 만족시킴을 보여라. 그리고 극한을 찾아라.

45. (a) 피보나치는 다음과 같은 문제를 제시했다. 토끼는 영원히 살고, 매달 각 쌍은 새끼 한 쌍을 낳으며, 새끼 쌍은 두 달이 되면 새끼를 낳기 시작한다. 새끼 한 쌍으로 시작하면, n째 달에는 토끼가 몇 쌍 있는가? 답이 f_n임을 보여라. 여기서 $\{f_n\}$은 보기 3(c)에서 정의한 피보나치 수열이다.
(b) $a_n = f_{n+1}/f_n$이라 하면, $a_{n-1} = 1 + 1/a_{n-2}$임을 보여라. $\{a_n\}$이 수렴한다고 가정하고, 극한을 찾아라.

46. (a) 연속 함수 f에 대해 $a_1 = a$, $a_2 = f(a)$, $a_3 = f(a_2) = f(f(a))$, …, $a_{n+1} = f(a_n)$이라 하자. $\lim_{n\to\infty} a_n = L$이면, $f(L) = L$임을 보여라.

(b) $f(x) = \cos x$와 $a = 1$을 택해서 (a)를 예시하고, L의 값을 소수 다섯째 자리까지 찾아라.

47. [식 8에 $r = 0.8$을 대입하면] $\lim_{n\to\infty}(0.8)^n = 0$임을 알 수 있다. 로그를 이용해서 $(0.8)^n < 0.000001$을 만족시키는 n의 값을 결정하라.

48. 정의 2를 직접 이용해서 $|r| < 1$일 때, $\lim_{n\to\infty} r^n = 0$임을 증명하라.

49. 정리 6을 증명하라. [*귀띔*: 정의 2 또는 조임 정리를 이용하자.]

50. 연속과 수렴 정리를 증명하라.

51. $\lim_{n\to\infty} a_n = 0$이고 $\{b_n\}$이 갇혀 있으면, $\lim_{n\to\infty}(a_n b_n) = 0$임을 보여라.

52. (a) $\lim_{n\to\infty} a_{2n} = L$이고 $\lim_{n\to\infty} a_{2n+1} = L$이면, $\{a_n\}$이 수렴하고 $\lim_{n\to\infty} a_n = L$임을 보여라.

(b) 다음과 같이 정의된 수열 $\{a_n\}$의 처음 여덟 개 항을 찾아라.

$$a_1 = 1, \quad a_{n+1} = 1 + \frac{1}{1 + a_n}$$

그리고 (a)를 이용해서 $\lim_{n\to\infty} a_n = \sqrt{2}$임을 보여라. 이는 다음과 같은 연분수 전개를 예시한다.

$$\sqrt{2} = 1 + \cfrac{1}{2 + \cfrac{1}{2 + \cdots}}$$

53. 자연 상태에서 물고기 개체 수에 대한 모형으로 사용하는 다음과 같은 공식이 있다.

$$p_{n+1} = \frac{b p_n}{a + p_n}$$

여기서 p_n은 n년 뒤의 물고기 개체 수이고, a와 b는 양의 상수로 물고기의 종류와 환경에 따라 결정된다. 0년의 개체 수가 $p_0 > 0$이라고 하자.

(a) $\{p_n\}$이 수렴하면, 극한이 될 수 있는 값은 0과 $b - a$뿐임을 보여라.

(b) $p_{n+1} < (b/a)p_n$임을 보여라.

(c) (b)를 이용해서 $a > b$이면 $\lim_{n\to\infty} p_n = 0$임을 보여라. 곧, 개체군은 사라진다.

(d) $a < b$라고 하자. $p_0 < b - a$이면 $\{p_n\}$은 증가하고 $0 < p_n < b - a$임을 보여라. 또 $p_0 > b - a$이면 $\{p_n\}$은 감소하고 $p_n > b - a$임을 보여라. $a < b$이면 $\lim_{n\to\infty} p_n = b - a$임을 유도하라.

8.2 급수

수를 무한 소수로 나타낸다는 것은 무엇을 뜻할까? 예를 들면, 다음과 같이 쓴 것은 무엇을 뜻할까?

$$\pi = 3.14159\ 26535\ 89793\ 23846\ 26433\ 83279\ 50288 \cdots$$

소수 표기법의 기저는 임의의 수를 무한 합으로 쓸 수 있다는 관례이다. 이것은 따음을 뜻한다.

$$\pi = 3 + \frac{1}{10} + \frac{4}{10^2} + \frac{1}{10^3} + \frac{5}{10^4} + \frac{9}{10^5} + \frac{2}{10^6} + \frac{6}{10^7} + \frac{5}{10^8} + \cdots$$

여기서 세 점(⋯)은 이 합이 끝없이 이어지고, 더 많은 항을 더할수록 π의 참값에 더 가까워진다는 사실을 가리킨다.

■ π의 소수 전개에서 현재(2011년)의 기록은 시게루 콘도(Shigeru Kondo)와 알렉산더 이(Alexander Yee)가 소수 10조 자리 이상까지 셈한 것이다.

용어
무한 급수 infinite series
부분 합 partial sum
합 sum
등비 급수 geometric series
공비 common ratio

일반적으로, 무한 수열 $\{a_n\}_{n=1}^{\infty}$의 항들을 더하려면, 다음과 같은 꼴의 식을 얻는다.

$$a_1 + a_2 + a_3 + \cdots + a_n + \cdots \qquad \boxed{1}$$

이를 무한 급수(또는 단순히 급수)라 하고, 다음과 같은 기호로 짧게 나타낸다.

$$\sum_{n=1}^{\infty} a_n \quad \text{또는} \quad \sum a_n$$

그런데 무수히 많은 항의 합에 대해 말하는 것이 의미가 있는가?

다음 급수에 대한 유한인 합을 찾기는 불가능할 것이다.

$$1 + 2 + 3 + 4 + 5 + \cdots + n + \cdots$$

왜냐하면 항들을 더하기 시작하면, 누적적인 합 1, 3, 6, 10, 15, 21, ...을 얻고 n항까지 더하면 $n(n+1)/2$을 얻는데 이것은 n이 커짐에 따라 더욱더 커지기 때문이다.

그런데 다음 급수의 항들을 더한다고 하자.

$$\frac{1}{2} + \frac{1}{4} + \frac{1}{8} + \frac{1}{16} + \frac{1}{32} + \frac{1}{64} + \cdots + \frac{1}{2^n} + \cdots$$

n	처음 n개 항의 합
1	0.50000000
2	0.75000000
3	0.87500000
4	0.93750000
5	0.96875000
6	0.98437500
7	0.99218750
10	0.99902344
15	0.99996948
20	0.99999905
25	0.99999997

그러면 부분 합 $\frac{1}{2}$, $\frac{3}{4}$, $\frac{7}{8}$, $\frac{15}{16}$, $\frac{31}{32}$, $\frac{63}{64}$, ..., $1 - \frac{1}{2^n}$, ...을 얻는다. 왼쪽 표는 더 많은 항을 더할수록 이런 부분 합은 더욱더 1에 가까워짐을 보여준다. 실제로, 이 급수의 항을 충분히 많이 더하면 부분 합을 1에 원하는 만큼 가깝게 만들 수 있다. 그러므로 이 무한 급수의 합이 1이고, 다음과 같이 나타내는 것이 합당해 보인다.

$$\sum_{n=1}^{\infty} \frac{1}{2^n} = \frac{1}{2} + \frac{1}{4} + \frac{1}{8} + \frac{1}{16} + \cdots + \frac{1}{2^n} + \cdots = 1$$

비슷한 발상을 이용해서 일반적인 급수 $\boxed{1}$의 합의 존재 여부를 판정한다. 다음과 같은 부분 합을 생각하자.

$$\begin{aligned} s_1 &= a_1, \\ s_2 &= a_1 + a_2, \\ s_3 &= a_1 + a_2 + a_3, \\ s_4 &= a_1 + a_2 + a_3 + a_4 \end{aligned}$$

일반적으로 다음과 같다.

$$s_n = a_1 + a_2 + a_3 + \cdots + a_n = \sum_{i=1}^{n} a_i$$

이런 부분 합은 새로운 수열 $\{s_n\}$을 형성하는데, 이의 극한이 존재할 수도 존재하지 않을 수도 있다. $\lim_{n\to\infty} s_n = s$가 (유한인 수로) 존재하면, 앞의 예에서와 같이, 이를 무한 급수 $\sum a_n$의 합이라 한다.

2 **정의** 주어진 급수 $\sum_{n=1}^{\infty} a_n = a_1 + a_2 + a_3 + \cdots$에 대해 s_n은 다음과 같은 n째 부분 합을 나타낸다고 하자.

$$s_n = \sum_{i=1}^{n} a_i = a_1 + a_2 + \cdots + a_n$$

수열 $\{s_n\}$이 수렴하고 $\lim_{n\to\infty} s_n = s$가 실수로 존재하면, 급수 $\sum a_n$은 **수렴한다**고 하고 다음과 같이 나타낸다.

$$a_1 + a_2 + \cdots + a_n + \cdots = s \quad \text{또는} \quad \sum_{n=1}^{\infty} a_n = s$$

수 s를 이 급수의 **합**이라 한다. 수열 $\{s_n\}$이 발산하면, 급수는 **발산한다**고 한다.

따라서 급수의 합은 부분 합의 수열의 극한이다. 그러므로 $\sum_{n=1}^{\infty} a_n = s$라는 기호는, 급수의 충분히 많은 항을 더함으로써 수 s에 원하는 만큼 가까워질 수 있음을 뜻한다. 다음을 확인하자.

$$\sum_{n=1}^{\infty} a_n = \lim_{n\to\infty} \sum_{i=1}^{n} a_i$$

■ 다음 특이 적분과 비교하자.

$$\int_1^{\infty} f(x)\,dx = \lim_{t\to\infty} \int_1^{t} f(x)\,dx$$

이 적분의 값을 찾기 위해 1부터 t까지 적분한 다음에 $t\to\infty$한다. 급수의 경우에는 1부터 n까지 더하고 $n\to\infty$한다.

보기 1 무한 급수의 중요한 예는 다음과 같은 **등비 급수**이다.

$$a + ar + ar^2 + ar^3 + \cdots + ar^{n-1} + \cdots = \sum_{n=1}^{\infty} ar^{n-1} \quad (a \neq 0)$$

각 항은 직전 항에 **공비** r을 곱해서 얻는다. (474쪽에서 $a = \frac{1}{2}$이고 $r = \frac{1}{2}$인 특별한 경우를 이미 알아봤다.)

$r = 1$일 때, $s_n = a + a + \cdots + a = na \to \pm\infty$이다. $\lim_{n\to\infty} s_n$이 존재하지 않으므로, 이 경우에 등비 급수는 발산한다.

$r \neq 1$일 때, 다음과 같이 놓자.

$$s_n = a + ar + ar^2 + \cdots + ar^{n-1},$$
$$rs_n = \quad ar + ar^2 + \cdots + ar^{n-1} + ar^n$$

두 식을 빼면, 다음을 얻는다.

$$s_n - rs_n = a - ar^n,$$

3 $$s_n = \frac{a(1-r^n)}{1-r}$$

$-1 < r < 1$일 때, 8.1절의 8에 의해 $n\to\infty$일 때 $r^n \to 0$이므로 다음이 성립한다.

$$\lim_{n\to\infty} s_n = \lim_{n\to\infty} \frac{a(1-r^n)}{1-r} = \frac{a}{1-r} - \frac{a}{1-r}\lim_{n\to\infty} r^n = \frac{a}{1-r}$$

■ 그림 1은 보기 1의 결과를 기하학적으로 증명한다. 그림과 같이 삼각형들을 만들고 s를 급수의 합이라 하면, 닮은 삼각형에 의해 $\frac{s}{a} = \frac{a}{a-ar}$가 성립하므로 $s = \frac{a}{1-r}$를 얻는다.

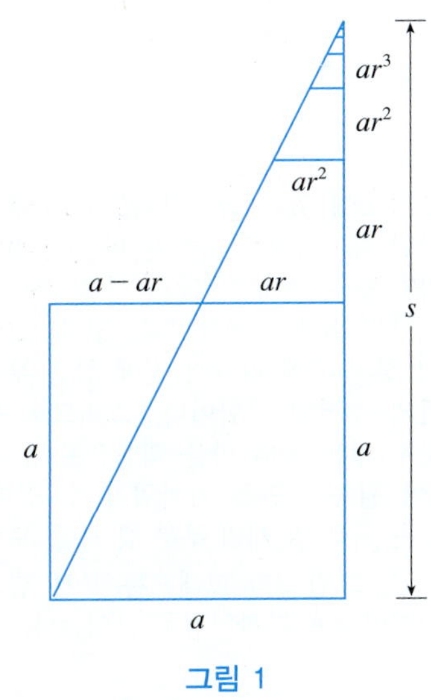

그림 1

■ 말로 나타내면, 수렴하는 등비 급수의 합은 다음과 같다.

$$\frac{\text{첫째 항}}{1-\text{공비}}$$

그러므로 $|r| < 1$일 때 등비 급수는 수렴하고 그 합은 $a/(1-r)$이다.

$r \le -1$ 또는 $r > 1$일 때, 수열 $\{r^n\}$은 8.1절의 [8]에 의해 발산하고, 이에 따라 식 [3]에 의해 $\lim_{n\to\infty} s_n$는 존재하지 않는다. 따라서 등비 급수는 이런 경우에 발산한다. ■

보기 1의 결과를 다음과 같이 요약한다.

[4] 다음과 같은 등비 급수를 생각하자.

$$\sum_{n=1}^{\infty} ar^{n-1} = a + ar + ar^2 + \cdots$$

이 등비 급수는 $|r| < 1$일 때 수렴하고, 그 합은 다음과 같다.

$$\sum_{n=1}^{\infty} ar^{n-1} = \frac{a}{1-r} \qquad (\text{단, } |r| < 1)$$

$|r| \ge 1$일 때, 등비 급수는 발산한다.

보기 2 다음 등비 급수의 합을 찾아라.

$$5 - \frac{10}{3} + \frac{20}{9} - \frac{40}{27} + \cdots$$

풀이 첫째 항은 $a = 5$이고 공비는 $r = -\frac{2}{3}$이다. $|r| = \frac{2}{3} < 1$이므로, 이 급수는 [4]에 의해 수렴하고 그 합은 다음과 같다.

$$5 - \frac{10}{3} + \frac{20}{9} - \frac{40}{27} + \cdots = \frac{5}{1-\left(-\frac{2}{3}\right)} = \frac{5}{\frac{5}{3}} = 3$$ ■

■ 보기 2에 있는 급수의 합이 3이라고 말할 때, 실제로 뜻하는 바는 무엇인가? 물론, 무수히 많은 항을 하나씩 하나씩 실제로 더할 수는 없다. 그러나 정의 [2]에 따라서 전체 합은 부분 합의 수열의 극한이다. 그러므로 충분히 많은 항의 합을 택함으로써, 수 3에 원하는 만큼 가까워질 수 있다. 표는 처음 열 개의 부분 합 s_n을 보여주고, 그림 2의 그래프는 부분 합의 수열이 3에 가까워짐을 보여준다.

n	s_n
1	5.000000
2	1.666667
3	3.888889
4	2.407407
5	3.395062
6	2.736626
7	3.175583
8	2.882945
9	3.078037
10	2.947975

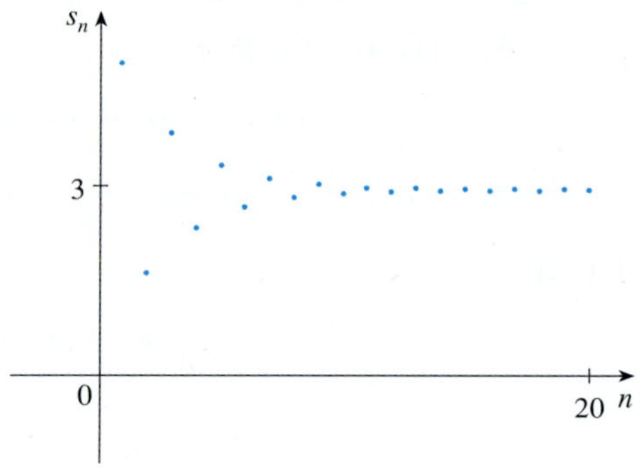

그림 2

보기 3 급수 $\sum_{n=1}^{\infty} 2^{2n}3^{1-n}$은 수렴하는가? 발산하는가?

풀이 이 급수의 n째 항을 다음과 같이 ar^{n-1} 꼴로 나타내자.

$$\sum_{n=1}^{\infty} 2^{2n}3^{1-n} = \sum_{n=1}^{\infty} (2^2)^n 3^{-(n-1)} = \sum_{n=1}^{\infty} \frac{4^n}{3^{n-1}} = \sum_{n=1}^{\infty} 4\left(\frac{4}{3}\right)^{n-1}$$

이 급수는 $a=4$이고 $r=\frac{4}{3}$인 등비 급수임을 알 수 있다. $r>1$이므로, 이 급수는 [4]에 의해 발산한다. ■

■ a와 r을 확인하는 또 다른 방법은 다음과 같이 처음 몇 개의 항을 써보는 것이다.

$$4+\frac{16}{3}+\frac{64}{9}+\cdots$$

보기 4 수 $2.3\overline{17}=2.3171717\cdots$을 정수의 비로 나타내라.

풀이

$$2.3171717\cdots = 2.3+\frac{17}{10^3}+\frac{17}{10^5}+\frac{17}{10^7}+\cdots$$

첫째 항을 제외한 나머지는 $a=17/10^3$이고 $r=1/10^2$인 등비 급수이다. 따라서 다음을 얻는다.

$$2.3\overline{17} = 2.3+\frac{\frac{17}{10^3}}{1-\frac{1}{10^2}} = 2.3+\frac{\frac{17}{1000}}{\frac{99}{100}}$$

$$= \frac{23}{10}+\frac{17}{990} = \frac{1147}{495}$$ ■

TEC Module 8.2는 삼각형에서 각 θ에 따라 결정되는 급수를 탐구하고 θ가 바뀔 때 이 급수가 얼마나 빨리 수렴하는지를 알아보게 한다.

보기 5 $|x|<1$일 때 급수 $\sum_{n=0}^{\infty} x^n$의 합을 찾아라.

풀이 이 급수는 $n=0$에서 시작되고, 이에 따라 첫째 항은 $x^0=1$이다. (급수에서는 관례적으로 $x=0$인 경우에도 $x^0=1$으로 생각한다.) 그러므로 다음과 같다.

$$\sum_{n=0}^{\infty} x^n = 1+x+x^2+x^3+x^4+\cdots$$

이것은 $a=1$이고 $r=x$인 등비 급수이다. $|r|=|x|<1$이므로, 이는 수렴하고 [4]에 의해 다음을 얻는다.

[5]
$$\sum_{n=0}^{\infty} x^n = \frac{1}{1-x}$$ ■

보기 6 급수 $\sum_{n=1}^{\infty} \frac{1}{n(n+1)}$이 수렴함을 보이고, 그 합을 찾아라.

풀이 이것은 등비 급수가 아니다. 그러므로 수렴하는 급수의 정의로 되돌아가서 다음 부분 합을 셈하자.

$$s_n = \sum_{i=1}^{n} \frac{1}{i(i+1)} = \frac{1}{1\cdot 2}+\frac{1}{2\cdot 3}+\frac{1}{3\cdot 4}+\cdots+\frac{1}{n(n+1)}$$

다음과 같은 부분 분수로 분해하면, 위의 식을 간단히 할 수 있다.

$$\frac{1}{i(i+1)} = \frac{1}{i}-\frac{1}{i+1}$$

■ 항들이 쌍으로 소거됨을 확인하자. 이것이 **끼워 넣는 합**의 예이다. 모두 소거되기 때문에 합은 (해적의 끼워 넣는 망원경과 같이) 항들을 '끼워 넣어' 단 두 항만 남는다.

용어
끼워 넣는 합 telescoping sum 조화 급수 harmonic series

■ 그림 3은 항이 $a_n = 1/\{n(n+1)\}$인 수열의 그래프와 부분 합의 수열 $\{s_n\}$을 보여줌으로써 보기 6을 예증하고 있다. $a_n \to 0$이고 $s_n \to 1$임을 확인하자. 익힘 문제 46과 47에서 보기 6에 대한 두 가지 해석을 볼 수 있다.

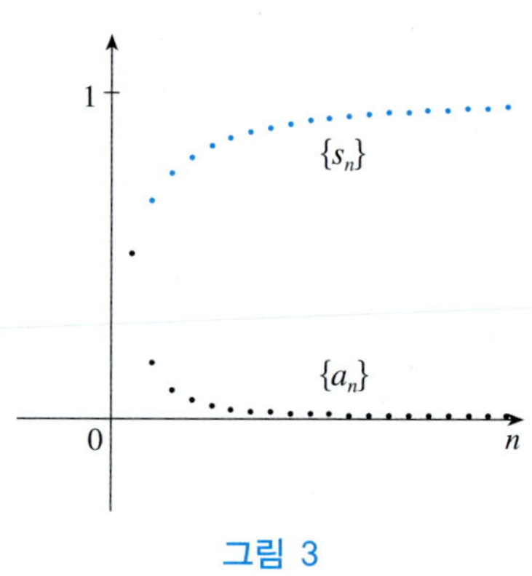

그림 3

(6.3절을 보라.) 이에 따라 다음이 성립한다.

$$\begin{aligned} s_n &= \sum_{i=1}^{n} \frac{1}{i(i+1)} = \sum_{i=1}^{n} \left(\frac{1}{i} - \frac{1}{i+1} \right) \\ &= \left(1 - \frac{1}{2}\right) + \left(\frac{1}{2} - \frac{1}{3}\right) + \left(\frac{1}{3} - \frac{1}{4}\right) + \cdots + \left(\frac{1}{n} - \frac{1}{n+1}\right) \\ &= 1 - \frac{1}{n+1} \end{aligned}$$

그러므로 $\lim_{n\to\infty} s_n = \lim_{n\to\infty} \left(1 - \frac{1}{n+1}\right) = 1 - 0 = 1$이다. 따라서 주어진 급수는 수렴하고 그 합은 다음과 같다.

$$\sum_{n=1}^{\infty} \frac{1}{n(n+1)} = 1$$

■

보기 7 다음 조화 급수가 발산함을 보여라.

$$\sum_{n=1}^{\infty} \frac{1}{n} = 1 + \frac{1}{2} + \frac{1}{3} + \frac{1}{4} + \cdots$$

풀이 이 특별한 급수의 경우에는 부분 합 s_2, s_4, s_8, s_{16}, s_{32}, ...를 생각하고, 다음과 같이 이것들이 커짐을 보이자.

$$s_2 = 1 + \frac{1}{2},$$

$$s_4 = 1 + \frac{1}{2} + \left(\frac{1}{3} + \frac{1}{4}\right) > 1 + \frac{1}{2} + \left(\frac{1}{4} + \frac{1}{4}\right) = 1 + \frac{2}{2},$$

$$\begin{aligned} s_8 &= 1 + \frac{1}{2} + \left(\frac{1}{3} + \frac{1}{4}\right) + \left(\frac{1}{5} + \frac{1}{6} + \frac{1}{7} + \frac{1}{8}\right) \\ &> 1 + \frac{1}{2} + \left(\frac{1}{4} + \frac{1}{4}\right) + \left(\frac{1}{8} + \frac{1}{8} + \frac{1}{8} + \frac{1}{8}\right) \\ &= 1 + \frac{1}{2} + \frac{1}{2} + \frac{1}{2} = 1 + \frac{3}{2}, \end{aligned}$$

$$\begin{aligned} s_{16} &= 1 + \frac{1}{2} + \left(\frac{1}{3} + \frac{1}{4}\right) + \left(\frac{1}{5} + \cdots + \frac{1}{8}\right) + \left(\frac{1}{9} + \cdots + \frac{1}{16}\right) \\ &> 1 + \frac{1}{2} + \left(\frac{1}{4} + \frac{1}{4}\right) + \left(\frac{1}{8} + \cdots + \frac{1}{8}\right) + \left(\frac{1}{16} + \cdots + \frac{1}{16}\right) \\ &= 1 + \frac{1}{2} + \frac{1}{2} + \frac{1}{2} + \frac{1}{2} = 1 + \frac{4}{2} \end{aligned}$$

■ 조화 급수가 발산함을 보이기 위해 보기 7에서 이용한 방법은 프랑스 학자 오렘(Nicole Oresme, 1323~1382)이 고안했다.

마찬가지로, $s_{32} > 1 + \frac{5}{2}$이고 $s_{64} > 1 + \frac{6}{2}$이며, 일반적으로 다음과 같다.

$$s_{2^n} > 1 + \frac{n}{2}$$

이는 $n \to \infty$일 때 $s_{2^n} \to \infty$이고 이에 따라 $\{s_n\}$이 발산함을 보여준다. 따라서 조화 급수는 발산한다. ■

[6] 정리 급수 $\sum_{n=1}^{\infty} a_n$이 수렴하면, $\lim_{n\to\infty} a_n = 0$이다.

증명 $s_n = a_1 + a_2 + \cdots + a_n$이라 하자. 그러면 $a_n = s_n - s_{n-1}$이다. $\sum a_n$이 수렴하므로, 수열 $\{s_n\}$은 수렴한다. $\lim_{n\to\infty} s_n = s$라 하자. $n \to \infty$일 때 $(n-1) \to \infty$이므로, $\lim_{n\to\infty} s_{n-1} = s$이다. 따라서 다음을 얻는다.

$$\lim_{n\to\infty} a_n = \lim_{n\to\infty} (s_n - s_{n-1}) = \lim_{n\to\infty} s_n - \lim_{n\to\infty} s_{n-1} = s - s = 0 \qquad \square$$

참고 1. 임의의 급수 $\sum a_n$에는 두 개의 수열, 곧 부분 합의 수열 $\{s_n\}$과 항의 수열 $\{a_n\}$이 연관된다. $\sum a_n$이 수렴하면, 수열 $\{s_n\}$의 극한은 (급수의 합) s이고, 정리 [6]에 의해 수열 $\{a_n\}$의 극한은 0이다.

참고 2. 정리 [6]의 역은 일반적으로 참이 아니다. $\lim_{n\to\infty} a_n = 0$이더라도 $\sum a_n$이 수렴한다고 결론지을 수 없다. 조화 급수 $\sum 1/n$의 경우에 $n \to \infty$일 때 $a_n = 1/n \to 0$이지만, 보기 7에서 밝힌 대로 $\sum 1/n$은 발산한다.

[7] 발산 판정법 $\lim_{n\to\infty} a_n$이 존재하지 않거나 $\lim_{n\to\infty} a_n \neq 0$이면, 급수 $\sum_{n=1}^{\infty} a_n$은 발산한다.

용어
발산 판정법 test for divergence

발산 판정법은 정리 [6]으로부터 유도된다. 왜냐하면 급수가 발산하지 않으면, 급수는 수렴하는데, 그러면 $\lim_{n\to\infty} a_n = 0$이어야 하기 때문이다.

보기 8 급수 $\sum_{n=1}^{\infty} \frac{n^2}{5n^2+4}$이 발산함을 보여라.

풀이

$$\lim_{n\to\infty} a_n = \lim_{n\to\infty} \frac{n^2}{5n^2+4} = \lim_{n\to\infty} \frac{1}{5+4/n^2} = \frac{1}{5} \neq 0$$

그러므로 이 급수는 발산 판정법에 의해 발산한다. ■

참고 3. $\lim_{n\to\infty} a_n \neq 0$이면 $\sum a_n$은 발산한다. 한편 $\lim_{n\to\infty} a_n = 0$인 경우에는 $\sum a_n$이 수렴하는지 발산하는지를 알 수는 없다. 참고 2의 경고를 상기하자. $\lim_{n\to\infty} a_n = 0$이면, 급수 $\sum a_n$은 수렴할 수도 있고 발산할 수도 있다.

8 정리 $\sum a_n$과 $\sum b_n$이 수렴하는 급수이면, 세 급수 $\sum ca_n$(c는 상수), $\sum(a_n+b_n)$, $\sum(a_n-b_n)$은 수렴하고 다음이 성립한다.

(i) $\displaystyle\sum_{n=1}^{\infty} ca_n = c\sum_{n=1}^{\infty} a_n$ (ii) $\displaystyle\sum_{n=1}^{\infty}(a_n+b_n) = \sum_{n=1}^{\infty} a_n + \sum_{n=1}^{\infty} b_n$

(iii) $\displaystyle\sum_{n=1}^{\infty}(a_n-b_n) = \sum_{n=1}^{\infty} a_n - \sum_{n=1}^{\infty} b_n$

수렴하는 급수에 관한 이런 성질은 8.1절의 수열에 대한 대응하는 극한 법칙으로부터 유도된다. 예를 들어 여기에서는 정리 8의 (ii)를 증명한다.

다음과 같이 놓자.

$$s_n = \sum_{i=1}^{n} a_i, \qquad s = \sum_{n=1}^{\infty} a_n, \qquad t_n = \sum_{i=1}^{n} b_i, \qquad t = \sum_{n=1}^{\infty} b_n$$

급수 $\sum(a_n+b_n)$의 n째 부분 합은 다음과 같다.

$$u_n = \sum_{i=1}^{n}(a_i+b_i)$$

그리고 5.2절의 식 10을 이용하면 다음을 얻는다.

$$\begin{aligned}\lim_{n\to\infty} u_n &= \lim_{n\to\infty}\sum_{i=1}^{n}(a_i+b_i) = \lim_{n\to\infty}\left(\sum_{i=1}^{n} a_i + \sum_{i=1}^{n} b_i\right) \\ &= \lim_{n\to\infty}\sum_{i=1}^{n} a_i + \lim_{n\to\infty}\sum_{i=1}^{n} b_i = \lim_{n\to\infty} s_n + \lim_{n\to\infty} t_n = s+t\end{aligned}$$

따라서 $\sum(a_n+b_n)$은 수렴하고, 그 합은 다음과 같다.

$$\sum_{n=1}^{\infty}(a_n+b_n) = s+t = \sum_{n=1}^{\infty} a_n + \sum_{n=1}^{\infty} b_n$$ □

보기 9 급수 $\displaystyle\sum_{n=1}^{\infty}\left(\frac{3}{n(n+1)} + \frac{1}{2^n}\right)$의 합을 찾아라.

풀이 $\sum 1/2^n$은 $a=\frac{1}{2}$이고 $r=\frac{1}{2}$인 등비 급수이므로, 다음이 성립한다.

$$\sum_{n=1}^{\infty}\frac{1}{2^n} = \frac{\frac{1}{2}}{1-\frac{1}{2}} = 1$$

보기 6에서 다음을 밝혔다.

$$\sum_{n=1}^{\infty}\frac{1}{n(n+1)} = 1$$

그러므로 정리 8에 의해 주어진 급수는 수렴하고, 그 합은 다음과 같다.

$$\sum_{n=1}^{\infty}\left(\frac{3}{n(n+1)}+\frac{1}{2^n}\right)=3\sum_{n=1}^{\infty}\frac{1}{n(n+1)}+\sum_{n=1}^{\infty}\frac{1}{2^n}=3\cdot 1+1=4$$ ■

참고 4. 유한개의 항은 급수의 수렴과 발산에 영향을 끼치지 않는다. 예를 들면, 다음 급수가 수렴한다는 사실을 밝힐 수 있다고 가정하자.

$$\sum_{n=4}^{\infty}\frac{n}{n^3+1}$$

$n=1$부터 시작하면 다음과 같다.

$$\sum_{n=1}^{\infty}\frac{n}{n^3+1}=\frac{1}{2}+\frac{2}{9}+\frac{3}{28}+\sum_{n=4}^{\infty}\frac{n}{n^3+1}$$

그러므로 전체 급수 $\sum_{n=1}^{\infty} n/(n^3+1)$은 수렴한다. 마찬가지로, 급수 $\sum_{n=N+1}^{\infty} a_n$이 수렴하면, 다음 전체 수열도 수렴한다.

$$\sum_{n=1}^{\infty}a_n=\sum_{n=1}^{N}a_n+\sum_{n=N+1}^{\infty}a_n$$

8.2 익힘 문제

1. (a) 수열과 급수 사이의 차이점은 무엇인가?
   (b) 수렴하는 급수는 무엇인가? 발산하는 급수는 무엇인가?
2. $\sum_{n=1}^{\infty} a_n = 5$가 뜻하는 바를 설명하라.

3–6. 다음 급수의 부분 합의 수열을 처음 여덟째 항까지 셈하라. 급수는 수렴 또는 발산할 것으로 보이는가?

3. $\displaystyle\sum_{n=1}^{\infty}\frac{1}{n^3}$
4. $\displaystyle\sum_{n=1}^{\infty}\frac{1}{\ln(n+1)}$
5. $\displaystyle\sum_{n=1}^{\infty}\frac{n}{1+\sqrt{n}}$
6. $\displaystyle\sum_{n=1}^{\infty}\frac{(-1)^{n-1}}{n!}$

7–12. 다음 등비 급수의 수렴 여부를 판정하라. 수렴하면 그 합을 찾아라.

7. $10-2+0.4-0.08+\cdots$
8. $1+0.4+0.16+0.064+\cdots$
9. $\displaystyle\sum_{n=1}^{\infty}\frac{(-3)^{n-1}}{4^n}$
10. $\displaystyle\sum_{n=1}^{\infty}\frac{(-6)^{n-1}}{5^{n-1}}$
11. $\displaystyle\sum_{n=0}^{\infty}\frac{\pi^n}{3^{n+1}}$
12. $\displaystyle\sum_{n=0}^{\infty}\frac{1}{(\sqrt{2})^n}$

13–24. 다음 급수의 수렴 여부를 판정하라. 수렴하면 그 합을 찾아라.

13. $\displaystyle\sum_{n=1}^{\infty}\frac{1}{2n}$
14. $\displaystyle\sum_{k=1}^{\infty}\frac{k(k+2)}{(k+3)^2}$
15. $\displaystyle\sum_{n=1}^{\infty}\frac{n-1}{3n-1}$
16. $\displaystyle\sum_{n=1}^{\infty}\frac{1+3^n}{2^n}$
17. $\displaystyle\sum_{n=1}^{\infty}\frac{1+2^n}{3^n}$
18. $\displaystyle\sum_{n=1}^{\infty}\cos\frac{1}{n}$
19. $\displaystyle\sum_{n=1}^{\infty}\sqrt[n]{2}$
20. $\displaystyle\sum_{n=1}^{\infty}\{(0.8)^{n-1}-(0.3)^n\}$
21. $\displaystyle\sum_{n=1}^{\infty}\arctan n$
22. $\displaystyle\sum_{k=1}^{\infty}(\cos 1)^k$
23. $\displaystyle\frac{1}{3}+\frac{1}{6}+\frac{1}{9}+\frac{1}{12}+\frac{1}{15}+\cdots$
24. $\displaystyle\frac{1}{3}+\frac{2}{9}+\frac{1}{27}+\frac{2}{82}+\frac{1}{243}+\frac{2}{729}+\cdots$

25–28. (보기 6에서와 같이) 부분 합 s_n을 끼워 넣는 합으로 표현해서, 다음 급수의 수렴 여부를 판정하라. 수렴하면 그 합을 찾아라.

25. $\displaystyle\sum_{n=2}^{\infty}\frac{2}{n^2-1}$

26. $\displaystyle\sum_{n=1}^{\infty}\ln\frac{n}{n+1}$

27. $\displaystyle\sum_{n=1}^{\infty}\frac{3}{n(n+3)}$

28. $\displaystyle\sum_{n=1}^{\infty}\left(e^{1/n}-e^{1/(n+1)}\right)$

29. $x=0.99999\cdots$라 하자.

(a) $x<1$인가? 아니면 $x=1$인가?

(b) 등비 급수의 합으로 x의 값을 찾아라.

(c) 수 1은 몇 가지로 소수 표현되는가?

(d) 두 가지 이상으로 표현되는 수는 무엇인가?

30. 수열의 항은 다음과 같이 정의된다.

$$a_1=1,\quad a_n=(5-n)a_{n-1}$$

$\sum_{n=1}^{\infty}a_n$을 셈하라.

31–34. 다음 수를 정수의 비율로 나타내라.

31. $0.\overline{8}=0.8888\cdots$

32. $0.\overline{46}=0.46464646\cdots$

33. $2.\overline{516}=2.516516516\cdots$

34. $10.1\overline{35}=10.135353535\cdots$

35–37. 다음 급수가 수렴하는 x의 값을 찾아라. x의 그런 값에 대해 급수의 합을 찾아라.

35. $\displaystyle\sum_{n=1}^{\infty}\frac{x^n}{3^n}$

36. $\displaystyle\sum_{n=0}^{\infty}2^n(x+1)^n$

37. $\displaystyle\sum_{n=0}^{\infty}\frac{(x-2)^n}{3^n}$

38. 조화 급수는 항이 0에 가까워지지만 발산한다는 사실을 알아봤다. 다음 급수에도 그런 성질이 있음을 보여라.

$$\sum_{n=1}^{\infty}\ln\left(1+\frac{1}{n}\right)$$

39. 급수 $\sum_{n=1}^{\infty}a_n$의 n째 부분 합이 $s_n=\frac{n-1}{n+1}$일 때, a_n과 $\sum_{n=1}^{\infty}a_n$의 합을 찾아라.

40. $\sum_{n=1}^{\infty}a_n$의 n째 부분 합이 $s_n=3-n2^{-n}$일 때, a_n과 $\sum_{n=1}^{\infty}a_n$의 합을 찾아라.

41. 한 환자는 매일 똑같은 시각에 150 g의 약을 먹는다. 약을 먹기 직전에 약의 5 %가 몸에 남아 있다.

(a) 셋째 약을 먹은 뒤에 몸에 남아 있는 약의 양은 얼마인가?

(b) 결국 몸에 남아 있는 약의 양은 얼마인가?

42. 인슐린 1회 투여량 D를 주입한 뒤에 환자의 조직에서 인슐린의 농도는 지수적으로 감쇠하는데, 이에 따라 De^{-at}으로 나타낼 수 있다. 여기서 t는 시간(단위 시)을 나타내고 a는 양의 상수이다.

(a) 1회 투여량 D를 T시간마다 투여한다면, $n+1$번째 투여하기 직전까지 잔류 농도의 합을 나타내는 식을 써라.

(b) 극한적인 투여 전 농도를 결정하라.

(c) 인슐린의 농도는 언제나 임계값 C 이상을 유지해야 한다면, 최소 투여량 D를 C, a, T의 식으로 결정하라.

43. 상품과 서비스에 돈을 쓰면, 그 돈을 받은 사람은 그 중 일부를 다시 쓴다. 두 번째로 쓰인 돈을 받은 사람은 그 중 일부를 쓰고, 이와 같이 계속된다. 경제학자는 이런 연쇄적인 반응을 승수 효과라고 한다. 고립된 지방 공동체를 가정하고, 그 지방 정부에서 D달러를 지출해서 이런 과정이 시작된다고 하자. 지출된 돈을 받은 각 사람은 $100c\%$를 쓰고, 받은 돈의 $100s\%$는 저축한다고 하자. c를 한계 소비 성향, s를 한계 저축 성향이라 하는데, 물론 $c+s=1$이다.

(a) n번의 지출 과정 뒤에 생성된 총지출액을 S_n이라 하자. S_n에 대한 식을 찾아라.

(b) $k=1/s$일 때 $\lim_{n\to\infty}S_n=kD$임을 보여라. 수 k를 승수라 한다. 한계 소비 성향이 80%일 때의 승수는 얼마인가?

참고: 중앙 정부는 이런 원리를 이용해서 적자 재정 지출을 정당화한다. 은행은 이 원리를 이용해서 예치된 돈에 큰 이자를 붙여 대출하는 것을 정당화한다.

44. 어떤 공은 h의 높이에서 딱딱하고 평평한 바닥에 떨어질 때마다 rh의 높이로 다시 튀어 오른다. 여기서 $0 < r < 1$이다. 공이 처음에 Hm의 높이에서 떨어진다고 하자.
 (a) 공이 끝없이 다시 튀어 오른다고 가정하고, 공이 움직인 전체 거리를 찾아라.
 (b) 공이 움직인 전체 시간을 셈하라. (공은 t초 동안 $\frac{1}{2}gt^2$m 떨어진다는 사실을 이용하자.)
 (c) 공이 바닥에 속도 v로 닿을 때마다 $-kv$의 속도로 튀어 오른다고 가정하자. 여기서 $0 < k < 1$이다. 공이 멈출 때까지 걸린 시간을 얼마인가?

45. $\sum_{n=2}^{\infty} (1+c)^{-n} = 2$일 때, c의 값을 얼마인가?

46. $0 \le x \le 1$에서 $n = 0, 1, 2, 3, 4, \ldots$에 대해 $y = x^n$의 그래프를 같은 화면에 그려라. 인접한 곡선 사이의 넓이를 찾아서, 보기 6에서 보인 다음 사실을 기하학적으로 밝혀라.

$$\sum_{n=1}^{\infty} \frac{1}{n(n+1)} = 1$$

47. 아래 그림에 나타낸 두 원 C와 D는 반지름이 1이고 점 P에서 외접하며 T가 공통 외접선이다. 원 C_1은 C, D, T와 접하고, 원 C_2는 C, D, C_1과 접하며, C_3은 C, D, C_2와 접한다. 이런 과정을 끝없이 계속할 수 있고, 원들의 무한 열 $\{C_n\}$을 만들 수 있다. C_n의 지름에 대한 식을 찾고, 이에 따라 보기 6에 대한 또 다른 기하학적 증명을 제시하라.

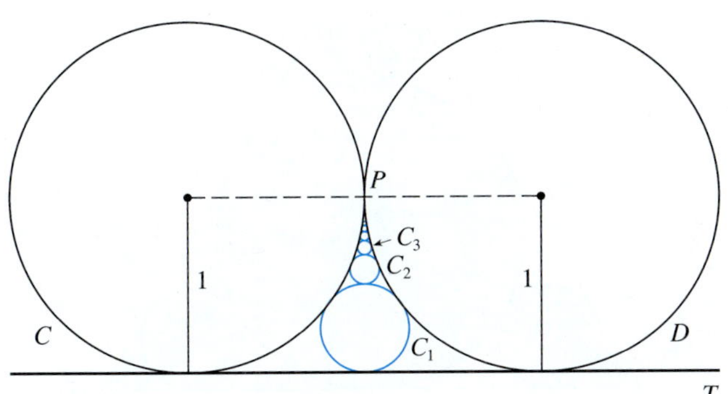

48. 아래 그림의 직각 삼각형 ABC에서 $\angle A = \theta$이고 $|AC| = b$라고 하자. CD는 AB에 내린 수선이고, DE는 BC에 내린 수선이며, $EF \perp AB$이고, 이런 과정을 그림에 나타낸 대로 끝없이 계속하자. 다음과 같은 수선의 길이 전체의 합을 b와 θ의 식으로 나타내라.

$$|CD| + |DE| + |EF| + |FG| + \cdots$$

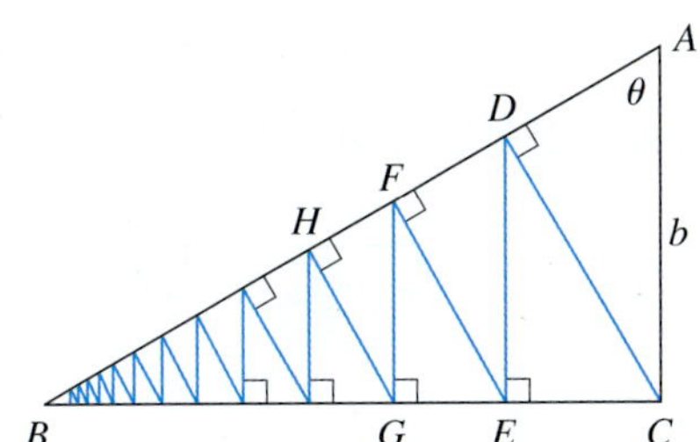

49. 다음 셈에서 잘못된 점은 무엇인가?

$$\begin{aligned} 0 &= 0 + 0 + 0 + \cdots \\ &= (1-1) + (1-1) + (1-1) + \cdots \\ &= 1 - 1 + 1 - 1 + 1 - 1 + \cdots \\ &= 1 + (-1+1) + (-1+1) + (-1+1) + \cdots \\ &= 1 + 0 + 0 + 0 + \cdots = 1 \end{aligned}$$

[우발두스(Guido Ubaldus)는 이것이 신의 존재를 증명한다고 생각했는데, "무로부터 유가 창조"됐기 때문이다.]

50. $\sum_{n=1}^{\infty} a_n$ $(a_n \ne 0)$이 수렴하는 급수라고 하자. $\sum_{n=1}^{\infty} 1/a_n$이 발산하는 급수임을 증명하라.

51. 정리 [8]의 (i)를 증명하라.

52. $\sum a_n$이 발산하고 $c \ne 0$이면, $\sum ca_n$이 발산함을 보여라.

53. 급수 $\sum a_n$이 수렴하고 $\sum b_n$이 발산하면, 급수 $\sum (a_n + b_n)$이 발산함을 보여라. [*귀띔*: 귀류법으로 진행하라.]

54. $\sum a_n$과 $\sum b_n$이 모두 발산하면, $\sum (a_n + b_n)$은 반드시 발산하는가?

55. 급수 $\sum a_n$의 항은 모두 양수이고 그 부분 합 s_n이 모든 n에 대해 부등식 $s_n \le 1000$을 만족시킨다고 하자. $\sum a_n$이 반드시 수렴하는 이유를 설명하라.

56. 피보나치 수열은 다음 식으로 정의된다.

$$f_1 = 1,\ f_2 = 1,\ f_n = f_{n-1} + f_{n-2}\ (n \ge 3)$$

다음 명제가 참임을 보여라.

(a) $\dfrac{1}{f_{n-1}f_{n+1}} = \dfrac{1}{f_{n-1}f_n} - \dfrac{1}{f_n f_{n+1}}$

(b) $\displaystyle\sum_{n=2}^{\infty} \frac{1}{f_{n-1}f_{n+1}} = 1$

(c) $\displaystyle\sum_{n=2}^{\infty} \frac{1}{f_{n-1}f_{n+1}} = 2$

57. 독일 수학자 칸토어(Georg Cantor, 1845~1918)의 이름을 딴 칸토어 집합은 다음과 같이 구성한다. 닫힌 구간 $[0, 1]$에서 출발하고, 열린 구간 $\left(\frac{1}{3}, \frac{2}{3}\right)$을 제거한다. 두 구간 $\left[0, \frac{1}{3}\right]$과 $\left[\frac{2}{3}, 1\right]$이 남는데, 각각에서 가운데 $\frac{1}{3}$의 열린 구간을 제거한다. 네 구간이 남는데, 또 다시 각각에서 가운데 $\frac{1}{3}$의 열린 구간을 제거한다. 이런 과정을 끝없이 반복하는데, 각 단계에서는 그 전 단계에서 남은 각 구간에서 가운데 $\frac{1}{3}$의 열린 구간을 제거한다. 칸토어 집합은 이런 모든 구간이 제거된 뒤에 $[0, 1]$에 남은 수들로 이루어진다.

(a) 제거된 구간 전체의 길이의 합이 1임을 보여라. 그런데도 칸토어 집합에는 무수히 많은 수가 포함된다. 칸토어 집합에 속한 수들의 예를 들어라.

(b) 세르핀스키 양탄자는 칸토어 집합에 대응하는 이차원 대상이다. 이는 한 변이 1인 정사각형의 가운데 $\frac{1}{9}$을 제거한 다음에, 남은 여덟 개의 정사각형 각각에서 가운데 $\frac{1}{9}$을 제거하며, 이와 같이 계속한다. (아래 그림은 이를 구성하는 처음 세 단계를 보여준다.) 제거된 정사각형들의 넓이의 합이 1임을 보여라. 이에 따라 세르핀스키 양탄자의 넓이는 0이다.

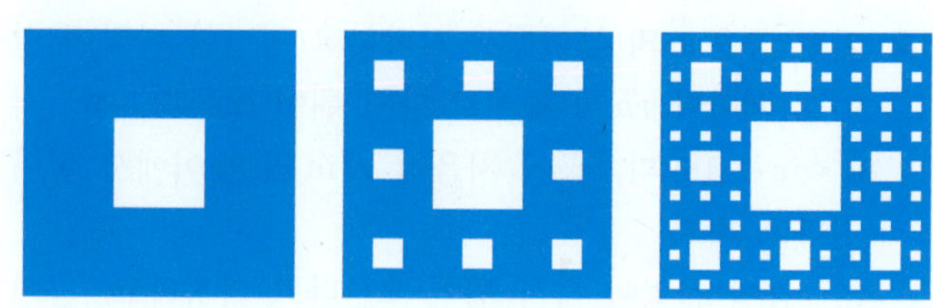

58. (a) 수열 $\{a_n\}$은 a_1과 a_2가 임의의 실수일 때 3 이상의 n에 대해 식 $a_n = \frac{1}{2}(a_{n-1} + a_{n-2})$에 의해 귀납적으로 정의된다. a_1과 a_2의 여러 가지 값에 대해 실험하고, 계산기를 이용해서 이 수열의 극한을 추측하라.

(b) $a_{n+1} - a_n$을 $a_2 - a_1$의 식으로 표현하고 급수를 더해서, $\lim_{n\to\infty} a_n$을 a_1과 a_2의 식으로 나타내라.

59. 다음 급수를 생각하자.

$$\sum_{n=1}^{\infty} \frac{n}{(n+1)!}$$

(a) 부분 합 s_1, s_2, s_3, s_4를 찾아라. 분모들에 어떤 규칙이 있는가? 그 규칙을 이용해서 s_n에 대한 공식을 추측하라.

(b) 수학적 귀납법을 이용해서 위의 추측을 증명하라.

(c) 주어진 급수가 수렴함을 보이고, 그 합을 찾아라.

60. 아래 그림에는 정삼각형의 꼭짓점들로 수렴하는 무수히 많은 원이 있는데, 각 원은 다른 원들 및 삼각형의 변들과 접한다. 삼각형의 한 변의 길이가 1일 때, 원들이 차지하는 전체 넓이를 찾아라.

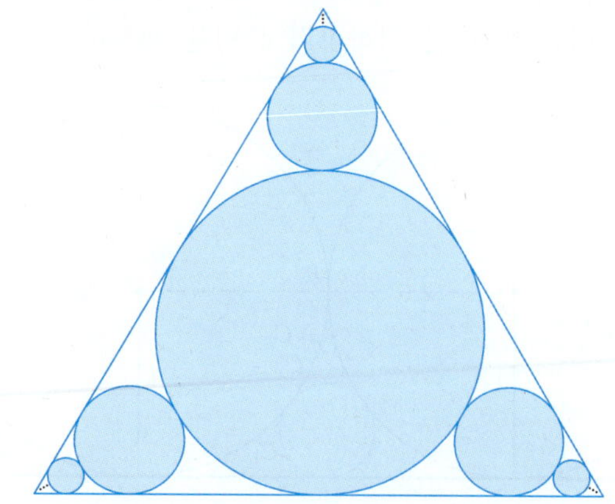

8.3 적분 판정법과 비교 판정법

일반적으로, 급수의 정확한 합을 찾기는 어렵다. 앞에서 등비 급수와 급수 $\sum 1/\{n(n+1)\}$의 정확한 합은 구했는데, 각 경우에 n째 부분 합 s_n에 대한 간단한 공식을 찾을 수 있었기 때문이다. 그러나 $\lim_{n\to\infty} s_n$의 셈이 통상 쉽지는 않다. 그러므로 이번과 다음 절에서는 급수의 합을 명확하게 찾지 않고도 급수가 수렴하는지 발산하는지를 결정할 수 있는 판정법을 알아본다.

이번 절에서는 항이 양수인 급수만을 다루는데, 이에 따라 부분 합은 증가한다. 단조 수열 정리에 의해 이런 급수의 수렴과 발산은 부분 합이 갇혀 있는지 아닌지에 따라 결정된다.

적분 판정법

다음과 같이 항이 양의 정수의 제곱인 급수를 조사하자.

$$\sum_{n=1}^{\infty} \frac{1}{n^2} = \frac{1}{1^2} + \frac{1}{2^2} + \frac{1}{3^2} + \frac{1}{4^2} + \frac{1}{5^2} + \cdots$$

처음 n개 항의 합 s_n에 대한 간단한 공식은 없다. 그러나 오른쪽 여백에 제시한 컴퓨터로 생성한 수표에 따르면, $n \to \infty$일 때 부분 합이 1.64의 근방에 있는 수로 가까이 갈 것으로 보이며, 급수가 수렴할 것으로 보인다.

n	$s_n = \sum_{i=1}^{n} \frac{1}{i^2}$
5	1.4636
10	1.5498
50	1.6251
100	1.6350
500	1.6429
1000	1.6439
5000	1.6447

이런 느낌을 기하학적 논법으로 확인할 수 있다. 그림 1은 곡선 $y = 1/x^2$과 이 곡선 아래에 놓여있는 직사각형들을 보여준다. 각 직사각형의 밑변은 길이가 1인 구간이고 높이는 구간의 오른쪽 끝점에서 $y = 1/x^2$의 함숫값과 같다. 그러므로 직사각형들의 넓이는 합은 다음과 같다.

$$\frac{1}{1^2} + \frac{1}{2^2} + \frac{1}{3^2} + \frac{1}{4^2} + \frac{1}{5^2} + \cdots = \sum_{n=1}^{\infty} \frac{1}{n^2}$$

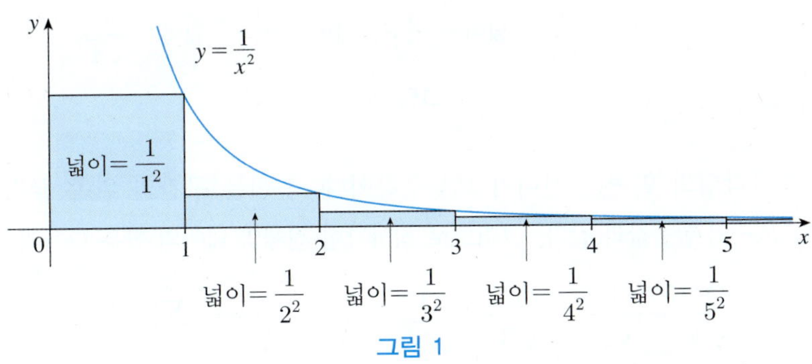

그림 1

첫째 직사각형을 제거하면, 나머지 직사각형 전체의 넓이는 $x \geq 1$일 때 곡선 $y = 1/x^2$ 아래의 넓이, 곧 적분 $\int_1^{\infty} (1/x^2)\,dx$의 값보다 작다. 6.6절에서 이 특이 적분은 수렴하고 그 값은 1이라는 사실을 밝혔다. 그러므로 그림으로부터 모든 부분 합은 다음보다 작다.

$$\frac{1}{1^2} + \int_1^\infty \frac{1}{x^2}\,dx = 2$$

그러므로 부분 합들은 갇혀 있고, 급수는 수렴한다. 이 급수의 합(부분 합의 극한)도 다음과 같이 2보다 작다.

$$\sum_{n=1}^{\infty} \frac{1}{n^2} = \frac{1}{1^2} + \frac{1}{2^2} + \frac{1}{3^2} + \frac{1}{4^2} + \cdots < 2$$

[스위스 수학자 오일러(Leonhard Euler, 1707~1783)는 이 급수의 정확한 합이 $\pi^2/6$이라는 사실을 발견했다. 그런데 이 사실에 대한 증명은 이 책의 범위를 벗어난다.]

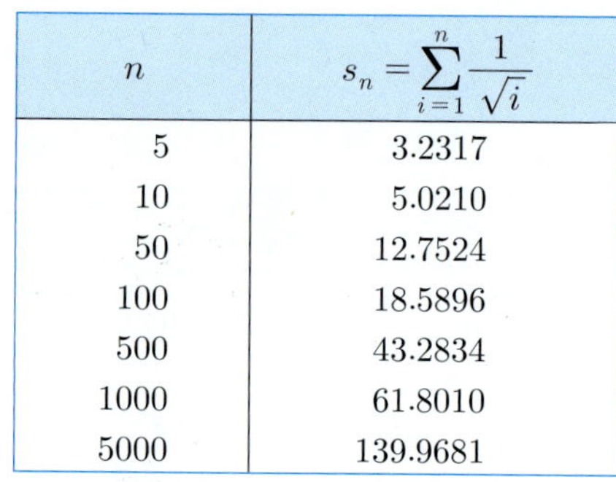

n	$s_n = \sum_{i=1}^{n} \frac{1}{\sqrt{i}}$
5	3.2317
10	5.0210
50	12.7524
100	18.5896
500	43.2834
1000	61.8010
5000	139.9681

이제 다음 급수를 알아보자.

$$\sum_{n=1}^{\infty} \frac{1}{\sqrt{n}} = \frac{1}{\sqrt{1}} + \frac{1}{\sqrt{2}} + \frac{1}{\sqrt{3}} + \frac{1}{\sqrt{4}} + \frac{1}{\sqrt{5}} + \cdots$$

s_n의 값에 대한 표를 보면 부분 합이 유한인 수에 가까워지지 않을 것으로 보인다. 그러므로 주어진 급수는 발산할 것으로 보인다. 또다시 그림을 이용해서 확인하자. 그림 2는 곡선 $y = 1/\sqrt{x}$을 보여주는데, 이번에는 곡선의 위쪽에 놓여있는 직사각형들을 이용하자.

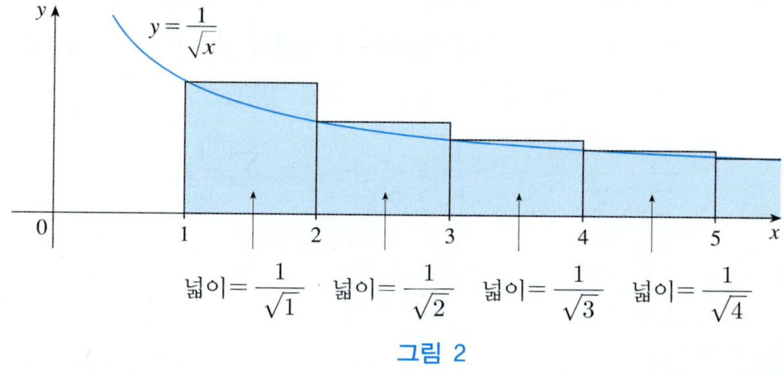

그림 2

각 직사각형의 밑변은 길이가 1인 구간이다. 높이는 구간의 왼쪽 끝점에서 $y = 1/\sqrt{x}$의 함숫값과 같다. 그러므로 직사각형 전체의 넓이의 합은 다음과 같다.

$$\frac{1}{\sqrt{1}} + \frac{1}{\sqrt{2}} + \frac{1}{\sqrt{3}} + \frac{1}{\sqrt{4}} + \frac{1}{\sqrt{5}} + \cdots = \sum_{n=1}^{\infty} \frac{1}{\sqrt{n}}$$

이 전체 넓이는 $x \geq 1$일 때 곡선 $y = 1/\sqrt{x}$ 아래의 넓이, 곧 적분 $\int_1^\infty (1/\sqrt{x})\,dx$의 값보다 크다. 그런데 6.6절에서 알아봤듯이 이 특이 적분은 발산한다. 바꿔 말하면, 곡선 아래의 넓이는 무한대이다. 그러므로 급수의 합도 반드시 무한대이다. 곧, 급수는 발산한다.

이런 두 급수에 대해 이용한 기하학적 논법과 똑같은 방법을 이용해서 다음 판정법을 증명할 수 있다. (증명은 이번 절의 끝에 있다.)

용어
적분 판정법 integral test

적분 판정법 함수 f는 $[1, \infty)$에서 연속이고 양수이며 감소한다고 하자. 그리고 $a_n = f(n)$이라 하자. 그러면 급수 $\sum_{n=1}^{\infty} a_n$이 수렴하기 위한 필요 충분 조건은 특이 적분 $\int_1^{\infty} f(x)\,dx$가 수렴하는 것이다. 바꿔 말하면, 다음과 같다.

(i) $\displaystyle\int_1^{\infty} f(x)\,dx$가 수렴하면, $\displaystyle\sum_{n=1}^{\infty} a_n$은 수렴한다.

(ii) $\displaystyle\int_1^{\infty} f(x)\,dx$가 발산하면, $\displaystyle\sum_{n=1}^{\infty} a_n$은 발산한다.

참고 적분 판정법을 사용할 때, 급수 또는 적분이 $n = 1$에서 시작할 필요는 없다. 예를 들면, 급수 $\displaystyle\sum_{n=4}^{\infty} \frac{1}{(n-3)^2}$을 판정할 때는 $\displaystyle\int_4^{\infty} \frac{1}{(x-3)^2}\,dx$을 사용한다.

또 f가 항상 감소할 필요는 없다. 중요한 점은 f가 궁극적으로 감소해야 한다, 곧 어떤 수 N보다 큰 x에 대해 감소해야 한다는 사실이다. 그러면 $\sum_{n=N}^{\infty} a_n$이 수렴하고, 이에 따라 8.2절의 참고 4에 의해 $\sum_{n=1}^{\infty} a_n$은 수렴한다.

■ www.stewartcalculus.com
Additional Example A를 보라.

보기 1 급수 $\displaystyle\sum_{n=1}^{\infty} \frac{\ln n}{n}$의 수렴 여부를 판정하라.

풀이 함수 $f(x) = (\ln x)/x$는 $x > 1$에 대해 양수이고 연속이다. 왜냐하면 로그 함수는 이런 수에서 양수이고 연속이기 때문이다. 그런데 f가 감소하는지는 명확하지 않으므로, 다음과 같이 도함수를 찾자.

$$f'(x) = \frac{x(1/x) - \ln x}{x^2} = \frac{1 - \ln x}{x^2}$$

그러므로 $\ln x > 1$일 때, 곧 $x > e$일 때 $f'(x) < 0$이다. 이에 따라 f는 $x > e$일 때 감소하고, 다음과 같이 적분 판정법을 적용할 수 있다.

$$\int_1^{\infty} \frac{\ln x}{x}\,dx = \lim_{t\to\infty} \int_1^{t} \frac{\ln x}{x}\,dx = \lim_{t\to\infty} \frac{(\ln x)^2}{2}\Big]_1^t = \lim_{t\to\infty} \frac{(\ln t)^2}{2} = \infty$$

특이 적분이 발산하므로, 적분 판정법에 의해 급수 $\sum(\ln n)/n$도 발산한다. ■

■ 적분 판정법을 이용하기 위해서는 $\int_1^{\infty} f(x)\,dx$의 값을 찾을 수 있어야 하는데, 이에 따라 f의 역도함수를 찾을 수 있어야 한다. 흔히 이것은 어렵거나 불가능하다. 그러므로 다른 수렴 판정법이 또 필요하다.

보기 2 p의 어떤 값에 대해 급수 $\displaystyle\sum_{n=1}^{\infty} \frac{1}{n^p}$이 수렴하는가?

풀이 $p < 0$일 때 $\lim_{n\to\infty}(1/n^p) = \infty$이고, $p = 0$일 때 $\lim_{n\to\infty}(1/n^p) = 1$이다. 각 경우에 $\lim_{n\to\infty}(1/n^p) \neq 0$이므로, 발산 판정법에 의해 주어진 급수는 발산한다. (8.2절의 [7]을 보라.)

$p > 0$일 때, $f(x) = 1/x^p$은 분명히 $[1, \infty)$에서 연속이고 양수이며 감소한다. 제 6 장에서 다음 사실을 발견했다. (6.6절의 [2]를 보라.)

$$\int_1^{\infty} \frac{1}{x^p}\,dx \text{는 } p > 1 \text{일 때 수렴하고, } p \le 1 \text{일 때 발산한다.}$$

그러므로 적분 판정법에 따라 급수 $\sum 1/n^p$은 $p > 1$일 때 수렴하고 $p \le 1$일 때 발산한다. ($p = 1$일 때 이 급수는 8.2절의 보기 7에서 논의한 조화 급수이다.) ■

▪ 익힘 문제 33~38에서 적분 판정법에 의해 수렴하는 급수의 합을 찾는 방법을 알아본다.

보기 2의 급수를 p**급수**라 한다. 이는 이번 장의 나머지에서 중요하기 때문에, 앞으로 참고하기 위해 보기 2의 결과를 다음과 같이 요약한다.

[1] p급수 $\displaystyle\sum_{n=1}^{\infty} \frac{1}{n^p}$은 $p > 1$일 때 수렴하고, $p \le 1$일 때 발산한다.

예를 들면, 다음 급수는 $p = 3 > 1$인 p급수이므로 수렴한다.

$$\sum_{n=1}^{\infty} \frac{1}{n^3} = \frac{1}{1^3} + \frac{1}{2^3} + \frac{1}{3^3} + \frac{1}{4^3} + \cdots$$

그러나 다음 급수는 $p = \frac{1}{3} < 1$인 p급수이므로 발산한다.

$$\sum_{n=1}^{\infty} \frac{1}{n^{1/3}} = \sum_{n=1}^{\infty} \frac{1}{\sqrt[3]{n}} = 1 + \frac{1}{\sqrt[3]{2}} + \frac{1}{\sqrt[3]{3}} + \frac{1}{\sqrt[3]{4}} + \cdots$$

비교 판정법

다음 급수를 생각하자.

[2] $$\sum_{n=1}^{\infty} \frac{1}{2^n + 1}$$

이것은 급수 $\sum_{n=1}^{\infty} 1/2^n$을 연상시키는데, 이는 $a = \frac{1}{2}$이고 $r = \frac{1}{2}$인 등비 급수이므로 수렴한다. 급수 [2]는 수렴하는 급수와 매우 비슷하므로, 이것도 또한 반드시 수렴할 것으로 보인다. 실제로 그렇다. 다음 부등식은 주어진 급수 [2]의 항이 수렴하는 등비 급수의 항보다 작음을 보여준다.

$$\frac{1}{2^n + 1} < \frac{1}{2^n}$$

따라서 이의 모든 부분 합은 (등비 급수의 합) 1보다 작다. 이는 이 부분 합들이 갇힌 증가 수열을 형성함을, 곧 수렴함을 뜻한다. 또한 이 급수의 합은 다음과 같이 등비 급수의 합보다 작다.

$$\sum_{n=1}^{\infty} \frac{1}{2^n+1} < 1$$

비슷한 논법을 이용해서 다음 판정법을 증명할 수 있는데, 이는 항이 양수인 급수에만 적용된다. 첫째 부분은 주어진 급수의 항이 수렴하는 급수의 항보다 작으면, 그 급수도 수렴함을 주장한다. 둘째 부분은 주어진 급수의 항이 발산하는 급수의 항보다 크면, 그 급수도 발산함을 주장한다.

용어
비교 판정법 comparison test

비교 판정법 $\sum a_n$과 $\sum b_n$은 항이 양수인 급수라 하자.

(i) $\sum b_n$이 수렴하고 모든 n에 대해 $a_n \le b_n$이면, $\sum a_n$도 수렴한다.

(ii) $\sum b_n$이 발산하고 모든 n에 대해 $a_n \ge b_n$이면, $\sum a_n$도 발산한다.

증명 (i) 다음과 같이 놓자.

$$s_n = \sum_{i=1}^{n} a_i, \qquad t_n = \sum_{i=1}^{n} b_i, \qquad t = \sum_{n=1}^{\infty} b_n$$

두 급수의 항은 모두 양수이므로, 수열 $\{s_n\}$과 $\{t_n\}$은 증가한다. $(s_{n+1} = s_n + a_{n+1} \ge s_n)$ 또, $t_n \to t$이므로 모든 n에 대해 $t_n \le t$이다. $a_i \le b_i$이므로, $s_n \le t_n$이 성립한다. 그러므로 모든 n에 대해 $s_n \le t$이다. 이는 $\{s_n\}$이 증가하고 위로 갇혀 있음을 뜻하며, 이에 따라 단조 수열 정리에 의해 수렴한다. 그러므로 $\sum a_n$은 수렴한다.

(ii) $\sum b_n$이 발산하면, ($\{t_n\}$이 증가하므로) $t_n \to \infty$이다. 그런데 $a_i \ge b_i$이므로, $s_n \ge t_n$이다. 그러므로 $s_n \to \infty$이다. 따라서 $\sum a_n$은 발산한다. □

▪ 수열과 급수의 차이점을 마음에 새기는 것이 중요하다. 수열은 수의 나열이고, 급수는 합이다. 모든 급수 $\sum a_n$에는 두 개의 수열, 곧 항의 수열 $\{a_n\}$과 부분 합의 수열 $\{s_n\}$이 관련된다.

비교 판정법에 사용하는 표준적인 급수들

비교 판정법을 적용하기 위해서는 반드시, 비교를 위한 목적으로 사용하는 급수 $\sum b_n$을 몇 가지 알고 있어야 한다. 대부분의 경우에 다음 급수 중 하나를 사용한다.

- p급수 [$\sum 1/n^p$은 $p > 1$일 때 수렴하고 $p \le 1$일 때 발산한다. [1]을 보라.]
- 등비 급수 [$\sum ar^{n-1}$은 $|r| < 1$일 때 수렴하고 $|r| \ge 1$일 때 발산한다. 8.2절의 [4]를 보라.]

보기 3 급수 $\sum_{n=1}^{\infty} \frac{5}{2n^2+4n+3}$의 수렴 여부를 판정하라.

풀이 n의 큰 값에 대해 분모에서 지배적인 항은 $2n^2$이므로, 주어진 급수를 급수 $\sum 5/(2n^2)$와 비교하자. 다음이 성립함을 관찰하자.

$$\frac{5}{2n^2+4n+3} < \frac{5}{2n^2}$$

왜냐하면 좌변의 분모가 더 크기 때문이다. (비교 판정법의 표기에서 a_n은 좌변, b_n은 우변에 있다.) 다음은 ($p=2>1$인 p급수이므로) 수렴한다.

$$\sum_{n=1}^{\infty}\frac{5}{2n^2} = \frac{5}{2}\sum_{n=1}^{\infty}\frac{1}{n^2}$$

따라서 비교 판정법의 (a)에 의해 다음은 수렴한다.

$$\sum_{n=1}^{\infty}\frac{5}{2n^2+4n+3}$$ ■

비교 판정법에서 조건 $a_n \le b_n$ 또는 $a_n \ge b_n$이 모든 n에서 성립하는 것으로 되어 있지만, 어떤 고정된 N에 대해 $n \ge N$에서 성립하는 것만 밝히면 충분하다. 왜냐하면 급수의 수렴은 유한개 항의 영향을 받지 않기 때문이다. 다음 보기가 이를 예시한다.

보기 4 급수 $\displaystyle\sum_{k=1}^{\infty}\frac{\ln k}{k}$의 수렴 여부를 판정하라.

풀이 보기 1에서 적분 판정법을 이용해서 이 급수를 판정했다. 그런데 이를 조화 급수와 비교해서 판정할 수도 있다. $k \ge 3$일 때 $\ln k > 1$이므로 다음이 성립한다.

$$\frac{\ln k}{k} > \frac{1}{k} \quad (\text{단, } k \ge 3)$$

$\sum 1/k$이 ($p=1$인 p급수이므로) 발산함을 알고 있다. 그러므로 주어진 급수는 비교 판정법에 의해 발산한다. ■

참고 수렴 여부를 판정하려는 급수의 항은 수렴하는 급수의 항보다 작거나 아니면 발산하는 급수의 항보다 커야 한다. 항이 수렴하는 급수의 항보다 크거나 발산하는 급수의 항보다 작으면, 비교 판정법을 적용할 수 없다. 예를 들어 다음 급수를 생각하자.

$$\sum_{n=1}^{\infty}\frac{1}{2^n-1}$$

비교 판정법을 고려하는 경우에 다음 부등식은 쓸모없다.

$$\frac{1}{2^n-1} > \frac{1}{2^n}$$

왜냐하면 $\sum b_n = \sum (\frac{1}{2})^n$은 수렴하고 $a_n > b_n$이기 때문이다. 그런데도 $\sum 1/(2^n-1)$은 수렴할 것으로 보이는데, 수렴하는 등비 급수 $\sum (\frac{1}{2})^n$

과 매우 비슷하기 때문이다. 이런 경우에는 다음과 같은 판정법을 사용할 수 있다.

극한 비교 판정법 $\sum a_n$과 $\sum b_n$은 항이 양수인 급수이고, 유한인 양수 c에 대해 다음이 성립한다고 하자.

$$\lim_{n\to\infty} \frac{a_n}{b_n} = c$$

그러면 두 급수는 모두 수렴하거나 모두 발산한다.

용어
극한 비교 판정법 limit comparison test

■ 익힘 문제 42와 43에서는 $c = 0$과 $c = \infty$인 경우를 다룬다.

증명 m과 M은 양수로, $m < c < M$을 만족시킨다고 하자. a_n/b_n은 n의 큰 값에 대해 c에 가까우므로, 적당한 정수 N이 존재해서 $n > N$이면 다음이 성립한다.

$$m < \frac{a_n}{b_n} < M \qquad \text{또는} \qquad mb_n < a_n < Mb_n$$

$\sum b_n$이 수렴하면 $\sum Mb_n$도 수렴하고, 비교 판정법 (a)에 따라 $\sum a_n$은 수렴한다. $\sum b_n$이 발산하면 $\sum mb_n$도 발산하고, 비교 판정법 (b)에 따라 $\sum a_n$은 발산한다. □

보기 5 급수 $\displaystyle\sum_{n=1}^{\infty} \frac{1}{2^n - 1}$의 수렴 여부를 판정하라.

풀이 다음과 같이 놓고 극한 비교 판정법을 사용하자.

$$a_n = \frac{1}{2^n - 1}, \qquad b_n = \frac{1}{2^n}$$

이때 다음을 얻는다.

$$\lim_{n\to\infty} \frac{a_n}{b_n} = \lim_{n\to\infty} \frac{1/(2^n - 1)}{1/2^n} = \lim_{n\to\infty} \frac{2^n}{2^n - 1} = \lim_{n\to\infty} \frac{1}{1 - 1/2^n} = 1 > 0$$

이 극한은 존재하고 $\sum(\frac{1}{2})^n$은 수렴하는 등비 급수이므로, 극한 비교 판정법에 의해 주어진 급수는 수렴한다. ■

■ www.stewartcalculus.com
Additional Example B를 보라.

적분 판정법의 증명

적분 판정법의 증명을 위한 기본적인 발상은 급수 $\sum 1/n^2$과 $\sum 1/\sqrt{n}$에 대한 두 그림 1과 2에서 이미 알아봤다. 일반적인 급수 $\sum a_n$에 대한 그림 3과 4를 관찰하자. 그림 3에서 색칠한 첫째 직사각형의 넓이는 구간 $[1, 2]$의 오른쪽 끝점에서 f의 값, 곧 $f(2) = a_2$이다. 그러므로 색칠한 직사각형들의 넓이를 1부터 n까지 $y = f(x)$ 아래의 넓이와 비교하면, 다음이 성립한다.

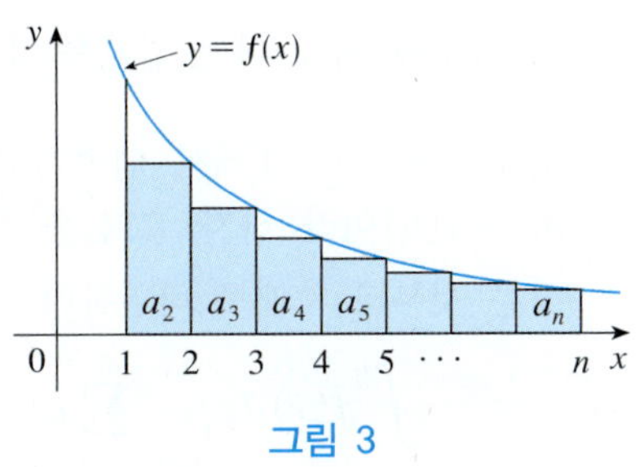

그림 3

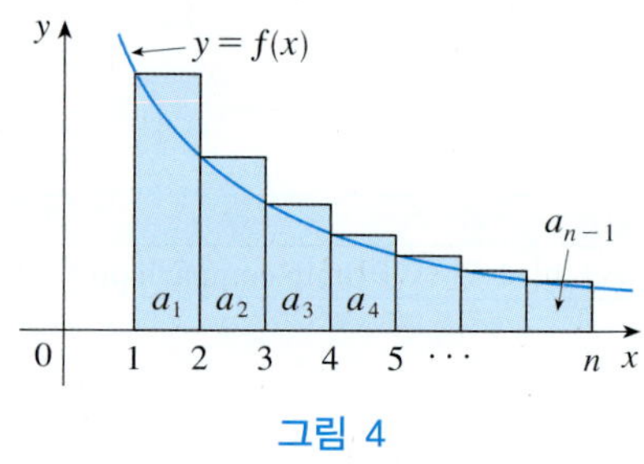

그림 4

3 $$a_2 + a_3 + \cdots + a_n \le \int_1^n f(x)\,dx$$

(이 부등식은 f가 감소한다는 사실에 근거한다.) 마찬가지로, 그림 4는 다음을 보여준다.

4 $$\int_1^n f(x)\,dx \le a_1 + a_2 + \cdots + a_{n-1}$$

(i) $\int_1^\infty f(x)\,dx$가 수렴하면, $f(x) \ge 0$이므로 3에 의해 다음을 얻는다.

$$\sum_{i=2}^n a_i \le \int_1^n f(x)\,dx \le \int_1^\infty f(x)\,dx$$

그러므로 상수 M에 대해 다음이 성립한다.

$$s_n = a_1 + \sum_{i=2}^n a_i \le a_1 + \int_1^\infty f(x)\,dx = M$$

모든 n에 대해 $s_n \le M$이므로, 수열 $\{s_n\}$은 위로 갇혀 있다. 또, $a_{n+1} = f(n+1) \ge 0$이므로 다음이 성립한다.

$$s_{n+1} = s_n + a_{n+1} \ge s_n$$

따라서 $\{s_n\}$은 위로 갇힌 증가 수열이므로, 단조 수열 정리(8.1절의 11)에 의해 수렴한다. 이는 $\sum a_n$이 수렴함을 뜻한다.

(ii) $\int_1^\infty f(x)\,dx$가 발산하면, $f(x) \ge 0$이므로 $n \to \infty$일 때 $\int_1^n f(x)\,dx \to \infty$이다. 그러면 4에 의해 다음이 성립한다.

$$\int_1^n f(x)\,dx \le \sum_{i=1}^{n-1} a_i = s_{n-1}$$

이에 따라 $s_{n-1} \to \infty$이다. 따라서 $s_n \to \infty$이고 $\sum a_n$은 발산한다. □

8.3 익힘 문제

1. 다음을 보여주는 그림을 그려라.

$$\sum_{n=2}^\infty \frac{1}{n^{1.3}} < \int_1^\infty \frac{1}{x^{1.3}}\,dx$$

이 급수에 대해 어떤 결론을 내릴 수 있는가?

2. 함수 f는 $x \ge 1$에서 연속이고 양수이며 감소하고 $a_n = f(n)$이라 하자. 그림을 그려서 다음 세 값을 작은 것부터 차례로 나열하라.

$$\int_1^6 f(x)\,dx, \quad \sum_{i=1}^5 a_i, \quad \sum_{i=2}^6 a_i$$

3. $\sum a_n$과 $\sum b_n$의 항은 양수이고, $\sum b_n$은 수렴한다고 하자.

(a) 모든 n에 대해 $a_n > b_n$이면, $\sum a_n$의 수렴 여부는? 이유는?

(b) 모든 n에 대해 $a_n < b_n$이면, $\sum a_n$의 수렴 여부는? 이유는?

4. $\sum a_n$과 $\sum b_n$의 항은 양수이고, $\sum b_n$은 발산한다고 하자.

(a) 모든 n에 대해 $a_n > b_n$이면, $\sum a_n$의 수렴 여부는? 이유는?

(b) 모든 n에 대해 $a_n < b_n$이면, $\sum a_n$의 수렴 여부는? 이유는?

5. 두 급수 $\sum_{n=1}^{\infty} n^b$과 $\sum_{n=1}^{\infty} b^n$을 구별해야 한다. 첫째 급수의 이름은? 둘째는? 첫째 급수는 b의 어떤 값에 대해 수렴하는가? 둘째 급수는 b의 어떤 값에 대해 수렴하는가?

6–8. 적분 판정법을 이용해서, 다음 급수의 수렴 여부를 판정하라.

6. $\sum_{n=1}^{\infty} \frac{1}{\sqrt[4]{n}}$ **7.** $\sum_{n=1}^{\infty} \frac{1}{\sqrt[5]{n}}$ **8.** $\sum_{n=1}^{\infty} \frac{1}{n^2+1}$

9–10. 비교 판정법을 이용해서, 다음 급수의 수렴 여부를 판정하라.

9. $\sum_{n=1}^{\infty} \frac{1}{n^2+n+1}$ **10.** $\sum_{n=2}^{\infty} \frac{\sqrt{n}}{n-1}$

11–30. 다음 급수의 수렴 여부를 판정하라.

11. $\sum_{n=1}^{\infty} \frac{2}{n^{0.85}}$ **12.** $\sum_{n=1}^{\infty} \left(\frac{5}{n^4} + \frac{4}{n\sqrt{n}}\right)$

13. $1 + \frac{1}{8} + \frac{1}{27} + \frac{1}{64} + \frac{1}{125} + \cdots$

14. $1 + \frac{1}{2\sqrt{2}} + \frac{1}{3\sqrt{3}} + \frac{1}{4\sqrt{4}} + \frac{1}{5\sqrt{5}} + \cdots$

15. $1 + \frac{1}{3} + \frac{1}{5} + \frac{1}{7} + \frac{1}{9} + \cdots$

16. $\frac{1}{5} + \frac{1}{8} + \frac{1}{11} + \frac{1}{14} + \frac{1}{17} + \cdots$

17. $\sum_{n=1}^{\infty} ne^{-n}$ **18.** $\sum_{n=1}^{\infty} \frac{n^2}{n^3+1}$

19. $\sum_{n=2}^{\infty} \frac{1}{n \ln n}$ **20.** $\sum_{n=1}^{\infty} \frac{n^2-1}{3n^4+1}$

21. $\sum_{n=1}^{\infty} \frac{\cos^2 n}{n^2+1}$ **22.** $\sum_{n=1}^{\infty} \frac{4+3^n}{2^n}$

23. $\sum_{n=1}^{\infty} \frac{n-1}{n4^n}$ **24.** $\sum_{n=1}^{\infty} \frac{1}{\sqrt{n^3+1}}$

25. $\sum_{n=1}^{\infty} \frac{1+4^n}{1+3^n}$ **26.** $\sum_{n=1}^{\infty} \frac{1}{2n+3}$

27. $\sum_{n=1}^{\infty} \frac{2+(-1)^n}{n\sqrt{n}}$ **28.** $\sum_{n=0}^{\infty} \frac{1+\sin n}{10^n}$

29. $\sum_{n=1}^{\infty} \sin\left(\frac{1}{n}\right)$ **30.** $\sum_{n=1}^{\infty} \frac{n+5}{\sqrt[3]{n^7+n^2}}$

31–32. 다음 급수가 수렴하는 p의 값을 찾아라.

31. $\sum_{n=2}^{\infty} \frac{1}{n(\ln n)^p}$ **32.** $\sum_{n=1}^{\infty} \frac{\ln n}{n^p}$

33. $\sum a_n$은 적분 판정법에 의해 수렴하는 것으로 판정된 급수이고, $f(x)$는 그 판정에 사용된 함수라고 하자. 이 급수의 합이 s일 때, n개 항 뒤의 나머지는 다음과 같다.

$$R_n = s - s_n = a_{n+1} + a_{n+2} + a_{n+3} + \cdots$$

그러므로 R_n은 처음 n개 항의 합 s_n을 전체 합 s의 근삿값으로 사용할 때의 오차이다.

(a) 두 그림 3 및 4와 같은 그림에서 ($x \geq n$일 때의) 넓이를 비교해서 다음을 보여라.

$$\int_{n+1}^{\infty} f(x)\,dx \leq R_n \leq \int_{n}^{\infty} f(x)\,dx$$

(b) (a)로부터 다음을 유도하라.

$$s_n + \int_{n+1}^{\infty} f(x)\,dx \leq s \leq s_n + \int_{n}^{\infty} f(x)\,dx$$

34. (a) 급수 $\sum_{n=1}^{\infty} 1/n^4$의 부분 합 s_{10}을 찾아라. 익힘 문제 33(a)를 이용해서, s_{10}을 이 급수의 합에 대한 근삿값으로 사용할 때의 오차를 어림하라.

(b) $n = 10$일 때 익힘 문제 33(b)를 이용해서 합에 더 가까운 근삿값을 찾아라.

(c) s_n이 합으로부터 0.00001의 범위에 있기 위한 n의 값을 찾아라.

35. (a) 처음 10개 항의 합과 익힘 문제 33(a)를 이용해서 급수 $\sum_{n=1}^{\infty} 1/n^2$의 합을 어림하라. 이 근삿값은 얼마나 정확한가?

(b) $n = 10$일 때 익힘 문제 33(b)를 이용해서 더 정확한 근삿값을 찾아라.

(c) s_n이 합으로부터 0.001의 범위에 있기 위한 n의 값을 찾아라.

36. 급수 $\sum_{n=1}^{\infty} 1/n^5$의 합을 소수 셋째 자리까지 정확하게 찾아라.

37. (a) $y = 1/x$의 그래프를 이용해서, s_n이 조화 급수의 n째 부분 합이면 다음이 성립함을 보여라.

$$s_n \le 1 + \ln n$$

(b) 조화 급수는 발산하지만, 매우 느리게 발산한다. (a)의 결과를 이용해서 처음 100만 개 항의 합이 15보다 작고 처음 10억 개 항의 합이 22보다 작음을 보여라.

38. $\sum_{n=1}^{\infty} n^{-1.001}$의 합에 대해 오차가 소수 아홉째 자리에서 5보다 작은 근삿값을 찾으려면, 10^{11301}개 이상의 항을 더해야 함을 보여라.

39. 수에 대한 소수 전개 $0.d_1d_2d_3\cdots$의 뜻은 다음과 같다.

$$0.d_1d_2d_3d_4\cdots = \frac{d_1}{10} + \frac{d_2}{10^2} + \frac{d_3}{10^3} + \frac{d_4}{10^4} + \cdots$$

(여기서 d_i는 숫자 0, 1, 2, $\cdots$, 9 중의 하나이다.) 이 급수가 언제나 수렴함을 보여라.

40. $a_n > 0$이고 $\sum a_n$이 수렴하면, $\sum \ln(1 + a_n)$이 수렴함을 보여라.

41. $\sum a_n$은 항이 양수이고 수렴하면, $\sum \sin(a_n)$도 수렴하는가?

42. (a) $\sum a_n$과 $\sum b_n$은 항이 양수인 급수이고 $\sum b_n$이 수렴한다고 하자. $\lim_{n\to\infty} \frac{a_n}{b_n} = 0$이면, $\sum a_n$도 수렴함을 증명하라.

(b) (a)의 결과를 이용해서 다음 급수가 수렴함을 보여라.

(i) $\displaystyle\sum_{n=1}^{\infty} \frac{\ln n}{n^3}$ (ii) $\displaystyle\sum_{n=1}^{\infty} \frac{\ln n}{\sqrt{n}\, e^n}$

43. (a) $\sum a_n$과 $\sum b_n$은 항이 양수인 급수이고 $\sum b_n$이 발산한다고 하자. $\lim_{n\to\infty} \frac{a_n}{b_n} = \infty$이면, $\sum a_n$도 발산함을 증명하라.

(b) (a)의 결과를 이용해서 다음 급수가 발산함을 보여라.

(i) $\displaystyle\sum_{n=2}^{\infty} \frac{1}{\ln n}$ (ii) $\displaystyle\sum_{n=1}^{\infty} \frac{\ln n}{n}$

44. 항이 양수인 두 급수 $\sum a_n$과 $\sum b_n$의 쌍 중에서 $\lim_{n\to\infty}(a_n/b_n) = 0$이고 $\sum b_n$은 발산하지만 $\sum a_n$이 수렴하는 예를 들어라. [익힘 문제 42와 비교하라.]

45. $a_n \ge 0$이고 $\sum a_n$이 수렴하면, $\sum a_n^2$도 수렴함을 증명하라.

46. 급수 $\sum_{n=1}^{\infty} b^{\ln n}$이 수렴하는 b의 값을 모두 찾아라.

47. $a_n > 0$이고 $\lim_{n\to\infty} na_n \ne 0$이면, $\sum a_n$이 발산함을 보여라.

48. 다음 급수가 수렴하는 c의 값을 모두 찾아라.

$$\sum_{n=1}^{\infty} \left(\frac{c}{n} - \frac{1}{n+1}\right)$$

8.4 다른 수렴 판정법

지금까지 알아본 수렴 판정법은 항이 양수인 급수에만 적용된다. 이번 절에서는 항이 반드시 양수가 아닌 급수를 다루는 방법을 알아본다.

용어
교대 급수 alternating series
교대 급수 판정법 alternating series test

교대 급수

교대 급수는 양수와 음수 항이 번갈아 나타나는 급수이다. 다음은 그 두 개의 예이다.

$$1 - \frac{1}{2} + \frac{1}{3} - \frac{1}{4} + \frac{1}{5} - \frac{1}{6} + \cdots = \sum_{n=1}^{\infty} (-1)^{n-1} \frac{1}{n},$$

$$-\frac{1}{2} + \frac{2}{3} - \frac{3}{4} + \frac{4}{5} - \frac{5}{6} + \frac{6}{7} - \cdots = \sum_{n=1}^{\infty} (-1)^{n} \frac{n}{n+1}$$

이 예로부터 교대 급수의 n째 항은 다음과 같은 꼴임을 알 수 있다.

$$a_n = (-1)^{n-1} b_n \qquad \text{또는} \qquad a_n = (-1)^n b_n$$

여기서 b_n은 양수이다. (실제로, $b_n = |a_n|$이다.)

다음 판정법은 교대 급수의 항들의 절댓값이 감소해서 0으로 수렴하면 그 급수가 수렴함을 주장한다.

교대 급수 판정법

교대 급수 $\sum_{n=1}^{\infty} (-1)^{n-1} b_n = b_1 - b_2 + b_3 - b_4 + b_5 - b_6 + \cdots \quad (b_n > 0)$이 다음을 만족시킨다고 하자.

(i) 모든 n에 대해 $b_{n+1} \le b_n$이다.

(ii) $\lim_{n \to \infty} b_n = 0$

그러면 주어진 급수는 수렴한다.

증명에 앞서 그림 1을 관찰하자. 이 그림은 증명의 기저를 이루는 발상을 보여준다. 먼저 $s_1 = b_1$을 수직선에 나타내자. s_2를 찾기 위해 b_2를 빼면, s_2는 s_1의 왼쪽에 위치한다. 이제 s_3을 찾기 위해 b_3을 더하면, s_3은 s_2의 오른쪽에 위치한다. 그런데 $b_3 < b_2$이므로, s_3은 s_1의 왼쪽에 위치한다. 이런 방법으로 계속하면, 부분 합들이 앞뒤로 진동함을 알 수 있다. $b_n \to 0$이므로, 나아가는 거리는 더욱더 짧아진다. 짝수째 부분 합 s_2, s_4, s_6, ...은 증가하고, 홀수째 부분 합 s_1, s_3, s_5, ...는 감소한다. 그러므로 두 수열은 모두 어떤 수 s, 곧 이 급수의 합에 수렴할 것으로 보인다. 따라서 아래 증명에서는 짝수째와 홀수째 부분 합을 별도로 생각한다.

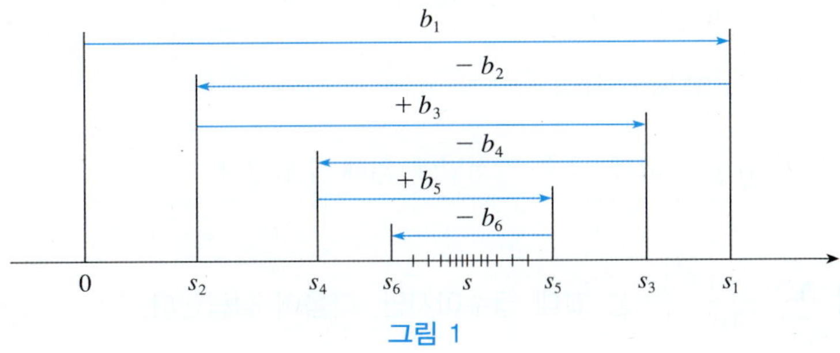

그림 1

교대 급수 판정법의 증명 먼저 짝수째 부분 합을 생각하자.

$$b_2 \le b_1 \text{이므로 } s_2 = b_1 - b_2 \ge 0 \text{이다.}$$

$$b_4 \le b_3 \text{이므로 } s_4 = s_2 + (b_3 - b_4) \ge s_2 \text{이다.}$$

일반적으로, $b_{2n} \le b_{2n-1}$이므로 $s_{2n} = s_{2n-2} + (b_{2n-1} - b_{2n}) \ge s_{2n-2}$이다. 그러므로 다음이 성립한다.

$$0 \le s_2 \le s_4 \le s_6 \le \cdots \le s_{2n} \le \cdots$$

그런데 다음과 같이 쓸 수도 있다.

$$s_{2n} = b_1 - (b_2 - b_3) - (b_4 - b_5) - \cdots - (b_{2n-2} - b_{2n-1}) - b_{2n}$$

괄호 안은 모두 양수이므로, 모든 n에 대해 $s_{2n} \le b_1$이다. 그러므로 짝수째 부분 합의 수열 $\{s_{2n}\}$은 증가하고 위로 갇혀 있다. 이에 따라 단조 수열 정리에 의해 수렴한다. 이 극한은 s, 곧 다음과 같다고 하자.

$$\lim_{n\to\infty} s_{2n} = s$$

이제 홀수째 부분 합의 극한을 다음과 같이 셈하자.

$$\begin{aligned}\lim_{n\to\infty} s_{2n+1} &= \lim_{n\to\infty} (s_{2n} + b_{2n+1}) \\ &= \lim_{n\to\infty} s_{2n} + \lim_{n\to\infty} b_{2n+1} \\ &= s + 0 \qquad \text{[조건 (ii)에 의해]} \\ &= s\end{aligned}$$

짝수째와 홀수째 부분 합이 s로 수렴하므로, $\lim_{n\to\infty} s_n = s$이다. (8.1절의 익힘 문제 52를 보라.) 따라서 급수는 수렴한다. □

■ 그림 2는 항 $a_n = (-1)^{n-1}/n$과 부분 합 s_n의 그래프들을 보여줌으로써 보기 1을 예시한다. s_n의 값들이 약 0.7로 보이는 극한을 넘나드는 과정을 확인하자. 실제로, 이 급수의 정확한 합이 $\ln 2 \approx 0.693$임을 증명할 수 있다.

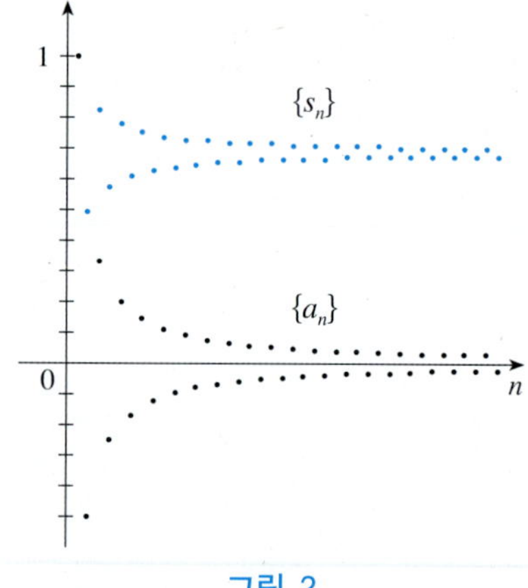

그림 2

보기 1 다음과 같은 교대 조화 급수를 생각하자.

$$1 - \frac{1}{2} + \frac{1}{3} - \frac{1}{4} + \cdots = \sum_{n=1}^{\infty} \frac{(-1)^{n-1}}{n}$$

이는 다음을 만족시킨다.

$$\text{(i)} \quad \frac{1}{n+1} < \frac{1}{n} \text{이므로, } b_{n+1} < b_n \text{이다.}$$

$$\text{(ii)} \quad \lim_{n\to\infty} b_n = \lim_{n\to\infty} \frac{1}{n} = 0$$

그러므로 이 급수는 교대 급수 판정법에 의해 수렴한다. ■

보기 2 $\displaystyle\sum_{n=1}^{\infty} \frac{(-1)^n 3n}{4n-1}$은 교대 급수이지만, 다음이 성립한다.

$$\lim_{n\to\infty} b_n = \lim_{n\to\infty} \frac{3n}{4n-1} = \lim_{n\to\infty} \frac{3}{4-\dfrac{1}{n}} = \frac{3}{4}$$

그러므로 조건 (ii)를 만족시키지 못한다. 대신에, 다음과 같이 급수의 n째 항의 극한을 관찰하자.

$$\lim_{n\to\infty} a_n = \lim_{n\to\infty} \frac{(-1)^n 3n}{4n-1}$$

이 극한이 존재하지 않으므로, 발산 판정법에 의해 이 급수는 발산한다. ■

보기 3 급수 $\sum_{n=1}^{\infty}(-1)^{n+1}\dfrac{n^2}{n^3+1}$의 수렴 여부를 판정하라.

풀이 주어진 급수는 교대 급수이므로, 교대 급수 판정법의 조건 (i)과 (ii)를 만족시키는지 확인하자.

보기 1의 상황과 달리, $b_n = n^2/(n^3+1)$으로 정의된 수열의 감소 여부가 자명하지 않다. 관련된 함수 $f(x) = x^2/(x^3+1)$의 도함수는 다음과 같다.

$$f'(x) = \frac{x(2-x^3)}{(x^3+1)^2}$$

양수인 x만을 생각하면 되므로, $2-x^3<0$, 곧 $x>\sqrt[3]{2}$일 때 $f'(x)<0$임을 알 수 있다. 그러므로 f는 구간 $(\sqrt[3]{2},\ \infty)$에서 감소한다. 이는 $n \geq 2$일 때 $f(n+1)<f(n)$, 곧 $b_{n+1}<b_n$임을 뜻한다. (부등식 $b_2<b_1$은 직접 밝힐 수 있지만, 진정으로 중요한 점은 수열 $\{b_n\}$이 궁극적으로 감소한다는 사실이다.)

조건 (ii)는 다음과 같이 쉽게 밝혀진다.

$$\lim_{n\to\infty} b_n = \lim_{n\to\infty} \frac{n^2}{n^3+1} = \lim_{n\to\infty} \frac{\dfrac{1}{n}}{1+\dfrac{1}{n^3}} = 0$$

그러므로 교대 급수 판정법에 의해 주어진 급수는 수렴한다. ■

▪ 교대 급수 판정법의 조건 (i)을 도함수를 찾아서 밝히지 않고, 8.1절의 보기 12에서 이용한 기법을 이용해서 $b_{n+1}<b_n$을 직접 밝힐 수 있다.

수렴하는 급수의 부분 합 s_n은 전체 합 s에 대한 근삿값으로 사용할 수 있다. 그러나 근삿값의 정확도를 확인할 수 없다면, 크게 쓸모 있지 않을 것이다. 근사 $s \approx s_n$과 관련된 오차는 나머지 $R_n = s - s_n$이다. 다음 정리는, 교대 급수 판정법의 조건들을 만족시키는 급수에 대해 이 오차의 크기가 b_{n+1}보다 작다고 주장한다. 여기서 b_{n+1}은 처음으로 빠뜨리는 항의 절댓값이다.

용어
교대 급수 어림 정리 alternating series estimation theorem

▪ 교대 급수 어림 정리가 참인 이유를 (495쪽에 있는) 그림 1을 관찰해서 기하학적으로 확인할 수 있다. $s-s_4<b_5$, $|s-s_5|<b_6$이고 이와 같이 계속됨을 확인하자. 또, s가 임의의 인접한 두 부분 합 사이에 있음을 확인하자.

교대 급수 어림 정리 $s = \sum(-1)^{n-1}b_n$은 다음을 만족시키는 교대 급수의 합이라 하자.

$$\text{(i) } 0 \le b_{n+1} \le b_n, \qquad \text{(ii) } \lim_{n\to\infty} b_n = 0$$

그러면 $|R_n| = |s - s_n| \le b_{n+1}$이다.

증명 교대 급수 판정법의 증명에서 알 수 있듯이, s는 임의의 인접한 두 부분합 s_n과 s_{n+1} 사이에 놓여 있다. 이에 따라 다음이 성립한다.

$$|s - s_n| \le |s_{n+1} - s_n| = b_{n+1}$$ □

보기 4 급수 $\displaystyle\sum_{n=0}^{\infty} \frac{(-1)^n}{n!}$의 소수 셋째 자리까지 정확한 합을 찾아라. (정의에 의해 $0! = 1$이다.)

풀이 먼저 다음과 같이 교대 급수 판정법에 의해 이 급수가 수렴함을 확인하자.

$$\text{(i) } b_{n+1} = \frac{1}{(n+1)!} = \frac{1}{n!(n+1)} < \frac{1}{n!} = b_n$$

(ii) $n \to \infty$일 때 $0 < \dfrac{1}{n!} < \dfrac{1}{n} \to 0$이므로, $b_n = \dfrac{1}{n!} \to 0$이다.

근삿값 셈에 몇 개의 항을 사용해야 하는지를 알아보기 위해, 이 급수의 처음 몇 개의 항을 다음과 같이 써보자.

$$s = \frac{1}{0!} - \frac{1}{1!} + \frac{1}{2!} - \frac{1}{3!} + \frac{1}{4!} - \frac{1}{5!} + \frac{1}{6!} - \frac{1}{7!} + \cdots$$

$$= 1 - 1 + \frac{1}{2} - \frac{1}{6} + \frac{1}{24} - \frac{1}{120} + \frac{1}{720} - \frac{1}{5040} + \cdots$$

다음을 확인하자.

$$b_7 = \frac{1}{5040} < \frac{1}{5000} = 0.0002,$$

$$s_6 = 1 - 1 + \frac{1}{2} - \frac{1}{6} + \frac{1}{24} - \frac{1}{120} + \frac{1}{720} \approx 0.368056$$

■ 8.7절에서 모든 x에 대해 $e^x = \sum_{n=0}^{\infty} x^n/n!$임을 증명할 것이다. 그러므로 보기 4에서 얻은 것은 실제로 수 e^{-1}에 대한 근삿값이다.

교대 급수 어림 정리에 의해 다음이 성립함을 알고 있다.

$$|s - s_6| \le b_7 < 0.0002$$

0.0002보다 작은 이 오차는 소수 셋째 자리에 영향을 주지 않는다. 그러므로 다음은 소수 셋째 자리까지 정확하다.

$$s \approx 0.368$$ ■

참고 (s의 근삿값으로 s_n을 사용할 때의) 오차가 처음으로 빠뜨리는 항보다 작다는 법칙은, 일반적으로 교대 급수 어림 정리의 조건들을 만족시키는 교대 급수에 대해서만 유효하다. 이 법칙은 다른 형태의 급수에 대해서는 적용되지 않는다.

절대 수렴

임의의 수열 $\sum a_n$에 대응하는 다음과 같은 급수를 생각할 수 있다.

$$\sum_{n=1}^{\infty} |a_n| = |a_1| + |a_2| + |a_3| + \cdots$$

이 급수의 항은 원래 급수의 항의 절댓값이다.

용어
절대 수렴 absolute convergence
조건 수렴 conditional convergence

> **정의** 급수 $\sum a_n$에 대해 절댓값의 급수 $\sum |a_n|$이 수렴할 때, $\sum a_n$은 **절대 수렴**한다고 한다.

급수 $\sum a_n$의 항이 양수이면, $|a_n| = a_n$이므로 절대 수렴은 수렴과 같음을 확인하자.

보기 5 다음 급수는 절대 수렴한다.

$$\sum_{n=1}^{\infty} \frac{(-1)^{n-1}}{n^2} = 1 - \frac{1}{2^2} + \frac{1}{3^2} - \frac{1}{4^2} + \cdots$$

왜냐하면 다음은 수렴하는 p급수이기 때문이다. $(p = 2)$

$$\sum_{n=1}^{\infty} \left| \frac{(-1)^{n-1}}{n^2} \right| = \sum_{n=1}^{\infty} \frac{1}{n^2} = 1 + \frac{1}{2^2} + \frac{1}{3^2} + \frac{1}{4^2} + \cdots$$ ■

■ 항이 양수인 급수와 교대 급수에 대한 수렴 판정법을 알고 있다. 그러나 항의 부호가 불규칙적으로 바뀌면 어떨까? 보기 7에서 알아보겠지만, 절대 수렴의 개념은 이런 경우에 종종 도움이 된다.

보기 6 다음 교대 조화 급수가 수렴함을 알고 있다. (보기 1을 보라.)

$$\sum_{n=1}^{\infty} \frac{(-1)^{n-1}}{n} = 1 - \frac{1}{2} + \frac{1}{3} - \frac{1}{4} + \cdots$$

그런데 이것은 절대 수렴하지 않는다. 왜냐하면 이에 대응하는 다음과 같은 절댓값의 급수는 조화 급수($p = 1$인 p급수)로, 발산하기 때문이다.

$$\sum_{n=1}^{\infty} \left| \frac{(-1)^{n-1}}{n} \right| = \sum_{n=1}^{\infty} \frac{1}{n} = 1 + \frac{1}{2} + \frac{1}{3} + \frac{1}{4} + \cdots$$ ■

> **정의** 급수 $\sum a_n$이 수렴하지만 절대 수렴하지 않을 때, $\sum a_n$은 **조건 수렴**한다고 한다.

보기 6은 교대 조화 급수가 조건 수렴함을 보여준다. 그러므로 급수는 수렴하지만 절대 수렴하지 않을 수 있다. 그렇지만 다음 정리는 절대 수렴하면 수렴한다는 사실을 보여준다.

■ 절대 수렴하는 급수의 항들을 순서를 바꾸어 재배열하더라도 합이 바뀌지 않는다는 사실을 증명할 수 있다. 그러나 조건 수렴하는 급수를 재배열하면, 합이 바뀔 수 있다.

> 1 **정리** 급수 $\sum a_n$이 절대 수렴하면, $\sum a_n$은 수렴한다.

증명 $|a_n|$은 a_n이거나 $-a_n$이므로, 다음 부등식이 참임을 확인하자.

$$0 \le a_n + |a_n| \le 2|a_n|$$

$\sum a_n$이 절대 수렴하면, $\sum |a_n|$이 수렴하고 이에 따라 $\sum 2|a_n|$도 수렴한다. 그러므로 비교 판정법에 의해 $\sum (a_n + |a_n|)$은 수렴한다. 따라서 다음과 같이 $\sum a_n$은 수렴하는 두 급수의 차이므로, 수렴한다.

$$\sum a_n = \sum (a_n + |a_n|) - \sum |a_n|$$

□

보기 7 다음 급수의 수렴 여부를 판정하라.

$$\sum_{n=1}^{\infty} \frac{\cos n}{n^2} = \frac{\cos 1}{1^2} + \frac{\cos 2}{2^2} + \frac{\cos 3}{3^2} + \cdots$$

▪ 그림 3은 보기 7에 있는 급수의 항 a_n과 부분 합 s_n의 그래프들을 보여준다. 교대 급수는 아니지만, 음수와 양수 항이 있다.

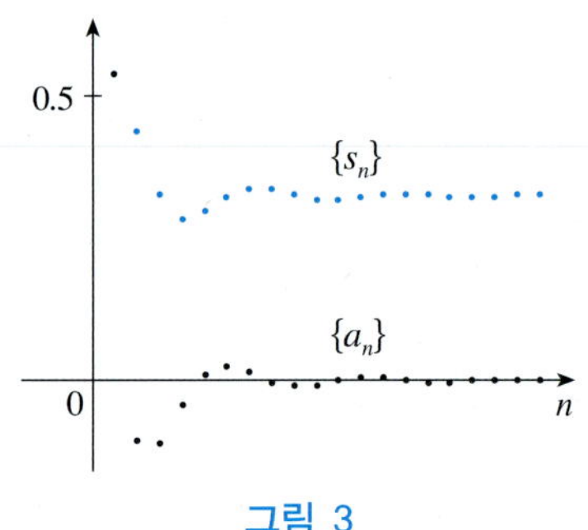

그림 3

풀이 이 급수에는 양수와 음수 항이 모두 있지만, 교대로 나타나지는 않는다. (첫째 항은 양수, 다음 세 항은 음수, 다음 세 항은 양수이다. 부호는 불규칙적으로 바뀐다.) 비교 판정법을 다음 절댓값의 급수에 적용할 수 있다.

$$\sum_{n=1}^{\infty} \left| \frac{\cos n}{n^2} \right| = \sum_{n=1}^{\infty} \frac{|\cos n|}{n^2}$$

모든 n에 대해 $|\cos n| \le 1$이므로, 다음이 성립한다.

$$\frac{|\cos n|}{n^2} \le \frac{1}{n^2}$$

이미 알고 있듯이, $\sum 1/n^2$은 ($p=2$인 p급수로) 수렴하므로, 비교 판정법에 의해 $\sum |\cos n|/n^2$은 수렴한다. 그러므로 주어진 급수 $\sum (\cos n)/n^2$은 절대 수렴하고, 이에 따라 정리 1에 의해 수렴한다. ■

비율 판정법

다음 판정법은 주어진 급수가 절대 수렴하는지를 판정하는 데 매우 유용하다.

용어
비율 판정법, 비판정법 ratio test

비율 판정법

(i) $\lim_{n\to\infty} \left| \frac{a_n+1}{a_n} \right| = L < 1$일 때, 급수 $\sum_{n=1}^{\infty} a_n$은 절대 수렴한다.
(이에 따라 수렴한다.)

(ii) $\lim_{n\to\infty} \left| \frac{a_n+1}{a_n} \right| = L > 1$ 또는 $\lim_{n\to\infty} \left| \frac{a_{n+1}}{a_n} \right| = \infty$일 때, 급수 $\sum_{n=1}^{\infty} a_n$은 발산한다.

(iii) $\lim_{n\to\infty} \left| \frac{a_{n+1}}{a_n} \right| = 1$일 때, 비율 판정법으로 결정할 수 없다. 곧, $\sum a_n$의 수렴과 발산에 대해 어떠한 결론도 내릴 수 없다.

증명 (i) 발상은 주어진 급수를 수렴하는 등비 급수와 비교하는 것이다. $L<1$ 이므로, 적당한 수 r이 존재해서 $L<r<1$이 성립한다.

$$\lim_{n\to\infty}\left|\frac{a_n+1}{a_n}\right| = L\text{이고 } L<r\text{이므로,}$$

비 $|a_{n+1}/a_n|$은 결국 r보다 작아진다. 곧, 적당한 정수 N이 존재해서

$$n \geq N\text{이면 } \left|\frac{a_n+1}{a_n}\right| < r\text{이 성립한다.}$$

곧

$\boxed{2}$ $$n \geq N\text{이면 } |a_{n+1}| < |a_n|r\text{이 성립한다.}$$

$\boxed{2}$에서 n에 잇따라 N, $N+1$, $N+2$, ...를 대입하면, 다음을 얻는다.

$$|a_{N+1}| < |a_N|r,$$
$$|a_{N+2}| < |a_{N+1}|r < |a_N|r^2,$$
$$|a_{N+3}| < |a_{N+2}|r < |a_N|r^3,$$
$$\vdots$$

일반적으로 다음을 얻는다.

$\boxed{3}$ $$|a_{N+k}| < |a_N|r^k \quad (k \geq 1)$$

그런데 다음 급수는 공비가 $0<r<1$인 등비 급수이므로 수렴한다.

$$\sum_{n=1}^{\infty}|a_N|r^k = |a_N|r + |a_N|r^2 + |a_N|r^3 + \cdots$$

부등식 $\boxed{3}$과 함께 비교 판정법은 다음 급수도 수렴함을 밝혀준다.

$$\sum_{n=N+1}^{\infty}|a_n| = \sum_{k=1}^{\infty}|a_{N+k}| = |a_{N+1}| + |a_{N+2}| + |a_{N+3}| + \cdots$$

이에 따라 급수 $\sum_{n=1}^{\infty}|a_n|$은 수렴한다. (유한개의 항은 수렴 여부에 영향을 끼치지 못함을 상기하자.) 따라서 $\sum a_n$은 절대 수렴한다.

(ii) $|a_{n+1}/a_n| \to L > 1$ 또는 $|a_{n+1}/a_n| \to \infty$이면, 비 $|a_{n+1}/a_n|$은 궁극적으로 1보다 커진다. 곧, 적당한 정수 N이 존재해서

$$n \geq N\text{이면 } \left|\frac{a_{n+1}}{a_n}\right| > 1\text{이 성립한다.}$$

이는 $n \geq N$이면 $|a_{n+1}| > |a_n|$이 성립함을 뜻하므로, 다음을 얻는다.

$$\lim_{n\to\infty} a_n \neq 0$$

따라서 발산 판정법에 의해 $\sum a_n$은 발산한다. □

참고 비율 판정법의 (iii)은 $\lim_{n\to\infty}|a_{n+1}/a_n|=1$이면 이 판정법이 어떠한 정보도 주지 못한다는 사실을 말하고 있다. 예를 들면, 수렴하는 급수 $\sum 1/n^2$에 대해 $n\to\infty$일 때 다음을 얻는다.

$$\left|\frac{a_{n+1}}{a_n}\right|=\frac{\dfrac{1}{(n+1)^2}}{\dfrac{1}{n^2}}=\frac{n^2}{(n+1)^2}=\frac{1}{\left(1+\dfrac{1}{n}\right)^2}\to 1$$

반면에, 발산하는 급수 $\sum 1/n$에 대해 $n\to\infty$일 때 다음을 얻는다.

$$\left|\frac{a_{n+1}}{a_n}\right|=\frac{\dfrac{1}{n+1}}{\dfrac{1}{n}}=\frac{n}{n+1}=\frac{1}{1+\dfrac{1}{n}}\to 1$$

따라서 $\lim_{n\to\infty}|a_{n+1}/a_n|=1$이면 급수 $\sum a_n$은 수렴할 수도 있고 발산할 수도 있다. 이런 경우에 비율 판정법을 적용할 수 없고, 다른 판정법을 이용해야 한다.

보기 8 급수 $\displaystyle\sum_{n=1}^{\infty}(-1)^n\frac{n^3}{3^n}$의 절대 수렴 여부를 판정하라.

■ 계승 또는 (상수의 n제곱을 포함해서) 다른 곱이 관련된 급수는 흔히 비율 판정법으로 편리하게 판정할 수 있다.

풀이 $a_n=(-1)^n n^3/3^n$으로 놓고 다음과 같이 비율 판정법을 이용하자.

$$\left|\frac{a_{n+1}}{a_n}\right|=\left|\frac{\dfrac{(-1)^{n+1}(n+1)^3}{3^{n+1}}}{\dfrac{(-1)^n n^3}{3^n}}\right|=\frac{(n+1)^3}{3^{n+1}}\cdot\frac{3^n}{n^3}$$

$$=\frac{1}{3}\left(\frac{n+1}{n}\right)^3=\frac{1}{3}\left(1+\frac{1}{n}\right)^3\to\frac{1}{3}<1$$

그러므로 비율 판정법에 의해 주어진 급수는 절대 수렴하고, 이에 따라 수렴한다. ■

보기 9 급수 $\displaystyle\sum_{n=1}^{\infty}\frac{n^n}{n!}$의 수렴 여부를 판정하라.

■ e는 다음과 같이 정의했다.

$$\lim_{x\to 0}(1+x)^{1/x}=e$$

$n=1/x$로 놓으면, $x\to 0^+$일 때 $n\to\infty$이므로 다음이 성립한다.

$$\lim_{n\to\infty}(1+1/n)^n=e$$

풀이 항 $a_n=n^n/n!$은 양수이므로, 절댓값 기호를 사용하지 않고 $n\to\infty$일 때 다음을 얻을 수 있다.

$$\frac{a_{n+1}}{a_n}=\frac{(n+1)^{n+1}}{(n+1)!}\cdot\frac{n!}{n^n}=\frac{(n+1)(n+1)^n}{(n+1)n!}\cdot\frac{n!}{n^n}$$

$$=\left(\frac{n+1}{n}\right)^n=\left(1+\frac{1}{n}\right)^n\to e$$

$e>1$이므로, 비율 판정법에 의해 주어진 급수는 발산한다. ■

다음 판정법은 n째 거듭제곱이 나타날 때 편리하게 적용할 수 있다. 이의 증명은 비율 판정법의 증명과 비슷한데, 익힘 문제 47로 남긴다.

거듭제곱근 판정법

(i) $\lim_{n\to\infty} \sqrt[n]{|a_n|} = L < 1$일 때, 급수 $\sum_{n=1}^{\infty} a_n$은 절대 수렴한다.
(이에 따라 수렴한다.)

(ii) $\lim_{n\to\infty} \sqrt[n]{|a_n|} = L > 1$ 또는 $\lim_{n\to\infty} \sqrt[n]{|a_n|} = \infty$일 때, 급수 $\sum_{n=1}^{\infty} a_n$은 발산한다.

(iii) $\lim_{n\to\infty} \sqrt[n]{|a_n|} = 1$일 때, 거듭제곱근 판정법으로 결정할 수 없다.

용어
거듭제곱근 판정법, 근판정법
root test

$\lim_{n\to\infty} \sqrt[n]{|a_n|} = 1$일 때, 거듭제곱근 판정법의 (iii)은 이 판정법이 어떠한 정보도 주지 못한다는 사실을 말하고 있다. $\sum a_n$은 수렴할 수도 있고 발산할 수도 있다. (비율 판정법으로 $L = 1$을 얻으면, 거듭제곱근 판정법을 시도하지 말자. 이 경우에도 L은 1이 되기 때문이다.)

보기 10 급수 $\sum_{n=1}^{\infty} \left(\frac{2n+3}{3n+2}\right)^n$의 수렴 여부를 판정하라.

풀이 $a_n = \left(\frac{2n+3}{3n+2}\right)^n$이라 놓으면, $n \to \infty$일 때 다음을 얻는다.

$$\sqrt[n]{|a_n|} = \frac{2n+3}{3n+2} = \frac{2+\frac{3}{n}}{3+\frac{2}{n}} \to \frac{2}{3} < 1$$

그러므로 거듭제곱근 판정법에 의해 주어진 급수는 수렴한다. ■

www.stewartcalculus.com
급수의 수렴 판정법을 몇 가지 알아봤다. 그렇다면 주어진 급수에 대해 사용할 판정법을 어떻게 알 수 있을까? 이에 대한 정보는 Additional Topics에서 Strategy for Testing Series를 열어보라.

8.4 익힘 문제

1. (a) 교대 급수란 무엇인가?
   (b) 교대 급수는 어떤 조건에서 수렴하는가?
   (c) 그런 조건이 만족되면, n항 뒤의 나머지에 대해 어떻게 말할 수 있는가?

2. 다음과 같은 경우에 급수 $\sum a_n$에 대해 어떻게 말할 수 있는가?
   (a) $\lim_{n\to\infty} \left|\frac{a_{n+1}}{a_n}\right| = 8$ (b) $\lim_{n\to\infty} \left|\frac{a_{n+1}}{a_n}\right| = 0.8$
   (c) $\lim_{n\to\infty} \left|\frac{a_{n+1}}{a_n}\right| = 1$

3–8. 다음 급수의 수렴 여부를 판정하라.

3. $\frac{4}{7} - \frac{4}{8} + \frac{4}{9} - \frac{4}{10} + \frac{4}{11} - \cdots$

4. $-\frac{1}{3} + \frac{2}{4} - \frac{3}{5} + \frac{4}{6} - \frac{5}{7} + \cdots$

5. $\sum_{n=1}^{\infty} \frac{(-1)^{n-1}}{2n+1}$

6. $\sum_{n=1}^{\infty} (-1)^n \frac{\sqrt{n}}{1+2\sqrt{n}}$

7. $\sum_{n=1}^{\infty}(-1)^n\frac{3n-1}{2n+1}$ 8. $\sum_{n=1}^{\infty}(-1)^{n-1}\cos\left(\frac{\pi}{n}\right)$

9–12. 다음 급수가 수렴함을 보여라. 오차가 주어진 범위에 있는 합을 찾기 위해서는 급수에서 몇 개의 항을 더해야 하는가?

9. $\sum_{n=1}^{\infty}\frac{(-1)^{n+1}}{n^6}$ (|오차| < 0.00005)

10. $\sum_{n=1}^{\infty}\frac{(-1)^n}{n5^n}$ (|오차| < 0.0001)

11. $\sum_{n=0}^{\infty}\frac{(-1)^n}{10^n n!}$ (|오차| < 0.000005)

12. $\sum_{n=1}^{\infty}(-1)^{n-1}ne^{-n}$ (|오차| < 0.01)

13–16. 다음 급수의 합에 대한 근삿값을 소수 넷째 자리까지 정확하게 찾아라.

13. $\sum_{n=1}^{\infty}\frac{(-1)^n}{(2n)!}$ 14. $\sum_{n=1}^{\infty}\frac{(-1)^n n}{8^n}$

15. $\sum_{n=1}^{\infty}\frac{(-1)^{n-1}n^2}{10^n}$ 16. $\sum_{n=1}^{\infty}\frac{(-1)^n}{3^n n!}$

17. 교대 급수 $\sum_{n=1}^{\infty}(-1)^{n-1}/n$의 50째 부분 합 s_{50}은 전체 합보다 큰가? 작은가? 설명하라.

18. p의 어떤 값에 대해 다음 급수가 수렴하는가?

$$\sum_{n=1}^{\infty}\frac{(-1)^{n-1}}{n^p}$$

19–40. 다음 급수가 절대 수렴하는지, 조건 수렴하는지, 발산하는지 판정하라.

19. $\sum_{n=1}^{\infty}\frac{n}{5^n}$ 20. $\sum_{n=1}^{\infty}\frac{n^2}{2^n}$

21. $\sum_{n=0}^{\infty}\frac{(-10)^n}{n!}$ 22. $\sum_{n=1}^{\infty}(-1)^n\frac{n}{n^2+4}$

23. $\sum_{n=0}^{\infty}\frac{(-1)^n}{5n+1}$ 24. $\sum_{n=0}^{\infty}\frac{(-3)^n}{(2n+1)!}$

25. $\sum_{k=1}^{\infty}k\left(\frac{2}{3}\right)^k$ 26. $\sum_{n=1}^{\infty}\frac{n!}{100^n}$

27. $\sum_{n=1}^{\infty}\frac{10^n}{(n+1)4^{2n+1}}$ 28. $\sum_{n=1}^{\infty}\frac{\sin 4n}{4^n}$

29. $\sum_{n=1}^{\infty}\frac{\cos(n\pi/3)}{n!}$ 30. $\sum_{n=2}^{\infty}\frac{(-1)^n}{(\ln n)^n}$

31. $\sum_{n=1}^{\infty}\frac{(-1)^n\arctan n}{n^2}$ 32. $\sum_{n=2}^{\infty}\frac{(-1)^n}{n\ln n}$

33. $\sum_{n=1}^{\infty}\left(\frac{n^2+1}{2n^2+1}\right)^n$ 34. $\sum_{n=1}^{\infty}\left(\frac{-2n}{n+1}\right)^{5n}$

35. $\sum_{n=1}^{\infty}\left(1+\frac{1}{n}\right)^{n^2}$ 36. $\sum_{n=1}^{\infty}\frac{2^{n^2}}{n!}$

37. $1-\frac{1\cdot 3}{3!}+\frac{1\cdot 3\cdot 5}{5!}-\frac{1\cdot 3\cdot 5\cdot 7}{7!}+\cdots$
$+(-1)^{n-1}\frac{1\cdot 3\cdot 5\cdot\cdots\cdot(2n-1)}{(2n-1)!}+\cdots$

38. $\frac{2}{5}+\frac{2\cdot 6}{5\cdot 8}+\frac{2\cdot 6\cdot 10}{5\cdot 8\cdot 11}+\frac{2\cdot 6\cdot 10\cdot 14}{5\cdot 8\cdot 11\cdot 14}+\cdots$

39. $\sum_{n=1}^{\infty}\frac{2\cdot 4\cdot 6\cdot\cdots\cdot(2n)}{n!}$

40. $\sum_{n=1}^{\infty}(-1)^n\frac{2^n n!}{5\cdot 8\cdot 11\cdot\cdots\cdot(3n+2)}$

41–42. $\{b_n\}$은 $\frac{1}{2}$로 수렴하는 양수로 이루어진 수열이라 하자. 다음 급수가 절대 수렴하는지를 결정하라.

41. $\sum_{n=1}^{\infty}\frac{b_n^n\cos n\pi}{n}$ 42. $\sum_{n=1}^{\infty}\frac{(-1)^n n!}{n^n b_1 b_2 b_3\cdots b_n}$

43. 다음 급수 중에서 비율 판정법으로 수렴 여부를 판정할 수 없는 것은?

(a) $\sum_{n=1}^{\infty}\frac{1}{n^3}$ (b) $\sum_{n=1}^{\infty}\frac{n}{2^n}$

(c) $\sum_{n=1}^{\infty}\frac{(-3)^{n-1}}{\sqrt{n}}$ (d) $\sum_{n=1}^{\infty}\frac{\sqrt{n}}{1+n^2}$

44. k의 어떤 양의 정수 값에 대해 다음 급수가 수렴하는가?

$$\sum_{n=1}^{\infty}\frac{(n!)^2}{(kn)!}$$

45. (a) 모든 x에 대해 $\sum_{n=0}^{\infty}x^n/n!$이 수렴함을 보여라.
(b) 모든 x에 대해 $\lim_{n\to\infty}x^n/n!=0$임을 유도하라.

46. 1910년경에 인도 수학자 라마누잔(Srinivasa Ramanujan)은 다음 공식을 발견했다.

$$\frac{1}{\pi} = \frac{2\sqrt{2}}{9801} \sum_{n=0}^{\infty} \frac{(4n)!(1103 + 26390n)}{(n!)^4 396^{4n}}$$

고스퍼(William Gosper)는 1985년에 이 급수를 이용해서 π의 근삿값을 소수 1700만 자리까지 찾았다.

(a) 이 급수가 수렴함을 밝혔다.

(b) 이 급수의 첫째 항만을 사용하면, 소수 몇째 자리까지 정확한 π의 근삿값을 얻는가? 둘째 항까지 사용하면?

47. 거듭제곱근 판정법을 증명하라. [(i)에 대한 *귀띔*: L과 1 사이의 임의의 수 r을 택하고, 적당한 자연수 N이 존재해서 $n \geq N$이면 $\sqrt[n]{|a_n|} < r$이 성립한다는 사실을 이용하자.]

8.5 거듭제곱 급수

거듭제곱 급수(또는 **멱급수**)는 다음과 같은 꼴의 급수이다.

$$\boxed{1} \qquad \sum_{n=0}^{\infty} c_n x^n = c_0 + c_1 x + c_2 x^2 + c_3 x^3 + \cdots$$

여기서 x는 변수이고 c_n들은 이 급수의 **계수**라 부르는 상수이다. 고정된 각 x에 대해 급수 $\boxed{1}$은 상수의 급수이고 수렴 여부를 판정할 수 있다. 거듭제곱 급수는 x의 일부 값에서는 수렴할 수 있고 x의 다른 값에서는 발산할 수 있다. 다음과 같은 급수의 합은 이 급수가 수렴하는 x의 값 전체의 집합을 정의역으로 하는 함수이다.

$$f(x) = c_0 + c_1 x + c_2 x^2 + \cdots + c_n x^n + \cdots$$

f의 모습은 다항 함수와 닮았다. 유일한 차이점은 f에 무수히 많은 항이 있다는 사실이다.

예를 들면, 모든 n에 대해 $c_n = 1$을 택하면, 거듭제곱 급수는 다음과 같이 등비 급수가 된다.

$$\sum_{n=0}^{\infty} x^n = 1 + x + x^2 + \cdots + x^n + \cdots$$

이는 $-1 < x < 1$일 때 수렴하고 $|x| \geq 1$일 때 발산한다. (8.2절의 식 $\boxed{5}$를 보라.)

좀 더 일반적으로, 다음과 같은 꼴의 급수를 **$(x-a)$의 거듭제곱 급수** 또는 **중심이 a인 거듭제곱 급수** 또는 **a에 관한 거듭제곱 급수**라 한다.

$$\boxed{2} \qquad \sum_{n=0}^{\infty} c_n (x-a)^n = c_0 + c_1(x-a) + c_2(x-a)^2 + \cdots$$

두 식 $\boxed{1}$과 $\boxed{2}$에서 $n = 0$에 대응하는 항을 나타낼 때 $x = a$인 경우에도 $(x-a)^0 = 1$로 택하는 관례를 따랐다. 또 $x = a$일 때 $n \geq 1$에 대해 모든 항이 0이다. 이에 따라 거듭제곱 급수 $\boxed{2}$는 $x = a$일 때 언제나 수렴한다.

용어

거듭제곱 급수, 멱급수 power series
계수 coefficient
삼각 급수 trigonometric series

▪ 삼각 급수

거듭제곱 급수는 각 항이 거듭제곱 함수인 급수이다. 각 항이 삼각 함수인 다음 급수를 삼각 급수라 한다.

$$\sum_{n=0}^{\infty} (a_n \cos nx + b_n \sin nx)$$

이런 꼴의 급수는 다음 웹사이트에서 논의하고 있다.

www.stewartcalculus.com

Additional Topics에서 Fourier Series를 열어보라.

보기 1 x의 어떤 값에 대해 급수 $\sum_{n=0}^{\infty} n!x^n$은 수렴하는가?

▪ 다음을 이용한다.
$$(n+1)! = (n+1)n(n-1) \cdot \cdots \cdot 2 \cdot 1 = (n+1) \cdot n!$$

풀이 비율 판정법을 이용하자. 관례대로 a_n으로 급수의 n째 항을 나타내면, $a_n = n!x^n$이다. $x \neq 0$이면, 다음을 얻는다.

$$\lim_{n\to\infty}\left|\frac{a_{n+1}}{a_n}\right| = \lim_{n\to\infty}\left|\frac{(n+1)!x^{n+1}}{n!x^n}\right| = \lim_{n\to\infty}(n+1)|x| = \infty$$

비율 판정법에 의해 이 급수는 $x \neq 0$일 때 발산한다. 그러므로 주어진 급수는 $x = 0$일 때만 수렴한다. ■

보기 2 x의 어떤 값에 대해 급수 $\sum_{n=1}^{\infty} \frac{(x-3)^n}{n}$은 수렴하는가?

풀이 $a_n = (x-3)^n/n$이라 하면, $n \to \infty$일 때 다음이 성립한다.

$$\left|\frac{a_{n+1}}{a_n}\right| = \left|\frac{(x-3)^{n+1}}{n+1} \cdot \frac{n}{(x-3)^n}\right|$$
$$= \frac{1}{1+\frac{1}{n}}|x-3| \to |x-3|$$

비율 판정법에 의해, 주어진 급수는 $|x-3| < 1$일 때 절대 수렴하고 이에 따라 수렴하며, $|x-3| > 1$일 때 발산한다. 그런데 다음이 성립한다.

$$|x-3| < 1 \iff -1 < x-3 < 1 \iff 2 < x < 4$$

그러므로 주어진 급수는 $2 < x < 4$일 때 수렴하고, $x < 2$ 또는 $x > 4$일 때 발산한다.

$|x-3| = 1$일 때는 비율 판정법으로부터 어떠한 정보도 얻을 수 없다. 그러므로 $x = 2$와 $x = 4$인 경우를 별도로 조사하자. 급수에 $x = 4$를 대입하면, 조화 급수 $\sum 1/n$을 얻는데, 이는 발산한다. $x = 2$를 대입하면 급수 $\sum(-1)^n/n$을 얻는데, 이는 교대 급수 판정법에 의해 수렴한다. 그러므로 주어진 거듭제곱 급수는 $2 \leq x < 4$일 때 수렴한다. ■

용어
베셀 함수 Bessel function

거듭제곱 급수가 수학, 물리학, 화학에서 나타나는 대단히 중요한 함수 중 일부를 표현하는 방법을 제공하기 때문에, 이것이 주요하게 이용된다는 사실을 알아볼 것이다. 특히, 다음 보기에 있는 거듭제곱 급수의 합은 독일의 천문학자 베셀(Friedrich Bessel, 1784~1846)의 이름을 따서 **베셀 함수**라 한다. 익힘 문제 29에서 제시하는 함수는 베셀 함수의 또 다른 예이다. 실제로, 이런 함수들은 베셀이 행성의 운동을 묘사하는 케플러의 방정식을 풀 때 처음으로 등장했다. 그 뒤로 이런 함수들은 원형 판에서 온도의 분포와 진동하는 북의 가죽을 포함해서 서로 다른 많은 물리 상황에 적용됐다.

보기 3 다음과 같이 정의된 0차 베셀 함수의 정의역을 찾아라.

$$J_0(x) = \sum_{n=0}^{\infty} \frac{(-1)^n x^{2n}}{2^{2n}(n!)^2}$$

풀이 $a_n = (-1)^n x^{2n}/\{2^{2n}(n!)^2\}$이라 하면, 모든 x에 대해 다음을 얻는다.

$$\left|\frac{a_{n+1}}{a_n}\right| = \left|\frac{(-1)^{n+1}x^{2(n+1)}}{2^{2(n+1)}\{(n+1)!\}^2} \cdot \frac{2^{2n}(n!)^2}{(-1)^n x^{2n}}\right|$$
$$= \frac{x^{2n+2}}{2^{2n+2}(n+1)^2(n!)^2} \cdot \frac{2^{2n}(n!)^2}{x^{2n}}$$
$$= \frac{x^2}{4(n+1)^2} \to 0 < 1$$

그러므로 비율 판정법에 의해 주어진 급수는 x의 모든 값에서 수렴한다. 바꿔 말하면, 베셀 함수 J_0의 정의역은 $(-\infty, \infty) = \mathbb{R}$ 이다. ■

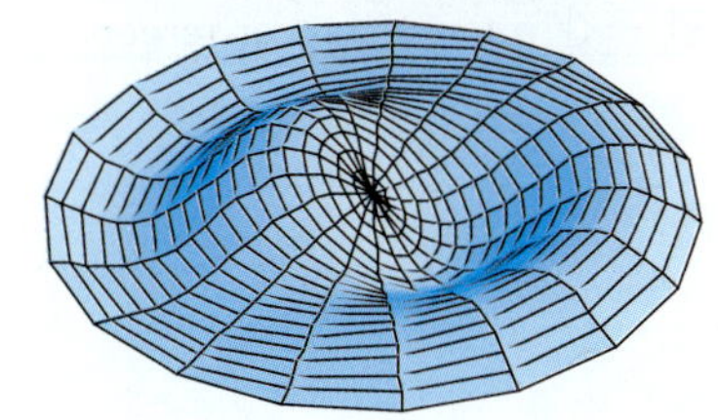

■ 컴퓨터로 생성한 (베셀 함수와 코사인 함수가 연관된) 모형과 진동하는 고무막의 사진이 아주 비슷하게 일치함을 확인하자.

급수의 합은 부분 합의 수열의 극한임을 상기하자. 그러므로 보기 3에서 베셀 함수를 급수의 합으로 정의할 때, 이는 모든 x에 대해 다음을 뜻한다.

$$J_0(x) = \lim_{n\to\infty} s_n(x) \quad \left(\text{단, } s_n(x) = \sum_{i=0}^{n} \frac{(-1)^i x^{2i}}{2^{2i}(i!)^2}\right)$$

처음 몇 개의 부분 합은 다음과 같다.

$$s_0(x) = 1, \quad s_1(x) = 1 - \frac{x^2}{4}, \quad s_2(x) = 1 - \frac{x^2}{4} + \frac{x^4}{64},$$
$$s_3(x) = 1 - \frac{x^2}{4} + \frac{x^4}{64} - \frac{x^6}{2304},$$
$$s_4(x) = 1 - \frac{x^2}{4} + \frac{x^4}{64} - \frac{x^6}{2304} + \frac{x^8}{147456}$$

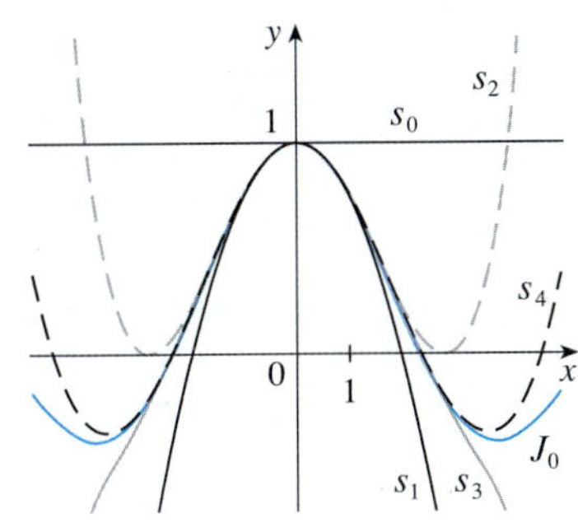

그림 1 베셀 함수 J_0의 부분 합

그림 1은 다항 함수인 이런 부분 합들의 그래프를 보여준다. 이것들은 모두 함수 J_0에 가까워지지만, 항을 더 많이 더할수록 더욱더 가까워진다. 그림 2는 베셀 함수에 대한 좀 더 완전한 그래프를 보여준다.

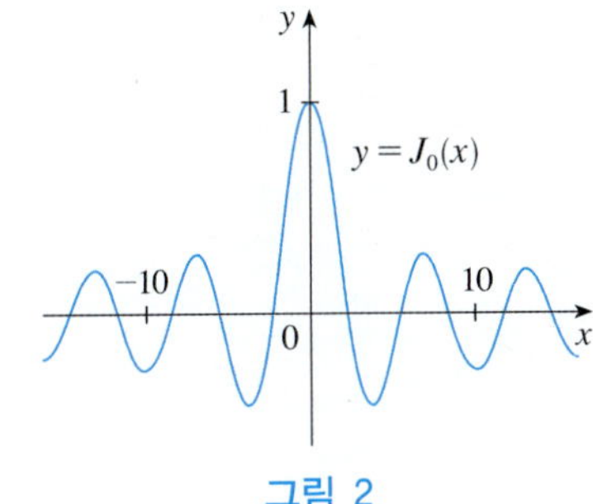

그림 2

지금까지 알아본 거듭제곱 급수의 경우에, 급수가 수렴하는 x의 값의 집합이 언제나 구간으로 밝혀졌다. [등비 급수와 보기 2의 급수는 유한 구간이고, 보기 3의 급수는 무한 구간 $(-\infty, \infty)$이며, 보기 1에서는 오그라든 구간 $[0, 0] = \{0\}$이다.] 다음 정리는 이것이 일반적으로 참이라고 주장하는데, 증명은 부록 B에 있다.

3 정리 거듭제곱 급수 $\sum_{n=0}^{\infty} c_n(x-a)^n$에 대해 다음 세 가지 중에서 하나만 가능하다.

(i) 급수은 $x = a$일 때만 수렴한다.

(ii) 급수는 x의 모든 값에 대해 수렴한다.

(iii) 적당한 양수 R이 존재해서 급수는 $|x-a|<R$일 때 수렴하고 $|x-a|>R$일 때 발산한다.

용어
수렴 반지름 radius of convergence 수렴 구간 interval of convergence

(iii)의 경우에 R을 거듭제곱 급수의 **수렴 반지름**이라 한다. 관례에 따라, 수렴 반지름은 (i)의 경우에 $R=0$, (ii)의 경우에 $R=\infty$로 놓는다. 거듭제곱 급수의 **수렴 구간**은 이 급수가 수렴하는 x의 값 전체로 이루어진 구간이다. 수렴 구간은 (i)의 경우에 단 한 점 a로 이루어지고, (ii)의 경우에는 $(-\infty, \infty)$이다. (iii)의 경우에 부등식 $|x-a|<R$를 $a-R<x<a+R$로 다시 쓸 수 있다. x가 구간의 끝점, 곧 $x=a\pm R$이면, 모든 상황이 벌어질 수 있다. 곧, 급수는 한 끝점 또는 양 끝점에서 수렴할 수 있고, 양 끝점에서 모두 발산할 수도 있다. 그러므로 (iii)의 경우에 수렴 구간은 다음 네 가지가 가능하다.

$$(a-R,\ a+R), \quad (a-R,\ a+R], \quad [a-R,\ a+R), \quad [a-R,\ a+R]$$

이 상황을 그림 3에 예시했다.

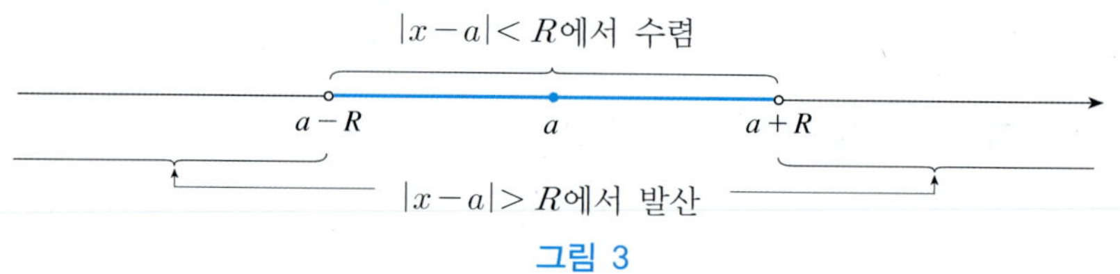

그림 3

이번 절에서 이미 알아본 각 급수의 수렴 반지름과 구간을 다음과 같이 요약한다.

	급수	수렴 반지름	수렴 구간
등비 급수	$\sum_{n=0}^{\infty} x^n$	$R=1$	$(-1,\ 1)$
보기 1	$\sum_{n=0}^{\infty} n!x^n$	$R=0$	$\{0\}$
보기 2	$\sum_{n=1}^{\infty} \frac{(x-3)^n}{n}$	$R=1$	$[2,\ 4)$
보기 3	$\sum_{n=0}^{\infty} \frac{(-1)^n x^{2n}}{2^{2n}(n!)^2}$	$R=\infty$	$(-\infty,\ \infty)$

비율 판정법(또는 때때로 거듭제곱근 판정법)을 수렴 반지름 R을 결정하는 대부분의 경우에 이용한다. 비율 판정법과 거듭제곱근 판정법은 x가 수렴 구간의 끝점일 때는 언제나 적용할 수 없다. 그러므로 끝점에서는 다른 판정법으로 확인해야 한다.

보기 4 다음 급수의 수렴 반지름과 수렴 구간을 찾아라.

$$\sum_{n=0}^{\infty} \frac{(-3)^n x^n}{\sqrt{n+1}}$$

풀이 $a_n = (-3)^n x^n / \sqrt{n+1}$ 으로 놓으면, $n \to \infty$ 일 때 다음을 얻는다.

$$\left|\frac{a_{n+1}}{a_n}\right| = \left|\frac{(-3)^{n+1}x^{n+1}}{\sqrt{n+2}} \cdot \frac{\sqrt{n+1}}{(-3)^n x^n}\right| = \left|-3x\sqrt{\frac{n+1}{n+2}}\right|$$

$$= 3\sqrt{\frac{1+(1/n)}{1+(2/n)}}\,|x| \to 3|x|$$

비율 판정법에 의해 주어진 급수는 $3|x| < 1$일 때 수렴하고 $3|x| > 1$일 때 발산한다. 그러므로 이는 $|x| < \frac{1}{3}$일 때 수렴하고 $|x| > \frac{1}{3}$일 때 발산한다. 이는 수렴 반지름이 $R = \frac{1}{3}$임을 뜻한다.

주어진 급수가 구간 $\left(-\frac{1}{3}, \frac{1}{3}\right)$에서 수렴함을 알고 있지만, 이 구간의 끝점에서의 수렴 여부를 판정해야 한다. $x = -\frac{1}{3}$일 때, 급수는 다음과 같다.

$$\sum_{n=0}^{\infty} \frac{(-3)^n\left(-\frac{1}{3}\right)^n}{\sqrt{n+1}} = \sum_{n=0}^{\infty} \frac{1}{\sqrt{n+1}} = \frac{1}{\sqrt{1}} + \frac{1}{\sqrt{2}} + \frac{1}{\sqrt{3}} + \frac{1}{\sqrt{4}} + \cdots$$

이는 발산한다. (적분 판정법을 이용하거나, 단순히 이것이 $p = \frac{1}{2} < 1$인 p급수임을 확인하자.) $x = \frac{1}{3}$이면, 급수는 다음과 같다.

$$\sum_{n=0}^{\infty} \frac{(-3)^n\left(\frac{1}{3}\right)^n}{\sqrt{n+1}} = \sum_{n=0}^{\infty} \frac{(-1)^n}{\sqrt{n+1}}$$

이것은 교대 급수 판정법에 의해 수렴한다. 따라서 주어진 급수는 $-\frac{1}{3} < x \le \frac{1}{3}$일 때 수렴하므로, 수렴 구간은 $\left(-\frac{1}{3}, \frac{1}{3}\right]$이다. ■

보기 5 다음 급수의 수렴 반지름과 수렴 구간을 찾아라.

$$\sum_{n=0}^{\infty} \frac{n(x+2)^n}{3^{n+1}}$$

풀이 $a_n = n(x+2)^n / 3^{n+1}$이라 놓으면, $n \to \infty$일 때 다음을 얻는다.

$$\left|\frac{a_{n+1}}{a_n}\right| = \left|\frac{(n+1)(x+2)^{n+1}}{3^{n+2}} \cdot \frac{3^{n+1}}{n(x+2)^n}\right|$$

$$= \left(1+\frac{1}{n}\right)\frac{|x+2|}{3} \to \frac{|x+2|}{3}$$

비율 판정법을 이용하면, 주어진 급수가 $|x+2|/3 < 1$일 때 수렴하고 $|x+2|/3 > 1$일 때 발산함을 알 수 있다. 곧, $|x+2| < 3$일 때 수렴하고 $|x+2| > 3$일 때 발산한다. 그러므로 수렴 반지름은 $R = 3$이다.

부등식 $|x+2|<3$을 $-5<x<1$과 같이 쓸 수 있으므로, 끝점 -5와 1에서 수렴 여부를 확인하자. $x=-5$일 때 주어진 급수는 다음과 같다.

$$\sum_{n=0}^{\infty}\frac{n(-3)^n}{3^{n+1}}=\frac{1}{3}\sum_{n=0}^{\infty}(-1)^n n$$

이는 발산 판정법에 의해 발산한다. $[(-1)^n n$은 0에 수렴하지 않는다.] $x=1$일 때 급수는 다음과 같다.

$$\sum_{n=0}^{\infty}\frac{n(3)^n}{3^{n+1}}=\frac{1}{3}\sum_{n=0}^{\infty}n$$

이것도 발산 판정법에 의해 발산한다. 따라서 주어진 급수는 $-5<x<1$일 때만 수렴하므로, 수렴 구간은 $(-5, 1)$이다. ■

8.5 익힘 문제

1. 거듭제곱 급수란 무엇인가?

2. (a) 거듭제곱 급수의 수렴 반지름은 무엇인가? 어떻게 찾을 수 있는가?
   (b) 거듭제곱 급수의 수렴 구간은 무엇인가? 어떻게 찾을 수 있는가?

3–22. 다음 급수의 수렴 반지름과 수렴 구간을 찾아라.

3. $\sum_{n=1}^{\infty}(-1)^n nx^n$
4. $\sum_{n=0}^{\infty}\frac{(-1)^n x^n}{n+1}$
5. $\sum_{n=1}^{\infty}\frac{x^n}{2n-1}$
6. $\sum_{n=1}^{\infty}\sqrt{n}\,x^n$
7. $\sum_{n=0}^{\infty}\frac{x^n}{n!}$
8. $\sum_{n=1}^{\infty}\frac{x^n}{n3^n}$
9. $\sum_{n=1}^{\infty}(-1)^n\frac{n^2x^n}{2^n}$
10. $\sum_{n=1}^{\infty}n^n x^n$
11. $\sum_{n=2}^{\infty}(-1)^n\frac{x^n}{4^n\ln n}$
12. $\sum_{n=1}^{\infty}\frac{x^n}{5^n n^5}$
13. $\sum_{n=1}^{\infty}\frac{(-3)^n}{n\sqrt{n}}x^n$
14. $\sum_{n=1}^{\infty}\frac{(-2)^n}{\sqrt{n}}(x+3)^n$
15. $\sum_{n=0}^{\infty}\frac{(x-2)^n}{n^2+1}$
16. $\sum_{n=1}^{\infty}\frac{n(x-4)^n}{n^3+1}$
17. $\sum_{n=1}^{\infty}\frac{n}{b^n}(x-a)^n \quad (b>0)$
18. $\sum_{n=1}^{\infty}\frac{n}{4^n}(x+1)^n$
19. $\sum_{n=1}^{\infty}n!(2x-1)^n$
20. $\sum_{n=1}^{\infty}\frac{(2x-1)^n}{5^n\sqrt{n}}$
21. $\sum_{n=1}^{\infty}\frac{x^n}{1\cdot3\cdot5\cdot\cdots\cdot(2n-1)}$
22. $\sum_{n=1}^{\infty}\frac{n^2x^n}{2\cdot4\cdot6\cdot\cdots\cdot(2n)}$

23. $\sum_{n=0}^{\infty}c_n4^n$이 수렴할 때, 다음 급수는 수렴하는가?
    (a) $\sum_{n=0}^{\infty}c_n(-2)^n$ (b) $\sum_{n=0}^{\infty}c_n(-4)^n$

24. $\sum_{n=0}^{\infty}c_nx^n$이 $x=-4$일 때 수렴하고 $x=6$일 때 발산한다고 하자. 다음 급수의 수렴 여부를 판정하라.
    (a) $\sum_{n=0}^{\infty}c_n$ (b) $\sum_{n=0}^{\infty}c_n8^n$
    (c) $\sum_{n=0}^{\infty}c_n(-3)^n$ (d) $\sum_{n=0}^{\infty}(-1)^nc_n9^n$

25. k가 양의 정수일 때, 다음 급수의 수렴 반지름을 찾아라.

$$\sum_{n=0}^{\infty}\frac{(n!)^k}{(kn)!}x^n$$

26. p와 q는 실수이고 $p<q$라 하자. 수렴 구간이 다음과 같은 거듭제곱 급수를 찾아라.

(a) (p, q) (b) $(p, q]$
(c) $[p, q)$ (d) $[p, q]$

27. 수렴 구간이 $[0, \infty)$인 거듭제곱 급수를 찾을 수 있는가? 설명하라.

28. 급수 $\sum_{n=0}^{\infty} x^n$의 처음 몇 개의 부분 합 $s_n(x)$와 함수 $f(x) = 1/(1-x)$의 그래프를 같은 화면에 그려라. 어떤 구간에서 이런 부분 합이 $f(x)$에 수렴하는 것으로 보이는가?

29. 다음과 같이 정의된 함수 J_1을 1차 베셀 함수라고 한다.

$$J_1(x) = \sum_{n=0}^{\infty} \frac{(-1)^n x^{2n+1}}{n!(n+1)!2^{2n+1}}$$

(a) 정의역을 찾아라.

(b) 처음 몇 개의 부분 합의 그래프를 같은 화면에 그려라.

CAS (c) CAS에 베셀 함수가 내장되어 있다면, (b)의 부분 합들과 J_1의 그래프를 같은 화면에 그리고, 부분 합들이 J_1에 어떻게 가까워지는지 관찰하라.

30. 다음과 같이 정의된 함수 A를 영국의 수학자이자 천문학자인 에어리(George Airy, 1801~1892)의 이름을 따서 **에어리 함수**라 한다.

$$A(x) = 1 + \frac{x^3}{2 \cdot 3} + \frac{x^6}{2 \cdot 3 \cdot 5 \cdot 6} + \frac{x^9}{2 \cdot 3 \cdot 5 \cdot 6 \cdot 8 \cdot 9} + \cdots$$

(a) 에어리 함수의 정의역을 찾아라.

(b) 처음 몇 개의 부분 합 $s_n(x)$을 같은 화면에 그려라.

CAS (c) CAS에 에어리 함수가 내장되어 있다면, (b)의 부분 합들과 A의 그래프를 같은 화면에 그리고, 부분 합들이 A에 어떻게 가까워지는지 관찰하라.

31. 함수 f를 다음과 같이 정의하자.

$$f(x) = 1 + 2x + x^2 + 2x^3 + x^4 + \cdots$$

곧, 모든 $n \geq 0$에 대해 계수는 $c_{2n} = 1$이고 $c_{2n+1} = 2$이다. 이 급수의 수렴 반지름을 찾고, $f(x)$를 간단한 식으로 나타내라.

32. $f(x) = \sum_{n=0}^{\infty} c_n x^n$이고 모든 $n \geq 0$에 대해 $c_{n+4} = c_n$일 때, 이 급수의 수렴 반지름을 찾고, $f(x)$를 간단한 식으로 나타내라.

33. $c \neq 0$일 때 $\lim_{n\to\infty} \sqrt[n]{|c_n|} = c$이면 거듭제곱 급수 $\sum c_n x^n$의 수렴 반지름이 $R = 1/c$임을 보여라.

34. 거듭제곱 급수 $\sum c_n(x-a)^n$의 계수가 모든 n에 대해 $c_n \neq 0$이라 하자. $\lim_{n\to\infty} |c_n/c_{n+1}|$이 존재할 때, 이것이 거듭제곱 급수의 수렴 반지름과 같음을 보여라.

35. 급수 $\sum c_n x^n$의 수렴 반지름이 2, 급수 $\sum d_n x^n$의 수렴 반지름이 3이라 하자. 급수 $\sum (c_n + d_n) x^n$의 수렴 반지름은 얼마인가?

36. 거듭제곱 급수 $\sum c_n x^n$의 수렴 반지름이 R이라고 하자. 거듭제곱 급수 $\sum c_n x^{2n}$의 수렴 반지름은 얼마인가?

8.6 거듭제곱 급수에 의한 함수의 표현

이번 절에서는 특정한 형태의 함수를, 등비 급수를 조작하거나 그런 급수를 미분 또는 적분해서, 거듭제곱 급수의 합으로 표현하는 방법을 알아본다. 어쩌면 이미 알려진 함수를 무수히 많은 항의 합으로 나타내려고 하는지 의아하게 생각할 것이다. 이런 전략은 초등적인 역도함수가 없는 함수를 적분하고 미분 방정식을 풀며 다항 함수로 함수를 근사시킬 때 유용하다. (과학자들은 자신이 다루는 식을 간단히 하기 위해 이렇게 하고, 컴퓨터 과학자들은 함수를 계산기와 컴퓨터에서 표현하기 위해 이렇게 한다.)

앞에서 이미 알아본 다음 식에서 출발하자.

1 $$\frac{1}{1-x} = 1 + x + x^2 + x^3 + \cdots = \sum_{n=0}^{\infty} x^n \quad (|x| < 1)$$

이 식은 8.2절의 보기 5에서 처음 마주쳤는데, 그곳에서 이 급수가 첫째 항이 $a = 1$이고 공비가 $r = x$인 등비 급수임을 관찰함으로써 이런 결과를 얻었다. 여기서의 관점은 다르다. 이제 식 1을 함수 $f(x) = 1/(1-x)$을 거듭제곱 급수의 합으로 표현한 것으로 생각한다.

■ 그림 1은 식 1을 기하학적으로 나타내고 있다. 급수의 합은 부분 합의 수열의 극한이므로 다음이 성립한다.

$$\frac{1}{1-x} = \lim_{n\to\infty} s_n(x)$$

여기서 $s_n(x) = 1 + x + x^2 + \cdots + x^n$은 n째 부분 합이다. n이 커짐에 따라 $s_n(x)$는 $-1 < x < 1$에서 $f(x)$에 더 가까워짐을 확인하자.

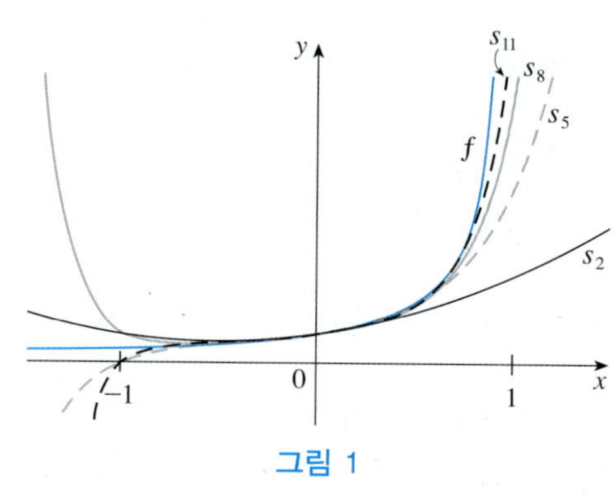

그림 1

보기 1 식 $1/(1+x^2)$을 거듭제곱 급수의 합으로 표현하고, 수렴 구간을 찾아라.

풀이 식 1에서 x를 $-x^2$으로 바꾸면, 다음을 얻는다.

$$\frac{1}{1+x^2} = \frac{1}{1-(-x^2)} = \sum_{n=0}^{\infty} (-x^2)^n$$

$$= \sum_{n=0}^{\infty} (-1)^n x^{2n} = 1 - x^2 + x^4 - x^6 + x^8 - \cdots$$

이것은 등비 급수이므로, $|-x^2| < 1$일 때, 곧 $x^2 < 1$ 또는 $|x| < 1$일 때 수렴한다. 따라서 수렴 구간은 $(-1, 1)$이다. (물론, 수렴 반지름을 비율 판정법을 적용해서 결정할 수 있다. 그러나 여기서는 그렇게 많은 셈이 필요하지 않다.) ■

용어
거듭제곱 급수 표현 power series representation

보기 2 $1/(x+2)$에 대한 거듭제곱 급수 표현을 찾아라.

풀이 이 함수를 식 1의 좌변과 같은 꼴로 나타내기 위해서, 먼저 분모에서 2를 묶어내면 다음을 얻는다.

$$\frac{1}{2+x} = \frac{1}{2\left(1+\dfrac{x}{2}\right)} = \frac{1}{2\left\{1-\left(-\dfrac{x}{2}\right)\right\}}$$

$$= \frac{1}{2}\sum_{n=0}^{\infty}\left(-\frac{x}{2}\right)^n = \sum_{n=0}^{\infty} \frac{(-1)^n}{2^{n+1}} x^n$$

이 급수는 $|-x/2|<1$일 때, 곧 $|x|<2$일 때 수렴한다. 그러므로 수렴 구간은 $(-2,\ 2)$이다. ■

보기 3 $x^3/(x+2)$에 대한 거듭제곱 급수 표현을 찾아라.

풀이 이 함수는 보기 2의 함수에 x^3을 곱했을 뿐이므로, 다음과 같이 그 급수에 x^3을 곱하면 충분하다.

$$\frac{x^3}{x+2} = x^3 \cdot \frac{1}{x+2} = x^3 \sum_{n=0}^{\infty} \frac{(-1)^n}{2^{n+1}} x^n = \sum_{n=0}^{\infty} \frac{(-1)^n}{2^{n+1}} x^{n+3}$$

$$= \frac{1}{2}x^3 - \frac{1}{4}x^4 + \frac{1}{8}x^5 - \frac{1}{16}x^6 + \cdots$$

이 급수를 나타내는 또 다른 방법은 다음과 같다.

$$\frac{x^3}{x+2} = \sum_{n=3}^{\infty} \frac{(-1)^{n-1}}{2^{n-2}} x^n$$

보기 2에서와 같이 수렴 구간은 $(-2,\ 2)$이다. ■

■ x^3은 n과 무관하므로, 이를 합의 기호를 통과해서 이동시킬 수 있다. [$c=x^3$일 때 8.2절의 정리 8(i)를 이용하자.]

거듭제곱 급수의 미분과 적분

거듭제곱 급수의 합은 함수 $f(x) = \sum_{n=0}^{\infty} c_n(x-a)^n$인데, 정의역은 이 급수의 수렴 구간이다. 이런 함수를 미분하고 적분할 수 있기를 바라는데, 다음 정리는 (증명하지 않지만) 마치 다항 함수를 다룰 때와 같이 급수에서 각각의 항을 미분하고 적분해서 그렇게 할 수 있다고 주장한다. 이를 **항별 미분**과 **항별 적분**이라 한다.

용어
항별 미분, 항마다 미분 term-by-term differentiation
항별 적분, 항마다 적분 term-by-term integration

2 정리 거듭제곱 급수 $\sum c_n(x-a)^n$의 수렴 반지름이 $R>0$일 때, 다음과 같이 정의된 함수 f는 구간 $(a-R,\ a+R)$에서 미분 가능하다. (그러므로 연속이다.)

$$f(x) = c_0 + c_1(x-a) + c_2(x-a)^2 + \cdots = \sum_{n=0}^{\infty} c_n(x-a)^n$$

그리고 다음이 성립한다.

(i) $f'(x) = c_1 + 2c_2(x-a) + 3c_3(x-a)^2 + \cdots = \sum_{n=1}^{\infty} nc_n(x-a)^{n-1}$

(ii) $\int f(x)\,dx = C + c_0(x-a) + c_1\frac{(x-a)^2}{2} + c_2\frac{(x-a)^3}{3} + \cdots$

$$= C + \sum_{n=0}^{\infty} c_n \frac{(x-a)^{n+1}}{n+1}$$

(i)과 (ii)의 거듭제곱 급수의 반지름은 모두 R이다.

■ (ii)에서 $\int c_0\,dx = c_0x + C_1$을 $c_0(x-a)+C$로 썼는데, 여기서 $C=C_1+ac_0$이다. 그러므로 급수의 모든 항은 같은 꼴이다.

참고 1. 정리 2의 식 (i)과 (ii)를 다음과 같은 꼴로 다시 쓸 수 있다.

$$\text{(iii)} \quad \frac{d}{dx}\left\{\sum_{n=0}^{\infty} c_n(x-a)^n\right\} = \sum_{n=0}^{\infty} \frac{d}{dx}\{c_n(x-a)^n\}$$

$$\text{(iv)} \quad \int\left\{\sum_{n=0}^{\infty} c_n(x-a)^n\right\}dx = \sum_{n=0}^{\infty}\int c_n(x-a)^n\,dx$$

유한 합의 경우에, 합의 도함수는 도함수의 합이고 합의 적분은 적분의 합이라는 사실을 알고 있다. 식 (iii)과 (iv)는, 거듭제곱 급수를 다루는 경에는, 이와 똑같은 사실이 무한 합에서도 참임을 주장한다. (다른 형태의 함수의 급수에 대해서는 상황이 이렇게 단순하지 않다. 익힘 문제 38을 보라.)

참고 2. 정리 2는 수렴 반지름이 거듭제곱 급수를 미분하거나 적분해도 변하지 않는다고 주장하지만, 수렴 구간이 변하지 않음을 뜻하지는 않는다. 원래 급수는 끝점에서 수렴하지만, 미분한 급수는 그 점에서 발산할 수 있다. (익힘 문제 39를 보라.)

www.stewartcalculus.com
거듭제곱 급수를 항별로 미분하는 발상은 미분 방정식을 푸는 강력한 방법의 기저를 이룬다. Additional Topics의 Using Series to Solve Differential Equations를 열어보라.

보기 4 8.5절의 보기 3에서 다음 베셀 함수가 x의 모든 값에서 정의된다는 사실을 알아봤다.

$$J_0(x) = \sum_{n=0}^{\infty} \frac{(-1)^n x^{2n}}{2^{2n}(n!)^2}$$

그러므로 정리 2에 의해 J_0은 x의 모든 값에서 미분 가능하고, 그 도함수는 다음과 같이 항별로 미분해서 찾을 수 있다.

$$J_0'(x) = \sum_{n=0}^{\infty} \frac{d}{dx}\frac{(-1)^n x^{2n}}{2^{2n}(n!)^2} = \sum_{n=1}^{\infty} \frac{(-1)^n 2n x^{2n-1}}{2^{2n}(n!)^2}$$

보기 5 $1/(1-x)^2$을 식 1을 미분해서 거듭제곱 급수로 표현하라.

풀이 다음 식의 양변을 미분하자.

$$\frac{1}{1-x} = 1 + x + x^2 + x^3 + \cdots = \sum_{n=0}^{\infty} x^n$$

그러면 다음을 얻는다.

$$\frac{1}{(1-x)^2} = 1 + 2x + 3x^2 + \cdots = \sum_{n=1}^{\infty} nx^{n-1}$$

원한다면, n을 $n+1$로 바꾸고 답을 다음과 같이 나타낼 수 있다.

$$\frac{1}{(1-x)^2} = \sum_{n=0}^{\infty} (n+1)x^n$$

정리 2에 따라 미분해서 얻은 급수의 수렴 반지름은 원래 급수의 수렴 반지름, 곧 $R=1$과 똑같다. ■

보기 6 $\ln(1+x)$에 대한 거듭제곱 급수 표현과 그것의 수렴 반지름을 찾아라.

풀이 이 함수의 도함수는 $1/(1+x)$임을 알 수 있다. 그러므로 식 [1]에 의해 다음이 성립한다.

$$\frac{1}{1+x} = \frac{1}{1-(-x)} = 1 - x + x^2 - x^3 + \cdots \quad (|x| < 1)$$

이 등식의 양변을 적분하면, 다음을 얻는다.

$$\begin{aligned}\ln(1+x) &= \int \frac{1}{1+x}\,dx = \int (1 - x + x^2 - x^3 + \cdots)\,dx \\ &= x - \frac{x^2}{2} + \frac{x^3}{3} - \frac{x^4}{4} + \cdots + C \\ &= \sum_{n=1}^{\infty} (-1)^{n-1} \frac{x^n}{n} + C \qquad (|x| < 1)\end{aligned}$$

C의 값을 결정하기 위해서, 이 식에 $x=0$을 대입하면 $\ln(1+0) = C$를 얻는다. 그러므로 $C=0$이고 다음이 성립한다.

$$\ln(1+x) = x - \frac{x^2}{2} + \frac{x^3}{3} - \frac{x^4}{4} + \cdots = \sum_{n=1}^{\infty} (-1)^{n-1} \frac{x^n}{n} \quad (|x| < 1)$$

수렴 반지름은 원래 급수와 같이 $R=1$이다. ■

보기 7 $f(x) = \tan^{-1}x$에 대한 거듭제곱 급수 표현을 찾아라.

풀이 $f'(x) = 1/(1+x^2)$이므로, 다음과 같이 보기 1에서 찾은 $1/(1+x^2)$에 대한 거듭제곱 급수를 적분해서 원하는 급수를 찾자.

$$\begin{aligned}\tan^{-1}x &= \int \frac{1}{1+x^2}\,dx = \int (1 - x^2 + x^4 - x^6 + \cdots)\,dx \\ &= C + x - \frac{x^3}{3} + \frac{x^5}{5} - \frac{x^7}{7} + \cdots\end{aligned}$$

C의 값을 찾기 위해, $x=0$을 대입하면 $C = \tan^{-1}0 = 0$을 얻는다. 따라서 원하는 급수는 다음과 같다.

$$\tan^{-1}x = x - \frac{x^3}{3} + \frac{x^5}{5} - \frac{x^7}{7} + \cdots = \sum_{n=0}^{\infty} (-1)^n \frac{x^{2n+1}}{2n+1}$$

$1/(1+x^2)$에 대한 급수의 수렴 반지름이 1이므로, $\tan^{-1}x$에 대한 이 급수의 수렴 반지름도 1이다. ■

■ 보기 7에서 얻은 $\tan^{-1}x$에 대한 거듭제곱 급수를 **그레고리의 급수**라 한다. 이는 스코틀랜드의 수학자 그레고리(James Gregory, 1638~1675)의 이름을 딴 것인데, 이 사람은 뉴턴의 발견 중 일부를 예견했었다. 밝힌 대로, 그레고리의 급수는 $-1 < x < 1$일 때 유효하지만, (증명하기는 쉽지 않는데) 이것은 $x = \pm 1$에서도 유효하다. $x=1$일 때, 급수는 다음과 같이 된다.

$$\frac{\pi}{4} = 1 - \frac{1}{3} + \frac{1}{5} - \frac{1}{7} + \cdots$$

이 멋진 결과를 π에 대한 라이프니츠 공식이라 한다.

보기 8 거듭제곱 급수를 이용해서 $\int \{1/(1+x^7)\}\,dx$의 값을 찾아라.

풀이 첫째 단계는 적분할 함수 $1/(1+x^7)$을 거듭제곱 급수의 합으로 표현하는 것이다. 보기 1과 같이, 다음과 같이 식 [1]에서 출발해서 x를 $-x^7$으로 바꾸자.

$$\begin{aligned}\frac{1}{1+x^7} &= \frac{1}{1-(-x^7)} = \sum_{n=0}^{\infty} (-x^7)^n \\ &= \sum_{n=0}^{\infty} (-1)^n x^{7n} = 1 - x^7 + x^{14} - \cdots\end{aligned}$$

■ 이 보기는 거듭제곱 급수 표현이 유용한 한 가지 방법을 예시한다. $1/(1+x^7)$을 손으로 적분하면, 엄청나게 어렵다. 컴퓨터 대수 체계에 따라 다른 형태의 답을 얻지만, 모두 극도로 복잡하다. (CAS가 있으면, 시도해보라.) 보기 8에서 얻은 무한 급수 답은 CAS가 제공하는 유한인 합보다 다루기가 실제로 훨씬 더 쉽다.

이제 다음과 같이 항별로 적분하자.

$$\int \frac{1}{1+x^7}\,dx = \int \sum_{n=0}^{\infty} (-1)^n x^{7n}\,dx = C + \sum_{n=0}^{\infty} (-1)^n \frac{x^{7n+1}}{7n+1}$$

$$= C + x - \frac{x^8}{8} + \frac{x^{15}}{15} - \frac{x^{22}}{22} + \cdots$$

이 급수는 $|-x^7| < 1$일 때, 곧 $|x| < 1$일 때 수렴한다. ■

8.6 익힘 문제

1. 거듭제곱 급수 $\sum_{n=0}^{\infty} c_n x^n$의 수렴 반지름이 10이면, 급수 $\sum_{n=1}^{\infty} nc_n x^{n-1}$의 수렴 반지름은 얼마인가? 이유는?

2. 급수 $\sum_{n=0}^{\infty} b_n x^n$이 $|x| < 2$일 때 수렴한다고 하자. 다음 급수에 대해 어떤 말을 할 수 있는가? 이유는?

$$\sum_{n=0}^{\infty} \frac{b_n}{n+1} x^{n+1}$$

3–10. 다음 함수에 대한 거듭제곱 급수 표현을 찾고, 수렴 반지름을 결정하라.

3. $f(x) = \dfrac{1}{1+x}$
4. $f(x) = \dfrac{3}{1-x^4}$
5. $f(x) = \dfrac{2}{3-x}$
6. $f(x) = \dfrac{1}{x+10}$
7. $f(x) = \dfrac{x}{9+x^2}$
8. $f(x) = \dfrac{x}{2x^2+1}$
9. $f(x) = \dfrac{1+x}{1-x}$
10. $f(x) = \dfrac{x^2}{a^3-x^3}$

11–12. 다음 함수를 먼저 부분 분수를 이용해서 거듭제곱 급수의 합으로 표현하라. 수렴 구간을 찾아라.

11. $f(x) = \dfrac{3}{x^2-x-2}$
12. $f(x) = \dfrac{7x-1}{3x^2+2x-1}$

13. (a) 미분을 이용해서 다음 함수에 대한 거듭제곱 급수 표현을 찾아라.

$$f(x) = \frac{1}{(1+x)^2}$$

수렴 반지름은 얼마인가?

(b) (a)를 이용해서 다음 함수에 대한 거듭제곱 급수를 찾아라.

$$f(x) = \frac{1}{(1+x)^3}$$

(c) (b)를 이용해서 다음 함수에 대한 거듭제곱 급수를 찾아라.

$$f(x) = \frac{x^2}{(1+x)^3}$$

14. (a) 식 [1]을 사용해서 $f(x) = \ln(1-x)$에 대한 거듭제곱 급수 표현을 찾아라.

(b) (a)를 이용해서 $f(x) = x\ln(1-x)$에 대한 거듭제곱 급수를 찾아라.

(c) (a)에서 얻은 결과에 $x = \frac{1}{2}$을 대입해서 $\ln 2$를 무한 급수의 합으로 나타내라.

15–20. 다음 함수에 대한 거듭제곱 급수 표현을 찾고, 수렴 반지름을 결정하라.

15. $f(x) = \ln(5-x)$
16. $f(x) = \dfrac{x^2}{(1-2x)^2}$
17. $f(x) = \dfrac{x}{(1+4x)^2}$
18. $f(x) = \left(\dfrac{x}{2-x}\right)^3$
19. $f(x) = \dfrac{1+x}{(1-x)^2}$
20. $f(x) = \dfrac{x^2+x}{(1-x)^3}$

21–24. 다음 f에 대한 거듭제곱 급수 표현을 찾고, f와 몇 개의 부분 합 $s_n(x)$의 그래프를 같은 화면에 그려라. n이 커짐에 따라 어떤 현상이 나타나는가?

21. $f(x) = \dfrac{x}{x^2+16}$
22. $f(x) = \dfrac{1}{x^2+25}$
23. $f(x) = \ln\left(\dfrac{1+x}{1-x}\right)$
24. $f(x) = \tan^{-1}(2x)$

25–28. 다음 정 적분의 값을 거듭제곱 급수로 찾아라. 수렴 반지름은 얼마인가?

25. $\displaystyle\int \frac{t}{1-t^8}\,dt$ **26.** $\displaystyle\int \frac{t}{1+t^3}\,dt$

27. $\displaystyle\int x^2 \ln(1+x)\,dx$ **28.** $\displaystyle\int \frac{\tan^{-1}(x)}{x}\,dx$

29–32. 거듭제곱 급수를 이용해서, 다음 정 적분의 근삿값을 소수 여섯째 자리까지 정확하게 찾아라.

29. $\displaystyle\int_0^{0.2} \frac{1}{1+x^5}\,dx$ **30.** $\displaystyle\int_0^{0.4} \ln(1+x^4)\,dx$

31. $\displaystyle\int_0^{0.1} x\arctan(3x)\,dx$ **32.** $\displaystyle\int_0^{0.3} \frac{x^2}{1+x^4}\,dx$

33. 보기 7의 결과를 이용해서 arctan 0.2의 근삿값을 소수 다섯째 자리까지 정확하게 찾아라.

34. 함수 $f(x)=\displaystyle\sum_{n=0}^{\infty}\frac{(-1)^n x^{2n}}{(2n)!}$이 다음 미분 방정식의 해임을 보여라.

$$f''(x)+f(x)=0$$

35. (a) (보기 4에서 제시한 0차 베셀 함수인) J_0은 다음 미분 방정식을 만족시킴을 보여라.

$$x^2 J_0''(x)+xJ_0'(x)+x^2 J_0(x)=0$$

(b) $\int_0^1 J_0(x)\,dx$의 근삿값을 소수 셋째 자리까지 정확하게 찾아라.

36. 1차 베셀 함수는 다음과 같이 정의된다.

$$J_1(x)=\sum_{n=0}^{\infty}\frac{(-1)^n x^{2n+1}}{n!\,(n+1)!\,2^{2n+1}}$$

(a) J_1이 다음 미분 방정식을 만족시킴을 보여라.

$$x^2 J_1''(x)+xJ_1'(x)+(x^2-1)J_1(x)=0$$

(b) $J_0'(x)=-J_1(x)$임을 보여라.

37. (a) 함수 $f(x)=\displaystyle\sum_{n=0}^{\infty}\frac{x^n}{n!}$이 다음 미분 방정식의 해임을 보여라.

$$f'(x)=f(x)$$

(b) $f(x)=e^x$임을 보여라.

38. $f_n(x)=(\sin nx)/n^2$라 하자. 급수 $\sum f_n(x)$가 x의 모든 값에서 수렴하지만, 도함수의 급수 $\sum f_n'(x)$는 $x=2n\pi$일 때 발산함을 보여라. 여기서 n은 정수이다. x의 어떤 값에 대해 급수 $\sum f_n''(x)$는 수렴하는가?

39. 다음과 같이 놓자.

$$f(x)=\sum_{n=1}^{\infty}\frac{x^n}{n^2}$$

f, f', f''에 대한 수렴 반지름을 찾아라.

40. (a) 등비 급수 $\sum_{n=0}^{\infty}x^n$에서 출발해서, 다음 급수의 합을 찾아라.

$$\sum_{n=1}^{\infty}nx^{n-1}\quad(|x|<1)$$

(b) 다음 급수의 합을 찾아라.

(i) $\displaystyle\sum_{n=1}^{\infty}nx^n\ (|x|<1)$ (ii) $\displaystyle\sum_{n=1}^{\infty}\frac{n}{2^n}$

(c) 다음 급수의 합을 찾아라.

(i) $\displaystyle\sum_{n=2}^{\infty}n(n-1)x^n\ (|x|<1)$

(ii) $\displaystyle\sum_{n=2}^{\infty}\frac{n^2-n}{2^n}$ (iii) $\displaystyle\sum_{n=1}^{\infty}\frac{n^2}{2^n}$

41. $\tan^{-1}x$에 대한 거듭제곱 급수를 이용해서, 다음과 같은 π에 대한 무한 급수 표현을 증명하라.

$$\pi=2\sqrt{3}\sum_{n=0}^{\infty}\frac{(-1)^n}{(2n+1)3^n}$$

42. 다음 급수의 합을 찾아라.

$$\sum_{n=1}^{\infty}\frac{4^n}{n5^n}$$

8.7 테일러 급수와 매클로린 급수

앞 절에서 제한된 종류의 함수들에 대한 거듭제곱 급수 표현을 찾을 수 있었다. 여기서는 다음과 같이 좀 더 일반적인 문제를 생각하자. 어떤 함수를 거듭제곱 급수로 표현할 수 있는가? 그런 표현을 어떻게 찾을 수 있는가?

먼저 f는 다음과 같이 거듭제곱 급수로 표현할 수 있는 임의의 함수라고 가정하자.

1 $$f(x) = c_0 + c_1(x-a) + c_2(x-a)^2 + c_3(x-a)^3 + c_4(x-a)^4 + \cdots \quad (|x-a| < R)$$

계수 c_n을 f를 이용해서 결정해보자. 우선 식 1에 $x = a$를 대입하면 첫째 항 뒤의 모든 항이 0이고, 다음을 얻는다.

$$f(a) = c_0$$

8.6절의 정리 2에 의해 다음과 같이 식 1을 항별로 미분할 수 있다.

2 $$f'(x) = c_1 + 2c_2(x-a) + 3c_3(x-a)^2 + 4c_4(x-a)^3 + \cdots \quad (|x-a| < R)$$

그리고 식 2에 $x = a$를 대입하면 다음을 얻는다.

$$f'(a) = c_1$$

식 2의 양변을 미분해서 다음을 얻는다.

3 $$f''(x) = 2c_2 + 2 \cdot 3c_3(x-a) + 3 \cdot 4c_4(x-a)^2 + \cdots \quad (|x-a| < R)$$

또다시 식 3에 $x = a$를 대입하자. 결과는 다음과 같다.

$$f''(a) = 2c_2$$

이런 과정을 한 번 더 적용하자. 식 3의 급수를 미분하면 다음을 얻는다.

4 $$f'''(x) = 2 \cdot 3c_3 + 2 \cdot 3 \cdot 4c_4(x-a) + 3 \cdot 4 \cdot 5 \cdot c_5(x-a)^2 + \cdots \quad (|x-a| < R)$$

그리고 식 4에 $x = a$를 대입하면 다음을 얻는다.

$$f'''(a) = 2 \cdot 3c_3 = 3!c_3$$

이제는 규칙을 알 수 있다. 미분하고 $x = a$를 대입하는 과정을 반복하면 다음을 얻는다.

$$f^{(n)}(a) = 2 \cdot 3 \cdot 4 \cdot \cdots \cdot nc_n = n!c_n$$

이 식을 n째 계수 c_n에 대해 풀면 다음을 얻는다.

$$c_n = \frac{f^{(n)}(a)}{n!}$$

관례에 따라 $0! = 1$과 $f^{(0)} = f$로 나타내면, 위의 식은 $n = 0$인 경우에도 유효하다. 이에 따라 다음 정리가 증명된다.

5 정리 f가 a에서 다음과 같이 거듭제곱 급수로 표현된다고 하자.

$$f(x) = \sum_{n=0}^{\infty} c_n (x-a)^n \quad (|x-a| < R)$$

그러면 이의 계수는 다음 공식으로 주어진다.

$$c_n = \frac{f^{(n)}(a)}{n!}$$

c_n에 대한 이 공식을 급수에 역으로 대입하면, f가 a에서 거듭제곱 급수로 표현될 때 이는 다음과 같은 꼴임을 알 수 있다.

$$\boxed{6} \quad f(x) = \sum_{n=0}^{\infty} \frac{f^{(n)}(a)}{n!}(x-a)^n$$
$$= f(a) + \frac{f'(a)}{1!}(x-a) + \frac{f''(a)}{2!}(x-a)^2 + \frac{f'''(a)}{3!}(x-a)^3 + \cdots$$

식 6의 급수를 a에서(또는 a에 관한 또는 중심이 a인) f의 테일러 급수라 한다. $a=0$인 특별한 경우에 테일러 급수는 다음과 같이 된다.

$$\boxed{7} \quad f(x) = \sum_{n=0}^{\infty} \frac{f^{(n)}(0)}{n!}x^n = f(0) + \frac{f'(0)}{1!}x + \frac{f''(0)}{2!}x^2 + \cdots$$

이 경우는 자주 나타나기 때문에 매클로린 급수라는 특별한 이름을 얻었다.

참고 f를 a에 관한 거듭제곱 급수로 표현할 수 있다면, f는 그것의 테일러 급수의 합과 같음을 밝혔다. 그런데 함수 중에는 그것의 테일러 급수의 합과 같지 않은 것이 있다. 이런 함수의 예는 익힘 문제 70에 제시되어 있다.

보기 1 함수 $f(x) = e^x$의 매클로린 급수와 이의 수렴 반지름을 찾아라.

풀이 $f(x) = e^x$이면, $f^{(n)}(x) = e^x$이므로, 모든 n에 대해 $f^{(n)}(0) = e^0 = 1$이다. 그러므로 0에서 f의 테일러 급수(곧, 매클로린 급수)는 다음과 같다.

$$\sum_{n=0}^{\infty} \frac{f^{(n)}(0)}{n!}x^n = \sum_{n=0}^{\infty} \frac{x^n}{n!} = 1 + \frac{x}{1!} + \frac{x^2}{2!} + \frac{x^3}{3!} + \cdots$$

수렴 반지름을 찾기 위해서 $a_n = x^n/n!$이라 하자. 그러면 다음을 얻는다.

$$\left|\frac{a_{n+1}}{a_n}\right| = \left|\frac{x^{n+1}}{(n+1)!} \cdot \frac{n!}{x^n}\right| = \frac{|x|}{n+1} \to 0 < 1$$

그러므로 비율 판정법에 의해 이 급수는 모든 x에서 수렴하고, 수렴 반지름은 $R = \infty$이다. ■

■ 테일러 급수는 잉글랜드 수학자 테일러(Brook Taylor, 1685~1731)의 이름을 딴 것이다. 매클로린 급수는 실제로 테일러 급수의 아주 특별한 경우라는 사실에도 불구하고, 이 이름은 스코틀랜드 수학자 매클로린(Colin Maclaurin, 1698~1748)을 기리기 위해 붙여졌다. 그런데 특별한 함수를 거듭제곱 급수의 합으로 표현하는 발상은 뉴턴까지 거슬러 올라간다. 그리고 일반적인 테일러 급수를 스코틀랜드 수학자 그레고리(James Gregory)는 1668년에, 스위스 수학자 요한 베르누이(John Bernoulli)는 1690년대에 알고 있었다. 그런데 테일러가 1715년에 책 ≪증분법(Methodus incrementorum directa et inversa)≫을 통해 급수에 관한 자신의 발견을 발표했을 때, 그는 분명히 그레고리와 베르누이의 연구를 모르고 있었다. 매클로린은 1742년에 출판한 미적분 교과서 ≪유율론(Treatise of Fluxions)≫에서 이런 내용을 널리 보급시켰기 때문에, 매클로린 급수는 그의 이름을 따서 붙여졌다.

용어
테일러 급수 Taylor series
매클로린 급수 Maclaurin series

정리 5와 보기 1로부터 이끌어낼 수 있는 결론은 e^x이 0에서 거듭제곱 급수로 표현된다면, 그것은 다음과 같다는 사실이다.

$$e^x = \sum_{n=0}^{\infty} \frac{x^n}{n!}$$

용어
테일러 다항 함수 Taylor polynomial 매클로린 다항 함수 Maclaurin polynomial

그렇다면 e^x의 거듭제곱 급수 표현이 가능한지를 어떻게 판단할 수 있을까?

좀 더 일반적인 다음과 같은 질문을 생각하자. 어떤 상황에서 함수는 그것의 테일러 급수와 같은가? 바꿔 말하면, f의 모든 계의 도함수가 존재하면, 다음은 언제 참인가?

$$f(x) = \sum_{n=0}^{\infty} \frac{f^{(n)}(a)}{n!}(x-a)^n$$

수렴하는 모든 급수와 마찬가지로, 이는 $f(x)$가 부분 합의 수열의 극한임을 뜻한다. 테일러 급수의 경우에 부분 합은 다음과 같다.

$$T_n(x) = \sum_{i=0}^{n} \frac{f^{(i)}(a)}{i!}(x-a)^i$$
$$= f(a) + \frac{f'(a)}{1!}(x-a) + \frac{f''(a)}{2!}(x-a)^2 + \cdots + \frac{f^{(n)}(a)}{n!}(x-a)^n$$

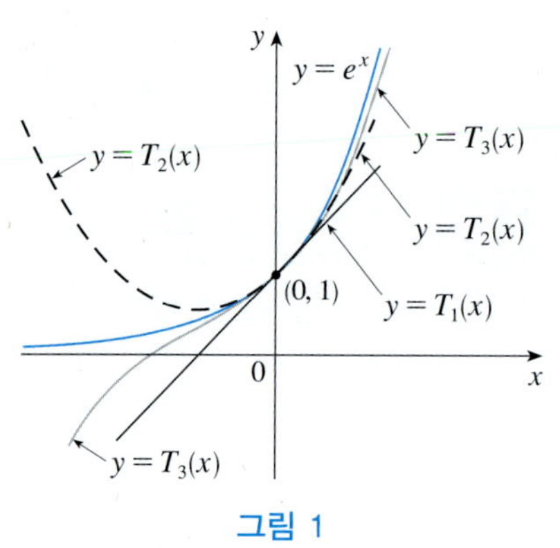

그림 1

■ n이 커짐에 따라 그림 1에서 $T_n(x)$는 e^x에 가까워지는 것으로 보인다. 이는 e^x이 그 테일러 급수의 합과 같음을 암시한다.

T_n은 n차 다항 함수인데, 이를 **a에서 f의 n차 테일러 다항 함수**라고 한다. 예를 들어 지수 함수 $f(x) = e^x$의 경우에 보기 1의 결과에 의해 $n = 1, 2, 3$일 때 0에서 테일러 다항 함수(또는 매클로린 다항 함수)는 차례로 다음과 같다.

$$T_1(x) = 1 + x, \quad T_2(x) = 1 + x + \frac{x^2}{2!}, \quad T_3(x) = 1 + x + \frac{x^2}{2!} + \frac{x^3}{3!}$$

지수 함수와 이 세 테일러 다항 함수의 그래프를 그림 1에 나타냈다.

일반적으로, $f(x)$는 다음이 성립할 때 그것의 테일러 급수의 합이다.

$$f(x) = \lim_{n\to\infty} T_n(x)$$

$R_n(x) = f(x) - T_n(x)$로 놓으면 $f(x) = T_n(x) + R_n(x)$이므로, $R_n(x)$를 테일러 급수의 **나머지 항**이라 한다. $\lim_{n\to\infty} R_n(x) = 0$임을 어떻게 해서든지 밝힐 수 있다면, 다음이 성립한다.

용어
나머지 항 remainder (term)

$$\lim_{n\to\infty} T_n(x) = \lim_{n\to\infty} \{f(x) - R_n(x)\} = f(x) - \lim_{n\to\infty} R_n(x) = f(x)$$

따라서 다음이 증명된다.

> **8 정리** $f(x) = T_n(x) + R_n(x)$라 하자. 여기서 T_n은 a에서 f의 n차 테일러 다항 함수이고, $|x-a| < R$에서 $\lim_{n\to\infty} R_n(x) = 0$이 성립한다고 하자. 그러면 f는 구간 $|x-a| < R$에서 그것의 테일러 급수의 합과 같다.

특정한 함수 f에 대해 $\lim_{n\to\infty} R_n(x)=0$임을 보일 때는 통상 다음 정리에 있는 식을 이용한다.

9 **테일러의 공식** f의 $(n+1)$계 도함수가 수 a를 포함하는 구간 I에서 존재할 때, I에 속한 x에 대해 x와 a 사이에 적당한 수 z가 존재해서 테일러 급수에서 나머지 항을 다음과 같이 표현할 수 있다.

$$R_n(x)=\frac{f^{(n+1)}(z)}{(n+1)!}(x-a)^{n+1}$$

용어
테일러의 공식 Taylor's formula 라그랑주의 나머지 항 Lagrange's form of the remainder term

참고 1. $n=0$인 특별한 경우에, 테일러의 공식에 $x=b$와 $z=c$를 대입하면 $f(b)=f(a)+f'(c)(b-a)$를 얻는데, 이는 평균값 정리이다. 실제로, 정리 9는 평균값 정리의 증명과 비슷한 방법으로 증명할 수 있다. 증명은 이번 절의 끝에 있다.

참고 2. 다음 나머지 항은 테일러 급수의 항들과 매우 비슷하다.

10
$$R_n(x)=\frac{f^{(n+1)}(z)}{(n+1)!}(x-a)^{n+1}$$

다만, $f^{(n+1)}$의 값을 a가 아니라 z에서 찾을 뿐이다. 수 z에 관한 정보는 이것이 x와 a 사이에 있다는 사실뿐이다. 식 10에서 $R_n(x)$에 대한 표현을 **라그랑주의 나머지 항**이라 한다.

참고 3. 8.8절에서 함수에 근사시킬 때 테일러의 공식의 용도에 대해 조사한다. 그런데 이를 정리 8과의 관계에서 즉각적으로 이용할 수 있다. 두 정리 8과 9를 적용할 때, 다음 사실을 이용하는 것이 종종 도움이 된다.

11
$$\lim_{n\to\infty}\frac{x^n}{n!}=0 \quad (\text{단, } x\text{는 임의의 실수})$$

이것은 참인데, 보기 1에서 밝힌 대로 급수 $\sum x^n/n!$이 모든 x에 대해 수렴하므로 n째 항은 0으로 수렴하기 때문이다.

보기 2 e^x이 이것의 테일러 급수의 합과 같음을 증명하라.

풀이 $f(x)=e^x$이라 하면 $f^{(n+1)}(x)=e^x$이므로 테일러의 공식에서 나머지 항은 다음과 같다.

$$R_n(x)=\frac{e^z}{(n+1)!}x^{n+1}$$

여기서 z는 0과 x 사이에 있다. (그런데 z가 n에 따라 결정됨에 주목하자.) $x>0$이면, $0<z<x$이므로 $e^z<e^x$이다. 따라서 식 11에 의해 다음이 성립한다.

$$0 < R_n(x) = \frac{e^z}{(n+1)!}x^{n+1} < e^x \frac{x^{n+1}}{(n+1)!} \rightarrow 0$$

그러므로 조임 정리에 의해 $n \rightarrow \infty$일 때 $R_n(x) \rightarrow 0$이다. $x < 0$이면, $x < z < 0$이므로 $e^z < e^0 = 1$이고 다음이 성립한다.

$$|R_n(x)| < \frac{|x|^{n+1}}{(n+1)!} \rightarrow 0$$

또다시 $R_n(x) \rightarrow 0$이다. 그러므로 정리 [8]에 의해 e^x은 그것의 테일러 급수의 합과 같다. 곧, 다음이 성립한다.

[12] $$e^x = \sum_{n=0}^{\infty} \frac{x^n}{n!} \quad (\text{단, } x\text{는 임의의 실수})$$ ■

특히, 식 [12]에 $x = 1$을 대입하면 다음과 같이 수 e를 무한 급수의 합으로 표현한 식을 얻는다.

[13] $$e = \sum_{n=0}^{\infty} \frac{1}{n!} = 1 + \frac{1}{1!} + \frac{1}{2!} + \frac{1}{3!} + \cdots$$

■ 1748년에 오일러(Leonhard Euler)는 식 [13]을 사용해서 소수 22째 자리까지 정확한 e의 값을 찾았다. 2010년에 콘도(Shigeru Kondo)는 역시 식 [13]을 사용해서 소수 1조 이상의 자리까지 정확한 e의 값을 셈했다!

보기 3 $a = 2$에서 $f(x) = e^x$의 테일러 급수를 찾아라.

풀이 $f^{(n)}(2) = e^2$이므로, 테일러 급수의 정의 [6]에 $a = 2$를 대입하면, 다음을 얻는다.

$$\sum_{n=0}^{\infty} \frac{f^{(n)}(2)}{n!}(x-2)^n = \sum_{n=0}^{\infty} \frac{e^2}{n!}(x-2)^n$$

또다시 보기 1과 마찬가지로 수렴 반지름이 $R = \infty$임을 밝힐 수 있다. 보기 2에서와 같이 $\lim_{n\to\infty} R_n(x) = 0$을 밝힐 수 있으므로, 다음을 얻는다.

[14] $$e^x = \sum_{n=0}^{\infty} \frac{e^2}{n!}(x-2)^n \quad (\text{단, } x\text{는 임의의 실수})$$ ■

e^x에 대한 거듭제곱 급수 전개를 두 가지 얻었는데, 식 [12]의 매클로린 급수와 식 [14]의 테일러 급수가 그것이다. 0 근방의 x의 값에 관심이 있으면 첫째 급수가 더 좋고, x가 2의 근방에 관심이 있으면 둘째 급수가 더 좋다.

보기 4 $\sin x$의 매클로린 급수를 찾고, 이것이 모든 x에 대해 $\sin x$를 표현함을 증명하라.

풀이 셈 결과를 다음과 같이 두 열로 배열하자.

$$\begin{aligned} f(x) &= \sin x, & f(0) &= 0, \\ f'(x) &= \cos x, & f'(0) &= 1, \\ f''(x) &= -\sin x, & f''(0) &= 0, \end{aligned}$$

$$f'''(x) = -\cos x, \qquad f'''(0) = -1,$$
$$f^{(4)}(x) = \sin x, \qquad f^{(4)}(0) = 0$$

도함수는 네 개씩 반복되면서 순환하므로, 매클로린 급수를 다음과 같이 쓸 수 있다.

$$f(0) + \frac{f'(0)}{1!}x + \frac{f''(0)}{2!}x^2 + \frac{f'''(0)}{3!}x^3 + \cdots$$
$$= x - \frac{x^3}{3!} + \frac{x^5}{5!} - \frac{x^7}{7!} + \cdots = \sum_{n=0}^{\infty} (-1)^n \frac{x^{2n+1}}{(2n+1)!}$$

$a = 0$일 때의 나머지 항 [10]을 이용하면, 다음을 얻는다.

$$R_n(x) = \frac{f^{(n+1)}(z)}{(n+1)!}x^{n+1}$$

여기서 $f(x) = \sin x$이고 z는 0과 x 사이에 있다. 그런데 $f^{(n+1)}(z)$는 $\pm\sin z$ 또는 $\pm\cos z$이다. 모든 경우에 $|f^{(n+1)}(z)| \le 1$이므로, 다음이 성립한다.

[15] $$0 \le |R_n(x)| = \frac{|f^{(n+1)}(z)|}{(n+1)!}|x^{n+1}| \le \frac{|x|^{n+1}}{(n+1)!}$$

식 [11]에 의해 이 부등식의 우변은 $n \to \infty$일 때 0으로 수렴한다. 그러므로 조임 정리에 의해 $|R_n(x)| \to 0$이다. 따라서 $n \to \infty$일 때 $R_n(x) \to 0$이므로, 정리 [8]에 의해 $\sin x$는 그것의 매클로린 급수의 합과 같다. ■

▪ 그림 2는 $\sin x$와 함께 다음과 같은 그것의 테일러(또는 매클로린) 다항함수의 그래프를 보여준다.

$$T_1(x) = x,$$
$$T_3(x) = x - \frac{x^3}{3!},$$
$$T_5(x) = x - \frac{x^3}{3!} + \frac{x^5}{5!}$$

n이 커짐에 따라 $T_n(x)$가 $\sin x$에 더 가까워짐을 확인하자.

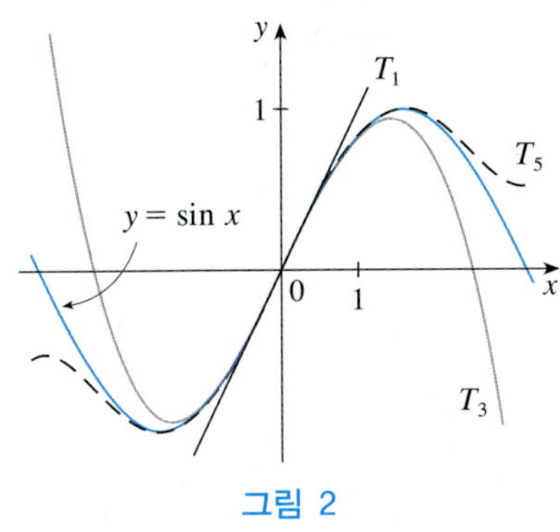

그림 2

보기 4의 결과를 앞으로의 인용을 위해 다음과 같이 나타내자.

[16] $$\sin x = x - \frac{x^3}{3!} + \frac{x^5}{5!} - \frac{x^7}{7!} + \cdots$$
$$= \sum_{n=0}^{\infty} (-1)^n \frac{x^{2n+1}}{(2n+1)!} \quad (\text{단, } x\text{는 임의의 실수})$$

보기 5 $\cos x$의 매클로린 급수를 찾아라.

풀이 보기 4와 같이 직접적으로 진행할 수 있지만, 식 [16]에 제시한 $\sin x$에 대한 매클로린 급수를 다음과 같이 미분하는 것이 더 쉽다.

$$\cos x = \frac{d}{dx}(\sin x) = \frac{d}{dx}\left(x - \frac{x^3}{3!} + \frac{x^5}{5!} - \frac{x^7}{7!} + \cdots\right)$$
$$= 1 - \frac{3x^2}{3!} + \frac{5x^4}{5!} - \frac{7x^6}{7!} + \cdots = 1 - \frac{x^2}{2!} + \frac{x^4}{4!} - \frac{x^6}{6!} + \cdots$$

$\sin x$의 매클로린 급수가 모든 x에 대해 수렴하므로, 8.6절의 정리 [2]에 따라 미분해서 얻은 $\cos x$에 대한 급수도 모든 x에서 수렴한다. 그러므로 다음을 얻는다.

▪ 세 보기 2, 4, 5에서 찾은 e^x, $\sin x$, $\cos x$의 매클로린 급수를 뉴턴은 다른 방법을 이용해서 발견했다. 이런 결과들은 놀라운데, 모든 계의 도함수의 단 하나의 수 0에서의 값을 알면 그 함수의 모든 것에 대해 말할 수 있기 때문이다.

17
$$\cos x = 1 - \frac{x^2}{2!} + \frac{x^4}{4!} - \frac{x^6}{6!} + \cdots$$
$$= \sum_{n=0}^{\infty} (-1)^n \frac{x^{2n}}{(2n)!} \qquad (\text{단, } x\text{는 임의의 실수})$$

■

보기 6 함수 $f(x) = x\cos x$의 매클로린 급수를 찾아라.

풀이 도함수를 찾아서 식 7에 대입하지 않고, 다음과 같이 $\cos x$의 매클로린 급수(식 17)에 x를 곱하는 것이 더 쉽다.

$$x\cos x = x\sum_{n=0}^{\infty} (-1)^n \frac{x^{2n}}{(2n)!} = \sum_{n=0}^{\infty} (-1)^n \frac{x^{2n+1}}{(2n)!}$$ ■

■ www.stewartcalculus.com
Additional Example A를 보라.

두 보기 5와 6 및 8.6절에서 간접적인 방법으로 얻은 거듭제곱 급수는 실제로 주어진 함수의 테일러 또는 매클로린 급수인데, 정리 5에 의해 거듭제곱 급수 표현 $f(x) = \sum c_n(x-a)^n$을 어떻게 얻더라도 $c_n = f^{(n)}(a)/n!$는 언제나 참이기 때문이다. 바꿔 말하면, 계수는 유일하게 결정된다.

보기 7 임의의 실수 k에 대해 $f(x) = (1+x)^k$의 매클로린 급수를 찾아라.

풀이 셈 결과를 다음과 같이 두 열로 배열하자.

$$\begin{aligned} f(x) &= (1+x)^k, & f(0) &= 1, \\ f'(x) &= k(1+x)^{k-1}, & f'(0) &= k, \\ f''(x) &= k(k-1)(1+x)^{k-2}, & f''(0) &= k(k-1), \\ f'''(x) &= k(k-1)(k-2)(1+x)^{k-3}, & f'''(0) &= k(k-1)(k-2), \\ &\vdots & &\vdots \end{aligned}$$

그러므로 일반적으로 다음이 성립한다.

$$f^{(n)}(x) = k(k-1)\cdots(k-n+1)(1+x)^{k-n},$$
$$f^{(n)}(0) = k(k-1)\cdots(k-n+1)$$

따라서 $f(x) = (1+x)^k$의 매클로린 급수는 다음과 같다.

$$\sum_{n=0}^{\infty} \frac{f^{(n)}(0)}{n!} x^n = \sum_{n=0}^{\infty} \frac{k(k-1)\cdots(k-n+1)}{n!} x^n$$

용어
이항 급수 binomial series

이 급수를 이항 급수라고 한다. n째 항을 a_n이라 하면, $n \to \infty$일 때 다음이 성립한다.

$$\left|\frac{a_{n+1}}{a_n}\right| = \left|\frac{k(k-1)\cdots(k-n+1)(k-n)x^{n+1}}{(n+1)!} \cdot \frac{n!}{k(k-1)\cdots(k-n+1)x^n}\right|$$
$$= \frac{|k-n|}{n+1}|x| = \frac{\left|1-\dfrac{k}{n}\right|}{1+\dfrac{1}{n}}|x| \to |x|$$

그러므로 비율 판정법에 의해 이항 급수는 $|x| < 1$일 때 수렴하고 $|x| > 1$일 때 발산한다. ■

이항 급수의 계수를 나타내는 전통적인 기호는 다음과 같다.

$$\binom{k}{n} = \frac{k(k-1)(k-2)\cdots(k-n+1)}{n!}$$

그리고 이런 수를 **이항 계수**라고 한다.

용어
이항 계수 binomial coefficient

다음 정리는 $(1+x)^k$이 이것의 매클로린 급수의 합과 같음을 주장한다. 이는 나머지 항 $R_n(x)$가 0으로 수렴함을 보임으로써 증명할 수 있지만, 꽤 어렵다. 익힘 문제 69에 간략히 소개한 증명이 더 쉽다.

18 이항 급수 k가 임의의 실수이고 $|x| < 1$일 때, 다음이 성립한다.

$$(1+x)^k = \sum_{n=0}^{\infty} \binom{k}{n} x^n = 1 + kx + \frac{k(k-1)}{2!}x^2 + \frac{k(k-1)(k-2)}{3!}x^3 + \cdots$$

$|x| < 1$일 때는 언제나 이항 급수가 수렴하지만, 끝점 ± 1에서의 수렴 여부는 k의 값에 따라 결정된다. 이 급수가 $-1 < k \le 0$일 때 1에서 수렴하고, $k \ge 0$일 때는 양 끝점에서 수렴한다는 사실이 밝혀졌다. k가 양의 정수이고 $n > k$이면 $\binom{k}{n}$에 대한 식에는 인수 $(k-k)$가 포함되므로, $n > k$일 때 $\binom{k}{n} = 0$이다. 이는 k가 양의 정수일 때 급수가 유한 급수가 되고 통상적인 이항 정리가 됨을 뜻한다.

보기 8 함수 $f(x) = \dfrac{1}{\sqrt{4-x}}$의 매클로린 급수와 이의 수렴 반지름을 찾아라.

■ www.stewartcalculus.com
Additional Example B를 보라.

풀이 $f(x)$를 다음과 같이 이항 급수를 이용할 수 있는 꼴로 나타내자.

$$\frac{1}{\sqrt{4-x}} = \frac{1}{\sqrt{4\left(1-\dfrac{x}{4}\right)}} = \frac{1}{2\sqrt{1-\dfrac{x}{4}}} = \frac{1}{2}\left(1-\frac{x}{4}\right)^{-1/2}$$

$k = -\frac{1}{2}$이고 x를 $-x/4$로 바꾼 이항 급수를 이용하면, 다음을 얻는다.

$$\begin{aligned}
\frac{1}{\sqrt{4-x}} &= \frac{1}{2}\left(1-\frac{x}{4}\right)^{-1/2} = \frac{1}{2}\sum_{n=0}^{\infty}\binom{-\frac{1}{2}}{n}\left(-\frac{x}{4}\right)^n \\
&= \frac{1}{2}\left\{1 + \left(-\frac{1}{2}\right)\left(-\frac{x}{4}\right) + \frac{\left(-\frac{1}{2}\right)\left(-\frac{3}{2}\right)}{2!}\left(-\frac{x}{4}\right)^2 + \frac{\left(-\frac{1}{2}\right)\left(-\frac{3}{2}\right)\left(-\frac{5}{2}\right)}{3!}\left(-\frac{x}{4}\right)^3\right. \\
&\qquad \left. + \cdots + \frac{\left(-\frac{1}{2}\right)\left(-\frac{3}{2}\right)\left(-\frac{5}{2}\right)\cdots\left(-\frac{1}{2}-n+1\right)}{n!}\left(-\frac{x}{4}\right)^n + \cdots\right\} \\
&= \frac{1}{2}\left\{1 + \frac{1}{8}x + \frac{1\cdot 3}{2!8^2}x^2 + \frac{1\cdot 3\cdot 5}{3!8^3}x^3 + \cdots + \frac{1\cdot 3\cdot 5\cdot \cdots \cdot(2n-1)}{n!8^n}x^n + \cdots\right\}
\end{aligned}$$

[18]에서 알 수 있듯이, 이 급수는 $|-x/4|<1$일 때, 곧 $|x|<4$일 때 수렴하므로, 수렴 반지름은 $R=4$이다. ■

앞으로의 인용을 위해 이번 절과 지난 절에서 유도한 중요한 매클로린 급수를 다음과 같이 표로 요약한다.

표 1 중요한 매클로린 급수와 그 수렴 반지름

$\dfrac{1}{1-x}=\sum_{n=0}^{\infty}x^n=1+x+x^2+x^3+\cdots$	$R=1$
$e^x=\sum_{n=0}^{\infty}\dfrac{x^n}{n!}=1+\dfrac{x}{1!}+\dfrac{x^2}{2!}+\dfrac{x^3}{3!}+\cdots$	$R=\infty$
$\sin x=\sum_{n=0}^{\infty}(-1)^n\dfrac{x^{2n+1}}{(2n+1)!}=x-\dfrac{x^3}{3!}+\dfrac{x^5}{5!}-\dfrac{x^7}{7!}+\cdots$	$R=\infty$
$\cos x=\sum_{n=0}^{\infty}(-1)^n\dfrac{x^{2n}}{(2n)!}=1-\dfrac{x^2}{2!}+\dfrac{x^4}{4!}-\dfrac{x^6}{6!}+\cdots$	$R=\infty$
$\tan^{-1}x=\sum_{n=0}^{\infty}(-1)^n\dfrac{x^{2n+1}}{2n+1}=x-\dfrac{x^3}{3}+\dfrac{x^5}{5}-\dfrac{x^7}{7}+\cdots$	$R=1$
$\ln(1+x)=\sum_{n=1}^{\infty}(-1)^{n-1}\dfrac{x^n}{n}=x-\dfrac{x^2}{2}+\dfrac{x^3}{3}-\dfrac{x^4}{4}+\cdots$	$R=1$
$(1+x)^k=\sum_{n=0}^{\infty}\binom{k}{n}x^n=1+kx+\dfrac{k(k-1)}{2!}x^2+\dfrac{k(k-1)(k-2)}{3!}x^3+\cdots$	$R=1$

TEC Module 8.7/8.8에서 잇따른 테일러 다항 함수가 원래의 함수에 가까워지는 과정을 보여준다.

테일러 급수가 중요한 이유 중 하나는, 이전에는 적분할 수 없었던 함수들을 다룰 수 있다는 점이다. 사실, 이번 장의 도입문에서 뉴턴이 함수의 적분을 종종 먼저 거듭제곱 급수로 표현하고 그 급수를 항별로 적분해서 얻었다는 사실을 언급했다. $f(x)=e^{-x^2}$의 역도함수가 초등 함수가 아니기 때문에, 이 함수를 지금까지 논의한 기법으로는 적분할 수 없다. (6.4절을 보라.) 다음 보기에서는 뉴턴의 발상을 이용해서 이 함수를 적분한다.

보기 9 (a) 무한 급수를 이용해서 $\int e^{-x^2}dx$를 찾아라.
(b) 오차 0.001의 범위에서 $\int_0^1 e^{-x^2}dx$ 의 값을 찾아라.

풀이 (a) 먼저 $f(x)=e^{-x^2}$에 대한 매클로린 급수를 찾자. 이를 직접적인 방법으로 찾을 수 있지만, 매클로린 급수표에 제시된 e^x에 대한 급수에서 x를 $-x^2$으로 바꾸어 간단히 찾자. 그러면 모든 x에 대해 다음이 성립한다.

$$e^{-x^2}=\sum_{n=0}^{\infty}\frac{(-x^2)^n}{n!}=\sum_{n=0}^{\infty}(-1)^n\frac{x^{2n}}{n!}=1-\frac{x^2}{1!}+\frac{x^4}{2!}-\frac{x^6}{3!}+\cdots$$

이제 항별로 적분하면 다음을 얻는다.

$$\int e^{-x^2}dx = \int\left(1-\frac{x^2}{1!}+\frac{x^4}{2!}-\frac{x^6}{3!}+\cdots+(-1)^n\frac{x^{2n}}{n!}+\cdots\right)dx$$
$$= C+x-\frac{x^3}{3\cdot 1!}+\frac{x^5}{5\cdot 2!}-\frac{x^7}{7\cdot 3!}+\cdots+(-1)^n\frac{x^{2n+1}}{(2n+1)n!}+\cdots$$

e^{-x^2}에 대한 원래의 급수가 모든 x에서 수렴하므로, 이 급수도 모든 x에서 수렴한다.

(b) 정 적분의 기본 정리에 의해 다음을 얻는다.

$$\int_0^1 e^{-x^2}dx = \left[x-\frac{x^3}{3\cdot 1!}+\frac{x^5}{5\cdot 2!}-\frac{x^7}{7\cdot 3!}+\frac{x^9}{9\cdot 4!}-\cdots\right]_0^1$$
$$= 1-\frac{1}{3}+\frac{1}{10}-\frac{1}{42}+\frac{1}{216}-\cdots$$
$$\approx 1-\frac{1}{3}+\frac{1}{10}-\frac{1}{42}+\frac{1}{216}\approx 0.7475$$

■ (a)의 역도함수에서 $C=0$인 경우를 택할 수 있다.

교대 급수 어림 정리에 의해 이 근삿값의 오차는 다음보다 작다.

$$\frac{1}{11\cdot 5!}=\frac{1}{1320}<0.001$$ ■

테일러 급수의 또 다른 용도를 다음 보기가 예시한다. 극한을 로피탈의 법칙으로 찾을 수 있지만, 그 대신에 급수를 이용할 수 있다.

보기 10 $\displaystyle\lim_{x\to 0}\frac{e^x-1-x}{x^2}$의 값을 찾아라.

풀이 e^x에 대한 매클로린 급수를 이용하면, 다음을 얻는다.

$$\lim_{x\to 0}\frac{e^x-1-x}{x^2}=\lim_{x\to 0}\frac{\left(1+\frac{x}{1!}+\frac{x^2}{2!}+\frac{x^3}{3!}+\cdots\right)-1-x}{x^2}$$
$$=\lim_{x\to 0}\frac{\frac{x^2}{2!}+\frac{x^3}{3!}+\frac{x^4}{4!}+\cdots}{x^2}$$
$$=\lim_{x\to 0}\left(\frac{1}{2}+\frac{x}{3!}+\frac{x^2}{4!}+\frac{x^3}{5!}+\cdots\right)=\frac{1}{2}$$

■ 일부 컴퓨터 대수 체계는 이런 방법으로 극한을 셈한다.

거듭제곱 급수가 연속 함수이므로, 이 결과가 성립한다. ■

거듭제곱 급수의 곱셈과 나눗셈

거듭제곱 급수를 더하거나 뺄 때, 이것들은 다항 함수와 같이 행동한다. (8.2절의 정리 [8]이 이를 보여준다.) 사실, 다음 보기가 예시하듯이, 거듭제곱 급수들을 다항 함수와 같이 곱하고 나눌 수 있다. 처음 몇 개의 항만을 찾는데, 그 뒤의 항을 찾는 셈은 지루하고 처음 몇 항이 가장 중요하기 때문이다.

보기 11 다음 함수의 매클로린 급수에서 영이 아닌 처음 세 항을 찾아라.

(a) $e^x \sin x$ (b) $\tan x$

풀이 (a) 표 1에 있는 e^x와 $\sin x$의 매클로린 급수를 이용하면 다음을 얻는다.

$$e^x \sin x = \left(1 + \frac{x}{1!} + \frac{x^2}{2!} + \frac{x^3}{3!} + \cdots\right)\left(x - \frac{x^3}{3!} + \cdots\right)$$

이 식을 다항식과 같이 곱하고 동류항끼리 모으면 다음과 같다.

$$\begin{array}{rlllll}
 & 1 + x & + \frac{1}{2}x^2 & + \frac{1}{6}x^3 & + \cdots & \\
\times & x & & - \frac{1}{6}x^3 & + \cdots & \\
\hline
 & x + & x^2 & + \frac{1}{2}x^3 & + \frac{1}{6}x^4 & + \cdots \\
+ & & & - \frac{1}{6}x^3 & - \frac{1}{6}x^4 & - \cdots \\
\hline
 & x + & x^2 & + \frac{1}{3}x^3 & + \cdots &
\end{array}$$

그러므로 $e^x \sin x = x + x^2 + \frac{1}{3}x^3 + \cdots$ 이다.

(b) 표에 있는 매클로린 급수를 이용하면 다음을 얻는다.

$$\tan x = \frac{\sin x}{\cos x} = \frac{x - \dfrac{x^3}{3!} + \dfrac{x^5}{5!} - \cdots}{1 - \dfrac{x^2}{2!} + \dfrac{x^4}{4!} - \cdots}$$

장제법(긴 나눗셈)과 같은 방법을 이용하면 다음과 같다.

$$\begin{array}{r|l}
 & x + \frac{1}{3}x^3 + \frac{2}{15}x^5 + \cdots \\
\hline
1 - \frac{1}{2}x^2 + \frac{1}{24}x^4 - \cdots & x - \frac{1}{6}x^3 + \frac{1}{120}x^5 - \cdots \\
 & x - \frac{1}{2}x^3 + \frac{1}{24}x^5 - \cdots \\
\hline
 & \quad \frac{1}{3}x^3 - \frac{1}{30}x^5 + \cdots \\
 & \quad \frac{1}{3}x^3 - \frac{1}{6}x^5 + \cdots \\
\hline
 & \qquad \frac{2}{15}x^5 + \cdots
\end{array}$$

그러므로 $\tan x = x + \frac{1}{3}x^3 + \frac{2}{15}x^5 + \cdots$ 이다. ■

보기 11에서 이용한 형식적인 조작의 정당성을 확인하지 않았지만, 이는 정당하다. $f(x)=\sum c_n x^n$과 $g(x)=\sum b_n x^n$이 모두 $|x|<R$에서 수렴하고 이 둘을 다항 함수와 같이 곱하면, 그 결과로 얻은 급수도 $|x|<R$에서 수렴하고 $f(x)g(x)$를 표현한다는 정리가 있다. 나눗셈에서는 $b_0 \neq 0$이기를 요구한다. 그 결과로 얻은 급수는 충분히 작은 $|x|$에 대해 수렴한다.

테일러의 공식에 대한 증명

앞에서 약속한 정리 9에 대한 증명으로 이번 절을 마무리 짓는다.

$R_n(x)=f(x)-T_n(x)$이라 하자. 여기서 T_n는 a에서 f의 n차 테일러 다항 함수이다. 증명의 발상은 평균값 정리의 증명과 같다. 곧, 특별히 구성한 함수에 롤의 정리를 적용한다. x는 상수이고 $x \neq a$라 생각하며, I에서 다음과 같이 함수 g를 정의한다.

$$g(t)=f(x)-f(t)-f'(t)(x-t)-\frac{f''(t)}{2!}(x-t)^2-\cdots$$
$$-\frac{f^{(n)}(t)}{n!}(n-t)^n-R_n(x)\frac{(x-t)^{n+1}}{(x-a)^{n+1}}$$

그러면 다음이 성립한다.

$$g(x)=f(x)-f(x)-0-\cdots-0=0,$$
$$g(a)=f(x)-\{T_n(x)+R_n(x)\}=f(x)-f(x)=0$$

그러므로 롤의 정리를 a부터 x까지의 구간에서 g에 적용하면, x와 a 사이의 적당한 z가 존재해서 $g'(z)=0$이 성립한다. g에 대한 식을 미분하면, 대부분의 항이 소거된다. $g'(t)$에 대한 식을 간단히 하면 다음이 됨을 밝히는 것은 독자에게 남긴다.

$$g'(t)=-\frac{f^{(n+1)}(t)}{n!}(x-t)^n+(n+1)R_n(x)\frac{(x-t)^n}{(x-a)^{n+t}}$$

그러므로 다음을 얻는다.

$$g'(z)=-\frac{f^{(n+1)}(z)}{n!}(x-z)^n+(n+1)R_n(x)\frac{(x-z)^n}{(x-a)^{n+1}}=0$$

따라서 다음이 성립한다.

$$R_n(x)=\frac{f^{(n+1)}(z)}{(n+1)!}(x-a)^{n+1}$$ □

8.7 익힘 문제

1. 모든 x에 대해 $f(x)=\sum_{n=0}^{\infty} b_n(x-5)^n$일 때, b_8에 대한 식을 써라.

2. f의 그래프는 아래 그림과 같다.

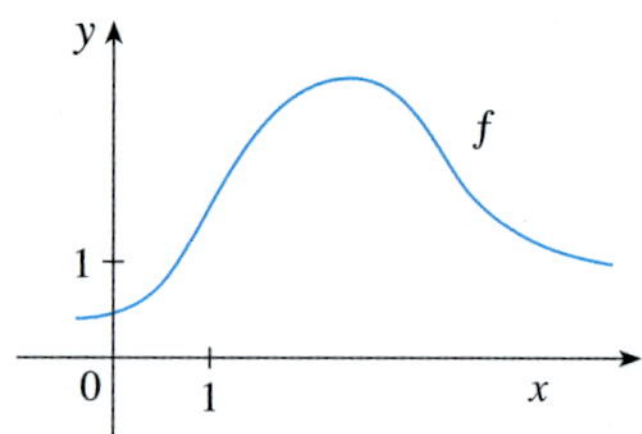

(a) 다음 급수가 중심이 1인 f의 테일러 급수가 아닌 이유를 설명하라.

$$1.6-0.8(x-1)+0.4(x-1)^2-0.1(x-1)^3+\cdots$$

(b) 다음 급수가 중심이 2인 f의 테일러 급수가 아닌 이유를 설명하라.

$$2.8+0.5(x-2)+1.5(x-2)^2-0.1(x-2)^3+\cdots$$

3. $n=0, 1, 2, \ldots$에 대해 $f^{(n)}(0)=(n+1)!$일 때, f의 매클로린 급수와 이의 수렴 반지름을 찾아라.

4. 다음이 성립할 때 중심이 4인 f의 테일러 급수를 찾아라.

$$f^{(n)}(4)=\frac{(-1)^n n!}{3^n(n+1)}$$

이 테일러 급수의 수렴 반지름은 얼마인가?

5–10. 매클로린 급수의 정의를 이용해서 다음 $f(x)$에 대한 매클로린 급수를 찾아라. [f의 거듭제곱 급수가 존재한다고 가정하자. $R_n(x)\to 0$임을 보이지 말라.] 또, 관련된 수렴 반지름을 찾아라.

5. $f(x)=(1-x)^{-2}$
6. $f(x)=\sin 2x$
7. $f(x)=\sin \pi x$
8. $f(x)=xe^x$
9. $f(x)=\sinh x$
10. $f(x)=\cosh x$

11–18. 주어진 a의 값이 중심인 다음 함수 $f(x)$에 대한 테일러 급수를 찾아라. [f의 거듭제곱 급수가 존재한다고 가정하자. $R_n(x)\to 0$임을 보이지 말라.]

11. $f(x)=x^4-3x^2+1$, $a=1$
12. $f(x)=x-x^3$, $a=-2$
13. $f(x)=\ln x$, $a=2$
14. $f(x)=\ln x$, $a=1$
15. $f(x)=e^{5x}$, $a=3$
16. $f(x)=\sin x$, $a=\pi/2$
17. $f(x)=\cos x$, $a=\pi$
18. $f(x)=x^{-2}$, $a=1$

19. 익힘 문제 7에서 얻은 급수가 모든 x에서 $\sin \pi x$를 표현함을 증명하라.

20. 익힘 문제 16에서 얻은 급수가 모든 x에서 $\sin x$를 표현함을 증명하라.

21. 익힘 문제 9에서 얻은 급수가 모든 x에서 $\sinh x$를 표현함을 증명하라.

22. 익힘 문제 10에서 얻은 급수가 모든 x에서 $\cosh x$를 표현함을 증명하라.

23–26. 이항 급수를 이용해서 다음 함수를 거듭제곱 급수로 전개하라. 수렴 반지름을 말하라.

23. $\sqrt[4]{1-x}$
24. $\dfrac{1}{(1+x)^4}$
25. $\dfrac{1}{(2+x)^3}$
26. $(1-x)^{2/3}$

27–36. 이번 절에서 유도한 매클로린 급수를 이용해서 다음 함수의 매클로린 급수를 찾아라.

27. $f(x)=\sin \pi x$
28. $f(x)=e^{-x/2}$
29. $f(x)=e^x+e^{2x}$
30. $f(x)=\sin(x^4)$
31. $f(x)=x\cos\left(\frac{1}{2}x^2\right)$
32. $f(x)=x^2\ln(1+x^2)$
33. $f(x)=\dfrac{x}{\sqrt{4+x^2}}$
34. $f(x)=\dfrac{x^2}{\sqrt{2+x}}$
35. $f(x)=\sin^2 x$ [*귀띔*: $\sin^2 x=\frac{1}{2}(1-\cos 2x)$를 이용하자.]
36. $f(x)=\begin{cases}\dfrac{x-\sin x}{x^3} & (x\neq 0)\\[2mm] \dfrac{1}{6} & (x=0)\end{cases}$

37–38. (임의의 방법을 이용해서) 다음 함수 f의 매클로린 급수를 찾아라. f와 처음 몇 개의 테일러 다항 함수의 그래프를 같은 화면에 그려라. 이런 다항 함수들과 f 사이의 어떤 관계를 알 수 있는가?

37. $f(x) = \cos(x^2)$ **38.** $f(x) = e^{-x^2} + \cos x$

39. $\cos x$의 매클로린 급수를 이용해서, $\cos 5°$의 값을 소수 다섯째 자리까지 정확하게 셈하라.

40. e^x의 매클로린 급수를 이용해서 $1/\sqrt[10]{e}$의 값을 소수 다섯째 자리까지 정확하게 셈하라.

41. (a) 이항 급수를 이용해서 $1/\sqrt{1-x^2}$을 전개하라.
(b) (a)를 이용해서 $\sin^{-1}x$의 매클로린 급수를 찾아라.

42. (a) $1/\sqrt[4]{1+x}$을 거듭제곱 급수로 전개하라.
(b) (a)를 이용해서 $1/\sqrt[4]{1.1}$의 값을 소수 셋째 자리까지 정확하게 어림하라.

43–46. 무한 급수로 다음 부정 적분을 찾아라.

43. $\int x\cos(x^3)\,dx$ **44.** $\int \frac{e^x - 1}{x}\,dx$

45. $\int \frac{\cos x - 1}{x}\,dx$ **46.** $\int \arctan(x^2)\,dx$

47–50. 급수를 이용해서 다음 정 적분의 근삿값을 지시된 오차의 범위에서 찾아라.

47. $\int_0^1 x\cos(x^3)\,dx$ (소수 셋째 자리까지)

48. $\int_0^1 \sin(x^4)\,dx$ (소수 넷째 자리까지)

49. $\int_0^{0.1} \frac{dx}{\sqrt{1+x^3}}$ $(|\text{오차}| < 10^{-8})$

50. $\int_0^{0.5} x^2 e^{-x^2}\,dx$ $(|\text{오차}| < 0.001)$

51–53. 급수를 이용해서 다음 극한을 찾아라.

51. $\lim_{x\to 0} \frac{x - \ln(1+x)}{x^2}$ **52.** $\lim_{x\to 0} \frac{1-\cos x}{1+x-e^x}$

53. $\lim_{x\to 0} \frac{\sin x - x + \frac{1}{6}x^3}{x^5}$

54. 보기 11(b)의 급수를 이용해서 다음 극한을 찾아라.

$$\lim_{x\to 0} \frac{\tan x - x}{x^3}$$

이 극한을 3.7절의 보기 4에서는 로피탈의 법칙을 세 번 사용해서 찾았다. 어느 방법이 더 마음에 드는가?

55–58. 거듭제곱 급수의 곱셈과 나눗셈을 이용해서 다음 함수의 매클로린 급수에서 영이 아닌 처음 세 항을 찾아라.

55. $y = e^{-x^2}\cos x$ **56.** $y = \sec x$

57. $y = \frac{x}{\sin x}$ **58.** $y = e^x \ln(1+x)$

59–64. 다음 급수의 합을 찾아라.

59. $\sum_{n=0}^{\infty} (-1)^n \frac{x^{4n}}{n!}$ **60.** $\sum_{n=0}^{\infty} \frac{(-1)^n \pi^{2n}}{6^{2n}(2n)!}$

61. $\sum_{n=0}^{\infty} \frac{(-1)^n \pi^{2n+1}}{4^{2n+1}(2n+1)!}$ **62.** $\sum_{n=0}^{\infty} \frac{3^n}{5^n n!}$

63. $3 + \frac{9}{2!} + \frac{27}{3!} + \frac{81}{4!} + \cdots$

64. $1 - \ln 2 + \frac{(\ln 2)^2}{2!} - \frac{(\ln 2)^3}{3!} + \cdots$

65. (a) $f(x) = x/(1-x)^2$를 거듭제곱 급수로 전개하라.
(b) (a)를 이용해서 다음 급수의 합을 찾아라.

$$\sum_{n=1}^{\infty} \frac{n}{2^n}$$

66. (a) $f(x) = (x+x^2)/(1-x)^3$을 거듭제곱 급수로 전개하라.
(b) (a)를 이용해서 다음 급수의 합을 찾아라.

$$\sum_{n=1}^{\infty} \frac{n^2}{2^n}$$

67. p가 n차 다항 함수이면, 다음이 성립함을 보여라.

$$p(x+1) = \sum_{i=0}^{n} \frac{p^{(i)}(x)}{i!}$$

68. $f(x) = (1+x^3)^{30}$이면, $f^{(58)}(0)$의 값은 얼마인가?

69. 다음 단계들을 이용해서 18을 증명하라.

(a) $g(x)=\sum_{n=0}^{\infty}\binom{k}{n}x^n$이라 하자. 이 급수를 미분해서 다음을 보여라.

$$g'(x)=\frac{kg(x)}{1+x} \quad (-1<x<1)$$

(b) $h(x)=(1+x)^{-k}g(x)$라 하고, $h'(x)=0$임을 보여라.

(c) $g(x)=(1+x)^k$을 유도하라.

70. (a) 다음과 같이 정의된 함수가 그것의 매클로린 급수와 같지 않음을 보여라.

$$f(x)=\begin{cases} e^{-1/x^2} & (x\neq 0) \\ 0 & (x=0) \end{cases}$$

(b) (a)에 있는 함수의 그래프를 그리고, 원점 근방에서 이 함수의 행동을 설명하라.

8.8 테일러 다항 함수의 활용

이번 절에서는 테일러 다항 함수를 활용하는 두 가지 방법을 알아본다. 먼저 테일러 다항 함수를 이용해서 함수에 근사시키는 방법을 관찰한다. 컴퓨터 과학자들은 다항 함수가 가장 단순한 함수이기 때문에 이를 좋아한다. 다음으로 물리학자와 공학자들이 테일러 다항 함수를 상대성, 전기 쌍극, 물결파의 속도, 사막을 가로지르는 고속도로 건설 등과 같은 분야에 이용하는 방법을 고찰한다.

다항 함수에 의한 함수의 근사

$f(x)$가 다음과 같이 a에서 그것의 테일러 급수의 합과 같다고 가정하자.

$$f(x)=\sum_{n=0}^{\infty}\frac{f^{(n)}(a)}{n!}(x-a)^n$$

8.7절에서 이 급수의 n째 부분 합에 대한 기호 $T_n(x)$를 도입했고, 이를 a에서 f의 n차 테일러 다항 함수라고 불렀다. 곧, 다음과 같다.

$$\begin{aligned} T_n(x) &= \sum_{i=0}^{n}\frac{f^{(i)}(a)}{i!}(x-a)^i \\ &= f(a)+\frac{f'(a)}{1!}(x-a)+\frac{f''(a)}{2!}(x-a)^2+\cdots+\frac{f^{(n)}(a)}{n!}(x-a)^n \end{aligned}$$

f는 이것의 테일러 급수의 합이므로, $n\to\infty$일 때 $T_n(x)\to f(x)$이 성립한다. 그러므로 T_n을 f에 대한 근사 $f(x)\approx T_n(x)$로 이용할 수 있다.

다음과 같은 1차 테일러 다항 함수는 2.8절에서 논의한 a에서 f의 선형화와 같다.

$$T_1(x)=f(a)+f'(a)(x-a)$$

또, T_1과 이 도함수의 a에서의 값은 f와 f'의 a에서의 값들과 같음을 확인하자. 일반적으로 T_n의 도함수들의 a에서의 값은 f부터 이의 n계 도함수까지의 a에서의 값들과 일치한다.

이런 발상을 예시하기 위해서 그림 1에 나타낸 $y = e^x$과 이것의 처음 몇 개의 테일러 다항 함수의 그래프를 또다시 관찰하자. T_1의 그래프는 $(0,\ 1)$에서 $y = e^x$의 접선이다. 이 접선은 점 $(0,\ 1)$의 근방에서 e^x에 대한 최선의 선형 근사이다. T_2의 그래프는 포물선 $y = 1 + x + x^2/2$이고, T_3의 그래프는 삼차 함수의 그래프 $y = 1 + x + x^2/2 + x^3/6$인데, 이는 T_2의 그래프보다 지수 곡선 $y = e^x$에 더 가깝다. 그 다음 테일러 다항 함수 T_4는 훨씬 더 좋은 근사이며, 이와 같이 계속된다.

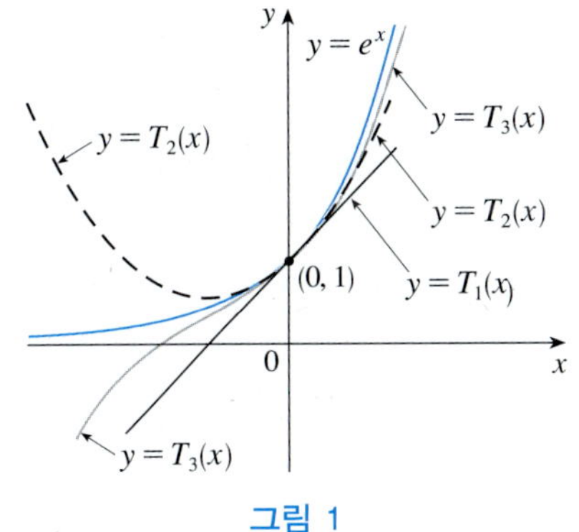

그림 1

x	$x = 0.2$	$x = 3.0$
$T_2(x)$	1.220000	8.5000000
$T_4(x)$	1.221400	16.375000
$T_6(x)$	1.221403	19.412500
$T_8(x)$	1.221403	20.009152
$T_{10}(x)$	1.221403	20.079665
e^x	1.221403	20.085537

오른쪽 수표는 테일러 다항 함수 $T_n(x)$가 함수 $y = e^x$에 수렴한다는 사실을 수치적으로 입증한다. $x = 0.2$일 때는 매우 빠르게 수렴하지만, $x = 3$일 때는 약간 느리게 수렴함을 알 수 있다. 사실, x가 0으로부터 멀어질수록 $T_n(x)$는 e^x에 더 느리게 수렴한다.

테일러 다항 함수 T_n을 이용해서 함수 f에 근사시킬 때, 다음과 같은 질문에 답해야 한다. 이는 얼마나 정확한 근사인가? 원하는 정확도를 얻기 위해서는 n의 값을 얼마나 크게 택해야 하는가? 이런 질문에 답하기 위해서는 다음과 같이 나머지 항의 절댓값을 관찰할 필요가 있다.

$$|R_n(x)| = |f(x) - T_n(x)|$$

오차의 크기를 어림할 수 있는 다음과 같은 세 가지 방법이 있다.

1. 그래프 장치를 이용할 수 있다면, $|R_n(x)|$의 그래프를 그리고 그것으로 오차를 어림한다.
2. 급수가 교대 급수이면, 교대 급수 어림 정리를 이용할 수 있다.
3. 모든 경우에 테일러의 공식(8.7절의 공식 [9])을 이용할 수 있는데, 이에 따라 x와 a 사이의 z에 대해 다음이 성립한다.

$$R_n(x) = \frac{f^{(n+1)}(z)}{(n+1)!}(x-a)^{n+1}$$

보기 1 (a) 함수 $f(x) = \sqrt[3]{x}$를 $a = 8$에서 2차 테일러 다항 함수로 근사시켜라.
(b) $7 \le x \le 9$일 때 이 근사는 얼마나 정확한가?

풀이 (a)

$$f(x) = \sqrt[3]{x} = x^{1/3}, \qquad f(8) = 2,$$

$$f'(x) = \frac{1}{3}x^{-2/3}, \qquad f'(8) = \frac{1}{12},$$

$$f''(x) = -\frac{2}{9}x^{-5/3}, \qquad f''(8) = -\frac{1}{144},$$

$$f'''(x) = \frac{10}{27}x^{-8/3}$$

그러므로 2차 테일러 대항 함수는 다음과 같다.

$$T_2(x) = f(8) + \frac{f'(8)}{1!}(x-8) + \frac{f''(8)}{2!}(x-8)^2$$

$$= 2 + \frac{1}{12}(x-8) - \frac{1}{288}(x-8)^2$$

원하는 근사는 다음과 같다.

$$\sqrt[3]{x} \approx T_2(x) = 2 + \frac{1}{12}(x-8) - \frac{1}{288}(x-8)^2$$

(b) 테일러 급수는 $x < 8$일 때 교대 급수가 아니므로, 이 보기에서는 교대 급수 어림 정리를 이용할 수 없다. 그러나 테일러의 공식을 이용하면 다음과 같이 나타낼 수 있다.

$$R_2(x) = \frac{f'''(z)}{3!}(x-8)^3 = \frac{10}{27}z^{-8/3}\frac{(x-8)^3}{3!} = \frac{5(x-8)^3}{81z^{8/3}}$$

여기서 z는 8과 x 사이에 있다. 오차를 어림하기 위해서, $7 \le x \le 9$이면 $-1 \le x-8 \le 1$이므로 $|x-8| \le 1$이고, 이에 따라 $|x-8|^3 \le 1$이다. 또, $z > 7$이므로 다음을 얻는다.

$$z^{8/3} > 7^{8/3} > 179$$

그러므로 다음을 얻는다.

$$|R_2(x)| \le \frac{5|x-8|^3}{81z^{8/3}} < \frac{5 \cdot 1}{81 \cdot 179} < 0.0004$$

따라서 $7 \le x \le 9$일 때, (a)의 근사는 오차 0.0004의 범위에서 정확하다. ■

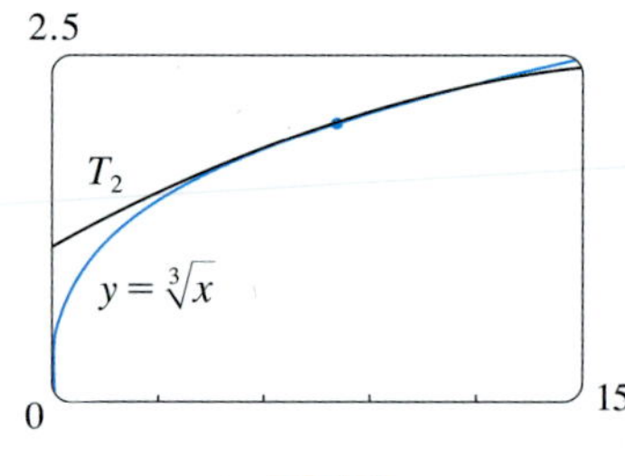

그림 2

그림 3

그래프 장치를 이용해서 보기 1의 셈을 점검하자. 그림 2는 x가 8의 근방에 있을 때 $y = \sqrt[3]{x}$과 $y = T_2(x)$의 그래프가 서로 매우 가까이 있음을 보여준다. 그림 3은 다음과 같은 식으로 셈한 $|R_2(x)|$의 그래프를 보여준다.

$$|R_2(x)| = |\sqrt[3]{x} - T_2(x)|$$

이 그래프로부터 $7 \le x \le 9$일 때 다음이 성립함을 할 수 있다.

$$|R_2(x)| < 0.0003$$

그러므로 이 경우에 그래프 방법을 이용한 오차 어림은 테일러의 공식을 이용한 오차 어림보다 약간 더 정확하다.

보기 2 (a) $-0.3 \le x \le 0.3$일 때 다음 근사를 사용하는 경우에 나타날 수 있는 오차는 최대 얼마인가?

$$\sin x \approx x - \frac{x^3}{3!} + \frac{x^5}{5!}$$

이 근사를 이용해서 $\sin 12°$의 근삿값을 소수 여섯째 자리까지 정확하게 찾아라.

(b) x의 어떤 값에 대해 이 근사는 오차 0.00005의 범위에서 정확한가?

풀이 (a) 다음 매클로린 급수는 영이 아닌 x의 모든 값에 대해 교대 급수이다.

$$\sin x = x - \frac{x^3}{3!} + \frac{x^5}{5!} - \frac{x^7}{7!} + \cdots$$

그리고 $|x| < 1$이므로, 잇따른 항들은 크기가 줄어든다. 이에 따라 교대 급수 어림 정리를 이용할 수 있다. $\sin x$를 이것의 매클로린 급수에서 처음 세 항을 근사시킬 때의 오차는 기껏해야 다음과 같다.

$$\left|\frac{x^7}{7!}\right| = \frac{|x|^7}{5040}$$

$-0.3 \le x \le 0.3$이면, 곧 $|x| \le 0.3$이면, 오차는 다음보다 작다.

$$\frac{(0.3)^7}{5040} \approx 4.3 \times 10^{-8}$$

$\sin 12°$의 값을 찾기 위해서, 먼저 다음과 같이 호도법으로 변환하자.

$$\begin{aligned}\sin 12° &= \sin\left(\frac{12\pi}{180}\right) = \sin\left(\frac{\pi}{15}\right)\\ &\approx \frac{\pi}{15} - \left(\frac{\pi}{15}\right)^3 \frac{1}{3!} + \left(\frac{\pi}{15}\right)^5 \frac{1}{5!}\\ &\approx 0.20791169\end{aligned}$$

그러므로 소수 여섯째 자리까지 정확한 근삿값은 $\sin 12° \approx 0.207912$이다.

(b) 다음이 성립할 때 오차는 0.00005보다 작다.

$$\frac{|x|^7}{5040} < 0.00005$$

이 부등식을 x에 대해 풀면 다음을 얻는다.

$$|x|^7 < 0.252 \quad \text{또는} \quad |x| < (0.252)^{1/7} \approx 0.821$$

그러므로 주어진 근사는 $|x| < 0.82$일 때 오차 0.00005의 범위에서 정확하다. ■

TEC Module 8.7/8.8은 테일러 다항 함수 근사에서 나머지 항을 그래프로 보여준다.

보기 2를 풀기 위해 테일러의 공식을 사용했다면, 어떻게 될까? 나머지 항은 다음과 같다.

$$R_6(x) = \frac{f^{(7)}(z)}{7!}x^7 = -\cos z \, \frac{x^7}{7!}$$

($T_5 = T_6$임에 주목하자.) 그런데 $|-\cos z| \le 1$이므로, $|R_6(x)| \le |x|^7/7!$이다. 이에 따라 교대 급수 어림 정리와 똑같은 값을 얻는다.

그래프 방법은 어떨까? 그림 4는 다음 함수의 그래프를 보여준다.

$$|R_6(x)| = \left|\sin x - \left(x - \frac{1}{6}x^3 + \frac{1}{120}x^5\right)\right|$$

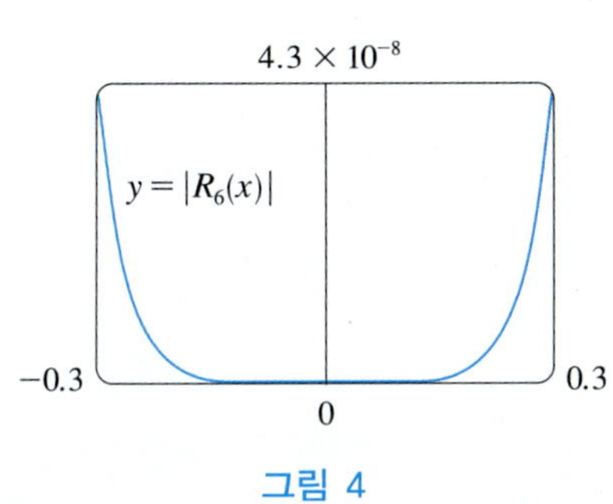

그림 4

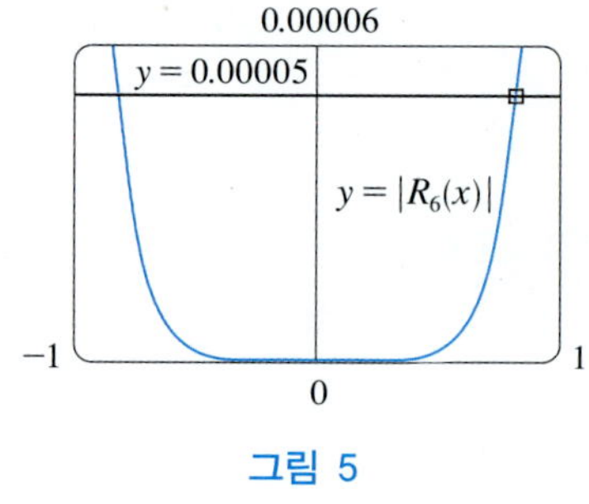

그림 5

그리고 이로부터 $|x| \le 0.3$일 때 $|R_6(x)| < 4.3 \times 10^{-8}$임을 알 수 있다. 이는 보기 2에서 얻은 값과 똑같다. (b)의 경우에는 $|R_6(x)| < 0.00005$이기를 원한다. 그러므로 그림 5와 같이 $y = |R_6(x)|$과 $y = 0.00005$의 그래프를 함께 그린다. 커서를 오른쪽 교점에 위치시키면, 부등식이 $|x| < 0.82$일 때 성립함을 알게 된다. 또다시 보기 2의 풀이에서 얻은 값과 똑같다.

보기 2에서 $\sin 12°$ 대신에 $\sin 72°$의 근삿값을 찾으려고 했다면, ($a = 0$ 대신에) $a = \pi/3$에서의 테일러 다항 함수들을 이용했을 것이다. 왜냐하면 이것들이 $\pi/3$ 근방의 x의 값에 대해 $\sin x$에 더 가깝기 때문이다. $72°$는 $60°$(또는 $\pi/3$)에 가깝고 $\sin x$의 도함수들의 $\pi/3$에서의 값을 셈하기가 쉽다.

그림 6은 사인 곡선에 근사하는 다음과 같은 매클로린 다항 함수의 그래프를 보여준다.

$$T_1(x) = x, \qquad T_3(x) = x - \frac{x^3}{3!},$$

$$T_5(x) = x - \frac{x^3}{3!} + \frac{x^5}{5!}, \qquad T_7(x) = x - \frac{x^3}{3!} + \frac{x^5}{5!} - \frac{x^7}{7!}$$

n이 커짐에 따라 더욱더 커지는 구간에서 $T_n(x)$이 $\sin x$에 더 가까이 접근함을 알 수 있다.

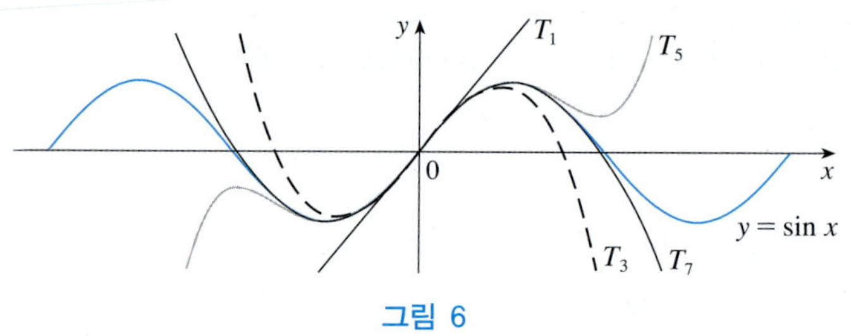

그림 6

두 보기 1과 2에서 시행한 형태의 셈은 계산기와 컴퓨터에서 이용된다. 예를 들어 계산기에서 sin 또는 e^x 키를 누를 때 또는 컴퓨터 프로그래머가 삼각 함수, 지수 함수, 베셀 함수를 위한 서브루틴을 이용할 때, 많은 기계에서는 근사 함수로 다항 함수를 셈한다. 다항 함수는 흔히 테일러 다항 함수인데, 이는 구간 전체에서 오차가 좀 더 고르게 분포되도록 수정되어 있다.

물리학에의 활용

테일러 다항 함수는 물리학에서도 자주 이용된다. 물리학자는 식에 대한 직관력을 얻기 위해서 흔히 함수를 그것의 테일러 급수에서 처음 두어 개의 항만을 고려해서 단순화한다. 바꿔 말하면, 물리학자는 테일러 다항 함수를 그 함수에 대한 근사 함수로 사용한다. 다음 보기는 이런 발상이 특수 상대성에 이용되는 한 가지 방법을 보여준다.

보기 3 아인슈타인 특수 상대성 이론에서 속도 v로 움직이는 물체의 질량은 다음과 같다.

$$m = \frac{m_0}{\sqrt{1 - v^2/c^2}}$$

여기서 m_0은 정지 상태에서 물체의 질량이고 c는 빛의 속력이다. 물체의 운동 에너지는 다음과 같이 전체 에너지와 정지 상태에서의 에너지의 차이다.

$$K = mc^2 - m_0c^2$$

(a) v가 c에 비해 아주 작을 때, K에 대한 이 식이 고전적인 뉴턴 물리학의 공식 $K = \frac{1}{2}m_0v^2$과 일치함을 보여라.

(b) 테일러의 공식을 이용해서 $|v| \le 100\,\text{m/s}$ 일 때 K에 대한 이런 식들에서의 차를 어림하라.

풀이 (a) K와 m에 대해 주어진 식을 이용하면, 다음을 얻는다.

$$\begin{aligned} K = mc^2 - m_0c^2 &= \frac{m_0c^2}{\sqrt{1 - v^2/c^2}} - m_0c^2 \\ &= m_0c^2\left\{\left(1 - \frac{v^2}{c^2}\right)^{-1/2} - 1\right\} \end{aligned}$$

$x = -v^2/c^2$이라 놓으면, $(1+x)^{-1/2}$에 대한 매클로린 급수는 $k = -\frac{1}{2}$인 이항 급수로 매우 쉽게 셈할 수 있다. ($v < c$이므로 $|x| < 1$임을 확인하자.) 다음이 성립한다.

$$\begin{aligned} (1+x)^{-1/2} &= 1 - \frac{1}{2}x + \frac{\left(-\frac{1}{2}\right)\left(-\frac{3}{2}\right)}{2!}x^2 + \frac{\left(-\frac{1}{2}\right)\left(-\frac{3}{2}\right)\left(-\frac{5}{2}\right)}{3!}x^3 + \cdots \\ &= 1 - \frac{1}{2}x + \frac{3}{8}x^2 - \frac{5}{16}x^3 + \cdots \end{aligned}$$

따라서 다음을 얻는다.

$$\begin{aligned} K &= m_0c^2\left\{\left(1 + \frac{1}{2}\frac{v^2}{c^2} + \frac{3}{8}\frac{v^4}{c^4} + \frac{5}{16}\frac{v^6}{c^6} + \cdots\right) - 1\right\} \\ &= m_0c^2\left(\frac{1}{2}\frac{v^2}{c^2} + \frac{3}{8}\frac{v^4}{c^4} + \frac{5}{16}\frac{v^6}{c^6} + \cdots\right) \end{aligned}$$

v가 c에 비해 아주 작을 때, 첫째 항 뒤의 모든 항은 첫째 항에 비해 매우 작다. 이를 생략하면, 다음을 얻는다.

$$K \approx m_0c^2\left(\frac{1}{2}\frac{v^2}{c^2}\right) = \frac{1}{2}m_0v^2$$

(b) 테일러의 공식에 의해 나머지 항을 다음과 같이 나타낼 수 있다.

$$R_1(x) = \frac{f''(z)}{2!}x^2$$

▪ 그림 7에서 위쪽 곡선은 특수 상대성에서 속도가 v인 물체의 운동 에너지 K에 대한 식의 그래프이다. 아래 곡선은 고전적인 뉴턴 물리학에서 K에 대해 사용하는 함수를 보여준다. v가 빛의 속도에 비해 아주 작을 때, 두 곡선은 실질적으로 서로 일치한다.

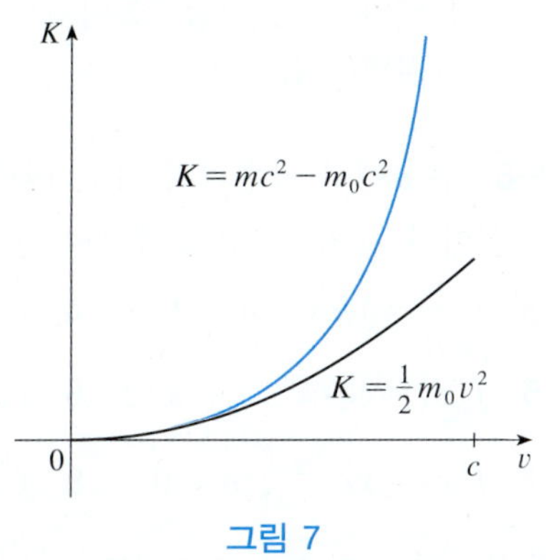

그림 7

여기서 $f(x)=m_0c^2\{(1+x)^{-1/2}-1\}$이고 $x=-v^2/c^2$이다. 그런데 $f''(x)=\frac{3}{4}m_0c^2(1+x)^{-5/2}$이므로 다음을 얻는다.

$$R_1(x)=\frac{3m_0c^2}{8(1+z)^{5/2}}\cdot\frac{v^4}{c^4}$$

여기서 z는 0과 $-v^2/c^2$ 사이에 있다. $c=3\times10^8\,\mathrm{m/s}$이고 $|v|\le 100$ m/s이므로, 다음이 성립한다.

$$R_1(x)\le\frac{\frac{3}{8}m_0(9\times10^{16})(100/c)^4}{(1-100^2/c^2)^{5/2}}<(4.17\times10^{-10})m_0$$

그러므로 $|v|\le 100\,\mathrm{m/s}$일 때, 운동 에너지에 대한 뉴턴의 식을 사용할 때 오차의 크기는 기껏해야 $(4.2\times10^{-10})m_0$이다. ■

8.8 익힘 문제

1. (a) 중심이 $a=0$인 $f(x)=\cos x$에 대한 6차까지의 테일러 다항 함수들을 찾아라. f와 이런 다항 함수들의 그래프를 같은 화면에 그려라.
   (b) $x=\pi/4,\ \pi/2,\ \pi$에서 f와 이런 다항 함수들의 값을 찾아라.
   (c) 테일러 다항 함수들이 $f(x)$에 수렴하는 과정을 설명하라.

2. (a) 중심이 $a=1$인 $f(x)=1/x$에 대한 3차까지의 테일러 다항 함수들을 찾아라. f와 이런 다항 함수들의 그래프를 같은 화면에 그려라.
   (b) $x=0.9$와 1.3에서 f와 이런 다항 함수들의 값을 찾아라.
   (c) 테일러 다항 함수들이 $f(x)$에 수렴하는 과정을 설명하라.

3–8. 수 a에서 함수 f에 대한 테일러 다항 함수 $T_3(x)$를 찾아라. f와 T_3의 그래프를 같은 화면에 그려라.

3. $f(x)=1/x,\quad a=2$
4. $f(x)=e^x,\quad a=2$
5. $f(x)=\cos x,\ a=\pi/2$
6. $f(x)=\dfrac{\ln x}{x},\ a=1$
7. $f(x)=xe^{-2x},\ a=0$
8. $f(x)=\tan^{-1}x,\ a=1$

9–16. (a) f를 수 a에서 n차 테일러 다항 함수로 근사시켜라.
(b) 테일러의 공식을 이용해서 x가 주어진 구간에 속할 때 근사 $f(x)\approx T_n(x)$의 정확도를 어림하라.
(c) $|R_n(x)|$의 그래프를 그려서 (b)의 결과를 점검하라.

9. $f(x)=\sqrt{1+x},\ a=0,\ n=1,\ 0\le x\le 0.1$
10. $f(x)=1/x,\ a=1,\ n=3,\ 0.8\le x\le 1.2$
11. $f(x)=x^{2/3},\ a=1,\ n=3,\ 0.8\le x\le 1.2$
12. $f(x)=\sin x,\ a=\pi/6,\ n=4,\ 0\le x\le \pi/3$
13. $f(x)=e^{x^2},\ a=0,\ n=3,\ 0\le x\le 0.1$
14. $f(x)=\ln(1+2x),\ a=1,\ n=3,\ 0.5\le x\le 1.5$
15. $f(x)=x\sin x,\ a=0,\ n=4,\ -1\le x\le 1$
16. $f(x)=x\ln x,\ a=1,\ n=3,\ 0.5\le x\le 1.5$

17. 익힘 문제 5의 정보를 이용해서 $\cos 80°$의 근삿값을 소수 다섯째 자리까지 정확하게 어림하라.

18. 익힘 문제 12의 정보를 이용해서 $\cos 38°$의 근삿값을 소수 다섯째 자리까지 정확하게 어림하라.

19. 테일러의 공식을 이용해서 $e^{0.1}$의 근삿값을 오차 0.00001의 범위에서 어림하기 위해 사용해야 하는 e^x에 대한 매클로린 급수에서의 항의 개수를 결정하라.

20. 다음을 알고 있다고 가정하자.

$$f^{(n)}(4)=\frac{(-1)^n n!}{3^n(n+1)}$$

그리고 중심이 4인 f의 테일러 급수가 수렴 구간에 속한 모든 x에서 $f(x)$에 수렴한다고 하자. 5차 테일러 다항 함수로 오차 0.0002의 범위에 있는 $f(5)$의 근삿값을 얻을 수 있음을 보여라.

21–22. 교대 급수 어림 정리 또는 테일러의 공식을 이용해서, 주어진 근사가 지정된 오차의 범위에서 정확한 x의 값의 범위를 어림하라. 그래프를 이용해서 답을 점검하라.

21. $\sin x \approx x - \dfrac{x^3}{6}$ (|오차| < 0.01)

22. $\cos x \approx 1 - \dfrac{x^2}{2} + \dfrac{x^4}{24}$ (|오차| < 0.005)

23. 자동차가 어느 순간에 속력 20 m/s와 가속도 2 m/s^{2}으로 달리고 있다. 2차 테일러 다항 함수를 이용해서, 그 다음 1초 동안 자동차가 달린 거리를 셈하라. 이 다항 함수를 이용해서 그 다음 1분 동안 달린 거리를 어림하는 것이 적절한가?

24. 전선의 저항률 ρ은 전도율의 역수로, 옴-미터(Ω-m)를 단위로 측정한다. 주어진 금속의 저항률은 다음 식과 같이 온도에 따라 결정된다.

$$\rho(t) = \rho_{20}\, e^{\alpha(t-20)}$$

여기서 t는 온도(℃)이다. 여러 가지 금속에 대한 (온도 계수라 부르는) α와 (20℃에서의 저항률인) ρ_{20}의 값을 나열한 표가 있다. 아주 낮은 온도를 제외하면, 저항률은 온도에 따라 거의 선형으로 변한다. 이에 따라 통상적으로 $\rho(t)$에 관한 식을 $t=20$에서 1차 또는 2차 테일러 다항 함수로 근사시킨다.

(a) 그런 1차와 2차 근사 함수의 식을 찾아라.

(b) 구리의 경우에 $\alpha = 0.0039/℃$이고 $\rho_{20} = 1.7 \times 10^{-8}$Ω-m이다. $-250℃ \le t \le 1000℃$에서 구리의 저항률과 1차와 2차 근사 함수의 그래프를 그려라.

(c) t의 어떤 값에 대해 선형 근사 함수는 지수 함수와 1%의 범위에서 일치하는가?

25. 전기 쌍극은 크기는 같고 부호가 반대인 두 개의 전하로 이루어진다. 전하가 q와 $-q$이고 서로 d의 거리를 두고 떨어져 있을 때, 아래 그림에 있는 점 P에서의 전기 마당 E는 다음과 같다.

$$E = \frac{q}{D^2} - \frac{q}{(D+d)^2}$$

E에 대한 이 식을 d/D의 거듭제곱에 관한 급수로 전개해서, P가 쌍극으로부터 멀리 떨어져 있을 때, E가 $1/D^3$에 거의 정비례함을 보여라.

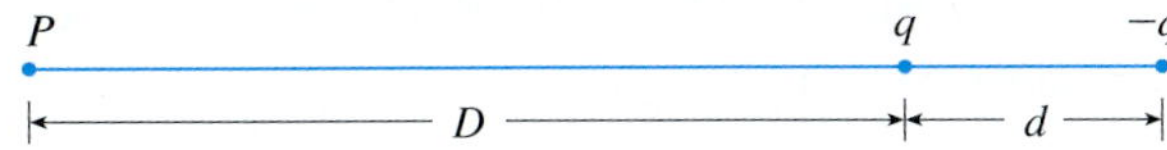

26. 아래 그림과 같이 파장이 L인 물결파가 깊이가 d인 물을 가로질러 v의 속도로 움직일 때, 다음이 성립한다.

$$v^2 = \frac{gL}{2\pi} \tanh \frac{2\pi d}{L}$$

(a) 물이 깊으면, $v \approx \sqrt{gL/(2\pi)}$임을 보여라.

(b) 물이 얕으면, tanh에 대한 매클로린 급수를 이용해서 $v \approx \sqrt{gd}$임을 보여라. (그러므로 얕은 물에서 물결파의 속도는 파장과 무관한 경향이 있다.)

(c) 교대 급수 어림 정리를 이용해서, $L > 10d$일 때 근사 $v^2 \approx gd$가 오차 $0.014gL$의 범위에서 정확함을 보여라.

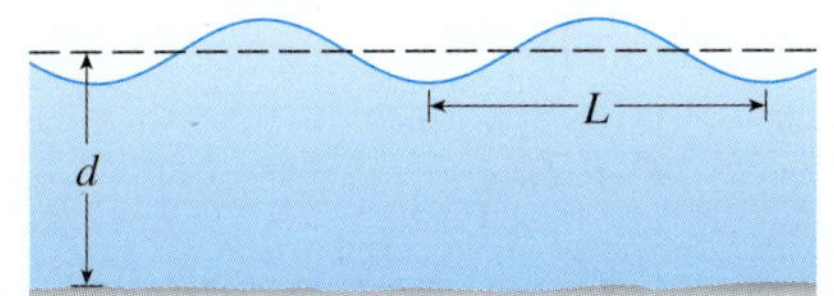

27. 사막을 가로지르는 고속도로를 설계할 때 측량사는 고도의 차이를 측정하면, 반드시 지구의 곡률을 감안해서 보정해야 한다.

(a) R이 지구의 반지름이고 L이 고속도로의 길이일 때, 보정이 다음과 같음을 보여라.

$$C = R\sec(L/R) - R$$

(b) 테일러 다항 함수를 이용해서 다음이 성립함을 보여라.

$$C \approx \frac{L^2}{2R} + \frac{5L^4}{24R^3}$$

(c) 길이가 100 km인 고속도로에 대해 (a)와 (b)의 공식으로 찾은 보정을 비교하라. (지구의 반지름을 6370 km로 택하자.)

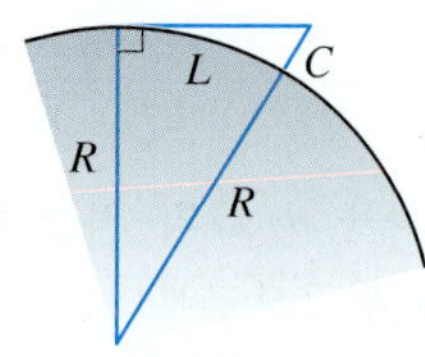

28. 길이가 L이고 연직선과 최대 θ_0의 각을 이루는 흔들이의 주기는 다음과 같다.

$$T = 4\sqrt{\frac{L}{g}}\int_0^{\pi/2}\frac{dx}{\sqrt{1-k^2\sin^2 x}}$$

여기서 $k=\sin(\frac{1}{2}\theta_0)$이고 g는 중력 가속도이다. (6.5절의 익힘 문제 34에서 심프슨의 법칙을 이용해서 이 적분의 근삿값을 찾았다.)

(a) 피적분 함수를 이항 급수로 전개하고 6.1절의 익힘 문제 34의 결과를 이용해서 다음을 보여라.

$$T = 2\pi\sqrt{\frac{L}{g}}\left\{1+\frac{1^2}{2^2}k^2+\frac{1^2 3^2}{2^2 4^2}k^4+\frac{1^2 3^2 5^2}{2^2 4^2 6^2}k^6+\cdots\right\}$$

θ_0이 아주 크지 않으면, 이 급수에서 첫째 항만을 이용해서 얻은 근사 $T\approx 2\pi\sqrt{L/g}$가 흔히 이용된다. 두 개의 항을 이용해서 얻은 다음 근사가 더 정확하다.

$$T\approx 2\pi\sqrt{\frac{L}{g}}\left(1+\frac{1}{4}k^2\right)$$

(b) 이 급수에서 첫째 항 뒤의 모든 항의 계수는 기껏해야 $\frac{1}{4}$이다. 이 사실을 이용해서 이 급수와 대응하는 등비 급수를 비교하고 다음을 보여라.

$$2\pi\sqrt{\frac{L}{g}}\left(1+\frac{1}{4}k^2\right)\le T\le 2\pi\sqrt{\frac{L}{g}}\,\frac{4-3k^2}{4-4k^2}$$

(c) (b)의 부등식을 이용해서 $L=1\text{m}$이고 $\theta_0=10°$인 흔들이의 주기를 어림하라. 이를 근사 $T\approx 2\pi\sqrt{L/g}$와 비교하라. $\theta_0=42°$일 때는 어떤가?

29. 4.6절에서 방정식 $f(x)=0$의 근 r의 근삿값을 찾는 뉴턴의 방법을 알아봤다. 첫째 근삿값 x_1에서 출발해서 잇따른 근삿값 x_2, x_3, ...을 다음과 같이 얻었다.

$$x_{n+1}=x_n-\frac{f(x_n)}{f'(x_n)}$$

$n=1$, $a=x_n$, $x=r$인 테일러의 공식을 이용해서 $f''(x)$가 r, x_n, x_{n+1}을 포함하는 구간 I에서 존재하고 모든 $x\in I$에 대해 $|f''(x)|\le M$이며 $|f'(x)|\ge K$일 때, 다음이 성립함을 보여라.

$$|x_{n+1}-r|\le\frac{M}{2K}|x_n-r|^2$$

[이는 x_n이 소수 d째 자리까지 정확하면 x_{n+1}은 약 소수 $2d$째 자리까지 정확함을 뜻한다. 좀 더 명확하게 말하면, n단계에서의 오차가 기껏해야 10^{-m}이면 $n+1$단계에서의 오차는 기껏해야 $(M/2K)10^{-2m}$이다.]

30. 다음의 개략적인 과정을 따라 e가 무리수임을 증명하라.

(a) e가 유리수이면, 양의 정수 p와 q 및 $q>2$에 대해 $e=p/q$ 꼴일 것이다. 테일러의 공식을 이용해서 다음과 같이 쓰자.

$$\frac{p}{q}=e=1+\frac{1}{1!}+\frac{1}{2!}+\cdots+\frac{1}{q!}+\frac{e^z}{(q+1)!}$$

$$=s_q+\frac{e^z}{(q+1)!}$$

여기서 $0<z<1$이다.

(b) $q!(e-s_q)$가 정수임을 보여라.

(c) $q!(e-s_q)<1$임을 보여라.

(d) (b)와 (c)를 이용해서 e가 무리수임을 유도하라.

8 복습 개념 확인

1. (a) 수렴하는 수열이란 무엇인가?

(b) 수렴하는 급수란 무엇인가?

(c) $\lim_{n\to\infty}a_n=3$은 무엇을 뜻하는가?

(d) $\sum_{n=1}^{\infty}a_n=3$은 무엇을 뜻하는가?

2. (a) 갇힌 수열이란 무엇인가?
   (b) 단조 수열이란 무엇인가?
   (c) 갇힌 단조 수열에 대해 어떤 말을 할 수 있는가?

3. (a) 등비 급수란 무엇인가? 어떤 조건에서 수렴하는가? 합은 무엇인가?
   (b) p급수란 무엇인가? 어떤 조건에서 수렴하는가?

4. $\sum a_n = 3$이고 s_n은 이 급수의 n째 부분 합이라 하자. $\lim_{n\to\infty} a_n$은 얼마인가? $\lim_{n\to\infty} s_n$은 얼마인가?

5. 다음을 서술하라.
   (a) 발산 판정법
   (b) 적분 판정법
   (c) 비교 판정법
   (d) 극한 비교 판정법
   (e) 교대 급수 판정법
   (f) 비율 판정법
   (g) 거듭제곱근 판정법

6. (a) 절대 수렴하는 급수란 무엇인가?
   (b) 그런 급수에 대해 어떤 말을 할 수 있는가?
   (c) 조건 수렴하는 급수란 무엇인가.

7. 교대 급수 판정법에 의해 수렴하는 급수의 합은 어떻게 어림하는가?

8. (a) 거듭제곱 급수의 일반적인 꼴을 써라.
   (b) 거듭제곱 급수의 수렴 반지름은 무엇인가?
   (c) 거듭제곱 급수의 수렴 구간은 무엇인가?

9. $f(x)$는 수렴 반지름이 R인 거듭제곱 급수의 합이라 하자.
   (a) f를 어떻게 미분하는가? f'에 대한 급수의 수렴 반지름은 무엇인가?
   (b) f를 어떻게 적분하는가? $\int f(x)\,dx$에 대한 급수의 수렴 반지름은 무엇인가?

10. (a) 중심이 a인 f의 n차 테일러 다항 함수에 대한 식을 써라.
    (b) 중심이 a인 f의 테일러 급수에 대한 식을 써라.
    (c) f의 매클로린 급수에 대한 식을 써라.
    (d) $f(x)$가 이것의 테일러 급수의 합과 같음을 어떻게 밝히는가?
    (e) 테일러의 공식을 써라.

11. 다음 함수의 매클로린 급수와 그 수렴 반지름을 써라.
    (a) $1/(1-x)$ (b) e^x (c) $\sin x$
    (d) $\cos x$ (e) $\tan^{-1}x$ (f) $\ln(1+x)$

12. $(1+x)^k$의 이항 급수 전개를 써라. 이 급수의 수렴 반지름은 얼마인가?

8 복습 ○× 문제

다음 명제의 참과 거짓을 판별하라. 참이면, 그 이유를 설명하라. 거짓이면, 그 이유를 설명하거나 반례를 들어라.

1. $\lim_{n\to\infty} a_n = 0$이면 $\sum a_n$은 수렴한다.

2. 급수 $\sum_{n=1}^{\infty} n^{-\sin 1}$은 수렴한다.

3. $\lim_{n\to\infty} a_n = L$이면 $\lim_{n\to\infty} a_{2n+1} = L$이다.

4. $\sum c_n 6^n$이 수렴하면, $\sum c_n(-2)^n$도 수렴한다.

5. $\sum c_n 6^n$이 수렴하면, $\sum c_n(-6)^n$도 수렴한다.

6. $\sum c_n x_n$이 $x=6$에서 발산하면, $x=10$에서 발산한다.

7. $\sum 1/n^3$의 수렴 여부를 비율 판정법으로 결정할 수 있다.

8. $\sum 1/n!$의 수렴 여부를 비율 판정법으로 결정할 수 있다.

9. $0 \le a_n \le b_n$이고 $\sum b_n$이 발산하면, $\sum a_n$도 발산한다.

10. $\displaystyle\sum_{n=0}^{\infty} \frac{(-1)^n}{n!} = \frac{1}{e}$

11. $-1 < \alpha < 1$이면, $\lim_{n\to\infty} \alpha^n = 0$이다.

12. $\sum a_n$이 발산하면, $\sum |a_n|$도 발산한다.

13. $f(x) = 2x - x^2 + \frac{1}{3}x^3 - \cdots$이 모든 x에서 수렴하면, $f'''(0) = 2$이다.

14. $\{a_n\}$과 $\{b_n\}$이 발산하면, $\{a_n + b_n\}$도 발산한다.

15. $\{a_n\}$과 $\{b_n\}$이 발산하면, $\{a_n b_n\}$도 발산한다.

16. $\{a_n\}$이 감소하고 모든 n에 대해 $a_n > 0$이면, $\{a_n\}$은 수렴한다.

17. $a_n > 0$이고 $\sum a_n$이 수렴하면, $\sum (-1)^n a_n$도 수렴한다.

18. $a_n > 0$이고 $\lim_{n\to\infty}(a_{n+1}/a_n) < 1$이면, $\lim_{n\to\infty} a_n = 0$이다.

19. $0.99999\cdots = 1$

20. $\lim_{n\to\infty} a_n = 2$이면, $\lim_{n\to\infty}(a_{n+3} - a_n) = 0$이다.

21. 수렴하는 급수에 유한개의 항을 추가해서 얻은 새로운 급수는 여전히 수렴한다.

22. $\sum_{n=1}^{\infty} a_n = A$이고 $\sum_{n=1}^{\infty} b_n = B$이면, $\sum_{n=1}^{\infty} a_n b_n = AB$이다.

8 복습 연습 문제

1–8. 다음 수열의 수렴 여부를 판정하라. 수렴하면, 극한을 찾아라.

1. $a_n = \dfrac{2+n^3}{1+2n^3}$

2. $a_n = \dfrac{9^{n+1}}{10^n}$

3. $a_n = \dfrac{n^3}{1+n^2}$

4. $a_n = \cos\left(\dfrac{n\pi}{2}\right)$

5. $a_n = \dfrac{n\sin n}{n^2+1}$

6. $a_n = \dfrac{\ln n}{\sqrt{n}}$

7. $\{(1+3/n)^{4n}\}$

8. $\{(-10)^n/n!\}$

9–20. 다음 급수의 수렴 여부를 판정하라.

9. $\sum_{n=1}^{\infty} \dfrac{n}{n^3+1}$

10. $\sum_{n=1}^{\infty} \dfrac{n^2+1}{n^3+1}$

11. $\sum_{n=1}^{\infty} \dfrac{n^3}{5^n}$

12. $\sum_{n=1}^{\infty} \dfrac{(-1)^n}{\sqrt{n+1}}$

13. $\sum_{n=2}^{\infty} \dfrac{1}{n\sqrt{\ln n}}$

14. $\sum_{n=1}^{\infty} \ln\left(\dfrac{n}{3n+1}\right)$

15. $\sum_{n=1}^{\infty} \dfrac{\cos 3n}{1+(1.2)^n}$

16. $\sum_{n=1}^{\infty} \dfrac{n^{2n}}{(1+2n^2)^n}$

17. $\sum_{n=1}^{\infty} \dfrac{1\cdot 3\cdot 5\cdot \cdots \cdot (2n-1)}{5^n n!}$

18. $\sum_{n=1}^{\infty} \dfrac{(-5)^{2n}}{n^2 9^n}$

19. $\sum_{n=1}^{\infty} (-1)^{n-1}\dfrac{\sqrt{n}}{n+1}$

20. $\sum_{n=1}^{\infty} \dfrac{\sqrt{n+1}-\sqrt{n-1}}{n}$

21–24. 다음 급수가 조건 수렴하는지 절대 수렴하는지 발산하는지 판정하라.

21. $\sum_{n=1}^{\infty} (-1)^{n-1} n^{-1/3}$

22. $\sum_{n=1}^{\infty} (-1)^{n-1} n^{-3}$

23. $\sum_{n=1}^{\infty} \dfrac{(-1)^n (n+1)3^n}{2^{2n+1}}$

24. $\sum_{n=2}^{\infty} \dfrac{(-1)^n\sqrt{n}}{\ln n}$

25–29. 다음 급수의 합을 찾아라.

25. $\sum_{n=1}^{\infty} \dfrac{2^{2n+1}}{5^n}$

26. $\sum_{n=1}^{\infty} \dfrac{1}{n(n+3)}$

27. $\sum_{n=1}^{\infty} \{\tan^{-1}(n+1) - \tan^{-1} n\}$

28. $\sum_{n=0}^{\infty} \dfrac{(-1)^n \pi^n}{3^{2n}(2n)!}$

29. $1 - e + \dfrac{e^2}{2!} - \dfrac{e^3}{3!} + \dfrac{e^4}{4!} - \cdots$

30. 순환 소수 $4.17326326326\cdots$을 분수로 표현하라.

31. 모든 x에 대해 $\cosh x \geq 1 + \frac{1}{2}x^2$이 성립함을 보여라.

32. x의 어떤 값에서 $\sum_{n=1}^{\infty}(\ln x)^n$은 수렴하는가?

33. 급수 $\displaystyle\sum_{n=1}^{\infty}\frac{(-1)^{n+1}}{n^5}$의 합을 소수 넷째 자리까지 정확하게 찾아라.

34. (a) 급수 $\displaystyle\sum_{n=1}^{\infty}\frac{n^n}{(2n)!}$이 수렴함을 보여라.

(b) $\displaystyle\lim_{n\to\infty}\frac{n^n}{(2n)!}=0$임을 유도하라.

35. 급수 $\sum_{n=1}^{\infty}a_n$이 절대 수렴하면, 다음 급수도 절대 수렴함을 보여라.

$$\sum_{n=1}^{\infty}\left(\frac{n+1}{n}\right)a_n$$

36–39. 다음 급수의 수렴 반지름과 수렴 구간을 찾아라.

36. $\displaystyle\sum_{n=1}^{\infty}(-1)^n\frac{x^n}{n^2 5^n}$

37. $\displaystyle\sum_{n=1}^{\infty}\frac{(x+2)^n}{n4^n}$

38. $\displaystyle\sum_{n=1}^{\infty}\frac{2^n(x-2)^n}{(n+2)!}$

39. $\displaystyle\sum_{n=0}^{\infty}\frac{2^n(x-3)^n}{\sqrt{n+3}}$

40. 다음 급수의 수렴 반지름을 찾아라.

$$\sum_{n=1}^{\infty}\frac{(2n)!}{(n!)^2}x^n$$

41. $a=\pi/6$에서 $f(x)=\sin x$의 테일러 급수를 찾아라.

42. $a=\pi/3$에서 $f(x)=\cos x$의 테일러 급수를 찾아라.

43–50. 다음 f에 대한 매클로린 급수와 그 수렴 반지름을 찾아라. (매클로린 급수의 정의에 의한) 직접적인 방법을 이용하거나, 등비 급수와 이항 급수 및 e^x, $\sin x$, $\tan^{-1}x$의 매클로린 급수과 같이 이미 알려진 급수를 이용할 수 있다.

43. $f(x)=\dfrac{x^2}{1+x}$

44. $f(x)=\tan^{-1}(x^2)$

45. $f(x)=\ln(4-x)$

46. $f(x)=xe^{2x}$

47. $f(x)=\sin(x^4)$

48. $f(x)=10^x$

49. $f(x)=1/\sqrt[4]{16-x}$

50. $f(x)=(1-3x)^{-5}$

51. 무한 급수로 $\displaystyle\int\frac{e^x}{x}\,dx$를 셈하라.

52. 급수를 이용해서 $\displaystyle\int_0^1\sqrt{1+x^4}\,dx$의 근삿값을 소수 둘째 자리까지 정확하게 찾아라.

53–54. (a) f를 수 a에서 n차 테일러 다항 함수로 근사시켜라.

(b) f와 T_n의 그래프를 같은 화면에 그려라.

(c) 테일러의 공식을 이용해서 주어진 구간에 있는 x에 대해 근사 $f(x)\approx T_n(x)$의 정확도를 어림하라.

(d) (c)의 결과를 $|R_n(x)|$의 그래프로 점검하라.

53. $f(x)=\sqrt{x}$, $a=1$, $n=3$, $0.9\le x\le 1.1$

54. $f(x)=\sec x$, $a=0$, $n=2$, $0\le x\le \pi/6$

55. 급수를 이용해서 다음 극한을 찾아라.

$$\lim_{x\to 0}\frac{\sin x-x}{x^3}$$

56. 지면으로부터 h의 높이에 있는 질량이 m인 물체에 가해지는 중력에 의한 힘은 다음과 같다.

$$F=\frac{mgR^2}{(R+h)^2}$$

여기서 R은 지구의 반지름이고 g는 중력 가속도이다.

(a) F를 h/R의 거듭제곱에 관한 급수로 표현하라.

(b) F를 이 급수의 첫째 항으로 근사시키면, 식 $F\approx mg$를 얻는다. 이는 통상 h가 R에 비해 훨씬 작을 때, 이용한다. 교대 급수 어림 정리를 이용해서, 근사 $F\approx mg$가 1%의 오차 내에서 정확한 h의 값의 범위를 어림하라. ($R=6400\,\text{km}$를 이용하라.)

57. 귀납적으로 $a_1=1$, $a_{n+1}=\frac{1}{3}(a_n+4)$와 같이 정의된 수열 $\{a_n\}$이 증가하고 모든 n에 대해 $a_n<2$임을 보여라. $\{a_n\}$이 수렴함을 유도하고, 극한을 찾아라.

58. $\lim_{n\to\infty} n^4 e^{-n} = 0$임을 보이고, 그래프를 이용해서 극한에 대한 명확한 정의에서 $\varepsilon = 0.1$에 대응하는 N의 가장 작은 값을 찾아라.

59. 모든 x에 대해 $f(x) = \sum_{n=0}^{\infty} c_n x^n$이라 하자.

(a) f가 홀 함수이면, 다음이 성립함을 보여라.

$$c_0 = c_2 = c_4 = \cdots = 0$$

(b) f가 짝 함수이면, 다음이 성립함을 보여라.

$$c_1 = c_3 = c_5 = \cdots = 0$$

60. $f(x) = e^{x^2}$일 때, $f^{(2n)}(0) = \dfrac{(2n)!}{n!}$임을 보여라.

9 매개 방정식과 극 좌표

CHAPTER

지금까지는 y가 x의 함수[$y=f(x)$] 또는 x가 y의 함수[$x=g(y)$]로 주어지거나 y를 x의 음함수로 정의하는 x와 y 사이의 관계 [$f(x, y)=0$]로 주어지는 경우의 평면 곡선을 그렸다. 이번 장에서는 곡선을 나타내는 새로운 두 가지 방법을 알아본다.

굴렁쇠선(사이클로이드)과 같은 일부 곡선은 x와 y가 모두 매개 변수라 부르는 제3의 변수 t의 식[$x=f(t)$, $y=g(t)$]으로 주어질 때 가장 잘 다룰 수 있다. 심장선과 같은 곡선은 극 좌표 체계라 부르는 새로운 좌표 체계를 사용할 때 가장 편리하게 설명할 수 있다.

9.1 매개 곡선

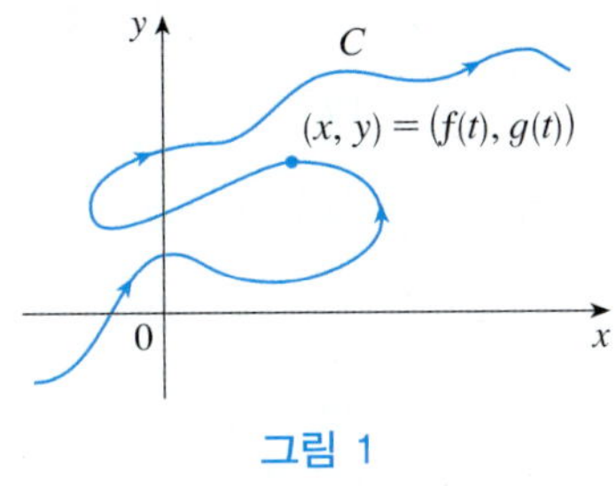

그림 1

한 입자가 그림 1에 나타낸 곡선 C를 따라 움직이고 있다고 상상하자. C가 연직선 판정법을 통과하지 못하므로, C를 $y=f(x)$ 꼴의 방정식으로 나타낼 수 없다. 그러나 이 입자의 x좌표와 y좌표는 시간의 함수이므로, $x=f(t)$와 $y=g(t)$로 쓸 수 있다. 이런 방정식의 쌍은 종종 곡선을 나타내는 편리한 방법인데, 다음과 같이 정의한다.

x와 y가 모두 (**매개 변수**라 부르는) 제3의 변수 t의 함수로 다음과 같은 (**매개 방정식** 또는 **매개 변수 방정식**이라 부르는) 방정식으로 정의된다고 하자.

$$x=f(t), \quad y=g(t)$$

t의 각 값은 점 (x, y)를 결정하는데, 이를 좌표 평면에 표시할 수 있다. t가 변함에 따라 점 $(x, y)=(f(t), g(t))$도 변하면서 곡선 C를 그리는데, 이를 **매개 곡선** 또는 **매개 변수 곡선**이라 한다. 매개 변수 t가 반드시 시간을 나타낼 필요는 없는데, 실제로 매개 변수를 t 이외의 다른 문자로 나타낼 수 있다. 그러나 매개 곡선을 응용하는 많은 경우에 t는 시간을 나타내고, 이에 따라 $(x, y)=(f(t), g(t))$를 시각 t에서 입자의 위치로 해석할 수 있다.

용어
매개 변수 parameter
매개 (변수) 방정식 parametric equation
매개 (변수) 곡선 parametric curve

TEC Module 9.1A는 매개 곡선 $x=f(t)$, $y=g(t)$를 따른 운동과 t의 함수로서 f와 g의 그래프를 따른 운동 사이의 관계를 동영상으로 보여준다.

보기 1 다음 매개 방정식으로 정의된 곡선을 그리고, 그 모양을 확인하라.

$$x=t^2-2t, \quad y=t+1$$

풀이 t의 각 값은 아래 표에 나타낸 대로 곡선에 있는 점을 알려준다. 예를 들면, $t=0$일 때 $x=0$이고 $y=1$이므로, 대응하는 점은 $(0, 1)$이다. 그림 2에 매개 변수 t의 여러 값으로 결정된 점 (x, y)를 표시하고 이것들을 이어서 곡선을 그렸다.

매개 방정식으로 위치가 정해지는 입자는 t가 커지면 곡선을 따라 화살표 방향으로 움직인다. 시간 간격이 같도록 표시한 곡선의 점들 사이의 거리는 같지 않다. 이유는 t가 커질 때 입자의 속도가 줄었다가 커졌다가 하기 때문이다.

t	x	y
-2	8	-1
-1	3	0
0	0	1
1	-1	2
2	0	3
3	3	4
4	8	5

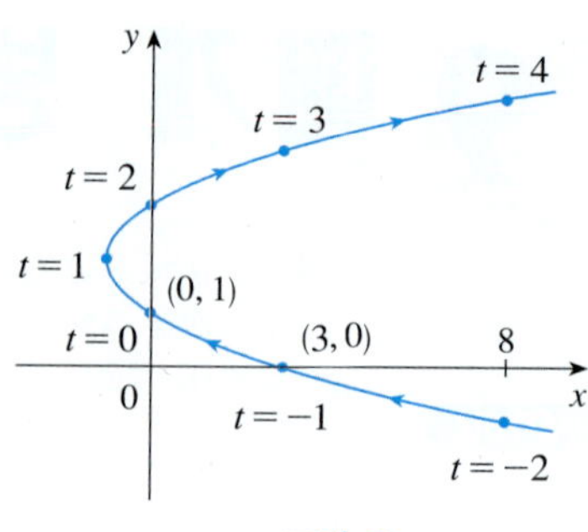

그림 2

■ x와 y에 관한 이 방정식은 입자가 **어디에** 있었는지는 알려주지만, 어떤 특정한 점에 그 입자가 **언제** 있었는지는 알려주지 않는다. 매개 방정식은 입자가 그 점에 **언제** 있었는지는 알려주는 장점이 있다. 또, 움직이는 **방향**도 알려준다.

그림 2로부터 입자가 그리는 곡선이 포물선일 것으로 보인다. 이 사실은 다음과 같이 매개 변수 t를 소거해서 확인할 수 있다. 둘째 방정식으로부터 $t = y - 1$을 얻고, 이를 첫째 방정식에 대입하면 다음을 얻는다.

$$x = t^2 - 2t = (y-1)^2 - 2(y-1) = y^2 - 4y + 3$$

따라서 주어진 매개 방정식으로 표현되는 곡선은 포물선 $x = y^2 - 4y + 3$이다. ■

보기 1에서 매개 변수 t에 어떠한 제한도 없으므로, t는 임의의 실수가 될 수 있다. 그런데 때로는 t를 유한 구간에 속한 것으로 제한하는 경우가 있다. 예를 들어, 다음 매개 곡선을 생각하자.

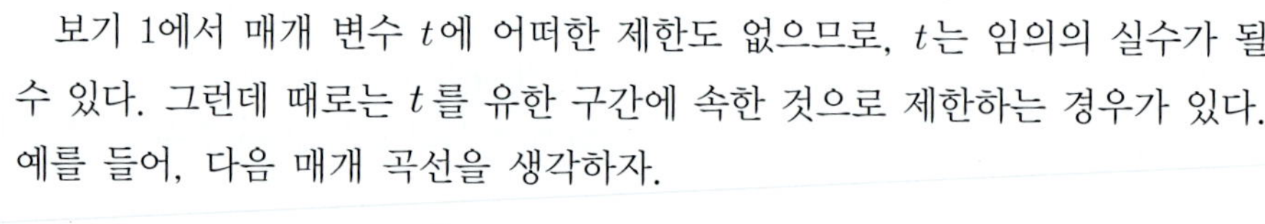

$$x = t^2 - 2t, \quad y = t + 1 \quad (0 \le t \le 4)$$

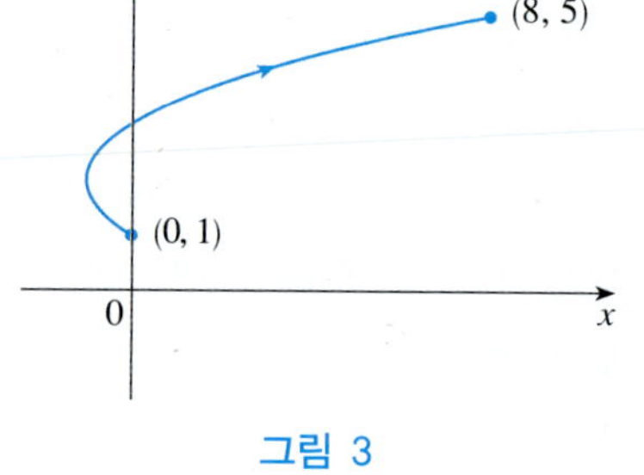

그림 3

그림 3에 나타낸 이 곡선은 보기 1의 포물선 중에서 점 (0, 1)에서 출발해서 점 (8, 5)에서 끝나는 부분이다. 화살표는 t가 0부터 4까지 커질 때 그려지는 곡선의 방향이다.

일반적으로 매개 방정식이 다음과 같은 곡선의 **시점**은 $(f(a), g(a))$이고 **종점**은 $(f(b), g(b))$이다.

$$x = f(t), \quad y = g(t) \quad (a \le t \le b)$$

용어
시점 initial point
종점 terminal point
단위 원 unit circle

보기 2 다음 매개 방정식이 표현하는 곡선은 무엇인가?

$$x = \cos t, \quad y = \sin t \quad (0 \le t \le 2\pi)$$

풀이 좌표 평면에 점을 찍어보면, 곡선이 원으로 보인다. 이 사실을 t를 소거해서 확인할 수 있다. 다음이 성립함을 관찰하자.

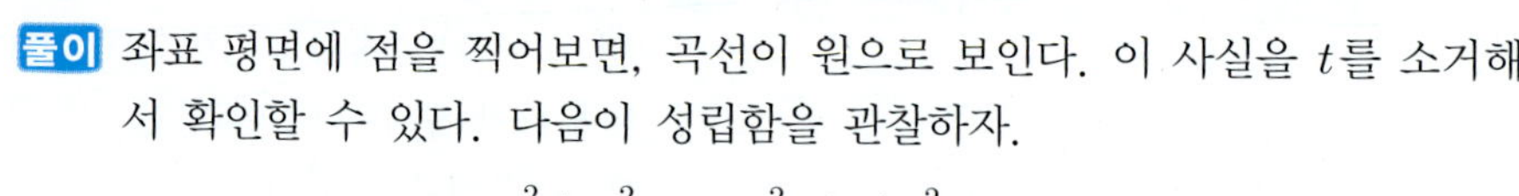

$$x^2 + y^2 = \cos^2 t + \sin^2 t = 1$$

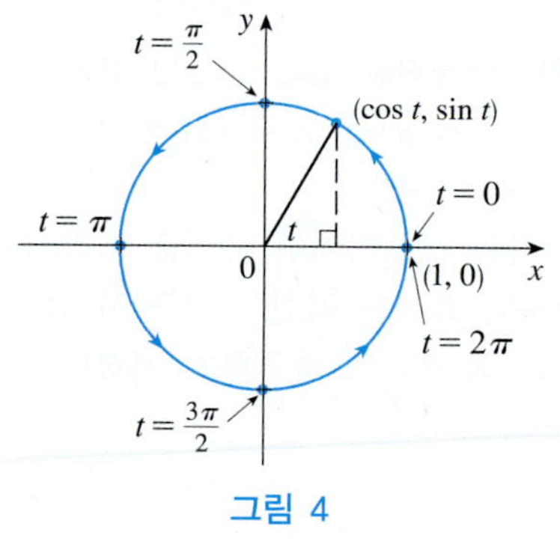

그림 4

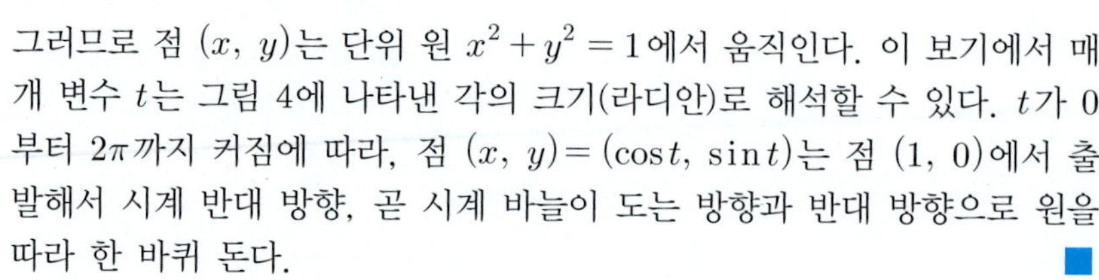

그러므로 점 (x, y)는 단위 원 $x^2 + y^2 = 1$에서 움직인다. 이 보기에서 매개 변수 t는 그림 4에 나타낸 각의 크기(라디안)로 해석할 수 있다. t가 0부터 2π까지 커짐에 따라, 점 $(x, y) = (\cos t, \sin t)$는 점 (1, 0)에서 출발해서 시계 반대 방향, 곧 시계 바늘이 도는 방향과 반대 방향으로 원을 따라 한 바퀴 돈다. ■

보기 3 다음 매개 방정식이 표현하는 곡선은 무엇인가?

$$x = \sin 2t, \quad y = \cos 2t \quad (0 \le t \le 2\pi)$$

풀이 또다시 다음을 얻는다.

$$x^2 + y^2 = \sin^2 2t + \cos^2 2t = 1$$

그러므로 주어진 매개 방정식은 또다시 단위 원 $x^2 + y^2 = 1$을 표현한다. 그러나 t가 0부터 2π까지 커질 때, 점 $(x, y) = (\sin 2t, \cos 2t)$는 $(0, 1)$에서 출발해서 그림 5에 나타낸 대로 시계 방향, 곧 시계 바늘이 도는 방향과 같은 방향으로 원을 따라 두 바퀴 돈다. ■

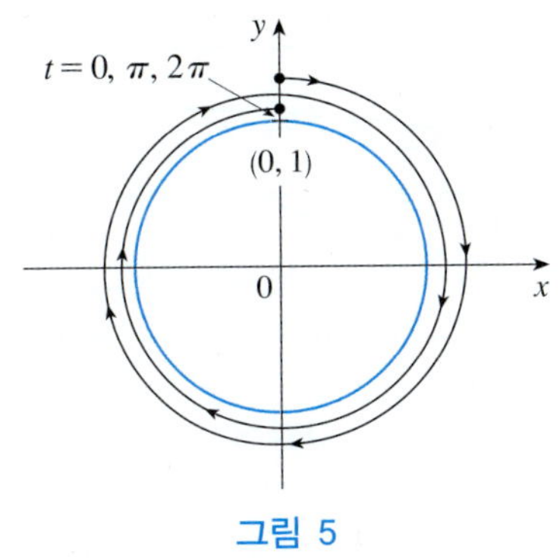

그림 5

두 보기 2와 3은 서로 다른 매개 방정식이 같은 곡선을 표현할 수 있다는 사실을 보여준다. 그러므로 점의 집합인 곡선과 특별한 방법으로 점들은 그리는 매개 곡선을 구분해야 한다.

용어
시계 반대 방향 counterclockwise direction
시계 방향 clockwise direction

보기 4 중심이 (h, k)이고 반지름이 r인 원의 매개 방정식을 찾아라.

풀이 보기 2의 단위 원의 방정식을 택하고, x와 y에 대한 식에 r을 곱하면 $x = r\cos t$, $y = r\sin t$를 얻는다. 이 방정식이 중심이 원점이고 반지름이 r이며 시계 반대 방향의 원을 표현한다는 사실을 밝힐 수 있다. 이제 x축의 방향으로 h만큼, y축의 방향으로 k만큼 평행 이동시키면, 다음과 같이 중심이 (h, k)이고 반지름이 r인 원(그림 6)의 매개 방정식을 얻는다.

$$x = h + r\cos t, \quad y = k + r\sin t \quad (0 \le t \le 2\pi)$$ ■

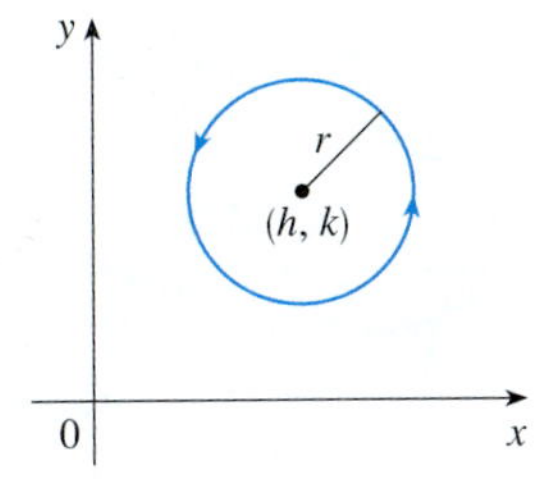

그림 6 $x = h + r\cos t$, $y = k + r\sin t$

보기 5 매개 방정식이 $x = \sin t$, $y = \sin^2 t$인 곡선을 그려라.

풀이 $y = (\sin t)^2 = x^2$이므로, 점 (x, y)가 포물선 $y = x^2$에서 움직임을 관찰하자. 그러나 $-1 \le \sin t \le 1$이므로 $-1 \le x \le 1$이고, 이에 따라 주어진 매개 방정식은 포물선 중에서 $-1 \le x \le 1$인 부분만을 표현한다. $\sin t$가 주기적이므로, 점 $(x, y) = (\sin t, \sin^2 t)$는 포물선을 따라 두 점 $(-1, 1)$과 $(1, 1)$ 사이를 끝없이 왕복한다. (그림 7을 보라.) ■

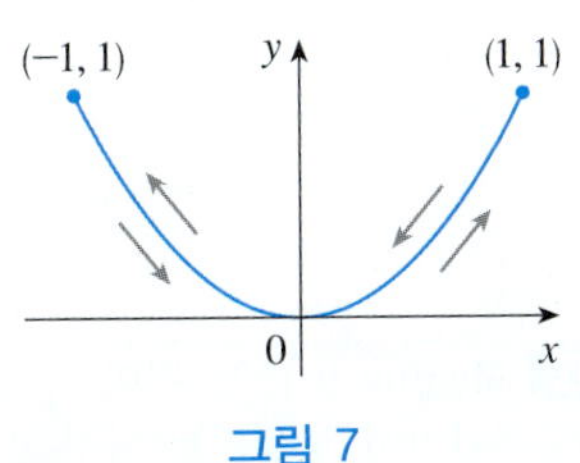

그림 7

그래프 장치

대부분의 그래프 계산기와 컴퓨터 그래프 그리기 프로그램을 이용하면 매개 방정식으로 정의된 곡선을 그릴 수 있다. 실제로, 그래프 계산기가 그리는 매개 곡선을 관찰하는 것은 유익한데, 대응하는 매개 변수의 값이 커지는 순서대로 점을 찍기 때문이다.

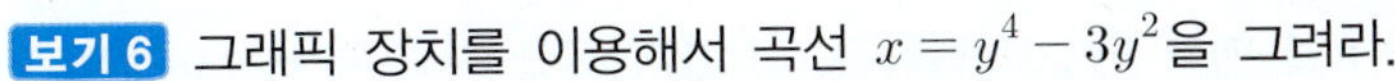

보기 6 그래픽 장치를 이용해서 곡선 $x = y^4 - 3y^2$을 그려라.

풀이 매개 변수를 $t = y$로 정하며, 다음과 같은 매개 방정식을 얻는다.

$$x = t^4 - 3t^2, \quad y = t$$

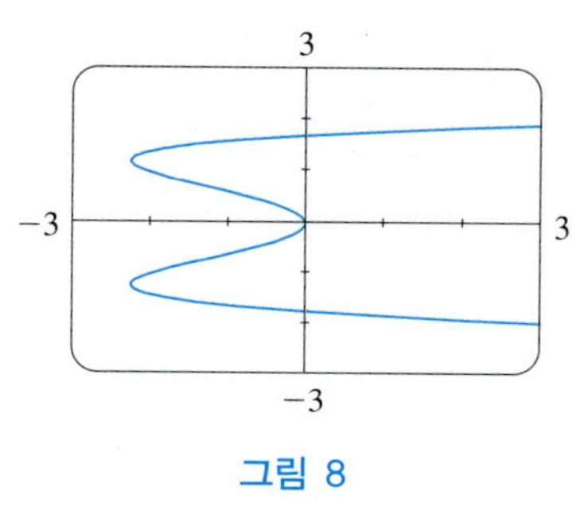

그림 8

이 매개 방정식을 이용해서 곡선을 그리면, 그림 8을 얻는다. 주어진 방정식 $x = y^4 - 3y^2$을 y에 대해 풀어서 x에 관한 네 함수로 나타내고 별도로 그래프를 그릴 수 있지만, 매개 방정식이 훨씬 더 쉬운 방법을 제공한다. ■

일반적으로 $x = g(y)$ 꼴의 방정식을 그래프로 나타내려면, 다음과 같은 매개 방정식을 이용할 수 있다.

$$x = g(t), \quad y = t$$

또, (함수의 그래프로 가장 친숙한 형태인) 방정식이 $y = f(x)$인 곡선도 매개 방정식이 다음과 같은 곡선으로 생각할 수 있다.

$$x = t, \quad y = f(t)$$

■ www.stewartcalculus.com
Additional Example A를 보라.

그래픽 장치는 복잡한 곡선을 그리는 데 특히 유용하다. 예를 들면, 세 그림 9, 10, 11에 나타낸 곡선들은 실질적으로 손으로 그리기가 불가능하다.

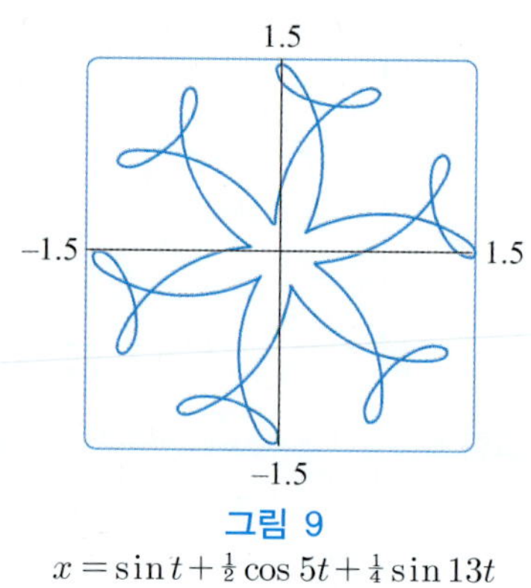

그림 9
$x = \sin t + \frac{1}{2}\cos 5t + \frac{1}{4}\sin 13t$
$y = \cos t + \frac{1}{2}\sin 5t + \frac{1}{4}\cos 13t$

그림 10
$x = \sin t - \sin 2.3t$
$y = \cos t$

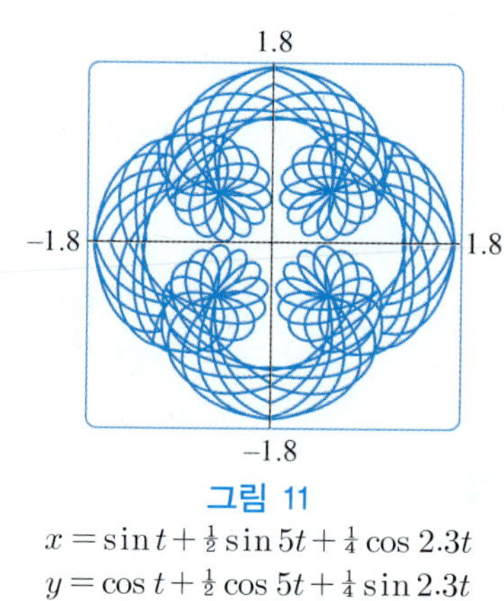

그림 11
$x = \sin t + \frac{1}{2}\sin 5t + \frac{1}{4}\cos 2.3t$
$y = \cos t + \frac{1}{2}\cos 5t + \frac{1}{4}\sin 2.3t$

굴렁쇠선

TEC Module 9.1B는 원이 움직임에 따라 굴렁쇠선이 형성되는 과정을 보여 준다.

보기 7 원이 직선을 따라 구를 때, 원의 둘레에 있는 점 P가 그리는 곡선을 굴렁쇠선 또는 사이클로이드라고 한다. (그림 12를 보라.) 반지름이 r인 원이 x축을 따라 구르고 P가 원점을 지날 때, 이 굴렁쇠선의 매개 방정식을 찾아라.

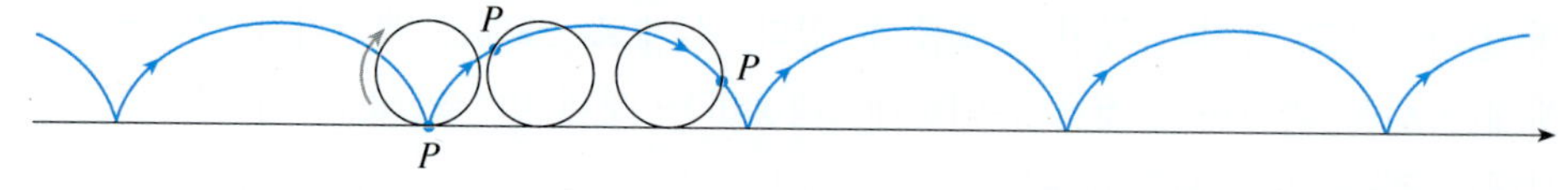

그림 12

용어
굴렁쇠선, 사이클로이드 cycloid

풀이 원의 회전각 θ를 매개 변수로 택하자. (P가 원점을 지날 때 $\theta = 0$이라 하자.) 원이 θ라디안만큼 회전했다고 하자. 원이 직선과 접하고 있으므로, 그림 13으로부터 원이 원점으로부터 구른 거리는 다음과 같다.

$$|OT| = \widehat{PT} = r\theta$$

그러므로 원의 중심의 좌표는 $C(r\theta,\ r)$이다. P의 좌표를 $(x,\ y)$라 하자. 그러면 그림 13에서 다음을 알 수 있다.

$$x = |OT| - |PQ| = r\theta - r\sin\theta = r(\theta - \sin\theta),$$

$$y = |TC| - |QC| = r - r\cos\theta = r(1 - \cos\theta)$$

따라서 굴렁쇠선의 매개 방정식은 다음과 같다.

$$\boxed{1} \qquad x = r(\theta - \sin\theta),\ \ y = r(1 - \cos\theta) \quad (\theta \in \mathbb{R})$$

굴렁쇠선의 한 아치는 원이 한 바퀴 회전할 때 생성되므로, $0 \le \theta \le 2\pi$일 때 얻는다. 방정식 $\boxed{1}$은 $0 < \theta < \pi/2$인 경우를 나타낸 그림 13에서 유도했지만, 이 방정식이 θ의 다른 값에서도 정당함을 보일 수 있다. (익힘 문제 33을 보라.)

방정식 $\boxed{1}$에서 매개 변수 θ를 소거할 수 있지만, 그 결과로 얻은 x와 y에 관한 직교 방정식은 매우 복잡하고 매개 방정식을 다루는 것만큼 편리하지도 않다. ■

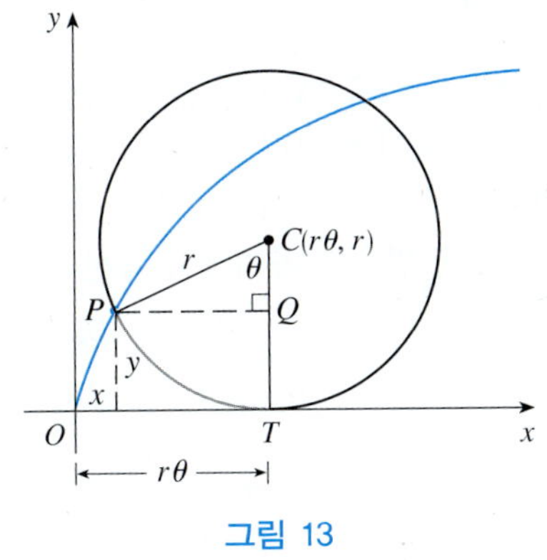

그림 13

용어

최속 강하 곡선 문제 brachistochrone problem

등시 곡선 문제 tautochrone problem

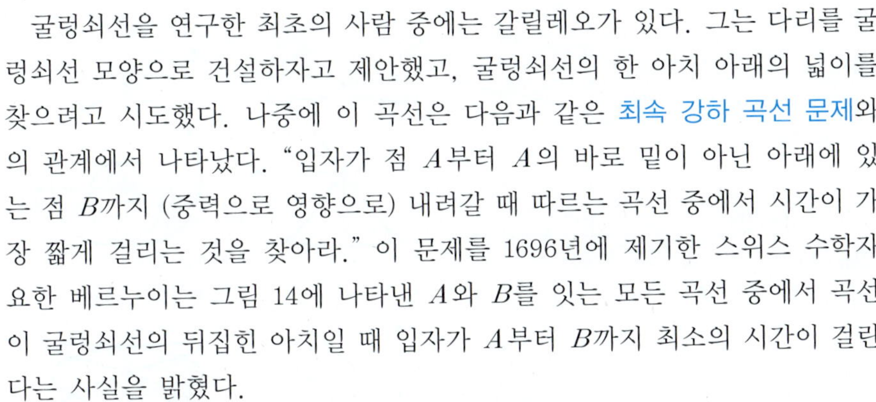

굴렁쇠선을 연구한 최초의 사람 중에는 갈릴레오가 있다. 그는 다리를 굴렁쇠선 모양으로 건설하자고 제안했고, 굴렁쇠선의 한 아치 아래의 넓이를 찾으려고 시도했다. 나중에 이 곡선은 다음과 같은 최속 강하 곡선 문제와의 관계에서 나타났다. "입자가 점 A부터 A의 바로 밑이 아닌 아래에 있는 점 B까지 (중력으로 영향으로) 내려갈 때 따르는 곡선 중에서 시간이 가장 짧게 걸리는 것을 찾아라." 이 문제를 1696년에 제기한 스위스 수학자 요한 베르누이는 그림 14에 나타낸 A와 B를 잇는 모든 곡선 중에서 곡선이 굴렁쇠선의 뒤집힌 아치일 때 입자가 A부터 B까지 최소의 시간이 걸린다는 사실을 밝혔다.

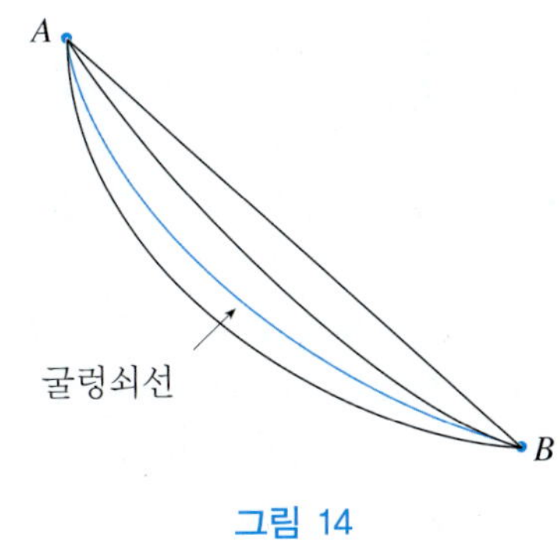

그림 14

네덜란드 물리학자 하위헌스(호이겐스)는 굴렁쇠선이 또한 등시 곡선 문제의 해, 곧 입자 P가 뒤집힌 굴렁쇠선의 어떠한 위치에 있더라도 밑바닥까지 미끄러져 가는 데 같은 시간이 걸린다는 사실을 이미 밝혔었다. (그림 15를 보라.) 하위헌스는 (자신이 발명한) 흔들이 시계의 추가 굴렁쇠선의 아치를 따라 진동하도록 설계했다. 왜냐하면 그래야 흔들이가 크거나 작은 호를 따라 진동하더라도 한 번 진동하는 데 걸리는 시간이 같기 때문이다.

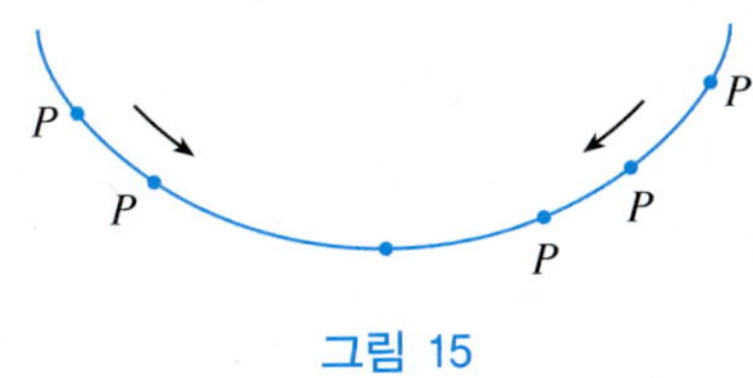

그림 15

9.1 익힘 문제

1–4. 다음 매개 방정식을 이용해서 좌표 평면에 점을 찍어서 곡선을 그려라. t가 커짐에 따라 그려지는 곡선의 방향을 화살표로 나타내라.

1. $x = t^2 + t,\ \ y = t^2 - t \ \ (-2 \le t \le 2)$
2. $x = 2\cos t,\ \ y = t - \cos t \ \ (0 \le t \le 2\pi)$
3. $x = \cos^2 t,\ \ y = 1 - \sin t \ \ (0 \le t \le \pi/2)$

4. $x = e^{-t} + t,\ y = e^{t} - t\ (-2 \le t \le 2)$

5–8. (a) 다음 매개 방정식을 이용해서 좌표 평면에 점을 찍어서 곡선을 그려라. t가 커짐에 따라 그려지는 곡선의 방향을 화살표로 나타내라.

(b) 매개 변수를 제거해서 곡선의 직교 방정식을 찾아라.

5. $x = 3 - 4t,\ y = 2 - 3t$ 6. $x = 1 + 3t,\ y = 2 - t^2$

7. $x = \sqrt{t},\ y = 1 - t$ 8. $x = t^2,\ y = t^3$

9–14. (a) 매개 변수를 제거해서 곡선의 직교 방정식을 찾아라.

(b) 곡선을 그리고 매개 변수가 커짐에 따라 그려지는 곡선의 방향을 화살표로 나타내라.

9. $x = \sin\frac{1}{2}\theta,\ y = \cos\frac{1}{2}\theta\ (-\pi \le \theta \le \pi)$

10. $x = 4\cos\theta,\ y = 5\sin\theta\ (-\pi/2 \le \theta \le \pi/2)$

11. $x = \sin t,\ y = \csc t\ (0 < t < \pi/2)$

12. $x = e^{t} - 1,\ y = e^{2t}$

13. $x = e^{2t},\ y = t + 1$

14. $x = 1 + \cos\theta,\ y = 2\cos\theta - 1$

15–18. t가 주어진 구간에서 변할 때, 위치가 (x, y)인 점의 움직임을 설명하라.

15. $x = 3 + 2\cos t,\ y = 1 + 2\sin t\ (\pi/2 \le t \le 3\pi/2)$

16. $x = 2\sin t,\ y = 4 + \cos t\ (0 \le t \le 3\pi/2)$

17. $x = 5\sin t,\ y = 2\cos t\ (-\pi \le t \le 5\pi)$

18. $x = \sin t,\ y = \cos^2 t\ (-2\pi \le t \le 2\pi)$

19–21. 다음 $x = f(t)$와 $y = g(t)$의 그래프를 이용해서 매개 곡선 $x = f(t)$, $y = g(t)$를 그려라. t가 커짐에 따라 그려지는 곡선의 방향을 화살표로 나타내라.

19.

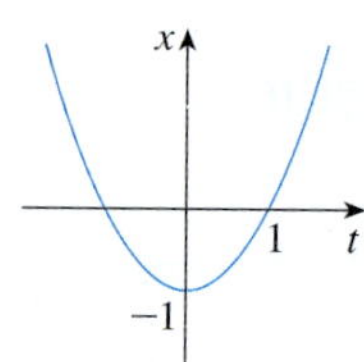

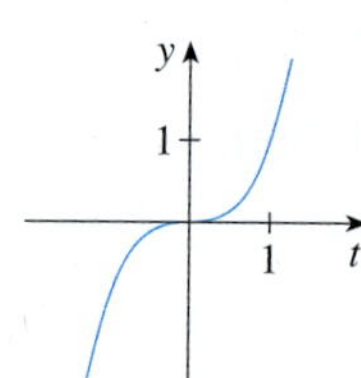

20.

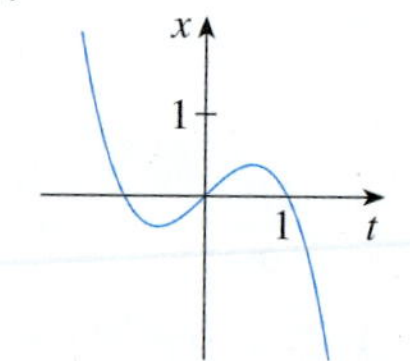

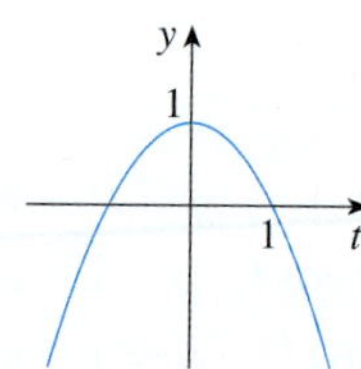

21.

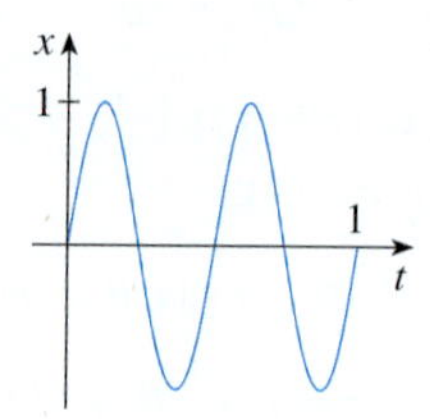

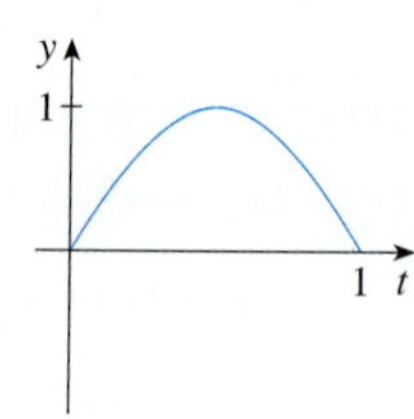

22. 다음 매개 방정식의 그래프를 아래 I~VI 중에서 선택하라. 그 이유를 말하라. (그래프 정치를 사용하지 마라.)

(a) $x = t^4 - t + 1,\ y = t^2$

(b) $x = t^3 - 2t,\ y = \sqrt{t}$

(c) $x = \sin 2t,\ y = \sin(t + \sin 2t)$

(d) $x = \cos 5t,\ y = \sin 2t$

(e) $x = t + \sin 4t,\ y = t^2 + \cos 3t$

(f) $x = \dfrac{\sin 2t}{4 + t^2},\ y = \dfrac{\cos 2t}{4 + t^2}$

I

II

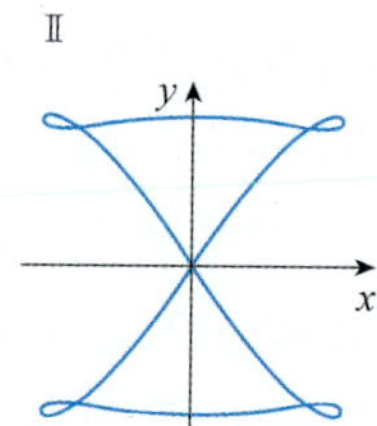

III

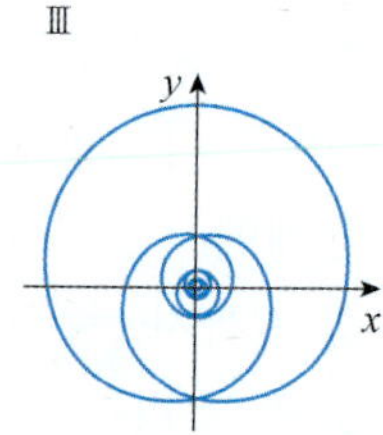

IV

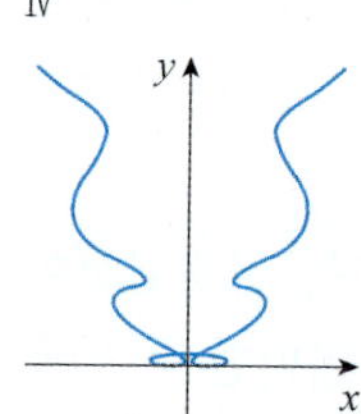

V

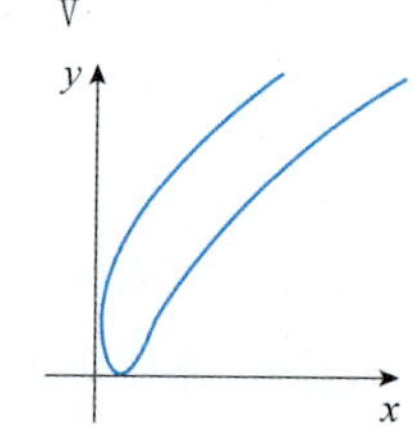

VI

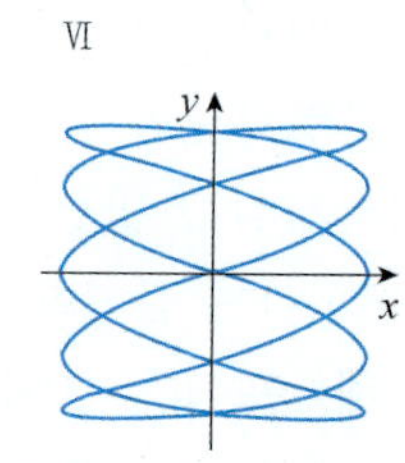

23. 곡선 $x = y - 2\sin\pi y$를 그려라.

24. 두 곡선 $y = x^5$과 $x = y(y-1)^2$을 그리고, 교점의 좌표를 소수 첫째 자리까지 정확하게 찾아라.

25. (a) $0 \le t \le 1$일 때 다음 매개 방정식이 두 점 $P_1(x_1, y_1)$과 $P_2(x_2, y_2)$를 잇는 선분을 나타냄을 보여라.

$$x = x_1 + (x_2 - x_1)t,\ y = y_1 + (y_2 - y_1)t$$

(b) $(-2, 7)$부터 $(3, -1)$까지의 선분을 표현하는 매개 방정식을 찾아라.

26. 그래프 장치와 익힘 문제 25(a)의 결과를 이용해서 세 꼭짓점이 $A(1,\ 1)$, $B(4,\ 2)$, $C(1,\ 5)$인 삼각형을 그려라.

27. 다음과 같은 방법으로 원 $x^2+(y-1)^2=4$을 따라 움직이는 입자의 경로에 대한 매개 방정식을 찾아라.

(a) $(2,\ 1)$에서 출발하고 시계 방향으로 한 바퀴

(b) $(2,\ 1)$에서 출발하고 시계 반대 방향으로 세 바퀴

(c) $(0,\ 3)$에서 출발하고 시계 반대 방향으로 반 바퀴

28. (a) 타원 $x^2/a^2+y^2/b^2=1$에 대한 매개 방정식을 찾아라. [*귀띔*: 보기 2에 있는 원의 방정식을 수정하라.]

(b) 이 매개 방정식을 이용해서, $a=3$이고 $b=1,\ 2,\ 4,\ 8$일 때의 타원을 그려라.

(c) b가 변할 때, 타원의 모양은 어떻게 변하는가?

29–30. 그래프 계산기 또는 컴퓨터를 이용해서 다음 그림을 재현하라.

29.

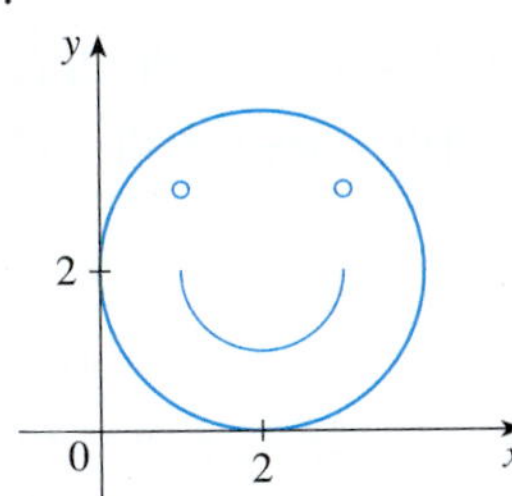

30.

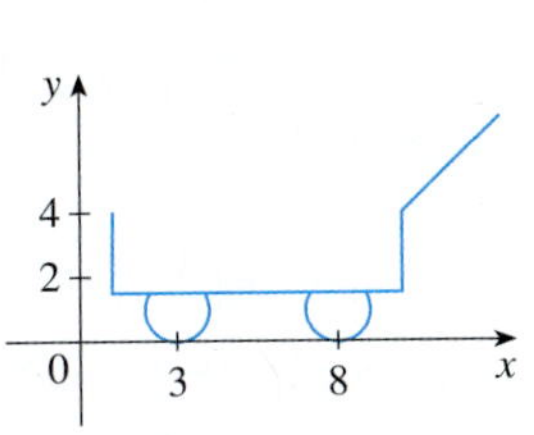

31–32. 다음 매개 방정식으로 표현된 곡선들을 비교하라.

31. (a) $x=t^3$, $y=t^2$ (b) $x=t^6$, $y=t^4$

(c) $x=e^{-3t}$, $y=e^{-2t}$

32. (a) $x=t$, $y=t^{-2}$

(b) $x=\cos t$, $y=\sec^2 t$

(c) $x=e^t$, $y=e^{-2t}$

33. $\pi/2<\theta<\pi$인 경우에 방정식 [1]을 유도하라.

34. P는 반지름이 r인 원의 중심으로부터 d의 거리에 있는 점이라 하자. 원이 직선을 따라 구를 때, P가 그리는 곡선을 바퀴굴렁쇠선 또는 트로코이드라 한다. (자전거 바퀴의 살에 있는 점의 움직임을 생각하자.) 굴렁쇠선은 $d=r$인 바퀴굴렁쇠선의 특별한 경우이다. 굴렁쇠선과 같은 매개 변수 θ를 이용하고 x축 위에서 구르며 P가 가장 낮은 위치에 있을 때 $\theta=0$이라 하면, 바퀴굴렁쇠선의 매개 방정식이 다음과 같음을 보여라.

$$x=r\theta-d\sin\theta,\quad y=r-d\cos\theta$$

$d<r$과 $d>r$인 각 경우에 바퀴굴렁쇠선을 그려라.

35. a와 b가 상수일 때 각 θ를 매개 변수로 사용해서 아래 그림에 나타낸 점 P의 모든 가능한 위치로 이루어진 곡선의 매개 방정식을 찾아라. 그리고 매개 변수를 제거해서 곡선의 모양을 확인하라.

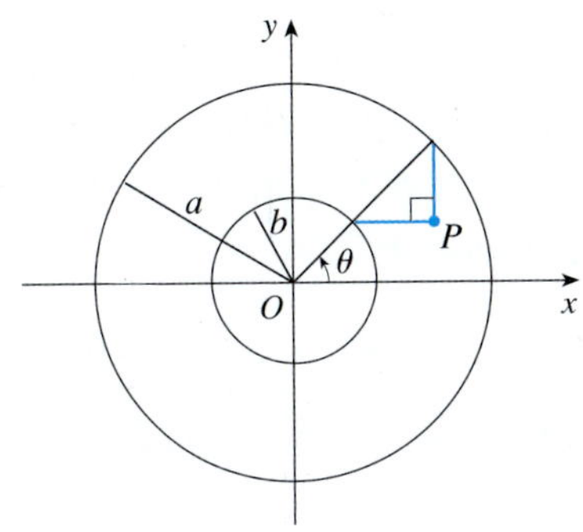

36. 아네시의 마녀 또는 우이선이라 부르는 곡선은 아래 그림에 나타낸 점 P의 모든 가능한 위치로 이루어진다. 이 곡선의 매개 방정식을 다음과 같이 나타낼 수 있음을 보여라.

$$x=2a\cot\theta,\quad y=2a\sin^2\theta$$

이 곡선을 그려라.

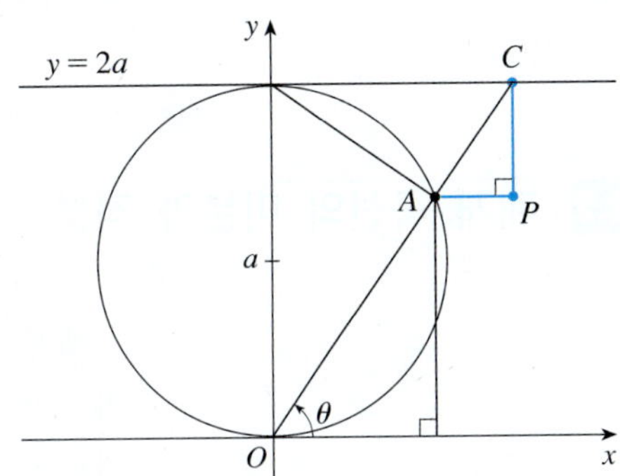

37. 시각 t에서 한 입자의 위치가 다음과 같이 주어진다고 하자.

$$x_1=3\sin t,\quad y_1=2\cos t\ \ (0\le t\le 2\pi)$$

그리고 둘째 입자의 위치는 다음과 같이 주어진다고 하자.

$$x_2 = -3 + \cos t,\ y_2 = 1 + \sin t\ (0 \le t \le 2\pi)$$

(a) 두 입자의 경로를 그려라. 몇 개의 점에서 교차하는가?

(b) 이런 교점 중에 **충돌점**이 있는가? 곧, 두 입자가 같은 시각에 같은 위치에 있는 경우가 있는가? 있으면, 충돌점을 찾아라.

(c) 둘째 입자의 경로가 다음과 같을 때 나타나는 현상을 설명하라.

$$x_2 = 3 + \cos t,\ y_2 = 1 + \sin t\ (0 \le t \le 2\pi)$$

38. 초기 속도가 v_0m/s이고 수평선과 α의 각으로 물체를 발사하고, 공기의 저항을 무시할 수 있다고 가정하면, t초 뒤 이 물체의 위치는 다음과 같은 매개 방정식으로 주어진다.

$$x = (v_0 \cos\alpha)t,\ y = (v_0 \sin\alpha)t - \frac{1}{2}gt^2$$

여기서 g는 중력 가속도 9.8m/s^2이다.

(a) 총을 $\alpha = 30°$와 $v_0 = 500$m/s로 발사하면, 총알은 언제 지면에 닿는가? 총으로부터 얼마나 먼 곳의 지면에 닿는가? 총알이 올라가는 최고 높이는 얼마인가?

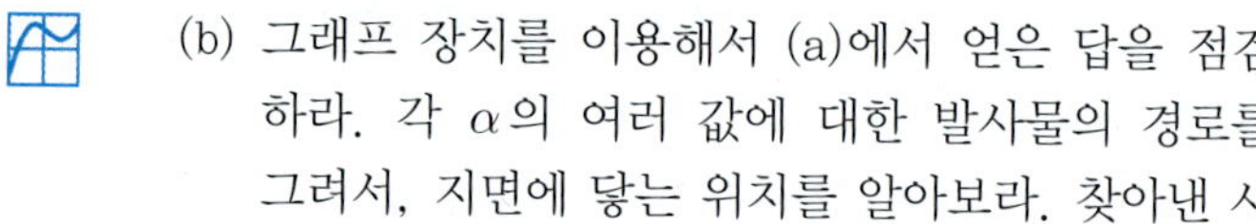

(b) 그래프 장치를 이용해서 (a)에서 얻은 답을 점검하라. 각 α의 여러 값에 대한 발사물의 경로를 그려서, 지면에 닿는 위치를 알아보라. 찾아낸 사실을 요약하라.

(c) 매개 변수를 소거해서 이 경로가 포물선임을 보여라.

39. 매개 방정식 $x = t^2$, $y = t^3 - ct$로 정의된 곡선들의 집합을 조사하라. c가 커짐에 따라 곡선의 모양은 어떻게 변하는가? 이 집합에 속한 몇 개의 곡선을 그려서 예시하라.

40. **제비 꼬리 파국 곡선족**은 매개 방정식 $x = 2ct - 4t^3$, $y = -ct^2 + 3t^4$으로 정의된다. 이 곡선을 몇 개 그려라. 이런 곡선들의 공통점은 무엇인가? c가 커짐에 따라 어떻게 변하는가?

41. $a > 0$일 때, 매개 방정식이 $x = t + a\cos t$, $y = t + a\sin t$인 곡선족에서 몇 개의 곡선을 그려라. a가 커짐에 따라 곡선의 모양은 어떻게 바뀌는가? a의 어떤 값에 대해 이 곡선에 고리가 있는가?

42. n이 양의 정수일 때, 매개 방정식이 $x = \sin t + \sin nt$, $y = \cos t + \cos nt$인 곡선족에서 몇 개의 곡선을 그려라. 이 곡선들의 모양에서 공통점은 무엇인가? n이 커짐에 따라 어떤 현상이 나타나는가?

43. 방정식이 $x = a\sin nt$, $y = b\cos t$인 곡선을 **리사주 도형**이라 한다. a, b, n이 변함에 따라 이런 곡선이 어떻게 변하는지 조사하라. (n은 양의 정수로 택하라.)

44. $c > 0$일 때, 매개 방정식 $x = \cos t$, $y = \sin t - \sin ct$로 정의된 곡선족으로 조사하라. c의 값이 양의 정수인 경우에서 출발하고, c가 커짐에 따라 모양이 어떻게 되는지 알아보자. c가 분수인 경우에 어떤 현상이 나타날 수 있는지를 탐구하라.

9.2 매개 곡선의 미분과 적분

매개 방정식으로 곡선을 표현하는 방법을 알아봤으므로, 이제 미분 적분학의 방법을 매개 곡선에 적용해보자. 특히, 접선, 넓이, 호의 길이와 관련된 문제를 알아보자.

접선

f와 g는 미분 가능한 함수라 하고, 매개 곡선 $x = f(t)$, $y = g(t)$에 있는 점에서의 접선을 찾아보자. 여기서 y도 x에 관한 미분 가능한 함수이다. 그

러면 연쇄 법칙에 따라 다음을 얻는다.

$$\frac{dy}{dt}=\frac{dy}{dx}\cdot\frac{dx}{dt}$$

$dx/dt\neq 0$이면, 다음과 같이 dy/dx에 대해 풀 수 있다.

1 $$\frac{dy}{dx}=\frac{\dfrac{dy}{dt}}{\dfrac{dx}{dt}}\qquad \left(\text{단, } \frac{dx}{dt}\neq 0\right)$$

■ 곡선을 입자가 움직여서 그린 자취라고 생각하면, dy/dt와 dx/dt는 그 입자의 연직과 수평 방향의 속도이고 공식 1은 접선의 기울기가 이 두 속도의 몫임을 말한다.

(dt를 약분한다고 생각해서 기억할 수 있는) 식 1을 이용하면 매개 변수 t를 소거하지 않고도 매개 곡선에 대한 접선의 기울기 dy/dx를 찾을 수 있다. 1에서 ($dx/dt\neq 0$이면) $dy/dt=0$일 때 곡선의 접선이 수평이고, ($dy/dt\neq 0$이면) $dx/dt=0$일 때 곡선의 접선이 연직임을 알 수 있다.

제 4 장에서 알아본 대로, d^2y/dx^2를 생각하는 것이 유용하다. 이는 식 1에서 y를 dy/dx로 바꾸어 다음과 같이 찾을 수 있다.

$$\frac{d^2y}{dx^2}=\frac{d}{dx}\left(\frac{dy}{dx}\right)=\frac{\dfrac{d}{dt}\left(\dfrac{dy}{dx}\right)}{\dfrac{dx}{dt}}$$

⊘ $$\frac{d^2y}{dx^2}\neq\frac{\dfrac{d^2y}{dt^2}}{\dfrac{d^2x}{dt^2}}$$

보기 1 곡선 C는 매개 방정식 $x=t^2$, $y=t^3-3t$로 정의된다.

(a) 점 $(3,\ 0)$에서 C에 대한 접선이 두 개 있음으로 보이고, 각각의 방정식을 찾아라.

(b) C의 점 중에서 그 점에서의 접선이 수평 또는 연직인 것을 찾아라.

(c) 곡선이 아래로 또는 위로 볼록인 구간을 찾아라.

(d) 곡선을 그려라.

■ www.stewartcalculus.com

Additional Example A를 보라.

풀이 (a) $y=t^3-3t=t(t^2-3)=0$은 $t=0$ 또는 $t=\pm\sqrt{3}$일 때 성립한다. 그러므로 C의 점 $(3,\ 0)$은 매개 변수의 두 값 $t=\sqrt{3}$과 $t=-\sqrt{3}$에서 나타난다. 이는 C가 $(3,\ 0)$에서 스스로 교차함을 뜻한다. 다음이 성립한다.

$$\frac{dy}{dx}=\frac{dy/dt}{dx/dt}=\frac{3t^2-3}{2t}=\frac{3}{2}\left(t-\frac{1}{t}\right)$$

그러므로 $t=\pm\sqrt{3}$일 때 두 접선의 기울기는 $dy/dx=\pm 6/(2\sqrt{3})=\pm\sqrt{3}$이고, 이에 따라 $(3,\ 0)$에서 접선의 방정식은 다음과 같다.

$$y=\sqrt{3}\,(x-3),\quad y=-\sqrt{3}\,(x-3)$$

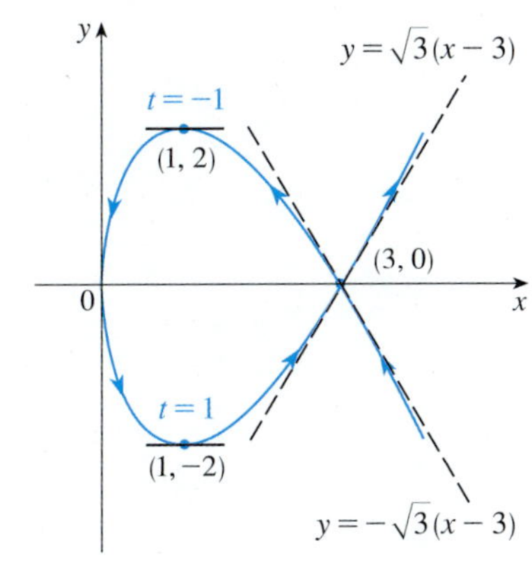

그림 1

(b) C의 접선은 $dy/dx=0$일 때, 곧 $dy/dt=0$이고 $dx/dt\neq 0$일 때 수평이다. $dy/dt=3t^2-3$이므로, $t^2=1$일 때, 곧 $t=\pm 1$일 때 수평 접선이 나타난다. 이에 대응하는 C의 점은 $(1,\ -2)$와 $(1,\ 2)$이다. C의 연직 접선은 $dx/dt=2t=0$일 때, 곧 $t=0$일 때 나타난다. (이때 $dy/dt\neq 0$이다.) 이에 대응하는 C의 점은 $(0,\ 0)$이다.

(c) 볼록을 결정하기 위해서 다음과 같이 이계 도함수를 셈하자.

$$\frac{d^2y}{dx^2} = \frac{\dfrac{d}{dt}\left(\dfrac{dy}{dx}\right)}{\dfrac{dx}{dt}} = \frac{\dfrac{3}{2}\left(1+\dfrac{1}{t^2}\right)}{2t} = \frac{3(t^2+1)}{4t^3}$$

따라서 이 곡선은 $t > 0$일 때 아래로 볼록하고 $t < 0$일 때 위로 볼록하다.
(d) (b)와 (c)의 정보를 이용하면, 그림 1과 같은 C의 그래프를 얻는다. ■

보기 2 (a) $\theta = \pi/3$인 점에서 굴렁쇠선 $x = r(\theta - \sin\theta)$, $y = r(1-\cos\theta)$에 대한 접선을 찾아라. (9.1절의 보기 7을 보라.)
(b) 어느 점에서의 접선이 수평인가? 언제 연직인가?

풀이 (a) 접선의 기울기는 다음과 같다.

$$\frac{dy}{dx} = \frac{dy/d\theta}{dx/d\theta} = \frac{r\sin\theta}{r(1-\cos\theta)} = \frac{\sin\theta}{1-\cos\theta}$$

$\theta = \pi/3$일 때 다음을 얻는다.

$$x = r\left(\frac{\pi}{3} - \sin\frac{\pi}{3}\right) = r\left(\frac{\pi}{3} - \frac{\sqrt{3}}{2}\right), \quad y = r\left(1-\cos\frac{\pi}{3}\right) = \frac{r}{2},$$

$$\frac{dy}{dx} = \frac{\sin(\pi/3)}{1-\cos(\pi/3)} = \frac{\sqrt{3}/2}{1-\dfrac{1}{2}} = \sqrt{3}$$

따라서 접선의 기울기는 $\sqrt{3}$이고, 그 방정식은 다음과 같다.

$$y - \frac{r}{2} = \sqrt{3}\left(x - \frac{r\pi}{3} + \frac{r\sqrt{3}}{2}\right), \quad \text{곧} \quad \sqrt{3}x - y = r\left(\frac{\pi}{\sqrt{3}} - 2\right)$$

그림 2에 이 접선을 나타냈다.

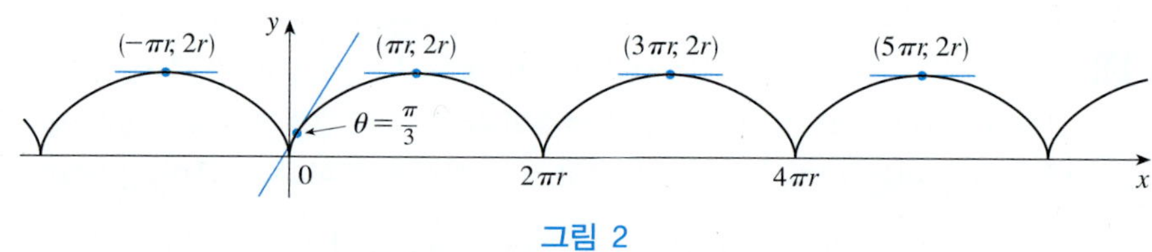

그림 2

(b) 접선은 $dy/dx = 0$일 때 수평인데, 이는 $\sin\theta = 0$이고 $1-\cos\theta \neq 0$일 때, 곧 정수 n에 대해 $\theta = (2n-1)\pi$일 때 나타난다. 이에 대응하는 굴렁쇠선의 점은 $((2n-1)\pi r,\ 2r)$이다.

$\theta = 2n\pi$일 때, $dx/d\theta$와 $dy/d\theta$는 모두 0이다. 그래프를 보면, 이런 점에서 연직 접선이 있는 것으로 보인다. 이를 로피탈의 법칙을 이용해서 다음과 같이 밝힐 수 있다.

$$\lim_{\theta\to 2n\pi^+} \frac{dy}{dx} = \lim_{\theta\to 2n\pi^+} \frac{\sin\theta}{1-\cos\theta} = \lim_{\theta\to 2n\pi^+} \frac{\cos\theta}{\sin\theta} = \infty$$

비슷한 셈으로 $\theta \to 2n\pi^-$ 일 때 $dy/dx \to -\infty$ 임을 보일 수 있다. 그러므로 실제로 $\theta = 2n\pi$ 일 때, 곧 $x = 2n\pi r$ 일 때 연직 접선이 존재한다. ■

넓이

$F(x) \geq 0$ 일 때 a부터 b까지 곡선 $y = F(x)$ 아래의 넓이는 $A = \int_a^b F(x)\,dx$ 이다. 곡선이 매개 방정식 $x = f(t)$, $y = g(t)$로 주어지고 t가 α부터 β까지 커질 때 이 곡선이 한 번 그려지면, 다음과 같이 정 적분에 대한 치환 법칙을 이용해서 앞의 공식을 수정할 수 있다.

$$A = \int_a^b y\,dx = \int_\alpha^\beta g(t) f'(t)\,dt$$

[단, $(f(\beta), g(\beta))$가 왼쪽 끝점일 때는 $\int_\beta^\alpha g(t) f'(t)\,dt$ 이다.]

보기 3 굴렁쇠선 $x = r(\theta - \sin\theta)$, $y = r(1 - \cos\theta)$의 한 아치 아래의 넓이를 찾아라. (그림 3을 보라.)

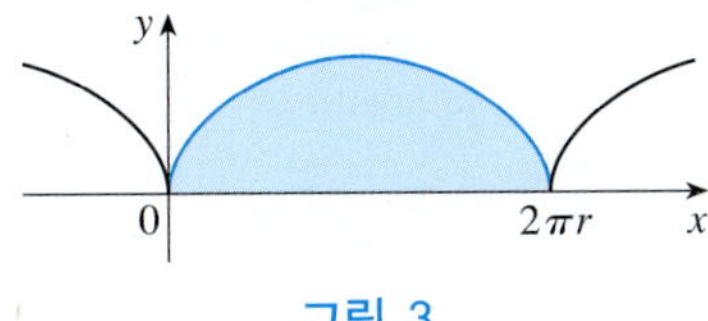

그림 3

■ 보기 3의 결과에 따라, 굴렁쇠선의 한 아치 아래의 넓이는 생성하는 원의 넓이의 세 배이다. (9.1절의 보기 7을 보라.) 갈릴레오는 이 결과를 추측했지만, 프랑스 수학자 로베르발과 이탈리아 수학자 토리첼리가 이를 처음으로 증명했다.

풀이 굴렁쇠선의 한 아치는 $0 \leq \theta \leq 2\pi$일 때 얻는다. $y = r(1 - \cos\theta)$와 $dx = r(1 - \cos\theta)\,d\theta$로 치환 법칙을 이용하면, 다음을 얻는다.

$$\begin{aligned} A &= \int_0^{2\pi r} y\,dx = \int_0^{2\pi} r(1-\cos\theta)\,r(1-\cos\theta)\,d\theta \\ &= r^2\int_0^{2\pi}(1-\cos\theta)^2\,d\theta = r^2\int_0^{2\pi}\left(1 - 2\cos\theta + \cos^2\theta\right)d\theta \\ &= r^2\int_0^{2\pi}\left\{1 - 2\cos\theta + \frac{1}{2}(1+\cos 2\theta)\right\}d\theta \\ &= r^2\left[\frac{3}{2}\theta - 2\sin\theta + \frac{1}{4}\sin 2\theta\right]_0^{2\pi} = r^2\left(\frac{3}{2}\cdot 2\pi\right) = 3\pi r^2 \end{aligned}$$

■

호의 길이

앞에서 이미 $y = F(x)$ $(a \leq x \leq b)$ 꼴로 정의된 곡선 C의 길이 L을 찾는 방법을 알아봤다. 7.4절의 공식 3에 의해 F'가 연속일 때 다음과 같다.

2 $$L = \int_a^b \sqrt{1 + \left(\frac{dy}{dx}\right)^2}\,dx$$

곡선 C를 매개 방정식 $x = f(t)$, $y = g(t)$ $(\alpha \leq t \leq \beta)$로도 정의할 수 있다고 하자. 여기서 $dx/dt = f'(t) > 0$이라 하자. 이는 t가 α부터 β까지 커질 때 곡선 C가 왼쪽부터 오른쪽까지 한 번 그려지고, $f(\alpha) = a$와 $f(\beta) = b$임을 뜻한다. 공식 1을 공식 2에 대입하고 치환 법칙을 이용하면, 다음을 얻는다.

$$L=\int_a^b \sqrt{1+\left(\frac{dy}{dx}\right)^2}\,dx=\int_\alpha^\beta \sqrt{1+\left(\frac{dy/dt}{dx/dt}\right)^2}\,\frac{dx}{dt}\,dt$$

$dx/dt>0$이므로, 다음이 성립한다.

3 $$L=\int_\alpha^\beta \sqrt{\left(\frac{dx}{dt}\right)^2+\left(\frac{dy}{dt}\right)^2}\,dt$$

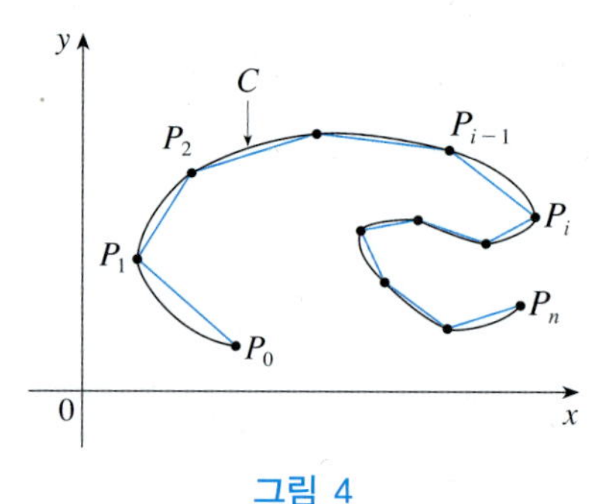

그림 4

C를 $y=F(x)$ 꼴로 표현할 수 없는 경우에도, 공식 3은 여전히 유효한데, 이를 꺾인 선 근사로 얻는다. 매개 변수의 구간 $[\alpha, \beta]$를 n등분하고 각 부분 구간의 길이를 Δt라 하자. 부분 구간들의 끝점이 t_0, t_1, t_2, …, t_n일 때, $x_i=f(t_i)$와 $y_i=g(t_i)$는 C에 있는 점 $P_i(x_i, y_i)$의 좌표이고, 꼭짓점이 P_0, P_1, …, P_n인 꺾인 선은 C에 근접한다. (그림 4를 보라.)

7.4절에서와 같이 C의 길이 L은 다음과 같이 $n\to\infty$일 때 이렇게 근접한 꺾인 선의 길이의 극한으로 정의한다.

$$L=\lim_{n\to\infty}\sum_{i=1}^{n}|P_{i-1}P_i|$$

평균값 정리를 구간 $[t_{i-1}, t_i]$에서 f에 적용하면, 다음을 만족시키는 t_i^*가 (t_{i-1}, t_i)에 존재한다.

$$f(t_i)-f(t_{i-1})=f'(t_i^*)(t_i-t_{i-1})$$

$\Delta x_i=x_i-x_{i-1}$과 $\Delta y_i=y_i-y_{i-1}$이라 하면, 이 식은 다음과 같이 된다.

$$\Delta x_i=f'(t_i^*)\Delta t$$

마찬가지로 평균값 정리를 g에 적용하면, 다음을 만족시키는 t_i^{**}가 (t_{i-1}, t_i)에 존재한다.

$$\Delta y_i=g'(t_i^{**})\Delta t$$

따라서 다음이 성립한다.

$$\begin{aligned}|P_{i-1}P_i|&=\sqrt{(\Delta x_i)^2+(\Delta y_i)^2}=\sqrt{\{f'(t_i^*)\Delta t\}^2+\{g'(t_i^{**})\Delta t\}^2}\\&=\sqrt{\{f'(t_i^*)\}^2+\{g'(t_i^{**})\}^2}\,\Delta t\end{aligned}$$

그러므로 다음을 얻는다.

4 $$L=\lim_{n\to\infty}\sum_{i=1}^{n}\sqrt{\{f'(t_i^*)\}^2+\{g'(t_i^{**})\}^2}\,\Delta t$$

식 4의 합은 함수 $\sqrt{\{f'(t)\}^2+\{g'(t)\}^2}$의 리만 합과 비슷하지만, 일반적으로 $t_i^*\neq t_i^{**}$이므로 정확하게 리만 합은 아니다. 그렇지만 f'와 g'가 연속일 때, 4의 극한은 t_i^*과 t_i^{**}이 같은 경우와 똑같음을 밝힐 수 있다. 곧, 다음이 성립한다.

$$L = \int_\alpha^\beta \sqrt{\{f'(t)\}^2 + \{g'(t)\}^2}\, dt$$

그러므로 라이프니츠의 기호를 사용하면 다음과 같은 결과를 얻는데, 이는 3과 같은 꼴이다.

5 정리 곡선 C가 매개 방정식 $x = f(t)$, $y = g(t)$ $(\alpha \le t \le \beta)$로 정의되고 f'와 g'가 $[\alpha, \beta]$에서 연속이며 t가 α부터 β까지 커질 때 C가 정확하게 한 번 그려지면, C의 길이는 다음과 같다.

$$L = \int_\alpha^\beta \sqrt{\left(\frac{dx}{dt}\right)^2 + \left(\frac{dy}{dt}\right)^2}\, dt$$

정리 5의 공식은 7.4절의 일반적인 공식 $L = \int ds$ 및 $(ds)^2 = (dx)^2 + (dy)^2$과 일치한다.

보기 4 9.1절의 보기 2에서 제시한 다음과 같은 단위 원의 표현을 이용하자.

$$x = \cos t,\ y = \sin t\ (0 \le t \le 2\pi)$$

그러면 $dx/dt = -\sin t$이고 $dy/dt = \cos t$이므로, 예상한 대로 정리 5에 의해 다음을 얻는다.

$$L = \int_0^{2\pi} \sqrt{\left(\frac{dx}{dt}\right)^2 + \left(\frac{dy}{dt}\right)^2}\, dt$$

$$= \int_0^{2\pi} \sqrt{\sin^2 t + \cos^2 t}\, dt = \int_0^{2\pi} dt = 2\pi$$

한편, 9.1절의 보기 3에서 제시한 다음 표현을 이용하자.

$$x = \sin 2t,\ y = \cos 2t\ (0 \le t \le 2\pi)$$

그러면 $dx/dt = 2\cos 2t$이고 $dy/dt = -2\sin 2t$이므로, 정리 5의 적분에 의해 다음을 얻는다.

$$\int_0^{2\pi} \sqrt{\left(\frac{dx}{dt}\right)^2 + \left(\frac{dy}{dt}\right)^2}\, dt = \int_0^{2\pi} \sqrt{4\cos^2 2t + 4\sin^2 2t}\, dt$$

$$= \int_0^{2\pi} 2\, dt = 4\pi$$

t가 0부터 2π까지 커질 때 점 $(\sin 2t, \cos 2t)$는 원을 두 번 그리므로, 이 적분에 따라 원주의 두 배를 얻는다. 일반적으로 매개 방정식으로 표현된 곡선 C의 길이를 찾을 때는, t가 α부터 β까지 증가할 때 C를 단 한 번 그려야 한다는 점에 주의해야 한다. ■

보기 5 굴렁쇠선 $x = r(\theta - \sin\theta)$, $y = r(1 - \cos\theta)$의 한 아치의 길이를 찾아라.

풀이 보기 3으로부터 매개 변수 구간 $0 \le \theta \le 2\pi$에서 한 아치가 그려진다는 사실을 알아봤다. 다음이 성립한다.

$$\frac{dx}{d\theta} = r(1-\cos\theta), \quad \frac{dy}{d\theta} = r\sin\theta$$

그러므로 다음을 얻는다.

$$L = \int_0^{2\pi} \sqrt{\left(\frac{dx}{d\theta}\right)^2 + \left(\frac{dy}{d\theta}\right)^2}\, d\theta = \int_0^{2\pi} \sqrt{r^2(1-\cos\theta)^2 + r^2\sin^2\theta}\, d\theta$$

$$= \int_0^{2\pi} \sqrt{r^2(1-2\cos\theta+\cos^2\theta+\sin^2\theta)}\, d\theta$$

$$= r\int_0^{2\pi} \sqrt{2(1-\cos\theta)}\, d\theta$$

■ 보기 5의 결과에 따라 굴렁쇠선의 한 아치의 길이는 생성하는 원의 반지름의 여덟 배이다. (그림 5를 보라.) 이 사실은 렌(Christopher Wren)이 1658년에 처음 증명했다. 그는 나중에 런던에 있는 세인트 폴 대성당을 건축했다.

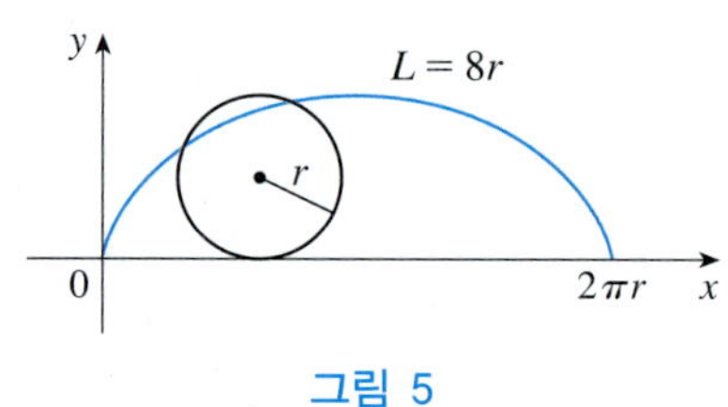

그림 5

이 적분의 값을 찾기 위해서 등식 $\sin^2 x = \frac{1}{2}(1-\cos 2x)$에 $\theta = 2x$를 대입하면 $1-\cos\theta = 2\sin^2(\theta/2)$를 얻는다. $0 \le \theta \le 2\pi$이므로 $0 \le \theta/2 \le \pi$이고 이에 따라 $\sin(\theta/2) \ge 0$이다. 그러므로 다음이 성립한다.

$$\sqrt{2(1-\cos\theta)} = \sqrt{4\sin^2(\theta/2)} = 2|\sin(\theta/2)| = 2\sin(\theta/2)$$

따라서 다음을 얻는다.

$$L = 2r\int_0^{2\pi} \sin(\theta/2)\, d\theta = 2r[-2\cos(\theta/2)]_0^{2\pi}$$

$$= 2r(2+2) = 8r$$

■

9.2 익힘 문제

1–2. 다음에서 dy/dx를 찾아라.

1. $x = t\sin t,\ y = t^2 + t$ **2.** $x = te^t,\ y = t + e^t$

3–6. 매개 변수의 주어진 값에 대응하는 점에서 다음 곡선에 대한 접선의 방정식을 찾아라.

3. $x = 1 + 4t - t^2,\ y = 2 - t^3;\ \ t = 1$

4. $x = 2t^2 + 1,\ y = \frac{1}{3}t^3 - t;\ t = 3$

5. $x = t\cos t,\ y = t\sin t;\ \ t = \pi$

6. $x = \sin^3\theta,\ = \cos^3\theta;\ \ \theta = \pi/6$

7. 점 (1, 3)에서 곡선 $x = 1 + \ln t,\ y = t^2 + 2$에 대한 접선의 방정식을 (a) 매개 변수를 소거하지 않는 방법과 (b) 먼저 매개 변수를 소거하는 방법으로 찾아라.

8. 원점에서 곡선 $x = \sin t,\ y = \sin(t + \sin t)$에 대한 접선의 방정식을 찾아라. 이 곡선과 접선을 그려라.

9–12. 다음에서 dy/dx와 d^2y/dx^2을 찾아라. t의 어떤 값에서 곡선이 아래로 볼록인가?

9. $x = t^2 + 1,\ y = t^2 + t$

10. $x = t^3 - 12t,\ y = t^2 - 1$

11. $x = e^t,\ y = te^{-t}$

12. $x = t + \ln t,\ y = t - \ln t$

13–16. 다음 곡선의 점 중에서 그 점에서의 접선이 수평 또는 연직인 것을 찾아라. 그래프 장치가 있으면, 곡선을 그려서 답을 검토하라.

13. $x = t^3 - 3t,\ y = t^3 - 3$

14. $x = 2t^3 + 3t^2 - 12t,\ y = 2t^3 + 3t^2 + 1$

15. $x = 2\cos\theta,\ y = \sin 2\theta$

16. $x = e^{\sin\theta},\ y = e^{\cos\theta}$

17. 그래프를 이용해서 곡선 $x=t-t^6$, $y=e^t$에서 가장 오른쪽에 있는 점의 좌표를 어림하라. 그리고 미분을 이용해서 정확한 좌표를 찾아라.

18. 곡선 $x=t^4-2t$, $y=t+t^4$에서 가장 낮은 점과 가장 왼쪽에 있는 점의 좌표를 어림해보라. 그리고 정확한 좌표를 찾아라.

19–20. 곡선의 중요한 면을 모두 보여주는 관찰 직사각형에 다음 곡선을 그려라.

19. $x=t^4-2t^3-2t^2$, $y=t^3-t$

20. $x=t^4+4t^3-8t^2$, $y=2t^2-t$

21. $(0, 0)$에서 곡선 $x=\cos t$, $y=\sin t\cos t$에 대한 접선이 두 개 있음을 보이고 각각의 방정식을 찾아라. 곡선을 그려라.

22. 곡선 $x=\cos t+2\cos 2t$, $y=\sin t+2\sin 2t$는 어떤 점에서 스스로 교차하는가? 그 점에서의 접선들의 방정식을 모두 찾아라.

23. (a) 바퀴굴렁쇠선 $x=r\theta-d\sin\theta$, $y=r-d\cos\theta$의 접선의 기울기를 θ의 식으로 찾아라. [9.1절의 익힘 문제 34를 보라.]
(b) $d<r$일 때 바퀴굴렁쇠선에 연직 접선이 없음을 보여라.

24. (a) 별모양선 $x=a\cos^3\theta$, $y=a\sin^3\theta$에 대한 접선의 기울기를 θ의 식으로 찾아라.
(b) 어떤 점에서의 접선이 수평 또는 연직인가?
(c) 어떤 점에서의 접선의 기울기가 1 또는 -1인가?

25. 어떤 점에서 곡선 $x=2t^3$, $y=1+4t-t^2$에 대한 접선의 기울기가 1인가?

26. 곡선 $x=3t^2+1$, $y=2t^3+1$에 대한 접선 중에서 점 $(4, 3)$을 지나는 것을 찾아라.

27. 타원의 매개 방정식 $x=a\cos\theta$, $y=b\sin\theta$ $(0\le\theta\le 2\pi)$를 이용해서 이것이 둘러싸는 넓이를 찾아라.

28. 곡선 $x=t^2-2t$, $y=\sqrt{t}$과 y축으로 둘러싸인 넓이를 찾아라.

29. 곡선 $x=1+e^t$, $y=t-t^2$과 x축으로 둘러싸인 넓이를 찾아라.

30. 별모양선 $x=a\cos^3\theta$, $y=a\sin^3\theta$로 둘러싸인 영역의 넓이를 찾아라.

31. $d<r$일 때 9.1절 익힘 문제 34의 바퀴굴렁쇠선의 한 아치 아래의 넓이를 찾아라.

32. $\mathfrak{R}$을 보기 1에 있는 곡선의 고리로 둘러싸인 영역이라 하자.
(a) $\mathfrak{R}$의 넓이를 찾아라.
(b) $\mathfrak{R}$을 x축을 중심으로 회전시켜 얻은 입체의 부피를 찾아라.
(c) $\mathfrak{R}$의 무게 중심을 찾아라.

33–36. 다음 곡선의 길이를 표현하는 적분을 세워라. 값을 찾지는 말라.

33. $x=t+e^{-t}$, $y=t-e^{-t}$ $(0\le t\le 2)$

34. $x=1+e^t$, $y=t^2$ $(-3\le t\le 3)$

35. $x=t-2\sin t$, $y=1-2\cos t$ $(0\le t\le 4\pi)$

36. $x=t+\sqrt{t}$, $y=t-\sqrt{t}$ $(0\le t\le 1)$

37–40. 다음 곡선의 길이를 찾아라.

37. $x=1+3t^2$, $y=4+2t^3$ $(0\le t\le 1)$

38. $x=e^t+e^{-t}$, $y=5-2t$ $(0\le t\le 3)$

39. $x=t\sin t$, $y=t\cos t$ $(0\le t\le 1)$

40. $x=3\cos t-\cos 3t$, $y=3\sin t-\sin 3t$ $(0\le t\le\pi)$

41–43. 다음 곡선을 그리고, 그 길이를 찾아라.

41. $x=e^t\cos t$, $y=e^t\sin t$ $(0\le t\le\pi)$

42. $x=\cos t+\ln(\tan\frac{1}{2}t)$, $y=\sin t$ $(\pi/4\le t\le 3\pi/4)$

43. $x=e^t-t$, $y=4e^{t/2}$ $(-8\le t\le 3)$

44. 곡선 $x=3t-t^3$, $y=3t^2$에 있는 고리의 길이를 찾아라.

45. 곡선 $x=t-e^t$, $y=t+e^t$ $(-6\le t\le 6)$의 길이를 $n=6$인 심프슨의 법칙을 이용해서 찾아라.

46. 9.1절의 익힘 문제 36에서 아네시의 마녀라 부르는 곡선에 대한 매개 방정식 $x=2a\cot\theta$, $y=2a\sin^2\theta$를

유도했다. $\pi/4 \le \theta \le \pi/2$일 때 이 곡선의 호의 길이를 $n=4$인 심프슨의 법칙을 이용해서 어림하라.

47–48. t가 주어진 시간 구간에서 변할 때 위치가 (x, y)인 입자가 움직인 거리를 찾아라. 곡선의 길이와 비교하라.

47. $x = \sin^2 t,\ y = \cos^2 t \ (0 \le t \le 3\pi)$

48. $x = \cos^2 t,\ y = \cos t \ (0 \le t \le 4\pi)$

49. 타원 $x = a\sin\theta,\ y = b\cos\theta \ (a > b > 0)$의 전체 길이가 다음과 같음을 보여라.

$$L = 4a\int_0^{\pi/2} \sqrt{1 - e^2\sin^2\theta}\, d\theta$$

여기서 e는 타원의 이심률 $e = c/a$인데, $c = \sqrt{a^2 - b^2}$이다.

50. 별모양선 $x = a\cos^3\theta,\ y = a\sin^3\theta \ (a > 0)$의 전체 길이를 찾아라.

CAS **51.** (a) 방정식이 다음과 같은 바깥바퀴굴렁쇠선 또는 에피트로코이드를 그려라.

$$x = 11\cos t - 4\cos(11t/2),$$
$$y = 11\sin t - 4\sin(11t/2)$$

매개 변수의 어떤 구간에서 완전한 곡선을 얻는가?

(b) CAS를 이용해서 이 곡선의 길이의 근삿값을 찾아라.

CAS **52.** 코르누의 소용돌이선은 다음 매개 방정식으로 정의된다.

$$x = C(t) = \int_0^t \cos(\pi u^2/2)\, du,$$
$$y = S(t) = \int_0^t \sin(\pi u^2/2)\, du$$

여기서 C와 S는 제5장에서 소개한 프레넬 함수이다.

(a) 이 곡선을 그려라. $t \to \infty$일 때와 $t \to -\infty$일 때 어떤 상황이 나타나는가?

(b) 원점부터 매개 변수 값이 t인 점까지 코르누의 소용돌이선의 길이를 찾아라.

53. 원을 에워싼 끈을 팽팽하게 유지하면서 푼다. 그러면 끈의 끝에 있는 점 P가 그리는 곡선을 원의 신개선이라 한다. 원의 반지름이 r이고 중심이 O이며 P가 처음에 $(r, 0)$에 있었고, 아래 그림과 같이 매개 변수 θ를 택하면, 신개선의 매개 방정식이 다음과 같음을 보여라.

$$x = r(\cos\theta + \theta\sin\theta),\quad y = r(\sin\theta - \theta\cos\theta)$$

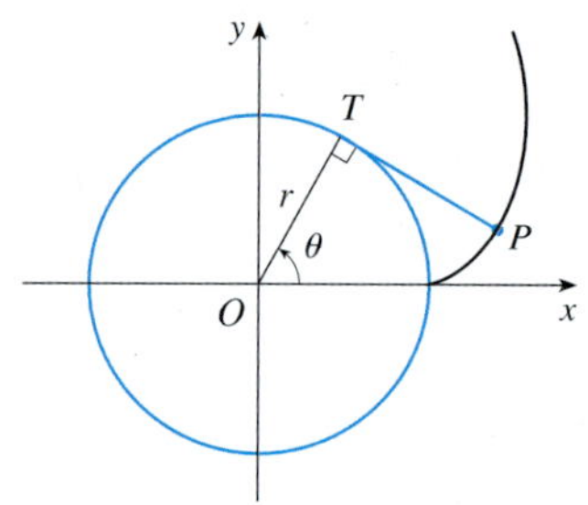

54. 그림과 같이 반지름이 r인 사일로에 소가 밧줄로 묶여 있는데, 밧줄의 길이는 정확하게 사일로의 반대편에 닿을 수 있다. 이 소가 풀을 뜯어먹을 수 있는 넓이를 찾아라.

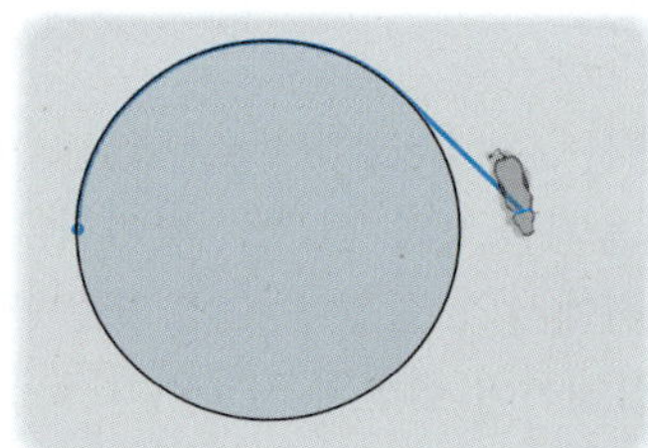

9.3 극 좌표

용어
극 좌표 체계, 극좌표계 polar coordinate system
극 pole
극축 polar axis
극 좌표 polar coordinate

좌표 체계는 평면의 점을 좌표라 부르는 수들의 순서쌍으로 표현한다. 통상 직교 좌표를 사용하는데, 이것은 서로 수직인 두 축으로부터의 유향 거리이다. 여기서는 뉴턴이 도입한 극 좌표 체계 또는 극좌표계라는 여러 가지 목적에서 매우 편리한 좌표 체계를 설명한다.

평면에서 극(또는 원점)이라 부르는 점을 택하고 O로 나타낸다. 다음에 O에서 출발하는 극축이라 부르는 반직선(사선)을 그린다. 극축은 통상 오른쪽으로 수평으로 그리고, 직교 좌표 체계에서 양의 x축과 일치시킨다.

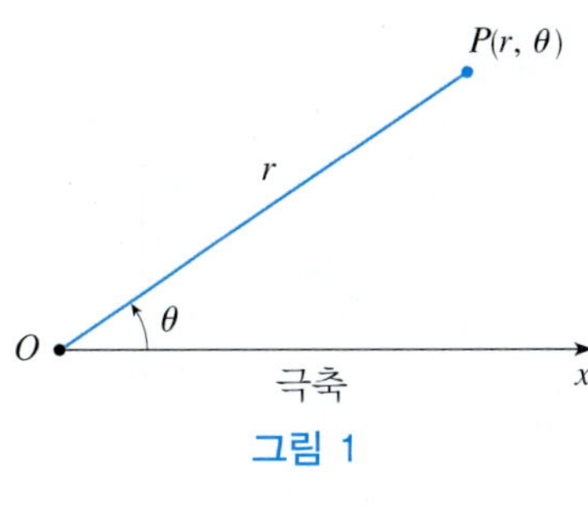

그림 1

P가 평면의 임의의 다른 점일 때, 그림 1과 같이 r은 O부터 P까지의 거리이고 θ는 극축과 직선 OP 사이의 (통상 라디안으로 측정하는) 각이라 하자. 그러면 점 P는 순서쌍 (r, θ)로 표현하고, r과 θ를 P의 극 좌표라 부른다. 관례적으로, 극축으로부터 시계 반대 방향으로 측정하는 각을 양의 각, 시계 방향으로 측정하는 각을 음의 각이라 한다. $P = O$일 때 $r = 0$이고, 임의의 각 θ에 대해 $(0, \theta)$는 극을 나타내기로 한다.

극 좌표 (r, θ)의 뜻을 r이 음수인 경우까지 확대하는데, 그림 2와 같이 두 점 $(-r, \theta)$와 (r, θ)는 O를 지나는 같은 직선에 O로부터 같은 거리 $|r|$만큼 떨어진 지점에 O의 서로 반대편에 놓여있다고 정의한다. 점 (r, θ)는 $r > 0$이면 θ와 같은 사분면에 있고, $r < 0$이면 극의 반대편의 사분면에 있다. $(-r, \theta)$는 $(r, \theta + \pi)$와 같은 점을 나타낸다.

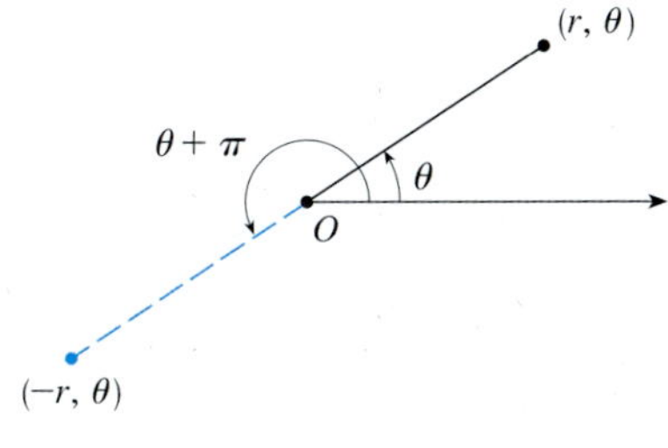

그림 2

보기 1 극 좌표가 다음과 같은 점을 평면에 나타내라.

(a) $(1,\ 5\pi/4)$ (b) $(2,\ 3\pi)$ (c) $(2,\ -2\pi/3)$ (d) $(-3,\ 3\pi/4)$

풀이 위의 점을 그림 3에 나타냈다. (d)에서 점 $(-3,\ 3\pi/4)$는 제 4 사분면에서 극으로부터 3단위 떨어진 곳에 위치하는데, 왜냐하면 각 $3\pi/4$는 제 2사분면에 있고 $r = -3$은 음수이기 때문이다.

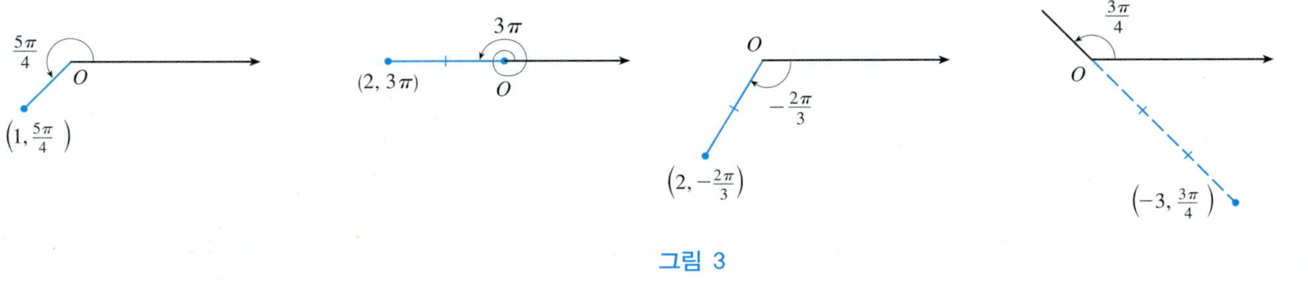

그림 3

■

직교 좌표 체계에서 각 점은 유일하게 표현된다. 그러나 극 좌표 체계에서 각 점은 여러 가지로 표현된다. 예를 들면, 보기 1(a)의 점 $(1,\ 5\pi/4)$는 $(1,\ -3\pi/4)$ 또는 $(1,\ 13\pi/4)$ 또는 $(-1,\ \pi/4)$로 나타낼 수 있다. (그림 4를 보라.)

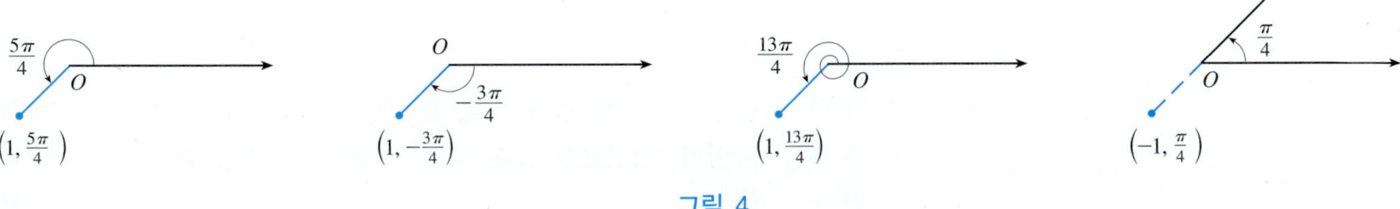

그림 4

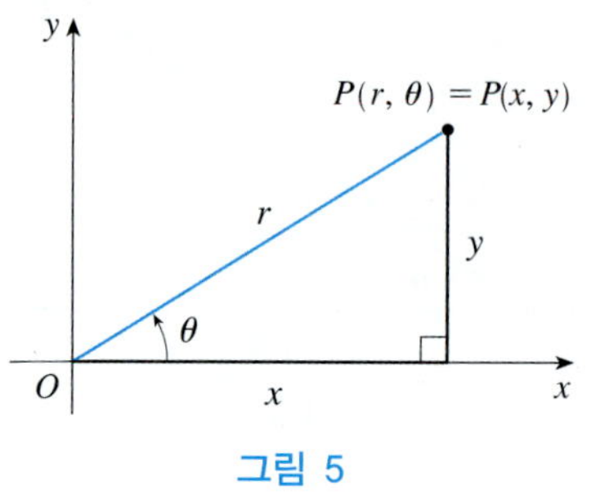

그림 5

실제로, 시계 반대 방향의 한 바퀴 회전은 각 2π에 대응하므로, 극 좌표 $(r,\ \theta)$로 표현되는 점은, 임의의 정수 n에 대해 다음과 같이도 표현된다.

$$(r,\ \theta+2n\pi),\quad (-r,\ \theta+(2n+1)\pi)$$

극 좌표와 직교 좌표 사이의 관계는 그림 5에서 확인할 수 있는데, 여기서 극은 원점에 대응하고 극축은 양의 x축과 일치한다. 점 P의 직교 좌표는 $(x,\ y)$이고 극 좌표는 $(r,\ \theta)$이면, 그림으로부터 다음을 얻는다.

$$\cos\theta=\frac{x}{r},\quad \sin\theta=\frac{y}{r}$$

그러므로 다음이 성립한다.

1 $$x=r\cos\theta,\quad y=r\sin\theta$$

식 1을 $r>0$이고 $0<\theta<\pi/2$인 경우를 예시하는 그림 5로부터 유도했지만, 이는 r과 θ의 모든 경우에 대해 성립한다. (부록 A에서 $\sin\theta$와 $\cos\theta$에 대한 일반적인 정의를 보라.)

식 1을 이용하면, 극 좌표가 알려진 점의 직교 좌표를 찾을 수 있다. x와 y를 알 때 r과 θ를 찾으려면, 다음 식을 이용한다.

2 $$r^2=x^2+y^2,\quad \tan\theta=\frac{y}{x}$$

이것은 식 1로부터 유도하거나 그림 5로부터 간단히 확인할 수 있다.

보기 2 극 좌표가 $(2,\ \pi/3)$인 점의 직교 좌표를 찾아라.

풀이 $r=2$이고 $\theta=\pi/3$이므로, 식 1에 따라 다음을 얻는다.

$$x=r\cos\theta=2\cos\frac{\pi}{3}=2\cdot\frac{1}{2}=1,$$

$$y=r\sin\theta=2\sin\frac{\pi}{3}=2\cdot\frac{\sqrt{3}}{2}=\sqrt{3}$$

따라서 주어진 점의 직교 좌표는 $(1,\ \sqrt{3})$이다. ■

보기 3 직교 좌표가 $(1,\ -1)$인 점을 극 좌표로 표현하라.

풀이 r을 양수로 택하자. 그러면 식 1에 의해 다음을 얻는다.

$$r=\sqrt{x^2+y^2}=\sqrt{1^2+(-1)^2}=\sqrt{2},$$

$$\tan\theta=\frac{y}{x}=-1$$

점 $(1,\ -1)$은 제 4 사분면에 놓여 있으므로, $\theta=-\pi/4$ 또는 $\theta=7\pi/4$를 택할 수 있다. 그러므로 답은 $(\sqrt{2},\ -\pi/4)$일 수 있고, $(\sqrt{2},\ 7\pi/4)$일 수도 있다. ■

> 참고 x와 y가 주어졌을 때 식 [2]는 θ를 유일하게 결정하지 않는다. 왜냐하면 θ가 구간 $0 \le \theta < 2\pi$에서 증가할 때, $\tan\theta$의 각 값은 두 번씩 나타나기 때문이다. 따라서 직교 좌표를 극 좌표로 변환할 때는, 식 [2]를 만족시키는 r과 θ만 찾는 것으로 충분하지 않다. 보기 3에서와 같이, 점 (r, θ)가 올바른 사분면에 놓이도록 θ를 선택해야 한다.

극 곡선

극 방정식 $r = f(\theta)$ 또는 좀 더 일반적으로 $F(r, \theta) = 0$의 그래프는 이 방정식을 만족시키는 극 좌표 (r, θ)로 적어도 한 번 표현되는 점 P 전체로 이루어진다.

용어
극 방정식의 그래프 = 극 곡선 graph of a polar equation = polar curve

보기 4 극 방정식 $r = 2$가 표현하는 곡선은 무엇인가?

풀이 곡선은 $r = 2$인 점 (r, θ) 전체로 이루어진다. r은 이런 점부터 원점까지의 거리를 표현하므로, 곡선 $r = 2$는 중심 O이고 반지름이 2인 원을 표현한다. 일반적으로, 방정식 $r = a$는 중심이 O이고 반지름이 $|a|$인 원을 표현한다. (그림 6을 보라.) ■

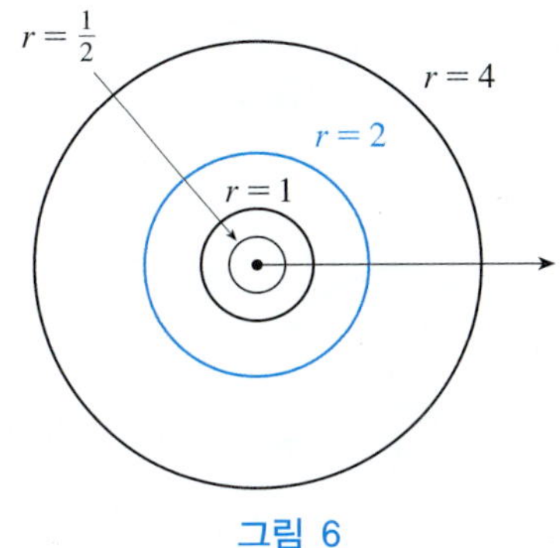

그림 6

보기 5 극 곡선 $\theta = 1$을 그려라.

풀이 이 곡선은 극 각 θ가 1 라디안인 점 (r, θ) 전체로 이루어진다. 이는 O를 지나고 극축과 1라디안의 각을 이루는 직선이다. (그림 7을 보라.) 이 직선에 있는 점 $(r, 1)$은 $r > 0$일 때 제1 사분면에 있고, $r < 0$일 때는 제3 사분면에 있다. ■

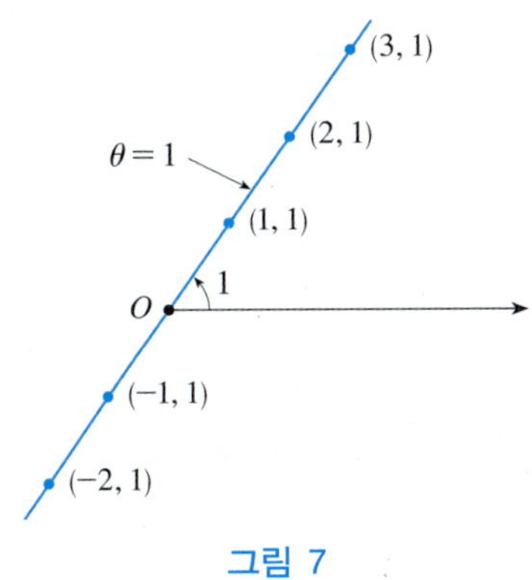

그림 7

보기 6 (a) 극 방정식이 $r = 2\cos\theta$인 곡선을 그려라.

(b) 이 곡선의 직교 방정식을 찾아라.

풀이 (a) 그림 8에 간편한 θ의 값 몇 개에 대한 r의 값을 찾고 이에 대응하는 점 (r, θ)를 좌표 평면에 나타냈다. 그리고 이런 점들을 연결해서 곡선을 그리면 원으로 보인다. 0과 π 사이의 θ의 값만을 이용했는데, π보다 큰 θ를 택하면 똑같은 점을 얻기 때문이다.

θ	$r = 2\cos\theta$
0	2
$\pi/6$	$\sqrt{3}$
$\pi/4$	$\sqrt{2}$
$\pi/3$	1
$\pi/2$	0
$2\pi/3$	-1
$3\pi/4$	$-\sqrt{2}$
$5\pi/6$	$-\sqrt{3}$
π	-2

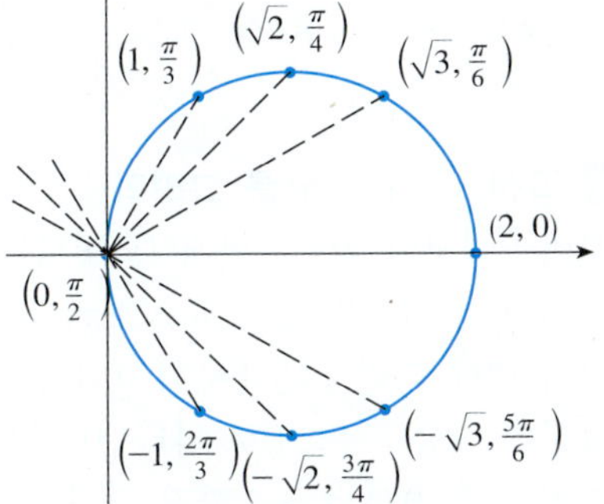

그림 8 수표와 $r = 2\cos\theta$의 그래프

■ 보기 6에 있는 곡선은 극축에 대해 대칭인데, $\cos(-\theta) = \cos\theta$이기 때문이다.

(b) 주어진 방정식을 직교 방정식으로 변환하기 위해서, 두 식 [1]과 [2]를 이용

■ 그림 9는 보기 6에 있는 원의 방정식이 $r=2\cos\theta$임을 기하학적으로 보여주고 있다. 각 OPQ는 직각이고(이유는?) 이에 따라 $r/2=\cos\theta$이다.

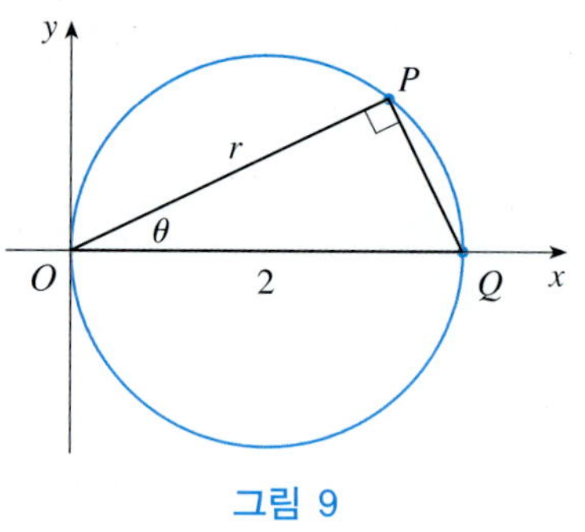

그림 9

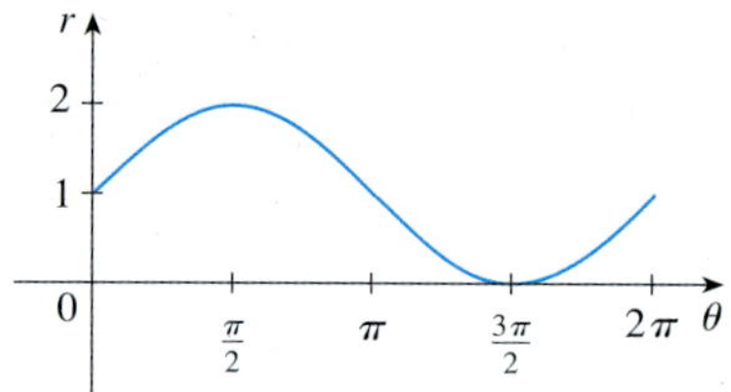

그림 10 $0 \leq \theta \leq 2\pi$일 때 $(\theta,\ r)$를 직교 좌표로 생각해서 나타낸 $r=1+\sin\theta$

한다. $x=r\cos\theta$에서 $\cos\theta=x/r$를 얻고, 이에 따라 방정식 $r=2\cos\theta$는 $r=2x/r$가 된다. 이로부터 다음이 성립한다.

$$2x=r^2=x^2+y^2, \quad \text{곧 } x^2+y^2-2x=0$$

완전 제곱식으로 바꾸면, 다음을 얻는다.

$$(x-1)^2+y^2=1$$

이것은 중심이 $(1,\ 0)$이고 반지름이 1인 원의 방정식이다. ■

보기 7 곡선 $r=1+\sin\theta$를 그려라.

풀이 보기 6에서와 같이 곡선에 있는 점들을 찾지 않고, 먼저 그림 10과 같이 $(r,\ \theta)$를 직교 좌표로 생각해서 $r=1+\sin\theta$의 그래프를 사인 곡선을 1만큼 위로 평행 이동시켜 그리자. 그러면 θ의 값이 커짐에 따라 이에 대응하는 r의 값을 바로 알 수 있다. 예를 들어, θ의 값이 0부터 $\pi/2$까지 커지면 (O로부터의 거리인) r은 1부터 2까지 커진다. 그러므로 극 곡선에서 이에 대응하는 부분을 그림 11(a)와 같이 그릴 수 있다. θ가 $\pi/2$부터 π까지 커지면 그림 10에 따라 r은 2부터 1까지 작아지고, 곡선의 다음 부분은 그림 11(b)와 같다. θ가 π부터 $3\pi/2$까지 커지면, (c)에 나타낸 대로 r은 1부터 0까지 작아진다. θ가 $3\pi/2$부터 2π까지 커지면, (d)에 나타낸 대로 r은 0부터 1까지 커진다. θ가 2π보다 크거나 0보다 작은 경우에는 이런 경로를 다시 지난다. 그림 11(a)~(d)에 그린 곡선의 부분들을 합치면, (e)에 나타낸 완전한 곡선을 얻는다. 이를 심장선이라 하는데, 심장의 모습을 하고 있기 때문이다. ■

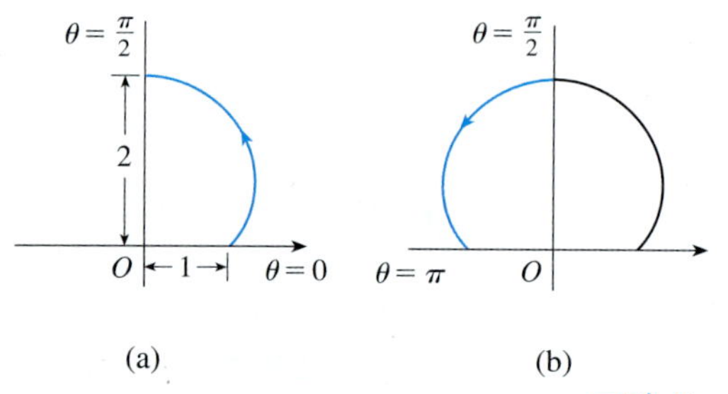

(c) (d) (e)

그림 11 심장선 $r=1+\sin\theta$를 그리는 단계

용어
심장선 cardioid 네 잎 장미 four-leaved rose

TEC Module 9.3은 그림 10~13과 비슷한 동영상을 보여줌으로써 극 곡선을 그리는 방법을 알 수 있게 도와준다.

보기 8 곡선 $r=\cos 2\theta$를 그려라.

풀이 보기 7에서와 같이, 먼저 $(r,\ \theta)$를 직교 좌표로 생각해서 그림 12와 같이 곡선 $r=\cos 2\theta$ $(0 \leq \theta \leq 2\pi)$를 그리자. θ가 0부터 $\pi/4$까지 커질 때 그림 12에 따라 r은 1부터 0까지 작아지고, 이에 따라 그림 13과 같이 극 곡선의 대응하는 (①로 나타낸) 부분을 그린다. θ가 $\pi/4$부터 $\pi/2$까지 커지면, r은 0부터 -1까지 작아진다. 이는 O으로부터의 거리가 0부터 1까지 커지지만, 극 곡선의 이 부분이 (②에 나타낸 대로) 극의 반대쪽인 제3 사분면에 놓여있음을 뜻한다. 곡선의 나머지 부분도 비슷한 방법으로 그리는데, 그리는 부분의 순서는 화살표 및 번호와 같다. 이 결과로 네 개의 고리로 이루어진 곡선을 얻는데, 이를 **네 잎 장미**라 부른다. ■

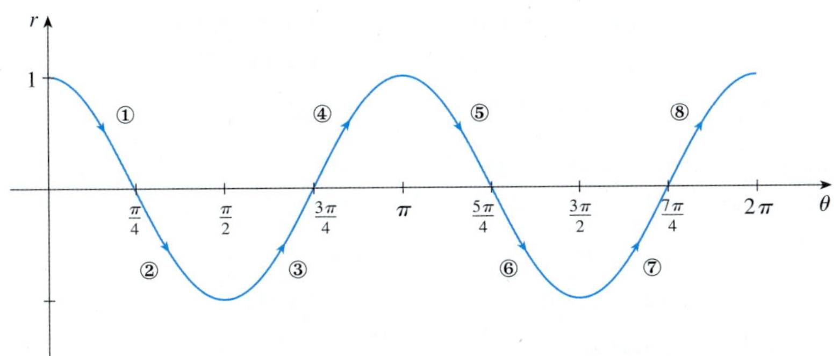

그림 12 직교 좌표로 나타낸 $r = \cos 2\theta$

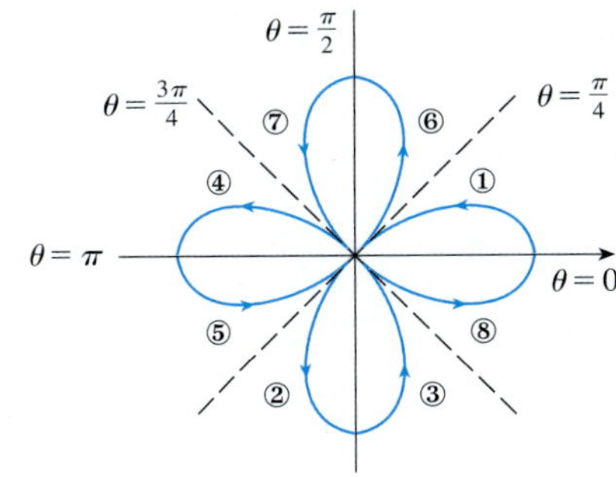

그림 13 네 잎 장미 $r = \cos 2\theta$

극 곡선에 대한 접선

극 곡선 $r = f(\theta)$에 대한 접선을 찾기 위해서 θ를 매개 변수로 생각하고 이 매개 방정식을 다음과 같이 쓰자.

$$x = r\cos\theta = f(\theta)\cos\theta, \quad y = r\sin\theta = f(\theta)\sin\theta$$

그러면 매개 곡선의 기울기를 찾는 방법(9.2절의 식 [1])과 곱의 미분법을 이용하면, 다음을 얻는다.

[3]
$$\frac{dy}{dx} = \frac{\dfrac{dy}{d\theta}}{\dfrac{dx}{d\theta}} = \frac{\dfrac{dr}{d\theta}\sin\theta + r\cos\theta}{\dfrac{dr}{d\theta}\cos\theta - r\sin\theta}$$

수평 접선은 ($dx/d\theta \neq 0$일 때) $dy/d\theta = 0$인 점을 찾으면 된다. 마찬가지로 연직 접선은 ($dy/d\theta \neq 0$일 때) $dx/d\theta = 0$인 점에서 나타난다.

극에서의 접선을 찾으려면, $r = 0$과 식 [3]은 단순히 다음과 같이 된다.

$$\frac{dy}{dx} = \tan\theta \quad \left(\text{단}, \ \frac{dr}{d\theta} \neq 0\right)$$

예를 들면, 보기 8에서 $\theta = \pi/4$ 또는 $3\pi/4$일 때 $r = \cos 2\theta = 0$이다. 이는 두 직선 $\theta = \pi/4$와 $\theta = 3\pi/4$(또는 $y = x$와 $y = -x$)가 원점에서 $r = \cos 2\theta$에 대한 접선임을 뜻한다.

보기 9 (a) 보기 7의 심장선 $r = 1 + \sin\theta$에 대해 $\theta = \pi/3$일 때의 접선의 기울기를 찾아라.
(b) 심장선의 점 중에서 그 점에서의 접선이 수평 또는 연직인 것을 찾아라.

풀이 식 [3]을 $r = 1 + \sin\theta$이 적용하면, 다음을 얻는다.

$$\frac{dy}{dx}=\frac{\dfrac{dr}{d\theta}\sin\theta+r\cos\theta}{\dfrac{dr}{d\theta}\cos\theta-r\sin\theta}=\frac{\cos\theta\sin\theta+(1+\sin\theta)\cos\theta}{\cos\theta\cos\theta-(1+\sin\theta)\sin\theta}$$

$$=\frac{\cos\theta(1+2\sin\theta)}{1-2\sin^2\theta-\sin\theta}=\frac{\cos\theta(1+2\sin\theta)}{(1+\sin\theta)(1-2\sin\theta)}$$

(a) $\theta=\pi/3$인 점에서 접선의 기울기는 다음과 같다.

$$\left.\frac{dy}{dx}\right|_{\theta=\pi/3}=\frac{\cos(\pi/3)(1+2\sin(\pi/3))}{(1+\sin(\pi/3))(1-2\sin(\pi/3))}=\frac{\frac{1}{2}(1+\sqrt{3})}{(1+\sqrt{3}/2)(1-\sqrt{3})}$$

$$=\frac{1+\sqrt{3}}{(2+\sqrt{3})(1-\sqrt{3})}=\frac{1+\sqrt{3}}{-1-\sqrt{3}}=-1$$

(b) 다음을 확인하자.

$$\theta=\frac{\pi}{2},\ \frac{3\pi}{2},\ \frac{7\pi}{6},\ \frac{11\pi}{6}\text{일 때 }\frac{dy}{d\theta}=\cos\theta(1+2\sin\theta)=0\text{이고,}$$

$$\theta=\frac{3\pi}{2},\ \frac{\pi}{6},\ \frac{5\pi}{6}\text{일 때 }\frac{dx}{d\theta}=(1+\sin\theta)(1-2\sin\theta)=0\text{이다.}$$

따라서 세 점 $(2,\ \pi/2)$, $(\frac{1}{2},\ 7\pi/6)$, $(\frac{1}{2},\ 11\pi/6)$에서의 접선은 수평선이고, 두 점 $(\frac{3}{2},\ \pi/6)$와 $(\frac{3}{2},\ 5\pi/6)$에서의 접선은 연직선이다. $\theta=3\pi/2$일 때 $dy/d\theta$와 $dx/d\theta$가 모두 0이므로, 주의해야 한다. 로피탈의 법칙을 사용하면 다음을 얻는다.

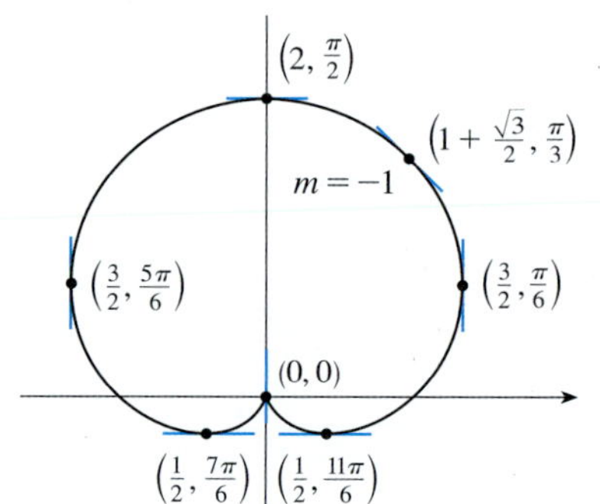

그림 14 $r=1+\sin\theta$의 접선

$$\lim_{\theta\to(3\pi/2)^-}\frac{dy}{dx}=\left(\lim_{\theta\to(3\pi/2)^-}\frac{1+2\sin\theta}{1-2\sin\theta}\right)\left(\lim_{\theta\to(3\pi/2)^-}\frac{\cos\theta}{1+\sin\theta}\right)$$

$$=-\frac{1}{3}\lim_{\theta\to(3\pi/2)^-}\frac{\cos\theta}{1+\sin\theta}=-\frac{1}{3}\lim_{\theta\to(3\pi/2)^-}\frac{-\sin\theta}{\cos\theta}=\infty$$

대칭성에 의해 다음을 얻는다.

$$\lim_{\theta\to(3\pi/2)^+}\frac{dy}{dx}=-\infty$$

그러므로 극에서의 접선은 연직선이다. (그림 14를 보라.) ■

참고 식 [3]을 암기하려 하지 말고, 이를 유도하는 방법을 활용할 수 있다. 예를 들면, 보기 9에서 다음과 같이 쓸 수 있다.

$$x=r\cos\theta=(1+\sin\theta)\cos\theta=\cos\theta+\tfrac{1}{2}\sin 2\theta,$$

$$y=r\sin\theta=(1+\sin\theta)\sin\theta=\sin\theta+\sin^2\theta$$

그러므로 다음을 얻는다.

$$\frac{dy}{dx}=\frac{dy/d\theta}{dx/d\theta}=\frac{\cos\theta+2\sin\theta\cos\theta}{-\sin\theta+\cos 2\theta}=\frac{\cos\theta+\sin 2\theta}{-\sin\theta+\cos 2\theta}$$

이는 위의 식과 동치이다.

그래프 장치로 극 곡선 그리기

간단한 극 곡선을 손으로 그릴 수 있다면 유용하겠지만, 그림 15에 나타낸 곡선과 같이 복잡한 경우에는 그래프 계산기 또는 컴퓨터를 이용할 필요가 있다.

일부 그래프 장치에는 극 곡선을 직접 그릴 수 있는 명령어가 있다. 다른 장치의 경우에는 먼저 매개 방정식으로 변환할 필요가 있다. 이런 경우에는 극 방정식 $r = f(\theta)$를 다음과 같은 매개 방정식으로 쓴다.

$$x = r\cos\theta = f(\theta)\cos\theta, \quad y = r\sin\theta = f(\theta)\sin\theta$$

어떤 장치에서는 매개 변수를 θ 대신에 t로 나타내야 한다.

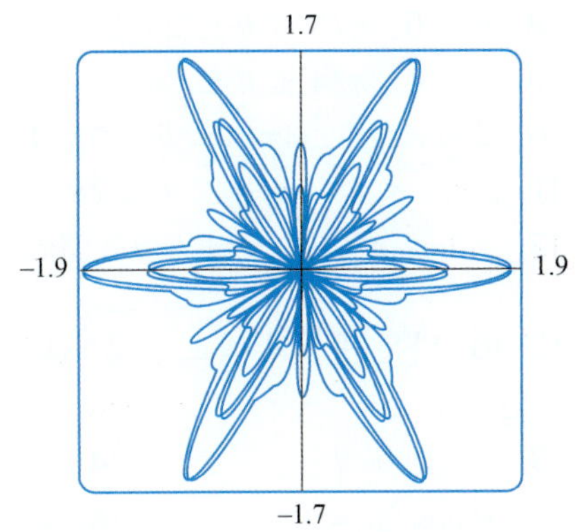

그림 15 $r = \sin^2(1.2\theta) + \cos^3(6\theta)$

▪ www.stewartcalculus.com
Additional Example A를 보라.

보기 10 곡선 $r = \sin(8\theta/5)$를 그려라.

풀이 그래프 장치에 극 방정식의 그래프를 그리는 명령어가 내장되어 있지 않다고 하자. 이런 경우에는 다음과 같이 대응하는 매개 방정식을 찾을 필요가 있다.

$$x = r\cos\theta = \sin(8\theta/5)\cos\theta, \quad y = r\sin\theta = \sin(8\theta/5)\sin\theta$$

모든 경우에 θ의 정의역을 결정해야 한다. 그러므로 다음과 같은 질문에 답해야 한다. 곡선이 스스로 반복되기 전에 θ는 2π의 몇 배만큼 커야 하는가? 답이 n이라면 다음이 성립한다.

$$\sin\frac{8(\theta + 2n\pi)}{5} = \sin\left(\frac{8\theta}{5} + \frac{16n\pi}{5}\right) = \sin\frac{8\theta}{5}$$

그러므로 $16n\pi/5$가 2π의 자연수 배이어야 한다. 이는 $n = 5$일 때 처음 나타난다. 따라서 $0 \le \theta \le 10\pi$로 정하면 완전한 곡선의 그래프를 얻는다. θ를 t로 나타내면 다음 방정식을 얻는다.

$$x = \sin(8t/5)\cos t, \quad y = \sin(8t/5)\sin t \quad (0 \le t \le 10\pi)$$

그리고 그림 16은 이 결과로 얻은 곡선을 보여준다. 이 장미에는 16개의 고리가 있다. ■

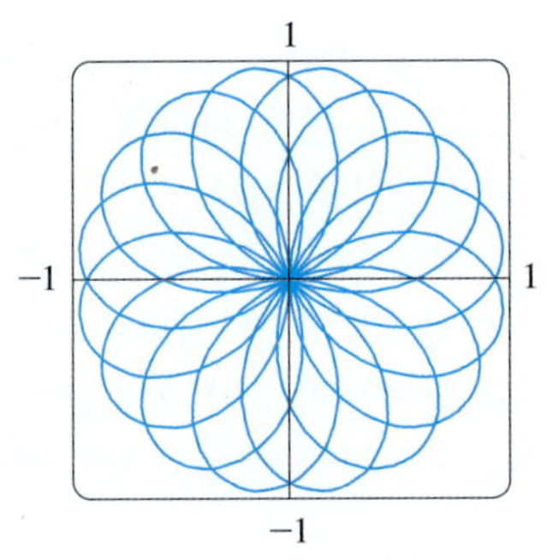

그림 16 $r = \sin(8\theta/5)$

9.3 익힘 문제

1–2. 극 좌표가 다음과 같은 점을 좌표 평면에 나타내라. 그리고 다음 점의 또 다른 극 좌표 두 개를 $r > 0$인 경우와 $r < 0$인 경우에 하나씩 찾아라.

1. (a) $(2, \pi/3)$ (b) $(1, -3\pi/4)$ (c) $(-1, \pi/2)$

2. (a) $(3, 0)$ (b) $(2, -\pi/7)$ (c) $(-1, -\pi/2)$

3–4. 극 좌표가 다음과 같은 점을 좌표 평면에 나타내라. 그리고 직교 좌표를 찾아라.

3. (a) $(1, \pi)$ (b) $(2, -2\pi/3)$ (c) $(-2, 3\pi/4)$

4. (a) $(2, 2\pi/3)$ (b) $(4, 3\pi)$ (c) $(-2, -5\pi/6)$

5–6. 직교 좌표가 다음과 같은 점에 대해서
(i) $r > 0$이고 $0 \le \theta < 2\pi$인 극 좌표 (r, θ)를 찾아라.
(ii) $r < 0$이고 $0 \le \theta < 2\pi$인 극 좌표 (r, θ)를 찾아라.

5. (a) $(2, -2)$ (b) $(-1, \sqrt{3})$

6. (a) $(-1, -\sqrt{3})$ (b) $(-2, 3)$

7–12. 극 좌표가 다음 조건을 만족시키는 점들로 이루어진 영역을 평면에 나타내라.

7. $1 \le r \le 2$
8. $r \ge 0,\ \pi/3 \le \theta \le 2\pi/3$
9. $r \ge 0,\ \pi/4 \le \theta \le 3\pi/4$
10. $2 < r \le 5,\ 3\pi/4 < \theta < 5\pi/4$
11. $2 < r < 3,\ 5\pi/3 \le \theta \le 7\pi/3$
12. $-1 \le r \le 1,\ \pi/4 \le \theta \le 3\pi/4$

13–16. 다음 곡선의 직교 방정식을 찾아서 곡선의 모양을 확인하라.

13. $r = 2\cos\theta$
14. $r = 2\sin\theta + 2\cos\theta$
15. $r^2 \cos 2\theta = 1$
16. $r = \tan\theta \sec\theta$

17–20. 다음 직교 방정식으로 표현되는 곡선의 극 방정식을 찾아라.

17. $y = 1 + 3x$
18. $x + y = 9$
19. $x^2 + y^2 = 2cx$
20. $xy = 4$

21–22. 다음 곡선은 극 방정식과 직교 방정식 중에서 어느 것으로 더 쉽게 나타낼 수 있는지 판정하라. 그리고 곡선의 방정식을 써라.

21. (a) 원점을 지나고 양의 x축과 $\pi/6$의 각을 이루는 직선
 (b) 점 $(3,\ 3)$을 지나는 연직선
22. (a) 반지름이 5이고 중심이 $(2,\ 3)$인 원
 (b) 중심이 원점이고 반지름이 4인 원

23–40. $(r,\ \theta)$를 직교 좌표로 생각하고 θ의 함수로서 r의 그래프를 그린 다음에, 극 방정식이 다음과 같은 곡선을 그려라.

23. $r = -2\sin\theta$
24. $r = 1 - \cos\theta$
25. $r = 2(1 + \cos\theta)$
26. $r = 1 + 2\cos\theta$
27. $r = \theta\ \ (\theta \ge 0)$
28. $r = \ln\theta\ \ (\theta \ge 1)$
29. $r = 4\sin 3\theta$
30. $r = \cos 5\theta$
31. $r = 2\cos 4\theta$
32. $r = 3\cos 6\theta$
33. $r = 1 - 2\sin\theta$
34. $r = 2 + \sin\theta$
35. $r^2 = 9\sin 2\theta$
36. $r^2 = \cos 4\theta$
37. $r = 2 + \sin 3\theta$
38. $r^2\theta = 1$
39. $r = 1 + 2\cos 2\theta$
40. $r = 3 + 4\cos\theta$

41–42. 다음 그림은 $(r,\ \theta)$를 직교 좌표로 생각하고 그린 θ의 함수 r의 그래프를 보여준다. 이를 이용해서 대응하는 극 곡선을 그려라.

41.

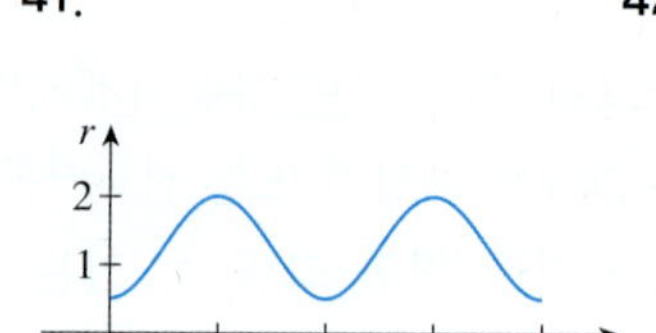

42.

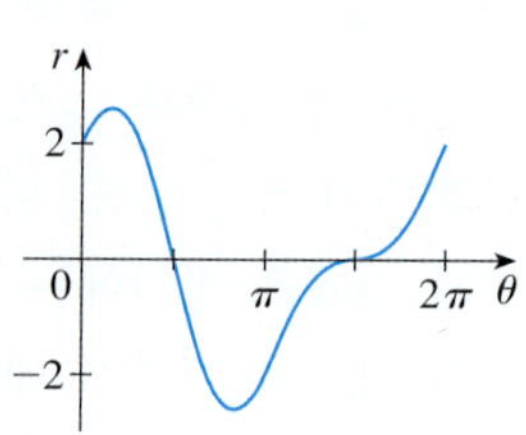

43. 직선 $x = 2$가 (조개선 또는 콘코이드이라 부르는) 극곡선 $r = 4 + 2\sec\theta$의 연직 점근선임을 $\lim_{r\to\pm\infty} x = 2$임을 밝혀서 보여라. 이 사실을 이용해서 조개선을 그려라.

44. 곡선 $(x^2 + y^2)^3 = 4x^2y^2$을 그려라.

45. 직선 $x = 1$이 (뾰족 질주선 또는 디오클레스의 질주선이라 부르는) 곡선 $r = \sin\theta\tan\theta$의 연직 점근선임을 보여라. 또, 이 곡선이 연직 띠 $0 \le x < 1$ 안에 완전히 놓여있음을 보여라. 이 사실을 이용해서 뾰족 질주선을 그려라.

46. 다음 극 방정식의 그래프를 아래 I~VI 중에서 찾아라. 그렇게 선택한 이유를 말하라. (그래프 장치를 이용하지 마라.)
 (a) $r = \sqrt{\theta}\ \ (0 \le \theta \le 16\pi)$
 (b) $r = \theta^2\ \ (0 \le \theta \le 16\pi)$
 (c) $r = \cos(\theta/3)$
 (d) $r = 1 + 2\cos\theta$
 (e) $r = 2 + \sin 3\theta$
 (f) $r = 1 + 2\sin 3\theta$

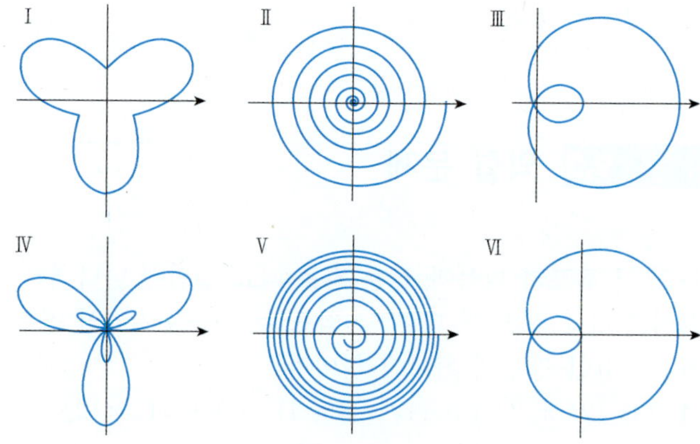

47–50. θ의 값으로 지정된 점에서 다음 극 곡선에 대한 접선의 기울기를 찾아라.

47. $r = 2\sin\theta,\ \theta = \pi/6$
48. $r = 2 - \sin\theta,\ \theta = \pi/3$
49. $r = 1/\theta,\ \theta = \pi$
50. $r = \cos(\theta/3),\ \theta = \pi$

51–54. 다음 곡선의 점 중에서 그 점에서의 접선이 수평 또는 연직인 것을 찾아라.

51. $r = 3\cos\theta$

52. $r = e^{\theta}$

53. $r = 1 + \cos\theta$

54. $r^2 = \sin 2\theta$

55. $ab \neq 0$일 때, 극 방정식 $r = a\sin\theta + b\cos\theta$가 원을 표현함을 보이고, 그 중심과 반지름을 찾아라.

56. 두 곡선 $r = a\sin\theta$와 $r = a\cos\theta$가 직교함을 보여라.

57–60. 그래프 장치를 이용해서 다음 극 곡선을 그려라. 곡선 전체를 보여주는 매개 변수의 구간을 선택하라.

57. $r = e^{\sin\theta} - 2\cos(4\theta)$ (나비 곡선)

58. $r = \sin^2(4\theta) + \cos(4\theta)$

59. $r = 1 + \cos^{999}\theta$ (팩맨 곡선)

60. $r = |\tan\theta|^{|\cot\theta|}$ (발렌타인 곡선)

61. $r = 1 + \sin(\theta - \pi/6)$와 $r = 1 + \sin(\theta - \pi/3)$의 그래프들은 $r = 1 + \sin\theta$의 그래프와 어떤 관계에 있는가? 일반적으로 $r = f(\theta - \alpha)$의 그래프는 $r = f(\theta)$의 그래프와 어떤 관계에 있는가?

62. 그래프를 이용해서 곡선 $r = \sin 2\theta$에서 가장 높은 점의 y 좌표를 어림하라. 미분을 이용해서 정확한 값을 찾아라.

63. (a) n이 양의 정수일 때, 극 방정식 $r = \sin n\theta$로 정의된 곡선의 집합을 조사하라. n과 관련된 고리의 개수는 얼마인가?

(b) (a)의 방정식을 $r = |\sin n\theta|$으로 바꾸면 어떻게 되는가?

64. c가 실수이고 n이 양의 정수일 때 방정식 $r = 1 + c\sin n\theta$로 정의된 곡선의 집합을 생각하자. n이 커짐에 따라 그래프는 어떻게 변하는가? c가 변하면, 어떻게 변하는가? 이 집합에 속한 충분히 많은 곡선을 그려서, 위에서 얻은 결론을 확인하라.

65. 극 방정식이 다음과 같은 곡선의 집합을 생각하자.

$$r = \frac{1 - a\cos\theta}{1 + a\cos\theta}$$

수 a가 변함에 따라 곡선이 어떻게 변하는지 조사하라. 특히, 곡선의 기본적인 모양이 변하는 a의 값을 찾아라.

66. 천문학자 카시니(Giovanni Cassini, 1625~1712)는 극 방정식이 다음과 같은 곡선의 집합을 연구했다.

$$r^4 - 2c^2r^2\cos 2\theta + c^4 - a^4 = 0$$

여기서 a와 c는 양의 실수이다. 이런 곡선을 **카시니의 달걀선**이라 부르지만, a와 c의 특정한 값에 대해서만 달걀 모양이다. (카시니는 이런 곡선이 케플러의 타원보다 행성의 궤도를 더 잘 표현한다고 생각했다.) 이런 곡선의 다양한 모양을 조사하라. 특히, 곡선이 두 부분으로 분리될 때 a와 c는 서로 어떤 관계에 있는가?

67. P를 곡선 $r = f(\theta)$에 있는 (원점이 아닌) 임의의 점이라 하자. ψ가 P에서의 접선과 동경 OP 사이의 각이면, 다음이 성립함을 보여라.

$$\tan\psi = \frac{r}{dr/d\theta}$$

[*귀띔*: 다음 그림에서 $\psi = \phi - \theta$임을 관찰하자.]

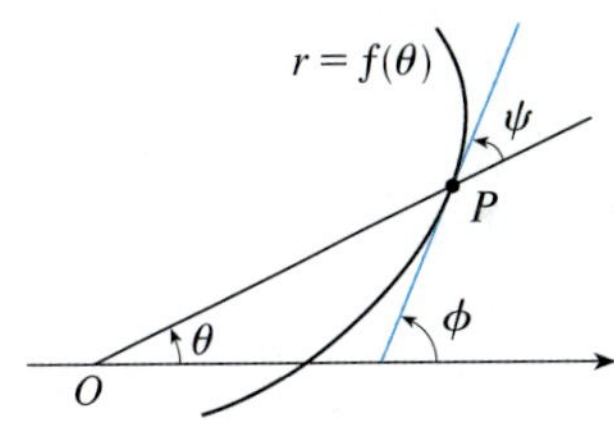

68. (a) 연습 문제 67을 이용해서 곡선 $r = e^{\theta}$의 모든 점에서 접선과 동경 사이의 각이 $\psi = \pi/4$임을 보여라.

(b) $\theta = 0$과 $\pi/2$인 점에서의 접선들과 곡선을 그려서 (a)를 예시하라.

(c) 동경과 접선 사이의 각 ψ가 일정한 임의의 극 곡선 $r = f(\theta)$는 반드시 $r = Ce^{k\theta}$ 꼴임을 보여라. 여기서 C와 k는 상수이다.

9.4 극 좌표에서의 넓이와 길이

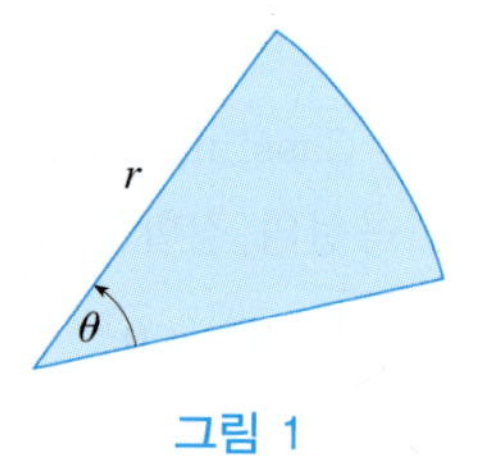

그림 1

이번 절에서는 경계가 극 방정식으로 정의된 영역의 넓이에 대한 공식을 알아본다. 그림 1과 같이 반지름이 r이고 중심각의 크기가 θ라디안인 부채꼴의 넓이에 대한 다음과 같은 공식을 이용할 필요가 있다.

$$A = \frac{1}{2}r^2\theta \tag{1}$$

공식 1은 부채꼴의 넓이가 다음과 같이 중심각의 크기에 정비례한다는 사실로부터 유도된다. (6.2절의 익힘 문제 69도 보라.)

$$A = \frac{\theta}{2\pi}\pi r^2 = \frac{1}{2}r^2\theta$$

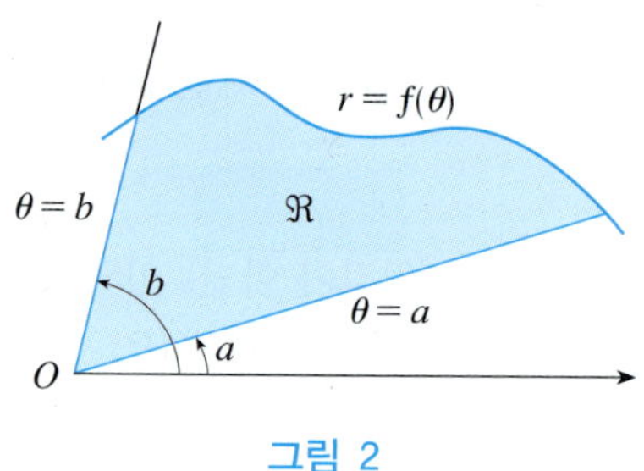

그림 2

그림 2와 같이 $\mathfrak{R}$을 극 곡선 $r = f(\theta)$ 및 두 반직선 $\theta = a$와 $\theta = b$로 둘러싸인 영역이라 하자. 여기서 f는 양수값 연속 함수이고 $0 < b - a \le 2\pi$라고 하자. 구간 $[a, b]$를 n등분해서 각 부분 구간의 길이를 $\Delta\theta$, 그 끝점들을 θ_0, θ_1, θ_2, …, θ_n이라 하자. 그러면 반직선 $\theta = \theta_i$들은 $\mathfrak{R}$을 중심각이 $\Delta\theta = \theta_i - \theta_{i-1}$인 n개의 작은 영역으로 나눈다. θ_i^*을 i째 부분 구간 $[\theta_{i-1}, \theta_i]$에서 택하면, i째 영역 ΔA_i의 넓이는 중심각이 $\Delta\theta$이고 반지름이 $f(\theta_i^*)$인 부채꼴의 넓이로 근사시킬 수 있다. (그림 3을 보라.)

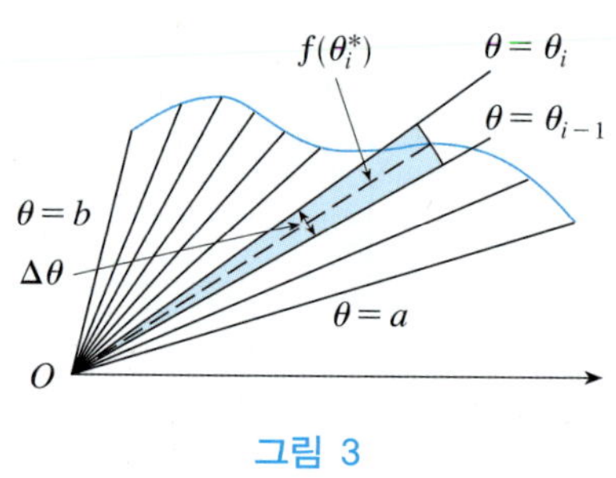

그림 3

이에 따라 공식 1로부터 다음이 성립한다.

$$\Delta A_i \approx \frac{1}{2}\{f(x_i^*)\}^2\Delta\theta$$

그러므로 $\mathfrak{R}$의 전체 넓이 A는 근사적으로 다음과 같다.

$$A \approx \sum_{i=1}^{n}\frac{1}{2}\{f(\theta_i^*)\}^2\Delta\theta \tag{2}$$

그림 3에서 2의 근삿값은 $n \to \infty$일 때 더 정확해질 것으로 보인다. 그런데 2의 합은 함수 $g(\theta) = \frac{1}{2}\{f(\theta)\}^2$에 대한 리만 합이므로, 다음을 얻는다.

$$\lim_{n\to\infty}\sum_{i=1}^{n}\frac{1}{2}\{f(\theta_i^*)\}^2\Delta\theta = \int_a^b \frac{1}{2}\{f(\theta)\}^2\,d\theta$$

따라서 극 영역 $\mathfrak{R}$의 넓이 A에 대한 공식이 다음과 같다는 사실이 타당해 보인다. (그리고 이 사실을 증명할 수 있다.)

$$A = \int_a^b \frac{1}{2}\{f(\theta)\}^2\,d\theta \tag{3}$$

$r = f(\theta)$라고 이해되어 있으면 공식 3을 흔히 다음과 같이 나타낸다.

$$A = \int_a^b \frac{1}{2}r^2\,d\theta \tag{4}$$

두 공식 [1]과 [4] 사이의 유사성에 주목하자.

공식 [3] 또는 [4]를 적용할 때, 시점이 O인 반직선이 각 a부터 시작해서 각 b까지 회전하며 지나간 영역의 넓이로 생각하는 것이 도움이 된다.

보기 1 네 잎 장미 $r = \cos 2\theta$의 한 고리로 둘러싸인 영역의 넓이를 찾아라.

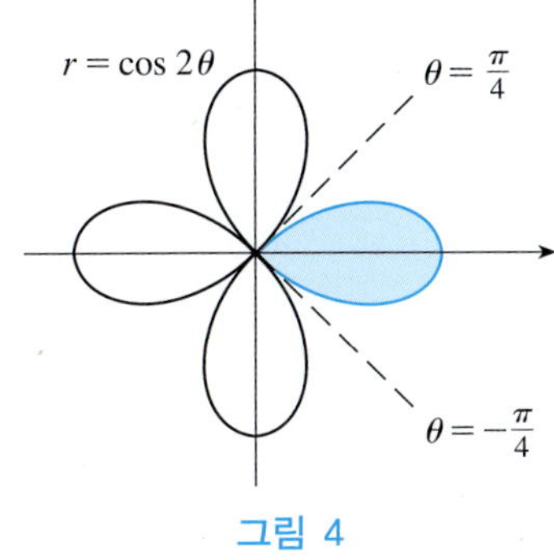

그림 4

풀이 곡선 $r = \cos 2\theta$는 9.3절의 보기 8에 나타냈다. 그림 4에서 알 수 있듯이, 오른쪽 고리로 둘러싸인 영역은 반직선이 $\theta = -\pi/4$부터 $\theta = \pi/4$까지 지나간 것이다. 따라서 공식 [4]에 따라 다음을 얻는다.

$$A = \int_{-\pi/4}^{\pi/4} \frac{1}{2} r^2 \, d\theta = \frac{1}{2} \int_{-\pi/4}^{\pi/4} \cos^2 2\theta \, d\theta = \int_0^{\pi/4} \cos^2 2\theta \, d\theta$$

$$= \int_0^{\pi/4} \frac{1}{2}(1 + \cos 4\theta) \, d\theta = \frac{1}{2}\left[\theta + \frac{1}{4}\sin 4\theta\right]_0^{\pi/4} = \frac{\pi}{8}$$ ■

보기 2 원 $r = 3\sin\theta$의 내부와 심장선 $r = 1 + \sin\theta$의 외부에 놓인 영역의 넓이를 찾아라.

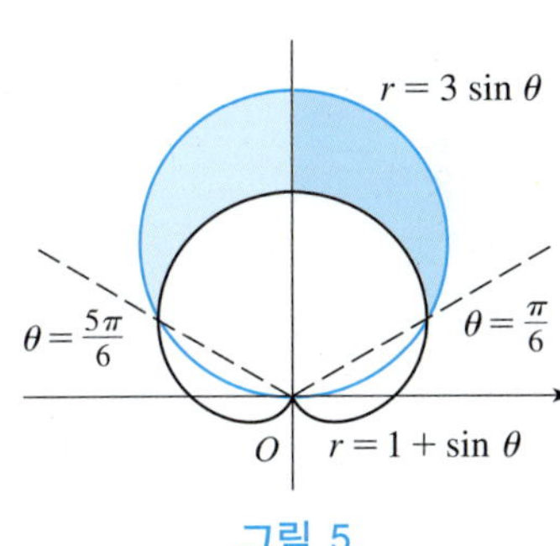

그림 5

풀이 (9.3절의 보기 7에 있는) 심장선과 원을 그림 5에 나타냈고, 원하는 영역을 어둡게 나타냈다. 공식 [4]에 있는 a와 b의 값은 두 곡선의 교점을 찾아서 결정할 수 있다. 두 곡선은 $3\sin\theta = 1 + \sin\theta$, 곧 $\sin\theta = \frac{1}{2}$인 $\theta = \pi/6$와 $5\pi/6$일 때 교차한다. 원하는 넓이는 $\pi/6$부터 $5\pi/6$까지의 원의 내부 넓이로부터 $\theta = \pi/6$와 $\theta = 5\pi/6$ 사이의 심장선 내부의 넓이를 빼서 찾을 수 있다. 곧, 다음과 같다.

$$A = \frac{1}{2}\int_{\pi/6}^{5\pi/6} (3\sin\theta)^2 \, d\theta - \frac{1}{2}\int_{\pi/6}^{5\pi/6} (1 + \sin\theta)^2 \, d\theta$$

이 영역은 연직 축 $\theta = \pi/2$에 대해 대칭이므로, 다음을 얻는다.

$$A = 2\left\{\frac{1}{2}\int_{\pi/6}^{\pi/2} 9\sin^2\theta \, d\theta - \frac{1}{2}\int_{\pi/6}^{\pi/2} (1 + 2\sin\theta + \sin^2\theta) \, d\theta\right\}$$

$$= \int_{\pi/6}^{\pi/2} (8\sin^2\theta - 1 - 2\sin\theta) \, d\theta$$

$$= \int_{\pi/6}^{\pi/2} (3 - 4\cos 2\theta - 2\sin\theta) \, d\theta \qquad \left[\sin^2\theta = \tfrac{1}{2}(1 - \cos 2\theta) \text{ 이므로}\right]$$

$$= 3\theta - 2\sin 2\theta + 2\cos\theta \Big]_{\pi/6}^{\pi/2} = \pi$$ ■

보기 2는 두 개의 극 곡선으로 둘러싸인 영역의 넓이를 찾는 과정을 예시한다. 일반적으로 $\mathfrak{R}$을 그림 6에 나타낸 대로 곡선 $r = f(\theta)$, $r = g(\theta)$, $\theta = a$, $\theta = b$로 둘러싸인 영역이라고 하자. 여기서 $f(\theta) \ge g(\theta) \ge 0$이고 $0 < b - a \le 2\pi$이다. $\mathfrak{R}$의 넓이 A는 $r = f(\theta)$ 안쪽의 넓이로부터 $r = g(\theta)$ 안쪽의 넓이를 빼서 찾는다. 그러므로 공식 [3]을 이용하면 다음을 얻는다.

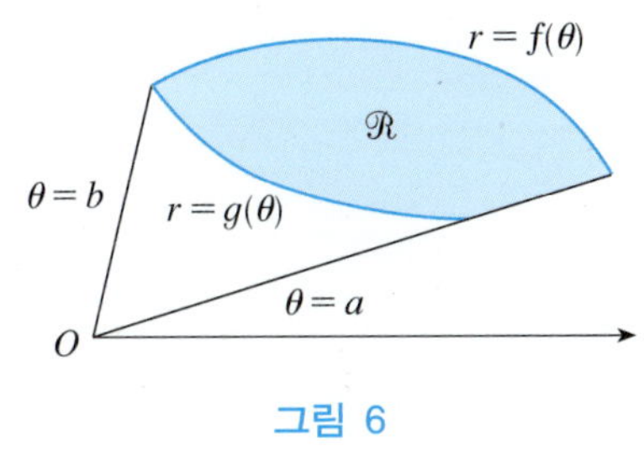

그림 6

$$A = \int_a^b \frac{1}{2}\{f(\theta)\}^2\,d\theta - \int_a^b \frac{1}{2}\{g(\theta)\}^2\,d\theta = \frac{1}{2}\int_a^b \left[\{f(\theta)\}^2 - \{g(\theta)\}^2\right] d\theta$$

주의 한 점을 극 좌표로 여러 가지로 나타낼 수 있기 때문에, 두 극 곡선의 교점을 모두 찾기가 종종 어려울 수 있다. 예를 들면, 원과 심장선의 교점이 세 개라는 사실은 그림 5에서 명백하다. 그러나 보기 2에서 두 방정식 $r = 3\sin\theta$와 $r = 1 + \sin\theta$를 풀면 두 해 $(\frac{3}{2},\ \pi/6)$와 $(\frac{3}{2},\ 5\pi/6)$만 얻는다. 원점도 교점이지만 이를 곡선들의 방정식을 풀어서 찾을 수 없는데, 두 방정식을 모두 만족시키는 극 좌표로 원점을 나타내는 방법이 하나가 아니기 때문이다. $(0,\ 0)$ 또는 $(0,\ \pi)$로 표현된 원점은 $r = \sin 3\theta$를 만족시키므로 원에 있다. $(0,\ 3\pi/2)$로 표현된 원점은 $r = 1 + \sin\theta$를 만족시키므로 심장선에 있다. 두 점이 매개 변수 θ의 값이 0부터 2π까지 커질 때 두 곡선을 따라 각각 움직인다고 하자. 한 곡선에서는 $\theta = 0$과 $\theta = \pi$일 때 원점에 도달하지만, 다른 곡선에서는 $\theta = 3\pi/2$일 때 원점에 도달한다. 두 점이 원점에 도달하는 시각이 다르므로 원점에서 충돌하지 않는다. 그렇지만 두 곡선은 원점에서 교차한다.

그러므로 두 극 곡선의 교점을 모두 찾으려면 두 곡선을 모두 그려보는 것이 바람직하다. 그래프 계산기 또는 컴퓨터를 이용하면 이런 과제를 아주 간편하게 해결할 수 있다.

보기 3 두 곡선 $r = \cos 2\theta$와 $r = \frac{1}{2}$의 교점을 모두 찾아라.

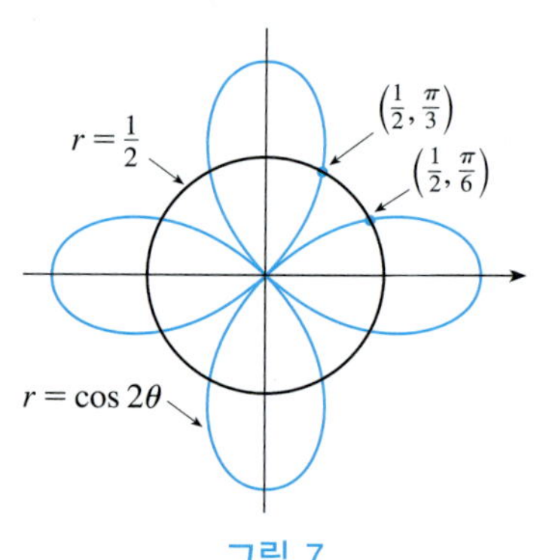

그림 7

풀이 두 방정식 $r = \cos 2\theta$와 $r = \frac{1}{2}$을 풀면, $\cos 2\theta = \frac{1}{2}$을 얻으므로 $2\theta = \pi/3,\ 5\pi/3,\ 7\pi/3,\ 11\pi/3$이다. 그러므로 두 방정식을 만족시키는 0과 2π 사이에 있는 θ의 값은 $\theta = \pi/6,\ 5\pi/6,\ 7\pi/6,\ 11\pi/6$이다. 이에 따라 네 교점 $\left(\frac{1}{2},\ \pi/6\right)$, $\left(\frac{1}{2},\ 5\pi/6\right)$, $\left(\frac{1}{2},\ 7\pi/6\right)$, $\left(\frac{1}{2},\ 11\pi/6\right)$를 찾았다.

그렇지만 그림 7에서 알 수 있는 대로 두 곡선에는 네 개의 또 다른 교점 $\left(\frac{1}{2},\ \pi/3\right)$, $\left(\frac{1}{2},\ 2\pi/3\right)$, $\left(\frac{1}{2},\ 4\pi/3\right)$, $\left(\frac{1}{2},\ 5\pi/3\right)$가 있다. 이런 점은 대칭성을 이용하거나, 이 원의 또 다른 방정식이 $r = -\frac{1}{2}$이므로 두 방정식 $r = \cos 2\theta$와 $r = -\frac{1}{2}$을 풀어서 찾을 수 있다. ■

호의 길이

극 곡선 $r = f(\theta)$ $(a \le \theta \le b)$의 길이를 찾기 위해서, θ를 매개 변수로 생각하고 다음과 같이 이 곡선을 매개 방정식으로 나타내자.

$$x = r\cos\theta = f(\theta)\cos\theta, \quad y = r\sin\theta = f(\theta)\sin\theta$$

곱의 미분법을 이용하고 θ에 관해 미분하면, 다음을 얻는다.

$$\frac{dx}{d\theta} = \frac{dr}{d\theta}\cos\theta - r\sin\theta, \quad \frac{dy}{d\theta} = \frac{dr}{d\theta}\sin\theta + r\cos\theta$$

그러므로 $\cos^2\theta + \sin^2\theta = 1$을 이용하면 다음이 성립한다.

$$\left(\frac{dx}{d\theta}\right)^2 + \left(\frac{dy}{d\theta}\right)^2 = \left(\frac{dr}{d\theta}\right)^2 \cos^2\theta - 2r\frac{dr}{d\theta}\cos\theta\sin\theta + r^2\sin^2\theta$$
$$+ \left(\frac{dr}{d\theta}\right)^2 \sin^2\theta + 2r\frac{dr}{d\theta}\sin\theta\cos\theta + r^2\cos^2\theta$$
$$= \left(\frac{dr}{d\theta}\right)^2 + r^2$$

f'가 연속이라 가정하면, 9.2절의 공식 5를 이용해서 호의 길이를 다음과 같이 나타낼 수 있다.

$$L = \int_a^b \sqrt{\left(\frac{dx}{d\theta}\right)^2 + \left(\frac{dy}{d\theta}\right)^2}\, d\theta$$

따라서 극 방정식이 $r = f(\theta)$ $(a \le \theta \le b)$인 곡선의 길이는 다음과 같다.

5
$$L = \int_a^b \sqrt{r^2 + \left(\frac{dr}{d\theta}\right)^2}\, d\theta$$

보기 4 심장선 $r = 1 + \sin\theta$의 길이를 찾아라.

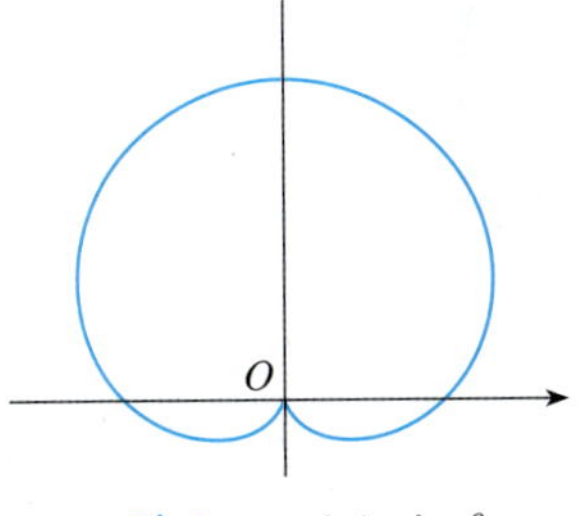

그림 8 $r = 1 + \sin\theta$

풀이 심장선을 그림 8에 나타냈다. (심장선은 9.3절의 보기 7에서 그렸다.) 전체 길이는 매개 변수 구간 $0 \le \theta \le 2\pi$에서 얻으므로, 공식 5에 따라 다음을 얻는다.

$$L = \int_0^{2\pi} \sqrt{r^2 + \left(\frac{dr}{d\theta}\right)^2}\, d\theta = \int_0^{2\pi} \sqrt{(1+\sin\theta)^2 + \cos^2\theta}\, d\theta$$
$$= \int_0^{2\pi} \sqrt{2 + 2\sin\theta}\, d\theta$$

이 적분은 피적분 함수에 $\sqrt{2 - 2\sin\theta}$를 곱하고 나누어 값을 구하거나 컴퓨터 대수 체계를 이용할 수 있다. 어느 경우에도 심장선의 길이가 $L = 8$임을 찾을 수 있다. ■

9.4 익힘 문제

1–4. 다음 곡선으로 둘러싸이고 지정된 각 사이에 놓인 영역의 넓이를 찾아라.

1. $r = e^{-\theta/4}$ $(\pi/2 \le \theta \le \pi)$
2. $r = e^{\theta/2}$, $\pi \le \theta \le 2\pi$
3. $r^2 = 9\sin 2\theta$ $(r \ge 0,\ 0 \le \theta \le \pi/2)$
4. $r = \tan\theta$ $(\pi/6 \le \theta \le \pi/3)$

5–8. 어둡게 나타낸 다음 영역의 넓이를 찾아라.

5. 6.

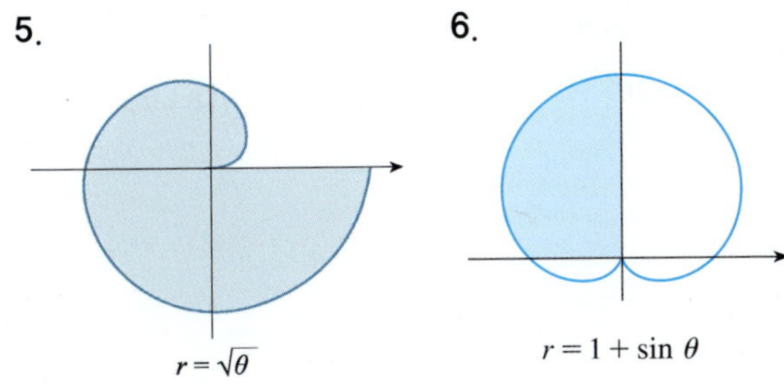

7.

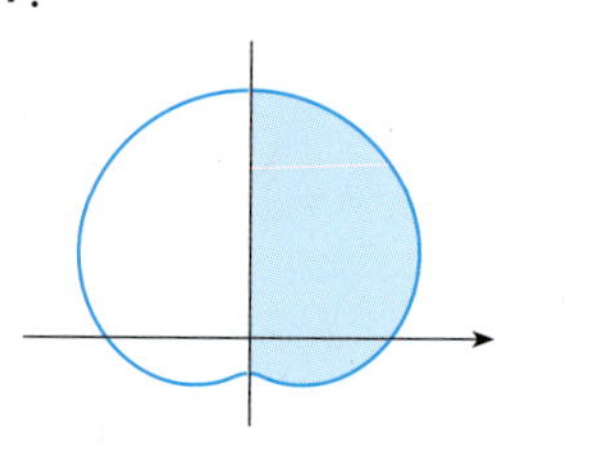

$r = 4 + 3\sin\theta$

8.

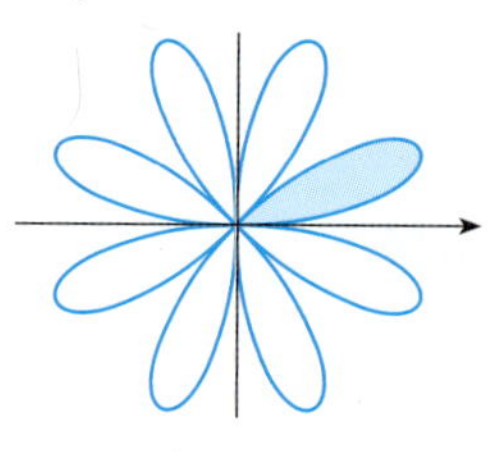

$r = \sin 4\theta$

9–12. 다음 곡선을 그리고, 이것으로 둘러싸인 영역의 넓이를 찾아라.

9. $r = 2\sin\theta$

10. $r = 1 - \sin\theta$

11. $r = 3 + 2\cos\theta$

12. $r = 2 + \cos 2\theta$

13–14. 다음 곡선을 그리고, 이것으로 둘러싸인 영역의 넓이를 찾아라.

13. $r = \sqrt{1 + \cos^2(5\theta)}$

14. $r = 3 - 2\cos 4\theta$

15–18. 다음 곡선의 한 고리로 둘러싸인 영역의 넓이를 찾아라.

15. $r = 4\cos 3\theta$

16. $r^2 = \sin 2\theta$

17. $r = 1 + 2\sin\theta$ (안쪽 고리)

18. $r = 2\cos\theta - \sec\theta$

19–22. 다음 첫째 곡선의 내부와 둘째 곡선의 외부에 놓인 영역의 넓이를 찾아라.

19. $r = 2\cos\theta,\quad r = 1$

20. $r = 1 - \sin\theta,\quad r = 1$

21. $r = 3\cos\theta,\quad r = 1 + \cos\theta$

22. $r = 2 + \sin\theta,\quad r = 3\sin\theta$

23–26. 두 곡선의 내부에 모두 놓인 영역의 넓이를 찾아라.

23. $r = \sqrt{3}\cos\theta,\ r = \sin\theta$

24. $r = 1 + \cos\theta,\ r = 1 - \cos\theta$

25. $r = \sin 2\theta,\ r = \cos 2\theta$

26. $r^2 = 2\sin 2\theta,\ r = 1$

27. 달팽이선 또는 리마송 $r = \frac{1}{2} + \cos\theta$의 큰 고리의 내부와 작은 고리의 외부에 있는 영역의 넓이를 찾아라.

28. 공연 실황을 녹음할 때, 음향 조정 기사는 흔히 심장선 방송 장치 설치 방식에 따라 마이크를 사용하는데, 이것이 관중의 소음을 억제하기 때문이다. (그림과 같이) 마이크를 무대 앞에서 4m 떨어진 지점에 설치하고, 최적의 방송 장치 설치 영역의 경계가 심장선 $r = 8 + 8\sin\theta$라고 하자. 여기서 r의 단위는 m이고 마이크는 장대에 설치되어 있다. 음악가는 마이크의 최적 방송 장치 영역 안에 있는 무대의 넓이를 알고 싶다고 하자. 음악가의 질문에 답하라.

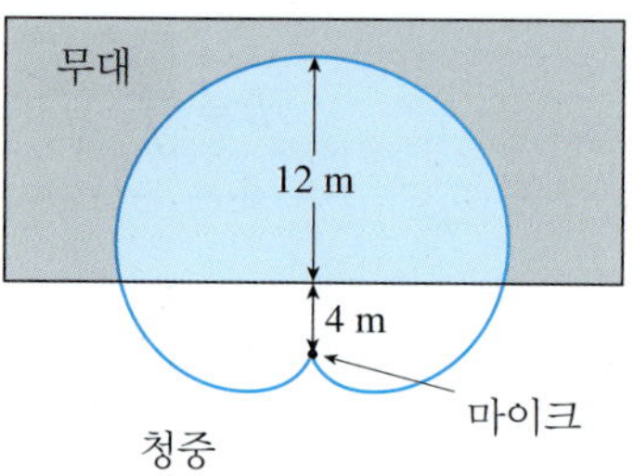

29–32. 다음 곡선의 교점을 모두 찾아라.

29. $r = 1 + \sin\theta,\ r = 3\sin\theta$

30. $r = \cos 3\theta,\ r = \sin 3\theta$

31. $r = \sin\theta,\ r = \sin 2\theta$

32. $r^2 = \sin 2\theta,\ r^2 = \cos 2\theta$

33–36. 다음 극 곡선의 정확한 길이를 찾아라.

33. $r = 3\sin\theta \quad (0 \le \theta \le \pi/3)$

34. $r = e^{2\theta} \quad (0 \le \theta \le 2\pi)$

35. $r = \theta^2 \quad (0 \le \theta \le 2\pi)$

36. $r = 2(1 + \cos\theta)$

37–38. 계산기를 사용해서 다음 곡선의 길이를 소수 넷째 자리까지 정확하게 찾아라.

37. $r = \sin(6\sin\theta)$

38. $r = 4\sin(\theta/4)$

9.5 극 좌표에서의 원뿔 곡선

이전에 원뿔 곡선(이차 곡선)을 배울 때, 포물선은 초점과 준선으로 이용해서 정의했고 타원과 쌍곡선은 두 초점을 이용해서 정의했다. 이런 정의와 방정식을 다시 알아본 뒤에, 세 가지 모든 원뿔 곡선을 초점과 준선으로 좀 더 통합적으로 다루는 방법을 제시하겠다. 게다가, 초점을 원점에 위치시키면, 원뿔 곡선의 극 방정식은 간단해진다. 제 10 장에서는 타원의 극 방정식을 이용해서 케플러의 행성 운동 법칙을 유도한다.

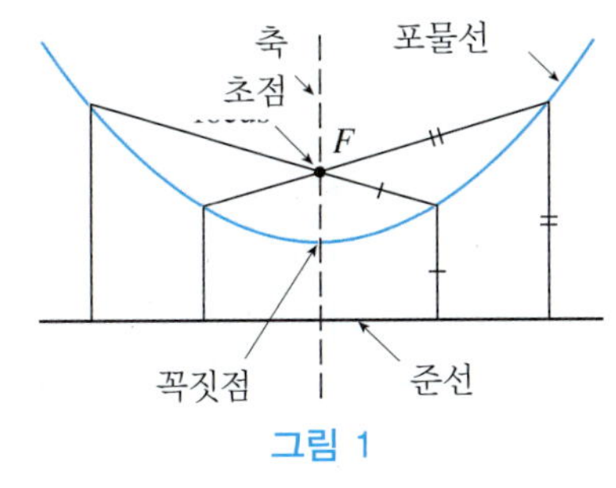

그림 1

직교 좌표에서의 원뿔 곡선

여기에 원뿔 곡선에 대해 알아야 할 사항들을 간단히 제시한다. 좀 더 자세한 내용은 웹사이트 www.stewartcalculus.com에서 찾아볼 수 있다.

포물선은 평면에서 (초점이라 부르는) 고정된 점 F와 (준선이라 부르는) 고정된 직선으로부터 같은 거리에 있는 점들의 집합이다. 그림 1에 이 정의를 그림으로 나타냈다. 초점과 준선 사이의 중간에 있는 점은 포물선에 놓이는데, 이를 꼭짓점이라 한다. 초점을 지나고 준선에 수직인 직선을 이 포물선의 축이라 한다.

용어
포물선 parabola
초점 focus
준선 directrix
꼭짓점 vertex
축 axis
타원 ellipse

포물선의 꼭짓점이 원점에 있고 준선이 x축 또는 y축에 평행일 때, 그 방정식이 매우 간단한다. 초점이 y축의 점 $(0,\ p)$이면, 준선의 방정식은 $y=-p$이고 포물선의 방정식은 $x^2=4py$이다. [그림 2의 (a)와 (b)를 보라.] (c) 및 (d)와 같이 초점이 x축의 점 $(p,\ 0)$이면, 준선의 방정식은 $x=-p$이고 포물선의 방정식은 $y^2=4px$이다.

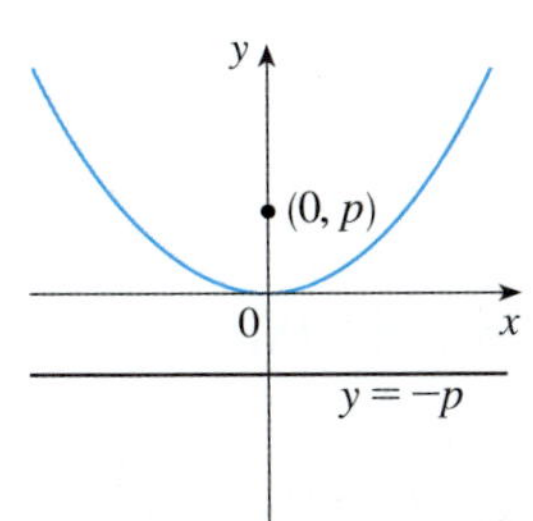

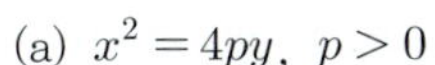
(a) $x^2=4py,\ p>0$

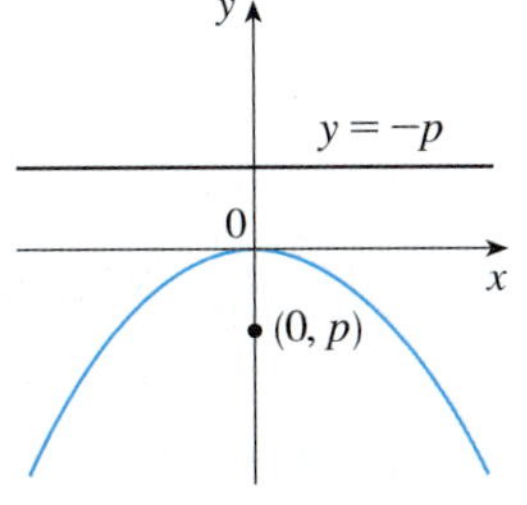

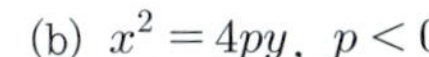
(b) $x^2=4py,\ p<0$

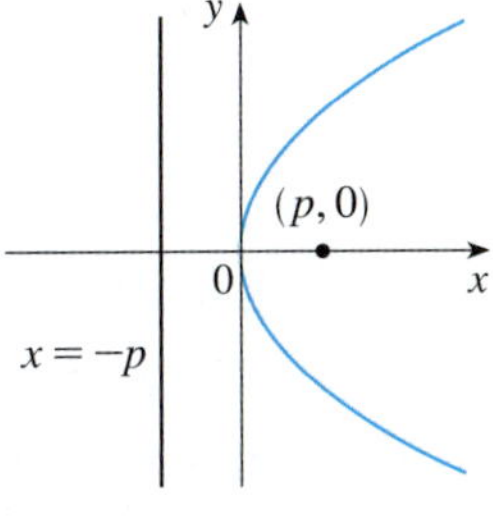

(c) $y^2=4px,\ p>0$

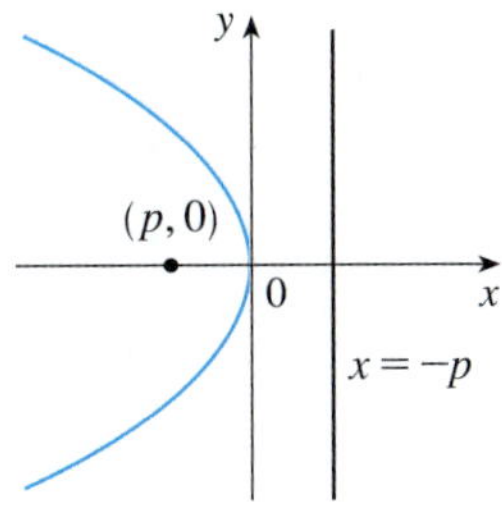

(d) $y^2=4px,\ p<0$

그림 2

타원은 평면에서 두 개의 고정된 점 F_1과 F_2로부터의 거리의 합이 일정한 점들의 집합이다. 이렇게 고정된 두 점은 초점이라 한다.

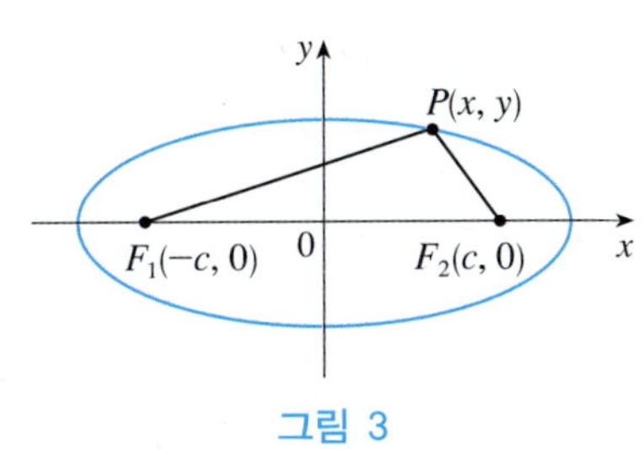

그림 3

타원의 방정식이 간단한 경우는, 그림 3과 같이 두 초점이 x축의 점 $(-c,\ 0)$과 $(c,\ 0)$에 있어서 두 초점 사이의 중간이 원점에 있을 때이다. 타원에 있는 점으로부터 두 초점까지의 거리의 합이 $2a$일 때, 타원과 x축의 두 교점

용어
이심률 eccentricity
쌍곡선 hyperbola
가지, 분지 branch
점근선 asymptote

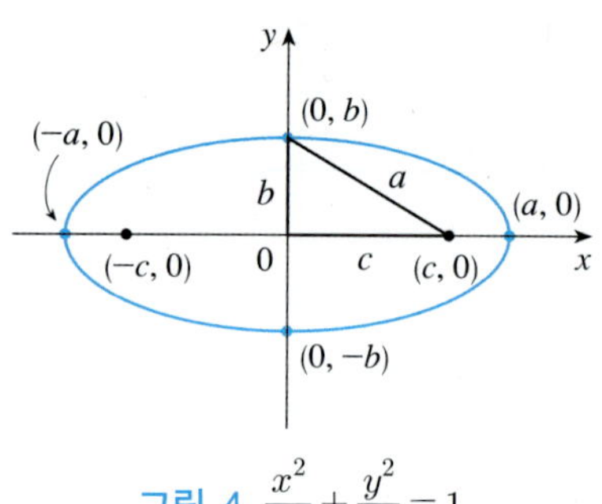

그림 4 $\frac{x^2}{a^2}+\frac{y^2}{b^2}=1$

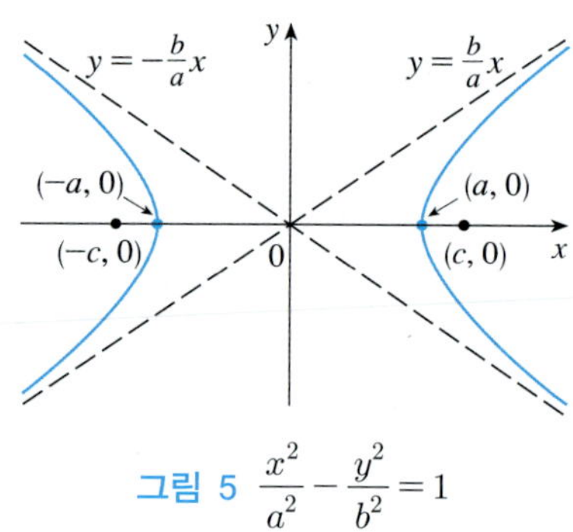

그림 5 $\frac{x^2}{a^2}-\frac{y^2}{b^2}=1$

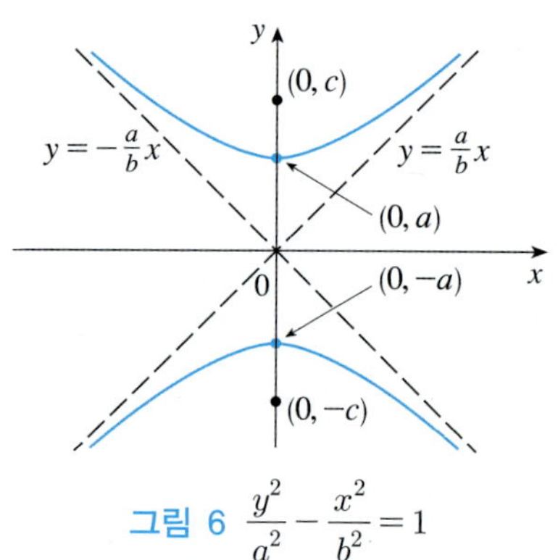

그림 6 $\frac{y^2}{a^2}-\frac{x^2}{b^2}=1$

$(a,\ 0)$과 $(-a,\ 0)$를 꼭짓점이라 한다. y절편은 $\pm b$인데, 이때 $b^2=a^2-c^2$이 성립한다. (그림 4를 보라.)

> 1 다음 타원을 생각하자.
>
> $$\frac{x^2}{a^2}+\frac{y^2}{b^2}=1 \qquad (a\geq b>0)$$
>
> $c^2=a^2-b^2$일 때, 초점은 $(\pm c,\ 0)$이고 꼭짓점은 $(\pm a,\ 0)$이다.

타원의 초점이 y축의 점 $(0,\ \pm c)$에 있을 때, 그 방정식은 1에서 x와 y를 바꾸어 찾을 수 있다.

쌍곡선은 평면에서 (초점이라 부르는) 고정된 두 점 F_1과 F_2로부터의 거리의 차가 일정한 점들의 집합이다. 쌍곡선의 정의는 타원의 정의와 비슷한데, 유일한 차이는 거리의 합이 거리의 차로 바뀐 것이다. 초점이 x축의 점 $(\pm c,\ 0)$에 있고 거리의 차가 $\pm 2a$일 때, 쌍곡선의 방정식은 $(x^2/a^2)-(y^2/b^2)=1$이다. 여기서 $b^2=c^2-a^2$이다. x절편은 $\pm a$이고 두 점 $(a,\ 0)$과 $(-a,\ 0)$은 쌍곡선의 꼭짓점이다. y절편은 없으며, 쌍곡선은 두 부분으로 이루어지는데, 각각 가지라고 한다. (그림 5를 보라.)

쌍곡선을 그릴 때, 먼저 점근선을 그리는 것이 유용한데, 이는 그림 5에 점선으로 나타낸 두 직선 $y=(b/a)x$와 $y=-(b/a)x$이다. 쌍곡선의 두 가지는 모두 점근선에 가까워진다. 곧, 점근선에 임의로 가까워진다.

> 2 다음 쌍곡선을 생각하자.
>
> $$\frac{x^2}{a^2}-\frac{y^2}{b^2}=1$$
>
> $c^2=a^2+b^2$일 때, 초점은 $(\pm c,\ 0)$이고 꼭짓점은 $(\pm a,\ 0)$이며 점근선은 $y=\pm(b/a)x$이다.

쌍곡선의 초점이 y축에 있으면, x와 y의 역할을 바꾸어 그림 6에 나타낸 그래프를 얻는다.

지금까지 원뿔 곡선의 표준적인 방정식들을 알아봤는데, 어느 것이든지 x는 $x-h$로 y는 $y-k$로 바꾸어 이동시킬 수 있다. 예를 들면, 중심이 $(h,\ k)$인 타원의 방정식은 다음과 같은 꼴이다.

$$\frac{(x-h)^2}{a^2}+\frac{(y-k)^2}{b^2}=1$$

극 좌표에서의 원뿔 곡선

다음 정리에서 세 가지 모든 원뿔 곡선을 초점과 준선을 이용해서 특성화하는 방법을 보인다.

3 **정리** 평면에서 F는 (초점이라 부르는) 고정된 점이고 l은 (준선이라 부르는) 고정된 선이라 하자. e는 (이심률이라 부르는) 고정된 양수라고 하자. 이 평면에서 다음을 만족시키는 점 P 전체의 집합이 원뿔 곡선이다.

$$\frac{|PF|}{|Pl|} = e$$

(곧, 직선 l로부터의 거리에 대한 F로부터의 거리의 비가 상수 e이다.)
이 원뿔 곡선은

(a) $e < 1$일 때 타원이고
(b) $e = 1$일 때 포물선이며
(c) $e > 1$일 때 쌍곡선이다

증명 이심률이 $e = 1$일 때 $|PF| = |Pl|$이므로, 주어진 조건은 단순히 포물선의 정의가 된다.

초점 F를 원점에 위치시키고 준선은 y축과 평행으로 d단위 떨어져 있다고 하자. 그러므로 준선의 방정식은 $x = d$이고 극축에 수직이다. 점 P의 극 좌표를 (r, θ)라 하면, 그림 7에서 다음을 알 수 있다.

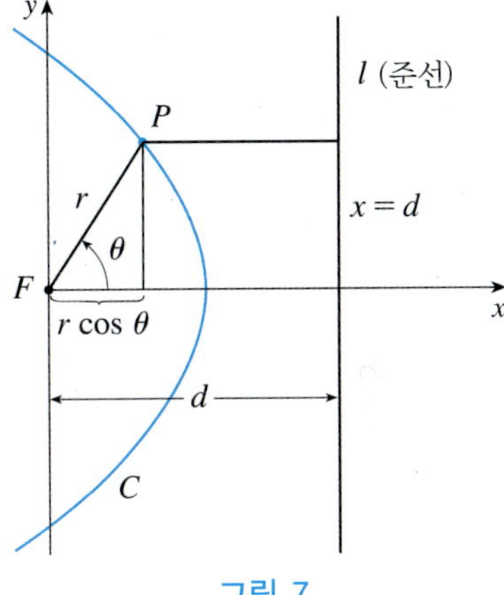

그림 7

$$|PF| = r, \quad |Pl| = d - r\cos\theta$$

그러므로 조건 $|PF|/|Pl| = e$ 또는 $|PF| = e|Pl|$은 다음과 같이 된다.

4 $$r = e(d - r\cos\theta)$$

이 극 방정식의 양변을 제곱하고 직교 좌표로 바꾸면 다음을 얻는다.

$$x^2 + y^2 = e^2(d-x)^2 = e^2(d^2 - 2dx + x^2),$$

곧 $$(1-e^2)x^2 + 2de^2x + y^2 = e^2d^2$$

완전 제곱으로 바꾸면, 다음과 같다.

5 $$\left(x + \frac{e^2d}{1-e^2}\right)^2 + \frac{y^2}{1-e^2} = \frac{e^2d^2}{(1-e^2)^2}$$

$e < 1$이면, 방정식 5가 타원의 방정식임을 알 수 있다. 실제로, 이는 다음과 같은 꼴이다.

$$\frac{(x-h)^2}{a^2} + \frac{y^2}{b^2} = 1$$

여기서 다음과 같다.

6 $$h = -\frac{e^2d}{1-e^2}, \qquad a^2 = \frac{e^2d^2}{(1-e^2)^2}, \qquad b^2 = \frac{e^2d^2}{1-e^2}$$

타원의 초점이 중심으로부터 거리 c에 있음을 알게 된다.
다음과 같이 정의된 c에 대해

7 $$c^2 = a^2 - b^2 = \frac{e^4d^2}{(1-e^2)^2}$$

(a) $r = \dfrac{ed}{1 + e\cos\theta}$

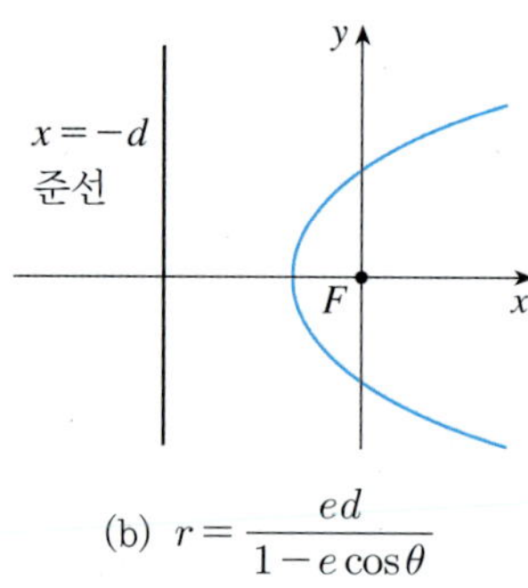

(b) $r = \dfrac{ed}{1 - e\cos\theta}$

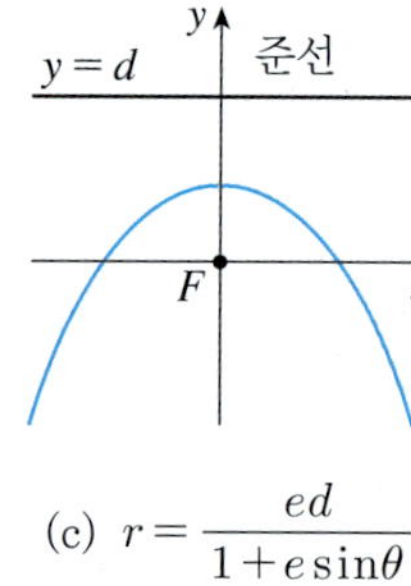

(c) $r = \dfrac{ed}{1 + e\sin\theta}$

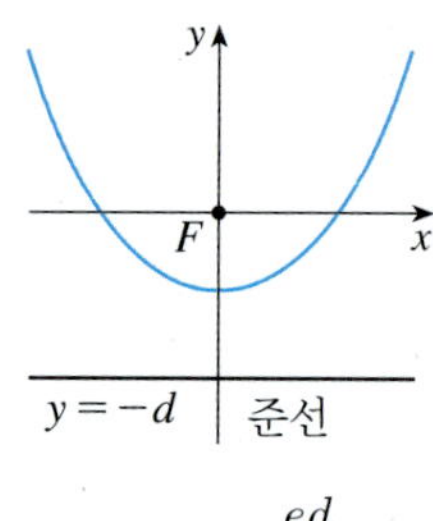

(d) $r = \dfrac{ed}{1 - e\sin\theta}$

그림 8 원뿔 곡선의 극 방정식

이는 다음을 보여준다.

$$c = \frac{e^2 d}{1 - e^2} = -h$$

그리고 정리 3에서 정의된 초점이 앞에서 정의된 초점과 같은 것을 뜻함을 확인한다. 또, 두 식 6과 7로부터 이심률이 다음과 같음이 유도된다.

$$e = \frac{c}{a}$$

$e > 1$이면 $1 - e^2 < 0$이므로, 방정식 5가 쌍곡선을 표현함을 알 수 있다. 앞에서와 마찬가지로, 방정식 5를 다음과 같은 꼴로 다시 쓸 수 있다.

$$\frac{(x-h)^2}{a^2} - \frac{y^2}{b^2} = 1$$

그리고 $c^2 = a^2 + b^2$일 때 다음이 성립함을 알 수 있다.

$$e = \frac{c}{a}$$ □

방정식 4를 r에 대해 풀면, 그림 7에 나타낸 원뿔 곡선의 극 방정식을 다음과 같이 다시 쓸 수 있음을 알 수 있다.

$$r = \frac{ed}{1 + e\cos\theta}$$

준선을 초점의 왼쪽으로 $x = -d$와 같이 선택하거나 준선을 극축과 평행으로 $y = \pm d$와 같이 선택하면, 원뿔 곡선의 극 방정식은 다음 정리로 주어지는데, 이를 그림 8에 나타냈다. (익힘 문제 19~21을 보라.)

8 정리 다음과 같은 꼴의 극 방정식은 이심률이 e인 원뿔 곡선을 표현한다.

$$r = \frac{ed}{1 \pm e\cos\theta} \qquad \text{또는} \qquad r = \frac{ed}{1 \pm e\sin\theta}$$

원뿔 곡선은 $e < 1$일 때 타원이고 $e = 1$일 때 포물선이며 $e > 1$일 때 쌍곡선이다.

보기 1 초점이 원점에 있고 준선이 직선 $y = -6$인 포물선의 방정식을 찾아라.

풀이 정리 8에서 $e = 1$이고 $d = 6$인 경우와 그림 8의 (d)를 이용하면, 포물선의 방정식이 다음과 같음을 알 수 있다.

$$r = \frac{6}{1 - \sin\theta}$$ ■

보기 2 극 방정식이 다음과 같은 원뿔 곡선을 생각하자.

$$r = \frac{10}{3 - 2\cos\theta}$$

이심률을 찾고 원뿔 곡선을 확인하며 준선의 위치를 확인하라. 이 원뿔 곡선을 그려라.

풀이 분모와 분자를 3으로 나누면, 주어진 방정식은 다음과 같이 된다.

$$r = \frac{\frac{10}{3}}{1 - \frac{2}{3}\cos\theta}$$

정리 [8]에 의해 이 방정식이 $e = \frac{2}{3}$인 타원을 나타냄을 알 수 있다. $ed = \frac{10}{3}$이므로 다음을 얻는다.

$$d = \frac{\frac{10}{3}}{e} = \frac{\frac{10}{3}}{\frac{2}{3}} = 5$$

그러므로 준선의 직교 방정식은 $x = -5$이다. $\theta = 0$일 때 $r = 10$이고, $\theta = \pi$일 때 $r = 2$이다. 그러므로 꼭짓점의 극 좌표는 $(10, 0)$과 $(2, \pi)$이다. 이 타원을 그림 9에 나타냈다. ■

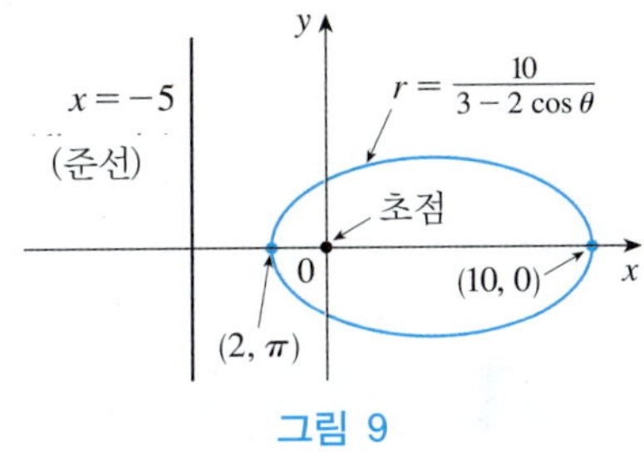

그림 9

보기 3 원뿔 곡선 $r = \dfrac{12}{2 + 4\sin\theta}$를 그려라.

풀이 주어진 방정식을 다음과 같이 쓸 수 있다.

$$r = \frac{6}{1 + 2\sin\theta}$$

이심률이 $e = 2$이므로 이 방정식은 쌍곡선을 나타낸다. $ed = 6$이고 $d = 3$이므로, 준선의 방정식은 $y = 3$이다. 꼭짓점들은 $\theta = \pi/2$와 $3\pi/2$일 때 나타나므로, $(2, \pi/2)$와 $(-6, 3\pi/2)$이다. 뒤의 것은 $(6, \pi/2)$로 쓸 수 있다. x절편을 나타내는 것도 유용하다. 이는 $\theta = 0$이고 π일 때로 모두 $r = 6$인 경우에 나타난다. 더욱 정확하게 나타내기 위해서, 점근선을 그릴 수 있다. $2 + 4\sin\theta \to 0^+$ 또는 0^-일 때 $r \to \pm\infty$이고, $\sin\theta = -\frac{1}{2}$일 때 $2 + 4\sin\theta = 0$이다. 그러므로 점근선들은 반직선 $\theta = 7\pi/6$와 $\theta = 11\pi/6$와 평행이다. 이 쌍곡선은 그림 10에 나타냈다. ■

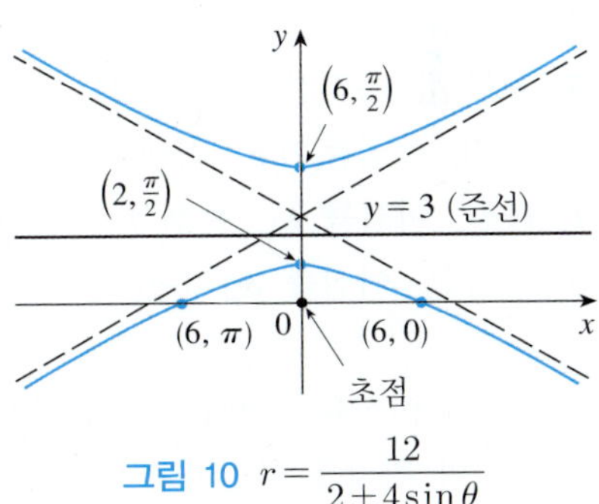

그림 10 $r = \dfrac{12}{2 + 4\sin\theta}$

그림 11에 컴퓨터를 이용해서 그린 몇 개의 원뿔 곡선을 나타냈는데, 이심률 e를 변화시킨 효과를 보여준다. e가 0에 가까워지면 타원은 거의 원이 되고, 반면에 $e \to 1^-$일 때 더욱 길어진다. 물론 $e = 1$일 때 원뿔 곡선은 포물선이다.

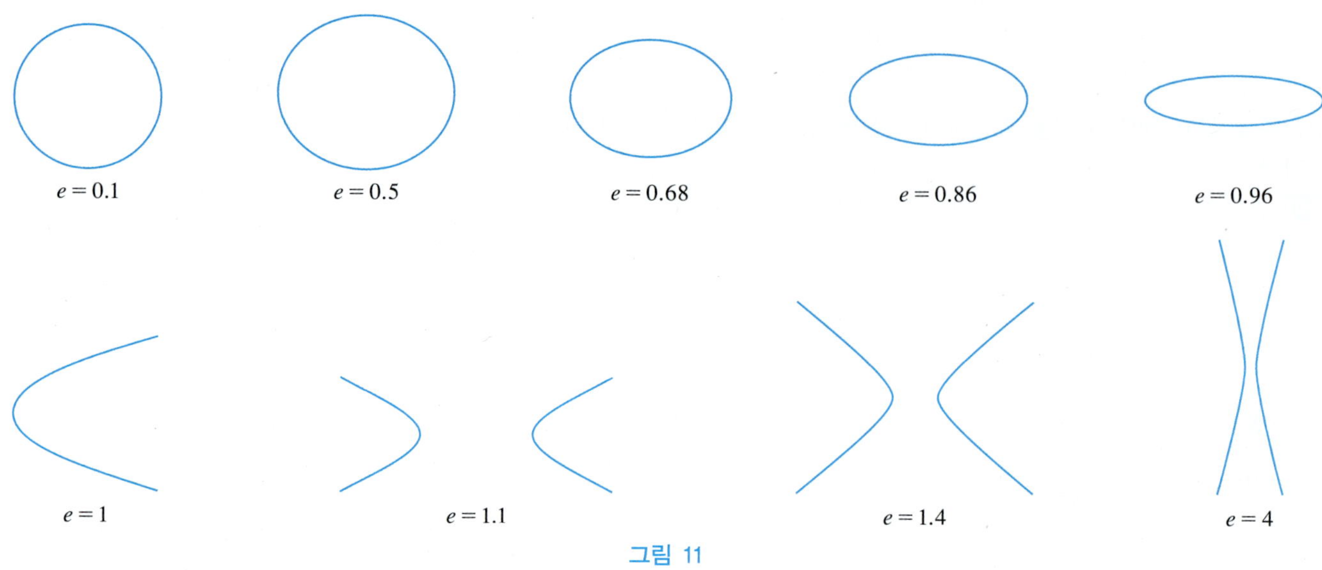

그림 11

9.5 익힘 문제

1–8. 초점이 원점이고 다음 조건을 만족시키는 원뿔 곡선의 방정식을 써라.

1. 타원, 이심률 $\frac{1}{2}$, 준선 $x=4$
2. 포물선, 준선 $x=4$
3. 쌍곡선, 이심률 1.5, 준선 $y=2$
4. 쌍곡선, 이심률 2, 준선 $y=-2$
5. 포물선, 꼭짓점 $(4,\ 3\pi/2)$
6. 타원, 이심률 0.8, 꼭짓점 $(1,\ \pi/2)$
7. 타원, 이심률 $\frac{1}{2}$, 준선 $r=4\sec\theta$
8. 쌍곡선, 이심률 3, 준선 $r=-6\csc\theta$

9–16. (a) 이심률을 찾고 (b) 원뿔 곡선을 확인하며 (c) 준선의 위치를 확인하고 (d) 원뿔 곡선을 그려라.

9. $r=\dfrac{4}{5-4\sin\theta}$
10. $r=\dfrac{6}{3+2\sin\theta}$
11. $r=\dfrac{2}{3+3\sin\theta}$
12. $r=\dfrac{3}{2+2\cos\theta}$
13. $r=\dfrac{9}{6+2\cos\theta}$
14. $r=\dfrac{5}{2-2\sin\theta}$
15. $r=\dfrac{3}{4-8\cos\theta}$
16. $r=\dfrac{4}{2+\cos\theta}$

17. $e=0.4,\ 0.6,\ 0.8,\ 1.0$일 때의 원뿔 곡선 $r=e/(1-e\cos\theta)$를 같은 화면에 그려라. e의 값이 곡선의 모양에 어떤 영향을 주는가?

18. (a) $e=1$일 때 원뿔 곡선 $r=ed/(1+e\sin\theta)$를 여러 가지 d의 값에 대해 그려라. d의 값은 원뿔 곡선의 모양에 어떤 영향을 주는가?
 (b) $d=1$일 때 이런 원뿔 곡선을 여러 가지 e의 값에 대해 그려라. e의 값은 원뿔 곡선의 모양에 어떤 영향을 주는가?

19. 초점이 원점, 이심률이 e, 준선이 $x=-d$인 원뿔 곡선의 극 방정식이 다음과 같음을 보여라.

$$r=\frac{ed}{1-e\cos\theta}$$

20. 초점이 원점, 이심률이 e, 준선이 $y=d$인 원뿔 곡선의 극 방정식이 다음과 같음을 보여라.

$$r=\frac{ed}{1+e\sin\theta}$$

21. 초점이 원점, 이심률이 e, 준선이 $y=-d$인 원뿔 곡선의 극 방정식이 다음과 같음을 보여라.

$$r=\frac{ed}{1-e\sin\theta}$$

22. 두 포물선 $r=c/(1+\cos\theta)$와 $r=d/(1-\cos\theta)$가 직교함을 보여라.

23. (a) 준선이 $x=-d$인 타원의 극 방정식을 다음과 같은 꼴로 쓸 수 있음을 보여라.

$$r=\frac{a(1-e^2)}{1-e\cos\theta}$$

(b) 태양 주의를 도는 지구의 타원 궤도는 태양이 한 초점이고 이심률이 약 0.017이며 장축의 길이가 약 2.99×10^8 km이다. 지구 궤도의 극 방정식을 찾아라.

24. (a) 태양 주위를 도는 행성들의 타원 궤도는 태양이 한 초점이다. 태양으로부터 가장 가깝고 가장 먼 행성의 위치를 각각 **근일점**과 **원일점**이라 한다. 익힘 문제 23(a)를 이용해서 행성으로부터 태양까지 근일점에서의 거리는 $a(1-e)$이고 원일점에서의 거리는 $a(1+e)$임을 보여라.

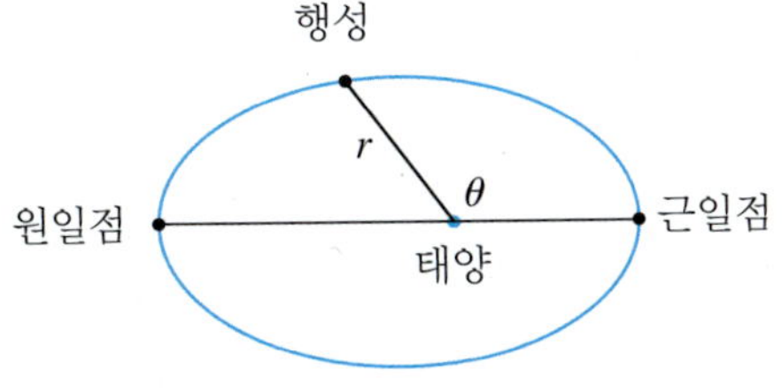

(b) 익힘 문제 23(b)의 자료를 이용해서 지구로부터 태양까지 근일점과 원일점에서의 거리를 찾아라.

25. 핼리 혜성은 1986년에 마지막으로 나타났고 2062년에 돌아올 것이데, 그 타원 궤도는 이심률이 0.97이고 한 초점이 태양이다. 장축의 길이는 36.18AU이다. [천문 단위(AU)는 태양과 지구 사이의 평균 거리로 약 9300만 마일이다.] 핼리 혜성 궤도의 극 방정식을 찾아라. 핼리 혜성과 지구 사이의 최대 거리는 얼마인가?

26. 1995년에 발견된 헤일밥 혜성의 궤도는 이심률이 0.9951이고 장축의 길이가 356.5AU인 타원이다. 이 혜성 궤도의 극 방정식을 찾아라. 태양에 얼마나 가까워질 수 있는가?

27. 수성은 이심률이 0.206인 타원 궤도를 따라 공전한다. 태양과의 최소 거리는 4.6×10^7 km이다. 익힘 문제 24(a)의 결과를 이용해서 태양과의 최대 거리를 찾아라.

28. 명왕성부터 태양까지의 거리는 근일점에서 4.43×10^9 km이고 원일점에서 7.37×10^9 km이다. 익힘 문제 24를 이용해서 명왕성 궤도의 이심률을 찾아라.

29. 익힘 문제 27의 자료를 이용해서 수성이 태양 주위를 한 번 공전할 때 움직이는 거리를 찾아라. (계산기 또는 컴퓨터 대수 체계로 정 적분을 셈하라. 그렇지 않으면 심프슨의 법칙을 이용하라.)

9 복습 개념 확인

1. (a) 매개 곡선이란 무엇인가?
(b) 매개 곡선을 어떻게 그리는가?

2. (a) 매개 곡선에 대한 접선의 기울기는 어떻게 찾는가?
(b) 매개 곡선 아래의 넓이는 어떻게 찾는가?

3. 매개 곡선의 길이에 대한 식을 써라.

4. (a) 그림을 이용해서 점의 극 좌표 $(r,\ \theta)$의 뜻을 설명하라.
(b) 점의 직교 좌표 $(x,\ y)$를 극 좌표로 표현하는 식을 써라.
(c) 직교 좌표를 알고 있는 점의 극 좌표를 찾을 때 이용하는 식을 써라.

5. (a) 극 곡선에 대한 접선의 기울기는 어떻게 찾는가?
   (b) 극 곡선으로 둘러싸인 영역의 넓이는 어떻게 찾는가?
   (c) 극 곡선의 길이는 어떻게 찾는가?

6. (a) 원뿔 곡선의 이심률은 무엇인가?
   (b) 원뿔 곡선이 타원, 쌍곡선, 포물선일 때, 이심률에 대해 어떤 말을 할 수 있는가?
   (c) 이심률이 e이고 준선이 $x = d$인 원뿔 곡선의 방정식을 써라. 준선이 $x = -d$, $y = d$, $y = -d$일 때는 어떤가?

9 복습 ○× 문제

다음 명제의 참과 거짓을 판별하라. 참이면, 그 이유를 설명하라. 거짓이면, 그 이유를 설명하거나 반례를 들어라.

1. 매개 방정식 $x = f(t)$, $y = g(t)$가 $g'(1) = 0$을 만족시키면, $t = 1$일 때의 접선은 수평이다.

2. $x = f(t)$와 $y = g(t)$가 두 번 미분 가능하면, 다음이 성립한다.

$$\frac{d^2y}{dx^2} = \frac{d^2y/dt^2}{d^2x/dt^2}$$

3. 곡선 $x = f(t)$, $y = g(t)$ $(a \le t \le b)$의 길이는 $\int_a^b \sqrt{\{f'(t)\}^2 + \{g'(t)\}^2}\, dt$이다.

4. $x \ne 0$일 때 직교 좌표 (x, y)로 표현되는 점의 극 좌표가 (r, θ)이면, $\theta = \tan^{-1}(y/x)$이다.

5. 두 극 방정식 $r = 1 - \sin 2\theta$와 $r = \sin 2\theta - 1$의 그래프는 서로 같다.

6. 세 방정식 $r = 2$와 $x^2 + y^2 = 4$ 및 $x = 2\sin 3t$, $y = 2\cos 3t$ $(0 \le t \le 2\pi)$의 그래프는 모두 같다.

7. 매개 방정식 $x = t^2$, $y = t^4$의 그래프는 $x = t^3$, $y = t^6$의 그래프와 서로 같다.

8. 쌍곡선은 그것의 준선과 결코 만나지 않는다.

9 복습 연습 문제

1–4. 다음 매개 곡선을 그리고, 매개 변수를 소거해서 그 곡선의 직교 방정식을 찾아라.

1. $x = t^2 + 4t$, $y = 2 - t$ $(-4 \le t \le 1)$
2. $x = 1 + e^{2t}$, $y = e^t$
3. $x = \cos\theta$, $y = \sec\theta$ $(0 \le \theta \le \pi/2)$
4. $x = 2\cos\theta$, $y = 1 + \sin\theta$

5. 곡선 $y = \sqrt{x}$에 대한 서로 다른 세 개의 매개 방정식을 찾아라.

6. 다음 $x = f(t)$와 $y = g(t)$의 그래프를 이용해서 매개 곡선 $x = f(t)$, $y = g(t)$를 그려라. t가 커짐에 따라 그려지는 곡선의 방향을 화살표로 나타내라.

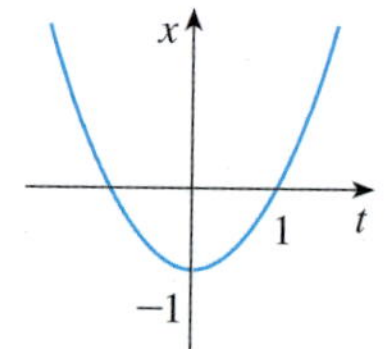

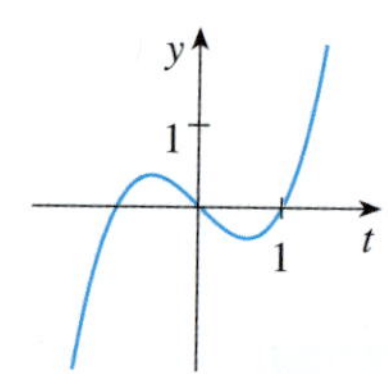

7. (a) 극 좌표가 $(4, 2\pi/3)$인 점을 좌표 평면에 표시하라. 그리고 이의 직교 좌표를 찾아라.
   (b) 직교 좌표가 $(-3, 3)$인 점이 있다. 이 점의 극 좌표 두 개를 찾아라.

8. 극 좌표가 $1 \le r < 2$와 $\pi/6 \le \theta \le 5\pi/6$를 만족시키는 점들로 이루어진 영역을 그려라.

9–16. 다음 극 곡선을 그려라.

9. $r = 1 - \cos\theta$ **10.** $r = \sin 4\theta$

11. $r = \cos 3\theta$ **12.** $r = 3 + \cos 3\theta$

13. $r = 1 + \cos 2\theta$ **14.** $r = 2\cos(\theta/2)$

15. $r = \dfrac{3}{1 + 2\sin\theta}$ **16.** $r = \dfrac{3}{2 - 2\cos\theta}$

17–18. 다음 직교 방정식으로 표현되는 곡선의 극 방정식을 찾아라.

17. $x + y = 2$ **18.** $x^2 + y^2 = 2$

19. 극 방정식이 $r = (\sin\theta)/\theta$인 곡선을 달팽이관선이라 한다. (r, θ)를 직교 좌표로 생각한 θ의 함수 r의 그래프를 이용해서 달팽이관선을 손으로 그려라. 그래프 장치를 이용한 그래프로 이를 검토하라.

20. 타원 $r = 2/(4 - 3\cos\theta)$의 그래프와 준선을 그려라. 그리고 원점을 중심으로 $2\pi/3$만큼 회전시켜 얻은 타원을 그려라.

21–24. 매개 변수의 지정된 값에 대응하는 점에서 다음 곡선에 대한 접선의 기울기를 찾아라.

21. $x = \ln t,\ y = 1 + t^2;\quad t = 1$

22. $x = t^3 + 6t + 1,\ y = 2t - t^2;\quad t = -1$

23. $r = e^{-\theta};\ \theta = \pi$

24. $r = 3 + \cos 3\theta;\ \theta = \pi/2$

25–26. dy/dx와 d^2y/dx^2를 찾아라.

25. $x = t + \sin t,\ y = t - \cos t$

26. $x = 1 + t^2,\ y = t - t^3$

27. 그래프를 이용해서 곡선 $x = t^3 - 3t,\ y = t^2 + t + 1$에서 가장 낮은 점의 좌표를 어림하라. 그리고 미분을 이용해서 정확한 좌표를 찾아라.

28. 익힘 문제 27에 있는 곡선의 고리로 둘러싸인 영역의 넓이를 찾아라.

29. 어떤 점에서 다음 곡선의 접선이 연직 또는 수평인가?

$$x = 2a\cos t - a\cos 2t,\quad y = 2a\sin t - a\sin 2t$$

이 정보를 이용해서 그래프를 그려라.

30. 익힘 문제 29에 있는 곡선으로 둘러싸인 넓이를 찾아라.

31. 곡선 $r^2 = 9\cos 5\theta$로 둘러싸인 넓이를 찾아라.

32. 곡선 $r = 1 - 3\sin\theta$의 안쪽 고리로 둘러싸인 넓이를 찾아라.

33. 두 곡선 $r = 2$와 $r = 4\cos\theta$의 교점을 찾아라.

34. 두 곡선 $r = \cot\theta$와 $r = 2\cos\theta$의 교점을 찾아라.

35. 두 곡선 $r = 2\sin\theta$와 $r = \sin\theta + \cos\theta$의 내부에 모두 놓인 영역의 넓이를 찾아라.

36. 곡선 $r = 2 + \cos 2\theta$의 내부와 곡선 $r = 2 + \sin\theta$의 외부에 놓인 영역의 넓이를 찾아라.

37–40. 다음 곡선의 길이를 찾아라.

37. $x = 3t^2,\ y = 2t^3\ \ (0 \le t \le 2)$

38. $x = 2 + 3t,\ y = \cosh 3t\ \ (0 \le t \le 1)$

39. $r = 1/\theta\quad (\pi \le \theta \le 2\pi)$

40. $r = \sin^3(\theta/3)\ \ (0 \le \theta \le \pi)$

41. 다음 매개 방정식으로 정의된 곡선을 꼬인 새끼 선 또는 스트로포이드라고 한다.

$$x = \frac{t^2 - c}{t^2 + 1},\quad y = \frac{t(t^2 - c)}{t^2 + 1}$$

c의 변화에 따른 곡선의 변화를 조사하라.

42. 양수 a에 대해 극 방정식이 $r^a = |\sin 2\theta|$인 곡선을 생각하자. a의 변화에 따른 곡선의 변화를 조사하라.

43. 초점이 원점이고 이심률이 $\frac{1}{3}$이며 준선의 방정식이 $r = 4\sec\theta$인 타원의 극 방정식을 찾아라.

44. $e>1$인 쌍곡선 $r=ed/(1-e\cos\theta)$의 점근선들과 극축 사이의 각이 $\cos^{-1}(\pm 1/e)$로 주어짐을 보여라.

45. 아래 그림에서 반지름이 a인 원은 고정되어 있다. 모든 θ에 대해 점 P는 선분 QR의 중점이다. $0<\theta<\pi$일 때 P가 그리는 곡선을 큰 활 곡선이라 한다. 이 곡선의 매개 방정식을 찾아라.

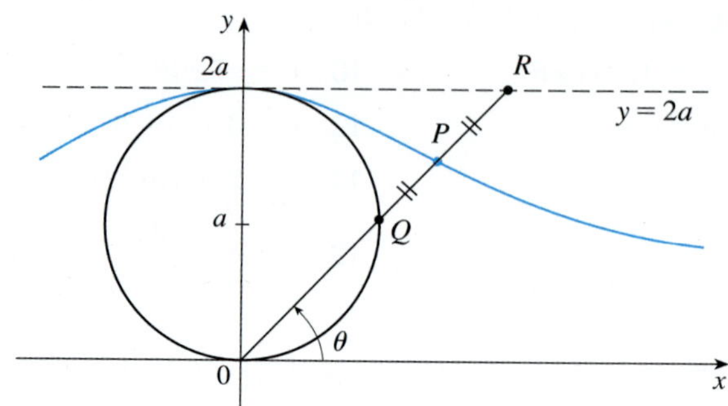

부록 A 삼각법

각

각의 크기는 도(°)와 라디안으로 측정할 수 있다. 한 바퀴 회전에 대응하는 각의 크기는 360°인데, 이는 2π라디안과 같다. 따라서 다음이 성립한다.

용어
도 degree
라디안 radian

[1] $$\pi\text{라디안} = 180°$$

[2] $$1\text{라디안} = \left(\frac{180}{\pi}\right)° \approx 57.3°, \quad 1° = \frac{\pi}{180}\text{라디안} \approx 0.017\text{라디안}$$

보기 1 (a) $60°$를 라디안으로 나타내라. (b) $5\pi/4$라디안을 도로 나타내라.

풀이 (a) 식 [1] 또는 [2]에서 도를 라디안으로 변환하려면 $\pi/180$를 곱해야 함을 알 수 있다. 따라서 다음을 얻는다.

$$60° = 60 \cdot \frac{\pi}{180} = \frac{\pi}{3}\text{라디안}$$

(b) 라디안을 도로 변환하려면 $180/\pi$을 곱해야 하므로, 다음을 얻는다.

$$\frac{5\pi}{4}\text{라디안} = \frac{5\pi}{4} \cdot \frac{180}{\pi} = 225°$$ ■

미분 적분학에서는, 특별한 말이 없는 한, 각의 크기를 라디안으로 나타낸다. 다음은 몇 개의 통상적인 각의 도와 라디안 사이의 대응표이다.

도	0°	30°	45°	60°	90°	120°	135°	150°	180°	270°	360°
라디안	0	$\frac{\pi}{6}$	$\frac{\pi}{4}$	$\frac{\pi}{3}$	$\frac{\pi}{2}$	$\frac{2\pi}{3}$	$\frac{3\pi}{4}$	$\frac{5\pi}{6}$	π	$\frac{3\pi}{2}$	2π

그림 1은 중심각이 θ이고 반지름이 r이며 호의 길이가 a인 부채꼴을 보여 준다. 호의 길이는 중심각의 크기에 정비례하며 원 전체의 둘레는 $2\pi r$이고 중심각은 2π이므로, 다음이 성립한다.

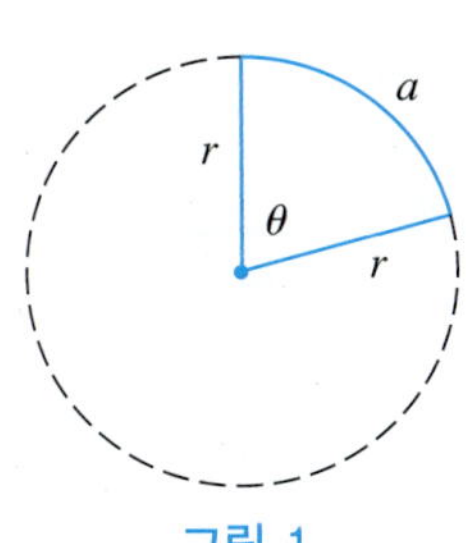

그림 1

$$\frac{\theta}{2\pi} = \frac{a}{2\pi r}$$

이 방정식을 θ에 대해 풀고 a에 대해 풀면, 각각 다음을 얻는다.

[3] $$\theta = \frac{a}{r} \qquad\qquad a = r\theta$$

식 [3]은 θ를 라디안으로 측정할 때만 성립한다.

특히, 식 [3]에 $a = r$을 대입하면, 크기가 1라디안인 각은 원에서 반지름의 길이와 호의 길이가 같은 중심각이다. (그림 2를 보라.)

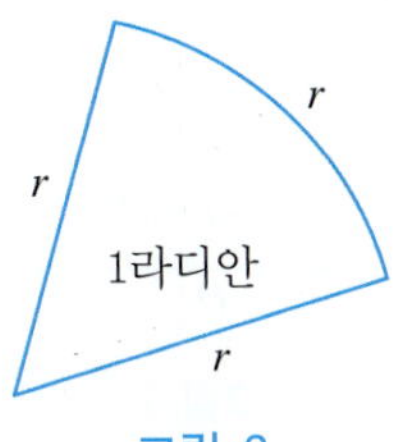

그림 2

보기 2 (a) 반지름이 5cm일 때, 호의 길이가 6cm인 부채꼴의 중심각의 크기는?
(b) 반지름이 3cm일 때, 중심각이 $3\pi/8$라디안인 부채꼴의 호의 길이는?

풀이 (a) 식 [3]에 $a=6$과 $r=5$를 대입하면, 다음과 같은 각의 크기를 얻는다.

$$\theta=\frac{6}{5}=1.2\text{라디안}$$

(b) $r=3$cm이고 $\theta=3\pi/8$라디안일 때, 호의 길이는 다음과 같다.

$$a=r\theta=3\cdot\frac{3\pi}{8}=\frac{9\pi}{8}\text{cm}$$

■

용어
표준 위치 standard position
시변 initial side
종변 terminal side

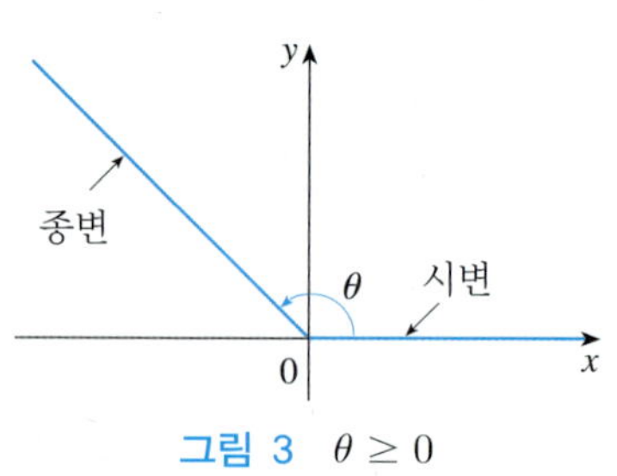

그림 3 $\theta\geq 0$

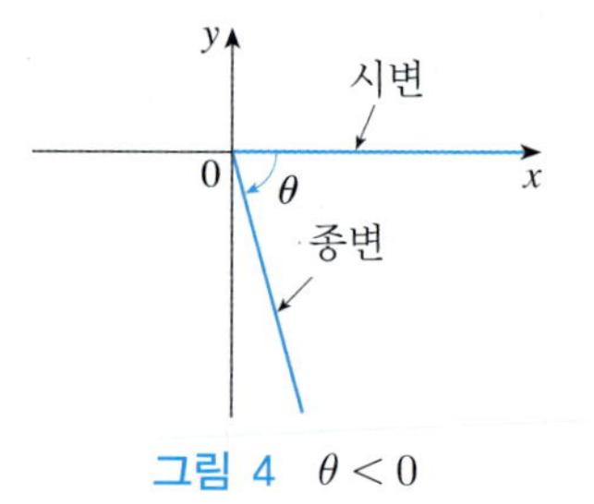

그림 4 $\theta<0$

각의 표준 위치는 그림 3과 같이 각의 꼭짓점을 좌표 체계의 원점에 놓고 시변을 양의 x축에 위치시킨 것이다. 양의 각은 시변을 종변과 일치할 때까지 시계 반대 방향으로 회전시켜 얻는 각이다. 마찬가지로, 음의 각은 그림 4에서와 같이 시계 방향으로 회전시켜 얻는 각이다.

그림 5는 표준 위치에 있는 각의 예를 몇 개 보여준다. 서로 다른 각의 종변이 같을 수 있다. 예를 들면, 세 각 $3\pi/4$, $-5\pi/4$, $11\pi/4$의 시변과 종변은 각각 서로 같은데, 다음이 성립하기 때문이다.

$$\frac{3\pi}{4}-2\pi=-\frac{5\pi}{4},\qquad \frac{3\pi}{4}+2\pi=\frac{11\pi}{4}$$

2π라디안은 한 바퀴 회전을 표현한다.

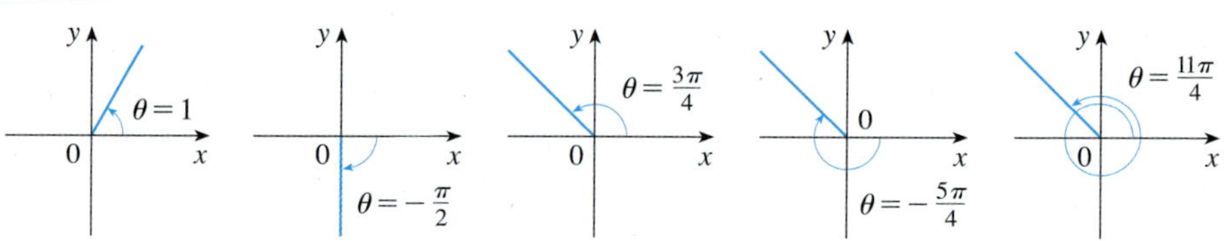

그림 5 표준 위치에 있는 각

삼각 함수

예각 θ에 대해 여섯 가지 삼각 함수는 다음과 같이 직각 삼각형에서 변의 길이 사이의 비로 정의한다.

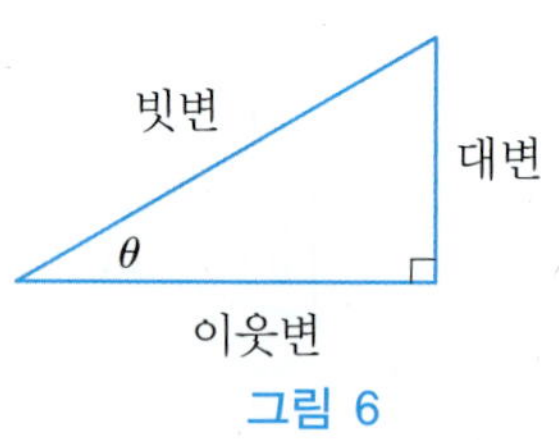

그림 6

[4]

$$\sin\theta=\frac{\text{대변}}{\text{빗변}},\qquad \csc\theta=\frac{\text{빗변}}{\text{대변}},$$
$$\cos\theta=\frac{\text{이웃변}}{\text{빗변}},\qquad \sec\theta=\frac{\text{빗변}}{\text{이웃변}},$$
$$\tan\theta=\frac{\text{대변}}{\text{이웃변}},\qquad \cot\theta=\frac{\text{이웃변}}{\text{대변}}$$

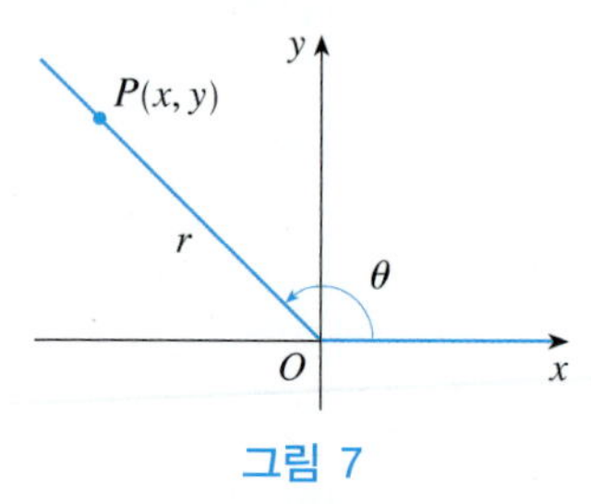

그림 7

이 정의는 둔각이나 음의 각에는 적용되지 않는다. 그러므로 표준 위치에 있는 일반각 θ에 대해, 그림 7과 같이 $P(x, y)$를 θ의 종변에 있는 임의의 점이라 하고 r을 거리 $|OP|$라 하자. 그리고 다음과 같이 정의한다.

$$\boxed{5} \quad \sin\theta = \frac{y}{r}, \qquad \csc\theta = \frac{r}{y},$$
$$\cos\theta = \frac{x}{r}, \qquad \sec\theta = \frac{r}{x},$$
$$\tan\theta = \frac{y}{x}, \qquad \cot\theta = \frac{x}{y}$$

0으로 나눌 수 없기 때문에, $\tan\theta$와 $\sec\theta$는 $x=0$일 때 정의되지 않고 $\csc\theta$와 $\cot\theta$는 $y=0$일 때 정의되지 않는다. θ가 예각일 때, $\boxed{4}$의 정의와 $\boxed{5}$의 정의는 일치한다.

θ가 수일 때, 관례에 따라 $\sin\theta$는 라디안 측도가 θ인 각의 사인을 뜻한다. 예를 들면, 식 $\sin 3$은 3라디안인 각의 사인을 다루고 있음을 뜻한다. 계산기로 이 수의 근삿값을 찾으려면 라디안 모드로 설정해야 하고, 그러면 다음을 얻는다.

$$\sin 3 \approx 0.14112$$

$3°$인 각의 사인을 알고 싶으면, $\sin 3°$로 써야 하고 도(°) 모드의 계산기로 다음을 찾을 수 있다.

$$\sin 3° \approx 0.05234$$

특정한 각들에 대한 정확한 삼각비는 그림 8에 나타낸 두 삼각형으로부터 얻을 수 있다. 예를 들면 다음과 같다.

$$\sin\frac{\pi}{4} = \frac{1}{\sqrt{2}}, \qquad \sin\frac{\pi}{6} = \frac{1}{2}, \qquad \sin\frac{\pi}{3} = \frac{\sqrt{3}}{2},$$
$$\cos\frac{\pi}{4} = \frac{1}{\sqrt{2}}, \qquad \cos\frac{\pi}{6} = \frac{\sqrt{3}}{2}, \qquad \cos\frac{\pi}{3} = \frac{1}{2},$$
$$\tan\frac{\pi}{4} = 1, \qquad \tan\frac{\pi}{6} = \frac{1}{\sqrt{3}}, \qquad \tan\frac{\pi}{3} = \sqrt{3}$$

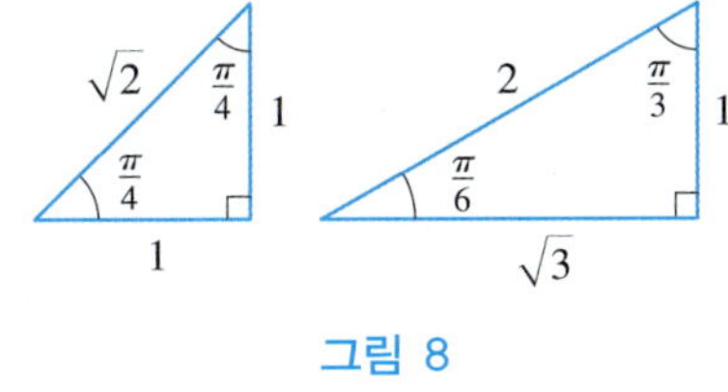

그림 8

각 사분면에 있는 각에 대한 삼각 함수들의 부호는 그림 9에 나타낸 바와 같다. [영어로는 "All Students Take Caculus."와 같은 방법으로 기억할 수 있다.]

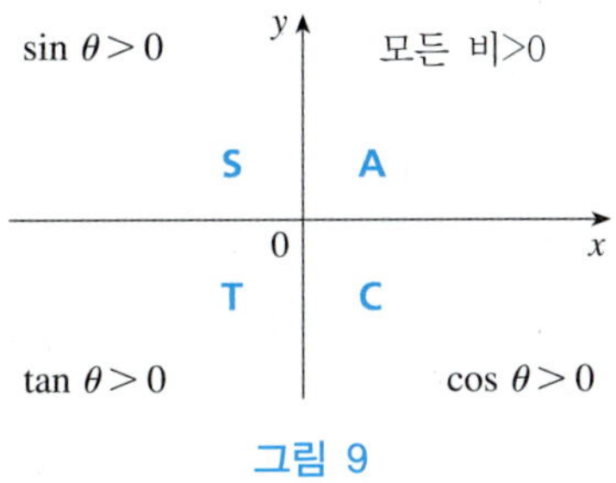

그림 9

보기 3 $\theta = 2\pi/3$의 모든 삼각비를 정확하게 찾아라.

풀이 그림 10에서 $\theta = 2\pi/3$에 대한 종변에 점 $P(-1, \sqrt{3})$이 있음을 알 수 있다. 삼각비의 정의에서 다음과 같이 택하자.

$$x = -1, \qquad y = \sqrt{3}, \qquad r = 2$$

그러면 다음을 얻는다.

$$\sin\frac{2\pi}{3} = \frac{\sqrt{3}}{2}, \qquad \cos\frac{2\pi}{3} = -\frac{1}{2}, \qquad \tan\frac{2\pi}{3} = -\sqrt{3},$$
$$\csc\frac{2\pi}{3} = \frac{2}{\sqrt{3}}, \qquad \sec\frac{2\pi}{3} = -2, \qquad \cot\frac{2\pi}{3} = -\frac{1}{\sqrt{3}}$$ ■

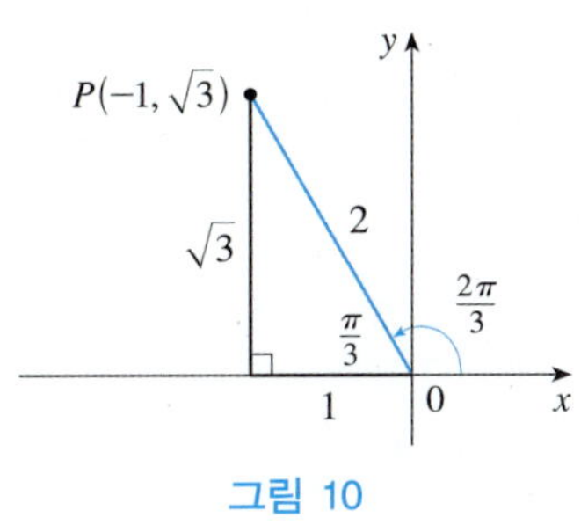

그림 10

다음 표는 보기 3의 방법으로 찾은 $\sin\theta$와 $\cos\theta$의 몇 가지 값을 알려준다.

θ	0	$\frac{\pi}{6}$	$\frac{\pi}{4}$	$\frac{\pi}{3}$	$\frac{\pi}{2}$	$\frac{2\pi}{3}$	$\frac{3\pi}{4}$	$\frac{5\pi}{6}$	π	$\frac{3\pi}{2}$	2π
$\sin\theta$	0	$\frac{1}{2}$	$\frac{1}{\sqrt{2}}$	$\frac{\sqrt{3}}{2}$	1	$\frac{\sqrt{3}}{2}$	$\frac{1}{\sqrt{2}}$	$\frac{1}{2}$	0	-1	0
$\cos\theta$	1	$\frac{\sqrt{3}}{2}$	$\frac{1}{\sqrt{2}}$	$\frac{1}{2}$	0	$-\frac{1}{2}$	$-\frac{1}{\sqrt{2}}$	$-\frac{\sqrt{3}}{2}$	-1	0	1

보기 4 $\cos\theta = \frac{2}{5}$이고 $0 < \theta < \frac{\pi}{2}$일 때, 나머지 다섯 가지 삼각 함수의 θ에서의 값을 찾아라.

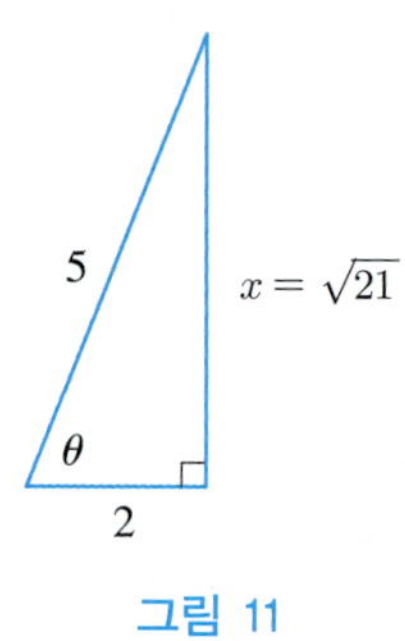

그림 11

풀이 $\cos\theta = \frac{2}{5}$이므로, 그림 11과 같이 빗변의 길이를 5, 이웃변의 길이를 2라 하자. 대변의 길이를 x라 하면, 피타고라스의 정리에 의해 $x^2 + 4 = 25$이므로 $x^2 = 21$, 곧 $x = \sqrt{21}$이다. 이제 이 그림을 이용해서 다음과 같이 나머지 다섯 가지 삼각 함수의 값을 찾을 수 있다.

$$\sin\theta = \frac{\sqrt{21}}{5}, \quad \tan\theta = \frac{\sqrt{21}}{2},$$

$$\csc\theta = \frac{5}{\sqrt{21}}, \quad \sec\theta = \frac{5}{2}, \quad \cot\theta = \frac{2}{\sqrt{21}}$$ ■

보기 5 계산기를 사용해서 그림 12에서 x의 근삿값을 찾아라.

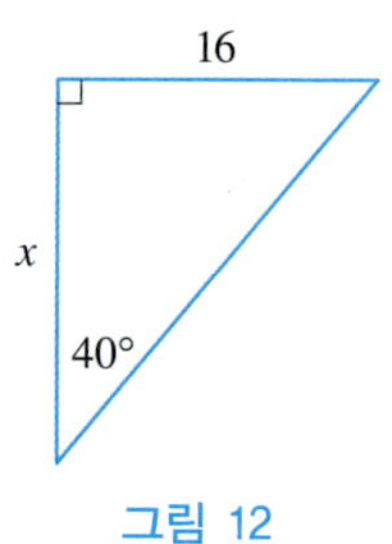

그림 12

풀이 그림에서 다음을 알 수 있다.

$$\tan 40° = \frac{16}{x}$$

따라서 찾는 값은 다음과 같다.

$$x = \frac{16}{\tan 40°} \approx 19.07$$ ■

삼각 등식

삼각 등식은 삼각 함수 사이의 관계이다. 가장 기본적인 등식은 다음과 같은데, 이는 삼각 함수의 정의로부터 즉시 유도된다.

6
$$\csc\theta = \frac{1}{\sin\theta}, \quad \sec\theta = \frac{1}{\cos\theta}, \quad \cot\theta = \frac{1}{\tan\theta},$$
$$\tan\theta = \frac{\sin\theta}{\cos\theta}, \quad \cot\theta = \frac{\cos\theta}{\sin\theta}$$

다음 등식은 앞의 그림 7로부터 유도된다. 거리 공식(또는 동치로 피타고라스의 정리)에 의해 $x^2 + y^2 = r^2$이 성립한다. 그러므로 다음을 얻는다.

$$\sin^2\theta + \cos^2\theta = \frac{y^2}{r^2} + \frac{x^2}{r^2} = \frac{x^2+y^2}{r^2} = \frac{r^2}{r^2} = 1$$

따라서 삼각 등식 중에서 가장 유용한 것의 하나인 다음을 증명했다.

7 $$\sin^2\theta + \cos^2\theta = 1$$

이제 식 7의 양변을 $\cos^2\theta$으로 나누고 식 6을 이용하면, 다음을 얻는다.

8 $$\tan^2\theta + 1 = \sec^2\theta$$

비슷하게 식 7의 양변을 $\sin^2\theta$으로 나누면, 다음을 얻는다.

9 $$1 + \cot^2\theta = \csc^2\theta$$

다음 등식은 사인이 홀 함수이고 코사인이 짝 함수임을 알려준다.

10a $$\sin(-\theta) = -\sin\theta,$$
10b $$\cos(-\theta) = \cos\theta$$

▪ 홀 함수와 짝 함수는 1.1절에서 논의했다.

이 등식들은 표준 위치에서 θ와 $-\theta$를 보여주는 그림을 그려서 쉽게 증명할 수 있다. (익힘 문제 39를 보라.)

두 각 θ와 $\theta + 2\pi$의 종변이 서로 같으므로, 다음을 얻는다.

11 $$\sin(\theta + 2\pi) = \sin\theta, \quad \cos(\theta + 2\pi) = \cos\theta$$

이 등식들은 사인과 코사인 함수가 주기가 2π인 주기 함수라는 사실을 알려준다.

나머지 모든 삼각 등식은 **덧셈 공식**이라 부르는 다음의 두 가지 기본적인 등식의 결과이다.

용어
덧셈 공식 addition formula
뺄셈 공식 subtraction formula

12a $$\sin(x+y) = \sin x \cos y + \cos x \sin y,$$
12b $$\cos(x+y) = \cos x \cos y - \sin x \sin y$$

이 덧셈 공식은 익힘 문제 85, 86, 87에서 개략적으로 증명한다.

식 12a와 12b에서 y에 $-y$를 대입하고 식 10a와 10b를 이용하면, 다음의 **뺄셈 공식**을 얻는다.

13a $$\sin(x-y) = \sin x \cos y - \cos x \sin y,$$
13b $$\cos(x-y) = \cos x \cos y + \sin x \sin y$$

식 12 또는 식 13에 있는 식끼리 나누면, 그에 대응하는 $\tan(x \pm y)$에 관한 다음과 같은 공식을 얻는다.

14a
$$\tan(x+y) = \frac{\tan x + \tan y}{1 - \tan x \tan y},$$
14b
$$\tan(x-y) = \frac{\tan x - \tan y}{1 + \tan x \tan y}$$

용어
배각 공식 double-angle formula 반각 공식 half-angle formula 곱의 공식 product formula

덧셈 공식 12에 $y = x$를 대입하면, 다음 배각 공식을 얻는다.

15a
$$\sin 2x = 2\sin x \cos x,$$
15b
$$\cos 2x = \cos^2 x - \sin^2 x$$

그리고 등식 $\sin^2 x + \cos^2 x = 1$을 이용하면, $\cos 2x$에 대한 배각 공식의 다음과 같은 꼴도 얻는다.

16a
$$\cos 2x = 2\cos^2 x - 1,$$
16b
$$\cos 2x = 1 - 2\sin^2 x$$

이제 이런 식들을 $\cos^2 x$과 $\sin^2 x$에 대해 풀면, 다음과 같은 반각 공식은 얻는다. 이는 적분에서 유용한다.

17a
$$\cos^2 x = \frac{1 + \cos 2x}{2},$$
17b
$$\sin^2 x = \frac{1 - \cos 2x}{2}$$

마지막으로, 다음과 같은 곱의 공식이 있는데, 이는 두 식 12와 13으로부터 유도할 수 있다.

18a
$$\sin x \cos y = \frac{1}{2}\{\sin(x+y) + \sin(x-y)\},$$
18b
$$\cos x \cos y = \frac{1}{2}\{\cos(x+y) + \cos(x-y)\},$$
18c
$$\sin x \sin y = \frac{1}{2}\{\cos(x-y) - \cos(x+y)\}$$

다른 삼각 등식이 많이 있지만, 위에서 나열한 등식들이 미분 적분학에서 가장 자주 사용된다. 이런 공식 중 어느 것을 잊더라도, 두 식 12a와 12b로부터 유도할 수 있다.

보기 6 구간 $[0, 2\pi]$에서 $\sin x = \sin 2x$를 만족시키는 x를 찾아라.

풀이 배각 공식 15a를 이용해서, 주어진 방정식을 다음과 같이 다시 쓸 수 있다.

$$\sin x = 2\sin x \cos x, \quad 곧 \quad \sin x(1 - 2\cos x) = 0$$

따라서 다음과 같은 두 가지 가능성이 있다.

$$\sin x = 0 \qquad \text{또는} \qquad 1 - 2\cos x = 0$$

$$x = 0,\ \pi,\ 2\pi \qquad\qquad \cos x = \frac{1}{2}$$

$$x = \frac{\pi}{3},\ \frac{5\pi}{3}$$

주어진 방정식의 해는 $0,\ \pi/3,\ \pi,\ 5\pi/3,\ 2\pi$의 다섯 개다. ■

삼각 함수의 그래프

그림 13(a)에 나타낸 함수 $f(x) = \sin x$의 그래프는 $0 \le x \le 2\pi$인 점들을 찍은 다음에 이 함수의 주기성(식 [11])을 이용해서 완성한다. 사인 함수의 영점은 π의 정수배에서 나타난다. 곧, 다음과 같다.

$$\text{정수 } n\text{에 대해 } x = n\pi \text{일 때} \quad \sin x = 0 \text{이다.}$$

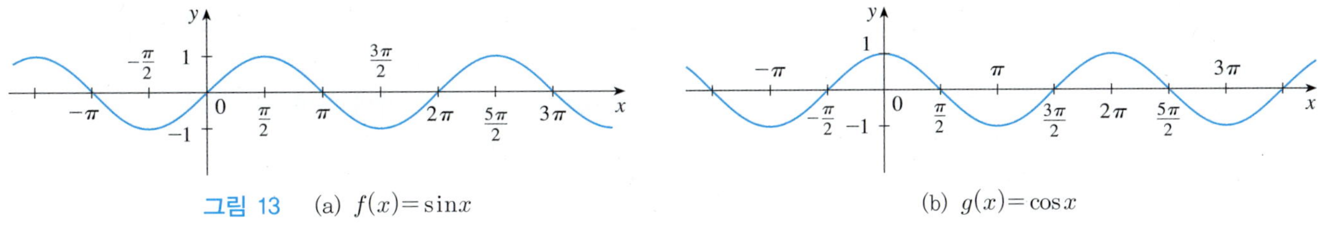

그림 13 (a) $f(x) = \sin x$ (b) $g(x) = \cos x$

식 [12a]를 이용해서 다음 등식이 성립함을 밝힐 수 있다.

$$\cos x = \sin\left(x + \frac{\pi}{2}\right)$$

그러므로 코사인 함수의 그래프는 사인 함수의 그래프를 왼쪽으로 $\pi/2$만큼 평행 이동시켜 얻을 수 있다. [그림 13(b)를 보라.] 사인 함수와 코사인 함수의 정의역은 모두 $(-\infty, \infty)$이고, 치역은 닫힌 구간 $[-1, 1]$이다. 그러므로 x의 모든 값에 대해 다음이 성립한다.

$$-1 \le \sin x \le 1, \qquad -1 \le \cos x \le 1$$

나머지 네 삼각 함수의 그래프를 그림 14에 나타냈고, 각각 정의역을 표시했다. 탄젠트와 코탄젠트 함수의 치역은 $(-\infty, \infty)$이고, 코시컨트와 시컨트 함수의 치역은 $(-\infty, -1] \cup [1, \infty)$이다. 이 네 가지 함수는 모두 주기 함수이다. 탄젠트와 코탄젠트 함수의 주기는 π이고, 코시컨트와 시컨트 함수의 주기는 2π이다.

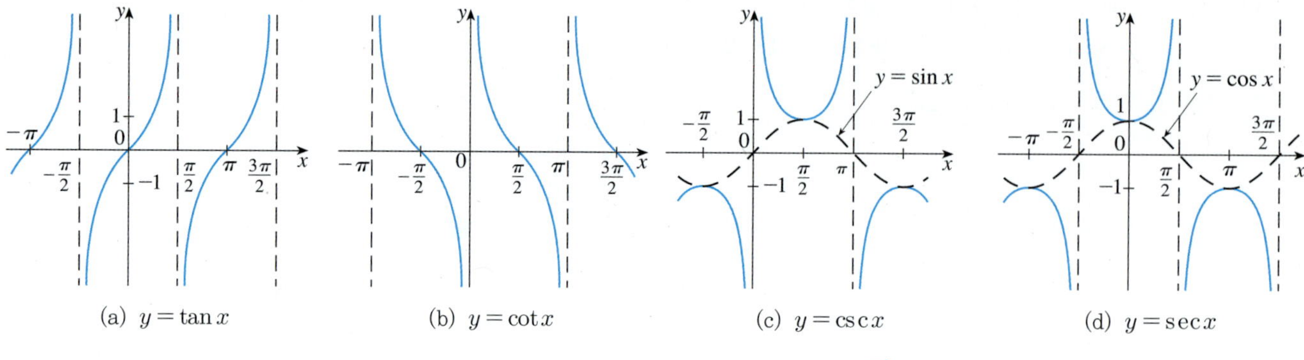

그림 14

A 익힘 문제

1–6. 다음의 도(°)를 라디안으로 바꿔라.

1. $210°$ 2. $300°$ 3. $9°$
4. $-315°$ 5. $900°$ 6. $36°$

7–12. 다음의 라디안을 도(°)로 바꿔라.

7. 4π 8. $-\dfrac{7\pi}{2}$ 9. $\dfrac{5\pi}{12}$
10. $\dfrac{8\pi}{3}$ 11. $-\dfrac{3\pi}{8}$ 12. 5

13. 중심각이 $\pi/12$이고 반지름이 36cm인 부채꼴의 호의 길이를 찾아라.
14. 반지름이 10cm이고 중심각이 $72°$인 부채꼴의 호의 길이를 찾아라.
15. 반지름이 1.5m이고 호의 길이가 1m인 부채꼴의 중심각의 크기를 찾아라.
16. 중심각이 $3\pi/4$이고 호의 길이가 6cm인 부채꼴의 반지름의 길이를 찾아라.

17–22. 표준 위치에 있고 크기가 다음과 같은 각을 그려라.

17. $315°$ 18. $-150°$ 19. $-\dfrac{3\pi}{4}$ 라디안
20. $\dfrac{7\pi}{3}$ 라디안 21. 2라디안 22. -3라디안

23–28. 라디안으로 크기가 주어진 다음과 같은 각의 정확한 삼각비들을 찾아라.

23. $\dfrac{3\pi}{4}$ 24. $\dfrac{4\pi}{3}$ 25. $\dfrac{9\pi}{2}$
26. -5π 27. $\dfrac{5\pi}{6}$ 28. $\dfrac{11\pi}{4}$

29–24. 다음과 같은 각의 나머지 삼각비를 모두 찾아라.

29. $\sin\theta=\dfrac{3}{5},\ 0<\theta<\dfrac{\pi}{2}$ 30. $\tan\alpha=2,\ 0<\alpha<\dfrac{\pi}{2}$
31. $\sec\phi=-1.5,\ \dfrac{\pi}{2}<\phi<\pi$
32. $\cos x=-\dfrac{1}{3},\ \pi<x<\dfrac{3\pi}{2}$
33. $\cot\beta=3,\ \pi<\beta<2\pi$
34. $\csc\theta=-\dfrac{4}{3},\ \dfrac{3\pi}{2}<\theta<2\pi$

35–38. x로 표시된 변의 길이를 소수 다섯째 자리까지 정확하게 찾아라.

35.

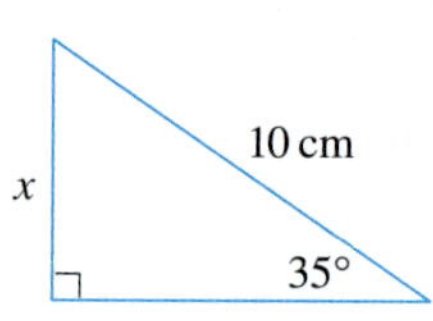

36.

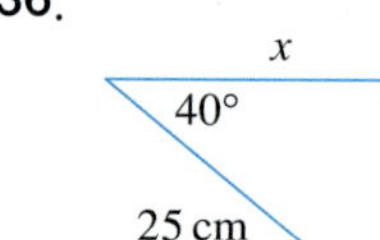

37.

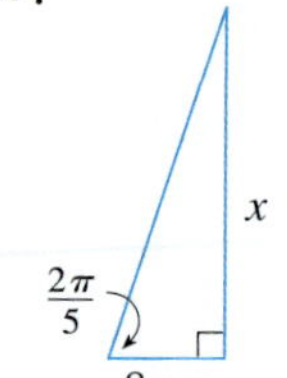

38.

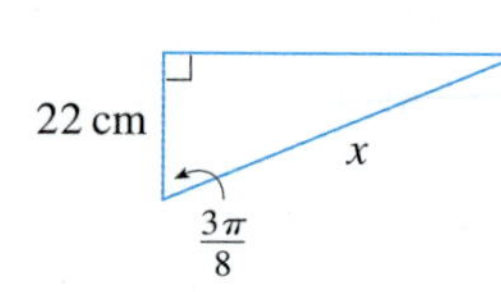

39–41. 다음 등식이 성립함을 증명하라.

39. (a) 등식 10a (b) 등식 10b

40. (a) 등식 14a (b) 등식 14b

41. (a) 등식 18a (b) 등식 18b
(c) 등식 18c

42–58. 다음 등식을 증명하라.

42. $\cos\left(\frac{\pi}{2}-x\right)=\sin x$

43. $\sin\left(\frac{\pi}{2}+x\right)=\cos x$ **44.** $\sin(\pi-x)=\sin x$

45. $\sin\theta\cot\theta=\cos\theta$ **46.** $(\sin x+\cos x)^2=1+\sin 2x$

47. $\sec y-\cos y=\tan y\sin y$

48. $\tan^2\alpha-\sin^2\alpha=\tan^2\alpha\sin^2\alpha$

49. $\cot^2\theta+\sec^2\theta=\tan^2\theta+\csc^2\theta$

50. $2\csc 2t=\sec t\csc t$

51. $\tan 2\theta=\dfrac{2\tan\theta}{1-\tan^2\theta}$

52. $\dfrac{1}{1-\sin\theta}+\dfrac{1}{1+\sin\theta}=2\sec^2\theta$

53. $\sin x\sin 2x+\cos x\cos 2x=\cos x$

54. $\sin^2 x-\sin^2 y=\sin(x+y)\sin(x-y)$

55. $\dfrac{\sin\phi}{1-\cos\phi}=\csc\phi+\cot\phi$

56. $\tan x+\tan y=\dfrac{\sin(x+y)}{\cos x\cos y}$

57. $\sin 3\theta+\sin\theta=2\sin 2\theta\cos\theta$

58. $\cos 3\theta=4\cos^3\theta-3\cos\theta$

59–64. x와 y가 0과 $\pi/2$ 사이에 놓여있고 $\sin x=\frac{1}{3}$이며 $\sec y=\frac{5}{4}$일 때, 다음 식의 값을 찾아라.

59. $\sin(x+y)$ **60.** $\cos(x+y)$

61. $\cos(x-y)$ **62.** $\sin(x-y)$

63. $\sin 2y$ **64.** $\cos 2y$

65–72. 다음 방정식을 만족시키는 x의 값을 구간 $[0,\ 2\pi]$에서 모두 찾아라.

65. $2\cos x-1=0$ **66.** $3\cot^2 x=1$

67. $2\sin^2 x=1$ **68.** $|\tan x|=1$

69. $\sin 2x=\cos x$ **70.** $2\cos x+\sin 2x=0$

71. $\sin x=\tan x$ **72.** $2+\cos 2x=3\cos x$

73–76. 다음 부등식을 만족시키는 x의 값을 구간 $[0,\ 2\pi]$에서 모두 찾아라.

73. $\sin x\le\frac{1}{2}$ **74.** $2\cos x+1>0$

75. $-1<\tan x<1$ **76.** $\sin x>\cos x$

77–82. 다음 함수의 그래프를 두 그림 13과 14에서 출발하고 필요하면 1.3절의 변환을 적용해서 그려라.

77. $y=\cos\left(x-\frac{\pi}{3}\right)$ **78.** $y=\tan 2x$

79. $y=\frac{1}{3}\tan\left(x-\frac{\pi}{2}\right)$ **80.** $y=1+\sec x$

81. $y=|\sin x|$ **82.** $y=2+\sin\left(x+\frac{\pi}{4}\right)$

83. 다음 코사인 법칙을 증명하라. 삼각형의 세 변의 길이가 a, b, c이고 길이가 a와 b인 두 변 사이의 각이 θ일 때 다음이 성립한다.

$$c^2=a^2+b^2-2ab\cos\theta$$

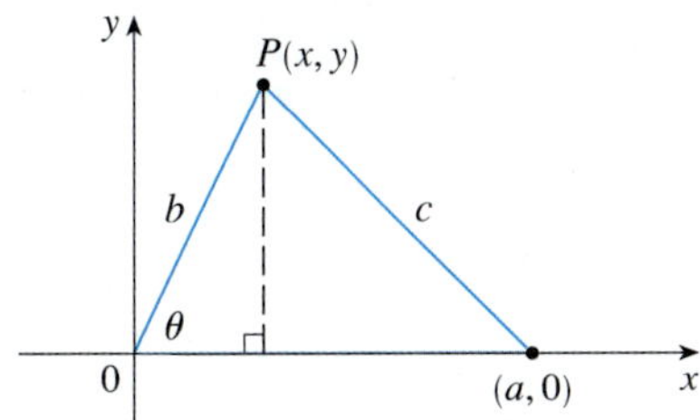

[*귀띔*: 그림과 같이 θ가 표준 위치에 있도록 좌표 체계를 도입하자. x와 y를 θ의 식으로 표현하고 거리 공식을 사용해서 c를 셈하자.]

84. 아래 그림과 같이 작은 내해를 가로지르는 거리 $|AB|$를 찾기 위해서, 해안의 점 C를 정하고 다음을 측정했다.

$\angle C=103°$, $|AC|=820\text{m}$, $|BC|=910\text{m}$

익힘 문제 83의 코사인 법칙을 사용해서 원하는 거리를 찾아라.

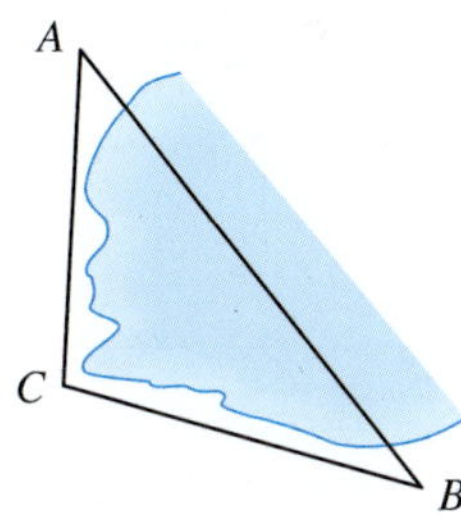

85. 아래 그림을 이용해서 다음 뺄셈 공식을 증명하라.

$$\cos(\alpha-\beta)=\cos\alpha\cos\beta+\sin\alpha\sin\beta$$

[*귀띔*: c^2을 (익힘 문제 83의 코사인 법칙과 거리 공식을 이용해서) 두 가지 방법으로 셈하고 두 식을 비교하자.]

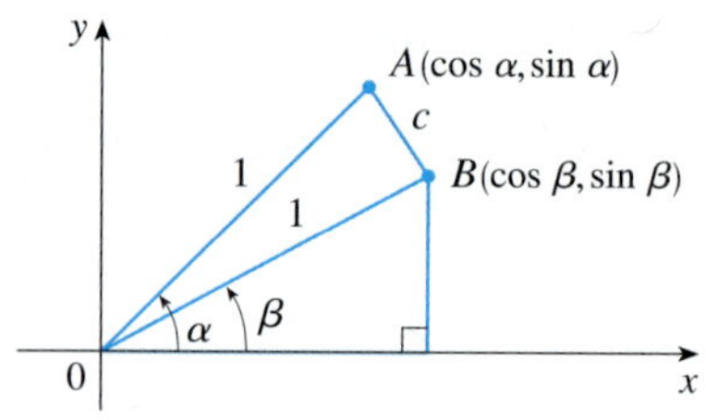

86. 익힘 문제 85의 공식을 이용해서 코사인에 대한 덧셈 공식 12b를 증명하라.

87. 코사인에 대한 덧셈 공식과 다음 등식을 이용해서 사인 함수에 대한 뺄셈 공식을 증명하라.

$$\cos\left(\frac{\pi}{2}-\theta\right)=\sin\theta,\quad \sin\left(\frac{\pi}{2}-\theta\right)=\cos\theta$$

88. 두 변의 길이가 a와 b이고 그 사이의 각이 θ인 삼각형의 넓이가 다음과 같음을 보여라.

$$A=\frac{1}{2}ab\sin\theta$$

89. 다음 삼각형 ABC의 넓이를 소수 다섯째 자리까지 정확하게 찾아라.

$|AB|=10\,\text{cm},\ |BC|=3\,\text{cm},\ \angle ABC=107°$

부록 B 합의 기호

용어
시그마 기호, 합의 기호 sigma notation 합의 첨자 index of summation

그리스 문자 $\sum$(대문자 시그마, S에 대응)를 사용해서 합을 간편하게 나타내는데, 이를 시그마 기호 또는 합의 기호라 한다.

> **1 정의** $a_m, a_{m+1}, \ldots, a_n$은 실수이고 m과 n는 정수로 $m \le n$일 때, 다음과 같이 나타낸다.
>
> $$\sum_{i=m}^{n} a_i = a_m + a_{m+1} + a_{m+2} + \cdots + a_{n-1} + a_n$$

함수 기호를 이용하면, 정의 1을 다음과 같이 쓸 수 있다.

$$\sum_{i=m}^{n} f(i)=f(m)+f(m+1)+f(m+2)+\cdots+f(n-1)+f(n)$$

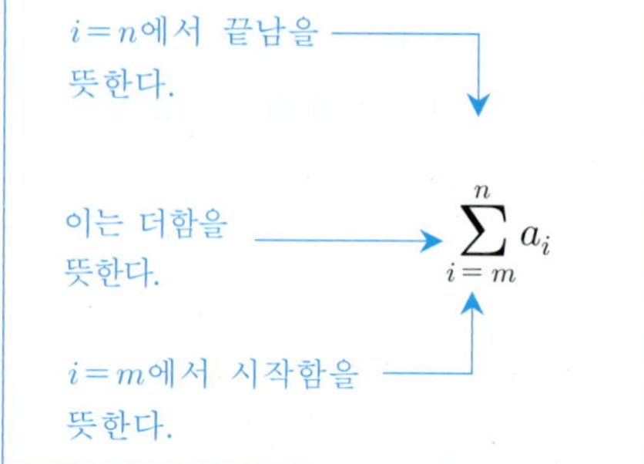

그러므로 기호 $\sum_{i=m}^{n}$은 (합의 첨자라 부르는) 문자 i가 m부터 시작해서 n에서 끝나는 잇따른 정수 값, 곧 m, $m+1$, …, n을 취하는 합을 나타낸다. 합의 첨자로 다른 문자를 사용할 수 있다.

보기 1 (a) $\displaystyle\sum_{i=1}^{4} i^2 = 1^2+2^2+3^2+4^2=30$

(b) $\displaystyle\sum_{i=3}^{n} i = 3+4+5+\cdots+(n-1)+n$

(c) $\displaystyle\sum_{j=0}^{5} 2^j = 2^0+2^1+2^2+2^3+2^4+2^5=63$

(d) $\displaystyle\sum_{k=1}^{n}\frac{1}{k}=1+\frac{1}{2}+\frac{1}{3}+\cdots+\frac{1}{n}$

(e) $\displaystyle\sum_{i=1}^{3}\frac{i-1}{i^2+3}=\frac{1-1}{1^2+3}+\frac{2-1}{2^2+3}+\frac{3-1}{3^2+3}=0+\frac{1}{7}+\frac{1}{6}=\frac{13}{42}$

(f) $\displaystyle\sum_{i=1}^{4}2=2+2+2+2=8$ ■

보기 2 합 $2^3+3^3+\cdots+n^3$을 합의 기호로 나타내라.

풀이 합의 기호로 합을 나타내는 방법은 유일하지 않다. 다음과 같이 나타낼 수 있다.

$$2^3+3^3+\cdots+n^3=\sum_{i=2}^{n}i^3$$

또는
$$2^3+3^3+\cdots+n^3=\sum_{j=1}^{n-1}(j+1)^3$$

또는
$$2^3+3^3+\cdots+n^3=\sum_{k=0}^{n-2}(k+2)^3$$ ■

다음 정리는 합의 기호를 셈하는 세 가지 간단한 법칙을 알려준다.

2 정리 c가 임의의 상수일 때(곧, i와 무관할 때), 다음이 성립한다.

(a) $\displaystyle\sum_{i=m}^{n}ca_i=c\sum_{i=m}^{n}a_i$ (b) $\displaystyle\sum_{i=m}^{n}(a_i+b_i)=\sum_{i=m}^{n}a_i+\sum_{i=m}^{n}b_i$

(c) $\displaystyle\sum_{i=m}^{n}(a_i-b_i)=\sum_{i=m}^{n}a_i-\sum_{i=m}^{n}b_i$

증명 이런 법칙이 참인 이유를 알아보기 위해서는, 양변을 전개해보면 충분하다. 법칙 (a)는 다음과 같이 바로 실수의 분배 법칙이다.

$$ca_m+ca_{m+1}+\cdots+ca_n=c(a_m+a_{m+1}+\cdots+a_n)$$

법칙 (b)는 다음과 같이 결합 법칙과 교환 법칙으로부터 유도된다.

$$(a_m+b_m)+(a_{m+1}+b_{m+1})+\cdots+(a_n+b_n)$$
$$=(a_m+a_{m+1}+\cdots+a_n)+(b_m+b_{m+1}+\cdots+b_n)$$

법칙 (c)도 마찬가지로 증명한다. □

보기 3 $\displaystyle\sum_{i=1}^{n}1$을 찾아라.

풀이
$$\sum_{i=1}^{n}1=\underbrace{1+1+\cdots+1}_{n\text{항}}=n$$ ■

보기 4 처음 n개의 양의 정수의 합에 대한 다음 공식을 증명하라.

$$\sum_{i=1}^{n} i = 1+2+3+\cdots+n = \frac{n(n+1)}{2}$$

풀이 이 공식은 수학적 귀납법(A13쪽)을 이용해서 증명할 수 있다. 또는 독일 수학자 가우스(Karl Friedrich Gauss, 1777~1855)가 10세 때 이용한 다음과 같은 방법으로 증명할 수 있다.

합 S를 다음과 같이 두 가지 방법, 곧 통상적인 순서와 역순으로 쓰자.

$$S = 1 + 2 + 3 + \cdots + (n-1) + n,$$

$$S = n + (n-1) + (n-2) + \cdots + 2 + 1$$

연직 방향으로 모든 열을 더하면, 다음을 얻는다.

$$2S = (n+1)+(n+1)+(n+1)+\cdots+(n+1)+(n+1)$$

우변에는 $n+1$이 n개 있으므로, 다음을 얻는다.

$$2S = n(n+1), \quad \text{곧} \quad S = \frac{n(n+1)}{2}$$ ■

보기 5 처음 n개의 양의 정수의 제곱의 합에 대한 다음 공식을 증명하라.

$$\sum_{i=1}^{n} i^2 = 1^2+2^2+3^2+\cdots+n^2 = \frac{n(n+1)(2n+1)}{6}$$

풀이 1 S를 찾는 합이라고 하자. 먼저 다음과 같은 끼워 넣는 합을 생각하자.

▪ 대부분의 항이 쌍으로 소거된다.

$$\sum_{i=1}^{n}\{(1+i)^3-i^3\} = (2^3-1^3)+(3^3-2^3)+(4^3-3^3)+\cdots+\{(n+1)^3-n^3\}$$

$$= (n+1)^3 - 1^3 = n^3+3n^2+3n$$

한편, 정리 [2] 및 두 보기 3과 4를 이용하면 다음을 얻는다.

$$\sum_{i=1}^{n}\{(1+i)^3-i^3\} = \sum_{i=1}^{n}\{3i^2+3i+1\} = 3\sum_{i=1}^{n} i^2 + 3\sum_{i=1}^{n} i + \sum_{i=1}^{n} 1$$

$$= 3S + 3\frac{n(n+1)}{2} + n = 3S + \frac{3}{2}n^2 + \frac{5}{2}n$$

그러므로 다음이 성립한다.

$$n^3+3n^2+3n = 3S + \frac{3}{2}n^2 + \frac{5}{2}n$$

이를 S에 대해 풀면, 다음을 얻는다.

$$3S = n^3 + \frac{3}{2}n^2 + \frac{1}{2}n,$$

곧 $$S = \frac{2n^3+3n^2+n}{6} = \frac{n(n+1)(2n+1)}{6}$$

풀이 2 S_n을 주어진 공식이라 하자.

1. S_1은 참인데, $1^2 = \dfrac{1(1+1)(2\cdot 1+1)}{6}$이기 때문이다.

2. S_k가 참이라 가정하자. 곧, 다음이 성립함을 가정하자.

$$1^2+2^2+3^2+\cdots+k^2=\frac{k(k+1)(2k+1)}{6}$$

그러면 다음이 성립한다.

$$\begin{aligned}
&1^2+2^2+3^2+\cdots+(k+1)^2\\
&=(1^2+2^2+3^2+\cdots+k^2)+(k+1)^2\\
&=\frac{k(k+1)(2k+1)}{6}+(k+1)^2=(k+1)\frac{k(2k+1)+6(k+1)}{6}\\
&=(k+1)\frac{2k^2+7k+6}{6}=\frac{(k+1)(k+2)(2k+3)}{6}\\
&=\frac{(k+1)\{(k+1)+1\}\{2(k+1)+1\}}{6}
\end{aligned}$$

그러므로 S_{k+1}이 참이다.

수학적 귀납법에 따라, S_n은 모든 n에 대해 참이다. ■

> **수학적 귀납법의 원리**
> S_n을 양의 정수 n과 관련된 명제라 하자.
> 1. S_1이 참이다.
> 2. S_k가 참이면, S_{k+1}도 참이다.
>
> 그러면 S_n은 모든 양의 정수 n에 대해 참이다.

세 보기 3, 4, 5의 결과와 함께 세제곱에 대한 비슷한 결과(익힘 문제 37~40을 보라)를 정리 [3]으로 나열한다. 이런 공식들은 제 5 장에서 넓이를 찾고 적분의 값을 찾는 데 필요하다.

[3] 정리 c가 상수이고 n이 양의 정수이면, 다음이 성립한다.

(a) $\displaystyle\sum_{i=1}^{n}1=n$

(b) $\displaystyle\sum_{i=1}^{n}c=nc$

(c) $\displaystyle\sum_{i=1}^{n}i=\frac{n(n+1)}{2}$

(d) $\displaystyle\sum_{i=1}^{n}i^2=\frac{n(n+1)(2n+1)}{6}$

(e) $\displaystyle\sum_{i=1}^{n}i^3=\left\{\frac{n(n+1)}{2}\right\}^2$

보기 6 $\displaystyle\sum_{i=1}^{n}i(4i^2-3)$의 값을 찾아라.

풀이 두 정리 [2]와 [3]을 사용하면, 다음을 얻는다.

$$\begin{aligned}
\sum_{i=1}^{n}i(4i^2-3)&=\sum_{i=1}^{n}(4i^3-3i)=4\sum_{i=1}^{n}i^3-3\sum_{i=1}^{n}i\\
&=4\left\{\frac{n(n+1)}{2}\right\}^2-3\frac{n(n+1)}{2}\\
&=\frac{n(n+1)\{2n(n+1)-3\}}{2}\\
&=\frac{n(n+1)(2n^2+2n-3)}{2}
\end{aligned}$$

■

보기 7 $\lim_{n\to\infty}\sum_{i=1}^{n}\frac{3}{n}\left\{\left(\frac{i}{n}\right)^2+1\right\}$을 찾아라.

■ 보기 7에 있는 꼴의 셈은 제 5 장에서 넓이를 셈할 때 나타난다.

풀이 $$\lim_{n\to\infty}\sum_{i=1}^{n}\frac{3}{n}\left\{\left(\frac{i}{n}\right)^2+1\right\}=\lim_{n\to\infty}\sum_{i=1}^{n}\left\{\frac{3}{n^3}i^2+\frac{3}{n}\right\}$$
$$=\lim_{n\to\infty}\left\{\frac{3}{n^3}\sum_{i=1}^{n}i^2+\frac{3}{n}\sum_{i=1}^{n}1\right\}$$
$$=\lim_{n\to\infty}\left\{\frac{3}{n^3}\frac{n(n+1)(2n+1)}{6}+\frac{3}{n}\cdot n\right\}$$
$$=\lim_{n\to\infty}\left\{\frac{1}{2}\cdot\frac{n}{n}\cdot\left(\frac{n+1}{n}\right)\left(\frac{2n+1}{n}\right)+3\right\}$$
$$=\lim_{n\to\infty}\left\{\frac{1}{2}\cdot 1\left(1+\frac{1}{n}\right)\left(2+\frac{1}{n}\right)+3\right\}$$
$$=\frac{1}{2}\cdot 1\cdot 1\cdot 2+3=4$$ ■

B 익힘 문제

1–10. 다음 합을 전개한 꼴로 써라.

1. $\sum_{i=1}^{5}\sqrt{i}$
2. $\sum_{i=1}^{6}\frac{1}{i+1}$
3. $\sum_{i=4}^{6}3^i$
4. $\sum_{i=4}^{6}i^3$
5. $\sum_{k=0}^{4}\frac{2k-1}{2k+1}$
6. $\sum_{k=5}^{8}x^k$
7. $\sum_{i=1}^{n}i^{10}$
8. $\sum_{j=n}^{n+3}j^2$
9. $\sum_{j=0}^{n-1}(-1)^j$
10. $\sum_{i=1}^{n}f(x_i)\Delta x_i$

11–20. 다음 합을 합의 기호로 나타내라.

11. $1+2+3+4+\cdots+10$
12. $\sqrt{3}+\sqrt{4}+\sqrt{5}+\sqrt{6}+\sqrt{7}$
13. $\frac{1}{2}+\frac{2}{3}+\frac{3}{4}+\frac{4}{5}+\cdots+\frac{19}{20}$
14. $\frac{3}{7}+\frac{4}{8}+\frac{5}{9}+\frac{6}{10}+\cdots+\frac{23}{27}$
15. $2+4+6+8+\cdots+2n$
16. $1+3+5+7+\cdots+(2n-1)$
17. $1+2+4+8+16+32$
18. $\frac{1}{1}+\frac{1}{4}+\frac{1}{9}+\frac{1}{16}+\frac{1}{25}+\frac{1}{36}$
19. $x+x^2+x^3+\cdots+x^n$
20. $1-x+x^2-x^3+\cdots+(-1)^nx^n$

21–35. 다음 합의 값을 찾아라.

21. $\sum_{i=4}^{8}(3i-2)$
22. $\sum_{i=3}^{6}i(i+2)$
23. $\sum_{j=1}^{6}3^{j+1}$
24. $\sum_{k=0}^{8}\cos k\pi$
25. $\sum_{n=1}^{20}(-1)^n$
26. $\sum_{i=1}^{100}4$
27. $\sum_{i=0}^{4}(2^i+i^2)$
28. $\sum_{i=-2}^{4}2^{3-i}$
29. $\sum_{i=1}^{n}2i$
30. $\sum_{i=1}^{n}(2-5i)$
31. $\sum_{i=1}^{n}(i^2+3i+4)$
32. $\sum_{i=1}^{n}(3+2i)^2$
33. $\sum_{i=1}^{n}(i+1)(i+2)$
34. $\sum_{i=1}^{n}i(i+1)(i+2)$

35. $\sum_{i=1}^{n}(i^3 - i - 2)$

36. $\sum_{i=1}^{n} i = 78$을 만족시키는 수 n을 찾아라.

37. 정리 [3]의 공식 (b)를 증명하라.

38. 정리 [3]의 공식 (e)를 수학적 귀납법으로 증명하라.

39. 정리 [3]의 공식 (e)를 보기 5의 풀이 1과 비슷한 방법으로 [$(1+i)^4 - i^4$에서 출발해서] 증명하라.

40. 정리 [3]의 공식 (e)를 서기 1010년경 알카라지(Abu Bekr Mohammed ibn Alhusain Alkarchi)가 발표한 다음 방법을 이용해서 증명하라. 아래 그림과 같이 정사각형 $ABCD$에서 두 변 AB와 AD를 길이가 1, 2, 3, ..., n인 선분들로 나누자. 그러면 정사각형의 변의 길이는 $n(n+1)/2$이고, 이에 따라 넓이는 $\{n(n+1)/2\}^2$이다. 그런데 이 넓이는 그림에 나타낸 n개의 '그노몽' G_1, G_2, ..., G_n의 넓이의 합이기도 하다. G_i의 넓이가 i^3임을 보이고, 이에 따라 공식 (e)가 참이라는 결론을 내려라.

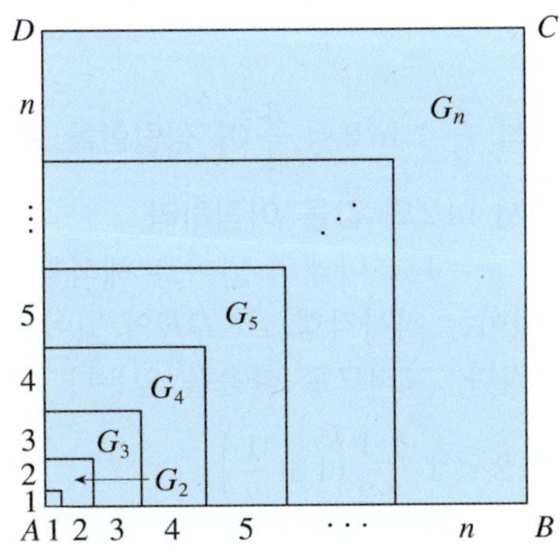

41. 다음 끼워 넣는 합의 값을 찾아라.

(a) $\sum_{i=1}^{n}\{i^4 - (i-1)^4\}$ (b) $\sum_{i=1}^{100}(5^i - 5^{i-1})$

(c) $\sum_{i=3}^{99}\left(\frac{1}{i} - \frac{1}{i+1}\right)$ (d) $\sum_{i=1}^{n}(a_i - a_{i-1})$

42. 다음 일반화된 삼각 부등식을 증명하라.

$$\left|\sum_{i=1}^{n} a_i\right| \le \sum_{i=1}^{n}|a_i|$$

43–46. 다음 극한을 찾아라.

43. $\lim_{n\to\infty}\sum_{i=1}^{n}\frac{1}{n}\left(\frac{i}{n}\right)^2$

44. $\lim_{n\to\infty}\sum_{i=1}^{n}\frac{1}{n}\left\{\left(\frac{i}{n}\right)^3 + 1\right\}$

45. $\lim_{n\to\infty}\sum_{i=1}^{n}\frac{2}{n}\left\{\left(\frac{2i}{n}\right)^3 + 5\left(\frac{2i}{n}\right)\right\}$

46. $\lim_{n\to\infty}\sum_{i=1}^{n}\frac{3}{n}\left\{\left(1+\frac{3i}{n}\right)^3 - 2\left(1+\frac{3i}{n}\right)\right\}$

47. 첫째 항이 a이고 공비가 $r \ne 1$인 다음 유한 등비 급수의 합에 대한 공식을 증명하라.

$$\sum_{i=1}^{n} ar^{i-1} = a + ar + ar^2 + \cdots + ar^{n-1} = \frac{a(r^n - 1)}{r-1}$$

48. $\sum_{i=1}^{n}\frac{3}{2^{i-1}}$의 값을 찾아라.

49. $\sum_{i=1}^{n}(2i + 2^i)$의 값을 찾아라.

50. $\sum_{i=1}^{m}\left\{\sum_{j=1}^{n}(i+j)\right\}$의 값을 찾아라.

부록 C 적분으로 정의된 로그 함수

제 3 장에서 제시한 지수 함수와 로그 함수의 취급 방법은 우리의 직관에 의존하는데, 이는 수치적이고 가시적인 증거에 근거한다. 여기서는 미분 적분학의 기본 정리를 이용해서 이런 함수에 더 확실한 기초를 제공하는 다른 취급 방법을 제시한다.

a^x에서 출발해서 그 역으로 $\log_a x$를 정의하는 과정 대신에, 이번에는 먼저 $\ln x$를 적분으로 정의하고 이의 역으로 지수 함수를 정의한다. 이번 절에서는

용어
자연 로그 함수 natural logarithmic function

지수 함수와 로그 함수에 관한 이전의 정의와 결과를 전혀 사용하지 않는다는 사실을 상기해야 한다.

자연 로그 함수

먼저 $\ln x$를 적분으로 정의한다.

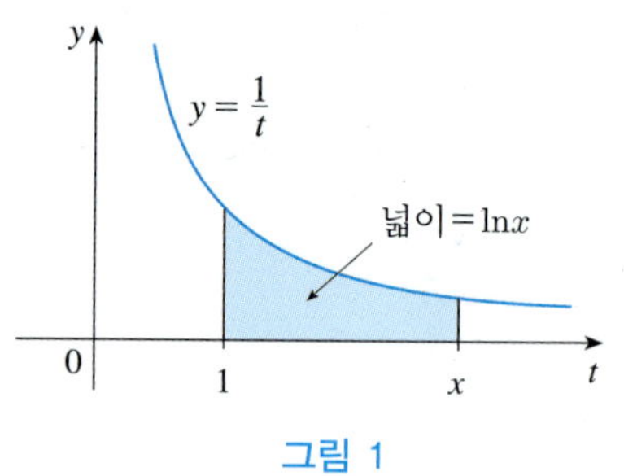

그림 1

1 정의 **자연 로그 함수**는 다음과 같이 정의된 함수이다.

$$\ln x = \int_1^x \frac{1}{t}\,dt \qquad (x > 0)$$

이 적분의 존재성은 연속 함수의 적분이 언제나 존재한다는 사실에 의존한다. $x > 1$일 때 $\ln x$는 기하학적으로 $t = 1$부터 $t = x$까지 쌍곡선 $y = 1/t$ 아래의 넓이로 해석할 수 있다. (그림 1을 보라.) $x = 1$일 때, 다음을 얻는다.

$$\ln 1 = \int_1^1 \frac{1}{t}\,dt = 0$$

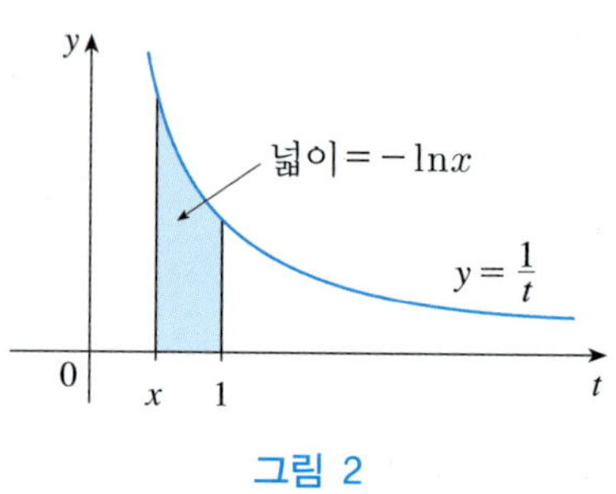

그림 2

$0 < x < 1$일 때는 다음이 성립한다.

$$\ln x = \int_1^x \frac{1}{t}\,dt = -\int_x^1 \frac{1}{t}\,dt < 0$$

그러므로 $\ln x$는 그림 2에 나타낸 넓이의 반수(덧셈에 대한 역원)이다.

보기 1 (a) 넓이를 비교해서 부등식 $\frac{1}{2} < \ln 2 < \frac{3}{4}$이 성립함을 보여라.

(b) $n = 10$인 중점 법칙을 사용해서 $\ln 2$의 값을 어림하라.

풀이 (a) $\ln 2$를 1부터 2까지 곡선 $y = 1/t$ 아래의 넓이로 해석할 수 있다. 그림 3에서 알 수 있듯이, 이 넓이는 직사각형 $BCDE$의 넓이보다 크고 사다리꼴 $ABCD$의 넓이보다 작다. 그러므로 다음을 얻는다.

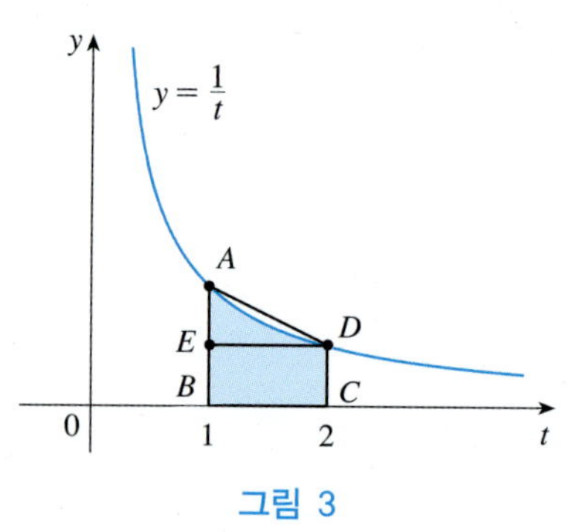

그림 3

$$\frac{1}{2} \cdot 1 < \ln 2 < 1 \cdot \frac{1}{2}\left(1 + \frac{1}{2}\right),$$

$$\frac{1}{2} < \ln 2 < \frac{3}{4}$$

(b) $f(t) = 1/t$, $n = 10$, $\Delta t = 0.1$일 때 중점 법칙을 사용하면, 다음을 얻는다.

$$\ln 2 = \int_1^2 \frac{1}{t}\,dt \approx (0.1)\{f(1.05) + f(1.15) + \cdots + f(1.95)\}$$

$$= (0.1)\left(\frac{1}{1.05} + \frac{1}{1.15} + \cdots + \frac{1}{1.95}\right) \approx 0.693$$ ■

$\ln x$를 정의하는 적분은 정확하게 미적분학의 기본 정리의 첫째 부분(적분과 미분의 관계)에서 논의한 적분의 형태이다. (5.4절을 보라.) 실제로, 그 정

리를 이용하면, 다음을 얻는다.

$$\frac{d}{dx}\int_1^x \frac{1}{t}\,dt = \frac{1}{x}$$

그러므로 다음이 성립한다.

2 $$\frac{d}{dx}(\ln x) = \frac{1}{x}$$

이제 이 미분 법칙을 이용하면 로그 함수의 다음과 같은 성질들을 증명할 수 있다.

3 **로그 법칙** x와 y가 양수이고 r이 유리수이면, 다음이 성립한다.

1. $\ln(xy) = \ln x + \ln y$ 2. $\ln\left(\frac{x}{y}\right) = \ln x - \ln y$ 3. $\ln(x^r) = r\ln x$

증명 1 $f(x) = \ln(ax)$라고 하자. 여기서 a는 양의 상수이다. 그러면 식 2와 연쇄 법칙을 이용하면, 다음을 얻는다.

$$f'(x) = \frac{1}{ax}\frac{d}{dx}(ax) = \frac{1}{ax}\cdot a = \frac{1}{x}$$

따라서 $f(x)$와 $\ln x$의 도함수는 서로 같고, 이에 따라 그 차는 다음과 같이 상수이다.

$$\ln(ax) = \ln x + C$$

이 식에 $x = 1$을 대입하면, $\ln a = \ln 1 + C = 0 + C = C$를 얻는다. 그러므로 다음이 성립한다.

$$\ln(ax) = \ln x + \ln a$$

이제 상수 a를 임의의 수 y로 바꾸면, 다음을 얻는다.

$$\ln(xy) = \ln x + \ln y$$

증명 2 법칙 1을 $x = 1/y$일 때 사용하면, 다음을 얻는다.

$$\ln\frac{1}{y} + \ln y = \ln\left(\frac{1}{y}\cdot y\right) = \ln 1 = 0$$

그러므로 다음이 성립한다.

$$\ln\frac{1}{y} = -\ln y$$

법칙 1을 또다시 사용하면, 다음을 얻는다.

$$\ln\left(\frac{x}{y}\right) = \ln\left(x\cdot\frac{1}{y}\right) = \ln x + \ln\frac{1}{y} = \ln x - \ln y$$

법칙 3의 증명은 익힘 문제로 남긴다. □

$y=\ln x$ 의 그래프를 그리기 위해서, 먼저 다음 극한을 확인하자.

4 $$\text{(a)}\ \lim_{x\to\infty}\ln x=\infty,\qquad \text{(b)}\ \lim_{x\to 0^+}\ln x=-\infty$$

증명 (a) 로그 법칙 3을 $x=2$이고 $r=n$(n은 임의의 양의 정수)일 때 사용하면, $\ln(2^n)=n\ln 2$를 얻는다. $\ln 2>0$이므로, 이것은 $n\to\infty$일 때 $\ln(2^n)\to\infty$임을 보여준다. 그런데 $\ln x$의 도함수는 $1/x>0$이므로 이는 증가 함수이다. 따라서 $x\to\infty$일 때 $\ln x\to\infty$이다.

(b) $t=1/x$이라 하면, $x\to 0^+$일 때 $t\to\infty$이다. 그러므로 (a)를 이용하면 다음을 얻는다.

$$\lim_{x\to 0^+}\ln x=\lim_{t\to\infty}\ln\left(\frac{1}{t}\right)=\lim_{t\to\infty}(-\ln t)=-\infty \qquad \square$$

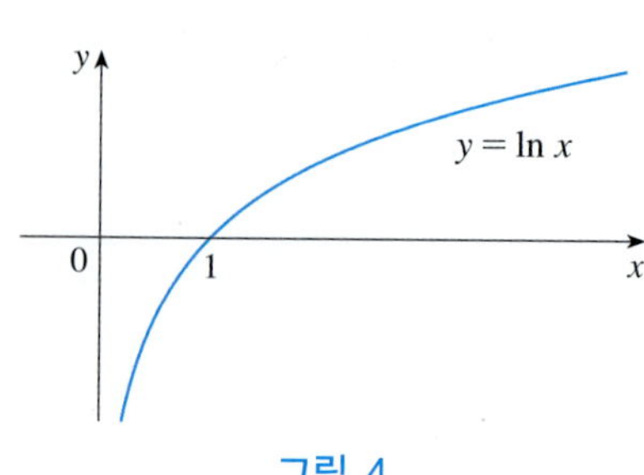

그림 4

$y=\ln x\ (x>0)$이면, 다음이 성립한다.

$$\frac{dy}{dx}=\frac{1}{x}>0,\qquad \frac{d^2y}{dx^2}=-\frac{1}{x^2}<0$$

이에 따라 $\ln x$는 $(0,\ \infty)$에서 증가하고 위로 볼록하다. 이 정보를 4와 함께 사용하면, 그림 4와 같이 $y=\ln x$의 그래프를 얻는다.

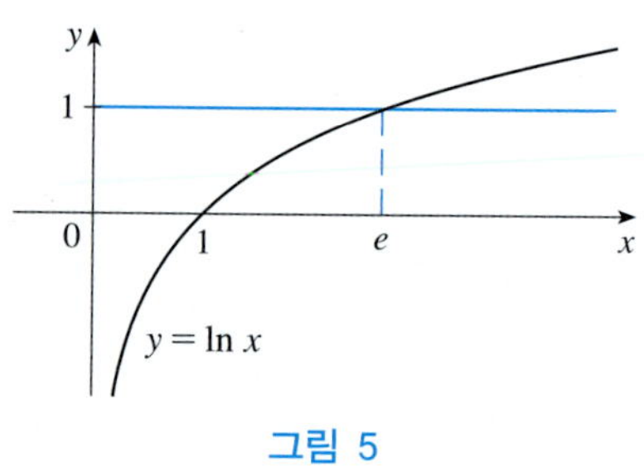

그림 5

$\ln 1=0$이고 $\ln x$는 임의로 큰 값을 취할 수 있는 증가 함수이므로, 중간값[사이값] 정리에 의해 $\ln x$가 값 1을 취하는 수가 존재한다. (그림 5를 보라.) 이 중요한 수를 e로 나타낸다.

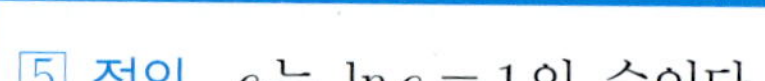

5 **정의** e는 $\ln e=1$인 수이다.

(정리 19에서) 이 정의가 e에 대한 이전의 정의와 일치함을 보인다.

자연 지수 함수

용어
자연 지수 함수 natural exponential function

$\ln x$가 증가 함수이므로 일대일 함수이고, 이에 따라 이의 역함수가 존재한다. 이를 exp로 나타낸다. 그러므로 역함수의 정의에 따라 다음이 성립한다.

$$f^{-1}(x)=y \iff f(y)=x$$

6 $$\exp(x)=y \iff \ln y=x$$

그리고 소거 방정식은 다음과 같다.

$$f^{-1}(f(x))=x,\quad f(f^{-1}(x))=x$$

7 $$\exp(\ln x)=x,\qquad \ln(\exp x)=x$$

특히, 다음을 얻는다.

$$\exp(0) = 1 \quad (\ln 1 = 0\text{이므로}),$$
$$\exp(1) = e \quad (\ln e = 1\text{이므로})$$

$y = \exp x$의 그래프는 $y = \ln x$의 그래프를 직선 $y = x$에 관해 대칭 이동해서 얻는다. (그림 6을 보라.) exp의 정의역은 ln의 치역, 곧 $(-\infty, \infty)$이다. exp의 치역은 ln의 정의역, 곧 $(0, \infty)$이다.

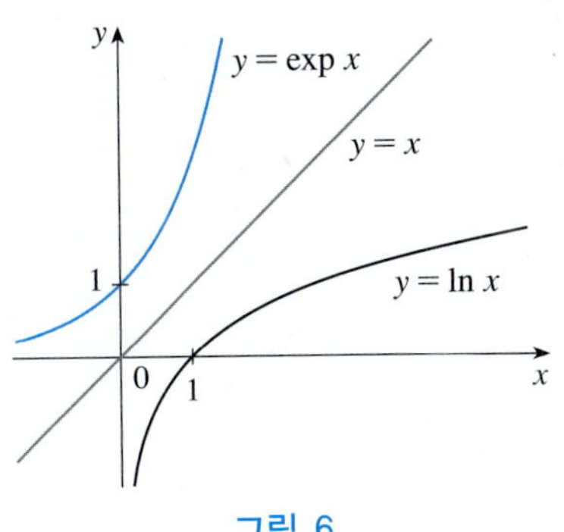

그림 6

r이 임의의 유리수이면, 로그 법칙 3에 따라 다음이 성립한다.

$$\ln(e^r) = r \ln e = r$$

따라서 6에 의해 다음이 성립한다.

$$\exp(r) = e^r$$

그러므로 x가 유리수일 때 $\exp(x) = e^x$이다. 이에 따라 x의 무리수 값에 대해서도 다음 식에 의해 e^x의 정의에 도달한다.

$$e^x = \exp(x)$$

바꿔 말하면, 이런 이유에서 e^x를 $\ln x$의 역함수로 정의한다. 이런 기호에 따라 6은 다음과 같이 된다.

8 $$e^x = y \quad \Leftrightarrow \quad \ln y = x$$

그리고 소거 방정식 7은 다음과 같이 된다.

9 $$e^{\ln x} = x \quad (x > 0)$$

10 $$\ln(e^x) = x \quad (\text{모든 } x)$$

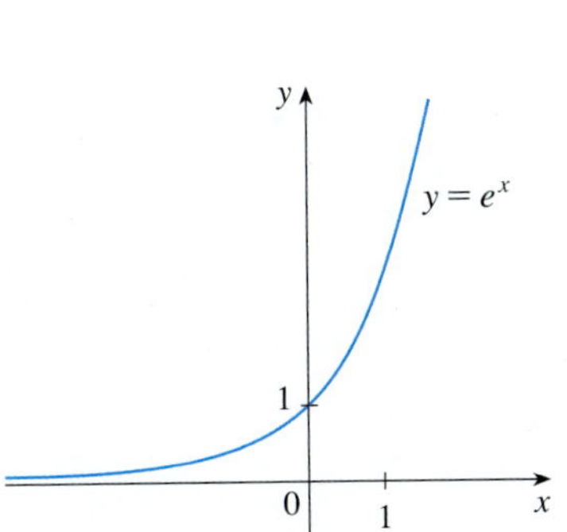

그림 7 자연 지수 함수

자연 지수 함수 $f(x) = e^x$은 미분 적분학과 그 활용에서 가장 흔히 나타나는 함수의 하나이다. 그러므로 이의 그래프(그림 7)와 (이것이 자연 로그 함수의 역함수라는 사실로부터 유도되는) 이의 성질에 친숙해져야 한다.

지수 함수의 성질 지수 함수 $f(x) = e^x$은 증가 함수로, 정의역은 $\mathbb{R}$ 이고 치역은 $(0, \infty)$이다. 그러므로 모든 x에 대해 $e^x > 0$이고, 다음이 성립한다.

$$\lim_{x \to -\infty} e^x = 0, \qquad \lim_{x \to \infty} e^x = \infty$$

따라서 x축은 $f(x) = e^x$의 수평 점근선이다.

이제 f에 지수 함수로서의 예상 가능한 성질이 있음을 밝히자.

11 **지수 법칙** x와 y가 실수이고 r이 유리수이면, 다음이 성립한다.

1. $e^{x+y} = e^x e^y$ 2. $e^{x-y} = \dfrac{e^x}{e^y}$ 3. $(e^x)^r = e^{rx}$

법칙 1의 증명 로그 법칙 1과 식 10을 이용하면, 다음을 얻는다.

$$\ln(e^x e^y) = \ln(e^x) + \ln(e^y) = x + y = \ln(e^{x+y})$$

ln이 일대일 함수이므로, $e^x e^y = e^{x+y}$이다.

두 지수 법칙 2와 3도 비슷하게 증명한다. (익힘 문제 6와 7을 보라.) 곧 알아보겠지만, 지수 법칙 3은 실제로 임의의 실수 r에 대해 성립한다. □

이제 e^x에 대한 다음 미분 공식을 증명하자.

12
$$\frac{d}{dx}(e^x) = e^x$$

증명 함수 $y = e^x$은 미분 가능한데, 이것이 미분 가능하고 도함수가 0이 아닌 함수 $y = \ln x$의 역함수이기 때문이다. 도함수를 찾기 위해서, 역함수 미분법을 이용한다. $y = e^x$라 하자. 그러면 $\ln y = x$이고, 이를 x에 관해 음함수의 미분법으로 미분하면 다음을 얻는다.

$$\frac{1}{y}\frac{dy}{dx} = 1,$$

곧
$$\frac{dy}{dx} = y = e^x$$
□

일반 지수 함수

$a > 0$이고 r이 임의의 유리수이면, 9와 11에 의해 다음이 성립한다.

$$a^r = (e^{\ln a})^r = e^{r\ln a}$$

따라서 무리수 x에 대해서도 다음과 같이 정의한다.

13
$$a^x = e^{x\ln a}$$

예를 들면, 다음과 같다.

$$2^{\sqrt{3}} = e^{\sqrt{3}\ln 2} \approx e^{1.20} \approx 3.32$$

함수 $f(x) = a^x$을 **밑이 a인 지수 함수**라 한다. e^x이 모든 x에 대해 양수이므로, a^x도 모든 x에 대해 양수이다.

정의 13에 의해 로그 법칙 중 하나를 확장할 수 있다. r이 유리수일 때 $\ln(a^r) = r\ln a$임을 이미 알고 있다. 그런데 r을 임의의 실수라고 하면, 정의 13에 의해 다음이 성립한다.

$$\ln a^r = \ln(e^{r\ln a}) = r\ln a$$

그러므로 다음을 얻는다.

14 $$\ln a^r = r\ln a \quad (r\text{은 임의의 실수})$$

정의 13과 함께 e^x에 대한 지수 법칙으로부터 일반 지수 법칙을 유도할 수 있다.

15 지수 법칙 x와 y는 임의의 실수이고 a와 b는 양수일 때, 다음이 성립한다.

1. $a^{x+y} = a^x a^y$ 2. $a^{x-y} = a^x / a^y$ 3. $(a^x)^y = a^{xy}$ 4. $(ab)^x = a^x b^x$

증명 1 정의 13과 e^x에 대해 지수 법칙을 사용하면, 다음을 얻는다.

$$a^{x+y} = e^{(x+y)\ln a} = e^{x\ln a + y\ln a} = e^{x\ln a}e^{y\ln a} = a^x a^y$$

3. 식 14를 이용하면 다음을 얻는다.

$$(a^x)^y = e^{y\ln(a^x)} = e^{yx\ln a} = e^{xy\ln a} = a^{xy}$$

나머지 증명은 익힘 문제로 남긴다. □

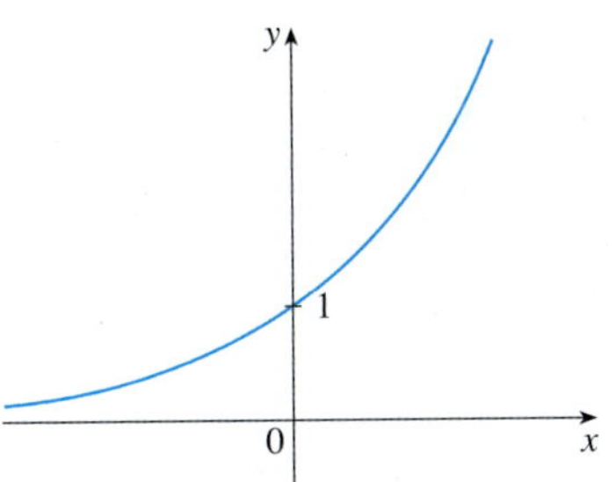

$\lim_{x\to-\infty} a^x = 0$, $\lim_{x\to\infty} a^x = \infty$

그림 8 $y = a^x$, $a > 1$

지수 함수에 대한 다음 미분 공식도 정의 13의 결과이다.

16 $$\frac{d}{dx}(a^x) = a^x \ln a$$

증명 $$\frac{d}{dx}(a^x) = \frac{d}{dx}(e^{x\ln a}) = e^{x\ln a}\frac{d}{dx}(x\ln a) = a^x \ln a$$ □

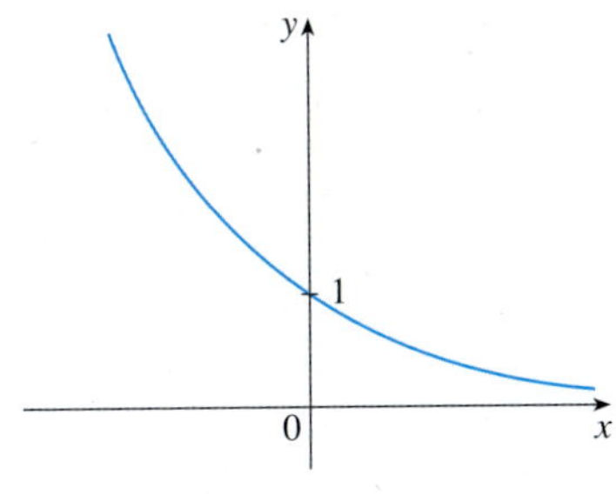

$\lim_{x\to-\infty} a^x = \infty$, $\lim_{x\to\infty} a^x = 0$

그림 9

$y = a^x$, $0 < a < 1$

$a > 1$일 때 $\ln a > 0$이므로 $(d/dx)a^x = a^x \ln a > 0$이다. 이에 따라 $y = a^x$은 증가 함수이다. (그림 8을 보라.) $0 < a < 1$일 때 $a < 0$이므로 $y = a^x$은 감소 함수이다. (그림 9를 보라.)

일반 로그 함수

$a > 0$이고 $a \neq 1$이면, $f(x) = a^x$은 일대일 함수이다. 이의 역함수를 **밑이 a인 로그 함수**라 하고, $\log_a$로 나타낸다. 그러므로 다음이 성립한다.

17 $$\log_a x = y \quad \Leftrightarrow \quad a^y = x$$

특히, 다음을 알 수 있다.

$$\log_e x = \ln x$$

로그 법칙은 자연 로그 법칙과 비슷한데, 지수 법칙으로부터 유도할 수 있다. (익힘 문제 10을 보라.)

$y = \log_a x$를 미분하기 위해서, 이를 $a^y = x$로 쓰자. 식 14로부터 $y \ln a = \ln x$가 성립하므로, 다음을 얻는다.

$$\log_a x = y = \frac{\ln x}{\ln a}$$

$\ln a$가 상수이므로, 다음과 같이 미분할 수 있다.

$$\frac{d}{dx}(\log_a x) = \frac{d}{dx}\frac{\ln x}{\ln a} = \frac{1}{\ln a}\frac{d}{dx}(\ln x) = \frac{1}{x \ln a}$$

18

$$\frac{d}{dx}(\log_a x) = \frac{1}{x \ln a}$$

극한으로 표현된 수 *e*

이번 절에서 e를 $\ln e = 1$인 수로 정의했다. 다음 정리는 이것이 3.1절에서 정의한 수 e와 같음을 보여준다.

19

$$e = \lim_{x \to 0}(1+x)^{1/x}$$

증명 $f(x) = \ln x$라 하자. 그러면 $f'(x) = 1/x$이므로 $f'(1) = 1$이다. 그런데 도함수의 정의에 의해 다음이 성립한다.

$$\begin{aligned} f'(1) &= \lim_{h \to 0}\frac{f(1+h)-f(1)}{h} = \lim_{x \to 0}\frac{f(1+x)-f(1)}{x} \\ &= \lim_{x \to 0}\frac{\ln(1+x)-\ln 1}{x} = \lim_{x \to 0}\frac{1}{x}\ln(1+x) \\ &= \lim_{x \to 0}\ln(1+x)^{1/x} \end{aligned}$$

$f'(1) = 1$이므로, 다음을 얻는다.

$$\lim_{x \to 0}\ln(1+x)^{1/x} = 1$$

그러므로 1.5절의 정리 7과 지수 함수의 연속성에 의해 다음이 성립한다.

$$e = e^1 = e^{\lim_{x \to 0}\ln(1+x)^{1/x}} = \lim_{x \to 0}e^{\ln(1+x)^{1/x}} = \lim_{x \to 0}(1+x)^{1/x}$$ □

C 익힘 문제

1. (a) 넓이를 비교해서 다음을 보여라.
$$\frac{1}{3} < \ln 1.5 < \frac{5}{12}$$
   (b) $n = 10$인 중점 법칙을 이용해서 $\ln 1.5$의 값을 어림하라.
2. 보기 1을 참조하라.
   (a) 할선 AD에 평행인 곡선 $y = 1/t$에 대한 접선의 방정식을 찾아라.
   (b) (a)를 이용해서 $\ln 2 > 0.66$임을 보여라.
3. 넓이를 비교해서 다음을 보여라.
$$\frac{1}{2} + \frac{1}{3} + \cdots + \frac{1}{n} < \ln n < 1 + \frac{1}{2} + \frac{1}{3} + \cdots + \frac{1}{n-1}$$
4. (a) 넓이를 비교해서 $\ln 2 < 1 < \ln 3$임을 보여라.
   (b) $2 < e < 3$임을 유도하라.
5. 로그 법칙 3을 증명하라. [*귀띔*: 먼저 양변의 도함수가 서로 같음을 보여라.]
6. e^x에 대한 지수 법칙 2를 증명하라. [11을 보라.]
7. e^x에 대한 지수 법칙 3을 증명하라. [11을 보라.]
8. 지수 법칙 2를 증명하라. [15를 보라.]
9. 지수 법칙 4를 증명하라. [15를 보라.]
10. 15로부터 다음 로그 법칙을 유도하라.
   (a) $\log_a(xy) = \log_a x + \log_a y$
   (b) $\log_a(x/y) = \log_a x - \log_a y$
   (c) $\log_a(x^y) = y \log_a x$

부록 D 증명

이 부록에서는 본문에서 서술한 몇 개의 정리에 대한 증명을 제시한다. 각 정리가 나타나는 절을 보조단에 표시한다.

먼저 삼각 부등식을 증명하자. 이는 절댓값의 중요한 성질이다.

삼각 부등식 a와 b가 임의의 실수일 때, 다음이 성립한다.
$$|a+b| \le |a| + |b|$$

1.4절

두 수 a와 b가 모두 양수이거나 모두 음수일 때, 삼각 부등식의 양변은 실제로 서로 같다. 그런데 a와 b의 부호가 다르면, 좌변에는 뺄셈이 나타나고 우변은 그렇지 않다. 그러므로 삼각 부등식이 합당해 보이는데, 다음과 같이 증명할 수 있다.

증명 a는 $|a|$와 $-|a|$ 중 하나와 같으므로, 다음은 언제나 참이다.
$$-|a| \le a \le |a|$$
마찬가지로, b에 대해서도 다음이 성립한다.
$$-|b| \le b \le |b|$$
이 두 부등식을 더하면, 다음을 얻는다.
$$-(|a| + |b|) \le a + b \le |a| + |b|$$

$|x| \le a \Leftrightarrow -a \le x \le a$라는 사실을 ($x$는 $a+b$로 바꾸고 a는 $|a|+|b|$로 바꾸어) 사용하면, 다음을 얻는다.

$$|a+b| \le |a|+|b|$$

이것이 보이려고 했던 부등식이다. □

극한 법칙 c는 상수이고 다음 극한이 존재한다고 하자.

$$\lim_{x \to a} f(x) = L, \qquad \lim_{x \to a} g(x) = M$$

그러면 다음이 성립한다.

1. $\lim_{x \to a} \{f(x)+g(x)\} = L+M$
2. $\lim_{x \to a} \{f(x)-g(x)\} = L-M$
3. $\lim_{x \to a} \{cf(x)\} = cL$
4. $\lim_{x \to a} \{f(x)g(x)\} = LM$
5. $\lim_{x \to a} \dfrac{f(x)}{g(x)} = \dfrac{L}{M}$ (단, $M \ne 0$)

법칙 1의 증명 양수 ε이 주어졌다고 하자. 다음을 만족시키는 양수 δ를 찾아야 한다.

$$0 < |x-a| < \delta\text{이면 } |f(x)+g(x)-(L+M)| < \varepsilon\text{이다.}$$

삼각 부등식을 이용해서 다음과 같이 쓸 수 있다.

$$\boxed{1} \qquad \begin{aligned} |f(x)+g(x)-(L+M)| &= |(f(x)-L)+(g(x)-M)| \\ &\le |f(x)-L|+|g(x)-M| \end{aligned}$$

$|f(x)-L|$과 $|g(x)-M|$을 각각 $\varepsilon/2$보다 작게 하면, $|f(x)+g(x)-(L+M)|$은 ε보다 작게 된다.

$\varepsilon/2 > 0$이고 $\lim_{x \to a} f(x) = L$이므로, 다음을 만족시키는 양수 δ_1이 존재한다.

$$0 < |x-a| < \delta_1\text{이면 } |f(x)-L| < \frac{\varepsilon}{2}\text{이다.}$$

마찬가지로 $\lim_{x \to a} g(x) = M$이므로, 다음을 만족시키는 양수 δ_2가 존재한다.

$$0 < |x-a| < \delta_2\text{이면 } |g(x)-M| < \frac{\varepsilon}{2}\text{이다.}$$

$\delta = \min\{\delta_1, \delta_2\}$를 두 수 δ_1과 δ_2 중에서 작은 것이라 하자. 그러면

$$0 < |x-a| < \delta\text{이면 } 0 < |x-a| < \delta_1\text{이고 } 0 < |x-a| < \delta_2\text{이다.}$$

이에 따라

$$|f(x)-L|<\frac{\varepsilon}{2}\text{이고}\quad |g(x)-M|<\frac{\varepsilon}{2}\text{이다.}$$

따라서 1에 의해 다음이 성립한다.

$$|f(x)+g(x)-(L+M)|\le|f(x)-L|+|g(x)-M|<\frac{\varepsilon}{2}+\frac{\varepsilon}{2}=\varepsilon$$

요약하면

$$0<|x-a|<\delta\text{이면}\quad |f(x)+g(x)-(L+M)|<\varepsilon\text{이다.}$$

그러므로 극한의 정의에 의해 다음을 얻는다.

$$\lim_{x\to a}\{f(x)+g(x)\}=L+M$$ □

법칙 4의 증명 양수 ε이 주어졌다고 하자. 다음을 만족시키는 양수 δ를 찾으려고 한다.

$$0<|x-a|<\delta\text{이면}\quad |f(x)g(x)-LM|<\varepsilon\text{이다.}$$

$|f(x)-L|$와 $|g(x)-M|$을 포함한 항을 얻기 위해서, 다음과 같이 $Lg(x)$를 더하고 빼자.

$$\begin{aligned}|f(x)g(x)-LM|&=|f(x)g(x)-Lg(x)+Lg(x)-LM|\\&=|\{f(x)-L\}g(x)+L\{g(x)-M\}|\\&\le|\{f(x)-L\}g(x)|+|L\{g(x)-M\}|\quad\text{(삼각 부등식)}\\&=|f(x)-L||g(x)|+|L||g(x)-M|\end{aligned}$$

각 항을 $\varepsilon/2$보다 작게 만들고 싶다.

$\lim_{x\to a}g(x)=M$이므로 다음을 만족시키는 양수 δ_1이 존재한다.

$$0<|x-a|<\delta_1\text{이면}\quad |g(x)-M|<\frac{\varepsilon}{2(1+|L|)}\text{이다.}$$

또, 다음을 만족시키는 양수 δ_2가 존재한다.

$$0<|x-a|<\delta_2\text{이면}\quad |g(x)-M|<1\text{이다.}$$

이에 따라 다음이 성립한다.

$$|g(x)|=|g(x)-M+M|\le|g(x)-M|+|M|<1+|M|$$

$\lim_{x\to a}f(x)=L$이므로, 다음을 만족시키는 양수 δ_3이 존재한다.

$$0<|x-a|<\delta_3\text{이면}\quad |f(x)-M|<\frac{\varepsilon}{2(1+|M|)}\text{이다.}$$

$\delta=\min\{\delta_1,\ \delta_2,\ \delta_3\}$이라 하자. $0<|x-a|<\delta$이면 $0<|x-a|<\delta_1$, $0<|x-a|<\delta_2$, $0<|x-a|<\delta_3$이므로, 부등식들을 결합시켜 다음을 얻을 수 있다.

$$\begin{aligned} |f(x)g(x) - LM| &\le |f(x) - L||g(x)| + |L||g(x) - M| \\ &< \frac{\varepsilon}{2(1+|M|)}(1+|M|) + |L|\frac{\varepsilon}{2(1+|L|)} \\ &< \frac{\varepsilon}{2} + \frac{\varepsilon}{2} = \varepsilon \end{aligned}$$

이는 $\lim_{x\to a} f(x)g(x) = LM$임을 보여준다. □

법칙 3의 증명 법칙 4에서 $g(x) = c$을 택하면, 다음을 얻는다.

$$\begin{aligned} \lim_{x\to a}\{cf(x)\} &= \lim_{x\to a}\{g(x)f(x)\} = \lim_{x\to a} g(x) \cdot \lim_{x\to a} f(x) \\ &= \lim_{x\to a} c \cdot \lim_{x\to a} f(x) \\ &= c \lim_{x\to a} f(x) \qquad \text{(법칙 7에 의해)} \end{aligned}$$ □

법칙 2의 증명 법칙 1과 $c = -1$인 법칙 3을 사용하면, 다음을 얻는다.

$$\begin{aligned} \lim_{x\to a}\{f(x) - g(x)\} &= \lim_{x\to a}\{f(x) + (-1)g(x)\} = \lim_{x\to a} f(x) + \lim_{x\to a}(-1)g(x) \\ &= \lim_{x\to a} f(x) + (-1)\lim_{x\to a} g(x) = \lim_{x\to a} f(x) - \lim_{x\to a} g(x) \end{aligned}$$ □

법칙 5의 증명 먼저 다음이 성립함을 보이다.

$$\lim_{x\to a}\frac{1}{g(x)} = \frac{1}{M}$$

이를 위해 주어진 양수 ε에 대해 다음을 만족시키는 양수 δ가 존재함을 보여야 한다.

$$0 < |x - a| < \delta \text{이면 } \left|\frac{1}{g(x)} - \frac{1}{M}\right| < \varepsilon \text{이다.}$$

다음이 성립한다.

$$\left|\frac{1}{g(x)} - \frac{1}{M}\right| = \frac{|M - g(x)|}{|Mg(x)|}$$

분자는 작게 만들 수 있다. 그러나 x가 a의 근방에 있을 때, 분모가 작지 않다는 사실도 보일 필요가 있다. $\lim_{x\to a} g(x) = M$이므로 다음을 만족시키는 양수 δ_1이 존재한다.

$$0 < |x - a| < \delta_1 \text{이면 } |g(x) - M| < \frac{|M|}{2} \text{이다.}$$

그러므로 다음이 성립한다.

$$|M| = |M - g(x) + g(x)| \le |M - g(x)| + |g(x)| < \frac{|M|}{2} + |g(x)|$$

이는 다음 사실을 보여준다.

$$0 < |x-a| < \delta_1 \text{이면 } |g(x)| > \frac{|M|}{2} \text{이다.}$$

이에 따라 이런 x의 값에 대해 다음이 성립한다.

$$\frac{1}{|Mg(x)|} = \frac{1}{|M||g(x)|} < \frac{1}{|M|} \cdot \frac{2}{|M|} = \frac{2}{M^2}$$

또, 다음을 만족시키는 양수 δ_2가 존재한다.

$$0 < |x-a| < \delta_2 \text{이면 } |g(x) - M| < \frac{M^2}{2}\varepsilon \text{이다.}$$

$\delta = \min\{\delta_1, \delta_2\}$라고 하자. 그러면 $0 < |x-a| < \delta$일 때, 다음을 얻는다.

$$\left|\frac{1}{g(x)} - \frac{1}{M}\right| = \frac{|M-g(x)|}{|Mg(x)|} < \frac{2}{M^2}\frac{M^2}{2}\varepsilon = \varepsilon$$

이에 따라 $\lim_{x\to a} 1/g(x) = 1/M$이다. 마지막으로 법칙 4를 사용하면 다음을 얻는다.

$$\lim_{x\to a}\frac{f(x)}{g(x)} = \lim_{x\to a} f(x)\left(\frac{1}{g(x)}\right) = \lim_{x\to a} f(x) \lim_{x\to a}\frac{1}{g(x)} = L \cdot \frac{1}{M} = \frac{L}{M} \quad \square$$

3 정리 a를 포함하는 열린 구간에 속한 (기껏해야 a를 제외하고) 모든 x에 대해 $f(x) \le g(x)$이고 다음이 성립한다고 하자.

$$\lim_{x\to a} f(x) = L, \quad \lim_{x\to a} g(x) = M$$

그러면 $L \le M$이다.

증명 귀류법을 증명하자. 이를 위해 $L > M$이라고 가정하자. 극한 법칙 2에 따라 다음이 성립한다.

$$\lim_{x\to a}\{g(x) - f(x)\} = M - L$$

그러면 임의의 양수 ε에 대해 다음을 만족시키는 양수 δ가 존재한다.

$$0 < |x-a| < \delta \text{이면 } |\{g(x) - f(x)\} - (M-L)| < \varepsilon \text{이다.}$$

특히, (가정에 따라 $L - M > 0$이므로) $\varepsilon = L - M$으로 택하면, 다음을 만족시키는 양수 δ가 존재한다.

$$0 < |x-a| < \delta \text{이면 } |\{g(x) - f(x)\} - (M-L)| < L - M$$

임의의 수 a에 대해 $a \le |a|$이므로 다음이 성립한다.

$$0 < |x-a| < \delta \text{이면 } \{g(x) - f(x)\} - (M-L) < L - M$$

이를 간단히 하면 다음과 같다.

$$0 < |x-a| < \delta \text{이면} \quad g(x) < f(x) \text{이다.}$$

그런데 이는 $f(x) \le g(x)$라는 가정과 모순이다. 그러므로 $L > M$이라는 부등식은 거짓이다. 따라서 $L \le M$이다. □

4 조임 정리 a를 포함하는 열린 구간에 속한 (기껏해야 a를 제외하고) 모든 x에 대해 $f(x) \le g(x) \le h(x)$이고 다음이 성립한다고 하자.

$$\lim_{x\to a} f(x) = \lim_{x\to a} h(x) = L$$

그러면 $\lim_{x\to a} g(x) = L$이다.

증명 양수 ε이 주어졌다고 하자. $\lim_{x\to a} f(x) = L$이므로, 다음을 만족시키는 양수 δ_1이 존재한다.

$$0 < |x-a| < \delta_1 \text{이면} \quad |f(x)-L| < \varepsilon \text{이다.}$$

곧,

$$0 < |x-a| < \delta_1 \text{이면} \quad L-\varepsilon < f(x) < L+\varepsilon \text{이다.}$$

$\lim_{x\to a} h(x) = L$이므로, 다음을 만족시키는 양수 δ_2가 존재한다.

$$0 < |x-a| < \delta_2 \text{이면} \quad |h(x)-L| < \varepsilon \text{이다.}$$

곧,

$$0 < |x-a| < \delta_2 \text{이면} \quad L-\varepsilon < h(x) < L+\varepsilon \text{이다.}$$

$\delta = \min\{\delta_1, \delta_2\}$이라 하자. $0 < |x-a| < \delta$이면 $0 < |x-a| < \delta_1$이고 $0 < |x-a| < \delta_2$이므로 다음이 성립한다.

$$L-\varepsilon < f(x) \le g(x) \le h(x) < L+\varepsilon$$

특히 다음이 성립하다.

$$L-\varepsilon < g(x) < L+\varepsilon$$

그러므로 $|g(x)-L| < \varepsilon$이다. 따라서 $\lim_{x\to a} g(x) = L$이다. □

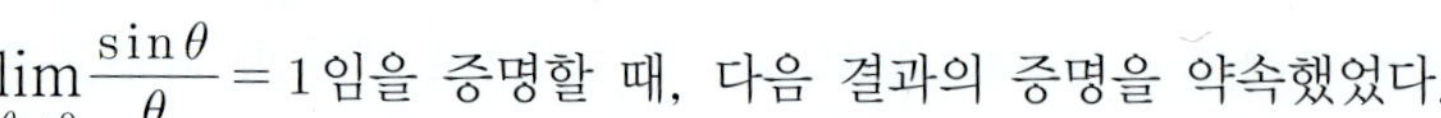

$\lim_{\theta\to 0} \frac{\sin\theta}{\theta} = 1$임을 증명할 때, 다음 결과의 증명을 약속했었다.

정리 $0 < \theta < \pi/2$이면, $\theta \le \tan\theta$이다.

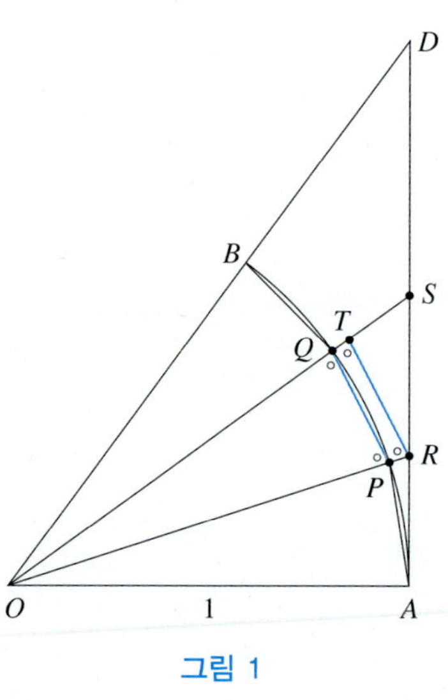

그림 1

증명 그림 1은 중심이 O이고 반지름이 1인 원에서 중심각이 θ인 부채꼴을 보여준다. 여기서 다음이 성립한다.

$$|AD| = |OA|\tan\theta = \tan\theta$$

호 AB를 길이가 같은 n개의 선분으로 이루어진 꺾인 선으로 근접시키고, 대표적으로 선분 PQ를 관찰하자. 두 직선 OP와 OQ는 AD와 두 점 R과 S에서 각각 만난다. 그림 1과 같이 $RT \parallel PQ$를 그리자. 그러면 다음이 성립한다.

$$\angle RTO = \angle PQO < 90°$$

그러므로 $\angle RTS > 90°$이다. 따라서 다음을 얻는다.

$$|PQ| < |RT| < |RS|$$

이런 부등식 n개를 더하면, 근접하는 꺾인 선의 길이 L_n에 대해 다음을 얻는다.

$$L_n < |AD| = \tan\theta$$

그러므로 1.4절의 정리 3에 의해 다음이 성립한다.

$$\lim_{n\to\infty} L_n \le \tan\theta$$

그런데 호의 길이는 7.4절의 식 1에서 근접하는 꺾인 선의 길이의 극한으로 정의하므로, 다음이 성립한다.

$$\theta = \lim_{n\to\infty} L_n \le \tan\theta$$ □

1.5절

7 정리 f가 b에서 연속이고 $\lim_{x\to a} g(x) = b$이면, 다음이 성립한다.

$$\lim_{x\to a} f(g(x)) = f(b)$$

증명 양수 ε이 주어졌다고 하자. 다음을 만족시키는 양수 δ를 찾으려고 한다.

$$0 < |x-a| < \delta \text{이면} \quad |f(g(x)) - f(b)| < \varepsilon \text{이다.}$$

f가 b에서 연속이므로, 다음이 성립한다.

$$\lim_{y\to b} f(y) = f(b)$$

그러므로 다음을 만족시키는 양수 δ_1이 존재한다.

$$0 < |y-b| < \delta_1 \text{이면} \quad |f(y) - f(b)| < \varepsilon \text{이다.}$$

$\lim_{x\to a} g(x) = b$이므로, 다음을 만족시키는 양수 δ가 존재한다.

$$0 < |x-a| < \delta \text{이면} \quad |g(y) - b| < \delta_1 \text{이다.}$$

이 두 명제를 결합하면, $0 < |x-a| < \delta$이면 $|g(y) - b| < \delta_1$이 성립하고, 이에 따라 $|f(g(x)) - f(b)| < \varepsilon$이 성립한다. 따라서 $\lim_{x\to a} f(g(x)) = f(b)$를 증명했다. □

3.1절

8.1절의 단조 수열 정리를 이용해서 극한 $\lim_{x\to 0}(1+x)^{1/x}$의 존재를 증명하려고 한다. (이 극한을 수 e로 정의했다.) 다음 결과가 필요하다.

보조 정리 $0 \le a < b$이고 n이 양의 정수일 때, 다음이 성립한다.

$$b^n\{(n+1)a - nb\} < a^{n+1}$$

증명 먼저 $b^{n+1} - a^{n+1}$을 인수 분해하자. $a < b$이므로 다음을 얻는다.

$$\begin{aligned} b^{n+1} - a^{n+1} &= (b-a)(b^n + b^{n-1}a + b^{n-2}a^2 + \cdots + ba^{n-1} + a^n) \\ &< (b-a)(b^n + b^{n-1}b + b^{n-2}b^2 + \cdots + bb^{n-1} + b^n) \\ &= (b-a)(b^n + b^n + \cdots + b^n + b^n) = (b-a)(n+1)b^n \end{aligned}$$

다음을 보였다.

$$b^{n+1} - a^{n+1} < (b-a)(n+1)b^n,$$

곧
$$b^{n+1} - (n+1)b^n(b-a) < a^{n+1}$$

이 부등식의 좌변에서 b^n을 묶어내면 다음을 얻는다.

$$b^n\{(n+1)a - nb\} < a^{n+1}$$

□

정리 극한 $\lim_{x \to 0}(1+x)^{1/x}$이 존재한다.

증명 다음과 같이 놓자.

$$a_n = \left(1 + \frac{1}{n}\right)^n$$

$\{a_n\}$이 증가 수열임을 보이기 위해서, $a = 1 + 1/(n+1)$과 $b = 1 + 1/n$을 보조 정리에 대입하면 다음과 같다.

$$\left(1 + \frac{1}{n}\right)^n \left\{(n+1)\left(1 + \frac{1}{n+1}\right) - n\left(1 + \frac{1}{n}\right)\right\} < \left(1 + \frac{1}{n+1}\right)^{n+1}$$

이 부등식의 좌변을 간단히 하면, 다음을 얻는다.

$$\left(1 + \frac{1}{n}\right)^n < \left(1 + \frac{1}{n+1}\right)^{n+1}$$

이에 따라 $a_n < a_{n+1}$이다. 곧, $\{a_n\}$은 증가 수열이다.

다음으로 $\{a_n\}$이 갇힌(유계인) 수열임을 보이자. $a = 1$과 $b = 1 + 1/(2n)$을 보조 정리에 대입하면, 다음을 얻는다.

$$\left(1 + \frac{1}{2n}\right)^n \left\{n + 1 - n - \frac{1}{2}\right\} < 1$$

그러므로 다음이 성립한다.

$$\left(1 + \frac{1}{2n}\right)^n < 2, \quad \left(1 + \frac{1}{2n}\right)^{2n} < 4$$

이에 따라 $a_{2n} < 4$이다. $\{a_n\}$이 증가하므로 $a_n < a_{2n}$이고 이에 따라 모든 n에 대해 다음이 성립한다.

$$0 < a_n < 4$$

그러므로 $\{a_n\}$은 갇힌 수열이다. 따라서 단조 수열 정리에 의해 $\{a_n\}$은 수렴한다. 이 극한을 e로 나타낸다.

이제 x를 다음을 만족시키는 임의의 실수라고 하자.

$$\frac{1}{n+1} < x < \frac{1}{n}$$

그러면 다음이 성립한다.

1 $$\left(1+\frac{1}{n+1}\right)^n < (1+x)^{1/x} < \left(1+\frac{1}{n}\right)^{n+1}$$

예를 들면, $1+x < 1+1/n$이고 다음이 성립하므로 1의 우변은 참이다.

$$x > \frac{1}{n+1} \Rightarrow \frac{1}{x} < n+1 \Rightarrow (1+x)^{1/x} < \left(1+\frac{1}{n}\right)^{n+1}$$

그런데 다음이 성립한다.

$$\lim_{n\to\infty}\left(1+\frac{1}{n}\right)^{n+1} = \lim_{n\to\infty}\left\{\left(1+\frac{1}{n}\right)^n\left(1+\frac{1}{n}\right)\right\}$$

$$= \lim_{n\to\infty}\left(1+\frac{1}{n}\right)^n \cdot \lim_{n\to\infty}\left(1+\frac{1}{n}\right) = e \cdot 1 = e$$

마찬가지로 다음이 성립한다.

$$\lim_{n\to\infty}\left(1+\frac{1}{n+1}\right)^n = e$$

1의 연립 부등식에 따라서 다음을 얻는다.

$$\lim_{x\to 0^+}(1+x)^{1/x}\text{은 존재한다.}$$

마지막으로 $x < 0$이면 $t = -x$로 놓자. 그러면 다음이 성립한다.

$$(1+x)^{1/x} = (1-t)^{-1/t} = \left(\frac{1}{1-t}\right)^{1/t}$$

$$= \left(1+\frac{t}{1-t}\right)^{1/t} = \left(1+\frac{t}{1-t}\right)^{(1-t)/t}\left(1+\frac{t}{1-t}\right)$$

$t \to 0^-$일 때, $t/(1-t) \to 0^+$이고 다음을 얻는다.

$$\lim_{x\to 0^-}(1+x)^{1/x} = \lim_{t\to 0^+}\left(1+\frac{t}{1-t}\right)^{(1-t)/t}\left(1+\frac{t}{1-t}\right) = e \cdot 1 = e$$

따라서 다음이 밝혀진다.

$$\lim_{x\to 0}(1+x)^{1/x}\text{은 존재한다.}$$ □

3.2절

> 6 **정리** f가 구간 $(a,\ b)$에서 정의된 일대일 연속 함수이면, 그 역함수 f^{-1}도 연속이다.

증명 먼저 f가 $(a,\ b)$에서 일대일이고 연속이면, 이것은 $(a,\ b)$에서 증가하거나 감소함을 보이자. 이것이 증가하지도 감소하지도 않는다면, $(a,\ b)$에 속하는 세 원소 $x_1,\ x_2,\ x_3$이 존재해서 $x_1 < x_2 < x_3$이고 $f(x_2)$가 $f(x_1)$과 $f(x_3)$ 사이에 놓여있지 않아야 한다. 두 가지 가능한 경우가 있는데, (1) $f(x_3)$이 $f(x_1)$과 $f(x_2)$ 사이에 있거나 (2) $f(x_1)$이 $f(x_2)$와 $f(x_3)$ 사이에 있어야 한다. (그림을 그려보자.) (1)의 경우에 중간값 정리를 f에 적용하면, x_1과 x_2 사이에 적당한 수 c가 존재해서 $f(c)=f(x_3)$이 성립한다. (2)의 경우에 중간값 정리에 의해 x_2와 x_3 사이에 적당한 수 c가 존재해서 $f(c)=f(x_1)$이 성립한다. 두 경우 모두 f가 일대일이라는 사실과 모순이다.

명확하게 증명하기 위해, f가 $(a,\ b)$에서 증가한다고 가정하자. f^{-1}의 정의역에 속한 임의의 수 y_0을 택하고, $f^{-1}(y_0)=x_0$이라고 하자. 곧, x_0은 $(a,\ b)$에 속한 수로 $f(x_0)=y_0$이 성립한다. f^{-1}이 y_0에서 연속임을 보이기 위해서, 임의의 양수 ε을 구간 $(x_0-\varepsilon,\ x_0+\varepsilon)$이 $(a,\ b)$에 포함되도록 택하자. f가 증가하므로 구간 $(x_0-\varepsilon,\ x_0+\varepsilon)$에 속한 수들을 구간 $(f(x_0-\varepsilon),\ f(x_0+\varepsilon))$에 속한 수들 위로 사상하고, f^{-1}는 이런 대응을 역전시킨다. δ를 수 $\delta_1=y_0-f(x_0-\varepsilon)$과 $\delta_2=f(x_0+\varepsilon)-y_0$ 중에서 작은 것을 나타내면, 구간 $(y_0-\delta,\ y_0+\delta)$는 구간 $(f(x_0-\varepsilon),\ f(x_0+\varepsilon))$에 포함되고, 이에 따라 f^{-1}에 의해 구간 $(x_0-\varepsilon,\ x_0+\varepsilon)$으로 사상된다. (그림 2의 화살표 그림을 보라.) 이에 따라 다음을 만족시키는 양수 δ를 찾았다.

$$|y-y_0|<\delta\text{이면}\quad |f^{-1}(y)-f^{-1}(y_0)|<\varepsilon\text{이다.}$$

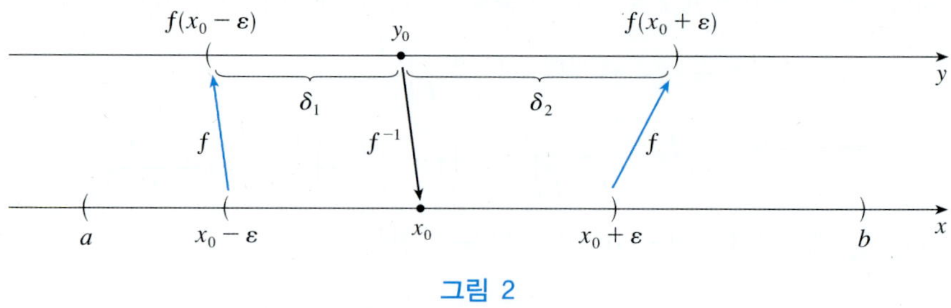

그림 2

이것은 $\lim_{y\to y_0} f^{-1}(y)=f^{-1}(y_0)$이고 이에 따라 f^{-1}가 그 정의역에 속한 임의의 수 y_0에서 연속임을 보여준다. □

3.7절

앞에서 약속한 로피탈의 법칙에 대한 증명을 제시하기 위해, 먼저 평균값 정리의 일반화가 필요하다. 다음 정리는 프랑스의 수학자 코시(Augustin-Louis Cauchy, 1789~1857)의 이름을 딴 것이다.

코시의 평균값 정리 두 함수 f와 g가 $[a, b]$에서 연속이고 (a, b)에서 미분 가능하며 (a, b)에 속한 모든 x에 대해 $g'(x) \neq 0$이라 하자. 그러면 다음을 만족시키는 수 c가 (a, b)에 존재한다.

$$\frac{f'(c)}{g'(c)} = \frac{f(b)-f(a)}{g(b)-g(a)}$$

$g(x)=x$인 특별한 경우를 택하면, $g'(c)=1$이므로 코시의 평균값 정리는 바로 통상적인 평균값 정리이다. 또, 이를 평균값 정리와 비슷한 방법으로 증명할 수 있다. 4.2절의 식 4에 주어진 함수 h를 다음 함수로 바꾸기만 하면 충분하다.

$$h(x)=f(x)-f(a)-\frac{f(b)-f(a)}{g(b)-g(a)}\{g(x)-g(a)\}$$

그리고 앞에서와 같이 롤의 법칙을 이용하면 이를 밝힐 수 있다.

로피탈의 법칙 a를 포함하는 열린 구간에서 (기껏해야 a는 제외하고) 두 함수 f와 g는 미분 가능하고 $g'(x) \neq 0$이라고 하자. 그리고

$$\lim_{x\to a} f(x)=0 \text{이고 } \lim_{x\to a} g(x)=0 \text{이거나}$$

$$\lim_{x\to a} f(x)=\pm\infty \text{이고 } \lim_{x\to a} g(x)=\pm\infty \text{라고 하자.}$$

(바꿔 말하면, $\frac{0}{0}$ 또는 $\frac{\infty}{\infty}$ 꼴의 부정형이 주어졌다고 하자.) 그러면 극한 $\lim_{x\to a}\frac{f'(x)}{g'(x)}$가 존재하는 경우에 (또는 ∞이거나 $-\infty$인 경우에) 다음이 성립한다.

$$\lim_{x\to a}\frac{f(x)}{g(x)}=\lim_{x\to a}\frac{f'(x)}{g'(x)}$$

로피탈의 법칙 증명 $\lim_{x\to a} f(x)=0$이고 $\lim_{x\to a} g(x)=0$이라 가정하고, 다음과 같이 놓자.

$$L=\lim_{x\to a}\frac{f'(x)}{g'(x)}$$

$\lim_{x\to a} f(x)/g(x)=L$임을 보여야 한다. 다음과 같이 정의하자.

$$F(x)=\begin{cases} f(x) & (x\neq a) \\ 0 & (x=a) \end{cases}, \qquad G(x)=\begin{cases} g(x) & (x\neq a) \\ 0 & (x=a) \end{cases}$$

f가 $\{x \in I \mid x \neq a\}$에서 연속이므로, F는 I에서 연속이고 다음이 성립한다.

$$\lim_{x \to a} F(x) = \lim_{x \to a} f(x) = 0 = F(a)$$

마찬가지로 G는 I에서 연속이다. $x \in I$이고 $x > a$라 하자. 그러면 F와 G는 $[a, x]$에서 연속이고 (a, x)에서 미분 가능하며 ($F' = f'$이고 $G' = g'$이므로) 이곳에서 $G' \neq 0$이다. 따라서 코시의 평균값 정리에 의해 적당한 수 y가 존재해서 $a < y < x$이고 다음이 성립한다.

$$\frac{F'(y)}{G'(y)} = \frac{F(x) - F(a)}{G(x) - G(a)} = \frac{F(x)}{G(x)}$$

여기서 정의에 의해 $F(a) = 0$이고 $G(a) = 0$이라는 사실을 사용했다. 이제 $x \to a^+$이라 하면, ($a < y < x$이므로) $y \to a^+$이고 이에 따라 다음이 성립한다.

$$\lim_{x \to a^+} \frac{f(x)}{g(x)} = \lim_{x \to a^+} \frac{F(x)}{G(x)} = \lim_{y \to a^+} \frac{F'(y)}{G'(y)} = \lim_{y \to a^+} \frac{f'(y)}{g'(y)} = L$$

마찬가지 논법으로 좌극한도 L임을 보일 수 있다. 따라서 다음이 성립한다.

$$\lim_{x \to a} \frac{f(x)}{g(x)} = L$$

이것은 a가 유한인 경우에 대한 로피탈의 법칙을 증명한다.

a가 무한대이면, $t = 1/x$이라 놓자. 그러면 $x \to \infty$일 때 $t \to 0^+$이므로 다음을 얻는다.

$$\begin{aligned}\lim_{x \to \infty} \frac{f(x)}{g(x)} &= \lim_{t \to 0^+} \frac{f(1/t)}{g(1/t)} \\ &= \lim_{t \to 0^+} \frac{f'(1/t)(-1/t^2)}{g'(1/t)(-1/t^2)} \quad \text{(유한인 } a\text{에 대한 로피탈의 법칙에 의해)} \\ &= \lim_{t \to 0^+} \frac{f'(1/t)}{g'(1/t)} = \lim_{x \to \infty} \frac{f'(x)}{g'(x)}\end{aligned}$$

□

4.3절

볼록 판정법

(a) I의 모든 x에서 $f''(x) > 0$이면, f의 그래프는 I에서 아래로 볼록이다.

(b) I의 모든 x에서 $f''(x) < 0$이면, f의 그래프는 I에서 위로 볼록이다.

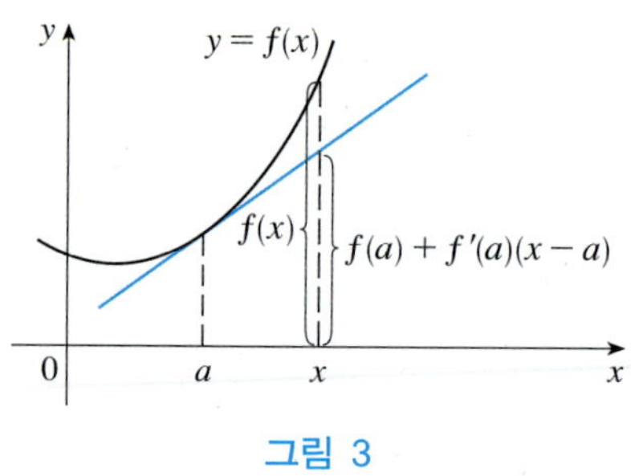

그림 3

(a)의 증명 a를 I에 속한 임의의 수라고 하자. 곡선 $y = f(x)$가 점 $(a, f(a))$에서의 접선 위에 놓여있음을 보여야 한다. 이 접선의 방정식은 다음과 같다.

$$y = f(a) + f'(a)(x - a)$$

그러므로 $x \in I (x \neq a)$일 때, 다음을 보여야 한다. (그림 3을 보라.)

$$f(x) > f(a) + f'(a)(x - a)$$

먼저 $x > a$인 경우를 생각하자. 구간 $[a, x]$에서 f에 평균값 정리를 적용하면, 적당한 수 c가 존재해서 $a<c<x$이고 다음이 성립한다.

$$\boxed{1} \qquad f(x)-f(a)=f'(c)(x-a)$$

I에서 $f''>0$이므로, 증감 판정법에 따라 I에서 f'는 증가한다. 따라서 $a<c$이므로 다음이 성립한다.

$$f'(a)<f'(c)$$

그러므로 이 부등식에 양수 $x-a$를 곱하면 다음을 얻는다.

$$\boxed{2} \qquad f'(a)(x-a)<f'(c)(x-a)$$

이제 이 부등식의 양변에 $f(a)$를 더하면 다음과 같다.

$$f(a)+f'(a)(x-a)<f(a)+f'(c)(x-a)$$

그런데 식 $\boxed{1}$에 의해 $f(x)=f(a)+f'(c)(x-a)$가 성립한다. 그러므로 이 부등식은 다음과 같이 된다.

$$\boxed{3} \qquad f(x)>f(a)+f'(a)(x-a)$$

이것은 증명하려고 했던 부등식이다.

$x<a$인 경우에 $f'(c)<f'(a)$가 성립하지만, 음수 $x-a$를 곱하면 부등호의 방향이 바뀌므로, 앞에서와 같이 $\boxed{2}$와 $\boxed{3}$을 얻는다. □

5.2절

적분의 성질 5 (아래의 모든 적분이 존재하면) 다음이 성립한다.

$$\int_a^b f(x)\,dx=\int_a^c f(x)\,dx+\int_c^b f(x)\,dx$$

증명 먼저 $a<c<b$라고 가정하자. $\int_a^b f(x)dx$가 존재한다고 가정하고 있으므로, c를 분점의 하나로 포함하는 분할 P만을 사용하는 리만 합의 극한으로 이 적분을 셈할 수 있다. P가 그런 분할이면, P_1을 $[a,\ c]$에 놓여있는 P의 분점으로 결정되는 $[a,\ c]$의 대응하는 분할이라 하자. 비슷하게, P_2를 $[c,\ b]$의 대응하는 분할이라 하자.

P에 있는 가장 긴 부분 구간의 길이를 기호 $\|P\|$로 나타내자. 곧, 다음과 같다.

$$\|P\|=\max\Delta x_i=\max\{\Delta x_1,\ \Delta x_2,\ \ldots,\ \Delta x_n\}$$

$\|P_1\|\le\|P\|$이고 $\|P_2\|\le\|P\|$임에 주목하자. 그러므로 $\|P\|\to 0$이면 $\|P_1\|\to 0$이고 $\|P_2\|\to 0$이다. $\{x_i\,|\,1\le i\le n\}$이 P에 대한 분점의 집합이며, $n=k+m$으로 k가 $[a,\ c]$에 있는 부분 구간의 개수이고 m이 $[c,\ b]$에 있는 부분 구간의 개수이면, $\{x_i|1\le i\le k\}$는 P_1에 대한 분점의 집합이다. c의 오른쪽에 있는 분점에 대해 $t_j=x_{k+j}$이라 하면, $\{t_j|1\le j\le m\}$은 P_2에 대한 분점의 집합이다. 그러므로 다음을 얻는다.

$$a = x_0 < x_1 < \cdots < x_k < x_{k+1} < \cdots < x_n = b,$$

$$c < t_1 < \cdots < t_m = b$$

$x_i^* = x_i$로 택하고 $\Delta t_j = t_j - t_{j-1}$로 놓으면, $\int_a^b f(x)\,dx$를 다음과 같이 셈할 수 있다.

$$\int_a^b f(x)\,dx = \lim_{\|P\|\to 0} \sum_{i=1}^{n} f(x_i)\Delta x_i = \lim_{\|P\|\to 0} \left\{ \sum_{i=1}^{k} f(x_i)\Delta x_i + \sum_{i=k+1}^{n} f(x_i)\Delta x_i \right\}$$

$$= \lim_{\|P\|\to 0} \left\{ \sum_{i=1}^{k} f(x_i)\Delta x_i + \sum_{j=1}^{m} f(t_j)\Delta t_j \right\}$$

$$= \lim_{\|P_1\|\to 0} \sum_{i=1}^{k} f(x_i)\Delta x_i + \lim_{\|P_2\|\to 0} \sum_{j=1}^{m} f(t_j)\Delta t_j = \int_a^c f(x)\,dx + \int_c^b f(t)\,dt$$

이제 $c < a < b$라고 가정하자. 이미 증명한 사실에 의해 다음을 얻는다.

$$\int_c^b f(x)\,dx = \int_c^a f(x)\,dx + \int_a^b f(x)\,dx$$

따라서 다음이 성립한다.

$$\int_a^b f(x)\,dx = -\int_c^a f(x)\,dx + \int_c^b f(x)\,dx = \int_a^c f(x)\,dx + \int_c^b f(x)\,dx$$

a, b, c의 나머지 네 가지 순서에 대한 증명도 비슷하다. □

8.5절 8.5절의 정리 [3]을 증명하기 위해서, 먼저 다음 결과가 필요하다.

> **정리**
>
> 1. 거듭제곱 급수 $\sum c_n x^n$이 $x = b$ $(b \neq 0)$일 때 수렴하면, 이것은 $|x| < |b|$일 때 수렴한다.
> 2. 거듭제곱 급수 $\sum c_n x^n$이 $x = d$ $(d \neq 0)$일 때 발산하면, 이것은 $|x| > |d|$일 때 발산한다.

1의 증명 $\sum c_n b^n$이 수렴한다고 가정하자. 그러면 8.2절의 정리 [6]에 의해 $\lim_{n\to\infty} c_n b^n = 0$이 성립한다. 8.1절의 정의 [2]에 따라서 $\varepsilon = 1$에 대해 적당한 자연수 N이 존재해서 $n \ge N$이면 $|c_n b^n| < 1$이 성립한다. 그러면 $n \ge N$에 대해 다음을 얻는다.

$$|c_n x^n| = \left| \frac{c_n b^n x^n}{b^n} \right| = |c_n b^n| \left| \frac{x}{b} \right|^n < \left| \frac{x}{b} \right|^n$$

$|x| < |b|$이면, $|x/b| < 1$이므로 $\sum |x/b|^n$은 수렴하는 등비 급수이다. 따라서 비교 판정법에 의해 급수 $\sum_{n=N}^{\infty} |c_n x^n|$은 수렴한다. 그러므로 급수

$\sum c_n x^n$은 절대 수렴하고 이에 따라 수렴한다. □

2의 증명 $\sum c_n d^n$이 발산한다고 가정하자. x가 $|x| > |d|$인 임의의 수이면, $\sum c_n x^n$은 수렴할 수 없다. 왜냐하면 1에 의해 $\sum c_n x^n$이 수렴하면 $\sum c_n d^n$도 수렴해야 하기 때문이다. 따라서 $\sum c_n x^n$은 $|x| > |d|$일 때 발산한다. □

> 정리 거듭제곱 급수 $\sum c_n x^n$에 대해 다음 세 가지 중 하나만 가능하다.
> 1. 이 급수는 $x = 0$일 때만 수렴한다.
> 2. 이 급수는 모든 x에 대해 성립한다.
> 3. 양수 R이 존재해서, 이 급수는 $|x| < R$일 때 수렴하고 $|x| > R$일 때 발산한다.

증명 경우 1도 참이 아니고 경우 2도 참이 아니라고 하자. 그러면 영이 아닌 두 수 b와 d가 존재해서 $\sum c_n x^n$은 $x = b$에 대해 수렴하고 $x = d$에 대해 발산한다. 따라서 $S = \{x \mid \sum c_n x^n \text{은 수렴}\}$ 빈(공) 집합이 아니다. 앞의 정리에 의해, 이 급수는 $|x| > |d|$일 때 발산하므로, 모든 $x \in S$에 대해 $|x| \le |d|$가 성립한다. 이에 따라 $|d|$는 집합 S에 대한 상계이다. 그러므로 완비성 공리에 의해(8.1절을 보라), S의 최소 상계 R이 존재한다. $|x| > R$이면, $x \notin S$이므로 $\sum c_n x^n$은 발산한다. $|x| < R$이면, $|x|$는 S의 상계가 아니므로 적당한 $b \in S$가 존재해서 $b > |x|$가 성립한다. $b \in S$이므로 $\sum c_n b^n$을 수렴하고, 앞의 정리에 의해 $\sum c_n x^n$은 수렴한다. □

> 3 정리 거듭제곱 급수 $\sum c_n (x-a)^n$에 대해 다음 세 가지 중 하나만 가능하다.
> 1. 이 급수는 $x = a$일 때만 수렴한다.
> 2. 이 급수는 모든 x에 대해 수렴한다.
> 3. 양수 R이 존재해서, 이 급수는 $|x-a| < R$일 때 수렴하고 $|x-a| > R$일 때 발산한다.

증명 $u = x - a$로 변수 변환하면, 주어진 거듭제곱 급수는 $\sum c_n u^n$이 되고, 이 급수에 앞의 정리를 적용할 수 있다. 경우 3에서 $|u| < R$일 때 수렴하고 $|u| > R$일 때 발산한다. 그러므로 $|x-a| < R$일 때 수렴하고 $|x-a| > R$일 때 발산한다. □

찾아보기

| ㅅ |

ㅎ

수학교재편찬위원회 (가나다순)

강동승 · 강윤수 · 강　철 · 강현영 · 권언근 · 권태인 · 김경호
김광연 · 김권욱 · 김대열 · 김도형 · 김병한 · 김상옥 · 김석찬
김성숙 · 김안현 · 김영익 · 김영호 · 김정헌 · 김태순 · 민경진
박도현 · 박상돈 · 박영용 · 박영호 · 박원길 · 박희철 · 성열욱
손무영 · 송영무 · 신향근 · 안효범 · 양기열 · 엄정석 · 오혜영
왕문옥 · 우경수 · 원대연 · 이규봉 · 이대웅 · 이만섭 · 이민섭
이민영 · 이상덕 · 이상욱 · 이수철 · 이승호 · 이용훈 · 이전익
이정훈 · 임성근 · 장승준 · 정권수 · 정상조 · 조정래 · 주종미
표재홍 · 한진규 · 허　민 · 황선욱

제2판

미분적분학 I 일변수 함수의 미적분

Essential Calculus :Early Transcendentals

제2판 12쇄 발행 2026년 2월 26일
저　자 James Stewart
역　자 수학교재편찬위원회 편낸이 오판근
펴낸곳 (주) 교우
주　소 서울시 동대문구 약령시로 8 교우빌딩 2층 (주)교우
전　화 02-925-2861 / 팩　스 070-7966-8610. 편집부 02-925-2825
홈페이지&북스토어 www.kyowoo.co.kr / 이메일 kyowoo@kyowoo.co.kr

등　록 1994년 3월 24일 제1994-000013호
ISBN 979-11-251-0002-7 (93410)

Published by Kyowoo Co., Ltd. Printed in Korea

I · II 권 세트 가격 43,000원

교우미디어는 (주) 교우의 Imprint 사입니다.
수학정원 · 과학정원은 (주) 교우의 새로운 브랜드명입니다.

적분표

기본적인 꼴

1. $\int u\,dv = uv - \int v\,du$

2. $\int u^n\,du = \frac{u^{n+1}}{n+1} + C,\quad n \neq -1$

3. $\int \frac{du}{u} = \ln|u| + C$

4. $\int e^u\,du = e^u + C$

5. $\int a^u\,du = \frac{a^u}{\ln a} + C$

6. $\int \sin u\,du = -\cos u + C$

7. $\int \cos u\,du = \sin u + C$

8. $\int \sec^2 u\,du = \tan u + C$

9. $\int \csc^2 u\,du = -\cot u + C$

10. $\int \sec u \tan u\,du = \sec u + C$

11. $\int \csc u \cot u\,du = -\csc u + C$

12. $\int \tan u\,du = \ln|\sec u| + C$

13. $\int \cot u\,du = \ln|\sin u| + C$

14. $\int \sec u\,du = \ln|\sec u + \tan u| + C$

15. $\int \csc u\,du = \ln|\csc u - \cot u| + C$

16. $\int \frac{du}{\sqrt{a^2 - u^2}} = \sin^{-1}\frac{u}{a} + C,\quad a > 0$

17. $\int \frac{du}{a^2 + u^2} = \frac{1}{a}\tan^{-1}\frac{u}{a} + C$

18. $\int \frac{du}{u\sqrt{u^2 - a^2}} = \frac{1}{a}\sec^{-1}\frac{u}{a} + C$

19. $\int \frac{du}{a^2 - u^2} = \frac{1}{2a}\ln\left|\frac{u+a}{u-a}\right| + C$

20. $\int \frac{du}{u^2 - a^2} = \frac{1}{2a}\ln\left|\frac{u-a}{u+a}\right| + C$

$\sqrt{a^2 + u^2}$ $(a > 0)$ 과 관련된 꼴

21. $\int \sqrt{a^2 + u^2}\,du = \frac{u}{2}\sqrt{a^2 + u^2} + \frac{a^2}{2}\ln\left(u + \sqrt{a^2 + u^2}\right) + C$

22. $\int u^2\sqrt{a^2 + u^2}\,du = \frac{u}{8}(a^2 + 2u^2)\sqrt{a^2 + u^2} - \frac{a^4}{8}\ln\left(u + \sqrt{a^2 + u^2}\right) + C$

23. $\int \frac{\sqrt{a^2 + u^2}}{u}\,du = \sqrt{a^2 + u^2} - a\ln\left|\frac{a + \sqrt{a^2 + u^2}}{u}\right| + C$

24. $\int \frac{\sqrt{a^2 + u^2}}{u^2}\,du = -\frac{\sqrt{a^2 + u^2}}{u} + \ln\left(u + \sqrt{a^2 + u^2}\right) + C$

25. $\int \frac{du}{\sqrt{a^2 + u^2}} = \ln\left(u + \sqrt{a^2 + u^2}\right) + C$

26. $\int \frac{u^2\,du}{\sqrt{a^2 + u^2}} = \frac{u}{2}\sqrt{a^2 + u^2} - \frac{a^2}{2}\ln\left(u + \sqrt{a^2 + u^2}\right) + C$

27. $\int \frac{du}{u\sqrt{a^2 + u^2}} = -\frac{1}{a}\ln\left|\frac{\sqrt{a^2 + u^2} + a}{u}\right| + C$

28. $\int \frac{du}{u^2\sqrt{a^2 + u^2}} = -\frac{\sqrt{a^2 + u^2}}{a^2 u} + C$

29. $\int \frac{du}{(a^2 + u^2)^{3/2}} = \frac{u}{a^2\sqrt{a^2 + u^2}} + C$

적분표

$\sqrt{a^2-u^2}\ (a>0)$ 과 관련된 꼴

30. $\displaystyle\int \sqrt{a^2-u^2}\,du = \frac{u}{2}\sqrt{a^2-u^2} + \frac{a^2}{2}\sin^{-1}\frac{u}{a} + C$

31. $\displaystyle\int u^2\sqrt{a^2-u^2}\,du = \frac{u}{8}(2u^2-a^2)\sqrt{a^2-u^2} + \frac{a^4}{8}\sin^{-1}\frac{u}{a} + C$

32. $\displaystyle\int \frac{\sqrt{a^2-u^2}}{u}\,du = \sqrt{a^2-u^2} - a\ln\left|\frac{a+\sqrt{a^2-u^2}}{u}\right| + C$

33. $\displaystyle\int \frac{\sqrt{a^2-u^2}}{u^2}\,du = -\frac{1}{u}\sqrt{a^2-u^2} - \sin^{-1}\frac{u}{a} + C$

34. $\displaystyle\int \frac{u^2\,du}{\sqrt{a^2-u^2}} = -\frac{u}{2}\sqrt{a^2-u^2} + \frac{a^2}{2}\sin^{-1}\frac{u}{a} + C$

35. $\displaystyle\int \frac{du}{u\sqrt{a^2-u^2}} = -\frac{1}{a}\ln\left|\frac{a+\sqrt{a^2-u^2}}{u}\right| + C$

36. $\displaystyle\int \frac{du}{u^2\sqrt{a^2-u^2}} = -\frac{1}{a^2u}\sqrt{a^2-u^2} + C$

37. $\displaystyle\int (a^2-u^2)^{3/2}\,du = -\frac{u}{8}(2u^2-5a^2)\sqrt{a^2-u^2} + \frac{3a^4}{8}\sin^{-1}\frac{u}{a} + C$

38. $\displaystyle\int \frac{du}{(a^2-u^2)^{3/2}} = \frac{u}{a^2\sqrt{a^2-u^2}} + C$

$\sqrt{u^2-a^2}\ (a>0)$ 과 관련된 꼴

39. $\displaystyle\int \sqrt{u^2-a^2}\,du = \frac{u}{2}\sqrt{u^2-a^2} - \frac{a^2}{2}\ln\left|u+\sqrt{u^2-a^2}\right| + C$

40. $\displaystyle\int u^2\sqrt{u^2-a^2}\,du = \frac{u}{8}(2u^2-a^2)\sqrt{u^2-a^2} - \frac{a^4}{8}\ln\left|u+\sqrt{u^2-a^2}\right| + C$

41. $\displaystyle\int \frac{\sqrt{u^2-a^2}}{u}\,du = \sqrt{u^2-a^2} - a\cos^{-1}\frac{a}{|u|} + C$

42. $\displaystyle\int \frac{\sqrt{u^2-a^2}}{u^2}\,du = -\frac{\sqrt{u^2-a^2}}{u} + \ln\left|u+\sqrt{u^2-a^2}\right| + C$

43. $\displaystyle\int \frac{du}{\sqrt{u^2-a^2}} = \ln\left|u+\sqrt{u^2-a^2}\right| + C$

44. $\displaystyle\int \frac{u^2\,du}{\sqrt{u^2-a^2}} = \frac{u}{2}\sqrt{u^2-a^2} + \frac{a^2}{2}\ln\left|u+\sqrt{u^2-a^2}\right| + C$

45. $\displaystyle\int \frac{du}{u^2\sqrt{u^2-a^2}} = \frac{\sqrt{u^2-a^2}}{a^2u} + C$

46. $\displaystyle\int \frac{du}{(u^2-a^2)^{3/2}} = -\frac{u}{a^2\sqrt{u^2-a^2}} + C$

적분표

$a + bu$ 와 관련된 꼴

47. $$\int \frac{u\,du}{a+bu} = \frac{1}{b^2}\left(a + bu - a\ln|a+bu|\right) + C$$

48. $$\int \frac{u^2\,du}{a+bu} = \frac{1}{2b^3}\left[(a+bu)^2 - 4a(a+bu) + 2a^2\ln|a+bu|\right] + C$$

49. $$\int \frac{du}{u(a+bu)} = \frac{1}{a}\ln\left|\frac{u}{a+bu}\right| + C$$

50. $$\int \frac{du}{u^2(a+bu)} = -\frac{1}{au} + \frac{b}{a^2}\ln\left|\frac{a+bu}{u}\right| + C$$

51. $$\int \frac{u\,du}{(a+bu)^2} = \frac{a}{b^2(a+bu)} + \frac{1}{b^2}\ln|a+bu| + C$$

52. $$\int \frac{du}{u(a+bu)^2} = \frac{1}{a(a+bu)} - \frac{1}{a^2}\ln\left|\frac{a+bu}{u}\right| + C$$

53. $$\int \frac{u^2\,du}{(a+bu)^2} = \frac{1}{b^3}\left(a + bu - \frac{a^2}{a+bu} - 2a\ln|a+bu|\right) + C$$

54. $$\int u\sqrt{a+bu}\,du = \frac{2}{15b^2}(3bu - 2a)(a+bu)^{3/2} + C$$

55. $$\int \frac{u\,du}{\sqrt{a+bu}} = \frac{2}{3b^2}(bu - 2a)\sqrt{a+bu} + C$$

56. $$\int \frac{u^2\,du}{\sqrt{a+bu}} = \frac{2}{15b^3}(8a^2 + 3b^2u^2 - 4abu)\sqrt{a+bu} + C$$

57. $$\int \frac{du}{u\sqrt{a+bu}} = \frac{1}{\sqrt{a}}\ln\left|\frac{\sqrt{a+bu}-\sqrt{a}}{\sqrt{a+bu}+\sqrt{a}}\right| + C, \quad \text{if } a > 0$$
$$= \frac{2}{\sqrt{-a}}\tan^{-1}\sqrt{\frac{a+bu}{-a}} + C, \quad \text{if } a < 0$$

58. $$\int \frac{\sqrt{a+bu}}{u}\,du = 2\sqrt{a+bu} + a\int \frac{du}{u\sqrt{a+bu}}$$

59. $$\int \frac{\sqrt{a+bu}}{u^2}\,du = -\frac{\sqrt{a+bu}}{u} + \frac{b}{2}\int \frac{du}{u\sqrt{a+bu}}$$

60. $$\int u^n\sqrt{a+bu}\,du = \frac{2}{b(2n+3)}\left[u^n(a+bu)^{3/2} - na\int u^{n-1}\sqrt{a+bu}\,du\right]$$

61. $$\int \frac{u^n\,du}{\sqrt{a+bu}} = \frac{2u^n\sqrt{a+bu}}{b(2n+1)} - \frac{2na}{b(2n+1)}\int \frac{u^{n-1}\,du}{\sqrt{a+bu}}$$

62. $$\int \frac{du}{u^n\sqrt{a+bu}} = -\frac{\sqrt{a+bu}}{a(n-1)u^{n-1}} - \frac{b(2n-3)}{2a(n-1)}\int \frac{du}{u^{n-1}\sqrt{a+bu}}$$

적분표

삼각 함수 꼴

63. $\int \sin^2 u\, du = \frac{1}{2}u - \frac{1}{4}\sin 2u + C$

64. $\int \cos^2 u\, du = \frac{1}{2}u + \frac{1}{4}\sin 2u + C$

65. $\int \tan^2 u\, du = \tan u - u + C$

66. $\int \cot^2 u\, du = -\cot u - u + C$

67. $\int \sin^3 u\, du = -\frac{1}{3}(2 + \sin^2 u)\cos u + C$

68. $\int \cos^3 u\, du = \frac{1}{3}(2 + \cos^2 u)\sin u + C$

69. $\int \tan^3 u\, du = \frac{1}{2}\tan^2 u + \ln|\cos u| + C$

70. $\int \cot^3 u\, du = -\frac{1}{2}\cot^2 u - \ln|\sin u| + C$

71. $\int \sec^3 u\, du = \frac{1}{2}\sec u \tan u + \frac{1}{2}\ln|\sec u + \tan u| + C$

72. $\int \csc^3 u\, du = -\frac{1}{2}\csc u \cot u + \frac{1}{2}\ln|\csc u - \cot u| + C$

73. $\int \sin^n u\, du = -\frac{1}{n}\sin^{n-1}u \cos u + \frac{n-1}{n}\int \sin^{n-2}u\, du$

74. $\int \cos^n u\, du = \frac{1}{n}\cos^{n-1}u \sin u + \frac{n-1}{n}\int \cos^{n-2}u\, du$

75. $\int \tan^n u\, du = \frac{1}{n-1}\tan^{n-1}u - \int \tan^{n-2}u\, du$

76. $\int \cot^n u\, du = \frac{-1}{n-1}\cot^{n-1}u - \int \cot^{n-2}u\, du$

77. $\int \sec^n u\, du = \frac{1}{n-1}\tan u \sec^{n-2}u + \frac{n-2}{n-1}\int \sec^{n-2}u\, du$

78. $\int \csc^n u\, du = \frac{-1}{n-1}\cot u \csc^{n-2}u + \frac{n-2}{n-1}\int \csc^{n-2}u\, du$

79. $\int \sin au \sin bu\, du = \frac{\sin(a-b)u}{2(a-b)} - \frac{\sin(a+b)u}{2(a+b)} + C$

80. $\int \cos au \cos bu\, du = \frac{\sin(a-b)u}{2(a-b)} + \frac{\sin(a+b)u}{2(a+b)} + C$

81. $\int \sin au \cos bu\, du = -\frac{\cos(a-b)u}{2(a-b)} - \frac{\cos(a+b)u}{2(a+b)} + C$

82. $\int u \sin u\, du = \sin u - u\cos u + C$

83. $\int u \cos u\, du = \cos u + u \sin u + C$

84. $\int u^n \sin u\, du = -u^n \cos u + n\int u^{n-1}\cos u\, du$

85. $\int u^n \cos u\, du = u^n \sin u - n\int u^{n-1}\sin u\, du$

86. $\int \sin^n u \cos^m u\, du = -\frac{\sin^{n-1}u \cos^{m+1}u}{n+m} + \frac{n-1}{n+m}\int \sin^{n-2}u \cos^m u\, du$
$= \frac{\sin^{n+1}u \cos^{m-1}u}{n+m} + \frac{m-1}{n+m}\int \sin^n u \cos^{m-2}u\, du$

역삼각 함수 꼴

87. $\int \sin^{-1}u\, du = u\sin^{-1}u + \sqrt{1-u^2} + C$

88. $\int \cos^{-1}u\, du = u\cos^{-1}u - \sqrt{1-u^2} + C$

89. $\int \tan^{-1}u\, du = u\tan^{-1}u - \frac{1}{2}\ln(1+u^2) + C$

90. $\int u\sin^{-1}u\, du = \frac{2u^2-1}{4}\sin^{-1}u + \frac{u\sqrt{1-u^2}}{4} + C$

91. $\int u\cos^{-1}u\, du = \frac{2u^2-1}{4}\cos^{-1}u - \frac{u\sqrt{1-u^2}}{4} + C$

92. $\int u\tan^{-1}u\, du = \frac{u^2+1}{2}\tan^{-1}u - \frac{u}{2} + C$

93. $\int u^n \sin^{-1}u\, du = \frac{1}{n+1}\left[u^{n+1}\sin^{-1}u - \int \frac{u^{n+1}\, du}{\sqrt{1-u^2}}\right], \quad n \neq -1$

94. $\int u^n \cos^{-1}u\, du = \frac{1}{n+1}\left[u^{n+1}\cos^{-1}u + \int \frac{u^{n+1}\, du}{\sqrt{1-u^2}}\right], \quad n \neq -1$

95. $\int u^n \tan^{-1}u\, du = \frac{1}{n+1}\left[u^{n+1}\tan^{-1}u - \int \frac{u^{n+1}\, du}{1+u^2}\right], \quad n \neq -1$

적분표

지수 · 로그 함수 꼴

96. $\int ue^{au}\,du = \frac{1}{a^2}(au - 1)e^{au} + C$

97. $\int u^n e^{au}\,du = \frac{1}{a}u^n e^{au} - \frac{n}{a}\int u^{n-1}e^{au}\,du$

98. $\int e^{au}\sin bu\,du = \frac{e^{au}}{a^2 + b^2}(a\sin bu - b\cos bu) + C$

99. $\int e^{au}\cos bu\,du = \frac{e^{au}}{a^2 + b^2}(a\cos bu + b\sin bu) + C$

100. $\int \ln u\,du = u\ln u - u + C$

101. $\int u^n \ln u\,du = \frac{u^{n+1}}{(n + 1)^2}[(n + 1)\ln u - 1] + C$

102. $\int \frac{1}{u\ln u}\,du = \ln|\ln u| + C$

쌍곡선 함수 꼴

103. $\int \sinh u\,du = \cosh u + C$

104. $\int \cosh u\,du = \sinh u + C$

105. $\int \tanh u\,du = \ln\cosh u + C$

106. $\int \coth u\,du = \ln|\sinh u| + C$

107. $\int \operatorname{sech} u\,du = \tan^{-1}|\sinh u| + C$

108. $\int \operatorname{csch} u\,du = \ln\left|\tanh\tfrac{1}{2}u\right| + C$

109. $\int \operatorname{sech}^2 u\,du = \tanh u + C$

110. $\int \operatorname{csch}^2 u\,du = -\coth u + C$

111. $\int \operatorname{sech} u\tanh u\,du = -\operatorname{sech} u + C$

112. $\int \operatorname{csch} u\coth u\,du = -\operatorname{csch} u + C$

$\sqrt{2au - u^2}$ $(a > 0)$ 과 관련된 꼴

113. $\int \sqrt{2au - u^2}\,du = \frac{u - a}{2}\sqrt{2au - u^2} + \frac{a^2}{2}\cos^{-1}\left(\frac{a - u}{a}\right) + C$

114. $\int u\sqrt{2au - u^2}\,du = \frac{2u^2 - au - 3a^2}{6}\sqrt{2au - u^2} + \frac{a^3}{2}\cos^{-1}\left(\frac{a - u}{a}\right) + C$

115. $\int \frac{\sqrt{2au - u^2}}{u}\,du = \sqrt{2au - u^2} + a\cos^{-1}\left(\frac{a - u}{a}\right) + C$

116. $\int \frac{\sqrt{2au - u^2}}{u^2}\,du = -\frac{2\sqrt{2au - u^2}}{u} - \cos^{-1}\left(\frac{a - u}{a}\right) + C$

117. $\int \frac{du}{\sqrt{2au - u^2}} = \cos^{-1}\left(\frac{a - u}{a}\right) + C$

118. $\int \frac{u\,du}{\sqrt{2au - u^2}} = -\sqrt{2au - u^2} + a\cos^{-1}\left(\frac{a - u}{a}\right) + C$

119. $\int \frac{u^2\,du}{\sqrt{2au - u^2}} = -\frac{(u + 3a)}{2}\sqrt{2au - u^2} + \frac{3a^2}{2}\cos^{-1}\left(\frac{a - u}{a}\right) + C$

120. $\int \frac{du}{u\sqrt{2au - u^2}} = -\frac{\sqrt{2au - u^2}}{au} + C$

ESSENTIAL CALCULUS

연습문제(홀수번호) 해답은
http://kyowoo.co.kr/calculus.html에서 제공합니다.

For your product information, visit
www.cengage.co.kr

ISBN 979-11-2510-002-7